인간 · 기술 · 사회

희망의 원리

HUMAN

The Principle of Hope

인간·기술·사회

희망의 원리

제2판

박 영 무
Park, Youngmoo
U.G.D.

TECHNOLOGY

學山 도서출판
학산미디어

SOCIETY

지은이 박 영 무

서울대학교 공과대학 및 동대학원에서 학사와 석사를 취득하고 한국과학기술연구소의 연구원을 거쳐 미국의 University of Michigan, Ann Arbor에서 열역학으로 공학박사를 취득하였다. 미시간 대학교에서 NASA와 공동연구로 Slush Hydrogen을 연구하였으며 귀국하여 현재까지 아주대학교 기계공학부 교수로 재직중이다. 1996년 MIT의 공공기술정책연구소(PPT)에서 객원교수로 있으면서 '기술과 사회'의 학제간 연구를 시작하였다. 그동안 수행한 주요 공학 연구 분야는 열역학과 물질의 물성연구 분야였으며, '기술과 사회' 학제 간 분야에서는 기술철학, 과학과 예술, 과학과 종교에 관심을 가지고 있다. 주요 저(역) 서로는 공업열역학(역), 일본기술의 변천(역)이 있으며, 2009년 사비나 미술관의 '2050 Future Scope:예술가와 과학자의 미래실험실전'에 참여하였으며 시집으로 '실개울의 노래'가 있다. 학술논문으로 Slush Hydrogen, Ideal gas air, CFC 대체 물질에 대한 다수의 국내외 논문이 있다.

[표지 조각 사진]

임영선의 어부 340×250×230cm, 1992, 아주대학교 교정, 이성낙 기증: 사진, 박영무, 2013년 8월 1일 촬영. 우주의 신비한 신호는 어부의 머리를 열고, 멀리 수평선에서 달려온 빛은 어부의 시선을 끈다. 마침내 쇄골 근육이 '생의 약동 '을 드러내고 빛은 그 위에 희망의 '하얀 들판' 을 만든다.

인간 · 기술 · 사회 희망의 원리 제2판

초판 발행일 | 2013년 04월 05일
제2판 발행일 | 2013년 08월 23일

저 자 | 박영무
발 행 인 | 문정임
발 행 처 | 학산미디어
기 획 | 이덕선
편 집 | 디자인드림
표 지 | 부광아트 전진완 유현정
주 소 | 서울시 노원구 상계동 1256 은빛아파트 202-401
전 화 | 02-935-0670, 010-3223-7340
팩 스 | 02-932-0670
이 메 일 | sorgento2000@hanmail.net
등록번호 | 제 25100-2011-000001호

ISBN 978-89-966211-9-5 03500

정가 30,000원

「이 도서의 국립중앙도서관 출판시도서목록(CIP)은 서지정보유통지원시스템 홈페이지(http://seoji.nl.go.kr)와 국가자료공동목록시스템(http://www.nl.go.kr/kolisnet)에서 이용하실 수 있습니다.(CIP제어번호: CIP2013015682)」

| 서문

인간은 점점 더 기술화 되어 가고 파이보그를 넘어 사이보그의 실현을 눈앞에 두고 있다. 첨단 NBRIC(나노, 생명, 로봇, 정보, 인지) 기술은 사이보그 인간의 실현이 가져올 포스트 휴먼 시대의 대비를 촉구하고 있다. 그러나 현대인들은 자신이 기술에 얼마나, 어떻게, 왜 의존하고 있는지 의식하지 못한 채, 주어진 편리한 환경으로 여기고 그저 그 속에서 생활한다. 화폭 속에 자신을 던져서 그림을 완성하는 액션 페인팅 화가 잭슨 폴록 (Jackson Pollock, 1915~1956)은 그의 창작 과정은 마음과 정신, 눈과 손 그리고 물감과 화면이 한데 어울리는 과정이라면서 이렇게 말한다. "내가 내 그림 속에 있을 때에 나는 내가 무엇을 하고 있는지 모른다. 내가 그동안 무엇을 하였는지를 알게 되는 것은 일종의 '익숙해지는' 기간이 지난 다음에야 가능하다. 그림은 그 자체의 삶을 가지고 있기 때문이다. 나는 그림의 삶을 드러나게 하려고 노력하고 있다. 그 결과가 실패로 끝나는 경우는 내가 그림과의 결속 관계를 놓쳤을 때뿐이다." 인간의 기술과의 삶은 마치 폴록이 그림 그리는 것과 같다. 그가 한 마지막 말은 의미심장하다. 화가 폴록이 그림과의 결속 관계를 놓칠 때 실패하듯이, 기술과의 삶에서 인간도 인간-기술-자연의 결속 관계를 놓치면 실패할 수밖에 없다. 그래서 생명체의 조작기술 마저 손에 넣은 인류는 기술이 가져다준 풍요롭고 편리한 생활 속에서 해소 할 수 없는 불안감과 위기에 이르렀는지도 모른다.

마침내 인간은 스스로 자초해서 생존의 토대를 염려하게 되었다. 핵무기와 슈퍼박테리아, 생명체 조작, 생태계의 변화는 인간의 생존을 그 근원에서부터 툭툭 건드린다. 한스 요나스는 묻는다. "인간의 행복은 마땅히 증진되어야 하고, 우리는 이러한 목적을 달성하기 위해 자연을 변형시킬 수 있지만, 인간의 행복증진을 위해 과연 자연을 얼마만큼 변형시켜야 하는가?" NBRIC 기술 앞에서 인간은 또 다시 망막한 우주에 던져지는 느낌이다. 알 수 없는 불안과 위기감은 인간에게 새로운 도전으로 다가온다. 마치 2500여 년 전 우리의 선조들이 수 세기에 걸친 전쟁과 불안 그리고 공포와 전율 속에서 지금까지 면면히 이어져오는, 온 인류가 공감하고 공유할 수 있는 차축시대의 가치들을 창출하였듯이, 현대 인간도 생존의 불안과 위기 앞에서 멈추어 있을 수 없지 않은가? 역사 속에서 그리고 전 우주 안에서 '생의 약동'으로 움직여야 하는 것이 아닌가? 그래서 현대의 호머 사이버네티쿠스는 새로운 차축을 준비하고 있는 것이 분명하다고 믿고 싶은 것이다.

이것이 희망이다. 인간이 '희망을 가지는' 것은 이 세계에 관한 진실을 모두 알 수 있기 때문이 아니다. 우리는 가끔 가졌으면 하는 지식 없이 행동하지 않으면 안 되는 때가 있고, 또 우리는 그러한 지식이 없다고 해서 지혜조차 없이 아무렇게나 하지 않는다. 우리에게 진실을 추구하는 인간 행위에 대한 확고한 신념이 있고 이 신념이 세계를 변화시키는 힘이며 그 변화는 다시 신념을 갖게 한다는 것, 그리고 그 진실성의 준거는 타자에 대한 공감이라는 것, 이것이 인간이 갖는 희망의 원리가 아니겠는가?

이 책의 시작은 필자가 1996년부터 1997년 까지 MIT의 공공기술정책연구소(PPT, Public Policy of Technology)에서 안식-연구년을 보내던 시절로 거슬러 올라간다. 늘 열역학(필자의 박사학위 분야)과 씨름하던 필자가—물론 지금도 뒤엠의 『물리학 이론의 목적과 구조』는 "열역학 이론이 실험으로는 입증할 수 없는 직관의 산물이다"라고 쓰고 있듯이 필자에게 매우 매력적인 학문으로 남아 있을 뿐만 아니라 엔트로피의 과제는 기술과 사회 문제의 과제를 풀어줄 중요한 생각의 실마리를 주고 있다.—기술정책에 관심을 가진 것은 오래 전부터 뇌리에 맴도는 몇 가지 의문이 있었기 때문이다. 첫째는 근대에 이르기 까지 최고의 문명과 경제력을 과시하던 중국은 왜 근대과학을 낳지 못했는가 라는 의문이며 둘째는 일본은 그 짧은 근대화 기간 동안 어떻게 세계 최고의 경제 기술 대국의 수준에 이르렀는가? 그리고 마지막은 어떻게 당시 유럽에서 후진국이었던 영국에서 먼저 산업혁명이 일어나게 되었는가?라는 질문이었다. 1996년 MIT 도서관을 뒤지고 있던 중 발견한 테사 모리스 스즈끼의 일본 기술의 변천(Technological Transformationof Japan)에서 두 번째 질문의 많은 부분을 해결하고 얼마나 기뻤던지, 이 책을 단번에 몇 차례 읽고, 한국에 반드시 소개해야 한다는 '의무감'으로 이 책을 번역하여 출간(1998년)하기도 하였다. 지금도 우리나라의 기술정책을 생각할 때마다 이 책을 떠올리곤 한다.

MIT의 PPT에서 연구년을 계기로 기술 정책과 과학기술 관련 사회문제는 늘 관심의 대상이었다. 마침 2004년 초 공학 교육 혁신의 일환으로 '기술과 사회'에 대한 중요성이 제기되고 아주대학교 공과대학으로부터 이 과목의 개설 요청을 받고 '기술과 사회'라는 과목명으로 강의를 시작하였다. 마땅한 교재가 없는 실정에 그 동안 평소에 관심을 가지고 읽고 정리해두었던 자료들을 편집하여 강의 자료로 사용한, 지금도 아주대학교 도서관에 비치되어 있는 '과학, 기술 그리고 사회: 인간 기술의 모색'이 이 책의 원형이라고 할 수 있다. 그 후 10여 년 동안 강의하고 연구하면서 또 학생들과 대화하면서 과학과 기술에 대한 필자의 생각에도 많은 변화가 있었다. 무엇보다 기쁜 것은 나의 질문 거리였던 중국과학기술에 대한 의문과 영국의 산업혁명에 대한 의문에 나름대로 대답을 얻은 것이다. 이제 그런 조그만 기쁨을 가지고 그 동안 강의 내용과 진전된 생각들을 정리하여 이 책의 결실을 보게 되었다.

이 책은 4부 16장으로 구성되어 있다. 제1부 '생존과 해방'은 기술의 의미를 인간의 삶의 양식 곧 문화에서 찾아보고 선사시대에서 중세에 이르기 까지 기술과 사회의 두 지평이 어떻게 서로의 속으로 들어왔는지를 살피고 아직 자연은 신비와 두려움의 대상으로 남겨둔 채 인간과 기술 그리고 사회의 관계적 발전을 고찰한다. 제2부 '이성과 근대화'는 서구 근대화의 단초를 제공한 이슬람과 독립적으로 당시 최고의 문명을 보인 중국 과학기술의 성쇠를 먼저 살피고 서구의 근대과학 정신의 출현에서부터 계몽사조를 거쳐 산업혁명에 이르기까지 서구의 과학기술의 발전동기에 중심을 두고 기술-인간-사회의 관계성을 고찰한다. 제3부 '실존과 해체'에서는 인간의 세밀한 관찰 하에서 새로 드러난 자연현상에 대하여 근대적 이성이 더 이상 '합리적인 해석'을 제공할 수 없음을 말하고 새로운 과학적 사고방식과 세계관에 대한 요구가 제시된다. 그러나 한 순간에 가던 길을 바꿀 수 없는 인간이 전쟁과 공포로 얼룩진 욕망의 언덕을 넘어, 존재의 근거를 흔드는 위험한 비탈길 위에 서서 지금까지의 자연과 자신을 관찰 해온 틀들을 스스로 해체하는 과정을 고찰한다. 제4부 '성찰과 희망'은 인간과 기술이 결합하여 이루어낸 새로운 주체인 포스트휴먼 시대에 현재의 과학기술과 그 방법론을 성찰하고 이 시대의 인간-기술-자연의 관계 속에서, 미래의 영역까지 연장되며, 개인에서 사회에로 확장된 과학기술의 사회적 책임윤리를 숙고한다. 시민은 물론 과학기술자들에게 요구되는 새로운 윤리의 요소들을 구성해보고 NBRIC 기술로 다시 광막한 우주 앞에선 인간이 부여잡을 희망의 원리를 되새긴다.

이 책은 '기술과 사회' 혹은 이와 유사한 대학 강의를 수강하는 학생만을 위한 것이 아니라 과학기술이 도대체 무엇인지 평소에 궁금하거나 혹은 지금까지 과학기술의 본질을 경제적 수단 정도로 생각해왔던 인문 · 사회과학도들과 지식인 그리고 일반 시민들을 독자로 초청한다. 이 책을 집필하는 동안 끊임없이 나의 뇌리를 맴돌았던 생각은 과학기술 분야 전문가들은 물론 일반 대중들에게 까지도 널리 퍼져있는, 과학기술은 '특별한 지식' 혹은 '흰 가운용 지식'이라는 오해를 불식시키고 과학은 지극히 상식적인 대중들에게 돌려 주어져야 한다는 생각 그리고 기술은 생산 수단으로 그치는 것이 아니라 우리의 삶의 양식으로 이해되어야 한다는 생각이었다. 이 생각을 책의 처음부터 끝까지 일관성 있게 유지하고 그 근거를 찾는 일은 쉬운 일이 아니었다. 과학기술은 오랫동안 권력이나 힘의 수단으로 작용한 것이 사실이며 지금도 그러한 의혹을 받고 있기 때문이다. 그러나 적어도 과학기술의 정신은 그것이 아니라는 생각을 독자들에게 말하려고 나름으로는 스토리텔링하듯이 이야기를 만들어 보려고 노력하였다. 이런 의도를 반영한 것이 독자들이 이 책을 읽으면 발견하게 될 적지 않은 그림들이다. 어떤 독자들은 과학기술관련 책에서 의미있는 화가들의 그림을 만나고 의아하게 생각할지도 모른다. 필자는 그것이 이 책에서 발견할 수 있는 기쁨이라면 기쁨이 되고 특별한 스토리텔링이 될 것으로 생각한다. 필자가 이렇게 한 것은 역사적으로 중요한 과학적 사고의 변화가 일어날 때 그 의미를 나의 짧은 글로 제대로 표현할 수 없어서 화가의 그림을 빌어서 설명하고자 한 것이었으며 또 나의 생각에 진전이 없을 때, 미술사에서 당시의 화가들의 그림이 어떻게 변하였는가를 읽고/보고함으로써 당시의 변화를 읽어 낼 수 있었기에 그런 그림을 실은 것이다. 그렇게 하면서 과학기술자들과 예술가들은 단지 표현하는 언어만 다를 뿐이지 진정 생각하고 느끼는 것이 비슷하다는 것을 발견하고 책상을 치며 감탄할 때가 한두 번이 아니었다. 그래서 필자는 곰브리치의 『서양 미술사』와 린튼의 『20세기 미술』, L. Gamwell의 『Exploring The Invisible: Art, Science, and The Spiritual』, 폴 존슨 『새로운 미술의 역사』 그리고 김원용과 안휘준의 『한국 미술의 역사』가 다른 어떤 과학기술사 혹은 관련 책들 못지 않은 귀중한 통찰과 영감을 내게 주었음을 먼저 말하고자 한다.

이 책의 내용을 장별로 요약을 하면 이렇다. 제1부를 여는 제1장 '삶의 기술'은 /호모하빌리스/문화와 기술/기술의 산물/과학기술 이해/지평의 융합/ 다섯 절들로 구성하고 기술에 대한 개념적 이해를 시도한다. 자연으로부터 인간이 해방되는 사건에서 기술의 출발점을 찾고 기술을 떠나서는 엄혹한 자연 앞에서 존재가 불가능한 인간의 삶의 전개를 따라 기술과 인간의 관계 속에서 기술이 삶의 양식을 어떻게 변화시켜 왔는지 고찰하고 마침내 현대에 이르러 인간과 사회 그리고 기술은 어떠한 관계에 있는지 성찰한다.

제2장 '문명의 새벽'은 /농업 혁명/도시 혁명/청동기 문화/원시수공업의 탄생/문명의 새벽/ 다섯 절들로 구성하고 인류 문명의 새벽에서 기술의 의미를 찾는다. 수 천 년에 걸친 농업으로의 전환 이후 인류의 생활에 일어난 변화에서 기술과 사회

의 상관성을 살핀다. 작물재배와 야생동물의 가축화, 식량 생산과 인구 증가, 도시, 분쟁, 국가, 그리고 종교의 형성은 기술과 어떤 사회-경제적 관계를 맺고 있는지 살피고 문명의 생성과 몰락은 모종의 변화가 필요할 때 일어나는 대안적인 과정으로서 파국이 아니라 '창조적 파괴'로 해석한다.

제3장 '위대한 각성'은 /격변의 시대/철기 문화/자연 철학의 태동/로마의 기술/위대한 각성/ 다섯 절들로 구성하고 차축시대의 기술적 배경을 살핀다. 기원전 8~2세기에 형성되어 지금까지 면면히 이어지고 있는 사상과 종교 그리고 사고의 기본 틀들이 어떠한 기술문화적 배경으로 탄생하였는지 살핀다. 동서양을 막론하고 마침내 인간은 자기 자신을 전체 속에 있는 존재로 알게 되었고, 자신의 한계를 인식하는 경험은 과연 어디서 온 것인가? 철학자 야스퍼스가 통찰한 차축시대의 기술-사회적 근거를 살피고 현대를 제2의 차축시대의 시작으로 볼 근거를 숙고한다.

제4장 '보편적 문명의 시작'은 /로마 질서의 붕괴/보편 문명의 시작/중세의 기술 혁신/중세 말의 모순/종교와 과학/ 다섯 절로 구성하고 로마 질서의 붕괴에서부터 소위 암흑시대를 거쳐 중세의 '신 중심적' 진리 체계에서 과학적 합리성이 나오게 되는 과정을 살핀다. 도시의 융성과 함께 예속의 사슬에서 해방된 인간의 자유가 신앙과 지식 사이의 모순과 갈등을 극복하고 자연과학의 토대를 마련하는 과정을 고찰한다. 이 기간을 이성이 탄압받는 '암흑기'라기보다는 '보편적 문명'을 잉태하기 위하여 인간 이성의 원형이 구축되는 기간으로 해석할 수 있기에 장의 제목을 '보편 문명의 시작'이라고 붙인다.

제2부를 여는 제5장은 /중세 세계의 허브 이슬람/이슬람 과학기술의 쇠퇴/실용기술의 중국/중국 과학기술의 쇠퇴/ 제도와 과학기술/ 다섯 절로 구성하여 8세기에서 14세기 말까지 서양을 훨씬 앞선 아라비아 과학기술의 성쇠의 과정과 그 원인을 살피고 고대문명에서부터 15세기까지 중국의 과학기술의 성과를 살피고 그 쇠퇴 원인을 숙고한다. 고대에서 중세기까지 서양보다 월등하였던 두 지역의 과학기술이 지속되지 못한 이유는 참 궁금하지 않은가? 마지막 절에서 이 의문을 던지고 스스로 대답을 찾아본다.

제6장 '과학 정신의 태동'은 /위대한 번역의 시대/기술 혁신/대학과 길드/도시와 르네상스인들/근대 과학정신/ 다섯 절들로 구성하였다. 아리스토텔레스의 자연학이 이슬람을 거쳐 유럽에 수용되어, 신 중심 세계관 하에서, 종교와 법의 체계와 어울려서 합리적인 판단의 근거가 형성되는 과정을 살핀다. 도시의 자치권이 인정되고 자연의 '분명한' 질서와 인간의 합리성을 추구하는 사람들이 생겨났으며 마침내 인간의 철학적 · 신학적 사색이 자유로운 학문 자치 공간이었던 대학과 직업 기

술 자치 공간이었던 길드가 탄생하는 과정을 살펴본다.

제7장 '근대로의 전환'은 /근대적 사고/근대적 제도들/새로운 동력/근대적 생산방식/자연법칙과 계몽사상/ 다섯 절들로 구성하였다. 베이컨의 귀납법과 데카르트의 연역법이 지식 탐구의 방법론으로 완성되고 과학과 철학이 연결된다. 마침내 인간은 전통이나 고대의 권위자들의 고증에 의지하지 않고도 각 자가 관찰을 통해 얻은 정보를 공리 체계에 적용시켜 진리를 찾는 길을 추구한다. 과학은 신학으로부터 해방되고 마침내 자연이 인간의 활동 무대가 되는 과정을 고찰한다.

제8장 '산업혁명'은 /산업혁명의 전야/산업혁명의 전개/과학의 기술화/기술과 노동/산업혁명의 사상적 유산/ 다섯 절로 구성하였다. 지난 수세기 동안 누적된 이성의 요구가 기술, 경제, 사회 전반에 걸친 혁명적 변화, 소위 산업혁명으로 나타난다. 증기 기관을 비롯한 신기술혁명은 혁명의 촉매가 되어 새로운 생산수단이 되고, 개인의 자유와 노동문제가 사회의 중요한 과제로 등장하는 새로운 생산관계를 태동시켰다. 자본주의 질서가 세워지고 지난 수 세기동안 지속된 이성의 승리는, 인간의 끊임없는 욕망을 합리화하고 진보가 '선'이라는 굳은 믿음을 갖게 하는 과정이었으며 그 이면에서 인간이 소외되는 과정이었음을 숙고한다.

제3부를 여는 제9장 '흔들리는 터전'은 /자연 선택/상대성 이론/양자 역학/상보성의 원리/사고의 전향/ 다섯 절로 구성하고, 일상생활에서는 경험되지 않으며 기존의 인식으로는 이해하기 조차 어려운 새롭게 발견된 자연현상 앞에서 인간이 혼란에 빠지고 다시 사색하는 모습을 살핀다. 지금까지 당연한 것으로 여겨 왔던 자연에 대한 '합리적인 해석'이 불가능하게 된 세계로 인간이 들어섰음을 시인하고 객관과 직관의 상보성, 유기체적 사고, 새로운 신 인식으로 이어지는 사고의 전향이 이루어지는 과정을 고찰한다.

제10장 '욕망의 언덕'은 /자본주의와 기술/과학적 관리기술/세계대전과 과학기술/신음하는 생태계/불안한 실존/ 다섯 절로 구성하고 욕망의 정점에서 세계 전쟁으로 치닫고 과학기술을 조직적으로 생산에 응용하는 자본주의의 전개를 살핀다. 세계공황은 경쟁을 격화시키고 자본의 집중을 촉진시키고 노동은 해체되어 과학적 관리의 대상이 된다. 마침내 제국주의는 두 차례의 세계대전을 낳고 인간의 탐욕적 소비는 생태계를 위협하기에 이른다. 다시 인간은 차축시대의 불안과 공포에 전율하며 새로운 희망의 씨앗을 찾는다.

제11장 '제국의 잔상'은 /하이테크 일본/기술 패러다임/국제기술 이전/새로운 지적 재산권 운동/세계화/ 다섯 절로 구성하고 제국의 과학기술이 어떻게 발전하고 또 특정기술이 어떻게 경제적 · 사회적 메커니즘 속에서 선택되어 경쟁기술을 누르

고 살아남는지를 살핀다. 먼저 일본의 변신과정과 기술혁신의 과정을 살펴보고 세계를 주도하는 각종 경쟁 라운드의 속살을 들추어본다. 상업주의에 물든 지적재산권이 인간의 지적활동을 규제하는 것은 어디까지 타당할까? 라고 스스로 묻고 대답해본다.

제12장 '위험한 비탈길'은 /조작되는 생명체/유비쿼터스 사회/나노융합기술/우주식민계획/슈퍼텍 증후/ 다섯 절로 구성하고, NBRIC(나노, 생명, 로봇, 정보, 인지)기술이 그 타당성과 효율성이 확정되기 전에 수많은 사회적 경제적 요구 앞에 놓여있음을 살핀다. 지금까지의 과학기술과는 근본적으로 다른 이 기술들은 인간에게 미칠 영향도 과거의 기술들과는 비교할 수도 없을 만큼 광범위하고 치명적이며 예측하기도 어렵다는 사실을 우리는 심각하게 깨닫고 있지 않다. 인류가 겪을 심각한 부작용을 슈퍼텍 증후(Supertech Trauma)라고 정의하고 NBRIC 기술사회가 당면한 슈퍼텍의 현황과 그 증후를 살펴본다.

제4부를 여는 제13장 '확장되는 인간'은 /신화적 상상력/근대적 기계인간/현대의 사이보그/포스트 휴먼/포스트휴머니즘/ 다섯 절로 구성하고 NBRIC 기술이 인간경험의 기본 요소들을 변화시킴으로써 인간이 해체되고 재구성되는 과정을 살핀다. 물질적-정보적 존재로서, 유기물-무기물의 융합적 존재로서, 그리고 기계-인간의 상보적 존재로서의 포스트 휴먼의 시대는 유기체만의 생명 시대를 넘어서 모든 분야에 걸쳐 경계가 서로의 속으로 확장된 시대로의 진입을 의미한다. 이 시대의 양상을 살펴보고 인간-기술-문화-사회적 의미를 성찰한다.

제14장 '사고의 전향'은 /회고와 반성/과학에의 성찰/복잡계 현상/창발적 시스템/적극적 생태관/ 다섯 절로 구성하고, 인간이 경험하고 있는 복잡한 현상들은 기존의 결정론적, 환원주의적 사고방식으로 그 자체를 인식한다는 것은 불가능하기에 이르렀음을 살핀다. 인간이 사물을 파악하는 능력은 자신을 포함한 전체 안에 있는 모든 개체들이 독자성을 가지는 동시에 서로 결합되어 있으며, 서로 영향을 주고받는다는 개념을 통해서 보완될 수 있다. 지금까지 과학기술을 주도해 온 방법론을 성찰하고 제시되는 새로운 방향을 숙고한다.

제15장 '인간을 넘어서: Plus Homo'는 /호머 사이버네티쿠스/통전적 앎/대중과 포스트 휴먼/적정기술/인간을 넘어, Plus Homo/ 다섯절로 구성하고 인간과 휴머니티라는 용어는 역사적이며 문화적인 결과라는 사실을 되새기고 생태계와 기술의 진화를 포괄하는 커다란 연관성 속에서 인간은 새롭게 조명된다. 지금까지 인간은 늘 '인간'을 스스로 극복해왔고 앞으로도 그러할 것이며 그래서 인간은 지속적으로 '인간을 넘어'서는 '플루스 호모'가 된다. 인간-기술-자연이라는 복합계의 공진화

속에서 풀루스 호모로서의 인간의 위치를 성찰한다.

제16장 '희망의 원리'는 /과학기술에의 성찰/공감하는 과학기술/기술영향평가/과학기술의 새로운 윤리/희망의 원리/ 다섯 절로 구성하고 현대과학기술은 무언가 내재적으로 잘못된 것이 없는지 성찰로 시작한다. 과학기술자들이 자신들만의 문화적 에토스의 영향 속에 있음을 확인하고 기술 평가와 선택의 새로운 방식과 과학기술자의 사회적 책임 윤리를 숙고한다. 그 동안 과학기술이 근거해온 사고방식의 한계를 인식하고 인간 스스로 손에 넣은 NBRIC 기술이 가져올 '예측조차 불가능한' 위기와 불안 그리고 공포와 전율을 겪으며 2500년여 전 차축시대의 '순수한' 인간이 그러하였듯이 호머 사이버네티쿠스가 부여잡을 희망의 원리를 숙고한다.

행여 이 책을 교재로 사용하실 분들을 위해서 조그만 도움을 드린다면 제1장에서 삶의 양식 곧 문화로서의 기술에 대한 전향적 개념으로 기술-사회 관계성에 대한 통전적 이해를 전달할 수 있으며 2장부터 12장에 걸쳐서 과학과 기술의 전개과정을 따라가면서 경제, 사회적 변화 그리고 각 장의 마지막 절에 서술된 그 당시 과학기술과 과련된 사상적 배경 혹은 변화를 통하여 과학기술과 사회의 종합적인 관계를 학생들과 토의해 볼 수 있다. 제13장부터 16장에 걸쳐서 근대 이후 지금까지 유지되어온 과학적 사고방식에 대하여 성찰하고 기술평가의 원칙과 방식, 미래의 지평까지 확장된 사회적 책임 그리고 새로 추가되어야 할 윤리의 요소들을 고찰하였다.

16주 한 학기 강의를 기준으로 모든 내용을 다루기에는 이 책의 내용이 방대하다. 필자는 두 가지 안으로 강의에 임하였다. 첫째, 과학기술의 역사적 전개 과정에서 과학기술과 사회의 관계가 어떻게 형성되고 변화되었는지 그 흐름 속에서 지혜를 얻고자 할 경우에는 학생들의 토론을 다소 줄이더라도 1-3-5-7-8-10-12-13-15-16으로 이어지는 10개장으로 강의를 진행하였고 둘째, 중요한 과학기술적 변화 사건을 중심으로 많은 학생들을 비교적 긴 토론에 참여시키는 강의를 진행할 경우에는 1-3-5-8-10-12-16으로 이어지는 7개장으로 강의를 구성하고 강사의 설명보다는 학생들이 학습을 주도하는 방식을 취하였다. 두 방안 중 어느 것을 택하더라도 학생들이 이 책의 모든 장을 숙독하여 토론에 충분히 활용할 수 있도록 강의를 구성하였다. '기술과 사회' 혹은 유사한 강의와 관련하여 필자의 경험을 조심스럽게 말씀드린다면, 먼저 권하고 싶은 3가지는 한 학기 동안 학생들이 적어도 2회 이상의 과학/기술/미술/산업 기타 등 박람회 혹은 전람회 관람을 권장할 것, 학생들 스스로 상호평가할 수 있는 과정이 포함된 치밀하게 계획된 기말 프로젝트를 부여할 것, 그리고 각 장의 끝에 제시되어 있는 '생각해보기' 는 그 장에서 논의된 핵심사항을 포함하고 있으므로 적어도 2 주에 한번은 그것들을 개별 혹은 조별 에세이 과제로 학생들에게 부여하는 것이다. 필자의 어리석은 경험일지 모르겠으나 이 과목에서 시험으로 학생들을 평가하는 것은 좋은 방법은 아니었다. 혹시 필요하신 분에게는 상세한 평가 방안이 포함된 예시 강의안을 제시해 드릴 수도 있다.

이 책을 집필하는 동안 미술사에서 얻은 영감이 내 상상력을 자극하였다면 과학기술사와 관련된 많은 책과 저자들은 나의 부족한 지식을 직접 채워주었다. 그들에 대한 감사의 기록은 이 서문의 지면이 부족할 지경이나, 이 책의 말미에 자세히 도서, 논문 및 기타 자료들을 소개하였더라도 꼭 언급해야 할 책들이 있다. 브라이언 페이건 『선사시대 문화』, 제임스 E. 매클렐란 3세 · 해럴드 도른 『과학과 기술로 본 세계사 강의』 (전대호 역), R. S. Kirby etal 『Engineering in History』, A. P. Usher 『A History of Mechanical Invention』, J. D. 버날 『과학의 역사』 (김상민 역), 소련과학아카데미 『세계 기술사』 (홍성욱 역), F. 클렘 『기술의 역사』 (이필렬 역), 김영식, 임경순 『과학사신론』, J. 다이아몬드 『총균쇠』 (김진준 역), 빌 브라이슨 『거의 모든 것의 역사』 (이덕환 역), 고든 차일드 『고든 차일드의 사회고고학』 (김권구 역), 서울대학교 동양사학 연구실 편 『중국사 I: 고대 문명과 제국의 성립』, 람 샤런 샤르마, 『인도고대사』, 자크 르고프 『서양 중세 문명』 (유희수 역), 에드워드 그랜트 『중세의 과학』 (홍성욱, 김영식 역), 린 화이트 Jr. 『중세의 기술과 사회 변화』 (강일휴 역), 토비 E. 하프 『사회 · 법 체계로 본 근대 과학사 강의』 (김병순 역), 모리스 스즈끼 『일본기술의 변천』 (박영무 역), 전상운 『한국과학기술사』, D. M. 프리만의 『기술과 사회』 (임기철 역), 박성순 『조선유학과 서양과학의 만남』, R. S. Samuels 『Rich Nation Strong Army』, 홍성욱 『생산력과 문화로서의 과학기술』, M. R. Smith L. Marx 『Does Techonology Drive History』, A. Pacy 『The Maze of Ingenuity』, G. Basalla 『The Evolution of Techonology』, L. M. Branscomb 『Empowering Technology』, 송성수 『우리에게 기술이란 무엇인가』, J. 자이먼 『과학사회학(오진곤 역), 최재천편 『과학, 종교, 윤리의 대화』, Hans Jonas 『생명의 원리』 (한정선 역), Ernst Bloch 『희망의 원리』 (박설호 역), 양명수 『호머 테쿠니쿠스』, 강성영 『생명 · 문화 · 윤리 기독교 사회윤리학의 주제 탐구』, 폴 에얼릭 『인간의 본성들』 (전방욱 역), 제러미 번스틴 『아이슈타인』 (서창렬 역), T. S. Kuhn 『과학 혁명의 구조』 (김명자 역), 장 이브 고피 『기술철학: 테크노월드 속의 도구적 인간』 (황수영 역), 칼 야스퍼스 『역사의 기원과 목표』 (백승균 역), S. P. 램프레히트 『서양철학사』, 새뮤얼 이녹 스텀프, 제이스 피 『소크라테스에서 포스트모더니즘까지』 (이광래 역), 프리초프 카프라 『새로운 과학과 문명의 전환』 (구윤서, 이성범 역), 에리히 얀치 『자기조직하는 우주』 (홍동선 역), 존 호건의 『과학의 종말』 (김동광 역), A. C. 단토

『예술의 종말 이후』(이성우, 김광우 역), 생태사회연구소 역 『지구환경보고서 2004』, 베블렌 『유한계급론』(정해영, 김경숙 역), 헬무트 쉬나이더 『노동의 역사』, 해리 브레이버맨 『노동과 독점자본』(이한주, 강남훈 역), 데이비드 하비 『자본의 한계』(최병두 역), 케빈 켈리 『기술의 충격』(이한음 역), Bill Joy, 『"Why the future doesn't need us" 미래에 왜 우리는 필요없는 존재가 될 것인가』(녹색평론), OECD 편 『과학과 기술의 경제학』(이근 외 역), 김인수, 이진주 『기술혁신의 과정과 정책』, 슈테판 헤어브레히터 『포스트 휴머니즘』(김연순, 김응준 역) 김상호 『확장된 몸, 스며든 기술: 맥루한 명제에 관한 현상학적 해석』, 천정환 『대중지성의 시대』, 피에르 레비 『집단지성-사이버공간의 인류학을 위하여』(권구경 역), 제러미 리프킨 『노동의 종말』(이영호 역), 제러미 리프킨 『공감의 시대』(이경남 역)들이다.

감사의 말을 드려야 할 분들이 참 많다. 먼저 2011년 한 해 동안 연구 · 안식년을 허락해 주어서 이 책을 마무리 할 수 있도록 해주신 아주대학교의 모든 분들께 감사를 드린다. 그리고, 이 책을 집필하는 동안 간간히 '잘 되어 가시나요'라고 '교수스러운' 은근한 미소로 격려해주신 아주대학교 기계공학과 동료 교수님들께 마음 깊은 곳에 있는 감사를 드리며 그 많은 참고 자료들을 정리해준 대학원과 학부의 학생들 특히 강민호, 홍승현, 진소형, 김상진 그리고 이미 여러 해 전에 졸업한 조교들, 참 고마웠습니다. 또 '기술과 사회' 강의를 수강한 많은 학생들의 수강 노트와 수강 후기들(사실 이 강의의 가장 큰 즐거움은 한 학기를 마치고 학생들의 수강 후기를 읽는 것이었다)은 이 책이 나오기까지 나의 생각에 늘 신선한 영감을 주었고 새로운 생각의 변화를 여는 실마리가 되곤 하였다. 끝으로 아내 민경숙과 아들 박현태에게는 이 지면으로 특별히 사죄하는 마음과 사랑을 전한다. 그 동안 말할 수 없는 어려움과 고통을 겪었을 것을 생각하면 가슴이 미어진다. 남편과 애비로서 못다한 말이 이 한 줄 글로 다 표현될 수는 없겠으나 그 편린은 전할 수 있으리라. 이 책으로 말미암은 나의 영혼의 회복과 기쁨 그리고 다른 어떤 것도 모두 U.D.G.(Ubiquie Deo Gloria)에 돌리며 감사할 뿐이다.

2013. 8. 1
아주대학교 동관 302호에서
박영무
Park, Youngmoo U.G.D

Contents

차례

제1부 | 생존과 해방

제2부 | 이성과 근대화

제3부 | 실존과 해체

제4부 | 성찰과 희망

제1부

생존과 해방

인간은 스스로 인과적 법칙에 의해 제한을 받거나 외부 세계의 메커니즘에 지배당하지 않는 초월적인 활동을 하는 존재 곧 스스로 창조적 능력과 예술적 창의성이 있음을 보여주었다. 이 능력은 학문적 능력과 마찬가지로 인간 본연의 능력에 속한다. 〈본문 중에서〉

제1장 삶의 기술

기술은 인간을 자연의 구속으로부터 해방시키고 경제구조나 사회구조를 변화시킨다. 기술을 통하여 인간은 자연을 극복하는 능력을 키워왔다. 야스퍼스는 "현대 기술문명의 발생에 자연과학, 발명정신, 노동조직이 불가분하게 연관되어 있다."고 보고 특히 기계가 인간에게 봉사하기 위해서는 노동의 방법과 조직의 새로운 변화가 일어난다고 말한다. 실제로 인간은 점차 기술에 종속된 자로 전락해가고 심지어 현대인들은 자신이 기술에 얼마나 종속되어 있는지 의식하지 못한 채, 주어진 인공적인 기술 환경을 당연히 누릴 환경으로 생각하고 생활하기도 한다. 그래서 드디어 생명체의 조작기술 마저 손에 넣은 현대인류는 기술이 가져다 준 풍요롭고 편리한 생활 속에서도 해소할 수 없는 불안감과 위기 속에 놓이게 되었다. 현대과학기술은 차축시대[1)]에 이룩한 인류 문화의 근간을 뿌리 채 흔들고 있는가? 새로운 차축을 준비하고 있는가? 인간이 자연 속에 창의성을 발휘하고자 할 때 자연을 대상으로 삼고 그것을 극복하려는 지금까지의 노력을 이제 새로운 시각에서 점검

| 그림 사진 1.1 |

헨리무어 〈기대 누운 인물〉, 1938년, 돌 폭 132.7cm, 런던 테이크 갤러리: 창조와 사물, 인간은 단지 현실에 존재하는 사물의 모사품이 아니라 보다 더 그럴듯하고 영속적인 어떤 것, 이 무미건조한 세상에 존재하는 볼품없는 물건 보다 더 현실적인 느낌을 주는 어떤 것을 창조하고자한다. 무어는 '신비한 힘을 가진 인간의 손으로 만들어진 사물의 유일무이함에 대한 강열한 느낌' 을 주고자 한다.[2)]

하여야할 때가 되었다. 우리는 과학기술이 인간이 제외된 자연이 아니라 인간의 문제 제기에 노출되어 있는 자연 속에서 진행되고 있음을 인식할 필요가 있다. 또 인간의 현실은 여기에 정지해 있을 수 없고, 역사 속에서 그리고 전체 속에서 무엇을 향하여 끊임없이 움직이고 있는 것이 아닌가?

1.1 호모 하빌리스

인간은 척추를 지녔고 어머니의 젖을 먹고 자란다. 그리고 얼굴 상단에 눈이 두 개가 있으며 커다란 뇌를 지녔다. 이런 인간은 생물학적 종(species)으로는 동물계에 속한 척추동물-영장류-호모 사피엔스 종이다. 그러나 이러한 분류가 인류의 기원을 다 밝혔다거나 더욱이 인간은 어떤 존재인가를 다 말해주지는 않는다.

인류의 기원은 무엇일까? 인류학자들은, 논란이 있지만 대체로 인류는 오스트랄로피테쿠스-호모 하빌리스-호모 에렉투스-현생인류의 단계를 밟아 진화했다고 본다. 그러나 오스트랄로피테쿠스는 현생 인류의 조상이라기보다는 원숭이에 가깝다. 고대 인류(호모)로 진화하는 과정을 보여주는 화석이 없기 때문이다. 고대인류로 진화하는 시기 는 약 300만 년 전과 100만 년 전 사이이다. 최근에 리 버거Berger는[3] 오스트랄로피테쿠스와 호모 하빌리스의 중간 특징을 지녔고, 시기적으로도 이 두 가지 현생 인류의 조상의 중간에 위치한 오스트랄로피테쿠스 세디바의 발견을 발표하였다. 이 유골은 포식자의 손이 미치지 않는 동굴 안쪽에서 발견돼 보존 상태도 양호했다. 그러나 이 유골과 함께 원시적인 도구들은 발견되지 않았다.

손을 쓰다

1959년과 1962년 루이스 리키는 탄자니아 세렝게티 국립공원의 올두바이 협곡에서 유인원의 화석을 발견하였다. 이 두개골이 발견되기 전에, 다듬은 돌도끼와 사슴이나 영양의 뼈를 갈아서 만든 도구들이 먼저 발견되었다. 모두 50여 종이나 되었다. 이어서 같은 계곡의 기원전 175만 년경의 지층에서 두개골을, 180~150만 년 전 사이의 지층에서 네 명의 어린아이 두개골과 뼈 조각을 발견하였다. 이 화석들은 뇌용량이 500~600cc였다. 뇌용량이 440~500cc인 오스트랄로피테쿠스 아프리카누스와는 다른 인종으로 여겨졌다. 루이스 리키는 이 종을 230만 년 전~140만 년 전에 살았던 새로운 호모 화석인류로 확정하고 '도구를 사용하는 사람'이라는 뜻으로 호모 하빌리스라고 명명하였다. 이후 학계에서는 호모하빌리스가 호모에렉투스 직계 조상이라는 이론이 정설이 되었다. 프랭클린은 "노동수단의 사용이나 창조행위는 맹아적으로는 어떤 동물이라도 수행하는 것이지만, 그것은 인간 고유의 노동과정을 특징짓는 것이다."라고 규정하고 인간을 가리켜 "도구를 만드는 동물(a tool making animal)"이라고 정의했다.[4] 최근에, 미브 리키는[5] 케냐의 투르카나 호수 부근에서 발굴한 호모하빌리스와 호모에렉투스 화석을 분석하고 호모하빌리스는 144만 년 전, 호모에렉투스는 155만 년 전 것이라고 발표하였다. 두 화석이 가까운 지역에서 비슷한 시기에 발견됨으로서 두 종이 장기간 공존했으며 두 종이 각자의 생태 영역을 가지고 살았다는 것을 보여준다고 말했다.

지금까지 고고인류학적 연구에 의하면 호모 하빌리스는 최초로 석기를 사용한 인류로 추정되는 오스트랄로피테쿠스 가르히나 오스트랄로피테쿠스 아프리카누스보다 더욱 발달한 뗀석기를 만들었다. 호모 하빌리스가 만든 최초의 도구는 끝을 뾰족하게 한 돌조각이었다. 아직 조립형 도구를 만들었다는 증거는 없으나 석기와 동물의 뼈를 이용해서 다양한 모양의 도구들도 만들어 사용했을 것으로 추정한다. 이들은 도구를 사용하여 사냥을 하였으며 잡은 동물의 가죽을 벗기고, 뼈를 발라내고, 동물의 사체를 처리하거나 혹은 다른 동물이 사냥한 것을 빼앗아 먹기도 하였을 것이다.

그러나 이때까지 호모하빌리스는 자연의 세계에서 자신을 보호하기에 충분한 기술과 도구를 보유했다고 여겨지지 않는다. 이들은 아침이면 오늘의 생존을 걱정하며, '어떻게 해야 먹이의 사슬에서 벗어날까?'라는 숙명적인 고민을 하였으리라. 이들은 이 하루를 '어떻게 하면 굶지 않고 살 수 있을까?' 아니 이것보다 더욱 본질적인 두려움 속에서 '어떻게 하여야 오늘도 더 큰 동물들에게 잡아먹히지 않고 살아날 수 있을까?'라는 긴장으로 가득하였으리라.

한편 생물학자들은 세포와 그 구성요소의 차원에서 인간을 다른 영장류와 구별하였다. 학자들은 23쌍 염색체라는 유전물질을 인체에서 찾아냈다. 염색체는 60억개가 넘는 화학적 성분들로 인체의 발달과 생명의 유지에 관한 정보를 담고 있다. 최근에 그 비밀이 밝혀지고 있다. 이에 근거하여 생물학자들은, 화석과 탄소연대 측정법으로 인류의 진화 과정을 밝히려는 시도와 달리, 엄밀한 유전학적 근거로부터 유인원들은 인류의 조상이 아니며, 오늘날 그 유전자를 우리에게 물려주지도 않았다는 결론에 이르렀다. 스펜서 웰스[6]는 미토콘드리아 디엔에이(mtDNA)와 Y염색체 DNA를 통해서 인류가 어디서 발생하여 어떻게 전 세계로 퍼졌는가를 설명하였다. 미토콘드리아 유전자는 대를 물려가면서 조금씩 변화하는데 유전학자들은 그 변화가 일어난 지점을 추적해서 공통의 조상을 추적했다. 이들은 인류가 15만 년 전 아프리카에 살았던 한 여성의 후손이라는 것을 밝혀냈다. 그리고 이 여성을 '미토콘드리아 이브'라고 불렀다.[7] 또 남자에게만 물려지는 Y염색체를 통해서 인류의 아버지를 추적했다. 인류는 6만 년 전에 아프리카에 살던 한 남자의 후손이라는 것이 밝혀졌다. 그렇다면, 15만 년 전의 미토콘드리아 이브는 누구와 아이를 만들 수 있었으며 유전자 추적의 결과 발자국이 끊어진 지금, 6만 년 전 그 남자는 누구의 아이였을까?

고고인류학의 화석연구와 현대 유전공학적 방법 모두 공통적으로, 오늘날 지구상에 살고 있는 60억 인류의 출발은 오래 전에 동아프리카에서 살았던 작은 집단이라고 말한다. 이 집단은 자연을 극복하고 살아남아 현생인류의 조상이 되었다. 이들은 약 10만 년 전 나일 계곡을 따라 북쪽으로 이동하였으며, 시나이 반도를 가로질러 중동지역에 이르렀고, 약 6만 년 전에 인도와 동남아시아의 해안선을 따라 이동한 다음 오스트레일리아까지 건너갔다.[8] 약 4만 년 전에는 아프리카 북동부에서 유럽으로, 그리고 동남아시아에서 동아시아로 흘러 들어갔다. 그리고 1만 년 전 무렵에는 시베리아와 알래스카를 잇는 넓은 평원을 가로질러 북아메리카를 거쳐 남아메리카까지 퍼져나갔다.[9]

현생인류의 조상들은 아프리카와 아시아, 그리고 유럽으로 퍼져나가면서 원시인류 네안데르탈인들을 만났다. 인간의 조상들은 긴 인류의 역사에 비하면 아주 빠른 속도로 네안데르탈인을 물리치고 그 자리를 차지하였다. 현재까지 밝혀진 증거에 따르면 이 두 집단 사이에서 짝짓기는 거의 이루어지지 않은 것으로 보인다.[10] 네안데르탈인들이 왜 그렇게 쉽게 멸종하였는지는 아직도 연구의 과제이다. 유럽의 동굴벽화 가운데 일부는 원시 네안데르탈인들이 지구상에서 사라질 무렵 그려진 것들이다. 이 벽화들에 동물을 공격하는 장면은 많이 묘사되어있으나 인간을 공격하는 장면은 없다.[11]

약 4만 년 전 유럽으로 이동하기 시작한 현생인류는 앞서 살아온 네안데르탈인과는 분명히 다른 문화를 가지고 있었을 것이다.[12] 이들이 만든 연장은 더욱 정교하고 다양했을 것으로 추정된다. 이들은 지역에 따라 특색 있게 연장제조방법을 발전시켜 나감으로써 이전의 단조로움을 완전히 벗어나고 있었다. 이처럼 정교하고 적응력이 뛰어난 문화는 오늘날 사용하는 것과 같은 언어가 없었다면 생겨나기 어려웠을 것이다. 사람들은 자신이 창조한 물건이나 생각을 서로 교환했을 것으로 여겨진다. 그들이 남긴 동굴 벽화들이나 도구와 연장에 잘 드러나 있듯이, 그들은 자신

들에 대한, 그리고 물질세계에 대한 복잡한 생각을 품고 있었음이 틀림없다.[13)]

불을 발견하다

가장 최근의 리스빙기(Riss ice age: 180,000~130,000년 전)와 위름빙기(Würm ice age: 70,000~10,000년 전)에 북극으로부터 빙하가 밀어닥쳐 지구의 기온은 급격히 떨어졌다. 그럼에도 불구하고 원시인이 북쪽 지역에 정착하여 살 수 있었던 것은 인간이 불을 피우고 그것을 이용하는 방법을 깨달았기 때문으로 추측된다. 네안데르탈인의 유적에서 여러 가지의 불의 흔적 즉, 재나 숯의 퇴적, 검뎅이 된 뼈가 도처에서 발견되는 것으로 보아 리스빙기에 불은 이미 생활에 이용되고 있었다.

원시인들은 번개나 돌들이 부딪칠 때 불꽃이 일어나는 현상을 관찰하였을 것이다. 그리고 돌을 부딪치면 발화한다는 생각이 그들의 머리에 떠올랐을 것이다. 그것은 마찰을 이용하여 발화시키는 기술로 발전되었다. 발화기술은 기계적 운동을 열로 바꾸는 기술현상이며 인간이 발견한 최초의 이종 간 에너지 변환 기술이다. 발화기술을 습득함으로써 인간은 비로소 자연력의 하나를 제어할 수 있는 능력을 가지게 되었고 스스로 동물과 차별화 시킬 수 있었다. 발화기술은 인간의 생존에 필수적인 것이었다. 영화 'Quest for a Fire'를 보라. 인류가 불을 발견하고 놀라는 그 모습이 극적으로 드러나 있다. 발화기술을 습득한 후 인간은 고기를 구워 먹고 음식을 익혀먹기 시작했다. 이때부터 인간은 생물학적으로 동물과는 다른 발달의 경로를 걷게 되었다. 한편 불을 사용했음에도 불구하고 추위에서 몸을 보호할 수 없었던 인간은 주거 시설을 만들기 시작하였다. 인간은 외적인 환경을 자신들의 필요에 적응시키는 다음 단계에 들어섰다.

도구를 사용하다

현생인류가 아프리카에서 이동할 때 쯤, 이들은 이미 비교적 발달된 문화를 가졌을 것으로 추정된다. 이들은 이미 작고 정교한 돌과 뼈로 연장을 만들었다. 돌과 뼈와 사슴뿔을 갈아서 의도한 모양을 만들었으며 조개껍질이나 뼛조각 또는 동물의 이빨 등으로 장신구를 만들었다. 이들이 만든 연장은 점점 정교하고 다양해졌다. 시기에 대한 논란이 있기는 하지만, 약 9만 년 전의 것으로 추정되는 뼈로 된 작살 끝이나 화살촉이 중앙아프리카 지역에서 발견되었다. 5만 년에서 7만 년 전의 것으로 추정되는, 더욱 발전된 형태의 유물들도 발견되었다. 이들은 이미 조립식 도구 원형을 만들었던 것이다. 이들은 주변에 풍부한 재료들을 조합하여 자신들의 목적을 달성할 수 있도록 도구들을 만들었다. 이들은 필요에 따라 자신들이 만든 도구나 그 제조법을 서로 교환했을 것이다. 인간은 드디어 단조로운 생활에서 서서히 벗어나고 있었다. 죽은 사람을 흙으로 덮고 땅에 묻기를 시작했다. 자신들의 희망을 상징적으로 표현하였으며 이전에 없던 종교와 예술행위를 하였다.[14] 이처럼 정교하고 상호 이해가 필요한 문화 창조는 언어가 없이는 이루어내기 어렵다. 따라서 적어도 이들은 간단한 언어를 사용했을 것이다. 그렇다면 말을 하는 데 적합한 해부학 구조가 자연선택에 따라 발달했을 것이다. 아마도 이러한 요구가 인류의 뇌를 자극하고 발달 시켰으리라.

언어를 사용하다

사람들이 언어를 사용하면서 인류사회는 더 큰 변화를 겪게 되었다. 인류는 서로 어떻게 소리를 내고 이 소리가 주변의 사물과 어떻게 연관되는지를 배우고 가르쳤다. 한번 의사소통을 경험한 인간은 말이 존재하지 않았던 시절로 되돌아갈 수는 없었다. 점점 더 복잡한 사고를 표현하고 전달할 수 있는 언어가 발달하였으리라. 마침내 언어가 인간 특성의 하나로 자리 잡은 것이다. 언어학자들은 언어가 어디에서 생겨났는지 정확히 알지 못하지만, 동아프리카나 동북아프리카의 어디에선가 시작되었을 것이라고 추측한다. 아프리카에서 발견되는 10만 년에서 6만 5000년 전 사이의 유물에서 언뜻 나타나는 흔적들은 언어와 관련이 있는 것처럼 보인다.[15] 이들이 제작한 정교한 도구에서 보이는 창조성이 언어의 등장을 의미하는 것인지, 아니면 자신의 생각을 표현할 줄 모르는 사람들이 원시적인 유물을 만들어낸 것인지는 더 연구해 볼 문제이다. 이들은 새로운 것을 받아들이는 뛰어난 능력과 욕구도 가졌을 것이다. 초기 현생인류가 언어와 도구 제작 능력과 원초적인 예술 행위들을 어느 한 순간에 배우지는 못하였으리라. 그들은 단계적으로 소통과 배움과 가르침 원리를

| 그림 사진 1.2 |

호모 엘렉투스가 사용한 손도끼들: 인류 최초의 석기문화로 불리는 260만 년 전 올두바이 문화기 시절의 호모 하빌리스는 깨진 바위를 그대로 사용하는 수준이었지만, 호모 에렉투스의 석기는 용도에 맞춰 돌을 가공했다. 케냐와 에티오피아에서 발굴 작업을 벌여온 고고학자들이 미국 『국립 과학아카데미 저널』에서 175만 년 전과 100만 년 전의 석기를 비교해 보면 형태는 거의 똑같지만 좀 더 세밀하게 다듬어졌다며 석기도 시간이 흐르며 조금씩 진화해 갔다고 설명했다.[16] 사진: 미국 국립 과학아카데미 저널 제공

익혔을 것이다. 인간은 경험을 통한 학습을 하기 시작하였다. 인간은 마침내 지식의 욕구에 의해 행동하는 최초의 피조물이 되었다.

집을 짓다

약 4만~3만 년 전의 전기 구석기시대와 후기 구석기시대에 호모사피엔스가 출현하여 현생인류의 조상이 되었다.[17] 이들은 구석기시대 후반에 이미 도구 제작 기술을 갖추었다. 도구를 이용한 경제적 성과와 기후의 변화는 인간의 생활양식에 영향을 미쳤다. 후기 구석기시대에 마지막 빙하기가 시작되었다. 인간은 추위로부터 몸을 보호하기 위해 주거 시설을 만들었다. 이 시기에 인류는 유목생활양식으로부터 점차 반정주생활양식으로 이행하기 시작했다. 흙으로 집의 기초를 세우고 동물의 뼈와 나뭇가지로 벽과 지붕을 엮었다. 아직까지 본격적인 농업은 시작되지 않았다. 주변 자연 속에서 잡을 만한 동물들을 무리를 지어 몰아서 잡았으리라. 이 때 돌도끼, 돌칼 등을 사용하였을 것으로 추정된다. 그 동안 수렵의 대상이었던 많은 종류의 대형 동물들이 빙하기에 사라졌다. 비교적 작은 짐승들이 인간의 수렵대상이 되었다. 수렵의 대상이 작아졌으므로 수렵방식도 개인들이 할 수 있는 새로운 방법이 나타나기 시작하였다. 그러므로 작은 동물이나 조류를 사냥하기 위해서 정교하고 사용이 편리한 도구를 만들 필요가 있었다. 돌을 가공하는 기술도 점차 개량되어 갔다. 단순히 돌을 가공하고 개량하는 것만으로는 석기의 성능을 개량하는데 한계가 드러났다. 새로운 도구의 필요성은 새로운 해결책을 요구하였다.

조립식 도구

후기 구석기시대 초기에 호모사피엔스는 전문화된 2차적 도구와 3차적 도구를 창조했다. 이 도구들의 도움을 받아, 갈기와 톱질하기 등 새로운 가공방법을 창안하고 호모사피엔스는 뼈, 사슴뿔 그리고 상아를 전문적으로 다루게 되었다. 적어도 일부 사회에서는 단인도, 조각칼, 톱, 바퀴살 대패, 송곳, 쐐기, 바늘, 엮은 밀짚과 짐 운반용 어깨받침과 같은 여러 가지 도구가 사용되었다.[18] 그와 동시에 화살, 돌 등을 날리는 도구, 창 발사기와 활, 그리고 어로를 위한 작살과, 수로를 막는 장애물로 먹거리를 획득하는 기술이 향상되었다.[19]

약 1만년전 중석기시대에 들어서 조립식 도구가 사용되기 시작하였다. 대표적인 조립식 도구는 손잡이가 달린 손도끼, 긴 창, 활과 화살 등 이었다. 중석기시대에는 돌도끼[20] 와 적절한 자루[21]가 달린 도끼, 까뀌, 둥근 끌 등이 사용되었다. 이러한 각종 연장을 이용하여 짧고 넓적한 노를 만들어 바다에서 항해할 수도 있었고, 개가

끄는 썰매[22]를 만들어 육상에서도 쉽게 다닐 수 있었다. 개를 사육하여 수렵대상 동물을 추적하는 데 이용하였고, 낚시 바늘과 그물의 발명, 그리고 팔레스타인의 나투프지역에서는 곧은 낫 혹은 수확용 칼을 발명하여 식량의 공급이 늘어났으며 토기[23]도 생산되기 시작했을 가능성이 크다.

손잡이의 재료는 나무나 뼈였으며 날 부분은 세석기라고 불리는 소형 돌날을 짜맞추어 만들었다. 세석기화로 도구의 날 부분이 날카로운, 한층 성능이 좋은 도구들이 제작되었다. 세석기의 원재료는 주변에서 쉽게 구할 수 있는 돌들이었다. 새로운 조립식 도구들은 성능이 점차 좋아졌다. 인간은 나뭇가지를 휘었다 놓으면 큰 힘을 발휘할 수 있다는 사실을 경험하고 '탄성 에너지'를 활용하는 기술을 개발하였다. 활을 발명하기까지 오랜 경험의 축적과 예민한 지적 능력이 필요하였을 것이나 마침내 인간은 당시로서는 매우 복잡한 도구인 활대와 활시위 및 화살을 개발하였다. 이것은 획기적인 사냥도구가 되었고 이로써 인간은 숨어서 동물들을 공격할 수 있게 되었다. 이 기술로 수렵 생산성이 크게 향상되었으며 인간은 자기보다 큰 동물에 대한 두려움에서 서서히 벗어나기 시작하였으리라.

약 8000년전, 신석기시대에 새로운 대형석기 가공법과 토기 제작 기술이 발달하였다. 단단한 암석의 가공도 가능하였다. 대형 돌도끼 · 손도끼 · 정 · 곡괭이 · 발가래 등이 제작되었다. 조립식 도구는 석영의 돌날을 손잡이에 고정시켜 사용되었다. 후기 구석기 시대에 이미 돌에 구멍을 낸 목걸이나 길게 늘어뜨린 장식물에 사용되었던 가공기술이 발달하였던 것으로 보아 돌조각들이 조립식 도구의 제작에도 사용되었을 것이다. 조립식 도구의 발명과 광범위한 사용은 기술혁명을 가져왔다. 새로운 노동수단이 다양한 경제 활동에 이용되었다. 마침내 인간은 수렵에서(채집경제) 농경과 목축으로(생산경제)로 이행하는데 필요한 기술적 전제조건을 갖추었다.[24] 레슬리 화이트Leslie White는 신석기 농경인들은 식물을 재배하고 가축을 기르는데 대자연의 힘을 이용했고 생화학적 메커니즘을 이해했다고[25] 말한다.

1.2 문화와 기술

원시인들이 사는 방식은 현대 문명과 달랐다. 그러나 그들의 생활 속에도 기술은 다분히 담겨있었다. 문화가 형성되기 시작한 것이다. 아프리카에서 올도완 양식

(Oldowan-style)[26]의 기술은 150만 년 전 경, 아슐리안 주먹도끼[27]와 그 파생도구들과 함께한다. 이것들은 암석에서 떨어져 나온 자갈을 이용해 만든 석기로서 각 면을 곱게 다듬어 만들어졌다. 그러나 새로운 도구들이 널리 쓰이는 데에는 오랜 시간이 소요되었다. 이 새로운 형태의 도구는 네안데르탈인이 발명한 것이 아니었다. 그러나 서부 프랑스에 있는 한 유적지의 이름을 딴 무스테리안[28] 석기의 일부로서 발전되었다.[29]

도구를 디자인 하다

대략 30만 년에서 20만 년 사이에 외부의 영향으로 도구 제작에 혁신이 일어났다. 이것은 '준비된 몸돌(prepared-core)'[30] 기술이었다. 이 준비된 몸돌 도구는 제작 기술 분야뿐만 아니라 인간의 인지 능력 측면에서 도약을 가져왔다. 아프리카의 초기 구석기 시대의 올도완 도구 제작자들은 모양에 상관없이 단순히 날카로운 얇은 조각을 사용하였다. 그러나 아슐리안인들은 돌을 때려서 원하는 모양을 만들어냈으며 이 새로운 형태의 도구는 '디자인'이라는 새로운 개념을 낳은 것이다.[31] 이들은 도구의 표면을 매우 날카롭게 다듬어서 원하던 제품으로 만들었다. 특히 부싯돌이나 규질암을 사용해 만든 도구들은 주기적으로 다시 다듬어져서 껍질을 벗겨낼 때나 나무를 다듬을 때 등 여러 용도로 사용되었다.

이전의 호미니드와는 달리 크로마뇽인은 3만 년 전에 절묘한 조각상을 만들었다. 그들은 자연을 관찰하는 힘과 이미지를 표현하는 능력을 가지고 있었다. 이들은 동굴 벽에 그림을 그렸고 뼈로 된 장식판에 표시를 새겨 넣기도 했으며 죽은 사람들에게 예를 표현하고 정성들여 매장한 것으로 추정된다. 이들은 죽은 이의 시체를 팔찌, 목걸이, 펜던트와 여러 장식물들로 꾸몄고 손 다듬질용 공구의 손잡이 같은 일상 용품까지도 장식했다.[32]

구석기 인들은 돌뿐만 아니라 뼈나 뿔들을 이용하였으며 조립식 도구를 만들었고 또 도구를 장식하는 것에 흥미를 가졌다. 그 후 크로마뇽인은 뼈로 된 바늘도 사용하였다. 이 무렵에는 새와 물고기 뼈들이 고고학적 유적지에서 풍부하게 나타나기 시작했고 몸집이 큰 포유동물들의 흔적들이 발견된 적이 있다.[34]

프랑스와 몇몇 지역에서는 크로마뇽인의 후기 구석기 문화와 네안데르탈인의 무스테리안 문화가 혼합되어 나타나기도 한다. 네안데르탈인은 석기 가공에 뛰어났으며 크로마뇽인으로부터 뼈를 사용하고 날을 세우는 방법들을 장식물들의 교환이나 크로마뇽인 야영지에 남겨진 파편들을 보고 알아냈을 지도 모른다.[35] 크로마뇽 유적지는 3만 5000년 전 이후에야 유럽에서 흔히 발견된다. 이 새 진입자가 일단

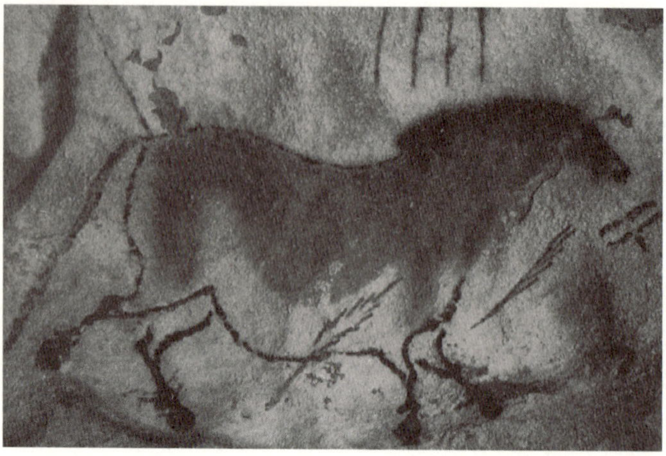

| 그림 사진 1.3 |

〈말〉 기원전 15,000~10,000년경 동굴벽화, 프랑스 라스코 동굴 고고학자들은 빙하기에 이처럼 살아있는 듯한 그림을 당시 사람들이 그렸다고 믿지 않으려 하였다. 이 지방에서 돌과 뼈로 만든 도구들이 발견되면서 그들이 맘모스와 순록같은 짐승들을 사냥하였으며, 그 짐승들을 잘 알고 있었던 사람들이 그 벽화를 그렸음을 확인하였다. 이들은 그들이 먹이를 그림으로 그리기만 하면 동물들이 그들의 힘에 굴복할 것으로 생각했을 것이다. 지금도 일부 사람들은 이러한 관습을 보존하고 미술을 그렇게 이용한다.[33]

유럽 내에 형성되자 삽시간에 퍼져나갔다. 그리고 네안데르탈인의 지역은 급속히 줄어들기 시작했다. 3만 년 전 무렵 무스테리안 유적지들은 거의 사라져 이베리아 반도 부근으로 한정되었다.[36] 결국 네안데르탈인은 언어와 상징 기술을 가진 크로마뇽인들을 이겨낼 수 없었던 것으로 추정된다.

벽화를 그리다

이들은 모두 생산 활동에 매달리지 않았다. 동굴 벽화에도 관심을 가졌다. 이들이 동굴벽화를 통하여 얻고자 한 것은 무엇일까? 가장 얻고자 한 것은 벽화를 통한 어떤 만족감이었을 것이다. 벽화를 통해 그들은 재미와 즐거움, 짜릿함, 감각적이고 정신적인 안도감을 얻었고 지식까지 쌓았을 것이다.[38] 벽화가 그려진 동굴은 이들의 생활공간이었거나 혹은 특별한 목적 즉 이들이 충성과 위엄과 감사의 마음을 가지고 방문하는 곳이었을 것이다. 동굴 벽화는 종교 의식의 대상일 수도 있다. 어둠 속에서, 아른거리는 횃불에 비치는 역동적인 동물은 보는 이로 하여금 경이와 숭배의 느낌을 불러일으켰을 것이다. 인간은 예술을 통해서 재창조된 자연에 경탄했을 것이다. 뿐만 아니라 이것을 통해서 자연을 인식하기 시작했다. 그리고 자연을 조금씩 알아 갈수록 광대한 자연 그 자체의 신비를 깨닫게 되었을 것이다. 자연을 알지 못할 때에, 그 신비도 깨달을 수 없고 단지 두려움만을 느끼는 것은 그 때나 지금이나 인간의 원초적 속성이다. 인간은 마침내 누가 이 자연을 만든 것일까?'라고 묻기 시작하였다. 동굴 미술은 당시 인간들이 깊은 사색을 하였으며, 삶과 우주에 대한 생각을 하였음을 말한다.[39] 그러나 아직까지 이들은 수렵 채집 생활을 벗어나지 못하였다. 또 이들은 재분배나 저장을 할 만한 잉여 생산물을 갖지 못하였으므로 생산에 참여하지 않고 생활할 수 있는 전업 전문가, 군대, 관리, 사제 들을 부양할 수 없었다.

약 1만 2000년 전부터 지중해 동쪽 해안 부근에서 수렵 채집인들은 새로운 생활 방식을 받아들이기 시작했다.[37] 이들은 끊임없이 이동하는 대신 상당 기간을 한곳에서 살기 시작했다. 이러한 정착을 보여주는 유물 가운데는 돌절구가 있다. 이들은 컵과 그릇을 만들었으며 안쪽을 납작한 돌로 두른 구멍에 물건을 보관했다. 이들은 야생식물과 동물을 한 곳에서 키우기도 하였다. 작은 돌날을 나무나 동물 뼈의 몸통에 박아 낫을 만들어 거주지 주변의 야생곡식을 수확하는 데 사용했다. 이들은 땅을 파내 만든 둥근 방에 덤불로 만든 지붕을 얹은 영구적인 형태의 집을 짓고 살았다. 사람들이 일단 일정한 곳에 머물자 생활방식이 변했다. 이들은 더 이상 자신의 소유물을 다른 곳으로 옮길 필요가 없었다. 결과적으로 이들은 '재산'을 소유하게 되었다.

석기 시대의 사람들은 위압적이고 예측할 수 없으며, 자칫하면 죽을 수도 있는, 가혹한 자연의 위력에 둘러싸여 있었다. 과연 인간은 자연의 위력 앞에서 속절없이 당해야 하는가? 자연의 의도는, 의미는 무엇인가? 인간은 동물과 달리 자연이 강요하는 허무주의를 받아들일 수 없었다.

기술과 예술

인간은 스스로 인과적 법칙에 의해 제한을 받거나 외부 세계의 메커니즘에 지배당하지 않는 초월적인 활동을 하는 존재임을 보여주었다. 또 스스로 창조적 능력 또는 예술적 창의성이 있음을 보여주었다. 이 능력은 학문적 능력과 마찬가지로 인간 본연의 능력에 속한다. 인간의 창조적 생산성은 전적으로 자율적인 능력이다. 역사철학자 벌린(Isaish Berlin, 1909~1997년)이 '낭만주의의 혁명'에서 자연은 더 이상 인간을 탄생시키는 어머니나 인간에게 규칙(자연법칙)을 부여하는 지배자로서만 존재하지 않는다. 오히려 자연은 인간이 자신의 창조적 능력을 통해서 새롭게 창조하고 형태를 부여할 수 있는 대상이다.[40]라고 한 말이 실현되기 시작한 것이다. 이 시대 사람들은 거석 구조물을 많이 세웠다. 이것은 상당한 건축기술을 요한다. 이것을 건립한 의도의 공통점은 질서에 대한 욕망이었다. 인간은 거석 구조물을 통해서 혼돈의 우주를 이해하려고 하였다. 이처럼 당시 인간의 예술활동은 상상력 속에서 탄생한 과학의 전조와 일치하였다고 여겨진다. 과학은 지식의 형태거나 대리물, 혹은 시각적 보조재였으며 미술에도 통합되었다.[41] 이것은 진실을 알기 위한 통합적인 탐구 행위였다. 키츠(Keats)가 지적하였듯이 '아름다움이 진실이고 진실이 아름다움'인 것을 확인하는 행위는 인간의 기술행위와 함께 시작되었다.[42]

인간은 예술에 눈을 돌리고 질서를 만들었다. 자연을 모방하고 자연의 규칙성과 자연의 움직임에 대한 예측 가능성을 이끌어 내어 계절과 달을 구별하였고, 하늘의 움직임의 일관성을 알아내려고 하였다. 종교적 믿음과 의식은 그 질서의 한 부분이고, 장례 관습은 그것의 또 다른 한 부분이다. 이 과정의 총합은 공동체 예술이고 그들이 파악한 질서의 시각적 상징이었다. 어지럽게 흩어져 있던 거대한 암석 덩어리를 모으고, 질서 있는 형태로 배치한 것은 질서에 대한 인간의 욕구이며 인간 이성으로 자연을 재현하려는 꿈이었다. 스톤헷지의 20개 가량의 거석들이 천체의 운행에 맞추어 정확한 원으로 배열된 것은 자연의 질서를 확인하려는 인간의 노력이었다.[43] 엄청난 노력과 상당한 기술을 필요로 하는 이러한 과학과 예술행위는 인간이 운명을 스스로 관장하고, 혼란을 몰아내며, 자신의 안전을 보장하려는 바람에 근거하고 있었다. 질서 있고 예측 가능한 세상에서 인간은 안정과 행복을 얻을 수 있을 것으로 생각했다. 이러한 태도는 이후 문화 전반에 나타나고 있다. 이들에게 기술과 예술은 아직 구분되지 않았다. 본질적으로 이것은 분리되기 어려운 것이었다.

1.3 기술의 산물

석기사회에서는 누구든지 적어도 이론상으로는 모두가 필요로 하는 도구, 기본적인 옷, 단순한 장신구를 직접 만들어야 했다. 하지만 지역공동체의 모든 구성원은 나이에 제약되지 않고 개인적으로 채집, 수렵, 어로, 원예, 목축을 함으로써 공동체의 식량공급에 적극적으로 기여해야 했다. 이것이 효력을 발휘하는 한 전업적인 전문가 즉 다른 사람들이 생산한 식량에 생계를 의존하고 대신에 물질적 혹은 비물질적인 물품이나 용역을 책임졌던 사람이나 계층은 존재할 수 없었다.[44] 그 이유는 단순하다. 집단의 모든 구성원이 식량공급에 기여를 하지 않는다면 식량이 모두에게 고루 돌아갈 정도로 충분하지 못하기 때문이다. 당시의 사회적 잉여는 식량을 생산하지 않는 사람을 부양할 만큼 충분하지 않았다.[45]

오랫동안 문명은 노동과 기술이 조합되면서 발전해왔다. 후기 구석기와 신석기 시대에 걸쳐 체계화된 생산적인 노동은 농업으로 나타났다. 이때부터 인간은 적은 노동자로 최대한의 생산량을 내기 위하여 많은 방법들을 생각하게 되었다. 생각은 지식을 낳고 지식은 점차 기술로 발달하면서 농기구들이 발달되고 생산성이 증가하게 되었다. 그러나 기술의 발전은 인간의 육체노동과 수동적인 자연 동력에 의존하는 한도 내에서 매우 천천히 일어났으며 생산성의 증가도 미미하였다. 지금도 아프리카와 동남아시아의 일부 지역에서 보이듯이 인력과 수동적인 자연력에만 의존한 생산력은 인간의 삶을 유지하는데 필요한 식량조차 여유 있게 공급하지 못한다. 인간은 신석기 농업혁명에서 19세기 초 산업혁명에 이르기까지 1만여 년 동안 가시적 자연력과 육체노동의 제한에서 해방되지 못하였고, 기본적으로 인간의 육체노동을 근간으로 한 사회 경제 제도 하에서 생산성의 획기적 발전은 가능하지 않았다.

기술혁신

19세기에 새로운 동력원이 발견되면서 인간은 육체노동에서 서서히 벗어나기 시작했다. 산업혁명과 더불어 석탄과 증기 기관이 인간의 노동을 대체하기 시작하였다. 증기선은 노를 젓던 배와 돛단배를 대체하고, 증기 기관차는 마차를 대신하고 증기기관은 인간과 동물과 물레방아와 풍차의 동력을 합한 것보다 훨씬 큰 동력을 제공하였다. 20세기의 2차 산업혁명은 전기를 새로운 동력원으로 제공하였다. 전기는 사용이 편리하고 1차 산업혁명 못지않게 인간의 경제 · 사회적 활동에 변화를 가져왔다. 광업, 농업, 수송, 제조 등 경제 과정에서 기계와 결합된 생명 없는 힘이 인간과 동물의 일을 줄이고 결국에는 대체하였다.

특히 2차 세계대전 이후 제 3차 산업혁명으로 컴퓨터와 소프트웨어를 바탕으로 이전까지 인간만이 할 수 있었던 인간의 사고 영역의 노동을 기계가 대신하기 시작하였다. 1, 2차 산업혁명으로 많은 사람들은 기본적인 일을 벗어나서 서비스업으로 이동하였다. 그러나 이것마저 기계의 손으로 넘어가면서 고전적인 노동이 사라지고 있다. 기계가 인간의 노동을 대신 함에 따라 인간의 노동시간은 급격히 줄었으나 생산성은 향상되었다. '생산성 향상은 주당 노동 시간을 단축할 것인가, 인력을 감축할 것인가?'라는 중요한 사회문제를 제기하였다. 이 질문은 산업혁명 이후, 인간의 노동이 기계의 운동으로 대치되면서 시작되었다. 기계는 휴식도 없이 낮과 밤을 가리지 않고 불평 없이 일을 했다. 한 번에 수십 명이 하는 일을 대신할 수 있었고 임금을 요구하지도 않았다. 기술을 소유하기 시작한 자본가들은 근로자들을 해고하기 시작하였다. 기계를 사용함으로 생산성은 향상되고 인간이 노동으로부터 해방되었지만 일자리에서 쫓겨나고 있다. 현대사회에서 인원 감축, 리엔지니어링, 다운사이징, 포스트포디즘은 흔히 들을 수 있는 말이다. 지출을 줄인다는 명분으로 사람들이 일자리를 잃고 거리로 내몰리게 된 것이다. 그러나 여전히 생산품과 재화는 넘쳐나고 사람들의 사회적 · 심리적 소비 욕구를 자극한다. 이는 다시 생산성의 증가를 요구하고 비용을 줄이고 판매를 촉진하는 궁극적 모순을 재생산한다.

기술과 운송수단이 유례없는 속도로 발전함으로써, 신제품의 출현이 더욱 빈번해졌다. 특히 정보기술산업의 생산라인이 숨 가쁘게 돌아갔다. 이러한 신제품의 공급이 규칙적으로 이루어지면서 지난 20년 동안 기존 제품의 교체가 빈번하게 이루어졌는데, 이 역시 소비를 더욱 촉진시키는 기능을 하였다. 여기에 가장 큰 공헌을 한 것은 기업들이다. 그리고 기술에 가장 민감한 영역도 기업들이다. 기술이 곧 기업의 경쟁력의 핵심 지표이며, 기술 환경에 적응하지 못한 기업은 죽음의 길을 갔다. 한때 세계 필름시장의 강자 코닥은 세계인들의 추억을 담아주는 상징이었다. 세계인들에게 코닥 카메라가 생필품이 되고 코닥의 사업은 번창했다. 그러나 1980년대 디지털 문화를 읽지 못한 코닥은 마치 맘모스가 사라지듯이 사라졌다. 현대기업들에게 신기술은 사활이 걸린 경쟁의 수단이 되었다.

기술문화

기술 지식이 축적되면서 끊임없이 새로운 문화가 형성되었다. 기술은 곧 문화의 핵심을 구성하고 기술과 문화는 서로를 견인하기도하고 어떤 때에는 억제하기도 하면서 발전해왔다. 인간은 점차 기술 활동에 둘러싸이게 되었다. 현대 인간은 먹는 음식과 입는 옷에서부터 거주할 집과 에너지, 수송과 통신의 수단까지 모두 기술에 의존한다. 사람의 노동은 기계로 대치되었고, 인간의 지루한 기억과 지식노동은 점차 컴퓨터에 의존한다. 인간 사회는 번영뿐만 아니라 생존 그 자체를 위하여 기술에 점점 더 의존하게 되었다. 여기에는 인간의 욕구가 자리를 잡고 있다. 마침내 기술은 역사 발전의 중요한 동기가 되고 사회적, 정치적 또는 예술적 업적만큼이나 사회에 큰 영향을 미치고 있음이 드러나기 시작했다.

현대인들은 위키피디아에 자기가 아는 지식을 올리고, 블로깅을 하며, 유튜브에 비디오를 올리고, 페이스북에서 친구를 만들고, 트위터에 글을 올린다. 온라인에서 사람들이 참여하는 것은 그것이 주는 재미, 목적, 욕망, 관심 등에서 새로움을 보았기 때문이다. 소셜 웹의 성장과 인터넷의 사회 정치적 의미가 강조되는 것은 새로운 서비스가 사용자들이 갖고 있는 욕망을 만족시키는 요소를 담고 있기 때문이다. 신기술들은 적은 비용과 희생으로 참여와 공유 그리고 자유와 평등을 구현하도록 도와준다. 과거에는 세상을 신문에 나온 사진과 기사로 읽었다. 지금은 세상의 진실을 시민이 찍은 사진과 동영상 그리고 보통사람들의 글을 통해 읽는다. 사람들은 한 쪽이 전하는 일방적인 정보가 아니라 양 쪽이 전하는 정보를 접하면서 진실을 판단한다. 기술의 발전으로 다양한 계층이 제시하는 다양한 증거자료가 제시되고 사람들

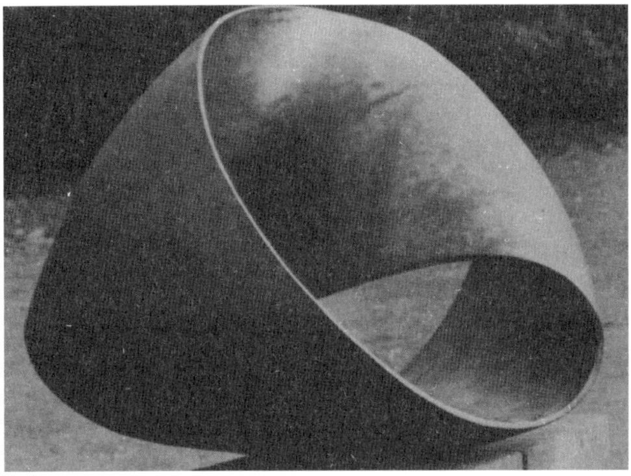

| 그림 사진 1.4 |

〈끝없는 뒤틀림〉, 막스 빌, 1935~1953년, Bronze, 높이 491/4″, Middelheim, Open Air Museum of Sculpture: 막스 빌은 바우하우스가 배출한 건축가, 산업디자이너, 화가, 그리고 조각가이자 이론가였다. 그는 자신의 그림에서 병치된 색면들을 통하여 수학적인 관계를 보여주었으며 조각에서는 기본적인 기하형의 입체와 함께 뫼비우스(Moebius)의 띠나 끝없이 이어지는 고리형태를 탐구하였다. 그는 미술과 디자인을 본질적으로 결합시키려는 그리하여 그 동안 분리되었거나 분리된 것처럼 보였던 미술과 현실 세계의 간극을 없애려고 하였다.

은 그것에 흥미를 느낀다. 이것이 지금의 문화이다.

사회적 합의

기술 활동이 없는 인간 사회를 발견 할 수 없다. 기술은 원시사회에서 부터 모든 인간의 삶 속에 스며들어 있으며 사회의 모든 부문과 조직 속에 들어있다. 기술은 생산과 문화 그리고 종교, 음악과 미술을 포함한 예술에도 들어있다. 농업기술은 식량정책과 공업기술은 회사의 경영과 국가의 기술정책과 깊은 관련이 있으며 자동차와 교통관리 기술은 운전기술자의 행위와, 보험통계표 작성 기술은 보험회사 직원의 행위와, 부기와 자료처리 기술은 회계사의 행위와, 의료 기술은 의사의 행위와, 피아노의 음악적 기술은 피아니스트의 행위와 결부되어 있다. 피아노와 바이올린이 발명되지 않았다면 모차르트의 소나타와 협주곡이 있을 수 있었을까? 유화 물감이 없었다면 그렇게 생생한 색감의 유화가 남아있었을까? 사진술이 나타난 이후 인상파는 미술에 얼마나 큰 변화를 가져왔는가? 예술가들은 선, 공간, 색채와 소리의 인식에서부터 피아노, 바이올린, 물감의 물질에 이르기까지 기술과 더불어 '창조정신'을 표현한다. 이처럼 기술은 사회의 모든 분야에서 찾아볼 수 있고 어느 곳에서나 인간의 사회적 행위와 서로 얽혀있다.

기술은 인간이 자연을 극복하고 물질을 사용하는 일관 작업 체계 속에서 유기적-기술적 혼합체를 형성된다. 그러므로 새로운 기술은 결코 공백 상태에서 유입되지 않는다. 새로운 기술을 잉태하는 사회는 역할, 신분, 규범, 가치, 재래기술 등과 복잡하게 얽혀 있으며 새로운 기술에 대응하여 인류는 저항, 수용, 수정의 복합적인 반응을 보인다. 그리고 궁극적으로 신기술 체계를 구축하고 새로운 행동 양식을 제도화함으로써 사회와 그 체계는 변화를 지속한다. 사실, 오랜 역사를 거치면서 기술이 해온 본질적인 역할은 변하지 않았다. 기술적 결정은 사회적 합의를 요구해왔으며 기술은 사회 속에서 사회의 요구에 응답하며 발전해왔다. 사회의 요구가 더 복잡해지면서 인간은 더욱 세련되고 강력한 과학적 기술적 도구를 필요로 하게 되었다. 현대사회의 요구와 문제는 인간이 갖추어야 할 기술, 경험 그리고 지식의 비상한 결합을 요구한다.

인간의 탐욕이 그치지 않는 만큼, 현대인들은 새로운 도전을 맞이하고 있다. 한정된 자원으로 어떻게 하면 점점 증가하는 인류의 식량과 에너지를 확보할 수 있을까? 어떻게 하면 우리의 삶에 필요한 환경을 지켜낼 수 있을까? 어떻게 하면 새로운 과학기술로부터 인간의 존엄성을 지킬 수 있을까? 그것들은 사회적, 경제적, 정치적이며 동시에 기술적인 문제이다. 그러므로 현대의 기술은 사회적이며 정치적 요인에 매우 민감하다. 현대 사회에서 기술적 결정은 천연자원의 효율적 이용, 자연환경의 보존뿐만 아니라 정치, 경제, 사회, 문화 나아가 인간 존엄성에까지 크게 영향을 미친다.

1.4 과학기술의 이해

모든 생명체는 자신이 살고 있는 자연에 적응해야 한다. 그렇지 않으면 도태된다. 적자생존을 위하여 생명체들은 오랜 기간에 걸쳐 진화하고 수시로 몸의 색도 변화시킨다. 간혹 동물들은 보금자리를 만들기 위하여 주위의 자연을 작게나마 변화시키기도 한다. 그러나 살아남기 위하여 인간이 하는 활동에 비하면 동물들의 적응 활동은 매우 빈약하다. 인간은 삶의 요구를 충족시키기 위하여 오랫동안 자연에 적응해 왔을 뿐만 아니라 자연과 자기 자신에 대한 지식을 축적해왔다. 마침내 인간은 적극적으로 주위의 자연을 자신의 필요에 맞게 이용하고 조작하는 지적 능력을 갖게 되었다. 인간이 주위의 자연과 먹이 사슬 속에 있는 자기보다 더 큰 동물들로부터 자신을 보호하고 일상의 먹잇감과 식량을 구하는 활동이 기술로 나타났다. 기술의 기원은 인간이 생존을 위한 투쟁 과정에서 발생한 지식활동의 결과이다.

생존 방식

인간은 기술을 사용함으로써 자연을 극복하기 시작하였다. 동물들도 맹아적 도구를 사용한다. 비버는 댐을 짓고, 수달은 바위를 이용해 조개류를 깨먹으며, 침팬지는 막대기를 이용하여 흰개미를 잡는다. 인간은 빠르기에서 치타에, 힘에서 코끼리와 곰에 비교가 되지 않으며 독수리와 같은 시력과 비상력을 갖지 못했다. 그러나 어느 동물도 인간같이 도구와 기술을 창조하는 능력을 가지고 있지 못하다. 인간은 기술을 개발하여 이런 신체적 약점을 보완해왔다. 인간은 다른 동물과 달리 지식을 얻고 축적하고 전파하며 그 지식을 이용하여 끊임없이 도구와 기술을 개발해왔다. 기술적 노력은 제이콥 브로노스키(Jacob Bronowski)의[46] '기술과의 싸움은 인간 본성과의 싸움, 즉 인간의 직립보행, 상상력, 연설 능력, 독특한 성적자세나 기호와 싸우는 것과 같다.'는 지적에서 보듯이 인간의 본성에 기인한다. 이처럼 기술은 선사시대부터 인류가 자연을 극복하고 인간의 육체적 생존을 보장하는 필수적인 요소이었다. 그러나 인간이 사회를 구성하면서 기술은 더욱 복잡한 형태로 발전한다. 사회적인 특성이 더해지면서 기술은 한 마디로 정의할 수 없는 복합적인 의미를 갖는 용어가 되었다.

기술이라는 단어의 어원은 인도-유럽어에서는 목공기술을 의미하는 테큰(tekhn)이며 그리스어에서는 기예, 기능, 재주 'art', 'kraft', 'skill'의 의미를 갖는 테크네(tekhne)이고 라틴어에서는 '직조(weaving)', 더 크게는 제조나 건축, 'fabrication or construction' 의미를 갖는 'texere'이다.[47] 그리고 기술(technology)이라는 용어는 19세기 중반 제이콥 비겔로우(Jacob Bigelow)의 책 『기술의 원소(Elements of Technology)』에서 처음 소개되었다.[48] 이 책에서 기술은 '원리, 과정, 독특한 기예, art에 관한 기법, 특히 과학의 이론'이 내포된 것이라고 하였다.

사회적 수용

이러한 기술 발전에 있어서 유능한 한 개인의 공헌은 무시할 수 없을 만큼 크고 중요하였으나 사회의 구성이 복잡해지고 기술의 수요가 양적으로나 질적으로 확대되면서 개인 보다는 집단의 노력이 점점 더 중요한 역할을 하게 되었다. 기술의 역사에서 인간이 사용하였던 도구의 생산과 발전은 집단 혹은 조직의 수요와 개발 노력에 따라 그 궤적이 다양하게 변하였음을 볼 수 있기 때문이다. 19세기 중반, 토마스 에디슨(Thomas Edison)이 백열전구를 개발하고 상용화하는 과정에서 그는 기술과 사회의 복합적 관계를 이해하고 있었다. 그 관계에는 당시 주요 조명기구로 사용되던 가스등의 문제점과 이제 막 발명된 전기의 이용과 확산, 오래가고 밝은 전구에 필수적인 필라멘트 개발, 전구의 수명 연장에 필수적인 진공기술 등이 있었으며 각 지역의 가구에 전기를 공급하기 위한 송전기술과 배전기술 그리고 전기요금을 징수하는 방안에 이르기까지 거대한 기술시스템이 필요하였다. 에디슨과 그의 동료들은 후에 'GE, General Electric'의 모기업이 된 에디슨 전기를 설립하고 국가적 지원을 배경으로 이 모든 문제들을 해결하고 전기 조명 기술을 사회에 심을 수 있었으며 근대를 여는 전기에너지 사업의 기반을 구축하였다.[49] 이러한 생각의 연장선상에서 현대의 컴퓨터화된 생산공정과 같은 복합기술의 경우에 매우 작은 부분의 생산기술의 혁신이라도 순수한 개인의 노력보다는 인적, 물적 그리고 제도적 지원이 뒷받침된 조직과 집단의 혁신시스템의 산물로 보는 것이 합리적이다. 뿐만 아니라 현대의 신 대체 에너지 기술, 우주항공기술, 생명공학기술의 발전과 사회적 수용은 점점 더 복잡해진 이러한 과정을 겪고 있다. 이러한 논점으로부터 루이스 멈포드(Lewis Mumford)가[50] "최초의 '기계'는 물질적 대상이 아니고, 이집트의 파라오가 피라미드 건설을 위해 고용한 조직적 구조이다."라고 한 것은 매우 의미 깊은 지적이다.

기술의 특징

그렇다면 기술은 어떠한 특성을 가지고 있을까? 장 이븐 고피(Jean Even Gopi)[51]는 자신의 저서 『기술철학』에서 일곱 가지의 특성을 설명하였다. 기술의 첫 번째 특성은 기술은 물질적 대상(도구, 옷, 건축, 생활용품 등) 속에서 구체화되어 있다는 것이다. 그 대상에는 동물적인 본능과 자연 현상을 관찰, 분석하고, 종합하는 인간의 지적 노력이 내재되어 있다. 원시인들이 오두막집을 짓던 기술은 현대의 초고층 빌딩으로 발전하였고 그들이 음식을 만들 때 사용하던 기술의 핵심들은 오늘날 온갖 편리한 가전제품 속에 체계화되어 있다. 이러한 물질적 대상들을 이용하여 인간은 제한된 인력만으로는 성취할 수 없는 것을 얻을 수 있었다. 두 번째 특성으로 기술의 문화적 성격을 들 수 있다. 여기서 문화는 자연 상태에 대립되는 개념으로 문화이다. 사람들은 '지능, 즉 개체와 종의 생존에 본질적인 행위들을 실행하고 유전적으로 전달되는 해부학적 장치'를 가지고 있다. 인간은 기술을 소유함으로써 자연 상태를 벗어나서 문화를 향유한다. 그래서 기술은 자연을 이해하고 그 원리를 인간의 삶에 활용하는 과정에서 존재한다.

세 번째로 기술은 문화적 질서 속에 나타난다. 즉 기술은 '언어, 연장들, 사회 제도들, 미적, 도덕적 또는 종교적 가치들의 체계들'과 같은 용어들로 묘사된다. 따라서 기술은 생물학적 유전이 아니라 학습을 통해 습득되는 특성을 가진다. 즉 기술은 선천적인 것이 아니라 학습을 통하여 후천적으로 획득되는 것이다. 기술은 학이지지(學以知之)로 표현될 수 있다. 그러나 학습은 단순 반복을 의미하지 않는다. 학습을 통한 개선과 개악의 가능성이 동시에 존재한다. 따라서 학습을 통한 기술의 발전은 '생물학적 진화'와 같은 본능의 영역에 속하지 않고 본질적으로 역사적인 특성을 갖는다. 산업혁명의 과정에서 새로운 동력기관을 적극적으로 수용하는 사람들과 반대하는 사람들이 나타났듯이 새로운 기술이 등장할 때 그 기술을 수용하는 태도는 한 사회 속에서도 다양하게 나타난다. 특히 신기술은 이해 당사자의 갈등이 충돌하는 과정을 거쳐 사회에 수용된다.

네 번째로, 기술은 기술계(technosphere) 속에 존재한다. 기술은 인간의 요구에 응답하는데 그 과정은 개별 기술들로서 작동하기보다는 기술체계 속에서 작동한다. 수송수단으로서 자동차가 기능하기 위해서 자동차 제조공장이 있어야 할 뿐만 아니라 도로가 필요하며, 주유소와 같은 연료 공급체계가 필요하며 고장난 자동차를 수리하는 정비소가 필요하다. 이처럼 인간의 욕구를 직접적으로 충족시킬 목적으로 존재하는 1차 기술들(예를 들면 자동차와 연료와 같은)과 1차 기술들을 가능하게 하는 2차 기술들(도로와 주유소와 같은)이 필요하다. 이처럼 기술은 고립된 상태에서 존재하는 것이 아니며, 그 사회의 틀 속에서 지속적으로 변화 발전하는 기술계를 구성하고 있다. 따라서 기술은 기술계 속에서 기능을 하게 된다. 이것은 개별 기술들이 특정 사회에서 수용되는 정도에 차이가 있다는 사실에서도 알 수 있다. 어떤 발명들은 쓰여지기도 전에 사라져 버리는 반면, 어떤 기계나 도구들의 체계는 상당히 긴 기간 동안 안정적으로, 거의 생물학적으로 발전하기도 한다. 그래서 생태계(biosphere)가 존재하는 것처럼 기술계(technosphere)가 존재하며 기술의 생태학적 성격이 논의되기도 한다. 이것은 어느 사회에서나 그 사회의 존립을 가능하게 하는 기술계가 이미 존재하고 있으며 새로운 기술은 그 계에 적응하는 일정 기간이 필요하고 그 기간 동안 기술계가 서서히 변한다는 것을 의미한다. 즉 기술적 혁신이 전파되기 시작하면, 그것은 기술계에 변화를 일으키며 그것은 다시 새로운 기술적 수요를 창출한다. 이러한 기술의 수용성과 혁신성은 기술이 역사성을 가지고 있다는 증거이며 기술계의 개념은 기술의 역사가 사회와 특수한 관계를 가진다는 것을 설명해준다.

기술의 다섯 번째 특성은 자연에서 노출되는 인간의 유약성이 기술의 개발을 촉구한다는 것이다. 인간은 다른 동물들과 달리 날카로운 이나 발톱, 털과 단단한 비늘 등, 요컨대 다른 동물들이 가지고 있는 자기보호기능을 지니고 있지 않다. 자연은 태생적으로 취약하게 태어난 생명체에게 매우 위협적이며 자연에 적응하지 못한 생명체는 도태된다. 따라서 기술은 인간이 자연과 직접적으로 마주치는 것을 피하게 해주는 일종의 고치 또는 막의 역할을 한다. 기술은 자연으로부터 인간을 보호한다고 할 수 있다. 최고의 기술은 인간이 생존하기 가장 어려운 환경 속에서 인간의 생존을 보장하려고할 때 발휘되는 것을 흔히 볼 수 있다. 인간이 우주공간에 존재하기 위하여 필요한 기술들, 중환자실에서 필요한 최첨단 기기와 의료기술들, 대도시의 교통, 통신, 생활, 환경 시스템 등을 살펴보면 쉽게 이해할 수 있다.

기술의 여섯 번째 특성은 기술은 지식으로 축적된다는 것이다. 즉 기술은 물질적 대상(도구, 옷, 건축) 속에 구체화되어 있을 뿐만 아니라 누적된 지식 속에 내재되어 있다. 원시인들이 오랜 유목민 생활 이후에 강을 다시 발견할 수 있도록 방향을 잡는 기술은 어디서 오는가? 바람이 강하게 불 때 보다 편하게 걸어가는 몸의 자세, 초원 또는 삼림 속에서 이동하는 방식, 동료들 중에서 환자나 병약자를 가려내는 방식, 배우자를 가리는 의식, 수렵한 동물들의 수를 세고 계산하는 방식, 기억을 보완하기 위하여 기록하는 방식, 거친 자연 환경을 이기고 생존하는 방식들은 인간의 지식으로 축적되어 왔으며 다음 세대로 전수된다. 이것은 기술이 연장이나 도구에만 들어있는 것이 아니라는 것을 의미한다. 즉, 도구들 속에 나타나지 않는 추상적인 기술이 존재한다는 것이다.

일곱 번째로, 기술은 계급적 성격이 있다. 인류는 자연에 대한 인간의 지배력을 확대하기 위해 새로운 수단을 끊임없이 탐구해왔다. 이것은 동시대 인류의 선을 실현하는데 기여하였다. 그러나 새로운 기술은 특정 개인이나 계급에게는 이익을, 다른 개인이나 계급에는 불이익을 주기도 하였으며, 때로는 전쟁에서 승리하기 위한 폭력적인 수단을 얻기 위해서 개발되기도 하였다. 사회형태는 결국 물자의 생산과 분배과정에서 맺어지는 인간 사이의 관계에 의해 정해지는데 이러한 생산관계는 기술적인 생산수단에 의존하여 왔다. 뿐만 아니라 생산관계는 생산수단을 혁신할 필요성을 야기하고 새로운 기술의 발생을 촉진하였다. 즉 생산관계가 급속히 변할 때, 예컨대 새로운 계급이 지배계급으로 부상할 때에는 이 계급이 부와 권력을 증가시키는 방향으로 생산수단을 개선시켜 지배 계급이 보유한 기술의 영향력을 크게 올린다. 하지만 일단 그 계급의 지위가 확립되고 새로운 경쟁상대의 발흥을 제어하기에 족할 정도로 강력해지면 그들은 현상유지에 관심을 기울이게 되어, 기술은 전통을 고수하게 된다.

이러한 일곱 가지 특성을 지닌 기술은 가시적이든 비가시적이든, 본질적으로 인간의 삶을 매개로 사회적이며 후천적으로 획득된 활동이다. 그리고 기술은 위협적인 자연 환경으로부터 인간을 보호하는 벽을 구성하며 그 벽은 단독적인 기술로서는 기능을 하지 않으며 기술들 사이에 복잡한 관계가 존재하는 기술계 속에 존재한다.

공학기술

기술의 특성들에서 보았듯이 기술은 인간의 생활 속에 구체화되어 있다. 낱개로 구별되는 것이 아니라 여러 가지 기술들이 종합적으로 기능하며 인간의 모든 활동 속에 기술이 스며들어있다. 모든 활동은 그 목적을 가지고 있다는 점에서 막스 베버(Max Weber)는[52] "어떤 활동의 기술은 활동에 필요한 수단들의 총체이며 그 활동의 방향이나 목적과는 대조적으로 결국에는 활동이 기술의 방향을 결정한다."고 하였다. 즉 합리적 기술은 우리에게 의도적으로나 방법적으로나 경험과 반성, 점점 고도화되는 과학적 고찰을 따라 고안되는 수단들을 사용하는 것이다. 기술은 한 활동의 목적과 이 목적의 실현에 필요한 매개물들과 관련된 모든 활동 속에 존재하므로 기술은 모든 것 속에 존재한다. 그래서 베버는 "사람들은 심지어 기도의 기술, 금욕의 기술, 반성과 탐구의 기술, 기억의 기술, 교육적 기술, 정치적이고 성직자적인 지배의 기술, 전쟁의 기술, 음악적 기술(예를 들면 음악적 대가의 기술), 조각 기술, 회화의 기술, 법률적 기술 등에 대해 말할 수 있으며 이 모든 것은 어느 정도의 변화무쌍한 합리성을 받아들인다."고 하였다.

그러나 현내 과학기술 문명을 대변하는 보다 현실적인 '기술'을 생각 할 때 '기술'은 공학기술(engineering technology)이 된다. 이때 기술과 공학기술을 혼동하지 말아야 한다. 특히 기술을 공학기술의 하부 기능으로 취급하는 것은 잘못된 것이며, 오히려 기술이 공학기술을 포함하는 광의의 개념이라는 점을 확실히 하고 공학기술의 개념을 정리할 필요가 있다.

베크만(Beckmann)은[53] '공학 기술 안내'에서 공학기술은 과학의 유산을 받아들임으로써 실행되는 기술이 아니라 기술적 절차에 대한 체계적이고 합리적인 연구라고 정의한다. 즉 공학기술은 자연적 생산물들의 가공과 그에 관한 직업적 지식을 가르치는 학문이다. 공학기술은 단순히 작업장에서 상품을 만들기 위해 선임자가 전수하는 지식이나 요령이 아니라, 관련 작업의 원리들과 확실한 경험들을 통해 설계 목표에 도달하는 수단들을 개발하고, 그 과정 중에 나타나는 현상들을 탐구하고 해석하면서 체계적인 순서에 따라 심화된 지식이다. 과학을 기술에 응용한다는 측면에서 공학기술을 응용과학과 혼용하는 경우가 적지 않다. 공학기술은 기술의 특수한 형태이며 하나의 과학적 기술이며 기술을 추구하는 과학적 기법과 수단이라고 할 수 있다. 공학기술이 응용과학적 기법과 수단을 활용하다는 측면에서 누적된 기술의 결과로부터 새로운 자연의 원리들이 발견되어 과학적 지식이 확장될뿐만 아니라 과학에서 발견된 자연의 원리들이 새로운 기술 개발에 활용된다고 할 수 있다.

그러나 기술의 발전이 과학의 발달에 종속되어있다고 생각하는 것은 맞지 않다.

기술들은 그 출발부터 과학이 고도로 발달한 지금까지, 단순한 과학적 응용이 아니다. 오히려 지금까지 과학은 기술로부터 많은 것을 얻고 있다. 인간은 전기 음향학을 공부하기 전에 녹음 기술을 활용하였으며 항공역학이 정립되기 전에 최초의 비행기를 하늘로 날렸고 첨단의 화학적 결합 이론이 나오기 전에 최초의 플라스틱 재료를 개발하였다. 요컨대 과학과 기술의 순환에서 기술이 먼저인 경우가 허다하다.

우리는 응용과학이나 과학의 요소와 구별되는 공학 기술적 방식을 구성하는 요소들을 이해함으로써 인간의 사유 양식에 미친 공학기술의 영향을 추정하고 그 특성을 좀 더 현실적으로 이해할 수 있다. 래프, F. Rapp는[54] '공학기술의 분석 철학'에서 공학 기술적 방식의 지적인 구성 요소로서 (1) 노동이 가치가 된다는 사실 (2) 경제적 유형의 합리성이 지배한다는 사실 (3) 전통적인 권위의 폐지, 그리고 창조성이 가치가 된다는 사실 (4) 계몽의 합리성 (5) 질서로서의 세계상을 포기하는 것 (6) 자연에 대한 기계론적인 개념 (7) 사물의 수학적 접근에 대한 신뢰 (8) 실험적 정신의 발달 들을 지적하였다.

이러한 요소들을 갖춘 공학기술은 목적을 달성하기 위한 체계적이고 합리적인 형식을 갖춘 수단이라고 할 수 있다. 그리고 공학기술자는 합리적인 행동이 가능하다고 믿고 미리 숙고하여 계획하며 조직화된 활동이 가능하다는 신념을 가지고 행동하는 사람들이라고 할 수 있다. 과학이 합리적으로 적용되는 세계와 기술이 계획적으로 기획 적용되는 세계는 다르다. 따라서 공학기술자들은 무슨 일이 일어났는지, 무엇이 어떻게 일어날지 그리고 인류가 이 세계에서 다른 세계로 이행하려면 무엇을 해야하는지 알기 위해 끊임없이 탐구하고 고민하여야 한다.

기술과 과학

현대에, 기술은 과학에게 무엇이며 과학은 기술에게 무엇인가? 대형 입자 가속기나 게놈연구 프로젝트, 핵에너지 연구시설들은 엄청난 양의 기술을 전제로 한다. 그리고 몇몇 단순한 기술적 발전이 종종 과학을 더욱 발전하도록 만드는 경우가 있었고 실제로 기술적 수단이 존재하지 않았다면 과학이 발전할 수 없었던 경우도 흔히 발견된다. 증기기관이 발명되었을 때에 열역학은 아직 존재하지 않았다. 호이겐스, 파핀, 세이버리 등은 시행착오를 되풀이 하면서 증기기관을 발명해갔다. 이들이 활용한 여러 현상들은 2세기나 지나서 열역학으로 설명되었다. 패러데이(M. Faraday)는 물질의 구성에 관한 당시 최근의 발견을 잘 인식하고 있었으나 진공상태를 만들 수 있는 기술이 없었기 때문에 정확한 이론을 공식화할 수 없었다. 패러데이의 과학적 이론은 고진공 기술이 개발되고 나서 실험으로 증명되었다. 페니실린의 의학적 가치는 1912년 프랑스의 물리학자에 의해 발견되었으나 페니실린을 생산하고 보관할 기술이 없었다. 따라서 페니실린의 발명은 한참 후에 발표되었고 페니실린의 발명에 대한 오해조차 있었다.

과학은 17세기에 이르러서야 비로소 하나의 독립된 지위를 획득하기 시작하였다. 과학을 통하여 운동이나 힘은 정량적으로 논할 수 있게 되었다. 단순한 기술자들이 결코 생각해낼 수 없었던 새로운 기계의 발명이 과학자들이 제공하는 지식에 의하여 비로소 가능하게 되었던 것이다. 과학의 합리적인 방법들은 학자들의 현학적인 표현으로부터 차츰차츰 벗어나, 자연을 이용하고 활용하는 기회를 확대하였다. 현대에는 새로운 기술을 개선하려고 하면 복잡한 과학적 작업이 필요하다. 비행기가 초음속에 도달하는 문제, 핵발전소나 우주왕복선 설계, 수소에너지 이용 기술 첨단의료기술들은 좋은 예이다. 이처럼 과학과 기술은 깊은 관계를 맺고 있으며 과학과 기술의 구분은 현대에 오면서 그리고 새로운 분야일수록 더욱 희미해졌다. 생명공학적 기술은 어디서 시작하고 어디서 끝나는가? 영상의학에서 과학과 기술의 경계는 어디인가? 과학적 발견이 일상생활에서 기술로 적용되기까지 걸리는 기간은 점점 단축되어 왔다. 현재는 과학적 발견이 이루어지는 순간 구체적인 응용이 이루어지기도 한다.

이처럼 과학과 기술은 기본적으로 독립된 실체이지만, 20세기에 들어와 둘 사이의 상호작용이 본격화되면서 과학과 기술은 상호보완의 관계로 발전하였다. 기술혁신의 과정에서, 새로운 원천기술은 과학적 발견에 의해서 촉진되고 과학적 연구는 기술의 지원이 없으면 불가능한 것이 현실이다. 그러므로 현대에 과학과 기술이 과학기술로 혼용되고 있다. 역사적으로 볼 때 과학과 기술은 서로 주고받을 수 있는 접점들을 점차적으로 확대함으로써 20세기에 들어서는 일종의 수렴 경향을 보이고 있다. 특히 최근에 21세기를 주도할 산업으로 각광받고 있는 정보통신산업이나 생명산업은 모두 과학기반산업의 성격을 띠고 있으며, 향후에 등장할 새로운 산업도 과학과 기술을 통합한 영역에서 등장할 가능성이 많다. 특히 원천기술을 개발하는데 있어서 과학지식, 특히 기초과학의 중요성은 점점 더 중요해지고 있다. 많은 경우, 현대의 신기술은 기초과학의 지식을 근거로 창출되고 있다. 이러한 점에 비추어 볼 때 극히 일부의 순수과학을 제외하면 과학기술이란 용어로 과학과 기술의 영역을 포괄할 수 있으며 동시에 순수과학의 경우에도 언제 그것이 기술에 활용될지 모를 정도로 순수과학과 응용과학의 경계가 흐려지고 있으므로 순수과학이란 용어를 고정된 실체로 파악하기는 어렵다. 기술이 엄청난 속도로 발전한다는 사실은 그에 상응하는 과학의 발전을 필요로 하며 기술의 발전은 다시 과학의 발전을 가속화시킨다.

과학적 방법

1904년 막스 베버는 "과학적 진실이 가치 있다고 하는 믿음은 자연에서 저절로 파생된 것이 아니라 분명하게 존재하는 여러 문화들이 상호 작용한 산물이다."[55]고 했다. 그로부터 약 54년이 지난 후 이말은 로버트 머튼(Robert K. Merton)에 의해서 이렇게 보완되었다.

> "'과학적 진실'에 대한 믿음은 금방 의심과 불신으로 바뀌었다. 과학의 끊임없는 발전은, 그 사회의 고유한 암묵적 전제조건과 제도적 장치가 복합적으로 작용하여 만들어낸 특정한 질서를 지닌 사회 속에서 가능하다. 과학이 끊이지 않고 연속해서 발전하려면 무엇보다 과학 탐구의 호기심을 가진 자질이 뛰어난 사람들이 활발하게 참여할 수 있어야 한다. 이렇게 과학이 지원되려면 그 사회의 제도적, 문화적 조건이 뒷받침되어야 한다."[56]

로버트 머튼에 따르면 과학 정신은 과학자들이 지니고 있는 가치와 규범의 감성 복합체이다. 이 규범은 오래된 관습, 금지, 특혜, 허가와 같은 형태로 표현된다. 이것은 그 사회의 제도적 가치에 따라 규정된다. 이처럼 중요한 필수 규범은 계율과 전례로 전승되고 사회적 제재로 강화되어 과학자들에게 다양한 수준으로 내재화된다. 이렇게 하여 그것은 과학자 자신의 과학적 양심 또는 '초자아'가 된다.[57] 로버트 머튼은 과학적 활동과 관련하여 네 가지 '제도적 원칙'[58] 즉 보편성, 공동체주의, 공평성, 철저한 회의론에 이어 독창성이라는 원칙을 더했다.

1. 보편성: 이것은 두 가지 원칙을 암시한다. 하나는 모든 연구 결과는 정해진 기준에 따라 그리고 연구자 개인의 특성과 상관없이 객관적으로 판단되어야 한다. 또 다른 원칙은 모든 사람은 인종, 혈연관계, 종교에 구애받지 않고 과학적 담론의 세계를 자유롭게 왕래할 수 있어야 한다.[59]
2. 공동체주의: 이 원칙에 따르면 과학 연구의 실제 결과물은 크게 그 연구자가 속한 공동체 전체의 것이며 연구자는 결과물을 감추거나 독점해서는 안된다. 그 결과에 대한 정상적인 검증이 끝나면 곧바로 일반에게 공개되어 모든 사람이 그 결과를 이용할 수 있어야 한다.
3. 공평성: 이 규범에 따르면 과학자는 사회에서 공식적으로 인정된 수단을 이용해서 공평하게 진리를 탐구해야 하며 개인의 욕심과 이익을 모두 버려야 한다.[60]
4. 철저한 회의론: 이 원칙은 "경험주의와 논리에 맞게 만들어진 기준에 따라

연구 결과를 판단하는 일을 잠시 유보하고 공평하고 정밀한 조사를 다시 할 수 있게 한다."[61] 특정한 연구 결과가 사회에서 인정받는 특정 기관에서 발표된 것이라고 하더라도 모든 연구결과는 이 원칙의 적용을 받는다.[62] 사람들은 이 규범이 경박하다고 말할 수도 있고 특히 전통 사회나 발전이 늦은 사회에서는 그 사회의 중심이 되는 신성한 가치에 대한 비판과 의문 제기에 매우 민감하게 반응할 수 있다.[63]

학자들은 과학 방법에서 개인주의와 함께 합리성을 강조한다. 이것은 과학자가 연구 과제를 선정할 때 그 개인의 자유와 자율성이 중요하다는 것을 강조하기 위한 것이었다. 앞의 규범들은 모두 과학이 지켜야 할 사회 규범을 정의하지만 머튼은 또한 '기술적 수단과 도덕적 강제력을 둘 다'[64] 가진 방법론적 기준이 있다고 생각했다. 그는 "당대의 과학을 제한하는 사회적 관습은 나름대로의 방법론적 원리를 가지고 있고 이 관습은 사회 질서를 유지하는 데 효과가 있지만 사람들이 그것이 옳고 바람직하다고 믿기 때문에 과학을 속박할 수 있다. 이 사회적 관습은 기술적이며 동시에 도덕적 관습이다."[65]라고 하였다.

1.5 지평의 융합

올더스 헉슬리(Aldous Huxley)는 셰익스피어의 희곡 '템페스트' 5막1장에서 제목을 딴 소설 '멋진 신세계(Brave New World)'에서 소설의 표제와는 달리 우울한 미래사회의 모습을 그렸다. 과학기술이 고도로 발달한 신세계에서 인간들은 자신들이 이룩한 문명의 성과 앞에 무릎을 꿇고 노예로 전락한 채 모든 인간적 가치와 존엄성을 상실한 삶을 살아간다. 그곳에서는 자연출산은 원시적인 것으로 거부되고 아기는 인공 실험실의 플라스크에서 태어난다. 이들은 태어날 때부터 각자 계급이 정해지며 그 계급에 적응할 수 있는 능력까지 유전공학적으로 조절되어 태어난다.

현대 인간은 생존의 터를 염려하게 되었다. 핵무기, 지구 온난화, 환경 호르몬, 생명체 복제, 슈퍼박테리아의 출현 등은 자연 생태계는 물론 인간의 생명을 위협한다. 결국 인류는 새로운 기술이 인간의 삶에 좋기만 한 것은 아니라는 것을 알게 되었다. 인간은 강력한 과학기술력으로 자신을 둘러싸고 있는 생태계에 교란을 일으켰다. 생태계의 교란이 생태계 스스로 그 교란을 안정시킬 수 있는 한계를 벗어나 진행된다면, 생태계는 인간에게 치명적으로 부정적인 영향을 줄 수 있다. 엥겔스는 이러한 현상을 '자연의 복수'라고 하였다. '자연의 복수'는 자연이 인간사회에 적대적으로 기능하는 현상이며 생태계의 붕괴이다. 환경문제는 사회계, 생물계, 자연계의 세 체계 사이의 상호관계의 훼손에서 생기는 문제이며 본질적으로는 지구상의 총체적인 문제이다. 한스 요나스는 묻는다. "인간의 행복은 마땅히 증진되어야 하고, 우리는 이러한 목적을 달성하기 위해 자연을 변형시킬 수 있지만, 인간의 행복 증진을 위해 과연 자연을 얼마만큼 변형시켜야 하는가?"

야스퍼스는 『역사의 시원과 목적에 관해서(Vom Ursprung und Ziel der Geschichte)』에서 기술은 최초로 인류에게 문화발전의 가능성을 열어놓았고 인류는 기원전 6~5세기 경에 철기 문화를 배경으로 문화의 꽃을 피웠다고 하였다. 현대에 이르기까지 종교와 철학의 가장 저변에 있는 사상들은 이때에 완성되었다. 인도에서는 불교가 완성되었고, 중국에서는 유가와 백가사상이 꽃을 피웠으며, 그리스에서는 소크라테스의 사상과 철학이 완성되었으며, 중동에서는 헤브라이즘의 선지자들이 활동하였다. 야스퍼스는 이때에 인류문화의 근간이 완성되었다고 보고 이 시기를 '차축시대(Achsenzeit)'라 하고 세계사의 이 축은 기술의 발전에 의해서 가능했다고 보았다.

그러나 현대과학기술시대에 들어서면서 인류는 오히려 불안해지고 끊임없는 위기 속에 놓이게 되었다. 현대과학기술은 차축시대에 이룩한 인류의 지혜를 뿌리 채 흔들고 있는가? 아니면 새로운 차축을 준비하고 있는가? 인간이 자연 속에 창의성을 발휘하고자 할 때, 자연을 객체로 삼아 그것을 극복하려고 했던 지금까지의 노력이 이제 새로운 시각에서 점검되어야할 시대가 되었다. 인간에게는 인과적 법칙에 의해 제한을 받거나 외부 세계의 메커니즘에 지배당하지 않는 초월적인 활동이 존재한다. 이와 같은 활동을 우리는 창조적 능력이라고 한다. 이는 인간 본연의 능력에 속한다. 인간의 창조적 생산성은 전적으로 자율적인 능력이다. 데카르트 이후, 근대인들은 이 세계를 단순히 물질적 대상으로 사유했다. 또 주체와 객체를 분리하는 근대적 사고는 세계를 내적으로 또는 외적으로 분열하는 결과를 초래하였다. 근대적 사고에 대한 성찰이 요구 된다.

인간은 끊임없이 생각과 삶의 지평을 넓혀왔다. 인간은 궁극적인 관심인 우주의 기원을 탐구한다. 천체물리학자 스티븐 호킹은 『위대한 설계(Grand Design)』에서 우주의 기원으로 여겨지는 빅뱅은 신의 개입으로 이뤄졌다기보다 중력의 법칙에 따라 불가피하게 발생한 것이라고 주장하기도 했다. 그는 "중력과 같은 법칙이 있기 때문에 우주는 무로부터 스스로를 창조할 수 있다." 면서 "우주와 인류의 존재는

'자연발생적인 창조'에 따른 것"이라고 주장했다. 그는 끈 이론[66] 일종인 'M-이론'이 우주의 탄생원리를 설명할 수 있을 것이라며, "M-이론은 아인슈타인이 찾고자 했던 통일 이론—중력 · 자기력 · 약력 · 강력 등 자연계의 4가지 힘을 하나의 원리로 설명하는 이론—"이라고 말했다. 그러나 중력법칙이나 물리학 등은 어떤 상태에서 발생한 결과에 대한 설명일 뿐이지 법칙 자체가 특정 세계를 창조할 수는 없으며 존재의 근거를 제시하지는 않는다. 무에서 유가 만들어 진다는 명제 그 자체가 과학을 벗어난 것이 아닌가? 마치 뉴턴의 운동법칙은 선수가 골을 넣는 것을 이해하는데 도움을 주는 것은 사실이지만 운동법칙이 골을 만들어 낼 수는 없다는 것과 같다. 골을 넣기 위해서는 제1의 원인인 인간이 있어야 한다. 과학이 인간의 기원과 운명을, 인간이 왜, 무엇 때문에 존재하는지를 설명할 수 있을까?

우리는 과학의 대상이 인간이 제외된 자연이 아니라 인간의 문제 제기에 노출되어 있는 자연임을 인식할 필요가 있다. 인간이 과학을 말할 때 객체성과 주체성은 깨끗하게 분리될 수 없기 때문이다. 오히려 주체성과 객체성, 자발성과 합리성이 역사적으로 서로 의존하며 서로 간의 조건 속에서 함께 역사적 현존의 전체를 형성할 때 이 분열을 벗어날 수 있을 것이다.[67] 괴테는 "생동하는 자연 속에는, 전체와 결합되어 있지 않은 것은 아무것도 일어나지 않는다. 우리의 경험들이 오직 분리된 상태로 나타나고, 우리가 행하는 여러 가지 시도가 분리되어 있는 사실들로 나타난다 할

| 그림 사진 1.5 |

잭슨 폴록(Jackson Pollock), 가을 리듬(Autumn Rhythm: No. 30, 1950년, 캔버스에 유채, 266.7×525.8cm, 뉴욕 메트로폴리탄 미술관. 잭슨 폴록의 액션페인팅의 대표작. "그림은 그 자체의 생명력을 지니고 있다. 나는 그것이 드러나게 만드는 것뿐이다."라고 함으로써 폴록에게 미술이란 더 이상 사물의 외관을 무기력하게 모방하는 것만이 아니라 에너지와 감성에 의해 스스로 드러나는 것이 되었다.

지라도 이것들이 분리되어 있다고 말할 수 없다."[68]고 하였다. 세계에 대한 과학적 인식자는 그 세계 속에서 더불어 현실 세계를 이루고 있으며 현실은 역동적으로 움직이는 과정 속에 있다. 이것은 현실의 전체는 아직도 인간에게 인식되지 않았을 뿐만 아니라 현실 자신이 전체로 아직 완성되지 못하였음을 의미한다. 현실은 여기에 정지해 있지 않으며, 오히려 역사 속에서 전체를 향하여 움직이고 있다.[69]

과학이 탐구의 대상으로 삼는 자연에 있어서도, 인간은 '자연'에 대하여 단지 인식주체와 노동 주체로서 마주하고 서 있는 것이 아니라 인식주체와 노동주체로서 그리고 자연과 함께하는 역사 속에 서있다. 인간은 자연과 대면하며 동시에 그 자신이 이미 자연이다.[70] 이 자연은 인간 자신과 그의 세계 안에서 계속 발전한다. 인간과 함께하는 자연, 자연과 함께하는 인간 앞에 서있는 개방된 미래 앞에서 인간은 자연에 대한 자신의 힘을 의식할 뿐만 아니라 동시에 자연과 자기 자신의 연대성을 의식하게 된다.[71]

마치 예술가가 그림을 그릴 때의 창조는 미술가의 머릿속에서부터 시작되고 창조적 과정의 지속 여부는 화폭에 가시화되는 것들과 지속적인 대화를 통해서 결정되는 것과 같다. 현대 미술가 잭슨 폴록(Jackson Pollock, 1915~1956년)은 화폭 속에 자신을 던지는 액션페이팅(action painting)으로 그림을 완성한다. 그의 창작 과정은 마음과 정신, 눈과 손 그리고 물감과 화면이 한데 어울리는 과정이다. 폴록은 이렇게 말한다.

> 내가 내 그림 속에 있을 때에 나는 내가 무엇을 하고 있는지 모른다. 내가 그동안 무엇을 하였는지를 알게 되는 것은 일종의 '익숙해지는' 기간이 지난 다음에야 가능하다. 그림은 그 자체의 삶을 가지고 있기 때문이다. 나는 그림의 삶을 드러나게 하려고 노력하고 있다. 그 결과가 실패로 끝나는 경우는 내가 그림과의 결속관계를 놓쳤을 때뿐이다. 그 이외의 경우에는 순수한 조화, 즉 편안한 상호관계를 통하여 그림이 바람직하게 만들어져 나온다.[72]

생각해보기

1. 자신이 잠에서 일어나는 순간부터 하루 일과를 마치고 잠자리에 들어갈 때까지 하루 일과를 자세히 서술하되 일과 중 자신이 의식 혹은 무의적으로 사용한 기술들을 포함하여 서술하고 그 소

감을 기록해보자.

2. "내가 내 그림 속에 있을 때에 나는 내가 무엇을 하고 있는지 모른다. 내가 그동안 무엇을 하였는지를 알게 되는 것은 일종의 '익숙해지는' 기간이 지난 다음에야 가능하다. 그림은 그 자체의 삶을 가지고 있기 때문이다. 나는 그림의 삶을 드러나게 하려고 노력하고 있다. 그 결과가 실패로 끝나는 경우는 내가 그림과의 결속 관계를 놓쳤을 때뿐이다. 그 이외의 경우에는 순수한 조화, 즉 편안한 상호관계를 통하여 그림이 바람직하게 만들어져 나온다."는 잭슨 폴록의 말에서 그가 액션페이팅 화가라는 사실과 '그 자체의 삶', '익숙해지는 기간', '결속관계', '상호관계', '바람직하게'라는 그의 표현을 염두에 두고 현대기술에 대한 자신의 이해, 태도를 기록해보자.

3. 망막한 대해에서 표류하던 중 우리 팀이 무인도에 상륙하게 되었다고 가정을 하고 생존을 위하여 팀이 해야 할 일들을 첫날부터 일곱째 날까지 7일간 기록하여 보자. 필요하면 적절한 가정을 하고 그 가정의 타당성을 검토하고 기록해보자.

4. 로버트 머튼은 " '과학적 진실'에 대한 믿음은 금방 의심과 불신으로 바뀌었다. 과학의 끊임없는 발전은, 그 사회의 고유한 암묵적 전제조건과 제도적 장치가 복합적으로 작용하여 만들어낸 특정한 질서를 지닌 사회 속에서, 가능하다. … 과학이 지원되려면 그 사회의 제도적, 문화적 조건이 뒷받침되어야 한다."고 하고, 과학적 방법은 과학자들이 지니고 있는 가치와 규범의 감성 복합체이며 관습, 금지, 특혜, 허가와 같은 형태로 표현되며 이것은 그 사회의 제도적 가치에 따라 규정된다고 보았다. 그리고 다섯 가지 제도적 원칙으로 보편성, 공동체주의, 공평성, 철저한 회의론, 독창성을 제시하였다. 이 원칙에 비추어 자신의 과학적 태도를 성찰하고 우리에게 적용할 과학기술자 윤리에 대하여 각자 혹은 팀별로 토론을 하고 10여 개 정도로 조항을 작성해보자.

5. 공학기술은 목적을 달성하기위한 체계적이고 합리적인 형식을 갖춘 수단이라고 할 수 있다. 그리고 공학기술자는 합리적인 행동이 가능하다고 믿고 미리 숙고하여 계획하며 조직화된 활동이 가능하다는 신념을 가지고 행동하는 사람들이라고 할 수 있다. 우리는 응용과학이나 과학의 요소와 구별되는 공학 기술적 방식을 구성하는 요소들을 이해함으로서 인간의 사유 양식에 미친 공학기술의 영향을 추정하고 그 특성을 좀 더 현실적으로 이해할 수 있다. 래프, F. Rapp, 는 공학 기술적 방식의 지적인 구성 요소로서 (1) 노동이 가치가 된다는 사실 (2) 경제적 유형의 합리성이 지배한다는 사실 (3) 전통적인 권위의 폐지, 그리고 창조성이 가치가 된다는 사실 (4) 계몽의 합리성 (5) 질서로서의 세계상을 포기하는 것 (6) 자연에 대한 기계론적인 개념 (7) 사물의 수학적 접근에 대한 신뢰 (8) 실험적 정신의 발달 들을 지적하였다. 래프가 제시한 8가지의 공학기술적 방식의 지적 구성요소가 무엇을 의미하는지 그리고 현재의 첨단기술 사회에서 어떻게 해석되어야하는지 자신의 견해를 써보자.

제2장 문명의 새벽

문명은 인위적이다. 그래서 계획과 절제를 요구한다. 아마 인간에게 처음 계획과 절제를 가르친 것은 농업이 아닐까? 농업은 약 1만 년 전 시작되었다. 마침내 인류는 수렵 및 채취에 의존하던 생활방식을 생산으로 전환하면서 삶에 획기적인 변화를 가져 왔다. 그래서 신석기시대는 '식량생산'을 의미하고 구석기시대의 식량채집경제와 대비된다.[1] 고든 차일드가 신석기혁명(neolithic revolution)을 '농업혁명'이라고 하는 것은 이 때문이다.[2] 이때부터 수 천 년에 걸친 농업으로의 전환이 일어났다. 작물재배와 야생동물의 가축화로 식량생산이 늘고 인구는 급격히 증가했다.

5000여 년 전, 이집트의 나일강, 메소포타미아의 티그리스강과 유프라테스강, 인도의 인더스강과 갠지스강 그리고 중국의 양자강과 황허 유역에서 관개농업이 시작되었다. 충분한 사회적 잉여가 생산되자 각종 청동기 제의 및 생산 도구들이 나타나고 잉여식량이 집결되는 거주지가 나타났으며 보다 안전한 곳으로 인구가 집중되면서 초기 문명들이 나타났다. 결국 사회의 복잡성이 증가하고 관료제도가 탄생하였으며 새로운 지배층에 부와 권력을 가져다주는 기술과 제도들이 촉진되었다. 현재 인류가 의존하고 있는 기본적인 지식과 도구들과 제도들과 질서 그리고 종교의 맹아적 형태들이 이 때 탄생하였다. 이 초기 문명의 요소들은 다름 아닌 인간 공동체의 형성과 생존에 필요한 것이었으며 그 수요를 따라 개발되었다.

이 후 크고 작은 문명사회가 몰락할 때, 인구밀도는 떨어지고, 교역과 경제활동은 축소되고, 정보의 흐름이 끊어지고, 지식의 혁신이 그치는 '문명사회 몰락'의 특징이 나타났다. 이것은 한 시대의 문명사회가, 자신을 유지하는데 에너지를 모두 소진하고 새로운 생산 수단과 생산 관계가 필요해졌으나 그것을 창조해 낼 새로운 사고와 지식 그리고 조직과 체계를 마련하지 못한 것을 의미한다. 그러므로 문명의 붕괴압력이 증가하여 사회에 모종의 변화가 필요할 때 나타나는 대안적인 과정은 파국이 아니라 '창조적 파괴'이며 이것은 문명이 흥망의 열린 사이클로 들어섰음을 의미한다.

2.1 농업 혁명

농업의 기원이 단선적으로 설명되지는 않는다. 인구 증가, 자연환경 변화, 기술과 지식의 축적과 발달 등 여러 가지 요소들이 복합적으로 농업의 기원에 영향을 미쳤으며 인간은 주어진 환경에 적절한 방식으로 대처하는 능력을 키워왔다. 기후 변화로 홍적세 말기(2만 년~1만 년 전)에는 대형 동물들의 숫자가 급속히 줄었기 때문에[3] 식물성 식량의 채취가 더욱 중요해졌다. 인류학자 로버트 폴리(Robert Foley)에 의하면 "일부 수렵채취인들은 특별한 환경에서 번성했을 수 있지만, 대다수는 그렇지 못했고 계절적인 그리고 장기간의 기아로 고통을 겪었고 생존을 위해 몸부림쳤다."[4] 뿐만 아니라 도구의 발달로 먹잇감의 수렵과 채집이 늘어나면서 농업이 시작되기 직전에 인구수가 크게 증가했다. 어떤 지역에서는 자원이 심하게 고갈되고 같은 양의 수렵에 점점 더 많은 시간과 노력이 요구되었다. 특히 투창이나 화살과 같은 조립식 도구의 발달로 수렵의 능력이 증대되면서 초기에는 수렵량이 늘었으나 과잉 수렵이 되면서 국지적인 먹이사슬이 붕괴되고 사냥감 동물이 부족하게 되었다.

농업의 시작

농사를 짓기 전에는 야생식물과 동물이 줄어들면 수렵채취인들은 먹잇감이 풍부한 다른 곳으로 이동을 하기만 하면 되었다. 그러나 이들의 이동은 그 지역에 살고 있는 다른 사람들과의 생존을 건 싸움을 의미하였다. 이제 인간은 땅을 좀 더 효과적으로 이용할 수 있는 방법을 생각하지 않을 수 없게 되었다.[5] 또 수렵과 채취의 불확실성이 커지면서 수렵인들은 목축과 경작의 필요를 느꼈다. 그러나 모든 수렵채취인들이 농사를 선호하지 않았을 수도 있었다. 수렵채취의 능력이 상대적으로 약한 사람부터 농사를 시작하였다. 농업인들이 수렵채취인들보다 음식섭취와 경제적 생활에서 앞서기 시작하였다. 결국 이들이 서서히 수렵채취인들을 대체하기 시작하였다.

대략 1만 3000년 전 근동 아시아에서 빙하기가 끝나고 기후 변화가 일어나면서

표 2.1 각 지역에서 가축화, 작물화된 종의 예[7)]

	가축화/작물화 식물	동물	가축화 및 작물화가 입증된 가장 빠른 연대
독립적인 가축화 · 작물화 발원지			
1. 서남아시아	밀, 완두콩, 올리브	양, 염소	B.C. 8500
2. 중국	벼, 기장	돼지, 누에	B.C. 7500
3. 중앙아메리카	옥수수, 잠두류, 호박	칠면조	B.C. 3500이전
4. 안데스 산맥 및 아마존 강 유역	감자, 마디오크	라마, 기니피그	B.C. 3500이전
5. 미국 동부	해바라기, 명아주	없음	B.C. 2500
6. 사헬 지대	수수, 아프리카벼	뿔닭	B.C. 5000이전
7. 열대 서아프리카	아프리카 마류, 기름야자	없음	B.C. 3000
8. 에티오피아	커피, 테프	없음	?
9. 뉴기니	사탕수수, 바나나	없음	B.C. 7000년?
다른 곳에서 창시 작물이 도착하면서 가축화 · 작물화가 시작된 지역			
10. 서유럽	양귀비, 귀리	없음	B.C. 6000~3500
11. 인더스 강 유역	참깨, 가지	혹등소	B.C. 7000
12. 이집트	무화과, 금방동사니	당나귀, 고양이	B.C. 6000

식량이 될 수 있는 열매 맺는 나무와 씨앗을 맺는 곡물의 서식 지역이 크게 확장되었다. 대략 1만 2500년 전부터 수렵과 채취의 환경이 나빠지자, 이미 추수와 알곡을 터는 기술을 갖고 있던 정주성 수렵채취인들이 약 1만 년 전부터 마을을 이루고 농사를 짓기 시작하였다.[6)] 이들은 우연히 이삭이 열린 곡식을 생산하고 오랜 경험으로 추수 후에 다시 씨를 심는 기술을 터득하였다. 이러한 농경은 어느 한 사회에서만 발생하지 않고 세계 여러 곳에서 시차를 두고 등장하였다.

서기전 9000년경 지중해 연안 레반트 지역의 요르단 강 유역과 이란의 라그로스 산맥과 유프라테스 강 유역은 다른 어떤 곳보다 인구가 밀집된 지역이었다.[8)] 세계에서 가장 먼저, 서기전 8500년경, 현재 이스라엘에 위치한 예리코와 같은 도시에 살던 사람들이 곡식을 재배하고 동물을 가축으로 길들였다.[9)] 예루살렘 바로 북쪽에 위치한 와디 알 나투프라고 불리는 오아시스 주변 언덕에서는 이러한 방식의 생활에 처음 사용된 것으로 보이는 연장이 발견되었고, 이 시기를 중동역사에서는 나투피안시대라고 한다.[10)] 나투피안시대 사람들은 이집트콩, 렌즈콩, 밀, 그리고 보리 씨앗을 오아시스 주변에 파종하였다. 동물들의 뼈가 발견된 점으로 미루어 야생동물을 가축으로 길렀거나 다른 곳에서 가축을 들여왔을 것으로 추측된다.[11)]

서남아시아 유프라테스강 유역의 농민들은 서기전 8000년경에 밀과 보리를 재배하였다. 특히 티그리스 강과 유프라테스 강 주변은 비옥하여 이곳 사람들은 식량에 필요한 양보다 더 많은 식량을 생산할 수 있었다. 시리아의 아인 가잘 지역, 이란의 케르만샤 근처의 간지다레 마을[12]은 예리코와 함께 세계에서 가장 오래된 농업 지역들이다. 이집트의 나일강 유역에서는 서기전 6000년경에 메림다, 베리, 사라마 같은 10여개의 농경마을이 번성하였다.[13] 중국에서는 서기전 6000년경 혹은 그 이전에 양자강 중류와 하류 지역 그리고 황허 유역에서 벼가 재배되었다.[14] 황허 유역의 중부지역에서는 기장이 주로 재배되었으며 중국의 대표적 초기 농경문화인 앙소 문화가 이곳에서 발흥하였는데 서기 4800년에서 서기 3200년경, 이집트나 메소포타미아의 초기 농경지만큼 넓은 지역에 형성되었다.[15]

두 얼굴의 농업

초기의 농경민들이 한 곳에 머물러 살게 되자 새로운 위험 요인들이 이들의 삶을 위협하기 시작했다. 그 중 가장 심각한 요소는 인류가 이용할 수 있는 자연 자원의 범위가 축소된 것이다. 몇 가지 특정 작물을 집중적으로 경작하기 위해서는 필요한 기후도 한정되게 마련이었다. 구석기 시대의 수렵채집인에게는 극심한 가뭄이나 한파가 몰려오고 강의 물길이 갑자기 바뀌어도 큰 문제가 되지 않았다. 상황이 좀 더 나은 곳으로 이동하면 그만이었기 때문이다. 그러나 농경문화가 발달하면서 인류는 점점 움직이는 것이 어렵게 되었고 바로 그 때문에 인류는 기근을 이겨내야 했다. 인류는 기술 개발에 집착하지 않을 수 없게 되었다.

신석기 시대 농경인들을 괴롭힌 또 다른 위험 요인은 질병이었다. 구석기 시대의 수렵채집인들은 생존에 필요한 먹을 것을 스스로 사냥하거나 채집하면서 고달픈 삶을 살았다. 그러나 알고 보면 이들은 상당히 건강한 편이었다. 구석기 인류의 화석에서 부러진 뼈와 같은 외상의 흔적이 많이 발견되기는 해도, 이들의 평균 수명은 상대적으로 평화로운 생활을 누렸던 신석기 시대 사람들보다 오히려 더 길었던 것으로 보인다.[16] 아마도 농경 사회로 전환하면서 질병의 수와 종류가 증가했기 때문일 것이다. 전염병이 농경 사회 그 자체의 부산물이라고 보기는 어렵지만 사람들이 한 곳에 모여 살게 되면서 전염병의 원인과 유병률(어떤 시점에 일정한 지역에서 나타나는 그 지역 인구에 대한 병자의 수의 비율)이 동시에 증가한 것은 부인할 수 없다. 수렵채집인 시절에도 인류와 동물의 접촉은 있었지만 농경 사회가 시작되면서 이들과 접촉하는 시간이 매우 길어졌기 때문이다. 예를 들어 홍역은 소가 앓는 우역과 그 증상이 매우 비슷한 것으로 볼 때, 1만 여 년 전 인류가 가축을 기르기 시작하면서 생겨난 것으로 생각된다.[17]

사회 구조의 변화

인류의 역사는 인구 증가의 역사이다. 농업은 수렵채취에 비하여 식량 생산력이 높고 인구 부양 능력이 크다. 잉여식량의 비축이 가능하게 되므로 비약적인 인구 증가가 가능하게 되었다. 결국 농업과 더불어 수명이 연장되고 출산율이 증가하였다.[18] 신석기 시대 이후부터 세계 인구 증가 곡선에는 가속도 효과가 보인다.[19] 전문가들은 쇼베 동굴 시대[20]에 지구의 인구는 100만 명을 넘지 않았다고 한다. 그 후 호모 사피엔스들의 인구는 65만 배 증가했다. 인구증가가 식량에 대한 수요증가를 촉진하였다. 이것은 다시 생산성이 높은 농업 기술의 변화를 추동하는 압력이 되고 농업은 점점 핵심 산업이 되었다. 농업은 정주 생활을 요구하고 집단의 노동력을 요구하였다. 신석기시대 사람들도 구석기시대처럼 동굴에 피난하거나 거주하기도 하였으나, 그들은 '수혈주거'와 같이 땅에 구멍을 파고 사는 대신에 갈대, 진흙, 손으로 만든 벽돌, 초벽, 분리된 목재 혹은 석재와 같은 그 지역에서 구하기 가장 편리한 재료[21]를 이용해서 꽤 넓은 집을 지었다.

신석기시대의 농경은 600명이 넘지 않는 집단들에 의하여 이루어졌던 것으로 보인다.[22] 또 가까이 살면서 서로 서로 도와 농사를 지을 수 있도록 농경지 부근에 취락이 형성되었다. 취락은 처음에는 촌락에 불과했으나, 그 규모가 점차 커지게 되고, 작은 도시로 발전하게 되었다. 그리고 정주 생활은 휴대가 쉽지 않은 농업도구와 관개체계, 모종밭과 같이 매우 유용한 정주형 기술의 발달을 촉진하였다. 사람들은 논과 밭 주변의 수로를 개선하고 주기적으로 땅을 고르는 기술을 개발하였다. 또 잡초를 제거하고 작물을 심고 돌보고 동물을 길들이거나 하는 경험 지식을 축적해 갔다. 어려운 시기를 대비하고 씨앗을 보관하기 위하여 저장고와 토기들을 만들었다. 농업 이전 사회에서 각자가 수렵이든, 채취든 자기와 자기 가족의 식량조달에 시간을 주로 사용해야 했으나 이제는 농업에 필요한 도구 제작에도 시간과 노력을 투입할 필요가 생겼다. 농업 기술의 발달로 마침내 가족의 수요보다 더 많은 식량이 생산되었으며 일부 사람들은 다른 직업을 갖게 되고 더 많은 식량을 가진 가족이나 집단은 잉여 식량을 근거로 토지를 소유하게 되었다. 이 토지는 세습되었으며 토지 세습자들은 잉여식량을 근거로 식량생산에 직접 참여하지 않아도 되는 사회계층으로 발전하였다. 점 점 더 많은 잉여를 소유하게 된 부유한 사람들은 가난한 사람들에게 땅과 식량을 제공하는 대신에 그들의 노동력으로 더 많은 잉여생산물을 가지게 되었다.

잉여생산물이 축적되자 이것을 분배하기 위해 경제와 정치제도가 필요하게 되었다. 수확물의 유통경로를 관리하고 식량과 다른 물품의 교역을 감독하는 제도가 만들어 졌다. 그리고 조직화된 사회의 특징인 노동 분업이 시작되었다. 농업의 발달과 노동 분업으로 새로운 사회구조가 필요해졌다. 더 많은 생산을 기원하고 비를 기원하고 홍수로부터 생명을 지키려는 종교의식도 생겨났다. 마침내 인간 사회는 마을, 씨족, 부족 최종적으로 현대의 민족국가에 이르는 고대 도시로의 일련의 변화를 시작한 것이다.[23] 노동 분업은 성이나 나이에 상관없이 시작되어 기술자나 지식인, 상인, 군인, 관리, 제사장 같은 전에 없던 새로운 사회계층을 형성하였다. 이것은 신석기시대 이전에는 전혀 상상하기 어려운 일이었다.

농업혁명으로 촉발된 정주생활과 노동 분업은 올두바이와 아슐리안기에 나타난 문화적 정체기와는 근본적 달리, 그 속도와 규모에서 전례가 없는 문화적 진화기를 가져왔다.[24] 신석기 시대에 매장 의식은 굴장 혹은 오므린 자세의 매장이 거의 보편적이었다. 그러나 신석기시대 전기부터 평장이 북부 유럽에서 행해졌고 북서부 유럽, 뢰스토양지대의 2차적 신석기 집단 일부, 메소포타미아의 우바이드문화, 중국의 처우치이차이에서는 평장이 종종 행해졌다. 화장은 뢰스토양지대의 2차적 신석기시대 중기시대에 산발적으로 행해졌고, 알프스산맥 북쪽 유럽의 신석기시대 후기에는 더욱 널리 행해졌다.[25]

화폐와 문자 출현

신석기 시대의 도래와 함께 인류 사회에 일어난 또 다른 변화는 각 지역마다 독특한 생활양식이 생겨나서 오늘날 지구상에 존재하는 것과 같은 다양한 문화의 기틀이 마련된 것이다. 문화란 단순히 식생활을 해결하는 문제를 넘어, 사회적 관습과 의복, 도구를 만드는 스타일, 물자의 운송을 비롯한 수많은 삶의 양식을 망라한다. 그 중에서 가장 중요한 요소는 언어였다. 문명은 많은 사람들이 다양한 경제와 사회구조를 유지하는 곳에서 빠르게 형성되어 갔다. 문화 창조의 가장 커다란 추진력 중의 하나는 타인 혹은 타 집단과의 상호교류와 협력이었다. 많은 복합적인 이유가 있을 것이나, 농업혁명으로 촉발된 도시의 발달과 사회적 분업으로 말미암아 증가한 교역이 주요한 요인이 되었다. 교역은 시장을 만들었고, 시장은 화폐를 만들었고, 또 문자의 수요를 만들어냈다. 휴대가 편리한 화폐는 교역을 원활하게 해주었으며 특히 장거리 교역을 용이하게 했다. 교역은 언제나 특수화의 주요한 촉진자였고 따라서 계층화를 촉진하고 강화하였다. 시장, 화폐 그리고 문자 습득은 이후의 과학기술과 함께 인간 사회의 주요 특성들을 만들어 갔다.[26]

화폐와 아울러 문자는 문화적 변화의 한 획을 그었다. 사람이 기억할 수 없는 복잡한 것들은 문서로 저장될 수 있었고, 시공간의 커다란 거리를 넘어 전파될 수 있

| 그림 사진 2.1 |

〈죽은 자의 책(Book of the dead)〉[29]의 한 장면, 기원전 1285년경, 높이 39.8cm,: 죽은 자의 심장의 무게를 재는 일을 감독하고 있는 자칼 머리 모양의 신인 아누비스와 오른쪽에서 그 결과를 기록하고 있는 따오기 두상의 전령신인 토트, 당시 이집트인들에게 피라밋 시대에 아름답다고 생각 되었던 것들은 천년이 지난 뒤에도 계속 훌륭한 것으로 생각되었다. 새로운 유행이 생겨나고 또 미술가들에게 새로운 소재들이 요구되었지만 그들이 인간과 자연을 표현하는 방법은 본질으로 동일하였다.[30] 런던 대영 박물관

었다. 평등한 수렵채취인 사회는 문자에 대한 필요성을 느끼지 않는다. 그러나 상인들이 회계를 정확하게 유시하기 위히여 기록하거나, 혹은 지배층이 다수의 사람들에게 일시적으로 그리고 명확하게 명령을 전달하거나 먼 곳에 있는 백성들에게까지 미치는 법령을 공포하기 위해서는 문자가 필요하였다. 초기 문자들이 주로 지배계층과 유산자들 사이에서 사용되었으며 무산자들은 문자를 사용하지 않았음이 이를 간접적으로 증명한다. 문자로 복잡한 경제적인 합의가 가능하게 되었고, 권력은 더 강력하고 효과적으로 수행되었다.

고대 이집트에서는 상형문자가 신의 말 이라고 지칭되었다는 사실에서 왕의 지위가 잘 표현되고 있다. 이집트인들에게는 문자를 통하여 왕의 힘은 신과 직접적으로 연결되어 있다는 관념이 생겨났을 뿐만 아니라 더 나아가 여기에는 이미 글로 쓰여진 것 일체는 어느 정도 내재적인 합법성을 가진 것이라는 생각까지 암암리에 내포되어 있었다. 요컨대 당시 사람들에게는 글로 쓰여진 것은 신적인 세계질서와 공명한다고 느껴졌던 셈이다. 그러나 문자를 아는 사람이 누리는 특별한 지위는 이집트 역사가 시작될 무렵에는 극소수의 인물, 곧 최고의 국가관직을 맡고 있는 지배자 가문의 사람들에 국한되어 있었는데, 이 지위가 대외적으로 두드러진 것은 그로부터 몇 세기가 지나, 거대한 피라미드가 축조되는 시대에 들어서면서부터이다.[27]

경제성장으로 문자는 점점 더 중요해졌으며 문서의 보급을 위해서 새롭고 좋은 방법들이 필요하게 되었다. 초기 수메르 문자는 그 속에 대용화폐가 들어 있음을 새긴 봉인된 진흙 용기를 이용하는 과정에서 생겨났고 이 체계는 5000년 전에 메소포

타미아에서 회계에 사용되었으며 이는 선사시대로부터 역사시대로의 전이의 특징이라고 할 수 있다.[28)]

비가역적 기술 습관

인류가 정착 생활을 시작하면서 사회는 계층화되었다. 수렵채집인 집단은 매우 평등한 사회 구조를 가지고 있었는데, 이는 오늘날 지구상에 존재하는 수렵채집인에서도 볼 수 있다. 예를 들어 아프리카의 산족이나 오스트레일리아 원주민 사회에는 집단생활에 필요한 결정을 내려주는 '지도자'가 있을 뿐, 그 외의 다른 계층이 존재하지 않는다.[31)] 그 이유는 이들에게 농업 혁명이후 급속히 형성된 부와 권력 같은 싸워서 쟁취해야 할 대상이 없기 때문이다. 실제로 수렵채집인들은 부족 간의 소규모 충돌을 제외하고는 전면적인 전쟁을 일으키지 않는다. 그러나 신석기 시대로 들어오면서 집단의 크기가 커지고 잉여생산물의 처리가 사회의 중요한 과제가 되면서 사회 계층이 생기는 것을 막을 도리가 없었다. 또 일단 계층이 생기고 권력을 가진 자들이 이에 집착하면서 인류 사회는 순식간에 이익집단의 형태를 갖추게 되었고, 구석기 시대 사람들은 상상도 못할 규모의 전쟁을 벌이곤 했다.[32)]

이렇게 신석기 문화가 여러 가지 부정적인 결과를 초래했음에도 불구하고 우리의 조상이 이 새로운 생활 방식을 고수했던 이유는 무엇일까? 일단 농경문화를 받아들인 인류는 그 모든 부작용에도 불구하고 과거로 돌아갈 수 없었다. 아마도 농경사회가 시작된 뒤 몇 세대 지나지 않아서 인류의 의식 구조에서 수렵채집인 시절의 본능이 모두 사라져 버리고 대신 농사와 정착 생활에 필요한 일만 생각하게 되었기 때문일 것이다.[33)]

2.2 도시혁명

약 5000년 전 나일강과 티그리스강, 유프라테스강 그리고 인더스강 유역에서 관개농업이 시작되었다. 먹고 남을 만큼의 식량을 생산하는 사람들이 나타났다. 어떤 이들은 생산의 의무에서 벗어났다. 식량 생산에 필요한 도구를 제조하는 전문가들을 먹여 살릴 수 있을 만큼 충분한 사회적 잉여가 생산되었다. 메소포타미아와 이집트 그리고 인더스강 유역에서는 바퀴 달린 운반도구가 나타났다. 동물을 이용하여 짐을 나르고 수로를 파서 식량을 나르면서 식량이 집결되는 거주지가 나타났다. 그곳을 향하는 운하가 생기고, 해마다 일어나는 홍수로부터 거주지가 보호되자 인구는 안전한 곳으로 점차 집중되었다. '도시혁명'[34)]이 시작되었다.

도시의 탄생

유프라테스강 유역의 우바이드문화에서 형성된 거주지는 약 11.3 헥타르 넓이에 2천500명에서 4천명 규모의 인구가 살았고 그 주위로 소규모 농촌 공동체들이 형성되었다.[35)] 식량 잉여가 늘어나고 우바이드 마을의 관개농업이 발전하면서 취락은 늘어나고 인구밀도는 더욱 증가하게 되었다. 식량의 이동과 더불어 교역량이 늘어나면서 잉여물과 교역품을 관리하고 재분배 하는 방식이 나타나기 시작했고 이에 종사는 사람들이 필요하게 되었다. 점점 더 많은 비농업인들이 탄생하게 되었다. 메소포타미아의 사회가 복잡해지면서 이들은 자신들의 사회를 관리할 사회적, 정치적, 종교적 제도를 만들었다. 당시에 급성장했던 마을 에리두에는 중앙에 진흙 벽돌 신전이 세워졌고 마을 엘리트와 장인들은 신전 둘레에 모여 살게 되었다. 서기 4,500년경에 에리두와 같은 마을들이 중요한 역할을 하였으며 세계 최초의 도시인 우르는 이곳에 있다.[36)]

문명들을 태어나게 했던 도시혁명은 무에서 시작한 것이 아니다. 고대인들은 이른바 주요 중심지들에서 잉여 생산물들을 축적할 수 있었다. 실제로 이집트인, 수메르인과 인더스인은 주요 도시들에서 잉여식량을 거대하게 축적하였다. 뿐만 아니라 이들은 해외로부터 '사치품'뿐만 아니라 금속과 건축목재와 같은 필요한 원자재를 수입했다.[37)] 이 도시에서 공동체들은 도시잉여물의 일부를 사용하였다. 또 공동체들은 지배자와 전업적 전문가들을 부양하기 위해 잉여식량을 사용했고, 결국 그 전업적 전문가들의 기술이 경제에 피드백 되면서 실질적인 잉여 생산에 기여를 하게 되었다. 고든 차일드는[38)] 당시 초기 도시들의 특성을 보여주는 10개의 기준들을 이렇게 제시하였다. 첫째, 최초의 도시들은 오늘날의 시골마을들보다는 상당히 작았다. 그러나 그 때 이전의 어떤 마을보다 더 크고 인구가 밀집되었다. 메소포타미아와 인도의 몇몇 도시들에서 건물의 총면적과 인구 밀도를 추정하여 그 인구를 추산해보면, 당시 수메르 도시들의 인구는 7000명에서 20000명 사이였으며 인더스계곡의 하라파(Harappa)와 모헨조다로(Mohenjodaro)의 인구는 그보다 더 많았을 것으로 추정 된다. 둘째, 도시를 구성하는 사람들은 인근의 토지에서 곡물을 경작하고 강, 호수 등에서 어로를 행하는 농부와 어부 그리고 전업적인 전문장인, 운반노동자, 상인, 관리, 사제와 같은 농업, 목축, 어로 혹은 채집을 통해 자신의 식량을 스스로 조달하지 않았던 계급의 사람들이었다.

| 그림 사진 2.2 |

지구라트: 지구라트(Ziggurat)는 햇볕에 말려 만든 벽돌이나 구워 만든 벽돌로 만들어진 메소포타미아나 엘람 도시의 주신에 바쳐진 성탑(聖塔)이다. 원형은 우바이드기(Ubaid 期)의 기단(基壇)을 가진 신전으로서, 우르 제3왕조 우르의 지구라트는 난나르(Nannar) 신에게 바쳐진 것으로, 기단은 3단인데 꼭대기에는 신전을 떠받들고 있다. '바벨탑'이라 하여 유명한 신바빌로니아 시대의 바빌론 성탑은 7층의 기단을 가진 마르두크신의 성탑이다. 서기전 2100년경 건설된 우르의 지구라트는 지금까지 발견된 메소포타미아의 지구라트 중에서 가장 완벽하게 보전된 것이다. 당시 우르 제III 왕조의 왕 우르-남무는 이 도시의 수호신 난나(Nanna)를 모신 신전을 좀 더 높은 곳에 세워 도시의 중심적인 상징으로 만들고자 했다.[39]

지배계급의 발달

셋째, 각 생산자들이 사용하는 기술적 도구들은 빈약하였으며 이들이 땅에서 창출하는 잉여는 그렇게 크지는 않았다. 그러나 이들은 제물 혹은 세금을 상상의 신 혹은 신성한 왕에게 바쳤다. 그래서 상상의 신과 신성한 왕은 잉여를 모을 수 있었다. 이러한 잉여의 집중이 당시 낮은 농업 생산성에도 불구하고 자본의 집중과 효과적인 이용을 가능하게 하였다. 넷째, 도시 마다 세워진 기념비적인 공공건물들은 도시를 시골마을과 구분하는 특징을 나타내며 사회적 잉여의 집중을 상징한다. 모든 수메르의 도시는 지구라트(ziggurat)와 이와 연결되어 있는 사원들을 중심으로 구성되었다. 사원들에는 작업장과 창고가 있었고 대형 곡물창고는 사원의 중요한 부속물이었다.

다섯째, 식량생산에 종사하지 않는 사람들은 자연스럽게 사제, 군사 지도자, 관리들이 되어 잉여 생산물의 대부분을 차지하고 '지배계급'이 되었다. 그들은 구석기시대의 마술사 혹은 신석기시대의 수장과는 달리, 모든 육체적인 일을 면제받았다. 한편 하위 계급의 사람들은 육체노동을 하는 대신에 평화와 안전을 보장받았다. 여섯째, 지배계층은 기록과 징세의 체계를 만들고 실질적으로 유용한 지식들을 창조했다. 사제와 관료들은 방대한 수입을 관리하여야 했고 또 관리 방법을 동료와 후계자에게 정확하게 전수해 주어야 했다. 이들은 기록체계와 숫자표시체계가 필요하자 곧 문자와 숫자 체계를 발명하였다. 문자의 발명은 초기에 이집트, 메소포타미아, 인더스계곡, 황허와 양자강 유역의 도시에서 일어난 공통된 특성이었다. 일곱째, 문자가 발명되자 사회적 잉여를 사용할 수 있었던 지배계급의 관리들은 산술, 기하학, 천문학적 지식을 탐구하였다. 이러한 지식들은 신의 권위와 지배자의 권위를 나타낼 수 있는 최고의 것이었다. 천문역법과 수학은 초기 문명의 공통적 특성이며 문자 발명과 더불어 생겼다.

종교와 예술의 발달

여덟째, 지배계층과 전문가 집단들은 예술적인 표현에도 눈을 돌렸다. 구석기시대 사람들이 남긴 동굴 벽화는 주술적인 혹은 실용적인 목적으로 그들이 자연 속에서 본 동물들과 사람들을 구체적이고 자연스럽게 묘사하였다. 그러나 신석기시대의 농부들은 자연적 물체를 그리려고 시도하지 않고 기이한 사람이나 동물 혹은 식물을 암시할 수 있는 추상적인 기하학적 문양으로 자연적 물체를 상징화하였다. 수렵인의 순박한 자연주의적 태도는 점차 사라지고 도시중심지들 각각에서는 서로 다른 개념화되고 복잡화된 양식들이 출현하였다. 아홉째, 도시의 지배계층에게 집중된 사회적 잉여의 나머지는, 수공업 생산과 신을 숭배하는 데에 사용되고, 남은 것은 지역 밖에서 원재료를 구하는 비용으로 사용되었다. 당시에 이미 상당한 거리에 걸친 정기적인 대외교역이 이루어졌으며 이것이 모든 초기 문명의 특징이었다. 열번째, 도시의 전문가 장인들이 지배계층으로부터 필요한 원자재를 공급받고 한 곳에 머물러 작업을 하면서 전문 수공업이 태동하였다. 도시는 장인이 경제적으로뿐만 아니라 정치적으로 활동할 수 있는 공동체가 되었다.

공동체가 비농업인구를 부양하려면 새로운 농업기술이 개발되어야 했다. 관개기술은 농업생산성을 증가시켰고 증산된 식량을 공급, 배급, 분배하는 중앙집중적인 기구를 낳았다. 육운과 수운은 새로운 질서와 기술의 한 부분이었다. 징세와 공납으로 자본의 축적이 이어지고 결국 친족이 아닌 경제 계급을 바탕으로 사회는 계층화되었다. 소수의 지배계층과 겨우 생존을 유지하면서 문명의 혜택으로부터 사실상 배제되었던 대다수 사람들 사이에는 경제적 이해관계에서 발생하는 갈등이 존재하였으며 이것을 통제하는 수단이 필요하였다.[40] 신석기 마을에서는 볼 수 없는 일종의 연대감으로 지배자와 사제, 농부, 장인들이 언어와 믿음을 공유하고 공동체의 복지에 필요한 상호 보완적인 기능을 각자 수행하기 위해서는 특별한 수단이 도시공동체에 필요하였다. 사원이나 신전들은 이러한 이념적 수단으로 기능을 하게 된다. 신관과 전제군주들이 권좌에 오르면서 통합적인 종교가 도시 생활을 지배하게 되었는데 기념 건축물은 이런 활동의 증거이다.

2.3 청동기 문화

고든 차일드는 기술과 전업 장인들이 발전시킨 공예 전문화가 도시혁명의 주춧돌이라고 보았는데[41] 기술의 중요성과 장인들의 역할은 메소포타미아, 이집트, 인더스 유역 그리고 중국에서 청동기 문화와 더불어 본격적으로 시작되었다. 신석기시대 농부들에게 해마다 자신과 부양자를 먹여 살리는 데 필요한 것보다 더 많은 양의 식량을 생산하는 것은 쉬운 일이 아니었다. 해마다 조금이나마 잉여 농산물을 마련하려면 특별한 유인 정책이나 압력을 가하는 수단 혹은 보다 생산성이 높은 농업기술이 필요했다.[42] 이 기술은 우선적으로 땅을 보다 깊이 갈수 있는 농기구의 재료 개선에서 찾아질 수 있다. 청동기는 광석의 채굴, 운반, 제련, 주조 등 조직적인 노동과정을 통하여 생산된다. 따라서 청동기의 출현과 보급은 단순한 기술뿐만 아니라 이미 상당한 규모의 노동력의 집중과 조직을 전제로 하였다. 또 잉여생산의 독점을 실현할 수 있는 청동 무기의 대량 확보는 그 만큼 더 큰 노동력의 집적과 조직이 요구되기 때문에 잉여생산이 고도로 집적된 단계에서 청동기의 공급이 가능하였을 것이다.[43]

청동기의 출현

후기 신석기인들은 구리광석을 숯불로 가열하면 강하고 붉은 금속이 나온다는 사실을 경험으로 알고 있었다. 이 금속이 높은 온도의 열에 잘 녹고 식으면 굳어지는 특성도 알게 되었다. 아마 인간이 터득한 최초의 화학적 지식일 것으로 생각된다. 이때부터 후기신석기인들은 금속을 사용하는 지식을 축적해갔고 어느 때에 이르러 구리에 주석을 섞었을 때 쉽게 휘어지는 구리의 특성이 개선되어 단단하고 마모가 덜 되는 청동을 발견하였다. 기원전 3천년부터 구리와 주석이 섞인 청동이 주조되었다. 청동은 구리에 비해 융점이 낮고 주물 가공성이 우수하고 내구성이 뛰어난 특성을 갖고 있어서 농기구와 무기를 만드는데 널리 사용되었다.

초기에 청동기는 우선 무기와 제기 등에 사용되었다. 그리고 도끼나 찍기 등 거친 일을 하는 기구부터 서서히 석재를 대체하고 사냥과 절단에 사용할 수 있는 청동기 단검이나 창 등으로 확대되었다. 수레바퀴나 토기를 만드는 녹로에 사용되는 바퀴는 청동기시대가 시작되었던 지역에서만 발견되고 있고 쟁기의 분포 역시 청동기단계의 선사시대 분포와 일치한다.[44] 이것으로 볼 때, 청동은 복합 기구를 만드는데 매우 중요하게 사용되었으며 특히 바퀴와 같은 마모가 큰 회전운동 기구에는 필수적으로 사용되었다. 바퀴, 녹로, 쟁기 등 당시에 사용되었던 여러 농기구의 기본적인 형상들이 현대에 이르러서도 유지되고 있는 것을 보면 현대의 농기구들은 청동기시대에 그 뿌리를 두고 있다고 할 수 있다.[45)]

청동기시대는 구리에서 시작하여 청동기가 석재, 뼈, 목재로 된 초기의 도구를 대체하거나 보완하면서 주로 절단도구와 무기들을 만들어 사용하기 시작한 기술적 단계를 의미하지만[46)] 청동기 문화는 기술적인 단계보다 훨씬 크고 광범위한 의미를 가지고 있다. 당시 신석기시대 기술로 활용할 수 있는 토지는 기성인들에게 모두 점유되었다. 토지는 제한되어 있고 새로운 생산 수단을 갖지 못한 젊은 세대 농경인들이 사회에 진출하기가 어려웠다. 새로운 기술이 없이 이들이 할 수 있는 일은 경작지를 분할 받거나 다른 농경인의 땅을 빼앗는 것뿐이었다. 생산성을 높일 수 있는 청동기 기술의 발달이 젊은이들에게 새로운 비전을 주지 않았다면 신구세대 간에 목숨을 건 싸움이 벌어지고 결국은 인구는 더 이상 늘어나지 못했을 것이다.[47)]

구리와 청동이 널리 사용되면서 국제교역이 활발하게 이루어지기 시작했다. 석기시대 교역의 대상물은 대개 사치품이어서 교역 참가자들이 제한되어 있었고 그들에게 꼭 필요한 것도 아니었다. 그러나 생산과 전쟁에 필수적인 도구와 무기를 만들기 위하여 금속이 사용되면서 청동기술은 당시 사회에서 경쟁력의 관건이 되었고 다양한 새로운 일자리를 만들어 내었다. 이제 사회는 자급자족만으로는 필요를 채울 수 없었고 도구와 무기 제작에 사용될 원자재를 구하기 위하여 외국과의 교역을 본격적으로 시작하였다. 이집트인들은 구리를 시나이반도 혹은 동부 사막지대에서 구했고 수메르인들은 구리의 일부를 오만에서 수입하였다.[48)]

이집트와 메소포타미아

기원전 3천 년경, 상이집트에 기원을 둔 태양신 호루스 씨족의 지도자들이 다른 씨족들을 정복하고 파라오의 통일왕국을 건설하기까지는, 나일강 유역에서 금속이 일상적으로 사용되지 않았다.[49)] 왕국통일전쟁시기부터 새로운 기술이 도입되고 새로운 생산원료들이 사용되면서 작업도구와 장식물을 만드는데 금속 특히 구리의 사용이 점차 증가하였으며 생산력의 측면에서 중요한 진보가 이루어졌었다.[50)] 호루스 족장은 파라오가 되고 공물이라는 이름으로 경작자들로부터 잉여생산물을 공출하였다. 그는 사회의 상위층으로 올라갔으며 더 이상 태양신 호루스의 추종자가 아니라 자신이 매의 모습을 한 태양신 호루스, 즉 호루스 아하(Horus Aha)가 되었다.[51)] 왕은 이집트 백성들이 생산한 부를 독점하고 그 일부로 전문 장인들을 부양하고 원재료를 수입하였다. 이때부터 이집트사회는 파라오로 부터 정치적, 경제적 권한을 부여 받은 소수의 귀족계급과 소작농 대중뿐 아니라 금속가공 장인과 다른 전

문장인으로 구성 되어 있는 하위계급으로 분리되었다.[52)]

서기전 3000년경 다른 어느 곳보다도 사회적 잉여가 많이 축적된 메소포타미아에서 수메르 문명이 출현함으로써 인류는 새로운 경험을 하게 된다. 동부 이란과 파키스탄의 인더스 유역에서 메소포타미아, 동지중해, 아나톨리아, 나일강 유역에 이르기까지 도시들이 급속히 성장하였다. 이로써 서남아시아와 북부아프리카에 이른 수 백 개의 도시들이 끊임없이 변화하는 문화 체계로 연결되었다.[53)] 이 체계는 곧 키프로스, 에게해 그리고 그리스 본토에까지 이르렀다. 이 지역의 각 도시들은 지배엘리트들의 경제적, 정치적 요구를 배경으로 기술혁신들이 창출되고 발전을 거듭했다. 문자와 야금기술은 급속하게 변하는 서남아시아의 대표적인 기술이었다.

청동기술은 장식품과 제기 그리고 병기를 만들던 초기를 거처 일반적 생산 도구를 제작하는 후기에 이르러 농업 생산성을 높이는 기술들로 발전하였다. 이런 기술혁신 중에는 목제 쟁기 끝에 끼우는 금속 날도 있었다. 소를 이용하고 금속 날이 달린 쟁기를 사용함으로써 괭이와 목제 쟁기를 사용하던 때보다 훨씬 깊이 그리고 효과적으로 땅을 갈아 엎을 수 있게 되었다. 금속 쟁기의 사용으로 농업생산성은 획기적으로 개선되었으며 더 많은 잉여가 축적되었다. 수메르와 그 밖의 여러 도시국가의 지배자들은 잉여식량과 장거리 교역을 통하여 점 점 더 큰 이익을 창출하였다. 이와 더불어 점 점 더 많은 비농업 인구의 부양이 가능하게 되고 도시들이 성장하고 다양한 분업이 출현되었다. 각 분야의 전문인들은 새로운 지식 개발에 눈을 뜨게 되었다.

기원전 2350년 아가데의 사르곤이 통치하면서 메소포타미아는 정치적으로 통일되었다. 통일 이전에 바빌로니아의 메소포타미아 저지대는 이전에 20여 개의 정치적으로 독립된 도시국가들로 나뉘어 있었다.[54)] 각각의 도시국가들 안에서 신[55)]은 십일조, 첫 수확물 혹은 소작료로서 '신의 사람'인 경작자가 생산한 잉여를 한 곳에 모았다. 이들 중의 일부는 대장장이와 다른 전업 전문가들을 부양하는데 사용되고 그 지역에서 구할 수 없는 원자재들을 수입하는데 사용되었다. 각각의 도시에는 이샤쿠 혹은 엔시라고 하는 '도시의 왕'이 있었는데 이들은 그 도시에서 신의 각료이며, 어떤 의례에서는 신의 대표자이며, 전쟁 시에는 신을 믿는 족속의 지도자였다.[56)]

중국의 앙소문화

중국의 청동기 문화도 체계적인 문자조직, 계급의 분화, 국가의 형성, 도시의 발달, 체계적인 종교의 출현 등 일반적인 청동기 문화의 특성들을 보이고 있다. 중국의 초기 청동기 문화 발전 지역은 감숙 일대이다.[57)] 기원전 3000년경 이 일대의 청동기문화는 앙소문화의 범주로 분류되는 마가요유형(B.C. 2200~2700년), 반산유형(B.C.

2600~2300년), 마창유형(B.C. 2200~20000)을 거쳐 B.C. 2000년경 제가문화로 발전하였다.[58] 이 지역에서 발견된 동기의 출현은 B.C. 3000년대 후반 전기에 해당하며 초기의 홍동의 단계를 거쳐 청동으로 발전하였으며 독자적인 계열의 청동기술이 발전했다.[59] 한편 상문화의 중심지인 하남성 언사현 이리두 유적에서 하남 영산 문화 말기에 청동기 문화가 출현하였다.[60] 발견된 청동기로는 생산도구, 병기, 예기 등이 있으며 재료의 분석 결과 합범주조기술과 동과 주석의 비율이 92%와 7%로서 기본적으로 정주의 이리두기의 청동주조기술과 일치한다.[61]

| 그림 사진 2.3 |

B.C. 11세기의 3발의 제기 정은 새의 모양이다. 이 모양은 같은 시대에 만들어진 옥 펜던트에 그려진 것과 비슷하다. 가장자리를 두른 테두리에 장식된 메뚜기들은 불멸을 상징한다.: 고대 중국의 역사학자들은 인간문명의 발달에 결정적인 영향을 미친 발명과 완벽한 정부의 창제를 신화 속의 현명한 왕의 공덕으로 돌렸다. 복희는 글, 음악, 결혼, 사냥, 고기잡이, 짐승의 교배기술을; 신농은 의술과 농경기술을; 황제는 바퀴와 역법 그리고 나침반과 항해술을 발명한 것으로 설명한다. 고대중국의 종교적 계급의 지배는 농경기술의 개선보다는 무기와 제례의식용 물품생산 기술의 발전을 가져왔다.[62]

중국 여러 곳에서 청동기 문화가 발견되고 있는데 언사상성-정주상성-안양은허로 이어지는 동아시아 초기 문명의 최고 수준을 보인 상문명의 직접적인 기반은 용산문화 말기에 출현한 중원지구의 청동기 문화에 있다.[63] 서남아시아에서처럼 중국에서도 청동기의 출현은 수공업 공구의 혁신을 가져왔으며 이에 따른 생산력이 증대하였으나 상대의 청동기는 주로 병기와 예기에 집중되었으며 농기구는 소량에 불과하였다.[64] 이것에 근거하여 문명의 발전의 상징인 도시의 발전은 기술이나 생산력의 혁신이 아니라 소수에 의한 잉여생산의 착취에 기초한 것으로서, 착취계급의 무력적 기반이 바로 청동무기에 의해서 강화 보증되었다고 해석되기도 한다.[65] 청동무기로 무장한 전사집단이 상왕조의 지배층을 형성하고 그들의 무력이 잉여생산의 집중을 가능하게 한 중요한 요인이 되었다는 것이다.[66] 중국의 중원지구는 별다른 생산도구의 혁신이 없이도 잉여생산의 확대가 가능한 조건들이 있었다고 보여진다. 즉 이집트와 메소포타미아의 큰 강 유역에서처럼 황허 유역 황토지대의 비옥한 토질과 효과적인 생산을 위한 노동력의 집중과 조직을 실현할 수 있는 조건, 즉 사회적 통합에 유리한 조건이 있었다. 그것은 상대의 청동기가 병기와 제기에 집중된 것으로 보아서 전쟁과 제사가 정치적 사회적 통합의 양대 수단이었을 것이다.[67] 우수한 청동병기나 조직적인 무력이 부재하거나 빈약할 경우 전쟁이나 연맹을 통하여 통합된 집단은 제의에 의해서 유지되는 비중이 높았을 것이다.[68] 중국에서는 이미 신석기 시대에 이러한 제의가 발달하였으며, 수장이 제사의 조직자와 주재자의 성격으로 권력을 행사하였음은 갑골문자와 인간 희생을 바친 것 등으로 추정할 수 있다.[69] 결론적으로 중국에서는 씨족을 중심으로 발전한 제사 체계에 의한 여러 부락의 통합, 노동력의 결집과 조직, 잉여생산의 확대와 소수에 의한 집중, 권력의 확대와 병행하여 이것을 유지하기 위한 여러 제도의 발달이 이어지면서 중국 초기의 문명이 탄생하였다. 이 기반 위에서 또 이것을 유지하기 위하여 청동기가 대량으로 주조 공급되면서 그 문명은 더욱 성숙한 단계로 발전하였다.[70]

인도의 하랍빠와 모헨조다로

인도 대륙에서는 인더스 계곡에서 B.C. 2500~1750년 사이에 하랍빠 문화가 존재하였다. 하랍빠 문화 당시 서아시아 문화와 도시들은 건물의 창살 구조와 도로 및 하수도 체계에 이르기까지 계획적으로 설계되었다. 이들은 자신들의 독창적인 채색토기와 인더스 지역의 동물들을 묘사하고 있는 인장을 만들었다.[71] 이들은 이집트나 메소포타미아의 문자와 유사성이 없는 고유한 문자를 고안하는 등 청동기 문화의 특성을 모두 나타내고 있다. 이 지역의 중심지는 현재 파키스탄 펀잡에 있는 하랍빠와 신드에 있는 모헨조다로이다. 이 두 도시는 당시 지배계급이 거주했던 성채와 성채 아래의 일반 백성들이 거주한 벽돌로 된 가옥단지가 있는 하부도시로 구성되어 있다.[72] 이 도시들은 도로들이 직각을 유지하고 서로 교차하도록 도시 전체가 구획으로 나누어져 있었다. 구운 벽돌로 지은 대형 목욕탕과 곡물창고가 있었고 촌락은 대부분 인더스 강의 범람지역에 위치하여 비옥한 토지에 근거하여 잉여 농산물을 축적할 수 있을 만큼 농업이 발달하였다. 이들은 밀, 보리 콩, 호밀을 생산하였으며 세계 최초로 면화를 생산하였다.[73] 주로 석기 도구를 사용하였으나 청동제 상이나 그릇과 병기와 농기구들을 청동으로 만들었다. 각종 인장과 테라코타를 만드는 수공업을 발전시키고 금, 은과 각종 보석을 사용하여 장신구들을 제작하였다. 특히 하랍빠에서는 직조 수공업이 발달하여 당시 제작된 면제품들이 모헨조다로에서 발굴되기도 하였다.[74] B.C. 2500년경 메소포타미아의 기록에 의하면 이들은 당시에 메소포타미아와 교류를 하고 있었다.

하랍빠 문화에서 특이한 것은 메소포타미아 유적지와 달리 사원이 발견되지 않고 세정 의식용으로 사용된 것으로 추정되는 대형 목욕탕을 제외하고는 아무런 종교적인 건축물이 없다는 것이다. 수메르의 도시와 달리 하랍빠는 사제들이 통치하지 않은 것으로 보이며 이곳의 통치자는 정복보다는 무역에 치중하였으며 상인계급이 이 문명을 통치하였을 가능성이 높다.[75] B.C. 1750년경 하랍빠 문화의 양대 도시 하랍빠와 모헨조다로는 갑자기 자취를 감추어버렸다. 아마도 서남아시아에서 이란을 거처 B.C. 2000년~1500년경부터 유입한 아리안 족들에게 정복된 것으로 보인다. 아리안 족들은 청동단검, 칼, 손도끼를 사용하였으며 역사상 처음으로 서아시아와 인도에 말을 보급시켰고 말과 마차를 사용하였으며 갑옷과 개령된 무기로 무장하였다.[76] 아리아인들은 우월한 청동제 무기와 말과 마차를 이용하여 인도 토착 부족들을 정복하고 갠지스강 유역으로 진출하였으며 이후 인도 카스트 제도의 최상층 계급을 차지하였다. 이들이 남긴 인도의 고대 브라만교의 경전 리그베다에 목공, 전차공, 방직공, 피혁공, 도자기공 등에 대한 언급이 있으며 구리 혹은 청동을 뜻하는 아야스 Ayas라는 어휘가 쓰인 것으로 보아서 당시에 수공업이 활발했을 것으로 추측된다.[77]

크레타 문명

유럽의 청동기술은 동방지역보다 늦게, 에세해 지역에서는 아마도 기원전 3000년 이후, 알프스 북쪽에서는 기원전 1700년에 동방과는 매우 다른 사회적 배경하에서 발전되었다.[78] 기원전 1800년 이전에 에게해 연안과 섬들에는 자율적으로 아주 작은 도시들이 존재했다. 트로이와 레르나(Lerna)는 실제로 수장들이 통치하였으나 이들은 이집트의 파라오나 수메르의 도시왕과 같은 대규모의 무덤을 건설할 정도의 사회적 잉여를 축적하지 못하였다.[79] 발견되는 유물에서 보건데 이들은 그 사회에서 군림하는 존재로 떠받들어지지도 않았다. 다른 소도시에서도 생활용의 가내 건축물과 장례식용의 건축물의 유적으로 볼 때 부에서 차이가 있었으나 이집트와 수메르에서 발견되는 계급의 구분은 아직 없었다.[80] 당시 크레타섬, 그리스 본토 그리고 아나톨리아 해안지대의 마을들과 초기 에게해 지역에 존재하던 도시들은 규모가 작고 궁핍해서 전업 전문가들을 부양할 능력이 없었다. 이러한 전문가들이 부양되려면 이집트와 메소포타미아와 같이 충분한 잉여를 축적할 만한 큰 시장이 필요했다. 에게해 지역만으로는 광산을 찾고 채광작업을 할 만한 큰 일이 없었다. 그러나 이집트와 메소포타미아의 시장들을 목표로 하였을 때 이 지역의 주민들은 청동기 문화로부터 수익을 증대시킬 수 있었다.[81]

에게해 지역의 도시들은 유사한 생활양식을 보여주고, 특히 상업적인 거래로 밀접하게 연계되어있었다. 이 지역의 청동기 문화는 지정학적 영향을 반영하듯이, 청동 제품들 중에서 일부는 수메르의 것과 다른 이집트의 특성을 가지고 있고, 도끼와 같은 것들은 이집트가 아니라 아시아 지역의 것과 비슷하다. 그래서 이 지역의 청동 야금술은 그 탄생부터 서로 다른 두 기술이 혼합되어 발전했다.[82] 초기에 이 지역의 청동기술들은 표준화된 동방형식을 반복하는 데 만족하지 않고 지역의 선호도에 맞고 효율성이 높게 변형되었다. 이집트와 수메르 모두의 영향을 받은 이 지역의 청동제품들은 같은 시대의 동방제품에 비하여 새로운 변화를 보여준다.[83]

에게해 지역의 종족들은 야금산업의 전업 전문가들을 부양하기에 충분한 잉여식량을 생산할 수가 없었으므로, 지역의 지정학적 위치를 활용하여 교역과 해적행위를 통하여 동방에 축적된 거대한 잉여를 끌어 모았다.[84] 미노스-미케네가 누린 부의 상당한 부분이 동방의 국가들에서 축적된 거대한 부로부터 나온 상업, 상업적 용역 혹은 해적질을 통하여 모아진 것이었다.[85] 오디세이(Odyssey)에 묘사되어 있는 나일강의 삼각주지역에 대한 습격은 이들의 해적행위가 지중해에서 교역상업과 뒤섞여 있었음을 엿보게 한다.[86] 이들이 얻고자 한 것은 식량과 노예인데 결국 이 해상민족의 해적행위는 에게해 시대 전기에 동방의 잉여에 편승하는 하나의 방법이었다.[87] 한편 에게해 지역은 그 때까지 동방 제국의 희생물이 되지 않을 만큼 충분히 떨어져 있었다는 것도 중요한 사실이다.

암버 루트 무역

지중해 상의 섬의 도시들에 축적된 부는 알프스 북부의 미개한 유럽의 생산물을 효과적으로 거래할 수 있는 시장을 형성하였다. 특히 호전적인 미케네인들은 무기를 만들기 위하여 구리와 주석 그리고 주술적인 의례와 사치품으로 쓰기 위하여 호박을 구하였다. 호박은 썩지 않는 물질적 특성 때문에 고고학적으로 그 출처와 이동경로를 비교적 쉽게 확인할 수 있다. 호박은 발트해에서 지중해까지, 엘베강과 잘레강 혹은 블타바강을 거슬러, 여러 산맥들을 거쳐, 다뉴브강과 인강을 거슬러, 저지대 브렌네르고개를 거쳐 아디제강까지 운송되었다. 이 길은 자연스럽게 호박길(Amber Route)로 불렸으며, 다른 원재료들과 생산품들도 이 길을 따라서 운송되었다. 호박길을 따라 이탈리아 북부, 중부 유럽 그리고 영국제도의 다양한 부족들이 기원전 1650년경, 미케네 왕족들의 수갱묘에 최초로 수입된 호박으로 만든 구슬이 나타난 바로 그때쯤 청동기시대로 진입했다.[88] 이때부터 이 부족들은 정기적으로 금속을 공급받고 지역적 특색에 맞는 청동무기, 청동도구, 청동장신구들을 제작했다. 이때까지 노르웨이 북부, 발트해 동부와 같이 호박 길에서 멀리 벗어난 곳에 사는 부족들은 대개 석기, 골기, 목기만을 사용하였으며 신석기시대에 머물러 있었다.[89] 유럽 지역의 문명 세계로 진입은 에게해 지역과의 청동기의 교류를 통한 상업으로 진전되었다.

앞에서 이집트, 메소포타미아, 중국, 인도의 사례에서 지적한 것처럼 절대자 중심으로 운영되는 경제는 야금산업의 발전에 긍정적이었다. 대규모의 사회적 잉여가 축적되지 않고서는 광석을 찾는 자, 광부, 제련공, 배급자 그리고 장인과 같은 전문인들을 부양할 수 있는 여력이 생기지 않기 때문이었다. 대규모의 사회적 잉여는 전체주의 경제하에서 파라오의 궁정이나 수메르의 사원 그리고 중국의 고대 왕조에서 처음으로 축적되었다. 또 다른 어떤 방식으로 당시에 이만한 사회적 잉여를 축적할 수 있었을까? 어쨌든 파라오 군주제와 아가데 제국은 앗시리아제국, 페르시아제국, 그리스제국, 오토만제국 등 뒤이어 오는 모든 서아시아의 국가나 제국들이 대체로 따라가는 모델이 되었다.[90] 고든 차일드는 잉여가 체계적으로 소작농 대중으로부터 차출되어 집중화된 왕의 곡물창고나 사원의 곡물창고에 모이는 전체주의 체제[91]의 확립을 도시혁명이라고 부르고 이집트와 메소포타미아에서 청동기시대의 시작은 사회적 혁명, 즉 '도시혁명'과 일치하는 것을 확인 하였다.[92]

2.4 원시 수공업의 발생

최초의 금속가공품은 경제생활 보다는 장식품, 병기와 제기 등 지배 계층의 지배도구로서 주로 사용되었다. 그러나 비철금속을 정련하는 기술이 발달함에 따라 석기보다 훨씬 큰 금속제 노동용구도 제작할 수 있게 되었다. 생산활동에 금속제 도구를 이용하게 됨으로써 수공업의 분화가 촉진되었으며 결국 이것은 농업과 수공업의 발전에 크게 영향을 미쳤다.

구리 혹은 청동의 수요 증가는 다른 사람들이 생산한 식량에 생계를 의존할수밖에 없는 전업 금속 전문가를 대량으로 낳았다. 물론 석기사회에도 석촉의 제작, 석기, 혹은 각종 제품 만들기를 전공으로 하는 전문가들이 존재하였다. 그러나 이들은 언제나 비전업적 전문가였다.[93] 금속세공인들은 일반적으로 전업적인 전문가들이고 아마도 그들은 선사시대의 조상들이 받았던 지위를 유지하고 있었다. 청동기시대는 적어도 부분적으로 전업적 전문가들이 참여하여 금속의 정기적인 추출과 분배를 실현하는 원시적인 야금산업이 존재했을 것이다.

| 그림 사진 2.4 |

〈하프〉의 부분, 기원전 2600년경, 나무에 금박과 상감, 우르에서 출토, 런던 대영박물관: 우르를 통치하였던 수메르 족은 왕이 죽으면 가족들과 노예들이 함께 매장되었다. 이 무덤에서 발견된 상상의 동물로 장식된 이 하프의 문양은 좌우 대칭성과 정확성이 뛰어나고 장면들이 매우 엄숙하고 심각하다.[94]

원시 수공업의 출현

이집트의 유적들에서 아하 신부터 시작하여 왕족의 무덤은 일반인의 무덤에서 사용하지 않는 마스터바(mastaba)[95]라고 불리는 기념비적 건조물로 구분되었다. 왕족의 무덤은 화려한 보물, 곡물, 기름, 술 그리고 또 다른 식량이 담긴 항아리들, 무기, 도구, 그릇 그리고 구리와 귀중한 금속으로 만든 장신구, 가구, 석제꽃병과 전업적인 전문장인들이 만들었을 작품들로 가득 채워졌고 마지막으로 각각의 마스타바는 그들의 주인이 죽은 후에도 그를 위해 계속 봉사하도록 살해된 대장장이 220명과 다른 장인을 포함하여 하인들의 단출한 무덤으로 둘러싸여 있다.[96] 이를 위해서 많은 사람들이 야금산업에 배치되었고, 이 사람들은 자신들이 생산한 제품을 소비하는 사회가 생산한 잉여식량으로 부양되었다.

비철금속의 발달과 수공업의 발전으로 나라와 나라 사이에서 교역이 활성화되기 시작하였다. 그러나 철이 출현하기까지 물물교환의 틀을 벗어나지 못했다. 이 때 회전운동의 원리를 사용하여 토기를 만드는 녹로가 발명되어 토기의 제작에 이용되었다. 녹로가 최초로 나타난 것은 기원전 4천년 말의 슈메르, 기원전 3천년의 메소포타미아 전역이며, 그 뒤에 이집트 · 인도 · 시리아, 에게해 연안으로 확산되었다.[97] 기원전 2천년에 녹로는 그리스 · 중국 · 내륙아시아에 전파되었다. 최초로 발명된 녹로는 손으로 회전시키는 것으로서 받침대에 고정된 수직축에 자유로이 회전하는 수평원반을 끼워 넣은 것이었다. 그 후 발녹로가 발명되어 양손으로 토기를 성형할 수 있게 되어 노동생산성이 현저하게 높아졌다. 고대 동방국가에서는 신석기시대로부터 유래한 베 짜는 기술이 발달했다. 그 원료는 양털 이외에도 인도 · 이집트 · 중국에서는 면을 사용하기 시작했다. 기원전 3천년에 중국에서 견직물생산이 시작되었다. 베 짜기 공정을 촉진했던 새로운 발명 가운데 아직 불완전하긴 했지만 날실을 짝수 실과 홀수 실 두 조로 나누는 베틀이 만들어진 것은 특별한 진전이었다.

생산관계와 청동기

야금산업의 확립을 가능하게 했던 동방의 절대왕권과 제의를 위한 생산관계는 더 이상의 발전을 속박했다. 그래서 기원전 3000년에 확립된 도구나 무기의 형식과 그것들을 생산하기 위한 기술적인 방법은 그 다음 2000년간 거의 아무런 발전적 변화도 없이 이집트와 유럽과 가까운 아시아지역에서 지속되었다.[98] 그러한 침체의 이유는 이렇게 설명할 수 있다. 동방에서 도시혁명으로 장인들과 전문가들은 식량을 생산해야 하는 부담으로부터 해방되었으나 대신에 이들은 궁정이나 사원에 완전히 종속되었다. 장인들은 궁정에서 기술을 연마할 시간은 가졌지만, 노동력을 절약하기 위한 새로운 기술이나 도구의 개발은 왕이나 고위사제들에게 관심거리가 되지 못하였다. 이들은 기술을 발전시킬 어떤 생산적인 자극을 받지 못하였다. 장인들은 왕과 귀족들로부터 받은 재료를 그들의 요구와 취향에 맞도록 신비하고 아름답게 가공해주는 역할을 할 뿐이었다. 그들은 재주와 기술은 가졌으나 단순 반복 생산에 그쳤다. 도시혁명으로 산수, 기하학 그리고 역법적인 천문학을 개발한 관리 계층들은 왕의 권위를 실현할 수 있도록 도우면서, 지배계급에 속하여 모든 육체노동에서 제외되어 지속적인 연구를 한 반면에 금속세공자들과 장인들은 단순 반복작업을 하며 새로운 도전의 기회를 얻지 못한 채 기술들은 정체되었다.[99] 이것은 당시 생산을 담당하는 노예가 공급되는 한 새로운 생산기술에 대한 수요가 절실하지 않았던 고대 노예제 사회의 구조적인 한계였다.

그러나 절대적인 왕이 존재하지 않았던 에게해 지역의 청동산업과 기술의 진보적인 성격은 동방의 제국들과는 달랐다. 에게해 지역은 청동기 산업과 문화를 누리는데 필요한 막대한 잉여를 스스로 축적하지 않고 동방에서 축적된 잉여에 의지하여 야금산업을 확립하고 거기에서 이익을 얻었기 때문에, 계급에 관계 없이 누구나 청동기시대를 누릴 수 있었다.[100] 에게해 지역의 사회들은 특정한 계급 구분에 의해서 갈라지지 않았고 장인들을 후원하는 자들 자체도 도구와 무기의 효율성을 이해하고 실제로 사용하던 사람들이었다. 이 지역의 장인들은 궁정, 사원, 혹은 귀족들에게 종속되어 있지 않고 실질적으로 그들의 후원자를 자유롭게 선택할 수 있었다. 호머와 고전시대의 작품들에서 보듯이 이들은 비교적 자유롭게 여행을 다닐 수 있었고 작은 도시들 간에 교류가 있었다. 실제로 기원전 5세기 아테네에 있던 많은 장인들과 상인들은 메틱스(metics)[101] 즉, 거주외국인들이었다는 사실에서도 유추할 수 있다. 마찬가지로 상인들도 비교적 자유롭게 자신들의 시장을 선택할 수 있었다. 그래서 에게해 지역에서 계급 구분이 일어나고 소작농들이 착취받는 하층계급으로 전락할 때에, 장인들과 전문가들로 이루어진 새로운 사람들은 자유의 지위와 전통을 유지할 수 있었다.[102]

에게해 지역의 장인들은 토지를 갖지 못했음에도 불구하고, 그들의 기술과 성취에 의하여 생계를 유지할 수 있었고 부족 내에서는 아니더라도 적어도 부족 간에서는 신분을 얻을 수 있었다. 부족사회의 붕괴로 소작농들이 농노의 신분 혹은 그와 비슷한 것으로 몰락하였을 때에도 장인들은 그런 운명을 피할 수 있었다. 장인은 모든 도시에서 환영받고 국제적으로 명망이 있는 티키오스(Tychios)[103]나 페이디아스(Pheidias)[104] 같은 사람이 될 수 있었다. 그로부터 2000년 후인 철기시대, 고대 그리스인들이 보여준 기술과 예술의 재능은 타고난 '그리스 천재들'의 결과가 아니라 청동기시대 사회로부터 유산으로 물려받았던 전통의 결과이다.[105]

2.5 문명의 새벽

우리는 선사시대로부터 대국가의 형성에 이르기까지 점점 더 확고한 생존방식이 확보되는 과정을 확인하였다. 여기에서 우리는 어째서 한 번 발견된 생존 형태가 그들에게 그토록 널리 받아들여졌던가 하는 점을 이해할 수 있다. 현존하는 세계와 이 세계의 질서야말로 온갖 형태의 세계 가운데서도 어쩌면 가장 훌륭한 것이라는 사실이다. 이것들을 준 것은 다름 아닌 삶 곧 생존 그 자체였다.

초기의 구리와 청동기는 중국, 이집트, 수메르, 인더스 계곡에서 보듯이 생산도구로서보다는 장신구, 제기와 병기로 주로 사용되었다. 문명이 성장하고 충분한 사회적 잉여가 생겼을 때 운송과 군사용 그리고 생산용으로 청동이 본격적으로 사용되기 시작하였다. 이처럼 기술발전은 시장의 발달, 새로운 수요, 지배층의 요구에서 견인되어 점차 일반 대중들에게까지 확산되는 과정으로 이루어졌다. 로버트 애덤스는 관개 농업 발전, 전쟁증가, 그리고 국지자원의 변이성이 신흥도시 문명의 결정적인 요인라고 주장하였다.[106] 관개 농업은 잉여 식량을 창출하고 인구의 증가, 정주 취락의 증가, 재화의 재분배를 위한 교역의 증가를 유발하였다. 이는 다시 생산증대와 잉여의 증가로 선순환 되었다. 축적된 사회적 잉여는 그것을 관리하는 집단, 농업에 직접 참가하지 않는 전문기술자들을 부양할 수 있는 여력이 되었다. 애덤스는 자신들이 유리하게 이용할 수 있는 자원들을 적절하고 다양하게 선택하였던 사회가 국가로 더 잘 변신할 수 있었다고 주장한다.[107] 인구 증가는 전략적 자원에 대한 독점을 낳았으며 이 공동체들은 군사행동으로 영토를 넓히고 다른 인간 집단들보다 우수한 강점을 이용함으로써 이웃을 지배 혹은 정복할 정도로 강해질 수 있었다. 이러한 도시들은 중요한 종교활동, 기술 및 예술의 혁신, 문자사용의 중심지가 되었으며 문자의 사용은 지배 계층이 권력을 독점하는 중요한 기술로 작동하였다.

권력기술들

인간이 아직 자연 앞에서 거의 무방비 상태로 놓여있었던 시절에 사람들은 자신의 생명을 유지하기 위해 다른 사람들과 견고한 공동체를 이루어 자기 자신의 생존을 확보하고자 하였다. 그 시절에는 특별하고 탁월한 신체적인 정신적 능력을 갖춘 한 개인이 특수한 임무를 맡음으로써 나머지 사람들로부터 뚜렷이 돋보이는 존재가 되곤 하였다. 민중을 영도하는 수장으로서의 역할이든가 이적을 행하는 마술사로서의 역할이든가 아니면 주문을 외는 능력을 가진 사제로서의 역할이든가, 특수한 역할을 맡은 사람은 공동체에 대해 특별한 권한을 지니고 있었다. 그리고 그것이 그들에게 권력이 되었다.

브라이언 페이건은 고고학적인 관점에서 권력을 경제적 권력, 사회 이념적 권력, 그리고 정치적 권력 세 가지로 검토하였다.[108] 경제적 권력은 한층 전문화된 생산과 식량 저장 및 분배의 다양한 업무들을 조직할 수 있는 능력에 바탕을 두고 있다. 여기에는 원자재와 상품의 교역도 포함된다. 이국의 상품이나 재화들을 어떤 규모로든지 획득하는데는 조직, 기록 및 감독이 필요하였다. 식량과 재화의 생산과 분배 그리고 교역의 과정에서 축적된 부는 시간이 흐르면서 그 부를 생산하거나 획득한 자들과 그곳을 관리하고 분배하는 자들 사이의 상호의존 관계를 발전시켰다. 국가는 엘리트 귀족층, 관료들 그리고 속민들로 이루어지고, 지주계급과 토지는 그것을 소유한 주체가 신전이든 지배자이든 혹은 개인이든 간에 그 토지의 부속민들에게 안전을 제공한다는 명분을 만들었다.[109] 이러한 과정에서 초기의 국가들은 친족에 기초한 조직을 벗어나서 중앙 집중화라는 조직으로 바뀌었다.

수메르에서 사회적 잉여는 사제들이 관리하는 상상의 신에게로 집중되어 신의 곡물창고에 저장되었고 이집트에서는 파라오가 스스로 신이 되었다. 사제들은 정교한 의식을 명예스럽게 수행했으며 이들은 신성한 신의 세속적인 재산을 관리했다. 신의 부와 권력은, 일상생활 속의 통치자이며 전쟁 때에는 지도자가 되었던, 신이 아닌 인간의 운명을 가진 '도시의 왕'들의 소유가 되었다. 절대적이며 신성한 파라오는 모든 전체 관료계급집단을 통제하였다. 그 때까지 아직도 많은 사람들은 자연의 규칙적 변화를 알지 못하였고 자연을 두려워하였으므로, 지배계급은 일반 사람들에게 내일도 태양이 떠오르고 강물은 내년도 다시 범람한다는 것을 가르쳤다. 이러한 지식으로 지배자들은 농사시기를 알려주고 강이 범람하는 시기를 미리 예측해 주었으며 계획과 조직을 통해서 백성들에게 실질적인 혜택을 줄 수 있었다.

사회 권력기술은 이데올로기적 권력이다. 이러한 권력은 어떤 문화적, 정치적 공통성의 상징물을 만들어 내거나 개변하는데서 생겨난다. 공적, 사적 의례들과 예술, 건축, 문학으로 표현된 공통된 이데올로기는 친족 간 유대를 넘어서 개인들을 공동체로 연결하는 역할을 하였다. 그들이 인간을 영적인 세계와 신들의 세계로 연결해주는 자로 인식되었고 신이 육화한 존재로 인식되기도 하였다. 이러한 이데올로기를 만들어 내고 영속화하는 이들은 높이 떠받들어졌고 위세를 누렸다. 이 시대의 대도시들은 모두 강력한 신관단과 종교조직을 가졌다. 축적된 부는 국가의 종교적 업무를 처리하고 지배자를 우주 질서의 수호자로 여겨지게 하는 수단이 되었다. 그들이 건립한 신전과 공공건물들은 인간이 생명과 우주의 영속을 보장해주는 정교한 공공의례를 위한 무대였다.

정치권력기술은 행정적 수단과 군사적 수단 모두를 통해서 사회전체에 권위가 통하도록 지배자에게 능력을 부여하였다. 정치권력기술은 대외관계 특히 전쟁시에 중요하게 여겨졌다. 그러나 아직까지 토지 소유권, 가족관계 등 많은 문제들은 공동체와 부족지도자의 수중에 있었다. 남자들이 지배하는 일부다처제는 신석기 혁명이 일어나고 농업이 발명된 후에도 존속되었다. 적어도 사회 상층부의 남자들 사이에서는 일부다처제가 당연시되었다. 지금으로부터 5500년 전의 것으로, 중부 유럽에서 발견된 주거지에 그 흔적이 남아 있다. 인류 최초의 위대한 문학 원전인 길가메시(앗시리아의 강력한 도시국가 우르크(Uruk)의 왕) 서사시에도 그 흔적이 나타나 있다.[110] 고고학자 노르마 요피는 이러한 권력의 세 가지 원천 즉 경제적 권력, 사회 이념적 권력, 그리고 정치적 권력 사이에 상호작용이 사회전체에 영향을 미치

는 새로운 기구의 발생 즉 최고통치자와 국가를 가져왔다고 했다.[111]

수학의 시작

채집경제에서 생산경제로 이행되기까지, 사람들의 수량에 대한 이해력은 거의 진전되지 않았으나[112] 교환이 발달함에 따라 수량 표시가 필요해 지면서 산술이 발전하였다. 처음에는 다섯 손가락, 두 개의 눈이 천연의 계산단위로 사용되고 인공의 계산단위인 막대도 등장했을 것이다. 토지면적의 측정, 교환이나 상업 활동, 토목 · 건축 분야에서 계산의 필요성 때문에 기원전 2천 년경 고대 동방에서 수학이 발생했다.

이집트인들은 10진법을 사용하였으며 1차방정식 및 불완전한 2차방정식을 알았고 간단한 산술 · 대수 · 기하학을 이용하였다. 그들은 직사각형 · 삼각형 · 원의 면적을 구할 수 있었으며 원주율을 3.16으로 하였는데[113] 이것은 $\pi=3.14$라는 현재의 값에 매우 가까운 수치이다. 메소포타미아에서는 5진법 · 6진법 · 10진법 및 그로부터 파생한 30진법 · 60진법을 사용하였다.[114] 처음의 다섯 수는 한쪽 손의 다섯 손가락에 대응하여 각각의 이름을 붙이고, 이어지는 6에서 9까지의 수는 5를 각각의 보조수와 결합하여 표시했다. 슈메르인은 60진법을 사용하였고 나중에 10진법의 초기 형태도 사용하였는데, 영(zero)을 표시하는 설형문자의 출현이 그것을 증명하고 있다.[115] 수메르의 수학문서에는 거듭제곱근의 계산, 제곱근과 세제곱근을 구하는 방법, 체적계산법이 기록되어 있다. 토지측량에 기하학의 지식을 이용한 수메르인들은 밭을 삼각형 또는 사다리꼴로 분할하여 각각의 면적을 계산하고 얻어진 수를 합하여 밭의 크기를 구했다. 바빌로니아의 설형문자 수학서를 보면 고대 바빌로니아의 수학이 이집트의 수학보다 높은 수준에 도달했음을 알 수 있다. 수학 문제가 기록된 바빌로니아의 점토판이 150개, 숫자표가 기록된 점토판이 200개가 발견되었다.[116] 바빌로니아인은 수메르 시대부터 10진법과 60진법을 뒤섞은 수체계를 사용하였으며 1차방정식과 2차방정식의 해법을 터득하였고 밭의 평면도나 각종 건조물의 평면도를 그리기 위해 기하학적 계산을 하기도 했다.[117]

천문학의 시작

천문학은 수학과 같은 정도로 오래된 학문이고 인간에게 가장 필요한 지식이었다. 그러나 원시인들에게 천문현상은 신비하고 가끔은 두려운 대상이었다. 그들에게 자연은 원리를 따라 움직이는 자연 환경으로 인식되지 않았다. 그러나 점차 육안으로 볼 수 있는 해와 달 그리고 별의 움직임의 규칙성을 발견하였고 인간은 그것을 시간과 방향의 기준으로 삼기 시작하였다. 천체관측은 인간들의 삶에 꼭 필요한 기본 지식이 되었다. 절대자 왕들은 인간의 무지를 틈타서 이 지식들을 통치와 권위의 유지에 사용하였다. 왕들은 대개 신관을 겸한 고대의 천문학자들에게 해와 달 그리고 별의 움직임을 관측하게하고 그들은 천체 운동에서 일정한 법칙성을 발견해냈다. 그것으로부터 강의 범람기와 그에 따른 농사일의 시기를 결정했다. 이집트인은 혹성과 항성을 구별하고 신전이나 무덤의 둥근 천정에 별자리 그림을 그려 놓았다. 이집트인은 처음에 하루를 4등분했는데 그 뒤에 대략 현재와 같은 시간단위(시·분·초)가 등장했다. 시각은 해시계로 측정했다. 바빌로니아의 신관들은 혹성과 항성을 구별하고 있었을 뿐 아니라 항성을 일정한 그룹으로 묶어 별자리로 정하고 쌍둥이자리·게자리·전갈자리·사자자리·천칭자리 등 이름을 붙였다.[118] 신관들은 태양의 위치를 기록하고 일식이나 월식을 기록하여 다음의 일식이나 월식이 언제 도래할 것인가를 예측할 수 있었다.

관개농업의 발생과 함께 더욱 긴 시간을 계산할 필요가 생겨났다. 나일 강과 유프라테스 강은 1년 중 정해진 시기에 범람했다. 그에 따라 농사일의 흉작·풍작이 좌우되고 인명의 손실이 있었다. 강의 범람과 천체의 운동을 관찰하여 최초의 달력이 만들어졌다. 태음력은 열두 달로 이뤄지고 한 달은 번갈아가며 30일과 29일이 되었고 1년은 354일로 나타냈다. 태양력 작성의 기초는 60진법이었다. 4계절의 교체에 따라 태양년을 365일로 정했다. 주요한 달력의 단위는 일·월·년으로 정해지고

| 그림 사진 2.5 |

〈헤지레의 초상〉, 기원전 2778~2723년경, 헤지레 묘실의 나무로 된 문의 일부 높이 115cm, 카이로 이집트 박물관: 고대 이집트인들의 모습은 한 면이 아니라 그 모습을 가장 특징적으로 드러낼 수 있는 여러 각도에서 그려져 있다. 머리는 옆모습으로, 눈은 정면으로, 신체의 상반신은 정면으로, 발은 옆에서, 두 다리는 안쪽에서 본 모습으로 그려져 있다. 이들은 자신들이 중요하다고 생각하는 모든 것을 그림 속에 나타낸다는 규칙을 따랐다. 원시시대 미술가들이 자신이 구사할 수 있는 형상들을 가지고 그 상을 만들었듯이 이집트 미술가들도, 주어진 한 순간에 무엇을 볼 수 있는냐에 근거를 눈 것이 아니라, 그가 배웠고 알았던 형태들을 가지고 그림을 그렸다.[120]

한 달은 30일로 정하고 마지막 달에 5일을 더하여 1년을 365일로 정했다.[119]

예술

권력을 보유하게 된 사람들은 자기가 일단 도달한 지위를 보존하고 확대하려는 욕심이 생겨나게 마련이었다. 이러한 목적을 달성하기 위하여 더욱 더 많은 개인들을 권력행사에 복종하게 만들었다. 복장이나 예의범절에서 또 권력의 상징을 과시하는 면에서 권력자와 나머지 사람들 사이의 간격은 더욱 더 커져 갔다. 이런 사이에 공동체의 성원 가운데 기술이 뛰어난 사람은 의전 도구를 제작한다거나 의전 식장을 꾸미는 주문을 받게 되었으며 이로서 이제 공식적인 경우에는 이상적인 것 대신 비범한 것이 동원되게 되었다. 이에 따라 예술 활동이 권력의 불가피한 요소로 부가되었으며 예술이 영속적인 위탁을 받음으로써 인간적 존재 가운데서 점점 더 많은 영역을 차지하게 되었다. 지배권을 확보하고 이를 확대한다는 요건 이외에 또 하나의 관점, 즉 신체적인 한계를 초월하여 생명을 보존한다는 관점 또한 예술을 발전시키는 주요한 자극제가 되었다. 여기서 또 다른 종류의 예술에 대한 요구가 나타났다. 말하자면 이같은 예술은 통치자가 최고의 지배자임에 틀림없다고 확인해주는 역할을 하는 것이었다. 통일 국가가 세워짐으로써 파라오는 모든 사람과 모든 사물 위에 군림하는 제도적인 기관으로 우뚝 섰다. 그는 바로 세계를 지배하는 자의 권화로서 현세에 있어서뿐만 아니라 내세에 있어서까지 인간의 현 존재를 조장해주는 존재이고, 그러므로 그 자신이 바로 신으로서 현현하게 되는 존재라고 생각하게 되었다.

창조적 파괴

한 문명은 종국적으로 몰락하고 새로운 문명이 일어나 그 자리를 메운다. 초기 문명들의 흥망에서 어떤 복합사회가 몰락할 때, 그 규모가 급속히 작아지고 단순해지고 훨씬 더 평등해지는 방향으로 움직이고 인구밀도는 떨어지고 교역과 경제활동은 축소되고 정보의 흐름이 끊어지고 지식이 줄어드는 특징이 보인다. 초기 문명들이 탄생할 때, 관개 농업은 집약적인 농경법으로 농업 생산을 획기적으로 증대시키고, 신생관료제도를 탄생시키고, 교역망을 확대하고, 새로운 지배층에 부와 권력을 가져다 주었다. 지배층은 부와 권력을 이용하여 피라미드나 거대한 신전 같은 공공건축 사업을 벌였다. 이것들은 그들의 영적 권위와 신과의 연계성을 상징함으로써 권력의 정당성을 증거해 주었다. 그러나 그 사회를 유지하는데 필요한 해결책을 다 써버리고 새로운 생산 수단과 생산 관계가 필요해졌을 때, 비용을 줄이거나 생산을 증대할 새로운 조직과 체계가 마련되지 못하면, 그 사회는 퇴보의 과정으로 들어갔다.

이러한 사회는 자연재해와 사회적 소동으로 발생하는 비용을 치를 능력이 점점 줄어든다. 더 이상 중앙 집중화와 사회적 복잡성이 순기능을 하지 못하게 되고 구성원들은 그것으로부터 더 이상의 유익을 얻지 못한다고 판단될 때 각 개인들은 자기방식대로 살아가기로 결정한다. 문명이나 그 사회의 몰락을 앞뒤로 인구가 감소하고 지식의 창조와 유통이 제한되는 현상이 일어나고 결국 거대 문명사회가 몰락의 길로 간다. 문명의 몰락은 붕괴압력의 증가로 말미암아 모종의 변화가 필요할 때 일어나는 대안적인 과정이다. 이것은 파국이 아니라 '창조적 파괴'이다.

생각해보기

1. 약 1만 년 전, 인류가 농사를 짓고 가축을 기르기 시작하였다. 인류가 식량을 수렵 및 채취에 의존하던 생활방식에서 생산으로 전환하면서 삶에 획기적인 변화가 왔다. 신석기시대는 '식량 생산'은 구석기시대의 '식량채집'과 대비된다. 그래서 신석기혁명을 '농업혁명'이라고 한다. 문명의 몰락은 붕괴압력의 증가로 말미암아 모종의 변화가 필요할 때 일어나는 대안적인 과정이며 이것이 파국이 아니라 '창조적 파괴'이라는 관점에서 농업혁명이 인류의 삶에 가져온 변화를 문화와 제도차원에서 고찰하고 기록해보자.

2. 피라미드나 거대한 신전 같은 공공건축 사업은 지배층의 권력의 정당성을 증거해주었다. 그러나 그 사회를 유지하는데 필요한 해결책을 다 써버리고 새로운 생산 수단과 생산 관계가 필요해졌을 때, 비용을 줄이거나 생산을 증대할 새로운 조직과 체계가 마련되지 못하면 그 사회는 퇴보의 과정으로 들어갔다. 더 이상 중앙 집중화와 사회적 복잡성이 순기능을 하지 못하게 되고 구성원들은 그것으로부터 더 이상의 유익을 얻지 못한다고 판단될 때 각 개인들은 자기방식대로 살아가기로 결정한다. 문명이나 그 사회의 몰락을 앞뒤로 인구가 감소하고 지식의 창조와 유통이 제한되는 현상이 일어난다. 본문과 관련하여 고대 문명의 흥망을 염두에 두고 현대 한국사회에서 일어나고 있는 변화를 관찰하고 우리에게 필요한 바람직한 변화의 방향을 자신의 말로 써보자.

3. 청동기의 출현은 수공업 공구의 혁신을 가져왔으며 생산력 증대를 촉진하였다. 고든 차일드는 청동기 기술과 전업 장인들이 발전시킨 공예 전문화가 도시혁명의 주춧돌이라고 보았고 기술의 중요성과 장인들의 역할은 청동기 문화와 더불어 본격적으로 시작되었다는 견해를 보인다. 반면에 중국 상대의 청동기가 주로 병기와 예기에 집중되었으며 농기구는 소량에 불과하였다는 사실에 근거하여 문명의 발전의 상징인 도시의 발전은 기술이나 생산력의 혁신이 아니라 소수에 의한 잉여생산의 독점에 기초한 것으로서, 착취계급의 무력적 기반이 바로 청동무기에 의해서 강화 보증되었다는 견해도 있다. 이 두 견해에 대하여 자신의 의견을 뒷받침할 자료를 보강하고 의견을 기술해보자.

4. 청동기는 그 사회의 생산관계에 따라 그 발전의 경향이 달랐다고 본문은 말한다. 동방의 청동기와 에게해 지역의 청동기 문화/산업은 어떤 차이가 있으며 그 이유를 설명하고 그 속에서 현재 우리나라의 과학기술문화의 발전에 필요한 사회적 문화적 요소들에 관하여 토론하고 기록해보자.

5. 브라이언 페이건은 고고학적인 관점에서 권력을 경제적 권력, 사회 이념적 권력, 그리고 정치적 권력 세 가지로 검토하였다. 청동기시대에 이러한 권력은 당시의 기술 발전과 밀접한 관련이 있다. 관련 본문을 숙독하고 조사 탐구하여, 수학, 천문학 그리고 종교와 예술이 청동기인들에게 가졌던 의미와 지금 자신에게 이미하는 바에 대하여 자신의 견해를 써보자.

6. 청동기시대는 석기시대로부터 기술적 혁신의 단계를 의미하지만 사회 경제적으로 보다 광범위한 의미를 가지고 있다. 당시 신석기시대 기술로 활용할 수 있는 토지는 기성인들에게 모두 점유되어있는 상황에서 토지는 제한되어 있고 새로운 생산 수단을 갖지 못한 젊은 세대 농경인들이 사회에 진출하기가 매우 어려웠다. 새로운 기술이 없이 이들이 할 수 있는 일은 경작지를 분할 받거나 다른 농경인의 땅을 빼앗는 것뿐이었다. "생산성을 높일 수 있는 청동기 기술의 발달이 젊은이들에게 새로운 비전을 주지 않았다면 신구세대 간에 목숨을 건 싸움이 벌어지고 결국은 인구는 더 이상 늘어나지 못했을 것이다." 라는 해석에 대한 자신의 견해를 현대 사회에서 기술혁신이 갖는 의미와 추구해야할 방향성 그리고 신기술을 대하는 세대간 차이의 관점에서 써보자.

7. 5000여 년 전, 4대 문명지역에서 나타난 관개농업은 도구를 제조하는 전문가들을 먹여 살릴 수 있을 만큼 충분한 사회적 잉여를 생산하였다. 그 영향으로 각종 도구가 개발되고, 식량이 집결되는 도시가 나타났으며, 인구밀도는 더욱 증가하게 되었다. 식량의 이동과 더불어 교역량이 늘어나면서 잉여물과 교역품을 관리하고 재분배 하는 방식이 나타나기 시작했고 이에 종사는 전문지식인들이 필요하게 되었다. 사회가 복잡해지면서 고대문명인들은 자신들의 사회를 관리할 사회적, 정치적, 종교적 제도와 지식을 만들어 내기 시작하였다. 관개농업으로 시작된 고대문명변화와 발달 과정을 숙고하고 '도구', '사회적 잉여', '교역', '재분배', '도시', '전문지식인 '의 의미에 유의하여 현대 정보통신기술의 발전이 현대문명의 제도와 지식의 변화에 미친 영향을 자신의 말로 써보자.

제3장 위대한 각성

인간은 자신이 개발한 기술에 만족하지 않고 늘 더 많이 생산할 수 있는 기술을 추구하였다. 그것은 현상을 타개하거나 새로 등장하는 세대가 생존하는 방법이기도 하였다. 기성사회에서 자신을 유지하는데 필요한 해결책이 소진되고 나면 새로운 생산 수단, 곧 기술이 요구되었다. 새로운 기술과 조직과 체계로 사회비용을 줄이고 생산을 증대하지 못하면 그 사회는 퇴보의 과정으로 들어갔다.

인류 문명의 새벽을 연 청동기의 세계는 기원전 20 세기 경, 요동하기 시작한다. 이 시기는 부분적으로 선사시대와 역사시대가 겹치는 시기이기도하며 청동기와 철기가 혼재되어 나타나는 시기였다. 철은 청동처럼 가공성이 좋고 단단하여 풍부한 원료를 배경으로 곧 널리 전파되기 시작하였다. 철기는 농업생산성를 더 높이고 더욱 강력한 무기를 생산하는 수단이 되었다. 새로운 기술시대가 예고되었다. 이 변화를 이끈 것은 늘 새로운 희망을 찾아 나서는 인간과 그 결과로 등장한 철기문화이다.

기술은 늘 이렇게 인류에게 문화 발전의 가능성을 열어놓았고 기원전 8~2세기에 이르러, 오늘날까지 이어지는 문화의 토대를 창출하였다. 이 문화는 철기를 그 바탕으로 하였다. 철기 시대에 이르러 인류는 농업혁명이후 축적된 기술 그리고 그것과 상호 작용하면서 형성된 문화와 제도를 바탕으로 자신들의 삶에 반드시 존재하는 어떤 것을 만들어 내기 시작하였다. 그것은 서양이나 동양이나 그리고 모든 인류에게 하나의 공통적인 경험적 통찰을 근거로 해서 형성된 어떤 것이었다. 이 시대에 이르러 중국, 인도 그리고 중근동과 지중해 지역의 인간은 자기 자신을 전체 속에 있는 존재로 알게 되었고, 자신의 한계를 알게 되었다. 인간은 세계의 공포성과 자신의 무력함을 경험하고 심연에서 해방과 구원을 희구하며 마침내 최고의 목적들을 설정하였다. 야스퍼스는 이 시기를 인류의 가장 심오한 역사의 기점으로 보고 '차축시대(車軸時代, die Achsenzeit)'라고 하였다.[1)]

3.1 격변의 시대

인류 문명의 새벽을 연 청동기의 세계는 기원전 20세기경, 요동하기 시작한다. 이 시기는 인류 선사시대와 역사시대가 겹치는 시기이기도하며 청동기와 철기가 혼재되어 나타나는 시기였다. 고대 인류의 '신성문화'[2]가 흔들리고 인간 정신의 위대한 각성이 준비되고 있었다. 이 변화를 이끈 것은 늘 새로운 희망을 찾아 나서는 인간과 그 결과로 등장한 철기문화이다. 후기 신석기인들이 야금 지식을 축적하여 청동을 만들었듯이 후기 청동기인들은 더 높은 온도에서 광석을 녹일 수 있는 기술들을 축적하였고 우연히 황동석과 유사한 빛을 내는 적철광을 불로 제련하는 과정에서 철을 발견하였다.[3] 철의 원료는 구리와 주석 보다 주변에서 쉽고 풍부하게 구할 수 있었고 철은 청동처럼 가공성이 좋고 단단하여 풍부한 원료를 배경으로 곧 널리 전파되기 시작하였다. 이 시기의 용해철광물들이 아나톨리아, 메소포타미아, 인도, 레반트, 지중해, 이집트 등지에 발견되었다. 철기는 청동기보다 원광이 풍부하여 싸게 만들 수 있어서 곧 널리 이용되었다. 철기는 농업생산성를 더 높이고 더욱 강력한 무기를 생산하는 수단이 되었다. 새로운 기술시대가 예고되었다.

히타이트와 철의 전파

철을 최초로 이용한 종족은 철광석이 풍부하였던 아나톨리아(현 터기 중동부) 지방에 살았던 히타이트인들이다. 이들은 이미 기원전 18세기경에 원시 야금술을 이용하여 철광석에서 철을 분리하고 철로 도구를 만들기 시작하였다. 메소포타미아, 시리아, 소아시아보다 몇 세기 앞섰다. 히타이트인들은 청동기문화에서 4대 문명에 뒤떨어졌으나 청동기 후기에 들어 철기를 이용하면서 하티(Hatti)를 중심으로 메소포타미아에서 시리아, 팔레스타인에 걸쳐 고대 제국을 건설한 당시 신문명국가였다. 이들은 조직된 군대와 이륜전차 등 당시 가장 앞선 철기 문화를 배경으로 동지중해와 유프라테스강 유역 그리고 시리아 북부까지 영향을 미쳤다. 초기의 모든 금속이 그러하였듯이, 철도 초기에는 그 자체로서 귀금속 혹은 장식품의 재료로 사용되었다. 히타이트 제국 초기에 철은 금보다 5배, 은보다는 40배나 값진 물건이었다.[4] 히타이트인들은 기원전 2000년 중기에 북시리아 · 팔레스타인 · 그리스를 침입하고 메소포타미아의 바빌론에까지 이르고 이집트 북부를 점령하고 있었다. 이때 히타이트의 왕 하투실리스 2세가 이집트왕 람세스 2세에게 이집트로 철을 보낸다고 쓴 편지가 발견되기도 하였다.[5]

히타이트인들은 앞선 철기 기술로 기원전 1595년에 바빌론을 장악했고 구 바빌로니아 왕조(함무라비 제국)을 멸망시켰다. 기원전 1530년경에는 무르실리시 1세가 유프라테스 강을 따라 남진하여 함무라비 왕의 후손이 통치하고 있던 바빌로니아를 정복하고 당시 시리와와 팔레스타인을 정복하였던 이집트와 대치하게 된다. 기원전 1299년, 이집트왕 람세스 2세와 히타이트의 무알칼리스 왕은 현재 시리아 지역에 있는 카데쉬에서 고대 중동의 패권을 두고 인류 최초의 대전쟁을 벌인다.[6] 이 전쟁은 청동기시대에서 철기시대로 이동하는 과정에서 발생한 당시 가장 강성하였던 청동기 국가와 신흥 철기국가 사이의 전쟁이라는 점에서 의미가 있다. 16년이나 계속된 전쟁의 승패를 결정하지 못한 채 이집트와 히타이트는 평화 협정을 맺었다.[7] 이때의 기록이 세계 최초의 카데쉬 평화협정이다. 이 전쟁을 전후로 기원전 1200년경 이집트에 철기가 전래되었다.

팔레스타인에서 발굴된 쟁깃날 · 낫 · 밭가래 등은 기원전 11세기의 것으로 간주되나[8] 철이 고대 동방국가에서 이용된 것은 기원전 9~8세기부터이다. 앗시리아의 고문서에 기원전 9세기부터 철제 발가래나 단검이 나타난다. 그러나 이 시대에도 철은 아직 노동 용구의 제작재료로서 청동과 석재를 완전히 대신하지는 못했다. 청동이 그러하였듯이 철도 우선 전사들의 장신구와 무기 · 갑옷 · 방패 · 검 · 창 · 투구 등을 제작하는 데 사용되었다. 기원전 8세기에 이르러 홀사바드를 지배하고 있던 앗시리아 왕 사르곤 2세의 궁전에서 발견된 철주괴와 노동용구 · 삽 · 쟁깃날 · 밭가래 등으로, 이 지역에 철이 널리 보급된 것은 8세기로 본다.[9] 이집트에서 제철이 시작된 시기는 기원전 7~6세기로 거슬러 올라간다. 당시 이집트에서도 철이 금처럼 진귀하게 여겨졌으며 기원전 4세기에 이르러서야 널리 이용되었다. 에게해 주변 여러 섬들에 철이 알려지게 된 것은 기원전 12~6세기의 일이다. 철은 주로 장식품을 만드는데 이용되었으며 에게해 주변 섬들에서 그리스 본토로 전파되고 거기에서 기원전 11~10세기에 철제무기가 만들어지기 시작했다. 노동용구를 만드는데 철이 널리 사용된 것은 기원전 10~9세기 중반에 걸쳐서이다. 라코니아, 에게해 주변 섬들, 흑해연안 남부에서 철광석이 조직적으로 채굴되었다.[10]

비옥한 초생달 지역의 격변

기원전 1000년경 페니키아인들이 동지중해의 해상 무역의 중심으로 등장하였다. 이들은 뛰어난 항해술을 바탕으로 이집트와 메소포타미아, 그리고 그리스를 연결하는 중개 무역를 하며 다양한 문화를 접하고 그것을 이웃나라에 전파하였다. 레바논의 목재를 키프로스와 나일강 유역으로, 구리와 철을 에게해로 전하고 지중해 연안의 비블로스, 시돈 등 도시들은 교역의 범위를 스페인의 구리와 주석 광산에까지 넓혀갔다.[11] 이들의 해양무역은 철제도구와 무기가 동지중해에 널리 확산되는데 중요한 역할을 하였다. 이 과정에서 정확한 정보와 의사소통이 필요하였던 페니키아인들은 팔레스타인 지역의 두로와 시돈에서 사용되는 페니키아 방언을 알파벳으로 발전시켰다. 알파벳이 페니키아인들의 무역 용어로 사용되었고 곧 지중해 지역의 모든 곳으로 전파되고 점차 많은 다른 문화들을 접하면서 그들 고유의 언어를 위한 문자들로 발전되어갔다. 그리스인들 역시 페니키아인들로부터 알파벳을 차용해서 그것을 수정하고 모음을 위한 글자들을 추가하여 자신의 문자를 만들었다.[12]

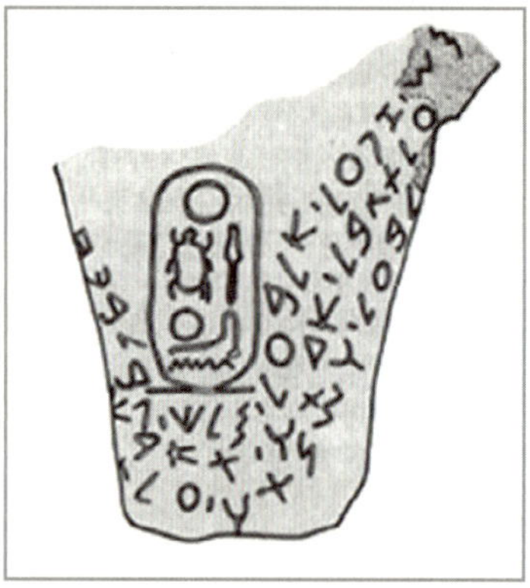

| 그림 사진 3.1 |

페니키아 알파벳(The Phoenician alphabet). The Harper atlas of the Bible(M3499, p. 95) 가장 초기 페니키아어 비문은 기원 1050~850년경 비블로스(Byblos)왕들의 것이다. 이 글은 이집트 Osorkon(B.C. 914~864년)의 상에 있는 비문이다. 출처 대한성서공회, http://www.bskorea.or.kr/infobank/bibuse/media/media04.aspx

앗시리아 제국

메소포타미아 북부 티그리스 강 연안의 앗시리아는 수메르시대 이래 지중해 세계의 중요한 세력이었다. 앗시리아 상인들은 전략적으로 중요한 사막과 강의 교역로를 차지하고 티그리스강 하류의 바빌로니아까지 통제할 수 있었다. 앗시리아인들은 이와 같은 지리를 이용하여 바빌로니아에서 산출되지 않는 금속 · 보석 · 목재 · 석재 등을 실어 나르는 원거리 무역에 종사했으며, 일찍이 소아시아의 철, 아마누스 산맥의 은, 레바논의 삼나무를 수중에 넣고 B.C. 9세기경 도시국가의 형태를 벗어나 군사제국으로 발전하였다. 앗시리아인들은 인류 최초로 기마병과 전차를 운영하였다. 당시 말은 몸이 작고 지구력이 없었기 때문에 2~3마리의 말을 엮어서 전차를 끌게 하였며 우수종의 교배를 통하여 강력한 군마를 길러내기도 하였다. 새로운 무기와 기술을 배경으로 앗시리아 제국은 8세기에 이르러 팔레스타인을 정복하고 이집트에서 메소포타미아 지역에 이르는 중근동 아시아의 제국으로 성장하였다. 그러나 제국의 통치 수단인 중앙집중화는 제국 내에서 분출되는 다양한 욕구를 담아서 사회적 발전을 이끌어가지 못할 때 그 관리 체계의 복잡성과 강요된 획일성이 오히려 단점으로 작동하여 내부 모순을 극복하지 못함으로 멸망하게 된다. 앗시리아는 기원전 630년에 바빌로니아(현재의 이라크)에 의해 정복됨으로 그 전철을 밟았다.

페르시아 제국

고대 도시국가 바빌로니아는 유프라테스와 티그리스 강의 관개농업과 발달된 청동기 문화로 기원전 17세기까지 고대 문예 부흥의 산실이었다. 이들이 편찬한 함무라비 법전[13]은 인류의 귀중한 유산으로 남아있다. 이들은 두 강 유역의 도시국가들을 정복하고 지중해까지 세력을 미쳤다. 기원전 16~17세기, 청동기-철기 변천의 시기에 바빌로니아는 히타이트와 앗시리아의 지배를 받았다. 기원전 7세기 바빌로니아는 메소포타미아 유역의 앗시리아를 다시 정복하고 기원전 587년 이스라엘을 정복하였으며 거대한 지구라트를 건설하고 공중정원을 가진 거대한 궁전을 세울 만큼 홍성하였다. 그러나 중앙집중화된 고대 제국 앗시리아가 밟은 전철을 따라 네브차드네카르 왕의 사후 급격히 약화되어 기원전 539년 페르시아에 정복된다. 페르시아는 키루스 2세의 바빌로니아 정복으로 마침내 메소포타미아와 티그리스 강 유역 전체를 포함한 동지중해 세계에 강대한 페르시아 제국을 형성하였다. 당시 키루스 왕이 발표한 키루스 원통[14]에는 페르시아 제국은 종교의 자유를 허용하고 노예제를 금지한다는 내용이 들어있다. 이것은 인류 최초의 인권선언문으로 당시 페르시아의 문화와 의식을 읽을 수 있다. 그를 이은 아들 캄비세스 2세는 기원전 525년 이집트를 병합하고 다리우스 1세는 인더스강에서부터 유럽에 이르는, 당시 중국을 제외한, 그 당시 알려진 대부분의 문명세계를 통일하였다. 기원전 513년부터 다리우스 1세와 그의 아들 크세르크세스 1세 때 페르시아는 발칸 반도 원정을 시작했다. 트라키아와 마케도니아를 점령한 다리우스왕은 다뉴브 강을 거슬러 올라가며 영토를 확장했다. 이때 발생한 이오니아 반란(기원전 499~494년)을 진압하기 위하여 그 배후인 그리스 정복에 나섰다. 이것이 최초의 서양과 동양사이의 전쟁으로 기록된 페르시아 전쟁이다. 그러나 이 전쟁은 3차에 걸쳐서(기원전 499~450년) 계속되었으나 제국 내에서 발생한 이민족들의 반란으로 페르시아가 철수함으로써 그리스 정복과 동방의 서양 진출은 실패에 그쳤다. 거대 제국 페르시아가 인구, 경제력, 무력 등 거의 모든 면에서 비교가 되지 않은 그리스를 정복하지 못한 것은 페르시아 제국이 다시 한 번 중앙 집중화된 당시 제국들의 사회-경제적 그리고 기술적 한계를 보여준 것으로 볼 수밖에 없다. 결국 페르시아는 자신의 한계를 극복하지 못한 채 몰락의 길을 시작하였다. 약 100년 후 페르시아는 기원전 330년 이소스 전투에서 마케도니아의 알렉산더왕에게 패하고 알렉산더의 헬라제국에게 길을 열어 주었다. 페르시아의 유럽 정복 실패와 이어진 붕괴는 역사의 과정에서 단순한 한 나라의 멸망이 아니라 시간과 공간을 달리 하였을 뿐 인류가 열어가는 새로운 시대를 위한 '창조적 파괴'의 과정이라고 앞에서 언급한 바 있다.

파라오의 제국

이집트는 중왕국기에(B.C. 2040~1640년) 테베를 중심으로 해외교역을 확장하고 사회를 고도로 중앙집중화시키고 조직화된 통일국가가 되었다. 그러나 그 말기에 전차와 기마 병거와 청동병기와 복합식 활 등 새로운 무기로 무장한 동방의 셈족계 힉소스족에게 정복되고 이민족 힉소스 왕조(기원전 1780~1570년)가 약 150년간 지속되었다. 이집트 제18왕조를 창건한 아모스(기원전 1580~1546년)는 힉소스인들을 이집트에서 축출하였으며 이들이 수용한 청동기의 신기술들은 신왕국(기원전 1530~1075년)기에 이집트 역사의 위대한 서막을 열었다. 이후 이집트는 히타이트인들과 동지중해 지역에서 경쟁하며 당대 최고의 문화를 창출하였다. 기원전 16세기에서 14세기 사이에, 당시 이집트의 수도 테베에 지어진 웅장한 카르낙 신전은 당시의 발달상을 보여준다. 이후 람세스2세(기원전 1290~1224년)는 앗시리아까지 원정을 하고 팔레스타인을 정복하고 히타이트제국과의 카데쉬 전투에서 세계 최초의 평화협정을 맺음으로써 히타이트제국의 이집트 진출을 막아냈다. 그러나 중앙 집중화의 장점이 다양한 욕구를 담아내는 사회적 발전을 뒷받침 하지 못하고 새로운 기술과 생산력의 혁신을 창출하지 못한 이집트는 서서히 쇠퇴하기 시작하였다. 기원전 730년부터 663년까지 이집트는 나일강 상류에서 성장한 누비아인들에게 점령되었다. 누비아는 기원전 730년 나일강 하류 삼각주를 점령하고 테베로 수도를 옮기고 이집트를 계승하고자 하였다. 그러나 기원전 663년 앗시리아 침입을 막지 못하고 패망한다. 이후 이집트는 앗시리아, 바빌로니아, 페르시아, 알렉산더, 그리고 로마로 이어지는 제국의 지배하에 들어갔다.

춘추전국시대의 중국

중국에서도 상시대에(기원전 1600~1046년)[15] 철을 사용한 흔적은 있지만 철을 보편적으로 사용한 것은 서주 말기에 이르러서였다. 청동기 문화에 기반을 둔 상나라(B.C. 1600~1046년)는 청동기-철기 변천기인 기원전 11세기 중엽에 서쪽의 웨이허강 분지에서 세력을 확대해온 주나라에 멸망당했다. 주(기원전 1046~771~256년)[16]

시기에 중국에서 철기가 사용되기 시작하였으나 농기구는 아직 목제나 석제로 만들어졌다. 주나라가 견룡의 침략으로 수도를 낙읍으로 옮긴 후, 철기로 강화된 무력과 생산력을 바탕으로 제후국들이 강성해졌다. 곳곳에서 상공업이 발전하였고, 철기들이 사용되기 시작하였다. 강해진 제후국들은 약화된 주 왕실의 봉건제하에서 스스로 인재를 등용하였으며 춘추 전국 시대의 패자가 되기 위한 전쟁을 계속하였다. 이 과정에서 제자백가와 백가쟁명이 탄생하였다.

춘추 전국시대[17](기원전 770~221년)에 광물의 탐사와 광물의 채취에 관한 지식과 제철 기술이 비교적 발전하였다. 지금의 산동성 린쯔현과 허베이성 따에현에서 당시 광산 유적이 발견되었고 제철로에 가죽부대를 이용한 풀무를 사용하였으며 바람을 유도하는 도관이 설치되어 제철온도를 높이는 기술이 개발되었다.[18] 춘추 중기에 이르러 보습, 괭이, 호미 낫 등 철제농기구들이 사용되었으며 전국시대에 철제기구는 한층 더 널리 사용되었다. 병기로는 갑옷, 철봉, 검, 가지창 등이 있었다. 허베이성에 있었던 연나라 하도 유적지에서 강철 검과 가지창들이 발견 되었으며 연나라에서 철제 거푸집을 사용하여 농업 도구와 수공업 도구 그리고 수레에 쓰이는 기구들을 대량으로 제작된 것이 발견되었다.[19] 춘추시대에는 이미 소를 이용하여 밭갈이 하는 것이 보급되었으며 전국시대에는 말도 밭갈이에 이용되었다.[20]

이 시대에 생산도구와 생산기술이 발달함에 따라 농업 생산력이 크게 높아졌고 부락공동체에서 집단 노동을 하던 농민들과 노예들이 점차 개인농들로 교체되었다.[21] 따라서 촌락 공동체의 집단생산은 새로운 생산력에 적응할 수 없었다. 새로운 생산자는 지난날의 생산자와는 달리 일정한 자유가 있고 개인 경제를 소유하였다. 새로운 생산기술의 등장과 함께 사회-경제적 변화도 뒤따라, 춘추 중기 이후 전국시대에 이르면서 종래의 노예주였던 귀족계층이 소멸되고 새로운 지주계층의 발전으로 봉건 신분의 토지소유가 발전되었다. 이러한 새로운 생산력의 출현으로 낡은 생산관계는 파괴되었다. 사회적 생산력의 변화는 곧 생산관계의 변화를 가져왔다. 그러나 생산관계의 변화는 평온하게 이루어지지 않았다. 복잡한 사회갈등이 드러나고 계층간 갈등은 물론 동일한 계층 사이에서도 갈등이 발생하였다. 춘추전국시대의 끊임없이 계속되었던 크고 작은 전쟁들이 이것을 말해준다. 이때는 중근동에서도 제국들의 부침이 계속되었던 때이며 4대 문명 지역에서 인류 정신의 위대한 각성이 준비되던 때였다.

베다시대의 인도

인도에서 기원전 1000년에서 600년 사이는 후기 베다 시대로 분류되고 갠지스강 상류 유역에서 채색도기와 철제 무기가 사용되었던 시기이다.[22] 기원전 1000년경의 철기 유적들이 인골과 함께 현재 파키스탄에 있는 간다라 지역에서 출토되었다. 베다인들은 철제 무기로 원주민들을 제압하고 갠지스강 상류 유역을 개간하였다. 베다 경전에 나타나는 철을 의미하는 단어 시야마(Syama)로 추측할 때, 비데하 지역 등 동부 지역에서는 기원전 7세기경부터 철이 사용되었다.[23] 이때부터 생활이 정착되고 다양한 공예와 수공업의 후원으로 베다인들은 갠지스강 상류 유역에 항구적으로 정착하고 부족국가를 건설하고 왕권을 강화하였다. 후기베다 사회에 이르러 브라만, 크샤트리아, 바이샤, 슈드라의 카스트 제도가 정착되었고 왕권은 제사의식을 통하여 강화되고 브라만들이 제사숭배와 더불어 막강한 권력을 차지하였다.[24] 이 때 형성된 카스트 제도는 종교와 결합되어 지금까지 인도 사회를 지배하고 있다.

고대 그리스의 재기

미케네 문명이 사멸된 후 서기전 1200년부터 800년까지 고대 그리스의 경제는 무너지고 문명은 퇴보하였다. 이 시대를 역사학자들은 그리스의 암흑시대라고 한다.[25] 그러나 서기전 8세기에 들어서면서 그리스에 변화 일어나기 시작한다. 철이 보급되기 시작하면서 그리스의 도시국가들은 생산력이 급격히 발전하기 시작했다. 철과 비철금속 광석에 대한 체계적인 채굴이 널리 이루어지면서 사모스 · 크놋소스 · 코린트 · 카르키스 · 라코니아 · 아이기나 · 레스보스가 · 리르스 지역들이 야금업의 주된 중심지가 되었다.[26] 그러나 아직까지 농경과 목축이 경제의 가장 주요한 부문이었으며 수공업은 농경에서 이제 막 분리되기 시작했다. 그리스인들은 레반트의 대제국들 이집트, 신앗시리아, 신바빌로니아, 페르시아 제국들 사이에서 중개 무역을 통하여 부를 축적하였다. 이들은 이집트에 무역기지 나우크라티스를 건설하고 소아시아에서 루디아, 프리기아등과 교류를 하였다. 당시 지중해 무역을 주도하던 그리스인들은 페니키아인들과 함께 동방과 교류를 이끌었다.

당시 그리스의 가장 큰 변화는 인구의 폭발적인 증가이다. 이는 농업활동이 증가했고 황무지가 개간되고 경작지가 확대되어야 했음을 의미한다. 또 많은 사람들은 바다로 나가 해적행위와 무역을 시작하였다. 그리스의 새로운 변화는 결국 인구 증가, 부의 축적 그리고 도시의 발달로 나타났다. 도시들의 가장 큰 관심은 다른 폴리스로부터의 자유와 스스로 법률을 제정할 수 있는 자치였다. 그리스의 지리 환경에서 각 도시들이 늘어나는 인구를 부양할 식량증산에는 한계가 있었다. 각 도시들은 해외 진출로 돌파구를 열었다. 지중해 연안에서 식민활동을 시작하고 지중해안 곳곳에 식민지를 건설했다. 식민지에서 생산된 식량을 본토에 공급하면서 그리스는 식량을 충분히 확보하고 지중해의 무역과 해양수송의 중심 세력으로 성장하였다. 현재의 나폴리, 시라쿠사, 타란토, 파이스툼, 마르세이유, 니스 등은 이 때 그리스인들이 식민활동으로 개척한 도시들이다. 이 과정에서 그리스인들은 조선, 도자기, 농기구, 신 농법 등 각종 산업과 지식을 창출해냈다.

에게해 지역에서 팽창하던 도시국가 연합은 메소포타미아에서 이집트 그리고 인도의 서북부에 이르기까지 영토를 확장한 페르시아 제국과 지중해의 패권을 두고 에게해에서 마주치게 된다. B.C. 492년 제 1차, B.C. 490년 제2차, 그리고 B.C. 480년 제3차의 페르시아 전쟁에서 페르시아 군을 물리친 소아시아 연안의 그리스 도시들은 페르시아의 지배에서 벗어났다. 그러나 에게해의 패권을 두고 펠레폰네소스 전쟁(기원전 431년~404년)[27]이 일어났다. 오랜 전쟁 끝에 아테네가 패하였고 에게해의 주도권은 스파르타로 넘어갔다. 기원전 371년 스파르타가 다시 테바이에 패하면서 주도권이 테바이로 넘어갔다. 서기전 360년 이후 그리스 국가들 간에 내분이 지속되는 동안 그리스 북부에 위치한 마케도니아가 성장했다. 서기전 338년 마케도니아의 필리포스 2세가 카이로네아 전투에서 승리하면서 스파르타를 제외한 모든 그리스를 통합한 코린토스 농맹을 결성했다. 코린토스 동맹으로 그리스의 자유롭고 자치적인 도시 국가의 시대가 끝났다. 필리포스 사후 알렉산더가 왕위에 오르고 기원전 334년 그리스 도시 국가들의 반란을 진압하고 새로운 제국의 기반을 닦았다. 알렉산더의 마케도니아는 페르시아가 지배하는 소아시아로 진출하고 10여 년간 전쟁 끝에 기원전 334년 현재 터기의 남부 이소스 전투에서 페르시아 다리우스 3세 대왕에게 승리를 하고 페르시아 제국을 정복하였다. 그는 이어서 인도를 침공하였으나 한계에 다다른 알렉산더 군대 내부의 반발로 실패하고 철수하였다.

3.2 철기 문화

기원전 2천년과 1천년 사이, 철의 발견이 인류에게 가져온 변화는 "모든 문화민족이 영웅시대를 경과하던 시기이고 철검의 시대 또는 철제 쟁기 날이나 철제 도끼의 시대이다. 마침내 철이 인간에게 봉사하게된 것이다. 철은 역사상 혁명적인 역할을 행한 모든 원료 가운데 최후의 그리고 가장 중요한 것이 되었다."[28]라는 엥겔스의 표현에 잘 드러나 있다. 당시 철의 생산은 노예제 생산양식이 정착하는 전제조건이 된 기술혁명의 토대가 되었다. 엥겔스는 "철은 넓은 밭농사와 광대한 삼림지대의 개척을 가능하게 만들었으며 수공업자들에게 어떠한 돌이나 이미 알려진 다른 금속으로도 끊어낼 수 없는 견고함과 절단력을 가진 도구를 제공했다."[29]고 기록하고 있다.

철이 널리 보급됨에 따라 고대 그리스 · 로마에서는(기원전 10~4세기) 고전적인 노예제 생산양식 발전의 제 2단계가 시작되었다.[30] 고대 그리스 시대에 아직 노예제는 발달 하지 않은 채 가부장제적 제도가 있었다. 신전과 궁전의 경영, 관개시설의 건설과 관리, 건축공사에 노예가 광범위하게 대규모로 이용되었던 동방 국가와는 달리 고대 그리스에서는 노예가 농경이나 수공업에 종사하지 않고 가내 노동에만 이용되고 있었다. 철이 널리 보급되면서 기원전 7~5세기에 그리스에서도 생산력이 급격히 발달하였다. 이와 더불어 그리스에서 노예제도가 서서히 완성되면서 노예제 도시국가가 출현했다. 그리스 노예제도는 기원전 4세기에 최대 규모에 달했다. 노예제도는 모든 생산부문으로 확장되고 자유노동은 노예노동에 의해 밀려났다. 특히 수공업 생산에서 그러했다. 알렉산더가 지중해 동부와 서아시아를 정복하면서 그곳에 존재하고 있던 노예제도가 유입되고 막대한 수의 노예들이 공급되기 시작하였기 때문이다. 노예제도와 노예매매 행위가 도처에서 발달하고 도시는 노예 노동으로 활발해진 상업과 수공업의 중심지로서 더 큰 역할을 하게 되었다. 도시에서는 고전적 노예제와 폴리스 제도가 뿌리를 내리기 시작하였다.

그러나 헬레니즘 시대의 수공업 생산과 농업의 번영은 오래 지속되지 못했다. 노예매매가 성행하고 전쟁이 끊임없이 계속된 결과 수많은 영세한 노예 소유자와 수공업자들이 몰락하고 노예들이 있는 한 새로운 생산 수단으로서의 기술의 개발과 이용에는 적극성을 보이지 않았다. 기원전 3세기 말에 헬레니즘은 내부의 사회적 모순을 드러내기 시작하였다. 기원전 2세기에 그리스를 시작으로 지중해 연안 전역에서 노예들의 반란이 시작되었고[31] 노예제 국가들의 생산과 산업이 쇠퇴하기 시작하였다. 결국 노예제 국가들은 노예를 확보하기 위하여 끊임없이 전쟁을 하여야 했으며 그 경쟁에서 한계가 드러나면 그 나라는 붕괴되고 새로운 나라가 나타났다.

철기와 노예제

철이 널리 보급되면서 농업 생산력이 급격히 증가하였다. 기원전 8세기 지중해 연안 동부 및 서아시아의 나라들은 노예제를 근간으로 쟁기를 사용하는 정도의 2포식 농업이 대부분이었다. 철제 쟁기날을 붙인 쟁기가 퍼지기 시작했다. 땅을 가는 쟁기는 그리스에서 기원전 5세기부터 알려졌다. 크세노폰은 이 쟁기에 대해 그의 저작 『경제학』 가운데서 이렇게 기술하고 있다.[32] 농사에는 소가 널리 이용되었다. 동물

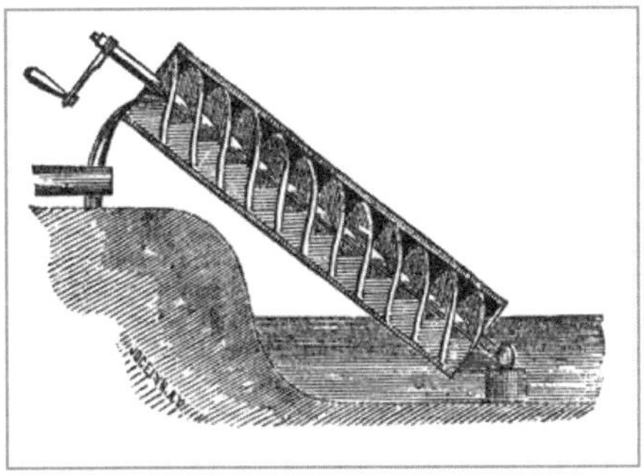

| 그림 사진 3.2 |

아르키메데스의 스크류 펌프. 출처: Chambers's Encyclopedia (Philadelphia: J. B. Lippincott Company, 1875년).

들의 분뇨로 비료를 공급하고, 휴경을 도입하고, 퇴비를 만들고, 밭에서 짚을 태우는 등 토지의 생산력을 높이려는 노력을 하였다. 그리스의 식물학자 테오프라토스는 그리스인들이 밀 · 보리 · 독일밀 · 참깨 · 완두콩 · 까치콩 · 대두 그리고 올리브와 포도 · 마르멜로, 석류 등을 재배했다고 기록하고 있다.[33] 기원전 3~2세기에 올리브와 고품질의 포도를 재배하는 대농장경영이 있었고 큰 강 유역에서 관개 농업이 행해지고 있던 지역에서는 다양한 종류의 양수기가 널리 이용되고 있었다. '아르기메데스 양수기'로 알려져 있는 양수기도 그 중의 하나이다.

농기구의 수요도 증가하면서 수공업생산이 분화되기 시작하였다. 철의 보급으로 시작된 기술혁명으로 수공업 생산이 분화되고 수공업용 도구의 제작수준이 향상되었다. 고대 그리스 수공업 생산의 기본단위인 에르거스테리온이라는 작업장에서 보통 3~12명의 노예들이 노동을 하였다.[34] 분업은 아직 없었고 한 사람이 처음부터 끝까지 제작을 하였다. 철과 비철금속의 수요가 늘어나면서 고대 그리스 로마에서는 유용광물의 채굴이 널리 이루어졌다. 그리스에서 가장 유명했던 라우레이온 광산에서는 납의 연료인 방연광이 채굴되었는데, 헬레니즘 시대의 누비아 금광에 대한 기록은 지금까지 남아있다.[35] 광업의 혹독한 노동은 노예들의 몫이었다. 기원전 5세기에 자연식 통풍으로 이미 지하 120m까지 수직갱을 굴착하였으며 곡괭이, 정, 쇠지렛대, 쐐기, 해머들이 사용되었다.[36] 노예제도를 기반으로 고대 그리스 · 로마의 수공업생산에서는 노예와 자유 수공업자가 함께 노동하였으며[37] 수공업용 도구의 제작 기술이 지속적으로 향상되었다. 하지만 노예제도하에서 기술의 발달에는 한계가 있었다.

노예제 생산양식에서 생산 도구의 원동력은 인력과 축력이었다. 양수용 수차나 수차식 제분기와 같은 발명이 이뤄지긴 했지만 널리 이용되지 못했다. 수차의 사용으로 노동생산성이 증대 되었으나 그 사용은 제한되어 있었다. 그리스 로마 사회의 생산양식은 스스로 설정한 노예노동에 묶여 있었다. 노예는 전쟁으로 확보되었으며 무기는 자유시민군이나 자유용병의 손에 있었다. 그래서 노예제 사회는 무기의 발달에 특별히 관심을 보였고 고대 노예제 사회에서는 무기가 노동용구나 노동수단보다 급속히 발달하였다.[38] 이것은 청동기와 철기의 초기에 신기술이 노동도구의 제작보다는 무기 제작에 먼저 사용되었다는 사실과도 일치한다. 노예는 필요할 경우 쉽게 팔고 살 수 있었으므로 노예노동이 싼 것은 아니었지만 아직은 기계로 대체되지 않았다. 후기 로마시대의 일반적인 사회 · 경제적 상황은, 로스토브체프(M. Rostovtzeff)가 설명한 것처럼, 무엇보다 값이 비싼 기계공장을 결코 허용하지 않았다.[39] 수공업이 발전하면서 원시적인 분업이 나타나기도 하였는데 크세노폰(Xenophones)의 키로패디(Cyropaedie)는 B.C. 기원전 370년경, 이렇게 기록하고 있다.

> 작은 도시에서는 … 장정 하나가 침대, 문, 쟁기, 탁자를 모두 만든다 … 반면에 대도시에서는 그 각각에 대한 주문이 크기 때문에 한 가지 기술만 가지고도 기술자는 충분히 먹고 살 수 있다 … 끊임없이 한 가지 일만 하는 사람이 완전에 도달하리라는 것은 필연적이다.[40]

기원전 3세기 말에 이르러 헬레니즘 내부의 사회적 · 계급적 투쟁이 격화되기 시작 하였다. 기원전 2세기에 그리스에서 그리고 뒤이어 지중해 연안 전역에 걸쳐서 노예들의 반란이 시작되었다. 대규모 노예들의 반란은 노예제국가의 경제력을 파괴했고 생산과 상업이 전반적으로 쇠퇴했다. 격렬한 계급투쟁, 특히 기원전 2세기의 계급투쟁은 동방의 헬레니즘국가들을 쇠퇴케 하였으며 기원전 1세기에 폴리스제도의 해체가 이뤄지기 시작했다. 고대 노예제가 그 한계에 이른 것이다.

그리스 건축: 현상표현과 착시교정

이 시대에 건축 기술은 크게 발전하였다. 건축기술의 가장 중요한 성과의 하나인 도리아식, 이오니아식, 코린트 식 건축 양식이 이때 이룩된 것이다.[41] 기원전 5~4세기는 아테네의 번성기였다 이 때 건물 개개의 부분을 조화롭게 짜맞추는 방법이 개발되었다. 아테네의 아크로폴리스에 세워진 파르테논 신전, 니케아프테로스 신전 등과 같은 세계적인 걸작들이 탄생하였다. 그리스인들은 건축에서 선, 형태, 균형을 강조하고 색채나 표면 장식에는 비중을 덜 두었다. 아치나 돔 구조는 사용하지 않고 지붕구조나 천정 지주에 석재 들보나 상인방 대신 나무로 된 트러스를 개발 · 이용함으로써 실내에서 기둥을 없애고 벽 사이의 간격을 더 넓혔다. 이들은 지중해 연안의 풍부한 석재를 건축의 주재료로 이용하였으며, 특히 양질의 대리석을 정교하게 가공하여 사용하였다.

그리스 신전들은 처음에는 목재로 지어졌으나 점차 석회석, 대리석으로 지어졌다. 그리스인들은 건축물이 완벽하고 이상적으로 보이게 하기 위하여 배흘림 엔타시스(Entasis) 기법을 사용하였다. 이들은 수직의 평행선인 경우 중앙부가 오목해 보이는 착시현상을 인식하고 이 때문에 기둥의 중앙부가 가늘어 보이는 것을 교정하기 위해 기둥중앙부의 직경을 기둥 상하부의 직경보다 약간 크게 설계하였다. 그리고 긴 수평선의 경우 중앙부가 처져 보이는 착시현상을 교정하기 위해 건물외관의 수평적 요소인 기단과 엔타블레이처의 중앙부를 약간씩 솟아오르게 하는 라이즈 Rise 기법을 도입하였다. 또 건물모서리 기둥의 상단이 약간씩 외측으로 벌어져 보여 건물이 불안정해 보이는 착시현상이 발생하는 것을 막고 건물에 안정감을 주기 위해 양측 모서리 기둥을 약간씩 안쪽으로 기울이는 안쏠림 기법을 채택하였다.

또 정면에서 보면 중앙부의 기둥들에 비해 양측 모서리의 기둥들이 가늘어 보이는 착시현상을 교정하기 위해 모서리 기둥의 직경을 좀 더 크게 설계하였다. 건물정면에서 볼 때 기둥의 간격이 양측 모서리로 갈수록 넓어 보이는 착시현상을 교정하

| 그림 사진 3.3 |

파르테논 신전, 익티노스 설계, 기원전 450년경. 아테네, 아크로폴리스 도리아식 신전: 기단이 끝으로 갈수록 위쪽으로 굽어 있는데, 엔타블레이처에서도 이 방법이 쓰였다. 섬세하게 위로 갈수록 기둥의 지름을 줄여 볼록하게 하는 엔타시스(배흘림)를 사용했다. 그리고 네 귀퉁이의 기둥이 가늘어 보이는 현상을 상쇄하기 위해 이 기둥들을 좀 더 굵게 만들었다. '있는 그대로'의 자연적 형태와 단축법을 발견한 이 시기는 그리스 도시국가의 시민들이 신들에 관한 오랜 전통에 의무를 제기하고 편견없이 사물의 본성을 탐구하기 시작한 때이며 오늘날 우리가 알고 있는 것과 같은 의미의 과학과 철학에 대하여 인류가 눈을 뜬 시기이다.[42]

기 위해 모서리로 갈수록 기둥간격을 좁게 하였다.

미술에서 그리스인들은 자신들이 본 것을 그대로 표현하는 현상 표현 기술을 시작하였다. 그들은 알고 있는 지식이 아니라 지금 눈으로 보는 것을 그대로 표현하였다.[43] 그들은 고대 이집트 사람들이 표현하였던 방식과는 달리, 그곳에 있어야 한다고 생각하는 것을 모두 그려 넣어야 한다고 행각하지 않았다. 그림 사진 2.5과 그림 사진 3.4에 표현된 인물을 자세히 분석하면 고대의 규칙들이 깨어지고 새로운 표현 방식이 나타났음을 알 수 있다. 이들은 원근법에 의한 단축법,[44] foreshortening을 발견하였다.[45] 그리스인들은 이러한 표현 기법을 건축에서는 역으로 이용하여 착시 현상을 교정하여 설계하는 지혜를 발휘하였다.

그림 사진 3.4는 기원전 5세기의 도자기에 그려진 전사의 작별 그림이다. 전사의 오른발은 완전한 모습으로 그려져 있으나 왼발은 단축법을 사용했기 때문에 다섯 개의 발가락들이 작은 원으로 그려져 있다.[46] 이 그림을 그린 이는 사람에게 있어야 할 모든 것을 분명하게 드러내는 고대 이집트의 방식으로 그리지 않고 자신에게 현재 보이는 그대로 그렸다.

3.3 자연 철학의 태동

인간은 자연법칙이나 현상의 본질 및 원인을 모두 파악하고 나서 도구를 만들어 이용한 것이 아니다. 고대인들은 경험적으로 현상을 발견하고 스스로의 경험과 주변 환경에 대한 관찰에서 얻은 지식들을 생산에 활용하였다. 광물의 성질에 관한 지식을 얻고 금속을 이용하기 시작했고 화학적 원리는 알지 못하였으나 광석으로부터 금속을 정련하는 방법을 알아냈으며 점토의 뛰어난 성질을 발견하여 도기의 생산에 사용했다. 동물에대한 지식을 쌓으면서 그 동물들을 가축화했다. 그들은 자신들에게 필요한 지식을 경험적으로 학습하였고 학습된 지식을 자신의 삶을 위하여 적용하였다.

기술 인식

고대 동방의 초기 사회에서 축적된 지식은 실용적 성격을 띠었다. 농업, 수공업, 건축에서 얻어진 지식은 다시 생산과 상업의 발전을 촉진시켰다. 고대 동방국가에서 축적된 지식은 지중해의 미노아와 미케네를 거쳐 고대 그리스에 전파되었다. 서기전 7세

| 그림 사진 3.4 |

〈전사의 작별〉: 기원전 510~500년경. 에우티미데스의 서명이 있는 적회식 도자기, 높이 60cm, 뮌헨 고대 미술관: 그림 중앙에 있는 전사의 오른발은 완전한 모습으로 그려져 있으나 왼발은 단축법을 사용했기 때문에 다섯 개의 발가락들이 작은 원으로 그려져 있다. 수천 점의 이집트와 아시리아의 미술품에는 이러한 화법이 나타나지 않는다. 마침내 기원전 5세기에, 그리스인은 '있어야 할 모든 것을 분명하게 드러내는' 고대 이집트의 방식으로 따르지 않고 자신에게 '현재 보이는 그대로' 그렸다. 고대의 규칙이 깨어지고 미술가들이 자신들이 본 것에 의지하여 그리는 '미술사상 엄청나게 중요한' 사건이 일어났다.[47]

기에서 5세기 지중해 교역의 중심 역할을 한 그리스인은 자신의 문화를 사상 유례가 없는 수준으로 발전시켰다. 지적 노동이 육체적 노동으로부터 분리되면서 지식이 지식 자체를 목적으로 탐구되는 자연철학적 특성을 나타내기 시작하였다. 그러나 자연과학이 아직 독립적인 지식부문으로서 분리되어 있지 않았고 지식 전체를 포괄하는 철학의 일부였다. 그리스 문명에서 관념의 세계에 가까운 것일수록 높이 평가되고 기술은 일반적으로 순수한 과학에 비해서 낮게 평가되었다. 그래서 산술보다는 기하학이 더 발전하였으며 역학이 동역학으로 발전하지 못하고 정역학에 집중하였다. 그 이유는 바로 형상의 불변성과 부동성이라는 그리스인의 관념에 있었다.[48]

당시의 철학적 조류였던 스토아학파는 금욕의 차원에서 노동에 대해서 호감을 가지고 있었으나 그리스의 자유민들은 육체적인 일보다는 정치, 학문, 문학에 관심을 보였다. 기구와 기술은 생산 수단보다는 오락의 목적으로 요구되었다. 그리스의 자유민들은 노예의 노동과 생산활동 위에서 생존을 누리고 있었다. 당시 철학자들의 기술에 대한 생각의 단편을 플루타르크(Plutarch)의 아르키메데스(Archimedes)에 관한 기록에서 읽을 수 있다.

> "풍부한 발명을 했던 아르키메데스는 고귀한 정신과 높은 생각을 가지고 있었기 때문에, 그에게 초인적이고 신적인 지능을 가지고 있다는 명성을 가져다준 이 기술에 관해서 아무것도 글로 남기지 않으려고 했다. 그는 실제적인 역학, 우리가 어쩔 수 없이 행하는 기술 전체를 천하고 장인이 하는 일이라고 생각했다. 그의 열성은, 필연성에 봉사하지 않고 그 자체를 위한 내적인 가치를 지니고 있는, 선과 아름다움을 지닌 그러한 학문에만 한정되었다."[49]

기술에 대한 그리스인들의 사고는 기술을 마키나티오(Machinatio), 즉 '속임수를 생각해낸다'는 그리스어에서 파생한 단어로 표현한 것에서도 읽을 수 있다.[50] 기술에 대한 회의적인 태도는 기술 행위를 자연에 반하는 행위로 생각하였던 아리스토텔레스에게도 분명히 드러난다. 아리스토텔레스는 기술을 자연을 기만하는 것으로 보았다. 미술의 현상 표현 기법에서 나타났듯이 있는 그대로 자연을 관찰했던 이 철학자에게 지렛대와 같이 작은 물체로 더 크고 무거운 물체를 들어 올리는 것은 눈속임으로 보였을 지도 모른다. 아르키메데스에게 있어서 수학적인 것이 구체적이고 역학적인 것보다 앞서 있었듯이, 그에게는 철학적인 것이 기술적인 것보다 앞서 있었다.[51] 아리스토텔레스는 자연과 기술에 대한 자신의 생각을 『역학 문제』에서 이렇게 말하고 있다.

> "자연적으로 일어나는 일 중에서 우리에게 불가사의하게 보이는 것은 그 원인이 우리에게 감추어진 것이다. 그러나 자연에 반하는 것 중에서 인간의 필요를 위해 기술을 통해서 일어나는 일은 모두 불가사의하게 보인다. 말하자면 많은 것에서 자연은 인간의 욕구에 반해서 작용한다. 왜냐하면 그것은 항상 자기 자신의 방식을 가지고 있기 때문이다. 그러므로 자연에 대항해서 어떤 일이 성취되어야 할 경우, 그것은 어려움 때문에 당혹함(아포리아)을 초래하며, 인위적 처치가 요구된다. 그렇기 때문에 우리는 그러한 당혹함에서 벗어나도록 돕는 기술의 부분을 역학이라고 표현한다."

그래서 안티폰의 시인은 "기술이여, 자연이 거부하는 승리를 보장하라."고 말했던 것이다.[52]

수학의 발전

고대 그리스에서 수학이 학문으로 성립되기 시작한 것은 기원전 6세기~5세기부터의 일이다. 이때는 그리스의 철학과 건축 그리고 예술이 최고로 발달했던 때이다. 그리스인들이 관념을 논리적으로 설명하는데 수학이 필요하였을 것이다. 수학이 구축된 것은 바로 이 시대의 일이며 현실적인 필요에서 시작된 수학은 추상적 · 연역적인 학문으로 변화되어갔다. 유클리드의 『기하학원론』[스토이케이아(Stoicheia), 기원전 3세기]는 그 당시의 주요한 수학 이론을 집대성하고 있다. 소수의 이론, 무리수와 2차 무리수의 분류 이론, 콤파스와 자로는 풀 수 없는 문제의 연구, 무한수의 역리와 '극한의 방법', 아르키메데스의 미적분법, 아폴로니오스의 원추곡선론, 공리의 방법, 메넬라오스의 구면기하학, 프톨레마이오스의 현의 삼각법, 디오판토스의 대수학 등과 같은 그리스 수학의 성과는 그 뒤 수세기 동안에 걸쳐 수학 발전의 기초가 되었다.[53)]

천문학의 발전

그리스 사람들은 천상을 관찰하고 이를 기반으로 합리적인 우주론을 세우려고 시도하였다. 기원전 6~7세기, 탈레스는 지구는 물위에 떠있는 평평한 원반이라고 생각했다. 피타고라스는, 기원전 6세기, 지구를 둥근 것으로 여기고 음계에 기반한 수식관계를 가지고 행성의 운동을 설명하였다. 에우독소스(기원전 약 400~350년)는 지구가 우주의 중심이라고 생각했고, 모든 천체는 지구 둘레를 완전한 원운동을 하며 돌지만 천구에 고정 되어 있다고 생각했다. 기원전 4세기, 아리스토텔레스는 지구 중심의 우주체계를 만들었다. 그는 지상의 모든 물질은 흙, 공기, 물, 불 4가지 원소로 이루어져있고, 지상에서는 이 원소들이 물체를 만들어 주고 그 물체들은 그 무게에 따라 위로 올라가거나 아래로 떨어지고 하늘은 지상에는 전혀 없는 에테르라는 무게도 없고 색깔도 없고 냄새도 없는 '완전한 물질'인 제5원소로 구성되었다고 생각하였다. 제5원소 에테르는 하늘에서 지구 둘레를 영원히 원운동하고 하늘의 세계에서는 지구로 떨어지는 물체란 있을 수 없고 원운동 이외의 어떤 다른 운동을 하는 물체도 있을 수가 없다고 보았다. 천체에서의 원운동은 완벽한 현상이기 때문에 힘을 받지 않아도 계속 돌 수 있으며 행성들도 지구 주위를 원운동을 해야 한다고 생각하였다. 그의 이러한 우주관은 프톨레마이오스의 천동설을 기반으로 한 우주관으로 나타났다. 코페르니쿠스의 타원궤도 운동이 수용되기 전까지 모든 천체모형은 모두 지구를 중심으로 하는 원운동으로 그려져 있다. 다른 모든 혹성의 보조 운동도 원운동으로 표현되어 있다. 그리스인의 관념론적이고 형이상학적인 견해를 반영한 아리스토텔레스의 지구중심설(천동설)은 부분적 수정이 있기는 하였지만 중세를 거쳐 르네상스 시대까지, 약 2000년간 우주를 설명하는 지배적인 이론이 되었다.

그러나 관찰에 근거한 우주관이 주장되기도 하였다. 아리스타스코스는 기원전 3세기에 달의 모양에 따라 지구에 대한 태양과 달의 위치를 정밀하게 관찰하고 우주의 중심에 태양이 있고 그 주위를 지구와 그 밖의 혹성이 회전하고 있다고 생각했다. 그러나 초기 그리스 시대 모든 철학자들은 지구가 우주의 중심이라는 믿음에서 벗어나지 못하였으므로 그의 주장은 지지를 받지 못하였다. 고대 그리스의 학자 프톨레마이오스는 서기 2세기, 아리스토텔레스의 지구중심설(천동설)을 발전시켜 천체가 지구의 주위를 돌고 있는 천체모형을 완성하였다. 그의 저작 『천문학대계

Almagest(위대한 책, 전 13권)』는 근대에 이르기까지 그 제목이 의미하듯이 위대한 책이 되었다. 알렉산드리아의 학자들도, 기원전 3세기, 천체의 운동을 체계적으로 관찰하고 있었다. 에라토스테네스는 천문관측으로 지구의 크기를 구했고 히파르코스는, 기원전 2세기, 약 1천개의 별들의 위치를 표시하는 별자리표를 작성했다.

세계관

당시의 스토아 철학자들에게 우주는 어떤 이성적 목적에 의해서 형성되어 있는 것이며 자연의 과정은 목적론적이며, 모든 사건들은 단일적 · 예지적인 계획 속에 포함되어 있다고 여겨졌다. 인간의 육체 속에 영혼이 깃들어 있듯이 이 물질 세계에도 그것의 영혼이 깃들어 있다고 보았다. 이들이 공통적으로 표명하는 생활원칙은 "자연에 따라서 살아라." 였다.[54] 이들에게 자연은 물질적 세계도 아니고 인간의 본성도 아닌 일체 만물 속에 일관하고 있는 우주의 목적을 가리키는 말이다. 이것은 그들에게 신의 섭리같은 것이었다. 그리하여 인간은 우주의 연극에 등장하는 배우와도 같은 것이라 여겨졌고 각자가 연출하여야 할 배역을 가지고 있으며, 따라서 마음대로 대사를 꾸며낸다든가 자기가 하고 싶은 대로의 활동을 할 권리가 없다.[55]고 보고 이런 기록을 남겼다.

> 아, 우주여, 그대의 목적에 맞는 것은 모두 나에게도 맞는다. 그대에게 있어서 시기에 적합한 것은 모두 나에게 있어서도 역시 너무 이르거나 너무 늦거나 한일이 없다. 아, 자연이여! 그대의 계절이 가져오는 것은 모두가 한결같이 나에게는 무르익은 과실이다. … 우연이라고 보이는 것도 섭리 과정의 테두리 안에 있는 것이다. 자연이 가져오는 것과, 그리고 자연의 과정을 밟아 가는 것은 자연의 모든 부분에 대해서 이로운 것이다. … 춥든 덥든, 피곤하든 휴식을 취하였든, 욕을 먹든 칭찬을 받든, 죽어 가든 일에 분망하든, 너의 의무를 다하여라.[56]

역학의 시작

청동기 문화의 수메르에서 수레바퀴가 발명되었고 무거운 물체를 끌어올릴 때는 경사면이 이용되었다. 또 이집트에서는 피라미드를 건축할 때 거대한 돌덩어리를 이동시킨다든지 끌어올리는데 경사면과 굴림대와 지렛대가 이용되었고 도르래나 나사도 사용되었다. 그러나 역학적 개념이나 이론은 아직 나타나지 않았다. 고대 그리스에서 정역학은 기술상의 필요에서 독립적인 학문으로 발전하고 운동학적 정역학과 기하학적 정역학이라는 두 가지 분야가 등장한 것은 기원전 3세기이다. 운동학적 정역학 분야는 지레와 경사면의 이용으로부터 발생했고, 기하학적 정역학분야는 건축구조의 계산과 무게중심을 잡는 일로부터 발생했다. 정역학의 기하학적 분야의 창시자는 아르키메데스(기원전 3세기)이다. 역학에 관한 그의 저작 『평면의 평형에 관하여』와 『뜨는 물체에 관하여』가 현재까지 전해지고 있고 전자는 지렛대의 평형 이론과 지렛대의 법칙을, 후자는 유체 정수력학의 기초에 대해 기술하고 있다.[57)]

기원전 3세기에 알렉산드리아에서는 도구를 제작하는 정밀기계 기술이 발달하기 시작하였다. 아직까지 힘의 원리가 규명되지는 않았으나 관찰과 경험으로 현상들이 분석되고 역학의 기초가 마련되었다. 역학의 발전에 큰 역할을 한 알렉산드리아 학파의 대표자인 헤론은 자신의 저서 『역학』에서 정역학을 운동학적 방향으로 발전시켰으며 각종 자동장치도 발명하였다. 그의 저작 『자동장치의 제작법에 관하여』는[58)] 지금까지 남아 있다.[59)] 중세의 예술 시계, 르네상스 시대 제후들의 정원을 장식했던 움직이는 상들이 부착된 분수, 17세기 초 산토리오, 드레벨, 갈릴레오 갈릴레이의 온도 측정기, 그리고 낭만주의 시대의 자동기기들의 근원은 거슬러 올라가면 헬레니즘 시대에서 찾을 수 있다.[60)] 알렉산드리아 학파의 특징적인 이론과 실제의 결합은 알렉산드리아의 유명한 수학자이자 역학자인 파푸스(Pappus)가 3세기에 쓴 톱니바퀴와 나사의 생산 기술에 관한 글에서도 찾아볼 수 있다.[61)] 크테시비오스(기원전 275년경)는 물풍금 및 공기탱크가 부착된 피스톤 펌프를 발명하였는데 이것은 로마 시대에 발견된 흡입 압력 펌프와 같은 것이었다.[62)] 점차 경험과 관찰에서 얻은 지식이 중요한 역할을 하게 되었다. 필론(Philon, 기원전 225년경)은 『벨로포이카(Belopoiika)』에서 이렇게 기록하고 있다.

> 나중 사람들이 비로소, 한편으로는 앞사람들의 잘못을 인식함으로써, 또 한편으로는 나중에 수행된 시험과정 중에 관찰을 통해서 포 제작의 원리와 이론에 다시 견고한 바탕을 마련해주었다. … 우리는 모든 것을 계산과 역학의 방법을 통해서 도달할 수 있는 것이 아니라, 시험을 통해서 발견할 수 있기 때문이다. 이는 다른 많은 것에 대해서도 시사하는 바가 크다.[63)]

측정기기의 시작

인간은 오래전부터 어떠한 형태로든 관찰 · 측정 · 계량 · 계산 등을 위해 특수 장치를 이용해 왔다. 사회의 발전에 따라 이들 기기도 변화되고 개량되었다. 사회가 안정되면서 도시 건설, 건축, 관개방식의 창설과 확장, 다리의 건설, 측량 외 수요가 급증하였으며 광산업, 상업과 항해술 등에서 도량형 및 무게를 재거나 평형을 측정하거나 각도 및 시간을 계산하는 좀 더 정확하고 사용에 편리한 기기들이 요구되었기 때문이다. 이러한 기기는 자연과학이 발전하는 데도 필요하였다. 당시에 등장한 도구인 줄 · 송곳 · 가위 · 톱 · 작은 대패 또는 원시적인 측정 장치인 진자 · 곱자 · 콤파스 · 자 등은 목제 · 금속제 · 석제의 과학기구 특히 천문관측기구의 정밀도를 높였으며 이 천문관측기구는 그 작동원리가 수학의 법칙에 기초하고 있었기 때문에 '수학적 기구'로 불려왔다.[64] 관측이 개량됨으로써 새로운 법칙들이 밝혀지고 더욱 정확한 규정들이 만들어 질 수 있었다. 또 밝혀진 자연의 법칙에 관한 지식은 다시 새로운 기기의 제작에 영향을 주었다. 따라서 고대부터 정밀기기의 발전을 연구해 보면 자연과학과 기술 사이의 밀접한 관계와 양자 간의 부단한 상호작용을 밝혀내고 추적할 수 있다.[65]

고대에 사용되었던 정밀한 기기나 계기는 그 용도에 따라 (1) 상업 · 건설 · 건축에 사용되는 기기와 계기, (2) 시간의 측정에 사용되는 계기, (3) 토지측량용 계기, (4) 천문 관측용 기기, (5) 과학실험용 기기로 나누어볼 수 있다.[66] 제1군에 들어가는 것은 상거래에 사용되는 일상용 계기로서 길이를 측정하는 장치(자)와 무게를 다는 장치(저울)이다. 저울은 가장 오래된 측정기로서 저울양팔의 길이가 같은 극히 간단한 저울그림이 이집트나 바빌로니아의 유적(기원전 3천년~기원전 2천년, 그림 사진 2.1을 보라)과 그 뒤의 그리스의 유적에서도 발견된다. 아리스토텔레스는 기원전 4세기에 이동식 분동이 있고 저울팔의 길이가 다른 저울의 이론을 세웠다. 나중에 대저울로 불리게 된 이러한 저울은 로마제국에 보급되고 중세 아라비아 과학자들에 의해 개량되었다. 마찬가지로 상업이나 측량에서 계산을 간편하게 하는 원시적인 기구가 사용되기 시작했다. 일찍이 고대 그리스 · 로마에서 산술을 위한 계산반(abacus)이 있었고 중국이나 극동국가에서는 현재도 사용되고 있는 주판과 그와 유사한 계산반이 사용되고 있었다. 건물이나 관개시설의 건축에는 곱자나 진자 이외에 수준기도 사용되었는데 그 구조는 그 뒤에 점차 개량되어 갔다.[67]

2군에 속하는 시계는 원리상 두 가지의 다른 종류로 나뉜다. 첫 번째 종류의 시계는 천문현상에 의해 시각을 측정하는 해시계와 극지 부근의 별의 위치로 시각을 측정하는 별시계가 있다. 두 번째 종류의 시계는 단순히 임의로 정한 시간의 경과를 기록하는 것으로 그릇에 채운 물질의 체적 변화를 측정하는 물시계 · 모래시계 · 수은시계 · 기름시계(양초시계) · 기계장치시계 등이 있다.[68] 최초로 천문관측이 행해진 곳은 바빌로니아이며 시각을 측정하는 방법을 발명한 것도 바빌로니아인으로 여겨지고 있다. 물시계(클렙시드라 klepsydra)도 이미 기원전 2천년 초에 바빌로니아에서 알려져 있었으므로 그것을 이집트와 그리스에서 모방했을 것이다.[69] 이집트와 그리스의 물시계는 그릇 안에서 흘러나온 물의 양으로 시간을 쟀다. 중국, 인도, 그 밖의 아시아 여러 나라에서는 반구형의 그릇에 일정한 직경을 가진 구멍을 뚫어 이 용기를 물이 가득찬 더 큰 용기에 띄워 놓고 서서히 그 안에 물이 유입된 양으로 시간을 측정하였다. 재미있는 사실은 그리스와 로마에서는 낮의 길이를 12등분했기 때문에 겨울의 1시간의 길이는 여름보다도 짧았다. 그리스에서는 이와 같이 시간의 길이가 일정치 않은 시계를 '진짜시계' 라고 부르고 로마에서는 '가짜시계' 라고 불렀다. 한편 천문학자는 연중 언제나 1시간의 길이가 같은 시계를 사용했다. 그들은 춘분날의 1시간의 길이를 천문시계의 1시간의 길이로 정하고 그것을 주·야 평균시계라고 불렀다.[70]

제3군은 토지측량용 기기이다. 측지기기의 원형은 고대에 등장했다. 그것은 당시 광대한 토지를 농업에 이용한다는 목적에서 측량하거나 관개시설을 만든 나라들에서 수로나 댐을 건설하는 등의 필요성이 생겨났기 때문이다. 이집트에서는 선의 길이를 측정할 때 일정한 간격으로 매듭을 지은 끈을 사용했고 중국에서는 측량고리를 사용했다. 높낮이의 차이를 측정하는 데는 수준기가 사용되었다. 또 헤론은 경위의와 수준기를 조합해서 측량기계 디옵트라(dioptra)를 만들기도하였다. 토지를 분할할 때 로마의 측량기사들 사이에서 널리 사용되었던 '그로마'라고 불리는, 직각으로 교차하는 두 개의 선을 긋는 기기도 개발되었다.[71]

4군의 기기는 천문관측용 기기로 그 수가 가장 많다. 당시 사람들은 자신들이 정지하고 있는 것으로 생각하였기 때문에, 우주전체의 운동을 절대운동으로 간주하고 그것을 역학적 모델에 의해 재현할 수 있다고 생각하였다. 이러한 생각에서 천구의는 별하늘을 나타내고 천구의의 자전은 천구의 겉보기 회전을 모방했다.[72] 그리스의 천문학자들은 바빌로니아에서 유입된 일종의 해시계나 물시계를 사용하고 그노몬(gnomon)이라고 불렀다.[73] 아르키메데스는 태양의 직경을 측정하는 장치를 만들었다. 히파르코스(기원전 2세기)는 자신이 만든 기기나 선구자들로부터 차용한 기기를 이용하여 많은 천문관측을 행했다. 프톨레마이오스 덕분에 적도의, 자오선의, 사분의, 상한의, 삼분의[트리퀘트룸(triquetrum) '프톨레마이오스의 자'로도 부른다], 태양과 달의 직경을 측정하는 기계 디옵트라, 프톨레마이오스의 '아스트롤라본' (동일 평면에 고정한 6개의 청동 동심환으로 만든 복잡한 장치) 등 그리스의 천문관측용 기기에 관한 지식이 다음 세대로 계승되었다.[74] 중국에서는 오랜 옛날부터 중근동이나 서구와는 독립적으로 천문관측용 장치가 발달해 왔다. 중국 천문학의 발달 초기(기원전 12세기에서 서기 265년까지) 해시계 · 그노몬 · 클렙시드라 · 회전지구의 · 천구의 · 사남의 국자 등이 사용되었다.[75)]

제5군에 속하는 과학 실험용 장치는 이 시대에 아직 맹아상태에 있었다. 당시 지식인들은 논리적 정합성을 인식의 주요한 방법으로 생각했을 뿐, 실험을 통하여 과학적 지식을 탐구하는 방법론에까지는 아직 이르지 모했다. 실험에 대한 그들의 인식은 육체노동은 자유인의 품격을 훼손하는 것이고 노예에게 주어진 일로 여기는 사고의 연장선상에 있었다.

3.4 로마의 기술

고대 이탈리아에서 에트루리아인은[76)] 기원전 약 900년부터 토스카나와 엘바에서 나오는 철 등, 지역의 부유한 천연 자원과 비옥한 토지를 기반으로 농업, 광업, 제조업, 상업을 발전시켰다. 금속기술에 매우 능통하였던 에트루리아인들은 로마인들이 본격적으로 그리스 문명을 수용하기 전에 그들에게 철제 무기 제조기술을 전해주었다. 기원전 510년 에트루리아의 속박을 벗어난 로마는 이탈리아 전체를 통합하는 제국을 향하여 출발하였다. 로마의 세계제국 건설에 도움을 준 에트루리아는 기원전 300년경 로마인에게 오히려 정복당하였다.[77)] 이어서 로마는 카르타고와 지중해의 패권을 두고 치른 세 차례의 포에니 전쟁(기원전 264~146년)에서 모두 승리하여 서부 지중해를 장악하였고, 마케도니아 전쟁(B.C. 215~148년), 그리고 동부 지중해에서 계속된 헬레니즘 국가들 간의 전쟁[78)]에 개입하여 로마는 지중해 전역에서 새로운 제국을 형성하였다. 초기에 로마는 에트루리아의 청동과 철제 기술, 금은 제공기술, 그리고 도자기 제조 기술을 흡수하였다. 또 제도와 문화는 그리스 특히 아테네 문화를 흡수하였다. 로마는 법과 제도, 전쟁과 국방, 교통과 통신 그리고 정복에 뛰어난 재능을 보였고 무역과 산업 그리고 상업으로 부를 축적하여 당시 최고의 문명을 만들어갔다.

공공 기술

로마는 공공 기술에서 많은 업적을 이루었다. 도로 · 교량 · 수도건설 · 전쟁기계제작 · 지상건물의 건축 및 광산개발, 그리고 특히 조직의 면에서 재래의 기술적 도구를 사용해서 많은 업적을 이룩했다. 로마인들은 그리스인들보다 더 실용적이었고 기술적 과제의 해결에 더 관심을 가졌다. 그러나 기술적 혁신이나 기술자 직업의 특별한 전문화는 이루어지지 않았다. 건축자들이 기술 분야를 전반적으로 수행하여, 건축뿐만 아니라 물시계를 제작하고, 기중기, 전쟁기계 및 각종 기술 장비들을 제작하였다. 비트루비우스는 기원전 31년에서 27년 사이에, 자신의 책 『건축에 관하여(De architectura)』에서 고대 건축자의 다양한 임무를 서술하면서 목수장에게 다양한 지식이 필요함을 이렇게 묘사하고 있다.

> 이와 같이 그는(목수장은) 재주가 있어야 할 뿐 아니라 과학에 대한 이해도 빨라야 한다. 왜냐하면 과학이 없는 재능도, 그리고 재능이 없는 과학도 완전한 예술가를 만들어낼 수 없기 때문이다. 또 그는 양식에 대한 지식이 있어야 하고, 제도도 알아야 하며, 기하학 훈련을 받아야 하고, 광학에서도 무지해선 안 되고 산술도 배워야 한다. 그는 또 다방면의 역사적 지식을 지녀야 하고 철학을 열심히 들었어야 하며, 음향기술을 이해해야 하고, 치료기술에 무지해서도 안 되며, 법학자의 결정을 잘 알고 있어야 하고, 짐성술과 하늘의 법칙도 알고 있어야 한다.[79]

로마는 거대한 제국을 통제하는 수단인 도로 건설에 특별한 관심을 보여, 30만 킬로미터에 이르는 도로를 건설하였다. 이들은 건축, 도로, 수로에 쓰일 인공 재료 콘크리트를 개발하였다. 나폴리 근처 포추올리 지방의 규토질 화산재를 이용하여 모르타르를 만들고 자갈과 돌조각, 벽돌조각들을 섞어서 콘크리트를 만들어 쓰기 시작하였다.[80] 이들은 콘크리트로 제국을 확장하는데 필요한 도로, 교량, 수도관, 고가교, 항구 등 사회기반 시설을 구축하였다. 육상운송 비용을 절감하기 위해 로마인은 도로뿐만 아니라 대중량을 견딜 수 있는 교량을 건설했다. 시저는 갈리아 전기에서 로마군이 얼마나 빨리 나무를 베고 기둥과 말뚝을 세워 라인강을 가로 지르는 다리를 건설했는지 묘사하고 있다. 이들은 콘크리트를 사용하여 험한 기상조건 하에서도 거대한 마차를 떠받칠 수 있는 수중 토대를 쌓을 수 있었다. 이들이 세운 다리는 아직까지 사용되거나 그 흔적들이 남아있다. 아치형 교량을 건설하여 대도시에 물을 공급하였는데 지금도 남아있는 퐁 뒤 가르의 3층 수로는 로마 건축기술의 우수성을 보여주고 있다.(그림 사진 3.5)

가장 오래된 대표적인 도로인 아피아 가도(로마-카푸아, 기원전 312년), 플라미니아 가도(로마-파노, 기원전 220/219년), 애밀리아 가도(리미니-피아첸차, 기원전 187년) 등은 기원전 4~2세기에 건설되었다. 트라야누스(Trajanus) 황제 시대에는 총

길이 458킬로미터(그중 50킬로미터는 아치)의 수로를 건설하고 이 수로를 통해서 매일 백만 세제곱 미터 이상의 물을 공급했다.[81] 가장 오래된 수로로서 아쿠아 아피아(16.7킬로미터, 기원전 272년) 및 아쿠아 마르치아(91.6킬로미터, 기원전 144년) 등이 있다. 100년경, 섹스투스 율리우스 프론티누스(Sextus Julius Frontinus)는 당시 로마의 물 공급에 관한 내용을 『De aquis urbis Romae libri II)』에 잘 기록하고 있다. 이 책에 의하면 당시 로마의 수로관리원들은 600명이나 되었으며 이들은 유량에 대한 물의 압력, 경사, 저항 및 속도의 영향에 대한 약간의 지식을 가지고 있었으며 이를 근거로 물사용자들에게 수도요금을 부과하였다.[82] 폼페이에서는 기원전 1세기에 이미 연쇄 양수통과 발로 돌리는 바퀴가 달린 양수기를 이용하여 물을 푸고, 수도관을 설치할 때는, 도로를 건설할 때처럼 측량 작업을 수행하였으며 여기에 수준기, 추와 측지기, 가늠자로서 추가 달린 측량십자가 사용되었다.[83] 로마의 하수 시스템은 기원전 33년에 정비되었다. 현재는 복개되어 사용되고 있으나 테베강으로 흘러 드는 개방형 운하식 하수도였다. 아그리파는 오늘날까지 하수도 시스템의 모델이 되고 있는 클로아카 막시마라는 초대형 아치로 구성된 하수도를 건설하였다. 이외에도 로마는 알프스와 아펜니노 산맥 및 수많은 산간지역에서 각종 터널을 뚫었는데 나폴리 근교의 포실리포에는 약 1.5km의 터널이 아직 남아 있다.

로마는 광산 기술에서도 큰 진척을 보였다. 당시에 이미 스페인에서 200미터 지하에까지 이르러 은광석을 캐냈다. 갱도에 고이는 물을 퍼내기 위하여 아르키메데스 나사펌프(그림 사진 3.2)와 양수차가 이용되었고 노동력은 노예들의 몫이었다.[84] 디오도로스(Diodoros, 기원전 1세기)는 자신의 책 『역사적 도서관(Bibliotheca historica)』에서 아르키메데스의 나사 펌프를 이렇게 설명하고 있다.

> 그러나 무엇보다도 놀라운 일은, 시라쿠사의 아르키메데스가 이집트를 방문했을 때 발명한 이집트의 나사라고 불리는 것으로 물을 퍼올린다는 점이다. 이 나사를 사용해서 사람들은 물을 단계적으로 갱도 입구까지 퍼올린다. … 많은 양의 물이 지상으로 운반되며, 그것이 사람들을 놀라게 한다.[85]

로마의 건축

콜로세움은 서기 70~80년에 지어진 180×150m의 타원형 경기장이다. 중앙경기장과 3층으로 이루어진 좌석과 10만명을 수용할 수 있는 경기장은 콘크리트와 벽돌로 견고하고 육중하게 지어졌다. 건물 전체가 콘크리트로 지어진 대표적인 건물로

| 그림 사진 3.5 |

콜로세움(좌)과 퐁 뒤 가르 3층 아치 수로교(우), 퐁 뒤 가르 수로구의 단면(하): 콜로세움은 실용적인 구조물로서 그리스 건축술의 도리아식(1층), 이오니아식(2층), 코린트식(3층)을 모두 차용하여 거대한 원형 경기장을 받쳐주는 층층이 쌓아올린 3단 아치 구조물이다. 퐁 뒤 가르 다리는 프랑스 남부 가르에 있는 가르강 계곡을 가로지르는 교량으로, 1세기 전반에 석회암으로 건조되었다. 수면으로부터의 높이 49m, 길이 275m의 수로구(水路溝)가 통해 있다. 로마시대 물 공급망의 일부로서 위제스 근처의 외르강에서 흘러나온 물을 50km 떨어진 식민도시 네마우수스(지금의 님)까지 500년 동안 날라 왔으며, 중세에는 일반 다리로도 사용하였다.[86]

판테온 신전이 있다. 판테온 신전의 대형 원형 돔은 수 없이 많은 콘크리트 층을 벽돌처럼 층층이 수평으로 쌓아 올리고 목재틀을 얹은 후 그 위에 콘크리트 돔을 조성하여 세운 건물이다. 건물의 안정성을 확보하기 위하여 두 겹으로 이루어진 벽돌 아치를 방사상으로 퍼지게 하여 두꺼운 벽을 통과시키고 그 구조 안에서 벽감끼리 연결시킴으로써 위에 올려진 육중한 무게를 그 아래 8개 층으로 분산시켜 지지하는 건축기술을 보여주고 있다.[87] 로마의 대표적인 건축술인 궁륭 건축술은 성당 건축물, 성문 아치, 석교 및 수로교 등에 널리 활용되었다. 이 기술은 로마인들이 수메르인들이 개발한 들보의 아치기술을 에트루리아인에게서 전해 받은 것으로 여겨진다.[88] 로마의 궁륭 건축술은 2세기에 건축된 판테온에서 경간이 43.5미터에 도달할 만큼 발전하였다. 로마인들은 높고 큰 궁륭을 건축하는데 기중기, 도르래, 답차, 답고륜 또는 손굴대에 의해서 움직여지는 여타 기구들을 사용하였고 기원전 2세기에 이미 로마인은 내구성이 매우 강한 수중 콘크리트를 사용했다.[89] 로마의 공공기술은 사적 소유인 거대 공장 기업과 마찬가지로 주로 노예노동으로 유지되었다. 평화시기에 건설, 특히 도로 건설에는 군인들도 동원되었다. 로마의 권력자들은 국가 건물의 상호 배열도 자신의 권력을 과시할 수 있도록 수직과 대칭의 원리에 의해서 결정하였는데 건축물을 자유롭게 배열했던 고전기의 그리스인들과는 다른 점이다.

고대의 수차

기원전 1세기에 이르러 로마인은 수차 아래로 흐르는 물을 이용하는 하사식 수차를 동력원으로 사용하였다. 비트루비우스는 기원전 31년과 27년 사이에 자신의 책 『건축』에서 하사식 종형 물레방아, 즉 수평 굴대, 기어 운동 장치, 판형의 맷돌을 가진 바퀴를 사용하는 방아에 관해서 상당히 자세하게 기술하였다.[90] 비트루비우스의 물레방아는 동력을 이용하여 작동하는 기계의 설계에서 최초의 중요한 업적이었다.

중국에서도 기원 후 31년에 유사한 횡형 물레방아가 발견되었다. 그것은 상부 바퀴에 연결되어 있는 수직 축을 회전시키고, 원심 쐐기와 끈에 의해 이 수직 축이 용광로의 풀무를 작동시키는 것이었다.[91] 이처럼 최초의 동력 기계가 지중해, 덴마크, 중국처럼 서로 멀리 떨어진 지역들에서 거의 동시에 등장한 사실은, 로마 제국 동북방에 있는 아직도 정확히 알려지지 않은 그 어떤 곳에서 물레방아가 먼저 있었음을 시사한다. '비트루비우스 물레방아'도 외부에서 지중해로 도입된 것 같다. 비트루비우스 시대 이후 한 세기 이내에 수력으로 작동되는 제분용 자동 해머(trip-hammer)가 중국에 알려져 있었다.[92] 자동 해머는 나선형 안전판이 달린 수직 축에 의해 작동되었다. 그러나 이렇게 설계된 최초의 기계는 1578년에야 프랑스에서 등장하였으며, 나사 장치도 근대 이전에는 중국에 전해지지 않았다.[93] 따라서 중국의 이런 자동 해머는 종형 물레방아의 수평 축에 고정된 캠에 의해 작동 되는 것이었다고 결론 내려야만 한다.[94] 종형 물레방아처럼 새롭고 복잡한 장치가, 비트루비우스 시대와 『후한서(後漢書)』까지의 2~3세대 사이에 로마에서 중국까지 전파되었다고 생각할 수 없으므로, 알려지지 않은 곳에서 전파되었거나 독립적으로 발명되었다고 생각할 수밖에 없다.

물레방아 위로 물이 흐르는 상사식 물레방아가 4세기에서 5세기 사이에 지중해 지역에 알려졌다. 그러나 로마와 중국 모두 물레방아를 공업에 이용할 생각을 하지 않았고 수차는 널리 보급되지 않았다. 그 이유는 노예 노동력이 충분하였고 수력시설의 설비가 노예 보다 비쌌기 때문이다.[95] 로마의 정복전쟁이 그치고 전쟁 포로의 수가 점점 더 줄어들면서 노예의 공급이 부족하게 되자 수차의 수요가 늘어났다. 특히 수자원과 낙차가 충분하였던 알프스 북부 지방에서는 3세기와 4세기부터 수차가 곳곳에서 사용되기 시작하였다. 서기 200년경 인근의 바르베갈에 있었던 대규모 곡식 제분설비 갈리아는 16개의 수차를 사용하여 24시간에 28톤의 가루를 생산할 수 있었다고 한다. 그러나 이 설비는 특수한 경우였으며 수차가 동력기로서 보편적으로 사용된 것은 중세에 들어와서이다.[96]

3.5 위대한 각성

농업혁명이후 철기시대까지 기간이 철기시대 이후부터 현대까지 기간보다 훨씬 더 길었다. 농업혁명이후 철기시대까지 오랜 시간 동안 형성된 고대 문명들의 공통점 중 하나는 고도의 조직들과 기술적 업적들이다. 이것을 근거로 해서 이집트, 메소포타미아, 인도 유역 그리고 중국의 황하 유역의 중앙집권적 행정과 고도의 문화가 발생했다. 또 다른 하나는 철학적 해명이나 한계상황에서 해방과 자유를 찾을 타개책을 구하지 않고 대신에 신비적 종교를 가지고 있었다는 사실이며 나머지 한 가지는 예술적 업적 특히 건축과 조형미술에서 본래적인 감정 탐닉을 드러냈다는 사실이다.[97] 이때까지 형성된 인간의 삶의 양식은 철기 시대부터 어떤 틀로 만들어져 우리

| 그림 사진 3.6 |

〈헤르메스와 어린 디오니소스〉, 프락시텔레스, 기원전 340년경, 대리석, 높이 213cm, 올림피아 고고학 박물관: 헤르메스의 근육과 뼈가 부드러운 살과 어울리고 몸의 각 부분은 균형이 잡히고 마치 살아서 움직이는 육체의 느낌을 준다. 그리스 미술가들은 많은 모델들을 관찰해서 완벽한 인체의 개념에 부합하지 않은 불규칙성이나 특징들은 제거함으로써 아름다운 인체의 통일성을 구축하였다.[98]

에게 새로운 공통성을 드러내기 시작하였다. 철기 시대에 이르러 마침내 인류는 농업혁명이후 축적된 기술 그리고 그것과 상호 작용하면서 형성된 문화와 제도를 바탕으로 자신들의 삶에 반드시 필요한 어떤 것을 만들어 내기 시작한 것이다. 그것은 서양이나 동양이나 그리고 모든 인류에게 하나의 공통적인 경험적 통찰을 근거로 해서 만들어졌다. 그것은 B.C. 800년과 B.C. 200년 사이에 인류가 달성한 정신적 성과이다. 야스퍼스는 이 시기에 모든 인류에게 공통적이며 지속적인 그래서 인간에게 심오한 역사의 기점이 될 것들이 형성되었다고 보고 오늘날 살고 있는 우리 인간은 바로 그때부터 공통의 어떤 것을 가지고 살기 시작했다고 본다. 이 시기를 '차축시대(車軸時代, die Achsenzeit)'라고 부른다.[99)]

차축시대

차축시대에 인간의 정신을 주도할 사상들이 나타났다. 이 시기는 중국에서는 춘추전국시대에 해당하고 제작백가의 사상들이 출현하였다. 인도에서는 우파니샤드가 이루어졌고 석가모니가 생존하였다. 이란에서는 짜라투스트라가 등장하여 선악의 투쟁이라고 하는 세계상을 가르쳤는가 하면, 팔레스타인에서는 엘리아에서부터 이사야와 예레미아에 이르기까지의 많은 예언자들이 나타났다. 그리스에서는 소크라테스와 플라톤 아레스토텔레스 등 많은 철학자들이 나타났다. 이 위대한 선각자들은 여러 세기 동안 서로가 전혀 알지 못한 채 중국, 인도 그리고 중근동과 그리스에서 동시에 활동하였다. 이때에 이르러 인간들이 자기 자신을 전체 속에 있는 존재로 알게 되었고, 자기 자신을 참으로 알게 되었으며 또 자신의 한계를 알게 되었다. 이 시대에 인간이 오늘날까지도 사유하고 있는 근본 범주들이 형성되었고 세계 주요 종교가 탄생하였으며 인류의 많은 사람들이 이 세계 종교 혹은 이 때 형성된 가치와 윤리의 틀 안에서 오늘날까지 기본적으로 살아가고 있다.

인류 보편사의 기초를 마련하여 주었고 모든 인간을 정신적으로 하나 되게 하였던 이 시기는 인류가 최초로 보편적인 삶의 틀에 들어섰던 시기이다. 중국, 인도 그리고 중근동과 그리스 세 곳에서 모두 대부분의 영역에서 동일한 유사성이 나타나고 사회적 경제적 태도가 하나의 양식을 보였고 새로운 정신세계에 일치성 곧 세계 종교가 추구하는 가치의 보편성이 드러났다. 군소 국가들과 도시들이 수없이 등장하였고, 인간 대 인간의 싸움이 있었고, 문화와 문화 간에 쟁투가 일어났으나 이것들은 자신과 자신이 속한 사회의 한계를 드러내고 더 이상 존속할 수 없는 자신과 사회의 '창조적 파괴'를 이끌어내는 길을 치열하게 찾아가는 과정이었다.

B.C. 6세기 내지 5세기에 있어 그리스의 사상가들은 세계를 새로운 안목으로 바

라보았다. 그리고 자신들이 그 속에서 발견한 것으로 세계를 분석하고 모형을 만들기 시작하였다. 자신의 경험이 미칠 수 없는 것들에 관한 생각들은 자기들이 관찰할 수 있었던 사실에 비추어 시험하였다. 모든 것은 관찰과 연구의 대상이 되고 신성불가침한 것은 점차 사라지기 시작하였다. 신에 대한 종래의 관념들은 서서히 부도덕하고 비윤리적인 것이 되어갔고 신비한 성격을 갖되 인격적이며 정의와 사랑과 자비를 가르치는 종교관이 나타났다. 이들의 사고는 과학적으로 되어가고 있었다. 즉 이들은 자신들이 관찰한 것으로 만든 생각의 틀로 새로 관찰한 것의 모형을 만들어 내고 지속적으로 탐구의 정신을 추구하였다. 그리고 이들은 근본적으로 인간중심적으로 되어갔다. 이들의 활동이 인간의 생활에 미친 중요한 영향은 물리적 자연으로부터 인간으로, 이해를 초월한 과학으로부터 실제적 인간 문제에 대한 근본적 관심으로, 좀 더 궁극적인 것으로부터 좀 더 직접적인 것으로, 세계의 분석으로부터 세계를 다루는 기술과 방법의 창출로 인간의 관심을 옮겨 놓은 점이다.[100] 당시 프로타고라스가 제시한 "인간은 만물의 척도(尺度)이다."[101]라는 명제는 모든 사물을 인간에게 나타나는 대로, 그리고 그것들이 인간 문제에서 갖는 의미와 기능에 의해서 판단하지 않을 수 없다는 것을 강조하는 대표적인 것이다. 프로타고라스의 사상이 중요한 까닭은, 아무런 주목도 받지 않는 통상적인 인간의 경험을 신뢰하였다는 점에 있는 것이 아니라, 인간이 이 신뢰를 바탕으로 하여 통상적인 것 이상의 지론을 품게 되었다는 점에 있다.[102]

과학성

기원전 5세기의 피타고라스 학도들은 수가 세계의 모든 것을 설명하는 기본 원리라는 생각했다. 그들은 도형으로써 수를 표시하는 방안을 강구하였으며, 또 점을 모음으로써 도형을 만들었다. 피타고라스 학도들은 세계를 설명하는 원리로서 수를 적용하였고 수가 인간에게 우주 안의 사건들의 구조를 알 수 있게 하는 유효한 하나의 방법을 제공하여 준다는 통찰을 가지고 있었다. 이런 생각은 음악 · 의학, 그리고 천문학의 분야에서 성과를 거두었다.[103]

데모크리토스는 물질의 궁극적 단위는 그 이상 분할될 수 없는 것이라고 지적하고, 이것을 지칭하기 위하여 '원자(atoma)'라는 말을 사용하였다. 그는 복합물이 물질적 특성을 지니게 되는 까닭은 질적으로 동일한 원자들이 결합하는 구조 방식 때문이라고 보고 우주에서 양은 질보다 더 궁극적인 것이요, 질은 양의 작용으로 생겨나는 것으로 보았다. 그러므로 그들에게 모든 과학적 설명은 질적 차이를 분해하여 그 바탕인 정확히 계량할 수 있는 양으로 그것을 환원시키는 것이었다. 또 운동 · 변화 · 성장 · 소멸 등을 설명함에 있어서 사랑과 미움이나 정신과 같은 것에 의뢰하지 않고 운동을 원자에 고유한 물질적인 것이라고 보았다. 따라서 모든 변화는 원자 자체의 본성에서 일어나며 변화가 일어나는 것은 그 변화의 과정 속에 있는 원자들의 자연적 · 자발적인 결과로 해석하였다.[104)]

이외에도 이 시대의 선각자들이 피력한 사상들 곧 동물의 새로운 종이 재래종의 환경 변화에서 생겨난다는 사상, 태양이나 유성과 마찬가지로 지구도 허공 속에 매달려 있다는 생각, 영구성이 없는 세계들이 계기적으로 교체된다는 사상, 불변적인 자연 법칙을 부단하게 변해 가는 사물이나 사건들에 적용할 수 있다고 본 사상, 현상과 실재와를 구별하는 사상들은 아직은 증거가 부족한 상상에 의해서 구상되었으나 이후 여러 시대에 걸쳐 후세의 사람들을 자극하여 더 충분한 증거를 찾게 하였으며, 또 전 서양 문명의 지적인 국면을 이끌어갔다. 당시 그리스인들이 실현한 있는 그대로, 보이는 그대로 그리는 현상표현기법과 이것을 역으로 이용한 착시 교정기법도 인류 역사상 최고의 균형과 조화의 미를 실현하였던 이 시대에 이루어졌다. 이 시기는 그리스 인들이 신들에 관한 오랜 전통과 전설에 의문을 제기하고 편견 없이 사물의 본질을 탐구하기 시작했던 때 이기도하다. 이 시기는 오늘날 우리가 알고 있는 것과 같은 의미의 과학과 철학에 대하여 인류가 처음으로 눈을 뜬 때이다. 이 시기는 연극이 디오니소스를 찬양하는 축제의 단계로부터 벗어나 처음으로 발전된 때 이며 또 이때는 아테네의 민주주의가 최고의 수준에 도달했을 때이다.

통일성의 발견

헤라클레이토스의 "만물은 유전한다."는 말은 보통 자연 속에 어떤 항구적인 실체가 있다는 것을 부인하는 것이다. 유전만이 실제적이고 변화한다는 사실만이 변하지 않는다는 것이다. 그러나 변화는 제멋대로의 무질서한 것이 아니었다. 아무리 변화가 끝없는 것이라 할지라도 그것은 반드시 우주의 불변적 격식에 따라 일어났다. 모든 것의 유전을 말한 헤라클레이토스 스스로 "태양도 자기의 법도를 넘지 못할 것이요." 그뿐만 아니라 실로 모든 것이 그 법도를 넘지 못할 것이라고 변화란 곧 법도에 따르는 정연한 변화인 것이다.[105)]라고 하였다.

차축시대이후 중국, 인도, 서양이라는 삼 세계가 서로 만남으로써 이들 삼 세계 사이엔 언어와 드러난 모습이 다를 뿐 정신의 깊은 곳에 있는 인간성에 대한 통일된 이해가 깊게 이루어졌다. 또한 이 삼 세계들은 타자에게도 자신들의 것이 중요하다는 사실을 인식할 수 있었다. 교통할 수 없는 먼 거리에 떨어져 있으면서도 상호 공통의 사실이 존재함을 확인하였던 것이다.[106)] 이러한 차축시대에서부터 세계사는 오늘날까지 이어 왔던 유일한 구조와 통일성을 가지게 된 것이다.[107] 이때 창조되었으며 또한 사유되었던 그러한 양식과 방법을 따라서 인류는 오늘날까지도 살아오고 있다.

이 구조와 통일성의 근거는 무엇일까? 차축시대 이후 발견된 중요한 사실은 지금까지 인류의 역사 속에 공통적으로 지켜져온 것이 있다. 그것은 한계상황에서도 오늘날까지도 통용되는, 인간 존재에 대한 근본 명제들의 발단이 되었던 것이며 세계의 종교들의 출발점이 되었던 것이다. 그것은 생명체의 존재에 대한 생각이었다. 지금까지 생명체는 신비한 것이며, 인간이 마음대로 만들어 낼 수 없는 것이었다. 또 인간이 자연의 생명체들과 공존하는 것이 평화로운 것이었으며 인간은 인위적인 것보다는 자연적인 것 속에서 생명체와의 공감을 가진다는 것이었다. 적어도 20세기 후반까지는 그러했다. 그러나 지금은 생명에 대한 외경이 흔들리고 있다. 이것이 무너지면 무엇이 인간에게 흔들리지 않는 터전이 될 수 있을까?

생각해보기

1. 야스퍼스는 B.C. 800년과 B.C. 200년 사이에 모든 인류에게 공통적이며 지속적인 그래서 인간에게 심오한 역사의 기점이 될 것들이 형성되었으며 오늘날 우리 인간은 바로 그 때부터 공통의 어떤 것을 가지고 살기 시작한 것이라고 보고 이 시기를 '차축시대(車軸時代, die Achsenzeit)'라고 부른다. 우리의 삶을 살펴보고 그 때 형성되어 지금까지 우리 삶의 준거가 되는 것들이 어떤 것이 있는지, 지금까지 그것이 유지되고 있는 근거와 이유는 무엇인지 생각하고 자신의 의견을 써보자.

2. 미술에서 그리스인들은 자신들이 알고 있는 지식이 아니라 지금 눈으로 보는 것을 그대로 표현하였다. 이 방식은 고대 이집트 사람들이 알고 있는 그리고 있어야 한다고 생각하는 것을 모두 그려 넣었던 방식과는 다르다. 그림 사진 2.5과 그림 사진 3.4에서 표현된 인물을 자세히 분석하면 고대의 규칙들이 깨어지고 새로운 표현 방식이 나타났음을 알 수 있다. 피카소의 그림 『앉아 있는 도마마르(1967, 캔버스에 유화, 92×65, 파리 피카소미술관 소장)을 감상하고 세 그림에서 인물 표현이 어떻게 변하였는지를 생각하고 이집트인들의 표현 방식과 그리스인들의 표현 방식 그리고 피카소의 표현 방식의 차이의 의미에 대하여 자신의 의견을 써보자.

3. 철기 문화의 출현으로 인류는 격변의 시대를 맞이하였다. 중근동에서 히타이트제국에서부터 알렉산더 제국에 이르는 1000년 동안 제국의 흥망이 지속되었으며 중국에서는 춘추전국시대의 패권전쟁이 600여 년간 지속되었다. 오랜 동안의 격변이 동 서양의 인류에게 남긴 문화와 사상의 토대가 무엇인지 동 서양의 차이점과 공통점을 구분해서 토론하고 기록해보자.

4. 새로운 생산기술의 등장과 함께 사회-경제적 변화가 뒤따랐으며, 생산관계의 변화를 가져왔다. 그러나 생산관계의 변화는 평온하게 이루어지지 않았다. 복잡한 사회갈등이 드러나고 계층 간 갈등은 물론 동일한 계층 사이에서도 갈등이 발생하였다. 중국에서 춘추전국시대와 중근동 아시아에서 제국들의 흥망이 끊임없이 계속되었고 크고 작은 전쟁들이 이것을 말해준다. 이러한 시각에서 현대의 새로운 기술의 등장으로 발생하는 세대간 혹은 계층간의 갈등에 어떠한 것이 있는지 생각하고 써보자.

5. 데모크리토스는 물질의 궁극적 단위로 그 이상 분할될 수 없는 '원자' (atoma)' 라는 말을 도입하고 복합물이 물질적 특성을 지니게 되는 까닭은 질적으로 동일한 원자들이 결합하는 구조 방식 때문이라고 보았다. 그에게 모든 과학적 설명은 사물의 질적 차이를 분해하여 정확히 계량할 수 있는 양으로 그것을 환원시키는 것이었다. 또 운동 · 변화 · 성장 · 소멸 도 원자에 고유한 물질적인 것으로 설명하였다. 따라서 모든 변화는 원자 자체의 본성에서 일어나며 변화가 일어나는 것은 그 변화의 과정 속에 있는 원자들의 자연적 · 자발적인 결과로 해석되었다. 데모크리토스의 이러한 사고는 어디에 근거한 것이며 그의 '원자론' 이 현대 과학에서 어떻게 나타나고 있는지 조사하고 자신의 견해를 써보자.

6. 고대 그리스의 자유민들은, 노예의 노동과 생산활동 위에서, 육체적인 일보다는 정치, 학문, 문학에 관심을 보였다. 기구와 기술은 생산 수단보다는 오락의 목적으로 요구되었다. 이러한 경향은 기술을 마키나티오 Machinatio 즉 '속임수를 생각해낸다' 는 그리스어에서 파생한 단어로 표현한 것에서도 읽을 수 있다. 아리스토텔레스는 기술 행위를 자연에 반하는 행위이자 자연을 기만하는 것으로 보았다. '있는 그대로' 의 자연을 관찰했던 이 철학자에게 지렛대와 같이 작은 물체로 더 크고 무거운 물체를 들어 올리는 것은 눈속임으로 보였을 지도 모른다. 고대 그리스인들의 기술에 대하여 이러한 회의적인 태도를 가지게 된 근거에 어떤 것이 있을까? 이러한 생각은 이후 어떻게 변화되었으며 현대인들은 기술을 어떻게 생각하고 있을까? 자신의 견해를 써보자.

제4장 보편적 문명의 시작

헬레니즘 시대에 이어서 노예제를 근간으로 하던 로마제국은 기술혁신에서는 미약하였고, 정복과 약탈로 체제를 유지하는 과정에서 제도와 법 그리고 도로와 건축 등 현상유지 기술에서는 탁월했다. 그러나 정복전쟁의 비용이 편익보다 더 커지자 로마는 더 이상 확장이 불가하여 졌으며 외부로부터 자원의 공급이 단절되고 노동력의 공급이 부족해지고 인구는 줄어들고 경제는 침체되기 시작하였다. 마침내 3세기에 이르러 로마세계는 통일성마저 와해되면서 '창조적 파괴'의 사이클에 들어갔다. 간혹 역사는 퇴행을 거치면서 인간에게 보다 깊은 성찰의 기회를 만들어 주는 것일까? 중세는 이렇게 잉태되었다.

중세 유럽은 본질적으로 토지에 의존한 농업경제에 기초하였으며 과학은 종교가 제시한 한계를 넘어서는 것이 허용되지 않았다. 그러나 소위 '암흑시대'라고 부르는 6~12세기에도 삶 속에서 거부될 수 없는 기술의 발전이 있었다. 이러한 기술의 가능성은 고대와 달리 중세는 더 이상의 노예 노동에만 의존할 수 없었기 때문이다. 이 시기에 그리스의 고전과 지식들이 이슬람 세계를 통해 유럽으로 전달되었고 아리스토텔레스의 지식 체계 위에 신을 정점으로 우주관이 형성되었다. 도시수공업으로 진출하였던 중세 농민들이 11~12세기 이래 도시의 융성과 함께 예속의 사슬에서 해방되었다. 신앙과 지식 사이에 모순과 갈등이 일어나기 시작하였으며 기독교적 아리스토텔레스주의는 양자를 조화롭게 결합하여 스콜라철학 안에 자연과학의 토대를 마련하였다. 서양 세계에서 인간의 이성과 자연계의 합리적 질서에 대한 믿음이 새롭게 만들어졌다. 이렇게 만들어진 합리주의적 형이상은 과학적 세계관의 뿌리가 되었다. 봉건제도가 주도한 중세는, 정치, 경제, 종교, 철학, 과학과 기술 모든 분야에서, 고대에서 근대를 향하여 뛰어 넘어갈 수 없는 시대였다. 이런 의미에서 중세는 '암흑시대'라기보다 로마 제국 말기부터 과학혁명과 종교개혁의 시기까지 '보편적 문명'을 향하여 사상적, 과학적 변화가 축적되는 기간이었다.

4.1 로마 질서의 붕괴

로마는 1세기 서양 세계에서 당시 유럽의 끝이자 문명의 경계인 변경[1]까지 정복 전쟁으로 영토를 확장했다. 그러나 거대한 로마 제국은 생산은 없이 소비에 열중하는 노예제 국가였다. 헬레니즘 시대 이래로 노예제 사회의 한계로 기술혁신은 미약하였고, 경제는 정복과 약탈에 의해 운용되었다. 로마는 현상유지 기술에서는 탁월했다. 법률은 전례를 기초로 하여 수립되었으며, 개혁은 미연에 방지되었고, 국가는 제도의 안정성을 보장하는데 주력하였고, 제국의 유지에 필요한 공공 분야의 도로, 건축, 시설은 탁월한 예술품이 되었다. 현재의 영광에 도취되고 새로운 것을 추구하기를 그친 로마 문명은 2세기 후반 그 한계에 이르렀다. 정복전쟁의 비용이 편익보다 더 커지자 로마는 더 이상의 확장이 불가하였다. 외부로부터의 공급이 단절되고 정복전쟁이 중단됨으로 노동력의 공급이 부족해지고 인구는 줄어들고 국내 경기는 침체되기 시작하였다. 3세기, 로마 세계는 통일성마저 와해되기 시작하였다. 로마 제국의 심장부인 로마와 이탈리아 반도가 침체 상태에 빠지고 속주민들은 제국의 통제에서 벗어나 서서히 정복자들로 바뀌어갔다. 3세기 이후, 제국 내에서 속주들 간에 이루어지고 있던 상업도 쇠퇴하여 지중해의 올리브유, 라인 강 연안의 유리 제품, 갈리아 지방의 도자기 등처럼 로마 세계 밖의 다른 지역으로 수출되던 농업과 수공업 제품들의 수요가 감소했고, 경작지들이 유기되어 '버려진 토지'들이 늘어났다.[2]

제국의 붕괴

제국 붕괴의 징조는 로마의 도로의 붕괴에서부터 나타났다. 로마의 통제력이 느슨해지고 고대 상업망이 붕괴되면서 먼저 로마 도로에 대한 효용이 변하였다. 속주들을 통제하고 지역들 간 상업망으로 사용되었던 도로들이 중세의 오솔길 같은 도로로 대체되기 시작하였다. 도로를 닦기 어려운 지역들에서는 수로들이 교통로로 이용되기 시작하였다. 중세 초 도로 교통망을 대신하여 수로망이 나타났다. 장 동(Jean Dhondt)이 "로마 제국말기부터 도시 생활이 상대적으로 위축되면서 육상 교통이 수로 교통에 자리를 양보했다. 몰락해가고 있던 도시들은 수로 중심지에 있던 도시가 아니라 육로 중심지에 위치했던 도시들이었다."고 기록하고 있듯이 로마 제국 시대 육상 교통의 요충지였던 카셀(Cassel)과 바베(Bavai)가 쇠퇴했고, 통헤렌(Tongeren) 역시 5세기 중에 서서히 쇠퇴하다가 뫼즈 강 연안의 마스트리히트(Maastricht)가 융성하는 등 론 강 · 손 강 · 모젤 강 · 뫼즈 강들로 지중해를 영불해협과 북해로 연결하는 수로망이 형성되었다.[3)]

노예제가 붕괴되고 기술적 진보를 이루지 못한 고대 말, 산업은 피폐해져갔다. 석재는 더 이상 채굴되지 않았고 목재가 다시 요긴한 재료가 되었으며 운송과 가공 산업은 서서히 사라졌으며 6세기 이후 지중해로부터 천연 탄산소다의 수입이 중단되자, 라인 강 연안 지방의 유리 가공술도 사라지고 쾰른 부근 숲 속에서 만든 조잡한 제품들만 남게 되었다.[4)]

로마의 법과 도로 그리고 지배체계의 붕괴는 그때까지 제도화된 서유럽의 도시 문명을 해체하였다. 로마체제의 붕괴로 외부에서 들어오는 물품이 점점 줄어들고 그것으로는 더 이상 생존하기도 힘들게 되었다. 사회적 신용이 떨어지자 화폐는 구매력을 잃게 되고 도시민들은 생활필수품을 공급하지 못하게 되자 식량을 구할 수 있는 농촌으로 돌아가지 않을 수 없었다. 야만인들의 침략으로 경제조직은 와해되고 도시와 상업망의 붕괴가 재촉되었으나 이것이 농촌화의 직접적 원인이라기보다는 고대 도시 사회가 붕괴되고 중세 농노 사회로 변천해가는 사회적 현상의 한 모습이었다.[5)] 부자들은 농촌에 있는 자신의 토지로 이동하고 빈민들은 부자들의 토지에 의존하여 살 수밖에 없는 지경이 되었다. 당시 상황에 대하여 "여기에 보다 심각하고 차마 눈뜨고는 볼 수 없는 사람들이 있다. 이 사람들은 약탈당하고 집과 토지를 잃어버리거나 징세관의 착취에 못 이겨 쫓겨나게 되자 유력자들의 부속 영지로 피하여 부자들의 콜로누스가 되었다."는 기록이 말하듯이 부자들의 영지에 정착한 가난한 자유민들은 잠시 손님처럼 대접받았으나 얼마 지나지 않아 부자들의 재산처럼 여겨지고 서서히 반노예로 변했다.[6)]

민족 이동과 기독교 공인

대토지 소유자들은 점점 줄어드는 노예 대신에 콜로누스들을 토지에 묶어놓지 않을 수 없었다. 이들은 자유로운 이동이 보장되지 않았다. 그것은 수직적으로는 계층화하고 수평적으로는 칸막이화한 직업적, 사회적 칸막이 사회였다.[8)] 생활은 현지 생산품에만 의존하게 되고 이러한 경제구조는 생산에 필수 불가결한 인력을 생산지 현지에 매어놓지 않으면 안 되었다. 게르만인들은 이렇게 계층화된 사회로 스며들기 시작하였다. 타키투스가 1세기 게르만인에 대해 "경작지들이 매년 바뀌고 토

| 그림 사진 4.1 |

〈빵과 물고기의 기적〉, 520년경, 산 아폴리나레 누오보 바실리카의 모자이크, 라벤나.: 전혀 자연주의적이거나 사실적이지 않지만 보는 이로 하여금 무엇인가 기적적이고 성스러운 느낌을 불러일으키며 특히 중앙의 그리스도는 이 그림을 보는 사람을 직시함으로 바로 그에게 음식을 주려고 한다[7]는 이미지를 강하게 표현한 기법이 드러나 있다.

지가 남아 있다."라고 기록하고 있듯이, 이들은 변경 지역 황무지의 개간이나 산림 개간 · 화전 농법 · 윤작 등을 통해 어떤 지역으로 일시적으로 문화를 이동시키면서 반유목적 농업에 종사하였으며 내적 발전에 의해서뿐만 아니라 기후 변화와 다른 민족으로부터의 압박 등 외부로부터의 압력을 받아 이주와 정착을 되풀이 하면서 영역을 넓혀나갔다.[9]

이민족들이 수세기에 걸친 이동을 마치고, 최종적으로 로마 세계에 정착하기 시작하였을 때 이들과 함께 이들이 거처 지났던 여러 문화 · 문명들의 관습이며 기술이며 예술들도 들어왔다. 그들 중 대부분은 직 · 간접적으로 받은 아시아 문화 · 이란 문화 · 그리스—로마 문화였으며, 특히 그 당시 비잔티움화하는 과정에서 가장 풍성하고 찬란했던 그리스 문화의 영향이 컸다.[10] 금은 상감 · 세공과 같은 정교한 금속 기술, 가죽 가공술, 경탄할만한 초원 예술, 동물을 주제로 한 예술양식 등이 들어왔다.

로마의 황제들은 제국의 실질적인 붕괴와 더불어 자신들의 수호신들을 버리고 기독교를 새로운 종교로 받아들였다. 콘스탄티누스 대제는 AD 313년 밀라노 칙령[11]으로 기독교를 공인하고, 종교간 평화를 통하여 제국의 균형과 통일성을 유지함으로 당시 로마 제국의 평화와 번영을 도모하려하였다. 이후 기독교는 급속이 성장하였으며 A.D. 5세기[12]에 이르러 기독교 교회가 그 시대의 대부분의 재능 있는 사람들을 선교, 조직, 교리 등으로 교회의 일원으로 흡수하였다. 사람들은 명예와 영광을 더 이상 자연현상의 객관적이고 과학적인 이해에서 추구하지 않았고 그 대신 교회의 목표를 전진시키는 일에서 찾게 되었고, 교회는 중세인들의 삶에 지적 · 이념적 통제를 가하였다.[13]

사람들은 군주국이나 제후령을 본보기로 하여 세속 지도자를 중심으로 점차 민족과 국가에 통합되었다. 5세기 후반에는 결정적인 변화가 일어났다. 북쪽에서는 앵글족, 주트족, 색슨족(작센족) 등 스칸디나비아 반도의 야만인들이 일련의 침략을 시도한 후 441년에서 443년 사이에 브리튼을 정복했다. 피정복민들 중 일부가 바다를 건너 프랑스 서부의 아르모리크 지방에 정착했는데, 이곳은 이후 브르타뉴(Bretagne)라 불리게 된다.[14] 훈 제국의 아틸라는 434년경 서양에 들어온 몽골족을 규합하고 다른 야만인들을 정복 · 흡수했으며 한동안 비잔티움과 우호적인 관계를 유지하였으나 448년 발칸반도를 공격하고 갈리아로 진격했다. 갈리아에서 로마 장군 아에티우스(Aetius)가 서고트족 분견대의 도움을 받아 샹파뉴 평원에서 아틸라군을 격퇴했다.[15] 그러나 543년부터 흑사병이 반세기 넘도록 이탈리아와 에스파냐와 갈리아의 대부분을 휩쓸면서 서양은 파멸의 상태에 이르고 7세기의 유럽은 '암흑시대'라고 불리워졌다.

로마의 지도체계를 대신한 교회의 지도자들은 신명재판,[16] 성물 숭배의 유례없는 발전, 세속적인 재산의 축적 등으로 영성과 종교적 관행의 퇴보를 자초하였다. 교회는 왕들과 유력자들뿐만 아니라 하층민들로부터 기증을 받아 토지와 세입과 면속권 등으로 축재를 하였으며 교회의 축재는 일반 경제생활을 더욱 피폐케 했다. 대토지를 소유한 귀족 신분의 주교들은 도시에서나 주교 관구에서 절대권력을 행사하였고 왕국 내에서 세속 권력에 대응하여 권력을 행사 하려고 했다. 국왕과 주교들은 필요에 따라 서로를 이용하면서 상대방을 무력화시키고 부추기기도하면서 상생과 공멸을 자초하였다. 교회는 국가를 조종하려 하고 국왕은 교회를 지배하려 했다. 주교들은 종교회의에서 제정한 종교법으로 시민법을 바꾸기를 강요하면서 모든 지역에서 군주들의 조언자이자 감독자로 자처했다. 반면에 왕들은 일단 가톨릭교도가 되고나서 주교들을 임명하고 종교회의까지도 주재했고 종교회의는 경제적 곤란과 주민의 불만을 가중시키는 법을 강요했다. 이것은 당시 중세인들이 이슬람교도들을 열렬하게는 아니더라도 적어도 아무런 적대감 없이 받아들이게 만든 원인의 하나가 되었다.[17]

이슬람의 서유럽 진출

7세기 서양 최대의 사건은 이슬람의 등장과 정복이었다. 이슬람은 633~664년 시리아 · 이라크 · 북부 메소포타미아 · 아르메니아 · 이란 · 이집트 등을 정복하고 여러 곳에 정복지 지배의 거점이 될 도시들을 건설하였다. 우마이야 왕조[18]에 이르러 서쪽으로 북아프리카의 대서양 연안까지 이르고 711년부터는 이베리아 반도로 진출하였고 동쪽으로는 중앙아시아와 인도 북서부까지 그 지배력을 미쳤다. 711년에서

719년 사이에 이베리아 반도 일부를 서고트족으로부터 쉽게 빼앗음으로 이베리아 반도 남서부 · 모로코 · 튀니지 · 중앙아시아 · 이란 동부 · 이집트에 이슬람 세계가 형성되었다. 피레네 산맥을 넘어 프랑스의 중부까지 진출한 이슬람세력은 732년 푸아티에 전쟁에서 패하고 진출을 멈추었다.

8세기에 이슬람교도가 서고트 왕국을 정복한 결과 프랑크 왕은 라틴적 서유럽에서 유력한 유일한 세력으로 남게 되었다. 지중해 세계에서 지속되었던 생활의 주류에서 이탈한 프랑크 왕국은 내향적이 되었으며, 새로운 문명의 핵이 되었다.[19] 피렌은 이슬람 세력이 지중해 세계의 문화적 · 상업적 통일성을 파괴한 것은 "유럽사에서 포에니 전쟁 이래 최대의 사건이었다. 그것은 고전 전통의 종말이요 중세의 시작을 의미했다. … 마호메트가 없었으면 샤를마뉴도 없었을 것이다."[20]라고 갈파하였다. 이슬람의 진출로 지중해 세계의 통일성이 파괴되었으며 동방과의 교역이 단절되었고 중세 유럽에 변화가 시작되었다. 이슬람군의 침공을 맞은 당시의 유럽의 왕들은 교회가 제공하거나 혹은 교회에서 몰수한 토지에서 마련한 재정으로 기사를 양성하였으며 이것은 8세기 중반에 유럽에서 봉건제를 급속히 확장시킨 계기가 되었다. 이슬람의 유럽 진출로 유럽의 중심이 북쪽으로 이동하기 시작하였으며 중세 초 농업 혁명과 농경제가 유럽 북부로 이동한 것이 이것을 뒷받침한다.[21]

중세 초기인들은 그리스-로마 문명의 유산을 지키지 못하고 특히 로마의 법체계를 전승, 발전시키지 못했다. 그리고 교회 밖에서 전승되어 온 그리스-로마 문명의 지식 체계를 재정립하는 데 실패했다. 창발적인 문화 발전을 이루어내지 못한 채 사제계급과 전사계급 사이의 투쟁, 성직자 권력과 국왕 권력의 다툼 등은 불가피한 중세의 퇴행적 증상이었다. 이 시기에 급성장한 이슬람의 유럽 진출은 중세 유럽의 변화를 촉발하는 외부의 충격이었다. 결국 중세 초는 고대 세계의 종말적 특징과 새로운 시대 곧 유럽 봉건제의 시작을 예고하는 산고가 겹쳐진 시기이기도하다. 모든 시대의 과도기에 드러나는 현상이 아니겠는가?

4.2 보편적 문명의 시작

6세기부터 9세기에 걸쳐 북유럽에서 초기 농업 혁명이 발생했다. 9세기에 들어오면서, 농업 생산력이 향상되었음을 증거하는 몇 가지 지표들을 볼 수 있다. 대표적인 것이 철이 농기구에 본격적으로 사용된 것이다. 철은 오랫동안 귀하고 비싼 금속이었고, 따라서 대개 무기와 절단 도구의 날에만 사용되었다. 특히 북유럽, 특히 노리쿰(Noricum) 지역에서 지중해 연안 지방보다 철 자원이 훨씬 풍부하여 철이 쟁기 부품 · 삽 날 · 낫 등에 더 많이 사용되었다. 카롤링거 시대[22] 북유럽의 급속한 발전은 새로운 대규모 철광산의 개발과 연관 지어 생각할 수 있다. 풍부한 철광산의 개발로 프랑코 군에서 철이 군용으로 사용되었을 뿐만 아니라 농업 및 일상 용도로 철이 사용됨으로 농업생산성이 증대 되었다. 9세기 후반에 생갈의 한 수도사의 기록에, 773년에 샤를마뉴와 그의 군대가 롬바르드 왕국의 수도인 파비아를 공격했을 때 롬바르드 왕인 데시데리우스는 성벽에서서 번쩍이는 프랑크 군의 무장과 무기를 보고 "철이다. 맙소사, 철이구나."라고 외쳤고, 그 옆에 있던 한 장군은 졸도했다.[23]는 기록이 있다.

북유럽으로 확장

9세기에는 새로운 토지의 개간으로 새로운 농민 보유지들이 증가하였고, 800년경 트리어 필사본에는 최초로 묘사된 새로운 우마의 견인체계가 등장하였으며, 경작기술의 향상을 환기시키는 월별 명칭들을 수록한 새로운 달력이 나타났다.[24] 9세기 초에 농업혁명을 이끌었던 무거운 쟁기 · 개방 경지제 · 현대적 마구 · 삼포제 등이 나타났으며 한 세기 뒤에 편자도 출현했다. 삼포제는 농민들의 기존 재산권을 침해할 수 있었기 때문에 프랑크 왕국의 중심지를 제외한 나머지 지역에서는 서서히 보급되었으나 샤를마뉴가 개정한 당시 달력의 각 달의 명칭을 보면 그가 이 새로운 농법을 얼마나 중시했는가를 알 수 있다.[25] 당시 북유럽의 땅은 중질토여서 무거운 쟁기가 적절했고 여름에 비가 많이 내려 대규모 봄 파종이 가능했으며 여름작물로 귀리가 재배되어 무거운 쟁기를 끄는 말의 사육이 가능했다. 삼포제와 농경기구의 발달로 생산성이 향상되자 중세 초기의 농업방식이 서서히 북유럽의 평원 지대로 확대되었다. 결국 유럽의 중심이 북방으로 이동하기 시작하였다.

10세기에는 경작과 식량생산 분야에서 결정적 혁신이 일어났다. 린 화이트(Lynn White)가 "10세기는 콩으로 가득했다."고 지적한 것처럼 단백질 함유량이 풍부하고 고도의 에너지를 낼 수 있는 잠두콩 · 렌즈콩 · 완두콩 같은 두류 작물이 대량 도입되었다.[26] 노예 숫자가 줄어들자 자유민들이 대량으로 일에 참여하게 되었고 노동력의 부족으로 기술수요가 증가하고 장비들은 지속적으로 개량되었다. 사람들은 점차 자연을 극복할 수 있으리라는 생각도 하기 시작하였다. 새로운 의식과 기술개발은 당시 부패한 교회의 개혁 차원에서 경제적 삶과 영적 삶의 조화를 추구하던 수도원에서 주로 일어났다. 당시 클레르보 수도원의 한 수도사는 기계 소리를 산업적 응용의 맥락에서 이렇게 찬송했다.[27]

> 자비로우신 하느님이시여! … 그리고 당신은 그들의 가외 짐을 얼마나 덜어주십니까! 우리에게 입을 것과 먹을 것을 만들어주는 이 고마운 강물이 우리를 대신하여 일해주지 않았다면, 이 일로 얼마나 많은 말이 지치고 얼마나 많은 사람이 피곤했겠습니까! … 그가 빙빙 돌아가는 수많은 바퀴를 현기증이 날 정도로 가속시킬 때는 마치 그가 자신을 빻아 녹초가 된 것처럼 거품을 내뿜는다.[28]

10세기 들어 상대적으로 평화의 시대가 회복되면서, 서서히 인식되고 있던 자연과 은총의 균형은 중세인들에게 오성과 신앙의 조화를 가르치고 휴머니즘을 향한 문을 열어주었다. 이러한 변화의 기원은 중세에 모든 것의 기반이었던 토지에서 찾을 수 있다. 지배계급이 농촌에 정착하여 대토지 소유계급이 되고, 봉신의 신분이 하층민에서 특권계급으로 변화하면서부터 대토지를 소유한 귀족들이 농업 생산력에 관심을 가지기 시작하였으며 봉신들은 토지에서 산출되는 봉록을 점점 더 많이 받으려고 농업 생산성 향상을 도모하였다.[29] 북방지역에서 농민의 수확이 증가해서 생활수준이 향상되었고 공산품의 구매력도 증가하였으며 곳곳에서 상업의 발전을 보여주는 징후들이 나타났다. 10세기부터 잉여 식량이 발생되자, 도시들이 급격히 다시 일어나기 시작하였다. 유틀란트반도 이스트무스에 있는 하이트하부(Haithabu) 같은 '성읍도시들'은 덴마크의 세란트 섬에 있는 트렐레보르크 같은 군 주둔지를 대체할 정도로 스칸디나비아 상업이 발전하고 있었다.[30] 새로 등장한 도시들에서는 직인과 상인이라는 새로운 계급이 등장하였고 이 계층은 곧 도시 공동체를 장악하고 새롭고 특징적인 생활양식, 미래의 자본주의를 창조할 기초를 만들어 가기 시작하였다. 그리고 이런 새로운 환경에서 근대 세계의 특징적 양상인 새로운 동력 기술이 발달했다.[31]

중세 농업 혁신

11세기, 서양 중세 세계 전체에 하나의 혁신이 서서히 드러나고 있었다. 10~13세기 이른바 중세 '농업혁명'은 미약하나마 카롤루스 왕조 때 시작되어 비약적 가속력을 경험했던 1000년경까지 완만하게 이루어졌다.[32] 11세기 성당참사회원 뒤동 드 생캉탱(Dudon de Saint-Quentin)이 기술한 초기 노르망디 공들의 역사에, 노르만인들이 노르망디에 정착한 후 한 세기동안 철제 농기구, 특히 쟁기를 후원했던 공들의 주도 아래 그들이 어떻게 농업 경영자들로 변신했는가를 보여준다.[33] 삼포제의 점진적인 전파로 경작지의 2분의 1이 아니라 3분의 1을 휴경지로 만들어 경작 면적이 증가되었고, 작물 또한 다양화할 수 있었다. 가을갈이 곡식이 흉작이 되었을 때 봄갈이를 이용함으로써 혹은 그 반대의 경우일 지라도 중세농업은 기후를 어느 정도 극복할 수 있게 되었다. 농기구의 측면에서 바퀴와 술받침이 달린 비대칭식 쟁기를 사용하고 농기구에 철을 더 많이 이용하게 됨으로써, 이전에는 여러 번 갈아야 했던 경작지를 단번에 더욱 깊게 갈 수 있었다. 경작지의 개량, 생산성의 향상, 작물의 다양화와 더불어 영양상태도 개선되었다.[34] 중세 농업혁명의 성과를 증언하는 것 중 하나가 인구 증가였다. 10세기에서 14세기 사이에 인구가 두 배로 증가했다. 러셀(J. C. Russell)에 따르면 서유럽의 인구는 600년경 1,470만에서 950년에는 2,260만으로, 1348년 흑사병 직전에는 5,440만으로 증가했다. 베넷(M. K. Bennett)에 따르면 유럽 전체 인구가 700년경 2,700만에서 1000년에는 4,200만으로, 1300년에는 7,500만으로 증가했다.[35] 중세 유럽의 인구 증가는 당시 교황 우르반 2세와 왕들에게 자신감과 책임감을 함께 주었다. 11세기 후반, 교황과 왕들에게 십자군 원정은 당시 기사들과 농민들에게 성지 회복의 신앙적 꿈의 실현과 서양의 과잉 인구에 대한 해결책으로 여겨졌고 기사들에게 토지 · 부 · 해외 봉지 등이 미끼로 주어졌을 것이다. 결국 십자군 원정은, 신앙의 꿈도 유럽인들의 부족한 토지에 대한 갈증도 해결해주지 못하였고 다만 종교의 명분으로 인간이 인간에게 얼마나 큰 죄악을 저지를 수 있는가를 보여주는 교훈을 남기고 실패로 끝났다.

| 그림 사진 4.2 |

현재 사용중인 일반적인 등자: 등자가 없던 시대에는 별도의 장비 없이 두 다리만으로 말 허리를 조여 몸을 고정시켜야 했으므로 등자가 없던 고대에는 기병의 양성이 매우 어려웠다. 등자가 도입된 이후, 유럽에서는 기병을 적극 사용하는 전술이 크게 발달하였으며 중세의 기사는 무엇보다 이 등자 기술로 중장기병으로 활약할 수 있었다.

등자와 기사

10~12세기 중세 서양의 각성과 부흥은 누구에 의해 무엇 때문에 일어났는가? 모리스 롱바르(Maurice Lombard)의 주장처럼 야만적인 서양 세계에 자극을 준 소비 중심적인 대도시였던 이슬람 세계의 등장에 대한 반작용인가?[36] 이것은 11세기 유럽의 변화에 대한 외적 자극의 가설인데, 이슬람 정복이 서양 기독교 세계의 경제적

부활의 원동력이 되었다는 것이다. 그것이 아니면 린 화이트가 설명하는 것처럼 서양 세계 자체에서 일어난 일련의 기술적 진보 때문인가? 즉, 바퀴와 술받침이 달린 쟁기, 삼포제의 발전, 근대식 마구의 전파 등 경지 면적을 늘리고 생산성을 높힌 농업기술의 발전 때문인가? 아니면 등자(鐙子)의 등장과 더불어 말을 자유자재로 다룰 수 있게 되고 새로운 농기구와 기술을 자신들의 영지에 도입 할 능력이 있는 대토지 소유자인 동시에 전사계급인 기사들을 탄생시킨 군사적 진보 때문인가?[37] 중세의 특징의 하나는 토지 소유자들인 동시에 전투계급인 기사들이 등장하고 이들이 토지 경작과 개선 그리고 제한적이긴 하지만 새로 생겨나는 상업망을 장악하여 경제적 기회들을 차지할 계급이 되었다는 것이다. 기사들은 등자에 의해 가능해진 특수한 전투법으로 중세 유럽의 봉건 계급의 기반이 되었고 중세 교회의 종교 문화와 더불어 중세 세속 문화를 상징하고 있다.[38]

기술의 역사에서 등자만큼 단순한 발명도 드물지만, 등자만큼 역사에 중요한 촉매작용을 한 발명도 드물다. 등자로 인해서 새로운 전투법이 가능하게 되었고, 이런 새로운 전투법으로 전투할 수 있도록 토지를 받은 기사들이 새로운 서유럽 사회의 중간 지배계급으로 등장했다. 프리드리히 카우프만은 "8세기에 등자가 사용됨으로써 새로운 시대가 예고되었다."[39]고 등자의 중요성을 강조하였다. 등자는 고대 근동 아시아만이 아니라 그리스 인이나 로마 인에게도 알려지지 않았던 기술이다. 등자에 관해 언급은 서구의 문헌에서 찾아볼 수 없고 말을 타고 활약하는 기수를 묘사한 수많은 동상에서도 등자를 찾아볼 수 없다. 등자의 기본 아이디어는 산키(Sanchi), 파타오라(Pathaora), 바쟈(Bhaja), 마투라(Mathura)의 조각에서 볼 수 있는 것처럼, 기원전 2세기 말 인도에서 나타났다.[40] 최초의 등자는 느슨한 뱃대끈으로서, 기수는 이 뱃대끈 뒤에 발을 걸쳤다. 나중에는 작은 등자가 등장하여 기수는 엄지발가락만을 거기에 걸쳤다.[41] 인도의 승려들이 아프가니스탄과 투르키스탄을 거쳐 중국으로 이동하여 인도 문화를 전파하는 과정에서 등자가 중국에서 등장했다.[42] 등자는 5세기 초에 중국 후난 성에 알려졌고, 477년의 중국 문헌은 등자가 당시 일반적으로 이용되고 있다고 기록하고 있다.[43] 5세기에는 등자가 중국에서 한반도로 전파되었고,[44] 늦어도 6세기 중엽에는 일본에도 전해졌다.[45]

등자로 인해 말과 기수는 일체가 되어 전례 없는 전투력을 발휘할 수 있게 되었다. 마병은 창을 겨드랑이에 끼고 적에게 돌진하면, 팔의 힘이 아니라 자신과 돌진하는 말의 체중을 함께 실어 상대방에게 타격을 가할 수 있게 되었다.[46] 현대전에서의 장갑차와 보병의 비유가 적절하리라. 이처럼 등자는 말을 군사적으로 이용하는 방법에서 인간의 에너지를 축력으로 대치시키는 역할을 하였다. 이러한 개량은 광범한 사회적 문화적 변화를 일으켰다. 중세 봉건사회는 본질적으로 군사력의 기반 위에서 기사를 양성하고 부양함으로써 유지되는 사회조직이었으므로[47] 등자는 다른 어떤 사회에서 보다도 중세 봉건제 사회에서 중요한 기술이 되었다.

봉건적 생산양식

11세기 중세 유럽은 닫힌 세계에서 열린 세계로 나아가는 시기를 맞이하였다. 도시가 다시 탄생하고, 화폐경제가 본격적으로 시작되고, 토지의 정복과 전(前)산업적 가내공업을 확보하는 데 없어서는 안 될 기술적 발명이 진행되는 시기였다. 바퀴와 술받침이 달린 비대칭식 쟁기, 철제 도구, 물레방아와 이것을 응용한 각종 설비, 풍력 방아, 운동 전환체계, 직조기, 기중기, '근대식' 마구, 실용 기계의 출현과 더불어 시·공간을 측정하는 새로운 기계들이 한층 더 발전했다. 특히 항해술을 향상시킨 방향타와 선미재의 발명, 나침반과 새로운 항해술의 채택, 계측 정밀도의 진보, 균일한 시간 단위의 개념과 그것을 계측하고 알려주는 회중시계의 제작 등은 중세의 중요한 기술들이었다.[48]

10세기에서 14세기 사이, 서양의 건축은 중세 서양의 발전에서 매우 중요한 역할을 담당하였다. 건축은 단순한 예술과 기술을 넘어서 사회기반 건설의 의미를 가지면서 경제적 자극제로 작용했다. 돌·목재·철 등과 같은 원료들이 대량 생산되고 원자재를 채취하고 수송하고 가공 제작하는데 필요한 도구가 제작되었으며, 노동력이 충원되었고, 건축 노동에 재정적 뒷받침이 이루어졌다. 이러한 과정은 자연스럽게 기술혁신을 자극하였다. 대성당뿐만 아니라 크고 작은 수많은 교회들, 교량·창고·시장 등과 같은 경제적 목적을 지닌 건물들이 지어졌다. 점차 석재 건축이 발전하면서 부자들의 저택 등과 같은 건축 작업장들이 중세 산업의 최초이자 거의 중심지가 되었다.[49]

봉건적 생산양식을 중심으로 중세의 지속성과 단일성을 해석하고, 공업 기술을 경제체제·사회구조와 결부시키는 마르크스는 영주와 농민들 사이의 불평등 계약 위에 서있는 봉건적 생산양식을 비판하였다. 봉건적 생산양식에서 잉여가치는 봉건 지대로 흡수되고, 봉건제 생산양식은 확대 생산보다는 단순 재생산을 지향하였다. 이러한 관점에서 봉건적 생산양식하에 있는 중세는 노예제 생산양식으로 특징지을 수 있는 고대와 자본주의적 생산양식으로 규정될 수 있는 근대 사이에 낀 시대이다. 어떤 의미에서 중세는 로마 제국 말기부터 산업혁명까지의 기간에 해당한다고 볼 수도 있다.[50] 이러한 중세는 노르베르트 엘리아스(Norbert Elias)가 기술한 바와 같은 '보편적 문명화 과정'의 시작 단계였다고 할 수도 있다.[51]

4.3 중세의 기술 혁신

중세에 토지의 생산성이 낮았던 주요원인의 하나는 경제적 현실의 결과이자 사고방식의 특징이기도 하였던 중세 장원의 자급자족적 경향이다.[52] 당시에는 바깥 세계에 의존하는 것, 필요한 모든 물품을 자체 생산하지 않는 것은 정신적 취약함일 뿐만 아니라 치욕으로 여겼다. 수도원 장원의 경우에는 바깥 세계와의 어떤 접촉도 피하는 것이 영적 이상을 실현하는 것이며 영적 순결을 위한 조건이었다. 이러한 도덕적 편견들 뒤에는 물질적 근거가 있다. 도로망의 붕괴로 수송에는 비용이 많이 들고 위험이 뒤따랐으며 교환에 필요한 화폐경제가 별로 발달하지 못했던 중세에 필수품을 모두 자체 생산하는 것이 경제적으로 타산이 맞는 것이기도 하였다. 따라서 장원에서는 지리적 · 기후적 · 토양적 조건들을 고려하지 못한 채 제한된 경지 면적에 다양한 작물을 재배하여야 했고 그 결과 농업 생산성은 떨어졌다.[53]

또 다른 원인은 중세의 농기구가 원시적이었기 때문에 오랫동안 땅을 제대로 갈지 못했다. 더욱이 표층이 얕은 토지와 지중해 연안지역의 구릉지에 적합한 고대의 쟁기가 당시까지 사용되고 있었다. 물론 인조 화학비료는 있지도 않았다. 천연비료가 이용되었지만, 가축이 많이 사육되지 못하였기 때문에 이것마저도 턱없이 부족했다. 당시 가축 돌림병으로 가축의 손실도 컸으며 무엇보다도 곡물 재배와 식용 채소 재배에 필요한 농경지에 밀려 가축 사육에 필요한 목초지를 구하는 것이 쉽지 않았기 때문이다.[54] 원시적인 농기구와 비료의 부족으로 집약 농법 대신에 대체로 조방농법을 취할 수밖에 없었으며 인구의 비약적 증가로 농경지의 확대가 필요하였으나 여전히 중세 초기 농업은 농경적 유목 생활을 의미하는, 즉 잡초를 태워서 거름을 만드는 화전 농법이 척박한 토지에서 널리 이용되었다.[55] 깊이 갈지도 못하고 비료도 충분히 주지 못해 지력이 급격히 떨어지는 상황에서 토지를 쉬게 해서 지력을 회복시키는 휴경 농법이 필연적이었다.

삼포제

8세기 말부터 도처에서 이포제가 삼포제로 교체되어갔다.[56] 이포제를 실시할 때는 농경지의 약 절반은 겨울 작물이 재배되고 나머지 절반은 휴경되었다. 다음 해는 이 두 농경지가 단순하게 역할을 바꾸었다. 삼포제는 '중세 서유럽 최대의 농업 혁신'이라고 할 수 있는데 경작지를 대체로 삼등분하였다. 첫 번째 경작지에는 가을에 밀과 귀리가 파종된다. 다음 해 봄에 두 번째 경작지에 귀리 · 보리 · 완두콩 · 이집트콩 · 렌즈콩 · 누에콩이 파종된다. 세 번째 경작지는 휴경한다. 그 다음 해에 첫 번째 경작지에 여름작물이 파종되고, 두 번째 경작지는 휴경되고, 세 번째 경작지는 겨울 작물이 파종된다. 그러므로 삼포제는 척박한 토지를 2년에 한 해씩 쉬게 하는 것이 아니라 3년에 한 해씩 쉬게 함으로 경작지의 반이 아니라 3분의 2를 지속적으로 농사짓는 방식이다.[57] 8, 9, 10세기에는 3년 주기에 쟁기질이 단지 세 차례만 이루어졌다. 즉 겨울 경작지에는 10월이나 11월에, 여름 경작지는 3월이나 토지가 따스해지기 시작할 때, 휴경지는 6월 말경에 각각 쟁기질이 행해졌다.[58] 따라서 이 시대에는 600에이커의 장원에서 이포제가 실시되면 300에이커만이 경작되었고 같은 600에이커의 장원에서 삼포제를 실시하면 400에이커가 경작되어 경작하는 면적이 약 1/3이 증가하였다.[59] 삼포제를 실시할 경우 이포제를 실시하는 것과 비교해서 생산이 50% 정도 증가하였다. 이렇게 하여 삼포제의 보급으로 개간이 적극적으로 추진되어 산림을 벌채하고, 습지를 매립하고 제방을 축조하여 간척지를 농토로 바꿨다. 삼포제로 첫째, 경작 면적이 1/3 증가했고, 생산성은 1/2 향상되었다. 둘째, 새로운 윤작법으로 1년에 걸쳐 쟁기질 · 파종 · 수확에 노동력을 좀 더 균등하게 배분할 수 있게 되었고, 따라서 효율성이 높아졌다. 셋째, 삼포제에 의해 재배 작물이 다양해졌고, 작물들이 상이한 조건에서 발아 · 생장 · 수확되기 때문에 기근의 위험성이 줄어들었다. 넷째, 아마 가장 중요한 것으로서, 삼포제의 핵심인 봄 파종은 식량과 가축의 사료로서 인구 부양능력이 큰 곡물인 귀리의 생산을 증진시켰다.[60]

심경쟁기

12세기 중에 널리 보급된 바퀴식 쟁기가 어느 정도 상당한 발전을 보여주었다. 이 쟁기는 보습과 받침술이 달리고 강력한 계가에 의해 견인되었으며 바퀴 달린 이동식 전구가 장착되어 있었다.[61] 1세기에 플리니우스(Caius Plinius Secundus)가 기술한 바퀴 달린 쟁기에서 유래한 이 쟁기는 중세 초기에 전파되어 서서히 개선되었다.[62] 중세에 깊은 밭갈이는 농기구를 개선하기보다는 반복해서 쟁기질함으로써 겨우 가능했다. 삼경의 관례가 보편화되었고 13세기에서 14세기로 넘어가는 전환기에는 사경이 보편화되었다.[63] 이러한 여건에서 무거운 쟁기의 사용은 획기적인 것이었다. 콜터 · 보습 · 쟁기 볏을 갖춘 무거운 쟁기는 가벼운 쟁기보다 흙의 저항력이 훨씬 컸다. 따라서 적어도 초기 형태의 무거운 쟁기에는 네 쌍의 소, 즉 플리니우스가 지적한 것처럼 여덟 마리의 소를 사용하였다. 그러나 여덟 마리의 소를 사육할 수 있는 농가는 매우 드물었다. 새롭고 효율적인 무거운 쟁기를 이용하려면 농민들은 힘을 합쳐 공동으로 소를 관리해야만 했다. 이런 공동 관리는 농민 사회에 변화를 가져왔다.

소형의 농기구에 적절하였던 기존의 정방형 밭은 무거운 쟁기에 부적절했다. 무거운 쟁기를 효율적으로 사용하기 위해서는 경작지는 넓고 울타리가 없는 개방 경지로 밭이랑을 길게 조성해야 했다. 더구나 이러한 토지를 재분배하는 실제적 방법은, 쟁기와 소를 소유한 여러 농민들에게 순번으로 그러한 토지를 할당하는 것이었다. 그래서 개개의 농민은 촌락의 모든 경작지에 산재해 있는 50~60개의 토지에서 수확해야 했다. 이러한 토지 구획에서는 개개의 농민이 원하는 시기에 원하는 작물을 파종할 수 없었으므로 농민들 간에 의견을 모을 수 있는 촌락 회의가 성장했다. 이런 촌락 회의에서 분쟁이 해결되고 공동체의 모든 경작지의 경영이 상세하게 결정되었다. 이것이 북유럽 장원 경제의 핵심이 되었다.[64] 이러한 방식으로 농민은 노동을 절약하고, 배수를 개량하고 좀 더 비옥한 토지를 경작함으로 농업 생산성을 높여서 잉여 식량을 가질 수 있게 되었다. 결국 북유럽의 무거운 쟁기는 생산성 수준을 향상시킨 것뿐만 아니라 북유럽의 농촌 사회를 재편성하는 데 결정적인 역할을 하였다. 농촌 공동체로서의 장원은 지중해 지방이 아니라 무거운 쟁기를 채용한 지역들에서만 전형적으로 발전한 것에서도 쟁기와 장원제 사이에는 인과 관계를 볼 수 있다.

중세 초 농업 기술 혁명의 첫째요소가 무거운 쟁기의 광범한 보급이었다면 둘째 요소는 마구의 발전이다. 편자와 더불어 마구의 발전은 말을 군사적으로뿐만이 아니라 경제적으로도 유용한 자산으로 만들었다.[65] 말굽에 편자를 박은 말이라도, 말의 견인력을 효과적으로 이용할 수 있는 적절한 마구를 갖추지 않으면 농경과 운송에 별 소용이 없었다. 새로운 마구는 말의 호흡이나 혈액 순환을 방해하지 않도록 패드를 댄 단단한 목줄을 말의 목이 아니라 어깨에 메도록 만들어졌다. 이 목줄은 수평의 가죽 띠나 굴대로 마차에 연결되어 있어서 말은 전 체중을 이용하여 화물을 끌 수 있었다. 르페브르 데 노에테는 실험을 통하여 멍에를 부착한 구식 마구로는 한 쌍의 말이 약 1000파운드만을 끌 수 있지만, 반면에 목줄을 부착한 마구를 이용하면 이보다 네다섯 배 더 끌 수 있다는 사실을 밝혔다.[66] 이러한 마구가 이용되기 이전에는 쟁기질, 써레질, 운송 등에 느린 황소 대신 빠른 말을 이용할 수가 없었다.[67]

새로운 동력원

근대 서유럽의 특징 가운데 하나인 노동력을 절약할 수 있는 동력 기술은 중세에 발생한 자연관의 변화와 중세로부터 누적된 기술에서 그 근거를 찾을 수 있다. 대표적으로 물레방아는 처음 출현한 후 1000여 년이 지나서야 광범하게 이용되었는데 수력 에너지기술이 1000여 동안 점진적으로 개선되었던 것이다. 물레방아가 일리리아에서는 기원전 2세기부터, 소아시아에서는 기원전 1세기부터 알려져 있었고 로마 세계에서도 존재했다. 로마인들은 초기 물레방아에서 원래의 수평바퀴를 수직바퀴로 바꾸고, 맷돌의 수직축에 바퀴의 수평축을 톱니바퀴로 연결시켜 사용하였다.[68] 잉글랜드는 대륙보다 기술이 발달한 곳이 아니었으나 1086년의 『둠즈데이북』에는 잉글랜드의 약 3,000개의 농촌 공동체에 5,624대의 물레방아가 있다고 기록되어 있다.[69] 이처럼 11세기에 전 유럽에서 수력이 중요한 동력원으로 인식되었고 일상생활에서 널리 사용되었다.[70] 1044년에 아드리아 해의 외진 개펄 지역에서 조수 물레방아가 이용되었고 1066년과 1086년 사이에 이런 조수 물레방아가 도버항 입구에서 사용되었다.[71] 조수는 계절에 따라 그 변동 폭이 컸기 때문에 크게 만족스러운 것은 아니었으나 조수 물레방아가 중세 후기에 상당히 보편적으로 사용될 만큼 중세 유럽인들이 인력과 축력을 넘어서는 동력원 개발에 열심이었던 것을 알 수 있다. 이처럼 새로운 동력원을 추구하는 태도는 앞으로 등장할 새로운 기술들의 전조였고, 인간 생활의 모든 양상을 변모시킬 새로운 태도의 징후였기 때문에 그 과정을 자세히 살펴볼 필요가 있다.

풍차

강의 흐름이 너무 완만하여 물레방아를 제대로 돌릴 수 없거나 댐을 건설하면 농지가 쉽게 침수하는 지역에 사는 사람들은 풍력을 이용하였다. 유럽에서는 12세기에 풍차가 발명되었으나 가장 오래된 풍차의 기원은 풍력계와 모양이 비슷하고 수직축 위에서 회전하는 티베트의 풍력 경전통(Prayer-cylinder)이다. 티베트에서 풍차는 경전통에만 사용되었고,[72] 중국에서는 물을 푸거나 운하의 배를 수문으로 끌어올리는 데 사용하였으며 아프가니스탄에서는 풍차가 주로 제분용으로 사용되었다. 중국에서는 풍차가 13세기 말에 본격적으로 등장했다.[73] 유럽의 경우, 최초의 수직축 풍차는 그 연대가 1438~1450년경이라고 추정되는 마리아노 디 야코포 타콜라의 미간행 노트에 그려진 도해에 나타난다.[74] 지중해 연안에서는 겨울철에 물이 어는 문제가 심각하지 않았고, 북유럽 평원 지대보다 수자원이 풍부해서 물레방아를 이용하기에 더 적합했다. 그래서 지중해 연안에서 풍차의 보급은 북유럽보다 느렸으나 1319년이 되면 풍차는 이탈리아에서 흔히 사용되어서, 단테가 악마가 그의 팔을 "바람에 돌아가는 풍차처럼 휘두른다."고 비유할 만큼 풍차가 당시에 인상적인 기계였다.[75]

대략 10세기부터 15세기까지 중세 후기는 자연력을 이용하려는 기술에서 결정적인 발전의 시기였다. 당시까지 경험적 모색이, 주변에서 관찰할 수 있는 에너지를 보존해서 이용하려는 의식적이고 광범한 프로그램으로 급속히 전환되었다. 그러나 기계적 동력은 그것을 전달하는 기계 요소 기구와 결합되지 않으면 사용될 수 없었다. 아마도 983년의 세르치오(Serchio)에 있던 축융 공장을 시작으로 해서, 11세기와 12세기에 많은 작업에서 캠이 응용되었다.[76] 13세기에는 스프링과 디딤판이 발명되었고 14세기에는 톱니바퀴가 믿을 수 없을 정도로 복잡한 수준으로 발전했으며 15세기에는 크랭크, 연결 봉, 조속기가 왕복 운동을 연속 회전 운동으로 전환하는 것을 대단히 용이하게 했다.[77] 이 때까지 인류 기술의 역사가 대체로 매우 서서히 진행되었다는 점을 염두에 두면, 이런 기계요소 설계의 혁명은 놀랄 정도로 급속하게 이루어졌다. 다 빈치 이후 4세기, 즉 전기 에너지가 이용되기 위해 다른 부가장치가 필요할 때까지는 기술상으로 기본 원리를 발견하는 것보다도 다 빈치 이전 4세기 동안에 확립된 원리를 즉 자연력을 이용하는 기술을 정교화하고 세련되게 하는데 더 전념한 시기였다.[78]

영구기관 개념

자연의 에너지와 그것을 인간의 목적에 적용하려는 의식적이고 일반화된 열의가 나타난 징후는, 13세기에 유럽이, 12세기에 인도에서 비롯된 영구 운동의 개념을 열광적으로 받아들였다는 사실에서 찾아볼 수 있다.[79] 1150년경에 인도의 위대한 천문학자이자 수학자이던 바스카라는 그의 저서 『시드한타 시로마니 Siddhanta siromani』[80]에서 다음과 같이 서술하고 있다.

> "가벼운 나무로 바퀴를 만들고, 그 원주에 동일 직경의 구멍을 판 속 빈 봉들을 각각 동일한 간격으로 수직보다 조금 경사진 각도로 배치하라. 그리고 그 속 빈 봉의 절반에 수은을 채워 넣어라. 그렇게 수은이 채워진 바퀴는, 두 기둥으로 지탱되는 축 위에 놓으면 저절로 굴러간다."

그리고 그는 다음과 같이 말하고 있다.

> "바퀴의 주변에 홈을 파고 탈라(tala) 나뭇잎을 왁스로 홈 위에 붙이고, 홈의 절반은 물로 채우고 나머지 절반은 물이 흘러나올 때까지 수은으로 채워라. 그리고 주입구의 구멍을 메워라. 그러면 바퀴는 물에 이끌려 저절로 회전한다."

인도에서 영구 운동의 개념은, 만물은 윤회하면서 스스로 영속한다는 힌두교의 관념과 전적으로 일치하고 또 이런 힌두교의 관념에 뿌리를 두고 있다.[81] 거의 즉시 이 개념은 이슬람 세계에 받아들여졌고, 이슬람 세계에서 그 개념은 자동 장치의 전통을 강화시켰다. 필사본들을 볼 때 리드완(1200년경)의 저작들과 연관 있는 것으로 보이는 한 아랍 논문은 모두 중력에 의한 여섯 종류의 영구 운동을 다루고 있다.[82] 1200년경에 인도의 영구 운동 개념이 이슬람을 매개로 해서 유럽에 전해졌다. 한편 힌두 숫자와 '숫자 자리 계산법(positional reckoning)'도 마찬가지로 이슬람을 매개로 해서 유럽에 전해져, 1202년 피사의 레오나르도의 『산술서 Liber abaci』에 이것들이 실려 졌다.

힌두교에서는 우주 자체가 영구 운동 기계이며, 따라서 영구적이고 자율적인 에너지의 흐름은 전혀 부자연스러운 것이 아니었다. 바스카라는 사이펀도 마치 영구 운동 장치인 것처럼 말하고 있다.[83] 바스카라가 수은을 넣은 바퀴를 실험할 때 아랫부분을 가열했고 열이 수은을 올라가게 하기 때문에 그 바퀴가 돈다는 것을 잘 알고 있었다. 그렇지만 14세기에 바스카라를 모방한 유럽인들은 수은을 넣은 바퀴가 영구 운동을 하는 장치라고 주장했다.[84] 항상 바람이 부는 언덕에 세워진 풍차, 물이 마르지 않고 흐르는 개울에 세워진 물레방아는 중세에는 영구 운동 기계로 여겨졌다.[85] 중세 후기 유럽의 영구 운동 개념에서 중요한 것은, 인도와 이슬람 세계와는 달리 일반 사람들이 그것에 많은 관심을 가졌고, 또 영구 운동의 동력을 다양화하고 실용적으로 사용하려고 노력했다는 점이다.

13세기에 서유럽은, 풍력과 수력과는 비교할 수 없을 정도로 항상적으로 작동하는 두 가지 힘인 중력과 자력(磁力)을 발견했다. 빌라르드 온쿠르는 중력에 의한 영구 운동의 스케치와 덧붙여서 다음과 같이 서술하고 있다.

> "오랫동안 장인들은 저절로 돌아가는 바퀴를 제작하는 방법에 대해 논의해 왔다. 이에 대해서는 두 가지 방법이 있는데 그 하나는 무게가 다른 해머들을 이용하는 것이고 다른 하나는 수은을 이용하는 것이다."[86]

13세기 중엽이 되면 적극적인 사람들이 최근의 기술적 성과에 의해 자극받았을 뿐 아니라 신기한 영구 운동에 이끌려, 기계력의 개념을 일반화하기 시작했다. 그들은 우주를 인간의 의도에 따라 사용할 수 있는 에너지의 거대한 보고로 생각하게 되었다. 그들은 망상적으로 보일 정도로 동력에 대한 의식이 강했다. 그러나 이런 망상과 맹렬한 상상력이 없었으면 서유럽 세계의 동력 기술은 발전하지 않았을 것이다. 피에르 드 마리쿠르의 친구인 로저 베이컨은 1260년에 다음과 같이 서술하였다.

> "단 한사람이 거대한 배의 키를 잡고, 여러 사람이 노를 젓는 배보다 빨리 달릴 수 있는 기계가 가능할 것이다. 가축을 사용하지 않고도 믿을 수 없을 정도의 속도로 달리는 마차를 만들 수 있을 것이다. 인간이 새처럼 날개를 펄럭이는 비행기를 제작할 수 있을 것이다. 강이나 바다 밑으로 다니는 기계를 만들 수 있을 것이다."[87]

이 말은 그 자신의 견해일 뿐 아니라 당시 엔지니어들의 견해이기도 했다.

기계기술

중국에서는 대포가 풍포(風砲)라는 이름으로 1004년에 처음 등장했다.[88] 풍포는 대형 투석기로서, 로프를 동시에 당겨 발사하는 것이었다. 투석기는 중력을 기계에 최초로 이용했다는 점에서 중요하다. 투석기에는 속도를 일정하게 하는 탈진기가 없어도 되었기 때문에 보다 쉽게 개발될 수 있었다. 투석기에서 중력이 아주 유용하게 이용되고 있는 것을 목격한 13세기 기술자들은 중력을 이용하여 자신들에게 절실한 문제를 해결하려고 했다.[89] 이런 투석기는 유럽에서는 12세기 초 모사라베 필사본에 처음으로 등장했고, 북방 십자군이 리스본을 공격하던 때인 1147년에 다시 등장했다.[90] 1187~1192년 사이에 시리아에서 저술된 아랍어 논문에 아랍 · 투르크 · 프랑크 왕국의 기계에 대하여 언급되어 있고 페르시아의 것으로 여겨지는 흔들리는 균형추로 작동하는 훨씬 복잡한 기계에 대한 도해도 있다.[91] 유럽에서 1199년이 되어서 그것은 '투석기(trebuchet)'라는 이름으로 알려졌다.[92] 맘루크 군에서는 13세기 후반에 이 투석기가 일반적인 것이 되었다.[93] 1276년에 독일의 직인과 네스토리우스 파 기독교 신자가 마르코 폴로 일가의 요청에 따라 균형추로 작동되는 포를 중국에 도입하였고, 이 포를 이용하여 한 도시를 항복시켜 대칸(Great Khan)을 기쁘게 했다.[94]

크랭크 기술

중세인들은 동력원의 탐구에서만이 아니라 동력을 전달하고 제어하는 기구의 발명에서도 신기원을 이루었다. 응용역학을 연구하는 학자들은 "중세를 특징짓는 기술 발전은 왕복 운동에서 회전 운동으로의 이행이다."라는 점에 의견이 일치하고 있다.[95] 크랭크는 그런 변화를 실증하는 기계기구이다. 크랭크는 연속적인 회전 운동을 왕복 운동으로, 반대로 왕복 운동을 회전 운동으로 전환시키는 주요 수단이기 때문에 바퀴 다음으로 중요한 기계 장치이다. 크랭크 기구의 기원은 기원 후 31년 중국의 수력 풀무이다.[96] 그리고 가장 오래된 크랭크는 중국 허난성 서북부에서 발굴된 한나라 시대의 것으로 크랭크가 부착된 회전 부채로 키질하는 농기구이다. 이것은 2세기 말 이전 것으로 추정되고 있다.[97] 중국에서 최초로 크랭크가 발명되고 이용되었으나 최소한 1000년 동안이나 제대로 이용되지 못하고 있었고, 응용 역학의 관점에서 크랭크의 잠재력은 인식되지 못했다. 고대 서유럽에서도 크랭크 운동이 최초로 출현하는 것은 손으로 돌리는 맷돌에서 발견된다.[98] 가장 오래된 제분 기구인 절구와 돌 접시는 모두 빻거나 비비는 것으로서, 왕복 운동을 한다. 에게해와 흑해 연안 지방에서, 사람들은 점차 돌 접시의 윗돌 가운데를 파서 깔때기 모양의 구멍으로 빻을 것을 집어넣었다. 이것으로부터 레버 제분기(lever-mill)가 탄생했다.[99] 기원전 8세기에는 윗돌 가운데 깔때기 모양의 구멍이 있는 돌 접시에 맷돌 중쇠(pivot)가 윗돌의 중앙으로 옮겨진 손 맷돌이 탄생했고, 이어서 최종적으로 모래시계 모양의 대형 맷돌이 탄생했다.[100]

무거운 철제 석궁을 크랭크로 당기는 윈치는 14세기에 발명된 것으로 여겨지고 있다.[101] 13세기 김보디이에서는 남자 두 명이 두 대의 크랭크를 회전시켜 대형 크메르 석궁을 잡아당긴[102] 기록이 있다. 1400년대 초, 크랭크가 중국에서 알려진지 1200년이 지나고 유럽에 출현한 지 600년이 지난 후에도, 크랭크는 여전히 본격적으로 응용되지 않았다. 이슬람과 비잔틴에서도, 기원 후 1206년 알-자자리의 저서에 크랭크를 응용한 간단한 예가 있을 뿐이다.[103] 1420년대의 굽은 손잡이가 달린 송곳의 출현, 1430년대의 복합 크랭크와 연결봉의 출현은 중세 후기 기계 설계 발전에서 가장 중요한 단계였다. 이런 장치의 기술은 유럽인의 사고방식에 신속하게 흡수되었고, 널리 응용되었다.[104]

그런데 이런 크랭크가 광범하게 적용되고 개선되는 데 그렇게 수세기나 지체된 이유는 무엇일까? 크랭크운동이 인간의 경험 속에 빈번히 나타나지 않고 두 가지 운동이 결합된 것이므로 자연 속에서도 경험되지 않는 추상적 지식으로만 만들어 질 수 있는 운동이기 때문이다. 연속 회전 운동은 별자리 운동에서 관찰되는 무생물계의 운동 특징이고, 왕복 운동은 생물계에서 발견되는 운동 특징이다. 크랭크는 이 두 종류의 운동을 결합한 것이다. 따라서 물리학자이자 철학자인 에른스트 마흐는 "어린이들은 크랭크 운동을 배우기 어렵다."고 지적한 것처럼[105] 생물계에 속하는 인간에게 크랭크 운동의 원리와 응용이 쉽게 경험되지 않는다. 회전 숫돌이 있음에도, 심지어 오늘날도 사람들은 면도날을 왕복 운동으로 벼른다. 회전 운동은 인간의 감각에 가장 부자연스럽다.

디딤판과 물레

중세에 등장한 또 다른 장치인 디딤판은 크랭크 및 플라이휠과 밀접한 연관이 있다.[106] 중국에서는, 기원 후 2세기 중엽에 디딤판이 직조기에 이용되었다.[107] 유럽에서 디딤판의 존재를 보여 주는 최초의 증거들은 12세기 말 알렉산더 네캄이 직포 공정을 묘사하고 있는 것과 13세기 초 고고학적 유물들 그리고 13세기 중엽 잉글랜드의 베틀 그림[108] 등이다. 13세기의 스테인드글라스와 채색화에 디딤판이 달린 베틀이 종종 그려져 있고, 선반도 디딤판으로 작동되었다.[109] 그리고 한 100년이 지나, 1418년에 가서야, 디딤판이 중세의 가장 복잡한 기계인 파이프 오르간에 페달 건반의 형태로 이용되었다.[110]

물레는 기계 설계가 점진적으로 정교화되어 간다는 사실을 보여주는 중요한 기구이다. 아시아 전역에서 여러 형태의 물레가 사용되었으며, 그 원산지는 일반적으로 인도로 알려져 있으나 인도와 중국에서 출현한 시기는 아직 밝혀지지 않고 있다.[111] 물레는 벨트로 동력을 전달하고 플라이휠의 원리를 사용한 초기의 기구이며, 동일 기계의 여러 작동 부분들에서 서로 다른 속도가 발생하고 이런 속도를 조절하는 데 주의를 요하는 기구이므로 역학적으로 의미 있는 기구이다.[112] 유럽에서 물레는 1280년경의 스파이어의 길드 규약에 나타난다.[113]

속도 변화를 제어하는 일은 중세인들에게 어렵고 중요한 일이었다. 이러한 기술에 관한 중요한 연구들이 중세의 정교한 발명품인 기계 시계와 연관해서 이루어졌다. 13세기 엔지니어들은 중력으로 작동되는 시간을 재는 측정기의 제작에 전념했다. 이 때 어려운 문제는 기계가 일정한 속도로 작동하도록 기구에 에너지를 균일하게 전달하는 탈진기를 만드는 일이었다.[114] 한편 고대 그리스와 로마에서 비틀림 힘, 즉 섬유나 통상 모발의 비트는 힘을 이용한 포술이 발달했으나 북유럽에서는 발달하지 않았다.[115] 이는 지중해 지역의 건조한 기후에서 여름 전투에 모발의 비틀림이 아주 효과적이었지만, 비가 많이 오는 북유럽에서는 별 소용이 없었으며 북유럽에서는 섬유가 쉽게 젖어 그 탄성을 잃어버렸기 때문이다. 이것은 기술이 그 지역의 환경과 상호 관계 속에서 발전한다는 사실을 보여주는 좋은 예이다.

중세의 기술 정서

중세 서양은 무엇보다도 기술적 빈약성과 장애와 애로 등 복합적 요인 때문에 침체 상태에 있었다. 중세의 기술적 침체는 사회구조와 시대적 정서에도 분명히 큰 책임이 있다.[116] 중세 지배계급의 태도는 반(反)기술적 이었다. 15세기말까지, 더 나아가 어느 정도는 그 이후까지, 거의 중세 전체를 통틀어 기술적 측면에서의 연장 · 설비 · 노동 등은 예술이나 문학에서 상징으로만 등장했다. 또 중세인들의 다른 특징은 '새로움'에 대한 두려움이다. 이 두려움은 기술 분야에서 반진보적인 힘으로 작용했다. 기술적 발전을 개탄하는 기록도 있다. 물레방아가 처음 등장했을 때 어떤 문집은 이렇게 읊고 있다.

"맷돌로 밀을 빻는 부인네들이여, 오랫동안 익숙했던 그대들의 손을 거두시오. 이제 새벽을 알리는 닭의 울음소리가 들리더라도 늦잠을 자도록 하시오. 데메테르가 그대들이 할 일을 님프에게 맡겼으니까요."[117)]

아리스토텔레스에게 자연을 거스르는 것 같이 보이는 기술이 눈속임으로 보인 것 이상으로 중세인들에게 눈에 보이는 자연 현상을 넘어서는 기술상의 혁신은 다른 어떤 것보다도 해괴망측한 일이며 죄악시되었다. 그것은 경제적 · 사회적 · 정신적 균형을 위태롭게 하는 것으로 간주되었다. 또 당시 반노예제에 가까운 농노제 하에서 기술 발전의 혜택이 영주들에게만 돌아갔기 때문에 기술은 생산자들의 적극적 혹은 소극적인 저항에 봉착했다.[110)] 이러한 이유로 중세 서양에서는 기술에 관한 글을 발견하기가 쉽지 않다. 12세기 초 독일 수도사 테오필루스(Theophilus)가 중세 최초의 기술 개론으로 간주되는 『여러 기술론De diversis artibus』을 쓰면서 장인과 예술가들을 가르치려는 것보다는 기술자의 솜씨가 '신이 베푼 은총'이라는 것을 보여주려는 일에 관심을 가졌던 것[119)]에서 기술에 대한 중세인의 태도를 엿볼 수 있다.

중세에 기술 장비들이 빈약하였다는 사실은 동력 장비와 수송 기술이 열악하였다는 점에 분명히 드러난다. 중세에 사용되던 거의 모든 기계는 헬레니즘 시대의 학자들, 특히 기계에 대한 과학적 이론의 대강을 밝혔던 알렉산드리아 학자들에 의해 이미 묘사된 것들이었다. 특히 중세 서양은 운동의 전달과 변형 체계에 있어서는 개량을 한 것이 전혀 없었다. 나사 · 바퀴 · 캠 · 멈춤쇠 · 도르래 등은 고대에 이미 존재했던 것들이며 크랭크도 중국에서 전파된 것이었다. 크랭크가 9세기 중엽 위트레히트 성시에서 묘사된 회전 맷돌의 형식으로 중세 초에 등장하긴 했으나 중세 말까지 보편화되지 않았고 14세기 말에 가서야 효율적인 크랭크 시스템이 등장했다. 이러한 메커니즘 또는 기계의 대부분이 고대에는 호기심의 대상이나 장난감으로 알려져 있다가 중세 말에 이르러서야 보급되고 실제로 사용되었다.[120)]

동력 전달 기술의 낙후성은 중세적 정서를 통해서뿐만 아니라 신학적 · 과학적 개념에서도 그 원인을 찾아 볼수 있다. 14세기에도 브라드 바르딘, 오캄, 뷔리당(Buridan), 오렘(Oresme) 같은 '임페투스(impetus)' 이론가들은 아리스토텔레스처럼 자신들의 운동학을 근본에서부터 부정하는 형이상학적 개념에 머물러 있었다.[121] '임페투스'는 '외부에서 각인된(virtus impressa)' 하나의 '덕'이요, '원동력'이었다. 그리고 운동 이론의 근본은 항시 신학적 문제에 속했다.[122] 사물을 신학적인 동시에 형이상학적으로 봄으로써 중세적 정서속에 운동에 대한 무관심이 생겨났다. 운동에 대한 이러한 무관심은 시간에 대한 무관심보다 더 컸던 것으로 신의 영원성과 불변성을 중요시하는 기독교 신앙과 관련이 있다. 아리스토텔레스처럼 토마스 아퀴나스에게도 '시간은 운동의 수효'로 여겨졌으며 중세인들의 관심은 움직이는 것이 아니라 정지해 있는 것에 있었다. 요동과 운동에 대한 탐구는 그들에게 공허하고 약간은 악마적인 것처럼 보였다.[123]

4.4 중세말의 모순

중세까지도 일부 사제들과 귀족들을 제외한 대부분의 사람들은 아직 먹고사는 생존의 문제에 매여 있었다. 이들의 경제적 목표는 생존이었다. 사회계층에 따라 다르지만 대중들에게 엄격한 의미에서의 생존이란, 우선 먹고 다음으로 입고 자는 것과 같은 육체적 필요를 충족시키는 것이다. 11세기 초인 1032년과 1034년 사이에 클뤼니 수도원 수도사인 라울 글라베는 다음과 같은 유명한 글을 썼다.

> 기근이 맹위를 떨치기 시작하자 사람들은 인류가 소멸될까 두려워했다. 환경 조건이 너무나도 열악했으므로 파종을 제때 할 수 없었고 특히 홍수 때문에 곡식을 거둘 방도가 없었다.[124] "아! 슬프도다! 어느 시대를 막론하고 듣기 힘든 일이 일어났다. 나그네들은 힘이 센 자들에게 유괴되기 일쑤고, 이들은 그들의 사지를 절단하여 불에 구워 먹었다. 기근을 피하기 위해 이곳저곳을 방황하다 도중에 환대를 받게 되는 많은 사람이 자신을 맞아들인 사람들에게 살해되어 먹이로 이용되었다. 많은 사람이 과일이나 계란으로 아이들을 꼬여 으슥한 곳으로 데려가서 탐욕스럽게 잡아먹었다. 시체들이 도처에서 도굴되어 마찬가지로 허기를 채우는 데 이용되었다.[125] 너무나 많아 매장하지 않고 이곳저곳에 널브러뜨릴 수밖에 없었던 시체들은 오랫동안 사람들 속에서 먹이를 찾고 있던 늑대들의 먹이가 되었다."[126]

자원의 고갈

중세인들은 기본적으로 필수품을 제공해주는 토지에 기초를 둔 농업에서 벗어나지 못하였다. 11~12세기에 그랬듯이 중세 서양에서 경제적 발전은 인구 증가의 결과였다. 서양 인구는 10세기 말에서 14세기 중엽 사이에 두 배로 증가했다. 러셀(J. C. Russell)에 따르면, 서유럽의 인구는 950년 2,250만에서 1348년 흑사병 만연기 직전에 5,450만으로 증가했고, 반면 베넷(M. K. Bennett)에 따르면, 유럽 전체 인구는 1000년경에는 4,200만으로, 1300년경 에는 7,300만으로 증가한 것으로 추산되었다.[127] 1200년경 인구가 특히 가파르게 증가했던 듯하다. 슬리허 반 바트(Slicher Van Bath)가 50년을 기준으로 추산한 증가 지수를 따르면 1200년에서 1340년 사이에 프랑스 인구는 1,200만에서 2,100만으로, 독일 인구는 800만에서 1,400만으로, 잉글랜드 인구는 220만에서 450만으로 증가했다.[128] 14세기 초 최대 인구가 2세기 말 로마번영기의 인구를 약간 상회하고 있음을 알 수 있다. 인구 통계학적 측면에서 중세는 양적으로 인구가 단순히 만회되는 과정으로 규정할 수 있을 것이다.[129]

더 많은 사람을 먹이고 입히고 재우고 하는 것은 우선 경작지의 개간과 확장에 달렸다. 삼포제 · 시비법개선 · 농기구 개량 등을 통한 생산성 향상은 부차적인 조치에 불과하였다. 쟁기와 삼포제, 경작지 확대와 제초기 등에 기인한 발전에도 불구하고, 토지 생산성은 곧바로 한계에 도달하여 낮아지기 시작했으며, 따라서 중세인들은 생산성의 제고보다는 경지 면적의 증대를 통해 재원의 증식을 추구하지 않으면 안 되었다. 그러므로 중세농업은 조방 농법을 피할 수 없었다.[130] 그러나 토지에 대한 이러한 탐욕스런 이용은 곧 자원의 고갈을 가져왔다. 개간, 특히 황무지를 태워서 거름을 만드는 화전 농법은 토지를 고갈시켰고 중세 세계에서 외견상 무한정한 것으로 보이는 재산인 산림이 파괴되었다. 인구는 급증하고 생산기술은 빈약하였던 당시에 중세인들의 생존 문제는 파괴된 자연을 복구한다거나 스스로 복구되기까지의 시간을 허락해주지 않았다. 지력의 회복이 불가능하고 생산성이 최하로 떨어진 토지들은 버려져서 황무지가 되었고 버려진 땅은 그들에게 저항을 하고 때로는 보복을 하기도 했다. 자연을 착취함으로써 빚어진 자연의 고갈이 중세가 나아갈 길의 발목을 잡았다. 토지의 고갈은 기본적으로 토지에 기반을 두고 있던 중세가 늘 겪을 수밖에 없는 문제였다.[131]

화폐경제가 팽창하기 시작했을 때도 광물 자원은 곧 고갈되었다. 13세기에 금화 주조가 재개되었음에도 은화가 주로 사용되었는데 13세기 말에는 데리비셔, 데본셔, 푸아투와 프랑스 중앙 산악지대, 헝가리와 작센 등지에서 유서 깊은 광산들이 주로 기술적인 이유로 폐광되었다.[132] 갱도에 고이는 물을 퍼내는 기술에 한계가 있었으므로 오래된 광산의 대부분은 폐기될 수밖에 없었다. 광산의 생산 수준이 15세기 말 유럽의 필요를 충족시키지는 못했고 16세기에 아메리카에서 금과 은 특히 은이 유입될 때까지 유럽은 '화폐의 기근'을 해소하지 못하였다.

마지막으로 인간의 고갈이었다. 오랫동안 서양 중세는 노동력이 부족하지 않았으나 사용할 수 있는 값싼 노동력이 부족했다.[133] 농노 해방으로 농촌인구가 도시로 이동하여 농촌의 노동비용이 증가하였고 인구의 정체나 감소는 농촌 노동력을 더욱 비싸게 만들었다. 농촌 노동력 문제를 피하기 위하여 많은 영주들은 토지를 노동력이 적게 드는 목양지로 전환하였다. 1348년 흑사병의 창궐로 당시 유럽 인구가 30%이상 줄어들고 유럽은 고통과 암흑시기를 걸으며 새로운 시대를 대망하였다.

봉건제도의 족쇄

봉건제도는 본질적으로 교회 영주든 세속 영주든 영주계급이 농민 대중의 모든 잉여 생산물을 착취하는 체제다. 이러한 제도 하에서 지배계급은 생산적 투자는 거의 하지 않으면서 농민들로부터는 경제적 진보에 도움이 될 수 있는 재화와 수단을 빼앗아갔다. 영주들은 양질의 토지는 물론 심지어 거름조차도 대부분 독점했다.[134] 적어도 14세기까지, 중세의 어느 지역에서나 영주계급은 수입의 대부분을 비생산적 지출에 탕진했고, 농민들은 영주의 수입을 확보하느라 자신들의 생존 수요를 겨우 충족시키는 수준으로 전락했다.[135] 영주들은 제분소와 포도 압착기와 빵 가마를 설치하고 장원에 거주하는 농민들에게 강제로 이용케 한 뒤 사용료를 받고 도로나 교량의 건설을 지원하거나 상설 시장이나 정기시장의 개설을 후원한 뒤 통행세나 시장세 등을 징수하였다.[136] 그리고 농민들은 봉건지대를 통해 자신의 잉여 생산물과 때로는 그들의 필수적인 생존수단을 빼앗겼다. 그들은 자신들의 노동 산물 중 상당한 몫을 부과조의 현물납이나 화폐납 형태로 영주에게 바쳐야 했을 뿐만 아니라, 농민들은 영주들이 요구하는 부역이나 면역조의 납부 등으로 노동능력조차 저하되었다. 이러한 사회구조와 결부되어 육체 노동 이외에는 생산 기술이 사실상 없었던 중세 서양은 극한 상황으로 치닫고 있었다. 중세인들은 조그만 요동에도 생존조차 보장받을 수 없을 정도의 한계 상황에서 살았다. 이러한 상황에서 예기치 않은 자연의 변화는 중세인들에게 파국적인 결과를 초래할 수밖에 없었다. 식량 비축과 분배체계를 갖추고 있었던 전성기 로마는 잘 관리된 도로망과 통신망, 통일된 행정체계를 통해서 식량이 풍부한 지역에서 부족한 지역으로 식량 수송을 가능케 했다. 그러나 로마의 붕괴이후 이러한 장점들은 중세 서양에 거의 남아 있지 않았다. 수송과 도로망은 미흡했고 모든 다리와 의무적으로 통과해야 되는 요충지마다 소영주들이 관세와 통행세를 부과했으므로 오히려 '관세 장벽'만 수없이 많았다.[137] 생산 기술의 진보는 일어나지 않으며 경제는 취약해졌고, 공권력의 무능으로 생산성이 저조하고 기근 시 분배하거나 판매할 수 있도록 비축할 수 있는 잉여 생산물이 전혀 없거나 부족하였으며 심지어 제도적으로 교통과 운송이 제한되었던 중세는 스스로 그 한계에 이르렀음을 보여 주었다.

노동력의 한계

중세에는 얼마 생산되지도 않은 철이 그나마 대부분 무기와 군용으로 쓰였다. 쟁기 보습, 반월형의 낫날, 큰 낫의 날, 가래의 받침 부분, 기타 도구에 쓰인 철은 비록 9세기부터 점차적으로 증가하긴 했지만 전체 철 생산량 중 극히 일부에 지나지 않았다.[138] 다만 물레방아와 축융기, 대마직조기, 무두질기, 맥주제조기, 제분기 등 수력을 이용한 동력기기들이 비교적 널리 쓰이기 시작하였다. 수력 기계나 풍력 기계, 제분기 · 무두질기 · 축융기와 수력 제재소, 대장간의 해머 · 멍에 · 역축의 편자 · 근대식 마구와 방적기의 발명 등에서 자연력이 활발하게 이용된 것은 중세의 대표적인 기술적 발전 단계를 보여주는 것이다. 그나마 이것으로 인간의 노동력이 절약되고 생산성이 다소 개선되었는데 그것도 값싼 노동력이 부족했기 때문이다.[139] 중세는 기술적 진보를 하나의 덕으로 간주하지는 않았지만, 그 시절 일부 사람들은 인간의 진보와 기술적 진보 사이의 이러한 관계를 인식하고 있었다. 이러한 기술적 발전에도 불구하고 여전히 기본적인 동력원은 인력이었다. 농촌에서나 수공업 분야에서, 조선 분야에서도 인간의 육체노동이 여전히 주요 동력원이었으나 충분한 영양을 공급받지 못했기 때문에 노동의 생산성은 매우 낮았다. 치폴라와 마테르K. M. Mather에 따르면, '살아 있는 제분기들'은 전(前)산업적인 중세 사회에서 동력원의 적어도 80퍼센트를 제공했으며, 이들로부터 착취할 수 있는 에너지량은 하루 1인당 약 10,000칼로리(오늘날 산업사회에서는 100,000칼로리) 정도였다.[140]

서양 중세에는 조선기술이 빈약했다. 그 당시 제일의 해상세력이었던 베네치아가 14세기 초 1년에 한 두 차례, 잉글랜드와 플랑드르 지방으로 운항했던 무장 호송선단도 갤리선 두세 척이 고작이었으며 1320년대에 3개의 주요 상로로 운항했던 '상업용 갤리선'의 총 숫자는 약 25척이었다.[141] 13세기 중에 발전하여 선박을 더 쉽게 조종할 수 있게 해준 선미 조종키의 도입은 생각보다 중요한 개선이 되지 못했으며 정확한 지도와 나침반이 보편적으로 사용된 것은 1280년 이후였으며 중세에는 아직까지 사분의(四分儀)와 야간 관측의가 알려지지 않았다.[142] 광업에서도 채굴기와 기중기의 취약성, 배수기술의 제약 등으로 노천 광석이나 그리 깊지 않은 표

| 그림 사진 4.3 |

〈고딕 건축의 내부 아미앵 대성당의 신랑〉, 로베르트 드 뤼자르슈, 1218~1247년: 고딕식 건물은 마치 자전거 바퀴가 살에 의해서 그 형태를 유지 하듯이 가냘픈 돌 구조 사이에 걸려서 그 하중을 지탱하고 있는 것처럼 보이다. 전체의 견고함을 유지하면서 그 구조에 필요한 자재를 줄일 수 있는 것은 바로 각 부분에 무게를 균등하게 배분시키는 기술이 그 핵심이다.

층에서만 채광할 수 있었다.[143]

건축 기술

건축 분야는 중세에서 부인할 수 없는 예술적 산업적 발전을 보인 분야다. 건축가들은 다른 사람들이 스스로를 '예술의 대가' 혹은 '법률의 대가'라 불렀듯이, 스스로를 '거장'이나 심지어는 '돌의 대가'라 부르며 규칙에 따라 측량을 하는 기법을 유지하였다.[144] 14세기에서 15세기로 넘어가는 세기 전환기에 밀라노 성당 건축 공사장에서는 "과학 없이는 기술도 없다."고 보는 프랑스 건축가와 "과학은 기술에 불과하다."고 보는 롬바르디아 석공 사이의 논쟁이 일어날 정도로 건축기술이 발달하였다.[145] 사실 건축 기술이 과학이 되고 건축가가 지식인이 된 것은 고딕 시대였다. 중세 장인들이 예술가적 재능과 기술 그리고 거대한 성당을 설계하고 건축하는 대담성을 보여주었지만, 중세의 건물이 기술적으로 취약하여 당시 교회의 붕괴는 흔한 일이었으며 끊임없이 보수하고 교체하고 복원하지 않으면 안 되었다. 1284년 보베 성당의 붕괴는 고딕식 건물의 발전이 중단되었음을 보여주는 신호일 뿐만 아니라 중세의 여러 건축에 공통되는 운명을 알리는 신호였으며 중세의 대표적 건축의 대부분이 아직까지 온전하게 서 있는 것은 후대의 보수와 복원 덕택이다.[146]

길드의 출현

봉건제도는 허다한 모순을 가지고 있었음에도 불구하고 노예제도에 비해 분명 진보된 것이었다. 11세기 경, 일부 서유럽 국가에서는 봉건제가 전성기에 접어들었음을 보여주는 커다란 사회적 변화가 나타났다. 농업의 발전으로 지역의 고립화가 해소되기 시작하고 도시가 생기고 전국적인 시장이 발생하고 개개 지역 간의 경제 관계가 성숙되어갔다. 농업이 발전함에 따라 더 좋은 성능의 농기구가 필요하게 되어 농업과 수공업이 점차 전문화되어 갔다. 발전하던 도시는 농촌지역으로부터 원료와 식료품을 필요로 했고 농촌지역은 도시에서 생산되는 물건들이 필요하게 되었다. 수공업자는 주문과 시장생산을 위해 더 많은 노동을 하게 되고 새로운 생산 부문이 조직화되었으며 실제적인 필요가 기술 발전을 촉진하게 되었다. 봉건 영주는 이제 현물 대신 화폐를 취득하고자 애를 썼다. 현물경제 아래서 일하던 시대에 이루어졌던 수공업 생산 양식은 새로운 봉건사회의 수요를 충족시킬 수가 없었다. 생산성이 더욱 높은 생산의 형태, 즉 새로운 기술적 생산양식이 필요했다. 십자군 원정기(1096~1261년)에 많은 새로운 기술들, 염료, 종이 등의 제조기술이 유럽에 전해진 것도 이러한 시기적 수요가 있었기 때문이다.

수공업이 성장 발전하기 위해서 수공업을 농촌공동체로부터 분리시키는 것과 아울러 너욱 개량된 기술과 새로운 생산조직이 필요했다. 이러한 생산조직은 발전된 봉건 도시 안에서 직업별로 수공업자들이 모인 동식조합이라는 형태로 출현되었다.[147] 최초의 동직 조합은 이미 10세기에 발생하였는데 봉건영주가 이것을 지지하지 않았기 때문에 유명무실하였으며 11세기에 도시에서 상업과 기술이 연관된 도시 수공업이 발생하였고 12세기와 13세기 유럽은 인간의 사회생활을 완전히 새로운 발판에 올려놓은 거대한 사회적 · 지적 혁명을 겪었다. 이 혁명의 중심에는 정치, 사회, 경제, 종교 전반에 걸쳐 사회 조직의 본질을 다시 정립한 법체계의 변환이 있었다. 이러한 법 개혁의 결과로서 다양한 종류의 법적 자치권을 지닌 집단이 새로 등장하기 시작했다. 거주 지역 공동체, 도시와 마을, 대학, 경제 이익단체, 외과 의사들과 다른 의료 전문가들 같은 전문직 동업조합이 바로 이들 집단이다. 이들 집단은 각자 자체 내규와 규범을 만들고 재산권을 소유하고, 소송의 당사자로 왕의 법정에서 당당하게 자신을 대표할 수 있는 법적 자치권을 부여받았다. 실제로 종교와 정치의 감시와 간섭에서 자유로운, 상대적으로 독립된 공간인 '중립 지대'의 최초 흔적이 이때부터 나타나기 시작했다. 이 사회적 · 지적 혁명은 무엇보다도 지식 탐구의 자유로 들어가는 문을 열었고 스스로 지식 의제를 창출하였다. 14세기에 들어서 비로소 서유럽의 가내수공업에서 동직조합적 수공업으로 봉건적 경제사회구성체의 생산혁명이 완성되었다. 새로운 제도는 복잡하면서도 개량된 기술을 낳았다. 내규와 규범을 갖춘 자치 대학이 설립됨으로써 '중립지대'가 현실로 구체화되었다.[148]

4.5 종교와 과학

기독교가 지배하던 중세 서유럽에서는 과학은 신앙이 그어놓은 테두리를 넘는 것이 허용되지 않았다. 종교는 모든 자유사상, 즉 현상의 과정이나 대상의 성질을 성서와는 다르게 설명하려 하는 모든 시도를 탄압했다. 그럼에도 불구하고 중세의 자연 철학자들 사이에서 제기된 공평성과 철저한 회의는 그치지 않았다. 오늘날 사물을 바라보는 근대적 견해와 관련된 철저한 회의론의 뿌리는 중세 서양에서 찾아볼 수 있다.

합리성의 근원

중세 유럽 사람들은 세상은 시작이 있었는지 아니면 언제나 존재했는지를 물었다. 그리고 이 세상 말고 다른 세상이 있는지, 있다면 이 세상과 똑같은 물질의 법칙이 그들 세상에도 존재하는지도 알고자 했다. 이들은 시간과 공간, 천체의 운동과 관련해서 생각하면서 진공 상태가 존재하는지 그리고 그 특성은 무엇인지를 물었다. 신은 순간적으로 지구의 속력을 빠르게 할 수 있는가? 만약 그렇게 된다면 그때 진공 상태가 생길 것인가? 자연이 진공 상태가 만들어지는 것을 막으려고 할 때 순간적으로 우리를 둘러싼 천구들은(진공 속에서) 내부에서 붕괴할 것인가? 완전히 사이가 비어 있는 것 또는 무의 상태는 정말 진공이나 공간이 될 수 있는가? 그런 빈 공간에 있는 돌은 직선운동을 할 수 있을까? 그런 진공 상태에 있는 사람은 서로를 보고 들을 수 있을까?"[149] 이런 종류의 수많은 질문이 쏟아졌다.

철저한 회의론이 시작된 시점은 적어도 12세기와 13세기 이전인데 이 시기는 학교와 대학에 있는 근대파들이 성경을 문자대로 해석하는 것에 대항해서 합리적 사고가 더 우월하다고 주장하던 때였다. 이들은 자연의 인과관계와 우주의 법칙을 깊이 신뢰하고 있었기 때문에 만물의 본성을 연구하기 위한 합리적 방법론을 공식화할 것을 주장하고 그렇게 하려고 애썼다. 이들은 마침내 스스로 자연과학이라는 새로운 학분 분야를 만들어냈다.[150] 성 알베르투스 마그누스는 식물, 새, 물고기, 곤충, 동물 및 광물의 표본을 수집하였고, 자연에 대한 그의 관심을 다음과 같은 말로 표현하고 있다. "실험만이 이런 문제에 있어서 신뢰할 만하다(Experimentum solum certificat in talibus)."[151]

중세 기독교도들에게 실존한다고 느끼는 것은 존재하고 있음을 느끼는 것이며, 존재하고 있음을 느끼는 것은 변화하는 것을 느끼는 것이 아니라 영속하고 있음을

| 그림 사진 4.4 |

〈성 마태오〉, 830년경, 필사본 복음서의 판 페이지, 프랑스 랭스에서 제작된 것으로 추정, 에레르네 시립도서관: 화가는 의도적으로 필사하는 성인에게 긴장해서 집중하고 있다는 이미지를 주고 있다. 옷 주름과 배경의 필치에서 화가의 격렬한 감동을 느낄수 있다. 이 그림에서, 이집트인들이 대체로 그들이 존재한다고 '알았던' 것을 그렸고 그리스인들은 그들이 '본' 것을 그렸다면 중세의 미술가들은 그들이 '느낀' 것을 그림에 표현하는 단계로 이미 의식이 발전되어 있음을 알 수 있다. 이 그림은 중세인들의 사고 과정의 한 단면을 드러내는 의미있는 그림이다.

느끼는 것을[152] 의미하였듯이 중세 뿐만 아니라 현대에서도 종교에서 요구하는 삶의 목표가 현실 속에서 형상화되는 순간 이 형상은 "모든 존재의 질서를 개념으로 공식화하고 이 개념을 현실에 맞는 언어로 표현함으로써 인간에게 오랫동안 강하게 지속되는 고유한 풍조와 동기로 받아들여진다."[153] 이 종교적 형상은 서양 세계에서 인간의 이성과 자연계의 합리적 질서에 대한 믿음을 새롭게 만들어 냈고, 이렇게 만들어진 합리주의 형이상은 고대 그리스 때부터 지금까지 과학적 세계관이 서양에 뿌리를 내릴 수 있게 했다.[154] 그래서 막스 베버는 "합리성의 근원이 종교에 있다.[155]"고 하였다. 그 중심에 아리스토텔레스에 대한 기독교적 해석이 있다.

기독교적 아리스토텔레스 주의

아리스토텔레스는 자연에 보편적 전제들 곧, 모든 특수 과학들이 사용하고 있고 또 사용하여도 무방한 극히 보편적인 어떤 진리들이 있다고 보았다. 그리고 그는 이들 전제 내지 보편적 진리는 다른 과학들보다 논리적으로 앞서는 하나의 별개의 학(學)에서 명확하게 논구될 가치가 있는 것이라고 생각하였는데 이것이 그의 형이상학이다. 그에게 있어서 과학의 가장 근본적 원리들 자체는 증명될 수가 없고 그것은 그 주제에 관한 어떠한 논구에도 필요한 것으로서 깨달아야할 진리라고 생각하였다. 따라서 논증이 시작되기에 앞서 획득되어진 논증할 길이 없는 근본적 진리가 없다고 한다면, 논증은 결코 출발점을 얻지 못하며 과학이라는 것이 전혀 생겨날 수 없다. 이와 같이 논증할 길이 없는 근본적 진리들은 그 진리를 근본 원리로 삼고 있는 과학이 관여하는 실체들과 직접 접촉함으로써 분명하게 된다. 만일 우리가 성찰과 분석을 하고 있는 동안이나, 또한 성찰한 후뿐만 아니라, 그러한 성찰과 분석을 시작하기 전에도 우리가 접할 수 있는 실체의 세계가 있지 않다고 한다면, 사유라는 것은 아무런 의의도 없게 되고 명제들은 참이 될 수가 없다.[156] 그러므로 자연과학자들에게 자연의 존재는 논리적 증명 이전의 문제이며 자연의 첫 시작도 마찬가지로 논증 이전의 문제이다.

아리스토텔레스에게 있어서 인간에 관한 인본주의적 이론과 자연에 관한 자연주의적 이론은 논리적으로 서로 조화를 이루고 있다. 산타야나(Santayana)는 "아리스토텔레스에 있어서는 인간성의 개념이 더할 나위 없이 건전하다. 이상적인 모든 것은 자연적 토대를 가지고 있고, 자연적인 모든 것은 이상적 발전을 이루고 있다."[157]고 보았다. 그러므로 인간이 제아무리 인간다운 특유성을 지니고 다른 자연물과 판이하다고 할지라도, 인간의 생명은 전 자연을 일관하고 있는 일반적 특징을 나타내고 있다. 인간은 전체로서의 자연이 지향하는 목적은 아니다. 그러나 지성적이고 행복한 인간은 확실히 자연이 실현해 온 목적의 하나요, 자연의 어떤 이상적 가능성을 예증하는 목적의 하나이며, 자연이라는 것이 단지 미가공의 질료만을 지니고 있는 것이 아니라 미나 도덕적 가치의 가능성을 지니고 있다는 것을 드러내 보이는 목적 중 하나임에는 틀림이 없다.[158]

중세신학을 완성한 성 토마스 아퀴나스는 가시적 세계와 인간 인식의 본성 및 발전에 대해서 신플라톤주의[159]의 분석을 버리고 아리스토텔레스의 분석을 취하였다.[160] 그는 플라톤 철학, 아리스토텔레스 철학, 심지어 때로는 아베로에스 철학을 활용하여, 일상생활의 모든 경험적 사실들이나 교회의 모든 정통 교리에 대해서 하나의 전체적 견지를 찾았다. 그는 신학과 과학을 근본적으로 분리하여 신학은 계시에서 주어진 교리들을 가지고 출발하고 과학은 관찰에서 주어진 경험된 주제들을 가지고 출발한다고 보았다. 신학자나 과학자 혹은 철학자나 다 같이 이성을 사용하며, 각기 자신들의 지식을 합리적으로 또 논리의 원리들에 맞게 발전시켰다. 이때 이성의 한 가지 기능은 인간의 모든 지식을 정리하여 하나의 체계 속에서 서로 연관을 짓게 하는 것이며 이 과업은 본래 진리가 하나의 시종 일관한 전체이기 때문에 가능한 것이라고 보았다.[161] 그러나 한편 신학과 과학(철학)이 같은 문제를 다루고 또 똑같은 명제들을 긍정하는 데 있어 일치하더라도, 이 두 가지 종류의 인식은 같지 않고 분명히 다르며, 결코 서로 넘나들 수는 없는 것이다. 왜냐하면 신학과 과학(철학)은 서로 다른 수단으로 이 명제들에 도달하기 때문이다. 신학은 계시된 전제들로부터 연역을 통해서 나아가며, 과학은 관찰된 사실들로부터 추리를 통해서 나아간다.[162] 신학과 과학의 근본적 차이는, 각기 이 두 가지 인식의 분야를 추구해 가는 절차 내지 방법에 있을 뿐이다. 신학은 위로부터 즉 하향적인 것으로서, 신앙에 계시된 교리들의 모든 의미와 의의를 찾아내는 데 이성을 사용하고, 과학은 아래로부터, 경험적인 것으로서, 인간 경험의 사실들로부터 그것이 끌어낼 수 있는 결론들을 끌어내는 데 이성을 사용한다. 그러므로 과학은 자연적 지식이다.[163]

인간의 정신은 자연적 실체들의 형상들을 접함으로써 관념들을 얻기 전에는 사실상 관념을 가지고 있지 못한다. 그러므로 인간 오성이 진리에 대해서 가지는 관계는 박쥐의 눈이 태양에 대해서 가지는 관계와 같다고 성 토마스는 말하였다.[164] 성 토마스는 논하기를, 인간은 과연 하나님과 비물질적 실체들에 관하여 약간의 지식을 가질 수는 있다고 하였다. 왜냐하면 인간의 정신이 일단 자연 세계 안에 있는 실체들의 형상에 어디서든 부딪친 일이 있으면, 정신은 그 자신의 여러 능력을 통해서, 그리고 신의 조명없이 이 형상들을 성찰할 수 있고, 또 그것들에 관한 여러 진리를 알 수 있기 때문이다. 그러나 인간이 과학을 통해서 도달하는 하나님의 인식은 과학의 꾸준하고 현세적인 방법을 떠나서는 얻어질 수가 없다. 보이는 세계 아닌 다른 세계의 인식은, 오직 보이는 세계가 그것을 초월한 어떤 것과 여러 가지 관계를 가지고 있음이 분명할 때에만 과학적으로 가능한 것이다. 과학을 통해서 우리가 얻는 좀 더 높은 것들에 관한 인식은, 성 토마스가 생각한 이른바 자연 신학이다. 그러나 그가 보기에는, 자연 신학이란 신학(자연 신학에 대립시키는 의미에서 계시 신학이라 해도 좋을 것이다)의 한 분과(分科)가 아니라, 오히려 철학의 한 분과요, 또 자연적 지식에 근거를 두고 있는 것이다.[165]

중세 과학 정신의 태동

아리스토텔레스 저작들은 기독교 신학에 엄청난 도전이었지만 대학에서 새로운 교과목으로 편입되었다. 앞에서 본 것처럼 새로운 아리스토텔레스의 저작들은 과학과 세속의 훌륭한 새 교육 체계였으며 여기에 아랍 학자들의 주해가 함께 보태졌다. 12세기의 플라톤 사상과 새로운 아리스토텔레스 사상이라는 두 개의 합리적 사상의 흐름은 학문 탐구의 공평성을 끊임없이 받쳐 주는 토대를 만들었다.[166] 유럽에서는 아리스토텔레스의 자연과학 책들이 아라비아-이슬람문명권에서처럼 개인의 집이나 잘 아는 토론 집단 사이에서 은밀하게 읽히지 않고 중심 무대에 올려졌다. 이로서 “풍성한 내용의 형이상학과 방법론 그리고 사리가 분명한 논증으로 무장한 포괄적인 세속 학문 체계가 라틴 기독교 문명의 역사에서 처음으로 신학과 그 전통

의 해석을 위협했다." 167)

13세기의 중세 유럽인들에게, 아리스토텔레스의 학문은 가시적 자연은 신학적 암호문 이상의 어떤 것이며, 그것을 연구하면 많은 소득이 있다는 것을 알게 하였다.168) 1277년 파리의 주교는 219가지 죄목을 달아 아리스토텔레스의 학문에 대하여 유죄선고를 내렸다. 그러나 이후에도 자연 철학의 탐구는 전혀 잦아들지 않았다. 대학의 철학자들은 자신들의 연구가 진리를 찾는 일이라며 연구를 계속하였다. 계시된 진리와 학문적 진리 사이에 모순이 존재하지 않을 수 없었으나 기독교적 아리스토텔레스주의는 양자의 조화로운 결합을 통하여 자연과학이 발전할 수 있는 토대를 스토아철학 속에 마련하였다. 중세 유럽에서는 과학에 종사하던 사람들이 대개 기독교 수도승이나 성직자였다는 사실도 이것을 증거하고 있다. 서기 1150년 디보덴베르크의 수녀원장이 저술한 4권의 '자연학'은 중세의 독일 식물학과 동물학의 맹아를 보여준다.

중세 유럽인들에게 찾을 수 있는 과학기술의 본질적인 태도는 그리스도 앞에서 동일하고 자유롭게 창조된 인간에 대한 기독교의 교리에 의하여, 기독교의 중세가 고대와 달리 더 이상의 노예에 의존하는 것이 아니라 자연의 힘을 이용하여 문명을 건설하고자 하는 의지에서 나타난다. 이러한 의식이 열리면서 그리스어로 번역된 의학 · 지리학 책이 등장했으며 항성이나 혹성의 관측도 이뤄졌고 수학이나 역학의 연구도 계속되었다. 특히 13세기 초에 대개 아랍인들을 통해서 전달되었던 아리스토텔레스의 저작들은 서유럽 곳곳에서 교과서로 공인되고 탐구되기 시작하였다.

생각해보기

1. 아리스토텔레스는 과학의 가장 근본적 원리들 곧 자연에 대한 보편적 전제들은 증명될 수가 없고 그것들은 어떠한 논구에도 먼저 필요한 것으로서 깨달아야할 진리라고 생각하였다. 따라서 논증이 시작되기에 앞서 논증할 길이 없는 근본적 진리가 없다고 한다면, 논증은 결코 출발점을 얻지 못하며 과학이라는 것이 전혀 생겨날 수 없다고 본다. 이와 같이 논증할 길이 없는 근본적 진리들은 그 진리를 근본 원리로 삼고 있는 과학이 관여하는 실체들과 직접 접촉함으로써 분명해진다. 만일 우리가 성찰과 분석을 하고 있는 동안은 물론 그 전후에 우리가 접할 수 있는 실체의 세계가 있지 않다고 한다면, 사유라는 것은 아무런 의의도 없게 되고 명제들은 참이 될 수가 없다. 그러므로 자연과학자들에게 자연의 존재는 논리적 증명 이전의 문제이며 자연의 첫 시작도 마찬가지로 논증 이전의 문제이다. 이 견해는 '과학'의 출발점에서 매우 중요한 사고이다.

'자연의 존재'에 대한 이 견해에 대하여 자신의 견해를 써보자.

2. 12세기와 13세기 유럽에서 인간의 사회생활을 완전히 새로운 발판에 올려놓은 거대한 사회적 · 지적 변화가 일어나기 시작한다. 이 변화의 중심에는 도시, 대학, 경제적 이익단체, 전문가들의 동업조합 등 종교와 정치의 감시와 간섭에서 비교적 자유로운, 상대적으로 독립된 '중립지대'가 있다. 이 중립지대는 사회적 · 지적 변화의 문을 열었고 스스로 지식 의제를 창출하였다. 14세기는 가내수공업에서 동직조합적 수공업으로 봉건적 경제사회구성체의 생산방식에도 변화가 일어났다. 여기에서 개량된 신기술들이 탄생하였고 자식이 창출되었다. 중세 말기에 이러한 '중립지대'가 탄생할 수 있었던 근거를 생각해보고 현대 한국사회에서 이와 같이 지식탐구의 역할의 주체는 누구인지 생각해보자.

3. 무거운 쟁기를 효율적으로 사용하기 위해서는 경작지는 넓고 울타리가 없는 개방 경지로 밭이랑을 길게 조성해야 했다. 더구나 이러한 토지도 쟁기와 소를 소유한 여러 농민들에게 순번으로 할당되어야 했다. 이러한 토지 구획에서는 개개의 농민이 원하는 시기에 원하는 작물을 파종할 수 없었으므로 농민들 간에 의견을 모을 수 있는 촌락 회의가 성장했다. 이런 촌락 회의에서 분쟁이 해결되고 공동체의 모든 경작지의 경영이 상세하게 결정되었다. 이것이 북유럽 장원 경제의 핵심이 되었다. 이처럼 새로운 기구는 생산성뿐만 아니라 생산성 제고를 위한 제도의 마련을 촉진한다. 심경쟁기가 북유럽의 장원제도 형성에 미친 영향을 고찰하고 현재 한국 사회에서 과학기술이 사회의 변화를 유인하는 예를 들고 그 과정을 분석해보자.

4. 10~12세기 중세 서양의 각성과 부흥의 원인을 어디에서 찾을 수 있을까? 모리스 롱바르 Maurice Lombard의 주장처럼 서양 세계에 자극을 준 이슬람 세계의 등장에 대한 반작용인가? 서양 세계 자체에서 일어난 일련의 기술적 진보 때문인가? 아니면 등자(鐙子)의 등장과 더불어 말을 자유자재로 다룰 수 있게 되고 새로운 농기구와 기술을 자신들의 영지에 도입 할 능력이 있는 대토지 소유자인 동시에 전사계급인 기사들을 탄생시킨 군사적 진보 때문인가? 조원들과 토론을 하고 의견을 기록해보자.

5. 중세 후반에 심경쟁기와 삼포제, 경작지 확대와 제초기 등의 발전에도 불구하고, 중세인들의 생존이 달린 토지 생산성은 곧바로 한계에 도달하여 낮아지기 시작했으며, 중세인들은 생산성의 제고보다는 경지 면적의 증대를 통해 재원의 증식을 추구하지 않으면 안 되었다. 그러나 토지에 대한 탐욕스런 이용 방법인 개간, 특히 화전 농법은 토지를 고갈시켰고 산림을 파괴하였다. 당시 중세인들은 생산성이 떨어진 토지들은 버려져서 황무지가 되었고 버려진 땅은 때로 보복을 하기도 했다. 자연을 착취함으로써 빚어진 자연의 고갈은 중세적 삶이 그 한계가 드러나는 한 일면이기도 한다. 중세말의 자원고갈과 중세적 태도의 한계를 고찰하고 현대 자본주의 사회의 생산, 소비 그리고 생태계 파괴에 대한 성찰과 연계하여 현대인들의 자본주의적 삶의 태도에 대한 자신의 견해를 써보자.

제2부

이성과 근대화

자연은 서서히 인간의 분석 대상의 영역 속으로 들어왔다. 개인에 대한 존경은 늘어가고, 권위에 대한 굴종은 타파되었으며, 사람들은 서슴지 않고 기성의 관습에 도전하고 동시에, 인간 이성의 비판력에 대한 신뢰감이 배양되었다. 그러나 역설적으로 그것은 인간이 더 이상 우주의 중심도 아니며, 태양의 한 혹성인 지구 표면에 매달려 있는 존재라는 사실을 시인 하는 사건이다. 〈본문 중에서〉

제5장 중세 이슬람과 중국

8세기에서 14세기 말까지 아라비아 과학기술은 서양을 훨씬 앞섰으며 중국과 긴밀하게 교류하며 세계에서 가장 진보된 과학기술을 실천하였다. 11세기와 12세기 스페인이 이슬람 제국 아래 있었을 때 아랍인들의 물리학적 사고는 매우 높은 수준이었으며 유럽의 르네상스 이전에 이미 아랍인들은 과학 분야에서 실험 과학 기술의 논리를 전개하였고 이러한 논의는 12세기와 13세기에 유럽으로 전달되었다. 유럽이 과학 혁명으로 가는 길을 닦는 데 가장 중요한 구실을 한 사람들은 바로 아라비아-이슬람 학자들이었다.

중국 문명도 독자적인 방법으로 기원전 1세기부터 서기 15세기까지 인간이 지닌 자연에 대한 지식을 실제 인간 생활에 적용하는 데 유럽 문명보다 훨씬 더 뛰어났다. 중국인들은 독자적인 사고의 틀을 가지고 있었다. 그들은 존재 양식을 설명할 때 원리나 물질적 과정에서 찾지 않고 전체가 유기적으로 통일된 단일 구조에서 찾았으며 세상을 음과 양의 조화체로 보았다. 음과 양은 자연의 변화 과정에 따라 서로 일어나고 따르는 자연스러운 존재들로 서로에게 꼭 필요한 상대로서 상보적인 존재로 여겨진다.

중국과 이슬람 모두 당시의 선진과학과 기술을 근대 과학으로 발전시키지 못하였다. 그 이유를 어디에서 찾아볼 수 있을까? 한 사회와 문명을 규정하는 문화적 가치가 과학연구를 촉진 혹은 방해하는가? 사회 제도는 그 사회의 패러다임을 표현하는 개념이며 이 개념은 특정 사회와 문명에 사는 모든 사람들을 구속한다. 이것은 한편으로는 사회적 행위의 도덕과 윤리를 규정하는 가치관의 형태로 나타나고, 다른 한편으로는 2단계로 이 가치관이 법률이나 문화 규칙을 만들어 제도화된다. 두 문명권에 발견되는 제도 혹은 개념을 발굴하고 그것들과 과학기술의 관계성을 살펴보는 것은 우리에게 중요한 의미가 있다.

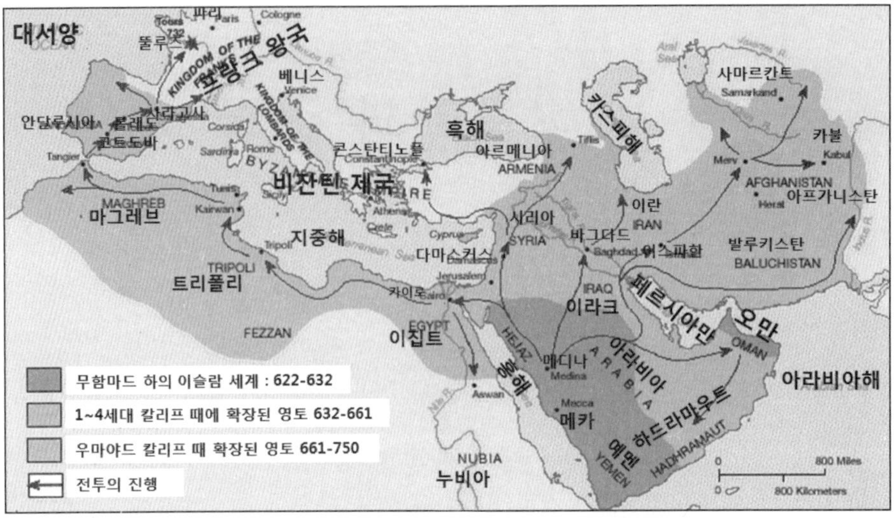

| 그림 사진 5.1 |

이슬람의 팽창: 이슬람교가 7세기에 탄생한 후 1세기가 채 지나지 않아서 이슬람은 대서양에서 인도까지 통일된 문화와 경제권으로 확장되었으며 지정학적인 위치에 힘입어 중국, 그리스, 유럽의 문화를 수용할 수 있는 최선의 조건을 갖추고 있었다.[1)]

5.1 중세 세계의 허브 이슬람

이슬람은 대상 무역의 통로이자 주체자로서 지정학적인 위치를 활용하여 고대 그리스 문화와 힌두의 문화 그리고 중국의 문화를 수용하는 유리한 위치에 있었다. 이미 5세기부터, 아리스토텔레스의 저작이나 천문학 · 의학 · 수학에 관한 그리스인의 저작을 아라비아어로 번역한 아라비아-이슬람 문명은 당시 고대 그리스의 과학과 철학을 대표하였다. 특히 로마 제국이 붕괴한 이후 8세기부터 본격적으로 고대 그리스의 과학적 유산들이 이슬람문명으로 흡수되었다. 이들은 이 기간에 그리스의 위대한 저작과 다른 문화를 아랍어로 번역하였으며 대륙 간 교역로에 위치한 지정학적 위치를 활용하여 힌두인의 숫자체계를 차용해서 더 높은 인식체계로 발전시켰다.[2)] 에데싸에 대형 도서관을 설립하였고 메소포타미아의 네스토리우스학파는 고대 과학의 기본이론을 보급시켰다. 프톨레마이오스의 주요한 저서 중의 하나인 『알마게스트』는 8세기와 9세기에 아라비아어로 번역되었으며 9세기부터 오리엔트 국가의 여러 도시에 천문대가 만들어졌다. 827년에는 시리아의 사막에서 자오선의

호(弧)가 정정되었고 기하학과 삼각법의 중요한 발견(알 바타니: 9~10세기, 아불 와파: 10세기 등)이 있었다.[3]

유럽의 르네상스 이전에 이미 아랍인들은 과학 분야에서 실험 과학 기술의 논리를 전개하였고 이러한 논의는 12세기와 13세기에 유럽으로 전달되었다.[4] 13세기와 14세기까지 아라비아 과학은 세계에서 가장 진보했다. 천문학 분야에서 16세기 중반에 이를 때까지 이븐 알샤티르와 마라가 학파가 완성한 천문학 모형이 주도하였으며 코페르니쿠스의 새로운 천문학 체계에 크게 영향을 주었다. 아랍인, 이란인, 기독교인, 유대인을 포함해서 아랍어를 주 언어로 사용했던 이슬람인 과학자들은 천문학, 연금술, 수학, 의학, 광학 등 거의 모든 연구 분야에서 당시 최고의 과학기술을 보유하고 있었다.

이슬람의 천문학

이슬람의 천문학자들[5]은 고대 그리스의 천문학을 적극 수용하였다. 이븐 알하이삼이 "별자리가 어떤 불가능이나 모순을 동반하지 않고 정확하게 일정한 위치를 그대로 유지하는 것은 행성들이 움직이기 때문이라는 사실은 의심할 여지가 없는 진리이다."[6]고 주장하였듯이 이들은 과학적 '실재론'에 대한 소명 의식을 가지고 세계를 천문학으로 설명할 수 있다고 믿었다. 이븐 알하이삼이 프톨레마이오스의 모형과 추론을 분석하고 『알마게스트』에 나온 행성의 운동에 대한 정리에서 오류를 발견하고[7] 프톨레마이오스가 우주의 '참' 구성을 알아낼 수는 없었다고 하더라도 자신은 그것이 존재한다고 믿음으로 '참'의 존재에 대한 의식을 보여주었다.[8] 이븐 알하이삼의 주장에서 보듯이 당시 이슬람의 천문학자들은 그리스 과학을 넘어서 독창적인 결과를 제시하였다. 이란의 서쪽에 있었던 마라가 천문대의 천문학자들과 수학자들, 특히 이븐 알샤티르는 지구를 중심으로 행성 모형을 세웠지만, 그것보다 150년 후에 완성된 코페르니쿠스의 행성 모형은 실제로 그의 모형을 복사한 것이라고 여길 만큼 두 행성 체계의 수학적 모형은 유사하다.[9](그림 사진 5.2 참조) 12세기 초, 스페인 서쪽에서 그리고 11세기말에는 중앙아시아에 있는 아라비아 학자들이 이븐 알하이삼 사후 100년 뒤에 알비트루지의 책 『천문학의 원리The Principles of Astronomy』에서 프톨레마이오스 체계를 부정하는 새로운 수리 모형을 제시하고 있다.[10] 이들은 12세기와 13세기 동안 프톨레마이오스의 행성 체계와 관찰 사이에 있는 불일치를 설명하기 위해 여러 가지 수리 모형과 천문학적 추론들을 개발하였던 것이다.

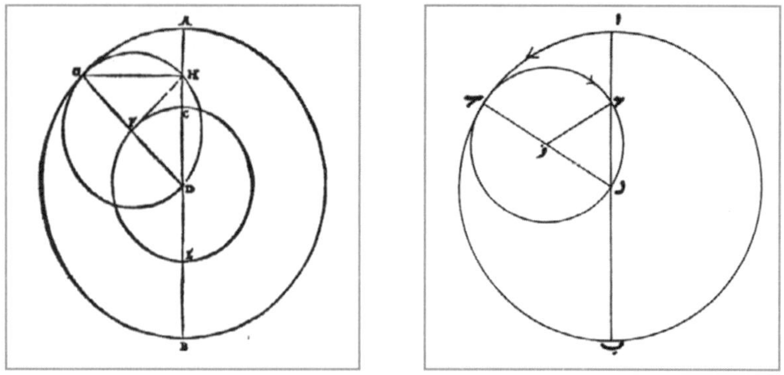

(a) (b)

| 그림 사진 5.2 |

(a) 이슬람 천문학자들이 고안한 투시연성 (b) 코페르니쿠스의 『천구의 회전에 대하여』에 나온 투시 연성: 이 행성 모형은 코페르니쿠스가 1543년에 발간한 『천구의 회전에 대하여』 초판에 나온 그림이다. 이 그림은 투시 연성을 분명하게 보여 주고 있다.—큰 원 ABG 안에 작은 원GHD가 붙어 있다. 이 그림과 이 그림에 대한 코페르니쿠스의 검토를 접한 많은 역사가들은 코페르니쿠스가 투시 연성 도해가 들어 있는 아라비아 원고를 분명히 보았을 것이라고 믿었다. 그러나 아직까지 코페르니쿠스와 이 원고 사이에 어떤 연관이 있다는 것을 밝히지 못했으므로 이 천문학 모형은 서로 다른 사람들이 따로 중복해서 발견했을 수 있다는 가능성을 열어두고 있다.[11)]

탈 프톨레마이오스 천문학

12세기경 중동의 아랍인들은 이성을 중시하는 과학을 받아들였고 매우 높은 창조성을 지닌 과학수준에 올라 있었다. 당시 이슬람학자들은 스페인에서 인도 대륙에 이르기까지 천문학 자료들을 수집하였다. 이란 서쪽에서 활동하던 마라가 학파(1259년 이후부터)는 최초로 프톨레마이오스 체계가 아닌 새로운 행성 모형을 창안하였으며 다마스쿠스와 별도로 연구하고 있었던 알샤티르는 150 년 후 코페르니쿠스가 채택한 수학적 행성 모형을 개발하였다. 결국 11세기 알하이삼이 시작한 이슬람의 천문학은 프토레마이오스의 행성체계의 모형이 관찰과 다른 점을 발견하고 그 이론을 부정하고 새로운 과학 이론의 기준을 세웠다. 이것은 진정한 '과학 연구'의 표본이며 '새로운 이슬람의 천문학 연구'의 면모를 보여주는 것이었다.[12)]

마라가 학파의 천문학자들은 비록 태양 중심의 새로운 천체 구조를 발견하지는 못했지만 과거보다 더욱 만족할 만한 모형을 만들어냈다. 더욱이 태양을 운동의 중심으로 삼지 않은 것을 빼고는 이븐 알샤티르가 완성한 마라가 학파의 행성 모형은 코페르니쿠스의 수학적 모형에 수용될 정도로 발전된 것이었다. 12~14세기까지 아이븐 알샤티르와 그의 후계자들이 아직까지 태양 중심의 세계관을 수용하지 못했으나 이슬람 천문학자의 과학 활동과 그 성과에 근거하여 코페르니쿠스,

갈릴레오, 튀코 브라헤, 케플러 같은 근대 과학자들이 근대 천문학을 완성하였을 것으로 추정한다.[13]

이슬람의 행성 체계와 코페르니쿠스 체계의 근본적 차이는 그 체계를 떠받치는 형이상 즉, 지구 중심 체계를 택하느냐 태양 중심 체계를 택하느냐에 있었다. 당시 이슬람 천문학자들에게 관찰과 이론의 불일치의 근본적인 원인이 지구중심체계에 있다는 것을 분명하게 입증해 줄 경험적 자료들이 없었으며 이슬람 종교가 그들이 지구중심체계를 유지하는데 중요한 역할을 하였으나, 이슬람 세계에서 완성된 구면 기하학과 삼각법의 발전으로 천문학의 수학적 모형은 계속 발전하였다. 당시 이슬람인들은 수학과 천문학 관측 기술에서 중국의 천문학자들을 앞섰으며 13세기에 이르러 이슬람의 천문학자들이 중국 북경의 국립 천문대에 이슬람 천문학을 전수하였다.[14]

14~15세기에 이들이 개발한 천문학 모형은 약 150년 후 코페르니쿠스의 천문학 체계의 핵심을 이루었다. 첫째, 코페르니쿠스는 마라가의 천문학자들이 사용했던 투시 연성(Tusi couple)을 사용하고 있으며 둘째, 코페르니쿠스의 『주해서』에 나타나는 행성의 황경 모형은 이븐 알샤티르의 모형을 기반으로 하고 있으며 셋째, 『천구의 회전에 관하여De revolutionibus』에서 외행성의 모형을 설명할 때 마라가 천문학자들의 모형이 사용되고 있으며 넷째, 코페르니쿠스의 달 모형과 마라가 학파의 달 모형은 동일하다.[15] 당시 이슬람인들의 천문학과 광학 또는 물리학에서 이론

| 그림 사진 5.3 |

〈지혜의 집〉, A.D. 8~9세기, 압바스 왕조의 제7대 군주 알 마문(Al-Mamun)은 828년경 바그다드에 도서관과 천문대를 갖춘 '지혜의 집(Bayt al-hikmah)'으로 불리는 학문 기관을 세우고 과학기술을 진흥하였다. 당시 '후나인 이븐 이스하크(Hunayn ibn ishaq AD808~873)'가 이를 관장하였으며 아랍인을 비롯하여 여러 민족의 학자들이 초청되었으며, 철학에서는 아리스토텔레스, 수학에서는 유클리드와 아르키메데스, 천문학에서는 프톨레마이오스, 의학에서는 히포크라테스 · 갈레노스 등의 저서가 아라비아어로 번역됐다.[16]

적 상상력은 코페르니쿠스보다 150년 앞섰으며 16세기 유럽의 천문학은 중세 이슬람 세계의 천문학에서 출발하였다. 근대 천문학의 출발을 알린 코페르니쿠스의 혁명은 이슬람인들이 관찰한 현상과 이론의 모순을 해결하기 위해 상상력과 논리력으로 구성한 수학 모형과 코페르니쿠스의 당시 종교적 세계관을 넘어선 통찰력이 더해져서 완성된 것이다.

이슬람의 수학

이슬람인들에게 기도 시간을 지키고 메카가 있는 방향을 정하는 일은 매우 중요하다. 수학과 기하학 그리고 천문학은 이 일에 필수적이었다. 뿐만 아니라 수학은 상속 재산을 분할할 때에도 중요한 역할을 하였다. 대수와 기하학, 삼각법을 포함한 고등수학의 발전과 사용은 천문학에서 가장 큰 성과를 냈다. 모스크에서 시간을 기록하는 사람들처럼 이슬람 종교와 관계된 일을 했던 사람들이 수학을 널리 활용하였다. 이러한 필요에 따라, 이미 11세기와 12세기에 이슬람의 수학은 유럽인들이 15~16세기가 될 때까지 이루지 못한 혁신적 성과를 보여주었다. 당시에 이미 '0'의 제곱을 정의하였으며, 수식의 일반 규칙, 이항식과 이항계수표, 대수 다항식, 특히 나누어떨어지는 알고리즘과 다항식의 원소로 나눈 모든 분수의 생략식[17] 등이 발달해 있었다. 13세기 알샤티르 시대에 이미, 150여년 후에 나타난 코페르니쿠스의 천체 수리 모형에 수용될 만큼 수학이 발달하였다. 12세기와 13세기에 유럽에는 서이슬람 제국의 이븐 밧자(1138년 사망), 이븐 투파일(1185년 사망), 아베로네스(1198년 사망), 알비트루지(1200년 전성기), 마이모니데스(1204년 사망), 그리고 동이슬람 제국의 알우르디(1266년 사망), 알투시(1274년 사망), 알시라지(1311년 사망)와 같이 천문학과 우주론의 전통을 이어온 대가들과 견줄 만한 학자 집단이 없었다.[18]

실험 방법론

당시 이슬람의 과학에는 이미 '실험'이라는 개념이 발달해 있었으며 적어도 광학, 천문학, 의학 분야에서는 실험이 상용화되어 있었다.[19] 1028~1038년 사이에 저술되어 16세기까지 유럽에 널리 영향을 끼친 알하이삼의 저서 『광학』에는 광학 실험 방법이 최초로 기술되어 있다.[20] 아라비아 광학의 실험 전통은 알시라지(1311년 사망), 그리고 그의 제자 알파리시(약 1320년 사망)가 계승하였고 이미 서양에 전달되어 스페인에서 라틴어로 번역 되었고, 1250년대와 1260년대쯤이면 서양의 저술가들 사이에서는 널리 알려졌다.[21] 그 후 유럽에서 로저 베이컨(1292년 사망), 페캄

(1292년 사망), 비텔로(1311년 사망), 프라이부르크의 테오도릭(약 1310년 사망)에게 계승되었다.[22)]

이 책에서 이븐 알하이삼은 이전의 광학 연구 방식들에 수학을 이용해서 표현해 보고 빛과 시각의 특성을 실험적으로 조사하는 새로운 연구방법을 수행하였다. 이 과정에서 빛의 통과량을 조절하기 위해 암실과 조리개, 빛을 관찰하는 관 등 다양한 실험기구들이 제작 사용되었다.[23)] 이러한 실험 방법은 당시 학자들에게 적극적인 인식의 방법을 제시해주었다. 그때까지 자연은 단순히 관찰될 뿐이었으며 단지 수동적인 관찰로 자연을 인식하였던 때에, 알하이삼이 제시한 실험 방법은 '사람이 만든 도구들을 조작해서 명백하게 눈으로 확인하는 방법론적 수단'이라고[24)] 불리 울만큼 학자들에게 큰 영향을 주었다. 페르시아의 자연 철학자 카말 알딘 알파리시(약 1320년 사망)는 이 개념을 사용하여 물방울에 부딪친 빛의 효과를 알아보는 실험을 고안하였다.[25)] 1304년경 프라이부르크의 테오도릭은, 카말 알딘이 했던 것과 똑같이, 물을 채운 공으로 실험을 하였고 카말 알딘이 무지개를 설명한 것과 같은 방식으로, 빛이 물방울을 통과할 때 두 번 굴절하고 한 번 반사한다고 설명하였다. 이 실험은 17세기에 데카르트에 의해서 다시 한 번 똑같이 되풀이 될 만큼 유명한 실험이 되었다.[26)] 자연 현상을 실험으로 검증하기 위하여 두 개의 관찰 상태나 실험 결과를 서로 비교 관찰하는 것은 오래 전부터 천문학에서 시행해 오던 방법이었는데 이것을 이븐 알하이삼이 수리 광학을 실험으로 증명하는 과정에서 적용하였다.[27)] 압 라이한 알 비루니는 특히 수학 · 천문학 · 식물학 등에 커다란 공헌을 했었다. 그는 『천문학입문』, 『원의 현의 발견에 대한 책』, 『마수드의 전범』 등을 저술했다.

중세 이슬람의 과학 기술은 당시 유럽의 과학을 주도하였던 학자들에게 크게 영향을 미쳤다. 광선은 눈 안에서 굴절되어 망막의 한 점에서 다시 만나는 것으로 망막 이미지를 설명한 케플러의 설명은 이븐 알하이삼의 광학에서 직접 영향을 받았으며 뉴턴이 물을 채운 유리병으로 빛의 굴절 실험을 한 것은 이미 이전에 선각자들이 먼저 해보았던 것과 동일한 실험이었다.[28)] 16세기 유럽의 과학 혁명의 시작은 12~13 세기 아라비아-이슬람 학자들의 선구적 과학 연구에서 시작되었다고 볼 수 있다. 이슬람인들이 유럽인의 과학적 사고 방법에 미친 영향은 이븐시나의 『백과사전』이 중세 유럽에서 과학적 방법의 논의에 끼친 결과에도 잘 나타난다. 이 『백과사전은 14세기에서 16세기까지 유럽의 의학 이론과 의술에도 큰 영향을 미쳤다.[29)]

물리학에서도 어니스트 무디는 실제로 오래 전에 이븐 밧자가 아리스토텔레스를 주해한 내용과 갈릴레오의 자유낙하 이론이 서로 직접 연결되어 있다는 것을 보여주었다.[30] 무디는 '갈릴레오가 뷔리당의 기동력설起動力說을 일반화해서 일반 관성 역학으로 변환시킬 수 있었던 것'은 이븐 밧자의 공로가 있었기 때문이라고 말했다.[31]

의학에서도 이와 같은 실험 유형이 개발되었다. 알라지는 '실험으로 확인되지 않은 의견은 받아들이지 않으며' 대조실험을 할 줄 알았으며 임상 관찰한 것을 기록하였다.[32] 이렇게 발전한 이슬람의 의학은 아비센나의 『의학 백과사전』에 실려서 16세기까지 유럽 의학계를 주도하였다. 이 백과사전은 약을 실험하고 검사하기 위한 규칙들을 설명하였고 이 규칙들은 의약품 성분의 효능을 발견하고 입증하는 과정에서 '실제로 실험을 어떻게 해야 할지 자세하게 알려' 주었다.[33] 당시 철학자이며 의사이며 근동의 아리스토텔레스주의의 대표적인 학자였던 이븐 시나는 『치유책』, 『빛나는 설법』, 『지혜의 샘』을 저술하였으며 아리스토텔레스의 저작에 대한 20권의 주해서를 저술하였다. 그가 저술한 5권의 『의학보전』은 라틴어로 30번이나 번역되었고, 의학백과사전으로서 수백 년 동안 유럽 및 근동 국가에서 의사의 지침서가 되었다.

종이의 전파

이처럼 중세 아라비아-이슬람 문명은 학문과 과학의 역사에서 전례 없는 지적 자산을 후세인들에게 남겼으며 이들의 과학 기술적 성취는 당시 유럽보다 훨씬 더 앞서 있었다. 이들은 자신의 모든 학문연구 활동을 언제나 종교적 신앙 행위와 연관시킴으로써 혼신의 힘과 정성을 기울였다.[34] 이슬람 과학은 종교와 깊은 관계 속에서 발전하였으며 종교인들이 과학 발전에 크게 기여하였다. 지방의 모스크에서 시간을 기록하는 사람인 무와키트에게 필요한 정확성을 위한 과학연구는 공식적인 종교의 한 부분으로 통합되기도 하였다. 종교적 필요에서 시작된 과학 연구가 시간이 지나면서 지식 자체를 탐구하는 과학으로 발전한 것으로 여겨진다. 이것은 12세기와 13세기에 유럽에서 신학으로부터 점차 철학과 논리학, 과학 등 학문들이 분화되어 나온 것과 같은 현상이다.[35]

아라비아-이슬람 문명에서 학자들은 책을 쓰고 출판하며, 기술과 능력을 개발하고, 당대의 사람들뿐만 아니라 다른 세대의 지식을 모으고 전달하는 등 정신세계의 삶에 필요한 제도와 기술을 개발하고 추구했다. 이들의 노력은 기본적으로 문서와 책을 출판하는 기술자를 양성하는 과정에서도 찾아 볼 수 있다. 8세기 초에, 종이를 만드는 방법을 중국으로부터 사마르칸트를 거쳐 전수받은 이들은 8세기 중반에 이미 현재 이라크의 바그다드에 국가가 운영하는 제지 공장을 가지고 있었다. 10세기 중반까지, 파피루스가 종이를 만드는 주원료였다. 10세기 중반에는 종이의 사용이 너무 많아져서 더는 파피루스를 종이로 만들어 사용할 수 없게 되었다.[36] 종이가 유럽에 전파 된 것은 1150년경 스페인에 살던 아랍인들이 종이를 만들기 시작한 것에서 시작되었다. 아랍인들은 유럽인들보다 몇 백 년 앞서서 학술 연구를 목적으로 종이를 개발해서 사용했다. 일부학자들은 아랍인들이 종이를 대량 생산할 수 있는 새로운 방법을 고안해 냄으로써 "이슬람 세계뿐만 아니라 전 세계의 책의 역사에 결정적인 기여를 했다." 고 말하기도 한다.[37]

교육과 도서관

중세 이슬람에는 모스크 학교와 초등학교를 포함해서 작은 규모의 교육기관이 여러 개 있었는데 당시 중심적인 고등 교육기관은 이 마드라사였다. 마드라사는 나중에 서양에서 전문학교로 발전하였다. 마드라사는 11세기부터 번창하기 시작했는데 이슬람 최고의 교육기관으로 이슬람 지식 세계에서 중요한 자리를 차지하게 되었다.[38]

9~13세기까지 아라비아-이슬람 문명이 최고로 발전했던 때에 중동 전역에는 엄청난 책을 보유하고 있던 도서관들이 많이 있었다. 이들 가운데 사설 도서관이 일부 있었지만 대개는 모스크와 모스크 학교인 마스지드에 부속된 공공 도서관으로 일반인들에게 개방되어 있었다.[39] 10세기와 11세기에 이미 이슬람 세계에는 수백 개의 도서관이 설립되었으며 대개 모스크 사원이나 이슬람 종교 전문학교인 마드라사에 부속된 도서관에는 수천 개의 필사본 책들이 보관되어 있었다. 10세기 파티마 왕조 시대 카이로의 왕실도서관에는 40개의 도서실이 있었고 각 실마다 다양한 주제의 책들이 가득차 있었는데, 종교 관련 책들만이 아니라 자연과학과 관련된 책이 1만 8,000권이나 있었다.[40] 13세기에 페르시아 동쪽에 있는 마브에 10개의 대형 도서관이 있었으며 같은 시기에 바그다드에 30개의 마드라사가 있었으며 모두 자체 도서관을 가지고 있었고 13세기 이집트에서 알카디 알파딜은 마드라사를 설립하고 10만권의 책을 기증했다.[41] "1234년에 설립된 알마드라사 알무스탄시리야라는 전문학교에 당시 왕실 도서관에 있던 책들 가운데 약 8만 권이 기증되었다."[42] 1500년에 다마스쿠스에는 150개의 마드라사가 있었으며 도서관도 그만큼 있었다.[43] 유럽은 당시 이슬람 세계와 비교해 보면 적어도 도서관과 장서에 있어서 매우 뒤떨어져 있었다. 14세기 파리 대학의 소르본 도서관은 겨우 2,000권의 문서밖에 없었으며, 14세기 바티칸 도서관의 보유 도서는 겨우 2,257권에 불과하였다.[44] 이처럼 당시 이슬람 세계의 공공 도서관의 규모는 유럽과는 비교할 수없는 수준이었으며 같은

시기 중국에서 발견된 것보다 훨씬 더 크고 광범위한 것이었다.[45)]

5.2 이슬람 과학기술의 쇠퇴

이슬람 세계의 과학 활동이 언제부터 활기를 잃기 시작했는지에 대해서 어떤 이들은 12세기 이후, 특히 서부에서 쇠퇴가 시작되었다고 말하고, 또 어떤 이들은 중요한 새로운 과학이 동부에서 15세기와 16세기까지 연구되었다고 말한다. 그러나 이슬람 과학과 의학이 1000년 전후에 역사적 황금기를 맞았고 그 후에 창조적 독창성의 수준이 쇠퇴하기 시작했다는 것에 대해서는 이론이 없다.[46)]

아라비아 과학에는 신학적 정교함, 경험적 관찰의 요구, 실험 기술의 사용, 고도의 수학 기법 사용, 그리고 무엇보다도 13세기 마라가 천문대와 관련된 학자들이 개발한 탈프톨레마이오스 행성 모형과 같은 요소들이 있었고 500년이 넘도록 기술이나 과학에서 서양보다 우월했다. 그런데 왜 이슬람의 과학은 근대 과학으로 성장하지 못했을까? 아라비아-이슬람 문명의 지식 엘리트들은 왜 유럽처럼 자연 철학과 정밀과학을 집중해서 연구하는 대학과 같은 기구를 만들지 않았을까? 이들은 왜 의학을 포함해 자연과학을 대학과 같은 곳에서 연구하지 않았을까? 그리고 그 연구를 바탕으로 해서 일반 대중에게 공개적으로 동의를 얻는 방식으로 그 학문의 연구와 교육을 제도화하지 않았을까? 하는 의문이 이어진다.[47)] 아라비아-이슬람의 중세 과학이 근대 과학으로 성장하지 못한 요인은 종교적 이유, 자치권의 부재, 경제적 요소, 특수한 교육 방법에서부터 몽고의 침입에 이르기까지 매우 광범위하게 말해지고 있다.

자치공간의 부재

중세 이슬람은, 지정학적 위치와 대상 무역의 중요성에서 그 근거를 찾아볼 수 있듯이, 새로운 지식 세계에 대한 동경심이 많았으며, 그리스 철학의 문제점과 방법론을 모두 이해하고 있었던 위대한 지식인들을 많이 배출했다. 중세 이슬람에서 두드러진 지식인 집단으로 법학자 푸카하와 변증법 신학자 무타칼리문, 그리고 철학자들이 있었다.[48)] 과학 발전에 직접 기여한 철학자들은 그리스 철학의 본질과 방법론, 이성을 중시하는 외래 과학을 터득하였다. 이들 가운데는 알파라비(950년 사망)와 이븐 시나(1037년 사망)는 신플라톤주의를 따랐으나 대부분의 이슬람 철학자들은 아리스토텔레스의 영향을 깊이 받았다. 아라비아-이슬람 문명에서 가장 주목할 만한 철학자인 알킨디(약 870년 사망), 알파라비, 알라지(약 925년 사망), 이븐 시나, 알바그다디(1152년 사망), 알비루니, 이븐 루시드(아베로에스; 1198년 사망)는 대개 의사나 왕실이 임명하는 관리 등 자신의 생업을 하면서 학문을 발전시켰다.[49]

그러나 자연과학은 공식 교육 기관인 마드라사에서 교육되지 않았다. 과학에 정통한 학자들이 한 군데 모일 수 없었으므로 효율적으로 지식을 축적할 수 없었다. 학생들은 특정 분야의 최고가 되려면 고대 과학에 정통한 학자들을 찾아나서야 했다. 이슬람법과 사회의 극단화된 개인주의 구조는 이슬람 과학의 발전을 막고 있었다. 이런 체계는 전문적인 과학 교육과 연구를 가로막는 제도적 장애가 되었다.[50]

중세 이슬람의 지식 세계를 규정짓는 정신 가운데 또 하나의 특징은 '철학자들이 엄연한 비밀의 역사'라고 불렀던 지식인과 일반인 사이의 뚜렷한 구분이다. 조지 호우라니는 고대 그리스 때부터 내려온 이 전통이 플라톤에서 시작해서 갈레노스, 알파라비, 이븐 시나, 알가잘리, 이븐 투파일을 거쳐 아베로에스와 그 유명한 마이모니데스에 이르기까지 유유히 흘러왔다고 설명한다.[51] 이 철학자들이 그 사실을 감춘 까닭은 다 다르겠지만 이들은 모두 일반 대중은 철학의 높은 참뜻을 깨달을 수

| 그림 사진 5.4 |

〈이슬람 궁전: 그라나다의 알함브라에 있는 사자궁〉[55], 1377년 건축, 스페인: 우상을 엄격하게 금지하는 이슬람 종교의 영향으로 이슬람의 예술과 건축에는 인간의 형상이 전혀 나타나지 않는다. 그러나 그들의 뛰어난 상상력은 다양하고 정교한 기하학적 문양으로 레이스, 양탄자, 건축 등에 표현되었다.

없으며, 특히 알가잘리, 투파일, 아베로에스 같은 사람은 일반인이 성서 '안에 담겨진 뜻'을 이해하지 못한다는 데 공감했다. 또 일부는 만일 어떤 사람이 "이슬람교 신자라면 그는 이런 철학적 문제를 공개적으로 토론하는 것이 신성한 이슬람법에 따라 금지된다는 것을 알 것이다."고 아주 단순하게 해석하기도 한다.[52] 말할 것도 없이 이런 방법은 간결하고 명확한 표현 그리고 규범의 보편성과 공동체주의를 표방하는 과학 정신의 특성과 반대되는 방향으로 달리는 것이다.[53] 중세 이슬람에서는 일반 대중이 법의 테두리에서 자유롭게 토론하고 참여할 수 있는 자치 공간을 발전시키지 못했는데, 이것은 그 발전을 가로막았던 관련 제도와 문화적 영향력이 존재하고 있었기 때문이며 대대로 내려온 대가족 제도와 지식인의 비밀주의, 보편성을 가진 규범에 대한 반발, 강력한 배타적 법률 체계가 바로 그런 구실을 했다.[54] 12세기와 13세기에 이슬람이 외래 과학을 완전히 동화하고 받아들였으나 이슬람 세계에는 서구유럽에서 고대 자연과학이 근대과학으로 발전하는데 중요한 역할을 한 제도적 자치권을 확보한 집단이 없었다.

교리주의

이슬람 철학자들은 이슬람의 교리가 정착되기 이전에 비교적 자유롭게 새로운 지식을 수용할 수 있었고 자신의 생각을 전개할 수 있었다. 이들은 그리스 철학 위에 자신들의 지식 체계를 세울 수 있었다. 그러나 12세기와 13세기경 이슬람 종교가 그리스 철학과 융합되어 교리적으로 완성되고 종교적 교리가 앞서기 시작하면서, 중세 유럽에서 기독교 교리가 완성되고 종교적 교리가 앞서고 교리가 과학을 억압하였듯이, 철학자들은 서서히 이슬람 종교의 교리에 종속되기 시작하였으며 이슬람 교인들과 심지어 종교학자들인 무타칼리문은 진보적인 주장을 하는 다른 학자들을 비판하기 시작하였다.[56] 이슬람의 교리를 완성하고 방어하기 위해 그리스 철학에서 필요한 합리적 논리와 방법론을 찾아냈던 변증법 신학자들인 무타칼리문은 과학에 대한 태도에서 진보적인 학자들과 전혀 달랐다.

사브라는 아라비아 과학의 쇠퇴와 몰락을 이슬람 세계의 이슬람 교리화 과정 속에 있다고 보고 이슬람 교리화 과정은 세 단계로 설명하였다.[57] 첫 번째 단계에서 고대, 특히 그리스 과학과 철학이 그리스어와 시리아어에서 아랍어로 번역되어 이슬람으로 들어왔다. 이 때 사람들은 종교 문제에 침묵하고 관심을 두지 않았다.[58] 두 번째 단계에서 이 침묵과 무관심이 높은 호기심과 지적 실험으로 바뀌었고 그리스 과학과 철학은 이슬람 세계에서 효용성을 발휘하였으며 이들이 생각했던 것보다 훨씬 더 실제적이었다. 그리스 과학과 철학의 설득력은 예기치 못할 정도로 강하게 이슬람교인들을 헬레니즘 문명으로 이끌었다.[59] 이 시기에 파라비, 아비센나, 이븐 알하이삼, 비루니, 아베로에스 계열에 속한 많은 이슬람 사상가들이 등장했다. 이들은 물질과 사고, 가치를 모두 헬레니즘 세계관으로 해석했으며, 이것은 그들이 지니고 있던 철저한 사명감과 신조에 근거한 것으로 볼 수 있다. 이들은 이슬람교인들이었으나 자신의 신앙과 헬레니즘 원칙이 충돌할 때 매우 신중하게 처신했다.[60] 세 번째 단계에서는 고대 그리스 철학이 이슬람의 종교 관습과 동화되었으며 이슬람 종교의 교리가 완성되었다. 이후 파라비나 아비센느 같은 철학자의 사상과 토론은 이슬람의 변증법 신학인 카람의 테두리 안에서 이루어졌다. 이때부터 라지로 대표되었던 철학자-의사 집단은 이븐 알나피스로 대표되었던 법학자-의사로 바뀌었고, 수학자 탈리미는 수학을 공부한 법률가인 파라디로, 천문학자와 점성가들은 모스크에서 시간을 기록하는 무와키트로 대체되었다.[61]

이슬람 세계에서 서서히 종교적 지식은 모든 형태의 지식보다 더 상위에 놓이고 탐구할 가치도 더 높았으며, 다른 모든 형태의 지식은 종교적 지식에 종속되어야 했다. 어떤 직업이나 탐구도 그 자체가 아무리 고결하다고 해도 인간을 종교의 궁극적 목표에서 벗어나게 해서는 안 되었다. 신의 계시를 받지 않은 지식들과 학문들은 종교가 정한 바에만 사용되어야 했다. 의학은 오직 인간의 건강을 보호하는 데만 써야 하며, 산술은 이슬람법에 따라 일상 활동과 유언 작성, 유산 분배 같은 데만 사용되고 천문학은 훌륭한 과학이지만 어떤 면에서는 비난의 대상이므로 성스러운 꾸란이 인정하는 일, 이를테면 천체의 움직임을 계산하는 데만 써야 했다.[62] 중세 후반 이슬람세계에서는 "신은 쓸모없는 지식에서 우리를 보호하나니"라는 경구로 인간의 호기심은 억제되었으며 지식의 실용성과 유용성은 이슬람교에 유용한 지식인지의 여부로 판단되었다.[63]

이와 같이 고대 그리스 과학이 이슬람 세계에 흡수되고 이슬람화된 이후부터 지식의 변화와 혁신은 제한되기 시작하였다. 인간을 억압과 속박, 두려움과 공포로부터 해방하는 데서 출발한 신앙이 종교의 교리를 갖추고 나서는, 오히려 인간의 자유로운 상상을 제한하고 인간을 새로운 속박아래 가둠으로써 과학도 더 이상 발전하지 못하고 서서히 퇴보하기 시작하였다.

이슬람교리가 형성되던 10세기 이전에, 이슬람 종교 철학자들은 인간에게 완전한 이성의 힘을 부여하고 심지어 "인간의 이성과 신의 계시는 같다."고 주장했으며 이성은 '자신의 행동을 창조하는 창조자'이며 무엇이 옳고 그른지 판단할 수 있게 이끄는 인간의 본질이라 하였다.[64] 이런 견해는 인간이 "타고난 행동력을 가지고 있으며 선과 악을 가르는 근본 기준을 태어날 때부터 이해할 수 있다."는 생각을 뒷받침했다.[65] 동시에 이런 생각을 가진 이들은 "신은 비합리적이거나 정의롭지 않은 일을 할 수 없다."고 믿었다.[66] 그러나 이슬람 합리주의자들은 10세기 알아샤리(935년 사망)의 정통 이슬람 교리와의 싸움에서 패하였으며 아샤리는 당시 대부분의 변증법적 신학자들처럼 이슬람 율법 샤리아에 복종하였으며 "법과 윤리를 포함해서 현실의 구체적인 삶에 영향을 주는 모든 문제는 샤리아의 권위에서 나온다."[67]는 교리를 따랐다. 이후 이슬람의 윤리와 도덕 철학은 12세기에 서양에서 피터 아벨라르가 연구하기 시작한 것처럼 인간의 의도에 대한 체계적인 논의로 발전할 수 없었다.[68] 알가잘리는 인간이 의식하는 인과관계에 대한 형이상학적 논의를 부인하고 모든 관계를 신의 섭리로 해석하였다.

> 원인이라고 생각하는 것과 결과라고 생각하는 것 사이에는 필연적인 연관성이 없다. 둘 다 각자 개별성을 가지고 있으며 서로 다른 것이다. 원인을 긍정하지도 부정하지도 않고 또 그것이 있지도 없지도 않다는 것은 결과에 대한 긍정과 부정 그리고 그것의 존재와 비존재 속에서 은밀히 드러난다. … 이것들이 서로 연관관계를 갖는 것은 그것이 자체로 필요하다거나 그 연결을 해체할 수 없기 때문이 아니라 이것들을 질서대로 창조하는 신의 권능이 있기 때문이다.[69]

알가잘리 이후 아라비아-이슬람 문명에서 가장 위대한 철학 사상가들은 인간의 이성에 의문을 던졌고 이성의 논리 증명력을 낮게 평가하고 신앙의 우월성을 주장했으며 전승된 가르침인 샤리아와 수나의 권위를 뛰어넘을 수 없다고 가르쳤다. 정통 이슬람교인들은 인간의 이성은 연역적 논리 추론을 위해 쓸모가 있을 뿐, 이성이 신의 계시라는 도움 없이 새로운 진리에 도달할 수 있다는 생각을 인정하지 않았다.[70] 알가잘리는 철학이 논리로 증명할 수 있는 학문이라는 생각을 없애버렸고 철학은 카이로에 있는 알아자르 전문학교의 '교과목에서 퇴출'되었으며 그 이후부터 19세기 말 근대주의가 도래할 때까지 철학을 가르치고 배우는 행위는 금지되었다.[71] 이 시기는 천문학에서 매우 중요한 이슬람 과학 연구를 수행하였던 마라가 천문대가 14세기 초기 10년 사이에 사라진 것과도 일치한다. 이때부터 아라비아-이슬람 문명에서 법과 신학을 손에 쥔 사람들은 인간의 합리적 능력을 철저하게 제한했다. 이들은 인간의 이성 작용을 인정하지 않았고 신의 지혜(말씀)와 학자들의 합의가 인간의 이성 작용보다 우월하다는 생각을 널리 가르쳤고, 반면에 인간의 이성이 법과 윤리를 구성하는 하나의 독립된 요소라는 생각을 인정하지 못하게 했다.[72]

다양한 의견

아라비아-이슬람 과학의 쇠퇴에 대한 의견은 다양하다. 첫 번째는 초기 이슬람 세계는 중국, 인도, 아프리카 그리고 그리스를 연결하는 다원적이며 역동적인 문명의 용광로와 같았으나 이슬람 세계가 문화적으로 균일해지면서 역동성과 창의성을 상실하였고 과학이 쇠퇴했다고 말한다. 초기에 이슬람 제국의 변방에서는 페르시아, 인도, 아랍, 아프리카, 그리스, 중국, 유대, 기독교 등의 다양한 종교와 문화가 혼합된 다원적인 사회가 번창했다. 시간이 지나면서 이슬람으로 개종이 늘어났고 이슬람은 종교적으로 더 엄격해졌으며 문화는 다원성을 잃었다. 많은 지역에서는 이슬람화가 14세기까지도 진행되었다. 결과적으로 창조적 과학자들이 설 문화적 '공간'이 줄어들었고, 따라서 이슬람의 과학적 활력은 그만큼 줄어들었다. 그러나 이 설명은 이슬람 과학이 전성기에 흔히 바그다드 같은 가장 이슬람화된 지역에서 번창했다는 엄연한 사실에 정면으로 부딪힌다.[73)]

두 번째는 전쟁과 그로 인한 사회 문화적 분열에서 이슬람 과학 쇠퇴의 원인을 찾는다. 이슬람 세계는 11세기에 에스파냐에서 기독교 유럽으로부터 압박을 받기 시작했다. 1085년에 톨레도, 1248년에 세비야가 함락당했고, 스페인의 국토회복운동(711~1492년)이 1492년에 완성되었다. 동쪽에서는 아시아의 초원에서 온 몽골군이 이슬람 칼리프 영토를 공격했고 1258년에 바그다드를 점령했다. 그러나 바그다드가 몽골의 침입으로 약탈당했지만 이슬람 문명은 재빠르게 복원되어 이슬람 문화와 제도가 다시 활기를 되찾았고 이슬람 문명권은 더 깊이 이슬람 체계를 유지했다.[74)] 티무르가 이끄는 몽골군은 15세기 초에 중동으로 돌아와 1402년 다마스쿠스를 파괴했다. 동방의 이슬람 문화와 제도는 이 침략의 상처에서 곧바로 벗어났지만, 이 과정에서 종교적 보수주의가 득세를 하고 과학 연구에 필수적인 조건들이 와해되었다고 주장한다.[75)] 셋째는 1492년 이후에 일어난 이슬람 문명의 경제적 쇠퇴로 과학이 쇠퇴했다고 한다. 1497년 유럽의 상선들이 인도양을 횡단한 이후 이슬람 세계는 실크로드를 따라 형성된 값비싼 동아시아 양념과 일용품에 대한 상업의 독점권을 잃었다. 이렇게 경제적 환경이 축소되는 가운데 과학은 당연히 번창할 수 없었다는 주장이다.[76)] 넷째는 가장 중요한 주장으로 종교적 보수주의자들이 최종적으로 승리한 것에 초점을 맞춘다. 종교로서의 이슬람은 신/알라의 신성하고 불가해한 본성 앞에 복종할 것을 강조했다. 이슬람의 문화적 가치관과 합법적 신념은 세속적 철학과 학문이 항상 의심을 받고 이슬람 사회의 주류에서 벗어난 변방에 머물도록 만들었다. 예컨대 법률가와 종교 지도자들은 세속 과학에 지나치게 뛰어난 자들을 불경죄로 처벌할 수 있었다. 궁극적으로 종교적 보수주의자들이 득세했고, 증가하

는 불관용 속에서 이슬람 과학의 창조성이 사라졌다고 말한다.[77)]

5.3 실용기술의 중국

중국은 기원전 221년 최초로 통일된 이후, 세계에서 가장 인구가 많은 국가였으며 가장 오랫동안 세계 최대의 정치적 통일체였다. 중국 인구는 800년의 5천만에서 1200년의 1억 1천 5백만으로(다른 연구에 따르면 1억 2천 3백만) 두 배 이상 늘어났다. 중국 문명의 중심은 남쪽으로 이동했고, 1080년에는 중국 남부의 인구가 북부의 인구보다 두 배 이상 많아지고 도시화도 급격히 진행되었다. 중국 고유 영토의 인구는 1200년에 1억 1천 5백만으로 당대 유럽 인구의 2배였고, 인구밀도는 유럽의 5배에 육박했다.[78)] 한 연구는 송대 중국에 인구 100만 이상의 도시가 다섯 군데 있었다고 전하며, 다른 연구는 당시의 도시 인구가 전체의 20퍼센트였다고 추정한다.[79)] 중국의 중세는 송나라(960~1279년)가 세워지고 이후 명나라(1368~1644년)가 등장하던 때이다. 송나라와 명나라 사이에 몽골족이 지배했던 원나라(약 1264~1368년)가 잠시 동안 있었다. 송나라는 경제, 문화, 정치 전반에 결쳐 중국 역사에서 전례 없는 큰 성장을 이루었는데, 과학과 기술에서도 큰 성과를 거두면서 새로운 기운으로 역동적인 중국을 건설했다.[80)] 자크 제르네는 이를 두고 중국이 서양(14~15세기)과 비견할 만한 문예부흥을 200~300년 앞서 이룩했다고 주장하면서 "11세기와 12세기 중국의 지식인들은 당나라(618~907년)의 지식인들과 달리 중세의 르네상스인이었다."고 말한다.[81)]

> 분명한 것은 새로운 것을 발명하고 고안하고 이론화하는 것에서 시험 분석까지 실험을 바탕으로 한 실용적 합리주의가 출현한 것이다. 또한 예술과 기술, 자연과학, 수학, 사회, 제도, 정치의 모든 지식 영역에서 진기한 탐구가 이루어지고 있는 것을 발견한다. 과거에 거둔 성과를 모두 꼼꼼히 따져보고 모든 인간 지식을 종합하고자 하는 열망이 있었다. 다음 시대에 중국 사상을 지배하게 될 자연주의 철학은 11세기에 발전하기 시작해서 12세기에 분명한 모습을 드러냈다.[82)]

11세기에 중국 고전이 재발견되고 중국 지식인들의 자각으로 "중국 역사의 어느 시기에서도 볼 수 없었던 수많은 위대한 지식인이 배출되었다."[83] 이런 발전의 도약을 마련한 지식 기반은 주희(1130~1200년)에 의해서 완성된 사물의 궁극적 본질의 탐구를 추구하는 성리학에 있었다. 그러나 찰스 후커는 "성리학이 옹호하는 '사물의 탐구'가 근대 과학 정신과 유사하지만 주희와 그 제자들이 강조하는 '사물'은 자연의 법칙이 아니라 유교가 전통적으로 신봉하는 효, 충, 인간애 같은 윤리와 도덕이었다."[84]고 해석한다. 또한 정통 성리학에 근거한 과거시험에 과학과 관련된 요소는 모두 빼고 도덕과 인간성을 중심으로 치르도록 고쳤는데, 이는 성리학이 중국인들의 사고에서 자연과 인간이 조화를 이룬 통합적 사물를 탐구하는 데 있지 자연만을 분리한 자연과학을 탐구하는 데 있지 않았다는 것을 알 수 있다.

중국의 과학 기술

"중국 문명은 인간이 지닌 자연에 대한 지식을 실제 인간 생활에 적용하는 데 서양보다 훨씬 더 뛰어났다."[85] 중국인들은 날씨 자료도 체계적으로 수집하였으며(최초의 기록은 기원전 1216년의 것) 관개시설의 저수량이 회복되는 시기를 예측하기 위하여 비, 바람, 눈, 오로라('북극광'), 유성우에 관한자료를 수집하였고 유성의 성분을 연구하고 9세기부터 조수(潮水)에 관한 표를 작성했는데 이런 작업들은 모두 사회적 효용성이 분명한 과학적 활동이다.[86] 현실에서 자연을 활용한다는 의미의 실질적 기술에서, 중국은 기원전 1세기부터 서기 15세기까지 서양보다 훨씬 앞섰다. 그러나 근대 과학의 핵심 분야라고 할 수 있는 천문학, 물리학, 광학, 수학에서 중국은 약 11세기부터 아랍에 뒤떨어졌다. 중국은 이슬람 세계와의 교류를 통해 고대 그리스의 철학적 유산과 이슬람의 과학기술들을 받아들일 많은 기회가 있었지만, 14세기 말이 되면 수학과 천문학, 광학 영역에서 서양과 아랍에 한참 뒤쳐지고 말았다.[87] 8~10세기, 당나라(618~907년) 때는 인도인들이 하였듯이 13~14세기에 원나라(약 1264~1368년) 때 아랍인들, 특히 페르시아인들은 중국에 새로운 수학 개념을 소개하는데 중요한 역할을 하였다.[88] 그러나 중국인들이 수학(특히 대수)에서 많은 발전을 이루었고 천문학에서도 다른 곳에서는 찾아 볼 수 없는 세밀한 천문학적 현상의 기록들이 중국에는 있다.[89] 그러나 근대 천문학으로 가는 길을 열지 못했으며 증거와 논증의 일관된 추론 체계이자 천문학 모형을 발전시키는데 꼭 필요한 기하학과 삼각법이 중국에는 없었다.

중국의 지식인들은 다양한 과학적 활동—천문학, 점성술, 수학, 기상학, 지도 제작술, 지진학, 연금술, 의학 등—을 추구했지만, 그 개별적인 활동을 통일된 자연에 관한 비판적인 연구로 묶어내지 못했다. 실제로 중국어에는 '과학'을 의미하는 단일한 단어가 없었고 이집트나 그밖에 중앙집권적 관료 문명에서처럼 헬레나적인 의미의 자연철학이 없었다. 중국의 사상가들은 순수과학을 목적으로 삼아 연구한다는 생각 자체를 이해하기 어려웠을 것이라고 짐작할 수 있다.[90)]

중국의 수학

중국 수학은 중동의 아라비아 수학과 아주 다르게 고유한 발전의 길을 밟았는데, 중국은 처음부터 제국의 통치에 필요한 유용한 지식을 관료적으로 발전시키고 기술인들을 활용하였다. 중국에서 이미 기원전 4세기에 자리 값이 있는 십진법 숫자 체계가 나타났으며 초기에 계산용 막대기, 산가지들을 이용하여 계산을 하고, 기원전 2세기부터는 주판이 사용되었다. 기원전 2세기의 중국 수학자들은 피타고라스 정리의 내용을 알고 있었고, 큰 수를 10의 거듭제곱을 써서 다루는 방법을 알고 있었으며 산술 연산과 제곱, 세제곱을 완벽하게 이해했다. 약 1세기에 저술된 중국의 수학책 『구장산술』에는 분수 계산, 면적과 부피를 계산하는 공식, 연립방정식 해법, 제곱근과 세제곱근 풀이 절차에 대한 내용이 들어 있는데 토지 측량, 곡물 가격, 건축과 분배를 다루는 246개의 문제와 해법으로 이루어져 있다. 조충지(祖沖之, 429~500)는 π값을 일곱자리까지 계산했다.[91)] 바빌로니아인들처럼 오늘날 우리가 다루는 것과 같은 2차방정식을 풀었으며 13세기에 중국인들은 세계에서 가장 뛰어난 대수학 지식을 갖추게 되었다.[92)]

그렇지만 중국 수학의 체계는 산가지 계산법이나 표현 방식, 자릿수 표기법이 불편하고 복잡해서 아라비아-힌두의 기수법처럼 일반화하기가 힘들고 쉽게 사용하기 어려웠다. 십진법 체계는 약 서기 825년 알콰리즈미가 발명한 이래로 쓰이기 시작했다.[93)] 중국에서는 14~15세기 '0'을 숫자체계에 도입하여 사용했고 종이에 연필로 써서 숫자 계산을 하기 시작한 것은 17세기에 가서야 가능했다.[94)] 반면에 서양은 11세기와 12세기에 주판을 사용하기 시작했고, 1202년 이후부터는 아라비아-힌두 기수법과 함께 숫자 계산을 위해 주판 대신에 연필과 종이를 사용했다.[95)] 중국의 수학과 과학적 사고에는 유클리드의 기하학과 프톨레마이오스의 『알마게스트』나 행성 운동 가설에 포함되어 있는 증명 논리가 없었으며, 또한 약 13세기까지 아라비아-힌두의 기수법과 숫자 '0'도 도입되지 않았다.[96)] 조지프 니덤은 "이제까지 대수학을 했던 사람들이 등식 형태를 쓰지 않았고 고유의 등호(=) 표시도 발전하지 않았다."[97)]는 사실이 기이하다고 생각했다. 무엇보다 주의할 것은 천문수학에서 꼭 필요한 삼각법이 중국인들에게 전혀 발견되지 않았다는 것이다.[98)] 중국인들은 삼각법을 알지 못하였으므로 13세기부터 북경에 있던 중국 천문대에 아라비아 천문학자들을 고용했다.[99] 그러나 기하학을 이용해서 천문학을 연구하는 방식은 17세기에 유럽인들이 예수회 선교단으로 중국에 들어오기 전까지는 일어나지 않았다.[100]

중국의 천문학

중국인들은 천문학 이론에는 비록 약했지만, 하늘의 전조를 발견하려고 노력하였다. 기원전 8세기, 주왕조의 것으로 보이는 신뢰할 수 있는 기록들은 중국인의 관찰 수준이 당당한 수준이었음을 증언한다. 풍부한 문서자료에서 알 수 있듯이, 중국 천문학자들은 이미 기원전 4세기에 태양년의 길이를 365 $\frac{1}{4}$일로 측정했으며 북극성과 그 인근의 별들을 특별히 주목하고 체계적인 별자리 지도와 목록을 만들었다. 기원전 720년 이후에 일어난 일식과 월식을 1,600회 기록했고 일식과 월식을 예측하였으며 기원전 352년에서 서기 1604년 사이에 관찰된 신성과 초신성('손님' 별) 75개를 기록했다.[101] 그들은 이슬람이나 유럽의 천문학자들이 의식하지 못했던 초신성을 1054년에 관찰하고 기록하였으며 재앙의 전조로 여겼던 혜성은 기원전 613년부터 서기 1621년까지 2,200년 동안 세심히 관찰하고 기록했고 그 중에는 기원전 240년부터 76년마다 찾아온 핼리 혜성도 들어 있다. 그들이 모래바람 속에서 태양의 흑점을 관찰한 기록은 기원전 28년까지 거슬러 올라간다. 중국 천문학자들은 분점(分點)이 2만 6천 년 주기로 세차 운동을 한다는 것을 알고 있었다.[102] 그러나 그리스인들과는 다르게 중국의 천문학자들이 행성 운동에 관한 설명 모형을 개발하지 않았으며 행성 궤도에 관한 모형을 생각하지 않고 이 행성들의 주기를 파악했다는 것은 특별한 관심을 가지고 고찰할 문제이다. 중국의 천문학은 서양과는 달리 기하학적 모델에 의존했던 것이 아니라 수치적, 대수적 특징을 띠고 있었다. 그들은 오늘날 사용하는 것과 같은 좌표계를 사용해서 하늘을 구획하고 일식, 월식, 혜성, 신성, 유성들에 관해 정확하게 기록하였으며 당시 그리스, 이슬람, 유럽인들이 관찰한 것보다 더 많은 별자리를 관찰하였다. 그들은 적도의와 시계추진장치와 같은 천문관측기구들도 발명하였다. 그러나 중국 천문학은 기하학적 모형에 바탕을 두지 않고 대수 기반의 점추정 모형을 바탕으로 삼았으므로 기하학적 분석이 아니라 수치 해석에 의존했다.[103]

중국과 페르시아는 원대(1264~1368)에 실크로드를 따라 교류했다. 중국인들은 마라가 관측소의 이슬람 천문학자들을 고용하였고 그들을 통해서 유클리드와 프톨레마이오스를 접했을 것이다. 몽고 제국에 고용된 이슬람 천문학자들은 12미터 높이의 거대한 해시계 그노몬과 중국에서 본 천구의 북극을 향해 맞춰진 혼천의 등 천

| 그림
사진 5.5 |

후한의 과학자 장형(張衡, 78~139년)은 동양의 대표적인 천체 관측 장치인 혼천의(渾天儀)를 제작하여 천문 계산법의 발전에 큰 역할을 하였으며 세계 최초의 지진계인 후풍지동의(候風地動儀)(좌)를 제작하였다. 장형의 천문 관측 기법은 송 대의 대표적인 천문학자 소송(蘇頌)으로 이어졌다. 소송은 1090년 수운의상대(水運儀象臺)(우)라는 천문 기구(혼천의)와 시계를 겸한 거대한(7×7×12m) 천문계측장치를 만들었다. 이 장치는 세계 최초의 기계식 천문기구로서 수차의 동력과 복잡한 톱니바퀴들로 천체의 움직임과 동일하게 천구의와 혼천의를 돌려서 시간을 표시하였다. 그는 1088년부터 7년간 송 대의 천문학을 집대성한 『신의상법요(新儀象法要)』를 저술하였다.[104)]

문학 장치들을 만들었다. 몽골시대 이전과 이후에 중국인들은 복잡한 천문학적인 시계와 태양계 모형을 사용했다. 725년경에 이르러 중국인 기술장인 양영찬은 기계 시계가 일정한 속도로 움직이게 하는 핵심 제어 장치인 탈진기를 발명 했다. 그 후 탈진기를 이용한 시계와 태양계 모형이 만들어졌으며 11세기 말에 송나라의 소송(1020~1101)이 천구의 움직임을 재현하여 당시 공식적으로 사용되던 달력의 결점을 보완할 수 있는 기계를 제작하기도하였다.[105)]

중국인들은 아마도 마라가 천문대를 후원한 몽골 제국(원나라 약 1264~1368년) 시대에 서양보다 2세기나 앞서 유클리드 기하학을 포함해서 당시 세계에서 가장 발전된 천문학을 받아들일 수 있었던 것 같다.[106)] 이 성과는 곧 널리 퍼졌고 많은 학문에서 이용되었다. 유클리드 기하학이 라틴어로 번역된 14세기에 조차도 유클리드에 대한 교정본과 주석은 라틴어보다는 아랍어로 된 것이 훨씬 더 많았다.[107)] 더욱이 중국어로 번역된 유클리드의 『원론Elements』 사본 가운데 하나가 13세기에 벌써 중국의 도서관에 있었다.[108)] 실제로 1368년에 이슬람 천문대가 중국에 세워졌는데 16세기 예수회가 중국에 들어왔을 때에도 여전히 활동을 하고 있었다.[109)] 당시에 이슬람 최고의 천문학자들이 중국의 천문학자들과 직접 교류를 했다고 가정할 때 중국이 유클리드의 『원론』을 번역해서 프톨레마이오스의 행성 모형을 흡수하기까지 거의 200년이 걸렸다고 볼 수 있다. 유럽인들이 프톨레마이오스의 모형을 코페르니쿠스 모형으로 전환시킨 것은 이보다 훨씬 늦은 16세기와 17세기였다.[110] 그러나 '중국인들에게 물리학적 사고'는 있었지만 "물리학을 학문으로 발전시키지는 못했다."[111]는 니덤의 주장에 따르면 중국인들의 물리학적 사고는 입자 중심이 아니라 파동 중심이었다.[112] 중국에는 "이른바 '갈릴레오보다 앞선 선구자'라고 부를 수 있는 필로포누스, 뷔리당, 브래드 워딘, 니콜라스 오렘 같은 자연철학자들이 없었다."[113]

실용 기술

중국에서 최초의 지진 기록은 기원전 780년까지 거슬러 올라가며, 한대부터 천문학 관청의 천문학자들이 의무적으로 지진을 기록했다. 서기 2세기에 장형은 지진을 관측하는 장치인 '지동의地動儀'를 발명했다. 이후 유사한 장치들이 개발되었고 훗날 몽골 시대에 이슬람 세계와 마라가 관측소로 전해졌다.[114] 중국인들은 지도 제작술에서 탁월한 지식을 개발하였다. 오늘날 서양에서 메르카토르 투사법이라 불리며 위선의 간격을 일정하지 않게 나타내는 투사법을 비롯한 다양한 방법을 사용하여 매우 정확한 중국지도를 제작하였다. 그들은 이미 지형의 굴곡이 표현된 지도를 제작하였으며, 1027년에는 북송에서 거리 측정을 위한 마차도를 개발했으며, 명의 지도 제작자들은 정화의 인도양 원정 후에 여러 지도책을 만들었다.[115]

중국의 관료체제는 중앙집권 통치의 수단으로 글과 문헌을 사용하는 전통을 일찍이 발달시켰다. 종이는 일찍부터 중국 사회에 등장했지만, 돌에 새긴 글을 탁본으로 뜨는 기술이 있었기 때문에 인쇄술은 7세기 초에 이르러서야 개발된 것으로 보인다. 페이지 전체를 목판에 새겨 인쇄한 책이 처음 만들어진 것은 868년이었다. 인쇄술은 곧 정부 관료들에게 선택되어 지폐, 공식 포고령, 의학 및 약학 관련 지침서를 만드는 데 이용되었다. 송 왕조의 첫 황제는 2쪽짜리 목판 13만개로 인쇄한 5,048권의 불교 경전을 제작하였으며 1403년에 937권으로 된 중국의 공식 백과사전을 출판하였으며 1609년에는 2,000명의 저자가 작업하여 2만 2,000권의 백과사전을 편찬하기도 하였다.[116] 중국인들은 이동식 활자를 1040년경에 처음 발명했다. 최초의 활자[117]는 도자기로 되어 있었다. 그러나 중국 문자는 표의문자이며 따라서 서로 다른 문자를 수천 개 사용했으므로, 이동식 활판인쇄는 목판인쇄보다 비효율적 이었다. 목판인쇄는 더 저렴하고 효율적이었을 뿐 아니라 그림 삽입도 가능했으며, 흔히 여러 가지 색이 들어간 그림이 삽입되었다. 중국의 그림 인쇄 기술은 구텐베르크가 이동식 활자를 개발한 후에도 유럽을 크게 앞질렀다.[118]

청동을 만들 구리와 주석이 부족했기 때문에, 중국의 야금기술자들은 일찍부터 철의 생산에 주력을 하였다. 기원전 117년에 이미 국가가 운영하는 제철소가 48곳이나 있었으며 각 제철소에는 수천 명의 노동자를 작업을 하였다. 그 후 중국의 철 생산량은 꾸준히 증가하여 806년의 1 만 3,500톤에서 송대에 이르러 1078년에는 12만 5,000톤으로 급증했다. 유럽에서 산업혁명이 진행된 1788년에 영국의 철 생산량 6만 8,000톤과 비교할 때 11세기 중국의 철 생산량과 경제 규모를 미루어 짐작할 수 있다.[119] 중국의 제철산업은 유럽보다 700년 앞선 11세기에 이미 수력 풀무를 이용했고 철광석을 코크스로 녹였다. 이렇듯 발달된 기술 덕분에 송은 풍부한 량의 철제 무기와 농기구를 생산하였다.[120]

니덤의 연구에 의하면, 기계공학을 비롯하여 토목 및 수력공학 분야는 중국에서 전통적으로 발전하였던 분야이다. 서기 1세기경에 이미 중국은 수력을 야금 과정의 풀무질에 이용하였다. 같은 시기에 서양에서는 곡식을 빻는 데 수력을 이용할 뿐이었다. 중국의 강철주조기술은 서양을 15세기나 앞섰고, 기계적 시계 추진 장치도 초기 르네상스의 유럽보다 7~8세기 앞서서 당나라에서 먼저 고안되었다. 또 유용성이 뛰어난 두 가지 형태의 말안장이 중국에서 고안되었으며 군사기술 또한 괄목할 만한 수준의 발달을 기록하였다. 9세기 경 중국에서 화약이 발명되었으며 화약무기의 개발은 11세기부터 활발히 진행되어 서양보다 3세기 가량 앞섰다. 12세기 초에는 화창이 나타났는데, 니덤에 의하면 이로부터 총신이 달린 총과 대포가 유래된 것으로 추측된다.

고대 및 중세의 중국 전통과학에서 물리학 분야들 가운데 가장 활발했던 것은 광학, 음향학, 자기학의 세 분야이다. 이 가운데 중국에서 자기학의 발달은 서양의 과학이 기계에 관한 학문이었던 기계학을 크게 발달시켰으나 상대적으로 자기현상에 대한 학문적 이해가 매우 저조했던 것과 비교할 때, 동서양 과학발달의 또 하나의 차이를 보여주고 있다. 그리고 지리학과 지도 제작 분야에서도 중국이 꾸준한 진전을 이루었다. 이처럼 중국에서 기술 분야의 발전이 주목할 만한 수준이었던 것과는 대조적으로, 자연세계에 관한 지적인 호기심에 바탕한 이론적 연구는 중국에서 활발하지 않았다. 이른바 서양의 자연철학에 해당되는 과학은 중국의 지적 세계에서 발견되지 않는다.

항해술

중국에서 천연 자석의 신비한 성질은 기원전 300년에도 알려져 있었고, 처음에는 점술가의 도구로 사용되었다. 자석 바늘이 남북 방향을 가리킨다는 사실은 기원전

| 그림 사진 5.6 |

중국 명대 정화의 원정선과 콜럼부스의 산타마리아호의 비교: 명의 제독 정화는 1405년부터 1433년까지 총 일곱 차례의 대항해로 인도양과 아프리카 그리고 아메리카를 포함한 전세계를 일주하였다고 한다. 정화의 배(뒤의 큰 배)는 길이가 150m로서 콜럼버스의 산타마리아호(앞의 작은 배)의 5배였으며 9개의 돛을 달고 배 바닥을 16개의 방수 분리벽을 만들어 화물창으로 사용했다. 정화의 대항해가 남긴 세계지도와 항해기록은 그의 몰락과 함께 모두 사라졌으며 이후 중국에서 민간인이 배를 건조하는 것이 금지되고 중국의 해양진출을 금지하는 해금정책이 시작되었다.[121] 『강대국의 흥망』 (폴 케네디 저)은 중세 중국의 해금정책은 중국문명을 중심으로 하는 동양의 쇠락을 가져온 큰 요인이었다고 주장했다.

100년경에 알려졌고, 그 후 자석침은 풍수지리에 이용되었다. 송나라 시대, 12세기 초까지는 나침반을 항해 도구로 사용하였음을 보여주는 증거가 없으나 중국은 12세기부터 15세기 초까지 최대의 해군을 거느린 세계 최강의 해상 세력으로 군림 하였다.[122] 명나라 해군은 1420년에 5,800척의 배를 보유했고, 그 중 1,300척은 전함이었으며 1403년에서 1419년까지 정부 조선소들에서 공식적인 선박 제작 사업을 벌여 2,100척을 제작했다. 이 배들에는 나침반이 장착되었고 방수 처리된 선실을 갖추었으며 최대 4층에 4개에서 6개의 돛대가 있고 새로 발명된 선미방향타가 장착되었다. 이 배들은, 당시 세계에서 가장 크고 항해력이 뛰어나며 기술적으로 발달된 선박이었다. 가장 큰 배는 길이 91미터, 무게 1,500톤에 육박했다. 당시 유럽 선박의 다섯 배였다.[123] 대포로 무장하고 최대 1,000명의 선원을 태운 이 배들은 남아시아와 인도양에서 중국의 무력을 확고히 보여주었다. 1405년에서 1433년까지 명 해군은 정화 제독의 지휘 하에 일곱 차례에 걸쳐 해상 원정을 했다. 매번 수십 척의 배와 2만 명 이상의 선원으로 이루어진 그 원정에서 정화는 베트남, 타이, 자바, 수마트라를 거쳐 스리랑카, 인도, 페르시아 만, 홍해(제다와 메카)까지, 그리고 동아프리카 해안을 따라 아마도 모잠비크까지 항해했다.[124] 이후 명의 매우 강력한 해상 활동은 갑자기 중단되었다. 국가적인 선박 건조 사업은 1419년에 중단되었고, 1433년, 황제의 칙령으로 해외 원정은 종결되었다. 만약 중국인들이 계속해서 인도양 지배권을 유지하면서 15세기 말에 정화의 해상군단에 비하여 초라한 배를 타고 도착한 포르투갈인들을 몰아냈다면 세계사가 어떻게 근본적으로 달라졌을지는 아무도 말할 수 없다.[125]

중국인들의 세계관

중국인의 세계관은 자연을 서양보다 더 전체적이고 유기론적으로 보았다. 이미 기원 1세기, 한대에 중국인들은 우주는 거대한 단일 유기체이며 그 속에서 자연세계와 인간의 사회적 세계가 완전한 통일체를 이룬다고 생각했다. 하늘과 땅은 인간과 자연과 함께 조화롭게 공존했으며, 하늘과 인간은 황제를 통해 연결되었다. 중국인들에게 우주는 두 개의 상보적인 힘인 음과 양의 조화 속에 있었다. 그리고 오행, 즉 수水, 화火, 목木, 금金, 토土의 다섯 가지 행이 역동적으로 세계를 움직여간다.

'동양의 자연과학에서 가장 기본개념이 될 수 있는 예리한 방법론적 통찰력'[126]을 기원전 4세기 춘추시대에 활동하였던 묵가의 사상에서 찾아볼 수 있다. 니덤은 묵자가 "완벽한 과학적 방법론에 해당하는 이론을 기술했다."고 주장한다.[127] 그러나 묵가 사상은 중국 역사에서 곧 사라졌고 이들은 중국 자연 철학자들이나 서양 사상에 주도적 영향도 미치지 못했다. 나단 시빈은 그 결과 고대 그리스나 아라비아 또는 중세 유럽에서 발견되는 종합적이고 일관된 자연 철학을 중국에서는 찾아볼 수 없다고 주장한다.[128] 시빈은 또한 중국 과학이 서양 전통의 과학 탐구보다 그 범위가 훨씬 넓고 서로 다른 탐구 영역이 뒤섞여 있었다고 말한다. 즉 "중국에서는 여러 과학이 서로 섞인 체계는 있지만 그 모든 것을 하나로 엮어 내는 단일 개념 또는 단어로서 과학은 없었다."[129]고 한다. 더욱이 "중국의 철학자들은 서양에서 아리스토텔레스와 그 후계자들이 했던 것처럼 여러 과학들 사이에서 공통된 원리를 찾아 낼 수 없었고 따라서 이들은 실제로 자신들의 연구를 발전시키는 데 아무런 힘을 보태지 못했다."[130]

중국인들에게는 서양의 원자론과 신의 의지가 지배하는 이슬람의 우인론을 대신해서 두 개의 근본이 되는 힘(음陰, 양陽)과 다섯 가지 현상(쇠, 나무, 물, 불, 흙)이 끊임없이 순환하는 유기적 세상이 있다. 그러나 그 우주 안에는 제1운동자도 없으며 창조자 하느님도 없고 입법자도 없으며 모든 사물에는 그 존재 양식이 있고 자신만의 고유한 길(도道, tao)이 있을 따름이다.[131] 중국인들은 이 존재 양식을 설명할 때 원리나 물질적 과정에서 찾지 않고 전체가 유기적으로 통일된 단일 구조에서 찾았으며 사물을 개체로 분리하고 인과관계를 따라 운동하는 것으로 사고하지 않았다.[132] 세상은 음과 양의 이원체로 보고 이들의 조화로 유지된다. 이 방식은 빛과 어둠, 뜨거움과 차가움, 하늘과 땅 같은 기본이 되는 분류를 낳았다. 이것들은 서로 반대되는 것을 암시하지만 그렇다고 서로 적대가 되는 것은 아니며 오히려 이들은 자연의 변화 과정에 따라 서로 일어나고 따르는 자연스러운 존재들로 서로에게 꼭 필요한 상대로서 상보적이다.

중국인의 우주론에서 자연과 인간의 존재 양식이 서로 조화롭게 통일되어 있다.

말하자면 자연 세계의 존재 양식을 연구하는 것은 하늘의 존재 양식과 그 밑에 있는 인간 사회의 존재 양식 사이의 상호 조화를 찾기 위해서였다. 이 조화를 탐구하는 일은 사회, 정치, 심지어 개인을 포함한 모든 차원에서 진행되었지만 이 가운데 가장 큰 관심사는 황제의 행실과 하늘의 존재 양식을 일치시키는 일이었다.[133] 사회 질서가 붕괴되는 것은 우주 질서의 조화가 이동했기 때문이며 따라서 인간 사회의 질서도 자연의 이치를 따르는 것은 피할 수 없다고 설명했다. 이것이 끝나고 나면 새로운 사회질서가 다시 바로 설 것이며, 하늘로부터 권한을 위임받은 황제는 백성을 다스릴 수 있는 정치와 사회 권력을 다시 얻게 된다. 그러나 이와 반대로 황제의 잘못된 행실로 자연과 사회의 유기적 조화가 전복될 수도 있었다. 홍수가 나거나 비가 오지 않거나 농사를 망친다든지 또는 유성들이 떨어진다든지 하는 천문학적 사건이 발생하면 그것은 모두 황제가 잘못해서 일어난 일이라고 말했다.[134]

이러한 세계관 속에서 공자(기원전 551~479)의 유학은 특히 송대에 이르러 성리학으로 정립되고 국가의 공식적인 이데올로기로 자리 잡아 중국의 문화를 지배했다. 성리학은 자연이나 인간사 외부의 세계가 아니라 가족, 인성, 사회에 관심을 두고 인간 행위와 정치의 도덕적 측면과 정의롭고 조화로운 사회의 유지를 강조하는 실천적인 철학으로 발전하였다. 자연과학을 탐구하는 태도는 찾아보기 어려웠으며 예, 덕, 신의, 노인 공경, 권력에 대한 복종, 정의 등이 성리학의 핵심 단어가 되었고 기존의 체제와 당대 사회의 가부장주의를 지탱하는 이념으로 역할을 하였다.

5.4 중국과학기술의 쇠퇴

16~17세기까지 중국은 독자적인 기술 전통으로 세계 최고의 발명을 이어갔으며 유럽보다 앞서 갔다. 거의 모든 분야에서 약 1500년이나 유럽을 앞섰는데도[135] 어째서 중국은 근대 과학을 발전시키지 못했는가? 니담은 "인간은 언제나 그 본질이 한결같은 자연 환경 속에서 살아왔다. 따라서 인간은 자신이 사는 자연 환경을 제대로 안다면 그 지식은 틀림없이 일관된 체계를 형성할 것이다."[136]고 보았다. 그렇다면 인간들은 예외 없이 자신이 사는 환경 속에서 공통된 자연의 문제를 풀어나가야 할 것이고 이 탐구를 위해 사용하는 여러 가지 인식 방식은 또 그 수만큼 많은 대안과 가설(추측)을 만든다. 이 가설들은 시간이 흐르면서 많은 오류와 '오인'이 제거되고

점점 더 나은 가설로 세련된 모습을 갖추게 된다.[137] 이런 관점에서 볼 때 자유롭고 개방된 탐구 활동이 지속적으로 이루어지는 것을 가로막는 사회적 · 제도적 장애물이 없었다면 단절이 없이, 비록 느릴지는 몰라도 과학 기술은 지속적인 진전의 도상에 있었을 것이다. 그렇지 않았다면 그 장애물들이 무엇인지 밝혀내는 것이 중요했을 것이다. 이것은 우리가 사는 이 세상을 지배하는 사회 구조의 본질과 자연의 변화 과정 그리고 그 관계를 과학적으로 설명하기 위해 꼭 필요한 것이다.

일반적으로 중국에는 과학적 방법론이 없었기 때문에 중국 과학이 정체되었다고 하지만 춘추전국시대 중국에 서양의 과학적 방법과 유사한 성향을 지녔던 학파였던 묵가와 법가가 있었다. 서양의 근대 과학혁명과 유사하게, 이 두 학파의 방법론이 중국에서 과학혁명으로 발전할 수도 있었을 것이라고 주장할 수 있으나 기원전 202년에 한 왕조가 들어서면서 묵가와 법가는 배척되었고, 과학적으로 덜 엄밀한 주류 철학인 유학과 도교가 그 자리를 차지했다.[138]

특히 중국인들은 유학적 세계관 위에 서서 사회와 인간관계에 관심을 집중하였으며, 실용적인 기술을 천하게 여기고, '인위적인' 행위에 대한 거부감을 가졌으며 도와 우주적인 조화의 개념에 기초한 도교적 세계관에 서서 자연에 반하거나 대립하는 행위를 하지 말라고 가르쳤다. 자연을 실험적으로 자극하고 캐묻는 것은 고사하고 특별히 연구하는 것조차도 도교에서는 순리를 거역하는 행위였다. 이런 세계관으로 살아가는 중국인들의 주요 관심은 자연 개념과 과학 탐구에 있지 않고 자연과 인간의 조화로운 삶에 있었다.[139]

중앙집권

중세 유럽에서 성직 임명권을 두고 논쟁과 투쟁이 일어나고, 세속 국가에서 종교와 도덕의 권위가 분리되며, 자치 도시가 형성되고, 전문가들의 동업조합인 길드가 출현하며 대학들이 설립되던 때에, 중국에서는 이미 기원전 3세기 진시왕의 중국통일로 시작된 중앙집권 체제가 성리학의 사상적 뒷받침으로 전례 없는 절대적 중앙집권 체제로 확고히 수립되어가고 있었다. 법적, 군사적, 행정적 그리고 종교를 대신할만한 사상적 모든 권력과 권한은 황제에게 집중되었으며 황제는 스스로 어떤 형태의 법률보다 위에 있었고 관료들을 상호 견제하는 제도를 완성함으로써 중국 전역을 철저하게 지배할 수 있었다. 황제는 모든 권한을 소유하였으며 자신의 손에서 벗어난 어떤 권력도 허용하지 않았다. 더욱이 유의할 것은 유럽에서는 왕이나 군주가 세속화되어 세속의 지배자가 되었던 반면에, 중국에서 황제는 하늘의 권한을 위임받은, 이 세상에서 유일한 사법권을 가진 존재로서 신성화되었다.[140]

중국의 완벽한 중앙집권체계는 자치권을 가진 어떠한 형태의 도시나 마을 혹은 집단을 허용하지 않았다. 따라서 스스로 법을 만들고 진행하는 사법권을 보유한 어떤 형태의 지방 자치도 발전할 수 없었다. 서양처럼 도시나 읍 또는 대학 같은 기관이 자치권을 가지고 향유할 수 있는 법적 자치 공간이 중국에는 없었다.[141] 모든 권력과 권한은 황제와 중앙 관료에게서 흘러나와 지방 단위로 내려갔고 지현의 책임자는 자기가 다스리는 현의 일상 운영에 책임을 졌으나 중대한 결정을 내리는 경우는 거의 없었다. 실제로 모든 결정은 상부의 지시나 승인을 받아서 했으며 관료제의 어떤 단계에서도 자치권이 허용되지 않았다. 사법권은 모든 것을 지배하는 황제에게만 유일하게 주어졌다. 중국인들에게 인간 사회의 조화를 보장하는 하늘의 권한은 오직 황제 한 사람만이 받을 수 있다는 생각이 당연시되었다.[142]

12세기와 13세기 유럽에서 발생한 법과 자치의 혁명은 도시와 읍이 스스로 법을 제정하고 재판소를 세우고 세금을 거두며 재산을 소유하고 소송 당사자가 되고 자체 측량 기준을 만들고 화폐를 주조할 수 있는 권리를 부여했지만[143] 이런 일은 중국에서 일어나지 않았다. 이것은 12세기와 13세기가 아니라 17세기 아니 20세기 초까지도 발생하지 않았다. "확실하게 독립된 사법권을 가진 지방 자치 도시는 중국에서 전혀 만들어지지 않았다."[144] 중세 유럽에서 세속의 왕권과 교회의 권력이 서로 다투며 경쟁하는 사이에 자치와 논쟁의 공간이 발생할 수 있는 여지가 있었던 반면에 중국에서는 이러한 여지가 전혀 주어지지 않았다.

당시 중국은 모든 산업도 정부의 통제 아래에 두고 황제가 명목상 모든 자원을 소유했고, 관리 작업장과 공장을 만들어 생산을 독점했다. 예를 들어 광업, 철, 소금, 비단, 도자기, 종이, 술을 독점했다. 황제는 이런 독점적인 사업을 하는 생산 및 상업의 주체였고, 거기에서 나오는 이익으로 엄청난 군사비용을 충당했다. 황제는 수많은 전문 기술자를 고용했고, 기술이 있는 사람은 국가를 위해 일해야 했다. 예컨대 원나라의 황제들은 26만 명의 기술자를 고용했으며, 명은 2만 7천 명의 장인과 그들에게 딸린 조수들을 고용했다. 1342년에는 국가가 지휘하는 소금 생산 노동자 1만 7천 명이 양쯔 강 하류에서 일했다.[145]

자연법 사상의 부재

중국의 법은 고대 현인 같은 왕들이 베풀었던 선행으로 신성화된 관습과 전통을 담고 있지만, 신의 계시라는 생각과는 전혀 관계가 없었다. 중국인들에게 실정법이 있었지만 이들에게 더 큰 약속(법)은 과거부터 전승되어 온 신성한 예절인 '예'이다. 영원하고 절대로 변하지 않는 '도'를 자연의 근본 양식이라고 볼 때 '예'는 올바른 인간

행동 양식과 연결되어 있다.[146] 자연과 인간의 조화로운 삶을 순리라고 보았던 중국인들에게 현인들의 행동은 사물 본래의 질서에 그 뿌리가 닿아 있었으며 진정한 자연의 질서를 그대로 반영한 것이었다. 이것은 중국인들의 자연법적 사상이라고 할 수 있다. 이러한 중국적 자연법사상은 중세 유럽의 자연법과는 달리, 고대 그리스나 중세 유럽에서처럼 철학이 자치 원리로서 발생하는 것을 막는 구실을 했다.[147] 우선 중국에서 이 개념은 중국의 지배 엘리트에게 철저하게 독점되어 있었다.[148]

중국인들에게 고대 현인들의 위대함과 다른 민족의 법들을 모두 뛰어넘는 진정한 보편적 자연법 개념이 없었다. 중국의 법사상은 지방의 다양한 관습과 예절을 고려하고 동시에 더 높은 수준의 영원무궁하며 신성한 질서의 근거가 되는, 유럽의 자연법에 상응하는, 더 높은 차원의 추상적 개념으로 발전하지 못했다.[149] 중국에서 법은 모든 백성에게 단일하게 적용되는 것이 아니라 경제 계급, 가문, 학문 성취도, 나이 등 온갖 종류의 집단에 특권을 인정하는 예외로 가득했다. 중국의 법 정신은 이런 개별 사항의 시비를 가리거나 정의가 무엇인가 하는 이론적 문제에는 관심이 없었고, 오직 사회 질서를 유지하기 위해 도발과 파괴의 위험성을 제거하는 것에 중점을 두었다. 니덤이 강조했던 것처럼 중국 법에서 문제는 누가 옳고 누가 그르냐가 아니라 "무슨 일이 일어났으며 그것의 처벌은 무언인가?" 였다. 중국 법의 핵심은 자연 질서에 무슨 일이 발생했느냐에 대한 것이다. 국가의 관료가 중대한 잘못을 저지르게 되는 것은 '예'가 없기 때문이며, 이것은 예를 수행할 수 없고 올바른 처신을 할 수 없으며 황제가 자신의 의무를 다할 수 없는 상태를 뜻한다."[150] "중국의 법은 개인이나 집단의 권리, 특히 경제적 권리를 보호하는 데 일부 관심이 있기는 했지만 국가를 상대로 그런 권리를 주장하는 것에는 전혀 관심이 없었다. 법이 가장 관심을 두었던 것은 도덕 또는 예절에서 벗어난 인간의 행동 또는 중국인들의 눈에 사회 질서를 파괴하고 무너뜨리는 것처럼 보이는 범죄와 폭력이었다."[151]

법적 전문집단의 부재

우주의 질서와 인간 사회의 질서 간의 조화를 이루기 위해서 중국의 영토 안에 형성되어 있는 기존의 사회 계층구조가 깨지지 않도록 하는 일에 주의를 집중했다.[152] 황제는 하늘이 준 권한을 유지해야 하는 가장 큰 책임이 있는데, 이것은 자신의 통치권을 가지고 위에서 아래까지 관료제의 위계질서를 흔들리지 않게 유지해야 한다는 것을 뜻했다. 마을사람들, 현민들 또는 다른 사회 집단의 사람들이 자율적으로 행동 방침을 정할 수 있도록 허락하는 것은 황제가 하늘의 권한을 잃었다는 것을 의미한다. 이러한 중국의 중앙 집권적 관료제의 계층구조와 집단 책임의 강조는 사회적 행위의 자치 범위 또는 자치 공동체의 발전을 가로막았다. 결국 어떤 집단도 자치권을 가질 수 없었고 특정한 인간 활동 영역에서 가장 높은 수준의 사고와 실천을 할 수 있는 합법적인 전문가 집단이 성장할 수 없었다.[153]

전통적인 중국 사상에서 '이슬람이나 기독교 서양과 달리 중국 문명은 인간과 자연에게 절대적 명령을 내리는, 전능하며 신성한 입법자를 거론하지 않는다. 특히 법가의 실패 이후 중국 사회는 엄밀하게 정의된 실정법이나 법전보다는 의(義)나 예(禮) 같은 더 유연한 개념들이 일반적으로 중국의 법질서를 지배했던 것이다. 그 결과 중국 지식인에게는 자연의 법칙을 탐구하거나 신의 작품에 깃든 질서를 발견하려는 노력이 무의미했다.[154] 로마 시대에 교회법과는 별도로 단순한 판례법 체계가 아니라 방대한 규모의 시민법, 즉 『로마법대전』이 있었고 교회에는 교회법이 있었으며 이 영역에서는 신앙을 체계적이고 논리적으로 설명한 신학이 매우 중요한 학문이었다. 신학은 대학에서 국가의 간섭을 받지 않는 자유로운 전문가들을 만들어 냈다. 대학이 설립되자 신학은 지식 학문으로서 자신의 길을 만들어 갔고 심지어 철학도 교회의 위계질서, 특히 주교들의 반발을 무릅쓰고 대학에서 자기 권리를 주장할 수 있었다.

12세기와 13세기에 법은 아마도 유럽에서 가장 발달한 학문이 되었으며 볼로냐 대학과 같은 일부 대학에서는 법학부도 만들어졌다. 이 법률 전문가들은 국가의 명령에서 비교적 자유로웠다. 법을 정의하고 확장하고 해석하며 법전을 편찬하는 독립된 법률 전문가의 전통은 서구 사회에서 오늘날까지도 계속해서 이어지고 있다.[155] 의학도 자체 전문가들을 길러냈는데 이들은 의학을 가르치는 문제뿐만 아니라 병원을 개업하는 문제에 대해서도 자체 법규를 제정할 수 있었다. 이것은 중국과 아라비아-이슬람 문명에서는 상상할 수 없는 일이었다. 이슬람에서는 자치 조직의 체계에 반드시 필요한 한정된 사법권을 인정하는 적절한 법체계가 없었다.[156] 중국의 경우는 이슬람보다 더 분명한데 중국의 사법 구조와 체계 속에 철학, 과학, 법, 의학 어느 전문가 집단도 한정된 범위에서 법적 자치권을 가지기에 적절하지 못한 구조였다.[157]

교육과 과거제도

중국의 교육 제도는 엄격하게 국가의 통제를 받았으며 문학과 도덕 교육에 중심을 두었다. 국가의 위계질서 안에서 독립된 교육은 있을 수 없었고 교육 기관은 교과과정을 스스로 관리할 수 있는 자치권을 보유하지 못했다. 국가는 과거 시험을 보는 과목을 표준화하고 주로 유교 고전들을 기준으로 문학과 윤리학에 집중했다. 전국의 과거 시험 응시자들을 위해 특별히 고안한 백과사전과 입문서를 제작했다.[158]

학생들은 오직 국가가 주관하는 시험에 필요한 책들을 통달하는 데만 관심이 있었다. 중국에는 학위를 수여할 수 있는 권한을 가진 교육기관이 없었다.[159] 과거제도는 국가의 엘리트 지배층에 새로운 피를 공급하고 중국의 관료제가 완전한 세습제로 되는 것을 막는 데 큰 구실을 했다. 명나라 초기(약 1368년)부터 20세기까지 변치 않고 유지되어 온 과거제도의 엄격한 이념적 틀[160]과 정치적 교화를 통한 절대적인 획일성의 유지는 창의성과 상상력을 필요로 하는 과학의 발전에는 기여할 수 없었다. 과거제도는 필연적으로 현재의 지적 현상을 논쟁 · 비판하는 일에 치중하게 되고 인간의 정신세계를 고양하고 새로운 지식 도구들을 개발하고 체계화하려고 하는 사상가들을 양성하거나 지원하는 일에 소홀히 하게 되었다. 중국에는 스콜라학파의 논쟁 방법에 상응하는 도구도 없으며[161] 아리스토텔레스의 논리학 사전도 없고 유클리드 기하학에서 볼 수 있는 수학 증명 방법도 없었고 오랜 중국 역사에서 유교 사상은 지식을 발전시키기 위한 수단으로 논쟁을 사용하는 것에 기여하지 못했다.[162] 이것은 "고대 중국의 철학 가운데 소크라테스 방식의 대화와 닮은 어떤 토론 방식도 실제로 발견할 수 없다."는 사실에서 더 분명하게 드러난다.[163] 성리학 이념의 단일 지배는 '자연현상을 연구하기 위한 적절한 방법론을 창조'하지 못하도록 방해하는 구실을 했다.[164] 따라서 과학적 대상의 탐구는 중국 사회의 주변부로 내쫓기고 말았다.

사상의 통일

이러한 제도 하에서 학생들은 "시험을 위해서뿐만 아니라 학문을 연마하기 위해 공부해야 하는 교재들이 표준화되었기 때문에 관료들을 비롯해서 전체 지도층은 다른 어떤 집단과 비교할 수 없는 정도의 사상의 통일을 강요받았다. … 아무도 정통 해석을 벗어난 어떤 이해도 할 수 없었기 때문에 독창적인 생각을 발전시킬 수 있는 기회가 전혀 남아 있지 않았다."[165] 중국의 과거제도 하에서는 세상을 일관되게 설명하는 과학적 이론과 자연 철학이 성장할 수 있는 여지가 생기지 않았다. 비록 기술과 관련된 약간의 시험이 있었지만 시험에 출제된 문제들은 그들이 당연히 외워야 하는 유학 고전에 나오는 기술과 관련된 구절들이었고 현재의 조화로운 사회를 보존하고 사물들이 왜 현재 있는 그대로 있어야 하는지 설명하는 창의적인 사상의 실현에 초점이 맞춰져 있지 않았다. 이 시험에 통과한 소수의 합격자들조차 '과학자'가 되지 못했으며 과학과 기술 관련 행정업무의 책임자가 되었다.

조지프 니덤은 중국에서 근대 과학이 발전할 수 없었던 중요한 장애 요소로 작용한 중국 과학의 내부와 외부 요인을 모두 살펴보고 독특한 중국어 구조의 특성과 지리적 고립, 거대한 관개망의 필요성, 자연과 시간, 우주에 대한 철학(특히 도교, 불교, 공자와 묵자의 사상), 수학적 개념과 상징주의의 존재 또는 결여, 실험 방법의 사용, 창조자 신과 자연법 개념의 부재, 중국 관료주의를 중요한 장애 요소로 지적하였다.[166] 그는 중국에서 "'관료 봉건주의'가 그대로 남아 있는 한 수학을 중심으로 한 고전 과학은 경험주의의 자연 관찰이나 실험과 통합할 수 없으며 따라서 근본적으로 새로운 것을 생산할 수 없다."[167]고 하였다. 같은 맥락에서 그는 그 상태에서 상인 계급이 세력으로 등장할 수 없었던 까닭은 중국 사회에서 근대 과학의 발생이 억제되었기 때문이고 상인이 성장하고 자본주의가 도래하는 것을 철저히 막은 것은 바로 중국 관료주의였다.[168]고 주장한다.

5.5 제도와 과학기술

한 사회와 문명을 규정하는 문화적 가치가 어떻게 과학연구를 촉진 혹은 방해하는가? 사회 제도는 그 사회의 패러다임을 표현하는 개념이며 따라서 이 개념은 특정 사회와 문명에 사는 모든 사람들을 구속한다. 이것은 한편으로는 사회적 행위의 도덕과 윤리를 규정하는 가치관의 형태로 나타나고, 다른 한편으로는 2단계로 이 가치관이 법률이나 문화 규칙을 만들어 제도화된다.

중국인은 서양보다 400년이나 앞서 활자 인쇄술과 종이를 발명했다. 그러나 이 인쇄술이 처음 발명된 중국에서도 그리고 아라비아-이슬람 문명에서도 12세기와 13세기에 서양에서 일어났던 사회 혁명과 지식 혁명 같은 것은 발생하지 않았다. 실제로 아라비아-이슬람 문명은 19세기 초까지 인쇄술의 사용이 금지되었다. 그리고 중국으로부터 이슬람을 거쳐 12세기에 유럽에 전파된 인쇄술이 15세기에 이르러 더욱 편리하고 효율적으로 개선되어 19세기에, 이슬람과 중국에 마치 그곳에 인쇄술이 과거에 전혀 없었던 것처럼 다시 소개되었다. 마찬가지로 8세기에서 13세기까지 이슬람 세계는 호기심과 종교적 동기로 매우 높은 수준의 과학적 진보를 이룩했다. 의학 분야에서도, 유럽인들이 인체 해부를 시도한 13세기까지는 이슬람 의학이 매우 높은 수준에 있었다.[169] 그러나 앞에서 살펴보았듯이 중국과 이슬람 모두 당시의 선진과학을 근대 과학으로 발전시키지 못하였다. 두 문명권에 공통적으로 발견되는 제도 혹은 개념을 발굴해내는 것은 우리에게 중요한 의미가 있다.

담론과 참여의 보편화

인간이 자연현상을 판단하는 주관적 확신을 바탕으로 합리적으로 행동한다는 개념은 인간의 양심과 이성에서 출발한다. 인간은 이성과 양심을 가지고 있으며 이것 때문에 인간은 객관적 논증을 뛰어넘어 주관적 확신에 도달할 수 있고, 이러한 확신에 도달하는 것은 인간뿐만 아니라 신이 보았을 때도 받아들일 수 있는 것이라는 신학적 인식에 근거한다.[170] 넬슨은 중국과 이슬람에서 근대과학이 발생하지 않은 중요한 원인으로 신학, 과학, 수학을 포함한 모든 상징체계가 공평하고 신중하게 다뤄지지 않았음을 들고 이 약점은 좁은 의미의 과학적 기술의 문제가 아니라 오히려 사회문화의 영역에서 상징적 기술이 부족했기 때문이라고 보았다.[171] 이 약점은 그 문명의 사회 구조와 제도의 결핍 때문에 생긴 것인데 이 구조와 제도는 과학적 담론을 더 넓은 영역으로 공개하고 많은 사람들을 참여하게 할 수도 있지만 반대로 그런 공개를 심각하게 제한할 수도 있다고 보고 넬슨은 자신의 책 『이자의 개념The Idea of Usury』[172]에서 유럽 문명의 가장 중요한 역동성은 담론과 참여의 보편적 사회를 지향하는 것이라고 주장했다.[173] 그리고 근대 과학의 약진과 '가장 높은 차원에서 보편화'의 실현은 다음 세 가지 점에서 검토할 것을 제시하였다. 첫 번째는 '학문을 연구하고 토론에 참여하는 사람이 그 과정에 자유롭게 드나드는 것을 가로막는 장애물'을 어떻게 극복하고 '오래 전부터 이어져 내려온 불공평한 이원론'을 뛰어넘을 방법을 검토한다. 두 번째는 새로운 이론 생산과 혁신적 절차를 포함해서 공인된 지식이 생산되고 유통되도록 자극하는 수단과 절차에 주목해야 한다. 그리고 세 번째로 우리가 '쓰고 말하는 언어 구조가 더 높은 차원의 일반성을 유지할 수 없게 하는' 장애물을 어떻게 극복해 왔으며 또 어떻게 극복할 수 있는지 그 방법을 검토해야 한다.[174]

문화와 문명의 진보로 가는 큰 길은 토론과 참여의 자유를 새롭게 열기위해 지역과 민족을 초월한 상징체계를 계속 창조하느냐 마느냐에 달려 있다.[175] 문명화 관점에서 한 사람이 특정 과학 분야에서 어떤 학문에 관해서 예를 들면 화학이나 광학, 수학에서 그리스인들보다 실제로 앞섰느냐 보다는 과거보다 향상된 이론적 해석을 승인하는 과정에서 폭넓고 보편적인 토론과 참여를 통해 창조적 진보의 가능성을 열 수 있는 그 사회의 사상과 윤리 체계 그리고 의사결정의 논리가 실제로 크게 발전했느냐 하는 것이 근본 문제이다.[176] 이러한 관점에서 과학과 기술이 진보하는 것은 단순히 새로운 수학적 해법이나 정교한 실험과 관찰 또는 새로운 이론 공식과 같은 수단적 문제가 아니라 당대의 사상가들이 전통의 지혜와 관행 그리고 옛날부터 내려온 의사결정의 논리를 깨뜨리고 새로운 상징체계와 개념을 사회에 적용할 수 있도록 의식 세계가 발전했기 때문이다. 이러한 발전으로 사람들이 개인과 집단의 의사를 자유롭게 표현하고 나누며 새로운 과학과 법, 윤리, 신학, 사회 개념을 터놓고 논의할 수 있는 열린 중립 지대가 새로 만들어졌다.[177] 이렇게 될 때 개인과 집단의 머릿속에 맴돌고 있는 영감이 자유롭게 실현되고 가장 높은 차원의 창의성이 현실로 드러날 수 있다.

역동적 지식 사회

갈릴레오와 코페르니쿠스는 "당시 교회가 지배하고 있는 가설에 도전했고 공인된 신학자들의 성경 해석에 명백한 의문을 제기했다."[178] 현재 일반적으로 인정된 지식과 원리들이 제시되었던 당시에 그것과 그것에 대한 사회의 공식 해석 사이에서 발생하는 대립은 역사에서 되풀이해서 발생하고 대개 그 대립에 연루된 과학자는 고난을 겪어야 했다. "코페르니쿠스의 가설에 대한 투쟁과 관련해서 중요한 문제는 그 특정한 이론이 입증되었느냐 아니냐가 아니라 결국 공식적으로 그 새로운 사실을 잘 알지 못하는 사람들의 해석에 따라 진실과 확신에 대한 결정이 내려질 수 있다는 것이었다."[179] 이것은 사회의 공식 권력과 개인의 자유 사이에 나타난 극적인 대립과 대결이었고 여기에서 많은 사건들이 파생되었지만 결국 이러한 사건들은 이데올로기가 개인의 자유를 구속해서는 안된다는 것으로 마무리 되어왔다. 초기 기독교 신학과 교회법, 대학의 개척자들은 실제로 인간의 정신과 자유로운 토론의 영역을 계속해서 넓혀 나갈 수 있도록 보장하는 역동적 구조와 절차를 새로 만들어냈다. 또한 정치와 지식 영역에서 종교 개혁의 중요성을 인정함에 따라 서양 기독교계의 권위는 더는 과학을 제쳐두고 지식 사회에서 발생한 근본 문제를 판결할 수 없었다.[180] 근대 과학의 발전은 일반 지식인들이 기존 종교가 이 세상에 대해 말해 왔던 교리적 종교 지식과 근본적으로 다른 견해를 자유롭게 서로 공개하고 설명할 수 있었기 때문에 가능했다. 코페르니쿠스와 갈릴레오, 케플러 같은 천문학자들은 천문학을 올바르게 정립하려는 의도였지만, 이들의 과학적 주장이 결국 유대-기독교의 교리적 세계관을 바꿔 버렸고 이슬람 전통의 우주론을 크게 뒤흔들고 이들의 관습을 심대하게 위협하였다.[181]

근대 과학의 발전은 바로 지식과 제도의 발전을 뜻했다. 지식의 발전에서 볼 때 근대 과학은 기존의 세계관을 무너뜨렸고, 제도의 발전에서 볼 때는 새로운 법적 보호구역을 만들어 그 안에서 가장 중요한 성과를 거둔 과학적 탐구를 외부의 간섭 없이 수행할 수 있었다. 이 과정에서 기득권을 가진 정치권력이나 종교 세력이 새로운 과학의 발견에 반발하였음에도 불구하고 당시에 철학자와 과학자 역할을 했던 사람들이 자신의 이성을 활용하고 공개 토론장에서 사상을 표현할 수 있는 권리를 법과 제도로 인정받았으며 이런 행위가 비록 전통의 규율을 위반하는 것이라고 하더라도 합법적 활동으로 여겨졌다.[182]

자유 공간

궁극적으로 아랍인들, 중국인들 또는 인도인들이 광학과 화학, 의학, 천문학, 수학에서 그리스인들을 앞섰는지 아닌지가 중요한 것이 아니라, '더 넓은 보편적 담론과 참여'의 길로 활짝 문을 여는 '사상과 도덕체계와 의사결정의 논리에서 전체 사회를 아우르는 큰 발전'이 있었느냐 없었느냐가 중요한 문제이다.[183] 전 세계의 다양한 문화 속에 홀로 갇혀 있는 천재들만으로는 과학의 진보가 이어져갈 수 없다. 중요한 문제는 내부 요인이나 과학 자체가 아니라 사회학적이고 문화적인 것이었다. 그것은 제도의 확립이라는 문제에 달려 있었다. 긴 안목으로 볼 때 만일 과학 사상과 창의적인 지식이 스스로 생명력을 유지하면서 새로운 영역을 정복하고 창조하는 방향으로 발전해 나가려고 한다면 다양한 자유의 영역들— '중립 지대'라고 부를 수 있는 것[184]—이 존재해야 한다. 그리고 그 안에서 많은 사람들과 집단들이 정치적 · 종교적 권위의 감시를 벗어나 자유롭게 창의성을 발휘할 수 있어야 한다. 또한 어떤 형이상학과 철학의 전제들도 간섭받지 않고 자유롭게 논의할 수 있어야 한다. 우리가 과학을 생각할 때 인간은 모두 이성을 가지고 태어났으며 세상은 합리적이고 일관된 모습을 지닌 전체라는 생각을 가져야 한다. 그리고 다양한 차원의 보편적 상상력과 평등하고 자유로운 참여와 토론이 허용되어야 한다. 아라비아-이슬람 문명 그리고 중국의 문명이 근대 과학을 잉태하는 데 가장 큰 약점이 바로 이것이었다.[185]

니덤은 "우주에는 단 하나의 과학이 있을 뿐"이며 언젠가 "우리가 중세 중국과 인도, 이슬람, 그리고 고대 서구 세계의 발전된 자연 지식을 탐구하고 르네상스 말기 유럽의 큰 발전까지 비교 연구하다 보면 고대 바빌로니아에서 최초로 천문학과 의학이 어떻게 발생했으며 그 둘 사이의 연속 관계가 무엇인지 역사적으로 밝혀질 날이 올 것"[186]이라고 하였다. 수세기 동안 많은 학자들이 우주와 그 존재론에 대해 깊숙이 천착했던 사상을 자유롭게 말할 수 있도록 그 사상에 생명을 불어넣고 권위를 부여했던 인간의 정신, 영혼, 심리, 양심에 대한 합당한 이론 분석이 없이는 근대 과학의 발생을 완벽하게 설명할 수 없다.[187] 근대 과학으로 가는 길은 자유롭고 열린 토론과 소통으로 가는 길이며 이것은 당장 임박한 연구와 더불어 사회적 상상력을 발휘해서 풀어야 할 과제이다.[188]

16세기 중반, 코페르니쿠스 혁명은 당시에 순수한 형이상의 도약이었다. 아랍인들은 프톨레마이오스의 행성 모형이 내포한 관측의 문제를 유럽인들보다 이미 200년이나 앞서 알고 있었다. 그러나 그들은 이러한 혁신을 만들지 못하였다. 그 이유를 어디에서 찾을 수 있을까? 코페르니쿠스의 이론이 참이냐 거짓이냐, 또는 그것이 실제의 관찰 자료와 이론으로 강력하게 지지를 받았느냐 그렇지 못하냐의 문제 이전에 새로운 체계를 반대하는 사람들과 자유롭게 토론할 수 있는 문화 제도와 어느 정도의 중립 공간이 존재했느냐 아니냐가 중요한 문제가 된다. 이것은 어쩌면 종교적으로 정죄받을 수 있는 새로운 우주 체계를 사람들이 냉정하게 평가하고 최소한의 공정한 결과를 제공할 수 있는 사회적 · 제도적 지원이 존재했는가의 문제이다. 에드워드 로젠(E. Rosen)과 허버트 버터필드(H. Butterfield) 같은 과학역사가들의 견해에 따르면 코페르니쿠스 혁명은 서양이 지니고 있던 우주에 대한 개념과 그 안에 있는 인간의 위상을 완전히 바꿔버린 대사건이었다. 이렇게 봤을 때 16~17세기의 과학 혁명은 매우 심대한 형이상의 혁명이었다. 동시에 이 혁명은 서양에서만 일어났으며 이슬람이나 중국에서는 발생하지 않았다. 따라서 우리는 16~17세기 과학 혁명을 이끌었던 유럽의 시대 배경과 12~13세기 이슬람과 중국의 제도가 어떻게 발전했는지 그 근원을 유심히 살펴보아야 한다.[189]

생각해보기

1. 중국인들에게는 우주 안에는 제1운동자도 없으며 창조자도 없고 입법자도 없으며 모든 사물에는 그 존재 양식이 있고 자신만의 고유한 길(도道, tao)이 있을 따름이다. 중국인들은 이 존재 양식을 설명할 때 원리나 물질적 과정에서 찾지 않고 전체가 유기적으로 통일된 단일 구조에서 찾았으며 사물을 개체로 분리하고 인과관계를 따라 운동하는 것으로 사고하지 않았다. 세상은 음과 양의 이원체로 보고 이들의 조화로 유지된다. 이것들은 서로 적대가 되는 것은 아니라 오히려 자연의 변화 과정에 따라 서로 일어나고 따르는 자연스러운 존재들로 서로에게 꼭 필요한 상대로서 상보적이다. 나단 시빈은 그 결과 "중국에서는 여러 과학이 서로 섞인 체계는 있지만 그 모든 것을 하나로 엮어 내는 단일 개념 또는 단어로서 과학은 없었다." 고 한다. 더욱이 "중국의 철학자들은 서양에서 아리스토텔레스와 그 후계자들이 했던 것처럼 여러 과학들 사이에서 공통된 원리를 찾아 낼 수 없었고 따라서 이들은 실제로 자신들의 연구를 발전시키는 데 아무런 힘을 보태지 못했다." 고 한다. '존재 양식', '자신만의 고유한 도', '제1 운동자', '창조자', '단일개념', '공통원리', '과학'이라는 표현에 유의하여 자신이 이해하는 중국인의 과학관을 써보자.

2. "에드워드 로젠(E. Rosen)과 허버트 버터필드(H. Butterfield) 같은 과학역사가들의 견해에 따르면 코페르니쿠스 혁명은 서양이 지니고 있던 우주에 대한 개념과 그 안에 있는 인간의 위상을 완전히 바꿔버린 대사건이었다. 이렇게 봤을 때 16~17세기의 과학 혁명은 매우 심대한 형이상의 혁명이었다. 아라비아-이슬람인들은 프톨레마이오스의 행성 모형이 내포한 관측의 문제를 유럽인들보다 이미 200년이나 앞서 알고 있었다. 그러나 그들은 코페르니쿠스의 혁신을 만들지 못하였다. 그 이유를 어디에서 찾을 수 있을까? 코페르니쿠스의 이론이 참이냐 거짓이냐, 또는 그것이 실제의 관찰 자료와 이론으로 강력하게 지지를 받았느냐 그렇지 못하냐의 문제 이전에 새로운 체계를 반대하는 사람들과 자유롭게 토론할 수 있는 문화 제도와 어느 정도의 중립 공간이 존재했느냐 아니냐가 중요한 문제가 된다. 이것은 어쩌면 종교적으로 정죄받을 수 있는 새로운 우주 체계를 사람들이 냉정하게 평가하고 최소한의 공정한 결과를 제공할 수 있는 사회적 · 제도적 지원이 존재했는가의 문제이다." 라는 본문의 지적과 관련하여 당시 아라비아-이슬람 사회의 뛰어나 과학기술지식에도 불구하고 새로운 형의상의 혁신을 이끌어내지 못한 구체적인 이유들을 자신의 견해로 기술하고 자신의 견해의 연장선상에서 현재 우리사회에서 제시하고 싶은 생각을 써보자.

3. 넬슨은 중국과 이슬람에서 근대과학이 발생하지 않은 중요한 원인으로 신학, 과학, 수학을 포함한 모든 상징체계가 공평하고 신중하게 다뤄지지 않았음을 들고 이 약점은 좁은 의미의 과학적 기술의 문제가 아니라 오히려 사회 문화의 영역에서 상징적 기술이 부족했기 때문이라고 보았다. 넬슨은 자신의 책『이자의 개념The Idea of Usury』에서 유럽 문명의 가장 중요한 역동성은 담론과 참여의 보편적 사회를 지향하는 것에 있다고 주장하고 근대 과학의 약진과 보편화의 실현을 위한 세 가지 검토 사항, 첫 번째, '학문을 연구하고 토론에 참여하는 사람이 그 과정에 자유롭게 드나드는 것을 가로막는 장애물'을 어떻게 극복하고 '오래 전부터 이어져 내려온 불공평한 이원론'을 뛰어넘을 방법, 두 번째, 새로운 이론 생산과 혁신적 절차를 포함해서 공인된 지식이 생산되고 유통되도록 자극하는 수단과 절차, 세 번째, 우리가 '쓰고 말하는 언어 구조가 더 높은 차원의 일반성을 유지할 수 없게 하는' 장애물을 어떻게 극복해 왔으며 또 어떻게 극복할 수 있는지 그 방법을 제안하였다. 이 세 검토 안을 토대로 우리 사회에서 학문 연구와 지식의 생산과 유통의 중요한 축을 이루고 있으며 자신이 현재 적을 두고 있는 대학의 문제점들과 이를 개선하기 위한 의견을 토론하고 기록해보자.

4. "과학과 기술이 진보하는 것은 단순히 새로운 수학적 해법이나 정교한 실험과 관찰 또는 새로운 이론 공식과 같은 수단적 문제가 아니라 당대의 사상가들이 전통의 지혜와 관행 그리고 옛날부터 내려온 의사결정의 논리를 깨뜨리고 새로운 상징체계와 개념을 사회에 적용할 수 있도록 의식 세계가 발전했기 때문이다. 이러한 발전으로 사람들이 개인과 집단의 의사를 자유롭게 표현하고 나누며 새로운 과학과 법, 윤리, 신학, 사회 개념을 터놓고 논의할 수 있는 열린 중립 지대가 새로 만들어졌다. 이렇게 될 때 개인과 집단의 머릿속에 맴돌고 있는 영감이 자유롭게 실현되고 가장 높은 차원의 창의성이 현실로 드러날 수 있다." 는 지적에서 나타난 '수단적 문제', '상징체계', '의사결정의 논리', '자유로운 표현', '중립지대', '창의성'의 관련성을 고찰하고 특히 현대 사회에서 '중립지대'는 무엇을 의미하는가를 깊이 생각하고, 이와 관련하여 우리사회의 장점과 단점에 대하여 토론하고 기록해보자.

제6장 과학 정신의 태도

13~14세기 이전까지 아라비아-이슬람 문명이 광학, 천문학, 기하학과 삼각법 같은 수학 그리고 의학 분야에서 이룩한 성과는 유럽은 물론 중국의 성과보다도 더 뛰어났다. 이슬람의 지식인들은 당시에 이미 자연현상을 수동적으로 관찰하는 것을 넘어서 실험 방법을 고안하였다. 유럽은 거의 천년 동안 기독교 교리의 지배하에 있었으며 그리스 문명이 남긴 중요한 유산과 함께 로마 문명이 남긴 위대한 유산도 지키지 못했다. 대신에 유럽인들은 자연을 연구하고 그 원리를 해석하여 그들 앞에 놓인 종교와 법을 체계화하고 조직화해서 합리적인 판단의 근거를 얻을 수 있다고 생각했다. 이 동안 지식의 자치권을 인정하는 토대가 마련되고 자연의 합리적 질서와 인간의 합리성을 추구하는 사람들이 생겨났다. 중세 유럽인들은 이성과 합리성으로 가득 찬 인간의 형상을 만들었고, 인간의 철학적 · 신학적 사색은 자치가 주어진 학문의 거점인 대학을 창조했다.

이 시기는 유럽인들에게 질서의 관념을 마련해 준 기나긴 훈련의 기간이었다. 그것을 완벽하게 실천에 옮기지 못했을지는 모르나, 이 관념은 사람들의 머리에서 잠시도 떠난 적이 없었다. 특히 중세는 합리주의에 철저한, 정돈된 사상을 추구하던 시대였다. 무정부 상태는 도리어 의식을 일깨워 정합적인 체계에로 눈을 돌리게 하였다.[1] 과학은 사물의 질서에 대한 일반적인 감각 이상의 무엇인가를 필요로 한다. 수세기 동안 유럽의 중세인들을 지배했던 스콜라의 논리와 신학이 형성한 명확하고 엄밀하게 사고하는 습관과 자연의 질서가 존재한다는 데 대한 확신은 서구 과학 정신의 뿌리가 되었다. 과학 방법의 출현은 중세인들을 16세기 과학 혁명으로 이끌어갔으며 마침내 16세기 유럽은 세 개의 혁명을 목격하게 된다. 과학 혁명으로, 지구가 우주의 중심에서 그 주변의 행성으로 내려오듯이, 우주의 중심에 있어왔던 인간도 우주의 주변으로 내려오게 되었다.

6.1 위대한 번역의 시대

11세기와 12세기 초, 학문 특히 과학과 철학에 대한 사람들의 관심이 커지면서 사람들은 빈약한 전통적 학문에 만족할 수 없게 되었다. 당시의 지적인 상황에 만족하지 않았던 서유럽의 학자들은 과거의 과학적 유산을 받아들이기 위해 직접 행동에 나서게 되었다. 힌두-아라비아 숫자 체계가 10세기(약 960년)에 유럽(스페인)에서 사용되었지만, 이에 맞춘 새로운 '계산방식'은 13~14세기가 되어서야 비로소 나타났다.[2] 더욱이 유럽인들은 이 새로운 셈과 계산 체계가 너무 생소했던 까닭에 수십 개 조합의 아라비아 숫자를 새로 만들었고 이것을 표준으로 수를 세는 법을 채택하였다.[3] 이 체계는 마침내 1200년에 상업용을 비롯해 여러 가지 용도의 많은 교본에 용례와 함께 수록되었다.[4] 11~14세기에 서양에서는 대학에서 천문학을 가르치기 위해 새로운 종류의 표준 수학 부호들과 입문서, 교재, 여러 가지 관련 문서들이 만들어졌다. 여기에는 수학 교재를 비롯한 기하학, 행성 이론, 달력 제작 기술을 가르치는 교재도 포함되어있었다. 원래 우주론은 수리 천문학보다는 자연 철학 분야에 속했으므로 천문학과 별도로 가르쳐졌다.[5] 프톨레마이오스의 『알마게스트』는 그 당시 가장 정교한 천문학책이었고 1160년과 1175년에 라틴어로 번역되면서 비로소 서양에 소개되었다. 중세 천문학자들은 이러한 강의 교재 말고도 매우 광범위한 천체관측 자료들을 표로 만들어 편집했다.[6]

고전의 번역

12~13세기, 아라비아와 그리스 고전들의 번역사업은 서양과학의 역사와 지성사 전반에 있어서 진정한 전환점을 이루었다. 이미 10세기 중반에 스페인 북부의 피레네 산맥 기슭에 있었던 산타 마리아 수도원은 아랍어를 라틴어로 번역하는 사업을 진행하고 있었다. 이 번역들은 주로 기하학과 천문기구에 관한 것이었으며 1125년과 1200년 사이 그리스와 아랍 과학의 상당 부분이 라틴어로 번역되었으며, 이런 일은 13세기에도 계속되었다. 그리스 과학의 많은 부분이 아랍어로 번역되었던 9세기와 10세기 초 이래로 과학의 역사상 이와 견줄 만한 일이 이전에 일어난 적이 없었다.[7] 위대한 번역의 시대는 11세기에 이슬람인들이 스페인에서 후퇴하고 시실리에서의 완전 패배한 이후 시작되었다. 1085년 톨레도와 1091년 시실리의 탈환으로 기독교 유럽사회는 아랍 학문의 커다란 거점을 차지하게 되었던 것이다. 아랍어로 된 책들을 쉽게 구할 수 있었으며, 지적으로 굶주렸던 유럽인들은 그 책들을 라틴어로 옮기

는 데 열중했다. 그들은 유럽의 곳곳으로부터 찾아와서 기독교인이건 유태인이건 아랍인이건 상관없이 스페인 출신들과 합류해서 아랍어로 된 전문과학과 철학을 라틴어로 번역하는 사업에 참여했다.[8)]

톨레도의 지적인 풍부함에 깊은 감명을 받은 제라르는 아랍어를 배웠고 『알마게스트』뿐만 아니라 적어도 70편 이상의 책들을 번역했다. 그는 과학적 방법에 관한 중요한 저서인 아리스토텔레스의 『후천분석학(Posterior Analytics)』 뿐만 아니라 기본적인 자연과학적 저술들, 아리스토텔레스의 『물리학』, 『하늘과 땅에 관해서』, 『생성과 소멸에 관해서』, 『기상학』 1권에서 3권까지 등을 소개했다. 제라르는 많은 수학 저술들 중에서 유클리드의 『기하학원론』, 알크와리즈미의 『대수학』 그리고 후에 유럽에 많은 영향을 미쳤던 아르키메데스의 수학적 기법들을 담은 『삼형제의 기하학』을 번역했으며 많은 천문학, 점성술, 연금술, 정역학 등의 저술뿐만 아니라 갈레노스의 많은 저술들, 아비세나의 『의학경전』과 라제스의 저술을 포함한 많은 의학서들을 번역했고 이 저술들은 중세 수학, 과학, 의학 수업의 핵심을 이루었다.[9)]

12~13세기부터 교회의 수도사들이 주도한 이슬람 서적들의 번역은 중세 스콜라 과학으로 발전하였다. 다량의 번역물들 중에서 아리스토텔레스의 자연과학 및 철학에 관한 저술들이 가장 중요시되었는데 그것들은 우주에 관한 아주 강력하고 포괄적인 과학적 견해를 포함했으며 기독교 우주관을 뒷받침할 수 있는 것이기도 하였기 때문이다. 새로운 우주관은 때로는 유럽인들에게 새로운 빛을 밝혀주었고, 때로는 그들을 혼란에 빠지게도 했지만 점차 학자들의 생각을 지배했다.[10)] 15세기 초까지, 중세 스콜라 과학은 아리스토텔레스주의 자연관에 기초를 두고 아리스토텔레스주의 과학체계 자체 내에서 제기된 많은 구체적인 반아리스토텔레스적 비판들을 보완하면서 발전하였다. 15세기와 16세기 초, 상대적으로 정체되었던 시기를 지난 후 스콜라과학은 후에 과학혁명에서 정점에 이르게 되는 중대한 변혁들을 겪었다. 아라비아-이슬람을 거쳐 서유럽으로 전파된 이슬람 과학 서적들의 번역 사업이 없었다면 코페르니쿠스, 갈릴레오, 케플러 그리고 나아가 데카르트, 뉴턴으로 이어지는 위대한 과학자들의 출발점은 달라지고 그 성과는 현재와 같지 못하였을 것이다. 즉 17세기에 해결되었던 많은 열띤 논쟁들과 과학적 문제들은 번역 사업을 통해서 서유럽으로 전달되었거나 이러한 지식들에 대한 체계적인 논의를 했던 중세의 학자들에 의해 제기되었던 것이다.

사상의 혁명

근대의 과학적 세계관은 자연계의 규칙성과 정당성에 대한 가설을 전제로 하며, 인간이 자연의 근본 구조를 이해할 수 있다는 추정에 근거하고 있다. 근대 과학은 자연법 개념을 설명하는 것 이외에도 신의 중재나 안내를 받지 않은 인간이 홀로 자신과 우주를 지배하는 법을 이해하고 터득할 수 있다고 주장하는 형이상의 체계이다.[11] 이런 세계관이 형성되기까지 고난의 과정이 있었고 오랜 시간이 걸렸다. 갈릴레오와 코페르니쿠스와 같은 선각자들은 자신들이 발견하고 깨달은 과학 지식과 그 과학 지식이 의미할 수밖에 없는 새로운 주장들로 말미암아 당시 교회 권력의 억압과 탄압을 이겨내야 했다. 그러므로 근대 과학의 태동은 단순히 과학적 사실 즉 관찰된 현상과 그것을 모형화 한 것이 받아들여진 것이 아니라, 당시 서양의 합법적 명령 체계를 구성하고 있던 기존의 제도와 치열한 지식 논쟁을 통해 얻어진 사상 혁명의 출발점이 형성된 것이다. 과학은 그 사회의 법과 함께 당대의 고유한 지식인의 정신에 기반을 둔 역할과 역할군의 새로운 구현이라는 측면에서 하나의 제도 체계라고 볼 수 있다. 근대 과학은 지식 차원에서 볼 때 증명과 증거를 바탕으로 하는 새로운 규정집으로 나타나고 제도 차원에서 볼 때는 사회의 역할 체계가 새롭게 구성된 것이다.[12]

코페르니쿠스가 발견한 우주 질서에 대한 새 개념이 새로운 관찰이나 새로운 수학 기법만으로 완성된 것이 아니다.[13] 그것은 '순수하고 근본적으로 지식이 이동한 것'[14] 또는 오래된 과거의 '기록 뭉치'를 새로운 관계 속으로 전환시킨 일종의 '인간 정신의 이동'[15]이다. 코페르니쿠스는 프톨레마이오스의 『알마게스트』와 아랍인들이 개발한 투시연성의 수학적 이론에서 많은 것을 빌려왔다. 코페르니쿠스는 아라비아의 천문학자들의 행성 모형과 관측 자료를 기반으로 해서 새로운 실체, 새로운 물리적 실체를 주장했다. 우주에 대한 코페르니쿠스의 과학적 설명은 당시 심한 비판을 받았지만, 프톨레마이오스의 지구 중심 체계보다는 실재에 더 가까웠다. 그가 이룩한 위대한 업적은 아랍인들이 고도의 천문수학은 개발하였으나 극복하지 못하였던 지구 중심 행성 모형 즉 지구중심적 세계관을 뛰어넘어 태양 중심 모형을 구성한 것이다. 케플러가 "태양 중심의 우주가 없다면 자신의 책(『우주 구조의 신비 Mysterium cosmographicum』, 1596년)의 모든 근거가 무너졌을 것이다."[16]고 하였듯이 1609년에 발표된 케플러의 법칙들은 코페르니쿠스의 가설에 근거를 두고 있었다. 이처럼 지구 중심의 우주에서 태양 중심의 우주로 사고의 전환이 없었다면 케플러, 갈릴레오, 뉴턴처럼 코페르니쿠스의 뒤를 따랐던 사람들이 이룬 성과들은 지금과 같지 않을 것이다.

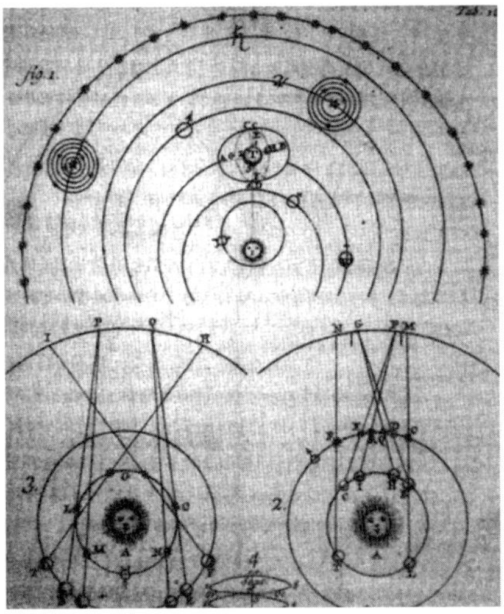

| 그림 사진 6.1 |

태양 중심 체계에서 행성의 역진: 코페르니쿠스는 행성의 정지와 역진문제에 대해 간단한 설명을 제시했다. 태양 중심 체계에서는 행성의 고리 운동을 지구와 행성의 상대적인 운동에서 비롯된 겉보기 운동으로 설명할 수 있다. 그림에 있는 18세기 판화에서 2는 외행성(이 경우에는 화성)이 역진하는 듯이 보이는 이유를 보여주며, 3은 내행성(이 경우에는 금성)의 겉보기 역진을 설명한다.[17]

또 갈레노스와 아비센나를 바탕으로 의학 분야의 새로운 경험주의 과학의 탐구는 일찍이 12세기부터 시작되었다. 특히 해부학의 새로운 연구는 인체 해부를 체계적으로 수행하는데까지 이르렀다. 12세기에 이미 살레르노(Salerno)에 있던 의학 종사자들은, 사람의 구조와 비슷한 돼지를 해부하기 시작했으며 곧이어 인체도 해부하기 시작하였다. 13세기 중반에 이르러 교회도 인체 해부와 검시를 금지하지 않았으며 14세기 말에 이르러 해부가 대학의 의학 교육에서 정규 과정으로 자리 잡기 시작하였다. 1543년 코페르니쿠스의 새 행성 모형이 발표되고 이와 함께 베살리우스가 그린 최고의 인체 해부도가 세상에 등장하면서 이러한 추세가 점점 굳어져 갔다. 17세기 들어 경험적 연구 기법의 사용이 점점 더 활발하게 된 극적 변화들이 있었지만, 의학 분야에서 고도의 논쟁 형식을 띤 자연과학의 연구 과제와 여러 영역에 실제 적용한 연구 성과가 나타난 것은 이미 오래전부터였다.[18]

우주관의 혁명

천문학 연구의 바탕이 되는 우주의 구성을 둘러싼 학문들 사이의 논쟁과 중요한 과학적 근본 문제들이 남아있었다. 이 문제는 아리스토텔레스의 우주론과 자연학의 가설, 그리고 프톨레마이오스의 수리 천문학의 가설 사이의 현저한 차이 때문에 발생했다. 아리스토텔레스의 우주는 지구를 중심으로 그 위에 물과 공기, 불이 순서대로 있고, 그 위에 달이 있고 다음으로 순서대로 행성들이 있었다. 행성들은 거대한 천구에 붙어 있으며 이 천구는 우주의 중심인 지구를 중심으로 언제나 일정한 방향으로 원운동을 했다.[19] 유럽에 전달된 프톨레마이오스의 천문학은 아리스토텔레스의 자연학이 지닌 중요한 원리를 위반했다. 따라서 중세인들에게 그것이 우주의 진정한 모습일 수 없었다.

당시 유럽인들은 하루의 시간을 아스트롤라베와 알폰소 표로 계산할 수 있었고, 따라서 천문학자들의 수학적 가설과 관측 도구들은 유용한 천문학 도구였다. 그러나 유럽인들은 자신들이 예측한 천문 현상이 제대로 작동하는 한에서는 아리스토텔레스의 우주론이 되었든 프톨레마이오스의 천문학의 계산 도구가 암시하는 우주론이 무엇이 되었든 별로 관심을 두지 않았다. 아리스토텔레스의 자연학은 여전히 최고의 권위를 유지했기에, 천문학자들은 제대로 일을 했지만 우주의 본 모습이나 구성에 대해서는 어떠한 자기주장도 할 수 없었다.[20] 코페르니쿠스의 가설이 커다란 갈등을 야기하며 등장한 것은 바로 이러한 배경에서였다. 당시 유럽의 지식인들에게 두 가지 해결해야 할 문제가 나타났다. 하나는 '기독교 신학의 바깥에 있는 사람도 우주의 구성에 대해 권위를 갖고 말할 수 있는가?' 다른 하나는 '특히 천문학자들은 우주의 물리적 배치에 대해 자기주장을 할 수 있는가?' 였다. 이것들이 한 세기가 넘도록 격렬한 논쟁을 일으키고 중대한 문제가 되었던 것이 1491년 코페르니쿠스가 크라쿠프 대학에 입학했을 때, 이슬람의 이븐 알샤티르가 죽은 지 100년이 지난 때 서양의 지식인 사회 모습이었다.[21]

코페르니쿠스 체계를 둘러싼 논쟁이 중심 문제로 떠오르자 사람들은 한편으로 지금까지 성경을 통해 알아왔던 세상의 본질에 대한 신학적 문제들에 주목하기 시작했고, 다른 한편으로 '수리 천문학자들이 우주의 구성과 물리적 실체 곧 자연의 본질에 대하여 말할 수 있느냐 없느냐'가 관심의 대상이 되었다. 천문학자로서 이 중심 문제에 대해 가장 분명하게 말했던 사람은 아마도 종교의 권위에 대항하기는 했지만 신학 지식이 풍부했던 갈릴레오보다는 오히려 과학 철학자로서 글을 썼던 케플러라고 말할 수 있을 것이다. 케플러는 자신의 사후에 출판된, 니콜라스 우르수스(Nicolas Ursus)의 주장에 대한 튀코 브라헤의 독창성을 변호한 책 『변명 Apologia』에서, 천문학자의 의무는 오직 천체가 앞으로 어떻게 움직일지를 예측하는 일이라는 우르수스의 주장을 반박하고 " '우르수스'가 말한 것이 천문학자의 기본 의무라고 하더라도 천문학자가 우주의 형태에 대해 진실한 견해를 밝히는 것은 그보다 더 중요한 일이며 더 큰 찬사를 받을 만한 일" 이라고 주장하였다.[22] 천문학자는 자신이 관찰한 사실로부터 얻은 결론의 사실성을 확인할 뿐만 아니라 그 결론을 내리기 위해서 자연의 가장 내밀한 모습인 자연의 본질을 찾아내야 한다는 것이다. 케플러는 그가 『우주 구조의 신비』와 1609년 『신 천문학』에서 밝힌 것처럼 천문학자는 '자연의 가장 내밀한 모습' 에 대해 의문을 제기할 수 있다고 생각했고 천문학자가 단순한 관찰자라는 주장에 대해 "지식을 습득하는 모든 과정은 맨 처음에 감각을 통해 깨닫기 시작하지만 나중에는 정신 작용을 통해 어떤 예리한 감각으로도 잡아 낼 수 없는 더 높은 수준에 도달하는 것이며 천문학도 이와 똑같다."[23]고 하였다.

코페르니쿠스는 자신의 책 『천구의 회전에 대하여』 제1권에서 "자신의 물리학은 아리스토텔레스주의적이고 스콜라 학풍의 원리들로부터 많은 것을 받아들였다. 이리하여 거의 신성화한 전통으로부터 중요한 일탈이 형성되었다."[24]고 하였다. 이 과정에서 물리적 실재에 대한 진리를 획득할 수 있는 인간의 능력에 대한 깊은 신념과 믿음이 필수적이었다. 자신의 정신이 세계의 구조에 대해 새롭게 생각하도록 허용함으로써 코페르니쿠스는 더 간단한 우주론적 모델을 고안했으며, 그에게 있어서 이 모델의 단순성이 바로 물리적 실재성에 대한 보장이었다.[25] 이러한 단순성은 실수와 환상을 만들어내기도 하지만 한편으로는 과학혁명을 촉발하기도 한다.

중세 신학의 역할

13세기 초, 대개 이슬람 세계를 거쳐 아리스토텔레스의 지식들이 기독교 세계였던 당시 중세 유럽에 전달되었을 때, 이 아리스토텔레스의 지식을 기독교 우주관에 적용하고 신을 전체의 정점으로 하며 실제 지식도 포함하는 통일적인 세계상을 구축한하려는 노력이 일어났다. 대 알버트와 그의 제자인 토마스 아퀴나스는, 신앙과 지식은 분리된 영역이기는 하지만, 계시된 진리와 학문적 진리 사이에는 모순이 존재하지 않을 수 있으며 그렇지 않은 것은 신이 감당한다고 함으로써 기독교적 아리스토텔레스주의는 자연과학이 신학과의 조화로운 결합을 통해서 발전할 수 있는 토대를 스콜라 철학의 틀 속에 마련하였다.[26] 그러나 근대 과학의 원초적 발생 과정에서 과학과 자연 철학의 탐구에 대항하는 큰 사건이 곧 일어났다. 기독교의 교리와 새로운 아리스토텔레스의 사상이 가져온 이성과 논리의 힘이 1277년 파리 대학의 219개의 의심되는 가설을 두고 충돌하였다. 당시 파리 주교는 대학에서 수용하고 있는 자연과학의 가설과 사고방식에 대해 단호하게 유죄판결을 내렸다. 그러나 오히려 이 판결은 여러 가지 새로운 사고의 실험을 널리 알리는 역활을 하였고 결국에는 아리스토텔레스의 사상을 수용하는 계기가 되었다.[27] 14세기 후기 스콜라 철학은 아리스토텔레스 물리학의 영역에서, 특히 유명론(唯名論)[28] 특유의 물(物) 자체에 강하게 주의를 기울이는 경향을 통해 스콜라 철학 융성기의 아리스토텔레스 학설에 대해서 경험에 입각한 비판을 하게 되었으며, 16, 17세기에 나타난 새 물리학의 싹이 들어 있었던 수정된 아리스토텔레스 자연이론이라는 새로운 관점에 도달했던 것이다.[29] 따라서 알버트와 토마스에 의해서 이룩된 13세기 스콜라 철학의 아리스토텔레스주의 수용은 결국 근대 과학기술을 위해서도 매우 중요한 것이었다. 또 신토마스주의는 중세 철학의 번영기를 되살아나게 했다. 일련의 발명, 게다가 그리스도 앞에서 평등하고 자유롭게 창조된 인간에 관한 기독교의 교리는 고대 노예제 사회를 극복하고 인력을 넘어서 자연의 원리와 힘을 사용하는 문명을 건설하는데 기초를 마련하였다. 앞 장에서 언급하였듯이, 신학의 전개 방향에 따라 과학의 방향이 전혀 달라 질 수도 있다는 것을 이슬람이 잘 보여주었다. 대 이슬람교 교사인 알 가잘리(1111년 사망)는 철학과 학문을 배척했는데, 그 이유는 그가 생각하기에 그것들이 세계의 근원과 창조자에 대한 믿음을 훼손한다고 보았기 때문이었다. 특히 이슬람의 신학은 인간의 오성에 의해서 이해되는 세계를 수용할 수 없었다. 이후 이슬람 학문은 1100년경부터 쇠퇴하기 시작했는데, 거기에는 종교와 철학간의 접촉점을 발견하지 못한 점도 상당한 작용을 했다.[30] 중세 과학이 아리스토텔레스의 사고나 견해들을 맹종적으로 반복하거나 사소한 보완만 한 것은 아니었다. 중세 과학의 중요한 인물들은 신학적인 근거에서뿐만 아니라 과학적인 근거에서도 아리스토텔레스의 저술에서 비판할 것을 많이 찾아냈다. 아리스토텔레스의 설명이 미흡하다고 판단하고 중세 과학이 새롭게 발전시킨 것들로 임페투스, 우주 외부의 진공, 운동의 지수법칙들이 있다.[31]

6.2 기술 혁신

수도원

중세 초기의 수도원들에는 고대 지식과 실제 지식 그리고 그 자신의 환경에 관한 지식들이 모여 있었고 다양한 수공업의 중심이기도 했다. 당시에 수도원 학교는 문법, 수사학, 토론술 및 기하학, 산학(算學), 천문학, 음악을 포함한 일곱 교양과목을 교육하였으며 후에 자연사와 역학기술 중의 상당 부분도 포함되었다. 한편 육체노동을 강조하는 베네딕트파 수도원에서도 나중에는 정신적 작업이 나타나기는 했지만 12세기 이후 시토교 수도원에서 산업, 경제 활동이 광범위하게 이루어졌다. 시토교파 수도사들은 자급적 경제활동으로 그들의 생계와 창조활동에 필요한 것을 얻었다. 그들은 방아 일과 수리공사, 건축 수공업, 광산, 철 기술과 염전, 섬유업과 제혁 및 양조 일을 했다. 13~14세기 이래 시토교파는 그들의 공장을 운영하기 시작했다.[32] 이 과정에서 시토교파는 기술적 방법이 서부유럽에서 동부유럽으로 전달되는 데에서 중요한 역할을 했다. 12세기 전반, 시토교파의 클레르보 수도원은 물레방아를 설치하여 곡식 방아를 가동하고, 양조장에 물을 공급하고, 마전공장을 돌리고, 이어서 수피절구에서 껍질을 분쇄하고, 마직막으로 압착, 마모, 세탁 및 관개의 기능까지 하도록 하였다.[33] 젤란트(Seeland)의 시토교파 수도원 소뢰(Sorö)에서는 이미 1197년에 수력으로 가동되는 풀무를 철 제련장에서 사용하였다. 당시의 광산과 제련장은 중앙에 대공장이 있었는데 뤼네부르크의 잘리네에 있었던 한 공장에는 이미 13세기에 216개의 로(Furnice)를 가진 54개의 가열실이 있었고, 거기에서 500명 정도의 인부가 일을 했다.

건축

로마 시대가 고대 궁륭 기술을 다시 받아들여 대규모의 교회 건축에 적용한 후에 고딕 양식은 12세기와 13세기에 주목할 만한 건축기술의 개혁을 이룩했다.[34] 첨두아치, 십자뼈대 천장, 벽을 아치로 연결하는 가느다란 들보와 스테인드 그래스, 아치를 들여놓기 위한 첨탑이 얹어진 부벽과 부벽 아치가 발전하였다. 자유로운 인간의 공동노동 속에서 새로운 기독교 서양 정신의 표현으로서 고딕식 돔은, 상징으로 가득 찬 건축과 기술적 구조의 독특한 조화였다.

1235년경에 출판된 오네쿠르(Villard de Honnecourt)의 건축시공책은 13세기의 중세 건축가와 기술자의 작업영역, 건축학의 설계, 목수를 위한 기하학적 구성, 측량 문제, 전쟁과 평화를 위한 기구 및 기계의 설계도, 영구운동기관에 관한 구도, 예술 해부학 및 비례학을 자세히 기술했다.[35] 이 책에서 기계 제작이 건축가의 활동영역 속에 들어 있는 것이 흥미롭다. 이것은 한편으로 당시 건축의 영역이 중요했음을 의미하고 다른 한편으로는 아직 기술은 전문화되지 않았으며 활용이 제한적이었음을 의미한다. 기중기와 투석기 같이 나무로 된 거대 기계, 움직이는 망치가 달려 서저절로 계속해서 돌아가는 바퀴(영구운동기관) 등이 나타난다. 이 원운동은 천구의 현상을 나타내며, 하늘에만 간직된 영원한 원운동이라는 아리스토텔레스 사상이 세속화된 것으로, 13세기 초부터 아라비아를 거처 유럽에 전수된 아리스토텔레스의 우주론과 물리학의 영향이 나타나 있다. 자연의 힘을 이용하려는 욕구를 가진 유럽인들이 지상에서 천체의 행성들처럼 스스로 지속되는 원운동을 만들어 보려는 욕구를 표현한 것으로 여겨진다.

기계 기술

13세기에 톱니바퀴를 이용한 시계와 안경이 중세 도시인들의 생활에 사용되기 시작하였다. 톱니바퀴 시계와 함께 계절이나 밤낮에 관계 없이 한 시간의 길이가 동일한 시간 제도가 제정되었다. 로마시대에 그러하였듯이 그 이전에는 유럽인들은 낮과 밤을 독립적인 시간 단위로 생각했으며 각각 12로 나누어 한 시간을 제정하였었다. 그래서 당시 유럽인들은 계절에 따라 그리고 밤낮으로 길이가 다른 시간 제도를 지켰었다. 계절과 밤낮의 변화와 관계없는 시간을 사용한다는 것은 인간의 삶이 자연으로부터 한 단계 떨어짐을 의미했다. 여기에는 중세 후기 도시의 시장생활과 상거래의 발전이 중요한 역할을 하였을 것이다.

1353년에는 첼레의 시토교파 여수도원 빈하우젠에서 보리수나무로 된 테와 반볼록렌즈로 된 14세기의 안경이 발견되었다. 인간과 관찰 대상인 객체 사이에 새로운 기술수단이 등장하였다는 점에서 안경은 의미 있는 발명이다. 처음에는 두 개의 볼록렌즈 형태로 노안의 안경은 사람이 나이가 들어도 책을 읽을 수 있게 하였으며 시력을 보완했던 근시를 위한 오목렌즈로 된 안경은 16세기에 와서야 나타났다.[36)]

금속 가공 기술은 중세 후기에 발달하였다. 이때는 이미 도시의 자유민들이 크게 성장하였으며 이들의 성서 읽기 요구는 활자 인쇄의 수요를 촉발하였다. 구텐베르크의 연속 인쇄기의 발명은 학문과 기술 그리고 예술의 모든 영역에서 결정적인 영향을 미쳤다. 그는 활자를 규격화 하고 활자들의 조합으로 원하는 글을 인쇄하는 방식과 규격 활자를 양에 제한없이 생산할 수 있는 활자 주조기를 발명한 것이다. 인쇄기술은 점증하는 책에 대한 수요와 값싼 인쇄 종이의 발전을 가능하게 하였다.

피에르 드 마리쿠르(Pierre de Maricourt)는 1269년 『자석에 관한 편지』에서 자석 응용실험을 기록하고 자기적 힘이 있는 곳을 천극(天極)이라 하고 이 힘을 일종의 '신의 덕'으로 여겼다. 그는 자기에 관한 몇 가지 실험을 수행하였으며 그 후 1600년경 윌리엄 길버트(William Gilbert) 때까지 자기력에 대한 새로운 인식이 제시되지 못하였다.[37)] 피에르는 실험의 가치를 알았으며 자연을 연구하는 사람들에게 사물의 일반적 성질과 하늘의 운동에 정통할 것을 요구하고, 영속적으로 움직이는 기계를 통해, 멈추지 않는 행성의 원운동을 지상에서 실현하기 위하여 행성 대응체를 만들려고 시도하였다.[38)] 그의 제자 로저 베이컨(Roger Bacon(1214~1294년경))은, 피에르가 관찰한 실험을 지지하였으며 그에게 실험의 목적은 사변에 의해서 얻어진 지식이 실제적 도움을 줄 수 있음을 보이는 것이었다. 그러므로 당시에 아직까지 실험은 자연에 대한 체계적 질문을 하고 검증하는 것이 아니라, 자연을 지배하려는 의도로 자연에서 얻은 지식을 사용하려는 시도였다.[39)] 그는 『기술과 자연의 감추어진 비밀에 관한 편지』(Epistula de secretis operibus artis et naturae)에서 이렇게 쓰고 있다.

> 사람이 없이도 노를 젓고, 강과 바다의 배처럼 항해하는, 단 한 사람만이 그것을 조종하지만 빠른 속도로 움직이는 선박을 제작할 수 있다. 그와 마찬가지로 동물이 끌지 않지만 엄청난 힘으로 나아가는 차도 생산할 수 있다. 비행기도 제작될 수 있는데, 인간은 그 기구의 중앙에 앉아서 기계 조작을 통해서 새처럼 공중을 가로지를 수 있다. 아주 큰 짐을 들어 올리고 내리기에 충분한 도구도 만들 수 있다.[40]

철을 녹이는데 고열이 필요했으며 이를 위하여 충분한 공기를 공급해야 했던 주철 생산은, 유럽에서 수력으로 가동하는 대형 풀무가 개발된 14세기에야 이루어졌다. 철을 생산하는 고로는 14세기부터 서서히 발전하기 시작했으며 15세기 후반에 들어와서야 비로소 사람들은 선철 화덕에서 직접 주철을 생산했다.[41] 중세 중기에는 수문 및 수로 시설이 나타났다. 12세기의 3 사분기에, 티치노와 밀라노를 연결하는 운하와 뤼백에서 엘베로 통하는 수로가 건설되었고 기술적으로 의미있는 수문들이 있는 수로들은 14세기에 건설되었다.[42]

신무기 기술

중국인들은 이미 850년경에 화약을 알고 있었고 1200년경에 화포를 개발하였다.[44] 구포(臼砲)를 청동을 주조해서 만들었고, 나중에는 철로도 주조했다. 인도에서는 16세기까지 대포에 대한 증거가 발견되지 않고 16세기가 되어서야 포르투갈 인에 의해, 그리고 서북 지방에는 이슬람인들에 의해 대포가 도입되었다.[45]

중국에서 발명되어 아라비아를 거쳐 13세기에 유럽에 알려졌던 화약은 나라 안팎에서 변화의 중요한 요인이 되었다. 1320년에서 1330년 사이에 유럽에서 대포가 발명되었다. 대포는 공격과 방어체계 등 전쟁 기술에 큰 변화를 가져왔으며 중세의 변화를 촉발하였다. 기사의 말과 창과는 비교할 수 없는 위력을 가진 총과 대포를 소유하기 시작한 도시의 자유민들은 자신들을 수탈하던 봉건 영주들과 투쟁을 시작하였다. 갑옷과 투구로 무장한 기사들은 화기로 무장한 도시인들에게 상대가 되지 못하였다. 이것은 곧 기사계급의 몰락으로 이어졌다. 도시들이 자치권을 얻기 위하여 다투고 민족국가적 경향이 나타나면서 전쟁기술의 수요가 급속이 늘어났다. 15세기 말(1495~1501년)에 프란체스코 디 조르조는 성 공격용 마차와 선박 격침용

| 그림 사진 6.2 |

대포에 대비한 새로운 성채: 대포에 무력한 성은 이탈리아 성채라 불리는 돌출부가있는 복잡한 요새로 대체되었다. 그런 요새는 효과적인 방어 수단이었지만 비용이 엄청나게 많이 들었다.[43]

부표(浮漂)에 장착되고 제트로 추진되는 폭죽을 설계했다.[46] 중세 말 포병들이 이용한 화약은 목탄, 유황, 초석을 적당하게 혼합한 것이었는데, 연소가 늦고 화력이 약했다. 이 문제는 1420년, 화약의 세 성분을 고르게 배분하고, 공기 공간을 균등하게 분포시켜서 폭발이 균일하고 신속하게 일어나게 만든 낟알 화약(corned gunpowder)의 발명으로 해결되었다.[47] 이제 대포는 유력한 병기가 되었고, 소총은 대량 살상 병기의 수준으로 향상되었다. 화기는 성공을 거둔 후 얼마 되지 않아 유럽의 모든 나라에 보급되어 전쟁과 전술, 나라 사이의 관계에 영향을 미쳤다. 화기는 과학 기술의 발달도 촉진했다. 대포와 소총을 제조하기 위해서는 점점 더 많은 양의 금속이 필요했고 새로운 기술적 수단, 더욱 복잡한 가공기계가 필요했다. 대포의 출현은 또한 탄도학, 수학, 화학, 수송 수단의 발달에도 영향을 미쳤으며 대포의 공격에 견딜 수 있는 새로운 구조의 축성술이 발달하였다.

15세기에 이르러 화약 · 종이 · 인쇄 · 나침반 광학기기들이 다양한 방법으로 사용되면서 중세 말 봉건사회에 변화가 일어나기 시작하였다. 이 변화는 기술과 과학의 발전을 자극하였다. 화기와 나침반을 갖춘 상선들이 더욱 자유롭고 안전하게 항해할 수 있게 되자 무역이 활발해지고 생산이 촉진되었으며 인쇄술과 종이는 지식혁명과 종교개혁으로 가는 길을 닦았다.

6.3 대학과 길드

초기 근대 과학의 발생에서 가장 의미 있는 사건은 중세대학의 모태인, 자치권을 지닌 고등교육기관 '스터디움 제네랄레(studium generale)' 즉 대학의 설립이 허용되었다는 것이다.[48] 12세기와 13세기에 유럽에서 거대한 사회적 · 지적 혁명이 일어났다. 이 혁명의 중심에는 정치, 사회, 경제, 종교 전반에 걸쳐 사회 조직의 본질을 다시 정립한 법체계의 변환이 있었다. 이러한 법 개혁의 결과로서 다양한 종류의 법적 자치권을 지닌 집단이 새로 등장하기 시작했다.[49] 거주 지역 공동체, 도시와 마을, 대학, 경제 이익단체, 외과의사들과 다른 의료 전문가들 같은 전문직 동업조합이 바로 이들 집단이다. 이들 집단은 각자 자체 내규와 규범을 만들고 재산권을 소유하고, 소송의 당사자로 왕의 법정에서 당당하게 자신을 대표할 수 있는 법적 자치권을 부여받았다. 실제로 종교와 정치의 감시와 간섭에서 자유로운 상대적으로 독립된 공간인 '중립 지대'의 최초 흔적이 이때부터 나타나기 시작했다.[50] 이 사회적 · 지적 혁명은 무엇보다도 지식 탐구의 자유로 들어가는 문을 열었고 스스로 지식 의제를 창출하고 자체 내규와 규범을 갖춘 자치 대학이 설립됨으로써 현실로 구체화되었다.

대학의 출현

12세기와 13세기에 이미 혁명적인 법의 변화를 경험한 서유럽은 과학을 자유롭게 토론할 수 있는 제도와 자치 공간의 발전에 필요한 풍요로운 토양을 이슬람이나 중국 문명을 포함해서 다른 지역보다 더 많이 가지고 있었다.[51] 자유로운 도시적 특징은 무엇보다도 지적 · 예술적 분야에서 현저하게 나타났다. 신비적 영성의 표현인 로마네스크 예술은 수도원에서 만개했고 13세기에는 도시 학교가 수도원 학교보다 학생 모집과 교육의 자율성에서 앞섰다. 새로운 학교 중심지들은 자체적으로 교수와 학생을 모집하고 자체의 학사일정과 교육 방법을 채택함으로써 주교의 간섭에서 해방되었다. 학문과 교육은 도시 일터에서 전문화된 여러 활동 중 하나로서 직업이 되었고 그 명칭이 '대학(universitas)'이었으며 하나의 조합이었다. 대학은 교수들과 학생들의 조합으로 학생들이 주도하는 볼로냐 대학에서부터 교수가 주도하는 파리 대학에 이르기까지 다양하게 나타났다. 책은 이제 학습의 도구가 되었고 더 이상 숭배 대상이 아니었으며 모든 도구처럼 대량으로 생산되었고 생산과 교환의 대상이 되었다.[52]

1200년, 파리, 볼로냐 그리고 옥스포드의 대학들이 학문적 중심으로 번성했다. 대학이 출현한 것은 12세기, 그리스의 고전들이 아라비아를 거쳐 유럽에 전수되면서 라틴어로 번역되었던 새로운 지식 활동과 밀접한 관계를 가지고 있었다. 대학은 서유럽이 방대한 양의 새로운 지식을 흡수하고 정리하고 확장하는 제도적 수단이었으며, 그 후 몇 세대를 통해서 공통된 지적 유산을 형성하고 전하는 제도이자 공간이었다. 파리와 옥스포드의 대학들은 철학과 과학의 중심으로 명성을 얻고 있었고, 볼로냐 대학은 법학과 의학의 중심이었다. 이들 세 대학들과 그 외에 북부유럽에서는 파리 대학을 본떠서, 그리고 남부 유럽에서는 볼로냐 대학을 따라 설립된 약 80개의 대학들이 오늘날까지 존속하는 대학의 원형이 되었다.[53] 대학들이 새로운 철학적, 과학적 지식을 본격적으로 받아들임에 따라 크게 확장된 새로운 자체적인 교과과정을 만들어냈다. 13세기 중반에 법학, 의학, 신학 학부에서는 교양과목으로 아리스토텔레스의 논리학, 과학, 철학의 저술들이 교과과정의 핵심을 이루었다.[54] 대학들은 자체 교과과정을 개발하면서 점점 자연과학을 중심으로 읽기와 강의를 늘려 갔으며 아리스토텔레스의 『자연학』, 『우주론』, 『생성과 소멸론』, 『정신론』, 『자연에 관한 단편집』들을 포함하였다.[55] 대학의 네 학부, 교양학부, 법학부, 신학부, 의학부 제도는 코페르니쿠스, 갈릴레오, 케플러 시대에도 여전히 그대로였다.[56]

중세 후기 유럽인들은 스스로 개혁을 수행하면서 자치권을 지닌 고등 교육기관을 만들어 냈다. 아리스토텔레스의 『자연학』은 자연과학의 틀을 제시하고 지식의 가장 높은 형태는 '원리, 인과율, (자연의) 구성 요소들'을 바탕으로 하며 지식을 얻고 이해하는 것은 바로 이것들을 익힘으로써 가능하다고 말한다. 새로운 아리스토텔레스의 형이상을 구성하는 자연과학의 틀은 과학적인 탐구에서 항상 '최초 원리'가 무엇인지에 주목하고 그 '근본 원인'이 무엇인지 찾아야 한다.[57]는 것을 담고 있다. '최초의 원리' 그것은 갈릴레오가 400년 후 『태양 흑점에 관한 첫 번째 편지』(1612년)에서 자신은 "세상에서 가장 위대하고 멋진 문제를, 말하자면 우주가 진정 어떻게 구성되어 있는지"를 밝히려고 하며 "그 구성은 다른 어떤 것일 수 없는 유일한 참된 방법으로만 존재하기 때문이다."라고 쓸 때 그의 마음을 움직였던 바로 그 원칙이었다.[58] 대학에서는 당시 기독교 세계관과 배치되는 자연주의 우주관이 나타났으며 이 새로운 우주관은 과학적 방법론으로 무장하고 있었고, 과학 연구는 곧 전통 종교의 기득권과 갈등관계로 들어갔다. 그리고 이 갈등은 '탈아리스토텔레스' 학문 연구로 가는 문을 열었다.[59] 1277년 파리의 주교가 219개의 죄목을 달아 대학에 내린 유죄판결은 철학자들에게 기독교신학과 아리스토텔레스 사상을 조화시켜 생각해 보게 하는 다양한 사상 실험을 상상하도록 이끌었다. 그 결과 아리스토텔레스의 세계관과는 다른 새로운 세계관이 16~17세기에 나타나기 시작했다.[60] 대학의 철학자들은 자신들이 진실을 추구하고 있다는 근거를 내세우며 아리스토텔레스와 그 주석자들의 사상에 대해서뿐만 아니라 성경에 대해서도 자신들이 하는 연구의 정당성을 주장했다. 마침내 이들은 아리스토텔레스의 형이상학과 자연과학의 탐구를 연결시킴으로써 기독교 세계관을 '과학적' 세계관으로 바꾸어냈다.[61]

오늘날 사물을 바라보는 근대적 사고방식인 철저한 회의론의 역사는 학교와 대학에 있던 지식인들이 성경을 문자대로 해석하는 것에 비해 합리적 사고가 더 우월하다고 주장하였던 12~13세기의 성서비평과 더불어 시작하였다.[62] 이러한 사고는 인간이 합리적 피조물이며 이성과 양심을 가지고 있고, 따라서 인간은 성경에 의존하지 않고도 자연의 비밀을 이해하고 해석할 수 있다는 중세 후기 유럽인들의 믿음과 함께 시작되었다. 또한 중세 후기 유럽인들은 '자연이라는 책' 또는 '세계는 기계다'라는 은유를 자주 썼는데,[63] 이 두 가지 생각은 중세인들의 교육에서 없어서는 안 될 중요한 개념이었고 이것은 서양의 과학 문화 역사에 형이상과 종교가 얼마나 깊이 뿌리를 내리고 있는지 잘 보여 준다.[64] 13세기 말 이 모든 요소들이 아리스토텔레스 사상의 주요 요소들과 함께 마침내 대학 안에서 토론을 통해 서로 동일화되었으며, 이때 비로소 자연과학의 연구를 위한 지식 체계는 강력하고 정교한 방법론을 가지고 제도화되었고 이것들은 대학에서 정기적으로 시간을 정해 읽고 토론하는 정규 교과과정이 됨으로써 고등 교육의 표준양식이 되었다.[65]

초기 중세 대학들은 어떤 특정한 공간이 아니라 특권, 토론, 사람들로 구성되어 있는 상태를 말했다.[66] 오늘날 불완전한 가설들에서 출발하여 지식 담론이 발전해 가는 과정에서 보는 것처럼, 당시의 대학은 새로운 과학 사상들의 흐름을 널리 보급하는 데 큰 기여를 했고 무엇보다 대학은 옛 것이든 새 것이든 모든 사상을 철저하게 비판하고 규명하는 구실을 하였다. 따라서 천문학 혁명과 성직자들의 '오만한'[67] 권위의 해체는 이런 전통에서 교육받은 중세 지식인이 부단한 학문 연구와 토론을 통해 당시의 가장 큰 형이상의 문제들을 해결한 결과이었다.[68] 천문학을 중심으로 한 과학 혁명은 서양의 대학과 학문 연구의 독특한 구성에서 나온 것이며 과학 혁명이 서양에서 발생한 까닭 가운데 하나는 바로 과학과 철학지식을 가르치고 전파했던 대학이 서양에만 존재하였기 때문이다.[69]

길드의 출현

중세의 도시는 영주나 사제 등의 봉건적 지배 하에서 관세와 시장세의 징수, 영주 재판권 등 여러 규제를 따라야 했으나 12~13세기에 이르러 북구의 여러 도시에서 상인 길드를 축으로 봉건 영주에 대항할 수 있을 만큼 도시들이 경제력을 갖추게 되었다. 도시민은 영주로부터 금전 또는 투쟁에 의해서 시장 운영권을 확보하고 관세를 철폐하고 나아가서 영주로부터 재판권까지도 수용하여 스스로 시의 치안, 규율의 유지 등을 담당하기 시작하였다. 또 시청 건설, 도시의 관리 등을 '도시법'에 의거하여 운영하는 등 정치, 군사, 재정, 사법에 걸쳐서 독자적인 권력을 행사하여 소위 봉건국가 안의 '특수 영역'을 형성하였다. 경제활동이 발전하면서 어느 도시에서나 전문 분야별로 조합이 결성되기 시작하였다. 생업의 수단을 가지고 있던 도시주민 가운데서 전문인, 직인, 상인, 자유업자가 제각기 동업자들끼리 조합을 만든 것이다. 이와 같은 조합들은 피렌체에서는 판사나 공증인의 조합, 약재상이나 향료상의 조합, 원격지 상인의 조합, 환전상의 조합이 있었으며 대장장이, 구둣방, 재목상, 빵집, 숙박업을 하는 사람들도 독자적인 조합을 만들었다. 이와 같은 조합은 프랑스나 게르만 국가들에게서는 '길드', 에스파냐에서는 '그레미오스'라고 불리었고, 중세 후기에는 전 유럽에 널리 보급되었다.

길드는 제품의 가격을 규제하고, 임금을 결정하고, 제품의 품질의 수준을 결정하고, 제조법의 비밀을 감시하고, 새로운 사람이 길드에 참가하는 것을 엄격한 규율에 의해서 통제하는 역할을 하였으며 봉건세력에 대항하여 내부적으로 권력을 장악해 가면서 중요한 정치적 역할을 수행하기도 하였으며 점점 사회적 영향은 커져갔다. 도시 인구가 증가하고 시민 생활구의 구획 등으로 일반 시민 가운데서 공동체 의식이 생기고 상인 길드의 지도를 받은 시민 전체를 망라한 코뮌[70]이 형성되었다. 영주의 폐쇄적인 지배를 거부하고 상인들은 자유로운 교통, 넓은 판로를 찾아 봉건 영주로부터의 독립을 시도하여 11~13세기의 서유럽에 왕성하게 코뮌 운동이 전개되었다. 부유한 상인 · 대지주 · 금융업자 등 도시 귀족들이 실권을 잡고, 도시는 단순히 상인의 거주지에만 머무르지 않고 수공업 생산의 거점으로서 중요한 존재가 되어갔다. 그리고 자치권을 획득한 도시는 차차 봉건 영주를 견제할 수 있을 정도로 경제력과 무력을 갖기에 이르렀다. 도시의 시민들은 봉건 영주들과 그 위에 있는 국왕이나 황제 사이에 나타난 지배권의 갈등을 잘 이용하여 황제들이 도시에 내어주는 특허장을 받아냈다. 길드의 자유와 자치의식은 이후 유럽 시민 의식과 근대 정신의 근원이 되었다.

한편 화폐 경제가 농촌으로 전파되면서 지대의 금납화, 직영지의 해방을 비롯한 장원제의 해체가 촉진되고 도시에서는 공장제 수공업화가 진전되었다. 중세의 수공인들은 한 도시 내의 동일 산업에 종사하는 사람들끼리 수공업 동직조합을 결성하고 조합원 상호간의 평등한 이익의 확보와 보호, 그리고 조합 외의 수공업자들을 제외하고 영업과 생산을 독점하였다. 이들은 조합원에 대해서 원료 구입, 생산품의 품종이나 수량의 규제 · 감독 · 직공 · 견습공의 제한이나 노동 시간의 규정 등 모든 면에서 엄격한 통제를 가하고 조합 외의 사람들에 대해서는 생산 활동을 금지시키기도 하였다.

길드의 반동

독일과 이탈리아 도시들의 산업생활에서도 서서히 경제적 재편의 영향이 나타났다. 르네상스 초기에 전문화된 도시 수공업 길드들은 나사 바이스(1500년경), 회중시계(1510), 동전 압연기(1550), 정밀 기계기구(1550) 개량된 버팀 선반(1561) 등 중요한 발명을 이어가면서 경제적 조합으로서 뿐만 아니라 교육과 생활집단으로서 중요성과 기득권을 확보하였다. 그러나 이 수공업 동직조합 춘프트와 동업조합 길드들이 후기에 들어오면서 여기저기에서 오히려 기술 발전을 저해하기 시작하였다. 이 조합들이 정치적 힘을 발휘하여 자신들의 이익을 위해서 새로운 발명의 보급을 막기 시작하였다. 쾰른 시의회는 기존 수공업자들의 손해를 막기 위하여 1412~13년에 새로운 기술의 물레와 연사의 생산을 금지하기도 했디. 뉘른베르크의 한스 슈파이헬이 버팀선반을 개량하고 1578년 그 기계를 팔려고 할 때 뉘른베르크 의회는 개량선반의 사용을 금하고 제품을 파괴할 것을 명령하기도 하였다. 그 이유는 슈파이헬은 선반 길드에 소속하지 않고 놋쇠 가공 수공업길드에 소속되어 있었기 때문이다. 마찬가지로 놋쇠 세공 선반공이었던 볼프 디블러는 1590년에 새로운 방식의 중심축선반을 다른 사람에게 제작해주었다는 이유로 감옥에 갇히기까지 하였다. 이것은 생산성을 높일 수 있는 새로운 기계가 나오면 제품 가격이 떨어질 것을 염려해서 한 수공업 분야에서 다른 분야로 어떤 새로운 발명도 넘겨주는 것을 금하는 길드의 규약 때문이었다. 당시 뉴른베르크 의회는 이런 기록을 남기고 있다.

> 1578년 2월 10일. 증언한 놋쇠 세공사와 놋쇠 세공 선반공이 읽은 보고로 판단할 때, 우리는 한스 슈파이헬에 의해서 제작된 방아장치를 압수하고 그에게 5굴덴을 지불해야 하며, 우리 의원들이 모르고 또 허락하지 않은 상태에서는 앞으로 더 이상 만들지 않을 것을 선서하게 하고 방아장치는 부수어야 한다. 1590년 12월 24일. 놋쇠 세공 선반공인 볼프 디블러가 한스 페촐트에게 그가 만드는 것 중에서 가장 우수한 나사 또는 회전축을 만들어주고, 게다가 그에게 바퀴를 어떻게 감고 회전쇠를 어떻게 운전하는지를 가르쳐주었으며, 그러는 가운데 그의 직업에 어긋나는 일을 했기 때문에, 그는 본보기로 8일 동안 탑 속에 갇혀있어야 한다.[71]

길드의 일부 역기능에도 불구하고 중세의 도시는 길드와 대학의 출현으로 새로운 자유의 공간으로 발전하였으며 도시에서 교육은 새로운 모습으로 변해갔다. 중세의 3과목 교과과정이 산수, 기하, 음악, 천문 등 4과목이 늘어나 7과목의 교과과정으로 바뀌었다. 볼로냐에서는 학생조합에서 교육자와 피교육자 사이에 1년 계약으로 교과과정이 정해졌으며 12세기 말엽부터 도시의 발전과 함께 조합에 의해서 주도되던 교육을 도시가 장악하였다. 도시의 발전은 많은 행정적인 업무를 만들어 냈고 이 업무들을 수행할 전문가 양성을 위해 교육기관이 필요했다. 새로운 교육을 받은 중세인들은 종교와 이념을 넘어 합리적인 사고를 추구하는 새로운 인간(homo novus)이 되어갔다. "도시의 공기는 자유롭게 한다."라는 표현에 걸맞는 중세 도시에서는 자유와 자치 의식이 확보되어갔다.

6.4 도시의 르네상스인들

십자군 운동의 실패 이후 교황권은 추락하고 세속 왕권이 강화되면서 봉건 영주들이 도시를 지배하고 행정 · 재판 · 군사는 물론 상업 활동의 주도권을 잡기 시작하였다. 상인 · 수공업자는 이즈음부터 고대 도시의 옛터, 성채, 교회 소재지, 교통의 요지 등에 정주하며, 그 곳을 거점으로 하여 원격지 상업에 진출하였고, 수공업 생산을 발전시켰다. 이해관계를 따라 상인과 수공업자들은 집단을 형성하고 수공업 활동과 상업 활동을 통해서 서서히 힘과 자각을 갖기 시작하였다. 이들은 자기들의 독립성을 의식하면서 자신들을 얽매고 있는 속박에서 서서히 벗어났다. 이제 사람들은 그때까지보다 좀 더 자유로운 상태에서 자연과 사물 그리고 삶의 다양성 그리고 그것들의 상호 작용을 이해하려고 하였다. 이제 세계는, 독립적이 된 인간 정신의 활동무대 속으로 들어왔다.

200년간 지속된 십자군 전쟁기간에 7세기 이슬람의 부흥 이후 단절되었던 지중해의 무역이 회복되기 시작하였다. 그 중심지였던 이탈리아의 상업도시들은 레반트 무역[72)]을 기반으로 급속히 성장하였다. 베네치아는 십자군 전쟁을 계기로 하여 피사와 제노바를 누르고 동방무역을 독점하였으며 알렉산드리아, 트레비존드에 1년에 2회의 무역선단을 보내어 유럽의 모직물 · 은을 제공하고 인도산의 향료 및 기타의 사치품을 수입하여 전 유럽에 전매하는 독점 무역을 주도하였다. 한편, 북구

| 그림 사진 6.3 |

〈성삼위일체, 성모, 성요한과 헌납자들〉, 마사초 Masassio(1401~28), 1425~8년경, 프레스코호, 667×317, 피렌체 산타마리아 노벨라 교회: 이 그림은 원근법으로 그려진 최초의 그림 중 하나이다. 이 그림은 마치 벽에 튼 동굴이 생긴 것 같은 느낌을 줌으로써 교회 내에 있는 성인의 묘소를 실감나게 하였다. 르네상스의 미술가들은 새로운 방법과 발견 그 자체가 목적이 아니라 그들은 새로운 것으로 주제가 가진 의미를 사람들이 보다 친근하게 이해할 수 있게 하였다.[74] 기술적인 차원에서, 그리스 미술가들은 단축법을 발견하였고 헬레니즘 미술가들이 공간의 깊이를 능숙하게 표현했으나 물체가 뒤로 물러갈수록 수학적인 법칙을 따라 그 크기가 작아진다는 것이 르네상스에 와서 알려지기까지 약 1500년의 시간이 필요하였다.

도시에서도 11세기 농업 생산의 발전과 이에 따른 잉여생산물이 축적됨에 따라 차츰 상공업이 발달하였으며 한자 도시 동맹[73]의 결성과 더불어 원거리 무역이 발달하고 도시발달이 촉진되었다. 도시의 발달과 함께 사람들의 생활이 다양해지고 마침내 르네상스 시대에, 그 동안 교회의 요구로 수행되었던 기술적 창조활동은 당시 사람들의 실제 생활과 관련 있는 일들로 옮겨가기 시작하였다. 수공업 활동에 과학적 지식들이 부여되고 또 거기에서 과학과 기술의 의미를 찾으려는 장인들의 욕구는 새로운 성취동기를 창출하였다. 아직까지는 미약하였으나 실제 생활과 과학적 사고방식의 결합은 15세기의 이탈리아에서 먼저 나타났다. 여기서 창조행위를 담당했던 사람들은 대개 예술가이자 기술인들이었다.

원근법과 실용지식

15세기의 창조적인 르네상스인 필리포 브르넬레스키는 금세공 기능, 조각, 건축, 원근법, 비례학, 성채 건축, 수리공사, 역학 및 기구 제작에 능숙했다. 그는 수학자들과 교류를 하고 예술과 기술에 들어있는 수학의 의미를 인식 하고 있었다. 그는 에우클레이데스와 비텔리오의 연구를 통해 원근법을 이해했다. 그는 이 새로운 기법으로 1420년에서 1436년에 걸쳐 피렌체의 산타마리아 델 피오레의 거대한 팔각 궁륭을 설계하였다. 이 궁륭은 경간이 42미터였다. 로마 판테온의 궁륭은 경간은 43.5미터, 비잔틴의 하기아 소피아의 궁륭은 경간이 31미터, 로마 페트루스 교회 궁륭의 경간은 42.5미터였다.[75] 마침내 르네상스의 건축기술은 로마와 비잔틴의 건축 기술을 회복한 것이다.

또 한 사람의 건축가는 레오네 바티스타 알베르티 이다. 알베르티는 브루넬레스키, 프란체스코 디 조르지오 마르티니 또는 레오나르도 다 빈치와 달리 학자 출신으로 학문적 창작을 자신의 건축 활동과 결합했다. 그는 비트루비우스를 따르되 그를 뛰어넘어서 1443~1452년에 건축의 전 영역에 걸친 책을 저술 하였다. 그는 비트루비우스가 다루지 않은 르네상스 시대에 특별한 작품인 궁륭 건축 이론을 제시했다. 경험으로 구한 궁륭 설계의 규칙을 간단한 수학적 관계로 정리하여 교량 건축에도 적용하였다. 그는 실제적, 기술적 창작활동을 학문적으로 분석하는 노력을 하였다. 1487년에 출판된 건축기술에 관한 그의 책은 건축에 관한 최초의 인쇄된 책이 되었다.[76]

15세기의 예술 장인들은 새로운 것을 탐구하고 규명하고 자신의 호기심을 충족하기 위하여 '실험을 하는 장인'들이었다. 이들은 여러 가지 기술 지식들을 실험으로 밝히려고 노력하였다. 조각가이며 건축가이자 무기기술자였던 프란체스코 디 조르지오 마르티니는 1475년경에 화약의 양과 포탄의 무게의 관계 그리고 포의 길이, 지름, 두께의 관계 등 대포를 설계하고 제작하는데 필요한 관계식들을 밝히는 여러 가지 실험을 하였다. 이들의 연구에는 사물을 관찰하고 취급하는데 있어서 객관성이 추구되는 흔적이 완연하였다. 1475년에 씌어진 프란체스코 디 조르지오 마르티니의 기술논문 「민간 및 군사 건축에 관한 논문」은 구경이 큰 석포의 경우 100파운드의 석구에 16파운드의 화약을, 작은 총에서는 탄환과 같은 무게의 화약을 써야 한다고 기록하고 있다.[77] 우르비노에는 프란체스코가 설계한 기계의 모양이 석회석에 양각(크기 약 70×55센티미터)되어 있다. 그는 대포를 사용하는 새로운 전쟁 방식에 적합한 다각형 성채 구조를 설계하기도 하였다(그림 사진 6.2를 보라). 프란체스코 디 조르지오 마르티니는 시에나의 미술관에 전시되어 있는 수태 고지, 아기 예수의 찬양, 마리아의 대관식을 그린 화가이기도 하였다. 그는 레오나르도 다빈치와 함께 대표적인 르네상스 예술가이자 기술자였다.

르네상스인들의 기술 혁신

레오나르도 다빈치는 미술과 조형 분야에는 물론 과학기술 영역에서도 르네상스를 대표하는 인물이다. 그는 뛰어난 표상 능력과 냉정한 실제 감각, 관찰한 것을 그림으로 표현하는 비상한 능력, 실험과 수학의 응용을 통해서 자연의 일반적인 법칙을 인식하는 능력, 그리고 재료의 성질과 그 재료의 가공성에 대한 정통한 지식을 지녔다. 그는 기계 속의 주요한 부분의 운동 메커니즘을 이해했고 그것들을 기계 전체로부터 분리해서 생각했다. 레오나르도가 그린 많은 설계도는 기계 각 부분을 실제로 제작할 수 있는 실용적인 상세한 설계였으나 그 시대의 경제적 요구를 앞질러간 기술을 표현하였으며 그래서 당시에는 대부분은 실현되지 못했다. 그 중에는 자동 줄날 세우는 기계(1480년경), 발로 밟는 크랭크 추진장치와 연속 회전을 위한 속도조정 바퀴가 달린 선반, 낙하산(1485년경), 펌프관을 뚫기 위한 천공기(1497년경), 실감는 날개와 자동 실 분할기가 달린 방적기계(1497년경), 연환 고리(1500년경), 회전 가능한 지붕이 붙은 바람방아(1502년경), 원추형 압연을 위한 압연기(1510년경)들이 있고 당시에 롤러 베어링, 볼 베어링, 특수 톱니장치, 진자장치, 벨트 연동장치, 체인 기어, 바람방아도 설계하였다.[78] 1508년에 레오나르도는 호이겐스가 1673년에 만든 것과 비슷한 대기압 화약 엔진을 설계하였다. 이것은 화약의 폭발로 피스톤 상부와 실린더 사이에 부분적으로 진공이 발생되고 외부의 대기압과의 차이로 피스톤을 위로 밀려 올리고 이때 짐을 들어 올릴 수 있는 대기압 엔진이다. 그가 설계한 갈라타와 이스탄불 사이를 가로지르는 아치교는(1502/3)는 그 경간이 233미터나 되는 대담한 설계였다. 그는 아르노의 물을 끌어오고, 폰트 늪지대의 물을 빼는 수리계획을 하기도 하였다. 역학 분야에서도 레오나르도는 마찰에 관한 실험적 연구로 아르키메데스의 기하학적 역학을 넘어섰으며 버팀목과 대들보의 버팀 능력도 계산과 실험으로 밝혀내려고 했다. 그는 새의 비행을 연구했고, 공기 저항의 효과를 밝히려고 노력했다. 그는 근력을 이용한 비행기를 구상했으며, 낙하산과 프로펠러를 설계했다. 날개의 공기 저항을 저울로 결정 하려는 시도는 그가 근대적인 실험과 측정을 이미 수행했음을 추측하게 한다.[79] 프란체스코 디 조르지오와 레오나르도 다 빈치가 먼저 다루었기 때문에 최초는 아니었지만, 알브레히트 뒤러는 1572년에, 다각형의 성채 체계, 특히 화포로 측면을 방어할 수 있는 벽으로 둘러싸인 요새 건축을 제시하였다.

북부 이탈리아에서는 계산사인 니콜로 타르탈랴가 16세기 중반 공장의 작업에 필요한 지식을 요구했던 수공업자들과 포술사와 무기 기술자, 광석 시험사와 금속 주물사, 측량사와 상인들이 필요로 하는 지식을 제공하였다. 무기 기술자들이 특별히 관심을 가졌던 것은 포탄의 비행궤도였으며 타르탈랴는 실무자들의 경험을 이용해서 여러 실험을 수행하여 탄도가 전체적으로 곡선이라는 사실과 포신을 45도로 올렸을 때 포탄이 가장 멀리 나간다는 사실을 밝혀냈다. 그것은 새로운 물리학으로 가는 최초의, 아주 소박한 첫걸음이었으며 사람들은 경험에서 출발해서 일반적 결론을 끌어내고, 얻어진 인식을 실험을 통해서 검증하는 방식을 택하기 시작하였다. 반 세기쯤 후에 갈릴레이는 포탄의 궤도 해석이라는 실제의 문제를 수학으로 해결하였다. 타르탈랴는 아르키메데스의 수력학에 입각해서 침몰한 배를 끌어올리기 위한 장치도 연구했다.[80] 타르탈랴는 라틴어를 모르는 실무자들을 위해서 이탈리아 민족 언어로 저술을 했다. 그의 동시대인인 시에나의 장인 바노치오 비링구치오도 1540년에 민족 언어로 쓴 책 『피로테크니카 Pirotechnica』(불의 기술)에서 16세기 전반 놋쇠물 공장에 관해서 알기 쉽게 묘사하고 있는데 당시 비정련 구리와 아연광을 잘게 분쇄된 유리와 함께 용광로에서 24시간 동안 녹이고 놋쇠를 망치로 두드려 가짜 금박, 판, 방울, 숟가락을 만들고 그릇이나 놋쇠 등을 만들었다. 그의 책은 당시의 철과 금속의 제련기술이 발전하였음을 말해준다.

의사이자 자연 탐구자 파라켈수스(1494~1541)는 많은 곳을 여행하며 광부와 광석 탐사자, 제련장인과 포술사, 연금술사와 화폐 제조공 등 많은 수공업자들이 제작한 창조물에서 깊은 인상을 받고 전통적인 권위에 대한 믿음보다 인간의 창의적인 작업과 경험을 중시하고 당시의 선각자적 르네상스인들의 자연 탐구와 기술적 작업의 의미를 이렇게 표현하였다.

> "신은 … 우리가 피조물을 피조물로서 보존하는 것을 원하지 않고, 그것이 어째서 이곳에 창조되었는지를 탐구하고 배우는 것을 원한다. … 신은 철을 창조했지만 그것으로 만들어질 것을 창조하지는 않았다. 즉 그는 편자, 쇠막대, 낫이 아니라 철광석만을 창조했고, 광석 속에 있는 그것을 우리에게 주는 것이다. 더 나아가서 그는 불에게 그리고 불의 지배자인 불카누스(Vulcanus)에게 그것을 맡긴다. … 그 다음에 그것을 가지고 우리는 창조되어야 할 것을 만들 수 있다."[81]

레오나르도처럼 예술가, 수공업자, 기술자였던 그는 1525년 자신의 책 『컴퍼스와 자를 이용한 측량 안내』에서 예술가와 수공업자의 창조활동을 돕기 위해 응용기하학 개론을 소개하였다.[82] 이 책은 젊은 예술가들과 기술자들을 대상으로 하였으며 그의 사회적 의식를 엿볼 수 있다.

중부독일 작센의 의사이며 인문주의자이자 산에 정통한 사람이었던 게오르기우스 아그리콜라는 1556년 광산과 제련기술을 자세히 기록하였다. 그는 르네상스의 인문주의적 학식을 실제의 자연 고찰과 실제 기술적 활동에 적용하였다. 1556년에 나온 그의 저서 『금속에 관하여(De re metallica libri XII)』에서 그는 신은 그것을 인

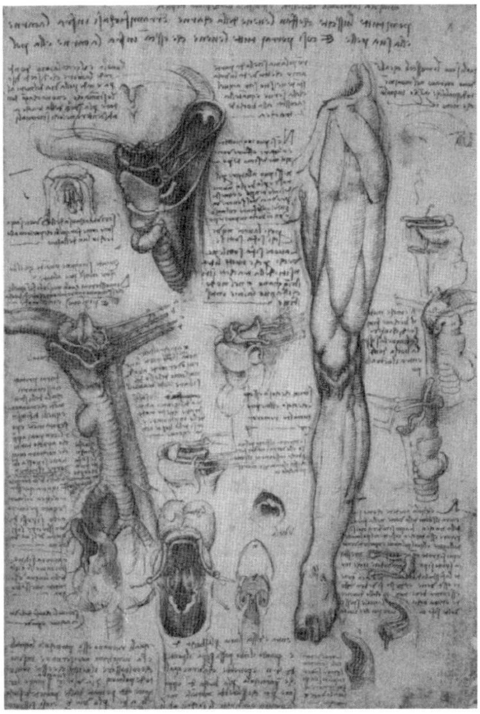

| 그림 사진 6.4 |

〈해부학 연구(후두부와 다리)〉, 레오나르도 다빈치, 1510년, 종이와 펜, 26×19.6cm, 윈저성 왕립도서관: 레오나르도는 자신이 읽은 것을 자기 눈으로 확인하지 않고는 받아들이지 않았다. 그는 문제에 부딪히면 권위자들을 찾지 않고 실험으로 해결하였다. 그는 자연에 대한 깊은 호기심을 느꼈고 창의적인 정신으로 도전하였다. 그는 30구 이상의 시체를 해부하였으며 자궁 속에서 태아가 자라는 것을 최초로 연구한 사람이었으며 파도와 조류를 연구하고 곤충과 새, 초목과 음의 조화를 연구하였다. 이 모든 것이 그의 예술의 기초가 되었으며 그는 미술을 과학적인 토대에 올려 놓았다.[86]

간에 의해서 상처입지 않도록 하기 위해서 땅속 깊이 박아놓았으므로 인간은 땅을 뒤져서 광석을 끌어올려서는 안 된다고 하는 여러 사람들의 말을 반박했다.[83] 그는 1556년에 물을 퍼올리기 위한 거대한 양방향 회전바퀴를 만들었으며, 정지판이 붙은 말 권양기, 양수를 위한 가죽통 기술과 막대 기술, 1512년에 처음으로 발명된 습식 쇄광기, 회전 기중기, 수차를 이용한 작업기계의 운전, 나사로 조립한 주철 톱니바퀴, 마찰 방지 롤 베어링, 나무 궤도 용 손수레 등 많은 것들을 제작하였다. 아그리콜라는 자신의 책에서 자신이 사용한 기술을 삽화를 이용하여 자세히 묘사하였다. 이 책이 나온 지 20년 후 1574년, 광산가이자 제련가인 라차루스 에르커는 목판화를 삽입한 제련기술 및 광석 시험기술에 관한 책을 출판하였다.[84] 중세 후기 이래 번성하던 독일의 광산과 제련기술은 16세기 중반부터 서서히 쇠퇴하기 시작했다. 그 이유는 통상로가 재편되고 새로 발견된 아메리카로부터 금속이 유입되고 영국의 철강 산업이 발달하였기 때문이다.[85]

예술과 해부학

르네상스기의 예술을 언급하면, 거의 누구나 도나텔로(1386~1466년), 레오나르도 다빈치(1452~1519년), 라파엘로(1483~1520년), 미켈란젤로(1475~1564년) 같은 위대한

| 그림 사진 6.5 |

〈아르놀피니의 약혼〉, 얀 반 에이크, 1434년, 목판에 유채, 81.8×59.7cm, 런던 국립미술관: 그림 전체가 거울에 비추어진 것처럼 미세한 것까지(강아지의 복술 복술한 털을 보라) 묘사하여 자연의 환영을 만들어냈다. 이렇게 세밀한 묘사는 그가 유화기법을 발명하였기 때문에 가능하였다.[109] 이전까지는 계란을 안료의 용매로 사용하는 템페라 기법이 주로 사용되었으나 그는 계란 대신에 기름을 사용하여 물감이 천천히 굳고 부드러운 감을 얻을 수 있게 함으로써 세밀하고 정확한 묘사와 겉칠로 광택이 나는 마치 사진과 같은 그림을 얻을 수 있었다.

천재들을 연상한다. 중세 예술과 달리 르네상스회화의 전형적인 특징은 원근법의 사용에 있다. 레온 바티스타 알베르티(1404~1472년), 알브레히트 뒤러(1471~1528년 그림 사진 7.1) 등의 연구 덕분에 예술가들은 원근법을 지배하는 수학적 법칙들을 활용하는 법을 배웠다.[87] 근대의 예술가들은 생동감 있는 재현을 위해 새로운 표현방식으로 유화기법을 고안했으며(그림 사진 6.5) 인체 근육의 해부학을 정확히 알 필요가 있었으며, 르네상스기에 폭발적으로 증가한 해부학 연구는 예술가들의 요구에 그 원인이 있다.[88] 해부학자 안드레아스 베살리우스(1514~1564년)는 중요한 해부학 서적 『인체의 구조에 관하여』를 코페르니쿠스의 책 『천구의 회전에 관하여』가 출간된 해 1543년에 출간했다.[89] 바르톨로메오 유스타키오(1574년 사망)와 가브리엘 팔로피우스(1523~1562년)는 새로 발견한 여성의 신체에 자신들의 이름을 따서 유스타키오관과 나팔관, 레알도 콜롬보(1520~1560년)는 1559년에 혈액의 폐순환, 즉 심장과 폐 사이에서의 순환을 발견하였다. 이러한 해부학 발전은 영국의 의사 윌리엄 하비(1578~1657년)가 혈액의 순환을 발견하면서 절정에 도달했다. 하비는 죽어가는 동물의 느린 심장박동을 자세히 관찰하고 심장에서 나가는 혈액의 양을 측정함으로써 동맥과 정맥이 연결된 순환계를 이룬다는 결론에 도달했다.[90]

6.5 근대 과학 정신

12세기에 아라비아-이슬람 문화와 새롭게 만난 유럽인들은 오랫동안 잊혀져 있었던 그리스의 학문과 문화를 계승하고 유럽의 르네상스를 향한 문을 열었다. 이들이 보인 새로운 활력과 창조성의 분출은 실제로 모든 지식 활동 분야에 영향을 미쳤다. 법학, 철학, 신학, 과학적 탐구에서 활발한 연구가 진행되었다. 새로운 도시와 마을이 만들어지고 이와 함께 전문학교와 대학이 새로 건립되면서 그 영향력은 더욱 분명해졌다. 실제로 경제 발전이 가져다 준 새로운 인간에 대한 인식은 인간의 이성과 상상력을 날아오르게 하였다. 이 시기에 유럽의 사상가와 중동의 사상가 사이에서 가장 첨예하게 대비되는 것은 인간의 힘과 권한이라는 새로운 정신이었다고 말할 수 있을 것이다.[91] 이런 태도를 가장 뚜렷하게 드러낸 사람들은 기독교 종교 엘리트들이었던 교회법 학자, 로마법 학자, 그리고 신학자이며 철학자인 피터 아벨라르(1142년 사망), 콘체스의 윌리엄(1154년 사망), 샤르트르의 아보트 티에리(약 1156년 사망) 같은 사람들이었다.[92] 이들은 이성이라는 새로운 정신 곧 모든 영역 안에 합리성과 계획된 질서를 나타내는 표시가 있다는 것을 명백하게 밝혔다.

티마이오스의 선물

중세인들에게 합리주의적 사고를 갖게 한 플라톤이 남긴 『티마이오스』는 성 아우구스티누스에 의해서 소개된 이후 12세기와 13세기에 이른바 '근대파' 학자들의 열렬한 환영을 받았다.[93] 그것은 『티마이오스』가 그들에게 자연을 질서정연하고 통합된 하나의 전체로서 그린 모습을 제시하였기 때문이다. 이 책은 자연 세계를 인과관계가 분명한 합리적 질서로 묘사했으며 이 합리적 질서의 부분으로서 인간은 이성을 가지고 있어 다른 사물보다 더 높은 자리에 있는 것으로 이렇게 기술하고 있다.

> 변화하거나 새로 만들어지는 모든 것은 반드시 어떤 원인이 있기 마련이다. 원인이 없다면 아무것도 만들어지지 않기 때문이다. … 그렇다면 우주 또는 이 세상은 … 시작도 없이 언제나 존재했는가? 아니면 창조되었는가? 그리고 시작이 있었는가? 나는 창조되었다고 답한다. … 그러나 이 모든 우주만물을 만든 창조자는 우리의 인식을 넘어서 있다. 비록 우리가 그를 깨닫는다고 해도 모든 사람에게 그에 대해 말하는 것은 불가능하다. 따라서 아직도 이 창조자에 대해 알아야 할 것이

> 남아 있다. 그가 세상을 만들 때 어떤 형태의 세상을 꿈꾸고 있었을까? 그것은 영원히 변할 수 없는 세상인가 또는 그것은 창조된 것인가?[94)]

서양인들은 이 시기에 자연의 존재를 깨닫기 시작하면서 자연과 초자연의 영역을 정교하게 분리하는 큰 성과를 이루어냈다. 자연 철학에 대한 과학적 원형을 만들었던 콘체스의 윌리엄은 『티마이오스』의 주석에서 이렇게 주장하였다.[95)]

> 플라톤은 이 세상에 원인이 없이 존재하는 것은 아무것도 없다는 사실을 보여 줌으로써 이제 우리의 논의를 유효한 원인에서 결과를 끌어내는 쪽으로 좁힌다. 따라서 우리는 모든 일이 창조자 아니면 자연 또는 자연을 모방하는 인간 장인의 작품이라는 사실을 깨달아야 한다. 이를테면 창조자의 작품은 과거에 이미 존재하지 않았던 요소나 정신을 처음으로 창조한 것이거나, 동정녀 마리아의 사건처럼 우리에게 익숙하고 당연한 사실과 정반대되는 것처럼 보이는 것들이다. 자연의 작품은 씨앗을 뿌려 열매를 맺고 가지가 뻗쳐 나무가 자라는 것과 같은 것이다. 자연은 사물에 내재하며 자기와 같은 것을 다시 만들어 내는 힘의 원천이기 때문이다.[96)]

이런 자연에 대한 인상은 질서(또는 계층구조)와 합법칙성이라는 개념을 함께 가져왔다. 마침내 중세 사람들은 세상을 여러 부분이 서로 연결되어 맞물려 돌아가는 조화로운 우주라고 생각하기 시작했다. 중세인들은 통일되고 질서정연하며 규칙성 있는 우주에 대한 생각에 주목하고 자연의 법칙과 자연의 힘은 자율적으로 움직인다고 생각하기 시작하였다. 생 빅토르의 휴(1141년 사망)는 자신의 책에서 세계를 질서정연한 통합체 즉 유니베르시타스(universitas)라고 말하면서 "모든 사물이 이 우주의 그물망 안의 맨 위에서 바닥까지 너무도 질서 있게 배치되어 있어서 세상에 존재하는 모든 것 가운데 자연 또는 자신의 바깥 세계와 연결되지 않거나 분리된 것은 아무것도 없다."고 하였다.[97)] 샤르트르의 티에리도 "세상은 모두 자기 존재를 위한 근거를 가지고 있는 것처럼 보인다. 또한 예견할 수 있는 시간의 순서 속에서 존재하는 것처럼 보인다. 이 존재와 질서는 합리적이라고 볼 수 있다."고 주장하였다.[98)] 피터 아벨라르 역시 자연의 자율적 힘과 신성의 자율적 힘을 서로 떼어서 설명하려고 애썼고 기회가 될 때마다 자연주의에 입각한 해석을 더 선호했다.[99)]

아마도 어떤 사람은 이것이 어떤 자연의 힘으로 있게 되었는지 물을 것이다. 나는 이렇게 답한다. 첫째 우리가 특정한 결과를 자연력 또는 자연이 제공한 원인에서 찾으려고 할 때, 신이 세상을 처음 만들면서 오직 신의 뜻만이 사물을 창조할 수 있는 자연의 힘을 가졌던 때 썼던 그 방식대로 절대로 따라하지 못한다. … 우리는 자연의 힘을 계속해서 면밀히 조사한다. … 그래야 기적으로 만들어지지 않은 모든 것의 본질과 발전이 무엇인지 정확하게 밝혀질 수 있다.[100]

이렇게 세상을 질서정연한 곳으로 보는 시각이 등장하면서 세상을 기계로 여기는 생각이 나타났다. 이러한 생각은 로버트 그로스테스트에 의해서 우주는 하나의 기계라는 개념으로 발전하였다.[101]

12세기 플라톤 사상은 학문 연구의 전형이 되었고, 학자들은 자연과 초자연을 포함한 모든 것을 연구하여 그 원인을 찾고 거기에 논리적 근거를 주려고 했다.[102] 바스의 애덜라드는 새로운 자연주의 철학을 채택하고 그것을 연구 과제로 삼고 이렇게 말했다.[103]

"살아 있는 모든 생물의 감각은 모두 자기 기능이 있고 서로 분명하게 연관되어 있다. … 그러나 이들의 힘은 철학자의 정신이 아니고는 아무도 밝힐 수 없는 어떤 수단이나 방식과 연결되어야 작동한다. 이 상호관계의 결과는 대개 그것을 일으킨 원인과 치밀하게 연관되어 있다. 그리고 이 원인 사이의 관계 또한 매우 정교해서 철학자들도 흔히 이런 요소에 대한 지식을 자연에서 발견하지 못한다."[104]

콘체스의 윌리엄은 훨씬 더 대담하게 "사물의 본질을 우리에게 가르쳐 주는 것은 성서가 할 일이 아니다. 이것은 철학의 영역에 속한다."고 주장했다.[105] 이 말은 갈릴레오가 17세기에 "성령의 뜻은 인간이 어떻게 하늘나라에 가는지를 가르치는 것이지 하늘이 어떻게 움직이는지를 가르치는 것이 아니다."고 한 말과 일맥상통한다.[106] 근대파는 여기서 멈추지 않고 계속해서 자연을 탐구했고 심지어 만일 성서에 나온 문구가 이성과 자연의 질서에 반한다면 그것을 문자 그대로 받아들이면 안 된다고 주장하기까지 했다. 이들은 우주 자체를 하나의 통일된 전체라고 인식한 것처럼 인간도 이 합리적 전체의 일부라고 생각했다. 따라서 인간은 이성을 부여받았고 우주의 법칙을 읽고 해석할 수 있으며 그래서 '자연이라는 책'[107]을 읽어 낼 수 있다고 생각했다. 이들에게 "인간은 자연의 보호를 받지도 못하고 하늘을 가장 빨리 날지도 못하지만 훨씬 좋고 더 가치 있는 이성을 가지 존재였으며 인간은 이 이성을 가짐으로써 짐승의 한계를 뛰어넘어 그들을 지배한다. … 따라서 이성은 인간에게 단순한 물질적 도구를 초월하는 아주 큰 선물이었다."[108]

합리적 이성

인간이 논리학이라는 도구와 신이 인간과 매개하기 위해 인간에게 준 이성을 이용해서 자연에서 발생하는 사건을 합리적으로 설명할 수 있다는 가정은 형이상의 관계 안에서 과학적 연구를 진행할 수 있는 바탕이 되었다. 더욱이 이 연구 계획은 『티마이오스』와 같은 여러 고전에서 자연은 서로 인과관계의 질서를 유지하고 있다고 주장한 가설을 인정했다. 아직도 자연에는 기적을 위한 공간이 있었지만 그 공간은 점점 더 좁은 경계 안으로 축소되었다.[110] 신학 자체를 하나의 학문으로 만들려는 노력은 이 기간 내내 계속된 중요한 운동이었으며,[111] 이로 인해 지식인들은 연구를 체계화하고 자아의식을 방법론에 반영할 수밖에 없었다. 이 단계에 들어서자 인간이 이성을 가졌다는 생각은 철학뿐만 아니라 신학에서도 똑같이 강력한 지지를 받았다.[112] 이제 중세 유럽인들은 철학과 신학, 자연과학에서 이 우주는 합리적 질서를 유지하고 있으며 인간은 이 질서를 함께 유지하는 주체로서 이성을 부여받은 존재라는 생각에 깊이 빠졌다. 르네상스 전기의 유럽의 지식인들이 맨 처음에 이 형이상의 사상을 물려받은 것은 고대 그리스 사상, 특히 『티마이오스』를 통해서였으나 좀 더 엄밀히 말하면 이 사상은 종교와 기독교 사상에 있는 신데레시스(syderesis)(스콜라 철학의 용어로 양지양능良知良能) 또는 양심이라는 개념과 연결되며 그 연결고리는 기독교 성서, 특히 신약성서까지 거슬러 올라갈 수 있다.[113]

르네상스가 아직 시작되지 않았던 12세기에 중세 유럽인들은 당시의 이슬람교인들과 달리 자연을 연구하고 해석하면 그들 앞에 놓여진 종교와 법을 체계화하고 잘 조직해서 합리적으로 평가할 수 있을 것이라고 생각했다. 이들은 인간의 이성이 저급한 동물과 인간을 구별하며 또한 모든 영역에서 합리적 연구 활동을 할 수 있게 하는 도구라고 생각했다. 이런 생각은 당장 모든 영역에서 자유롭게 생각할 수 있는 사상의 자유를 선포하지는 않았지만 지식의 자치권을 인정하는 토대를 마련했다. 이로써 자연의 합리적 질서와 인간의 합리성을 크게 칭송하는 다양한 사람들이 생겨났다. 종교학자와 신학자, 교회법 학자들은 플라톤과 『티마이오스』에서 나타난 인간과 자연에 대한 합리주의적 이미지를 받아들였다. 12세기와 13세기 중세 유럽인들은 이 고대의 형이상을 인정함으로써 인간과 인간의 능력을 바라보는 독특한 합리주의적 개념을 만들어 냈다. 더 나아가 기독교 성직자들은 성경의 가르침을 다시 해석하고 변용했다. 그에 따라 인간은 도덕과 윤리를 제대로 판단할 수 있게 하는 꺼지지 않는 합리적 이성 즉 양심을 가진 존재가 되었다.[114] 이제 중세 유럽인들은 이성과 합리성으로 가득 찬 인간의 형상을 만들었고, 인간의 철학적 · 신학적 사색은 결과를 예견할 수 없거나 심지어 놀랍게도 정통 교리와 거리가 먼 민감한 영역도 탐구하기 시작했다. 더욱이 이와 같은 신학과 철학의 탐구는 서양의 교육 거점인 대학에서 활발하게 진행되었다. 실제로 기독교 신학은 인간에게 새로운 사색의 분위기와 동기를 제공했고 인간이 새로운 합리적 능력을 지니고 있다고 생각하게 하였다[115]는 점에서 근대과학정신의 태동에 핵심적인 역활을 하였다.

9세기에서 13세기에 이르는 주요한 스콜라 철학자들은 진리 탐구에 있어서 이성이 계시의 짝이 되는 것으로 보았다.[116] 토마스 아퀴나스는 신학은 어디까지나 계시에서 성립하는 것이요, 이성을 통한 인식이란 자연 세계에 관한 인식이라고 하였다. 그에게 이성은 이성에 선행하는 것의 존재를 증명하거나, 그 본성을 밝힐 수가 없다. 하나님 자신 속에 있는 이성은, 그의 자유롭고 무제한한 의지에 의해서 생겨나는 것을 무엇이든지 인지하고 또 이해하지만, 인간 속에 있는 이성은 창조의 본성을 식별하고 나서, 이 창조를 받아들이는 것이 그 기본 성격이라고 보았다. 일단 하나님의 존재가 주어지면 인간의 이성은 그것을 알 수 있고, 그로부터 결과하는 여러 가지 것을 합리적으로 결론지을 수가 있으며, 또 인간이 추구할 만한 것 혹은 피해야 할 것을 합리적으로 발견할 수가 있다[117]는 것이다. 그러나 뛰어난 사상가 윌리엄은 "Entia non multiplicanda sunt praeter necessitatem, 최소한 필연적인 것 이상의 것을 누구도 가정해서는 안된다."는 명제를 확실히 알아볼 수 없는 것들을 명백하고 그 자체로 충분한 것이 생기는 근거로 삼아서는 안 되며, 검증할 수 없는 가

| 그림 사진 6.6 |

〈모나리자〉, 레오나르도 다 빈치, 1502년경, 모판에 유채, 77×53cm, 파리 루브르: 레오나르도는 자연을 자연 그대로 묘사하는 것의 문제를 알았다. 그는 모나리자의 윤곽을 그림자 속으로 사라지는 같이 희미하게 남겨두는 '스푸마토' 기법으로, 모나리자가 마치 우리 눈앞에 살아있는 듯, 볼 때마다 달라 보이고, 그 속에 영혼이 깃들여 보이게 하였다.[119] 특히 눈과 입의 가장자리는 더욱 그러하다. 위대한 과학자 레오나르도는 보는 이의 상상이 그림과 어울려서 그림이 완성되게 하였다. 마치 그리스인들이 착시현상을 미리 고려하여 가장 균형감있는 파르테논 신전을 지었듯이. 그려진 형상 속에서 사람의 영혼이 보존된다는 생각에 고대인들이 갖는 두려움, 레오나르도는 태초의 형상 제작자들의 그 꿈과 두려움을 현실로 만들었다.

설들을 경험된 사실들을 설명하는 데 충분한 근거로 삼아서는 안 된다고 설명함으로써 인간은 온갖 종류의 신학적 가설을 내세울 수는 있으나, 사변적으로 가능한 이 여러 가지 가설의 어느 것도 그 진리를 이성에 의하여 확립할 수는 없다고 보았다. 윌리엄은 그것들은 크레디빌리아(credibilia), 즉 믿어진 명제들이기는 해도 증명된 명제는 아니며 그것들은 이미 신앙을 가진 사람들에게는 설득력이 있어도, 그 어느 것이나 비판적으로 검토되지 않은 가정들에 기초하고 있다고 봄으로써 보다 엄밀한 논리적 과정을 요구하였다.[118)]

과학적 방법의 출현

자연의 질서가 존재한다는 데 대한 확신이 없다면 과학은 있을 수 있을까? 자연의 질서에 대한 확신은 어떻게 생겨났을까? 중세는 유럽인들에게 질서의 관념을 마련해 준 기나긴 훈련의 시대였다. 그것을 완벽하게 실천에 옮기지 못했을지는 모르나, 이 관념은 사람들의 머리에서 잠시도 떠난 적이 없었다. 특히 중세는 합리주의에 철저한, 정돈된 사상을 추구하던 시대였다. 무정부 상태는 도리어 의식을 일깨워 정합적인 체계에로 눈을 돌리게 하였다.[120)] 과학은 사물의 질서에 대한 일반적인 감각 이상의 무엇인가를 필요로 한다. 수세기 동안 유럽의 중세인들을 지배했던 스콜라의 논리와 신학에 의해서 어떻게 명확하고 엄밀하게 사고하는 습관이 유럽인의 정신에 뿌리내리게 되었는가에 유의할 필요가 있다. 이 습관, 즉 문제의 핵심을 찾고 그것을 발견했을 때 끈질기게 그것에 주목하는 습관은 스콜라 철학이 배척된 후에도 그대로 존속되었다.[121)]

12세기 유럽의 전기 르네상스는 과학적 방법의 기반을 닦은 시기였다. 전기 르네상스는 당시 지식과 사상을 지배하고 있던 종교 엘리트들이 발전시켰으며, 그들이 구축한 과학적 방법의 전제들은 다음과 같은 것들이었다. 1. 자연의 움직임을 이해하기 위해 자연을 합리적이고 객관적으로 연구하는 것은 가능하며 바람직한 일이다. 2. 이 연구는 수학과 연역적 추론 방법을 사용할 수 있다. 3. 그러기 위해서는 경험주의 방법론을 사용해야 한다.—수집 가능한 감각과 자료를 바탕으로 한다. 4. 자연의 움직임을 탐구하는 사람은 질서정연한 방식으로 체계를 갖고 신중하게 진행해야 한다. 5. 학자는 자연이 어떻게 움직이는가 하는 문제를 연구할 때 그에 대한 정보를 합리적으로 증명할 수 있는지 아닌지를 제외하고는 모든 권력과 전통 그리고 여론의 목소리는 듣지 말아야 한다. 6. 과학자는 자연현상을 이해하기 위해 잘 통제된 연구 과정에서 일관되게 의문을 풀어 나가야 하며 때때로 오랫동안 불확실한 상태를 겪어야 한다.[122)]

이러한 과학 방법의 출현은 중세인들을 16세기 과학 혁명으로 이끌어갔으며 마침내 16세기 유럽은 세 개의 혁명을 목격했다. 그 중 하나는 우주론의 혁명으로 천문학자들이 우주 구성의 실체를 밝히기 위해 자연과학을 이용하기 시작한 것이며 두 번째 혁명은 교회의 권위를 해체시킨 혁명으로 종교 개혁이 그것이다. 마지막으로 종교 개혁은 과학 혁명에 크게 영향을 주었다. 코페르니쿠스가 천문학과 우주론에 관한 과학적 탐구에 불을 당겼으며 그 뒤를 이어 갈릴레오, 케플러, 그 밖의 여러 후계자들이 이를 실행했다. 종교 개혁 이후 지식 활동과 토론은 당시 과학적 사고와 관련된 '인과관계', '경험', '실험'뿐만 아니라 '이성의 빛', '양심', '세계는 기계', '자연이라는 책'과 같은 용어들이 담고 있는 새로운 의미를 드러냈으며 종교 개혁가들의 사상뿐만 아니라 모든 문화 영역을 재구성하는 구실을 하였다.[123] 그러나 역설적으로, 코페르니쿠스에서 비롯된 과학 혁명은, 마치 지구가 우주의 중심에서 주변으로 옮겨졌듯이, 전통적인 인간관을 뒤집어서 우주의 중심에 있어왔던 인간의 위치를, 하찮은 방관자의 자리 곧 우주의 주변으로 옮겨버렸다. 그리고 과학 혁명은 '실재와 현상', '자연과 감각', '이성과 경험'들이 같은 사실의 상호 관련된 두 측면이 아니라, 근대 철학에서 오랜 세월을 두고 논리적으로 대립되었던 분리된 원리로 만들었다.[124] 이것은 이제 막 이성과 합리성에 눈뜬 인간이 가졌던 한계가 아니었을까?

생각해보기

1. "갈릴레오와 코페르니쿠스와 같은 선각자들은 자신들이 발견하고 깨달은 과학 지식과 그 과학 지식이 의미할 수밖에 없는 새로운 주장들로 말미암아 당시 교회 권력의 억압과 탄압을 이겨내야 했다. 그러므로 근대 과학의 태동은 단순히 과학적 사실, 즉 관찰된 현상과 그것을 모형화 한 것이 받아들여진 것이 아니라, 당시 서양의 합법적 명령 체계를 구성하고 있던 기존의 제도와 치열한 지식 논쟁을 통해 얻어진 사상 혁명의 출발점이 형성된 것이라고 볼 수 있다. 과학은 그 사회의 법과 함께 당대의 고유한 지식인의 정신에 기반을 둔 역할과 역할군의 새로운 구현이라는 측면에서 하나의 제도 체계라고 볼 수 있다." 본문에서 '과학의 태동', '현상과 모형화', '기존의 체계', '지식논쟁', '사상혁명' 등의 표현에 유의하여 과학이 자신에게 의미하는 바를 성찰하고 써보자.

2. 아리스토텔레스의 『자연학』은 자연과학의 틀을 제시하고 지식의 가장 높은 형태는 '원리, 인과율, (자연의) 구성 요소들'을 바탕으로 하며 지식을 얻고 이해하는 것은 바로 이것들을 익힘으로

써 가능하다고 말한다. 새로운 아리스토텔레스의 형이상을 구성하는 자연과학의 틀은 과학적인 탐구에서 항상 '최초 원리'가 무엇인지에 주목하고 그 '근본 원인'이 무엇인지 찾아야 한다는 것을 담고 있다. '최초의 원리' 그것은 갈릴레오가 400년 후 "세상에서 가장 위대하고 멋진 문제를, 말하자면 우주가 진정 어떻게 구성되어 있는지"를 밝히려고 하며 "그 구성은 다른 어떤 것일 수 없는 유일한 참된 방법(원칙)으로만 존재하기 때문이다."라고 쓸 때 그 원칙이었다. 갈릴레오가 말하고 있는 '그 원칙'과 아리스토텔레스의 형이상을 구성하는 '최초의 원리'와 '근본 원인'에 대하여 숙고하고 자신의 생각을 써보자.

3. 중세 후기에 전 유럽에 널리 보급되었던 길드는 북구의 여러 도시에서 상인 길드를 축으로 봉건영주에 대항할 수 있을 만큼 도시들이 경제력을 갖추게 되었다. 도시민은 영주로부터 금전 또는 투쟁에 의해서 시장 운영권을 확보하고 관세를 철폐하고 나아가서 영주로부터 재판권까지도 수용하여 스스로 시의 치안, 규율의 유지 등을 담당하기 시작하였다. 스스로 제품의 가격을 규제하고, 임금을 결정하고, 제품의 품질의 수준을 결정하고, 제조법의 비밀을 감시하고, 새로운 사람이 길드에 참가하는 것을 엄격한 규율에 의해서 통제하는 역할을 하였으며 봉건세력에 대항하여 내부적으로 권력을 장악해 가면서 중요한 정치적 역할을 수행하기도 하였으며 점점 사회적 영향은 커져갔다. 길드의 자유와 자치의식은 이후 유럽 시민 의식과 근대정신의 근원이 되었다. 한편 길드는 기술 발전을 저해하기도 하였다. 이 조합들이 정치적 힘을 발휘하여 자신들의 이익을 위해서 새로운 발명의 보급을 막기 시작하였다. 쾰른 시의회가 기존 수공업자들의 손해를 막기 위하여 1412~13년에 새로운 기술의 물레와 연사의 생산을 금지하고 뉘른베르크의 한스 슈파이헬이 버팀선반을 개량하고 1578년 그 기계를 팔려고 할 때 뉘른베르크 의회는 개량선반의 사용을 금하고 제품을 파괴할 것을 명령하 것은 좋은 예이다. 길드의 출현과 전개 과정을 고찰하고 기술 발전에 미친 순기능과 역기능을 토론하고 현대 사회에서는 이러한 현상이 없는지 있다면 어떤 것들이 있는지 제시하고 개선 방안을 토론해보자.

4. 12세기 유럽의 전기 르네상스 시기에 구축된 과학적 방법의 기반 1. 자연의 움직임을 이해하기 위해 자연을 합리적이고 객관적으로 연구하는 것은 가능하며 바람직한 일이다. 2. 이 연구는 수학과 연역적 추론 방법을 사용할 수 있다. 3. 그러기 위해서는 경험주의 방법론을 사용해야 한다. – 수집 가능한 감각과 자료를 바탕으로 한다. 4. 자연의 움직임을 탐구하는 사람은 질서정연한 방식으로 체계를 갖고 신중하게 진행해야 한다. 5. 학자는 자연이 어떻게 움직이는가 하는 문제를 연구할 때 그에 대한 정보를 합리적으로 증명할 수 있는지 아닌지를 제외하고는 모든 권력과 전통 그리고 여론의 목소리는 듣지 말아야 한다. 6. 과학자는 자연현상을 이해하기 위해 잘 통제된 연구 과정에서 일관되게 의문을 풀어 나가야 하며 때때로 오랫동안 불확실한 상태를 겪어야 한다. 위에서 언급하고 있는 6가지 사항이 갖는 의미에 대하여 토론하고 이를 근거로 과학적 방법론을 10가지 조항 이상으로 구성해보자.

제7장 근대로의 전환

16세기와 17세기의 지적인 분위기는 과학적 발견의 조류 속에서 급격한 변화를 겪었다. 코페르니쿠스는 지구가 우주의 중심이라고 주장한 프톨레마이오스 천문학의 전통적인 견해에 의문을 던졌다. 갈릴레오는 새로운 천문학에 대한 추론의 근거로 기하학의 모형을 사용하였으며 베이컨은 『신 기관』(1620)에서, 데카르트는 『방법 서설』(1637)에서 각자의 지식 탐구의 방법론을 완성시켜 과학과 철학을 연결하였다. 사상가들은 전통이나 고대의 권위자들의 고증에 의지하지 않고 각자가 관찰을 통해 얻은 정보를 가지고 공리 체계에 적용시켜 진리를 찾는 길을 추구하였다. 17세기에 이르러 과학은 신학으로부터 해방되었고 자연은 인간의 활동 영역이 되었다. 개인에 대한 존경은 늘어가고, 권위에 대한 굴종은 타파되었으며, 사람들은 서슴지 않고 기성의 관습에 도전하고 동시에, 인간 이성의 비판력에 대한 신뢰감이 배양되었다. 자연의 법칙은 사람들에게 다른 모든 사람의 평등한 권리를 존중하도록 요구하고, 사회 질서의 평화를 증진시키도록 요구하는 이성의 지침이 되었다. 만일 인간이 충분히 이성적이기만 하다면, 자연 상태야말로 실로 조화와 행복의 상황일 것이며 그러한 사회를 만들 수 있을 것이라는 의식이 유럽인들 속에 심어지기 시작하였다. 사회적 존재인 인간에게 사회는 기본적으로 시민적 제도나 국가보다 앞서는 것이다.

18세기에 이르러 서양 문화 전반에 광범위한 변화가 일어났다. 지리학적 탐험의 결과로서 지구상의 새로운 지역이 서구인의 지식권 안으로 들어오게 되었다. 무역이 봉건적 국경선을 넘어서서 확대됐으며, 새로운 자본주의 경제의 징조가 나타나기 시작하였다. 이러한 사조에 가장 중대한 영향을 미친 것은 르네상스와 프로테스탄트의 종교 개혁, 그리고 천문학을 비롯한 여러 자연 과학의 눈부신 발달이다. 특히 근대 사조의 발생에 결정적 영향을 미친 것은, 16세기와 17세기 초엽에 천문학자 및 물리학자들이 이룩한 획기적 업적이었다.

7.1 근대적 사고

16세기 중엽으로부터 17세기 중엽에 이르는 동안에 과학적 혁명은 여러 세기 동안 인간을 지배해왔던 플라톤 학파의 전통과 중세기적 아리스토텔레스의 전통을 밀어냈다. 그 위에 서 있던 사상들 곧 존재는 계층적 체계라는 생각, 천상의 운동과 지상의 운동은 그 종류가 다르다는 생각, 그리고 천국은 완전하고 질서 정연한데 지상의 변화는 불완전하고 무질서하다는 생각 등이 점차로 허물어졌다. 17세기 초 프란시스 베이컨은, 기술적 수단을 통해서 자연에 대해 힘을 발휘할 것을 요청하고 자연과학의 이론적 방향을 제시하였다. 1620년에 그는 자신의 책 『신 기관』에서 이렇게 말한다.

> "자연의 봉사자와 통역자로서의 인간은, 그가 그의 창작물이나 정신을 통해서 자연의 질서에 관해서 관찰한 것만큼만 영향을 미치고 인식하기 때문이다. … 인간의 과학과 인간의 힘은 하나로 합쳐지며, 대부분의 활동은 원인에 대한 무지로 인해서 실패하는 것이다. 인간에게 앎과 할 수 있음은 하나인데, … 학문의 진정하고 정당한 목표는 인간의 삶을 새로운 발명과 수단으로써 풍요롭게 하는 것이다. 그런데 인간의 사물에 대한 지배는 단지 기능과 학문에 바탕을 두고 있다."[1)]

이성의 능력

근대적 사고에 영향을 미친 과학 혁명의 핵심은 이성과 감각의 관계 그리고 인간의 경험과 자연의 실재와의 관계에 있다. 고대 희랍 철학자들로부터 스콜라 철학자들에 이르기까지 이들이 주장한 하나의 공통된 학설은, 비록 이성은 감각을 통하여 관찰된 사실의 한계선 밖에까지 마음을 이끌어가는 것이기는 하지만, 이성은 관찰된 사실을 존중하고 그것에 준거해야 한다는 것이었다.[2)] 성 알베르투스(1200~1280)[3)]는 "감관을 통하여 얻은 경험적 지식과 일치하지 않는 원리는 원리가 아니라 그 반대의 것이다."라고 말하기까지 하였다. 이성이 아무리 먼 곳까지 갈 수 있다 하더라도, 첫째로 감각에 나타나는 현실적인 것들로부터 출발하는 것이었다. 코페르니쿠

| 그림 사진 7.1 |

〈틀과 실을 이용하여 단축법의 원리를 연구하는 화가들〉, 1525년, 알브레히트 뒤러, 목판화, 13.6×18.2cm, 원근법과 비례에 관한 뒤러의 저서 『캠퍼스와 수중 장치가 달린 긴 자를 이용한 측정 지침』의 삽화

스도 이 전통적 견해에서 멀리 벗어나지 않았었다. 그러나 케플러와 갈릴레이는 감각적 경험을 불충분하고 주관적인 것으로 의심하였다. 즉 이성과 그 수학적 명백성 그 자체만으로 진리를 파악하기에 충분한 것으로서 믿었다.[4] 갈릴레이는 "만인이 일치하는 현상에 대하여, 우리는 그 경험의 참됨을 확인하거나 또는 그 거짓됨을 밝히기 위하여 이성을 앞장세우고 나아간다."라고 서술하였다.[5] 데카르트는 갈릴레이의 견해에 동의하며 "물체는 감각이나 상상력에 의하여 참된 모습이 파악되는 것이 아니라, 오직 지성에 의해서만 파악된다. … 물체는 시각이나 촉각을 통하여 인식되는 것이 아니라 오직 이해를 통해서 인식된다."[6]고 하였다.

갈릴레이에게 지각 경험은 그 자체로서는 믿을 수 없을 뿐만 아니라 그릇된 판단의 근원이기도 한 것이므로, 그것이 어느 정도의 인식론적 가치를 인정받아야 할 것인지를 판정하기 위하여 이성이 요구되었다.[7] 갈릴레이는 더 나아가 수식으로 나타낼 수 있는 사물의 모든 성질과 관계는 객관적이라고 믿었고[8] 감관을 통한 지각으로써는 사물의 현상을 완전히 파악할 수가 없으며, 오직 이성의 원리에 의거해서만 인식될 수 있는 데, 수식으로써 나타낼 수 없는 것은 주관적이며 마음 안에 존재하는 것이라고 생각하였다. 그는 "새털로 피부를 약간 건드리면 간지러움을 일으킬 것이다. 그러나 그 간지러움은 새털 속에 존재하는 것이 아니라 사람 속에 있는 것"이라고 하면서 이와 마찬가지로 빛깔과 소리, 덥고 찬감각, 냄새와 맛은 우리 주위에 있는 사물에 속하는 것이 아니라 우리 자신에게 속한다[9]고 하였다.

이러한 사고의 변화에 가장 크게 영향을 미친 것은 르네상스와 프로테스탄트의 종교개혁, 그리고 천문학을 비롯한 여러 과학 혁명이었다. 종교개혁은 16세기 서양 가톨릭 교회의 영적 그리고 정치적 통일성을 무너뜨리고 기존의 종교적 권위, 특히 바티칸의 권위에 저항했다. 종교개혁은 근대사회의 지배권이 교회에서 세속 권력으로 이행하는 중요한 한 걸음이었다. 과학 혁명은 종교개혁과 함께 진행되었으며, 과학혁명에 기여한 주요 인물들, 요하네스 케플러, 갈릴레오 갈릴레이, 르네 데카르트, 아이작 뉴턴 등은 신학적 논쟁에서 불거진 종교적 주제들에서 깊은 영향을 받았다.[10] 종교개혁자 루터(1483~1546)도 종교적 신앙의 기본적 문제들을 개인의 양심에 비추어 해결할 권리와 의무를 위하여 투쟁하였다. 이러한 프로테스탄티즘의 근본정신은 유럽인들에게 개인의 가치를 심어주었으며 그들이 세속적인 일에 적극적으로 참여하고 책임을 지는 힘이 되었다.[11]

코페르니쿠스의 혁명

코페르니쿠스(1473~1543)는 자신의 책『천구의 회전에 관하여』에서 태양중심론을 다만 가설로 제시하고 그 가설에 근거하여 자신의 천문학을 구성했다. 즉 코페르니쿠스는 유클리드의 기하학에서처럼 몇 개의 공리 형태로 태양중심론을 제시하고 그로부터 행성 운동에 관한 명제들을 도출하였다. 그에게 태양 중심 체계는 프톨레마이오스 체계보다 더 단순하고 조화로웠다.[12] 행성의 정지와 역진 현상을 지구중심론으로 설명하기에 매우 까다로웠다. 태양중심체계에서 역진과 같은 복잡한 행성 운동은 항성에 대한 지구와 행성들이 상대적 운동으로 발생하는 착시 현상으로 쉽게 설명된다. 코페르니쿠스 업적으로 2,000년 동안 유지된 천문학의 핵심적인 이론적 문제가 사라지게 되었다. 코페루니쿠스의 혁명은 서양이 지니고 있던 우주에 대한 개념과 그 안에 있는 인간의 위상을 완전히 바꿔버린 대사건이었다.

16~17세기의 과학 혁명은 단순히 천체의 운동에 관한 지식을 제시한 것에 그치지 않고 매우 심대한 형이상의 혁명이 되었다. 그러므로 벤저민 넬슨은 "코페르니쿠스 가설을 둘러싼 투쟁과 관련된 근본 문제는 어떤 특정한 과학 이론이 입증되었느냐 아니냐가 아니라, 결국 일반인들이 성서의 권위를 가지고 해석하는 사람들의 간섭을 받지 않고 진실 또는 확신을 공식적으로 말할 수 있느냐 없느냐였다."고 말한다.[13] 그의 태양중심설은 물리학적 우주의 크기가 중세기 내내 사람들이 일반적으로 생각한 것보다도 훨씬 더 광대하다는 사실을 밝히는 것이며 지구와 인생의 무대를 이를테면 우주의 중앙으로부터 변두리로 내보내는 것이다. 그것은 인간이 천체의 중심에 있는 으뜸가는 피조물이 아니라는 사실을 인정하는 것이며 인간은 우주의 여러 태양들 가운데의 하나에 지나지 않는 태양의 변변치 않은 한 유성의 표면에 매달려 있는 존재라는 사실을 시인 하는 사건이다. 대신에 인간은 '자연의 단순성과 질서 정연한 규칙성'을 보존하면서 수학적 계산의 결과와 천문학자들의 관찰

이 합치될 수 있음을 깨달았다. 또 갈릴레이(1564~1642)는 행성의 움직임 곧 자연의 움직임을 역학의 분야로 발전시켜서 '운동의 법칙'을 제시하였다. 그는 피사의 대사원 천장에 매달린 샹들리에가 흔들리는 주기를 자기의 맥박으로써 측정해서 보통 사람들의 눈에 보이지 않는 숨어 있는 법칙을 발견하였다.

케플러의 상상력

요하네스 케플러(1571~1630년)는 과학적 변화를 충분히 설명하려면 과학적 발견의 내적인 논리뿐만 아니라 우주에 대한 상상력이 필요하다는 사실을 처음으로 보여주었다. 케플러는 학자로서 일찍이 점성술과 신비주의에 매료되었으며, 천문학자가 되기보다는 오히려 신학을 공부하려 했으며 그의 과학적 성취를 가능케 하고 과학혁명의 진로를 바꾼 것은 다른 무엇보다도 그의 신비주의적 상상력이었다.[14)]

케플러는 코페르니쿠스의 새로운 항성 체계를 접하자마자 코페르니쿠스가 그랬던 것처럼 그것이 '마음에 들고' 자연 속에서 신이 행하는 일을 보여준다는 이유로 그 체계를 받아들였다.[15)] 그리고 우주는 정다면체들이 모종의 방식으로 구성되어 태양에서 각 행성의 궤도까지 거리의 비율이 확성된다는 상상에 기초하여 우주의 기하 구조에 관한 이론을 개발했고, 이를 1596년에 『우주의 신비』라는 책에서 발표했다. 그래서 이 책은 반세기 전에 나온 책 『천구의 회전에 관하여』 이후 공개적으로 코페르니쿠스를 따른 최초의 책이 되었다.[16)] 우주의 신성한 수학적 조화를 파헤치는 일에 몰두해 있던 케플러는 가톨릭의 반종교개혁에 맞서 가톨릭으로 개종하는 것을 거부하고 1600년에 그라츠에서 추방되어 튀코의 생애 마지막 2년 동안 그의 조수로 일했다. 티코는 젊은 케플러에게 화성에 관한 관찰 자료를 넘겨주고 자료와 이론의 관계를 밝히기를 바랐다. 케플러는 6년 동안 방대한 규모의 자료와 싸우면서 우연히 화성에 관한 자료에서 특이한 것을 발견하였다. 화성의 궤도는 모든 행성의 궤도 가운데 가장 찌그러진 타원이었다. 그는 화성 운동의 수학적 관계를 밝히고 새로운 통찰을 얻자 "마치 내가 잠에서 깨어나고, 새로운 빛이 내게 비취는 것 같았다."라고 썼다.[17)] 케플러는, 플라톤 이후 2000년 동안 천체 운동의 물리학과 형이상학을 지배해 온 믿음과 달리, 행성들이 원이 아니라 타원을 그리며 태양주위를 돈다는 사실을 발표하였다. 케플러는 행성들이 왜 그렇게 운동하는가에 대한 물리적인 설명은 없이 오직 천문학적 관찰 자료와 기하학적 모형에만 의지해서 이런 결론들에 도달하였다.[18)] 이것은 경이로운 통찰이자 세기의 전환점이었다.

1609년에 출간된 『새로운 천문학』에서 케플러는 자신의 결론을 두 개의 법칙 이른바 '케플러의 1, 2법칙'으로 이렇게 요약하였다. (1) 태양의 주위를 도는 행성들은 태양을 두 중심의 하나로 삼는 타원형을 그리고 움직인다. (2) 행성들이 일정한 시간 동안 지나갈 때 형성되는 부채꼴의 면적은 항상 같다. 1619년 케플러의 자신의 책 『세계의 조화』에서 점성술적인 관계들, 행성과 물질의 대응관계, 행성들의 운동에 의해 발생한다고 믿는 천구들의 음악 등을 계산했다. 이 책에서 케플러는 제3법칙, 즉 행성 주기의 제곱은 태양에서의 평균 거리의 세제곱에 비례한다는 경험적인 법칙을 발표하였다.[19] 그렇게 함으로써, 마침내 그는 자연계의 구조를 보편적이며 일관성 있게 적용할 수 있는 수학 공식으로 표현하였다.

케플러 이전의 천문학자와 물리학자들은, 심지어 태양중심론을 주장한 소수조차도 천체의 운동에 관한 전통적인 동역학을 신뢰하였다. 그들은 행성들이 자체의 내적인 본성에 의하여 혹은 천구에 실려 원을 그리며 일정하게 운동한다고 가르쳤다. 그러나 일정한 원운동이 아니라 타원운동을 한다고 주장한 케플러는 새로운 동역학을 제시하여 행성들이 왜 그렇게 타원으로 공간 속을 움직이는가를 설명해야 하는 문제에 직면했다. 케플러는 이 문제를 의식하였기 때문에 1609년 자신의 책 『새로운 천문학』의 부제를 '새로운 천문학, 원인들에 기초하여: 천체의 물리학'으로 정했다. 초기에 케플러는 태양이 성령(holy spirit)과 유사한 '움직이는 영혼'을 가지고 있어서 행성들을 움직인다고 믿었다. 후에 그는 움직이는 영혼을 더 물질적인 '움직이는 힘' 곧 1600년에 출간된 윌리엄 길버트의 책 『자석에 관하여』에 소개된 자기력으로 대체하였다. 길버트의 『자석에 관하여』는 지구가 거대한 자석이라는 것을 보여주었는데, 케플러는 행성들이 원운동을 벗어나는 것은 태양의 자석과 행성의 자석이 서로 당기기도 하고 밀어내기도 하기 때문이라고 생각했다.

케플러의 천체 물리학은 행성 운동에 대한 그럴듯한 설명을 제공했지만, 확실한 설득력을 갖지는 못하였다. 왜냐하면 케플러는 태양의 힘이 어떻게 행성의 접선 방향으로 작용하는지 즉 힘이 어떻게 태양과 행성을 잇는 선분에 직각인 방향으로 작용하여 행성이 태양 주위를 돌게 할 수 있는지 설명하지 못했다. 게다가 역설적이게도 그는 이 운동력을 다룰 때 행성 궤도를 계산할 때처럼 엄밀하고 정확한 수학을 사용하지 않았다. 이 때까지 운동의 기하학적 모형은 관찰 자료에서 추리해 낼 수 있었으나 운동의 궤도를 역학적으로 설명하는 천체 동력학은 아직 없었기 때문이다. 그의 동시대인들은 동력학의 법칙들을 찾아낼 수 없었으며 뉴턴의 등장을 기다려야 했다. 당시에 케플러의 책을 읽은 천문학자는 극소수에 불과했고 사실상 케플러의 연구를 접한 대부분의 과학자들은 그의 견해를 거부했다. 케플러는 추종자를 얻지 못했는데 케플러와 동시대를 살았던 위대한 과학자 갈릴레오도 마찬가지였다.[20]

뉴턴의 역학 법칙

뉴턴(1643~1727)은, 자연에 대한 진리가 정확한 기본 원리로부터 나올 것이라는 의미에서 자연계는 전적으로 합리적인 것이라고 믿었다. 그러나 그의 귀납법적 주장에서, 이 기본 원리들은 오직 '현상', 즉 관찰된 사실들로부터 귀납에 의해서만 도달될 수 있기 때문에 아무도 이러한 기본 원리들을 시발점으로 삼을 수는 없었다.[21] 뉴턴은 "나는 가설을 꾸며내지 않는다."고 하였는데 이 신조가 의미한 바는, 계속 실험적 연구에 의하여 진부를 시험해야 할 임시적 가정을 만들기를 거부한다는 것이 아니라 충분한 관찰에서 시작하여 귀납적으로 도달되지 않은 원리를 품기를 거부한다는 것이 그의 진의였다. 그는 『프린키피아』의 1 · 2권에서 확립한 수학적 원리들에 입각하여 3권에서는 태양계의 인력 및 혜성, 달, 그리고 바다의 조수 등과 같은 그 밖의 것들의 운동을 연역하여 나갔다.[22] 더 나아가 그는 같은 식의 추리에 의하여, 즉 역학의 원리로부터 연역을 계속해감으로써 그 이외의 모든 자연 현상에 대한 인식에 도달하고자 하였다.[23] 그에게 자연은 연역적 사고로 완전히 드러낼 수 있는 것이었으며 그의 방법은 실험적 관찰과 수학적 연역을 결합한 것이었다. 그러나 이 연역법의 원리들은 발견하기가 쉽지 않았다. 그가 이용한 원리들은 현상들로부터 일반화한 것이었으며, 다른 현상들에다 더 적용하여 봄으로써 검증을 할 필요가 있었다.[24]

결국 그는 물리학을 신학의 테두리 속에 넣고 물리적 성질은 신의 작품이라고 믿었다. 신이 궁극적인 분자들을 창조하였으며, 그의 목적을 성취하기 위하여 그것들에다가 각기 형태와 크기를 부여하고, 적당한 시간과 공간 속에다 그것들을 퍼뜨렸다는 것이다.[26] 뉴턴은 자연의 질서가, 만물이 신의 권능에 의존하고 있음을 명백

| 그림 사진 7.2 |

〈성 세바스티아누스 사수들의 조합의 뿔론 만든 술잔과 바다가재 및 유리잔이 있는 정물〉, 윌렘 칼프(1619~1693년), 1653년경, 캔버스에 유채, 86.4×102.2cm, 런던 국립미술관: 윌렘은 빛이 색유리 위에서 어떻게 반사되고 흩어지는지를 연구했다. 색채와 질감의 대조와 조화를 연구하고 화려한 페르시아 양탄자와 번쩍이는 도자기 다채로운 색깔의 과일, 윤이 나는 금속 장식물들을 조화시키려고 노력하였다.[25] 마침내 화가들도 정물화를 통해서 자신들이 그리고 싶은 물건을 자유롭게 선택해서 상상에 맞게 테이블 위에 배치하고 자신들의 관심분야를 실험할 수 있는 훌륭한 실험장을 구성하기 시작하였다. 마치 과학자들이 자연현상을 수동적으로 관찰하는 것을 넘어서 실험을 구상하고 자신들의 검증하였듯이.

히 해준다고 생각했기 때문에, 자연 철학을 좋아했고, 신은 만물을 창조하고 지배하는 무한하고, 영원하고, 완전한 존재라고 믿었다.[27] 신의 창조력과 자연의 구조를 조화시킴으로써 뉴턴은 세계를 하나의 거대한 기계, 즉 최초에는 전지전능한 힘에 의해서 운행되다가 이제는 신의 간섭 없이도 원활히 움직이고 있는 거대한 기계로 생각하였다. 자연을 견고하게 조직된, 그리고 기본 원리로부터 추론할 수 있는 사물들의 체계적인 질서로 본 뉴턴에게 신의 작업은 이제 종결된 것으로 보였다. 자연은 신에 의해서 만들어졌지만, 일단 만들어진 후에는 불변의 법칙에 따라서, 그리고 그 자연 속에 깃들어 있는 힘에 의해서 스스로 일정하게 운행하고 있다고 여겨졌다. 당시에는 뉴턴에게 그의 신학이 그의 물리학보다 더 중요하였으나 사상의 역사를 볼 때 왕왕 그러하였듯이 처음 뉴턴이 사고하였던 과정들은 잊혀지고 그 결과만이 뉴턴 이후의 사람들에게 전달되었고 이들에게 뉴턴의 역학은 그것만으로 독립적으로 존재하며 아무런 신학적 뒷받침도 없이 태어난 것으로 여겨지고 있다.[28]

고전적 우주관

과학혁명의 시대에 역학은 눈부시게 발전하여 물리학 전체의 기초가 되었다. 데카르트는 자연을 역학적으로 해석할 수 있다고 생각했고 뉴턴도 이 생각에 동조했다. 자신의 저서 『자연과학의 수학적 원리』(1687년) 서문에서 "다른 자연현상도 수학적 원리에서 이끌어낼 수 있다면 좋으련만" 이라고 썼던[29] 뉴턴은 물질은 떨어져서도 작용하는 힘이 상호작용하는 부분으로 구성되어 있다고 생각하고 역학의 기본적인 개념들인 질량, 운동량, 힘, 공간 및 시간을 정의하고 3개의 기본적인 운동 법칙, 즉 관성의 법칙, 운동의 법칙(힘과 가속도의 비례관계 법칙), 작용과 반작용의 법칙을 정식화하고 이 법칙들로부터 나오는 결과를 고찰함으로 고전 역학을 완성하였다.

17세기 말에 자연과학, 그 중에서도 천체역학과 동역학에 근거해서 새로운 과학적 우주관이 구축되었다. 이것은 훗날 '고전적 우주관'이라 일컬어졌다. 고전적 우주관의 공동 창조자는 코페르니쿠스 · 갈릴레이 · 케플러, 그리고 특히 뉴턴이다. 뉴턴의 우주관은 지각되는 겉보기 상 대신에 인식대상의 추상적 · 관념적 상을 인정하는 것, 모든 물질이 가장 단순한, 더 이상 분해될 수 없는, 일반적으로 불변적 입자로 이루어져 있음을 인정하는 것, 이러한 대상들이 자연계에서 볼 수 있는 형태로 존재하고 있음을 인정하는 것에 위에 서있다.[30] 17세기는 거대하고 수학적으로 규정된 합리적 체계의 시기였다. 이에 비해서 18세기는, 적어도 중반 이후로는 무수한 사실을 제대로 처리할 수 없었던 거대한 합리적 체계에서 물러나서 개별 사실에 주의를 기울인 경험적 합리주의로 관심을 돌렸다.[31] 갈릴레이의 순전히 외적 파악에 의거한, 측정하는 새 물리학의 성공, 케플러의 깊은 물리학적, 천문학적 인식, 라이프니츠, 호이겐스, 뉴턴의 물리학과 수학 연구의 뛰어난 이론적, 실험적 결과들은 수학적 방법을 세계 인식의 탁월한 기구로 부각시켰다. 당시의 철학자, 특히 데카르트, 스피노자, 라이프니츠는 과학적 지식의 명증성과 정확성에서 시작하여 자기들의 시대에 실제에 대한 '분명하고 명확한' 전체상을 얻기 위해서 노력하였다.

7.2 근대적 제도들

자연의 법칙은 곧 모든 사람에게 다른 모든 사람의 평등한 권리를 존중하도록 요구하고, 그리하여 사회 질서의 평화를 증진시키도록 요구하는 이성의 지침이 되었다. 인간은 천성에 있어서 사회적 존재요, 따라서 사회는 시민적 제도나 국가보다 앞서는 것이다. 만일 인간이 충분히 이성적이기만 하다면, 자연 상태야말로 실로 조화와 행복의 상황일 것[32]이라는 의식이 유럽인들 속에 심어지기 시작하였다. 역학의 창시자 G. 갈릴레이는 자연을 인과관계로 설명하고 사실을 엄밀하고 수미일관하게 해석하는 것이 과학의 중요한 과제라고 생각했다.

응용과학의 태동

갈릴레이의 『논의』가 나오기 일 년 전에 데카르트는 『방법서설』(1637년)에서 합리적, 수학적인 자연인식의 방법을 마련하고 이 방법에 의해서 얻어진 과학적 인식을 그는 자연지배라는 목적에 사용해야 할 것으로 생각하고 이렇게 말했다.

"물리학에서 몇 개의 일반 개념은 나에게 삶을 매우 풍요롭게 할 관점을 얻을 가능성을 보여주었고, 저 이론적 강단철학 대신에 그것을 통해서 우리가 불, 물, 공기, 별, 하늘 그리고 우리를 둘러싸고 있는 모든 다른 물체들의 힘과 활동을 우리 수공업자들의 작업처럼 명확하게 배우는 실제적 철학에 도달할 가능성, 즉 우리가 그 힘들을 수공업자들과 같이 실제적으로 많은 사용 가능한 것으로 만들고 그런 방식으로 우리 자신을 자연의 지배자, 소유자로 만들 수 있게 될 가능성을 보여주었다. 그리고 그것은 무수히 많은 역학적 기능—이를 통해서 우

> 리가 힘들이지 않고 땅의 열매와 다른 모든 편안함을 향유할 수 있게 될−의 발명을 위해서 바람직할 뿐 아니라, 그 중에서도 특히 말할 것도 없이 우리의 첫 번째의 재산이고 이 삶의 다른 모든 재산의 기초인 건강의 유지를 위해서 바람직하다." [33)]

데카르트에게서와 같이 17세기의 다른 많은 중요한 철학자와 자연 탐구자들에서도 기술은 중요한 위치를 차지했다. 갈릴레오 갈릴레이는 그의 연구의 상당 부분을 기술적 문제 제기에서 출발했고 그의 활동에는 르네상스 시대 피렌체의 실험 장인들의 작업장 전통이 효력을 발휘하고 있었다. 피사와 피렌체에서 그는 실험적 연구와 기술 응용의 통합을 보여주는 여러 가지 물리학 연구를 수행했으며, 파도바에서는 축성술, 관개 기술, 간단한 기계의 역학, 여러 방면으로 사용될 수 있는 컴퍼스 그리고 재료 시험 등과 같은 많은 기술 문제에 몰두했다. 1638년의 그의 유명한 책 『두개의 새 과학, 역학 및 위치 운동에 관한 논의와 수학적 증명』은 운동체의 물리학과 역학에서 당시에 필요한 기술적인 역학문제들을 다루고 있다.

1627년에 베이컨은 그의 유토피아인 '뉴 아틀란티스'에서 17세기 유럽인들이 새로운 기계 장치에 대한 요구가 어떠한 것이었는지 그 미래상을 이렇게 그리고 있다.

> "우리는 또 모든 종류의 운동을 위한 기계와 장치가 갖추어져 있는 기계실들도 가지고 있다. 거기에서 우리는 당신들이 근육이나 어떤 다른 기계를 통해서 만들어내는 속도보다 더 빠른 속도를 내기 위한 시험을 한다. 우리는 바퀴와 다른 수단에 의한 운동에서 마찰을 더 줄이고 그것을 더 효과적으로 만들려고 노력한다. 그리고 우리는 그 운동을 당신들이 가지고 있는 가장 큰 포와 장신포가 내놓을 수 있는 것보다 더 강하고 세게 만들려고 노력한다. 우리는 무거운 포, 전쟁기구, 각종 기계뿐만 아니라 새로운 혼합 화약, 물속에서 타며 꺼지지 않는 그리스의 불 그리고 여러 가지 꽃불 기구−오락의 목적뿐만 아니라 유용한 목적에도 쓰이는−도 생산한다. 우리는 또 새의 비행도 모방한다. 우리는 공중을 날기 위한 여러 가지 장치를 가지고 있다. 우리는 배를, 그리고 물속을 달릴 수 있고 특히 바다에서 좋은 성능을 발휘하는 보트를 가지고 있다. 또 구명대와 물에서 뜨는 다른 장치를 가지고 있다. 우리는 여러 가지 교묘한 시계와, 앞뒤로 움직이고 게다가 영속하는 운동을 하는 다른 기구를 가지고 있다. 우리는 또 인간, 네발 가진 짐승, 새, 물고기 및 뱀을 본뜸으로써 살아 있는 생물체의 운동을 모방한다. 또한 우리

는 다른 추진기구도 수없이 많이 가지고 있는데, 그것들은 균형이 잡히고 우아하고 세밀하기 때문에 돋보인다."[34]

이처럼, 17세기 유럽인들은 기계를 통해서 인간의 육체노동뿐만 아니라 계산기의 발명으로 단순한 정신활동도 줄이려는 노력을 하였다. 다양한 가능성을 지닌 오늘날의 거대한 전자계산기의 뿌리는 파스칼과 라이프니츠가 만든 계산기에서 찾을 수 있다. 1645년의 파스칼의 덧셈, 뺄셈 계산기에 앞서서 1623년에 튀빙겐의 천문학자였던 빌헬름 시카르트는 덧셈뿐만 아니라 곱셈도 사용할 수 있는 계산기를 발명하였다. 1671년에서 1694년 사이에 라이프니츠는 곱셈을 수행하기 위한 계단식 롤러가 붙은 계산기를 개발했다. 그러나 기계장치들이 막 등장하기 시작하던 당시, 기계를 제작하여 실제와 자연과학 연구에 사용하는 것은 생각만큼 쉽지 않았다. 생각을 현실화하려고 할 때 부적합한 재료에서부터 가공 가능성에 이르기까지 현실적인 장애물이 나타났다. 1645년 당시 22세였던 파스칼은 자기가 고안한 계산기를 실제로 제작하는 것이 얼마나 어려웠던지 계산기와 함께 전한 헌사에서 이렇게 말했다.[35]

"저는 금속과 망치를 다루는 재능이 펜과 컴퍼스를 다루는 재능만큼이나 없었고 수공업자들은 그들의 기능의 기초를 이루는 학문보다는 기능의 실제적 수행에 더 능통했기 때문에, 많은 힘을 소비했지만 아무 성과도 낳지 못했던 저의 계획 전체를 포기할 수밖에 없다고 생각했습니다. 그러나 전하는 이미 의기가 꺾여가고 있던 저에게 다시 용기를 주셨고, 나의 친구들이 당신에게 제시했던 간단한 그림에 대해서 설명할 은혜를 베푸셨는데, 이것은 저로 하여금 모든 것을 전에 저에게 비쳤던 것과는 아주 다르게 보도록 해 주었습니다. 당신의 칭찬이 저에게 준 새로운 힘을 가지고 저는 다시 노력했으며, 다른 모든 작업을 포기하고—제가 계획했던 것과 똑같이 그것이 혼자서 그리고 다른 어떤 정신적 작업의 개입 없이 산수의 모든 분야의 계산을 할 수 있도록 구성한 뒤에—제가 당신에게 감히 바치려고 했던 이 작은 기계를 만들려는 생각밖에 하지 않았습니다."[36]

학회의 태동

17세기의 자연법칙은 아직 신의 규범으로 여겨지고 있었으나 자연의 운동은 점차로 메커니즘의 규칙으로 대치되었고 자연의 법칙성이란 관념이 점점 확인 되어갔다. 자연법칙성이란 관념은 정치영역에서는 개인의 예외를 인정하지 않는, 일반적으로 적용될 수 있는 법규를 찾는 노력으로 발전하였으며 동시에 기술의 발명도 자연법칙에서 벗어나지 않는다는 생각에 이르렀다. 예술의 창작물뿐 아니라 갈릴레이의 새로운 동력학, 하비의 혈액순환 이론, 페르마와 데카르트의 해석 기하학, 라이프니츠의 동력학적 신체 관념, 뉴턴과 라이프니츠에 의해서 고안된 미분 계산은 이러한 사고의 표현이었다.

17세기는 새 역학의 사고가 생물과 인체에까지 확장되었다. 산토레 산토리오는 1614년에 사람의 피부로부터 증발량을 저울로 측정하는 일을 수행했다. 혈액순환의 발견자인 하비는 1628년에 피의 운동을 시간에 따라 진행하는 과정으로 보고 양적으로, 즉 순전히 동역학적으로 파악하려고 심장을 수압기계와 비교하였다. 조반니 알폰소 보렐리는 1680~85년에 신체의 각 기관의 운동에 역학의 원리를 응용하여 팔은 지레, 심장은 펌프로 이해하였다. 1680년, 보렐리는 그의 고찰에서 자연이 여러 다른 동물의 기관에서 사용하는 기계적 '수단'에 대한 지식을 인간의 기술 문제에 이용할 수 있다고 강조했다.[37] 이처럼 과학 지식을 기술에 응용하려는 17세기 특유의 생각이 두드러진다.

18세기에 들어서면 과학지식은 더욱 체계적이고 지식 상호간에 연관성을 가지고 발전함으로 현대과학에 한걸음 더 다가갔다. 과학의 진보에서 지식의 상호 교류와 동료간 평가 그리고 실험의 발달은 중요한 역할을 한다. 실험은 조직적인 연구활동을 요구하였으며 새로운 지식의 교류와 상호 평가는 새로운 형태의 학회와 아카데미의 출현을 촉진하였다. 이탈리아에서는 1657년에 갈릴레이의 제자와 후계자로 구성된 '아카데미아 델치멘트'가 피렌체에서 설립되었다. 영국에서는 1662년에 '왕립학사원'이 결성되어 훗날 영국의 최고 학술기관으로 발전하였다. 파리에서는 '과학아카데미'가 설립되었다. 러시아에서는 표트르 1세의 칙령에 따라 1724년에 페테르부르그 과학아카데미가 창립되었다.[38] 학회는 논문집과 잡지를 발행하고 과학자들의 저작을 출판함으로써 과학 정보의 보급, 과학의 국제적 교류의 발전, 과학의 발전을 촉진했다.

매뉴팩처의 출현

17세기 후반에 상당히 새로운 기술적 장치를 개발하기 위한 최초의 시도, 특히 아주 다른 방식의 운전수단이 나오기는 했지만 17세기의 생산 기술은 아직도 전 시대의 연장선 위에 있었다. 수차, 풍차, 및 권양 장치 같은 동력기에는 물, 바람 그리고 인력과 축력이 사용되었고 간단한 기계의 재료는 대부분 나무였다. 그러나 역학이 정럽되고 기계 사용에 대한 꿈들이 나타나고 17세기에 나타난 중상주의 영향은 인간 노동을 기계화하면 더 많이 편리하게 생산할 수 있다는 생각을 심어주었다. 당시 급격히 발전하고 있었던 매뉴팩처는 아직 전통적인 단순한 기술에 의존하였지만 서서히 작업과 조직의 분할을 통해서 생산성 향상이 이루어지고 있었다.

동시에 도시에서는 기존의 소규모 생산, 노동 용구, 전통적인 방법을 고집하는 동직조합이 오히려 기술의 진보와 생산의 증대에 걸림돌이 되고 더 이상 급격히 증가하는 생산량과 국내시장과 국외시장의 확대에 대응할 힘을 상실하였다. 동직조합의 제약에도 불구하고 장인끼리의 경쟁이 격심해지고 파산한 장인은 노동자로 전락하고, 부유한 장인은 더 많은 생산수단을 소유함으로 생산을 확대하고 노동자를 고용할 수 있었다. 화폐를 축적한 상인들이 화폐를 자본으로 변화시켜 공업의 발달을 촉진했다. 더욱이 항로의 대 발견으로 상품의 새로운 판매시장과 원료공급원이 개발되어 유럽 바깥 지역과의 무역이 널리 이루어지게 되고 아메리카에서 생산된 금과 은이 유럽에 수입되면서 교역이 현저히 확대되었다. 선진적인 나라들에서는 자본주의적 매뉴팩처가 발생하기 시작했다.

매뉴팩치를 통해서 전문 수공업지들이 히나의 공장에 통합되었다. 여기에는 두 가지 사정이 있다. 첫째는 여러 가지 제품을 대량으로 생산하고자 하는 요구이며, 둘째는 어떤 제품을 만들기 위해서 몇몇 전문 수공업자가 협업하지 않으면 살아남을 수 없는 생산 상의 필요였다. 동직조합적 생산과 매뉴팩처 생산이 동일한 기술적 생산 방식을 사용하더라도, 동직조합에서는 '독립적인 장인'이 각자의 작업장에서 일을 했던 반면에 매뉴팩처에서는 수공업자가 같은 작업장에서 협업적으로 일을 했다. 따라서, 매뉴팩처에서는 작업이 대규모로 이루어지고 더구나 수차나 풍차 등의 기계적 장치를 이용하기에 더 좋은 조건이 생겨났다.

기술적인 측면에서, 매뉴팩처 생산의 특징은 수차와 풍차의 광범한 이용, 기계적 전동 장치의 발달, 단순한 수공업용 도구의 분화, 전문화, 개량 그리고 힘이나 속도가 우수한 기계적 체계의 발명에 있었다. 이 중에서 인간 노동의 성격을 바꾸고 더 나아가 앞으로 발생한 기술적 생산양식을 결정할 기술혁신이라고 할 수 있는 것은 인력을 대체한 수차와 풍차를 매뉴팩처에 적극적 사용한 것이다.

기술과 특허제도

특허제도는 기술 발전에서 매우 중요한 의미를 지니고 있다. 발명자를 복제의 위험에서 보호할 발명 우선권은 중세에 이미 나타났으나 특허체계는 근세 초, 15세기말에 베네치아에서 처음 나타났다. 16세기에는 네덜란드와 작센에서 발명의 자유를 보장하는 제도가 형성되었고 이미 신성로마 제국 영토에서는 황제의 특허장이 발부되었다. 16세기 후반 독일 발명 보호제도는 17세기에 30년 전쟁으로 폐지되었다. 영국에서는 하원이 16세기말부터 임의로 모든 가능한 상품, 특히 일상용품에 대해서도 우선권을 남발하는 왕권을 견제하기 위해서 노력하였다. 1602년에 풀러가 런던 왕립 법정에서 행한, 연설은 이들의 노력을 잘 보여주고 있다.[39]

> 수공업적 활동의 기능과 솜씨는 여왕에게서 나오는 것이 아니라 사람들의 노동과 산업 활동에서 나오는 것이다. 천부적 재능을 통해서 그들은 국가와 왕의 복리에 이바지한다. … 특허는 모두, 그것이 법적으로 어느 정도 정당한지 재판관의 판정과 승인을 얻어야 하며, 재판관은 특허장을 교부하는 일을 할 때 정확한 승인 진술이 아니라 왕국의 법과 신의 법 그리고 옛 자유에 대한 고려의 인도를 받아야 한다. … 나는 당신들에게 전에 재판관들이 어떻게 독점 특허를 인가했는지 보이겠다. 그들은 어떤 사람이 그 자신의 노력과 근면을 통해서 발명 정신에 힘입어 새로운 산업 또는 산업의 발전에 도움이 되고 그전에는 사용되지 않았던 기계를 자기 돈을 들여서 왕국에 제공한 경우 독점 특허를 인가했다. 이것이 국가의 복리를 위한 것이라면 왕은 이런 경우에 발명자에게, 그의 발명이 공동체에 가져온 유용성을 고려해서 적당한 기간－신하들이 이 발명을 배워 익힐 때까지－동안 독점 특허를 부여해야 할 것이다.[40]

18세기에 발명 우선권의 수여는 여전히 왕권의 시혜로 남아있었고 18세기말에 이르러 발명자에게 자신의 발명에 대한 특허권 요구가 보장되었고 특허에 대한 통일된 규정은 영국의 기술 발달을 장려하는 역할을 하였다. 괴테는 "영국인은 발견된 것을 즉시 이용하는－그것이 다시 새 발견과 새로운 성과를 가져올 때까지－장인이다. 그들이 어째서 어디에서나 우리보다 앞서 있는지 묻기만 하라."[41], "우리는 인식과 발명을 우리 스스로 획득한 뛰어난 재산으로 생각하고 뽐낸다. 영리한 영국인은 그것을 특허를 통해서 즉각 실재로 변화시키고, 그럼으로써 모든 신물나는 명예싸움으로부터 해방된다."[42]고 영국의 특허제도가 갖는 의미와 효용성을 잘 표현하였다.

종교개혁과 과학기술

루터(1483~1546)는 그의 『기독교인의 자유』 첫머리에서 이렇게 말하고 있다. "기독교인은 모든 사람의 가장 자유로운 군왕이요, 아무의 신하도 아니다. 그는 만인의

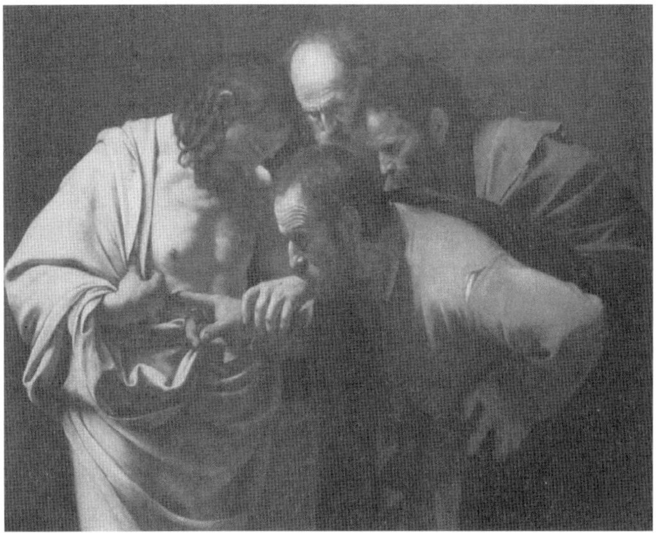

| 그림 사진 7.3 |

〈의심하는 도마, 카라바조〉, 1602~1603년경, 캔버스에 유채, 107×146cm, 포츠담 장수시 궁자선 시설: 카라바조는 '자연주의자(naturalist)'라는 비난을 받으면서 인습을 타파하고 고전적인 규범이나 '이상적인 아름다움'을 원하지 않고 본 그대로의 진실을 그렸다. 화려한 옷을 걸치고 위엄있게 묘사되는 사도들의 그림에 익숙했던 당시 사람들에게 노동자 모습으로 예수의 옆구리 상처에 손가락을 넣고 있는 도마의 모습은 충격이었을 것이다.[43] 그 의식에 있어서 근대를 앞서서 살았던 것으로 여겨지는 카라마조는, 모든 궁금한 것은 확인해 보라는 듯이, 성경의 이야기를 마치 이웃집에서 일어난 이야기처럼 자신의 눈앞에 그려내고 있다.

가장 충성된 하인이요, 모든 사람에게 복종한다."[44] 종교개혁으로 개인은 종교적 신앙의 기본적 문제들은 자기의 양심에 비추어 해결할 권리와 의무를 가졌다. 청교도 윤리관의 중심은 현세 생활의 종교적 의의에 있었다. 그 의의는 즐거운 인생과 귀중한 인간관계, 경제적-정치적 현실의 재건에 미치는 종교적 신앙의 영향, 그리고 신이 만든 세계의 자연적 보배를 마음껏 가질 수 있는 기독교인의 권리를 찾는 것으로 나타났다.[45] 17세기, 과학, 기술, 경제 발달의 중요한 지역들은 이러한 윤리관을 지닌 개신교가 발달하였던 북부 네덜란드, 주로 중류층이 속해 있던 스코틀랜드, 과학적 · 경제적으로 활발했던 위그노가 있었던 1685년까지의 프랑스 지역들이었다. 이 지역들에서는 자연 과학 탐구와 기술 활동을 통해서 자연을 지배하는 힘을 얻으려는 노력이 활발하였고 특히 17세기 후반 이후에 이 지역의 경제적 힘이 크게 활성화되었다.

17세기에 개신교 국가들에서 특히 칼뱅의 가르침은 실험 자연과학의 번성, 그것의 광범위한 응용, 그리고 일반적인 경제의 발달에서 주요한 역할을 했다. 그의 가르침은 신학적 교리이기 보다 현실적인 윤리 강령에 가까웠다. 노동을 인간의 복지와 신의 찬미를 위해 유용한 것을 끊임없이 창조하는 것으로 여기는 칼뱅주의 청교도의 태도는 자연과학 연구와 기술의 활동을 진작시키는데 기여하였다. 칼뱅주의는 또 플라톤의 이데아를 폐기했는데 이것은 자연과학에서 실험을 위한 길이 열렸음을 의미했으며 기술의 실용성에 의미를 부여하였다. 영국에서는 광산업과 제련업 그리고 나중에는 섬유산업에서 청교도들이 기업가로서 또는 기술적 창조자로서 뛰어난 역할을 했다.[46]

엄격한 생활과 끝없는 근면을 요구하는 청교도적 윤리는 기술 추구에 긍정적으로 작용했는데, 리차드 백스터(Richard Baxter)가 1664/65년에 쓴 『기독교인 지침』은 이렇게 기록하고 있다.

"예를 들어서 어떤 사람이 그의 학식과 지혜에서 위안을 얻으려고 한다면, 자기의 지식을 비판적으로 평가하고 그 다음에 자신의 행복감을 판단하는 것이 하나의 길일 것이다. 그러나 다른 길은 몇 권의 훌륭한 책을 읽고 그에 관해서 숙고함으로써, 그리고 기능과 학문 속에서 몇 가지 비밀에 싸인 뛰어난 것을 발견함으로써 자신이 소유한 학식과 지혜를 사용하는 것이다. 이 발견은 실제의 형상을 통해서 단순한 사고의 결과보다 더 그를 행복하게 한다. … 시간을 잘 사용한다는 것은 우리가 헛된 일에 시간을 허비하지 않고 매분을 가장 귀하게 이용하는 것을 뜻한다. … 시간은 무엇보다도 공공의 복지를 위한 일에 사용되어야 한다."[47]

그러나 시간이 지나 18세기에는 종교적 의미는 약해지면서 시간의 효용가치가 강조되고 "시간은 돈이다!"[48]로 변질되기 시작하였다. 그러나 칼뱅주의와 제네바의 시계 생산 및 17, 18세기 영국의 시계 제작과 기구 제작 사이의 관계에 청교도 윤리가 스며있음은 의미 있는 일이다.[49] 과학과 기술에서의 많은 활동과 다양한 성과는 청교도들에게 강한 진보 신앙을 불어넣어주었다. 17세기에 유럽인들은 기술의 진보와 더불어 인간이 도덕과 기독교 신앙에서도 진전할 것으로 믿었다.[50]

7.3 새로운 동력

1586년, 폰타나가 교황의 지시로 무게 327톤의 오벨리스크를 페트루스 성당 뒤의 광장에서 성 페트루스 광장으로 100미터 정도 옮겨서 다시 세우는데 사람 800명과 말 140필을 동원하여 약 반 년이 걸렸다.[51] 이 기록이 말해주듯이 17세기에 이르기까지 기계기술은 아직도 전통적인 방식에 머물러 있었다.

17세기의 특히 유의할 만한 기술상 업적으로는 홀란드와 영국의 거대한 신종 선박과, 루이 14세의 프랑스 궁전과 볼테르가 태양왕 시대의 가장 인상적인 기술적 업적이라고 찬양했던 두 바다를 연결하는 길이 240킬로미터의 거대한 운하 카날 뒤

미디와 베르사이유 궁전 정원의 분수에 물을 대었던 말리(Marly)의 거대한 양수기가 있다.[52] 1681~1685년에 제작된 말리의 기계는 바로크 시대 기술을 상징한다. 세느강에서 지름이 12미터인 14개의 거대한 수차로 퍼올린 물은 221개의 펌프로 거대한 무쇠관을 통해서 총 고도 162미터까지 단계적으로 끌어 올린후 길이 17킬로미터의 수로교를 통해서 베르사이유 궁의 정원으로 보내졌다. 어마어마한 유지비가 들었던 거대한 설비의 능률은 80마력 정도밖에 안 되었고 효율은 6.7%쯤 되었다.[53] 말리의 이 거대하고 비싼 설비와 낮은 효율은 당시 동력 기술의 한계를 잘 보여주고 있다. 풍차나 수차보다 더 효율이 높고 신뢰할 만한 동력원을 개발하는 일은 이 시대의 가장 시급한 과제였음을 알 수 있다.

동력 전달 기술

16~17세기에 수차와 풍차의 구조가 점차 개량되었다. 수차의 구조를 크게 개량했던 사람은 레오나르도 다빈치였다. 그가 1500년에 만든 비틀린 날개가 달린 수차는 작동원리로 보면 수차가 아니라 수력터빈에 가까웠다. 날개를 물의 흐름에 접촉해서 회전시키는 유형의 개량형 수차가 1578년에 툴루즈에서 만들어졌다. 그러나 동력전달 장치가 발전하기 전에는 수차가 보급될 수 없었다. 수차의 보급에 중요한 역할을 한 기구는 크랭크 기구이다. 앞에서 설명하였듯이 크랭크기구는 원 운동을 직선운동으로 혹은 그 반대 방향으로 동력을 전달하는 기구로서 아라비아를 거쳐 14세기에 유럽에 알려졌다. 이 크랭크 기구 덕분에 수차의 축과 작업 기계를 연결하는 동력전달 기구가 개선되었고 그 결과 수차가 매뉴팩처의 동력원으로 널리 사용되기 시작하였다. 회전운동을 하는 기구에서는 회전 속도를 일정하게 유지하는 플라이휠이 17세기 전반부터 사용되기 시작했다. 플라이휠은 그 이후 기계적 동력원이 발전하는데 결정적인 역할을 하였으며 이후 기계 공업의 발전을 촉진했다. 또 다른 동력전달기구로 널리 보급되었던 것으로 캠기구와 15세기에는 그 제조 기술이 꽤 높은 수준에 이르고 있었던 1438년 제작된 체인기어와 1565년에 만들어진 기계적 체인 동력전달기구 등이 있었다. 15세기 말에서 16세기 전반에 결쳐 톱니바퀴 전달장치가 발달했으며 그 중에 헬리컬 기어도 있다. 톱니바퀴의 맞물림을 개량하는데 큰 공헌을 했던 사람도 레오나르도 다빈치였다. 그는 이미 1494년에 톱니바퀴를 이용해서 왕복 · 병진운동을 회전 운동으로 변환하는 기구를 설계했다.

동력 전달기구의 개량은 시계공업의 발전과 시계기구의 개량을 촉진하였다. 그 중에서도 중요한 것으로 용수철 태엽의 발명이 있다. 태엽의 발명으로 회중시계를 만드는 일이 가능해졌으며 태엽 제동 기구의 발명과 더불어 최초의 회중시계를

1500년에 뉘른베르크에서 P. 헨라인이 제작하였다. 이 최초의 회중시계는 태엽이 느슨해질 때에는 일정한 시간을 보장해주지 못하였다. 이 결점은 16세기 전반에 체코의 직인 야콥 체프가 태엽의 장력을 일정하게 유지해주는 원추형 활차를 발명함으로써 해결되었다. 16세기 중반에는 풍향을 따라 움직이는 풍차가 만들어져서 풍차의 활용도가 크게 높아졌다. 이러한 동력전달기구들은 동력원으로부터 작업기구로 동력전달을 용이하게 함으로써 동직조합적 생산이 매뉴팩처 생산으로 발전하는 과정에서 중요한 촉진제가 되었다.

새로운 동력

갱도를 깊이 팔수록 갱내에 차게 되는 지하수 제거는 당시 광산업에서 해결해야할 중요한 문제였다. 당시 일반적인 풍력과 수력을 이용한 동력으로는 불가능하였으며 17세기말 당시 호이겐스, 라이프니츠, 파팽, 세이베리, 뉴코멘 등 유능한 과학자들과 기술자들에게 새로운 동력원 개발이 중요한 과제가 되었다. 1666년, 호이겐스는 프랑스의 중상주의자 콜베르에게 프랑스 아카데미에서 수행할 특별히 긴급한 과제로 화약과 수증기의 힘을 이용하는 실험을 제안하면서 이렇게 기록하였다.

> "기계(공기 펌프)의 도움과 다른 방법을 빌려서 공기 없는 공간을 가지고 하는 실험과 공기 무게를 결정하는 연구, 적은 양의 화약을 매우 두꺼운 철이나 구리 상자 속에 넣고 그것의 힘에 대한 연구, 같은 방식으로 불에 의해서 증발한 물의 힘에 대한 연구, 바람의 힘과 속도 및 거기에서 우리가 항해와 기계를 위해서 얻는 이익의 연구, 물체가 서로 부딪칠 때의 충돌의 힘이나 운동의 전달에 관한 연구—나는 이에 관해서 내가 최초로 올바른 법칙을 제시했다고 생각한다."[54)]

호이겐스는 1673년에 금속 실린더 속에서 화약을 폭발시킴으로써 부분 진공을 만들고 피스톤을 대기압으로 움직이게 하는 화약 기계를 제안하였다. 이 실험의 성공으로 호이겐스는 대기압 기관의 원형을 제시하였으나 화약 대기압 기관은 진공을 효과적으로 만들지 못함으로써 '힘의 효과를 계속해서 새로 발생'시킬 수 없었다. 그러나 호이겐스의 조수 파팽은 스승의 기계에서 아이디어를 얻어 1690년에 실린더 내에서 수증기를 응축시켜 진공을 만들 생각을 하고 1698년에 실린더로부터 분리된 증기발생기(보일러)를 부착한 최초의 대기압 증기기관을 발명하고 이렇게 발표했다.

"물을 퍼 올리기 위해서 나는 불을 이용하여 물을 증발시키는 원리를 사용한다. … 나는 내가 사용하는 흡입 외에 압력의 힘도 사용하는데, 이것은 물이 팽창하면서 다른 물체에 가하는 힘이다. 이 작용은 흡입작용과 달리 제한이 없다. 그래서 나는 사람들이 그것을 제대로 사용한다면 이 발명이 매우 큰 이익을 가져올 것으로 확신한다." 55)

1706년에 파팽은 고압으로 작동하는 증기 펌프를 제작했다. 파팽의 대기압 증기기관은 앞을 내다 본 것이었지만 진공 유지에 필요한 정밀가공의 기술적 어려움 때문에 실험 단계를 벗어나지 못했다.56) 1698년에 영국에서는 토마스 세이베리가 증기 펌프를 발명 하고 이 기계 이름 '광부의 친구'가 의미하듯이 광산에서 갱내의 지하수 제거용으로 사용하고자 하였다. 광산의 양수 높이가 너무 커서 지하수 제거에는 실패하였으나 농업용수 공급에 유효하게 사용되었다. 광산의 지하수를 제거할 수 있는 정도의 증기기관은 1711~12년 이후 파팽의 시도를 이어받은 뉴코멘이 제작한 거대한 대기압 증기 기관이 처음이다. 뉴코멘의 기계는 성공적이었으며 많은 광산에 도입되었다. 그러나 이 기계의 효율은 계산할 수 없을 만큼 낮았으므로 경제성은 없었으나 증기기관의 가능성을 열어준 동력기관으로서 제임스 와트의 실용성 있는 증기기관 개발의 출발점이 되었다.

채광과 야금

산업과 기술의 진보는 반드시 대량의 자원을 요구한다. 15~18세기 전반, 서유럽에서는 지하자원의 수요가 급증하면서 광업기술이 발전하였다. 광산에서 필요한 대규모 인력을 대체할 수 있는 동력기술이 기술발전의 중심에 있었다. 15세기에 수차가 중요한 동력원이었으며 광산에서 시추기계, 권양기, 배수장치, 분쇄장치, 세척장치 등의 동력원으로 사용되었다. 1500년에 레오나르도 다빈치에 의해서 원통과 밧줄의 마찰을 이용한 기중기가 발명되고 지하 매장물을 탐사할 때 사용하는 소형 시추기계도 발명되었다. 무엇보다 광산업에 가장 큰 변화를 가져온 것은 화약의 사용이었다. 화약은 채광작업에서 유용광물을 채굴하기 위하여 광층을 분쇄하는데 사용되었다. 1627년에 슬로바키아의 광산에서 보통의 흑색화약이 폭파작업에 사용되면서 광부 30~40명의 고된 노동은 간단한 화약 폭파작업으로 대체 되었다. 1636년에 독일에서 광층에 화약 발파공을 뚫는 기계가 발명되면서57) 화약 폭파 작업은 훨씬 효과적이며 손쉬운 작업이 되었고 광산의 생산성은 급속히 증대하였다.

당시 광업뿐만 아니라 야금의 발달에 중요한 역할을 한 것으로 개량된 풀무(송풍기)가 있다. 15세기에는 대장간에서 종을 주조할 때 풀무가 사용되었고 수력 풀무에 대한 1483년의 기록이 뮌헨에 보존되어 있으며 아그리콜라는 자신의 유명한 책 『데 메탈리카』(금속에 대하여)에서 채광과 야금에 사용되던 4날개 송풍기를 기록하였다.[58] 이러한 송풍기는 1494년에 레오나르도 다빈치가 상자형 풀무를 발명한 후 1513~14년에 가죽으로 만든 공기 유도 입구를 덧붙인 풀무가 16~18세기에 유럽에서 사용되었고 15세기에서 18세기에 걸쳐 꾸준히 개량되어 17세기 초에 수차로 움직이는 목제 풀무에 이르렀다.[59] 원심분리기의 원형이라고 생각되는 송풍차가 1494년에 발명되어 1820년까지 아직 프랑스에서 사용되기도 하였다.

서유럽에서 처음으로 고로가 출현한 것은 14세기 중반이었으며 15세기의 고로는 높이 4.5m, 안지름 약 1.8m로 하루 밤낮에 약 1600kg의 선철을 생산했으며 이에 비해 연로에서는 하루 밤낮 기껏해야 8~10kg의 철밖에 생산할 수 없었다.[60] 제철에서 기술혁명은 연로식 제철법에서 2단 제철법으로 이행한 것으로, 고로에서 선철을 제조하고 잇따라 정련에 의해 선철을 연철과 철강으로 만드는 방법이다. 철의 정련은 몇 명의 노동자가 일정한 분업을 행하는 것을 전제로 하는, 철의 매뉴팩처 생산과 부합되었다.

7.4 근대적 생산방식

16세기에서 18세기 전반에 걸쳐서 학자 · 발명가 · 기술인들이 많은 기계 기구들을 개발하였지만 동력원과 전달기구가 제한되어 있었고 이러한 기계의 사용은 장인과 봉건사회 지배 계급의 저항에 부딪혔으므로 당시의 동직조합적 생산 및 매뉴팩처 생산에는 널리 보급될 수 없었다. 다만 작업기계의 특성을 갖춘 약간의 독립 가공 기계만이 이따금 이용되었다. 그러나 생산 수요가 증가하면서 이러한 기구와 기계는 18세기 말부터 영국을 시작으로 여러 나라에서 탄생한 공장제 · 기계제 생산의 새로운 기술적 수단을 개발하는 기초가 되었다.[61]

생산기술의 발달

15세기에서 17세기 전반까지 몇몇 금속가공용 도구가 개량되었다. 대표적인 것으로 수차로 움직이는 방아해머였다. 방아해머는 수차의 축에 캠을 설치하여 방아의

해머를 연속적으로 들었다 놓아서 금속을 가공하는 장치이다. 방아해머의 등장으로 금속을 봉과 판으로 가공하기 위한 대규모 공장이 건설되고 금속을 가공하는 도구의 전문화를 촉진시켰다. 수차에 부착된 도구를 작업의 종류를 따라 교체하는 것이 불편하였으므로 가능하면 한 도구로 오랜 시간 같은 일을 하는 방식으로 매뉴팩처가 전문화되어 갔다.

이 시대에 선반이 더욱 개량되었다. 용수철 막대기를 부착한 14세기의 발구동 선반, 16세기 초에 가공물을 고정하고 한 방향으로 일정하게 회전시키는 장치를 갖춘 개량된 수동선반이 발명되었고, 1671년에는 선반에 크랭크와 플라이휠 그리고 절삭속도를 변환하는 장치가 도입되었고, 17세기 전반에 가공물을 수차로 회전시키는 선반이 출현하였다.[62] 18세기 초가 되면 금속을 가공하는 일이 늘면서 공구를 단단히 고정시키고 그것을 가공면을 따라 이동시키는 것이 중요한 과제가 되었다. 1712년에 A. C. 나르토프는 주축의 회전으로 공구이송대가 자동적으로 움직이는 선반을 개발하고 1728~29년에 형판용의 탐침과 공구이송대를 달고 이송나사로 주축과 연동해서 움직이는 자동 선반을 제작하였다.[63]

매뉴팩처는 수력을 동력원으로 사용하였으므로, 수차가 흔히 사용되었으며 17세기 말에서 19세기 초에 걸친 영국과 독일의 문헌에서는 '밀(mill)' 또는 '뮐(muhl)'이 제분기 뿐만 아니라 자연력으로 움직이는 기계 설비를 사용하는 모든 매뉴팩처를 가르키게 되었다. 수차에 여러 개의 톱을 달아 동시에 여러 개의 통나무를 켤 수 있는 제재소가 1530년에는 노르웨이에, 그리고 1532년에는 뉘른베르크에 1575년에는 도나우 강의 레텐스부르크 근처에 있었으며 이러한 제재소가 16세기에서 17세기 전반에 걸쳐서 프랑스, 영국, 포르투갈, 스웨덴 등 서유럽 여러 나라에서 보급되었다. 네덜란드에서는 풍력으로 제재소를 운전하였고 날개가 달린 보통 풍차 외에도 15~16세기에는 터빈형 풍차, 천으로 만든 돛을 단 풍차 등 여러 가지 풍차가 나타났으며 노르웨이에서는 버터 제조 공정에서 수차를 이용하여 우유를 젓는 기구가 개발되었다.[64]

기술 갈등

아직까지 매뉴팩처 생산방식에서 기계의 사용은 제한적이었으나 매뉴팩처적 분업이 진전되면서 공장제 · 기계제 생산의 기초가 된 기술적 수단의 요소들과 작업기계의 개발을 앞당긴 기구가 나타났다. 1480년에 독일에서 출현하여 1519년에 레오나르도 다빈치가 개량했던 플라이어를 갖추었던 발구동식 방차는 중요한 역할을 하였다.[65] 역직기의 구조와 매우 유사하나 한 번에 여러 가지 리본을 16개나 제조할 수 있는 리본 직기(1570~80년대)가 개발되어 생산성이 높아졌다. 그러나 생산성이 높은 신기술의 채택으로 다수의 임노동자가 해고되는 일이 일어났으며 이 때문에 그다니스크시 당국은 기계의 사용을 금지시키기도 하였으며 기계 발명자가 암살되기도했다.[66] 16세기 말에서 17세기 초에 네덜란드에서 발명된 비단리본 제조기도, 이 기계 때문에 직인들이 파산했다는 이유로 3번이나 이 기계의 사용이 금지 되기도하였다. 1589년에 영국에서 윌리엄 리는 수백 개의 코바늘이 한꺼번에 움직여 1번에 100개의 코를 짤 수 있는 편물기를 발명했다. 이 편물기가 발명되기 전에는 가장 숙련된 편물공이 우수한 기계를 사용해서도 하루에 344개의 코를 짜는 것이 고작이었다. 그러나 이 기계의 발명자도 역시 당시의 다른 발명가들처럼 엘리자베스여왕의 지지를 얻지 못하였고 편물공들로부터 갖은 박해를 받고 기계는 파괴되었으며 자신도 프랑스로 피신했으며 온갖 고난 속에서 죽음을 맞았다.[67]

이외에도 레오나르도 다빈치가 만든 삼방추 벨트연동장치와 모직물을 매끄럽게 하는 기계, 절삭공구와 그라인더 절단기 등이 개발되었으며 17세기 초에 수력으로 움직이는 특수동전주화기도 발명되었다.[68] 16~17세기에, 기술적으로 대담한 제안이었으나 당시의 생산 상황에서는 실현될 수 없었던 것으로 1624년 영국에서, 그리고 1653년 프랑스에서 실험되긴 했으나 결국 실용화되지는 못했던 잠수함 설계가 있다. 1629년에 이탈리아의 건축 기사 G. 블랑카가 출판한 갖가지 기계와 기구를 기록한 책 『기계』에는 19세기말에야 비로소 실용화된 충동터빈을 이용한 증기차에 대한 구상이 있고 가스터빈을 연상시키는 이른바 '불수레'에 대한 기록도 있다.[69]

과학기기의 발달

16세기 말과 17세기 전반은 계통적인 실험과 다양한 과학적 발견을 가능케 한 일련의 새로운 기기 및 도구가 만들어진 시기였다. 인간이 만들어낸, 다양한 관측용, 측정용 새 기기들의 근본 원리는 인간의 감각기관으로 직접 지각할 수 없는 과정과 현상을 관찰하고 조사할 수 있도록 만든 것이다. 기술의 발달과 지식의 축적은 16~17세기 과학지식의 발달에 필요한 많은 정밀 기기를 낳았다. 과학지식의 보급으로 기계의 구조뿐만 아니라 기기의 전체상과 설계도를 그려낼 수 있는 역량이 쌓였고 기술과 과학의 기본적인 관계들이 서서히 드러나기 시작했기 때문이다.

먼저 인간의 감각기관으로 직접 지각할 수 없는 과정과 현상을 관찰하고 조사할 수 있는 기기들이 많이 개발되었다. 크지만 아주 멀리 떨어져 있어서 육안으로는 볼 수 없는 혹성, 항성, 성운의 관측을 가능케 한 망원경이 대표적이다. 갈릴레이는 대물렌즈에는 볼록렌즈를, 접안렌즈에는 오목렌즈를 사용하여 망원경을 제작하였으며 1611년에 케플러는 갈릴레이의 망원경의 단점을 개선하여 2개의 볼록렌즈를 사용함으로써 시야가 넓어지고 관측 대상의 실상을 얻을 수 있는 새로운 망원경을 제작하였다. 초기의 단일렌즈 망원경은 여전히 상이 선명하지 않고 색수차가 큰 결점이 있었기 때문에 지속적으로 개량되어야 했다. 초점거리가 긴 렌즈를 이용하여 색수차를 줄였으나 J. 헤벨리우스처럼 길이 49m의 망원경을 제작하기도하였으며 긴 경통의 문제를 해결하기 위하여 대물렌즈와 대안렌즈가 분리된 개방형망원경이 개발되기도 하였다.[70] 망원경의 선명한 상을 얻기 위해서는 결국 렌즈의 색수차와 거울의 구면수차를 제거하거나 줄여야 했으므로 망원경의 역사는 굴절망원경과 반사망원경 사이의 끊임없는 경쟁의 역사였다. 이 경쟁은 3세기가 넘게 계속되고 나서 20세기에 반사굴절망원경이 만들어짐으로써 마무리되었는데 양자의 장점을 이용하고 단점을 제거한 매우 상식적인 결과를 얻는데 과학계에서 조차 그렇게 오랜 시간이 걸린 것은 생각해볼 가치가 있는 것이다. 과학의 발전에서 망원경 못지않게 큰 역할을 한 것은 현미경이다. 현미경을 통해, 우리 가까이에 있지만 너무 작아서 육안으로 볼 수 없는 미시적 시계의 대상, 즉 미생물을 연구할 수 있게 되었다. 망원경의 발명자와 마찬가지로 현미경의 발명자도 확실치 않으나 네덜란드의 생물학자 A. 레벤후크는 스스로 렌즈를 연마해서 제작한 현미경으로 각종 미소한 대상을 몇 번이나 관찰했다.

천문관측을 하기 위한 기기의 설계와 제작은 16세기에 큰 관심을 모았다. 12세기 말에서 13세기 초 사이에 나침반을 사용해서 작성한 지도가 이탈리아에서 제작된 이후 갖가지 항해용 기기와 측정기, 온도계, 기압계, 사분의, 혼천의 등이 제작되었으며 이중에서도 나침반은 당시 항해술 발달에 크게 기여하였다. 항해 지도의 정확성은 지형측량기사와 제도사의 정확한 측량 보다는 오히려 경도를 결정하는 정밀한 천문기계에 의해 결정되었기 때문이다. 나침반은 14세기 초에 이탈리아에서 지침이 특수한 선회축 위에서 자유로이 회전할 수 있도록 개선되었고 16, 17세기에는 위도를 결정하기 위해 야곱의 지팡이(십자간)를 이용하거나 경도를 측정하는 수단을 갖추는 획기적인 개선이 있었다. 경도의 측정은 특히 항해 중에는 대단히 어려웠다. 16세기에는 배의 진동으로 인한 시각오차를 제거하기 위해 카르다노의 유동판에 부착된 나침반이 개발되었고, 17세기에는 항해용 나침반에 방위측정의라 불렸던 디옵트라가 달린 조준의를 부착했다.[71] 이 후 거의 모든 선박이 이러한 나침반을 갖추게 되었고 이 때부터 나침반은 항해의 중요한 도구가 되었다

기술이 발달함에 따라 시계는 생산과정의 수행이나 시각의 측정에 빼놓을 수 없

는 물건이 되었다. 시계가 없으면 어떤 관측이나 생산 과정을 통제하는 시간을 정확히 결정할 수 없었기 때문이다. 오늘날 사용하고 있는 것과 같은 진자시계가 나타난 것은 1657년 네덜란드 사람 호이헨스의 공로이다. 1657년에 호이헨스는 조속기를 발명하여 태엽이 풀리더라도 진자가 일정한 운동을 하는 시계를 제작하였다. 기구의 회전속도를 일정하게 유지하는 조속기는 시계공업에서 뿐만 아니라. 제분기, 특히 수동제분기와 풍력제분기를 사용할 때 기계의 속도를 일정하게 제어하는 중요한 기능을 하였다.

이외에도 모든 자연 현상들이 당시 유럽인들의 관찰 대상 속으로 들어옴으로써 인간의 감각을 확장하는데 사용되고 있는 현재의 각종 과학기기들의 원형들이 이때에 만들어졌다. 1500년에 레오나르도 다빈치는 풍속계(풍력지시기)를 발명했으며 그것을 마차의 외벽에 고정시켜서 공기 흐름의 강도를 측정하여 마차의 속도를 측정하는 착상을 제시했다. 그 밖에도 액체 비중계, 환등기, 통화관이라 부른 기기, 레오나르도 다빈치의 입체거울(1500년), 토리첼리의 청우계(1643년), 비비아니(1642년)와 파스칼(1646년)의 기압계, 구에리케의 진공펌프(1650년), 줄에 납덩이를 매달아 바다의 깊이를 재는 측연(測鉛)기, 측각기, 그리고 제도 및 도화용 기구등이 쏟아져나왔다.[72] 엥겔스는 자신의 책 『자연변증법』에서 이렇게 쓰고 있다.

> "중세의 암흑기를 지난 후 갑작스럽게 여러 과학이 예상 밖의 힘을 얻어 소생하여, 기적적인 속도로 성장했다. 이러한 기적은 생산에 힘입은 것이다. 첫째로 십자군 원정 이 후 공업은 거대한 발전을 이룩하여 직기, 시계, 수차 등 기계학적, 염색, 야금, 알콜 등 화학적, 그리고 안경 등 물리학적 사실을 수없이 밝혀냈는데 이 사실들은 방대한 관찰 자료를 제공하였을 뿐만 아니라 그 자체가 그 때까지 와는 전혀 다른 실험 수단을 제공했으며 새로운 도구의 조립도 가능케 했다. 말하자면 본래 의미에서의 계통적인 실험과학이 이때에 비로서 가능해졌다"[73]

7.5 자연법칙과 계몽사상

17~18세기, 서유럽 여러 나라에서는 지배적이었던 봉건주의적 생산양식 속에서 자본주의적 요소들이 서서히 발전하여 자본의 본원적 축적과정이 발생하고 있었다.

그러나 봉건제가 여전히 꽤 강력해서 모든 나라에서는 정치권력이 봉건영주의 손에 집중되어 있었기 때문에 기술의 성과와 자연과학의 새로운 자료는 널리 이용되지 못했다.[74] 그러나 르네상스의 영향을 받고 개인에 대한 존경은 늘어가고, 권위에 대한 굴종은 타파되었으며, 사람들은 서슴지 않고 기성의 관습에 도전하게 된 동시에, 인간 이성의 비판력에 대한 신뢰감이 배양되었다. 합리적이며 질서와 원리에 근거한 근대적 과학기술의 탄생으로 인간 중심적 자연관이 보다 구체화되고 자연의 원리가 인간의 사고 과정에 영향을 미치기 시작하였다.

17~18세기 이 두 세기는 지리학적 탐험의 결과로서 지구상의 새로운 지역이 서구인의 지식권 안으로 들어오고, 무역이 지난날의 봉건적 국경선을 넘어 확대됐으며, 새로운 자본주의 경제의 징조가 나타나기 시작하였다. 민족 국가가 옛날의 봉건적 결합을 대신하여 등장하기 시작하였으며 중산 계급이 점차 일어나 정치에 참여할 권리를 요청하였다. 이러한 사조의 발전 과정에 가장 중대한 영향을 미친 것은 르네상스와 프로테스탄트의 종교 개혁, 그리고 천문학을 비롯한 여러 자연 과학의 눈부신 발달이다.[75] 특히 근대 사상의 발생과 발전에 르네상스나 종교 개혁보다도 더욱 결정적 영향을 미친 것은, 16세기와 17세기 초엽에 천문학자 및 물리학자들이 이룩한 획기적 업적이었다.[76] 신과 이성, 자연과 인간의 개념이 하나의 세계관으로

| 그림 사진 7.4 |

〈베르사이유 궁전〉, 1660~1680년경에 세워진 베르사이유 궁전은 그 내부 장식은 물론 그 웅장한 규모에서 당시 바로크 양식의 대표 건물이다. 17세기 왕과 영주들은 권력을 과시하여 민중의 마음을 지배하려고 고심하였다. 자신들은 신권에 의해 받들어진, 평범한 사람들 보다 높은 자리에 있는 다른 종류의 인간임을 나타내고자 하였으며 예술은 환상적이고 인위적인 세계의 효과를 높이는데 기여를 해야 했다.[77]

통합되기 시작하였으며 사람들은 이성의 능력으로 우주를 이해하고 자신의 상황을 개선할 수 있다고 생각하고 지식과 자유를 추구하고 자신의 행복이 삶의 목표라고 보았다. 르네상스와 종교개혁은 중세 유럽에서 완전한 것으로 여겨졌던 카톨릭교회의 지적, 정치적 체계를 해체하였고 코페르니쿠스, 갈릴레오 갈릴레이가 문을 열고 케플러, 뉴턴, G. W. 라이프니츠 등이 완성한 과학 혁명은 우주와 세계에 대한 엄밀하고 수학적인 모형을 완성하였다.

과학적 방법론

종교개혁과 르네상스 그리고 신대륙 발견과 예술, 문학에서 고조된 인간 정신은 인간의 숨겨져 있던 재능을 자극하고 과학자들에게 자연의 구조에대한 새로운 세계를 열게 하였다. 그리고 이러한 과학의 새로운 태도는 곧 근대 사상가들에게 직접적인 영향을 끼쳤다. 과학의 세계가 열리자 철학은 사실을 발견하려는 시도로 자극을 받았다. 과학적인 방법론에 의해 지식의 향상을 꾀하고 그것을 이용하여 철학 체계를 수립하려는 것이 근대 초기의 사상가들의 길이었다. 그러나 예전의 사유 방식과 새로운 사유 방식은 아직 구분되지 않은 상태였다. 따라서 과학은 여전히 전래적인 사유 방식을 사용했으며, 철학은 아직 과학의 방법과 가정을 적용시키지 못했으므로 당면 문제는 철학과 과학을 서로 조화시키는 일이었다. F. 베이컨과 T. 홉스는 이 일에 착수함으로써 철학을 근대적인 궤도에 올려놓았다.[78)]

귀납법

프란시스 베이컨(1561~1626년)은 정신을 마치 유리나 거울로 생각해서, 전통적인 학문의 오류에 의해 그 표면이 거칠어지고 평평하지도 않게 된 정신의 거울로는 진리를 올바르게 반사할 수가 없다고 보고, 정신의 표면을 깨끗하고 매끈하게 하고, 새롭고 적합한 도구를 마련해 줌으로써 우주를 정확하게 관찰하고 이해하려고 하였다. 그는 이러한 목적을 이루기 위해 과학을 재래 학문의 굴레에서 자유롭게 하고 과학적 진리를 신학의 계시적 진리와 분리하고, 관찰의 새로운 방법과 자연에 대한 새로운 해석 위에 기반을 둔 새로운 철학을 체계화하려고 하였다.[79)] 그는 네 가지의 우상을 지적하고 그것을 비유적으로 종족 우상, 동굴 우상, 시장 우상, 극장 우상이라고 불렀다. 이들 우상 또는 '거짓된 환상' 즉 '속견', '독단', '미신', '오류'는 마치 울퉁불퉁한 거울에서 난반사되는 빛과 같이 영혼을 왜곡시키므로, 편향된 사고를 교정하기 위한 유일한 방법으로 그는 관찰과 실험, 즉 귀납적인 방법을 제시하였다.

베이컨은 귀납적인 방법의 예로서 열의 원인에 대한 탐구를 들고 있다.[80)] 그 첫

단계로, 우리가 마주치는 모든 형태의 열에 대한 목록을 작성하여 실재표를 만든다. 다음으로, 첫 목록에 있는 것과 유사하지만 열을 가지지 않는 것들을 수록한 부재표를 만든다. 예를 들면 태양은 실재표에 달은 부재표에 기록된다. 세 번째 단계에서는 비교표를 만든다. 이 단계는 물고기, 포유동물, 뱀, 새, 인간, 행성과 같은 여러 사물 속에서 발견되는 열의 정도를 분석함으로써 열의 본질을 발견하고자 하는 단계이다. 네 번째 단계는 배제의 과정으로 '귀납을 활용'하는 단계이다. 예를 들면 열이 있을 때면 항상 존재하고 열이 없을 때는 부재하는 그 '본질'을 발견하려 한다. 이 과정에서 빛은 열의 원인인가?라고 묻고 '아니다'라는 답을 얻는다. 왜냐하면 달은 빛을 내지만 열이 없기 때문이다. 이 배제의 과정은 베이컨의 과학의 방법에서 핵심이며 그는 이것을 '참된 귀납의 토대'라고 불렀다. 그는 "한사물의 형상은 사물 그 자체가 발견 되는 모든 예에서 발견될 수 있어야 한다."고 가정했다. 이 가정을 열의 문제에 적용하면서 베이컨은 다음과 같이 결론을 내린다. "각각의 예를 모두 살펴보건대, 열은 운동이라는 본질의 특별한 한 형태다. 열 그 자체, 즉 그것의 본질과 실제는 운동이외의 아무것도 아니다." 이 과정에서 볼수 있듯이, 베이컨이 추구한 귀납법의 최대 약점은 그가 근대의 과학자들이 가설이라고 부르는 것에 대해서 인지하지 못했다는 사실이다.[81]

자연과 이성의 법칙

토마스 홉스(1588~1679년)는 40대 초에는 유클리드의 『기하학 원본』을 접한 뒤 수학과 분석에 깊은 관심을 보이고[82] 연구 대상의 종류와 관계없이 관찰의 방법과 그 관찰로 형성된 공리로부터의 연역적인 추론에 의해 정확한 지식을 얻을 수 있다고 생각했다. 그래서 그는 사회의 본질에 대한 연구를 재구성하려는 계획에 정열적으로 착수했다.[83] 홉스는 정치 철학을 물리학의 변형으로 보고, 인간의 행위는 단순히 운동 중인 물체들처럼 설명될 수 있다는 견해로, 정확한 정치 철학의 체계화가 가능하다고 생각했다. 그는 정치 이론이 논리적인 정확성을 가지고 체계화된다면 사람들은 서로 의견 일치에 좀 더 쉽게 도달하고 자신이 가장 바랐던 질서와 평화가 이루어질 것이라고 생각하였다.[84] 그는 인간에게 자신의 생존에 대한 관심에서 도출될 수 있는 몇몇 논리적인 결론이 있으며, 그 가운데 하나가 '자연의 법칙'이며 그것은 인간이 무슨 일을 해야 될 것인지 아닌지를 분별해 주는 이성에 의해 발견된 원칙이나 규율이라고 생각했다.

인간은 자연의 상태 안에서도 자신의 안전에 대한 지대한 관심과 논리적으로 일관되는 이 '자연의 법칙'을 인식하므로, 생존하기를 원하면 자연의 상태 안에서도 생존에 도움이 될 행위의 규율들을 논리적으로 도출할 수 있다고 보았다. 그에게 이 '자연의 법칙'은 "생명과 종족을 우리에게 주어진 그대로 굳건히 지키기 위하여, 우리가 해야 할 일과 해서는 안 될 일에 관해서 올바른 이성이 내리는 명령"이었다. 자연의 법칙은 이성의 법칙이자 신의 법칙이요, 도덕의 기준이었다.[85] 자연의 첫째요 기본적인 법칙은, 인간은 인간에게 허용된 모든 수단을 강구하여 평화를 추구해야 한다는 것이다.[86] 과거에는 인간이 세운 국가는 신의 나라를 본뜬 것이며 영원한 질서를 지상에서 실현하고 있다고 생각했으나, 이제 그것은 '자연 법칙'과 각자의 이익을 주장하는 사람들 사이에 맺어진 상호 유익한 계약관계로 여겨지게 되었다.

연역법

르네 데카르트(1596~1650년)는 철학적 전통의 굴레를 벗어나서 새로운 과학이 이룩한 업적을 정당화하는 동시에, 과학이 좀 더 발전하도록 길을 닦고, 현재와 장래의 모든 과학적 지식을 신과 인간과 우주에 관한 원만한 체계의 문맥 속에 자리 잡게 하는 새로운 철학의 수립에 나섰다. 그는 자신의 『방법 서설』의 첫머리를 "이 세상 모든 것 가운데에서 만인에게 가장 고르게 나누어진 것은 올바른 분별력이다."라고 시작해서 모든 사람은 진리에 도달할 수 있는 능력을 선천적으로 타고났을 뿐만 아니라 이 능력을 제대로 사용하는 올바른 방법의 실마리만 잡는다면 누구나 진리에 도달할 수 있음을 강조하였다.

진리에 도달하는 방법으로 그는 '회의(의문 갖기)'를 제시하고 그는 우리를 둘러싼 세계에 관한 인식의 기초로서 감각적 경험의 가치에 대하여 의문을 가졌으며 또 우리의 마음이 감각적 경험의 주관성을 넘어서서 외적 세계에 관한 지식에 도달할 수 있는 힘을 가졌을까도 의심하였다.[87] 그래서 그는 직관과 연역의 기초 위에 지식의 체계를 세웠다. 그에게 이들 두 방법은 지식에 이르는 가장 확실한 길이었다. 감관의 불분명한 자료와 상상의 불완전한 산물들은 우리를 혼란하게 하는 반면 직관은 맑고 빈틈없는 정신이 우리가 이해하고 있는 것에 대해 아무런 의심도 갖지 않도록 매우 쉽게 판명해 주는 개념을 제공해 주는, 정신 속에 아무런 의심도 남겨두지 않는 매우 명석한 지적 활동이나 통찰이다. 이 직관은 우리에게 명석한 개념뿐만 아니라 실재에 관한 진리도 준다고 보았다. 또 데카르트는 연역을 직관과 유사한 것으로 기술하여 연역은 확실하게 알려진 사실에서 나오는 필연적인 모든 추론들이라고 말하고 직관에 의해 우리는 완전하고 직접적으로 단순한 진리를 파악하며 연역에 의해 우리는 정신의 연속적이고 방해 받지 않는 행위를 거쳐 진리에 도달한다고 여겼다.[88]

기계론적 세계관

데카르트는 분명하고 정확한 사유의 가장 좋은 예로 수학을 들고 "나의 방법은 산술의 규칙에 확실성을 주는 모든 것을 포함한다."고 썼다. 그에게 수학적 정신은 추상 관념을 다룰 줄 아는 능력과 이러한 관념들로부터 일련의 추리를 통해 명확한 논증을 이끌어 내는 도구가 되었다. 그는 수학이 "사람들에 의하여 고안된 다른 무엇보다도 강력한 진리 인식의 도구이며, 실로 다른 모든 도구들의 근본"[89]이라고 보았다. 그래서 그는 수학과 물리학의 여러 원리가 자연계에 절대로 예외 없이 적용된다는 신념에 근거해서 자연계를 물질적인 힘들의 기계적 체계라고 보았다.

과학과 수학의 진보와 성공에 영향을 받은 데카르트, 스피노자, 라이프니츠 등은 철학에 수학의 정확성을 도입하였다. 그들은 세계에 대한 정확한 지식을 연역 가능한 진리 체계를 가진 분명한 이성적 원리들 위에서 구성 하고자 했다. 그들의 주요논점은 인간과 세계에 관한 진리의 원천이라고 생각되는 인간 정신의 이성적인

| 그림 사진 7.5 |

다뉴브 강가의 멜크 수도원의 예배당 내부(1738년경, 좌)와 런던의 세인트 스티븐 월브룩 교회 내부(1672년, 우): 다뉴브 강가 언덕에 우뚝서서 비현실적인 환경을 보는 느낌을 주는 멜크 수도원은 그 내부 공간에도 사방에 구름이 가득차고 음악을 연주하면 천국의 기쁨을 전하는 천사들이 가득하다. 이 건물은 외관에서나 내부에서나 '자연스럽'거나 '정상적인' 것은 없으며 우리의 규칙과 기준이 전혀 통하지 않는 그런 세계에 있다는 느낌을 준다. 이에 비하여 월브룩 교회는 은근하고 침착한 느낌을 준다. 시공간에 차이가 있으나 구태여 우리나라의 어떤 것과 비유한다면 상감청자와 이조백자의 느낌이랄까? 이 교회는 신자들이 예배를 하기 위하여 만나는 공간으로 설계되었다. 엄숙하면서도 간소한 느낌을 주는 이 공간은 천국의 환상을 불러일으키기보다는 사람들이 생각을 한 곳에 집중하게 만든다.[91]

능력에 관한 것이었다. 개인의 정신은 우주의 본질을 발견할 수 있는 적절한 방법에 따라 활동하도록 만들어졌다고 믿었다.[90)]

이성론자들은 그들의 정신으로 분명하게 생각할 수 있는 것이 실제로 정신의 외부세계에 존재한다고 가정했으며 궁극적으로 물질세계를 물리학의 기계론적 모형을 본떠 해석했으며 모든 물리적인 사건들을 결정론으로 귀착시켰다. 18세기에는 자연의 모든 과정을 기계론적으로 설명하려는 생각이 하나의 과학적 신조로 굳어져 갔다. 이런 생각은 그 나름의 장점에 힘입어 계속해서 커다란 성과를 거두어 갔는데, 여러 수리 물리학자들이 이룩했던 기적에 가까운 일련의 성공이 그것이었고, 이 성공은 뉴턴의 『수학의 원리』가 1687년에 출판된 후 100년 만에 1787년에 출판된 라그랑즈의 『해석역학』에서 절정을 이루었다.

계몽사상

베이컨, 홉즈, 데카르트와 마찬가지로 루터, 칸트, 당대의 지식인들은 진리에 이르는 길은 인간의 이성에 있다고 믿었다. 인간은 이성에 근거한 창조적 존재로 인식되었고 자연을 이해하고 부리는 존재로 여겨지게 되었다. 이제 문제는 이성을 적절히 적용했는가? 그것이 정확한 적용인가?라는 타당성을 보장하는 추론 방법을 개발하는 것이었다. 귀납법과 연역법에 근거한 진리 추구의 방식이 나타나고 이를 통해서 새로운 우주관이 형성되어 갔다.

영국의 경험론 철학자이자 대표적인 계몽사상가 존 로크(1632~1704년)는 태어날 때 인간의 마음은 백지상태이기 때문에 각 개인의 세계에 대한 경험에 따라 빈 곳이 채워지고 개성이 창조된다고 했다. 따라서 선이나 원죄 등 원래부터 존재한다고 여겨져 왔던 속성은 현실성이 없다고 보았고 인간은 이성을 사용하여 모든 사회문제를 잘 조정 할 수 있는 법칙들을 찾아낼 수 있음을 증명하였다고 생각하였다.[92)] 그는 자연의 법칙은 곧 모든 사람에게 다른 모든 사람의 평등한 권리를 존중하도록 요구하며, 그리하여 사회 질서의 평화를 증진시키도록 요구하는 이성의 가르침이라고 보았다. 인간은 천성에 있어서 사회적 존재요, 따라서 사회는 시민적 제도나 국가보다 앞서는 것으로 만일 인간이 충분히 이성적이기만 하다면, 자연 상태야말로 실로 조화와 행복의 조건[93)]이라고 보았다. 만일 인간이 조직적으로 양심적 관찰을 시작하기만 한다면, 과학적 탐구에 의해서 우리의 소박한 지식을 넓혀 갈 수가 있다고 지적하였다.[94)] 이러한 사상은 곧 당시 사회 개혁을 위한 수단으로 작동하였다.

로크의 영향을 받은 프랑스의 대표적인 계몽사상가 볼테르(1694~1778년)는 인간은 이성을 사용하여 이 세상에 일어나는 모든 사건을 설명하는 물리적 자연의 법칙들을 발견할 수 있음을 뉴턴이 증명했다고 생각하였다. 또 계몽주의자들은 뉴턴이 인간에게 하나의 새로운 물리학을 주었듯이, 인간은 이성으로 하나의 새로운 그리고 최종적인 사회 제도를 만들어 낼 수 있다고 생각하였다. 물리학의 방법을 사용해서 인간의 본성을 연구하는 『인간학』[95]을 시도한 흄(1711~1776년)은 과학적인 방법으로 우주의 모든 문제를 해결하는 방법을 보여 주는 그 시대의 낙천주의를 가지고 이성의 방법으로 인간의 본성 특히, 인간의 여러 작용들에 대한 확실한 이해에 도달 할 수 있다고 믿었다.[96]

한편 이성에 대한 반동이 루소(1712~1778년)에 의해서 제기되었다. 그는 이성은 너무나 일정하고, 너무나 고정적이어서 무엇이든지 현재 행해지고 있는 것을 고수하는 데 너무나 급급하다고 생각하고 이성의 산물인 문명은 도덕적, 지적으로 어리석은 짓이요, 또 대부분의 사람을 불가피하게 노예 상태로 이끌어 가는 것이라고 보고 심정의 생래적인 충동에 의지함으로써 인간은 좀 더 나은 쪽으로 인도될 수 있다.[97]고 보았다. 그는 『인간 불평등 기원론』에서 역사를 자연 그대로의 야만 상태로부터 불순한 악으로의 이행이라고 설명하고 문명을 약간의 이익을 가져오기도 했으나 그것은 또한 사람들로 하여금 권력을 위하여 애쓰도록 자극하였으며 현존하는 불공정한 불평등을 끌어들인 것으로 보았다.[98] 그는 인간의 천부적 자연권인 자유와 평등이 주어진 자연으로 돌아가라고 일갈하고 자신의 사회계약론을 "사람은 자유로운 몸으로 태어났으나, 어디에서나 사슬에 매여 있다."고 시작하면서 역사는 사회적 원자 관계로부터 사회적 상호 연락 관계로의 이행이라고 부언하고 인간이 당면하고 있는 문제는 어떻게 야만 상태로 되돌아가느냐 하는 것이 아니라, 인민의 이익을 위하여 어떻게 정부를 통제하느냐 하는 것이다.[99]고 했다.

과학적 인식의 정당화

칸트(1724~1804년)는 과학적 지식의 명백한 성공과 끊임없는 진보에 감명을 받고 당시 철학의 적합성에 심각한 의문을 제기했다. 대륙의 관념론은 수학적 모형에 근거하여 구축되었기 때문에 실제의 사물들과 관련성을 전혀 갖지 않았으므로 뉴턴 물리학이 설명하는 지식을 전혀 언급할 수 없었기 때문이다. 칸트는 경험을 초월한 실재에 대한 형이상학적 사변을 독단적인 것으로 비판하였다. 이성론과 과학 사이의 대립은 칸트에게 과연 형이상학이란 과학이 할 수 있는 만큼 우리의 지식을 증가시켜줄 수 있는가 하는 의문을 갖게 했다.[100] 또 뉴턴 물리학의 영향으로 칸트는 과학 그 자체에 대하여 두 가지 주요한 의문을 제기했다. 그 첫 번째 의문은 "과학적 방법이 인간의 행동을 포함한 실재의 영역 모두에 적용됨에 따라 자유와 신의 관념에 대한 도덕적 가치의 영역이 기계론적 우주에 병합될 위험이 있지 않은가?"라는 의문과 두 번째 의문은 "과학적 인식을 어떻게 설명하여 정당화하느냐"는 것이었다. 즉, "과학자는 무엇이 자연에 관한 인식을 가능하게 해주는지에 대해 적절한 설명을 하였는가?" 였다. 칸트는 이 두 가지 의문에서 출발하여 결국 과학적 지식이란 원래 형이상학적 지식과 유사하며, 따라서 과학적 사유에 대한 정당화나 설명은 자유와 신에 관한 형이상학적 사유에 대한 정당화나 설명과 동일하다는 사실을 발견하였다.

이제 칸트에게 형이상학의 진정한 방법이란 뉴턴이 자연 과학에 도입했고 자연 과학에서 매우 유효하였던 방법과 본질적으로 동일한 것이 되었으며 철학의 임무는 인간의 이성 능력에 대한 비판적 평가가 되었다. 칸트는 비판적 기능을 추구함으로써 이른바 철학의 코페르니쿠스적 혁명을 이룩했다.[101] 문제는 과학자들이 실재의 본성을 계속해서 성공적으로 해명하게 되자 자유, 신, 등 도덕적이며 가치 판단적인 진리의 가능성과 같은 형이상학적 개념들에 점점 더 관심이 소홀해졌다는 점이다.[102]

백과전서의 출현

같은 시기에 프랑스의 백과전서파 디드로(1713~1784년)와 수학자 달랑베르(1717~1783년)는 합리적 세계상과 인간상에 기초하여 논리적, 분석적 정신과 사실정신을 결합한 프랑스 계몽대백과전서를 출판하였다. 백과전서파들은 시민들을 계몽하는 수단으로 과학을 추구했으며 문화적 · 사회적으로 시민들을 구체제에서 해방시키고 또 부분적으로는 보통교육의 기초를 만들어냈다. 백과사전은 실제적, 기술적 창조를 위한 기술 지식을 광범위하게 실었으며 특히 디드로는 매뉴팩처와 공장을 방문하여 기계와 그 운용 방법을 확인하고 그것을 다시 과학적으로 설명하였다. 백과전서에 의해서 기술이 일반인의 의식 속으로 들어 왔으며 그 영향으로 그동안 과학과 기술에서 소외되었던 여성을 위한 뉴턴 물리학이 1737년 알가로티(F. Algarotti)에 의해서 출판되는 등 백과전서는 자연과학 · 기술의 보통교육을 더 넓은 계층으로 확산시켰다.[103]

한편 시대를 앞서가는 선각자였던 계몽사상가들의 사상과 희망과는 달리 당대의 대부분의 사람들이 살고 있는 현실은 이들의 생각과는 너무나 달랐다. 당시 인간의 삶을 지배하는 규칙들에는 자연의 법칙이 보여주는 합리성도 없었으며 예측 가능성도 없었고 사람들은 봉건적 구습에 매여 있었고 구시대 특권층의 이해가 사회를 지배하였다. 영국의 로크와 벤덤, 프랑스의 몽테스키외와 볼테르, 미국의 토마스 제퍼슨은 이러한 독단적이고 권위주의적인 구체제를 비판하면서 자연권에 기초를 두고 정치적 민주주가 기능을 하는 좀 더 높은 형태의 사회조직을 그렸다. 이러한 사상은 영국, 프랑스 그리고 미국에서 시민혁명을 일으키는 원동력이 되었다.

생각해보기

1. 베이컨은 네 가지의 우상을 지적하고 그것을 비유적으로 종족 우상, 동굴 우상, 시장 우상, 극장 우상이라고 불렀다. 이들 우상 또는 『거짓된 환상』, 즉 『속견』, 『독단』, 『미신』, 『오류』는 마치 조잡한 거울에서 난반사되는 빛과 같이 영혼을 왜곡시키므로, 편향된 사고를 교정하기 위한 유일한 방법으로 그는 관찰과 실험, 즉 귀납적인 방법을 제시하였다. 베이컨의 4대 우상에 비추어 자신의 의식이 범하는 속견, 독단, 미신, 오류에는 어떤 것이 있는지 쓰고 왜 그런 우상에 빠지게 되었나 써보자.

2. "데카르트는 직관과 연역의 기초 위에 지식의 체계를 세웠다. 그에게 이들 두 방법은 지식에 이르는 가장 확실한 길이었다. 감관의 불분명한 자료와 상상의 불완전한 산물들은 우리를 혼란하게 하는 반면 직관은 맑고 빈틈없는 정신이 우리가 이해하고 있는 것에 대해 아무런 의심도 갖지 않도록 매우 쉽게 판명해 주는 개념을 제공해 주는, 정신 속에 아무런 의심도 남겨 두지 않는 매우 명석한 지적 활동이나 통찰이다. 이 직관은 우리에게 명석한 개념뿐만 아니라 실재에 관한 진리도 준다고 보았다. 또 데카르트는 연역을 직관과 유사한 것으로 기술하여 연역이 확실하게 알려진 사실에서 나오는 필연적인 모든 추론들이라고 말하고 직관에 의해 우리는 완전하고 직접적으로 단순한 진리를 파악하며 연역에 의해 우리는 정신의 연속적이고 방해 받지 않는 행위를 통하여 진리에 도달한다고 여겼다."라는 본문에서 '직관', '감관', '통찰', '연역'에 유의하여 그가 제안한 과학적 방법론, 즉 연역법에 대한 자신의 이해를 써보자.

3. 생산성이 높은 신기술의 발명자들이 당시에 환영을 받지 못하고 오히려 박해를 받은 사실을 '그다니스크시 당국이 기계의 사용을 금지하고 그 기계 발명자는 암살당하였던 사건'과 '영국에서 고성능 편물기를 발명하고도 오히려 죽음의 위협을 피해 프랑스로 망명을 해야 했던 윌리엄 리 경우'를 읽고 이와 유사한 경우가 현재에도 있을 수 있는가? 있다면 어떠한 경우이며 또 현재 우리나라에서도 일어날 수 있는지 있다면 그 원인과 해결방안에 대하여 토론하고 그 결과를 기록해보자.

4. 16세기와 17세기 지적인 분위기는 급격한 변화를 겪었다. 과학은 신학으로부터 해방되었고 자연은 인간의 활동 영역이 되었다. 개인에 대한 존경은 늘어가고, 권위에 대한 굴종은 타파되었으며, 사람들은 서슴지 않고 기성의 관습에 도전하고 동시에, 인간 이성의 비판력에 대한 신뢰감이 배양되었다. 이러한 근대 사조의 발생에 결정적 영향을 미친 것은, 당시 천문학에서 시작된 과학

혁명이었다. 그러나 시대를 앞서가는 선각자였던 과학자들과 계몽사상가들의 희망과는 달리 당대의 사회의 일반적인 현실은, 아직도 규칙들에는 자연의 법칙이 보여주었던 합리성도 없었으며 예측 가능성도 없었고, 사람들은 봉건적 구습에 매여 있었고 구시대 특권층의 이해가 사회를 지배하였다. 16~17세기의 이러한 상황에 비추어 21세기 현재 과학기술의 발전으로 말미암아 자신에게 일어난 의식의 변화와 현 사회의 제반 제도 사이에서 발견되는 괴리현상에 어떤 것들이 있는지 그 사례들을 제시하고 그 원인과 해결점을 토론하고 기록해보자.

5. 17세기 말에 천체역학과 동역학에 근거해서 새로운 과학적 우주관 즉 '역학적 우주관' 이 세워졌다. 이 우주관은 지각되는 겉보기 상 대신에 인식대상의 추상적 · 관념적 상을 인정하는 것, 모든 물질이 가장 단순한, 더 이상 분해될 수 없는, 일반적으로 불변적 입자로 이루어져 있음을 인정하는 것, 이러한 대상들이 자연계에서 볼 수 있는 형태로 존재하고 있음을 인정하는 것에 위에 서있다. 17-18세기는 거대하고 수학적으로 규정된 합리적 체계의 시기였다. 갈릴레이의 순전히 외적 파악에 의거한, 측정하는 새 물리학의 성공, 케플러의 깊은 물리학적, 천문학적 인식, 라이프니츠, 호이겐스, 뉴턴의 물리학과 수학 연구의 뛰어난 이론적, 실험적 결과들은 수학적 방법을 세계 인식의 탁월한 기구로 부각시켰다. 과학혁명의 시대에 데카르트는 자연을 역학적으로 해석할 수 있다고 생각했고 뉴턴도 이 생각에 동조했으며 스피노자, 라이프니츠는 과학적 지식의 명증성과 정확성에서 시작하여 실재에 대한 '분명하고 명확한' 전체상을 얻기 위해서 노력하였다. 7.1절 근대적 사고를 숙독하고 각 자가 바라보는 우주는 어떤한 것인지, 자신의 우주관을 써보자.

6. 16-17세기 유럽은 르네상스와 과학혁명 그리고 종교개혁의 시대였다. 이 세 가지 혁명은 서로 분리될 수 있는 것이 아니라 서로 긴밀한 관계를 맺고 진행되었다. 특히 종교개혁으로 개인은 종교적 신앙의 기본적 문제들은 자기의 양심에 비추어 해결할 권리와 의무를 가지게 함으로써 새로운 청교도 윤리관을 태동시켰다. 청교도 윤리관은 그 중심을 현세 생활의 종교적 의의에 두고 '기쁨의' 인생과 귀중한 인간관계, 경제적-정치적 현실의 재건에 미치는 신앙의 영향, 그리고 자연적 혜택을 마음껏 누릴 수 있는 기독교인의 권리를 찾는 것으로 나타났다. 17세기에 개신교 국가들에서 특히 칼뱅의 가르침은 실험 자연과학의 발전, 그것의 광범위한 응용, 그리고 일반적인 경제의 발달에서 주요한 역할을 했다. 노동을 인간의 복지와 신의 찬미를 위해 유용한 것을 끊임없이 창조하는 것으로 여기는 칼뱅주의 청교도의 윤리는 엄격한 생활과 끝없는 근면을 요구하였고 결국 자연과학 연구와 기술의 활동을 진작시키는데 기여하였다. 17세기, 자연과학 탐구와 기술 혁신이 활발하였고 경제력이 크게 활성화되었던 지역들이 개신교가 발달하였던 북부 네덜란드, 영국의 스코틀랜드, 프랑스의 위그노 지역들이었으며 제네바의 시계 생산 및 17, 18세기 영국의 시계 제작과 기구 제작 사이의 관계에 청교도 윤리가 스며있다는 견해도 있다. 17-18세기 유럽의 근대화에 미친 종교개혁의 영향에 대하여 다양한 조사를 하고 자신의 견해를 써보자.

제8장 산업혁명

19세기는 급속한 산업화의 시기였으며 경제적, 정치적, 사회적 격변기였다. 유럽에서 시민혁명이 일어났던 때는 기술혁명의 시기였으며, 시민들과 봉건 영주들과의 대립에 이어 자본가들과 노동자들 간의 대립도 이미 시작되었던 때였다. 결국 시민혁명과 기술 혁명은 자본주의적 매뉴팩처가 수공업적 생산구조를 혁신하고 새로운 생산형태로 발전하는 중요한 계기가 되었으며 봉건적인 유럽 여러 나라의 공업과 기술을 발달시키는 데 큰 영향을 미쳤다. 증기 기관과 새로 발명된 수많은 기계들이 생산수단이 되었으며 철이 거의 모든 산업 재료를 대체하기 시작하였다. 개인의 자유가 추구되고 노동문제가 사회의 중요한 과제가 되었다. 경쟁과 이윤 추구를 근간으로하는 자본주의 경제체제가 탄생하고 급증하는 수요와 공급을 확대해야하는 경제적 상황에서 생산기술의 혁신이 요구되었다. 자본주의적 기계식 · 공장제 생산 양식은 이러한 사회-경제적 조건 위에서 태동할 준비하고 있었다. 신디케이트, 카르텔, 트러스트 등 여러 종류의 기업 조직체가 나타났으며 자본주의가 그 모습을 드러내고 공산주의도 선언되었다. 산업혁명은 기술혁명에 그친 것이 아니라 사회 전반적인 변화를 포괄하는 기술적 · 경제적 · 사회적 변화 과정이었다. 이 과정에서 과거에 경험하지 못했던 새로운 사회-경제적 문제들이 발생하였으며 근대적 · 자본주의적인 경제질서 및 사회질서의 토대가 형성되어가고 있었다. 그 저변에는 과학과 기술의 끊임없는 진보에 대한 시민들의 믿음이 있었다. 사상가들은, 과학의 찬란한 성과들을 배경으로 새로운 사유 양식들에 도전하였다. 대표적으로 마르크스는 자연적 환경의 총체로서 비유기적 자연, 유기적 세계, 사회활동, 인간의 의식 모두를 포함하며 인간정신의 조건은 사회적 존재로서 인간의 노동활동에 의해 결정된다고 보고 과학적 '사회운동 법칙'을 추론하였다.

8.1 산업혁명의 전야

계몽사상의 열매는 유럽과 미국 곳곳에서 현실로 나타나기 시작하였다. 새로운 자본주의적 관계들이 나타나면서 산업의 낡은 부문이 해체되고 새로운 영역과 부문들이 나타나기 시작하였다. 막 형성되어가는 자본주의는 기술을 촉진하였다. 그러나 봉건 왕정의 잔재들은 자본주의적 관계들의 발달을 억제하고 새로운 생산 관계와 생산 기술들의 전개에 간섭하였다.

봉건제의 모순

17세기 영국에서 대외무역의 확장과 더불어 매뉴팩처와 수공업적 동직조합이 매우 발달하였다. 그러나 아직까지 대부분의 경제-사회적 조직들은 봉건적이며 독점적인 생산체제하에 있었다. 노동자들은 자유롭게 일터를 옮겨 다닐 수 없었으며 대개 1년 이상의 기간으로 고용되었고, 도제 양성 기간은 7년이나 되었다. 심지어 노동자의 임금은 사용자와 노동자의 간의 협의가 아니라, 지방 판사가 결정하고 중앙정부가 이를 허가 하도록 되어있었다. 찰스 1세는, 기존의 산업 구조에 얽매여서, 자신의 이익을 훼손한다고 생각되는 생산기술의 발전을 적극적으로 방해하였다. 당시 왕정은 노동을 절약할 수 있는 모든 기술 도입을 금지하였으며, 정부의 허가 없이는 대장간을 만드는 것도 금지하였다. 당시 생산을 주도하던 동직조합들도 전통적인 기술에 집착하고 기술 혁신을 방해하였다. 그들은 품질관리를 명분으로 각 가공 공정 및 사용되는 생산용구에 어떠한 변경도 허가하지 않았다. 영국의 왕 제임스 1세와 찰스 1세는, 1623년 세계 최초로 시행된 특허권으로 기술적 개량과 발명자의 권리를 보호한다는 구실 하에 특정인들의 상공업의 독점권을 보호하였다. 이 독점권은 생산자들의 경쟁을 가로막았고 자본주의 생산에 필요한 생산기술의 발달을 저해하였다. 이러한 봉건적 구제도는 자본주의적 매뉴팩처의 발달을 지연시키고 상공업활동의 경제적 효과를 떨어뜨렸으며 결국 사회의 발전을 저해하고 있었다.

구제도가 지식의 창조와 유통을 제한하고, 새로운 조직과 체계가 비용을 줄이거나 생산을 증대하지 못하면 그 사회는 퇴보의 과정에 들어서고 결국 몰락의 길로 들어섰던 것이 역사의 증언이다. 이 때 몰락은 붕괴압력의 증가로 말미암아 모종의 변화가 필요할 때 일어나는 대안적인 과정 곧 창조적 파괴의 과정일 수 있다. 당시 서구 사회 저변에는 변화를 향한 혁명의 기운이 성장하고 있었다.

시민혁명

영국의 시민혁명은, 인류가 봉건사회에서 자본주의로 이행하는 시대를 개척한 최초의 혁명이다. 청교도 혁명(1640~1660년)과 1688년 명예혁명[1]은 시민의 자유와 자본주의적 생산양식을 억제하던 왕정을 무너뜨렸고 의회의 지배를 확립하였다. 이로써 시민들의 기본권이 확장되고 자본주의적 생산력이 촉진되고 과학 기술 발달에 유리한 조건들이 만들어졌다.

기술 측면에서, 시민혁명은 영국 산업이 150년 후 진행될 기계식 · 공장제 생산으로 이행해 나가는 출발점을 마련해 주었다. 자유를 확보한 시민들은 자신들의 창의적인 노력으로 생산과 수입을 증대할 수 있다는 생각에 기술의 발달에 관심을 가졌다. 기계가 더욱 개량되고, 비싸지만 생산성이 월등히 우월한 노동용구가 매뉴팩처에 도입되었다. 기존의 수공업자들의 생산수단은 금방 낡은 것이 되었으며 이들의 생산효율이 떨어졌다. 수공업자들은 더 이상 자신들의 사업을 보장받을 수 없게 되었다. 대개의 수공업자들이 자본주의적 매뉴팩처에서 일자리를 구하고 거기에서 임금을 받는 노동자로 변신하지 않은 수 없게 되었다. 자본주의적 매뉴팩처가 발달하면서 기술적 과정들이 여러 가지 분야의 특수 작업으로 나누어지고 이 특수 작업은 독립되어 각각의 작업이 한 사람의 특정노동자의 전문 기능으로 되었다.[2] 이는 곧 생산과정에 새로운 분업을 불러왔다. 아직까지 현대적인 분업으로까지 발달하지 못하였고 동일한 전문적인 작업사이의 노동을 분배하는 '부분' 분업이었으나 수공업적 작업장 내부의 이러한 분업은 자본주의적 생산양식이자 자본주의적 매뉴팩처의 특성이 되었다.[3]

유럽의 여러 나라들에서 시민혁명이 일어났던 때는 기술혁명의 시기였으며, 시민들과 봉건 영주들과의 대립에 이어 자본가들과 노동자들 간의 대립도 이미 시작되었던 때였다. 결국 시민혁명과 기술 혁명은 자본주의적 매뉴팩처가 수공업적 생산구조를 혁신하고 주도적인 생산형태로 발전하는 중요한 계기가 되었으며 봉건적인 유럽 여러 나라의 공업과 기술을 발달시키는 데 큰 영향을 미쳤다. 이미 경쟁과 이윤 추구의 자본주의적인 특성을 가지고 있던 경제체제 안에서, 급증하는 수요와 공급을 확대해야하는 경제적 상황에서 생산기술의 혁신은 이를 해결하기 위한 수단으로 급속히 진전되었다. 자본주의적 기계제 · 공장제 생산 양식은 이러한 사회-경제적 조건 위에서 태동할 준비를 하고 있었다.

정치-경제 측면에서, 정치 시민 혁명은 자본주의적 생산양식의 발전을 방해했던 봉건 왕정의 정치지배를 붕괴시키고 시민계급이 정치권력을 확보하는 혁명이었다. 혁명의 지도력은 신흥시민계급에 의해서, 그 추진력은 시민계급과 이해관계가 일치하였던 농민 및 도시근로대중에 의해 제공되고 있었다. 그들이 바라는 사회 · 경제적 구조는 영주제와 신분제의 폐기, 상품소유자로서 개인의 법 앞의 평등과 경제적 자유의 실현, 자유로운 사적 소유의 확립을 기반으로 하였다. 이것은 시민들이 경제를 주도하는 계급으로 성장하는 계기가 되었다.

정치적 안정의 토대를 마련한 영국은 자신감을 가지고 무역을 보호하고 관세를 이용하여 공업을 육성하고, 상공업국가로 변환을 추구하는 중상주의 정책[4]을 취하였다. 상인들은 자본을 축적하고 그 자본으로 생산에 참여하였다. 공업은 수출과 직접적인 관련을 갖게 되었으며 국부 창출의 가장 중요한 부분으로 떠오르게 되었다. 시민 계급이 경제의 가장 중요한 부분을 담당하게 되고 이들의 이익을 지켜주는 것이 경제정책의 실질적으로 중요한 기조가 되었다. 봉건주의 체제가 더 이상 시민계급의 이익을 대변해 줄 수 없다는 사실을 깨달은 시민들은 자신의 축적된 자본의 힘에 걸맞게 이익을 지켜줄 수 있는 정치-경제 체제 구축에 생각이 미치게 되었다. 중상주의 정책은 이들의 이해를 대변하였다. 기술개발을 위한 충분한 자본을 축적하고 생산시설을 확보한 이들에게 풍부한 원료를 공급받고 상품을 판매할 시장이 필요하게 되었다.

식민지 무역과 전쟁

상업과 매뉴팩처가 급속하게 발달하고 있던 영국은 17세기가 되면서부터 본격적으로 해외시장으로 진출하기 위해 특히 식민지 확장에 몰두하였다. 시민 혁명 후, 17세기 후반에서 18세기 초, 영국은 경제 · 공업 · 상업뿐만 아니라 기술 문제들로 유럽의 국가들과 갈등을 일으킬 정도로 급성장을 이어갔다. 청교도 혁명을 승리로 이끈 크롬웰은 네덜란드 · 포르투갈 · 프랑스 등의 나라들과 무력과 경제력을 배경으로 영국에 일방적으로 유리한 불평등 경제조약을 맺었다. 유럽의 봉건제 국가들은 영국과 생산기술 및 운수기술에서 새로운 문제에 휘말리게 되었다. 마침내 영국은 당시 급증하는 경제력과 무력을 배경으로 유럽의 상업 패권을 확보하려는 의도로 항해조례를 발표하였다. 이로서 유럽의 수출품은 오직 영국선박이나 그 상품의 원산국가의 선박만으로 운송될 수 있으며 아프리카 아시아 아메리카의 생산물은 오직 영국 및 그 식민지의 선박으로만 수입될 수 있었다. 무역상인들의 이익은 우선적으로 보장되었다. 1651년 제1차 항해조례 이후 1652년 네덜란드와의 제1차 전쟁, 1654년의 스페인과의 전쟁은 사실상 상인들에 의해서 지배되었다. 상인들은 정부의 외교정책에 영향력을 미쳤다. 네덜란드의 확장을 억제하기 위해서 고안된 항해조례는 이제 영국의 식민지 확장을 위한 도구가 되었다. 영국은 네덜란드와의 제2

차(1665~1667년), 제3차 전쟁(1672~1674년) 그리고 18세기 프랑스와의 전쟁을 거쳐 인도 아메리카대륙 등지의 여러 곳에 무역기지와 식민지를 확장해갔다.

17~18세기, 영국의 대외확장에 크게 기여한 것이 동인도회사였다. 동인도회사는 엘리자베스 여왕으로부터 특허장을 받아 설립된 준정부기관의 역할을 한 독점적 무역회사였다. 1615년 이 회사는 인도와 인도양의 섬, 인도네시아, 일본 등에 20여 개에 달하는 무역기지를 확보했고, 1628년에는 페르시아와 봄베이에 진출하였다. 인도에 진출한 동인도회사는 인도의 면화를 영국으로 들여와 영국 면직산업[5]의 문을 열었다. 영국인들은 당시에 이미 인도에서 면직물을 수입하여 영국에서 뿐만 아니라 유럽과 아프리카, 아메리카로 수출하여 큰 이익을 남기고 있었다. 면직물 수입 초기에 영국은 전통적인 모직물 산업을 보호하기 위해서 면직물의 수출입을 규제하였다. 그러나 면직물 수출입의 이익이 급속히 증가함에 따라 영국은 수입 원면을 이용하여 직접 국내 면직 산업을 일으키고 생산을 늘리기 시작했다. 영국에서 면직산업이 급성장하자 원료인 면화를 원활하게 공급하고 새로운 시장을 개척하는 것이 절실하게 요구되었다. 1760년대 마침내 영국은 인도의 벵골지역을 식민지화하였다. 뿐만 아니라 아메리카에서도 면화를 생산하고 면직물을 구매할 식민지들을 확보하였다. 인도와 이집트 그리고 아메리카 식민지[6]에서 대량으로 면화를 수입할 수 있는 길을 확보한 영국은 전통적인 면직산업의 매뉴팩처식 공장제로는 국내와 유럽 그리고 식민지 시장에 공급할 막대한 양의 면직물을 생산해 낼 수가 없었다. 대량 생산이 가능한 기계식 공장제 생산방식으로의 생산 혁명이 요구되었으며 이것은 면직 산업의 혁명을 촉구하였다.

18세기에 들어서, 영국은 스페인령 신대륙과 막대한 금을 생산하는 포르투갈령 브라질에서의 상업패권을 확보하기 위해 스페인과 전쟁을 했다. 이 전쟁에서 승리한 영국은 식민지에서의 모든 상권을 확보하고 런던은 18세기 후반에 암스테르담을 능가하여 세계금융의 중심으로 부상하였다. 영국의 급성장에 위협을 느낀 프랑스의 재상 콜베르는 네덜란드, 이탈리아 등의 여러 나라와 협력하여 각국이 공업을 조직하도록 돕고 제품의 품질을 엄격히 감독하는 노력을 시작했다. 콜베르는 영국에 뒤처진 과학과 기술을 부흥하기 위하여 1666년에 설립된 파리 과학 아카데미에 당시의 중상주의의 요구에 맞추어서 산업과 매뉴팩처를 지원할 목적으로 새로운 사업을 시작하게 하였다.[7] 유럽의 각 국들은 새로운 기술이 국가의 부 창출에 기여하는 바를 깨닫기 시작하였다. 이런 의미에서 현재 세계 '무역전쟁' 가운데 진행되고 있는 기술 및 무역라운드는 17세기에 이미 시작되었다.

8.2 산업혁명의 전개

급속하게 팽창하는 영국의 산업은 18세기에 이르러 여러 부문에서 생산의 한계에 부딪히게 되었다. 낡은 생산 기술, 기존의 선대제도로서는 생산성이 더 이상 향상 되지 않았다. 소비재와 생산재 그리고 기본자재 산업 등의 제조업 영역은 물론 에너지 산업을 포함한 거의 모든 영역에서 한계에 이르게 되었다. 이 문제들을 해결하려면 기존의 방법이나 상상력으로는 어려웠다. 새로운 사고와 기술이 필요하였다. 그 가운데서도 방적기계분야가 가정 먼저 기계제 생산방식으로 옮겨갔다. 새로운 기술이 개발되고 이용할 수 있는 기계식 공장제 생산 제도가 서서히 드러나기 시작하였다.

기계식 · 공장제 생산 양식

18세기 말부터 19세기 초에 걸쳐서 기술혁명이 진행되면서 대규모 기계제 생산을 창출하는 데 필요한 여러 가지 기계가 발명되었다. 이 기계들을 사용하는 생산방식에도 변화가 일어났다. 다양한 작업 기계들이 설치되고 가공재료들이 기계들을 순차적으로 거쳐가는 가공 공정이 설계되었다. 장인이 처음부터 끝까지 한 제품을 설계 제작하던 방식은 기계의 뛰어난 반복성과 가공성을 활용하기에 적합하지 않았다. 새로운 생산방식에서는 가능하면 인간이 주도적으로 재료를 가공하는 것이 아니라 가공작업의 메카니즘을 따라 움직여지는 기계가 가공을 하며, 가공방식은 메뉴팩처에서처럼 장인이 고안한 작업 순서나 아이디어를 따라 하는 것이 아니라 작업기계의 기능을 따라 정해졌다. 이제 생산과정은 노동자의 협업이 아니라, 하나의 체계를 구성하는 기계들의 상호보완 작용과 이 작용을 보조하는 노동자들의 보조작업으로 수행되었다. 이로서 흩어져 있었던 소규모 가내 수공업 생산은 서서히 사라지고 제조기계들이 들어선 거대한 공장으로 상징되는 근대공업이 나타났다. 이것이 산업혁명이 가져온 생산양식의 혁신이다. 이것은 인간이 중심이 되었던 매뉴팩처를 기계식 · 공장제 생산으로 그리고 자본주의적 대공업으로 이행시킨 생산양식의 혁명이다.

기계식-공장제 생산 체계를 갖추는데 필수적인 일은 수공업노동을 대치할 기계를 발명하는 것, 즉 기계를 이용하여 상품을 제조하는 체제로 이행하는 것이었다. 이러한 진보는 직물업 부문에서 가장 광범한 규모로, 그리고 가장 빠른 속도로 이루어졌다.[8] 이미 1738년부터 폴과 와이어트가 발명한 방적기계가 있기는 하였지만 방사의 제조를 기계화한 것은 제임스 하그리브스의 제니방적기(1764년에 발명하였으며, 1770년에 특허), 리차드 아크라이트의 수력방적기(1769년 특허) 그리고 새뮤얼 크럼프턴의 뮬제니방적기(1779년 발명) 등이다.[9] 하그리브스의 제니방적기와 크럼프턴의 뮤울제니방적기는 아직 수동식으로 운전되었으나 아크라이트의 수력방적기는 원모로부터 섬유를 자아내고 섬유를 한데 꼬아 방사를 만들고, 만들어진 방사를 실패에 감아올리는 방적과정이 처음부터 기계적 방식에 의해 진행되었으며, 크럼프턴식 뮤울기계는 1825년에 완전히 자동화되었다.[10] 면직공업에 이어 기술혁신은 모직물 공장에도 전파되었으며 섬유산업분야에서 일어난 기술혁명은 이어서 곧 모든 공업부문으로 전파되어 갔다. 기계제조, 광업, 운수 · 통신, 뒤이어 농업에서도 설비의 갱신이 이루어졌다. 특히 기계공업의 발달은 광업, 야금, 도로와 운하의 건설 및 기선과 증기기관차의 등장을 촉진하였다. 증기기관으로 돌아가는 복잡하고 시끄러운 기계들은 지치지 않고 쉬지 않고 반복 작업을 할 수 있었다. 수백 명의 사람들이 이 기계들의 움직임을 따라 쉴 틈 없이 움직이고 있었다. 기차가 마차와 짐마차를 대신하고 기선이 돛배와 범선을 대신하였다. 농업에서도 기계와 증기기관이 사용되기 시작하면서 대규모 상업 농업이 가능하게 되었다. 대신에 아무나 구입할 수 없을 만큼 비싼 농기계들과 농기계를 사용할 정도의 넓은 땅이 필요하게 되었다. 농업도 서서히 대자본가에게로 넘어가게 되었다. 대자본가들은 임금노동자들을 사용하여 넓은 토지를 경작하였다. 이렇게 영국은 농업국에서 유럽 · 아시아 · 아메리카의 시장을 사실상 독점하고 자기의 상품을 마음 놓고 팔 수 있는 독점적인 공업국으로 변하였다.

산업혁명의 전파

영국의 랭카셔 지방은 면공업의 중심지가 되었고, 리버풀과 맨체스터는 그 중심 도시가 되었다. 1830년대에 이미 이 도시들의 인구는 70만 명에 이르렀다. 이렇게 '해가지지 않은 나라' 곧 당시의 '세계의 공장' 영국이 시작되었다. 자본주의적 대공업의 제품들은 이제 전 세계의 시민들에 영향을 미치기 시작하였다. 각 지역에서 생산되는 제품들은 영국산 제품들과 비교 될 수가 없었다. 세계의 공장에서 생산되는 제품은 서서히 전 세계를 하나의 상품 시장으로 만들어 가고 있었다. 각 지역의 소규모 시장은 사라지고 통합되어 갔다. 적어도 고급 제품에서는 하나의 세계시장이 만들어지고 있었다. 100년 사이에 산업혁명은 모든 문명국가들의 생산양식을 변혁시켜 버렸다. 세계화는 이미 이때 시작되었다.

영국의 기술혁명과 산업혁명은 프랑스의 산업 혁명에 곧바로 영향을 미쳤다. 1789~1794년의 시민 혁명 이후, 프랑스의 공업은 급속하게 발달하였다. 대공장이 생겨나고 생산량이 증대하고 화학적 표백, 인공염색, 화약의 연료인 초석의 제조기술 등 많은 발명이 실용화되었다. 1820년대에 이르러 기계식 · 공장제 생산이 확립되기 시작했다. 로디에의 발명(1819년)으로 견사의 제조공정이 기계화되었고 1920년대 말에는 남부 세느 지역의 공장에서 증기기관이 광범위하게 이용되기 시작했다. 30년대 초에는 방적업에서 40년대 초에는 기계공업에서 기계식 · 공장제 생산이 확립되었다.[11]

영국과 프랑스의 기술의 발달의 영향을 받아 19세기 전반 산업혁명은 독일, 오스트리아 그리고 헝가리에 이르렀다. 독일에서 기술혁명이 일어난 것은 1834년부터 1848년 사이이다. 그리고 1848년 이래 비로소 기술혁명은 산업혁명으로 성장 · 전환하고, 기계식 · 공장제 생산이 정착되었다.[12] 독일에서의 수공업으로부터 대규모 기계식 · 공장제 생산으로의 이행은 소규모의 자유농업, 즉 토지임대농업에 기초한 가내공업이라는 중간단계를 거쳐 이루어졌다. 따라서 독일에서 산업혁명의 영향은 도시주민만이 아니라 농촌주민에게도 적지 않았으며 영국과 프랑스에 비교한다면 훨씬 넓은 지역으로 확산되었다. 증기기관, 기계식의 방적기와 직기, 증기가래와 증기탈곡기, 철도와 전신, 근대적인 증기프레스는 기술의 역행을 불가능하게 하고, 봉건적 관계와 길드적 관계의 모든 잔재들은 사라지게 되었다.[13] 이탈리아에서 기술혁명이 시작된 것은 1870년대의 일이다. 이탈리아가 재통일되고, 시민적 혁명이후, 산업혁명은 1898년부터 1908년에 걸쳐 일어났다. 이 시기에 대공업이 급증하였고, 야금 · 금속가공업 · 화학공업, 그 밖의 공업부문이 급속히 발달했다. 이 탈리아의 공업발전에는 외국 자본의 유입과 보호관세의 영향이 컸다.[14]

미국의 기술혁명과 산업혁명은 영국의 산업혁명으로부터 직접적인 영향을 받아 진행되었다. 미국의 산업혁명의 특징은 스스로 많은 기술발명을 이루고, 그것들을 신속히 생산에 도입한 점이다. 초기에는 방적기관을 영국에서 수입했지만, 즉시 개량하여 더욱 정교한 기계를 제작했다. 미국에서 처음 작업기계가 나타난 것은 1787년으로 '제니' 방적기와 카드기가 섬유공장에 설치되기 시작했다. 이미 1789년에는 수력으로 움직이는[15] 방적기가 제작되었으며 1791년에 역직기가 이용되었다. 1793년 미국인 E 휘트니가 조면기를 발명하였으며 이 기계는 미국은 물론 산업혁명의 선진국인 유럽에까지 널리 보급되었다. 미국에서 금속공업 · 기계공업에 기계가 이용되기 시작한 것은 19세기 초였으며, 신흥국으로서 땅은 넓으나 노동력이 늘 부족하였으므로 신기술에 대한 수요가 컸으며 먼저 농업기계공업이 발달했다. 1844년부터는 농업기계가 양산되기 시작했다. 18세기 말부터 19세기 전반에 걸쳐 여러 생산부문에서 기계가 비교적 광범위하게 이용되고는 있었지만, 아직도 미국의 기업은 매뉴팩처였다.[16] 산업혁명의 특징인, 기계체계를 가진 자본주의적 공장과 독립적인 생산부문으로서의 기계공업이 출현한 것은 1860년대의 남북전쟁 이후였다. 남북전쟁 이후 나타난 새로운 생산관계는 미국의 생산력을 크게 발전시켜 기술혁명을 산업혁명으로 전환시켰으며 1860년대 초에 시작된 미국의 산업혁명은 급속히 진행되어 1870년대 초에 대체로 완료되었다.[17]

| 그림 사진 8.1 |

제임스 와트의 복동식 증기기관(1782년)[18]: 와트는 뉴커먼의 증기기관의 개량에 착수하여 1769년, '화력기관에서 증기와 연료의 소모를 줄이는 새롭게 고안한 방법'에 관한 특허를 취득하고 증기를 실린더와 연결된 별도의 응축기에서 응축시킴으로써, 증기기관의 압력을 대기압 이상으로 운전하는 방식을 고안했다. 응축기의 사용으로 열효율이 개선된 와트의 증기기관은 석탄 소모량이 뉴커먼 기관에 비해 4분의 1 이하로 줄일 수 있었다. 와트는 또한 피스톤의 왕복운동 모두를 동력으로 활용할 수 있게 했다.

증기기관

증기기관의 수요는 야금업과 광업에서 먼저 나타났다. 광산에서 수력을 이용하는데 어려움이 많았고 야금용 노나 정련로 및 고로에 강력한 원동기를 이용한 대형 송풍기가 필요하였기 때문이다. 급속히 성장해 가는 도시의 급수시설과 수직갱에서 물을 배수하기 위한 펌프의 구동에도 새로운 원동기가 필요하였다.

갈릴레이의 제자 E. 토리첼리는 1643년에 '진공'이 만들어지는 것을 증명하고, 대기압의 존재를 밝혔다. 1650년대에 마그데부르그의 오토 폰 구에리케는 진공펌프를 발명하고, 이것을 사용하여 대기압의 힘을 공개 실험하여 보여주었다. 이로서 대기압으로 움직이는 원동기의 가능성을 생각하고 많은 발명가들이 밀폐된 용기 내에서 증기를 냉각 · 응축시키면 진공이 얻어진다는 사실에서 새로운 원동기 제작을 시도하였다. 1690년, 물리학자 데니 파팽은 증기의 응축현상에 주목하고 최초로 증기의 팽창과 대기압을 이용하는 증기동력장치를 설계하였다. 파팽의 연구를 이어받아서 실제로 사용할 수 있는 증기양수장치를 처음 발명한 사람은 영국의 기술자 토마스 새버리였다. 새버리는 광산에서 갱도의 지하수를 배수할 목적으로 증기펌프 일명 '광부의 친구'를 제작하였다.

1712년, 영국의 발명가 뉴코멘은 광산의 배수용으로 새버리 증기기관 보다 실용적인 증기기관을 제작하여 운전을 개시했다. 그 출력은 8마력으로서 80m의 깊이에서 물을 길어 올릴 수 있었다. 그의 증기기관은 대성공을 거두었으며 1720년대에 뉴코멘의 기계는 영국 · 오스트리아 · 벨기에 · 프랑스 · 헝가리 · 스웨덴 등 유럽의 많은 나라에서 사용되었다. 그러나 뉴코멘의 기관은 열효율이 낮아서, 일반 동력용 증기기관으로 사용될 수 없었으며 산업혁명을 일으키는 원동력이 되지는 못하였다.

기계식-공장제 생산 양식에는 기계를 움직이기 위한 강력한 원동기가 필수적이었다. 와트는 1769년 '화력기관에서 증기와 연료의 소모를 줄이는 새롭게 고안한 방법'에 관한 특허에서 응축기를 실린더에서 분리하고, 피스톤을 대기압 이상의 증기압력에서 작동시킴으로써 출력과 효율을 획기적으로 개선한 증기기관을 발표하였다. 그리고 증기동력을 제어할 수 있는 거버너를 발명하고, 마침내 1784년에 열효율이 획기적으로 향상되었으며 왕복운동을 연속적인 회전운동으로 바꾸는 복동식 증기기관을 발명했다. 와트의 복동식 증기기관은 이제 광산에서뿐만 아니라 일반 공장에서 동력원으로 사용할 수 있을 정도로 출력과 크기 그리고 효율 면에서 개선된 것이었다. 1776년, 와트 증기기관이 최초로 상업용 동력 펌프로 크게 성공한 후, 콘윌 지역에서 탄광 지하수 배수용으로 널리 사용되기 시작하였고 18세기 말에는 증기기관이 잉글랜드와 스코틀랜드 이외의 나라에서도 사용되었다. 산업혁명의 초기 면방적업에 증기기관이 가장 널리 보급되었으며 이어서 금속 정련업, 탄광, 철가공업으로 전파되었다. 19세기 전반에 증기기관은 대공업과 수송기관의 동력원으로서 지배적인 위치를 차지하게 되었다.

기계에 의한 기계제작

동력원으로서의 증기기관과 함께 새로운 작업 기계들은 급속한 기계화와 산업화를 가능하게 했다. 산업혁명의 중심에 있었던 직물공업, 탄광업, 제철공업 및 아직까지 양적으로는 그렇게 비중이 높지 않았으나 공업과 수송업의 토대는 금속가공업, 그리고 특히 기계제조업이었다. 철과 기타 금속을 대량으로, 그리고 점점 더 싼 값으로 이용할 수 있게 되기는 했지만 바로 이 같은 금속들을 이용하여 새로운 작업기계 및 동력기계를 생산할 수 있게 하자면 우선, 철을 가공할 수 있는, 그러면서 정확하게 작동되는 기계제작 기계가 필요하였다.[19] 기계의 생산은 다시 기계를 필요로 했던 것이다. 와트의 증기기관이 존 윌킨슨의 실린더 천공기의 정밀 가공에 크게 의존하였듯이 더 좋고 더 복잡한 동력기관과 작업 기계의 제작이 크게 늘어감에 따라 더욱 정밀하게 작동하는 공작 기계, 특히 금속 가공을 위한 공작 기계가 필요하였다.

공작 기계는 그 공장에서 기계 부품을 정밀하게 제작하는 것을 가능하게 했다.[20]

기계제조업이 발달함에 따라 모든 부문에 걸쳐 동력기계 및 작업기계, 작업도구 및 수송수단을 제작할 수 있는 능력이 갖추어지게 되었다. 19세기 전반, 기계업의 발전은 모든 공작 기계 중에서 가장 중요한 선반의 개량에서 시작되었다. 증기선 항해 초기에 영국의 '모즐레이-필드' 기계공장은 매우 정밀하게 생산된 선박 기계로 이미 두각을 나타내었다. 헨리 모즐레이는 1800년경에 개량된 버팀대가 붙은, 무거운 재료도 정밀하게 가공할 수 있는, 근대적 철제 자동선반을 제작하였다.[21] 모즐레이는 재료를 엄격하게 검사하고 불필요하게 복잡한 일을 피하고 가능한 한 모든 것을 간단하게 하라는 직업의 원칙을 지키고 나사의 지름과 나사 줄의 규격을 정하는 등 기계 부품의 교환을 가능하게 한 혁명적 업적을 이루었다.[22] 모즐레이가 기계공업에 기여한 대표적인 공헌은 공구이송대가 부착된 선반의 개발이다. 공구이송대가 부착된 일반용 선반의 발명으로 숙련노동자도 하기 어려운 일이 정확하고 신속하게 이루어 질수 있게 되었다. 19세기 후반이 되자 공작기계부품의 상호 호환성과 인력을 줄이는 자동화가 진행되었다. 특히 미국에서 1861년부터 1865년에 걸친 남북전쟁으로 병기의 수요가 증대되었는데도 숙련노동자가 부족했기 때문에 병기의 생산이 억제되었다. 저렴한 미숙련노동력을 사용할 수 있는 조작이 간단하고 여러 대의 공작기계를 동시에 가동시켜 생산성을 향상시킨 공작기계가 필요하였다. 이러한 요구에 대한 반응으로 부품의 호환성을 확보하고 손작업의 수요를 획기적으로 개선한 자동선반이 발명되었다.

운송수단의 혁명

기계제 대공업의 발전으로 국내외 시장이 확장되자 제품의 운송은 특별히 중요한 의의를 갖게 되었다. 무역이 발전하고 세계시장이 형성되면서 대량의 원료나 제품을 멀리 신속히 수송하지 않으면 안되었기 때문이다. 18세기 초부터 육상운송 개선에 대한 관심이 높아졌다. 프랑스에서는 18세기 4사분기 무렵에 도로건설 사업이 진전되었고 도로에 등급이 매겨지고 노반에 돌이나 자갈을 깔아서 건설비를 대폭적으로 줄인 피에르 토레자게 공법이 보급되었다. 토레자게 공법은 곧 다른 유럽 국가에도 보급되었다. 도로가 개량되면서 운송사업과 여객수송과 우편사업이 발달했으며 금융과 상업 활동에 커다란 변화를 가져왔다. 그때까지 분산되어 있었던 경제 · 생산 · 상업의 중심지들이 이어지고 여객이나 화물의 수송료가 인하되었으며 국가권력의 중앙집권화가 진전되면서 교통로는 더욱 개선되고 내국세가 폐지되고 상업은 더욱 활발해졌다.

| 그림 사진 8.2 |

로버트 풀턴의 실용적인 증기선, 클레멘트호:[23] 로버트 풀턴(Robert Fulton, 1765~1815년)은 처음에는 화가로서 출발해서 영국에 머무르는 동안 방적기와 증기 기관을 보고 기계 발명에 관심을 가졌으며 상업적으로 성공한 첫 증기선을 개발했다. 그는 새로운 종류의 증기 군함도 설계했으며 1800년 나폴레옹의 명령을 받아 역사상 최초의 실용적 잠수함인 노틸러스를 설계했다.[24]

운하와 증기선

산업의 급격한 성장으로 끊임없이 증대하고 있었던 여객이나 화물의 수송량을 소화해내기에는 육상운송이 적합하지 않았다. 그 대안으로 유럽에서 내륙운하수송이 발달하였다. 내륙수로망을 개선하는 데 커다란 역할을 했던 것은 갑문의 건설이었다, 운하, 특히 갑문식 운하가 유럽에 널리 보급되었던 것은 17세기이다. 프랑스에서는 1605년에 세느강과 로웰 강을 연결하는 최초의 운하가 만들어졌고 19세기까지는 총길이 약 1000km의 운하가 만들어졌다. 영국에서는 18세기의 마지막 3분기에 이미 촘촘하게 연결된 하천을 이용한 운하망이 형성되었다.

증기동력 산업시대가 열리면서 증기기관은 급속히 사회전반으로 확산되어갔다. 급증하는 운송수요는 증기기관차와 증기선의 개발을 촉진하였다. 18세기 말에는 증기기관을 사용한 선박을 만들기 위해 많은 실험이 행해졌다. 실용성 있는 외륜선은 1803년 프랑스에서 풀턴이 건조한 기선인데 시속 5km의 속력으로 약 2시간 운행하는데 성공하였다. 풀턴이 기선을 만들었던 때는 바로 바다를 제패하고 있던 영국에 대항하기 위해 프랑스가 증기선을 대단히 필요로 하였던 시기였다. 그러나 당시 프랑스의 나폴레옹 1세는 증기선의 능력을 제대로 평가하지도 못하였고 이용할 줄도 몰랐다. 영국에서도 사이밍턴이 증기선 운항에 성공했음에도 불구하고, 기존의 운하 소유주들이 신기술에 대한 근시안적 사고방식을 바꾸지 못함으로 기술의 진보를 방해하였다.[25]

프랑스에서 실패한 풀턴은 미국으로 건너갔다. 수로망이 발달해 있지만 도로가 부족하고 넓은 국토에 인구가 분산되어 있었으며 아직까지 기득권 세력이 충분히 형성되어 있지 않았던 미국은 증기선 이용에 적극적이었다. 로버트 풀턴은 1807년에 증기선 '클레어먼트 호'로 뉴욕과 알바니 사이 240킬로미터의 구간을 32시간 만에 통과하였다. 1819년에 최초의 대 증기선 사바나호로 29.5일 만에 대서양을 횡단했다. 풀턴과 리빙스턴 두 사람의 성공으로 증기선에 대한 의혹은 일소되고, 증기선 항해는 비약적으로 발전하였다. 선박에 증기기관이 본격적으로 이용되면서 대형 해양 화물선 · 여객선 · 군함의 건조가 시작되고 해상운송은 중요한 운송수단으로 발전하였다. 그리고 많은 연구자들은 조선기술의 개발에 열중하였다. 18세기 말에는 배의 평형 · 강도 · 형태 등의 이론에 관한 오일러나 베르누이의 이론적인 연구가 발표되고 스크루 방식이 우수하다는 것 역시 최초로 이론적으로 증명되었다. 그렇지만 선박에 스크루가 실제로 사용되었던 것은 매우 느렸고 최초의 실험에서부터 완전보급 때까지는 수십 년이 걸렸다.[26] 또 선박 건조 재료로서 철이 본격적으로 사용되기 시작하였다. 증기선 운행으로 대륙들은 더욱 가까워졌고 대양 간 통상이 크게 활기를 띠게 되었다.

철도의 발전

해상에서 증기선과 함께 육상에서 증기기관차가 나타나 대량 물품 운송을 가능하게 했다. 19세기 초에 많은 나라에서 건설된 철도마차는 증기기차로 대체되기 시작해서 1830년 이후로는 증기열차 철도망이 형성되었다.[27] 증기기관차는 1803년 트레비시크가 최초로 제작하고 운전실험에 성공하였다. 그 후 실용화는 스티븐슨이 1814년 증기기관차로 30톤의 짐을 시속 약 6km의 속도로 운송하면서 시작되었다. 그러나 스티븐슨의 증기 기관차도 실질적인 실용화가 이루어지기까지 운수사업의 이익집단이었던 운하 소유자들의 반대로 많은 어려움이 있었다. 1830년에야 항구 도시 리버풀과 거기에서 53킬로미터 떨어진 면화 도시 맨체스터를 연결하는 세계 최초의 증기 여객 철도가 개통되었다.[28] 미국에서는 1831년에 찰스턴-오거스타 간에 총길이 64km의 철도가 최초로 개통되었다. 프랑스에서는 1832년에, 벨기에와 독일에서는 1835년에, 오스트리아에서는 1837년에 최초의 철도가 건설되었다. 철도건설은 금속 · 연료 · 기계제품 등을 대량으로 필요로 했기 때문에 운송기계공업이라는 새로운 산업부문을 낳고 많은 중요한 공업부문의 성장을 촉진시켰으며 중요한 산업의 중심지들을 하나로 결합하고 공업생산발전의 템포를 높여 갔다.

이후 철도는 곧 근대화의 상징으로 여겨지게 되었다. 당시 철도와 국민경제의 연관성은 독일의 경제학자 프리드리히 리스트의 철도정책에서 잘 드러나 있다.

1833년, 그는 분열된 독일의 경제통합을 위해서 독일의 각 지역의 38개나 되는 통행세와 관세체계 개편을 주장하였다. 그리고 이것은 광범위한 독일의 운송 · 교통체계의 통합에 달렸다고 보고 국가 철도체계 구축을 주장하였다. 그는 철도를 통해서 경제의 통합을 넘어서 문화를 보급하고, 지방주의를 극복하며 모든 정신적, 정치적 힘들을 강화할 수 있다고 주장한 『독일의 일반 철도체계의 기초로서 작센의 철도체계에 관하여』(1833년)라는 글을 발표하기도하였다.[29)]

광업과 야금기술

18세기 후반부터 유럽의 주요 나라에서 공업이 발달한 결과, 유용한 광물의 수요가 급격히 늘어났다. 광산물의 수요가 대폭 증대된 결과, 광업은 자본주의 경제의 최대부분으로 급속히 발전해갔다. 18세기 말 이후, 특히 19세기 전반에 광업부문에서 기술혁명이 시작되었다. 광업의 발달과 광업기술의 진보에 커다란 영향을 미친 것은 증기기관의 원리를 이용한 시추기 · 천공기 · 굴착기 · 콤프레서 · 통풍장치의 개발이었다. 증기기관 발달의 영향을 받아 주요 광업부문의 하나인 석탄업이 발달할 수 있었다. 흑색화약을 더 강력하고 안전한 다른 폭약으로 바꾸려는 시도가 여러 차례 있은 후 마침내 1867년 스웨덴의 기술자 노벨이 취급이 안전한 '다이나마이트'를 발명하여 광업에 획기적인 변화를 가져왔다.

기계공업과 기타 대공업부문의 발달로 금속과 합금의 역할이 급속히 확대된 결과 주철 · 선철 · 강철을 토대로 특수합금의 수요가 늘었다. 매뉴팩처에서 채택되고 있던 종래의 제철법은 양과 질이라는 양 측면에서 이미 수요를 충족시킬 수 없었다. 18세기 후반부터 1870년대에 걸쳐 고로의 높이와 용적이 늘어나고 유효용적의 이용율이 향상되었으며 나아가 공정 자체가 집약화하는 기술적인 대변혁이 공기 예열장치와 코크스의 사용, 그리고 새로운 송풍장치 등에서 일어났다.

철도가 발달하고 해운에서는 철제 선박이 사용되고 군수산업과 기계공업에서 철강에 대한 수요가 증대하였기 때문에, 철강생산의 확대와 품질에 대한 요구가 높아졌다. 그러나 당시의 연철 생산법인 퍼들법과 도가니제강법만으로는 늘어나는 수요를 따를 수 없었다. 이러한 문제를 해소하기 위하여 1856년에 영국의 발명가 베세머는 규소 · 망간 · 탄소를 산화시켜 선철을 강으로 바꾸는 베세머법을 개발하였다. 그러나 이 기술도 선진자본주의국가에 보급되기까지는 약 20년이 걸렸다. 1870년대에 선철로부터 슬래그에서 인을 제거하는 토마스제강법이 발명됨으로써 베세머법, 마르탱법과 함께 철강생산에 혁신을 가져왔다.

이 시대에 화학 · 물리학 · 금속학에도 새로운 성과들이 나타나기 시작하였다.

기술이 발전하고 값싼 전력을 이용하게 되자 금속을 분리·정련하는 종래의 건식 야금법에 비해 완전히 새로운 전기야금공정이 개발되고 이 방식으로 많은 금속을 발견하고 분리하는 연구가 진전되었다. 이미 19세기 전반에, 응용전기화학의 새로운 분야로서 금속 및 비금속제품의 표면에 금속을 전해 침전시키는 공정을 도입한 전착기술이 나타났다. 전착기술의 발달로 제품의 표면에 얇은 금속 층을 부착시키는 전기도금기술과 형틀 위에 금속을 전착시켜 정확한 부품을 성형하는 전기주조법이 개발되었다. 이 기술의 발달로 19세기 후반에 귀금속공예 분야가 크게 발전했다.

전기통신수단

통신수단이 현저히 발전한 것은 17~18세기에 접어들어서 부터이다. 당시 생산량이 증대하고 산업이 급속히 발전했기 때문에 정보를 신속히 전달하는 새로운 수단이 필요했기 때문이다. 또 여러 가지 과학상의 발견과 기술의 성과가 있었기 때문이다. 원거리 통신에서 통신가능거리는 육안으로 신호장치를 볼 수 있는 거리로 결정되는데 망원경이 발명된 뒤에는 망원경으로 볼 수 있는 거리로 늘어났다. 최초의 시각통신장치는 영국의 과학자 로버트 후크가 만든 시각신호기였다. 후크의 시각신호기는 거의 18세기 말까지 영국의 함대에서 사용되었고 잘 정비된 신호가 필요했던 철도 산업의 발전과 더불어 철도 신호기로 급속히 보급되었다.

더욱 믿을 수 있는 정보전달장치의 개발을 목표로 삼았던 발명가들은 새로운 과학적 발견, 특히 전기에 주목했다. 전신기는 19세기 초 과학의 성과를 토대로 만들어진 새로운 기술의 전형적인 예이다. 전신기의 발달에 특히 중요한 역할을 했던 것은 전자기학의 기초를 구축했던 앙페르의 전류의 자기작용 연구와 1820년에 덴마크의 물리학자 외르슈테드가 발견한 전자기 현상이다. 1820년 앙페르는 알파벳 문자와 같은 수의 자침과 도선을 사용하면 '1개의 자침에 1개의 문자를 대응시킨 1개의 볼타전지로 작동하는 일종의 전신기를 만들 수 있다'는 생각을 발표했다. 쿡은 전자식 전신이라는 사고에 흥미를 갖고 1837년에 물리학자 찰스 휘트스톤과 공동으로 전신기의 제조와 전신사업을 취급하는 회사를 설립했다. 쿡과 휘트스톤이 만들었던 최초의 전신기는 영국의 철도에 이용되었다. 이 전신기는 상당히 오랜 동안 사용되어, 후에 발명되었던 모르스 전신기와 처음에는 결합할 수 있었다. 1830~40년에는 특히 무역과 운송이 급속히 발달하고 인쇄가 널리 보급되었다. 19세기 초에 펄스 전류를 펄스의 길이 또는 시간에 따라 코드화해서 통신에 이용하려는 착상이 각국의 많은 발명가들의 주목을 받았다. 1835년 미국의 발명가이자 미술가 모르스가 전자석식 전신기를 최초로 실험했다. 그는 전신기의 모형을 만들고 지속시간이 다른 전기 펄스를 이용하여 이른바 모르스 부호를 고안해냈다. 모르스 부호를 따라 전신기 스위치를 눌러 전류의 펄스를 통신선에 보내면 수신기에서는 전자석이 철편을 끌어당겨 펜이 종이테이프에 모르스 신호를 찍어내는 방식이었다.

19세기 전반 말기에 전신망이 눈부시게 발달했다. 인류가 정보를 확실히 전달하는 전신이라는 수단을 확보하고 이 수단을 더욱 개량해가는 과정에서 전신망을 건설하는 과제가 생겨났다. 1838년 슈타인하일이 지면을 귀선으로 이용하는 전신망 실험이 성공하면서 전신 시스템의 기본적인 원리가 수립되고 전신기의 수요가 대폭적으로 증대했다. 그 결과 전신기의 생산이 급격히 발전했다. 당시 선진강대국은 전신을 국력증강의 필수적인 요소이자 중요한 전략적 수단이라고 여기고 전신선의 부설을 매우 중요시했고 거기에 막대한 자금을 투여했다. 기술은 통신기기나 절연체, 각종 전선, 그 밖의 설비 등의 생산에서 급속히 발전하였다. 전자현상과 전기공학의 발전으로 채널을 변화하는 방법과 주파수가 다른 교류로 전신을 보낸다는 착상들이 기술화되었으며 1837년 미국의 기술자 페이지가 음성주파전신을 고안하고 1852년에는 체코의 물리학자 페트루시나가 고주파 전류의 수신기를 개발하였다. 이로서 다중통신이 시작되었고 현재에 이용되고 있는 많은 통신장치의 모체가 되었다. 뿐만 아니라 이 방법은 유선통신의 틀을 뛰어넘어 무선통신의 발달로 이어졌다.

8.3 과학의 기술화

18세기 합리적 사고는 수학적 방법론을 물질적 문화의 모든 영역에까지 적용하기에 이르렀다. 디드로와 달랑베르의 백과사전에서 보듯이 당시 과학하는 사람들은 실용적인 기술개발에 관심을 가졌으며 기술 현상에 대한 수학적 해석과 이해를 추구하였다. 이와 더불어 매뉴팩처 시대에 이미 형성되어가던 개개 수학과 역학의 과학 지식은, 기계식-공장제 생산 양식에서 과학의 성과를 실제에 응용하는 전문기술의 필요성이 대두되면서 응용과학으로 발전하였다. 기계제 생산체제가 발전됨으로써 체제의 개선과 생산성 향상을 위하여 모든 생산과정의 기술적인 요소들이 분석되기 시작하였다. 전해져 내려온 도제식 훈련과 경험으로 이어져 오던 기술 개발이 이제 합리적으로 이해되고 과학적으로 파악하려는 시도로 대체되기 시작하였다.

기술 개발의 새로운 시대가 열린 것이다. 이로써 체계적이고 과학적 인식에 기초한 합리적 기술이 인류의 문화사에서 기술 혁신을 주도하기 시작하였다. 18세기 초까지는 당시의 주력 산업이었던 기계산업의 발전 단계에 부합하는, 주로 물질의 기계적 운동 형태를 기본으로 한 기술 지식이 축적되었다. 그 결과 기계적인 공정에 관한 응용과학이 먼저 출현하였다.

응용역학

재료역학은 17세기 후반, 갈릴레이의 『신과학대화』(1638년)에서 시작되었다. 갈릴레이는 이 책에서 재료의 강도에 대하여 기술하고 있다. 그는 보가 하중을 받아 굽혀질 때 작용하는 힘과 휘는 정도를 해석하고 하중을 받는 재료가 파괴되는 순간의 물체의 강도를 연구했다. 영국의 물리학자 R. 후크는 최초로 탄성이론의 과학적 기초를 세웠다. 그는 1678년에 용수철이나 활시위를 늘이거나 가는 막대기를 휘거나 비틀었을 때의 비틀림 각도와 응력 사이에 비례관계가 성립한다는 중요한 법칙을 발견했다. 프랑스의 물리학자 E. 마리오트는 베르사이유 궁전의 급수장치를 설계하는 과정에서 자신이 사용하는 골조재 · 들보 · 파이프의 강도와 치수를 결정하기 위해서 실험을 하고 수학적인 해석을 시도하였다. 그는 자신의 실험결과를 분석하고 보를 굽힐 때 단면의 응력 분포를 계산할 수 있는 식들을 유도하였다. 1701년에 야콥 베르누이는 대들보의 중립축의 구부러진 모양에 관한 문제를 연구하고 탄성 곡선의 휨에 대한 미분방정식을 유도하고 휘는 곡률이 구부리는 힘과 팔의 길이의 곱에 비례함을 증명했다. 약 50년 후에 레온하르트 오일러는 이 문제에 관심을 가지고 탄력이 있는 가는 막대기에 여러 가지 부하를 걸었을 때 생기는 휘는 선의 모양을 연구하고 축 방향으로 힘을 작용할 때 생기는 기둥의 세로 방향으로의 휨을 조사하고 어떤 값 이상의 하중이 작용하면 막대가 부러지는 최대축하중을 산출하는 공식 유도하였다. 이러한 식들은 지금도 공과대학의 재료역학 강의에서 중요한 공식으로 가르쳐지고 있다.

재료역학은 17~18세기에 기술과 정역학을 연결하는 중요한 역할을 하였다. L. 오일러로는 당시 새로운 수학적 방법이었던 미적분을 광범하게 이용하여 초창기 응용역학 연구에 많은 업적을 남겼다. 1736년에 오일러의 대표작 『역학, 일명 해석적으로 설명된 운동의 과학』 외에 이 분야에서 100여 권의 저서를 남겼다. 그의 마찰계수, 그리고 마찰력 자체에 대한 연구는 정역학의 법칙들이 기계의 실제 운동에 적용하는데 꼭 필요한 것 들이었으며, 마찰력을 고려함으로써 실제로 작동하는 기계의 작용을 해석할 수 있게 되었다. 1756년에 L. 오일러는 마찰계수에 근거하여 벨트 전달장치, 도르래, 벨트 콘베이어를 비롯한 콘베이어, 패드식 제동기 등 굴신이 자유로운 동력 전달 기계 요소를 설계할 수 있는 역학 공식을 유도하였다.

유체역학

고대부터 유체역학의 중심문제는 정수력학과 물을 퍼올리는 데 이용된 진공의 존재였다. 진공의 존재가 입증되고 펌프에서 물을 퍼올리는 높이의 한계가 결정되면서 정수력학의 새로운 원리적 결론들이 유도되었다. 그리고 그것은 열기관과 증기기관에 관한 연구의 이론적 기초가 되었다. 17세기 말과 18세기 초에 수차를 움직이는 동력원으로서 계곡의 급류, 하천, 운하에서 물의 유동은 유체역학의 발전을 자극하였다. 이 분야에서 중요한 공헌을 한 사람은 베루누이 방정식을 유도한 다니엘 베르누이이다. 그는 운하와 파이프와 수력원동기 속의 액체의 흐름을 연구하는 과정에서 유선을 따라 각 점에서의 운동에너지와 위치에너지 그리고 유동에너지의 합은 일정하다는 사실을 수학적으로 유도하였다. 이 식은 외부에서 동력을 받지 않은 유체 유동에 관한 에너지 보존법칙이며 그는 이 식으로부터 '일' '일률' '동력' '효율'이라는 개념을 유도하였다. 이 정리는 수력학과 같은 기술과학의 기본적인 이론이 되었다. 수력학 · 수리공학의 실용적인 문제에서부터 액체의 운동, 액체에 가해지는 힘, 파이프 속에서 액체가 흐르는 속도를 조절한다거나 용기의 구멍에서 액체가 유출될 때의 역학 현상들이 연구되었다.

오일러는 18세기 중반에 재료역학에 이어서 유동하는 유체에 작용하는 힘에 관하여 연구하고 압력 개념을 도입하여 유체역학의 기본 방정식인 오일러 방정식과 질량보존법칙을 표현하는 연속방정식을 유도하였다. 그는 『물의 반동으로 작동되는 기계에 대한 더욱 완전한 이론』(1754년)이라는 책에서 수력터빈 계산의 이론적 기초를 마련하여 수력 터빈의 효율을 계산하는 문제를 해결하기도 하였다. 주어진 초기 조건에서 터빈 효율의 최대치를 계산하는 방법을 제시하고 실례를 들어 보여주었으며 이외에도 그는 『액체의 평형 상태에 관한 일반 원리』, 『액체의 운동에 관한 일반 원리』 및 『관내에서 액체의 운동론에 관한 연구』로 유체역학의 이론적 기초를 마련하였다.

1737년에 프랑스의 기술자이자 학자인 B. 베리도르는 자신의 책 『수력학적 건축학』에서 유체기계설계에 대한 이론을 전개하였다. 베리도르는 이 책에서 17세기와 18세기 초에 주요한 동력원이었던 수차의 동력 해석과 관련 기계 기구설계 방법에 유체역학을 도입하였다. 그는 마찰력의 측정, 펌프의 양수력을 실험적 · 이론적으로 구하는 문제를 연구하여 유체기계 설계에 공헌을 하였다.

열역학

증기기관이 발명되기까지는 모든 동력원은 기계적인 운동형태의 틀 안에 머물러 있었다. 풍차나 수차는 자연계의 운동에너지와 위치에너지를 기계적으로 유효한 동력으로 변환하기 위한 것이었으므로 이때 에너지 보존 법칙은 역학에너지 보존 법칙이었다. 그러나 증기기관의 발명으로 열을 기계적인 운동으로 변환하는 기관이 발명된 것이다. 이때까지 전혀 다른 것으로 생각되었던 에너지간의 변환이 이루어 진 것이다. 이것은 당시 사람들에게 새로운 인식의 통합을 가져다 주었다. 하늘의 별들의 움직이나 땅 위에서 물체의 움직이나 모두 뉴턴 역학에서 동일한 운동으로 인식되고 해석되었듯이 열에너지와 일에너지가 동일한 에너지라는 새로운 인식이 생겨났다. 그리고 증기기관이 실용화됨으로써 학자들은 물론 일반인들도 열과 기계적인 운동은 같은 것이라는 생각을 가지게 되었다. 이것은 자연 세계에서 발견된 새로운 통일성이었다. 사디 카르노, J. P. 주울, J. R. 마이어는 바로 이 생각에서 에너지 보존의 법칙을 확립했다. 증기기관의 발명은 새로운 공업기술과 과학의 성립뿐만 아니라 편리한 동력원을 제공함으로써 인간의 생활은 물론 사회적 관계의 발전 전반에 획기적인 변화를 가져왔다. 뿐만 아니라 모든 에너지의 등가성에 대한 인식을 마련해주었다.

열공학은 17세기 중반 무렵부터 발전하기 시작하여 J. 블랙(1764년), J. 와트(1760~1767년), 베탕쿠르(1792년), M. 프로니(1796년) 등의 실험적 연구로 18세기 전반에 펌프와 열기관이 출현하면서 이론적 기초가 다져졌다. 특히 사디 카르노가 1824년 자신의 책 『불의 움직이는 힘』에서 증기기관이 열에너지를 역학적 에너지로 변환되는 최선의 조건을 밝히려고 했다. 그는 가역 사이클이라는 이상적인 사이클을 고안하고 그 효율은 온도에만 좌우되며 다른 어떠한 비가역 사이클보다 높다는 결론을 얻었다. 이후 이 사이클은 모든 증기기관 설계의 지향점이 되었다.

화학과 화학공학

18세기 후반부터 19세기 초두에 걸쳐 기계공업을 강력하게 발전시키고 대기업을 성장시킨 산업혁명에 의해 유럽의 여러 나라에서는 화학공업제품에 대한 수요가 급증하고 화학공장이 건설되기 시작했다. 이것은 한편 화학의 발전을 촉진시키는 계기가 되었다. 이 때부터 인류는 본격적으로 눈에 보이지 않는 물질의 근원에 관한 지식을 구축하기 시작하였다. 19세기 초 돌튼 · 아보가드로 · 베르체리우스 · 패러데이 · 헤스 등은 화학과 물리학에 새바람을 불어 넣었다. 화학의 기본적인 개념인 원자 · 분자이론이 확립되고 중요한 법칙들이 발견되었다. 영국의 과학자 돌튼은

(1803년), 원소의 원자와 화학물의 '복합원자'(현재 분자에 해당)의 '원자량'표를 작성했다. 1811년에 이탈리아의 과학자 아보가드로는 이상적인 기체의 기본법칙의 하나를 정식화하고 모든 물질의 분자량을 결정하고 원소의 원자량을 계산하였다. 19세기 전반에 스웨덴의 화학자이자 광물학자인 베르체리우스는 원자가 실재함과 화합물의 본질을 알 수 있음을 인정하고, 자기의 연구를 바탕으로 원자론을 확인하고 그것을 화학에 도입했다. 이 시기에 화학 물질의 분해에 전류를 이용함으로써 전기화학 분야에서 새로운 발견이 잇따라 나타났다. 니콜슨과 칼라일은 갈바니전지 17개를 이용하여 볼타전지를 만들고 물을 수소와 산소로 분해했다. 영국에서 데이비는 화합물을 전기분해하여 칼륨 · 나트륨 · 칼슘 · 바륨 · 스트론튬 · 마그네슘 등의 원소를 발견했다. 1834년에 영국의 물리학자 패러데이는 전해로 석출한 원소 또는 원자단의 양은 전해액에 흐르는 전기량에 비례한다는 전기분해의 법칙을 발견하여 전기화학의 토대를 마련하였다. 러시아의 화학자 H. 헤스는 1840년, 하나의 화학반응의 반응열은 그 반응의 최초상태와 최종상태만으로 결정되며 그 도중의 단계와는 관련이 없다는 열화학의 기본법칙의 하나를 정식화했다.

1869년 D. I. 멘델레에프가 원소주기율을 발견하고 원소와 이들 원소로 만들어지는 화합물의 성질은 원자량에 따라 변화한다는 기본 법칙을 발견하였다. 각종 원소의 화합물의 성질이 가지는 법칙성과 이를 토대로 만들어진 멘델레에프의 원소주기율표는 원자의 구조와 방사능과 동위원소 연구 그리고 아직 밝혀지지 않은 새로운 원소의 성질을 예측하는 중요한 도구가 되었다. 이 시대는 물질의 내부 구조와 원리를 밝히는 화학이 인류의 관심을 끌었던 시대였으며 화학의 성과는 화학공업 기술에 직접 영향을 미치기 시작하였으며 또 신물질들의 발명은 화학의 발전을 자극하기 시작하였다.

이 시대에 나타난 획기적인 사건에는 다음과 같은 것들이 있다. 르블랑법에 의한 소다의 제조(1791년), 연실법에 의한 황산의 제조(1746년), 과인산석회의 제조(1840년), 솔베이의 암모니아 소다법에 의한 소다의 제조(1863년) 등이다. 또 접촉법으로 황산을 제조한다는 생각이 제기되었다(1831년). 프랑스에서 르블랑법에 의한 소다(탄산나트륨) 제조기술이 개발된 것은 많은 나라에서 화학공업이 발전하는데 매우 큰 영향을 주었다. 벨기에의 기술자 솔베이는 1863년 새로운 암모니아법으로 소다를 생산하는 문제를 해결했다. 소다공장의 소다 및 그 밖의 제품의 생산규모가 커짐에 따라 황산의 수요가 증가했으며, 황산은 염산 · 비료 · 화약 등의 생산에 없어서는 안될 중요한 화학적 재료가 되었다. 당시 황산의 생산수준은 마치 그 나라의 기술과 공업력을 재는 하나의 척도처럼 되었다.

근대과학의 완성과 기술교육

19세기의 중엽에 이르러 인류는 과학적 발견들을 자축하였으며 19세기 말에 이르면 과학자들은 자연계에 숨겨져 있는 신비의 대부분을 알아냈다는 자신감을 가졌다.[30] 몇 가지만 예로 들더라도 전기, 자기, 기체, 광학, 음향학, 속도론, 통계역학 등이 모두 정리되었다. X선, 음극선, 전자, 방사선 등을 발견했고, 옴, 와트, 켈빈, 줄, 에르그, 암페어 등의 단위도 만들어냈다.[31] 물체를 진동하게 만들거나, 가속시키거나, 섭동을 주거나, 증류를 하거나, 결합을 시키거나, 질량을 측정하거나, 기화시키는 일도 할 수가 있었고, 그 과정에서 여러 가지 보편적인 법칙들을 알아내기도 했다. 빛의 전자기장 이론, 리히터의 상호비례 법칙, 샤를의 기체 법칙, 결합 부피의 법칙, 열역학 제0법칙, 원자가 법칙, 질량 작용의 법칙, 등을 비롯해서 수를 헤아리기도 어려울 정도로 많은 법칙들이 모두 그 시기에 발견되었으며 이 법칙들은 자연 현상을 해석하는 중요하고 없어서는 않될 틀이 되었다. 자연 세상이 전부 밝혀진 듯 하였고, 천재들이 만들어낸 기계와 기구들 때문에 모든 사람들이 들떠 있었으며 이제 과학에서는 더 이상 알아낼 것이 없다고 자신할 정도였다.[32]

영국은 산업혁명과 기술혁명에서 앞섰으나 기술 개발과 산업 발전은 개인적 노력에 근거하였으며 기술 교육도 기술자의 개인적인 노력에 맡겨졌다. 특히 중상주의를 벗어나서 경제적 자유주의로 진입하던 영국에서 기술이 필요한 시민들이 국가의 후견으로부터 벗어나서 자유롭게 기술 훈련과 교육기관을 만들려는 움직임이 일어났다. 1754년에 영국에서는 국가기관이 아니라 자유롭게 기술을 장려하는 사람들의 모임인 '기능, 매뉴팩처 및 상업의 진흥을 위한 협회'가 창립되었다.[33]

영국의 산업화가 주로 기업가들에 의하여 주도되었던 것에 비해서 독일에서는 산업의 건설에 국가가 주도적으로 관여했다. 프란츠 슈나벨이 자신의 책 『19세기 독일사』(3권, 제2판, 1950년)에서 독일의 국가주도 산업부흥에서 "교육이란 한편으로는 아주 일반적으로 정신적 욕구 그리고 그와 함께 또 물질적 욕구를 높이고, 단순한 노동자들의 새로운 기계제에 대한 이해를 돕기 위해서 국민의 교육수준을 높이는 것이었으며, 다른 한편으로는 산업이 요구하는 수준 높은 과학과 기술을 다룰 줄 아는 고급 기술자 집단을 양성해야 한다."[34]라고 교육의 중요성을 설명하였다. 이러한 입장에서 프로이센에서는 1817년부터 빌헬름 보이트가 산업학교 체제를 구상하였으며 1825년부터 최초의 독일 폴리테크니크 학교들이 생겨났는데, 가장 처음에 세워진 것은 칼스루에의 학교였다.[35] 이 학교에서 페르디난트 레텐바허는 19세기의 중엽에 기계공학을 창설했는데, 다른 폴리테크니크의 표본이 되었다. 파리의 에콜 폴리테크니크가 기술을 수학적, 물리학적 이론으로 다루는 데 중점을 두었던 것에 비해 레텐바허는 독자적인 기계학을 수립하였다.[36] 레텐바허는 산업국가 독일건설을 위한 인재 양성이라는 과제를 실현하기 위해서 과학이 보다 실천과 결합되기를 바랐으며 기계 제작의 과학적 이론과 함께 실제적 제작 기술이 무시되지 않도록 하였으며 기술이 전문지식으로서보다는 '일반 대중의 문화'로 여겨지기를 바랐다.[37] 레텐바허는 1848년에 출판한 『기계 제작의 결과』에서 기술 활동의 일부 부작용을 인식하였으나 기술의 개발이 인류의 행복에 기여할 것을 확신하고 이렇게 기록하였다.

> "자연의 힘을 이끌고 극복하고 지배해서 그것을 우리의 목적을 위해서 활동하게 하고 우리를 위해서 일하게 하는 것은 특히 우리 시대에 와서 처음으로 중요해졌다. … 쓰라린 경험은 기술 활동의 이 능숙함을 이성적이고 현명하게 사용하도록 인도할 것이며, 우리는 형성된 기술이 인간의 행복과 은총으로 작용하지 저주로 작용하지 않을 것임을 자신 있게 희망해도 된다(1852년)."[38]

레텐바허의 정신 속에서 독일의 고급 기술학교는 항상 실제 기술적 창조활동의 요구에 유의하는, 연구와 교육의 장소로 발전했으며 19세기 후반 이후에 일어난 독일 기술의 부흥에서는 독일의 공업 대학이 상당한 역할을 했다.[39] 괴팅겐의 경제학 교수이자 대학에서 학문으로서의 공학기술학의 창시자인 베크만(Joh. Beckmann)은 1777년 "학자는 산업을 일으키는 일을 도와야 한다."라는 신조를 가지고 대학에서 기술학 강의를 통하여 고급공무원이 될 사람에게 산업 체제와 매뉴팩처 체제에 필요한 지식을 교육할 것을 주장하였다. 이미 1727년에 프리드리히 빌헬름 1세는 할레와 프랑크푸르트 대학에서 국가학과 재정학에 포함시켜서 기술을 대학 교과목에 넣었다.[40]

프랑스는 18세기말에 에콜 폴리테크니크란 기관을 설립하였다. 에콜 폴리테크니크는 과학기술 관련 특수대학교로서 엄격하게 과학적으로 운용되는 기술을 위한 최초의 대규모 과학 기술자 양성소가 되었다. 이 대학을 중심으로 19세기 초반 푸와송, 나비에, 코리올리 및 퐁슬레 와 같은 학자들을 중심으로 건축역학과 기계학이 창립되었다.[41] 『백과전서』를 통해서 자연과학 · 기술을 널리 보급했던 디드로는 1755년에 백과전서 제5권에서 백과전서의 목표를 이렇게 표현하였다.

> "지난 시대의 일들이 오는 시대에 쓸모없게 되지 않도록 하기 위해, 우리 후손들이 정보를 더 잘 얻음으로써 더 덕이 있고 행복하게 되도록 하기 위해, 그리고 우

리가 인류에 아무런 기여도 하지 못한 채 죽음을 맞이하지 않도록 하기 위해서, 지구상에 흩어져 있는 지식을 수집하고, 그것의 일반 체계를 우리와 함께 살고 있는 사람들에게 제시하고, 그것을 우리 뒤에 오는 사람들에게 전하는 것이다." [42]

후발국 일본

일본은 19세기 후반 산업화를 시작하였다. 서구의 압력으로 봉건 사회에서 근대사회로 변화를 도모한 일본은 서구에서와 같이 기술 혁신을 지지할 지적 및 사회적 구조를 구축할 시간이 없었다. 그 격차를 메우기 위해서 정부가 중간 매개자 역할을 하여 외국으로부터 기술을 수입하였다. 당시 외국 기술 도입을 주도하던 코부쇼(공업성)의 책임자 이토 히로부미는 "코부쇼의 목적은 서구의 산업 기술의 강점을 재빨리 따라잡아 일본의 약점을 보완하는 것이다. 기계, 조선, 철도, 전신, 광산 및 건물 등 서구의 모든 것을 일본에 건설하여 큰 도약을 이룩하고 계몽주의 개념을 일본에 소개하는 것이다." [43]라고 하며 신기술 도입의 필요성과 정부의 역할을 강조하였다. 코부쇼의 주도로 1880년, 토쿄와 요코하마, 코베와 오오사카와 교토, 그리고 일본 해안에 있는 쓰루가와 교토를 연결하는 철도노선과 전국적인 전신망이 완성되었다. 당시 일본에서도 신기술에 대한 비판이 있었다. 비판자들은 마차 길을 개선하는 것이 철도 건설보다 유용하며 비용도 철도 건설비용보다 훨씬 적게 든다고 주장하기도하였고 보수적인 사무라이와 반대론자들은 전신 시스템을 파괴하기도 하였다. 1873년에 일본의 어느 한 지역에서만 100개 이상의 전신주가 이들에 의해서 부서지거나 뽑히기도 하였다.[44] 그러나 사회 기반 시설은 경제적으로 필요하였을 뿐만 아니라 중앙집권화된 정부의 권력을 가시적으로 표현하는 것이었으므로, 이 두 사업은 이용 가능한 최고의 외국 기술을 이용하여 신속하게 진행되었다. 그러나 당시 일본은 자신들이 기술적으로 서구에 종속될 위험을 인식하고 있었기 때문에 선진 기술 도입을 위해 고용한 외국인 기술자들에게 신지식을 일본인들에게 모두 전수시키고 가능한 한 빨리 자기 나라로 돌아가게 하였다. 이 때 일본은 서구의 철도 기술을 전수할 목적으로 오오사카에 일본 철도기술자 양성소를 설립하였다. 전신망을 건설할 때에도 일본 정부는 전략적으로 중요한 국가의 전신시스템을 외국 기업에게 통째로 맡기지 않았으며 통신 장비의 부품을 가능하면 국내에서 생산하는 전략을 마련하였다. 1870년 당시 코부쇼는 전신망에 쓰이는 세라믹 절연체를 아리타 도자기 회사에 생산하도록 계획하였으며 이때부터 일본의 산업 세라믹이 시작되어서 아리타가 오늘날 최고의 세라믹 기업이 되었다.[45]

8.4 기술과 노동

매뉴팩처에서 기계식-공장제 생산 양식으로 이행하는 과정에서 두 가지 근본적인 문제들이 나타났다. 그 하나는 이행기에 노동자들의 신체적 · 심리적 부담이 어떠하였던가 하는 점이며, 다른 하나는 『기계공학의 개량』은 노동자의 부담과 관련하여 어떠한 결과를 초래하였던가 하는 점이다.[46] 전체적으로 볼 때 작업기계가 도입됨으로 말미암아 노동자의 숙련도에 대한 요구는 줄어들었으나 신체적 · 심리적 부담은 더욱 커졌다. 즉 자동 방적기의 도입으로 방적공의 일은 경험이 더 적고, 더 어리고, 더 값싼 임금을 받는 노동자들에게도 맡겨질 수 있는 것이 되었으나 노동자는 기계의 속도에 맞추어 일을 해야 되었기 때문에, 작업시간 동안 더욱 큰 신체적 · 심리적 능률을 발휘해야 했다. 근대기술이 노동자의 신체적 · 심리적 부담에 가장 부정적으로 영향을 미쳤던 것은 근대기술이 동력추진시스템에 도입된 만큼 엄밀한 의미에서의 인간을 노동에서 자유롭게 해줄 실제 제조과정 자체는 아직까지 변화되지 않았기 때문이다.

노동의 변화

노동 변화의 결정적인 요소는 수공 노동이 기계노동 즉 조종은 사람이 하되, 동력기계로 가동되는 작업기계를 이용하여 이루어지는 제품생산방식으로 이행이다. 공장에서 이루어지는 기계제 생산방식은 당시 점점 그 수가 증가하고 있던 임금노동자들의 노동여건에 변화를 가져왔다.

기계식-공장제 생산체제가 도입되면서 가내노동자들과 수공업자들이 생산수단으로부터의 분리되었다. 이들은 점차 기업가, 공장주들에게 자신의 노동력만을 제공하는 임금노동자로 전락하였다. 작업장소와 거주 장소의 분리가 일어났다. 한 주일에 한 번씩 제품을 넘겨주고, 다음 주에 작업할 원료를 받기 위해 이동하던 종전의 방식 대신 이제 노동자는 매일 작업장으로 출퇴근 하게 되었다. 이 같은 출퇴근은 최소한 전통적인 생활습관에 단절과 변화를 가져왔다. 공장에서 이루어지는 노동은 동시에 전통적인 작업 습관 및 작업내용으로부터의 단절을 의미하였다. 공장노동이 등장함으로써 작업 내용과 시간을 노동자 자신이 결정하지 못하고 공장의 계획을 따라 작업 내용과 시간이 결정되었다. 작업의 리듬을 이제는 기계가 결정하게 되었으며 작업이 중단되는 시간이란 곧 기계가 멈추는 시간이었으며, 이는 공장규정에 정해져 있었다.[47] 노동의 창조적인 요소, 즉 재료를 변형시켜 다른 것을 만

| 그림 사진 8.3 |

러다이트운동 지도자의 현상수배(좌) 및 현상금(우) 포스터[48], 1811년: 영국 정부는 러다이트 운동 주동자를 현상수배하는 등 노동운동을 탄압(참조 피털루 사건)을 하였으나 노동자들 사이에서 이들을 위한 모금운동이 일어났으며 시인 바이런은 "폭동은 가난 때문에 생긴다."라며 영국 정부를 비판하였다. 노동자들도 폭력투쟁의 한계를 깨닫고 노동운동을 의회민주주의 내에서의 차티스트 운동으로 발전시켰다.

들어 내는 일이 이제는 노동자가 아니라 기계의 소관사항으로 되었다. 노동자에게 남겨진 작업의 내용이란 기계에 원료를 조달해 주는 것, 제조과정을 감독하는 것, 고장을 수리하는 것 등이었으며 몇몇 유형의 방적기계를 다루는 몇몇 노동자들에게는 기계가 움직이는 과정을 조종하는 일이 전부였다. 대개의 경우 기계의 운행은 중단됨이 없이 규칙적으로 이루어지는 것이었으므로, 이와 같은 기계적인 특징들, 동일한 행위의 계속 반복, 지속적인 집중과 주의 등이 노동자들에게 요구되었다. 그러므로 이제 규율, 복종, 고분고분한 태도 등이 기술 수련과 재능보다 노동자에게 더 중요한 요건이 되었다. 필요한 노동의 성숙도가 떨어지고 숙련된 노동력의 수요가 줄어들자 생산 공장 안에서 직접 노동력을 훈련시킬 수 있는 여유와 가능성이 생겼다. 그리고 주로 기계제 방적공장에 있어서 보조 노동자에 대한 수요가 높아지게 되자 아동과 부인들이 공장 노동으로 투입되기 시작하였다.[49] 아무런 숙련 기술없이 고용된 아동과 부인들은 겨우 기아를 면할 만큼의 임금을 받기 위하여 위험과 신체적 손실을 감수하고 작업을 수행해야 하였다.

러다이트운동

기계식-공장제 생산 방식이 확대되면서 매뉴팩처 노동자들이 일자리를 잃고 임금 노동자로 전락하였으며 점점 임금 노동자와 사용자 간의 경제적 대립이 커져 갔다. 자본주의적 생산 방식이 확대될수록 생산 수단의 개발로 노동력은 상대적으로 과잉되고 노동자들은 상대적으로 점점 더 궁핍하게되고 전통적인 생활과 문화에서 이탈되고 생활자체도 기계적으로 되어 갔다. 노동자들의 빈곤이 축적되고 노동조건이 악화되는 과정에서 자본가와 노동자들 간의 대립이 먼저 기계와 노동자들간의 갈등으로 나타났다. 이러한 갈등은 16시간에 이르는 노동시간, 낮은 임금, 나쁜 주거환경, 경기의 상황에 따라 언제든지 해고함으로 발생하는 지속적인 실직의 위험 등은 산업화의 초기에 노동자 봉기와 신기술 기계에 대한 극단적인 거부 행위를 초래했다.

이미 17세기에도 있었지만, 특히 18세기에 기계에 대한 싸움이 많아졌다. 방직속도를 상당히 가속화시켰던 이동 북을 발명한(1733) 존 케이는 1753년에 분노한 방직공들에게 그의 집이 파괴되기도 하였다. 그리고 1775년에 수력 방적 기계를 발명한 리차드 아크라이트는 자신을 위협하는 노동자들의 공격을 견뎌내야 했다. 제니 방적기(1767)의 발명자인 제임스 하그리브스, 뮬방적기(1774/79)를 개발한 새뮤얼 크롬프튼 및 표본 방직기(1805)의 제작자인 마리 자카르도 같은 어려움을 겪었다.[50)]

마침내 중부 영국의 노팅엄에서는 1811년에 일자리가 없는 양말 직공들이 공장의 기계들로 돌진했다. 이와 같은 노동운동의 과격화 과정은 1810년대에 전개되었던 이른바 러다이트운동(기계파괴운동)에서 그 절정에 이르렀다. 양말편물공이었던 넷 러드(Nedd Ludd) 또는 러들램(Ludlam)이라고 불리는 한 전설적인 인물이 양말편물기계를 망치로 때려 부수었던 사건에서 시작된 이 운동은 그의 이름을 따서 러디즘 Luddismus이라는 명칭을 가지게 되었다. 이 운동의 중심지는 노팅엄셔(레스터셔와 더비셔의 일부를 포함하여), 요크셔의 웨스트 라이딩 및 남부 랭카셔였으며 이 운동을 담당한 사람들은 양말편물공, 직물전모공, 그리고 면직공업 종사자 가운데 수공업 직조노동자 등이었다. 러다이트운동은 시기적으로 1811~1817년 사이에 걸쳐 있었으며 노팅엄셔에서는 1811~1812년에, 그리고 서부 요크셔와 랭카셔에서는 1812년에 가장 활발하게 전개되었다.[51)]

이 운동의 공통적인 특징은 생산수단, 그 중에서도 특히 기계를 파괴한다는 점이었다. 여기에서 러다이트 운동은 기계파괴운동이며 러디즘은 수공업 노동자들의 존립을 무너뜨리는 신기술의 산물인 작업기계를 맹목적으로 파괴함을 일컫는 것이라는 통상적인 견해가 생겨났다.[52)] 그러나 러다이트 운동의 이면에서 진행되었던 당시의 노동 환경의 악화와 정부의 노동운동 탄압도 함께 살펴 볼 필요가 있다. 러디즘이 대규모로 전개되었던 요크셔주 웨스트 라이딩에서 의회가 자신들의 일자리 보존을 요청하는 모직물 노동자들의 청원을 일체 기각하였을 뿐만 아니라 노동자들을 보호하던 종래의 규정조차 일체 폐지해 버리고 나자, 노동자들은 기계파괴운동에 나섰다. 러다이트 운동의 참여자들은 자기들이 누리고 있던 지위 보존과 공장입법 및 사회입법을 요구하였고, 노동의 권리를 주장하였으며, 기업가들의 이익을 위해 노동자들의 단결권이 박탈당하였던 시기에 단결권의 실행을 내걸고 시위하였다.[53)] 러다이트 운동의 대척점에 당시 노동 운동을 잔혹하게 탄압했던 대표적인 사건으로 1819년의 피털루(Peterloo)의 학살 사건이 있다. 피털루의 학살이란 의회의 개혁을 요구조건으로 내건 평화적인 군중시위가 벌어지고 있던 맨체스터의 세인트 피터 들판에서, 워털루에서 나폴레옹을 무찌르고 승리를 거두었던 웰링턴 기병대와 자유민들로 구성된 시민치안대가 이 운동에 참여한 노동자들을 잔인하게 학살한 유혈 사태를 비꼬아서 부르는 말이다.[54)]

8.5 산업혁명의 사상적 유산

산업혁명은 광범위한 정치적, 사회적, 문화적 및 심리적 결과를 초래했다. 혁명적인 기술 도약과 급속한 산업화는 인간의 삶을 송두리째 바꾸어 놓았으며 사상가들은 인간의 삶을 새로 분석하고 새로운 담론을 만들어 내기에 바빴다.

최대 다수의 최대 행복

자연 과학은 18세기 사상가들에게 인간이 추구하는 가치를 다시 보게 하였다. 인간 본성의 과학을 구성하고자 노력하였던 홉스는 전통적인 도덕 사상을 외면하면서 자신의 쾌락을 추구하는 모든 사람들의 이기적 관심을 강조했다. 흄(1711~1776년)도 전통적인 철학과 신학의 복잡성을 거부하면서 그 대신에 개인을 중심으로 한 자신의 사상 체계를 구축하였다. 그는 인간이 물리학의 보편적 법칙을 인식할 수 있는 이상으로 보편적, 도덕적 법칙들을 알 수 있다는 주장을 부정하고 윤리학의 중심으로 우리의 『공감』 능력－모든 인간들이 공유하며 그것에 의해 『모든 인류들이 일치하는 하나의 현을 튕기는』 능력－에 관심을 보이고 공감을 우리가 타인들의 즐거움을 생각할 때 느끼는 쾌락으로 보았다. 존 로크(1632~1704년)도 '우리에게 쾌락을 제공해 주는 경향이 이른바 선이며 우리에게 고통을 주는 경향을 우리는 악이라고 부른다.'[55)]고 하였다.

한편 벤담은 그의 저서 『도덕 및 입법 원리 입문』에서 '자연은 인류를 두 개의 주권적 주인, 즉 고통과 쾌락의 지배하에 위치시켜 두었다. 그것들만이 우리가 무엇을 할 것인지를 결정해 주는 동시에 우리가 마땅히 행하여야 할 바를 지적해 준다.'고 함으로써 그에게 공리성의 원리란 '무슨 행위이든 행복을 증가시키는 경향을 가졌느냐 아니면 … 감소시키는 경향을 가졌느냐에 따라 용인하거나 부인하는 원리'를 의미하였다.[56] 그는 입법 절차도 별들이 인력의 법칙에 따르는 것과 실제적으로 똑같이 엄격하게 공리성의 원리에 입각하여 운용되기를 원했다. 그는 공리성의 원리가 무너지는 것은 권력자들이 '최대 다수의 최대 행복'을 원하지 않으며 지배자들이 그들 자신의 이익에 좀 더 많은 관심을 가지고 있기 때문이라고 보았다. 이러한 모순을 극복하는 방법은 지배자와 피지배자를 일체화하거나 국민이 정부를 손에 넣는 것이라고 보았다. 만일 지배자와 피지배자의 일체화가 이루어지면 그들의 이해관계는 동일하게 될 것이며 최대 다수의 최대 행복은 보장될 것이므로 가장 바람직한 것은 민주주의라고 주장하였다.

한편 J.S. 밀(1806~1873년)은 단순한 쾌락의 양보다도 행복의 고차적 질을 선호함으로써 쾌락과 고통은 계산될 수 있고 측정 가능하다는 벤담의 가정을 부정하고 벤담의 원리에 이타주의의 질을 첨가하여 '옳은 행위의 공리주의적 기준을 형성하는 행복은 행위자 자신의 행복이 아니라 관련된 모두의 행복'이라고 말했다.[57] 밀은 자기 자신의 행복과 타인의 행복 사이에서 공리주의는 우리에게 사심 없고 호의적인 방관자로서의 엄격한 불편부당의 위치에 있을 것을 요구한다고 보고 진정한 공리주의자라면 최대 행복의 원리를 나의 최대 행복이 아니라 최대 다수의 최대 행복을 의미하는 것으로 해석하였다.[58] 공리성의 원리는 불가피하게 공리주의자들에게 개인과 정부가 어떻게 관계되어야 하는가를 고려하게 했다. 벤담은 사회악에 대한 효과적인 치유책으로써 민주주의를 신봉했는데 이는 민주주의에서는 피지배자가 동시에 지배자가 되기 때문이었다. 밀은 『자유론』에서 민주주의적 정부 형식에 내재하는 어떤 위험들을 제시하고 국민의 의지는 대부분 다수의 의지이므로 다수가 소수를 억압하는 것이 충분히 가능하다는 점을 경고했다.[59]

자유 경쟁

밀에게 있어서 인류가 어느 개인 행위의 자유를 개인적으로나 집단적으로 방해하는 것이 정당화되는 유일한 근거는 그것이 자기 방어를 목적으로 할 때뿐이었다. 그는 '권력이 문명화된 공동 사회의 어떤 일원에 대해 그의 의지에 반하여 행사되는 것이 정당한 것으로 되기 위한 유일한 근거는 그 목적이 다른 일원들에게 해를 끼치게 하지 않는 것이었을 때뿐이다.'고 주장하며 정부도 (1) 그 행위가 개인들에 의해 더욱 잘 행해질 수 있을 때 (2) 비록 정부가 개인들보다도 그 행위를 좀 더 잘 행할 수 있다하더라도 개인들이 그것을 하는 것이 그들의 발전과 교육을 위해 바람직할 경우 (3) 지나치게 비대한 권력이 정부에 불필요하게 생길 위험이 있을 때에는 국민을 방해해서는 안 된다고 주장한다. 각 개인들이 자신의 행복을 고유한 방법으로 추구하도록 내버려 두라는 밀의 주장은 자유 경제 사상의 근거를 제공하였으며 영국의 기업, 그리고 프랑스의 백과전서파와 중농주의자들 사이에서 풍미하던 경제적 자유주의를 뒷받침하였다. 이들은 건강한 경제체제의 기초로서 자유 경쟁과 자유무역을 요구하였다. 경제에 대한 이러한 개인주의적이고 자유주의적인 태도는 1776년에 나온 아담 스미스(1723~1790년)의 국가의 부에 관한 저작에서 이미 나타났었다. 스미스는 자유롭고 스스로 책임지는 창조활동이 사회를 복지와 부로 이끌어간다고 보고

> "자기의 상황을 개선하고자 하는 각 사람의 자연스러운 노력은, 그것이 자유와 안전과 함께 효력을 발휘 하도록 허용된다면 아주 강력한 원리가 되어서, 그 스스로 다른 어떤 도움이 없이도 사회를 복지와 부로 이끌고 갈 뿐만 아니라 많은 뻔뻔스러운 장애—사람들이 만든 불합리한 법과 이것을 가지고 자유로운 노력을 억제하려고 시도했던—들을 극복한다. 이 장애들은 항상 이 원리의 자유를 제한하거나 그것의 안전성을 줄이는 작용을 한다. 영국에서 산업은 아주 안전하고 자유로워져야 한다. 그러려면 아직도 상당히 멀었지만, 그것이 유럽의 다른 어느 곳과 마찬가지로 자유로워지거나 더 자유로워져야 한다."[60]

고 하였다. 또 그는 경제 세력의 자유로운 경쟁은 스스로 사회적 조화와 조정을 가져온다고 생각하고 첫째로 노동의 양을 높이는 것이 필요한데 이것은 매뉴팩처의 지원, 특히 매뉴팩처에서의 본격적인 분업에 의해서 도달될 수 있다고 보았다. 그는 분업의 중요성을 강조하면서 이렇게 말하였다.

> "분업에 의해서 유발된 모든 서로 다른 기능에서의 생산의 배증은 잘 통치되는 사회에서 국민의 가장 낮은 계급에까지 미치는 일반적 복지를 가져온다. 각각의 노동자는 그 자신이 필요로 하는 자기 자신의 노동의 양을 넘어서 또 하나의 큰 부분을 소유하며, 또 다른 모든 노동자들이 그와 같은 처지에 있기 때문에 그는 자신이 만든 상품의 커다란 부분을 그의 동료의 넘치는 상품의 큰 부분 또는 그것의 가격과 교환할 수 있는 상태가 된다. 그는 다른 노동자들에게 그들이 필요로 하는 것을 풍부하게 공급하고, 그들은 그가 필요로 하는 것으로써 그를 완전하게 도와준다. 그리고 사회의 여러 다른 계층에 일반적인 복지가 확장된다."[61]

사회개혁의 움직임

19세기 유럽사회는 산업혁명이 몰고 온 소용돌이의 중심에 있었다. 한편에서는 새로운 공장과 기업이 불쑥불쑥 솟아오르고 하루가 멀다하고 새로운 백만장자가 나타났다. 그러나 다른 한편에서는 노동자들이 열악한 환경에 지쳐가고 있었다. 이들은 삶의 가치를 생각해 볼 겨를도 없이 그저 경쟁에서 낙오되지 않기 위해 앞을 향해 달려야만 했다. 루이스 캐롤은 『거울 속의 앨리스』(1871년)에서 "제자리를 차지하려고만 해도 여기서는 할 수 있는 한 온 힘을 다해 달려야만 해"라는 여왕의 말처럼 뛰지 않으면 노동자들은 사회에서 낙오되는 분위기를 전하였다.

괴테(1749~1832년)는 산업화를 겪는 당시 사람들의 갈등을 1829년에 『빌헬름 마이스터의 방랑 시절』에서 이렇게 표현하였다.[62)]

> "내 마음을 무겁게 하는 것은 유감스럽게도 현재의 판매에 대한 염려가 아니라, 미래에 대한 염려입니다. 널리 퍼져가고 있는 기계사용이 나를 괴롭히고 걱정스럽게 합니다. 그것은 천둥처럼 천천히, 천천히 다가오고 있습니다. … 스스로 새로운 것을 붙들고 쇠락을 더 빨라지게 하든지, 가장 좋은 것, 가치 있는 것을 가지고 바다 저편에서 더 나은 운명을 찾으러 떠나는 것입니다."[63)]

공동체 의식을 주제로 삼은 당시 소설들이 그 때 상황을 잘 드러냈다. 새커리는 『허영의 시장』(1848년)에서 물질만능주의가 팽배해 있는 사회에서 인간이 세속적 가치를 추구하며 서로를 이용하고 배신하는 모습을 높은 곳에서 내려다보며 인간의 속물근성에 대한 역겨움을 생생하게 묘사했다. 찰스 디킨스는 시대적 상황으로 인해 굴절, 왜곡된 인간성을 그려냈다. 그는 『위대한 유산』에서 인간의 가치도 재산 액수에 따라 결정되는 당시의 물질만능 사회를 신랄하게 꼬집고 자전적 소설 『데이비드 코퍼필드』에서 당시 사회상을 잘 드러냈다. 당시 영국의 시인이자 화가였던 윌리엄 브레이크는 『굴뚝 청소부』라는 시와 그림에서 당시 아동 노동의 실상을 적나라하게 고발하였다.

사상가들은, 인간의 여러 가지 동기에 관한 건전한 이론들과 정치적 테크닉들과 도덕적 판단의 궁극적 기준의 인도가 없으면 실제적 개혁을 이룰 수 없다는 것을 확신하고 과학의 찬란한 성과들을 등에 업고 계속해서 새로운 사유 양식들에 도전하였다.[65)] 프랑스의 사상가 콩트(1798~1857년)는 사회 체계의 재조직에는 당시의 지적 방향을 재구성하거나 최소한 개혁하는 일이 필요하다고 생각했다. 그는 자신의 시대를 갈릴레오와 뉴턴의 여러 발견들 이후로 전개되어 온 과학혁명이라는 상황

| 그림 사진 8.4 |

〈꿀뚝 청소부〉, 윌리암 블레이크(William Blake, 1757~1827년)의 그의 시집 『순수와 경험의 노래, Songs of Innocence & of Experience』에서 '꿀뚝 청소부'[64]

굴뚝 청소부

어머니가 돌아가셨을 적 나는 매우 어렸답니다.
아버지는 나를 팔았죠, 아직 나의 혀가
'—청소! —청소! —청소! —청소!'를 제대로 외치지도 못할 때 말이에요.
그래서 굴뚝청소를 하며 검댕 속에서 잠이 들지요.
꼬마 탐 대커가 있는데요, 양 털처럼 곱슬곱슬한
머리칼이 잘리자 그는 울었지요, 그래서 내가 말해주었답니다.
'뚝, 탐! 신경 쓰지 마, 머리칼이 없으면
검댕이 네 하얀 머리칼을 더럽힐 수 없어 좋잖아.'
그러자 그는 잠잠해졌습니다. 바로 그날 밤이었습니다.
그가 잠결에 이런 광경을 보게 된 것은!
딕, 조, 넥, 잭 등 수 천명에 달하는 청소부 모두가
검은 관 속에 갇혀있었습니다.
그런데 빛나는 열쇠를 가진 천사가 다가오더니
관을 열고 모두를 해방시켜주었습니다.
그들은 푸른 들판을 폴짝거리며, 웃으며 달려갑니다.
강에서 몸을 씻자 모두가 햇빛 속에 밝게 빛을 발합니다.
그들은 발가벗은 흰 몸으로, 청소가방을 모두 내팽겨 둔 채,
구름위로 솟아올라 바람을 타고 장난치며 놉니다.
천사가 탐에게 말했습니다, 착한 소년이 되면
하나님을 아버지로 모실 수 있고 언제나 기쁨이 넘칠 것이라고.
그러다가 탐은 잠에서 깨어났습니다. 우리들도 어둠 속에서 일어났지요.
우리 모두 가방과 솔을 챙겨 일터로 향했답니다.
비록 아침은 차가웠지만 탐은 행복하고 따뜻함을 느낄 수 있었답니다.
그러니 모두 자기 임무를 다하면 해(害)를 두려워할 필요가 없다는 것이지요.

이 아직도 다른 분야들, 특히 사회, 정치, 도덕, 종교사상과 충분히 동화되지 못한 상황이라고 진단하였다.[66] 마침내 마르크스(1818~1883년)는 엥겔스(1820~1895년와 함께 1848년 "하나의 유령-공산주의라는 유령이, 유럽에 떠돌고 있다."는 서문으로 시작하는 공산당선언(The Communist Manifesto)을 발표하고 당시 부르조아 사회를 이렇게 비판하였다.

> "부르주아지는 모든 인간의 관계를 적나라한 이기심, 냉혹한 현금지불 관계로만 만들어 놓았고 지금까지 존경과 경건한 경외심으로 받들어졌던 모든 직업으로부터 그 후광을 걷어내었으며 가족으로부터 그 감정의 장막을 찢어내고 가족관계를 단순한 돈의 관계로 만들었다."

과학적 '사회운동 법칙'

개인의 행위와 사회의 행동 양식도 물리학이나 생물학의 대상과 같은 종류의 과학적 분석에 귀속된다고 생각하고 관념들이란 결코 역사의 방향을 결정할 수 없으며 단지 필연적인 흐름을 가속화하거나 지연시킬 수 있을 뿐이라고 생각하는 마르크스는 역사 발전의 운동 법칙이 이 사실을 설명해 줄 수 있을 뿐만 아니라 각각의 시대가 그러한 양상으로 전개된 이유도 설명해 줄 수 있을 것이라고 여겼다. 그는 자본주의 하에서는 부르주아지와, 노동자 계급이 양분되며 두 계급은 생산행위에 공동으로 참여하지만 생산 결과들의 분배 양상은 각 계급의 기여도에 상응하지 않는 근본적인 모순이 드러난다고 보았다. 이러한 모순의 이유를 자본주의 하에서 노동의 가격이 수요와 공급에 의해 결정되는데, 노동자들의 과잉 공급이 그들의 임금을 최저 생계 수준으로 하락시키는 반면에 노동 상품은 노동비용보다 비싸게 판매되기 때문에 자본가들은 그 차액 곧 잉여가치를 착취할 수 있다는 사실에서 찾았다. 이러한 잉여 가치의 존재야말로 자본주의의 내적 모순을 구성하게 되는데, 소외된 노동의 결과로서 노동자는 그들 자신과 다른 사람과의 새로운 관계를 형성하게 되며, 여기서 노동자 계급과 자본가 계급이 양분되고, 소외된 노동의 마지막 산물로 사유재산이 나타난다. 마르크스에게 있어서 "생산 관계의 총체가 사회의 경제 구조를 구성하고 이 실재적 토대로부터 법률과 정치의 상부 구조가 발생한다. 따라서 그것은 사회적, 정치적, 정신적인 모든 활동의 일반적인 성격을 결정해준다."[69]

그는 자신의 생각을 헤겔(1770~1831년)의 변증법적 역사관과 포이어바흐(1804~1872년)의 유물론을 기초로 (1) 계급들의 존재는 단지 생산의 발전에 따르는 역사의 여러 단계와 깊이 관련되며 (2) 계급 투쟁은 필연적으로 프롤레타리아 계급

| 그림 사진 8.5 |

〈안녕하십니까 쿠르베〉, 귀스타브 쿠르베(1819~1877년), 1854년, 캔버스 유채, 129×149cm, 몽펠리에 파브르 박물관: 쿠르베는 1855년 개인전 '사실주의 G. 쿠르베전'을 열고 당시 미술의 혁명을 몰고 왔다. 자연의 제자이기를 원하면서 아무런 상투적이고 능란한 조작을 거부하고 꾸밈도 없이, 세계를 본 그대로 표현 하려는 쿠르베는 당시 많은 미술가들을 고무하여 인습을 경멸하고 오직 스스로의 예술적 양심만을 따르도록 이끌었다.[67]

| 그림 사진 8.6 |

〈이삭줍는 사람들〉 장-프라수아 밀레, 1857년, 캔버스에 유채, 83.8×111cm, 파리 오르세 미술관:[68] 1848년 2월 혁명 시기에 일군의 화가들이 프랑스의 파리 근처 퐁텐블로 숲속의 작은 마을 바르비종에 모여 섬세한 관찰력과 자연에 대한 깊은 사랑으로 자신들의 주제를 드러냈다. 특히 밀레는 자신의 관심을 풍경화에서 인물화로 확장하여 당시 흔히 천하고 우스꽝스러운 모습으로 그려지던 농부의 묘사를 버리고, 당시로서는 '혁명'에 가까운 변화를 보이며, 자연과 가까이에서 땀 흘리며 살고 있는 사람들의 고귀한 삶을 찬양하고 그들이 일하고 있는 진솔한 장면을 그렸다. 당시 바르비종의 미술가들은 낭만주의에서 영감을 받았으면서도 두렵고 위풍당당한 자연의 모습보다는 소박하고 평범한 자연의 모습을 강조하였으며 자신이 본 것을 풍경의 객관적 '특성'으로 표현하기 위해 자연의 겉모습에 자신들의 느낌을 실어서 표현하기도 했다.

의 독재를 초래하고 (3) 이 독재는 모든 계급의 폐지와 계급 없는 사회로의 전환을 구성할 뿐이다라는 과학적 '사회 운동 법칙'을 제시하였다.[70] 그는 역사를 다섯 단계의 발전 과정, 즉 (1) 원시 공동사회 (2) 고대 노예 사회 (3) 중세 사회 (4) 근대 자본주의 사회 (5) 미래에 다가올 사회주의적, 공산주의적 사회를 제시하고 결국 자본주의 내의 양적인 요인들이 불가피하게 자본주의 자체를 파괴할 것이라는 가설 하에 『자본론』에서 자본가 부호들의 수효가 점차 감소해가는 반면 상대적으로 대중에게는 빈곤화, 노예화, 퇴화, 착취가 점차 증가하게 되나 노동 계급의 역할은 점차 강화되어서 생산수단의 집중화와 노동력의 사회화는 극점에 도달하게되고 결국 그것들이 자본주의적 외피와 양립할 수 없게 되면 결국 사유 재산 제도는 종말에 이른다고 보았다.[71] 비록 사물의 본성 내의 이러한 내적인 운동은 지연될 수도 있고 가속화될 수도 있지만 그 운동의 궁극적인 전개를 막을 수 있는 방도가 없다는 마르크스는 자연적 환경의 총체로서 비유기적 자연, 유기적 세계, 사회 활동, 인간의 의식 모두를 포함하며 인간정신의 조건은 사회적 존재로서 인간의 노동활동에 의해 결정된다고 보고 다윈의 진화론의 개념을 빌어 물질적 질서의 우위성을 인정하고 정신의 활동을 물질의 부산물이라고 주장하였다.[72] 그는 자본주의가 사악한 것이거나 인간의 어리석음에 기인하는 것이라고 말하지 않았다. 그에게 있어서 자본주의는 '사회의 운동법칙'에 의해 발생되었을 뿐이며 자신은 과학자로서의 사회의 운동을 분석하고 있다고 생각했다. 즉 그는 자신의 사유를 객관적 실재에 제한하면서 실재로부터 운동의 법칙을 추론하고자 하였다.

생각해보기

1. J. S. 밀에게 있어서 인류가 어느 개인 행위의 자유를 개인적으로나 집단적으로 방해하는 것이 정당화되는 유일한 근거는 그것이 자기 방어를 목적으로 할 때뿐이었다. 그는 "권력이 문명화된 공동 사회의 어떤 일원에 대해 그의 의지에 반하여 행사되는 것이 정당한 것으로 되기 위한 유일한 근거는 그 목적이 다른 일원들에게 해를 끼치게 하지 않는 것이었을 때뿐이다."고 주장하며 정부도 (1) 그 행위가 개인들에 의해 더욱 잘 행해질 수 있을 때 (2) 비록 정부가 개인들보다도 그 행위를 좀 더 잘 행할 수 있다하더라도 개인들이 그것을 하는 것이 그들의 발전과 교육을 위해 바람직할 경우 (3) 지나치게 비대한 권력이 정부에 불필요하게 생길 위험이 있을 때에는 국민을 방해해서는 안 된다고 주장한다. 그러므로 밀은 각 개인들이 자신의 행복을 고유한 방법으로 추구하도록 내버려 두라는 주장은 자유 경제 사상의 근거를 제공하였으며 영국의 기업, 그리고 프랑스의 백과전서파와 중농주의자들 사이에서 풍미하던 경제적 자유주의를 뒷받침하였다." 밀의 '경제적 자유주의'에 대한 자신의 견해를 현대 한국사회에 비추어서 써보자.

2. "마르크스는 역사를 다섯 단계의 발전 과정 즉 (1) 원시 공동사회 (2) 고대 노예 사회 (3) 중세 사회 (4) 근대 자본주의 사회 (5) 미래에 다가올 사회주의적, 공산주의적 사회를 제시하고 결국 자본주의 내의 양적인 요인들이 불가피하게 자본주의 자체를 파괴할 것이라는 가설 하에 『자본론』에서 자본가 부호들의 수효가 점차 감소해 가는 반면 상대적으로 대중에게는 빈곤화, 노예화, 퇴화, 착취가 점차 증가하게 되나 노동 계급의 역할은 점차 강화되어서 생산수단의 집중화와 노동력의 사회화는 극점에 도달해서 결국 그것들이 자본주의적 외피와 양립할 수 없게 되면 결국 사

유 재산 제도는 종말에 이른다고 보았다."는 본문의 내용에 대하여 자신이 이해하는 바를 기술하고 산업 혁명이후 지금까지의 과학기술 및 사회변화를 고찰할 때 마르크스의 과학적 '사회운동 법칙'에 대한 자신의 견해를 서술해보자.

3. 8.1절 산업혁명의 전야를 숙독하고 '봉건제의 모순', '시민 혁명', '식민지 전쟁', '항해조례', '매뉴팩처', '기계식-공장제 생산양식', '면직산업', '증기기관'을 중심으로 영국에서 산업혁명이 먼저 발생하게 된 원인을 토론하고 기록해보자.

4. "기계식-공장제 생산 방식이 확대되면서 매뉴팩처 노동자들이 일자리를 잃고 임금 노동자로 전락하였으며 점점 임금 노동자와 사용자 간의 경제적 대립이 커져갔다. 자본주의적 생산 방식이 확대될수록 생산 수단의 개발로 노동력은 상대적으로 과잉되고 노동자들은 상대적으로 점점 더 궁핍하게되고 전통적인 생활과 문화에서 이탈되고 생활자체도 기계적으로 되어 갔다. 노동자들의 빈곤이 축적되고 노동조건이 악화되는 과정에서 자본가와 노동자들 간의 대립이 먼저 기계와 노동자들간의 갈등으로 나타났다." "러다이트 운동의 참여자들은 자기들이 누리고 있던 지위 보존과 공장입법 및 사회입법을 요구하였고, 노동의 권리를 주장하였으며, 기업가들이 이익을 위해 노동자들의 단결권이 박탈당하였던 시기에 단결권의 실행을 내걸고 시위하였다. 러다이트 운동의 대척점에 당시 노동 운동을 잔혹하게 탄압했던 대표적인 사건으로 1819년의 피털루(Peterloo)의 학살 사건이 있다."는 8.4절의 '기술과 노동'의 본문을 숙독하고 신기술과 노동과의 관계를 기술과 사회의 총합적인 차원에서 그리고 그 의미를 현재 한국 사회의 일자리 창출 문제에 대입하여 토론하고 기록해보자.

5. 1825년 최초의 독일 폴리테크니크 대학교(칼스루에 폴리테크니크) 교수였던 페르디난트 레텐바허는 19세기의 중엽에 산업국가 독일건설을 위한 인재 양성이라는 과제를 실현하기 위해서 과학이 좀 더 실천과 결합되기를 바랐으며 전문지식로서보다는 '일반 대중의 문화'로서의 기술의 역할을 강조하였다. 레텐바허의 이러한 정신은 그 후 과학적 합리성과 기술적 실용성이 어울어진 '마이스터 정신'으로 발전하였고 독일의 공과대학들은 항상 실제 기술적 창조활동에 유의하는 연구와 교육의 장소로 발전했으며 19세기 후반 이후에 일어난 독일 기술의 부흥 과정에서 핵심 역할을 하였다. 독일의 공과대학의 발전과정을 조사하고 한국의 공학 교육 현실과 발전 방향에 대한 견해를 써보자.

6. 19세기 후반 산업화를 시작한 일본의 코부쇼(공업성)책임자 이토 히로부미는 "코부쇼의 목적은 서구의 산업 기술의 강점을 재빨리 따라잡아 일본의 약점을 보완하고… 서구의 모든 것을 일본에 건설하여 큰 도약을 이룩하고 계몽주의 개념을 일본에 소개하는 것이다"라고 하면서 신기술 도입의 필요성과 정부의 역할을 강조하였다. 그러나 당시 일본은 기술적으로 서구에 종속될 위험을 인식하고 기술 도입 못지않게 수입 기술의 국산화와 자체 산업육성에 주력하였다. 또 국가의 중요한 기간 시설인 철도와 전신시스템을 외국 기업들에게 통째로 맡기지 않으려고 오오사카에 일본 철도 기술자 양성소를 설립하였으며 통신 장비의 부품 국산화의 일환으로 1870년 당시 아리타 도자기 회사에게 전신망에 쓰이는 세라믹 절연체를 생산하게 하였다. 이러한 태도들이 현재 일본의 고속열차 신칸센과 세계 최고의 세라믹 기업 아리타의 배경이 되었다. 근대화 초기의 일본의 이러한 기술 정책의 함의를 고찰하고 사회-경제-정책적 환경이 기술발전에 미치는 영향에 대하여 자신의 견해를 써보자.

제3부

실존과 해체

절대 시간과 절대 공간의 개념이 붕괴되고 인간의 사고를 지배해왔던 결정론이 무너지자, 그 동안 당연한 것으로 여겨져 왔던 자연에 대한 '합리적인 해석'도 불가능하게 되었으며 인간의 사고방식에도 새로운 해석과 조화를 향한 전향 그리고 신 인식에도 전향이 일어났다. 〈본문 중에서〉

제9장 흔들리는 터전

인간이 인식할 수 있는 영역이 확대되고 관측이 세밀해지면서 완벽해 보였던 뉴턴역학이 설명하지 못하는 문제와 뉴턴역학의 논리적 오류도 발견되었다. 이러한 오류와 한계는 상대성 이론과 양자역학이 탄생하기 전까지 당대 최고의 과학자들을 매우 곤혹스럽게 만들었다. 인간은 일상생활에서 관찰되지 않고, 기존의 인식으로는 이해하기도 어려운 새로운 과학의 세기로 들어섰다. 나노초의 순간에 존재하다가 사라지는 물질, 물질과 반물질, 그동안의 상식과는 전혀 다른 세상이 인간의 인식대상으로 들어왔기 때문이다. 진화론과 상대성이론 그리고 양자역학은 인류에게 새로운 사고의 틀을 제시하였다. 이제 인간은 자신의 기원을 따져보기 시작했고, 자연계에 나타난 현상을 나타나게 하는 그 무언가가 있다는 것을 부정할 수는 없지만, 그것이 우리가 믿어왔거나 생각하는 바로 그것이라고 말할 수는 없게 되었다. 이는 우리가 지금까지 당연한 것으로 여겨져 왔던 자연에 대한 '합리적인 해석'이 불가능하게 된 세계로 들어섰음을 의미한다.

데카르트 이후 과학적 방법론에서 주체와 객체는 분리되고, 인간은 주체로서 객체의 자연세계에 속하지 않았으며, 객체의 자연세계는 오직 과학의 대상으로서만 인식되었다. 그러나 상보성의 원리는 주객의 양립을 완전히 소멸시키지 않으면서, 현실을 한 측면으로만 인식하지 않고 현실의 모든 차원을 서로 결합 가능한 대상으로 파악하도록 해줌으로써 이와 같은 분열을 극복한다. 새로운 현상들에 과학자, 철학자, 시인 그리고 예술가들은 항상 민감하게 반응하고 자신들의 언어와 또 다른 수단으로 그 방식들을 표현해왔다. 20세기의 자연 과학의 혁명적 발전만큼이나 인간의 사고 방식에도 새로운 해석과 조화를 향한 전향 그리고 신 인식에도 전향이 드러나고 있다.

| 그림 사진 9.1 |

(위) 〈좌에서 우로 기본, 오랑우탄, 침팬지, 고릴라 그리고 인간의 골격〉[1], 토마스 헉슬리의 자연에서 인간의 위치에 대한 증거의 표지 그림(Evidence as ta Man's place in nature(뉴욕: D. Appleron and co, 1863); (아래) Lindley Sambourne의 만화, Punch(6 dec.1881), 14: 좌측 아래에서부터 생명이 무질서한 물질에서-CHAOS라고 쓰여진 흩어진 바위들-벌레처럼 나타나서 파충류의 단계로 빨리 자라서(우측 아래) 원숭이류(좌측 중간)의 포유류(위에 침팬지)로 진화한다. 이때부터 원숭이가 큰 무리를 짓기 시작하고 머리를 긁기 시작하며 직립보행을 시작한다. 이것이 생명체가 원시동굴인에 이르기까지의 단계이다. 진화의 정점에 한 영국 신사가 단정한 이브닝 정장에 장갑을 끼고 탑모자를 들고 있다. 그리스 현인의 복장을 한 다윈이 그리스 지혜판과 유인원 전단계의 원숭이 사이에서 십자가처럼 표현되어 있다.[2] 맨 아래에 'MAN IS BVT WORM(인간은 명예 승진한 벌레이다)'는 글귀는 도발적이다.

9.1 자연선택

19세기에 들어오면서, 물리학과 화학의 연구 성과는 동물과 식물에 대한 인간의 입장에도 영향을 주기 시작하였다. 생물학에서 그동안 금기시 되었던 생명의 시초와 변화의 인과관계를 분석하려는 시도가 일어났다. 1809년의 라마르크(1744~1829년)는 생물의 진화를 고찰한 '동물철학'에서 "진화는 생물체에 내재한 힘에 의해서 서서히 어떤 정해진 방향으로 나아가는 것이다."라고 하였다. 찰스 다윈(1809~1882년)은 '종의기원'에서 주어진 환경 속에서 생물의 생존에 가장 적합한 품질이 선택되어 그것이 축적되며 결국 합목적적인 종이 만들어진다는 '자연선택'을 주장하였다. 다윈은 인류의 역사에서 가장 숙명적이라 할 수 있는 명제, "인간의 기원과 역사가 환히 밝혀질 것이다."고 선언하고 『인간의 유래(The Descent of Man)』(1871년)를 썼다. 그는 인간의 조상이 유인원과 유사하다고 밝히고, 심지어 진화는 인간의 신체적 특징을 산출했을 뿐 아니라 본능과 행동과 지능과 감성과 도덕성의 발달에

도 기여 했다고 주장했다.[3]

종의 기원

찰스 다윈은 1859년 『종의 기원』을 출간했다. 이 책은 인류의 사고에 또 하나의 분수령을 이루었다. 코페르니쿠스 혁명은 2,000년 동안 유지해온 천문학적 믿음 곧 지구가 멈춰 있고 태양이 움직인다는 믿음에서 인간을 벗어나게 하였다. 이 혁명은 비교적 가시적으로 증명할 수 있는 것이었기에 과학계와 종교계 사이에 오랜 그리고 온갖 논쟁 끝에 받아들여졌다. 새로운 분수령이 된 다윈 혁명은 종이 고정되어 있다는 오래된 믿음 곧 오랜 성경적인 전통[4]에서 인간을 벗어나게 하는 것이었다. 코페르니쿠스의 혁명이 하늘의 세계와 땅의 세계가 동일한 하나의 물리법칙을 따른다는 세계관을 탄생시켰다면 다윈의 혁명은 인간과 동물은 생물학적인 뿌리가 하나라는 즉, 인간과 자연이 생물학적으로 하나라는 세계관의 문을 열었다,

다윈은 「자연선택을 통한 종의 기원에 관하여」라는 논문에서 다양성, 생존 투쟁, 자연선택을 통한 종의 변화 등 진화론의 근본적인 요소들을 제시하였다.[5] 그가 채택한 원리들은 하나의 종의 개체들이 각각의 다양한 특징을 나타낼 것이며, 맬서스가 말한 인구 압력이 불가피하게 생존을 위한 경쟁과 투쟁을 일으킬 것이며, 결국 '자연선택' 과정을 통해 가장 우수한 개체들이 더 많이 증식하여 퍼져나가고 장기적으로 종의 변화를 산출할 것이라는 것이었다.[6] 그는 농부들이 인공적인 선택으로 다양하게 우량한 식물 및 동물 품종을 개발한 것을 상기시키면서 오랜 '지질학적 시대'를 걸쳐 자연선택을 통해 작용한 '생존 투쟁'의 효과는 얼마나 크겠는가?라고 논리를 전개하였다.[7] 다윈은 스스로 자신의 이론에 대한 치열한 비판자가 되어 진화론이 안고 있는 심각한 문제들을 미리 해명하기도 하였다. 그는 '독수리의 눈과 같은 아주 완벽한 기관을 신의 설계에 의하지 않고 어떻게 작은 변화의 축적만으로 설명할 수 있는가?'라고 묻기도 하고 '다른 새의 둥지에 알을 낳는 뻐꾸기, 놀라운 집짓기 능력을 지닌 꿀벌, 생식력이 없는 일개미 종처럼 특이한 습성이나 본능을 지닌 동물들을 자연선택으로 어떻게 설명할 수 있는가?'라고 물었다. 이러한 사례들에 대하여 다윈은 자연 속의 예외적인 행동과 습성은 작은 변화들의 점진적인 축적으로 설명할 수 있음을 보이려고 노력하였다.[8] 또 다윈은 전통적인 성경적 생물관이었던 개별 창조 이론으로는 매우 설명하기 어렵지만 진화론으로는 쉽게 설명할 수 있는 문제들을 논하였다. 화석 자료는 불완전함에도 불구하고 멸종과 종의 시간적인 변화를 증언하고 있지 않은가? 그 이유는 무엇일까? 우리는 식물과 동물의 지리적인 분포를 어떻게 가장 합리적으로 설명할 수 있을까? 분류학자들은 자연에서

발견되는 유사한 종과 변종들을 세대를 거치며 변형되었다는 생각에 기초하지 않는다면 어떻게 분류할 수 있을까? 매우 다른 종들의 태아가 놀랍도록 유사한 것을 진화의 원리 외에 무엇으로 설명할 수 있을까? 다윈은 또 창조론자들에게 난해한 수수께끼였던 인간의 밑동과 같은 '꼬리 없는 종이 가진 꼬리 밑동', 즉 불완전하고 무용한 흔적기관이나 퇴화기관을 논하면서 도대체 어떤 신이 동물들에게 무용한 기관을 만들어 남겼겠는가?[9]라고 질문을 하기도 하였다.

진화론의 정착

다윈의 진화론은 그의 생전에 과학자 사회의 보편적인 인정을 받지 못했다.[10] 다윈의 이론이 발표되었을 당시, 물리학, 특히 열역학 제1법칙(에너지 보존 법칙)과 제2법칙(엔트로피 증가의 법칙)에 기초한 물리학이 보편적인 법칙으로 권위를 얻고 있을 때였다. 당시 과학계 최고의 권위자인 윌리엄 톰슨 William Thomson(켈빈 경 Lord Kelvin)[11]을 비롯한 물리학자들은 지구의 복사냉각에 대한 당대의 지식에 근거하여 다윈의 이론이 요구하는 오랜 지질학적 시간은 있을 수 없다고 선언하고[12] 진화론을 부정하였다. 그러나 다윈은 진화에 필요한 시간에 관한 물리학자들의 주장에 굴복하지 않고, 우리는 "지구의 나이를 확신을 가지고 추측할 수 있을 만큼 충분히 우주와 지구 내부의 구조를 알지 못한다."고[13] 반박하였다.

다윈의 진화론은 역설적으로 기독교, 당시 카톨릭의 수도사인 멘델에 의하여 이론적인 지원을 받았다. 『종의 기원』이 출간된 지 불과 6년 후에 오스트리아의 수도사 그레고어 멘델 Gregor Mendel(1822~1884)은 식물 교배에 관한 실험의 보고서를 통해 유전이 혼합의 과정이 아니며 각각의 형질이 개별적인 단위로 보존된다는 것을 증명하였다.[14] 후에 유전자라 명명된 이 단위는 세대에서 세대로 전달되며 결코 혼합 되지 않기 때문에 유용한 형질을 보존하고 결국 집단 전체로 퍼뜨릴 수 있다는 것이다. 1900년 이후 여러 연구결과들이 결합되어 수정 다윈주의라고 할 수 있는 개선된 진화론이 탄생되었다. 방사능 연대 측정법의 발견과 아인슈타인이 1905년에 발표한 물질과 에너지의 등가성은 켈빈 경이 추정한 지구의 나이에 대한 다윈의 주장이 옳다는 것을 입증하였다. 20세기 초, 태양계의 추정 나이는 수백만 년에서 수십억 년으로 증가했고, 이것은 진화론이 요구한 시간을 확보해 주기에 충분하였다. 1900년 휘고 드브리스Hugo de Vries(1848~1935)는 돌연변이 이론을 소개하여 진화에 필요한 변이의 기제를 하나 더 추가함으로 다윈의 주장을 더욱 튼튼하게 하였으며, 또 진화 과정을 가속시킴으로써 한정된 시간 안에 종들이 기원한 것을 더 설득력 있게 설명할 가능성을 향상시켰다.[15] 다윈주의는 결국 1940년대에 유전의 단위인 유전자들이 매우 복잡한 패턴으로 조합되어 작은 변이들을 산출하고 변이에 자연선택이 작용한다는 것이 밝혀지면서 생물학적 다양성에 관한 새로운 패러다임으로 채택되었다.[16]

진화론은 당시 주류 과학계의 부정과 종교계의 반발에도 불구하고 서서히 당시 사회에 학문의 뿌리를 내리고 사회의 거의 전 분야에 걸쳐 근본적인 사고의 변혁을 가져왔다. 20세기에 들어서면서, 인간의 마음 속에서 신에 대한 인식이 이전과 같지 않게 되었다. 진화론은 인간과 자연의 경계선을 제거하였고 당시의 근본주의 신학이 주장하는 '창조론'을 자연스럽게 부정하였다.[17]

진화론의 진화

인간의 신체적 형질의 진화에 대해서는 보편적인 합의가 이루어졌다. 그러나 사회과학과 철학의 영역에서는 다윈주의적인 개념을 적용하여 인간의 본성을 설명하는 것을 둘러싸고 격렬한 논쟁이 벌어졌다. 신학의 영역에서도 근본주의자들을 제외한 주요 종교 지도자들이 성경을 문자 그대로 받아들이지 않는 해석법을 채택하는 한편, 인간의 신체적 진화의 어느 한 시점에 신이 개입하여 비물질적인 영혼을 주입했다고 주장함으로써 진화의 일반 원리를 어느 정도 받아들였다.[18] 산업혁명과 더불어 시작된 사회 경제적 변화 과정에서 진화는 진보라는 관념과 결부되어 인간사회도 진보한다는 관념으로 확장되기도 하였다. 자본주의의 발전과 더불어 자유경쟁의 개념이 전면에 대두되었다. 자유경쟁의 이념은 다윈의 자연선택설과 상통하며 사회 변화의 주요 이념으로 자리를 잡아갔다. 사회의 조직, 특히 계급화를 생존투쟁에 기초하여 생물학적으로 설명할 수 있다는 주장 이른바 사회적 다윈주의(Social Darwinism)도 출현하였다. 미국의 사회적 다윈주의는 계급뿐 아니라 인종도 인생의 성공 여부를 결정한다고 주장하면서 사회학적 · 심리학적 분석론의 경향을 드러냈다. 이 이론은 온갖 불평등이 팽배한 현 상태가 인간의 유전적인 특정에 의해 주어진 것으로 사회적 개혁에 의해 쉽게 개선될 수 없다는 것을 함축하고 있다.[19] 특히 사회적 다윈주의의 다양한 유파들은 일련의 정치적 · 경제적 · 사회적 입장들에 이데올로기적 뒷받침을 제공했다. 예컨대 미국의 사업가 앤드루 카네기(Andrew Carnegie)는 『부의 복음 Gospel of Wealth』(1900년)이라는 책을 써서 냉혹한 방임 자본주의, 재산과 이익의 신성함을 옹호하고 사회주의 및 공산주의에 대한 반박을 사회적 다윈주의에 기초하여 제기하였다.[20] 명목상 진화론과 유사하면서 카네기의 주장과 같은 허울만 좋은 논증을 펼치며 나치의 인종주의를 옹호하고 계급투쟁과 우생학과 '열등한' 인간의 단종과 남성의 여성에 대한 우월성을 지지하

| 그림 사진 9.2 |

〈거인〉, 프란시스코 고야, 1818년경, 애쿼틴트(부식된 선과 음영을 함께 표현한 에칭의 한 기법), 28.5×21cm[19]: 19세기는 물질적, 기술적 발전은 곧 진보와 동일시하려고 애쓰는 시대였다. 그러나 과연 인간 스스로 새롭게 발견한 능력을 현명하게 다룰수 있는지 회의를 품는 사람들도 없지 않았다. 그들은 삶이 파편화되고 도시들은 사치와 억압의 가공할 전시장이 되어가며 자연과 인간 그리고 인간과 인간의 심오한 본성과의 만남이 상실되어가는 것을 목격하였기 때문이다. 미술가들이 전통을 벗어 버리고 자신의 고유한 동기를 드러내는 자기표현이라는 관념이 낭만주의라는 이름으로 나타났다. 프랑스 대혁명, 산업혁명, 루소의 문명비판, 베토벤의 새로운 화성, 어린아이와 같은 워즈워드의 시어, 괴테의 무의식의 창조 등과 같은 흐름 속에 있었다.[20] 고야는 역사적이든 풍속적이든 이미 알려진 주제는 그리지 않았다. 고야는 한 거인이 세상의 끝에 앉아 있는 자신의 꿈을 나타냈다. 전쟁과 인간의 어리석음으로 고통받고 있는 조국의 운명을 생각하는 것일까? 아니면 그저 시적 환상일까? 어느 것이 든 간에 이것은 전통과의 단절에서 탄생된 것이다. 미술가들도 마침내 지금까지 시인들만이 누렸던 개인적 환상의 세계를 종이 위에 펼치는 자유를 갖게 되었다.[21] 한편 사회는 전체적으로, 비록 곳곳에서 훼손과 상실의 아픔이 있더라도, 과학기술이 지구를 더 쾌적한 삶의 터로 만들어 갈 것이라는 생각의 흐름을 타고 가고 있었다.

| 그림 사진 9.3 |

〈석양–건초더미〉,[22] 클로드 모네(Claude Monet)(1840~1926년), 캔버스에 유화, 73.3×92.6, Museum of Fine Art, Boston: 마네와 모네로 대표되는 인상주의 화가들은 전통미술에서 사용하는 표현 방법은 기껏해야 인공적인 조건 하에서나 가능하다는 것을 발견하였다. 그들이 화실 안의 인공적인 조건에서 보던 물체들은 옥외의 밝은 빛 아래서 보면 고대 조상에서 본뜬 석고상처럼 둥글거나 입체감 있게 보이지 않았다. 햇빛을 받는 부분은 화실 안에서 보다 훨씬 더 밝게 보이며 심지어 그림자도 반드시 회색이나 검은색으로만 나타나는 것은 아니었다. 주변의 대상들에서 반사된 빛이 빛을 받지 않는 부분들의 색채에 영향을 주기 때문이다. 자신들의 눈을 믿었고, 사물은 반드시 '이렇게 보아야 한다'는 아카데미의 규칙을 탈피하였을 때, 그야말로 새로운 세계를 향한 문이 그들에게 열렸다. 지금까지 미술의 자취를 살펴보면 '본 것에 의한 것'이 아니라 '알고 있는 것'으로 그림을 그리고, 판단하는 경향이 얼마나 많은지 알 수 있다. 마네와 모네 그리고 그의 동료들, 인상파 화가들은 옥외에서 자연을 볼 때 각 대상들이 그들 고유의 색깔을 가진 개별 사물로 보이는 것이 아니라 관찰자의 눈을 거처 마음 속에서 뒤섞여 훨씬 더 밝은 색조의 혼합물로 보인다는 것을 발견하고 그것을 그림으로 표현하였다. 이들은 그리스인들이 단축법과 착시교정으로 이루어 낸 형태의 혁명과 르네상스인이 발견한 원근법에 이어서 채색의 혁명을 이루어냈다.

는 주장이 나타나기도 하였다.[21)]

오스트리아의 동물학자이며 노벨상 수상자인 콘라트 로렌츠(Konrad Lorenz (1903~1989년))는 자연적인 조건하에서 동물의 행동을 과학적으로 연구하는 동물행동학을 창시했고, 추종자들과 함께 정신적 · 행동적 특정의 유전적 기반을 탐구했다. 몇몇 자연과학자들은 인간의 행동에 관심의 초점을 맞추었다. 1975년에 에드워드 윌슨(Edward O. Wilson)의 『사회생물학(Sociobiology)』이 출간되었다. 윌슨은 자신의 책에서 인간의 사회적 삶을 다윈주의적인 진화를 통해 연구할 수 있다고 주장하였다. 그의 책은 사회생물학이 '생물학적 결정론'이며 현 상태의 가장 바람직하지 않은 특정의 일부를 정당화한다는 이데올로기적 반발을 불러일으켰다.[26)]

분자 생물학의 발전은 진화론을 유전학에 근거하여 뒷받침하였다. '유전학의 중심 교리'라고도 불리는 명제도 제시되었다. 이 명제는 모든 유전적 형질을 결정하는 부호를 DNA가 가지고 있으며 형질의 변형이 DNA에 영향을 미치는 기제는 존재하지 않는다고 말한다.[27)] 분자 생물학과 유전학의 발전 그리고 '진화론의 진화'에도 불구하고 인간의 정신적 · 행동적 특징들은 아직까지 유전자와 자연선택의 지시에서 벗어나 있는 것으로 여겨지고 있다. 인간의 의식과 사고는 아직까지 인문 사회과학의 영역으로 남아있다. 사회학자 에밀 뒤르캠(Emile Durkheim)은 사회적 다윈주의에 대한 반발로 사회적 상황은 철저히 사회적 사건들을 통해 설명해야 한다는 원리를 공표함으로써 사회과학과 생명과학 사이에 장벽을 세웠다.[28)]

9.2 상대성 이론

뉴턴 역학은 1686년 『프린키피아(Principia)』가 출판된 이래로 19세기 말에 이르기까지 인간의 사고를 지배하였다. 뉴턴은 궤도상의 어느 지점에서나 속도를 정의하였고 '속도의' 변화율, 즉 가속도를 정의할 수 있었다. 뉴턴은 힘과 가속도를 관련시켜 궤도상의 극소 부분에 관한 운동을 예측할 수 있는 미분 방정식을 유도하였다. 이 식으로 일단 힘과 초기 조건이 정해지기만 하면 입자의 운동이 무한히 먼 미래의 경우까지 계산될수 있었다. 미래에 일어날 우주의 모든 일들은 이미 정해져 있으며, 최소한 원리적으로는 계산할 수도 있다는 것이다. 이 같은 태도를 프랑스의 수학자이며 물리학자 라플라스는 1825년 자신의 저서 『천체 역학』에서 "우주의 현재 상태는 과거 상태의 결과이며 앞으로 다가올 상태의 원인이라는 점을 직시해야 한다. 어떤 지성이 있어서 특정한 한 순간의 자연계를 지배하는 모든 힘과 자연계를 구성하는 모든 존재들의 각각의 위치를 알 수 있다면, 덧붙여 이 모든 정보를 분석할 만큼 위대하다면, 그 지성은 우주 안의 가장 큰 물체에서 가장 가벼운 원자에 이르기까지의 운동을 하나의 공식으로 껴안을 수 있을 것이다. 그렇게만 되면 불확실한 것은 아무것도 없고, 미래도 과거와 마찬가지로 관측의 대상이 되는 일에 직접 참여하게 될 것이다."[29]라고 뉴턴 역학의 결정론적 속성을 소개하였다.

전자기의 발견

그러나 당시에 이미 전기와 자기의 현상들이 관찰되고 있었다. 전기와 자기의 관련성을 정량적으로 밝힌 사람은 프랑스의 물리학자인 앙드레 마리 앙페르였다. 그는 원형 회로 안에 흐르는 전류가 자기 물질에서 발생되는 것과 똑같은 성질의 자기력을 발생시킨다는 사실을 알아냈다. 앙페르는 전류가 흐르는 두 개의 철사들 사이에는 보통의 철 막대자석 두 개가 서로에게 작용하는 힘을 발생시키는 것과 똑같은 성질의 자기적 상호 작용이 있다는 것을 실증해 보였다. 한편 패러데이는 1831년부터 어떤 조건 아래서는 자석이 전류를 발생시킬 수도 있다는 사실을 보여주었다. 이 예기치 않은 발견이 전기와 자기의 대칭성을 완결했다.

패러데이는 전자기를 '장'이라는 개념으로 설명하였다. 이 장은 공간적으로도 시간적으로도 변할 수 있다. 즉 어떤 정해진 공간적 지점에서 장은 시간에 따라 변할 수 있고, 어떤 정해진 시간에 장은 공간의 각 지점에 따라 각기 다른 값을 가질 수 있다. 이것을 정량적으로 기술하기 위해서는 자기장의 변화를 유도된 전류와 관련시켜 주는 방정식이 필요했다. 패러데이는 스코틀랜드의 물리학자인 맥스웰에게 의뢰하여 패러데이의 '힘의 선'을 정량화하고 변하는 자기장이 전류의 흐름을 유도하는 수학적 표현을 만들었다. 맥스웰의 방정식들은 공간에서의 전기장의 '부분적 변화'를 자기장의 시간에 따른 변화와 연관시켜 패러데이가 관찰한 경험적 사실을 정확한 수학적 공식으로 표현한 것이다.

그런데 맥스웰 방정식이 제시한 '결론들' 가운데, 진공에서 전자기 복사가 전파되는 획기적인 현상이 들어있었다. 만약 전기를 띤 물체를 진동시키면, 그 전하를 둘러싸고 있는 전자기장의 일부가 전하로부터 떨어져 나와 하나의 파동으로서 멀리까지 전파된다는 것이었다. 그리고 이 파동은 음파나 물결과는 달리 빈 공간, 즉 완전한 진공 속을 전파해 간다는 것이었다. 맥스웰은 자신의 방정식들로부터 이 파동이 전파해 가는 속도가 빛의 속도와 같은 약 초속 30만 킬로미터라는 것을 발견했다. 이 사실은 빛이 하나의 전자기적 현상이라는 것을 의미하였다. 진공 속을 전파하는 이 같은 전자기파의 존재는 1888년에 독일의 물리학자인 하인리히 헤르츠에 의해 실험적으로 확증되었다. 실험을 통해 이 파동이 빛의 속도로 전파한다는 것까지도 확인되었다. 그러나 당시의 물리학자들은 뉴턴 물리학의 역학적 모델에 익숙해 있었기 때문에 파동이 아무것도 없는 곳에서 진동한다는 생각을 받아들일 수 없었다. 그래서 그들은 맥스웰의 파동이 진동할 수 있도록 모든 공간을 채우고 있는 '에테르'[30]라는 매질을 생각해 냈다. 맥스웰 자신도 1865년에 "빛과 열 현상을 통해 판단하건대 공간을 채우고 있으며 모든 물체에 스며있는 에테르 같은 매질이 존재한다고 믿을 만한 근거가 있다. 이것은 스스로 움직일 수 있고, 이 움직임을 한 부분에서 다른 부분으로 전달할 수도 있으며, 또 이 움직임을 또 다른 물질에 전달해 덥히거나 그 밖의 방법으로 영향을 주는 듯하다."[31]라고 썼다.

마이컬슨-몰리 실험

뉴턴 역학에서는 모든 운동을 측정하는 기준이 되는 절대적인 준거 좌표계가 있어야 한다.[32] 뉴턴 당시 인간이 관찰하는 모든 운동이 기준점을 해결하기에 '충분히 정지된' 준거 좌표계를 '붙박이' 별들에 설정할 수 있었다. 맥스웰이 전자기파를 발견하고 이 파동을 전달하는 물질로서 에테르를 가정함으로써 절대 기준에 대한 새로운 생각이 대두되었다. 만약 에테르가 존재한다면 이 에테르라는 것이 절대적 준거 좌표계를 제공하는 게 아닐까?라는 '희망'이 생겨났다. 또 19세기의 물리학자들에게는 아직까지 '절대 시간'과 '절대 공간'이라는 증명되지 않은 채 '믿고있었던' 개념이 있었다.[33] 뉴턴 물리학에 따르면, 에테르를 지나가는 빛의 속도는 관찰자가 광원으로 다가가는가 아니면 멀어지는가에 따라서 달라져야만 했다.[34] 그러나 아무도 그 정도를 측정할 수가 없었다.

1887년, 미국의 물리학자 마이컬슨[35]은 지구가 반 년 동안은 태양을 향해서 움직이고, 나머지 반 년 동안은 태양으로부터 멀어지는 방향으로 움직인다는 사실에 주목하고, 지구가 서로 반대되는 위치에 있는 계절에 빛의 속도를 정확하게 측정해서 비교하면 그 답을 알아낼 수 있을 것이라고 생각했다. 19세기 물리학자들은 정지된 에테르 속에서 빛은 일정한 속도로 움직인다고 믿었다. 그러나 지구에 있는 관측자에게 에테르는 흘러 지나가는 것처럼 보이므로, 일단 에테르 속에서 전파되기 시작하면 흐르는 물에서 수영하는 사람과 마찬가지로 빛은 에테르의 운동을 공유해야 한다. 실제로 마이컬슨은 빛 간섭계의 한쪽 팔을 흐름과 같은 방향으로 놓고 다른 한쪽 팔을 흐름과 직각이 되도록 놓아서 빛이 이 두 경로를 따라 움직이게 하면

두 경우의 빛의 유효 속도는 서로 다를 것이며 따라서 설령 두 팔의 길이가 정확히 똑같다 할지라도 간섭계의 두 팔을 왕복하는 데 걸린 시간은 달라야 하며 실험으로 간섭 줄무늬를 보게 될 거라고 예상했다. 그는 이것으로부터 에테르에 대한 지구의 절대 속도를 결정할 수 있을 것으로 생각했다. 이것이 유명한 '마이컬슨-몰리 실험'의 가설이었다. 마이컬슨은 1887년에 드디어 원하던 실험 결과를 얻게 되었다. 그러나 그 결과는 기대하던 것과는 전혀 달랐다. 빛의 속도는 방향과 계절에 상관없이 언제나 똑같았다. 정확하게 200년 만에, 뉴턴의 법칙이 언제나 어느 곳에서나 성립되는 것이 아닐 수도 있다는 사실을 암시해주는 결과였다. 윌리엄 H. 크로퍼의 표현에 따르면, 마이컬슨-몰리의 결과는 "물리학의 역사에서 가장 유명한 부정적인 결과였다."[36)]

마이컬슨-몰리의 실험의 결과로 맥스웰 방정식으로 에테르의 존재에 근거하여 빛의 파동성을 해석해 온 역학 전체가 흔들렸다. 이 모순을 해소하려는 여러 가지 이론적인 시도가 있었다. 1892년에 아일랜드의 물리학자인 조지 프랜시스 피츠제럴드는 마이컬슨 간섭계의 두 팔 가운 데 지구의 운동 방향으로 뻗어 있는 팔은 수축이 된다고 생각했다. 그 결과 두 팔을 지나는 빛의 유효 속도가 다른 데서 초래되는 시간의 차이를 보상하게 되는 것이라고 했다. 그러나 수축이 일어나야 하는 이유를 설명하지 못했다. 1895년 로렌츠는 역시 수축의 개념을 염두에 두고, "고체의 형태는 그 물체의 분자들 사이의 힘에 좌우되고, 이 힘들은 전자기적 활동이 그 매질을 통해 전달되는 방법과 다소 비슷한 방법으로 에테르 속에서 전파될 기능성이 아주 높다. 이러한 관점에서 본다면 분자들의 인력과 반발력도 전자기력과 마찬가지로 물체에 가해지는 운동에 의해 어느 정도 바뀔 것이고, 이는 길이의 변화라는 결과를 낳을 것이라고 추측하는 것은 자연스러운 일이다."[37)]라고 설명했다. 이에 대해 아인슈타인은 후에 "물질 입자들 사이에는 빈 공간이 있는데, 이 빈 공간은 전자기장의 자리이다. 전자기장은 물질 입자 위에 자리잡은 점전하의 위치와 속도에 의해 만들어진다. … 입자 전하들은 장을 만들고, 이 장은 다시 입자들의 전하에 힘을 가해 뉴턴의 운동 법칙에 따라 입자들의 운동을 결정한다. … 요즘은 물리학자들이 로렌츠가 세운 이 관점을 가능성이 있는 유일한 것으로 생각하고 있으나, 그 당시에는 놀랍고도 대담한 견해로 여겨졌다. 이 같은 생각이 없었더라면 그 이후의 발전이 가능하지 않았을 것이다."[38)]라고 하였다. 그러나 이러한 설명만으로는 빛에 대한 역학적 해석이 갖는 모순을 해소할 수 없었다.

동시성의 개념

뉴턴의 역학에 내포된 또 한 가지 '가설은 관찰자가 빛의 속도에 이를 수 있다는 것이다. 뉴턴 역학의 이론을 따르면 만일 어떤 사람이 아무리 작은 힘이라도 계속해서 가하여 충분히 가속한 후라면 마침내 그 사람은 빛의 속도에 이르게 되고 그 이상의 어떤 속도에도 이를 수 있기 때문이다. 만약 관찰자가 빛의 속도로 움직인다면 어떠한 현상이 일어나까? 당시 빛은 에테르 속에서 진동하는 파동 운동으로 해석되었다. 따라서 어떤 사람이 에테르 속을 빛의 속도로 움직인다면 그 관측자에게 빛의 파동 형태가 사라지게 된다. 그러나 맥스웰 방정식은 이 같은 가능성을 제공하지 않는다. 그러므로 맥스웰 방정식이 틀렸든가 아니면 관측자가 빛의 속도로 움직이는 것이 가능하지 않든가 둘 중 하나일 수밖에 없다.여기서 아인스타인은 뉴턴 역학의 오류를 인식했다.[39]

1905년 아인슈타인은 독일의 학술지인 『물리학 연보』에 발표한 논문 '움직이는 물체의 전기 역학에 대하여'에서 시간의 상대성을 분석하였다. 그때까지 인간은 '절대 시간'의 개념 위에서 있었다. 인간은 일상의 경험 속에서 사건의 흐름을 따라 '과기' '현재' '미래'로 과거에서 미래를 향한 한 방향으로 흘러가는 시간을 구분하여 의식하였다. 그러나 아인슈타인은 이 논문에서 시간은 사건의 순서를 다루는 이야기일 뿐이며 한 사건의 '객관적' 시간에 대한 모든 진술은 실제로는 두 사건의 동시적 발생에 대한 진술일 뿐이라고 하였다. 예를 들어 " '기차는 7시에 여기에 도착한다.'고 말할 때 이 말은 '내 시계의 작은 바늘이 7이라고 표시된 자리를 지나가는 것과 기차가 도착 하는 것이 동시에 일어난 사건이다.'라는 사실을 의미할 뿐이다."[40]라는 것이다. 따라서 엄격히 말하자면 우리는 이미 일어난 사건과 우리의 시계를 비교하고 있는 것이다. 빛 또는 빛과 같은 속도로 움직이는 전파가 달까지 왕복하는 데는 약 2.5초의 시간이 걸린다. 그렇다면 지구에서 일어난 사건과 달에서 일어난 사건의 '동시성'에 본질적인 의문이 제기된다. 이러한 생각에서 아인스타인은 '동시성'의 절차적 정의를 이렇게 구축하였다. 두 시계가 같은 시각을 가리키는지를 알아보고 싶으면 "두 시계 사이의 거리를 측정한 다음 두 시계 사이의 중간 지점이 되는 곳으로 가서 이들 시계 옆에 앉아있는 두 관측자에게 각각의 시계가 7시를 가리킬 때 빛 신호를 보내라고 알린다. 만약 이 두 개의 빛 신호가 '동시에' 중간 지점에 도달한다면, 두 시계는 측정하고 있는 순간에 같은 시각을 가리키고 있는 것이다."[41]라고 하였다. 그리고 아인슈타인은 이 동시성의 절차가 서로에 대하여 운동하고 있는 두 시계에도 적용이 될 수 있는가, 만약 그렇다면 그 결과는 무엇인가라고 질문하였다. 여기서 아인슈타인은 빛을 내는 광원이 등속으로 운동하고 있기만 하다면, 한 관측자에 의해 측정되는 빛의 속도는 관측자에 대한 이 광원의 속도에 관계 없이 일정하다는 가정을 하였다.[42] 이것이 '광속 불변의 원리(principle of constancy)'이다.[43] 아인슈타인은 자신의 '직관'으로 맥스웰 방정식이 광속 불변의 원리를 포함하고 있음을 보고 이 가설을 세웠다. 하지만 이것은 뉴턴 역학과 모순이 되므로, 이 둘 가운데 어느 것이 옳은지를 판단하는 일은 과학계의 일 곧 아인슈타인의 일이 되었다.

특수 상대성 이론

아인슈타인은 관성 좌표계의 관측자가 자신의 '절대 운동'을 실험적으로 측정해 낼 수 없으며 진공에서의 빛의 속도는 관성 좌표계에 있는 각각의 관측자 모두에 대해 동일하다고 가정에서 특수 상대성 이론을 전개하였다. 그가 얻은 결론은 첫째 움직이는 물체에서의 시간변화는 외부관찰자에게 시간이 천천히 변화하는 것으로 보이는 시간 지연현상이 일어나고 둘째, 외부관찰자의 눈에 움직이는 물체는 외부관찰자의 눈에 비친 움직이는 방향으로 짧아져 보이는 길이 축소현상(로렌츠 수축)이 일어나며 셋째, 관찰자의 눈에 동시에 일어난 것으로 관찰된 어떤 두 사건은, 그 관찰자에 대해 상대운동을 하는 다른 외부관찰자의 눈에는 동시에 일어난 것으로 보이지 않는 동시의 상대성이 있으며 넷째, 에너지와 질량은 등가이며 상호변환 가능하고 그 크기는 질량-에너지 식 $E=mc^2$으로 계산할 수 있다는 것이다. 사실 상대성

| 그림 사진 9.4 |

〈The Chromosome of Highly Colored Fish's eye Starting the Harmonious Disintegration of the Persistence of Memory〉[44], 살바도르 달리(Salvador Dali(1904~1989)년, 1952~1954년, 캔버스에 유화, 24.4×33cm, 살바도르 달리 미술관, 세이트 페테르부르그, 플로리다.: 상대성이론이 국제적인 관심을 끌었던 1919년 당시 대부분의 프랑스 화가들은 '무의식의 정신세계'에 몰두하였으나 달리는 아원자 영역의 이동과 존재의 특성을–원자간 평형–일상적인 객체의 거시 세상 속으로 옮겼다. 1950년대, 달리는 마이크로 세상의 예측할 수 없는 특징을 인간 스케일에 중첩시키고, 중력을 받지 않고 떠다니는 분리되어 있는 객체를 그림으로서 아원자 영역을 상징하였다. 〈기억의 지속, Persistence of Memory〉의 굽어진 시계와 풍경, 〈한 백조 깃의 원자간 평형, Intra–Atomic Equilibrium of a Swan's Feather〉에서 손, 백로의 깃, 중력을 거부하고 떠다니는 물체들을 그렸다.

이론이 많은 사람들을 당혹스럽게 만드는 것은 그 결론이 사람들의 직관에 어긋난다는 점이다. 우리는 절대로 빛의 속도보다 빠른 속도로는 움직일 수가 없고, 우리가 더 빨리 가려고 노력할수록 외부의 관찰자에게 시간이 늘어나고 길이가 줄어드는 왜곡되어 보이는 현상이 나타난다는 주장을 어떻게 받아들일 수 있을까? 아인슈타인은 이 원리를 강조하기 위해 그의 논문에서 똑같은 두 개의 시계가 하나는 북극에, 하나는 적도에 있다고 상상하고 북극에 있는 시계로 측정할 때 적도에 있는 시계는 지구의 회전 운동 때문에 1퍼센트의 1퍼센트에도 훨씬 못 미치는 비율이긴 하지만 늦어진다는 점을 지적하였다.[45]

상대성 이론이 이상하게 보이는 이유는, 우리가 일상생활에서 그런 경우를 경험하지 못하기 때문이다. 그러나 소립자 세계에서는 이 시간 지연이 결정적인 역할을 하며 분명히 관측된다. 소립자들은 대부분 불안정하다. 이것들은 붕괴돼서 안정한 입자들이 된다. 상대성 이론에 의한 시간의 지연으로 고속으로 움직이고 있는 소립자는 정지해 있는 소립자보다 더 긴 반감기를 가지고 붕괴해야 한다. 대형 가속 장치에서는 이 같은 입자들이 수백만 개씩 만들어 진다. 소립자들이 가속 장치를 빠져나올 때는 거의 빛의 속도로 운동하게 된다. 이 입자들의 반감기를 측정하고 똑같은 양의 이 입자들이 정지하고 난 다음 붕괴되는 반감기를 측정해서 비교하면 두 가지 반감기는 상당히 차이가 나며, 그 결과는 상대성 이론과 완벽하게 일치한다.

일반 상대성 이론

특수상대성 이론을 발표한 후 아인슈타인은 새로운 모순을 발견하였다. 중심점을 중심으로 회전하고 있는 평판 원반을 상상해 보자. 고전 물리학과 수학에 따르면, 이 원반의 둘레의 길이를 측정한 다음 이것을 이 원반의 지름으로 나누면 답이 항상 '파이(π)'가 된다. 이 값은 유클리드 우주에서는 모든 원에 예외 없이 적용된다. 그러나 자신의 상대성 이론에 따르면, 이 회전하는 원반의 고정된 중심점에서 관측했을 때 회전하는 원의 둘레는 로렌츠 수축을 겪게 된다. 반면에 이 원의 지름은 로렌츠 수축을 겪지 않는데, 왜냐하면 이 지름은 원주방향으로 회전하는 지점에서 속도의 방향과 직각을 이루기 때문이다. 그러므로 상대성 이론에 따르면, 지름에 대한 원둘레의 비를 측정한 값은 더 이상 파이가 아니다. 따라서 가속도를 고려하는 경우, 기하는 더 이상 유클리드적이지 않다.[46] 길이뿐만 아니라 중심점에 있는 관측자가 보기에는 이 원반의 둘레에 위치한 시계들은 물론, 둘레와 중심점 사이의 어떠한 지점에 위치한 시계들도 중심점의 시계에 비해 '늦어질' 것이다.

특수상대성 이론을 만족하는 총체적인 공간-시간 좌표계는 어떠한 형태로도 설정할 수 없을 것이다. 예를 들어 회전 원반의 반경을 따라 자와 시계를 설치하는 것으로는 그 같은 좌표계를 만들지 않는다. 왜냐하면 중심점에 위치한 관측자가 보았을 때 원반의 각 지점에 따라 각각 다르게 자의 경우에는 수축을 하고, 시계의 경우에는 늦어질 것이기 때문이다. 아인슈타인은 가속 운동에도 적용이 되도록 특수상대성 이론을 일반화할 수가 없었다.[47] 아인슈타인은 큰 딜레마에 빠졌다. 이러한 '딜레마에서 벗어나는 길'은 공간과 시간과 우주에 대한 지금까지의 생각을 바꾸는 것 외에는 없었다.

아인슈타인은 공간-시간의 기하와 중력 사이에 지금까지 전혀 예상하지 못했던 관련성이 있다고 생각했다. 유클리드기하학에서 어떤 선이 직선인가를 결정하는 것은 그것이 궁극적으로 빛의 진행과 같은지의 여부이다. 그런데 만약 빛이 중력장 내에서 유클리드 기하학을 따르지 않는다면, 물리적 기하에 대한 우리의 생각은 수정되어야 했다. 아인슈타인은 마침내 1916년 일반 상대성 이론은 발표하였다. 그는 일반상대성 이론에서 뉴턴의 만유인력 법칙을 대체하는 새로운 수식을 제시하고 중력현상을 새롭게 설명하였다.

그는 일반 상대성 이론에서 "관측자가 가속 운동을 하는 경우에도 물리 법칙은 모두 동일하게 적용된다." 가설에서 출발하여 질량과 에너지가 시공간을 휘게 하고, 빛을 포함하여 입자들이 이렇게 휘어진 시공간 속에서 움직인다는 결론을 얻었다. 이제 중력은 '힘' 아니라 시공간의 휘어짐의 표현일 뿐 이었다. 아인슈타인의 새로운 이론에서 뉴턴의 중력 방정식이 일련의 새로운 방정식들로 대체되었다. 중력 효과가 약한 경우의 근사에서는 이 방정식들이 뉴턴의 법칙들로 되돌아간다. 따라서 행성 운동의 전체 구조는 뉴턴의 법칙들에 의해 거의 정확히 알아낼 수 있다. 그러나 태양 근처를 지나는 빛의 경우, 뉴턴의 법칙으로 구한 값에는 측정이 가능할 정도의 오차가 있다. 실제로 새로운 이론은 별에서 나온 빛이 태양의 표면 근처를 통과하는 경우, 이 별의 위치가 1.74초만큼 옮겨진 것으로 보인다고 예측하였다. 이 값은 아인슈타인이 1911년 논문에서 뉴턴의 이론을 이용하여 예측한 수치의 두 배였다.[48]

수성이 태양 주위를 한 바퀴 돌 때마다 매번 도착한 지점은 출발했던 지점과 달랐다. 이것을 조사하는 방법은 궤도상에서 태양에 가장 가까운 점—이른바 근일점—을 알아둔 다음, 해가 가면서 이 점들이 어떻게 변하는가를 살펴보는 것이다. 이 근일점의 변화는 1세기에 약 43초의 이동을 한다. 그런데 이 값이 뉴턴의 중력 이론으로 행성들의 모든 미세한 움직임 효과를 고려하여 계산한 값보다 훨씬 크다. 한동안 천문학자들은 태양 주위에 이러한 효과를 일으키는 숨겨진 행성(불카누스, Vulcan; 불과 대장간의 신)이 있을 것이라고 생각했다. 그러나 20세기 초가 되도록 그 같은 행성은 발견되지 않았고, 천문학자들은 뉴턴의 중력 법칙을 의심하기 시작했다.[49] 아인슈타인은 새로운 중력 이론으로 수성의 근일점 이동을 정확히 예측 했다.

우리의 직관에서 벗어나기 때문에 이해하기 어려운 또 한 가지는 시간이 공간의 일부라는 주장이다. 우리는 본능적으로 시간이 영원하고, 절대적이고, 불변의 것이라고 생각한다. 일정하게 째깍거리는 시간은 무엇으로도 방해할 수가 없다. 그런데 아인슈타인의 주장에 따르면 시간은 변화할 수 있는 것일뿐만 아니라, 실제로 끊임없이 변화하고 있는 것이다. 스티븐 호킹은 시간은 3차원 공간과 '풀어헤칠 수 없도록 서로 얽힌' '시공간'이라는 기묘한 차원을 만들어낸다.[50]고 하였다. 시공간은 마치 매트리스나 고무판처럼 쉽게 휘어지는 평면 위에 쇠구슬을 올려놓으면 평면은 쇠구슬의 무게 때문에 조금 눌려서 늘어나는 것처럼 시공간이 태양과 같은 무거운 물체(쇠구슬)에 의해서 영향을 받는다는 것이다. 만약 아주 가벼운 구슬이 같은 평면 위를 굴러간다면, 그 구슬은 뉴턴의 법칙에 따라서 직선으로 움직이려고 하겠지만, 매우 무거운 물체가 굴러가면 평면이 휘어지고 가까이에 있는 물체는 아래로 늘어진 평면의 곡면을 따라 무거운 물체쪽으로 이끌리게 된다. 중력은 이제 바로 시공간의 휘어짐에 의해서 생기는 현상일 뿐이다.[51]

4차원 시공간

아인슈타인이 1916년에 『상대성 이론』에서 "우리가 살고 있는 이 세상은 4차원 시공간 연속체이다."라고 하였다. 우리는 우리가 실제로 그렇게 살고 있으면서도 그

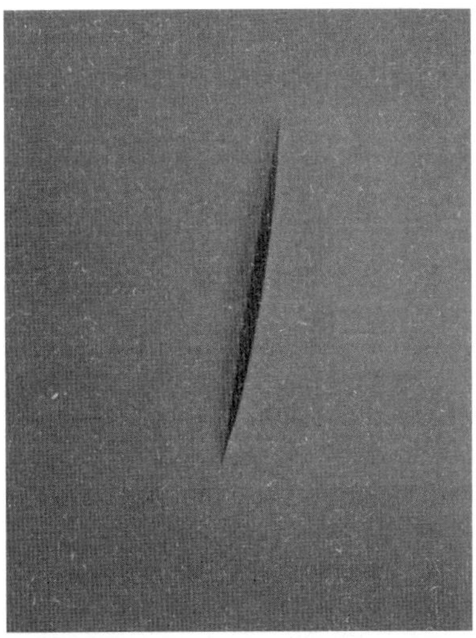

| 그림 사진 9.5 |

〈공간 개념, Spatial comcept: "Waiting"〉[52]: 1960년 Tagli(Cuts) 시리즈에서, 루시오 폰타나(1898~1968년), Tate, 런던: 캔버스에 자른 흔적으로 지상의 세상(화가의 캔버스에 그려진 것 같은)과 우주(캔버스 뒤에 있는 은유적으로 공허한)사이에 통행 길을 낸 폰타나는 "나는 캔버스에 뚫은 구멍으로 아인스타인이 발견한 우주공간의 광활함을 암시하려고 하였다. 빛과 무한대가 이 구멍을 통해 지나간다. 그림을 그릴 필요가 없다."고 말한다. 그는 구멍과 천체의 공간의 관계를 고양시키기 위해서, 성운들을 암시하는 구멍을 냈다. 폰타나는 1951년 "기술 선언, Technical Manifesto에서 19세기 물리학('물질주의')이 추상미술로 이끌어 갔듯이, 자연 속에 있는 새로운 힘에 대한 최근의 발견은 새롭게 탈물질화된 순수한 에너지의 예술로 이끌고 있다. 새로운 물리적 힘의 발견으로 물질과 공간에 대한 통제는 점차 인간에게 이전의 역사에 없었던 조건을 가하고 있다. … 추상이 잉태되었고 점점 왜곡을 거쳐 이루어지고 있다. 그러나 이 새 시대(근대추상미술)는 오늘날 인간의 필요를 채워주지 않는다. … 우리는 물리적 요소들의 합-색, 소리, 운동, 공간, 관념과 물질의 통합-으로 종합을 인식한다. 색, 공간의 요소, 소리, 시간과 공간 속에서 전개되는 시간과 운동의 요소 이러한 것들이 존재의 4차원을 구성하는 새로운 예술의 기초적인 형식들이다. … 새로운 예술 형식은 그 모양을 갖추어 가고 있다. 빛이 공간 속에서 모양을 갖추고 있다.[53]

것을 깨닫지 못한다. 어떤 정해진 장소에서 정해진 시간에 만나기로 누군가와 약속할 때 우리는 4차원적인 표현을 이미 하고 있다. 왜냐하면 정해진 장소를 정확히 말하기 위해서는 세 개의 공간 좌표가 지정되어야 하고, 여기에 시간이 네 번째 좌표 또는 네 번째 '차원'으로 덧붙여져야 하기 때문이다. 다만 여기서 우리가 느끼는 시간과 공간을 절대 시간과 절대 공간이다. 그러므로 '시공간' 내의 모든 만남의 장소는 수학자들이 4차원적 벡터라고 부르는 것에 의해 지정된다.

1908년, 민코프스키는 쾰른에서 열린 제80회 '독일 자연 과학자 및 의사 총회'에서 '공간과 시간'이라는 강연을 하면서 "내가 여러분 앞에 제시하고자 하는 공간과 시간에 대한 관점은 실험 물리학의 토양에서 싹튼 것이며, 또한 이것의 힘이 그 실험 물리학 안에 들어 있습니다. 이 관점은 근본적인 것입니다. 이제부터는 개별적인 공간과 시간은 그 실체를 잃어버리고 단지 그림자로만 남게 될 운명에 처해 있습니다. 오직 이 둘이 일종의 결합을 이룬 형태만이 독립적인 실체를 유지해 나갈 것입니다."[54]라는 놀라운 선언을 하였다. 이 때문에 상대성 이론의 4차원 시공간에서 사람들이 시간의 앞뒤로 옮겨 갈 수 있다거나 미래나 과거로 끼어들 수 있다는 등의 이야기들이 시작되기도 하였는데, 불행이기도하고 다행이기도한 것은 이러한 이야기는 옳지 않다는 것이다. 상대성 이론을 올바로 이해한다면 우리에게 미래는 여전히 미래이고 과거는 과거이다. 모든 관찰자는 자신의 로렌츠계를 가지고 있으므로 나의 로렌츠 계에서 사건 B가 사건 A 다음에 일어났다고 가정할 때, 여러 계들을 연결하는 로렌츠 변환에 의해 공간과 시간이 변환된 경우라 할지라도 다른 모든 로렌츠 계의 관측자들이 B를 A 다음에 보게 되기 때문이다. 이는 어느 한 로렌츠계에서 한 지점에서의 두 사건이 주어진 시간의 순서에 따라 즉, 두 번째 사건이 첫 번째 사건보다 더 늦게 일어난다면, 그 사건들은 로렌츠 변환에 의해 연결된 모든 관측자들에게도 똑같은 시간의 순서로 나타날 것이라는 것이다. 이 것은 공간적으로 서로 다른 지점에서 발생한 사건들에 대해서도, 이 지점들이 상호간에 빛의 신호를 교환할 수 있기만 하다면, 그대로 적용된다.[55]

9.3 양자역학

막스 플랑크는 1900년, 베를린 대학에서 에너지가 흐르는 물처럼 연속적인 것이 아니라 양자(quantum)라고 부르는 개별적인 입자임을 주장하는 '양자론'을 제창했다. 양자론은 현대 물리학 전반의 기반으로 자리를 잡고 지금까지 세상을 해석하던 것과는 전혀 다른 해석의 길을 여는 단초가 되었다. 모든 원자를 구성하고 있는 것은 원자핵과 그 주위를 빠른 속도로 돌고 있는 전자이다. 전자는 입자의 성질을 가지고 있으면서 또한 파동의 성질을 가지고 있는 것이 먼저 밝혀졌다. 그리고 전자뿐만 아니라 기타의 모든 입자들도 이 입자-파동의 이중성을 지니고 있다는 사실이 드러났다. 입자란 공간의 극히 제한된 부분에 한정되어 있는 것이고, 파동은 넓은 공간에 퍼져 있는 것이므로 동일한 물질이 입자이면서 또한 파동이라는 것은 논리적으로 타당하지 않지만, 현대 과학에서 지금까지의 논리로는 '타당해 보이지 않는' 그것이 원자 세계의 의심할 수 없는 실재라는 것이 분명해졌다. 우리의 경험 속에 축적된 세계 이해와는 완전히 다른 것들을 다루는 양자역학 특유의 고유 현상으로 비연속성, 이중성, 중첩, 불확정성, 디랙의 진공, 양자상태의 얽힘에 따른 비국소성과 비분리성 등이 있다.

비연속성

뉴톤역학에 의하면 날아가는 공의 운동 에너지($=1/2\ mV^2$) 값은 그 속도에 따라 0에서부터 모든 가능한 속도에 대응하는 값의 에너지를 가질 수 있다. 이 때 날아가는 공의 에너지는 연속적인 값을 갖는다고 한다. 그러나 양자계의 에너지는 특정한 값만을 가질 수 있으며 그 값은 연속적이라고 할 수없다. 즉 불연속적인 특정 값만 가질 수 있다. 예를 들어 빛 에너지의 경우, 어떤 기본 에너지 값의 정수배에 해당하는 에너지만이 측정된다. 이 기본 에너지를 갖는 물체를 '양자'라고 한다. 그런데 우주를 구성하고 있는 물질은 양자라는 알갱이로 이루어져 있다. 그래서 우주는 양자로 구성되어있다는 것이 양자역학의 출발점이다. 양자역학의 비연속성은 양자역학에서 기본적인 구성체가 양자라고 부르는 알갱이기 때문에 발생한다.

이중성

고전물리학에서 입자와 파동은 전혀 다른 물리적 성질을 갖는다. 입자는 운동하면서 에너지도 함께 전달한다. 날아온 야구공에 맞았을 때 아픈 것은 야구공이 움직이면서 같이 따라온 운동 에너지가 충격을 주기 때문이다. 이와 달리 음파나 물결파 같은 것을 파동이라 하는데, 파동의 경우에는 물질 자체는 이동하지 않고 에너지만 전달된다. 소리가 그렇다. 성대가 공기를 진동시키면 이 공기의 진동을 고막이 감지하면서 소리를 듣게 된다. 공기 분자가 한 사람의 성대에서 다른 사람의 귀로 직접 이동하는 게 아니라, 공기는 원래 있던 자리 부근에서 진동하고 이 진동이 전파되면서 진동 에너지만 전달된다. 이처럼 파동과 입자는 전혀 다른 물리적 속성을 지닌 것이어서, 고전 물리학에서 입자면 파동일 수 없고 파동이면 입자일 수 없다. 고전 물리학에서 입자와 파동은 서로 배타적인 개념이다.

빛은 간섭이나 회절 같은 파동의 전형적인 특성을 보이므로 분명히 파동이어야 한다. 그런데 흑체복사[56]나 광전효과처럼 빛을 입자라고 생각해야만 설명되는 현상이 발견되었다. 이와 반대로 전자는 전하를 전달하는 입자라고 생각되었다. 그러나 전자가 때로는 파동의 전형적인 현상인 간섭이나 회절현상을 일으킨다는 것이 관측되었다. 입자인 전자가 상황에 따라서 파동처럼 행동하면서 간섭현상을 일으킨다. 결국, 파동으로 생각했던 빛은 입자성을 동시에 지니며, 입자라고 생각했던 전자는 파동성을 동시에 지닌다. 빛이나 전자만이 아니라 전자보다 1,800배 큰 중성자나 양성자, 심지어는 탄소 원자 80개가 모인 화합물에서도 이런 성질이 확인된다. 빛, 전자, 중성자, 원자 등의 기본물질을 포함하여 이들 물체는 모두 입자성과 파동성을 동시에 지닌다. 파동성과 입자성이 어떤 상황에서 동시에 나타나지는 않지만, 하나의 물체가 상황에 따라 때로는 파동의 성질을 보이기도 하고 때로는 입자의 성질을 보이기도 한다. 이렇게 입자성과 파동성을 동시에 지니는 것을 이중성(Duality)이라 한다. 입자처럼 행동하면서 파동처럼 행동하는 전자의 이상한 거동을 이해하기 위한 과학자들의 노력은 '상보성원리'라는 사고의 전향을 요구하였다.

측정의 교란

고전 물리학과 대비되는 양자역학의 고유한 특성은 측정과 관련해서 나타난다. 고전적인 세계에서 관측은 관측을 하더라도 관측 대상의 상태가 변하지 않아야 한다는 것을 전제한다. 관측에 의해 대상의 상태를 파악하려고 하는데 관측 때문에 대상의 상태가 변한다면 관측이 의미를 상실하기 때문이다.[57] 그런데 양자의 세계에서는 이런 전제 조건이 담보되지 않는다. 양자 세계에서 모든 대상은 관측에 따라 그 대상 자체가 달라진다. 우리가 대상을 보려고 하면 우리와 대상 사이에 반드시 어떤 상호작용이 형성되어야 하고 이런 상호작용 때문에 우리와 대상은 서로 영향을 주고받는다. 고전 세계에서는 관측 대상이 크기 때문에 그 상호작용의 효과를 무시할 수 있지만, 양자 세계에서는 우리가 대상을 확인하려고 한다는 바로 그 사실 때문에 대상의 상태가 달라진다.

인간의 일상적인 생활에서 그리고 고전 물리학에서 인간의 관심 대상은 우리가 그 대상을 관측하는지의 여부와는 상관없이 움직인다. 날아가는 야구공의 궤적은 우리가 관찰하고 있다는 사실과 무관하게 움직이며 초기조건이 주어지면 뉴턴 역학의 법칙으로 그 움직임을 예측할 수 있다. 그러나 양자역학에서는 대상이 관찰자의 관찰로부터 자유롭지 못하다. 측정에서 고전물리학과 양자역학이 전혀 다른 양상을 띠는 근본적인 이유는 첫째로는 앞에서 말한 바와 같이 측정 행위 자체가 양자계를 흔들어놓기 때문이다. 둘째로는 양자계의 상태가 중첩되어 있기 때문이다.

관찰자가 대상을 본다는 것은 그 대상에서 나오는 빛을 본다는 것이다. 이때 전자와 같이 아주 작은 대상은 광자가 나오면서 그 충격으로 전자가 상당한 정도로 움직인다. 그래서 관찰자가 전자의 위치를 알려고 관찰하는 순간 바로 그 행위 때문에 전자의 위치가 부정확해진다. 이는 체온계로 우리의 몸의 체온은 잴 수 있지만 같은 체온계로 벼룩의 온도를 재려고한다면 그 체온계의 온도가 오히려 벼룩의 체온에 영향을 미치는 것과 같다.

중첩의 원리

고전 역학에서는 입자에서 나타나지 않고 파동에서만 나타나는 파동 특유의 현상이지만, 양자역학에서는 중첩의 원리가 보편적인 기본원리이다. 중첩이란 A 상태와 B 상태가 각각 가능한 상태라면, A와 B가 섞여 있는 상태도 또한 가능한 상태라는 것이다. 학교에서 나는, 도서관에서 공부를 할 수도 있고 운동장에서 축구를 할 수도 있다. 그렇다면 나는 도서관에서 공부하거나 운동장에서 축구를 할 수도 있지만, 도서관에서 공부하면서 동시에 운동장에서 축구를 할 수도 있다는 것이 중첩의 원리이다. 그러나 일상의 가시적인 세계에서는 이런 중첩이 불가능하다. 그러나 양자역학의 세계에서는 중첩이 가능할 뿐 아니라 보편적이다. 양자계의 상태는 일반적으로 여러 가지의 가능성이 혼재되어 있는 중첩상태다. 측정 전의 양자 중첩상태가 측정에 의해 어느 한 상태로 급격하게 변하는 것을 측정에 의한 양자상태의 붕괴라고 한다. 고전역학과 전혀 다른 이러한 양자역학의 특성은 측정을 할 때 나타난다. 중첩상태에 대해 측정을 하면 양자계는 그 중 어느 한 상태로 옮아가게 되고 나머지 다른 상태에 대한 가능성은 소멸된다. 측정 전에 중첩상태 있었더라도 측정을 하고 난 후의 양자상태는 상태 A이거나 상태 B가 된다. 마치 학생이 학교로 갈 때 도서관으로 가서 공부를 할 수도 있고 운동장에 가서 축구를 할 수도 있으나 학교에 도착하면 그 중에 한 가지 상태를 행하는 것과 같다. 이처럼 측정 전과 측정 후의 양자상태는 전혀 다른 상태가 된다.[58]

관찰의 주관성

양자역학에서는 측정 대상이 너무 작아서 측정 행위 자체가 관측 대상에 큰 영향을 주거나 측정 전의 양자계가 중첩되어 있거나, 어느 경우에나 양자계에서 측정은 관측 대상을 변화시킨다. 이는 우리가 일반적으로 생각하는 측정과 상당히 다른 것이다. 이것뿐만 아니라 중요한 것은 관찰의 결과가 관찰자인 인간의 의도와 불가분의 관계에 있다는 것이다. 입자의 위치를 알려고 그 위치를 관찰할 수는 있으나 그때에는 입자의 운동량을 관찰할 수 없고, 입자의 운동량을 관찰하려면 그 위치를 알 수 없다. 즉 동시에 위치와 운동량을 관찰할 수 없다. 어떤 관찰을 할 것인지 관찰자의 의사에 따라 물질이 반응을 달리한다. 즉 자연은 관찰자의 물음에 따라 다른 성질의 대답을 함으로써 관찰자의 의도와 상호 작용한다. 이는 과학자가 자연의 관찰자이면서 동시에 자연 현상에 참여하는 것을 뜻한다. 휠러(J. Wheeler)는 "측정은 전자의 상태를 변화시키며, 우주는 그 다음 결코 동일하지 않을 것이다."라고 말했다. 이는 과학이 완전한 객관성을 가질 수 없다는 것을 말한다.[59] 원자 세계를 이해하기 위해 물질의 개념, 자연의 합리성, 인과율, 과학의 객관성 등등 고전 과학의 기본 개념들을 모조리 파기하지 않을 수 없게 된 현대 물리학의 거장들은 엄청난 사상적 충격을 겪어야 했다.[60]

| 그림 사진 9.6 |

〈기회, Chance〉[61], Man Ray(미국, 1890~1976년), 캔버스에 유채, 61×73.7, Whitney Museum of American Art, New York: 물리학자 조지 가모우, George Gamow는 영국의 과학 잡지 Discorvery(이 잡지의 편집장은 '두 문화'를 말한 C. P. Snow였다)가 1938년 시작한 양자역학 대중화 시리즈에서 '양자당구(quantum billard)'라는 새로운 게임을 소개했다. 맨 레이는 양자역학의 '결정불가성'의 입장에서 기존의 당구 게임의 당구공의 세상에 작별을 고하고 당구 테이블이 지구상에 평평한 곳에 있지 않고 기울여 놓았다. 그에게 기회는 새로운 게임의 규칙이 되었다. 양자역학적 결정불가성에 대한 문화적 반응은 1945년 이후에 서구전역에서 증가하기 시작하여 포스트모더니즘을 잉태하였다.[62]

불확정성 원리

양자역학의 원리는 1926년 하이젠베르크에 의해서 정립되었다. 하이젠베르크의 불확정성의 원리가 그 핵심이었다. 양자론의 근거가 되는 불확정성은 전자가 공간에서 움직이는 속도 또는 어느 순간에 존재하는 위치를 알아낼 수는 있지만, 두 가지 모두를 알아낼 수는 없다는 것을 의미한다. 어느 하나를 측정하려고 시도하면 반드시 다른 하나를 변화시키게 된다. 더 정밀한 측정기구가 있다고 해결되는 문제가 아니라, 우주가 가지고 있는 불변의 특성 때문에 생기는 문제라는 것이다.[63]

일상적인 삶에서 우리는 날아가는 물체의 위치와 속도를 말한다. 이것은 그 위치와 그 위치에서의 속도를 측정할 수 있다는 것을 내포하고 있다. 그러나 양자역학에서는 특정한 한 쌍의 물리량에 대해 이 둘을 동시에 정확하게 측정한다는 것이 불가능하다고 말한다. 대표적인 예가 앞에서 말한 위치와 속도이다. 이 경우, 위치를 정확히 알면 알수록 속도를 정확하게 알 수 있는 가능성은 줄어들고 반대로 속도를 정확히 알면 알수록 위치에 대해서는 점점 더 알 수 없게 된다는 것이다. 이것은 위치에 대한 불확정성의 정도와 속도에 대한 불확정성의 정도는 그들의 곱이 어떤 상수보다 작을 수 없다는 것이다. 이것이 불확정성의 원리이다. 이 불확정성은 실험기구의 오차나 관찰자의 실수로 발생한 오차가 아니므로 측정방법을 개선함으로써 줄여나갈 수 있는 것이 아니며 양자 역학적 원리에서 피할 수 없는 측정의 한계이다. 이 원리는 하이젠베르크가 코펜하겐의 보어 연구소에서 보어와 함께 입자-파동의 이중성이 원사 물리학의 우연적인 특성이 아니라 자연의 기본적인 사실임을 인식하고 원자 규모의 '측정'의 의미를 주의 깊게 분석하는 과정에서 발견되었다. 우리는 불확정성의 원리 때문에 전자가 어느 순간에 어디에 있는가를 절대적으로 정확하게 예측할 수 없고 다만 전자가 어느 곳에 있을 확률만 이야기 할 수 있을 뿐이다. 데니스 오버바이가 말했듯이, "전자는 관찰될 때까지는 존재하지도 않는다. 이것은 전자는 관찰되기 전까지는 어느 곳에나 있으면서, 어느 곳에도 존재하지 않는다."[64]라고 말하는 것과 같다.

불확정성 원리는 인과율을 약화시키고 우연-비결정의 요소를 과학의 토대로 도입하였다. 아원자의 영역에서 자연 현상이 결정적이지 못하다는 생각은 인간의 사고와 문화에 충격을 주었다. 양자역학의 대가들은 대중 강연에서 양자역학적 사고를 전파하였다. 슈레딩거, Erwin Schrodinger는 "결국—당신이 무엇을 해왔는지 모든 사람에게 말할 수 없다면, 당신의 하는 일은 의미가 없다." 고까지 말하였고 닐 보어, Niels Bohr는 자신의 책 『원자이론과 자연의 기술(Atomic Theory and the Description of nature, 1934년)』에서 철학, 문화 심지어 시각 예술에서 불확정성 원리가 갖는 의미를 이야기 하면서 "우리 세기에, 물질의 원자 구성에 대한 연구를 통해서, 고전 물리학적 사고 범위의 의심할 수 없는 제한이 밝혀졌으며 전통적인 철학에 수용된 과학적 설명에 대한 욕구에 새로운 빛이 밝아졌다"[65]고 하였다.

디랙의 진공

앞에서 보았듯이 고전물리학과 달리 현대물리학에서는 관측 대상의 나타남이 관측 대상의 성질만으로 결정되지 않는다. 이것은 상대성 이론이나 양자역학 모두에 해당된다. 상대성 이론에서 두 사건의 동시성이나 전후관계는 사건과 관측자가 어떤 상대운동을 하느냐에 따라 달라진다. 또한 빠르게 운동하는 사람의 시간은 느리게 운동하는 사람의 시간보다 천천히 흘러간다. 그러므로 상대적으로 운동하는 두 사람은 서로 다른 두 개의 시계를 가지고 있으며, 서로 다른 시간이 흘러가는 서로 다른 세계에 살고 있는 셈이다. 누구에게나 똑같이 흘러가면서 모든 존재자에게 동일하게 적용되는 뉴턴의 절대시간의 개념은 이미 붕괴되었다. 특수상대론에서 관측되는 대상의 길이도 대상과 관측자가 어떤 상대운동을 하느냐에 따라 달라진다. 서로 다른 운동 상태에 있는 관찰자에게는 서로 다른 시간과 서로 다른 공간이 펼쳐진다. 시간과 공간은 그 자체로 고정되어 있는 게 아니라 우리가 감지하는 대상이며, 우리가 어떤 물리적 상태에 있느냐에 따라 달라지는 양일 뿐이다.

대상에 대한 관측이 대상 자체의 성질에 의해 모든 관측자에게 동일하게 나타나지 않는다는 것은 양자역학에서도 마찬 가지다. 앞에서 언급한 파동과 입자의 이중성이 그 좋은 예다. 상황에 따라서 양자가 파동의 측면을 드러내기도 하고 입자의 측면을 드러내기도 한다. 빛이나 전자는 어떤 관계의 맥락이 설정되느냐에 따라 때로는 파동의 모습을 보이고 때로는 입자의 모습을 보인다. 따라서 빛이나 전자 자체는 파동이면서 입자라고 할 수도 있지만 파동도 아니고 입자도 아니라고 말할 수도 있다.

마침내 디랙(Dirac)은 자신의 상대론적 양자역학에서 관측 대상 자체의 성질에 따라 대상의 모습이 전적으로 나타나지 않는 디랙의 진공(vacuum)을 주장하였다. 일반적으로 진공이란 아무것도 없는 것이라고 생각한다. 그러나 디랙의 상대론적 양자역학에서 진공은 어떤 기준 에너지 이하의 모든 상태가 하나도 빠짐없이 입자로 가득 차 있는 상태를 의미한다. 그러므로 진공은 아무 것도 없는 상태가 아니라 오히려 완전한 '충만'의 상태이다.[66] 그러면 입자로 가득 찬 이 충만의 상태를 보면서 우리는 왜 아무것도 없다고 느끼는가? 그것은 인간이 공기의 존재를 '규명하기' 전에 인간이 우리 주위에 있는 움직임이 없는 고요한 그러나 충만한 공기 속에서 공기의 존재를 '규명하지 못한 것'과 같다. 양자역학의 관점에서 우리는 '우리가 의식하지 못한 어떤 것'이 충만한 상태를 아무것도 없는 것처럼 인식하는 세계에 살고 있다. 이러한 '충만한 상태'를 아무것도 없다고 느끼게 하는 구조의 세계 안에 우리는 살고 있으며, 이 '느끼지 못하는 충만한 상태'를 우리는 진공이라고 부른다.[67]

아인슈타인-보어 논쟁

닐스 보어를 중심으로 양자역학의 체계를 세운 코펜하겐 학파[68]의 과학자들에게 야구 경기에서 타자가 공을 치기 전에는 그가 어떤 공을 칠지 알 수 없듯이, 양자 세계에서도 측정을 하기 전에는 어느 대안(실재)이 실현될지를 알 수 없다. 각 타자가 공을 치기 전에 타율로서 그 타자가 안타를 칠 확률만 알뿐이듯이, 양자역학에서 단지 각각의 측정 결과가 실현될 수 있는 확률만 파동함수로 주어진다. 우리가 양자계에 대해 알 수 있는 정보는 이 확률뿐이다. 이 점에서 아인슈타인은 양자역학을 거부하였다. 아인슈타인은 우리가 보고 있지 않은 순간에도 달은 그 자리에 떠 있듯이, 사물은 관찰 여부와 상관없이 그 자신의 내재적 특성에 따라 존재해야 하며 이것이 대상의 실재성(Reality)이라고 생각했다. 아인슈타인에게 과학 즉 물리학 이론은 마땅히 이러한 실재성에 근거하며 이것을 드러내야 하며, 그렇지 못하다면 불완전한 이론이라고 생각했다. 아인슈타인은 '신은 주사위 놀이를 하지 않는다'고 하며 자신과 의견을 같이하는 포돌스키(Boris Podolsky), 로젠(Nathan Rosen)과 함께 물리이론이 갖추어야 하는 조건 중 하나가 실재성이므로 여러 가지의 가능성 중에 어느 하나로 측정 결과가 귀착되는 것은 양자계의 내재적 특성 때문이라고 했다. 그런데 양자이론은 그 특성을 기술하지 않고 단지 확률을 제시할 뿐 이므로 불완전한 이론이라는 논문을 발표했다.[69] 이 내용이 발표되자 코펜하겐 학파의 보어는 양자역학의 완벽성을 제시하려고 아인슈타인과 논쟁을 하였으나 양자이론의 해석에 대한 서로 다른 두 입장 중에 어느 것이 정당한 지는 곧바로 밝히지지 않았다. 아인슈타인은 보어에게 "우리는 정반대의 과학적인 목표를 지향하고 있습니다. 당신은 주사위 놀이를 하는 신을 믿고 있고, 나는 사물의 세계 안에 실제 대상으로서 존재하는 완벽한 법칙을 믿고 있는 것입니다. 나는 그것을 포착하기 위해 대단히 사색적인 방법으로 노력하고 있습니다."[70]라는 편지를 쓰기도 하였다.

비분리성과 비국소성

1950년대에 이론 물리학자 벨(Bell)은 아인슈타인의 이론을 분석하여, 아인슈타인의 실재성이 분리성(Separability)과 국소성(Locality)의 원리에 근거한다는 것을 밝혀냈다. 국소성은 정보전달이 불가능한 두 사건의 경우 두 물리계는 서로 아무런 영향도 줄 수 없다는 원리이며, 분리성은 두 물리계의 상태는 각자의 특성에 의해서 결정된다는 원리이다. 우리는 국소성과 분리성위에서 대상을 관찰하며 그 방법과 결과는 우리의 상식과 일치한다. 벨은 국소성과 분리성의 두 원리가 맞을 경우, 즉 자연에 대한 아인슈타인의 신념이 맞을 경우 자연현상이 만족해야 하는 '벨의 부등식(Bell's inequality)'을 유도해냈다. 1982년 벨의 부등식을 정교한 실험으로 검증한 결과, 양자역학이 예측하는 것이 옳았다. 이는 분리성과 국소성에 기초한 아인슈타인의 조건을 모두 만족하는 이론은 모순에 부딪친다는 것을 의미하였다. 아인슈타인이 믿었고 우리의 상식과도 일치하는 분리성과 국소성의 두 원리 중에 적어도 하나는 옳지 않다는 것이다. 이것은 어느 한 물체의 물리적 상태가 그 자신의 물리적 속성만으로 결정될 수 없으며 다른 물체의 영향에 의해 결정된다는 것으로써 자연은 우리가 아는 것보다 훨씬 깊은 차원에서 상호연관의 망을 형성하고 있다는 것을 의미한다. 결국 양자계의 비분리성이나 비국소성은 양자계의 내재적 특성일 뿐이라는 EPR(Einstein-Podolsky-Rosen) 논의는 양자상태의 얽힘 때문에 비롯된 것이었다. 얽힘 상태는 서로 강한 상관관계를 보이는 두 입자의 양자상태를 말하며, 우리의 우주가 국소적이고 분리되어 있지 않다는 것을 의미하며 복합계의 양자상태가 개별계를 나타내는 양자상태로 표현되지 않는다는 것의 의미한다.[71]

1964년, 벨(J. S. Bell)은 이른바 '벨의 정리(Bell's Theorem)'에서 국소성 원리가 '거짓'이라는 것을 보여주었고, 우주는 부분으로 분리될 수 없는 전체로서 존재하는 것이며, 여기 일어나는 우리의 사건들은 멀리 떨어져 있는 곳에서 일어나는 다른 사건들의 즉각적인 영향을 받는다는 것을 밝혀 주었다. 이로써 우주는 분할할 수 없는 하나의 시스템이라는 것을 믿었던 보어의 정당성이 증명되었다.[72] 우주가 분할할 수 없는 하나의 시스템이라는 것은 무엇을 말하는가? 이것은 세계를 기계적으로 보아 온 고전 물리학적 사고방식에 젖어 있는 문화권에서는 이해하기 어려운 생각이나, 우주는 하나의 거대한 유기체라는 것을 의미한다.[73]

9.4 상보성의 원리

양자역학은 현대물리학의 중심 이론이며 물리학의 모든 문제를 설명하는 기본 이론으로서 작게는 우리 주변의 물체의 성질에서부터 크게는 우주의 기원과 진화에 이르기까지 거의 모든 문제에 적용될 뿐 아니라, 고전물리학이 우리에게 제시했던 것과 상당히 다른 세계상을 제시하면서 철학과 세계관의 영역에까지 영향을 미치고 있다.

양자론의 상보성

양자역학에서 하나하나의 광양자가 어떤 행동을 할지 정확히 예측하는 것은 가능하지 않으며 말할 수 있는 것은 오직, 슈뢰딩거의 파동 함수에 의해 결정되는, 가장 가능성이 많은 행동이 무엇인가? 하는 것뿐이다. 이러한 해석으로 빛이나 전자가 파동인가 입자인가라는 질문에 대한 답은 주어졌다. 이제 뉴턴에서 아인슈타인에 이르기까지 물리학자들이 익숙하게 받아들인 엄격한 결정론은 폐기되었다. 뿐만 아니라 관찰의 결과는 관찰자인 인간의 의식과 불가분의 관계에 있다는 것이 확인되었다. 어떤 관찰 실험을 할 것인지, 관찰자의 의사에 따라 물질이 반응을 달리한다. 그러나 마치 우리 몸을 앞에서 보면 앞의 모습이 드러나고 뒤에서 보면 뒤의 모습이 드러나는 것과 같이 앞쪽과 뒤쪽을 동시에 볼 수 없기 때문에 두 모습 중 하나만이 나타난다. 그러므로 그 두 모습은 서로를 배제하지 않고 오히려 서로를 그 안에 품고 두 모습이 서로를 도와서 온전한 것을 드러낸다는 생각에 이르렀다. 이제 자연은 관찰자의 물음에 따라 다른 성질의 대답을 하며 관찰자의 의식과 상호 작용하는 것으로 인식되기 시작하였다.

이는 과학자가 자연의 관찰자이면서 동시에 자연 현상에 참여하는 것을 뜻한다. 입자 세계의 모든 변화는 인과율에 의해서가 아니라 확률에 의해서만 예측될 수 있다는 사실, 곧 어떤 실험에서 어떤 결과가 나올 것인가는 결정적으로 말할 수 없고 실제로 실험을 해보아야만 알 수 있는 것인데, 그 관찰되는 결과는 수학적인 확률의 법칙에 의해 나타날 뿐이다. 이것은 지금까지 인간이 논리의 근간이며 합리성의 근거였던 인과율의 원리를 부정하는 것으로서 고전적 과학 방법을 뿌리에서부터 흔들었다. 원자 세계를 이해하기 위해 물질의 개념, 자연의 합리성, 인과율, 과학의 객관성 등등 고전 과학의 기본 개념들을 모두 포기하지 않을 수 없게 된 현대 물리학의 거장들은 엄청난 사상적 충격을 겪어야 했다.[74)]

이러한 충격은 그 동안 서구에서 과학적 인식의 방법이라고 여겨졌던 것에 의문을 갖게 하였다. 모든 대상은 한 가지 이상의 시각에서 관찰될 수 있으며, 그 시각들은 서로 대체될 수 있는 것이 아니라 더불어서 함께 하나를 이룰 때 과학적 탐구대상이 온전히 인식되는 것인가?라는 근본적인 질문이 던져졌다. 이 질문 앞에서 닐스 보어는 파동성과 입자성이 서로 배타적이라는 고전물리학의 개념 체계를 버리고, 파동과 입자라는 두 개념을 서로 보완적인 것이라고 생각했다. 이를 상보성(complementarity)이라고 하였다. 이는 음과 양이 대립하여 상대를 배제하는 게 아니라, 서로 다르지만 어느 하나가 있음으로 상대를 또한 있게 하는 것과 같다.

그러나 문제는 여전히 남는다. 이처럼 자연 세계는 입자와 파동의 상보적인 체계지만, 우리의 개념 체계 안에는 입자와 파동이라는 단어밖에 없기 때문이다. 즉 우리의 언어나 개념은 대상을 입자나 파동 중 한 번에 하나만으로 표현할 수 있다. 이것은 입자와 파동의 특징이 상보적으로 나타나는 대상을 입자나 파동 중 어느 하나이다라고 표현하도록 우리는 훈련되어있다는 것을 의미한다. 이것은 지금까지의 '합리적'이라고 여겨졌던 물리적 개념이 대상의 속성을 완전히 포착하지 못 할 수도 있다는 것을 인정하는 것이다. 전자나 빛과 같이 아주 작은 물체나 우리 몸이나 우주와 같은 거대한 개체도 자신의 존재 안에 다수의 '존재적' 개념어로 정의되는 특징들을 가지고 있다는 것을 인정하는 것이다. 보어는 이 사실은 물리학뿐만 아니라 과학과 철학 전반에 걸쳐 있는 개념의 한계를 말해 주는 것이라고 생각하고 윤리와 도덕 체계의 구조 내에서 명백히 드러나는 '정의'와 '사랑'의 상보적 성격을 이것의 한 예로 즐겨 인용했다.[75]

상보성의 확장

상보성(complementarity)의 개념은 '완전히 채우다'라는 뜻의 라틴어 '콤플레툼'(completum)에서 유래했다. 원자가 만약 고대 그리스인들이 생각했던 것처럼 더 이상 쪼갤 수 없는 것이라면 우리의 계층모델에서 가장 아래의 차원에 있다. 물리학자들은 원자를 핵과 껍질로 구분했는데, 이는 인간을 내면의 중심과 육체의 껍질로 나누는 방식과도 일치했다. 이들은 원자들(소우주)이 별들(대우주)과 똑같은 방식으로 운동한다고 생각했다. 그래서 양자역학의 초기에 그려진 원자의 구조 그림에

| 그림 사진 9.7 |

인형을 든 마야(Maya à la poupée, 피카소, 1938, 캔버스 유채, 73.5×60cm, 파리 피카소 미술관: 피카소는 딸 마야의 얼굴과 발을 여러 시각에서 표현하고 있다. 인형은 정면을 향하고 있다. 피카소는 자신의 딸 마야가 인형을 가지고 즐거워하는 모습을 제한된 평면에 표현하기 위하여 다각적 접근, 정면성을 지키면서 눈은 정면에서, 코는 약간 측면에서, 다리는 정면과 측면에서 보이는대로 표현하였다. 이렇게 함으로써 피카소는 자신의 귀여운 딸이 인형과 함께 즐거워하는 평화스러운 분위기를 전체적으로 그려냈다. 이 그림을 평면적 시각으로 그렸을 때 어떤 느낌일까. 상상해서 이 그림과 비교해 보라.

서 보듯이, 전자는 마치 행성이 태양 주위를 돌듯이 원자핵 주위를 돈다고 여겨졌다. 그러나 인간의 인식이 확장되면서 원자핵에서 분리된 전자의 궤도라는 것이 아예 '없으며', 과학자들이 원자를 관찰하며 과거의 인식 틀에 근거하여 상상으로 '만들어낸' 것임이 밝혀졌다. 이와 함께 고전물리학이 우리에게 제시했던, 자아와 분리된 완전히 객관적 세계의 존재에 대해서도 의문을 갖기 시작하였다.

닐스 보어는 이와 같은 상황을 진지하게 받아들이고 더 이상 나누어질 수 없다는 원자의 개념에 새로운 의미를 부여했다. 보어는 이것을 '상보성'으로 요약하고 그 원리를 물리학뿐만 아니라 사고의 체계에 도입하고 자신이 없는 세계는 존재하지 않으며 세계가 없는 나 역시 생각할 수 없었다고 생각하였다. 그에게 나와 세상은 함께할 때 존재가 가능한 것이었다. 상보성을 염두에 두고 자연을 기술 할 때 우리는 항상 상보적 형태를 발견할 수 있다. 마치 피카소의 그림 '인형을 든 마야(그림 사진 9.7)'에서 보듯이, 자연의 개체들은 한 시각으로 보면 피상적으로 서로 완전히 다른 형태로 나타날 수 있지만 여러 시각에서 보이는 형태가 어우러져 심층적으로 하나의 개체로 정의될 수 있다. 상보성의 원리는 현실을 한 측면으로만 인식하지 않고 현실의 모든 차원을 서로 결합 가능한 대상으로 파악하도록 해준다. 과학의 언어는 개별적인 지시어 이며 서로 상충되어 보이지만 언제나 상보적 역할에 개방되어 있는 언어이며 과학자는 이 언어들을 종합하는 역할을 하여야 한다는 생각이 그 근저에 깔려 있다. 동양사상은 상보적 대립 쌍에 대한 생각을 이미 오래 전부터 발전시켜왔으며, 동양사상의 음양이라는 개념이 이를 적절히 표현하고 있다.[76] 그에 반해서 서양사상은 여전히 데카르트의 전통에 따라 정신을 육체에서 분리시키고 있다. 데카르트 이후 우리는 주체로서 객체의 세계로부터 분리되었다. 감정을 지닌 존재로서의 인간은 이제 더 이상 객체의 세계에 속하지 않게 되었으며, 객체의 세계는 오직 과학의 대상으로서만 인식되었었다. 상보성의 확장은 주객의 대립을 완전히 소멸시키지 않으면서 이와같은 분열을 극복하고자 하는 시도이다.[77]

물질과 반물질

빅뱅 이론에서 우주가 탄생한 후, 우주에 존재하는 막대한 에너지로부터 소립자들이 생성된다. 이때 디랙 이론에 따라 입자의 탄생은 반드시 반입자의 탄생을 동반한다. 따라서 우주 탄생 초기에는 입자와 반입자가 같은 양으로 생성됐을 것이므로 대칭성이 완벽히 유지되는 우주에서는 이들이 충돌해 빛을 내고 소멸하거나 입자-반입자 쌍이 생겨나는 현상이 반복되었을 것이다. 그렇다면 거의 물질로만 이루어진, 대칭성이 깨어진 현재의 우주의 존재는 어떻게 설명할 수 있을까? 현재 우리 우주에는 양성자, 전자 등과 같은 입자로 구성되어 있는 물질로 가득 차 있고 이 물질과 대칭을 이룰 어떤 다른 존재는 찾아보기 어렵기 때문이다. 그 다른 존재를 반물질이라고 한다면 그리고 그 양이 우주에 있는 물질의 양만큼이라면, 그 반물질은 대략 태양 질량의 10^{12}배 이상의 크기 정도로 분리되어 존재해야 한다.[78] 그러나 현재 반물질은 우주선이나 입자 가속기에서만 찾을 수 있으며 우주는 물질 만으로 구성된 것으로 알려져 있다. 결국 우주 초기에 이유는 알 수 없지만 입자가 반입자보다 더 많았어야 한다는 결론에 도달한다. 이 사실은 물질로 구성된 우주가 존재한다는 것이 입자와 반입자 사이에 본질적인 비대칭이 존재함을 뜻한다. 즉 어떤 이유에서인지 입자와 반입자들의 수에 차이가 생겼다는 것을 의미한다. 물리 법칙의 대칭성을 추구하는 물리학자들에게 이 부분은 설명할 수 없는 미스터리로 남아 있었다.

특수 상대성 이론과 양자 역학을 접목시킨 폴 디랙의 이론에서 우주를 이루고 있는 기본 물질인 양성자, 전자와 같은 소립자들은 질량 등 물리적 성질은 동일하지만 자신과는 반대의 전하를 갖는 반(反)입자를 갖는다.[79] 입자와 반입자 또는 물질과 반물질이 만나게 되면 빛의 형태로 많은 에너지를 내며 둘 다 소멸한다. 역으로 고에너지 입자들이 반응하면서 입자-반입자 쌍이 생성되기도 한다. 이러한 반입자의 존재를 예견한 디랙의 이론은, 1932년에 미국 캘리포니아공대의 칼 앤더슨이 우주로부터 오는 소립자의 흐름인 우주선이 지구 대기와 충돌할 때 순간적으로 생겼다 사라지는 양전자의 존재를 포착함으로써 그 타당성이 입증되었다. 그로부터 약 24년 지난 1956년에 양성자의 반입자인 반양성자가 버클리 대학의 가속기에서 발견되었다. 반입자의 발견으로 물리학자들은 모든 물질은 그것에 대해 반물질이 존재해야 하는 자연 법칙의 심오한 대칭성을 인정하게 되었고, 물질만으로 이루어진 현재의 우주의 존재는 대칭성이 깨어진 존재임을 받아들이게 되었다. 우주의 물질에 대한 기원 문제와 대칭이 깨어진 우주의 존재는 소립자 물리학과 우주론에서 현대 과학자들이 풀어야할 과제이며 인류의 의문이다.

9.5 사고의 전향

인간은 끊임없이 세상에 대한 간단하고 매끈한 이미지의 세계관을 만들려고 해왔다. 그리고 자신들이 경험하는 현상을 설명할 수 있는 방법들을 만들어 왔다. 20세기에 이르러 인간은 자신의 기원에 대하여 어느 때보다 깊이 사고하게 되었고 사물의 근본이 무엇인지를 소립자에 이르기까지 관찰하게 되었다. 그 결과는 지금까지 가시적으로 관찰되고 그것에서 상식적으로 인식되었던 것과는 다른 결과들을 얻게 되었다. 절대 시간과 절대 공간의 개념이 붕괴되었고 그 동안 인간이 사고를 지배해 왔던 결정론이 무너졌다. 어떤 존재는 그 존재가 나타나기까지 단지 확률적 가능성으로만 있고 나타나서야만 그 존재를 확인할 수 있다는 사실, 그 동안 인간의 창안해온 개념은 불완전하며 상보적인 조화 속에서 한 개체를 적절하게 설명할 수 있다는 사실, 우주에는 물질에 대칭을 이루는 반물질이 존재해야 한다는 이론 등 하나같이 그동안 인간의 상식을 벗어나는 혁명적인 내용들이 인간의 사고방식을 새로운 길로 이끌고 있다. 새로운 현상들에 과학자, 철학자, 시인 그리고 예술가들은 항상 민감하게 반응하고 자신들의 언어와 또 다른 수단으로 그 방식들을 표현해왔다. 20세기의 자연 과학의 혁명적 발전만큼이나 인간의 사고 방식에도 새로운 해석과 조화를 향한 전향 그리고 신 인식에도 전향이 드러나고 있다.

논리 실증주의

1920년대에 상대성 이론이나 양자론에서 영향을 받고, 흄과 마하 등의 고전적인 실증정신을 계승하고 과학을 형이상학으로부터 해방하며 과학의 논리적 분석 방법을 철학에 적용하고자 하는 사상 운동이 일군의 학자들 사이에서 일어났다. 이들은 과학이라는 것을 수학과 논리학, 그리고 이론물리학의 종합적인 관점에서 통일적으로 파악하고자 하였다. 그러한 과학체계를 구성하기 위하여 검증원리를 구축하고 이 원리를 따라 검증할 수 없는 명제는 무의미한 것으로 보았다. 일례로 "절대자는 시간 밖에 존재한다."라는 명제는 검증될 수 없으므로 무의미하게 된다. 또한 윤리적 명제도 참이거나 거짓일 수 없으므로 사실의 명제가 아니라 다만 우리의 자세나 태도를 표현하는 몸짓과 비슷한 행위의 명제라고 한다. 이 사조는 미국으로 옮겨졌고 실용주의와 결합하여 발전하였으며 현대 철학의 유력한 학파로 되었다.

실용주의

19세기에서 20세기를 넘어서면서 프래그머티스트들은 고정 불변의 진리가 있다는 사실을 부인하였다. 이들은 변화에 대한 경험과 형이상학적 과정의 입장에서 사물을 이해했다.[80] 경험론적인 전통과 더 불어 프래그머티스트들은 전 실재에 대한 개념을 갖고 있지 않으며, 여러 각도에서 사물들을 인식하고, 또한 지식에의 다원론적인 접근을 시도하였다. 프래그머티즘은 인간을 위해 사실과 가치의 영역을 통합했

으며 인간이 일관되고 창조적인 방법에 의해 과학과 철학을 이용할 수 있는 사고방식을 추구하였다.[81]

이 사상의 대표자 듀이는 도덕적, 사회적, 정치적, 경제적인 것을 막론하고 가치의 기본은 사물들의『본질』속에서나 어떤 형태의 선험적인 영원한 진리 속에서 추구되어야 한다고 말하는 모든 가치 이론을 부정하고 가치는 다윈의 세계, 즉 자신의 환경 속에서 삶을 성공적으로 조정하고자 하는 인간 행위의 만족도를 나타내는 성질을 지니고 있다고 생각했다.[82] 실험적이자 도구적인 접근 방식이 개인과 사회의 장래에 관한 문제를 성공적으로 해결할 수 있다는 그의 낙관은 여러 과학의 눈부실만한 업적에 근거하고 있었다. 듀이는 과학이 가치 판단의 기준을 마련해 줄 수 있다고 여기고 만일 인간이 전통적인 도덕과 종교의 규범을 포기한다면 어디에서 삶을 통제하는 규범을 찾을 수 있는가라는 물음에 대하여 대부분의 경우 '자연 과학의 발견들로부터' 그것이 가능하다고 보았다. 다윈의 진화론의 영향을 받은 듀이는 인간을 환경과 관계 속에서 가장 잘 이해될 수 있는 생물학적 유기체로 간주했다. 여타의 생물학적 유기체와 마찬가지로 인간도 물질적 또는 자연의 환경 속의 생존의 경쟁을 하는 존재로 여기는 듀이는 역동적인 생물학적 실재로서 인간과 인간이 의존하고 있는 환경을 연결시키고자 중심 개념으로 '경험ecxperience'을 도입했다.[83] 그는 자신의 이론을 도구주의(instrumentalism)라고 명명하고 문제를 해결할 때 사유가 항상 도구적임을 강조하였다. 인식을 자세하게 기술하려면 그 인식 행위를 야기한 문제나 상황의 환경적 요인이 고려되어야하고 사유는 마치 진리가 사물에 내재하는 정적이고 영원한 성질과 같은 진리의 탐구가 아니라 인간과 그의 환경간의 조정을 이루고자하는 행위로 간주되었다.[84] 그에게 있어서 가치는 원리적으로 인간이 욕망과 그것의 만족에서 구해지며 과학에 의하여 이 욕망들이 여러 가지 방식으로 만족될 수 있다고 함으로써 듀이는 가치문제에 과학적 방법을 도입하여 공리주의의 이론을 극복하려고 했다.[85]

형이상학적 과정

19세기 후반과 20세기 초에 자연이 실제로 공간 안에 자리 잡고 있는 불활성적인 물질적 대상으로 구성 되었는지 의문이 제기되었다. 이러한 의문을 제기한 베르그송과 화이트헤드는 과학의 논리적, 수학적 추리가 묘사하는 것만큼 사물의 질서 정연하고 기계적인 배열을 인간의 지성이 '그 주위 환경에서' 발견할 수 있을지에 대해서도 의문을 가졌다. 더욱이 만일 기본적 실재가 물질적이고 그것의 다양한 부분이 꽉 짜인 기계 조직으로 이뤄졌다면 자연에는 어떻게 진정한 새로움이 있을 수 있을까? 간단히 말해 불활성적 물질은 어떻게 정적 위치를 극복하고 진화할 수 있을까? 화이트헤드는 새롭게 생겨나는 물리학의 수많은 의미들을 숙고하면서 자신의 형이상학을 추구하였다. 베르그송도 과학을 거부할 의사는 전혀 없었지만 그 대신 형이상학과 과학이 서로를 풍요롭게 해줄 수 있다고 생각했다. 베르그송과 화이트헤드는 과학의 한계가 무엇인지, 그리고 실재를 형성하는 형이상학적 과정들을 발견함으로써 독특한 통찰력을 얻으려 하였다.

지적 공감

베르그송은 '어떤 사물을 인식하는 데는 근본적으로 다른 두 가지 방식'이 존재한다는 신념을 가졌다. 첫 번째 방식은 분석이며 이것은 '우리가 대상의 주변에서 움직인다'는 사실을 암시하며, 두 번째 방식은 직관이며 이것은 '우리가 대상 속으로 들어간다'는 사실을 암시한다.

상상할 수 있는 모든 시야에서 프랑스의 도시 파리의 사진을 찍든가 또는 파리를 영화 필름에 담는다 할지라도 그것은 우리가 살고 있고 걸어 다니는 파리 전체와 같아질 수 없다. 이처럼 베르그송은 단지 우리의 관점이나 혹은 표현하기 위해 사용하는 기호들에 의존하여 상대적으로 알 수 있는 '다른 표현'이나 모사물과 달리 우리가 오직 그 속에 들어감으로써만 알 수 있는 근원성이 있다.[86]고 생각했다. 어떤 한 대상의 '주위를 맴도는 것'과 '그 안에 들어간다'는 것은 엄밀하게 구분한 베르

| 그림 사진 9.8 |

〈선명하거나 온화한 분홍〉[87], 바실리 칸딘스키, 1924년, 캔버스 유채, 25×19″, Cologne, Wallraf-Richartz Museum: 대중들에게 새로운 과학의 발견이나 가설들이 의미하는 바는 깊이 이해되기 어려웠다. 상대성이론과 양자역학 이후 과학은 또 하나의 미스테리가 되었고 질서 있는 우주는 무질서하고 끊임없이 변하는 우주로 여겨졌다. 칸딘스키는 자신의 회고록(1913년)에서 "원자의 분열은 나에게 전 세계의 붕괴와 같았다."라고 쓰고 있다.[88] 이제 질량, 위치, 공간, 시간 등은 더 이상 과거와 같이 절대적인 것으로 받아들여지지 않았다. 예술가는 이러한 세계관에 다양한 방법으로 대응하였다. 칸딘스키는 자신의 그림에 경험으로서의 음악과 관념으로서의 음악 모두를 담았다. 그에게 그림은 '음악과 같은 에너지를 일으킨다', 즉 음악이 청취자에게 공감을 주는 것 같이 형태와 색채도 관람자 속으로 침투하고 반향을 일으켜서 그를 깊이 감동시켜야 했다. 그에게 미술과 음악은 서로의 지평 속으로 침투하는, 지평이 융합된 예술의 언어일 뿐이다.

그송에게 분석이라 부르는 지성의 활동은 한 대상의 주위를 맴돈다는 것을 의미하였으며 대상 속으로 들어간다는 것은 직관을 의미하였다. 직관은 베르그송에게 대상의 내부로 파고 들어가 대상이 가지고 있는 독특한 것, 즉 표현할 수 없는 것과 합일하는 『지적 공감intellectual sympathy』을 갖는 것이었다. 그에게 있어서 과학과 형이상학의 근본적인 차이는 바로 〈분석〉과 〈직관〉의 차이에 있다.[89)]

분석

베르그송의 주장에 의하면 과학적 추론이 분석에 기초하는 한 과학은 그것이 분석하고자 하는 모든 대상의 본질을 왜곡시킨다. 왜냐하면 분석은 대상을 이미 알고 있는 것의 요소로 환원하는 작업이기 때문이다. 다시 말해 이 대상과 다른 대상에 공통적인 요소로 환원하는 작업이기 때문이다. 장미를 분석한다는 것은 그것을 따로 취하여 그것의 구성 성분들을 발견하는 것이다. 실제로 우리는 이러한 분석으로 장미에 대한 지식을 이끌어 낸다. 그러나 그러한 분석의 상태에 놓인 장미는 이미 정원에 있는 장미가 아니다. 마찬가지로 생명을 다루는 여러 과학조차도 생물과 생물의 기관, 생물의 해부학적 요소라고 하는 가시적인 형태를 고집한다. 즉 생명의 과학은 여러 형태를 서로 비교하고 가장 복잡한 형태를 가장 단순한 형태로 환원하며 결국 생명의 기능을 이를테면 생명의 시각적 기호라고 할 수 있는 것으로 연구한다.

그에게 있어서 인간의 지성은 감관의 연장이다. 철학이나 과학이 있기 전에도 지성은 도구를 만들어 내고 주위의 물체들에 대해 우리의 육체를 올바르게 작용하도록 역할을 했다. 이러한 이유로 지성의 구조와 기능은 분석, 즉 통일적인 것을 여러 부분으로 분리 할 수 있도록 짜여져 있다. 그러므로 베르그송에게 있어서 분석적인 지성은 역설적으로 대상의 본질을 파괴함으로써 획득된다. 사물의 본질은 역동적이고 생동적이며 연속적인 존재, 즉 지속인데 분석은 이러한 본질적인 지속을 방해하며 삶과 운동을 정지시키고 참된 삶 안에서 통합되고 유기적이며 역동적이고 실재인 것을 여러 개의 독립적이고 정태적인 부분으로 분리시킨다. 그에게 있어서 부분의 합이 전체가 될 수 없으며 자아에 대한 연구에서 조차 분석적으로 진행하는 지성은 결코 참된 자아를 발견할 수 없다.[90)]

직관

베르그송은 자아를 인식할 수 있는 다른 방법, 즉 직관에 의해 구체적인 자아를 인식할 수 있다고 말한다. 그는 "우리들에게 누구나 내부로부터, 즉 단순한 분석에 의해서가 아니라 직관에 의해서 파악되는 실재가 적어도 하나는 있다. 그것은 시간을 통해 흘러가고 있는 우리 자신의 인격이다. 그것은 지속하는 우리의 자아다."[91]라고 말한다. 데카르트와 마찬가지로 베르그송은 자신의 철학을 자아에 대한 직접적인 지식에서 확립했다. 그러나 데카르트가 자아의식 위에서 이성론의 체계를 완성시킨 반면, 베르그송은 이성론과 현저하게 대립되는 직관의 방법을 제시했다. 베르그송에게 직관은 일종의 지적인 공감이다. 그의 의식은 직관에 의해 대상과 하나가 될 수 있었다. 무엇보다도 중요한 것은 직관적으로 사유함으로써 그는 지속 안에서 사유할 수 있다는 것이었다. 그에게 실재는 곧 지속이었으며 실재는 완성되어 있는 사물들로 구성되어 있는 것이 아니라 오직 형성되고 있는 사물들로 구성되어 있고, 유지되고 있는 상태가 아니라 오직 변화하는 제 상태로 구성되어 있다.[92]

진화와 생의 약동

진화론은 과학이 어떻게 지속과 생성을 성공적으로 이해할 수 있는가에 대한 예증이 아닌가? 진화론의 주요 개념들을 검토한 후에 베르그송은 이 과학 이론들 가운데 어느 것도 적합하지 않다고 결론을 내리고 자신의 이론을 제시한다.[93] 베르그송은 진화를 생동적인 힘, 즉 모든 유기체를 계속해서 더욱 복잡하고 더욱 고등적인 형태

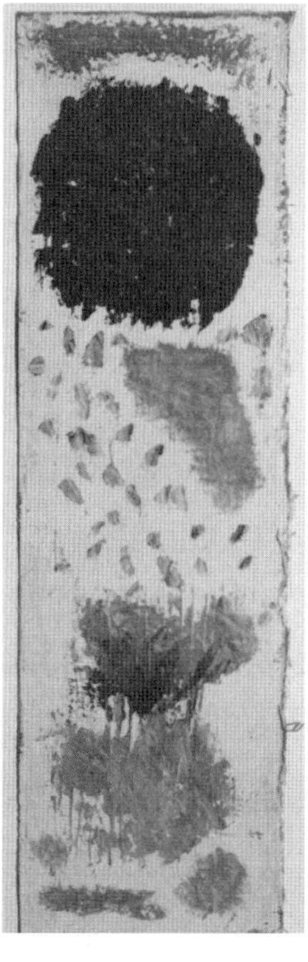

| 그림 사진 9.9 |

〈아직도 제자리에 있는 검정〉[94] 파울 클레, 1940년, 12×33/4″, Kunstmuseum, R.Doestsch-Benziter Bequest: 클레는 헤엄치는 사람이 자기 몸을 바다에 맡기 듯이 자신의 예술적 수단을 예술적 수단들 에 맡긴다. 그는 작품의 노예가 되지 않고 착상에서 제작의 전 과정에 이르는 모든 과정에서 창조적 결단이라는 행위를 배제하였다.[95] 클레에게 그림은 '나타나게 되는 것'이며 미술가는 '스스로 형성되는 작품에 무언가를 기꺼이 제공하는' 존재이다. 그는 '모든 것을 성장하도록 하면서' 재료라는 물질적 세계와 심리적 세계가 조화를 이루는 진정한 창조의 기반에 가능한 한 가까이 다가가 있다는 신념이 그에게 큰 힘이었다. 그는 학생들에게 '창조의 비밀에 대한 통찰력이 인간에게 주어지는 한 창조적 형성 충동의 비밀을 알아낼 필요성, 즉 성숙한 유기체에서 그 근원에 이르기까지의 창조의 도정을 직접적으로 그리고 집중적으로 추적해야 할 필요성'을 강조하였다.[96]

의 유기적 구조로 향하게 하는 '생의 약동(élean vital)'으로 설명한다. 생의 약동은 모든 생물의 근본적인 내적 요소며 모든 사물을 통하여 깨어지지 않은 연속성 속에서 운동하는 창조력이며 생의 약동은 모든 사물의 동기가 되며 이것은 곧 근본적인 실재다.[97] 실재는 연속적이며 부분들로 환원 될 수 없고, 생의 약동에 의해 생성된 창조적 과정은 불가역적이며 지속적 과정이다. 지속은 영구적으로 흘러가며 자신의 작품을 창조하기 전에는 자기가 무엇을 창조할 것이라는 사실을 미리 알지 못하는 예술가처럼 항상 매우 새로운 사건들을 생성한다. 지성은 단지 정태적인 시물들만을 파악할 수 있기 때문에 지속과 운동의 본질인 생의 약동을 파악할 수 없다. 베르그송에게 인식함이란 이차적인 활동이며 더욱 근본적인 일차적인 활동은 사는 것이다. 분석적 지성이 아닌 직관과 의식은 이 일차적인 삶을 파악할 수 있으며 또한 삶은 모든 사물들이 부분이 아닌 지속적이고 분리되지 않은 과정이라는 사실을 알게한다.

과정 철학

화이트헤드(Alfred North Whitehead, 1861~1947)는 베르그송과 마찬가지로 사실과 사실 간의 고립을 주장하는 분석적 사유 양식에 반대했다. 그의 철학은 과학이 분리하려고 한 것들을 하나의 유기적 통일체로 보기 위한 노력이었으므로 그에게 자연철학의 기능은 자연의 요소들이 어떻게 연결되어 있는가를 통찰하는 것이다. 화이트헤드는 과학적 지식은 이제 전환점에 도달했으며 이 시점에서 새로운 발전들을 과학에 좀 더 적절하게 반영할 수 있는 새로운 사상 체계가 요구된다고 보았다. 과학적 사유는 항상 어떤 관념들의 체계에 의존하기 때문에 그의 철학은 그러한 체계들을 명료하게 함으로써 과학적 사유를 비판하고 개선하는 것을 중시하였다. 화이트헤드는 양자물리학, 상대성 이론, 진화론 같은 최근의 과학 이론으로부터 많은 영향을 받았다. 그러나 그가 생각하는 실재를 구성하는 기본 단위는 데모크리토스나 뉴턴이 말하는 원자와 그 단위의 내용물 및 단위들 간의 관계와는 다르다. 그래서 화이트헤드는 원자라는 단어 대신에 현실적 실체(actual entity)나 그 대용어인 현실적 사건(actual occasion)이라는 말을 사용했다. 불활성적인 원자와 달리 화이트헤드의 현실적 실재는 '자연의 삶 속에 있는 조각들'이다. 또한 그것들은 결코 고립되어 존재하는 것이 아니라 그것들 주위에서 요동하고 있는 생의 전 영역과 밀접하게 연관되어 있다. 데모크리토스나 뉴턴의 원자론적 유물론은 우리에게 기계론적 자연관을 보여 주고 있는 반면, 화이트헤드의 현실적 사건이라는 개념은 살아 있는 '유기체'로서의 자연을 반영하고 있다. 화이트헤드의 현실적 사건은 계속적으로 변화하는 실재를 나타내며 이 변화는 실재들 상호 간의 충격을 통해 일어난다. 그에게 있어서 주체와 객체 양자가 모두 지속적인 변화의 과정 안에 있으며 주체가 경험하는 모든 경험은 주체에게 작용한다고 주장하였다.[98] 이것이 전 자연에 대해서도 진실인 이유는 자연이 현실적 사건들 혹은 그것들의 집합체로 이루어져 있기 때문이다. 따라서 전 실재가 현실적 사건들, 즉 경험의 방울들로 구성되어 있다면 자연은 전체에 걸쳐 계속적인 변화를 하면서 요동하는 유기체일 수밖에 없다. 화이트헤드는 자연 과정의 근본적인 특성으로서 '창조성'의 개념을 강조하였다. 그에게 창조성은 다자(the Many)가 복합적인 통일체로 구성되는 궁극적인 원리였다. 그에게 신은 모든 창조 이전에 있는 것이 아니라 모든 창조와 더불어 있으므로 '고전적' 창조자가 아니라 '역동적' 창조자이다. 그에게 신의 본성은 영구적 대상들의 영역을 구성하고 있는 모든 가능태를 개념적으로 파악하는 것이다.[99]

종교

모든 분야에서 진화가 진행하는 동안 끊임없이 증가하는 다양성이 생긴다. 더욱더 복잡한 양상의 끊임없는 진화 속에서 변형은 변형을 낳는다. 그러나 그것은 무질서한 것이 아니라, 질서를 가지고 있다. 그속에서 세력과 세력이 충돌하고 새로운 균형을 찾아서 세력들이 정합으로 나아간다. 그리고 복잡한 우주의 광대한 질서는, 아직 도달되지 않은 목표로서, 조화 있는 세력들의 완전한 평형을 가지고 있다.[100]

과학과 철학이 더욱 진보함에 따라, 절대자에 관한 미신들은 차츰 자취를 감추고, 그 대신에 인간의 인식의 한계를 넘는 측량할 길 없는 힘과 인식의 한계 밖에 있을 수 있는 질서에 대한 '믿음'이 생겨난다. 인간의 지식이 발달할수록 무지의 경계선은 더 빨리 확장된다는 의미에서 종교는 결코 과학에 의해서 배제되지 않고 새로운 함의로 발전하였다. 왜냐하면 지금까지 언제나 그랬듯이 앞으로도 언제나 존재의 궁극적인 신비는 점점 찾기 어려운 깊은 곳으로 숨어 들어가기 때문이다. 그리고 과학은 현상적이고 상대적인 것의 경계 안에 있기 때문이다. '진정한' 종교가 과학을 거부하지 않는 것은 종교의 관심사는 경험을 초월한 것이기 때문이다. 종교와 과학의 갈등이 역사에서 거듭 일어났었다. 그러나 이것은 종교와 과학의 영역이 다른 언어로 표현되고 있음을 이해하지 않으려고 하는 지엽적인 사건일 뿐이며 자기 영역에 대한 아집의 소산일 뿐이다. 역사가 그 목표를 향해서 발전함에 따라, 이 갈등들의 이유가 해소 되면서 또 새로운 갈등이 늘 생겨났다. 역사의 전개가 늘 균형과 조정을 가져왔듯이 과학과 종교는 평화스러운 조화 속에서 서로 상보하게 될 것이다.[101] 진화의 목표는 완전한 조화의 상태라고 볼 수 있지 않을까?

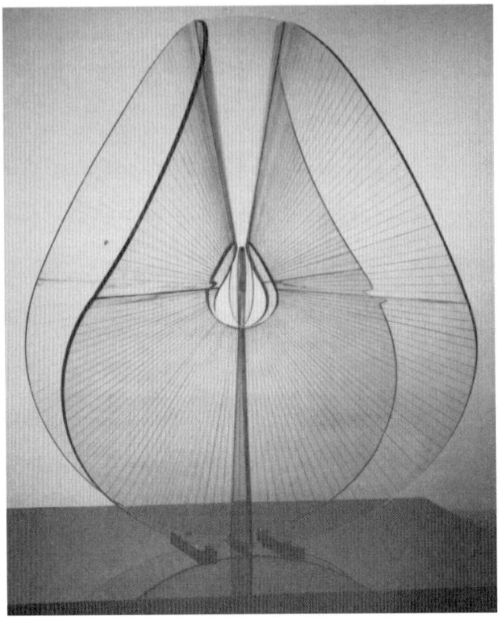

| 그림 사진 9.10 |

〈구의 주제 위에 투명한 변조〉[102], 나움 가보 Naum Gabo, 1951년, 1937년의 원작품 이후, 플라스틱, 56.8×44.8×44.8cm. 솔로몬 R.구겐하임 미술관, 뉴욕: 순간적으로 포착된 움직임을 단순히 한 줄로 배열한 그림으로는 움직임 그 자체를 재창조 해낼 수 없었던 가보는 물질은 텅빈 공간에 불과함을 알고 자신의 조각 작품을 더욱 더 탈 물질화 하였다. 1919년 최초의 역학적 조각을 창조하여 시간과 공간을 연결하는 길을 도안하였던 그는 이 작품에서 아인스타인의 비유클리드적인 공간의 우주에 대한 은유를 만들어냈다.[103]

추상 예술

19세기 후반과 20세기 초, 생물학의 혁명으로 자연으로부터 추상화하는 다양한 방식들, 아루누보, 인상파 그리고 입체파의 미술사조들이 나타났다. 이러한 양식은 궁극적으로 시각 즉 사물이 어떻게 보이는가에 달려 있었으며 아루누보, 인상파, 입체파 그림들에서 자연이 변형되기는 하였지만 궁극적으로 자연 세계를 묘사한 그림이었다. 그러나 20세기 초 상대성 이론과 양자역학으로 대변되는 현대 물리학의 혁명으로 나타나기 시작한 제2차 추상예술의 물결은 과학이 밝혀낸 볼 수 없는 영역을 예술가들이 어느 정도까지 가시화할 수 있는가하는 문제를 제기하였다. 20세기 초에 대중들의 관심이 진화생물학에서 현대 물리학으로 옮겨간 후 그리고 뉴턴의 절대시간과 공간이 해체된 후, 여전히 절대가 있을 수 있는가라는 의문들이 예술에 나타나기 시작하였다.

인간이 물리적으로 경험할 수 없으며 오직 마음의 눈으로 상상만 할 수 있는 시공간의 우주들이 예술로 승화되어야 했다. 예술가들은 '보지 못하는' 자연에 대한 새로운 이해를 그려 내기 위해서 여러 가지 형태의 추상예술을 개발하였다. 물질과 에너지의 동일성과 호환성에서 추상적 주제를 엮어내고, 미래파들은 전자기에너지를 표현하기 위하여 역선(force line)을 사용하였다. 1919년 상대성이론이 확인된 후에 또 다른 예술가들은 시공간에 대한 새로운 상징적인 형태를 그리기 위하여 우주적인 전망을 추구하였다. 이들은 유클리드 기하학을 버리고 비유클리드 시공간의 우주와 양자의 세계를 상상하였다. 1920년 가보는 상대성이론을 접하고 "지식의 성장으로 인간은 20세기가 열리는 시점에 세상의 신비한 법칙들을 꿰뚫는 지식을 갖게 되었다. 공간과 시간이 오늘 우리에게 다시 태어났다. 시간과 공간은 삶이 구축되고 예술이 만들어질 유일한 형상들이다."[104]고 반가워하였다. 그는 시간과 공간에 대한 새로운 비전을 형성해 갔다.

건축가들은 우주와 접목하기 위하여 마천루를 설계했다. 몬드리안은 아인슈타인의 상대성이론이 확인된 후, 새로운 우주의 시공간을 표현하는 예술을 창조하는데 나섰다. 아인슈타인의 혁명이 디자이너와 건축가들의 관심을 하늘로 옮긴 후에 1920년 건축가들은 새로운 시공간 우주 속에서 도시인의 정신적 새로움을 위한 강력하고 새로운 은유로 유리 마천루를 창조했다. 제1차세계대전 중에 베를린의 건축가 브루노 타우트(Bruno Taut)는 유리를 통해서 하늘에서 내려오는 빛을 생각함으로써 인간이 우주와 조화를 이루는 새로운 건축물을 제안하였다.[105] 새로운 세속의 성당—유리 마천루—을 건축함으로써 건축가는 사회를 조화롭게 하고 인간을 우주 속에서 편하게 느끼게 만들고, 영혼을 즐거움으로 충만하게 할 것이라고 하였다. 그 곳에서 물질주의에 지친 시민들은 영혼을 새롭게 하고 우주를 명상하고자 하였으리라.

생각해보기

1. 자연의 세계에서 개체는 입자와 파동의 상보적인 특성을 지니지만 우리의 언어나 개념은 대상을 입자나 파동 중 한 번에 하나만으로 표현할 수밖에 없다. 이것은 입자와 파동의 특징이 상보적으로 나타나는 대상을 입자나 파동 중 어느 하나이다라고 표현하도록 우리는 훈련되어있다는 것을 의미한다. 이것은 지금까지의 '합리적'이라고 여겨졌던 물리적 개념이 대상의 속성을 완전히 포착하지 못할 수도 있다는 것을 인정하는 것이다. 보어는 이 사실은 물리학뿐만 아니라 과학과 철학 전반에 걸쳐 있는 개념의 한계를 말해 주는 것이라고 생각하고 윤리와 도덕 체계의 구조 내에서 명백히 드러나는 '정의'와 '사랑'의 상보적 성격을 이것의 한 예로 즐겨 인용했다. 자신의 삶에서 상보적인 성격을 지니는 서로 다른 용어를 들어보고 그 상보성을 기술해보자.

2. 벨의 부등식을 1982년 정교한 실험으로 검증한 결과, 양자역학이 예측하는 것이 옳았다. 이것은 어느 한 물체의 물리적 상태가 그 자신의 물리적 속성만으로 결정될 수 없으며 다른 물체의 영향에 의해 결정된다는 것으로써 자연은 우리가 아는 것보다 훨씬 깊은 차원에서 상호연관의 망을 형성하고 있다는 것을 의미한다. 이것은 우주가 국소적이고 분리되어 있지 않다는 것을 의미하며 복합계의 양자상태가 개별계를 나타내는 양자상태로 표현되지 않는다는 것의 의미한다. 우주가 분할할 수 없는 하나의 시스템이라는 것은, 세계를 기계적으로 보아 온 고전 물리학적 사고

방식에 젖어 있는 문화권에서는 이해하기 어려운 생각이나, 우주를 하나의 거대한 유기체로 보는 것을 의미한다. 자신의 삶에서 이러한 느낌을 가진 적이 있는가 그 경험을 기술해보자.

3. 과학과 철학이 더욱 진보함에 따라, 절대자에 관한 미신들은 차츰 자취를 감추고, 그 대신에 인간의 인식의 한계를 넘는 측량할 길 없는 힘과 인식의 한계 밖에 있을 수 있는 질서에 대한 긍정이 나타난다. 인간의 지식이 발달할수록 무지의 경계선은 더 빨리 확장된다는 의미에서 종교는 결코 과학에 의해서 배제되지 않고 오히려 새로운 함의로 발전하였다. 왜냐하면 지금까지 언제나 그랬듯이 앞으로도 언제나 존재의 궁극적인 신비는 점점 찾기 어려운 깊은 곳으로 숨어 들어가기 때문이다. 그리고 과학은 현상적이고 상대적인 것의 경계 안에 있기 때문이다. '진정한' 종교가 과학을 거부하지 않는 것은 종교의 관심사는 경험을 초월한 것이기 때문이다. 그러나 종교와 과학의 갈등이 역사에서 거듭 일어났었다. 그 이유는 어디에 있을까? 각자 혹은 조별로 토의하고 기록해보자.

4. 20세기 초 상대성 이론과 양자역학으로 대변되는 현대 물리학의 영향으로 나타나기 시작한 제2차 추상예술의 물결은 과학이 밝혀낸 볼 수 없는 영역을 예술가들이 어느 정도까지 가시화 할 수 있는가하는 문제를 제기하였다. 예술가들은 인간이 물리적으로 경험할 수 없으며 오직 마음의 눈으로 상상만 할 수 있는 시공간의 우주들을 예술로 승화시켜야 했다. 그들은 '보지 못하는' 자연에 대한 새로운 이해를 그려 내기 위해서 여러 가지 형태의 추상예술의 길로 나섰다. 각 자 현대 미술 한 점을 택하여 그 배경을 조사한 후 그 그림을 다시 음미해 보자. 그리고 조별로 혹은 각 자가 택한 그림에 대한 감상과 비평회를 열고 그 내용을 기록해보자.

5. 다윈의 진화론은 사회과학과 철학의 영역에 도입되면서 다윈주의적인 개념으로 인간의 본성을 설명하는 것을 둘러싼 논쟁을 일으켰으며, 사회 경제적 변화 과정에서 진보라는 관념과 결부되어 인간사회도 진보한다는 관념으로 확장되었고, 자본주의의 발전과 더불어 자유경쟁의 이념은 자연선택설과 상통하며 사회 변화의 주요 이념으로 자리를 잡아갔다. 마침내 사회의 조직과 변화를 생물학적으로 설명하려는 이른바 사회적 다윈주의 (Social Darwinism)가 출현하여 사회현상을 생물학적으로 해석하거나, 사회학적 · 심리학적 분석의 틀로 도입되어 일련의 정치적 · 경제적 · 사회적 입장들에 이데올로기적 뒷받침을 제공하기도 했다. 진화론이 사회적 다윈주의로 발전하는 과정을 고찰하고 자연과학과 인문사회과학의 관계에 대한 자신의 견해를 써보자.

6. 고전역학의 세계에서 측정은 관측을 하더라도 관측 대상의 상태가 변하지 않아야 한다는 것을 전제한다. 그런데 양자의 세계에서는 이런 전제 조건이 담보되지 않는다. 관측자가 대상을 보려고 할 때 관측자와 대상은 서로 영향을 주고받기 때문에 양자 세계에서 모든 대상은 관측에 따라 그 대상 자체가 달라진다. 이것을 측정의 교란이라고 한다. 고전역학의 세계에서도 정밀한 관측을 하려면 측정기구에의한 교란을 고려하여야한다. 자신이 경험하였거나 혹은 예상할 수 있는 측정기구의 교란의 예를 들어 기술하고 양자계에서 측정과의 차이점을 써보자.

제10장 욕망의 언덕

19세기 후반에서 20세기 초, 약 반 세기 동안에 기업의 규모는 방대해졌으며 산업이 독점적으로 조직되기 시작하였고 과학은 치밀한 계획하에 조직적으로 생산에 응용되기 시작하였다. 기술은 자본주의의 틀 안에서 새로운 사회적 관계를 태동시키면서 노동을 대체하는 수단을 넘어서 노동을 조직하는 기술로 발전하는 시대로 접어들었다. 이 시기에 이르러 "생산양식" 즉 노동과정이 조직되고 적용하는 양식은 자본주의적 사회적 관계의 "산물"이 되고 생산 현장에서 기술은 도구적 기술에서 관리 기술로 한 단계 도약하게 되었다. 1873년에 발생한 세계공황은 기업 간의 경쟁을 격화시키고 자본의 집중과 독점화를 촉진시켰으며 20세기에 들어서면서 파시즘과 제국주의가 등장하고 세계는 두 차례의 세계대전, 전후 및 대공황기의 자본주의 경제의 침체와 회복, 사회주의 혁명, 냉전으로 가득 찼다. 20세기의 과학기술, 노동생산성의 놀라운 발전 그리고 소비의 급속한 팽창은 생태계를 위협하는 수준에 이르렀다. 테일러리즘과 포디즘 하에서 인간의 노동은 '기계적 노동'으로 변화되고 사회는 하나의 거대한 기계로 변하였다. 자본주의는 인간의 욕망 위에 서서 인류를 대량 소비와 전쟁과 생태계 붕괴의 소용돌이 속으로 쓸어 넣었다. 전쟁은 패배자나 승리자에게 모두 심각한 상처를 안겨주었으며 인간의 내면적인 문제에 눈을 돌리게 만들었고 생태계의 위험은 인간의 삶의 토대를 흔들기 시작하였다. 자본주의 하에서 과학기술은 인간에게 새로운 과제를 제시하고 있다. 이 장에서는 기술은 오직 그 기술의 마력을 직시할 때에만 극복될 수 있으며 기술이 가져올지도 모를 재앙을 기술적으로 제어한다는 것은 재앙을 더 재촉할 수도 있다는 점을 숙고한다.

10.1 자본주의와 기술

자본주의의 틀 안에서 기술은 단순히 사회적 관계를 만들었던 것이 아니라 자본에 의해 대표된 사회적 관계에 의해 개발되고 있다. '생산양식' 즉, 노동과정이 조직되고 작용하는 양식은 우리가 자본주의적이라고 알고 있는 사회적 관계의 '산물'이다. 자본주의는 시간, 공간, 인구, 역사 속에서 무수히 전개된 하나의 복잡한 망을 형성한다. 그것은 자본주의가 그 만큼 견고하고 분명하며 그 구체적 형태가 역사적으로 지어졌기 때문이다. 자본주의가 자신의 생산양식을 발전시키는 데에는 수백 년이 걸렸으며 아직도 발전하고 있다. 자본주의는 유기적인 시장의 힘에 대응하며 발전해온 과정에서 적절한 기술에 기초하여 집단적인 인간의 의식적이고 합목적적인 활동에 의해 지속적으로 형성되고 있다.

대규모 독점체제

1870년대부터 선진국의 자본주의는 독점단계로 이행을 준비하였다. 독점형성을 결정적으로 만든 것은 1873년의 공황과 1900~1903년의 공황이었다. 공황에서 탈출하기 위해서 생산이 독려되었는데, 자본주의는 '경제적 집중과 기업 합리화'를 통하여 경쟁을 높이고 가격하락으로 인해 상실된 이윤 폭을 확대시키려는 시도를 하였다. 이것은 곧 '트러스트'와 '과학적 경영'으로 나타났고 오늘날의 세계경제를 지배하는 많은 대독점체제의 출발이 되었다. 기술혁신, 생산력의 비약적 발전, 주식회사 제도의 보급은 독점 체제의 형성을 뒷받침하였으며 20세기 초에 이르러 오늘날의 세계경제를 지배하는 많은 대독점체제의 뿌리가 형성되었다.

자본주의는 제국주의 단계로 옮아감에 따라 세계적으로 상품수출뿐만 아니라 자본수출이 성행하고, 자본주의 강대국이 세계를 분할하기 시작하였다. 이것은 곧 제국주의 하에서 전례가 없는 군비경쟁을 촉발하였다. 신기술발달은 군사적 목적과 결부되어 기술의 거의 모든 부문이 급격하게 발달하기 시작했다. 결국 기술이 죽음과 파괴를 초래하는 군수기술화됨으로써 기술은 민수와 군수 간에 비대칭적으로 발전되어갔으며 인간을 힘든 노동에서 해방시키고 자연의 구속으로부터 인류를 자유롭게 한다는 기술진보의 목표는 왜곡되기 시작하였다. 제국주의 하에서 대다수의 종속국 또는 식민지는 독자적인 기술을 발달시킬 수 있는 가능성을 박탈당하게 됨으로써, 생산력 발전의 불균등성이 필연적으로 나타날 수 밖에 없게 되었다.

제국주의 하에서 잉여 이윤을 창출하기 위한 독점기업들의 노력이 기술 발달을 촉진하는 가장 중요한 요인이 되었다. 이들은 과학자와 연구기관을 장악하고 거대한 생산수단을 소유하고 최신의 과학·기술 성과를 생산에 적극적으로 도입하였다. 미국에서는 프론티어가 소멸된 1880년대부터 독점이 발전했다. 록펠러가 창업한 스탠더드 석유회사는 1882년 미국 국내 정유소의 95%를 지배하는 대석유 트러스트가 되었다. 1901년 미국 철강업 9개 회사가 합병하였고, 모르간의 자본에 의해 세계 최대의 철강 트러스트인 US스틸이 설립되어 1개사로서 영국 전체의 철강 생산에 대항할 수 있는 거대 기업이 되었다. 1892년 세계 최대의 전기 메이커인 에디슨 계열의 제너럴일렉트릭이 모르간의 원조로 설립되었는데, 독일에서 망명한 전기공학자이며 교류 이론의 창시자인 스타인메츠를 초빙하고, 1900년에 연구소를 설치하여 전구나 진공관의 기초 연구를 착수하였다. 이 연구소의 연구원 랑그뮤어는 민간연구자로서는 최초로 노벨상을 받았다. 벨계의 웨스턴일렉트릭사도 당시에 연구소를 설립, 최첨단 통신기술을 개발하였다.

독일에서는 영국에 대항하는 보호관세정책과 1873년의 공황이 독점형성의 계기가 되었다. 1893년에 형성된 라인베스트팔렌 석탄 신디게이트는 루르 지방의 채탄량 87%를 지배하였다. 1896년에는 이 지역에 제철 신디게이트가 형성되어, 독일 선철 생산고의 약 73%를 수중으로 집중하였다. 전기공업에서는 1897년의 지멘스할스게사가 1894년의 AEG사와 함께 2대 전기 콘체른이 되었다. 화학공업에서는 염료의 알자린 합성, 인디고 합성과 함께 발전한 8개 회사가 1904년 이익 공동체를 결성하고 세계염료시장을 독점하였다. 이 방면의 최대의 기업이며 연구투자의 선구자였던 BASF사는 암모니아 합성법을 개발하였고, 전후 1925년에 이 회사를 중심으로 세계최대의 화학공업 트러스트인 IG염료회사가 발족되었다. 선진 자본주의 국가 영국에서는 미국이나 독일에 비해 독점 형성이 늦게 시작되었다. 전후 1926년, 독일의 IG에 대항하여 화학공업 6개사가 합병된 임페리알-케미칼-인더스트리스사와 1926년 철강 트러스트의 윅커스사가 성립되었다. 러시아에서는 1900~1903년의 공황 후 신디케이트가 잇달아 설립되었다.

제국주의 하에서 군사기술은 매우 급속히 발달하였다. 1870년대 이후 속사포, 기관총, 속사 연발총이 개발되었으며 무연 화약에 이어 니트로셀로즈화약, 니트로글리세린폭약, 피크린산작약 등이 차례로 개발되었고 이러한 화약들은 일반적인 화학공업과 연결됨으로써 대량 생산될수 있는 기반을 확보하였다. 가솔린 기관을 이용한 군용 항공기, 디젤기관으로 추진되는 거대한 철제 군함, 전동기를 병용하는 잠수함 등 군수생산이 비약적으로 증대하였다.

19세기의 기술들

전력기술

이 시대에 출현한 가장 중요한 기술은 전등과 전력 기술이었다. 패러데이(1791~1867년)가 전자유도현상을 발견한 지 40년, 1860년대 말에 들어서서, 각국에서 자기여자의 이론이 개발되면서 발전기의 실용화 기술이 개발되기 시작하였다. 1870년대에 개발된 발전기는 처음에는 아크등을 이용한 조명에 사용되었다. 1873년 빈의 만국박람회에서 그람(1826~1901년)의 발전기가 전동기로도 사용될 수 있다는 사실이 보여 졌다. 일반 시민들에게 전력을 공급하기 위하여 최초의 화력 발전소가 1882년 에디슨(1847~1931년)에 의해서 설립되었다.[1] 에디슨은 도시 중앙에 발전소를 건설하고, 발전소로부터 일정한 전압의 직류를 분배하는 방식을 취하였다. 그러나 직류 송전 방식은 원거리 송전에 손실이 많아서 어려움이 있었다. 이 문제를 해결하기 위하여 곧 변압기가 개발되고 이어서 교류송전 방식이 발전되었다. 이제 대형발전소는 교류전력을 집중적으로 생산하게 되었다. 전력은 순간적으로 운송하기가 쉬우며 일, 빛, 열 혹은 화학 에너지의 형태로 쉽게 전환할 수 있어서 활용성이 매우 큰 에너지이지만 다른 연료와 달리 보존할 수 없으며 생산과 소비가 거의 동시에 이루어지는 특성을 가지고 있다. 따라서 수송 · 분배 시에 가능한 한 에너지 손실이 없도록 하는 송전 기술도 중요한 과제였다. 그러므로 전력기술에는 발전, 송전, 소비를 포함하는 일관된 체계, 즉 전력계통기술이라는 중요한 개념이 생겨났다. 이러한 기술상의 특징 때문에 전력산업은 기업의 합동, 독점을 촉진하였고 관련 대규모 독점기업의 형성이 촉진되었다.

당시 대표적인 전력기업이었던 독일의 AEG사는 1891년에 프랑크푸르트 · 암 · 마인에서 열렸던 만국박람회와 만국전기공학회의에서 삼상교류를 사용하여 170km 떨어진 곳으로 77% 효율의 송전에 성공하였다. 이것을 기점으로 하여 교류송전이 실용화되기 시작하였으며 1896년에 삼상교류 방식에 의한 최초의 대수력 발전소가 나이아가라 폭포에 건설되었다. 이후 제1차 세계대전에 이르는 1920년을 전후로, 세계 각국은 자신의 자원 및 산업구조에 알맞은 장거리 초고압 전력시스템을 개발하였으며 '전기의 세기'라고 불리우는 20세기가 시작되었다.

전동기

패러데이가 유도전기를 발견한지 몇 년 지나지 않은 1832년에 앙페르의 기술보조공이었던 픽시(H. Pixii)는 최초로 회전하는 전기 발생기를 만들었다. 그리고 야코비

(M. H. von Jacobi)는 1834년에 실제의 작업에 사용될 수 있는 최초의 전동기를 제작했다. 네덜란드의 물리학자 포르셀만 드 헤르(P. O. C. Vorsselmann de Heer)는 1839년에 '움직이는 힘으로서의 전자기'에 관한 논문에서 조그만 전자기차[2]를 예로 들면서 이렇게 물었다.

"전자기 장치가 언젠가 우리 공장의 회전축을 움직이는데 사용될 수 있을까? 우리는 스트라팅씨의 차가 우리 강의실의 책상 위에서만 움직이는 것에 그치지 않고 암스테르담에서 할렘으로 가는 길 위에서 달리는 것을 보게 될까? 전자기로 증기를 대체하는 것이 가능할까? 만일 가능하다면 그 대체물은 어떤 장점을 가지고 있을까?"[3]

1882년에 에디슨(Th. A. Edison)은 뉴욕에서 수천 개의 전기램프에 전기를 공급할 세계 최초의 발전소를 건설했다. 그보다 몇 해 전인 1879년에 에디슨은 나사식 소켓을 가진 탄소선 전구를 내놓았다. 그리고 1884년에는 에디슨은 최초로 발전소에서 생산된 전력으로 전동기를 돌렸다. 독일 최초의 중앙 발전소는 1885년에 베를린에서 문을 열었다. 지멘스(W. Siemens)는 1879년에 최초의 전기기관차를, 그리고 1880년에는 최초의 전기 엘리베이터를 가동시키고 1881년에 최초로 증기기관을 발전기에 연결하는 계획을 하였다.[4] 기업가이자 전기기술자인 지멘스는 조그만 동력 기관이 사회의 각종 문제 해결에 얼마나 중요한 역할을 할 수 있는지를 이미 충분히 알고 있었다. 지멘스는 자신의 편지에서 이렇게 말했다.[5]

전기 조명이 어디에서나 하나의 필요로서 받아들여지고 있기 때문에, 사람들은 … 주된 주의를 어디서나 전기적 빛에 쏟았습니다. 그러나 전기기술자는 전기 조명이 단지 사회적으로 훨씬 더 의미 있는 전기적 동력 전달로 가는 교량 역할을 한다는 것을 잘 알고 있습니다. 전기적 동력 전달에 의해서 도시의 주민들에게는 값싼 노동력이 힘들지 않은 길을 통해 공급될 수 있습니다. 이로써 작은 공장이나 자기 집에서 혼자 일하는 노동자는 자신의 노동력을 더 잘 이용하고, 필요한 노동력을 증기기관이나 가스기관에 의해서 값싸게 생산하는 공장들과 경쟁할 수 있는 상황을 맞게 됩니다. 이 상태는 시간이 지남에 따라 우리의 노동관계를 작은 기업에 유리하게 완전히 변화시킬 것입니다. 게다가 원하는 장소에서의 동력 생산의 용이함은 생활을 편리하고 쉽게 만드는 수많은 설비들—환기 장치, 엘리베이터, 전차 등과 같은—을 집과 거리에서 생겨나게 할 것입니다.[6]

| 그림 사진 10.1 |

스타브 에펠이 설계한 마르스 광장에서 바라본 에펠탑[7](시공 1887년~1889년, 첨탑포함 높이 324m), 파리 만국박람회의 상징물로 세워진 에펠탑은 마르탱 평로법으로 만들어진 구조재료로서의 '철의 시대'를 시작을 상징하였다. 탑이 처음 건설되었을 때 "향후 20년간 도시 전체에서 보게 될 이 탑은 수 세기에 걸쳐 내려온 도시 미관을 위협하고 있고, 우리는 철판으로 잇댄 기둥의 검게 얼룩진 역겨운 그림자를 보게 될 것이다."라고 비난을 받았다. 이 탑을 싫어한 소설가 모파상은 '파리에서 유일하게 그 건물을 볼 수 없는 곳이기 때문에' 탑 안의 식당에서 점심을 가졌다는 에피소드가 있다.

전력계통은 전동기를 기반으로 동력기계체계를 비약적으로 발달시켰다. 전동기의 보급으로 동력기계산업 분야의 사회적 분업이 촉진되었다. 전동기가 이용되기 전에는 증기기관이나 디젤기관의 동력이 벨트와 풀리를 거쳐 각종 작업기로 전달되어야 했으므로 기계들은 집단적으로 운전될 수밖에 없었다. 그러나 전동기의 사용으로 작업기들은 단독으로 운전될 수 있었으며 계통작업에 의한 대량생산 방식이 가능하게 되고, 대공장뿐 아니라 중소공장에도 적절한 원동기가 공급되기 시작하였다.

제강기술

전력기술과 함께 이 시대를 대표하는 중요한 기술은 제강기술이었다. 군수·조선·철도·기계제작 등의 각 기업의 발달로 철에 대한 수요가 급증하였다. 19세기에 발명된 선철은 소규모로 생산되고 값이 비싸기 때문에 일반적인 소재로 사용되는 연철을 대신하지 못하였다. 그러나 이 연철을 대신할 수 있도록 용강을 대량으로 만드는 방법이 1860년대에 개발되면서 제철산업은 변혁을 맞이하게 되었다. 영국의 벳세머(1813~1898)는 1856년 공기를 불어넣어 용철에 변화를 주는 전로법을 개발하였다.

영국에 귀화한 독일인 지멘스(1823~1883)와 프랑스의 마르탱 부자는 평로를 발명하였다. 영국의 토마스는 1878년, 전로의 내장에 염기성 화합물을 사용하는 토마스제강법을 개발하였다. 독일은 염기성 전로법으로, 1871년 프랑스로부터 병합한 로렌에서 생산되는 철광석을 처리함으로 독일의 철 생산량은 비약적으로 증대했다.

벳세머, 지멘스와 마르탱 및 토마스의 세 가지 용강법은 철강법에 혁신을 가져왔으며 철의 생산은 고로법에 의한 선철 생산보다 매우 급속히 증대하였다. 철강 재료의 수요 증가는 가공법, 특히 압연법의 발전을 가져왔다. 철강재는 철도 레일에 이어 차량, 군함의 갑판, 다리, 건물 등으로 그 용도가 산업의 거의 모든 분야로 확대되었다.

내연기관

당시 중소 규모의 수공업자들에게 동력을 공급해 줄 수 있는, 작은 동력 기관이 절실하였다. 프란츠 뢸로는 1875년에 그의 『운동학』에서 거대한 증기기관은 자본가들만 가질 수 있으므로 중소규모 수공업자가 동력의 경쟁력을 가질 수 있으려면 값싸게 구할 수 있는 소규모 동력기관이 필요하다며 이렇게 말했다.

> "자본가에게 크고 육중한 증기기관이 제공하고 있는 것처럼 소규모 장인에게 비싸지 않은 동력기관을 제공하자. 그렇게 해야 이 중요한 사회계급이 유지되고, 그들이 버티고 있는 곳에서 강하게 되고, 이미 사라져 가고 있는 곳에서는 다시 일어 설수 있게된다."[8)]

19세기 초반부터 여러 발명가들이 카르노의 뒤를 이어서 소규모 동력기관 발명을 위해서 씨름했다. 1850년대에 존 에릭슨이 발명한 에릭슨 기관이 열기관으로서 처음으로 중소규모 공장 경영자들에게 적합한 소형 동력 기관으로서 제작되었다. 1876년에 오토는 성능이 우수하고 실용성이 있는 4행정 동력기간을 개발하였다. 오토기관은 대기압 기관에 비해서 조용하고 크기와 무게가 상당히 줄어든 실용성이 뛰어난 동력기관 이었다. 오토기관의 발명으로 근대적인 동력기관의 진로가 제시되었다. 1889년 회사 창립 25주년 기념식에서, 오토와 랑겐은 그들이 발명한 동력기계로, 당시 '증기 동력을 독점적으로 사용하던 자본가들의 힘에 쐐기를 박고, 작은 공장들이 힘들게 벌이고 있는 경제활동을 돕고, 문화의 조용한 발전을 보장하는 생산방식을 다시 제자리로 돌리는 일을 돕는 데 참여하기를 원한다.'[9)]고 했다

1883년, 오토와 랑겐의 노력을 이어서 고틀리프 다이믈러(Gottlieb Daimler)와 빌헬름 마이바하(Wilhelm Maybach)는 가볍고 고속회전을 하는 가솔린 엔진 개발에 전념하였다. 당시 분당 150~180번 회전하던 오토의 4행정 엔진에서 출발해서 다이믈러는 분당 900 회전하는 새 엔진 개발에 성공하였다. 새 엔진 개발로 자동차와 비행기의 동력기관의 가능성이 열였다. 1885년에 고틀리프 다이믈러와 칼 벤츠

(Carl Benz)가 개발한 엔진 구동 자동차가 나오자 근대적인 자동차의 시대가 열렸다. 19세기말에, 매우 높은 압력으로 압축된 공기에 연료를 분사함으로 자동 점화되고 가솔린엔진에 비하여 열효율이 우수한 디젤엔진(1893/97)이 개발되었다. 1893년 아우크스부르크의 기계공장에서 개발된 디젤엔진은 곧 동력이 필요한 소규모 공장의 동력기관으로, 자동차와 철도 차량의 동력기관으로 또는 1928년부터는 비행기의 추진기관으로서 사용 범위가 급속히 늘어났다. 특히 아직 전동기의 사용이 드물었던 당시, 소규모의 공장에서 비교적 싸고 작은 동력기관이 널리 사용되기 시작하면서 동력혁명의 보편화가 실현되기 시작하였다. '발명은 결코 순수한 정신만의 산물이 아니라 아이디어와 물질세계 사이의 투쟁의 결과'라고 했던 디젤은 디젤엔진 발명과정에서 경험한 오랜 수고와 고통의 시간 그리고 무수한 계획과 시험과 실패의 가치를 이렇게 기록하였다.

> "결코 아이디어 하나만을 발명이라고 할 수 없다. … 우리는 모든 발명에 대해서, 다른 사람들도 그와 비슷한 생각을 … 이미 오래 전에 한 적이 있음을 증명할 수 있다. 아이디어와 완성된 발명 사이에는 항상 작업과 고통의 시간이 놓여 있다. 항상 원대한 생각의 작은 부분만이 물질세계에서 발현될 수 있고, 완성된 발명은 항상 정신이 원래 바라보았던 결코 도달될 수없는 이상과는 아주 다르게 보인다. 모든 발명자는 엄청난 양의 아이디어, 계획, 시험의 부산물을 배출하며 일한다. 약간의 것을 얻기 위해서 사람들은 많은 일을 한다. 그 중에서 마지막에는 아주 적은 부분만 남는다."[10)]

가벼운 내연기관의 출현으로 농업의 기계화도 실현되었다. 최초의 농업용 트랙터가 1901년 미국에서 제작되었으며 늘 노동력이 부족한 미국에서는 트랙터가 농업에 불가결한 기계가 되었다. 다임러나 벤츠의 내연기관은 즉시 자동차에 응용되었으며 1890년대에는 유럽과 미국에서 다양한 형식의 자동차가 앞을 다투어 제작되었다. 미국의 포드는 1893년 최초의 가솔린 자동차를 제작하였으며 1903년 현대적인 자동차 포드 1호차를 출고하였다. 1903년 12월 17일, 자전거 제작자인 라이트 형제는 자신들이 만든 가솔린 기관을 부착한 비행기로 비행에 성공함으로 인류의 동력 비행기 시대가 열렸다.

터보동력기계

19세기 마지막 삼 분기 이래 급속히 증가하던 동력수요는 기술의 시야를 크게 넓혔으며 효율적으로 자연의 에너지를 전력으로 전환할 수 있는 수력발전소가 나타났다. 수력발전소의 건설은 수차를 발달시켰으며 다양한 낙차에 사용할 수 있는 각종 터빈이 설계되었다. 전력의 수요가 급속히 증가하면서 수력발전소와는 달리 동력이 필요한 공장이나, 그 인근에 건설함으로써 매우 경제적으로 운영할 수 있는 화력발전소의 수요가 늘어났다. 화력발전소에는 왕복동식 증기기관을 대신할 고속 회전식 증기 터빈이 필요하였다. 1884년, 최초의 반동다단식 터빈을 제작하였던 영국의 파슨즈(Ch. A. Parsons)는 마침내 경제적 효율 면에서 증기기관을 훨씬 능가하는 증기터빈의 개발에 성공하고 1900년 이래 화력발전소에서 널리 사용되었던 가압증기터빈 개발에 나섰다. 1899년 독일의 에멘펠트 화력발전소가 성공하면서부터 증기터빈이 널리 보급되기 시작하였으며 곧이어 독일, 미국의 대규모 전력기업들이 증기 터빈 제작에 착수하였다.

증기터빈은 여전히 대형 동력기관이었다. 대형 공장에서만 사용되던 증기기관에 대응하여 소규모 공장에서 사용할 수 있는 소형의 내연기관이 개발되었듯이 대형 발전소의 증기터빈에 대응하여 소규모로 발전을 할 수 있는 소형 터빈의 개발이 필요하였다. 1906년, 홀츠바르트(H. Holzwarth)는 최초로 가스 터빈 시험을 하였다. 출력에 비하여 크기와 무게가 작은 가스 터빈은 20세기 후반에야 실용화되었다. 출력대비 무게의 감소는 모든 동력 기관의 요구이며 지금도 이러한 요구와 노력은 계속되고 있다.

미생물학과 의학의 발전

19세기 중엽부터 화학이 급속히 발달하면서 각종 합성염료가 개발되었으며 색소들이 각종 세포 연구에 사용됨으로 생물학, 의학의 발달이 이어졌다. 헤르트비히(1849~1922년)는 1857년 핵을 염색하여 성게의 수정과 핵분열을 연구하였고, 유사한 방법으로 슈트라스부르거(1844~1912년: 식물세포)나 라블(1885년~: 동물세포)은 염색체수가 생물의 종류에 따라 일정하다는 것을 밝혔다. 19세기 후반에, 현미경과 화학의 도움을 받아, 미생물에 대한 연구가 시작되었다. 파스퇴르는 1857년 알코올 발효, 유산 발효가 미생물에 의해 일어난다는 사실을 발견하였으며, 마침내 실험을 통하여 '미생물의 자연 발생'을 부정하였다(1861년). 미생물 연구는 양조업, 양잠업, 목축업 등 특히 의료 부문에 큰 공헌을 했다.

1867년 리스터(1827~1912년)는 파스퇴르의 생각에 기초하여 석탄산을 이용하여 소독법을 개발함으로써 세균 감염을 방지하고 외과수술을 할 수 있는 길을 열었다. 1876년, 코호(1843~1910년)는 탄저균의 배양에 성공함으로써 특정 세균이 특정 전염병을 발생시킨다고 하는 병원균학설을 확립하였다. 이를 계기로 병원균이 잇달아 발견되기 시작하였다. 1878년 에를리히가 세균을 염색하여 현미경으로 조사하는 방법을 이용하여, 1882년 코호는 결핵균을 발견하였으며 이어서 콜레라균(코호, 1884년), 디프테리아균(레플러, 1884년: 순수배양), 페스트균, 적리균 등이 발견되었다.

병원균이 발견되면서 질병의 근원적인 예방법과 치료법이 본격적으로 연구되기 시작하였다. 1880년, 파스퇴르는 닭 콜레라균을 약하게 만든 왁신을 주사한 닭이 닭 콜레라에 대해 면역성을 갖는 것을 발견하였고, 1881년, 같은 방법으로 양의 탄저병을 예방접종함으로써 면역성을 획득하는데 성공하였다. 광견병 왁신을 만들어서, 광견병예방에도 성공하였다. 왁신 예방법은 18C 말에 제너가 천연두에 대해서 경험적으로 성공하였던 예방법을 과학적으로 명확하게 밝혀 낸 것으로, 모든 전염병에 적용할 수 있는 왁신 제도와 예방법이 확립된 것이다. 병원 미생물의 독소 연구와 항독소의 발견으로 혈청요법의 길도 열렸다. 베링(1854~1917)은 디프테리아와 파상풍의 면역혈청을 만들고 질병들의 혈청치료법에 성공하였다. 코호는 또 결핵의 예방약으로서 투베르쿨린을 만들어 결핵의 진단 방법을 획기적으로 개선하였다. 메치니코프는 백혈구의 식균작용을 발견하였다.

자연과학을 의료에 이용하는 화학요법이 개발되었다. 섬유를 염색할 때 어떤 염료로 양모는 염색되지만 목면은 염색되지 않는 것처럼, 생체세포가 유기물을 선택적으로 흡수한다는 것이 발견되었다. 화학물질의 선택적 흡수 현상을 이용하여 매독의 병원체 스피로헤타를 죽이는 살비아르산과, 수면병의 병원체 트리파노솜을 죽이는 바이에르 205호과 같은 합성약품이 개발되었다. 또 외과수술에 앞서 에테르와 클로르포름을 이용한 마취법과 바륨염을 먹고 위나 장의 X선 검사를 하는 방법이 개발되었다. 이처럼 19세기 후반에 이르러 전염병 예방에 공헌한 세균학 면역학의 연구와 의료기술이 크게 발전하였는데 그 배경에는 화학, 물리학, 생물학 등 과학의 발전이 있었다.

생화학의 발전

생화학의 성과 역시 산업과 의학에 사용되기 시작하였다. 19세기 중엽에서부터 말에 걸쳐, 양조업의 발전과 세포학, 미생물학 및 유기화학의 발전과 더불어 유럽에서는 발효현상의 원인에 대한 연구가 진행되었다. 효모균은 단순한 물질이 아니라 세포구조를 갖는 미생물이라는 사실이 입증되었으며 오랫동안 생명체현상의 일종이라고 간주되어왔던 발효현상이 생명 있는 세포에서 만들어진 '물질'에 의해 일어난다는 것이 명백해졌다. 이것은 생명체현상을 '세포내의 효소를 촉매로 하는 화학반응계'로 인식하는 것을 의미하며 이어서 효소 자체의 물리 화학적 연구가 진행되었다.

생명체현상의 화학적 연구는, 식물 생리화학, 혈액의 화학, 동물 생리화학, 호르몬 비타민 등의 분야에서 크게 진전되었다. 삭스(1832~1897년)는 1862년 염록소의 탄소동화연구로 전분이 만들어지는 방식을 확인하였으며, 오페자이라는 1860~1870년간에 혈액과 원형질의 화학적 성분을 연구하였으며 클로드 베르나르는 1855년 간장에서 글리코겐이 합성되는 것을 발견하였고 베르나르(1813~1878년)는 '내분비' 개념을 제기하였고 올리버(1841~1915년)와 제파는 1895년 부신에서 혈관을 수축시키고 혈압을 높이는 물질인 아드레날린이 분비된다는 것을 발견하였다. 이들의 연구로 호르몬 연구가 시작되었으며 이와 더불어 비타민 연구도 진행되었다.

1856년 클로드 베르나르는 '실험의학 서설'을 발간하고 생명체현상은 물리 화학적 방법으로 설명할 수 있으며 가능한 한 단순한 단위로 해석하는 것이 필요함을 강조하였다. 그의 책이 밝힌 중요한 것은 생명체의 적극적인 단위는 유기화합물이 아니라 세포라고 한것과 생명체현상의 해명에는 기관 세포 분자의 총합적 인식이 필요함을 시사하였던 점이다.

10.2 과학적 관리 기술

1880년 가을부터 미국의 미드베일 제강회사에서 26년 동안 계속된 일련의 실험의 결과, 기계공정의 각 단계에서 최적선택 조합을 결정할 수 있게 해주는 '슬라이드 풀(slide rule)'이 제시되었다. 이때부터 기계기능공들은 스스로의 지식과 경험 그리고 전통이 아니라 관리자의 지시에 따라서 작업해야 했다.[11] 이것이 F. W. 테일러의 과학적 관리법의 시작이었다. 19세기 말 F. W. 테일러가 제창한 과학적 관리법은 노동자 한사람 한사람의 생산능률 향상을 목표로 하였다. 이 방법은 제1차 세계대전 기간 동안 생산증대의 요청에 따라 급속히 확산되었다. 테일러는 기술의 발전 보다는 주어진 기술수준에서 노동을 통제하는데 주된 관심을 두었으며, 그의 시도는 그 후 산업공학을 태동시켰다.

노동의 해체

이 때까지, 숙련직종에서 노동자는 전통적인 지식의 총체를 습득한 사람이었고, 방법이나 절차 등은 그의 재량 하에 있었다. 각 분야별 기능인은 그 분야의 노동과정에 대한 기술의 저장소 역할을 했으며 관련 지식과 육체적 기능을 겸비하고 있었다. 테일러는 노동자들이 노동과정 자체를 통제하고 있다는 점에 착안하고 노동자가 노동과정을 통제하는 한 그들 스스로 잠재력을 충분히 실현시키려는 노력을 하지 않을 것으로 보았다. 그는 노동 생산성을 높이려면 이러한 상황을 변경하여 작업양식을 포함하는 공정의 모든 단계를 분석하고 그 결과를 따라 노동 과정이 통제되어야하며, 관리자가 실질적인 통제를 할 수 있어야 한다고 생각했다.[12)]

이를 위해서 테일러는 과학적 관리 기술의 3대 원리를 제시하였다. 제1 원리는 "관리자는 … 과거에 노동자가 소유하고 있던 모든 전통적인 지식을 모아 분류하고 도식화하여 규칙, 법칙, 공식으로 만드는 일을 맡아야 한다."[13)]는 것이다. 이 원리는 노동자의 기능으로부터 노동과정을 분리시키는 것으로서 노동과정을 숙련과 전통, 노동자의 지식으로부터 독립시켜서 노동자의 능력이 아니라, 관리에 종속시키는 것이다.

제2원리는 "두뇌작업은 가능한 한 공장으로부터 분리되어 계획부나 설계부에 집중되어야 한다. …"[14)] 것이다. 이것은 인간의 노동을 개인적인 현상이 아니라, 사회적인 현상으로보고 구상과 실행을 분리함으로써 노동자를 거의 기계적인 노동수준으로까지 환원시키는 것이다. 노동자의 행위가 스스로의 구상에 의해서 인도된다면 자본에 의해 요구되는 만큼의 방법론적 효율성이나 작업속도를 그들에게 강요하는 것이 불가능해지기 때문이다. 테일러는 전통적인 제도 아래에서 노동자가 개인적인 경험으로 행하던 모든 계획과 실천을 새로운 제도 하에서 과학의 법칙에 따라 관리자가 마련한 규정을 따라 행하게 하였다. 이 제도 하에서 노동자는 노동수단에 대한 통제를 상실할 뿐만 아니라 그들 자신의 노동과 그 행위양식에 대한 통제까지 상실하게 된다. 테일러는 자신의 초기의 저서 『공장관리』에서 자신이 제안한 제도는 "공장에서의 모든 기계들이, 능력과 기능이 떨어져 구제도하에서보다 더 값이 싸진 노동자들에 의해서 운전될 때에만 실현된다."[15)]라고 말함으로써 그의 작업연구의 목적은 노동자의 능력을 계발하고 노동자에게 과학적 지식을 학습하여 노동자의 발전을 도모하는 것이 아니라 노동자의 기능을 기계화함으로써 임금을 낮추고 생산량을 증가시키려는 것임을 밝히고 있다. 테일러는 '보통의 관리'의 기본적인 요점은 "각 노동자가 관리자 중의 누구보다도 자신의 일에 숙련되어 있으므로 가장 잘 할 수 있는 세부적인 지침은 노동자에게 맡겨야 한다."는 것이었으나 "현대의 과학적 관리에서 가장 두드러진 요소는 과업이라는 개념이며 모든 노동자는 그의 과업과 그 일을 하는 수단을 자세히 설명하는 지시를 받는다. … 과업은 무엇이 행해져야 하는가뿐만 아니라, 행하는 방법과 그에 할당된 시간까지도 구체화한다. … 과학적 관리란 대체적으로 이러한 과업을 준비하고 실행하는 것이다." [16]라고 하였다.

제3원리는 노동과정의 각 단계와 그 행위 양식을 통제하는 것이다.[17] 테일러는 '문명'의 이익을 다수인 노동자의 이익보다 그들을 통제하는 사람의 이익과 일치시키고 자신의 '과학적 작업계획'이 노동자에게 미치는 일상적인 효과를 분석하였다. 테일러의 과학적 관리 기술의 세가지 원리를 요약하면 제1원리는 노동과정에 대한 지식을 모아 규정화 하고 제2원리는 노동과정의 지식을 노동자로부터 회수하여 관리자의 고유한 영역에 집중시키고 제3원리는 지식에 대한 이러한 독점을 이용하여 노동과정의 각 단계와 그 행위 양식을 통제하는 것이다. 결국 그의 과학적 관리기술은 인간의 노동을 창의적 행위에서 기계적 행위로 전환하는 것으로서 인간의 노동을 '살아있는 로봇'의 작업으로 전환하는 것이었다. 그의 과학적 관리는 곧 다가올 로봇 시대를 예고하는 것이었다. 이로서 자본주의의 생산 양식 하에서 분업이 인간의 생산 행위에서 창조의 기쁨을 앗아갔다면 '과학적 관리'는 인간의 노동 행위에서 '사고'의 마지막 자존감을 앗아 갔다.

테일러의 유산

작업의 연구에 실험적인 방법을 처음으로 사용한 사람은 테일러가 아니라 노동과정의 조직에 대해서 철저하게 논의했을뿐만 아니라, 동일한 개념을 정신적 분업에까지 응용하였고, 원시적 '계산기'를 만들어내기도 하였던 배비지이다.[18] 이의 연장선 상에서 테일러가 추구한 것은, '일반적인' 작업을 행하는 '가장 좋은 길'을 발견하려는 것이 아니라, 소외된 노동을 통제하기 위한 특수한 문제에 대한 해답을 구하는 것이었다.[19] 테일러의 과학적 관리의 특징은 통제라는 개념에 있다. 테일러 이전의 노동에 대한 관리통제는 노동자들을 한 공장에 모아놓고 노동시간을 지시하는 것, 노동자들이 열심히, 집중적으로 방해받지 않고 일 할 수 있도록 감독하는 것, 작업에 방해가 된다고 생각되는 소일행위에 대하여 규제를 강화하는 것, 최저 생산량을 설정하는 것 등이었다. 그러나 테일러는 작업이 행해져야 하는 정확한 노동 동작 방식을 노동자에게 지시하는 과학적 관리법을 제시함으로써 통제의 개념을 전혀 새로운 차원의 것으로 만들었다.[20] 관리가 노동을 '통제'할 수 있는 권리를 가지고 있다는 생각은 테일러 이전에도 존재하였지만, 그 권리는 작업을 행하는 노동자의 노동과정의 상세한 양식보다는 작업의 일반적인 상황만을 설정하는 것이었다.

테일러의 공헌은 이러한 관행을 뒤집고 그것을 정반대의 것으로 대체했다는데 있다. 그는 관리가 성공적인 것이 되기 위해서는 작업에 대한 어떠한 결정도 노동자에게 위임되어서는 안 된다고 주장하였다. 그의 관리는 가장 단순한 것에서부터 가장 복잡한 것에 이르기까지 모든 노동의 실제 행위양식에 대한 통제를 달성하기 위한 관리였다.

테일러의 이러한 관리는 이전의 어떠한 방식보다 더욱 철저하게 분업의 성격을 변화시켰다.[21] 테일러는 '공정한 1일 작업량'이라는 도급제를 과학적 관리법의 주축으로 삼고 심한 과업, 표준조건, 보상임금, 벌금의 4원칙에 따라 노동자들에게 유인제도를 제시함으로 태업을 없애려 했다. 그는 과업을 과학적으로 결정하기 위한 시간 · 동작연구를 계획하고 실행하는 기획실과 직능적 직장제도를 제안했다.

| 그림 사진 10.2 |

찰리 채플린의 〈모던 타임즈〉의 한 장면[22]: 1936년에 제작된 찰리 채플린의 코미디 영화 『모던 타임즈』(Modern Times)는 지하철에서 나오는 노동자들 속에서 시작된다. 주인공은 사장의 끊임없이 빨리 생산하라는 지시를 따른다. 마침내 주인공은 나사처럼 생긴 것은 뭐든지 조이려는 정신병에 걸려서 정신 병원으로 이송된다. 이 영화는 당시 기계의 부품화된 인간의 노동 문제를 제기하고 테일러리즘과 포디즘을 비판하였다.

그의 과학적 관리법과 유동식 대량생산의 채용으로 공장의 생산성이 크게 증가하였다. 그러나 그의 과학적 과업 설정에는 육체의 피로 현상과 과로의 문제가 적절히 고려되지 않았기 때문에 노동자의 질병과 재해도 함께 증가함으로써 노동의욕은 얼마 안되어서 더 크게 저하되기 시작했다. 이를 시정하기 위하여 테일러의 시간 · 동작연구는 최소의 피로로 최대의 생산능률을 낳는 길브레스나 번스 등의 동작경제의 연구로 발전되어 갔다. 이후 과학적 관리기술의 개념은 진화하여 노동관리에 그치지 않고 품질관리의 수학적 방법으로 발전하였다. 1924년 W. A. 슈하트는 생산공정에서 전반적인 경제성을 고려한 관리수준을 설정함으로써 불량품 발생율을 낮추는 것을 목표로, 통계적 품질관리를 전개했다. 뿐만 아니라 제2차 세계대전 중에 군수물자의 과학적 관리법의 개발 과정에서 OR이 개발됨으로써, 과학적 관리법의 수량화, 정밀화, 다양화가 진행되었다. 과학적 관리는 노동자와 노동에 대한 일종의 미국식 노동철학이라고도 할 수 있다. 자본가에게 '매매된 노동'을 인간에게서 분리하여 기계화하는 최초의 시도라고 할 수 있으며 미국이 서구사회에 기여한 공헌 중 가장 위험하고 강력하고 지속적인 것이다.[23]

과학적 관리법은 자동기계체계와 밀접한 관계를 가지고, 보다 정밀하고 보다 광범위한 관리체계를 구성하는 핵심 요소기술이 되었다. 시간 · 동작연구는 인간기능을 분석함으로써 노동의 기계화의 단초를 제공하였으며 자동기계체계의 기초가 되었다. 자동기계체계의 3요소인 자동가공 · 자동이송 · 자동제어는 산업혁명 이후 이미 각기 독자적으로 발달하여 1940년까지 그 기초가 확립되었다. 높은 정밀도와 복잡한 형상을 가진 부품의 다종 · 소량생산은 프로그램제어와 피드백 제어를 행하는 자동제어 공작기계의 개발을 촉진시켰다. 1920년대에는 유압서브모터와 전기식 서보기구를 사용한 밀링머신이 만들어졌다. 미국에서는 자동차용 프레임의 자동조립공장이 설립되었고 엔진을 가공하는 트랜스퍼머쉰은 1924년에 영국에서, 1929년에는 미국에서 사용되기 시작했다. 전후에 이러한 공작기계들은 대규모화되고 고성능화하여 자동화되었다.

제2차 세계대전 중에 개발되기 시작한 컴퓨터는 기억 · 연산 · 제어의 기능을 함께 가심으로써 보다 완전한 제어장치로서 1960년대에 오토메이션과 결합하여 자동기계체계의 핵심요소가 되었다. 컴퓨터는 자동제어공작기계에 도입되어 수치제어식 NC공작기계가 개발되었다. 이제 기계의 자동화를 넘어서 공장의 전체 작업 과정을 제어하는 공장의 자동화에 이르렀다.

포디즘

자동화는 1784~85년에 제작된 버지니아의 오코콴 강에 있던 자동방아공장에서 이미 그 원형을 볼 수 있고 1805년, 견본을 천공카드에 입력하였던 자카르의 표본 방직기의 자동화에서도 볼 수 있다.[24] 자동화의 핵심은 모든 제조공정에 응용가능한 일반 공작기계의 자동화에서도 볼 수 있다. 미국에서 공작기계의 자동화를 촉진한 요인 중에 가장 중요한 것은 경제적인 요인이었다. 자동 공작기계의 조작은 간단했기 때문에 저렴한 미숙련노동력을 사용할 수 있었으며 여러 대의 공작기계를 동시에 가동시킬 수도 있었다. 1861년부터 1865년에 걸친 남북전쟁으로 병기의 수요가 증대되었으나 숙련노동자의 부족으로 생산이 제한되었던 것이 자동선반의 발명을 촉진하였다. 본격적인 생산자동화는 20세기 초 포드자동차 공장에서 시작되었다.

헨리포드(1863~1947년)는 1903년 포드자동차 회사를 설립하고 1908년 세계 최초의 대중차 T형 포드를 생산하기 시작하였다. 생산 효율성 향상에 관심을 기울인 반면, 생산품의 판매는 거의 고려하지 않았던 테일러와는 달리 포드는 대량생산은 대규모 시장을 필요로 한다는 사실에 주목하였다. 포드의 구상은 제품가격을 인하하여 판매량을 확대하고, 작업 조직을 재편하여 생산 효율을 높이며, 생산을 증대하여 가격을 더욱 낮추는 것이었다. 그는 이러한 방식을 통해 얻은 막대한 이익을 노동자의 임금에 반영하여, 포드자동차회사의 노동자들에게 당시 업계 최고수준의 임금을 지불하였다. 고소득을 얻은 포드자동차회사 노동자들은 자기 회사에서 만든 자동차를 구입할 수 있는 소비자로 등장하였고, 그것은 결국 20세기의 대량생산 · 대량소비 시대를 열었다.

T형 포드 자동차의 수요가 너무 커서 새로운 생산방식이 필요하였다. 새로운 생산 방식의 핵심적인 요소는 컨베이어 체인[25]이었다. 1913년부터 포드는 컨베이어 체인 시스템을 자동차의 규격 생산에 광범위하게 사용하였다. 1922년에 포드는 그의 자서전에서 컨베이어 벨트 작업에 관해서 이렇게 기록하고 있다.[26]

> "1913년 4월 1일쯤 최초로 조립 벨트 실험을 했다. 모든 실험은 소규모로 먼저 이루어졌다. 새로운 작업방식이 발견되면 근본적인 변화까지도 염두에 두었다. 그러나 급격한 변화로 들어가기 전에 새로운 방법이 정말 더 낫다는 것을 확신해야 했다. … 작업의 속도는 세심한 시험을 거쳐 정해졌다. 이동속도는 처음에 1분당 60인치였다. 그것은 너무 빨랐다. 다음에 1분당 18인치로 시험했다. 그것은 너무 느렸다. 마침내 1분당 44인치로 확정했다. 속도 결정의 첫번째 조건은 어떤 작업자도 작업에서 서두르게 되어서는 안 된다는 것이다. 필요한 시간은 단 1초라도 주어지지만 필요 이상은 1초도 더 안 된다.[27]"

1914년 1월, 포드의 하이랜드 공장에서 컨베이어 시스템을 사용한지 3개월만에 T형 자동차 조립시간은 이전의 1/10로 줄었으며 1925년에는 하루 생산량이 이전의 1년 생산량에 이르렀다. 여기서 유의할 것은 생산속도가 이렇게 향상된 것은 노동의 질이 개선되거나 노동조건의 개선에서 기인했다기보다는 관리자가 조립속도를 일괄적으로 통제할 수 있게 됨으로써 가능해진 '강요된 노동'으로 얻어진 결과였다는 것이었다. 공정속도를 빠르게 하여 노동 강도를 높이는 것이 언제나 가능하였기 때문이다. 노동의 통제가 가능해진 이후 포드는 노동 비용을 더욱 감소시키기 위하여 노동자 임금을 평준화시키는 작업을 시작하였다. 조립라인이 사용되기 전에는 생산을 촉진하기 위해서 작업별로 차등적인 보너스를 지급하였으나 켄베이어 시스템을 채택한 이후 보너스의 지급은 더 이상 필요하지 않게 되었다. 숙련 작업은 반복되는 부분작업으로 바뀌었고 임금은 동일한 수준으로 균등화되었고 노동자의 임금체제는 균일한 시간급으로 변경되었다. 「아이언 에이지(Iron Age)」는 1913년 7월, 포드는 누진급제를 폐지하고 '더욱 엄격한 감시'를 하기로 결정하였다고 적고 있다.[28] 일단 새로운 임금정책이 실시되자 포드의 일반 노동자들은 그들에게 요구되는 작업을 해서 얻는 수입 이외의 수입을 기대할 수 없게 되었다. 포드 자동차 공장이 최초로 확립한 켄베이어 시스템은 단순히 생산 기술에 그치지 않고 새로운 고용방식과 임금체제를 낳았으며 이러한 방식들은 자동차산업뿐만 아니라 다른 수많은 산업으로 급속히 확산되어갔다.

이러한 체제를 포디즘이라고 할 때 포디즘은 하나의 생산방식을 넘어서 이후의 문화양식으로까지 발전하였다. 첫째, 생산방식으로서의 포디즘은 컨베이어벨트 주위에 노동자와 기계를 배치하여, 노동자의 이동시간을 제거하고 작업 리듬을 완전히 기계의 리듬에 종속시켜 높은 생산성을 성취하기 위한 작업방식이다. 기술적으로 작업을 단순화 · 표준화 · 전문화시킴으로써, 노동자는 이틀이면 숙달할 수 있는 단순반복 작업만 담당하였다. 그로 인해 생산량은 비약적으로 증가하였다. 자본주의 생산 방식에서 분업의 원리가 철저히 적용되어, 노동자들은 자신의 업무를 스스로의 판단으로 결정하지 못하고 관리자의 경영계획를 따르며 노동 과정의 세분화로 노동자는 자신의 의지를 따라 움직이지 못하고 관리자의 작업지시를 따라야 한다. 이에 따라 노동력의 숙련과 그 가치는 하락하였고 반복적인 노동의 수행으로 직무 수행에 따른 노동강도는 강화되었다.

둘째, 포디즘은 T형-자동차를 값싸게 공급하고, 노동자들은 상대적으로 높은 임금을 받고 자신들이 생산한 제품을 소비할 수 있는 수준이 됨으로써 소위 '대량생산과 대량소비' 시대로 접어드는 계기를 제공하였다. 1920년대 포디즘은 미국의 대량소비 문화시대를 이끄는 흐름으로 자리 잡았고 전례없는 속도로 새로운 인간형을 만들어 냈다. 노동 가치의 하락에도 불구하고, 노동자는 자신의 임금으로 자신이 생산한 제품을 구매 할 수 있게 되었다. 그리고 노동시간의 단축으로 생긴 여가시간은 상품 소비를 촉진하도록 유인되었다. 노동강도가 강해졌으므로 노동시간 외에는 노동자들은 육체와 정신을 관리하여 높은 정신집중과 건강한 육체를 유지하도록 유도되었다. 이를 가능하게 하기 위해서는 여가시간, 가정생활에 대해서도 사회문화적인 조정이 필요하였다. 실제로 포드는 노동자들에게 음주절제, 건전한 가정생활, 심지어는 건전한 사상을 심어주기 위해 사회적인 노력을 많이 기울였다. 이 과정에서 노동자의 지성, 상상력, 창의성은 저하되었고 생산적 활동은 기계적 · 육체적 측면으로 환원되었다. 이러한 태도는 노동 현장에서뿐만 아니라 일상생활에서까지 연장되어 사람들은 일상생활에서도 창조적인 활동보다는 단순한 오락을 즐기는 경향을 갖도록 유인되었다. 포디즘은 가치관, 관습, 일상생활 등과 같은 문화적 현상 내지 생활양식으로 진화한 것이다.[29]

10.3 세계대전과 과학기술

19세기 후반에는 과학이 생산에 이용되기 시작하였을뿐만 아니라 과학의 각 분야가 한층 더 체계적인 틀을 갖추게 되었다. 그리고 전통적인 과학이었던 물리학, 화학, 생물학과 나란히 이른바 경계 영역 혹은 학제적 과학이 생겨나기 시작하였으며 이에 수반된 응용분야가 출현하기 시작하였다. 각 나라마다 기술의 발달에 기여하는 자연과학의 중요성을 인식하고 현실적인 목적을 위하여 과학과 기술을 중요시하는 움직임이 일어나기 시작하였다. 기술공학을 연구하고 교육하는 대학과 연구소 설립의 움직임이 일어났다. 1864년 독일 기술자 연맹의 결의에 따라, 독일에서 많은 대학이 설립되고 그 중에는 공과대학도 있었다. 미국에서는 1862년의 모릴법 이후 각 주의 대학이 독일의 모형을 따라 공학부를 신설하였으며 1890년 제2모릴법 이후 각 대학에 산학 협동 교육과 연구 방식이 도입되었다. 1867년 파리 만국박람회에서 각 나라의 급속한 기술 발전을 확인한 영국은 대학교육에서 기술을 경시하던

| 그림 사진 10.3 |

게르니카, 파블로 피카소, 1937년, Oil Canvas, 11′5 1/2″×25′5 3/4″, Madrid Prado[30]: 피카소는 1937년 파리국제박람회의 스페인관 벽에 독재자 프랑크를 지원하는 독일이 폭격한 스페인의 조그만 도시 게르니카의 상황을 그렸다. 말은 고통에 절규하고 황소는 폭력을 휘두르고 있다. 공기도 공간도 사라진 게르니카에서 전등과 등잔, 그리고 가물거리는 불꽃만이 빛이 있다고 말해준다.

전통을 개선하기 시작하였다.

이러한 움직임은 독점자본주의 하에서 발전을 거듭하고 있던 대기업들 특히 군수산업계의 과학기술의 수요와 일치하였다. 그 결과 각 나라마다 산업계의 요구에 부응하는 연구소의 창설이 촉진되었다. 기술혁신, 생산력의 비약적 발전, 주식회사 제도의 보급, 새로운 시장과 자원공급의 요구는 독점 체제의 형성을 촉구하고 자본주의는 급속히 제국주의 단계로 이행하였다. 1870년대부터 선진제국의 자본주의는 제국주의로 진입하기 시작하였다. 제국주의 단계에서 지역별 생산력 발전의 불균등성이 현저해지고, 기술이 자연과학의 발달에 힘입어 비약적으로 발달했으며 세계적으로 상품수출뿐만 아니라 자본수출이 성행하여, 세계는 제국들에 의해서 강제로 분할되기 시작하였다.

이 시기에 기술 발달을 촉진한 가장 주요한 요인은 잉여 이윤 창출을 위한 독점기업의 노력이었다. 이들은 과학자와 연구기관을 장악하고 거대한 생산수단을 소유하고 최신의 과학 · 기술 성과를 생산에 적극적으로 도입하였다. 독점기업은 단순히 생산과 판매에만 주력하지 않고 적극적인 시장개척과 원료공급지를 요구하였다. 국가는 이들의 요구에 적극 호응함으로 전례가 없는 군비경쟁이 촉진되었다. 신기술발달은 군사적 목적과 결부되어 전 기술부문으로 파급되고 급격하게 발달하기 시작했다. 생존과 해방 그리고 보호와 지속적인 삶을 위한 기술이 드디어 죽음과 파괴를 가져오는 데에 사용되기에 이르렀다. 제국주의 하에서 대다수의 식민지들은 독자의 기술을 발달시킬 수 있는 가능성을 박탈당하였다. 기술은 지역적으로나 계층적으로 불균등하게 발전하게 되고 인간 노동을 경감하고 자연 자원을 인류를 위해 사용한다는 기술의 목표는 왜곡되기 시작하였다.

전시 과학기술 동원 체제

과학과 기술이 사회적 의미를 갖는 이상 당시의 사회적 · 경제적 · 정치적 현상과 분리 될 수 없었다. 당시 기술은 전쟁과 밀접한 관계를 맺었다. 정보통신, 조선, 항공, 기계, 화공, 토목 등 어느 기술 분야라도 군사나 군수에서 최대의 수요처가 있었다. 제1차 세계대전은 산업혁명 이래 발달해 온 과학 및 기술 위에서 비행기, 특히 전투기, 폭격기, 전차, 잠수함, 독가스, 폭탄제조를 목적으로 하는 근대 과학기술의 발전을 촉진시켜 과학이 전쟁수행에 극히 유용하다는 것을 보여 주었다. 제2차 세계대전에서는 역사상 일찍이 유례가 없을 만큼 과학자 · 기술자 그리고 과학기술이 대규모로 전쟁 목적에 동원되었다.

영국에서는 과학자들이 제1차 세계대전 이래 존속되어 온 과학기술 연구국이나 과학 자문 평의회(1940년), 특수자격자 중앙등록처, 국제노동국 등에 의해 전쟁에 동원되었으며 이들이 제2차 세계대전 중 최대의 발명품인 레이다 개발에 결정적인 역할을 했다. 한편 제1차 세계대전으로 정점에 달하는 과학의 제국주의적 이용 실태가 명확하게 드러남에 따라 이에 반발하는 경향도 일어났다. 이전까지의 과학을 생산에 이용하는 것에 긍정적인 태도를 가졌던 과학자들 중에서도 생산과 분리된 순수과학을 이상으로 하는 경향이 대두되기 시작했다. 그러나 전쟁은 이러한 모든 움직임을 덮어 버리기에 충분했다.

독일에서는 1933년의 히틀러가 정권을 장악한 후 이전의 과학자·기술자들의 협회들은 우선 과학기술분야 근로전국협동체에 가맹하고, 이어 다음 해에 RTA는 나치당 기술총국의 직접지배를 받는 당 직속 단체로서의 나치기술연맹에 합류되었다. 나치 기술연맹은 물론 RTA도 그 회장은 스페아 군수상이 겸했던 바, 파시즘 독일의 국가정치체제를 옹호하는 정치단체가 되었다. 그 후 1942년 총통령에 의한 연구회의 설치와 함께 독일의 과학 기술자는 '완전히 조직화' 되고 파시스트가 바라는 대로 철저하게 전쟁 수행에 동원되었다.

미국에서는 원폭계획에만 12만 5천명이 참여하였는데 제2차 세계대전은 거대 과학기술 프로젝트인 원폭개발 계획을 만들어 냈다. 미국 정부가 경제 및 과학기술 정책을 장악해서 과학기술연구 방향과 과학기술자의 활동 모두를 정부의 통제 하에 두고 전쟁연구에 동원했던 이 시기는 역사상 군사기술이 가장 급속히 발전된 시기였다.

제2차 세계대전 동안의 군사행동에 결정적인 영향을 미쳤던 레이다는 직접적으로는 영국의 티저드 위원회 소관 아래 와트슨 왓트와 카벤디쉬 연구소가 착안했다. 그러나 여기에는 1920년대 방송국의 발달이나 무선·유선통신에 따른 전자관의 발달과 수신회로 및 주파수 변조이론, 발진회로, 반송다중통신에 따른 필터회로 등 이미 축적되어 있던 전자기술과 회로이론들이 중요한 역할을 하였다. 미국에서 레이다 연구는 1940년 11월에 설립된 메사추세츠 공과대학의 방사연구소를 중심으로 수행되었다. 이것은 같은 해에 맺어진 미·영 군사협정에 근거하여 소집된 국방위원회가 화포, 화약, 통신, 물리 등 4부문에서의 전쟁병기를 연구할 것을 명령한 지시를 따른 것이다. 방사연구소에서 1946년 1월에는 4천여명의 과학자들이 연구에 종사하였으며 제2차 세계대전 당시 미국의 전시연구방법의 한 전형이었다.

군수기술

과학기술자의 연구대상은 무기연구에 한정되지 않고, 전쟁 중 병기사용, 유효한 수송선단의 편성, 전투기의 배치 등 군사작전 즉 전쟁기술 그 자체까지로 확대되었다. OR(Operations Research, 작전연구)이라고 불리었던 이 기술 분야는 영국의 브라케트와 버어날이 공동으로 개발하여 미국에도 전해졌으며 군사과학기술상 최대의 변혁이었다. 정부와 군부의 사무 처리량이 급증하면서 OR에 의한 최적의 군사전략을 도출하기 위해서 대량의 수치를 고속으로 계산하는 능력이 필요하게 되었다. 유사한 계산 능력은 유도 미사일의 탄도계산 및 레이다와 결합된 자동무기 작동에도 필요하였다. 이러한 고속 대량 계산 수요는 전자계산기의 개발을 촉진하였다. 전자계산기는 파스칼과 라이프니쯔, 바베지 등의 기계적 계산기의 구상에서 시작해서, 미국의 국세 조사용 호렐리스 통계기와 파워즈의 기계, 부쉬의 아나로그식 계산기, 그리고 하바드 · 마크 I 를 거쳐서, 마침내 최초의 전자계산기 에니아크(ENIAC)가 탄생하였다. 진공관을 사용하는 이 전자계산기는 모클리와 에카드가 전쟁 중에 개발에 착수하여 1946년에 완성하였다.

프린스톤 고등연구소에서 핵병기 연구와 설계에 필요한 방대한 계산처리로 고민하던 노이만은 마침내 프로그램을 내장한 계산기를 완성하였다. 이 계산기는 내장방식으로 계산도중에 명령을 자동으로 변경할 수 있도록 설계되었으며 동작원리로 이진법을 사용함으로써 현대 컴퓨터의 원형이 되었다. IBM은 제2차 세계대전 중에 군수산업계의 구매로 매출액이 급속히 성장하였다. 1948년 최초의 트랜지스터가 발명되었을 때 이에 가장 큰 관심을 가졌던 사람들은 군수 관련 기술자들이었다. 군사와 통신기술의 수요와 더불어 정류기, 압전소자, 전계효과소자, 광전반도체소자 등 잇달아 새로운 현상과 소자의 발견 및 발명이 이루어졌다.

1896년 베크렐이 방사능을 발견한 이래, 원자물리학은 20세기에 들어서 양자역학이나 상대론과 함께 급속히 진전하였다. 1938년 코크크로프트가 행한 리튬원자핵 파괴실험과 독일 카이저 빌헬름 연구소의 한스 슈트라스만이 발견한 중성자에 의한 우라늄 핵분열은 아인슈타인의 식에 따라서 인류가 핵에너지를 이용할 가능성을 보여주었다. 이어서 마이트너와 프랑스의 J. 퀴리, 이탈리아의 페르미 등이 연쇄반응의 가능성을 지적했으며 제2차 세계대전 기간에 당대 최고의 과학자들은 핵분열의 막대한 에너지를 파괴와 살상에 사용하는 핵폭탄을 만들어냈다.

이 기간 동안에 과학자와 기술자들은 핵무기와 더불어 인류를 대량으로 살상할 수 있는 화학무기와 생물무기 개발에 근대화학의 지식을 사용하였다. 화학무기는 이미 제1차 세계대전에서 새로운 기술로 개발되었다. 1915년 4월에 독일군이 이 · 불전쟁에서 사용한 염소가스를 시초로 제1차 세계대전에서 이미 약 30종의 독가스가 살상용으로 사용되었으며 3천 여 종의 화학물질이 연구되었다. 제2차 세계대전

| 그림 사진 10.4 |

나가사키의 핵폭발 후의 버섯구름(좌)와 히로시마에 투하된 핵폭탄 '리틀 보이(Little boy)'(우): 인류 최초의 핵폭탄이 히로시마에 투하 되고 3일 후 1945년 8월 9일 핵폭탄 '팻 맨(Fat man)'이 나가사키에 투하됐다. 원폭이 투하된 후 2개월에서 4개월 동안, 히로시마에서는 90,000명에서 166,000명에 이르는 사망자가, 나가사키에선 60,000명에서 80,000명에 이르는 사망자가 집계됐다. 히로시마 의료기관은 원폭투하로 인해 60%가 섬광화상으로, 30%가 건물 잔해물로, 10%가 그 외 다른 원인으로 사망했다고 보고했다. 미국에선 이 사건이 최단기간에 수많은 사망자를 발생시킨 것으로 평가했으며, 15~20%가 피폭으로, 20~30%가 섬광화상으로, 50~60%가 질병과 부상으로 인해 사망했다고 보고했다.[31)]

에서는 나치 독일이 패망하기까지 약 2천종의 유기화합물이 합성되었으며 테프, 테프라, 타븐셀라, 등의 신경가스가 만들어져 강제수용소에서 유대인이나 러시아인들을 대상으로 인체실험이 반복되었다. 미국에서도 1942년에 생물전 연구를 위해 조직된 마크 위원회를 선두로 에드워드 병기창이나 포트 디트리크에서 화학 · 세균무기 연구가 행해져서 대전 중 2만 7천톤의 독가스가 제조되었다. 또한 일본은 1931년에 중국 동북부 만주에서 731부대(이시이 부대)가 '어느 나라에서도 유례를 볼 수 없을 정도로 잔인한' 인체실험과 연구를 자행하게 하였으며 1927년 히로시마의 오끼오시마섬에 육군조병 폐충해출장소라는 독가스 공장을 설립하여 제2차 세계대전이 끝날 때까지 이페리트, 호스겐 등을 대량생산하였다.

컴퓨터와 IC 기술

제2차 대전중에 개발된 레이다 기술은 전후 미소 냉전 기간동안 미국의 전략 기술의 매우 중요한 부분을 차지하였다. 미국의 전략적 레이다망과 컴퓨터를 이어주는 군사시스템은 원거리 조기경계망(DEW), 공대공 미사일 장비 전투기를 위한 외륜 레이다기지, 지대공 미사일용의 내륜 레이다기지, 지하기지, 폴라리스 잠수함, 원폭적재 순양항공체제 등으로 구성되고 있다. 이 밖에 정보를 전략 공군사령부에 집중시키고 작전명령을 전투부대에 발동하는 전략 공군사령부 제어시스템과 대륙간 탄도 조기경보 시스템, 우주탐지추적 시스템 등 컴퓨터에 의한 미사일의 제어를 비롯하여 군사전략체계에서 이제 전자기술은 필수불가결한 중요한 수단이 되었다.

이러한 기술을 가능하게 한데에는 1956년에 다머가 발표한 집적회로(IC)가 있다. IC 기술은 고체물리학의 최신 이론에 근거하여 고체전자공학의 개념을 실용화시킨 것으로 초기에 군수기술로 육성되었다. 이것은 마이크로파 기술, 레이다, 레이저에 의한 초다중 통신, 해저동축 케이블, 우주위성통신 및 전후 계속되는 통신기술의 전개와 함께 전후 전자공학의 발달의 핵심이 되었다. 또한 진공관을 주요소자로 하는 제1세대, 1958년경부터의 트랜지스터 다이오드 등의 고체소자에 의한 제2세대, 1965년경부터의 집적회로를 사용하는 제3세대 컴퓨터는 IC 기술 없이는 불가능하였다. 컴퓨터의 발달은 그 이용방법, 프로그램 언어의 개발은 물론 소프트웨어의 발달, 정보처리의 고속화에 따라서 분할방식을 채용한 통신회로를 이용한 데이터 통신방식을 촉진시켰으며 컴퓨터는 거의 모든 분야의 생산과정에 도입되었다. 이어서 컴퓨터는 교통 · 통신 · 정보 분석 그리고 심지어 명령과 통제에도 사용되었다. 컴퓨터 없이는 인간과 기계를 사용하는 최적의 방법을 찾는 복잡한 과학인 OR이 불가능하였다.

핵에너지와 핵무기

제2차 세계대전이 끝난 후 미국의 핵에너지 연구는 1947년의 핵에너지법에 의하여 육군 맨하탄 관구로부터 핵에너지위원회로 옮겨졌으나 핵에너지의 개발과 연구는 "항상 국가의 방위와 안전보장을 확보할 목적으로 이루어져야 한다."라고 규정이 있었으므로 군사적 이용이라는 관점으로부터 벗어날 수 없었다. 핵에너지를 전쟁에 이용하는 것에 반대하는 국제적 여론을 배경으로 핵무기의 국제관리가 문제가 되었으나 국제연합 핵에너지위원회에서의 핵에너지의 평화적 이용과 국제적 관리를 둘러싼 미국의 안은, 핵무기의 즉시 폐기를 기본으로 한 소련의 안과 달리, 실질적으로 다른 나라의 핵개발을 억제하는 한편, 자국의 핵무기를 독점화하려는 내용을 갖는 것이었다. 당시 유일한 핵보유국이며 핵사용국인 미국이 스스로 핵무기를 폐기하고 핵무기를 국제적 관리 하에서 금지하며 '제2의 불의 발견'이라는 핵에너지를 평화적 목적으로만 사용하고자했던 기대는 실현될 수 없었다. 미국의 핵 독점 정책은 결국 1949년 9월 소련의 원폭실험에 의해 무너졌으나 투르만 대통령이 미국의 핵에 의한 군사적 우위의 견지와 국제정치의 장악을 위하여 수소폭탄의 제조를 명령함에 따라 원수폭실험이 되풀이되었다. 미국 핵에너지위원회 위원장인 딘이

표 10.1 1948년, 세계과학자연맹의 과학자 헌장 요약

"과학자라는 직업에는, 시민이 일반적인 의무에 대해 지는 책임 외에 특수한 책임이 따른다." "특히 과학자는 대중이 가까이 하기 어려운 지식을 갖고 있든가 또는 그것을 쉽게 가질 수 있기 때문에 이런 지식이 선용되도록 전력을 다하지 않으면 안 된다." 이에 과학자는 과학 · 사회 · 세계라는 세 가지 측면에서 노력을 기울여야 한다.

1) 과학에 대하여: 과학자는 과학 연구의 건전성을 유지하고, 과학적 지식의 억압과 왜곡에 대해 저항하며, 과학적 성과를 완전히 공표해야 한다.

2) 사회에 대하여: 과학자는 자신의 분야가 당면한 경제적 · 사회적 · 정치적 문제들에 대하여 지니는 의미를 연구하고, 모든 지역의 생활 여건과 노동 조건을 평등하게 개선하기 위한 연구를 진척시켜야 하며, 그러한 지식이 실행에 옮겨질 수 있도록 노력해야 한다.

3) 세계에 대하여: 과학자는 자신의 노력이 전쟁 준비의 방향으로 전환되는 것에 대하여 반대해야 하며, 평화를 위해 안정된 기반을 구축하고자 하는 세력을 지원해야 한다.

말한 바와 같이 지상부대의 전술적 핵무기, 핵폭탄, 무선유도탄 등 이제 단순히 원폭을 보유하는 것만이 아니라 본격적으로 핵무기를 사용하는 군사작전에 대한 연구가 추진되게 되었고 그에 적합한 핵무기와 핵잠수함 및 대륙간 탄도탄 등의 무기체계가 연구되기 시작하였다. 핵에너지 예산이 1951년 9억 2천만 달러에서 1952년 16억 달러로 1949년 이후 급격하게 팽창되었으며 핵에너지 연구의 9할 이상이 군사용으로 할당되었다. 동시에 핵에너지 산업과 관련된 유니온 · 카바이드, 듀퐁 등의 군산복합체제의 형성이 급속하게 강화되었다.

한편 세계 최초의 핵발전은 출력 5천 kW의 시험적 규모로서 1954년 소련에서 시운전이 이루어졌으며 이어서 1956년에는 프랑스(G-1, 출력 5천 kW)에서 그리고 같은 해 '세계 최초로 상업용'이라는 선전과 함께 영국에서 콜더홀 발전소 제1호 원자로의 조업개시가 발표되었다. 그러나 콜더홀이 군사적 이용을 제1의 목적으로 한 원자로로서 원폭용 플루토늄 생산을 위한 것이었던 것처럼 프랑스도 역시 군사적 목적에 전용할 것을 고려한 것이었다. 미국에서는 1957년에 핵잠수함 노틸러스호의 군용원자로에 기반한 핵발전소의 운전이 개시되었다. 핵발전을 둘러싼 군사노선은 아인슈타인의 '미국의 수폭 제조 반대' 성명(1950년), 핵무기의 금지를 주장하는 스톡홀름 어필, 미국 과학자연맹의 '수폭이 세계의 안전을 수호한다는 사고방식의 오류' 지적 등 과학자와 시민의 반대운동을 야기하였다.

핵의 위험을 경고하기 위하여 1947년부터 『핵과학자협회지』는 표지에 '종말의 날 시계'[32]를 표시하기 시작하였다. 50년 이상 변화하는 핵무기의 국제상황을 반영하면서, 인간이 직면한 핵위험을 표시해왔다. 미국 핵과학자회보가 운영하는 이 시

계는 지금까지 16번 그 시간을 조정했다. 가장 위험할 때는 1952년 이후 미소 냉전이 치열한 중에 미국이 수소폭탄실험(1953년)을 했을 때였으며 11시 58분으로 자정 2분전까지 접근하였다. 가장 안전했던 시기는 미국-러시아가 전략적 무기 감축협상에 서명하고 전략, 전술 핵무기의 추가 감축을 발표했을 때이며 냉전이 끝나는 시점인 1991년이며 분침이 17분전(11시 43분)으로 미뤄졌었다. 그러다가 제1차 북한 핵위기(1993년~95)직후 11시46분으로 3분 단축되었으며, 1998년 인도, 파키스탄 핵실험이후 11시 51분으로 5분 단축되었고, 2002년 미국이 ABM 조약 탈퇴를 선언하고 테러리스트에 의한 대량파괴병기 사용의 염려가 높아지면서 11시 53분으로 2분 단축되었으며 2007년 북한의 핵실험과 이란의 핵개발 시도로 11시 55분으로 2분 단축되어 지금까지 핵 종말 5분 전으로 기록되고 있다.[33)]

과학기술자들의 반전 평화 선언

제2차 대전 후, 핵에너지, 일렉트로닉스, 사이버네틱스, 로케트 등 전후의 기술적 발전 그 자체는 바로 군사연구에서 시작되었으며 제2차 세계대전 기간에 과학기술자들이 대규모로 군사연구에 동원되었으므로 과학자 · 기술자는 사회적 존재로서의 자신의 사회적 위치와 과학 · 기술과 사회의 관계에 대한 심각한 의문을 갖지 않을 수 없게 되었다. 이것은 곧 과학 · 기술과 사회에서 과학기술과 과학기술자의 역할에 대한 심각한 논의로 이어졌다. 대표적인 것이 핵에너지의 평화적 혹은 군사적 이용법을 둘러싼 문제였으며 이것은 국제정치의 큰 쟁점이 되었다. 동시에 핵을 군사적으로 이용하는데 반대하는 평화운동이 일어나고 과학 · 기술의 사회적 기능을 둘러싼 문제는 점점 심화되어 갔다. 전후에 양심 있는 과학자나 기술자가 이 과제를 피해 갈수 없었다.

제2차 세계대전 중에 맨하탄 계획, 레이다의 개발, MIT방사연구소 또는 OR연구에 참여했던 과학자는 그 수적인 면이나 질적인 면에서 '총동원'이라는 표현이 어울릴 정도로 20세기 전반 자연과학계의 대표자를 망라했었다. 맨하탄 프로젝트의 지휘자 오펜하임을 비롯한 테일러, 실라드, 로렌츠, 파인만, 밀리칸, 프랑크, 콤프턴, 페르미, 콜리, 페티, 위그너, 쉬보그나, 아인슈타인, 보어 등이 핵기술연구에 그리고 MIT에서의 라비와 루미스, 불스와 사이버네틱스의 창시자 중의 한 사람인 위너 등이 전시연구에 종사하였다. 영국에서는 G. P. 톰슨, 브라케트, 버어날, 프릿슈, 파이엘스, 보른 등이 독일에서는 망명하지 않고 남았던 하이젠베르크와 폰 브라운 등이 그리고 프랑스에서는 레지스탕스의 입장을 견지했던 J. 퀴리 등이 전시연구에 참여함으로써 당대의 과학 기술자들이 '총 동원' 되었다고 할 수 있다.

일본에 대한 원자폭탄의 투하를 반대하는 과학자들의 청원서명을 모았던 실라드 등의 과학자는 물론 원자폭탄을 투하함으로써 전쟁으로 인한 유혈을 감소시킬 수 있다고 확신했던 콤프톤 등도 전쟁이 끝나자 핵 연구를 포함하는 과학이 실로 정치 · 경제 · 사회체제에 깊이 관련되고 있다는 것을 인식하지 않을 수 없었다. 그러나 이 사람들의 입장은, 1936년 22명의 영국 과학자의 반전성명에서 보여지는 것처럼, 하나같이 동일하지는 않았다.[34] 과학자들이 평화운동[35]을 진행하는 데에는 많은 방해와 장애가 있었기 때문이다. 2차대전 기간에 레지스탕스 운동에 참가하고 독일 파시즘과 격렬히 싸웠던 J. 퀴리는 노벨상 수상자로, 현재의 원자로를 사실상 발명한 사람이기도 했으나 전후 원수폭 금지운동의 선구자가 되었다. 그러나 그는 스톡홀름 어필에 서명을 했다는 이유로 프랑스 원자력청 장관에서 추방되었다. 미국에서 '원자폭탄의 아버지' 오펜하이머는 '수소폭탄'에 반대했다는 이유로 미국의 국익에 반하는 행위를 했다는 비난을 받았다. 이외에도 국가정책에 반대한다는 이유로 우수한 과학자들이 연구에서 배제되기 시작했다.

핵폭탄이 개발되고 그리고 실전에서 그 위력을 확인한 이후에 과학자들이 다시 평화를 위한 연구로 되돌아가서 핵무기의 군사적 이용은 있을 수 없다라고 주장하는 것이 말과 같이 쉬운 일이 아니었다. 핵무기의 위력을 확인한 인류가 그 가공할 파괴력에 두려워하였으나 그 위력을 자기의 것으로 하려는 욕망은 국가라는 틀 안에서 급속히 확산되었다. 과학기술은 그 위력이 클수록 사회에 미치는 영향도 컸다. 과학기술과 사회 사이에서 발생하는 모순이 대전 후에 과학자와 기술자에게 강하게 작용하고 그들의 활동에 큰 영향을 미쳤다. 실제로 핵의 평화적 혹은 군사적 이용을 둘러싼 문제는 국제정치의 큰 쟁점이 되었다. 군사적 이용에 반대하는 반전 평화선언들이 발표되었고 과학 · 기술의 사회적 기능을 둘러싼 문제는 사회의 중요한 쟁점으로 발전되어 갔으며 전후 과학자나 기술자들이 간과할 수 없는 문제가 되었다.

10.4 신음하는 생태계

재화와 서비스에 대한 욕구는 대개 기술진보, 저렴한 에너지에서부터 새로운 비즈니스 구조, 강력한 대중매체, 인구증가, 사회적 필요에 이르기까지 여러 독립적인 영향요인들로 유인될 수 있다. 이들 요인들 중 일부는 자연스러운 것일 수 있고 일부는 인간의 혁신적인 행위에 따른 인위적인 것일 수 있으며 또 어떤 것은 인간의 과시적인 행위에 기인할 수도 있다. 이러한 요인들이 상호작용하여 소비 수요를 창출하고 생산을 확대하였다. 그 이유가 어디에 있던 현재와 같은 추세의 소비는 지구 생태계의 지속 가능성을 위협하고 결국 인류의 생존을 위협하기에 이르렀다.

생산성과 환경

1913년 포드자동차 회사는 자동차 한 대를 조립하는데 12.5시간 걸렸으나 오늘날 일본의 토요타 공장은 훨씬 적은 인원으로 하루에 300대의 자동차를 생산하고 있다.[36] 생산성의 증가는 비용을 큰 폭으로 줄였고 판매를 촉진시켰다. 이처럼 각종 기술혁신으로 생산성이 획기적으로 증가하였으며 그것은 곧 자원을 사용하는 인간과 기계 시스템이 고도화되었음을 의미한다. 예를 들어, 오늘날의 '대형 고기잡이 트롤선'은 하루에 수백 톤의 물고기를 포획하고 처리하는 능력을 갖추고 있다. 이 때문에, 상업적인 어류포획이 시작된 이후 15년 만에 바닷물고기의 80퍼센트가 감소했다.[37] 펄프를 만들기 위해 나무를 갈아 작은 조각으로 만드는 목재분쇄기는 매일 트럭 100대분 이상의 나무를 분쇄할 수 있다. 이처럼 저렴한 비용으로 광대한 자원을 이용할 수 있는 인간능력의 발전 때문에 값싼 제품이 시장에 나올 수 있었다. 뿐만 아니라 운송수단의 개선으로 생산이 촉진되었고, 수송비용이 저렴해져서 어디나 배달이 가능하게 되었다. 운송비용의 감소로 보다 많은 사람들이 저렴한 가격에 상품을 구입할 수 있게 되었다.

뿐만 아니라 20세기에 기술과 교통 · 통신수단이 유례없는 속도로 발전함으로써, 신제품의 출현이 더욱 빈번해졌다. 미국에서 라디오가 5,000만명에게 보급되기까지 38년이 걸렸지만, 인터넷이 이들에게 보급되는데는 4년이 소요되었을 뿐이다.[38] 이 때문에 정보기술산업은 급속히 성장하고 있다. 마이크로프로세서의 용량이 18개월마다 두 배로 증가할 것이라는 무어의 법칙(Moore's Law)이 작동하고 더욱 강력한 컴퓨터와 디지털제품들이 앞을 다투며 소비자를 유혹한다. 이러한 신제품의 개발 기간이 단축되고 제품의 평균 보유기간이 점점 짧아지면서 소비는 더욱 부추겨지고 있다.

인간을 제외한 수백만 종이 구축하고 있는 생물계에서 생산되는 재화와 서비스 그리고 부산물이 자연적으로 제어 되는가는 대조적으로, 인간경제는 생산과 소비의 후유증에 관심을 두지 않은 채 일방적으로 팽창되고 있다. 이러한 경제시스템이 자연과 환경 궁극적으로 인간에게 미치는 영향은 자원추출 과정에서부터 나타난다. 예를 들어 구리 1톤을 생사하는 데 110톤의 바위와 광석이 버려진다. 귀한 금속일수록 버려지는 양은 더 많아진다. 결혼반지 하나를 만드는데 필요한 금을 얻는 과정에서 대략 3톤의 유독성 광석폐기물이 발생한다.[39] 자원이용 및 생태계 보전과 관련된 실상을 보면, 급격하게 늘어난 소비에 의해 자연이 얼마나 많은 스트레스를 받고 있는지 알 수 있다. 2002년 사이언스지에서 해초와 조류(藻類)가 매년 0.01~0.02퍼센트씩 감소하고 있으며, 열대림은 0.8퍼센트, 해양어류는 1.5퍼센트, 담수 생태계(습지, 범람원, 호수, 강)는 2.4퍼센트, 홍수림은 2.5퍼센트가 감수했다고 발표하였다.[40]

정보산업과 환경

컴퓨터와 전자제품이 생활의 편리함과 높은 수익을 가져다준 덕택에 후기산업사회의 지식정보경제는 '탈물질화'의 선구자로 각광을 받고 있으나 사실 전자제품의 핵

표 10.2 전 세계 환경지표별 동향[41]

환경 지표	경향
화석연료 및 대기	2002년의 석탄, 석유, 천연가스 사용량은 1950년에 비해 4.7배 증가했다. 2002년 이산화탄소 배출량은 1960년에 비해 18퍼센트 증가했으며, 1750년 산업혁명이 시작된 이래 31퍼센트가 증가한 것으로 추산된다. 과학자들은 20세기 지구온난화의 원인을 대기 중 이산화탄소 등의 증가에서 찾고 있다.
생태계 파괴	해안습지에서 내륙 범람원에 이르는 전세계 습지의 반 이상이 배수시설로 인해, 혹은 주택건설 및 농업용지로 활용되면서 사라졌다. 전세계 산림 역시 약 절반이 없어졌는데, 산림의 나머지 30퍼센트는 파편화되거나 면적이 줄어들었다. 1999년 연료, 목재, 종이생산을 위해 사용된 나무의 양은 1950년에 비해 두 배 이상 늘었다.
해수면	20세기의 해수면은 매년 1~2밀리미터가 증가하여 전체적으로 10~20센티미터 상승했다. 이는 기후변화에 따라 대륙빙이 녹고 바다가 확장되었기 때문이다. 지구온실효과를 유발하는 가스배출량이 1퍼센트 미만인 섬국가들이 해수면 증가로 바다의 범람 위기에 놓여 있다.
토양/토지	세계 농경지의 10~20퍼센트와 방목지의 70퍼센트 이상이 파괴되고 있다. 과거 50년 동안 토지감소로 인해 식량생산이 줄어들었는데, 농작물의 경우 13퍼센트, 낙농제품의 경우 4퍼센트가 감소했다.
어업	1999년의 전체 어획고는 1950년에 비해 4.8배 증가했다. 과거 50년 동안 다랑어, 청새치, 황새치, 상어, 대구, 넙치, 홍어, 도다리와 같은 포식성 어류의 90퍼센트가 대규모 선단에 의해 잡혔다.
물	지하수의 과도한 사용으로 아시아, 북아프리카, 중동, 미국의 주요 농업지역에서 지하수면이 낮아졌다. 지하수질 역시 비료, 살충제, 저장탱크에서 흘러나오는 석유화학제품, 염소화용제, 버려진 중금속, 핵시설에서 나온 방사능폐기물의 침전으로 인해 악화되고 있다.

심 부품인 반도체는 대부분의 '일반적인' 제품들에 비해 훨씬 자원 소모적이다. 32메가바이트의 마이크로칩 하나를 만들려면 최소 72그램의 화학물질과, 700그램의 가스성분, 3만2,000그램의 물과 1,200그램의 화석연료가 투입돼야 한다.[42] 칩의 평균 수명 4년 동안 하루 평균 3시간씩 작동한다고 할 경우, 440그램의 화석연료가 소모되고 2그램의 칩 하나를 생산하기 위해 사용되는 부가적인 재료는 최종 제품의 630배나 된다.[43]

뿐만 아니라 정보통신 산업은 세계에서 규모가 가장 크고 성장이 빠른 제조업이며 제품의 노화가 빨라, 전자폐기물(e-waste)의 양은 빠르게 늘어나고 있다. 우리나라를 포함하여 정보통신 선진국에서는 매년 새로 출시되는 신형 컴퓨터와 통신기기로 인해 기존 제품들이 구형이 되고 있다. 정보통신 기기는 망가져서 버려지는 게 아니라, 주로 기술발전 속도가 너무 빨라 새로운 소프트웨어를 실행시킬 수 없다는 이유로 버려진다. 이렇게 폐기된 제품들은 대개 매립되거나 소각된다. 미국 내 매립지에서 발견되는 중금속의 70퍼센트는 전자폐기물 때문이다.[44] 이 독성물질은 토양과 지하수로 침투해 들어가, 인간의 중추신경계, 내분비계, 두뇌형성단계에 장애를 일으키고 내부 기관을 손상시킬 수 있다. 소각도 해롭기는 마찬가지이다. 가령 브롬화합물 계통의 방화제나 PVC를 소각하면 가장 치명적인 잔류 유기오염 물질인 다이옥신과 퓨란이 배출된다. 정보통신 선진국들의 구형 제품들은 재활용 업체를 통해 외국으로 팔려나가거나 폐기물로 후진국들로 수출되고 있다. 선진산업국들이 전자폐기물을 자국 내 매립지나 소각로에 투입하는 것을 엄격하게 규제함에 따라, 유해 폐기물에 관한 국제 협약인 바젤 협약의 금지 조항에도 불구하고, 독성 물질의 국제 거래가 이루어지고 있으며[45] 폐기물을 처리하기 위한 획기적인 조치가 마련되지 않는 한 개발도상국으로의 폐 전자제품의 수출은 계속될 것이다.[46]

에너지와 생태계

에너지 산업이야말로 이러한 환경 퇴화에 가장 큰 영향을 끼치고 있다. 원유 정제나 화력발전 등은 말할 것도 없고 석탄의 노천채굴, 저수지 건설, 송유관 · 고압송전선 건설 등도 그러한 활동에 속한다. 인간의 삶에 없어서는 안되는 에너지 공급 인프라는 역설적으로 인간의 생존을 지켜주는 생태계를 붕괴시키고 생물 다양성을 훼손하고 있다.

지구 생태계 붕괴의 가장 심각한 것 중 하나는 지구의 온난화이다. 이 문제의 핵심 원인이 되고 있는 탄소순환에 가장 큰 영향을 주는 요인은 화석연료의 소비 증가이다. 그 결과 대류권에서 증가한 이산화탄소층이 온실효과[47]를 일으켜 지구로 유입되는 태양 에너지와 밖으로 방출되던 에너지의 균형이 깨어졌다. 지구에서 방출되는 에너지가 유입되는 에너지보다 적다. 이런 현상으로 인류 문명과 진화의 역사에서 전례가 없는 속도로 지구온난화가 발생하고 있다. 현 상황이 지속되면 인류의 생존이 위협을 받게 될 것이다. 이미 지구 곳곳에서 우려스러운 변화들이 나타나고 있다.[48] 온난화 때문에 물의 순환주기가 단축되고, 주요 영양염류 순환 속도가 변하고, 모든 생물군계의 순일차생산량(NPP)이 영향을 받고, 생태계와 종속영양생물(병원균 포함)의 경계가 바뀌며, 유기물 분해, 토양 내 수분 저장, 병원체 조절과 같이 생태계의 필수 불가결한 기능도 영향을 받고있다.[49]

보통 삶의 질과 에너지 소비는 불가분의 관계라고 믿고 있다. 에너지는 기본적인 욕구를 충족시키고 질병, 굶주림, 추위, 가난에 처한 사람들의 삶을 개선시킬 수 있다. 그러나 한편으로는 더 큰 집과 자동차와 더 많고 큰 가전제품, 더 많은 소유로 정의되는 '더 나은 삶'에 대한 추종은 에너지 소비를 부추긴다. 바람직한 삶을 살려면 어느 정도의 에너지가 필요할까? 유엔은 다양한 나라의 삶의 질과 에너지 사용간의 관계를 조사하고 발전의 지표인 경제성장뿐만 아니라 지식, 수명, 및 생활 수준 등 인간적인 측면을 고려한 발전에 주목하고 인간개발지수(HDI: Human Development Indes)를 만들었다.[50] HDI와 에너지 소비간의 관계를 상세히 연구한 슈레즈(Carlos Suarez)는 가난한 사람들은 에너지사용량이 조금만 늘어도 직 · 간접적으로 삶의 질이 크게 높아진다. 그러나 에너지 한 단위를 추가 할 때 증가하는 편익은 에너지 소비가 석유로 환산하였을 때 일인당 1,000kg에 접근하면서부터 점차 줄어들기 시작해서 1,000~3,000kg에서 상당히 줄어들고 이 점을 넘어서면 일인당 에너지 소비량을 세배 늘려도 HDI 지수는 거의 증가하지 않는다. 일인당 3,000kg(석유환산)에 이른 나라는 이탈리아, 그리스, 남아프리카 등이며 미국은 이들의 거의 세 배의 에너지를 사용하고 있다.[51] 건강, 교육 재산, 인권, 자유, 생태계의 다양성, 건강과 대기질, 수질 및 자원사용의 정도 등을 포함한 인간과 생태계의 복지에 관한 87개 지표를 근거로 180여 개 국의 순위를 연구한 로버트 프레스코트-알렌(Robert Prescott-Allen)은 행복지수(Wellbeing Index)를 개발하였다. 이 지수에 따르면 현재 에너지를 상대적으로 많이 소비하는 나라일수록 에너지 사용과 실제로 느끼는 복지 수준간에 고정된 상관관계가 없으며 대다수의 많은 나라에서 삶의 질을 높이면서도 에너지 소비를 개선할 여지가 충분히 있다는 것이 입증되었다.(표 10.3 참조) 이제 필요한 것은 우리의 물질 소비 행태와 생물권에 대한 책무와 관련한 태도의 일대변화이다.

표 10.3 국가별 에너지 사용과 복지 수준[52)]

국가	복지순위*	일인당 에너지 사용 순위**	일인당 에너지 사용 수준(스웨덴 기준)
스웨덴	1	10	100
핀란드	2	6	112
노르웨이	3	8	104
오스트레일리아	5	26	61
일본	24	19	70
미국	27	4	140
러시아 연방	65	17	71
쿠웨이트	119	3	162
아랍에미리트연합국	173	2	190

*180개 국가 중 순위임　**총 1차 에너지 공급량을 근거로 함

소비제국주의

아담 스미스(Adam Smith) 이후 소비자는 자신들의 만족을 극대화시키기 위해 합리적인 선택을 할 수 있는 행위자라고 여겨져 왔다. 하지만 소비자들은 왜곡된 정보나 불완전한 정보를 바탕으로 불완전한 결정을 내리고 있지는 않은가? 자본이 지배하는 광고와 문화적 규범 혹은 사회적 영향 그리고 생리적인 충동이나 심리적 연상이 이러한 결정에 기여한다. 이러한 요인들이 필요 이상으로 소비를 촉진시키지는 않았는가? 기술은 맹목적인 가시적 소비 수요를 뒷받침하고 있지는 않았는가?

현대사회는 소비를 유인하는 자본의 지배하에 놓여 있다. 미국으로 대표되는 대량소비사회를 주도하고 그 위에서 부를 축적하는 선진제국들은 소비제국이라고 할 수 있다. 또 이런 사회를 지배하는 도그마를 나는 소비제국주의라고 부르고자한다. 소비제국주의는 테일러리즘과 포디즘에 기초하여 대량생산하고 대량 소비하는 삶의 양식을 가치있는 것으로 여길뿐만 아니라 부를 축적하는 수단으로 삼고 이것을 후진국에까지 전파하여 세계를 하나의 생산과 소비망으로 연결해나간다. 이러한 도그마는 전래된 기성 질서도 없이 자기중심적이며 현재중심적인 곳, 전통적인 노블레스 오블레주가 갖는 최소한의 윤리적 규범도 존재하지 않는 곳에서 힘있고 능력 있으면 누구든 자신의 욕망을 실현할 수 있는 환경에서 탄생하였다. 이러한 사조는 곧 산업선진국들을 중심으로 국외로 확산되었다. 자신들의 이익을 극대화하기 위하여 상대국의 문화와 제도를 무시하거나 붕괴시켜가며 심지어 식민지화 해가면

| 그림 사진 10.5 |

〈오늘의 가정을 그토록 색다르고 멋지게 만드는 것은 무엇인가? (Just What Is It That Makes Today's Homes So Different, So Appealing)〉, 1956년, 리차드 해밀턴, 콜라주: '팝아트(popular art)'는 해밀턴의 이 작품으로 영국에서 그 문이 열리고 60년대 초 앤디 워홀 · 로이 리히텐슈타인 등 미국 작가들로 이어졌다. 해밀턴은 1968년에는 당시 세계적 인기를 끌던 밴드 비틀스의 '화이트 앨범' 표지를 디자인했으며 자본주의 사회의 소비 지상주의를 풍자하고 정치인들을 비꼬는 내용의 작품을 하였다. 2003년 서방군의 이라크 바그다드 대공습에서 영감을 얻어 토니 블레어 전 영국 총리가 카우보이 셔츠를 입고 총을 들고 있는 모습을 담아 '충격과 공포(Shock and Awe, 2007~2008년)'라는 제목을 붙이기도 했다.[53]

서 전파되어갔다. 지금은 세계화의 명분으로 소비제국주의는 자국의 고도 소비를 유지하며 동시에 이익을 극대화하기 위하여 전 세계를 생산 공장으로 만들고 또 그들을 자신들이 고안한 고부가가치 상품의 시장으로 만들어 지속적인 소비 확장을 도모한다. 이것은 끝없는 소비의 확대 재생산을 가져오고 결국 자원의 낭비와 생태계의 붕괴로 인류는 재앙으로 내 몰리게 된다.

베블런은 자본주의 하에서 소비가 확대될 수밖에 없는 한 속성을 자신의 유한계급론에서 과시적 소비 이론으로 예리하게 지적하였다.[54] 그의 이론에 의하면 유한계급이 보이는 과시적 소비의 물질적 토대는 타인의 노동과 지적 활동에 기초하고 있는데 이들은 타인이 이룩한 성과를 폭력과 공포 주술행위는 물론 비즈니스, 금융과 같은 금전적 제도를 이용하여 약탈한다. 이러한 약탈적 행위와 유한계급은 자본주의 시대에 소멸되지 않고 새로운 모습으로 확장되고 있다. 이러한 행태는 국가간에 노골적으로 혹은 교묘하게 성행될뿐만 아니라 한 국가 내에서는 쉽게 드러나고 있듯이, 독점적 지위를 이용하여 불공정 하도급 거래를 일삼고 파렴치한 수단으로 부를 세습하는 재벌집단, '파생금융 상품'과 같은 소위 '혁신적' 수단으로 이득을 취하는 금융업자, 시세 차익을 노리고 투기를 일삼는 부동산 업자들, 사회적 네트워크를 이용하여 경제적 부와 사회적 지위를 독점하는 파워엘리트들의 학벌과 족벌집단들이 그들이다.[55] 자본주의 사회에서 이들은 경제적 약탈 능력이 뛰어날수록 과시를 부리고 존경을 요구하며 이들에 종속된 은행과 법률관련 직업인들이 이들을 뒤따른다.

자본가들은 첨단의 기술로 무장한 미디어 메시지들이 쏟아내는 광고라는 효과적인 문화적 억압 도구이자 대중의식 조작의 수단으로 지구촌의 사람 대부분을 '소비자'로 묶고 그 이름에 걸맞게 살도록 길들인다. 도로테 죌레(Dorothee Sölle)는 광고의 목적은 단순히 특정 상품을 팔려는 데에 그치지 않고, "판매와 구매, 거래와 부의 축적이 인간의 활동 중에서 가장 중요하다고 생각하게 하는 일종의 분위기를 형성시키는 데 있다."[56]고 한다. 이처럼 인간의 '궁극적 관심'을 소비, 곧 특정 브랜드를 소유하고자 하는 욕망에 붙들어 매는 광고에 의해 인간은 소비제국주의에 세뇌된 행복한 노예가 되어간다.

야만사회에서는 약탈의 능력이 가시적으로 분명히 드러나기 때문에 대중들에게 쉽게 드러나지만 자본주의 사회에서는 그것이 감추어져 있어서 유한계급은 과시적 소비와 과시적 여가의 이용[57]을 통해 자신들의 능력을 드러낸다. 베블렌은 이들의 소비 목적은 물질적 효율성과 안락을 추구하는 것이 아니라 명성의 획득과 유지라는 사회적 동기라고 보았다. 그래서 이들이 이끌어 가는 소비규범이 제시되면 그 아래 계급의 사회 구성원들은 이들을 따라간다. 베블렌이 '인간의 모방 본능'이라고 정의한 이러한 행태로, 자산의 소유가 사회적 존경의 기초가 되는 자본주의 사회에서 사람들은 끊임없이 자기가 속한 계층의 사람들과 경쟁적 소비를 한다. 일단 경쟁적 소비의 악순환에 빠지면 사회 구성원들은 그들의 수입에 상관없이 만성적 불만에 빠지고 금전적 문화에 순응하게 된다. 국가 간에도 세계화라는 명분으로 이러한 행태가 확대 되고 있다. 현대 사회가 이것으로부터 벗어날 수 있을까? 기술이 이러한 모순의 확대에 기여하고 있는 것은 아닌가?

10.5 불안한 실존

자본주의는 인간의 욕망 위에 서서 결국 인류를 대량 소비와 전쟁과 생태계 붕괴의 소용돌이에 휩쓸어 넣었다. 특히 전쟁을 방지하려는 인간들의 노력에도 불구하고 전쟁이 세상을 휩쓸었을 때, 인간의 삶은 불확실하고 불안정하며 불투명한 것이 되었으며 생태계의 붕괴 위험은 인간을 불안의 심연에 빠뜨렸으며 인간은 스스로를 무감각하고 뭐가 뭔지 알 수 없는, 우주에 버려진 존재라고 여기게 되었다. 특히 전쟁은 패배자나 승리자 모두에게 심각한 상처를 안겨주면서 인간의 내면적인 문제에 눈을 돌리게 만들었다.

| 그림 사진 10.6 |

〈비명, The Scream〉, 1893년, 에드바르트 뭉크 Edvard Munch(1863~1944년), 판지에 템페라와 파스텔, 91×73.5cm, 오슬로 국립미술관: 뭉크는 1892년 이렇게 말했다. "갑자기 하늘이 핏빛으로 물들기 시작했다. … 나는 그 자리에 서서 두려움으로 떨고 있었다. 그때 자연을 관통하는 그치지 않는 커다란 비명 소리를 들었다." 갑작스런 정신적 동요가 우리의 모든 감각적 인상을 어떻게 변화시키는가를 표현한다. 장면 전체가 그 비명 소리의 고통과 두려움에 휩싸여 있다. 무언가 끔찍한 일이 벌어졌음에 틀림없다. 그 비명이 무엇을 뜻하는지 알 수 없기 때문에 더욱 불안하다.[58]

기술과 실존

'과학적 관리'와 '포디즘'이 삶의 양식을 지배하고 인간의 노동이 기계적 노동으로 변화됨으로써 사회는 하나의 큰 기계로 변하였고 인간 자신도 합목적적으로 가공될 수 있는 원료 중의 하나로 되어버렸다. 과학 기술이 인간의 실존적인 영역에 침투해서 인간을 기계에 속박시키고 인간을 '조직화된 인간'으로서 일하게 만들었다. 인간은 점점 더 인간으로서 자신의 실존을 표현할 수 있는 기회를 상실해 갔다. 이것을 야스퍼스(Karl Jaspers, 1883~1969)는 기술이 자연을 지배함으로써 인간이 자연으로부터 해방되는 것이 아니라 기술이 오히려 자연을 파괴하는 것이고 인간 자체를 파멸케 하는 것으로 보았다. 인간은 단지 수단으로 전락되고 자신이 만들어낸 기술에서 벗어날 수 없는 단계에 이르렀다. 기술이야말로 진정 인간을 위협하는 폭력으로 변하고 있는데 인간은 이미 기술에 매몰되어 폭력이 어떻게 진행되는지도 알지 못한다.[59]

기술은 오직 그 기술의 마력을 직시할 때에만 극복될 수 있다. 그러므로 기술이 가져올지도 모를 재앙을 기술적으로 제어한다는 것은 재앙을 더 재촉할 수도 있다. 기술을 기술 자체로 극복하고자 하는 것은 화를 불러일으키는 새로운 길을 만들 뿐이다. 인간을 지배하여 주인이 된 기술에게 인간이 어떻게 새로 길을 마련하는가 하는 것이 관심이다. 그러나 야스퍼스는 현대의 인간은 관찰은 하지만 직시하지 못하기 때문에 이제 불행을 자신의 생활 속에서 저지시키기 위하여 모든 것을 기술적으로 또한 합리적으로 처리하고자 허둥댈 뿐[60]이라고 지적한다.

그래서 야스퍼스는 인간의 삶의 토대를 이루고 있는 실재 곧 실존(Existenz)에 천착하였다. 야스퍼스에게 있어서 지식은 인간에게 '삶의 실천'을 위한 부가적 실재를 제공해 줄 뿐이었다. 그는 '만일 개인들이 과학의 모든 원리와 법칙을 효과적이며 가치 있는 실재로 사용하지 않는다면' 그것들은 지식의 축적 자체로는 결코 인간성을 위해 어떠한 구체적인 결과도 보증해 줄 수 없었으므로 과학을 통해서가 아니라 철학을 통해서 실존의 구성 요소를 발견할 것을 요청하였다.[61]

인간 행위의 기원은 인간이 세계를 사색하고 그것을 차츰 인식해 가는 방식과 인간의 만족이라는 본질적인 가치에 있다.[62] 결정적인 것은 결국 인간의 태도이다. 그러나 영혼을 충만케 하는 이념이 없다는 것은 이념이 단지 선전하는 것뿐임을 드러내는 것이다. 신이 죽은 신앙 상실의 상황 속에서 인간은 맹목적 신앙을 따르고, 신앙이 그 이상 더 삶의 근거가 되지 못할 때 부정의 공허성만이 남을 뿐이다.[63] "절반의 지식은 무신앙에 이르게 하고 완전한 지식은 신앙에 이르게 한다."는 베이컨의 말을 옳은 것으로 수용하는 야스퍼스는 지금 인간이 존재의 근본적인 변혁의 시대에로 들어왔다면서 그러한 변혁은 차축시대의 반복이 아니고 근본적으로 그와는 다른 사건이 될 것이라고 보았다.[64]

예술과 기술: 새로운 하나

삶의 기계화 심지어 테일러리즘에서 무슨 긍정적인 것이 나올 수 있을까? 구석기 시대 동굴의 벽화가 당시의 인류에게 삶의 길을 제시하고 있듯이 막다른 길에서 예술가들의 상상력은 새로운 길을 제시할 수 있지 않을까?

예술가들은 과학기술의 세계를 단지 재현하는 것이 아니라 그것을 은유하는 형태, 색채, 리듬 등을 추출하기도하고 과학기술적 공정과 유사한 과정들을 차용하기도 하였다.[65] 이들은 한편으로는 기계를 새로운 미의 이상으로 주목하고 다른 한편으로는 구성(construction)을 미술의 방법과 원리로 중시하였다. 많은 예술가들이 인간의 신체가 모델이 되고 수학적 관계는 우주의 속성으로서 조화와 비례의 세계를 의미하던 고전 미술에서 기계가 모델로 차용되고 원, 원추, 삼각형과 사각형 등 플라톤의 절대미의 요소들이 회화의 요소로 사용되는 모더니즘의 미술로 이동하여 갔다. 프랑스의 화가 페르낭 레제(Fernand Leger)는 기계로서의 사회라는 사고를 구체화하고 절제된 구성에 대담한 색채를 배열하여 위풍당당한 기계의 형태를 표현하는 '기계미술' 양식을 개발했다. 그의 그림에서 인체를 이루는 기하학적 덩어리가 커다란 단편으로 쪼개지고 인체는 정방형과 원통형 등으로 해체되어 마치 로봇처럼 보인다. 그러나 그가 진정 표현하려고 했던 것은 사물에 내재되어 있는 기본 입체 형태를 추출해내려는 세잔의 방법, 즉 사물들의 물질성을 강조하고 그림 내에서 상호관계의 일관성을 부여하려는 세잔의 욕구를 반영한 것이지 기계에 대한 호감을 반영한 것은 아니다.[66)]

| 그림 사진 10.7 |

〈카드놀이 하는 사람들〉, 페르낭 레제, 1917년, Oil on Canvas, 50 3/4×76″ Otterlo, Rijksmuseum KrollerpMuller: 모더니즘 예술가들은 기계를 모델로 차용하고 플라톤이 말한 절대미의 형태들 원, 사각형, 삼각형 등은 기계적으로 만들어진다고 말하기 시작하였다. 레제는 제1차 세계대전에서 참호와 독가스를 경험하고 사물의 형태와 사회에 대하여 해로운 감각을 가지게 된다. 테일러리즘에서 인간의 노동이 동작의 요소로 해체되었듯이, 불가항력적인 전쟁의 경험은 그로 하여금 카드놀이 하는 병사들을 헬멧, 손과 발, 파이프에서 뿜어 나오는 연기, 가트놀이용 담요, 등 하나의 기계의 요소로 표현하게 만들었다.[67)]

기술과 기술의 변화능력을 가장 적극적으로 수용한 것은 모더니즘 건축에서 발견된다. 20세기 건축은 철골, 콘크리트, 평판유리, 엘리베이터 등 외경심을 일으키는 근대성의 아이콘들 곧 마천루를 가능하게 한 새로운 재료들을 구할 수 있었다. 그 배경에는 전 세계의 건물과 도시들을 강타한 모더니즘 미학 원리들이 있다. 이들은 외관을 중시한 전통적인 미학을 거부하고 미래주의자들에 버금가는 열정으로 내부를 살기 편리하게 설계하는 기계적 특성들을 존중하였다. 프랭크 로이드 라이트(Frank Lloyd Wright: 1869~1959)는 주택에서 중요한 것은 방이지 건물의 외관이 아니라고 생각하고 내부가 살기 편하게 설계되고 거주자의 요구에 잘 맞는다면 건물외관도 그럴듯하게 보일 것이라고 생각하였다. 당시로서는 혁신적인 생각을 하였던 그는 그때까지 엄격한 좌우대칭을 요구하던 건축방식을 버리고 유기적 건축(Organic Architecture)이라는 말로 건축물은 거주하는 사람의 요구와 지방의 특색을 따라 살아있는 생명처럼 탄생하고 성장한다는 의미를 강조하였다.[68)]

르네상스 이래 발달해왔던 화려하게 외관을 장식했던 '무슨 무슨 식(Order)'이라는 건축 양식의 체제는 무너지고 벌거벗고 있는듯한 느낌을 주는 '민건물'들이 나타나면서 현대 기술이 탄생시킨 명확한 외관과 단순한 형태가 강조되기 시작하였다. 이러한 이상주의적 계획은 1910년 건축가 발터 그로피우스(Walter Gropius, 1883-1969)가 지원하여 설립한 독일의 바우하우스(Bauhaus)학교에서 분명하게 나타났다. 이 학교는 미술과 기계 기술이 19세기처럼 분리될 필요가 없으며 오히려 상호 도움이 될 수 있다는 것을 증명하기 위해 세워졌다.[69] 바우하우스의 디자인 개념은 목적에 맞게 설계 되어야 그에 따라서 형태도 아름답게 보인다는 신념 위에 있다. 이러한 개념으로 지어진 최고의 걸작은 그것이 기능에 맞기 때문이 아니라 기능이라는 목적을 충족시키면서도 그것을 보기 좋게 만들 수 있는 기술과 취향을 지닌 사람들에 의해 설계되었기 때문에 아름다웠다.[70] 기능과 미 사이에 숨겨진 조화를 발견하기 위해서는 수많은 시행착오를 거쳐야 했다. 가구를 디자인하거나 대량의 주택을 설계할 때 기능이 없는 장식은 버려 졌으며, 자동차나 기계를 사용하는 생활환경을 긍정적으로 보는 태도가 훈련되었고, 낭만적인 장식과 일시적인 기분은 버려졌다.

| 그림 사진 10.8 |

〈데사우의 바우하우스〉, 발터 그로피우스 설계[71], 1926년: 모더니즘 미학 속에서 유토피아적 희망은 기술적 합리화와 융합되고 경제적 디자인은 현대 기술의 도움으로 사회 조건을 개선하려는 의지와 연결되었다. 모더니스트들은 도시의 무주택 빈민층은 대규모로 고층빌딩과 대형주택 프로젝트로 완전히 없어질 수 있다고 희망에 부풀어 있었다.

건축가 르 코르부지에(Le Corbusier)와 미에 반 더 모헤(Mies Van der Mohe)는 '형식은 기능을 따른다(form follows function)'는 주장으로 집은 사람이 사는 기계라고 기술하고 기계모델을 대량주택과 도시계획에 적용하였다.[72] 그로피우스가 바우하우스를 '미래의 대성당'이라고 한 것에 비유해서 르 코르부지에는 자신의 작품을 새로운 정신의 십자군으로 보았다.[73] 이러한 정신을 미에는 '예술과 기술: 새로운 하나'라는 말로 정의하고 세속의 시대에, 이러한 모더니스트들을 새로운 산 믿음의 예언자로 본 미에(Mies Van der Mohe)는 모더니즘의 정신이 이끄는 산업화는 모든 문제 심지어 사회적인 문제까지도 해결할 수 있다고 주장하였다.[74] 모더니스트 건축가들은 모더니스트 문화 속에서 한편으로는 진보와 합리화의 믿음을 다른 한편으로는 유토피아적 희망을 보여주었다. 모더니스트들에게 기계는 하나의 도구 이상이었다.[75]

생각해보기

1. "발명은 결코 순수한 정신만의 산물이 아니라 아이디어와 물질세계 사이의 투쟁의 결과이다 … 결코 아이디어 하나만을 발명이라고 할 수 없다. … 우리는 모든 발명에 대해서, 다른 사람들도 그와 비슷한 생각을 … 이미 오래 전에 한 적이 있음을 증명할 수 있다. … 모든 발명자는 엄청난 양의 아이디어 · 계획 · 시험의 부산물을 배출하며 일한다. 약간의 것을 얻기 위해서 사람들은 많은 일을 한다. 그 중에서 마지막에는 아주 적은 부분만 남는다."는 디젤의 말을 성찰하고 발명과 벤처 창업에 대하여 자신의 의견을 써보자.

2. 1948년, 세계과학자연맹의 과학자 헌장의 전문을 숙독하고 예비 과학기술자로서 과학기술의 사회적 책임과 과학기술자의 윤리적 태도에 대한 자신들의 생각을 기록하고 이것이 자신의 미래 희망 직종과 그 직업을 수행하는 업무 태도와 어떠한 관련이 있는지를 기록해보자.

3. "테일러리즘과 포디즘은 하나의 생산방식을 넘어서 이후의 사고방식과 문화양식으로까지 발전하였다. 즉 노동 강도가 강해졌으므로 노동시간 외에는 노동자들은 육체와 정신을 관리하여 높은 정신집중과 건강한 육체를 유지하도록 유도되었다. 이러한 태도는 노동 현장에서뿐만 아니라 일상생활에서까지 연장되어 사람들은 일상생활에서도 창조적인 활동보다는 단순한 오락을 즐기는 경향을 갖도록 유인되었다. 테일러리즘과 포디즘은 가치관, 관습, 습속, 일상생활 등과 같은 문화적 현상 내지 생활양식으로 진화하였다."는 의견에 대하여 각자 혹은 조별로 그러한 현상으로 여겨지는 구체적인 사례들을 현재 학생들의 생활 속에서 3가지 이상 들어서 토론하고 기록해보자.

4. 베블렌은 '유한계급'의 소비 목적은 물질적 효율성과 안락을 추구하는 것이 아니라 명성의 획득과 유지라는 사회적 동기라고 보았다. 그래서 이들이 이끌어 가는 소비규범이 제시되면 그 아래 계급의 사회 구성원들은 이들을 따라간다. 베블렌이 '인간의 모방 본능'이라고 정의한 이러한 행태로, 자산의 소유가 사회적 존경의 기초가 되는 자본주의 사회에서 사람들은 끊임없이 자기가 속한 계층의 사람들과 경쟁적 소비를 한다. 일단 경쟁적 소비의 악순환에 빠지면 사회 구성원들은 그들의 수입에 상관없이 만성적 불만에 빠지고 금전적 문화에 순응하게 된다. 국가 간에도 세계화라는 명분으로 이러한 행태가 확대되고 있다. 현대 사회가 이것으로부터 벗어날 수 있을까? 각자 혹은 팀별로 자신들과 우리 사회의 소비 양태를 베블렌의 견해에서 비판하고 이것이 생태계에 미치는 영향을 토론해보자.

5. 다윈의 진화론은 사회과학과 철학의 영역에 도입되면서 다윈주의적인 개념으로 인간의 본성을 설명하는 것을 둘러싼 논쟁을 일으켰으며, 사회 경제적 변화 과정에서 진보라는 관념과 결부되어 인간사회도 진보한다는 관념으로 확장되었고, 자본주의의 발전과 더불어 자유경쟁의 이념은 자연선택설과 상통하며 사회 변화의 주요 이념으로 자리를 잡아갔다. 마침내 사회의 조직과 변화를 생물학적으로 설명하려는 이른바 사회적 다윈주의가 출현하여 사회현상을 생물학적으로 해석하거나, 사회학적 · 심리학적 분석의 틀로서 일련의 정치적 · 경제적 · 사회적 입장들에 이데올로기적 뒷받침을 제공하기도 했다. 진화론이 사회적 다윈주의로 발전하는 과정을 다양한 예들을 조사하여 고찰하고 자연과학과 인문사회과학의 관계에 대한 자신의 견해를 써보자.

6. 2차 대전 후, 미국의 핵 독점정책은 1949년 9월 소련의 원폭실험에 의해 무너졌으나 핵에 의한 군사적 우위 정책이 유지됨으로써 수소폭탄의 제조가 명령되고 원수폭실험이 되풀이되었다. 그 후 지상부대의 전술적 핵무기, 핵폭탄, 무선유도탄 등, 핵무기를 보유하는 것에 그치지 않고 본격적으로 핵무기를 사용하는 군사작전에 대한 연구가 추진되었으며 그에 적합한 핵무기와 핵잠수함 및 대륙간 탄도탄, 폭격기, 미사일 등의 무기체계가 '위협적' 방어를 명분으로 연구되기 시작하였다. 이와 함께 급격히 증가한 군수예산은 군산복합체의 발전을 조장하였다. 미국의 아이젠하워 대통령이 1961년 1월 퇴임사에서 미국의 군산복합체들이 자유와 민주주의를 파괴할 것이라고 경고하였듯이 이들은 자원을 낭비하고 세계의 평화를 위협하며 인류의 위기를 자초하고 있다. 현재 세계 주요 국가의 군산복합체를 현황과 활동의 특성 및 그 의미를 탐구하고 우리나라의 군수기술과의 관계를 탐구함으로써 전쟁과 기술의 관계에서 우리의 자세를 성찰해보자.

7. 르네상스 이래 발달해왔던 화려하게 외관을 장식했던 바로코, 로코코 등 전통적인 건축 양식의 체제는 무너지고 장식이 사라진 '민건물' 들이 나타나면서 현대 기술이 탄생시킨 분명한 외관, 단순한 형태가 강조되기 시작하였다. 이러한 경향은독일의 바우하우스학교에서 분명하게 나타났다. 바우하우스의 디자인 개념은 목적에 맞게 설계 되어야 형태도 아름답게 보인다는 신념 위에 서있다. 이때부터 기능이 없는 장식이 사라진 가구를 디자인하거나, 대량의 단순한 외야의 다가구 주택을 설계하거나, 생활환경에서 기능이 중요시 되고 미적으로도 새로운 관점이 훈련되었다. 즉 기능과 미 사이에 숨겨진 조화가 발견되기 시작하였다. 건축, 생활 도구 혹은 어떤 분야에서라도 자신이 발견하거나 경험한 '기능과 미의 조화' 를 자신이 이해한 말로 기술해보자.

제11장 제국의 잔상

기술이 어떻게 발전하고 또 특정기술이 어떻게 경제적, 사회적 메커니즘 속에서 선택되어 경쟁기술을 누르고 살아남게 되는가? 기술변화를 설명하는 주요방식에는 시장이 중심적 역할을 한다는 학설과 순수과학과 전문적 지식이 포함된 지식체계에서의 자율적 진보가 기술혁신의 주요 요인이라는 학설이 있다. 그러나 현내 기술의 변화를 고찰하면 기술혁신과정은 시장조건의 변화나 산업의 과학적 기초의 변화에 대한 단순한 반응뿐만 아니라 공공정책의 상호작용을 유인하는 제도나 법 등 기타 체제요인들의 역할, 국제 관계, 문화적 유인 등 다양한 요인들이 다양한 방식으로 기술혁신에 관여한다. 기술혁신과정에는 과학기술의 발전, 시장형태, 산업구조, 공공정책, 사회적요인 등 많은 영향요인들이 관여한다. 선진 각국 정부는 기술주도력을 유지하기 위하여 국내적으로는 국가혁시스템을 구축하고 직접 혹은 간접적으로 국가혁신의 창출자 혹은 제안자로서의 역할을 하고 있으며 R&D 자금 혹은 보조금의 지급에서부터 시장 실패를 보정하는 정책을 기획하고 집행한다. 뿐만 아니라 정부는 다양한 활동주체와 제도들이 기술혁신을 활성화 내지 작동하도록 이들을 주도적으로 연계시켜주는 역할을 한다. 또 국외적으로는, 선진 각국들은 기술우위를 고착시키기 위하여 국가의 역량을 동원하고 기술을 기반으로 정치, 경제, 군사, 문화적 우위를 유지하고 더 나아가서 이웃 나라에 '자신들의 지식' 중심의 제도와 문화를 시장의 상업적 선행도구로 사용하여 세계 시장을 선점해 나아간다.

이 장에서는 근대 일본이 기술선진국으로 발전하는 과정을 고찰하면서 기술혁신의 과정을 살펴보고 현대 기술 경쟁 라운드 곧 테크노 라운드의 속성을 고찰한다. 그리고 '상업화된' 지적재산권이 인간의 지적활동을 규제하는 것은 어디까지 타당할까?라는 질문도 던져본다. 현대 선진사회들의 기술제국주의적 경향을 지적하고 세계화는 자본의 일방적인 주도에 의해서가 아니라 사회적 합의를 통하여 수용되

| 그림 사진 11.1 |

메이지 유신을 이끈 사츠마번의 사무라이들1): 도쿠가와 시대 일본의 사무라이들은 중앙의 관료계급으로 진출한 소수 외에는 대개 지방의 관리계급으로 변신하였으며 그나마 관리로 진출할 기회를 갖지 못한 교육받은 무직의 사무라이들은 스스로 독립된 삶의 길을 택하여 상업에 관심을 가졌으며 18세기에는 데시마에 있는 네덜란드의 무역 사무소를 통하여 서구의 지식들을 받아들이는 등 과학기술 연구에 관심을 돌렸다. 중국에서 인재들이 관료의 길로 몰려든 것과 달리 일본에서는 재능있는 사무라이들은 비교적 자유롭게, 중앙정부와는 다른 생각들을 추구할 수 있었다.[2] 중국이나 한국에 비하여 중앙의 통제력이 철저하지 않았던 당시 일본에서, 중국이나 한국의 인재들이 오직 하나의 통제 하에 획일화를 강요받았다면 일본의 인재들은 지방으로 분산되어 독자성을 가질 수 있었다. 이 사무라이들은 새로운 생각들을 추구할 수 있는 여유를 가진 집단이 되었으며, 이들은 후에 메이지 유신의 주역이 되었다.

어야할 문제임을 제기한다.

11.1 하이테크 일본

16세기 중반, 1542년 포르투갈 병사들이 최초로 상륙하였던 큐수의 최남단 다네가시마섬, 지금은 이곳에 일본의 다네가시마 우주센터가 있다. 다네가시마섬이 우주발사장으로 선정된 것은 일본인들에게 이 지역의 역사적 상징성이 중요하게 인식되었기 때문이다. 서구의 기술이 다네가시마에 들어옴으로써 일본은 세계에서 가장 부유한 나라의 하나가 되는 긴 변화의 여정을 시작하였다.

기술입국 선언

1990년 일본 통산성 MITI는 일본을 '무역입국'에서 '기술입국'으로 바꾼다고 선언하였다. 일본의 '기술입국'은 '기술민족주의'라는 의미를 가지기도하여 산업경쟁국들 사이에 상당한 경계심을 일으키기도 하였다.[3] 이 표어에 깔려있는 비전은 새로운 것이 아니며 일본의 근대 기술 역사에서 이미 여러 차례 다른 모습으로 나타났었다. 이 비전의 핵심은 인구가 많고 자원이 빈약하며 국토가 좁은 일본은 국민들의 기술 지식과 독창성을 개발하는 것이 근대 세계 경제에서 자신의 위치를 확보하는 유일한 길이라는 사실을 선언하는 것이었다. 이미 1917년에 이화학연구소가

"인구밀도가 높고 산업 자원이 부족한 일본은 산업을 개발하고 국가의 부를 부흥하기 위하여 지식의 힘에 의존하는 것 외에는 다른 방안이 없다."는 기조 위에 설립되었었다. 일본은 제2차 세계 대전 중에 과학과 기술을 일본의 부족한 물적자원의 잠재적 대체물로 보았었다. 당시 일본의 지도자들은 기술혁신을 사회진보의 샘으로 여기고 자원의 한계를 극복할 수 있는 가능성들이 있다고 보았다. 그것은 독창적인 기술개발을 육성하고, 그리고 기술 위에 나라를 세우기 위하여 노력하는 것이었다.[4] 그러나 20세기 후반의 '기술입국'이라는 표어의 내용은 제1차 세계대전과 제2차 세계대전 때의 내용과는 다르다. 이제 일본은 이미 풍부한 경험을 축적하여 세계 기술연구의 선두에서 실질적으로 활발한 역할을 하는 위치에 있으며 전후의 기술 변화 과정에서 정부의 '기술중심' 경제계획을 개발할 새로운 제도적 기초를 마련하고 있다.

1970년대와 1980년대 관료, 기업인, 학계인사들로 구성된 각종 과학기술관련 위원회들은 일본의 기술변화의 방향에 관하여 지속적으로 토론하고 발표하였다. 이들은 외국기술에 의존하였던 '구'일본과 새로 구축하고자 노력하는 '신'일본을 구분하였다. 정부와 기업 및 학계에 하이테크에 관한 의견교환과 특정분야의 연구의 중요성을 제안하고 '민간영역의 기술개발 정신'을 일으킨다는 의미심장한 목적을 추구하였다. 70년대 말에 이런 과정을 거쳐 전자, 컴퓨터, 로보트, 신소재, 생명기술 분야와 '지식중심' 산업의 중요성에 대한 인식을 폭넓게 받아들였다. 이러한 산업의 육성은 일본의 체계적인 산업정책의 근간이 되었다. 일례로 1978년 일본통상성(MITI)은 로보트와 공장자동화를 통하여 기계와 전자 및 정보의 통합을 촉진하는 법을 제정하였다. 이 법에는 저이자의 대출과 신용보증 및 회사의 새로운 자동화 기술 개발 지원에 대한 세금 감면, 기존 산업의 자동화 생산장비의 설치를 촉진하기 위한 조치 등이 포함되어 있었다.[5] 1970년대 말부터 MITI는 투자에 대한 직접적인 인센티브제도에서 발명 자체를 육성하는 방향으로 전환하였으며 핵심 기술 분야의 경쟁 기업 간에 아이디어 교환을 강화하는 것으로 방향을 전환하고 동시에 기업을 독려하여 새로 등장한 하이테크 제품을 놓고 시장에서 서로 경쟁하게 만들었다. 일본의 산업정책은 기업의 기술 비밀을 유지하면서도 회사 간의 아이디어의 흐름을 보장하여 기술혁신의 운동력을 유지하였다. 정부의 기술지원계획은 기술 개발의 전반적인 방향을 설정하고 개별 기업은 공유한 지식의 기초 위에 서로 격렬한 경쟁을 통하여 주요한 상업적 기술 개발을 추구하게 하였다. 이렇게 함으로써 기초 기술은 교환하고 그 기술을 이용한 상업적 개발에 있어서는 기업 간에 치열한 경쟁이 유도되었다.

혁신 네트워크

일본기업들에서 발명을 육성하려는 연구예산이 양적으로 팽창되었을뿐만 아니라 경영방식에도 질적인 변화가 일어났다. 일본 회사들은 기업의 계급 조직 속에서도 창의성을 위한 공간을 마련하기 위하여 다양한 제도를 만들었다. 일례로 세라믹 회사 쿄세라가 사용하였던 '아메바 시스템'은 자신들이 맡은 특정단계의 관리와 개발을 책임지는 준 독립적인 작업팀이었으며 광학산업의 거인 RICOH[6]에서는 연구원들이 자신들의 개척 연구 과제를 고안할 것을 권장하였다. 기업 관료들의 레드 테이프를 단절하고 연구원들의 풍부한 상상력을 진흥하기 위하여 연구 관리자들은 연구원들의 한쪽짜리 연구계획서를 인정하는 제도를 창안하였다.

민간 기업의 연구력이 커감에 따라 기술혁신의 사회적 네트워크에도 큰 변화가 일어났다. 일본의 기업들이 개척기술로 이동하고 좀 더 규모가 큰 고난도의 연구프로그램을 개발함에 따라 유연한 제도가 변하기 시작했다. 연구는 점차 특정 하이테크 분야와 몇몇 주도적인 하이테크 기업에 집중되었다.[7] 연구를 수행하는 기업의 수에 있어서는 1970년대에 소기업이 대기업보다 훨씬 급속도로 증가하였다. 실제로 중요한 노력은 기술 변화와 외국과의 경쟁에 직면한 소기업들에서 나왔다. 이러한 노력은 부품을 생산하는 소규모 하청기업들이 그들의 전문수준을 높이는 것을 의미하였다. 기술적으로 매우 복잡한 부품의 소규모 생산에 집중하고 일반적인 부품의 생산은 외국으로 이전하였다. 그러는 동안에 전통적인 소규모 기업은 새로운 기술과 구 기능을 결합시키는 길을 모색하였다. 일례로 아리타의 쿄란사와 같은 대형 도자기 회사는 세라믹 제조기술을 이용하여 터빈 날개와 같은 파인 세라믹 제품 생산을 시작하였다. 이처럼 고도기술과 전통기술이 함께 어울어지는 것은 사께 양조산업에도 일어났다. 발효에 사용되던 코지 곰팡이를 생산하는 소규모 업체들이 생명공학기술을 이용하기 시작하였다. 이러한 제품 개발은 기술도시사업과 같은 거창한 국가 계획이 아니라 19세기 후반에 설립되어 오랫동안 역할을 해오던 지역연구소의 네트워크로부터 효과적인 지원을 받음으로 촉진되었다.[8]

1990년대까지 거의 모든 현(일본의 지방 정부)들은 현지 기업이 새로운 기술을 도입하는 것을 돕는 특별 지원 제도를 마련하였으며 현의 연구소들은 마이크로일렉트로닉스, 신소재 및 생명공학 분야의 신기술을 지방의 소기업에 적용하기 위하여 많은 연구 과제들을 수행하였다. 니이가타현은 로보트의 시각장치에 관한 첨단기술과 컴퓨터 제어기술을 직조기에 적용하는 연구과제를 수행하였으며 미에현은 양조시스템의 컴퓨터 제어기술을 연구하였으며 가나자와의 연구센터는(이 연구센터의 전신은 1876년에 설립된 산업박물관이다)선반의 컴퓨터 제어기술 개선에서부

터 칠기제조에 필요한 원료의 데이터베이스 구축에 이르기까지 다양한 연구를 수행하였다.[9)]

| 그림 사진 11.2 |

사회적 문제가 된 일본의 핵발전: 1970년대의 이 만화는 도쿄 중심가에 있는 황궁 자리에 건설된 핵발전소와 그 전면에 괘면적어 하는 당시 천황 히로히토를 그려서 핵발전의 안전성에 대한 정부의 보장을 풍자하고 있다.[10)] 일본은 고속 증식로를 '믿을 만한 핵연료 사이클'로 보고 그 잠재력에 크게 기대를 하였다. 핵연료의 사용, 재처리, 그리고 재사용이라는 전 과정을 일본이 자체 기술로 해결함으로써 일본은 기술뿐만 아니라 외국의 원료에 의존하지 않겠다는 의도를 분명히 한 것이다.

핵에너지 산업

일본국가기술사업의 의미와 특징은 핵 발전과 우주개발사업에서 잘 드러난다. 일본의 핵 발전과 우주개발계획은 고속증식로와 H-II로켓으로 상징된다. 이 사업으로 적지 않은 기술적 도약이 이루어질 수도 있었으며 연구과정에 생긴 지식으로 민간기업들은 다양한 신제품을 생산할 수도 있다. 그러나 유럽과 미국의 기술사가들이 언급하였듯이, 핵 발전과 우주산업의 규모와 특성은 순수한 기술개발 이상의 의미를 갖는다. 일본의 국내 시장은 핵 발전용 고속증식로나 대형 로켓 시스템을 요구하지도 않으며 그렇게 크지도 않기 때문이다. 그럼에도 불구하고 정부관련 연구소와 대기업 그룹들이 일본정부로부터 새로운 기술을 개발하도록 주문을 받고 또 상당한 양의 공공재원이 이 사업에 투자되었으며 정치적인 지원도 보장 되었었다.[11)]

20세기 초 이래로 일본의 정치가와 산업계 지도자들은 국가의 취약성이 원유와 같은 전략 에너지원의 제약에 있다는 점을 심각하게 여겨왔다. 일본의 핵 발전 계획은 1950년대 후반, '평화를 위한 핵에너지'[12)]라는 표어가 만들어지고 대량살상과 파괴를 몰고 왔던 핵 기술이 평화적이며 생산적인 목적으로 재평가될 수 있다는 희망을 표현하던 때 시작되었다. 일본의 첫 핵 발전소는 1965년 이바라기현의 도까이무라에 영국에서 수입한 캘더홀의 가스냉각식 원자로 기술을 사용하여 설립되었다. 그러나 도까이무라의 핵 발전소에서 운전중단사고가 계속되었고 결국 일본은 미국의 비등수형이나 가압수형 기술을 채택하고 웨스팅하우스와 같은 미국이 주도하는 기업과 협약을 통하여 핵기술에 관한 전문 기술을 축적하였다. 이때 일본의 관료들은 핵 발전 기술에 있어서 일본이 외국의 기술에 종속될 수 있다고 크게 염려하였다. 실제로 MITI가 미국으로부터 핵기술 도입을 지지하고 나왔을 때 특히 과학기술청을 중심으로 관료들은 비핵확산 조약의 강화로 일본의 원자로 기술 연구가 제약될 것이라는 우려를 표명하기도 하였다. 이들의 주장은 일본은 자신의 필요에 맞는 핵설계 능력을 확보하기 위해서 독자적인 핵 발전 기술 개발 추구해야 한다는 것이었다.

일본은 수입 우라늄에 전적으로 의존하여야하므로 국내 연구의 주요 목표의 하나는 부족한 자원을 절약할 수 있는 원자로를 설계하는 것이었다. 기존의 핵 발전 기술에서는 자연산 우라늄 99.3%(우라늄 238)가 폐기물이 되고 단지 0.7%의 우라늄(우라늄235)만 우라늄 농도를 3%까지 농축하여 연료로 사용하는 기술이었다. 1967년 일본의 원자로및 핵연료개발단(Donen)은 수입 우라늄을 좀 더 효율적으로 사용할 수 있는 새로운 첨단 원자로 개발 계획을 제안하였다. 수천 명의 과학자가 참여한 일본 최대의 연구단체 Donen은 사업의 각 부분별로 5개의 중공업사, 히타치, 도시바, 미쓰비시 중공업과, 후지전기, 수미토모중공업과 계약을 맺었다. 이들은 곧 실험 원자로 후겐을 동해 해변의 후까이에 건설하였다. 후겐은 다른 핵발전소에서 구할 수 있는 농축 우라늄과 플루토늄을 섞어 사용함으로써 핵 폐기물을 줄일 수 있으며 결국 일본의 해외 자원 의존도를 줄이는 기술을 목표로 하였다. 일본은 이 기술로 1980년대 말까지 새로운 핵발전소를 개발할 수 있을 것으로 기대하였다. 그러나 후겐 원자로는 1979년에 가동을 시작하였으나 예상치 못한 기술적 문제 때문에 곧 폐쇄되었다. 이로 말미암아 막대한 예산이 투입된 시설이 쓸모가 없게 되었고 1980년대에는 원유 가격이 하락하여 핵발전소 건설의 매력도 감소하였다. 1990년대 초까지 후겐형의 상용발전소는 가동되지 않았다. 그런데 이상하게도 일본정부는 실패한 후겐 원자로를 발판으로 더 야심 찬 핵발전로 개발 목표를 설정하였다. 그것은 일본 고유 기술로 고속증식로(FBR)를 설계하는 것이었다. 고속 증식로는 원자로의 효율에 따라 다르지만 생성되는 플루토늄 량이 소비되는 플루토늄 양의 1.4배나(실제로는 1.2배 정도) 되기 때문에 고속 증식로는 '스스로 연료를 만들어내는 원자로'로 여겨졌다.[13] 일본 당국자들은 고속증식로 기술을 기존 핵 발전소의 유해한 핵폐기물을 귀중한 에너지 자원으로 전환하는 '기적의 기술'이라고 불렀으며 곧 일본을 자원부국으로 변모시킬 수 있는 기술이라고 선전하였다. 1966년 핵 에너지에 대한 기본적인 계획에는 이미 고속증식로에 대한 일본의 입장이 잘 드러나 있었다.

> 핵 연료를 안정적으로 공급하고 효율적으로 사용하기 위해서 우리는 믿을만한 핵연료 사이클을 구축하여야 한다. 또한 국가의 기술수준을 높이고 사업의 기초를 강화하기 위해서 원자로를 자주적으로 개발할 필요가 있다. 이러한 이유로 고속 증식로는 독자적으로 시급히 개발을 시작하여야 한다.[14)]

일본은 실험용 소규모 고속증식로를 1977년에 처음으로 가동하였다. 그러나 예상을 초과하는 막대한 비용과 어려운 기술 때문에 개발과정은 쉽지 않았다. 그럼에도 불구하고 일본은 고속증식로 사업을 계속 추진하여 1991년 훨씬 규모가 큰 개발형 고속증식로 몬주를 완성하였다. 원자로 몬주의 완성으로 전 세계의 관심이 일본의 핵발전소 계획에 집중되었다. 그 이유는 첫째, 일본이 프랑스로부터 플루토늄을 수입하기 시작하였기 때문이다. 프랑스의 재처리 공장에서 플루토늄을 일본까지 수송하는 것은 수송 도중에 사고나 조난의 위험 때문에 전 세계에 핵 공포를 불러일으켰으며 수송선이 지나게 될 해로가 걸쳐있는 여러 나라에서 반핵운동을 유발하였다. 아무런 사고 없이 해상수송이 완료되었으나 일본이 독자기술로 고속증식로를 개발한 것은 기술과 에너지 문제 이상의 해결되지 않은 논란을 일으켰다. 일본 내에서 많은 비평가들이 고속증식로를 사용한 핵발전소는 경제적으로 타당하지 않으며 지나치게 비싸다고 지적하였다. 실제로 고속증식로 방식의 핵발전은 막대한 비용 때문에 대부분의 다른 산업화된 선진국가들이 채택을 포기한 방식이었다. 일본의 고위 관료들과 기술자들은 고속증식로 계획을 열렬히 지원하고 있지만 경제적 판단에 근거한 일본의 전력회사들은 이 기술을 매우 조심스럽게 보았다.[15)] 두 번째로는 고속증식로의 안전성과 고준위 방사상 폐기물의 처리 문제가 해결되지 않은 채 심각한 문제로 남아있다. 셋째로 무엇보다 중요한 관점은 고속증식로 자체의 특성에 있다. 고속증식로를 지지하는 과학자들은 고속증식로는 기존의 핵발전소에서 나오는 플루토늄 폐기물을 원료로 사용함으로써 핵무기의 재료인 플루토늄을 소비시키므로 위험한 핵폐기물을 생산적으로 이용하는 기술이라고 주장한다. 그러나 이 주장은 고속증식로는 자신이 사용한 플루토늄보다 더 많은 플루토늄을 지속적으로 만들어내므로 결국은 위험한 핵폐기물의 생산이 촉진된다는 사실을 숨기고 있다. 전 세계 플루토늄 폐기물을 원료로 이용한다는 명분으로 일본은 고속증식로를 지속적으로 가동하고 그 부산물로 막대한 량의 플루토늄을 생산하고 저장하겠다는 속셈이 그 속에 숨겨져 있다. 전 세계는 플루토늄은 귀중한 연료일뿐만 아니라 핵무기의 원료임을 잘 알고 있다.

우주 개발 사업

1988년 일본 항공사업협회는 2015년까지 진행할 일본의 우주계획의 이상을 실은 '코스모피아 개념'의 청사진을 발표하였다. 코스모피아에는 위성과 우주교통의 개선뿐만 아니라 영구적인 우주정거장, 우주식민지, 우주궤도공장, 달의 자원을 개발할 달기지 건설, 우주 태양광 발전소 건설 등이 포함되어 있었다. 이 계획에 일본의 주도적인 기업이 참여하고 있으며 이와 유사한 미래 청사진은 일본의 국립우주개발국(NASDA)의 최근 발표에도 나타나있다. NASDA는 우주를 21세기의 지구의 실패를 해결할 수 있는 방안으로 보고 우주에서 새로운 자원을 탐사하거나 달의 자원을 개발함으로써 지구의 자원문제를 해결하고 달에 자족도시를 건설할 수 있다면 인구문제도 해결할 수 있을 것이라는 기대를 하였다. 실제로 우주 식민지 개발과 관련하여 NASDA는 지구에서의 생활에 종말이 오더라도 인간들은 우주의 어딘가에서 새로운 세계를 발견할 수 있을 것이라며 그동안 두 개의 대표적인 우주 도시 건설 계획을 발표하였다.[16] 물론 이러한 우주 도시 건설의 꿈은 일본이 장기적으로 구상한 원대한 전략의 일부이다. 이러한 계획을 발표함으로 아직까지는 인정을 받고 있지 못하지만 우주국가로서 일본의 역할이 관심을 끌고 있다.

일본은 패전으로 핵기술과 우주항공기술의 기반이 크게 훼손되었었으며 많은 제약도 받았었다. 그러나 미국과 소련이 1950년대와 1960년대에 유인 우주선을 개발하는 동안 일본은 도쿄대학의 소규모 연구팀을 중심으로 소형 로켓에서부터 다시 연구를 시작하였다. 1969년에 NASDA를 설립하고 우주 개발정책에 관한 특정 장기 계획을 1978년에 마련하였다. 그리고 1970년대 후반부터 일본의 우주 예산이 급속히 증가되었다. 1980년대 말에는 일본이 규모에 있어서 미국에는 뒤쳐져 있었지만, 영국, 프랑스, 독일과 같은 유럽의 선진국이 지출한 것 보다 많은 재원을 우주

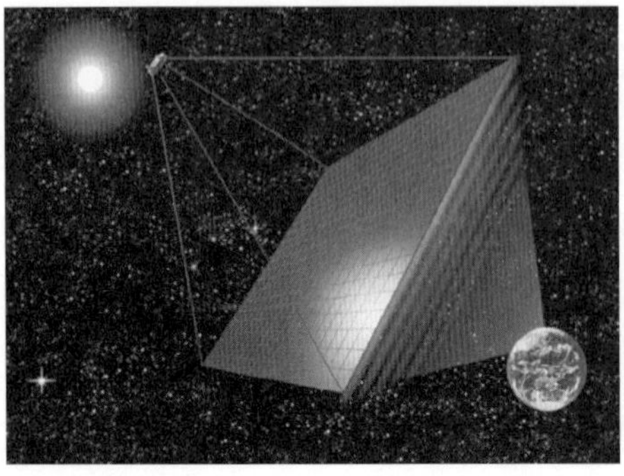

| 그림 사진 11.3 |

우주공간에 설치한 태양광 전지로 에너지를 모아 지구로 쏘아 보내는 일본 무인우주실험시스템 연구개발기구(USEF)의 우주 태양광 발전 상상도. 일본의 우주 발전소 연구는 1998년 시작돼 현재 130여명의 과학자들이 참여하고 있다. 2020년 발전량 10메가와트의 태양전지를 실험 발사하고, 이어 250메가와트급 발전설비를 우주에 설치할 계획이다. 2030년까지 중형 원자로 수준인 1기가와트 용량의 전지를 설치하는 것이 목표이다. 출처: AFP

사업에 지출하였다. 일본의 우주 국가로서의 역할은 구체적인 대규모 우주 사업에 일본의 참여가 점차 확대되었다는 점에서 분명해진다. 이 중에서 가장 중요한 것은 1990년대 후반기에 계획된 국제 우주 정거장 '자유'이다. 이 정거장은 7~8명의 우주인 연구팀이 우주 궤도에 공장을 건설하기 위하여 영구적인 실험센터로 사용할 예정이었다. NASDA는 정거장의 연구활동을 위한 두 개의 실험실 중에 하나인 일본 실험모듈(JEM)을 제작하는 일을 맡았다.[17]

일본은 국제 우주 정거장 사업을 통하여 국제협력사업을 하는 동시에 미국의 셔틀과 유럽의 아리안 계획과 직접 경쟁하게 될 로켓 기술을 개발하고 있었다. 1990년 초 다네가시마에서 일본은 자체 제작한 주 로켓으로는 처음으로 H-II로켓을 실험 점화하였다. 로켓 엔진의 시스템 고장으로 실험은 실패하였고 미쓰비시 중공업의 로켓 시험 중에 엔진이 폭발하여 기술자가 죽는 사고 등 많은 어려움을 겪은 후 원래 계획된 1990년 보다 4년 늦은 1994년 2월에 H-II 로켓 발사는 성공하였다. 이 성공으로 NASDA와 미쓰비시 중공업, 미쓰비시 전기, NEC, 가와사키 중공업등 참여기업 컨소시엄은 우주개발 로켓을 성공적으로 발사하였을뿐만 아니라 제작비용을 줄여서 궁극적으로 대규모 개발 비용을 보충할 수 있는 기술을 확보하였다.[18]

최근에 일본 우주항공연구개발기구(JAXA)는 총 2조엔 가량이 들어갈 것으로 예상되는 우주대양광발전시스템(SSPS) 프로젝트를 본격화하기로 하고 최근 미쓰비시 전기, NEC, 후지쓰, 샤프 등이 참여하는 '무인우주실험시스템 연구개발기구(USEF)' 컨소시엄을 구성했다. 이들은 2030년까지 우주공간에 거대한 전지들로 이뤄진 태양광 발전설비를 만들어 지구로 에너지를 보내는 실험을 할 예정이다. 일본의 핵기술과 우주기술은 거대과학기술에서도 일본이 지도적인 역할을 하는 국가로 등장하였음을 증명하고 있다. 또 일본이 확보한 기술은 동아시아의 국제관계에 변화의 가능성을 보여주고 있으며 실제로 우주기술에서 일본의 급속한 발전은 최근까지 우주에 대한 부동의 주도권을 가지고 있던 미국의 신경을 건드리고 있으며 또 중국의 우주기술개발을 재촉하고 있다.

기술민족주의

메이지 시대의 부국강병과 식산흥업 계획에서부터 발전한 기술과 안보의 융합은 일본역사에 잘 드러나 있다. 실제로 17세기 말엽부터 1945년 일본의 패망까지 일본의 기술은 군수품 생산에 집중되었다. 군수품 생산과 공정기술은 이후부터 파생되어 상용 경제에 크게 영향을 주었다. 당시 일본의 국가 기술 정책은 3가지 요소로 구성되어 있었다. (1) 수입을 대체하는 국산화 기술의 규명과 현지개발을 자극하기 위한 외국 제품 및 생산/설계 과정의 도입 (2) 확산 경제를 통한여 기술 분배 (3) 기술혁신 및 생산 능력의 성숙화 등이 그것이다. 여기서 기술은 국가안보의 문제였으며 이러한 관점을 뒷받침하는 실천과 신조는 '기술 민족주의(technonationalism)'라고 불렸다.[19]

1853년에 도쿄 앞바다에 내항한 페리의 미 해군 함대를 본 일본의 도쿠가와 막부가 미국과 불평등 무역협정을 맺은 이후부터, 일본은 이미 자신의 국가안보상 국가의 혁신시스템을 유지하고 명확히 할 필요가 있음을 알았다. 일본의 기술 민족주의는 국가안보와 기술의 소유와 국내학습을 연계함으로써 일본 국민들의 요구를 충족시키는 효과적인 방법을 개척하였으며 일본 기업을 공동국적으로 강력하고 끈질기게 묶는 끈이 되었다. 일본에서는 국가가 국내 기술을 활발히 촉진시키는 것은 합법적일뿐만 아니라[20] 필수적이었으며 동시에 국제 협력과 국산화가 일본의 현실에서는 갈등으로 작용하지 않았다. 국제화가 국가의 가치를 약화시키지 않았으며 실제로 일본의 국가혁신시스템은 자신의 정체를 희생시키지 않고 세계 경제 속에 일본이 앞서 가게 만들었다. 일본의 과학기술 네트워크는 실질적으로 민족주의를 강화 하면서 오랫동안 국제적으로 연계를 맺고 있었다.[21] 일본의 과학사가인 나카야마 시게주는 일본의 기술민족주의를 이렇게 설명하고 있다.

> "기술 민족주의의 논점은 이와 같다. 즉 '일본은 자원이 빈약한 나라이다. 이러한 문제에 대처하기 위하여 일본은 다른 분야에서 강해야 한다. 그것은 과학과 기술이어야 한다.' 이러한 논리는 군사 예산을 합리화하기 위하여 전쟁기간 동안 계속하여 사용되었다. … 이러한 가설이 전후에 되살아났다. … 이 논리는 국가적 심리상태로 발전하였다. … 그리고 국가의 동원 수단으로 자주 사용되고 있다."[22]

1945년부터 1955년까지의 기간은 일본의 국가혁신 시스템이 군사 주도적이 되느냐 혹은 상업 주도적이 되느냐를 결정하는 중요한 시기였다. 전후 일본에서 가장 존경받는 기업가 중에 한명이었던 이시카와지마-하리마 중공업의 회장 도코토시오가 1952년 "일본이 제트엔진을 제작하지 못한다면, 일본은 삼류 국가가 될 것이다."라고한 선언과 일본의 전 자위대 소장이 "일본의 국가안보를 장기적으로 생각 할 때 우리는 기술에 기초한 생산 능력에 집중하여야 한다 … 군사 기술과 민간 기술을 명확하게 구분하는 것은 의미가 없다 … 모두 겸용이다."라고 한 말에 일본의 지향점이 잘 나타나있다.[23] 부와 무력이 상호의존적이라고 보는 것이 일본에만 있는 사고는 아니지만 일본에서는 부와 무력이 국가적으로 일관되게 일치되게 관리되었다. 현재 일본도 과거 제국주의 시대에 일본이 추구하였던 것과 똑 같은 방법으로 국가안보의 중심요소로서 기술을 추진하고 있다.

일본의 국가혁신시스템(NIS)에는 국가안보와 자원안보가 굳게 결합되도록 안보와 기술이 융합되어 있다. 이 속에는 비공식적인 협력, 지역과 국가의 하청업체 협회, 연구개발 컨소시엄, 반공공성격의 산업연구 그룹 그리고 수직간 및 수평간 산업협력 위원회 등이 포함되어 있다. 이 프로토콜은 기업들에게 연합할 수 있는 기회를 만들어주고 일본의 생산자들을 결합시키며 또 중요한 기초 기술은 공유하면서 응용기술에 관한한 치열한 경쟁을 유도하고 기업들이 군수장비를 생산할 수 있는 기술을 구축하고 결합하도록 돕는다. 일본에서는 복잡한 고도의 방위산업이 상업경제에 체화 될 수 있었으며 일본의 주도적인 중공업 기업들 즉 일본의 방위산업의 골간을 이루고 있는 기업들은 전쟁이후 지금까지 60여년간 크게 요동하지 않고 그 자리를 차지하고 있다. 오히려 이들은 자신들을 기술 민족주의의 틀 속에서 해석함으로써 이들의 관계는 보다 긴밀해 졌으며 이들의 정책 역할은 더욱 합법적이 되어왔다.[24]

과거 일본의 제국주의는 국가와 민족을 파멸로 이끌었고 이웃 국가들에 깊은 상처를 남겼다. 그러나 이들이 남긴 기술 유산은 아직까지 이들에게 자랑스럽게 여겨지고 있다. 어느 전직 일본외교관이 자랑스럽게 '야마모토와 제로'(제2차 대전 당시 일본 최고의 기술을 상징하였던 야마토 전함과 제로전투기)는 여전히 살아 있다. 우리 일본인 사이에서는 일본이 수천 수백만씩 생산하고 있는 거대한 유조선과 우수한 자동차 엔진 등에 살아있다."[25]라고 회고하고 있다. 1944년 포춘지는 일본의 미래를 이렇게 예측하였다.

> 10~20년 안에 경공업 소비재 산업을 근대적인 무기 생산업체로 전환하였던 그 사람들은 경쟁력과 에너지를 가지고 있었다. 전후에 그들은 여전히 그 산업을 보유하고 원자재에 접근할 수 있다면, 이들은 기적을 일으킬 것이다. 한 십년간의 호의적인 평화 속에서 일본은 소규모 산업을 대규모 산업으로 전환 할 수 있을 것이다. 평화가 오면, 일본의 제철소, 조선소, 자동차공장, 합작공장 그리고 기계공장들 혹은 이들의 일부는 그곳에 그대로 있을 것이다. 이들은 평화를 구축하려는 사람들에게 결정적으로 중요한 문제가 될 것이다. 이 집단들은 일본의 전쟁 산업 위에서 문을 닫을 수 없다."[26]

70년 전 포춘지가 예측한 일본의 미래 중에서 어떤 것은 이미 사실로 확인되었고 또 어떤 것은 지금 서서히 수면 위로 드러나고 있다.

일본의 기술혁신의 특징

일본의 근대 기술 개발은 경이로운 속도의 학습과정이었을뿐만 아니라 끊임없는 혁신의 과정이었다. 이 과정에서 기본적인 기술지식이 기업 간에 신속하게 보급되고 기본 지식의 수정을 놓고 격렬하게 경쟁을 하는 구조가 기술혁신의 특징이 되었다. 이들 뒤에는 국민의 안보와 자원 안보를 우선하며 서구의 기업 기반 혁신 전략보다는 국가 주도적인 혁신 정책을 주도한 일본의 국가 혁신 시스템이 있었다.

지금까지 살펴보았듯이 일본 기술은 자원 안보에 관한 강박 관념의 영향을 받았다. 자원을 공동으로 사용하고 위험을 분담하기 때문에 일본기업들은 야심에 찬 기술전략을 보다 쉽게 시도할 수 있었다. 대량 생산의 문제점을 해결하기 위하여 개발한 경영 시스템[27]으로 일본 상품은 품질에 대해 높은 수준의 신뢰도를 얻었다. 일본기술은 인간의 소비재 품목을 엄청나게 증가시켰으며 많은 사람들에게 50년 전에는 꿈에도 그리지 못하였던 다양한 소비재를 제공하였다.

소규모 연구활동이 폭 넓게 이루어지는 유연한 연구 시스템이 소비자 산업 분야의 급속한 기술 변화의 핵심이었다면 대형 국가기술사업의 증가는 일본의 기술 미래에 어떠한 영향을 미칠까? 일본의 모델은 지금 다른 신흥 산업국들이 쉽게 흉내 낼 수 있는 것이 아니다. 세계의 기술 환경이 지식에 이르기까지 무한 경쟁 구조로 변화였으며 지구의 환경 문제와 자원 부족 때문에 어떤 방법은 이미 사용할 수 없는 것이 되었다. 미래의 기술변화를 다루려면 지금까지 일본의 기술혁신을 유지해 왔던 기술혁신의 사회적 네트워크 이상의 것이 필요할 것이다. 생태계와 생명기술의 도전을 맞아서 점차 필요해지는 것은 전체 기술 시스템을 신선하게 조망할 수 있고 이 시스템을 인간의 물적 혹은 사회적 필요에 좀 더 봉사하도록 만드는 다양한 길을 생각하는 능력이다. 이러한 길은 조직일 수도 있으며 좁은 의미에서 '기술'일 수도 있다. 이러한 길은 지적인 경계에 묶여 있을 수 없다. 과학과 과학 간에는 물론이고 다른 인문과학과 사회과학간의 교류도 필요하다.

11.2 기술 패러다임

기술혁신의 성공은 현재 달성된 결과의 기술수준에 의해 크게 영향을 받는다. 이 때 경제적 · 제도적 · 사회적 요인들은 특정기술의 선택과 성공 여부에 크게 영향을 미친다. 이 요인들은 연구에서부터 생산기술에 이르기까지 광범위하게 기술선택 메카니즘에 영향을 미친다. 그 영향의 첫째는 새로운 기술적 영역의 R&D와 관련된 조직들의 경제적 이해관계이며 둘째는 조직의 기술사와 전문적 기술영역 등이며 셋째는 공공기관의 조달정책(무기, 우주, 에너지 등의 분야)과 같은 엄밀한 의미에서 제도적 변수들이며[28] 넷째로는 법과 제도로 나타나는 그 사회의 시대 문화가 기술의 발전을 특정한 방향으로 이끌어 간다.

기술 패러다임

자본주의 경제에서 강력한 기술 선택의 기준은 새로운 기술의 비용 절감능력, 특히 노동절약의 가능성이다. 기계에 의한 노동의 대체는 새로운 기술을 모색하는 데 중요한 결정인자가 될 수밖에 없다는 점에서 사회발전의 유형과 선택되는 기술패러다임 사이에는 깊은 관계가 드러난다. 한편 특정 기술 궤적이 확립되는 과정에서 정부의 우선순위나 지원수준도 중요한 역할을 한다. 제2차 대전 이후 20여 년간의 전자산업, 특히 반도체와 컴퓨터 분야의 기술변화는 이러한 대표적인 사례일 것이다. 군사 및 우주 개발 프로그램들이 제품의 정부구매를 보장해 주고 R&D 자금을 지원해 주었을뿐만 아니라, 기술적 목표를 규정하는 강력한 장치로서 역할을 함으로써 관련 분야의 기술이 급성장을 하였다. 이러한 기술 발전의 궤적에서 보았듯이, 기술은 수요자와 사회에 누적되므로 최초의 혁신주체와 이후에 개발 및 확산과정에서 신기술에 접근하게 되는 수요자 모두에게 신기술의 개발 및 활용과 관련된 학습과정은 매우 중요하다. 이러한 기술의 발전과 변화의 역사적이고 진화적인 성격은 '기술패러다임'과 '기술궤적' 속에 드러난다.

과학 패러다임과 마찬가지로 기술패러다임[29]에도 충족되어야 할 요구와 사용될 과학적 원리 및 소재 기술 그리고 추구할 방향을 제시해 주는 선택적 원리들의 유형이 드러난다. 산업 분야마다 기술의 진화는 초기의 기술영역에 의존하는 특유의 패턴을 따라 이루어지므로 기술궤적들마다 특유의 과정을 거치게 된다. 일반적인 자연궤적을 이용할 수 있는 정도는 산업마다 현저하게 다르며, 이러한 차이들이 다양한 산업과 기술의 부상과 몰락에 영향을 미친다.[30] 따라서 과학과 기술의 패러다임 자체가 변화하게 되면 향후 이용되고 확대될 여지가 엄청나게 큰 미완의 기술적 잠재력이 열리게 된다.

기술 패러다임이 형성되는 과정을 추적하면 기술궤적이 드러나는데 기술궤적의 첫째 단계는 기술-사회적 배양토로부터 출현한 새로운 기술패러다임의 초기 형성단계이다. 이 때 새로운 산업발전의 경로가 나오게 된다. 기술의 진화가 진행됨에 따라 잠재적 선택의 범위가 점차 협소해지고 기술이 누적되며 꾸준하고 지속적으로 성장하는 주요 줄기를 따라 기술궤적이 형성된다. 둘째는 다양한 상품을 산출해내는 하위기술이라는 형태로 분화가 계속됨에 따라 R&D가 점점 증가되고, 이에 기초하여 원패러다임의 응용이 다양화되는 단계가 나타난다. 셋째는 이용가능한 지식 풀의 이용효율이 향상됨에 따라, 조그마한 갱신과 생산성 향상을 위해서 점점 더 많은 창조성이 필요하게 되는 포화단계가 나타난다. 이 단계에서 진보는 기존의 기술적인 기능들을 결합하거나 사용자에 대한 서비스를 개선하는 정도에 그친다.[31]

기술의 수익체증

아서 Aarthur[32]는 어떤 기술이 채택되면 그 기술이 보다 매력적으로되고, 보다 발전되며, 보다 광범위한, 보다 유용한 것으로 변하는 기술의 수익체증을 예견하였다. 이것은 마치 다양한 종으로 형성된 생태계에서는 종이 협동하여 외부의 경쟁자를 배척하려는 속성이 있으므로 외래종이 어지간히 우수해서는 토종들 속에 정착하기가 쉽지 않은 현상과 유사하다. 기술계에서도 이처럼 기술선택과정 중에 '기술고착' 현상이 일어난다. 즉 기술선택과정에서 채택된 기술이 선도기술로 고착된다. 이 단계에서 채택된 기술이 반드시 우월한 기술 곧 최선의 성과를 보장해 주는 기술이 아니라고 할지라도 그것을 축출하거나 대체하기는 매우 어렵다. 이는 정보의 부족, 사용자 상호간 조정의 결여 및 기술적 상호연관의 결여 때문이다. 영문타자기와 워드프로세서의 표준 키보드자판으로 쿼티(QWERTY)가 선택된 것은 고착의 전형적인 예이다. 확산과정 초기였던 1880년에는 다양한 키보드 자판이 시장에 등장했었다. 가장 효율적인 자판은 못 된다는 일반적 평가에도 불구하고 19세기 말에는 쿼티가 시장을 지배하게 되었다. 이것은 역사적 우연과 자기강화메커니즘이 결합된 결과였다. 타이핑 기법의 교육이 우연히도 쿼티자판에 기초하여 이루어졌고, 쿼티를 사용하는 타자수들이 늘어남에 따라 구매자들이 쿼티타자기를 선호하게 되었으며, 결국 공급자들도 그에 맞추어 쿼티자판을 사용하게 되었다는 것이다.

기술계에서 수익체증의 주요한 원천은 기술이 확산될수록 그 사용법에 대해서 보다 많이 배우게 되고, 더욱 개선되며 후발사용자가 채택하기가 더욱 쉬워진다는데 있다. 따라서 경쟁기술들 사이에서 선택은 초기 사용자들의 선택전략에 의해 주로 결정된다. 초기 사용자들은 기술변화를 특정기술에 집중시킴으로써 그 기술을 경쟁기술보다 더욱 매력적인 것으로 만든다. 경쟁기술은 '승리한' 기술의 흡인력에 휘말려서 점점 더 거기에서 벗어나기 어렵게 된다. 보다 많은 사용자들이 특정기술의 체계에 편입될수록 그 기술은 이후의 사용자들을 더욱 사로잡게 된다. 기능적 측면에서 보다 성공적인 신기술은 자신의 시장을 창출하고 확장시킨다. 그에 따라 그 기술은 경제성을 획득하고 사용자들에게 그만큼 보다 나은, 특히 가격이나 편의성 면에서, 성과를 제공할 수 있다. 이 단계에서 채택된 기술에는 중요한 개선이나 변화가 없을지라도 '고착(lock-in)' 효과가 나타나게 된다. 이러한 선도기술을 축출하는 것은 사실상 불가능하기 때문에, 상이한 기술궤적들 사이의 경쟁은 근본적인 대체나 전환이 이루어지기보다는 보완적 관계가 형성되거나, 포화단계에 이른 기술궤적에 새로운 잠재력을 불어넣는 방식이 된다.[33] 일반적으로 수익체증 원리는 한 번 앞선 회사가 더욱 앞서 나가게 되고 일단 시장에서 우위를 빼앗기면 더욱 악화되는 경향을 의미한다. 초기의 작은 차이가 사라지지 않고 대세를 좌우하는 주요 요인이 된다는 뜻이다.

수익체증 이론을 뒷받침하는 사례는 1980년대의 퍼스널 컴퓨터 운영체계의 경쟁이다. 운영체계에서는 마이크로소프트사의 도스가 CP/M과 매킨토시를 물리치고 시장을 석권했다. 도스가 탁월한 제품은 아니었지만 경쟁자가 시장에 고착되기 전에 약간 앞선 시장점유율의 우세를 신속히 키워나간 덕분에 성공할 수 있었던 것이다.[34] 초기의 작은 차이가 사라지지 않고 급속도로 증폭된 결과라 할 수 있다. 즉 기술은 효율적이기 때문에 채택되는 것이 아니라 채택되었기 때문에 효율적인 기술이 될 수도 있다는 것이다. 두 경쟁기술 중 하나가 우위를 점하게 되는 요인들은 해당기술이 발전되고 확산되는 과정에서 획득된다는 사실에 유의할 필요가 있다. 글로벌 표준을 선점하는 것이 중요한 이유도 여기에 있다.

기술 확산

기술확산은 지식이나 전문적 기술이 경제 전체로 확산되어 가는 과정이다. 기술은 한편으로는 지식과 노하우가 기계류에 체화되는 것이 아닌 다른 경로즉 '연구성과 파급'으로 확산되며 다른 한편으로는 장비에 체화되어 기술집약적인 기계류, 부품, 기타 장비의 구매 등을 통해 경제 전체로 퍼져나간다.[35]

장비에 체화된 기술확산은 기계류, 장비, 부품의 생산과정 혹은 도입·전파되는 과정에서 이루어진다. 이것은 기술확산과정의 전통적인 해석이며 몇몇 산업이 신기술의 공급자로서의 역할을 수행한다. 장비류, 기계류, 부품 등의 형태로 체화된 기술이 이용가능할지라도 기존 기술과의 상보성, 기술소비자의 학습태도, 그리고 혁신 능력 등 몇 가지 특정한 조건이 충족되어야 사용자에 의해 기술이 흡수-확산될 수 있다. 이 과정에서 기술 소비자는 신기술 발전을 위한 자극과 계속적인 진화와 적응에 필요한 피드백을 동시에 제공함으로써 기술의 경제적·사회적 선택과 기술변화 방향의 결정에서 중요한 역할을 수행한다.

체화되지 않은 기술확산은 바로 기업의 혁신적 활동의 결과이며 전달경로는 주로 연구 인력들이다. 처음에는 특정한 기업이나 연구소 내에서 새로운 아이디어나 기법의 연구에 참여해 온 과학자와 엔지니어들이 이 지식을 그들이 속한 조직의 다른 부서 즉 생산부문, 마케팅부문, 혹은 자회사 등에 전달한다. 그러다가 결국에는 노하우, 규칙, 전문지식이 유출되어 공공영역의 한 부분으로 된다. 지식의 전달은 경쟁기업들의 제품을 역진엔지니어링(reverse engineering)함으로써 이루어질 수도 있다.[36] 지식은 출판물, 카탈로그, 특허신청서 등에서 흔히 찾아볼 수 있는 신제품이나 신공정의 설명서 속에 포함되기도 하고 회의나 세미나에서 유포될 수도 있다. 이직한 연구 인력이 보유한 인적자본의 일부로서 지식이 전달되기도 하고 기업 간 흡수합병이나 합작투자, 기업 간 협력의 부산물로 이루어지기도 한다. 이러한 다양한 전달 경로는 다양한 확산패턴을 발생시키며, 생산성, 경쟁력, 혁신에 우선적으로 투자해야 할 인센티브 등에 각기 다른 영향을 미친다. 인력 이동과 역진엔지니어링은 기밀보호 노력을 위태롭게 하며, 특허도 기업들 사이의 정보전달수단으로 작용하는 경향이 있다.

기술 분류

기술지식은 기초기술, 운영기술, 기반기술로 구분할 수 있다. 기초기술은 기초연구와 관련된 것으로서 사물의 작용원리, 제약요인과 그것을 극복할 수 있는 방법 등에 대한 추론들이며 운용기술은 '운용기법'과 관련된 것인데 당면한 과제를 해결할 수 있는 특수한 문제해결 방법들이다. 기반기술은 거의 모든 산업부문에 적용될 수 있으며, 경제적 환경을 급격하게 변화시킬 수 있는 핵심 기술이다. 기초기술은 상당한 정도의 '공공재' 특성을 가지는데, 그것은 이러한 유형의 지식이 응용범위가 매우 넓고 큰 학습 비용 없이 해당 분야의 다른 사람들에게 전달될 수 있기 때문이다. 경쟁 이전 단계의 협동연구가 집중되고 공식적 · 비공식적 네트워크가 형성되는 것은 바로 이러한 기초기술 분야에서 이다. 이와는 반대로 운영기술은 공공재적 성격이 약하다. 이 경우에는 사용자의 특수한 필요에 맞추어져야하기 때문에 적용가능 범위는 좁고 학습비용은 크다. 또한 기본적인 기술을 소화한 경우라면, 운용기법의 이용이 제한되더라도 신공정이나 신제품의 개발이 불가능하게 되는 것은 아니다. 기반기술은 기초지식과 마찬가지로 모든 생산의 기초를 이룬다. 그러나 기초연구과정에서 관련지식들이 특정한 기술적 영역에 특수한 것인 데 비해, 기반기술은 다양한 기술에 의존하는 산업들에서 생산과 혁신의 기초가 된다. 기반기술은 운영기술과도 공통점이 있다. 즉, 기업의 입장에서 기반기술은 특정한 산업에서 개발된 이후 광범위하게 확산되므로 사용자에 의한 투자는 그들 자신의 축적된 '기술적 자본'에만 기초하여 이루어지지 않는다.

기술혁신의 동태적 과정

기술혁신을 동태적 측면에서 보면 생산개체 즉 한 제품은 기술적인 유동기(제품혁신기), 과도기(공정혁신기), 경화기(점증적 혁신기)의 3단계를 거친다. 유동기에는 제품혁신도가 높고 과도기에는 대량생산체제의 확립을 위하여 공정혁신도가 높아졌다가 경화기에 다다르면 중요한 기술혁신은 사라지고 점증적 혁신이 중심을 차지하게 되고 결국에는 그 제품의 생명 주기가 끝나게 된다.[37)]

유동기: 제품혁신기

기술적 유동기 즉 제품혁신기는 신제품이 개발되어 시장에 소개되는 초기이다. 이 시기에 새로운 기술의 제품이나 새로운 산업의 창시는 대기업보다는 오히려 기술창업인의 기술집약적 소기업이나 혹은 대기업 내에서는 기존조직에서 분리 독립된 기술집약적 소기업 형태의 독립부서에서 시작되는 경우가 많다. 초기에는 기술집약적 소규모업체가 새로운 특성의 제품을 가지고 기존 대기업의 과점적 시장에 뛰어든다. 새로운 기술은 많은 개선의 가능성을 가지고 있으며 초기에는 조잡한 것으로 보이기 쉽다. 그러나 새로운 기술이 개발의 주대상이 됨에 따라 기존 기술보다 훨씬 빠른 발전을 보이며 짧은 기간 동안에 기존기술을 추월하여 우위를 차지할 수 있다. 이 시기의 제품혁신은 성능극대화를 추구한다. 일단 신제품이 시장에서 성공하게 되면 성능이 더 우수한 유사품을 생산하려고 하는 중소기업들이 속출하게 되어 시장경쟁이 점차적으로 가열된다. 그러므로 이 시기에는 기술혁신을 통한 제품의 성능향상이 가장 중요한 경쟁전략이 된다.

초기의 기업에 있어 대개 창의적인 제품혁신은 외부, 특히 사용자나 수요자로부터 나온다. 이 시기의 생산 공정은 빈번한 제품변화를 수용할 수 있어야하므로 표준화되어 있지 않으며 수동식 작업을 많이 사용한다. 표준화 이전 단계이므로, 원료나 부품은 기존의 여러 업체들로부터 조달되며 그 종류와 품질이 차이가 많을 수 있다. 조직의 통제는 기업가 정신을 바탕으로 융통성있게 이루어진다. 이때에는 규모의 경제가 거의 없어 신규 참여가 비교적 용이한다. 이러한 기술집약적 중소기업은 충분한 시장이나 첨단 과학기술의 중심지, 또는 이러한 제품혁신을 과감히 재정적으로 지지할 수 있는 금융 중심지에서 자주 이루어진다.

과도기: 공정 혁신기

유동기를 지나 경쟁이 치열하여지고 빈번한 기술혁신을 통하여 제품의 기술이 어느 정도 정착되면 기술적 과도기에 들어가게 된다. 이 기간 동안의 특성을 살펴보면 경쟁은 제품기능경쟁에서 성능과 가격경쟁으로 바뀌게 된다. 따라서 대량생산이 필요하게 되고 이를 위하여 단일형 제품으로의 표준화가 요구된다. 따라서 제품혁신의 빈도는 줄어들고 대량생산체제의 확립을 위한 생산공정혁신이 급증한다. 기술의 유동기를 통하여 비교적 성공한 소규모 기업 중 과도기로 들어서면서 생산 공장규모화에 성공하고 대규모기업으로 성장하는 경우도 있지만 대개의 경우 과도기 경쟁에서 낙오하여 패업하거나 새로운 기술이나 산업분야에 진출하려는 기존의 대규모기업에게 흡수당하게 된다.

시장은 다수의 중소규모기업의 경쟁적 형태로 변하였다가 과도기에 들어와서는 소수의 대규모기업에 의한 독과점적 형태로 개편된다. 대량 생산을 위한 표준화의 필요성에 따라 제품혁신의 빈도가 줄어들게 되고 대신 공정혁신을 통해 공정의 단편적 자동화가 이루어진다. 여러 중소규모의 업체들간의 치열한 경쟁을 거친 후 적자생존의 원리에 의해 그 중 한두 가지만이 최적설계제품으로 남게 된다. 공정이 개선됨에 따라 생산성은 급격히 상승하고 이에 따라 제품단가가 하락하게 된다. 계속적인 표준제품의 단순화 공정의 혁신을 통하여 가격경쟁에서 지탱하지 못하는 기업은 생존하지 못하게 된다. 공정의 체계화에 따라 원료 역시 제조업자(사용자)의 명세에 맞는 것이 요구되므로 원료공급업체가 제조업자에게 종속된다. 공정혁신에 주력함으로써 생산설비가 증가하여 설비의 집중화가 이루어진다. 기업 규모가 커짐에 따라 조직 역시 복잡하여지며 통제는 수평적 관계로부터 수직적 정보체계에 의한 형태로 변하여 간다.

경화기: 혁신정체기

과도기를 거쳐 제품이 표준화되고 생산공정이 자본집약적 효율적 체제를 확립하게 되면 제품의 혁신이 정체되는 경화기의 특징이 나타난다. 대규모생산체제를 효과적으로 운영하기 위하여 생기는 관료적 조직구조로 말미암아 창의적 아이디어의 창출이 어려워지고, 연구개발은 점증적인 혁신으로 제품을 단순화시키며 생산공정을 점증적으로 자동화하여 생산성을 제고하는데 주력하게 된다. 규모의 경제가 중요하여지고 생산과정은 고도로 자본집약적이 된다. 제품과 제 공정들은 변화에 대응하기도 어려운 경화증이 발생한다. 규모의 경제가 중요하여짐에 따라 방대한 조직과 생산설비를 가진 대기업에 의한 독점현상이 나타난다. 신기술로 재도약하지 못한 이러한 독점적인 대기업은 새로운 기술이나 저임금의 개발도상국 기업에 의하여 대체당하거나 사양산업이 되어 간다. CD가 MP3에, 메모리 디스크가 USB에, 필름카메라가 디지털 카메라에 대체된 것을 들 수 있다.

시장이 어느 정도 포화단계에 다다라서 제품의 다변화는 한계에 이르고 점증적인 혁신을 통하여 제품을 단순화하여 비용을 극소화하는데 주력하게 된다. 그러나 경화기의 후기에 들어서면 제품개량도 한계에 도달하게 되어 성능향상도 어렵게 된다. 생산공정은 극도로 종합화되고 설비투자는 거대해져서 체계적인 자동화가 이루어진다. 이때에는 주로 공정개선이 점증적으로 누적되어 오랜 세월이 지나면서 상당한 원가절감을 이룩하게 된다. 공정설비가 거대하여짐에 따라 노동집약도가 낮아지게 되며, 결과적으로 노동력의 자본장비율이 높아지므로 생산설비의 운영기술이 중요하게 된다. 비용절감을 위해 원료조달까지 수직적으로 통합하려는 시도가 행해지기도 하고, 입지조건의 분석을 통한 수출비 절감이나 노무비절감을 꾀하기도 한다. 또 정책적으로 이와 같은 제품의 기술을 해외로 이전하여 기술수출을 통한 이익과 노동비 절감을 도모하기도 한다. 기업의 규모는 방대해지고 통제기능이 점점 강화되어 조직은 관료적 성격이 수직적으로 통합되며 그 구성은 기능에 주안점을 두게 된다.

11.3 국제 기술 이전

전 세계적인 정보네트워크가 구축되고 기업 활동의 세계화가 급속히 진전됨으로써 기술개발에서도 글로벌화가 빠른 속도로 확산되고 있다. 세계시장은 이미 고도로 글로벌화가 되었으며, 수요패턴도 국가 간 차이가 줄어들고 있기 때문에 신제품 개발에 성공할 경우 전 세계 시장을 대상으로 이윤을 창출할 수 있다. 이에 비례하여 기술개발을 통한 기대수익은 과거에 비해 크게 높아졌다.뿐만 아니라 기술의 축적에는 수확체증의 원리가 작용하기 때문에 신기술을 응용한 기술개발에서 지속적인 우위 확보가 가능하게 되었다. 그러나 최근의 선도 기술개발에는 많은 재원이 소요될 뿐 아니라 네트워크 효과 및 표준화 등으로 인해 시장선도자가 되지 못하면 시장진입 자체가 어렵다. 실패할 경우에는 위험부담 역시 대폭 증가 하고 있다. 기술개발 또는 신제품개발에서 세계 시장의 표준 선점의 중요성은 더욱 강조되고 있다. 따라서 시장에서의 경쟁을 통해 사실상의 표준을 장악하는 것과 함께 경쟁에서 뒤지는 경우의 과도한 위험부담을 줄이기 위한 기술개발단계에서 글로벌기업간의 제휴뿐만 아니라 기술개발성과의 국가 간 공유와 이전이 중요해 지고 있다.

뿐만 아니라 과거와 달리 이제는 지속가능한 발전이 보장되어야하므로 지구온난화를 유발하는 온실가스 저감 등 국내외적인 환경규제압력과 에너지 절감 필요성이 증대되고 있다. 이와 함께 산업구조 및 생산방식도 유해물질 저배출형, 에너지저소비형, 자원절약 및 재활용형으로 발전하여 환경 친화적인 구조로의 전환이 가속화되고 있다. 이러한 환경친화적 에너지절약형 시스템의 구축은 그 자체가 새로운 제품과 서비스에 대한 수요를 창출함으로써 새로운 산업을 창출하고 있으며 앞으로 사회의 지속가능한 발전을 가능하게 하는 핵심 분야가 될 것 이다.

기술의 국제 역학

국제기술이전 및 무역을 기술변화의 동태적 모형을 통해서 보면, 일반적으로 유동기에는 처음 기술을 개발하여 제품을 생산한 선진국이 독점적 위치를 누리며 그 신제품에 대한 수요가 발생하기 시작하는 타선진국으로 그 제품을 독점적으로 수출하게 된다. 과도기에 들어서, 제품기술이 타선진국으로 기술이 이전되게 되고, 생산된 상품은 후발선진국에서 처음 개발한 선진국과 개발도상국으로 수출된다. 경화기에 이르러 선진국들은 기존 기술을 가지고는 비교우위를 누리지 못하게 되므로 새로운 기술과 제품을 개발하고 기존 기술은 후발국으로 이전하고 그 기술에 의하여 제조된 상품은 이들 개발도상국에서 선진국으로 역 수출되게 된다.[38)]

한편 선진국과는 달리 기술추격국에서는 일반적으로 신제품 창출 능력이 부족하므로 기술 능력을 누진적으로 축적하여 태동기 수준의 기술을 개발할 수 있는 단계로 점차적으로 성장하게 된다. 이 과정에서 기술추격국의 기술발전 과정은 선진국의 기술발전을 역으로 추격하는 형태로 나타난다. 기술역량이 거의 없는 추격국은 공기업 또는 해외 기업의 투자를 유치하여 성숙기 기술에 대한 지식을 획득하고, 이 지식을 확산하면서 해외 기업들과의 협력 등을 통해 기술역량을 키운다.[39)] 이 때 기술발전은 단순실용화기, 소화 및 모방기, 개량 및 자체개발기'의 단계를 거치며, 지식 창출 · 획득 · 전달 · 결합 관점에서 볼 때 선진국으로부터의 지식을 획득 · 흡수하는 것이 중요하고, 외부지식의 흡수 정도는 노력의 정도와 기존 지식기반의 정도 및 선진국 공급자의 태도 그리고 시장의 매개 유무에 따라 결정되며 창조적 모방과 혁신을 통해 학습된다.[40)] 기술추격국의 기술혁신과정은 채택기술을 단순하게 생산에 적용하거나 기존제품의 개선 · 개량을 주로 하는 도입단계, 신제품개발 및 성장기 기술의 자체연구 개발을 하는 내재화단계, 완전히 새로운 기술혁신을 수행하는 창출단계로 구분할 수 있다. 이 경우, 기술혁신은 선진국으로부터 쉬운 지식 · 기술을 획득하여, 내재화 학습과정을 거치면서 지식기반을 축적 · 발전시킨 다음 새로운 지식 · 기술을 창출하는 높은 단계로 진행된다. 이 과정을 기업 내의 단위기술차원에서 보면 개도국의 기술 획득기, 소화 · 파급기, 개량기로 구분할 수 있다.[41]

기술추격국들이 선진국의 지식과 기술을 쉽게 완전히 이전받는 것은 쉽지 않으므로 후발산업국은 선진국의 다국적 기업들의 직접투자를 유치하여 그들의 생산 및 기술적 지식을 국내에 확산시키거나, 자체적인 연구개발 활동을 강화함으로써 해외기술을 소화하여 자체적인 기술역량을 발전시키는 전략을 택한다. 이 때 기술학습, 네트워킹과 글로벌화, 차세대 기술능력 개발 등이 기술추격의 중요한 요소가 되며 개발도상국의 네트워킹 능력은 추격 주체들이 기술적 역량을 개발하는 데 중요한 역할을 하는데 네트워킹 패턴은 그들이 직면한 글로벌 기술 궤적에 준하여 형성된다.[42]

교묘한 라운드들

세계 무역 기구(WTO) 체제가 출범한 이후 그린라운드, 블루라운드, 테크노라운드, 경쟁 라운드 등 새로운 규제 제도들이 기술적 도전을 요구한다. 그린라운드(Green Round)는 일명 환경 라운드이다. 이것은 지구 환경 문제를 국제 무역과 연계하고자 하는 것으로서, 각국이 환경 규제 기준을 마련하고 이를 위반한 제품은 수입을 금하며, 국제 환경 협약을 이행하지 않았을 경우에는 무역 제재를 가할 것을 핵심으로 하는 내용이다. 블루라운드(Blue Round)는 세계 각국의 근로 조건을 국제적으로 표준화할 목적으로 추진되는 다자간 무역 협상을 말한다. 1995년 1월 세계 무역 기구의 출범을 전후해 새로운 통상 문제가 계속 제기되면서 선진국들은 개발도상국에 비해 우위에 있는 환경권 · 노동권 · 경제 정책 등의 문제를 무역과 연계하려는 움직임을 강화하였다. 블루라운드 역시 선진국들의 이러한 무역 정책 가운데 하나로서 국가 간의 통상 문제에 노동 기준과 무역을 연계시키기 위한 것이다. 즉 각국의 근로 조건을 국제적으로 표준화함으로써 이 기준에 미치지 못하는 개발 도상국들의 상품에 대해서는 무역 제재 조치를 취하자는 것이다.

경쟁라운드(Competition Round)는 각국의 서로 다른 경쟁 조건을 국제적으로 표준화시키는 협상으로서, 경쟁정책 라운드 또는 규제라운드라고도 한다. 1994년 우루과이라운드가 타결되면서 그린라운드, 블루라운드 등과 함께 새롭게 제시된 무역 협상이다. 공정한 경쟁을 제한하고 있는 각국의 독특한 시장 구조나 기업 관행을 국제적으로 표준화하자는 것으로 현재의 세계 무역 기구 체제하에서는 특정 시장에서의 불공정한 경쟁 정책을 전혀 다루고 있지 않은 것을 보완하자는 의미를 지닌다. 각국마다 복잡한 시장 관행을 지녀 외국 상품이 판매되기 어렵고, 공개 입찰을 하더라도 담합이나 지명 입찰제와 같은 편파적인 제도로 인하여 외국 상품이 공정한 경쟁을 하기가 어려운 경우가 많다. 이러한 관행을 없애고 외국 기업에 실질적인 내국민 대우를 할 수 있게 하는 것을 목적으로 하고 있다.

이중에서 기술라운드(Technology Round)는 나라마다 다른 기술 개발 지원 정책을 국제적으로 표준화시키려는 협상이다. 우루과이 라운드가 타결되면서 그린라운드 등과 함께 새롭게 제시된 무역 협상으로 테크노 라운드(Techno Rround)라고도 한다. 이는 지적 소유권 보호를 주요 의제로 하여 국제적인 기술규범을 제정하려는 협상이다. 선진국에 축적되어 있는 과학 기술을 개발도상국이 힘을 들이지 않고 이용하고 있다는 인식에서 비롯된 것으로 1991년 프랑스 파리에서 열린 OECD 각료 회의에서 처음으로 제안되었다. 기술 라운드는 각국의 연구 개발 활동 등 기술적인 요소가 공정 무역 차원에서 장애가 되지 않아야 한다는 것도 주요 내용이다. 실제 내용은 공정한 무역을 위하여 각국의 정부가 기업의 기술 개발 등을 지원할 수 없도록 규정하는 것이다. 개발도상국이 정부 정책으로 선진국과의 기술격차를 줄이기 위해 시도하는 각종 기술 개발 지원 정책을 막고자 하는 의도도 담겨 있다.

여기에는 디자인 라운드(Design Round)도 있다. 이는 디자인을 지적 소유권으로 인정하여 타인의 사용을 적절하게 규제하자는 협상이다. 즉, 산업 디자인을 모방한 상품의 무역 거래를 제재하자는 국제 협상안이다. 1967년 세계 지적 재산권 기구(WIPO)가 출범한 이후 국제적으로 산업 디자인 등의 지적 소유권이 중요시되었으며, 우루과이 라운드 타결 이후부터는 다자간 무역 협상의 하나로 떠올랐다. 특히 선진국에서 산업 디자인의 중요성을 인식하여 기술 보호 못지않게 취급하며 후진국과 개발도상국에게는 새로운 무역 제재 수단으로 사용되고 있다. 구체적 보호 수단으로는 특허권적 보호 방식과 저작권적 보호 방식이 있다. 특허권적 보호 방식은 발명 특허처럼 취급하여 의장권으로 등록한 자에게만 배타적인 독점권을 주는 것으로 가장 일반적인 방식이다. 이에 비해 저작권적 보호 방식은 디자인을 하나의 저작권으로 인정하여, 등록하지 않더라도 타인의 모방을 금지시킬 수 있는 방식이다. 특허권식 보호 방식은 절차가 까다롭고 기간도 오래 걸린다는 문제점이 있는 반면, 저작권적 보호 방식의 경우는 보호 장치가 미흡하다는 특징이 있다. 유럽 연합(EU)은 1995년에 통합 특허청을 발족시켰으며, 1996년에 국제 상표법을 채택하여 유럽 연합 역내 국가에서 디자인을 모방한 상품의 수입을 금지시키고 있다. 이처럼 이제 기술과 디자인 등 지적 재산권이 향후 국제 무역에서 선진제국들의 이익을 지키기 위한 새로운 규제 수단화되고 있다.

11.4 새로운 지적 재산권 운동

지적재산권 혹은 저작권이란 창작자의 창작물에 대한 권리를 일정 기간, 일정 범위 내에서 보호하는 제도이다. 이 개념은 유럽에서 발달했다. 15세기 구텐베르크의 인쇄술이 보급된 이후, 출판이 활발했던 이탈리아 베네치아에서는 1517년 저작권법이 만들어졌고, 영국에서는 1710년 앤 여왕 당시 제정되어 출판업자의 독점권을 기출간 책은 21년, 신간은 14년으로 제한하면서 비롯했다. 유럽 왕정은 인쇄술의 발달로 출판이 늘자 특정 업자만 책을 펴낼 수 있는 특권을 부여하는 대신에 출판업자들의 반발에 불구하고 저작권 시효를 명시한 것이다. 저작권 보호 기간이 규정되고 기간이 지나면 지식을 사회가 공유함으로 지식의 대중화가 일어났다. 그 후 1886년 베른협약이 체결되었고, 이후 여러 번 개정되었다. 1952년에는 베른협약에 참여하지 않는 나라를 중심으로 세계저작권협약(UCC)이 체결되었는데, 그 뒤 조약에 가맹한 나라들이 속속 베른협약에 가입하면서 베른협약이 국제적으로 저작권 기본 조약이 되었다.

카피라이트, Copyright

1993년, 세계무역기구(WTO)가 출범하면서 무역 관련 지적재산권협정이 체결되고, 지적 재산권은 무역 규범으로 만들어졌다. 1996년, 세계 지적재산권 기구는 저작권조약(WCT)을 체결하면서 인터넷 확산에 따라 제기된 전송권을, 저작권의 보호를 위해, 규제 대상에 포함시킴으로써 베른협약이 확대되었다. 지적재산권이 강화되고 무역 규범으로까지 확대 되자, 저작권을 보호하려는 기업과 이용자들 사이에 갈등도 커지고 있다. 특히 정보통신 기술의 발달로 디지털 매체에 의존하는 저작권 분야에서 갈등이 커졌다. 컴퓨터 프로그램은 애초에는 프로그래머들 사이에서 자유롭게 공유되었는데, 소프트웨어가 점차 상업화되면서, 프로그램에 저작권이 부여되기 시작하였으며, 프로그래머들 사이에 자유롭게 프로그램 소스를 공유하던 문화도 점차 사라졌다.

저작권은 근본적으로 지식 문화의 자유롭고 창의적인 창출을 목적으로하는 '지식 · 문화 시장'을 전제로 해야 한다. 지식문화 시장에서는 지식 문화 기업뿐만 아니라 수많은 개인 창작자가 참여하고 있다. 다수의 개인 창작자들의 창의적인 활동과 자유로운 교류가 폭넓게 보장되어야함에도 불구하고, 현재 저작권은 지식 · 문화를 매우 협소하게 '상업화된' 지식 · 문화와 같은 것으로 취급함으로써 사회의 지식 · 문화를 독점적 이윤 창출의 기회로 만들려는 자본의 의도가 심겨져있다는 의심을 받을 만하다. 1994년 세계무역기구(WTO) 출범과 함께 무역관련지적재산권협정(TRIPS)이 체결된 것은 이러한 경향을 보여주는 상징적인 사건이다. 이러한 경향은 저작권이 '창작'을 보호하는 것이 아니라, '자본'을 보호하고 있음을 보여준다.

저작권의 문제는 '창작자와 이용자의 권리의 균형'만의 문제가 아니라 우리 사회의 문화 정책과 연결된다.[43] 지적재산권이라는 이름으로 인간의 지적활동을 규제하는 것은 어디까지 타당할까? 창조성과 모방은 공존하는 것일뿐만 아니라 모방 없는 창조성이 가능할까? 제러드 다이아몬드는 자신의 책 『총, 균, 쇠』에서 "인간은 모방하지 않으면 발전하지 못했을 것이다."고 말했다. 유사 이래 인류가 개발한 각종 기술들은 자체적으로 개발됐다기보다 다른 사회에서 차용해온 것이기 때문이다. 결국 인류의 지식과 기술은 끊임없는 진화의 산물이며 모방과 창조 과정 속에 있다. 디자인에대한 새로운 분석과 모방을 바탕으로 새로운 환경과 조건을 고려한 창조적 혁신이 일어나기에 모방이 마치 '훔침'으로 폄하되는 것을 옳다고 할 수 없다. 재해석을 통한 모방은 디자인에 혁신을 가할 수 있기에 새로운 생산성을 만들어 낸다. 애플의 창업자 스티브 잡스는 팔로알토의 Xerox 연구소에서 본 마우스와 GUI 인터페이스 기술을 모방하여 GUI 기반의 혁신적인 컴퓨터 매킨토시를 개발한 것은 이러함 모방-창조의 대표적인 예이다.

창조와 모방의 구분이 가장 분명하면서도 가장 가까이 호흡해온 분야는 예술이 아닐까? 르네상스 이래 서구의 미술가들은 창조하기 위해 이전의 그림들을 모방해 왔고, 그 작품들을 이해하기 위해 모방을 거듭해왔다. 현재도 그러하다. 1960년대에 들어서서 '차용'에 대한 포스트모더니즘적 담론이 일면서, 팝아트를 이끄는 앤디워홀, 로이 리히텐슈타인, 프랭크 스텔라, 재스퍼 존스, 그리고 리처드 페티본[44] 등, 대다수의 포스트모더니즘 작가들은 차용의 방법으로 작품을 하였다. 이들은 '원본의 해체'를 통해 새로운 창조를 시도하였다. 그들이 세계를 바라보는 시각은 '하늘 아래 새로운 것은 없다'는 것처럼 '모든 것을 레디메이드'로 바라보는 것이다. 그들에게 세상의 모든 것은 이미 만들어진 것의 변형일 뿐, 어떤 것도 새로운 것은 없다. 그래서 예술가는 세상에 없는 무언가를 만들어 내는 창조자가 아니라 아직 세상에서 드러나지 않은 것을 찾아내는 탐험가일 뿐이다. 이때 모방은 대상을 변형하고 본

| 그림 사진 11.4 |

로이 리히텐슈타인(Roy Lichtenstein · 1923~1997년)의 〈수련〉. 리히텐슈타인은 모네의 '수련'을 모방하였다. 모네가 〈수련〉의 빛과 풍경을 서정적으로 그려냈다면, 리히텐슈타인은 모네의 〈수련〉을 격자무늬와 망점으로 재구성하고 스테인리스스틸의 질감으로 물결을 부각시킴으로써 기술과 예술이 융합된 화면으로 자신의 시각을 드러냈다. 예술에서 모방은 '차용(借用, appropriation)'이 되고 '훔침이 아니라 창조의 어머니'가 된다. 이렇게 미술에서 모방은 때로 더 큰 가치로 다시 태어나기도한다. 광고디자인, 만화, 사진, TV 영상 등을 주제로 삼아 그린 현대미술 양식의 하나인 '팝아트(Pop Art)' 영역에서 더욱 두드러진다. 팝아트에서 모방은 영감의 원천이며, 작가는 원작을 재해석함으로 현대사회를 향한 자신의 목소리를 낸다.

래의 의미를 해체함으로써 기존의 한계나 굴레를 넘어 극복할 의지를 마련하는 하나의 방식일 수 있다.

카피레프트 운동, CopyLeft

디지털 저작권 분야에서도 유사한 움직임이 일어났다. 인터넷의 지적 창조 작업은 그 이전에 축적된 지식을 바탕으로 생산된 것이기 때문에 독점적 권리를 인정할 수 없다는 것에 그 바탕을 둔 새로운 지적재산권 거부 운동이 탄생하였다. 1980년대 초반 당시 MIT 연구원이었으며, 프로그래머이자 해커였던 리차드 스톨만은 자유 소프트웨어 재단(FSF, Free Software Foundation)을 설립하였다. 누구나 자유롭게 사용할 수 있는 소프트웨어를 만드는 것을 목적으로 이 재단을 창설하였다. 재단 설립 후 자유로운 운영 체제를 만들기 위해 그누(GNU) 프로젝트를 추진하는 과정에서 스톨만은 소프트웨어와 저작물은 공유되어야 한다는 주장으로 카피라이트에 대응하는 카피레프트(Copyleft) 운동을 제창하였다. 카피레프트(Copyleft)라는 이름에서 알 수 있듯이 이 운동의 목적은 정보와 지식이 독점되는 것을 막고, 이를 사회적으로 공개하여 공유하자는 것이다.

카피레프트는 카피라이트의 가치를 폐기하지 않는다는 점에서 불법 복제와는 다르며 저작권 체제 하에서 저작물을 자유롭게 이용하는 것을 허락함으로써 저작권을 공유하는 효과를 낳는다. 카피레프트는 소프트웨어를 배포할 때 사용자가 자유로이 복사하고, 소스코드를 시험하거나 수정할 수 있으며, 심지어는 재배포되는 소프트웨어 역시 조항을 따르기만 한다면, 다른 사람에게 얼마든지 그 소프트웨어를 유-무상의 방법으로 재배포할 수 있도록 하는 열린 사고 위에 서 있다. 카피레프

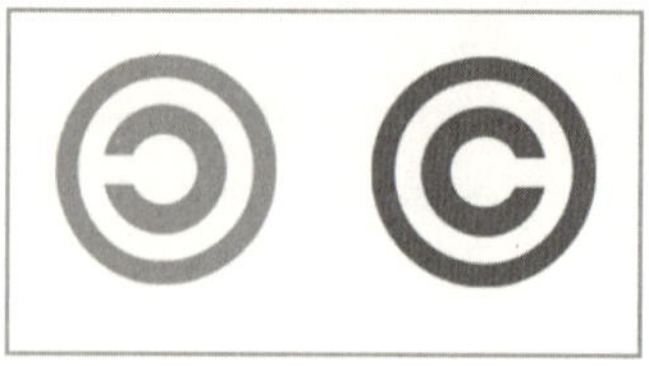

| 그림 사진 11.5 |

카피라이트와 카피레프트의 상징 기호: 카피레프트 운동은 지적 재산권을 뜻하는 카피라이트(Copyright, 지적 소유권)에서 '라이트(right, 권리, 오른쪽)'를 떼고 "저작권을 방치한다"는 의미로 통하는 '레프트(Left, 내버려둔다, 방치한다, 왼쪽)'를 붙여 만든 신조어이다.

트의 상징은 카피라이트에 대응하는 의미로 ©를 뒤집어서 표현한다. 카피레프트는 소프트웨어 제작자의 영리적인 관심을 넘어서 소프트웨어 사용자의 권리와 편익에 더 높은 가치를 부여한다. 그것은 또한 소프트웨어의 자유로운 재배포와 수정을 허용함으로 사용자들에 의해서 더 좋은 제품이 만들어 질 것이라는 믿음이 반영되어 있다.

카피레프트적인 발상이 항상 옳거나 바람직한 것은 아닐 것이다. 각종 저작권 침해와 불법복제가 판을 치는 저간의 사정에 비추어 볼 때, 지적재산권의 보호장치가 없다면 개발자, 창작자들의 의욕은 땅에 떨어지고 말 것이며, 관련 산업의 낙후는 피할 수 없을 것이다. 그러나, 특허제도로 대표되는 지적재산권 보호제도가 당초의 취지와는 달리 선진국들의 지나친 기술독점, 개발도상국과 선진국간의 격차 확대 심지어 무역규제를 위한 수단화에까지 이르는 현실에 비추어 볼 때, 카피레프트 운동이 지닌 뜻은 중요하게 검토되어야 한다. 특히 인터넷이라는 새로운 매체에 의하여 전 세계적인 규모로 정보의 교류가 빈번한 오늘날에는 '정보, 기술의 공개, 교류와 창작자의 이익 보호'라는 모순적 상황을 어떻게 조화롭게 해쳐 나아갈 수 있을지 새로운 규범과 질서가 더욱 절실히 요구된다.

베른협약이나 '디지털 밀레니엄 저작권법'과 같은 현재의 사이버 저작권법은 디지털 정보의 특성을 무시하고 단순히 전통적인 저작권 보호의 연장에서 만들어졌다는 점에서 적지 않은 문제점을 안고 있다. 이런 법안들은 인터넷이라는 기술이 가진 특성과 모순되는 것이 많기 때문에 수많은 저항을 불러오고 있다. 현실적으로 저작권의 로열티를 행사하는 것에 가장 큰 장애가 되는 것은 불법 복사가 아니라 자신의 저작을 인터넷을 통해 공짜로 배포하기를 마다 않는 사람들이 될 수도 있다. 저작권문제와 관련해서 디지털 워터마크digital watermark, 디지털 서명digital signature, 암호화encryption, 불법 카피를 막는 프로그램들, 불법 카피를 추적하는 스파이더 프로그램 spider program과 같은 새로운 기술이 널리 도입되고 사용될 것이다.[45] 이러한 기술은 네티즌 개개인의 프라이버시라는 또 다른 권리와 마찰을 일으키지는 않는지 살펴보아야 한다.

크리에이티브 커먼즈(Creative Commons) 운동

CC(Creative Commons)운동은 2002년 미국에서 설립된 비영리단체인 Creative Commons가 몇 가지 조건하에 자신의 창작물에 대한 자유이용을 허락하는 퍼블릭 라이선스 CCL(Creative Commons License)을 보급하는 운동이다. 2011년 현재 전 세계 70여개의 국가들이 참여하여 각 국가의 저작권법과 언어를 바탕으로한 CCL을 도입하고 다양한 프로젝트를 함께하는 글로벌 커뮤니티로 성장하고 있다. 자발적 공유의 표시(CCL)를 하면 창작자에게 자동으로 부여되는 저작자의 권리를 최소화하고, 자신의 창작물은 인류의 공동자산화된다. 이 운동은 문화와 지식의 창작자, 사용자, 유통자의 자발적인 의지와 실행에 의해서만 퍼져간다는 특징이 있다. 창작자가 자신의 창작물을 스스로의 의지로 오픈하고, 공유된 창작물을 다수와 함께 향유하며, 그것을 통해 새로운 창작물이 만들어지며, 결국 문화콘텐츠와 지식콘텐츠 생태계가 다양하게 성장한다. 크리에이티브 커먼즈는 상업적인 자본이 들어간 창작물에게도 무조건적인 공개와 공유를 주장하지는 않는다. 대신 창작자의 창작물이 더 많은 이들에게 소개되고 만날 수 있는 환경과, 창작자가 꾸준히 창작을 지속할 수 있는 대안적 보상을 고려하고 있다. 현재 이 운동의 영역은 학계, 교육계, 산업계, 예술계, 그리고 '모두가 창작자가 되는 시대'에 일반 대중 모두이다.

우리나라에는 현대미술을 다룬 교양서가 드물다. 그 이유의 배경에 저작권 규정이 있다. 미술책에 필수적인 그림의 저작권료가 너무 높아 현대미술 서적의 제작비가 너무 비싸서 팔리지 않거나 팔려도 오히려 적자가 나기 때문이다. 그래서 도판 저작권료를 내지 않아도 되는 19세기 이전의 작가들이 주로 다루어지고 그들에 관한 책들이 미술서적의 주류를 이루고 있다. 우리나라가 미국 · 유럽과의 자유무역협정(FTA) 체결로 국내에서 저작권 보호기간은 사후 50년에서 70년으로 늘어나 이러한 경향은 더욱 악화될 것이 염려되고 있다. 그런데 최근에 유럽의회는 '위조 및 불법복제방지협정(ACTA)'을 부결해 저작권 역사에 새 이정표를 세웠다. 유럽의회는 자유로운 지식의 유통을 막는 것은 공동체에 득보다는 실을 더 많이 가져올 것이라는 판단을 받아들여 지식재산권을 강화하려는 이 협정을 부결한 것이다. 이런 가치와 철학은 지금까지 인류의 지식과 문화가 이어지고 발전하는 방식의 근저에 있어왔다. 유럽의회의 부결은 현대의 지나친 상업주의는 인류의 지식과 문화 발전의 역사에 역행하고 있다는 것을 되돌아보게 의미있는 결정이다.

11.5 세계화

20세기 후반, 에너지위기 이후, 독점자본의 이익에 따라 경직된 조절 방식을 택하는 포디즘은 위기를 맞는다. 자본주의 경제는 기술혁신의 고갈과 새로운 기술의 출현에 의해 약 50년 주기로 파동이 나타나는데[46] 프리만과 페레즈(Freeman & Perez)에 의하면 1980년대를 기점으로 과거의 장기 호황을 주도했던 대량 소비재 제조업체에 의해 사용된 기술체제로부터 컴퓨터와 원거리통신기술의 발달에 의한 지식정보집약적 조직과 보다 광범위하고 다양한 지식노동자로 대체되는 제5차 장기파동이 시작되었다. 블랙번, 쿰스, 그린(P. Blackburn, R. Commbs & K. Green) 등은 기계화 단계에서 다품종 소량생산에 적절히 대응할 수 없는 한계점을 극복하기 위해 유연성을 핵심 내용으로 하는 기술과 작업조직의 변화를 모색하였다.[47] 이러한 변화를 총체적으로 포스트 포디즘이라고 할 수 있다.

지식주도사회

포디즘 이후 생산성을 높일 수 있는 지식이 각광을 받기 시작하면서 빠르고 정확한 정보는 가치 있는 상품이 되었다. 전통적 생산요소인 토지, 자본, 노동외에 지식이 중요한 생산요소로 등장하면서 고부가가치를 창출하는 지식이 중요해진다. 환율, 시장의 동향, 소비자 취향 등의 정보는 기업의 생존에 중요하며 이러한 정보에 대한 접근에 있어 배타적 특권을 갖게 되면 막대한 이윤을 챙길 수가 있게 되었다. 그래서 각 나라마다 혹은 각 기업마다 경제적 이윤을 창출하기 위한 지식,[48] 특히 과학기술지식을 생산하는데 주력해왔고, 특허를 통해 이를 보호하면서 경제적 효용이 널리 공유되는 것을 막아왔다. 최신의 과학적 발견과 최신의 기술, 그리고 이를 응용한 최신의 상품 개발은 기업의 이해관계에 있어 결정적이며, 이를 위해 각 기업들은 앞을 다투어 연구개발 투자를 늘려가고 있으며 또한 이러한 지식의 생산뿐만 아니라 지식의 활용과 관리에 있어서도 지적재산권을 통해 과학기술에 대한 안정적이고 배타적인 소유권을 확보하려 한다.

선진국들의 부와 성장의 원천이 물질적 자원으로부터 지식 · 정보 · 과학기술 중심으로 이동하면서 정보기술(IT), 생명공학 기술(BT), 나노기술(NT), 환경기술(ET) 등 과학이 주도하는 기술 환경의 변화는 정치, 경제, 사회, 문화 등 모든 영역에 광범위한 파급효과를 내고 있다. 이러한 첨단 과학기술은, 기술이 고도지식화, 지능화, 융합화, 복합화되고 있기 때문에 막대한 기술개발자금이 소요되며, 그만큼 기술

개발의 위험도 크다. 따라서 개인이나 기업이 단독으로 신기술을 개발하는데에는 한계가 있어 산, 학, 연, 관 등 모든 개발주체들이 네트워크화되어 투입된다. 결국 첨단 신기술은 점차 국가나 대기업 집단들의 소유가 되고 이것을 가장 많이 소유하고 가장 효과적으로 활용하는 조직과 국가는 국제사회의 주도권을 장악하는 시대가 전개 되고 있다.

기술제국주의 시대

기술 주도력을 유지하기 위하여 선진 각국은 국가혁신시스템(NIS, National Inovation System)을 구축하고 있다. 여기서 정부는 직접 혹은 간접적으로 NIS 창출자 혹은 제안자로서의 역할을 하고 R&D 자금 혹은 보조금의 지급에서부터 시장 실패를 보정하는 정책을 기획하고 집행한다. 뿐만 아니라 정부는 다양한 활동주체와 제도들이 NIS내에서 활동 내지 작동하도록 이들을 주도적으로 연계시켜주는 역할을 한다. 이 과정에서 각국 정부의 관련 법제 활동과 연구개발 예산계획이 중심 역할을 한다. 정부는 적절한 지적재산권제도도 확립한다. 선진제국들이 기술우위를 고착시키기 위하여 국가의 역량을 동원하고 기술을 기반으로 정치, 경제, 군사, 문화적 우위를 유지하고 더 나아가서 그러한 목적으로 이웃 나라에 자신의 제도를 강요하는 행위와 신조는 기술제국주의라고 할 수 있다. 그러한 의미에서 선진 기술제국들에 의해서 지배되고 있는 현대는 '기술제국주의' 시대라고 부를 수도 있다.

기술제국주의 시대의 가시적 특징은 첫째, 기술이 각 나라의 사회, 경제, 자연환경과 무관하게 과학 원리에만 근거하여 공통의 작동 방식과 양식으로 세계화되어 나타난다. 세계화는 넓은 의미에서 생산물, 생산요소 및 금융자산, 그리고 인력이 국가 간에 자유롭게 이동하여 세계경제가 통합되는 것으로서 세계시장이 하나가 됨과 동시에, 시장메커니즘 속에서 기술이 주도하는 경쟁 시장화되는 것을 의미한다. 개별기업들이 세계적인 네트워크 속에서 재원조달, 원자재 및 부품 조달, 제품개발, 생산, 판매, 등 기업 활동을 하고 이를 조장, 규율하는 제도 및 규범까지 국제적으로 일치 또는 조화시키기 위한 노력이 강화된다. 둘째, 세계시장에서 기술개발 또는 신제품개발에서 세계 시장의 표준 선점 혹은 지배는 더 큰 이익을 확실하게 담보해준다. 따라서 시장에서의 표준을 장악하기 위한 기술개발과 확보를 위하여 글로벌기업간의 제휴 혹은 선진기술제국간의 기술협력이 강화되고 있다. 세계경제의 생산체계와 소비시장이 점진적으로 통합되어감에 따라 신제품 및 신공정이 세계적인 네트워크를 통해 빠른 속도로 확산되어 제품의 수명주기가 짧아지므로 지속적인 기술혁신이 중요하게 되었다.

셋째, 각 국의 전통산업이 붕괴되고, 새로운 산업이 나타나며, 기존 산업 간의 영역이 허물어지는 산업간 융합과 분화도 활발히 진행 된다. 소프트웨어, 콘텐츠, 광고, 오락산업 등이 주요 산업으로 부상하는 등 정보와 지식이 융합된 산업을 중심으로 산업의 구조가 변한다. 인터넷, 방송, 통신 등을 이용하는 전자 상거래가 중요한 산업으로 발전하며 이러한 산업과 서비스는 지역과 국가의 경계를 아무런 재제를 받지 않고 넘나듬으로써 수요자는 우월한 서비스 제공자에게로 집중된다. 넷째, 새로운 형태의 생활양식이 등장함으로, 사회는 다양한 욕구로 가득하고, 기존의 도덕중심의 사회규범이나 집단원칙보다는 논리성, 합리성과 효율성이 중심 기능을 하는 동시에 인간의 감성이 중요시되는 개인중심사회로 빠르게 전환된다. 과학기술은 과거 어느 때보다 더 경제, 사회 발전에 핵심적 역할을 하고 사회의 과학기술에 대한 의존도가 점점 심화된다. 다섯째, 선진국과는 달리 기술후발국은 일반적으로 신제품 창출 능력이 부족하므로 선진국의 기술발전을 따라간다. 선진국으로부터의 지식을 획득 · 흡수하는 것은 노력의 정도와 기존 지식기반의 정도 및 선진국 공급자의 태도 그리고 시장의 매개 유무에 따라 결정되며 창조적 모방과 혁신을 통해 학습된다.[49]

여섯째, WTO의 출범이후 시장경쟁이 격화되는 가운데 서구의 문화산업은 세계시장에 대한 상업적 지배의 선행도구로서 작동한다. 서구 소비대중문화는 첨단 기술을 배경으로 선진 근대성의 상징으로 급속하게 비서구 사회에 유입된다. 대부분의 개발도상국에서 관철되고 있는 시장을 통한 기술문화[50]생산 구조에서 특히 신문, 방송매체로부터 새로이 발전하고 있는 영상정보 산업분야에 이르기까지 문화제국주의적 지배 경향이 드러난다.[51] 이는 기술제국주의 시대의 문화적 단면이다.

| 그림 사진 11.6 |

비키니 섬의 세 스핑크스, 1947년, 살바도르 달리 Salvador Dali (1904~1989년), 그는 하나의 대상을 2중 3중의 다른 이미지로 보는 착각을 이용하여 그린다. 풍경을 사람의 얼굴로 보거나 중복 상을 어색하지 않게 표현한다. 세계화: 초기에 세계화는 규범적이며, 그 이익이, 특별히 장기적으로는, 모든 사람에게 주어지며 그 확산이 민주주의 확산을 촉진한다고 주장되었다. 그러나 30년이 지난 지금 본고장 미국에서조차 반세계화 시위가 촉발되고 있다. 롤랑 로버트슨은 문화 종교 사회경제에 있어 특수화와 보편화가 공존한다는 의미에서 Glocalization이라는 용어를 도입했다.[52]

세계화

세계화는 과학기술의 발전, 제품의 생산, 판매, 금융, 교육 등 국가의 경계를 넘어서 이루어지는 새로운 현상을 어떻게 평가하는가에 따라 다양하게 해석된다. 후쿠야마 Fukuyama(1989)[53]나 많은 포스트모던 이론가들은 대체로 자유주의의 승리나 근대의 자기폭발을 말하면서 세계화를 하나의 세계문명이 시작하는 단계로 본다. 월러스타인 Wallerstein(1991a; 1991b),[54] 자메슨Jameson(1991)[55] 같은 이들은 하나의 자본주의 체제가 16세기 이후 4백여 년간 역사적으로 구성되는 것으로 보고, 최근의 새로운 현상으로서 세계화라는 현실변화는 후기자본주의, 탈조직화 자본주의 등의 명칭 아래 자본주의적 세계 체제가 완성되어가는 단계로 파악한다.[56] 톰린슨[57]은 1980년대 이후 전개되는 세계화의 추세를 비의도적인 그러나 피할 수 없는 선택이며 근대성의 지구적 확장으로 보았다. 교통과 통신 기술의 발달로 구체화되는 세계화는 각 지역에 정치적 문화적 동질성을 강요한다.

그러나 이러한 추세에 대한 저항도 지구적으로 확산되고 있다. 세계화는 과학기술과 물질적 힘에 기초한 서구의 기술-소비 문화 양식의 확산의 일면이다. 이것의 수용여부는 사실상 이미 수용국에 있지 않고 서구기술문화 주도국에 달려있다. 이것을 고착화하기 위해서 앞장에서 말한 소비제국주의와 기술제국주의가 기술-소비 제국주의로 결합되고 있다. 비서구 지역에서 문화적 저항이 있을 수 있으며 그 강도에 따라 세계화의 수용 속도는 조절될 수 있다. 그러나 현재의 세계 구조 속에서 전적인 거부는 불가능해 보인다. 다만 서구적 근대성에 대한 비판적 성찰을 거쳐 자본의 일방적인 주도에 의해서가 아니라 사회적 합의를 통하여 수용함으로써 갈등을 최소화하는 노력을 하는 동시에 그 속도를 조절함으로써 새로운 사회적 모색을 할 수 있는 여유를 가지는 것이 필요하다.

생각해보기

1. 기술혁신을 동태적 측면에서 보면 생산개체는 기술적인 유동기(제품혁신기), 과도기(공정혁신기), 경화기(점증적 혁신기)의 3단계를 거친다. 유동기에는 제품혁신도가 높고 과도기에는 대량생산체제의 확립을 위하여 공정혁신도가 높아졌다가 경화기에 다다르면 중요한 기술혁신은 사라지고 점증적 혁신이 중심을 차지하게 되고 결국에는 그 제품의 생명 주기가 끝나게 된다. 이러한 분석의 틀에서 현재 국내에서 급속히 확대되고 있는 스마트폰은 기술혁신의 어느 단계에 있는지 분석하고 그 결과를 써보자.

2. 지적재산권이라는 이름으로 인간의 지적활동을 규제하는 것은 어디까지 타당할까? 창조성과 모방은 공존하는 것일뿐만 아니라 모방없는 창조성이 가능할까? 인터넷의 지적 창조 작업은 그 이전에 축적된 지식을 바탕으로 생산된 것이기 때문에 독점적 권리를 인정할 수 없다는 것에 그 바탕을 둔 새로운 지적재산권 거부 운동이 카피레프트 운동으로 탄생하였다. 저작권과 불법복제와 관련한 자신의 경험을 기반으로 카피라이트와 카피레프트에 대한 자신의 의견을 써보자.

3. "세계화는 과학기술의 발전, 제품의 생산, 판매, 금융, 교육 등 국가의 경계를 넘어서 이루어지는 새로운 현상을 어떻게 평가하는가에 따라 다양하게 해석된다. 비서구 지역에서 문화적 저항이 있을 수 있으며 그 수용 속도를 조정할 수 있으나 현재의 세계 구조 속에서 세계화를 거부하는 것은 불가능해 보인다. 다만 서구적 근대성에 대한 비판적 성찰을 거쳐 자본의 지배가 아니라 사회적 합의를 통하여 수용함으로써 갈등을 최소화하는 노력을 해갈 수 있을 것이다."는 의견과 관련하여 우리나라에서 세계화는 어떻게 진행되고 있으며 바람직한 세계화의 방향에 대한 자신의 견해를 기록해보자.

4. 본문 중에서 "어떤 기술이 채택되면 그 기술이 보다 매력적으로 되고, 보다 발전되며, 보다 광범위한, 보다 유용한 것으로 변하는 현상을 '기술의 수익체증'이라고 한다. 이것은 마치 다양한 종으로 형성된 생태계에서는 종이 협동하여 외부의 경쟁자를 배척하려는 속성이 있으므로 외래종이 어지간히 우수해서는 토종들 속에 정착하기가 쉽지 않은 현상과 유사하다. 기술계에서도 이처럼 기술선택과정 중에 '기술고착' 현상이 일어난다. 즉 기술선택과정에서 채택된 기술이 선도기술로 고착된다. 이 단계에서 채택된 기술이 반드시 우월한 기술 곧 최선의 성과를 보장해 주는 기술이 아니라고 할지라도 그것을 축출하거나 대체하기는 매우 어렵다."고 한다. 각자가 자신이 새로 시작한 벤처기업가라는 가정을 하고 기존의 '고착된 기술'을 극복한 방법들을 그리고 자신이 성공한 벤처기업가로서 '기술고착'에 안주하지 않으려면 어떻게 해야하는지 토론해보자.

5. 선진제국들이 기술우위를 고착시키기 위하여 국가의 역량을 동원하고 기술을 기반으로 정치, 경제, 군사, 문화적 우위를 유지하고 더 나아가서 그러한 목적으로 이웃 나라에 자신들의 제도를 강요하는 행위와 신조는 기술제국주의라고 할 수 있다. 기술제국주의의 가시적 특징과 세계 무역 기구(WTO) 체제가 출범한 이후 그린라운드, 블루라운드, 테크노라운드, 경쟁 라운드 등 새로운 규제 제도들이 갖는 의미를 숙고하고 기술제국주의에 대한 자신의 견해를 써보자.

제12장 위험한 비탈길

현대 사회에서 과학과 기술은 처음부터 사회적 활용을 목표로 하는 시대적 문화적 전제하에서 출발하기 때문에 가치중립적일 수 없게 되었다. 과학기술의 타당성과 효율성이 확정되기 전에 그리고 그 기술을 사용해야할 근거가 성립되기도 전에 그 기술의 발전과 사용을 추진시키는 상황과 수많은 사회적 경제적 요소들이 이미 존재하기 때문이다. 인간이 욕구를 줄이지 않고 인류가 당면한 문제를 기술만으로 해결하고자 할 때 끊임없이 새로운 기술 발 사회문제들이 발생하는 것을 피할 수 없다.

새로운 것에 대하여 쉽게 친숙해지고, 질문없이 받아들이는 우리의 습성 때문인가? 새로운 것을 향한 열정 때문인가? 새로운 과학기술적 발견이 거의 일상화된 상황에서의 삶에 익숙해진 나머지, 우리는 21세기의 신기술들이 지금까지의 과학기술과는 근본적으로 다른 위협을 제기하고 있다는 사실을 깨닫지 못하고 있다. 특히 NBRIC(나노, 생명, 로봇, 정보, 인지)기술의 영향은 지금까지 경험하지 못했던 광범위하고 지속적인 위험을 인간과 자연에 유발 할 수도 있다. 이처럼 앞으로 최첨단 기술의 사용에 인간이 충분히 조심하지 않음으로써 인류가 겪을 심각한 부작용을 슈퍼텍 증후(Supertech Trauma)라고 하는 것이 적절한 표현일 것이다. NBRIC 기술이 채택하는 수단과 또 지향하는 목적이 사회윤리적으로 용납될 수 있어야 한다는 도덕적 윤리적 요구가 일어나고 있다. 인간의 욕망이 통제 될 수 있을까? 지금까지 기술이 많은 문제를 낳고 있어도 현대사회가 기술에 대한 긍정적인 시각으로 좀 더 기울어지는 경향을 보이는 것은 여하튼 기술 선택의 여지가 있는 것이 없는 것보다 훨씬 낫다는 것일까? 인류가 직면한 위험은 인간의 맹목적인 지식 추구의 결과는 아닐까? 인간은 더 이상 공동체의 가치, 윤리, 도덕에 의해 나아갈 길을 결정할 수 없는가? 이장에서 현대 기술문명 사회가 당면한 슈퍼텍과 그 증후를 고찰한다.

12.1 조작되는 생명체

생명체는 스스로를 설계하고 복제하는 천혜의 기술을 가지고 있다. 생명체의 경이로움은 바로 이 자기 복제 기술에 그 뿌리를 두고 있다. 생명체는 자연이 부과하는 역경은 물론 인간의 기술에 저항하여 자신의 생명체를 유지하는 방향으로 자기복제를 발전시켜왔다. 한편 인간은 생명체의 자기복제 기술을 마침내 인간의 손에 넣었다. 현대의 최첨단 NBRIC 기술은 공통적으로 자기복제의 특성을 보이거나 추구하고 있다.[1] 이 기술들은 자기 생성 주기를 통해 자기복제를 함으로써 기술계에 충격을 가속화하고 자기가치를 증폭시키고 있다. 이 기술들은 스스로 자기의 역량을 바꿀 수 있고, 심지어 의도하지 않은 역할을 할 수도 있으며 이러한 드러나지 않은 위험한 것 외에도 자기 증폭과 변화가 가속화됨으로써 예측 불가한 결과를 만들어 낼 수 있다.

슈퍼 박테리아

인간이 페니실린을 발명한 이후 한 때 인간이 질병 박테리아로부터 해방되는 듯하였다. 그러나 그 동안 인내하던 박테리아들이 공격을 시작하였다. 어지간한 항생제는 내성이 생겨서 기존의 항생제로는 퇴치가 되지 않는다. 이를 슈퍼 박테리아라고 한다. 2011년 5월, 대장균 변종인 장출혈성대장균(EHEC)으로 인해 독일 북부를 중심으로 최소 3명이 사망하고 214명의 감염환자가 발생하고 감염의심 환자도 400명이 넘는다고 보도된 바 있다.[2] 이 대장균은 항생제가 듣지않는 '슈퍼 박테리아' 였다. EHEC 환자는 1983년 미국에서 처음 발생했으며, 주로 갈아 만든 쇠고기(햄버거)나 우유 등에 의해 감염되었다고 해서 '빅맥 공격(Big Mac attack)' 이라고 부르기도 했다. 2005년 미국에서는 '슈퍼 박테리아' 로 불리는 '메티실린 내성 황색 포도구균' 감염 사망자가 에이즈로 인한 사망자보다 많다고 추산되었다.[3]

항생제 내성(antibiotic resistance)은 미생물이 항생제에 노출되어도 생존할 수 있는 약제 내성을 말한다. 유전자는 접합, 형질 도입, 형질 전환에 의해 세균 사이에서 수평적으로 옮겨질 수 있다. 항생제에의 노출과 같은 점진적인 스트레스로 항생제에 내성을 갖는 형질이 선택되고 자연 선택에 의해 진화된 항생제 저항성 유전자가 세균들 사이에 공유되고 있다. 세균이 다수의 저항성 유전자를 갖고 있는 경우, 다제내성이라 하며, 비공식적으로 '슈퍼 박테리아' 로 부른다.

항생제 초기에는 곰팡이 또는 토양 미생물이 자연적으로 만들어 낸 것을 이용했으나, 현재는 반합성, 또는 합성 항생제도 많이 개발되었다. 항생제 내성균의 비율은 자연상태에서는 많지 않았다. 그러나 페니실린이 대량으로 사용된 이래, 내성균의 비율이 크게 증가하였고, 점점 항생 강도가 높은 항생제가 사용되었다. 따라서 항생물질에 내성을 가지는 슈퍼 박테리아의 위험은 더 증가하고 있다. 세계보건기구는 가축의 성장을 촉진하기 위해 사용되는 항생물질을 금지할 것을 촉구하였다. 유럽에서는 가금류용 사료로 쓰이는 2가지 항생제를 제외하고, 성장 촉진제로서의 항생제 사용 금지 규정이 2006년에 발효되었다.[4)]

다양한 연관 기구들이 항생제 남용에 대한 규제 강화를 위한 활동을 하고 있다. 미국에서는 항생제의 오남용에 대한 지속적인 관심 촉구를 위해 미국 질병 예방 관리 본부와 식약청, 국립 보건원이 협력하고 있다. NGO 단체들도 꾸준히 캠페인 활동을 하고 있다. 프랑스에서는 "항생제는 만병통치약이 아닙니다."라는 캠페인이 2002년에 시작되어, 불필요한 항생제의 사용을 획기적으로 줄였다. 영국의 병원 진료소에는 '항생제는 당신의 감기를 낫게 할 수 없을 겁니다.'라는 포스터가 포스터가 붙어 있다고 한다.

GMO

유전자변형 농산물(GMOs: Genetically Modified Organisms)이란 '인위적으로 유용한 유전자(예컨대 병충해, 살충제, 제초제, 추위 등에 강한 형질)를 분리 또는 재조합해서 목적하는 특성을 갖도록 한 농수산물'을 뜻한다.[5)] 유전자변형 농산물이 함유된 식품은 유전자재조합식품 혹은 유전자조작식품이라고 부른다. 전통적인 육종기술과 유전자변형을 이용한 품종개량 사이에는 큰 차이가 있다. 전통적 육종방법은 근연관계에 있는 종들을 서로 교배하여 실제 재배 · 생리환경 조건에서 여러 세대를 걸친 선별을 통해 이루어진다. 이 방법은 많은 시간이 소요되지만 생물학적으로 교배가 가능한 두 품종은 유전적 바탕 하에서 원하는 특성과 그 특성에 영향을 주는 유전자들이 안정적으로 발현된다.[6)] 그러나 실험실에서 유전자 조작으로 만들어진 GMO는 필연적으로 '유전적 불안전성'을 내포하고 있다. 이는 해당세포가 식물 내부의 생리적 환경으로부터 분리되어 존재하기 때문에 식물체 안에 목적유전자를 도입하고, 조직배양하고, 선별하는 등 여러 과정에서 체세포 변이가 발생할 가능성이 매우 높기 때문이다.[7)]

현재 GMO 작물에 대한 핵심 쟁점 사항은 인체 안전성과 환경위해성 여부이다. GMO 작물의 인체 안전성 문제는 첫째, 새로운 독성물질 생성 가능성, 둘째, 알레르기 유발 가능성, 셋째, 필수 영양성분의 변화 유발 가능성, 넷째, 항생제 내성 문제

유발 가능성, 다섯째 유전자재조합 식품을 섭취했을 때의 장기적 영향을 들 수 있다. 미국의 대표적인 GMO 기업인 몬산토가 개발한 GMO의 하나인 Mon863 옥수수는 유럽연합(EU)에서 2006년 1월부터는 식용으로 승인을 받았고 한국, 일본, 중국, 대만, 오스트레일리아, 캐나다, 멕시코, 필리핀, 미국 등에서 승인을 받아 시판되고 있다. 그러나 최근 "몬산토사가 개발한 유전자변형 옥수수(Mon863)를 90일간 쥐에게 먹인 결과 간과 신장에 유독한 증세를 드러냈으며, 성별에 따라 체중의 차이도 나타났다."는 학술논문이 발표되었다.[8)]

영국 로웨트 연구소의 푸스타이는 GMO의 독성 유발에 관한 연구결과를 발표하여 큰 논쟁을 제기한 바 있다. 그는 1998년 유전자변형 감자의 독성을 제기하고 병충해에 저항성을 지니는 스노드롭(수선화과)의 렉틴 유전자를 삽입한 유전자변형 감자를 이용해 식이시험을 실시했다. 일반감자에 렉틴 단백질을 첨가해 먹인 쥐는 별 문제가 없었으나 유전자변형 감자를 먹인 실험쥐에서만 면역계 손상과 장기 크기의 변화가 관찰되었으며, 그는 예기치 못한 독성의 발현이 그 원인이라고 밝혔다.[9)]

1990년대 중반 GMO 작물이 상업화 된 이후에 GMO 작물의 환경위해성은 끊임없이 경고되고 있다. 특히 살충제에 내성을 가지는 'Bt 옥수수'는 모너크 Monarch 나비 유충과 잠자리, 무당벌레 등 익충에도 치명적으로 작용할 수 있고 Bt옥수수의 내성 유전자가 방재 대상인 병충해로 전달되어 유전자변형의 도입효과가 사라지는 사례도 보고되고 있다.[12)] 스노우 박사는 항생제의 오남용으로 자연적으로 슈퍼 박테리아가 발생하였듯이 제초제 내성을 갖도록 조작된 유전자를 가진 농산물이 같은 종의 잡초에게 자신의 유전자를 전파시켜 제초제 저항성을 갖는 '슈퍼 잡초'를 양산해 낸다는 '슈퍼 잡초론'을 제기하기도 하였다.

합성 생물학

1970년대 DNA 재조합 기술이 등장하고 1990년대 체세포 복제가 성공하였으며 마침내 2000년대 인간 유전체 지도가 완성되었다. 크레이그 벤터[13)] J. Craig Venter (1946년 10월 14일~)와 그의 동료들은 세계 최초로 인공 합성 세포를 만들었다. 생명체의 게놈을 이루는 유전자나 심지어 게놈 자체를 합성을 통해 만드는 합성생물학이 시작되었다. 이제 인간이 유전자를 설계하고 이들의 배치도 마음대로 디자인할 수 있는 시대에 들어선 것이다. 이들이 함께 일하는 벤터연구소(J. Craig Venter Institute: JCVI)는 박테리아 개체 하나가 생명을 유지하는데 필요한 최소한의 유전적 재료만을 함유한 유전체(최소 유전체)를 만들고 있다. 합성생물학은 자연에 존재하는 생물학적 구성요소들을 재설계하고 재구성해서 자연 속에 존재하지 않는 생물학적 구성요소들이나 생명체를 창조하는 것이 목표이다.[14] 합성생물학은 의료 약물은 물론 바이오연료 등 인간에게 유용한 물질을 좀 더 용이하게 생산할 수 있는 수단을 제공한다는 점에서 막대한 이득을 줄 수도 있다. 그리고 그 만큼 혹은 그 이상으로 인간의 삶과 사회에 전혀 예상할 수 없는 영향력을 미칠 수도 있다.

미국의 대통령생명윤리자문위원회[15]는 합성생물학의 기술적, 윤리적 함의에 관해 집중적 논의 후 "합성생물학으로부터 얻을 수 있는 혜택을 확인했다. 잠재적 위험에 대해서도 인지하였지만 연방정부 차원의 추가적 규제나 모라토리움을 지지할 이유는 발견하지 못했다."고 결론을 내렸다. ETC 그룹[16]은 즉각적인 반대의사를 표명하고 이 보고서는 첫째로 사전예방 원칙을 무시했으며, 둘째로 합성생물학이 환경에 미칠 위험에 대해 제대로 고려하지 않았으며, 셋째로 환경 안전성을 보장하는 방안으로 오로지 '자살 유전자' 기술에만 의존하고 있으며, 넷째로 실질적인 규제와 감독의 의미가 없는 '자율 규제'만을 언급하고 있는데 그치고 있다고 지적했다.[17] 랭턴은 1994년에 계간지 「인공생명(Artificial Life)」의 창간호에 실은 글에서 이렇게 말했다.

> "인공생명은 우리에게 생물학에 대해서 많은 것—생물의 자연적인 산물에 대한 연구만으로는 도저히 배울 수 없는 많은 것—을 가르쳐줄 것이다. 그러나 인공생명은 궁극적으로 생물학을 넘어서 아직까지 우리가 이름 붙이지 않은 새로운 영역으로 나아갈 것이다. 그러나 그 영역에는 자연의 확장된 관점으로서의 기술과

| 그림 사진 12.1 |

〈오토포이에시스 Autopoiesis〉[10], 케네스 리날도: 현대 문화는 이미 자율적으로 스스로를 조직화하며 생명체를 영위할 수 있는, NBRIC(나노, 생명, 로봇, 정보, 인지) 기계의 여러 변용들을 품고 있다. 인공생명체 연구는 NBRIC 과학기술의 원리들이 물리학적 지평에서 만남이다. 근대 이후 예술은 오랫동안 과학적 세계관을 비판하더라도 과학기술에서 새롭게 눈을 뜨는 지혜를 수용하였던 것처럼, 인공생명체 혹은 합성생명체의 개념과 기술은 인공생명체 예술과 함께 현대 예술에서 새로운 표상을 만들어 내고 있다. 리날도의 전시장 안은 온통 톱니바퀴 물리는 소리와 전화기 버튼 음으로 가득하고 키 높이 만한 여러 개의 로봇팔들이 이리저리 춤을 추며 사운드에 더하여 이 시각적인 풍경이 들어선 사람을 압도한다. 케네스 리날도는 이 광경을 "사이버네틱 발레(cybernetic ballet)"라고 부르고 이 로봇이 자동성을 넘어 자율성을 갖춘 미적 생산자이길 바란다.[11]

문화도 반드시 포함되어야 한다. 나는 인공생명의 미래를 장밋빛 환상으로 칠하는 것을 원하지 않는다. 인공생명이 우리의 모든 문제를 해결하지는 못할 것이다. 그것은 우리에게 많은 문제를 추가로 제기할 것이다. … 이 점을 강조하는 가장 간단한 방법은 메리 셸리의 예언적 소설 『프랑켄슈타인』이 더 이상 공상과학소설로 간주될 수 없다는 것을 지적 하는 정도로 충분할 것이다." [18]

자기 복제

유전기술 분야에는 유전자 요법, 유전자 변형 생물, 합성 생명체, 인류계통의 유전공학적 급격한 변형 기술등이 포함된다. 이 기술은 새로운 생물이나 새로운 염색체를 만들어 퍼뜨릴 수 있고 이론상 새로 난 생물은 영구히 번식한다. 로봇도 이미 공장에서 다른 로봇을 만드는 일을 하고 있으며, 이미 연구실에서 부품들만 있으면 자신의 사본을 조립하는 로봇의 시제품이 있다.[19] 정보기술은 컴퓨터 바이러스, 인공마음, 자료 축적을 통해 구축된 가상 인격 같은 자기 복제자들을 만들기에 이르렀다. 컴퓨터 바이러스는 이미 자기 복제를 마스터하고 수천 개의 컴퓨터 바이러스는 순식간에 수억 대의 컴퓨터를 감염시킨다. 인공학습과 인공지능연구는 더 영리한 인공마음을 만드는 것을 목표로 한다. 나노기술은 이미 석유를 먹어 치우거나 계산을 하거나 사람의 동맥을 청소하는 것 같은 보통 기계가 할 수 없는 일을 할 수 있는 세균처럼 작은 극소로봇을 만들기에 이르렀다. 이 작은 기계들은 너무나 작기 때문에 기계 컴퓨터 회로처럼 작동할 수 있으므로 이론상 다른 컴퓨터 프로그램들처럼 자기 조립하고 번식하도록 설계될 수 있다.

최근의 분자전자공학과 관련된 나노기술의 급속한 발전으로 오늘날의 개인용 컴퓨터보다도 백만 배 이상의 강력한 성능을 가진 기계가 나타날 가능성이 크다. 그렇게 되면, 엄청난 능력을 가진 컴퓨터가 현대 양자 물리학과 분자생물학의 지원을 받는 유전과학과 결합될 때, 세계를 엄청나게 변화시킬 기술이 구현 될 것이다. 이와 같은 결합은 좋든 나쁘든 세계를 완전히 바꾸어놓을 수 있는 기회를 열어줄 것이다. 자연세계 속에 국한되어 있던 복제와 진화의 과정이 인간의 손으로 좌지우지할 수 있는 영역으로 들어올 것이다.[20]

불행하게도, 핵기술과 마찬가지로, 나노테크놀로지는 군사적으로, 또 테러에 사용될 수 있다. 자신은 피해를 입지 않으면서 나노기술로 어떤 특정 지역 또는 어떤 유전적 특성을 지닌 인간집단에게만 선택적으로 피해를 가하는 파괴적 장비가 만들어질 수 있다. 에릭 드렉슬러는 자신의 책 『창조의 엔진』에서 원자 수준에서 물질을 조작함으로써 유토피아적인 풍요의 미래가 어떻게 창조될 수 있을지를 묘사하면서 거기에서는 거의 모든 것이 값싸게 만들어지고, 상상할 수 있는 거의 모든 질병이나 육체적인 문제가 나노테크놀로지와 인공지능을 통해서 해결될 수 있을 것이라고 한다.[21] 그러나 그는 이렇게도 말했다.

> "오늘날의 태양전지보다 더 효율성이 낮은 '잎사귀들'을 가진 '식물들'도 진짜 식물들과의 경쟁에서 이길 수 있고, 그 결과 생명권이 먹을 수 없는 잎사귀들로 가득찰 것이다. 닥치는 대로 먹어치우는 '박테리아들'이 진짜 박테리아들과의 경쟁에서 이길 수 있다. 그리하여 그것들은 날아다니는 꽃가루처럼 퍼져, 급속히 복제됨으로써 단 며칠 만에 생명권을 먼지의 세계로 환원시켜놓을 수 있다. 적어도 우리가 준비를 하지 않는다면, 위험한 복제물들이 급속히 확산되는 것을 막을 수가 없을 것이다."[22]

인간 복제

인간 복제의 현실화가 가시화된 지금 이 기술은 심각한 윤리논쟁을 일으키고 있다. 마티(Marty, M)는 "새로운 과학적 지평의 확장은 영원히 잠겨있었던 문의 열쇠가 이제는 과학의 손에 주어졌다는 직관을 사람들의 마음속에 심어주고 있다"고 평가하면서도 "어머니 자연(Mother nature)을 가지고 장난하지 마라" 그리고 "신의 역할을 대신해서는 안된다."("You Shouldn't play God")[24]고 경고한다. 인간에게 복지와 발전을 가져다 준 현대 기술 문명이 그 가공할 만한 발전 속도와 능력으로 인간 삶의 기본적인 토대를 파괴하고 좋으로서 인류의 생존을 위협하고 있다는 위기

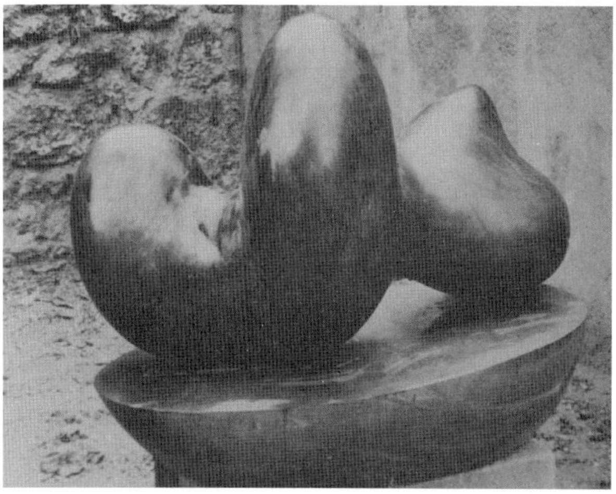

| 그림 사진 12.2 |

타원형 볼 위의 인간 구현체, 장 아르프, 1935년, Bronze, 26×29×21″, Estate of the artist: 20세기 초, 전후 자본주의 체제의 실패를 간주한 추상미술과 다다이즘의 흐름 속에서 3차원의 조각에 몰두한 아르프는 문화의 부조화스러운 관계 대신에 자연과의 조화로운 관계를 맺는다. 그는 '예술은 인간으로부터 나온다'는 말로 추상미술과 다다의 문제를 일축하고 자연의 온화한 모습—가슴, 구름, 신체, 성장하는 형태 일반을 반영하여 충만함과 여유로움을 빚어냈다.[23]

의식이 확산되고 있다.

유교에서는 인간 사회의 질서와 자연의 질서, 즉 생태계의 원리를 따라 천지의 올바른 기운의 흐름과 교감하고 그것에 순응하며 살아가는 것을 소중히 여긴다. 이것은 유교적 세계관이 인간은 사회적 환경이나 자연적 환경을 거역하지 않고 그것과 조화하면서 살 것을 요구하는 것을 의미한다. 인간 복제는 부모와 조상, 친척의 관계가 뒤섞여 분간할 수 없게 만들 것이며 그것은 인간의 사회가 아니고 그야말로 "예교를 탕멸한[蕩滅禮敎]"[25] 금수(禽獸)들의 세계로 인식된다. 최재목은 우주의 기운으로 만들어진 인간은 생명체와 마찬가지로 삶과 죽음을 갖는 유한한 존재이며 인간은 죽은 뒤에 넋[魂]은 하늘로 날아가고 얼은 땅으로 흩어져 가는 것이 자연의 이치이며 사물 자연의 이치가 바로 인간 삶의 이치[物理卽道理][26]이므로 궁극적으로 "천지가 제자리를 잡고 만물이 잘 생육되는[天地位焉, 萬物育焉]"[27] 것을 추구하는 유교의 입장에서 본다면, 인간 복제는 허용하지는 않을 것으로 보았다.[28]

불교학자들은, 인간 복제에 관해서 업보, 자비나 양심과 같은 문제들을 더욱 중시한다. 업보인 카르마에 대해서, 리타 그로스는 "유전자 복제생명과 그 제공자는 동일한 업보를 가지고 있지 않다, 그리고 삼라만상의 비영속성은 양자 모두에게 공히 적용된다"[29]고 말한다. 윌리엄 라플러는 불교적 자비가 "개체 생명을 잔인하게 대하고 이미 세계에 존재하고 있는 것보다 더욱 비참하게 만드는 어떠한 연구도 거부해야 하는 감각과 판단"[30]을 가질 것을 요구한다고 주장한다.

역사적으로 기독교는 우주와 생명의 기원에 대해서 관심을 가져왔기 때문에 인간 복제는 창조에 관한 이해에 대해 문제를 일으킬 수밖에 없다.[31] 그러나 생명복제로 표현되는 인간의 창조성은 인간과 자연의 관계에 대해서 기독교인들의 생각을 변화시킨 것은 아니다. 17세기에 근대 과학이 태동했을 때 과학은 자연을 통제하고 조작하는 것을 허락하는 당시의 문화적 종교적 견해들에 부합되는 것이었다.[32] 21세기에, 인간복제와 유전자 치료에 관한 기대는 그러한 목적을 이루기 위해서 자연을 다소 통제하고 조작하는 인간의 능력을 전제하고 있다. 결국 현대 생명공학기술은 인간과 자연의 관계에 대해 오랫동안 지속되어 온 관점을 계속 이어가고 있다고 하겠다.[33] 그러나 기독교가 인간복제를 허용할 수 없는 것은 인간복제는 인간 생명 창조에서 지금까지 주체자였던 신을 인간이 대신한다는 것과 인간복제는 인간의 지위를 '신의 자리'로 격상시키는 동시에 '신의 형상'을 지닌 인간을 다른 동물이나 식물과 같은 수준으로 격하시키는 것이기 때문이다.

이슬람교의 입장으로, 압둘라지즈 사케디나는 신의 의지와 창조성은 인간의 행위에 의해서 손상될 수 없기 때문에 인간복제의 합법성 여부가 더욱 중요한 관건이라고 보았다.[34] 그들에게 복제의 적법성에 관한 판별에서는 다음과 같은 세 가지 문제가 중요하게 대두된다.[35] 첫째로, 이슬람교의 계율은 인간상호관계, 특히 가족 관계에 초점을 두고 있는데 인간복제는 부성과 모성에 입각한 보호와 양육의 관계를 훼손해서는 안된다는 것이다.둘째로, 인간복제에 의해서 사회질서가 파괴될 수도 있다는 점이 지적되는데, 이는 신이 인간의 다양성을 창조했다는 코란의 관점에 어긋나는 것이다. 셋째로, 분배정의와 연관하여 "인간복제로 인하여 누가 해를 입게 될지, 그리고 누구의 권리가 침해당할지"[36] 판별하기 어렵기 때문에 주의를 기울여야 한다고 경고한다.

현실적으로 인간복제에 대한 어떠한 논의도 종교 다원 사회에서 다양한 세계관에 대한 관심과 함께 수행되어야 한다. 다양한 문화적 종교적 전통들 사이에 대화가 진행되고 유전생물학 연구와 기술의 응용에 관한 결정을 올바로 할 수 있는 인간성과 사회에 대한 정의에 근거해서 협력이 전개되어야 한다. 이 과정에서 자본의 힘에 이끌리고 있는 생명공학의 집단이기심은 신중하게 검토되어야 한다. 이러한 점을 사전에 방지하기 위해서는 생명공학산업과 연구에 관련된 것을 늘 사회 윤리적으로 검토하고 다양한 전문가, 일반 시민들과 학자들 그리고 종교인들의 의견을 듣고 그것을 수렴하는 사회적인 합의 기구가 필요하다.

12.2 유비쿼터스 사회

유비쿼터스는 라틴어로 '언제 어디에나 존재한다'는 뜻이다. 유비쿼터스 사회는 기존의 정보화사회와 다른 특징을 지닌다. 정보사회가 물리공간을 정보공간 속에 집어넣으려고 하는 사회라면, 유비쿼터스 사회는 거꾸로 물리공간으로 회귀하여 물리공간에다 컴퓨터를 집어넣음으로써 현실세계의 사물들을 컴퓨터 네트워크로 연결시키려는 사회라 할 수 있다.[37] 이처럼 유비쿼터스 사회에서는 사물의 지능화를 통해 인간뿐만 아니라 사물까지도 자율적인 판단능력을 갖추게 되어 인간과 상호작용을 하게 된다는 점에서 유비쿼터스 사회는 "지능사회"이다.[38]

정보화사회에서는 종래 사람과 사람간의 직접적 의사소통을 컴퓨터를 매개로 한 익명의 의사소통으로 대체한 데 그쳤지만, 유비쿼터스 사회에서는 한 걸음 더 나아가 사물과 사물 간, 사물과 사람 사이의 의식적, 무의식적 커뮤니케이션이 가능해진다.

사이버 사회

현대 과학기술이 실현 가능한 사회의 또 다른 모습은 정보화사회이다. 이 정보화사회는 기본적으로 정보처리가 사회운영의 중심원리로 작동하는 사회이다. 정보공간은 컴퓨터 네트워크로 형성된, 실제로 존재하지 않는 가상의 공간이다. 이 가상정보공간은 사람들에게 시공간의 축약을 경험하고 현실공간의 제약을 벗어나 자유로운 활동을 할 수 있도록 만들어 준다. 인간들은 정보공간에서 정보를 수집하고 교환하고 활용하지 않으면 한발 뒤처지게 된다. 정보공간에 대응하는 물리공간 혹은 현실공간이 존재한다. 정보공간의 중요성이 높아지면서 사람들은 물리공간보다는 정보공간을 더욱 선호하게 되고 물리공간에서의 활동을 정보공간에서의 활동으로 대치하려고 한다. 그래서 정보사회는 우리가 기존의 사회에서 활동의 기초로 삼았던 물리공간의 모든 것들을 가능한 한 정보공간 속으로 집어넣으려는 '사이버사회'이다.[39]

이 사이버사회는 정보자원이 높은 생산성과 낮은 비용으로 활용되고 사회적 가치의 총량이 눈에 띄게 증대하고, 그 가치와 비중이 상대적으로 커진 사회이다. 정보가치가 사회의 주된 재화 및 생산요소의 하나로 급부상하며, 사회운영의 중심원리가 되고 생산성 및 권력의 원천이 된다.[40] 나아가 필연적으로 정보가치의 증대와 정보기술의 사회적 확산은 사회를 이끌어오던 기존의 원리들을 전면적으로 수정하게 되고 이에 따라 새로운 사회적 특징과 원리들이 출현한다. 그러나 이러한 변화에도 불구하고 사회적 가치의 생산과 분배를 둘러싼 사회적 관계의 성격이 기본적으로 크게 변화하지는 않으며, 오히려 사회시스템의 통합과 확장으로 말미암아 정보적 가치의 분배 및 재분배를 둘러싼 국가간 · 계층간 갈등과 경쟁은 오히려 더욱 심화될 가능성이 큰 사회이다.[41]

그러므로 정보 혹은 정보화란 단순히 기술상의 혁신만을 의미하는 것이 아니라 오히려 이와 함께 도래할 가치체계의 다원화를 포함한 사회구조적 변혁을 암시하는 것으로서 사회상에 대한 비판적 패러다임의 전환이 필요하다.[42] 정보 혹은 정보화는 정보화사회로의 진입을 매개하는 단순한 수단으로서의 도구개념을 넘어서서 사회구조의 변화와 깊은 연관을 맺고 있다. 따라서 정보화사회를 과학기술이 산출해 내는 몇 가지 특성들만으로는 파악할 것이 아니라 그 같은 특성들이 관련되는 전체시스템으로 이해하여야 한다.

유비쿼터스 혁명

현재 진행 중인 유비쿼터스 혁명은 전자공간과 물리공간, 기계와 기계, 인간과 기계 등을 융합하여 새로운 제3의 공간과 서비스를 창출한다. 디지털 컨버전스 기술 발전으로 선과 무선, 방송과 통신, 통신과 컴퓨터 등 기존의 기술 · 산업 · 서비스 · 사업자 · 네트워크의 구분이 모호해지고, 새로운 형태의 융합 상품과 서비스들이 창출되고 있다. 이미 유비쿼터스 환경은 컴퓨터 칩이 내재되어 있는 사물이 스스로 상황을 인지하여, 사람에게 가장 적합한 서비스를 자율적으로 제공하고, 사람의 개입을 최소화하여 자율적 운영과 자가성장이 지원되는 환경으로 진행하고 있다. 언제 어디서나 끊김이 없는 네트워크, 상황인식 컴퓨팅으로 다양한 기능과 복합지능 서비스가 제공되는 결국 인간 공간과 사물공간이 결합된 새로운 제3의 유비쿼터스 지능 공간이 창출된다.

유비쿼터스 지능공간은 자율관리, 자가성장지능, 상황인식의 특성을 갖는다.[43] 자율관리는 시스템 스스로 자신의 상태를 진단하고, 필요한 대응을 수행하여, 결과에 대한 예후 분석을 제공함으로써 관리자나 사용자의 간섭을 최소화하기 위한 자가관리 기술이다. 자가성장 지능은 동적인 유비쿼터스 환경 하에서 메가융합 서비스를 제공하기 위해 커뮤니티의 구성에서부터 해체에 이르는 과정 및 실행결과를 학습하여 사용자 친화적이며 변화하는 환경에 대한 적응력을 높이는 기술이라고 할 수 있다. 이는 상황 및 사용자의 의도를 추론하여 목표를 설정하고, 커뮤니티의 자율생성과 협조를 통해 목표를 달성하여 실행 결과를 학습한다. 상황인식 기술은 수많은 칩과 센서가 내장된 사물들이 존재하며 사물들이 제공하는 정보를 효율적이고 효과적으로 활용하여 사용자에게 개인화된 서비스를 제공한다. 그러기 위해서 사물과 환경의 종합적 지식으로서 시시각각 변화는 상황정보를 실시간으로 제공하는 기술이다.

사회의 유비쿼터스화에 따르는 부작용도 증가하고 있다. 우려되는 위협은 익명성과 비대면적 관계로부터 생겨나는 불신으로 감시와 추적기술을 무차별적으로 적용하여 개인의 동의가 없는 상태에서 감시가 확산될 가능성이 커지는 것과 인간의 기술적 종속이 더욱 심화되는 것이다. 기술의 편리성만을 생각한다면 유비쿼터스 기술에 대한 의존도는 점점 높아지고 개인들의 사생활의 침해와 통제는 급속히 늘어날 수 있다.[44] 유비쿼터스 사회가 더욱 진전될수록 접근 가능한 정보의 양은 기하급수적으로 늘어나겠지만, 개인들의 관심의 폭은 더욱 좁아져 개인화, 전문화의 경향이 더욱 심화될 수 있다. 접하게 되는 정보가 많으면 많을수록 시각은 더욱 좁아지고 이러한 악순환은 다른 지식 영역에 있는 사람들 간의 분열을 촉진시킨다. 이런 현상은 의사소통과 공유된 이해의 쇠퇴를 가져와 사회적 분열을 촉진할 수도 있다. 그러므로 많은 뉴스를 갖는 것보다 공유된 이해가 필요하다.[45]

직업의 변화

유비쿼터스 사회에서 서비스업부문은 사물의 지능화로 인해 일반 서비스직이 감소하고, 제조업부문은 자동화의 심화에 의해 일반 생산직이 감소하여 심각한 실업문제가 야기될 수 있다.[46] 사회적 일자리가 일반 서비스직의 부분적인 대안이 된다고 하더라도, 단순서비스직의 대량 소멸로 발생하는 실업은 지식기반 서비스업과 지식기반 제조업으로 전부 흡수되기 힘들 정도로, 큰 사회적 부담으로 작용할 것이다. 뿐만 아니라 유비쿼터스 사회에서는 성, 기술, 공간 등 모든 것의 경계가 무너지고 경계가 불분명해지므로 산업 및 직업의 경계가 사라지고 융합이 진행되고 전통적인 1, 2, 3차 산업 및 직업의 경계가 불분명해진다. 또한 소유의 종말 현상이 두드러지고 사람과 사물, 사물과 사물, 상품과 상품, 네트워크와 네트워크 등 접속되고 교환됨으로써 가치가 부가되고 창출된다.

사회 전체가 네트워크로 연결됨으로 경제적으로는 재화 자체보다 이들을 연결하는 네트워크 속에서의 서비스가 더 많은 부가가치를 창출하게 된다. 산업 및 직업의 탈경계화와 융합이 심화되고 진입장벽이 낮아지고 상호간의 접속을 통해 가치가 창출되므로, 산업사회와 정보사회에서 특정부문의 전문지식을 기반으로 집중형 전문가가 필요했다면, 유비쿼터스 사회에서는 자기 분야의 경계를 넘나들며 여러 부문의 지식을 바탕으로 가치를 창출하는 다재다능한 전문가가 각광받는다.[47]

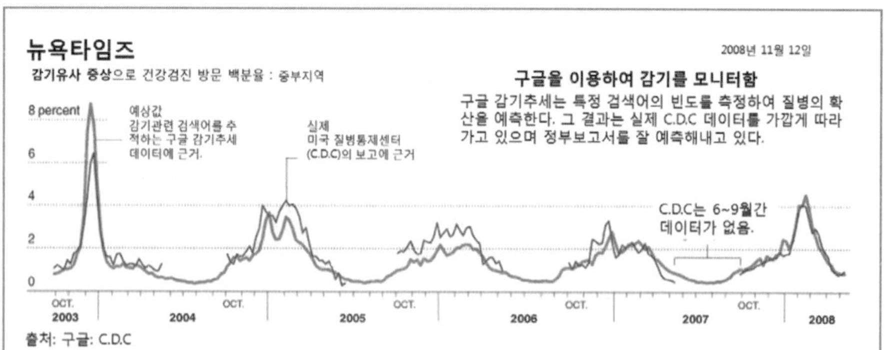

| 그림 사진 12.3 |

구글 독감 트렌드 서비스[48]: 구글은 독감에 걸리면 나타나는 증상들에 대한 검색어가 얼마나 자주 검색되었는지를 파악해서 독감의 확산을 예측하였다.

사회정치적 측면에서는 기존 패러다임 수혜집단과 새로운 패러다임 추구 집단 간의 사회정치적 갈등이 발생할 소지가 높다. 또한 이러한 사회경제적 양극화에 대한 정치적 대안의 필요성이 증대되고, 새로운 유비쿼터스 환경조성과 관련되는 기존 법제도의 대대적인 수정, 보완 작업이 필요하다. 교육차원에서, 파편화된 학습과 의사소통능력 및 공유된 이해의 쇠퇴 그리고 기본적으로 e-러닝의 개별적 학습이 보완되어야 한다.

유비쿼터스 기술의 발달로 사회적 생산성이 향상되고 일상 생활이 편리해 지겠지만 다양한 사회적 문제들도 발생될 것이다. 정보의 과잉에 따른 정보 스트레스와 기억력 상실, 정보의 편식과 문화의 파편화, 학습여건과 학습 의지간의 괴리, 정보의 양적 증대와 질적 이해 간의 괴리, 단편적 지식 습득과 의사소통능력의 쇠퇴, 네트워크를 통한 감시와 통제에 대한 무기력 등이 대표적인 것들로 지적될 수 있다. 무엇보다 유의할 것은 리프킨이 자신의 책 『노동의 종말』에서 주장하고 있듯이 유비쿼터스 사회는 전통적인 '노동이 없는 사회'로 가는 단계로 여겨진다. 이러한 사회에서 사회적 일자리 창출과 일자리 나누기를 통한 분배의 개선은 더욱 중요해진다.

빅 데이터

유비쿼터스 사회는 우리의 일상 속에서 다양하고 엄청난 대규모 데이터를 생성, 유통, 저장한다. RFID와 같은 정보를 감지하는 센서 장비의 이용 확대와 이러한 정보를 수집하는 클라우드 컴퓨팅 기술의 확산으로 물류의 이동 및 재고의 변화뿐만이 아닌 개별 소비자들의 개인정보 및 소비행태, 심지어 교통정보와 이동정보를 포한한 시민들의 생활정보 그리고 기업과 공공기관 그리고 정부가 생산하는 정보 등 현대사회 구성원들의 일상이 거의 모두 디지털 기록에 담긴다. 기업 및 사회 그리고 정부는 이러한 수집된 데이터를 기반으로 필요한 정보를 수집, 예측 분석을 하기 위하여, 다양한 종류의 대규모 데이터 처리, 분석 및 활용 기술을 개발하고 사용한다. 이와 같이 대량의 다양한 데이터 생산 기술의 진보와, 이에 필요한 데이터 저장 · 관리 · 분석 기술의 발전 과정에서 빅 데이터 기술이 출현되었다. 기존 빅 데이터의 개념은 단순히 데이터의 양이 많은 것을 의미했다면, 최근의 일반적인 빅 데이터의 개념은 기존 데이터에 비해 너무 방대해 일반적으로 사용하는 방법이나 도구로 수집, 저장, 검색, 분석, 시각화 등을 하기 어려운 정형 또는 비정형 데이터세트를 의미한다.[49)]

빅 데이터 기술은 다변화된 현대 사회를 더욱 정확하게 예측하여 효율적으로 작동하게하고, 개인화된 현대 사회 구성원 마다 맞춤형 정보를 제공 · 관리 · 분석 가능케 하며, 과거에는 불가능 했던 기술을 실현시키기도 한다. 이같이 빅 데이터는 정치 · 사회 · 경제 · 문화 · 과학 기술 등 전 영역에 걸쳐서 사회와 인류에게 가치있는 정보를 제공한다.[50] 2008년 미국 대통령 선거에서 버락 오바마 후보는 다양한 형태의 유권자 데이터베이스를 확보하여 인종 · 종교 · 나이 · 가구형태 · 소비수준과 같은 기본 인적 사항으로 유권자를 분류하는 것을 넘어서서, 과거 투표 여부 · 구독하는 잡지 · 마시는 음료 등 유권자 성향까지 정보를 수집하고 이를 분석하여 '유권자 맞춤형 선거 전략'을 구사했다고 한다. 아마존닷컴의 추천 상품 표시, 구글 및 페이스북의 맞춤형 광고에서 보듯이, 아마존닷컴은 모든 고객들의 구매 내역을 데이터베이스에 기록하고, 이 기록을 분석해 소비자의 소비 취향과 관심사를 파악한다.[51] 빅데이터 기술을 기반으로, 2006년 구글은 수억 건의 문장과 번역문을 데이터베이스화하여, 번역시 유사한 문장과 어구를 데이터베이스에서 추론해나가는 통계적 기법을 개발하고 '수억 건'의 자료를 활용하여 전 세계 58개 언어 간의 자동번역 프로그램 개발에 성공하였다.[52] 정부와 공공부문도 빅데이터가 몰고 올 혁신과 패러다임의 변화에 주목하고 있다. 미국과 싱가포르 정부는 재난방재와 테러감지, 전염병 확산과 같은 위험을 예측하고 분석하는 '빅데이터 기반 위험관리 계획'을 추진하고 있다.

한편 빅 데이터는 우리가 하는 모든 활동을 우리도 모르게 데이터베이스에 저장하고 있다. 페이스북에 쓴 글, 트위터에 올린 140자들, 검색창에 친 검색어 모두가 클라우딩 데이터 저장소에 쌓인다. 현대사회의 빅 브라더는 자본과 권력이 결합할 때 그 모습을 드러낸다. 돈과 권력은 갖가지 실시간 데이터를 실시간으로 통계 처리하여 마케팅 자료로 전환하거나 실시간 감시와 통제 수단으로 활용할 수 있다. 기업

| 그림 사진 12.4 |

10년 후 아버지와 아들, 존 하트필드, 1924년 Photomontage, East Berlin, Academy of Arts(John HeartfieldArchive): 하트필드는 카메라에 포작된 형상들을 병치내지 중첩시켜 사실성을 가진 요소가 제시하는 명확한 이미지를 전달하는 포토몽타주(photomontage)를 창안하였다.[53] 생각을 통제하려할 때 최고의 기술은 빅 브라더에게는 감시와 통제의 수단이 된다. 러시아 혁명 후 '빅브라더가 보고 계시는' 전체주의 사회가 풍자적으로 고발되고 있다.

의 데이터 기반 마케팅과 정부의 빅 데이터를 활용한 감시가 현실화되면 디지털 시대의 빅 브라더가 실제로 출현할 수도 있다. 빅 데이터는 기업에게는 수익을 챙기는 원료이자 자산이 되고 국민 위에 군림하려는 정부나, 시민의 생각과 행동을 통제하려는 빅 브라더에게는 감시와 통제의 수단이 된다.

12.3 나노융합기술

기원전 5세기 데모크리토스는 우주의 만물은 원자로 이루어져 있으며, 세계는 이 원자와 텅 빈 공간으로 이루어져 있다고 생각하고 "원자가 합쳐지기도 하고 떨어지기도 하면서 자연의 모든 변화가 일어난다"[54]고 하였다. 그의 원자론은 근대 물리학적 사고의 근거가 되었으며 19세기 분자와 원자의 개념 그리고 20세기 양자역학의 개념은 그의 원자론에 출발한다. 원자와 양자론에서 인식한 물질의 구조대로 인간이 원하는 대로 원자를 배치할 수 있다면 물질의 성질은 어떻게 바뀔까? 그동안 자연이 허락한 물질을 분석하는데 그쳤던 인간이 물질들을 아주 미세한 수준까지 정밀하게 재배치하는 능력을 가지면 인간은 더욱 다양하고 현재와는 다른 물질의 성질을 만들 수 있게 된다. 데모크리토스의 원자론 이후 2500여 년이 지나서, 물질과 우주에 대한 해석의 범주를 넘어서 물질을 설계하고 재구성하는 능력이 인간의 영역으로 들어오기 시작하였다.

나노기술

1959년 양자역학 연구로 노벨상을 받은 물리학자 파인만은 분자 크기의 기계가 출

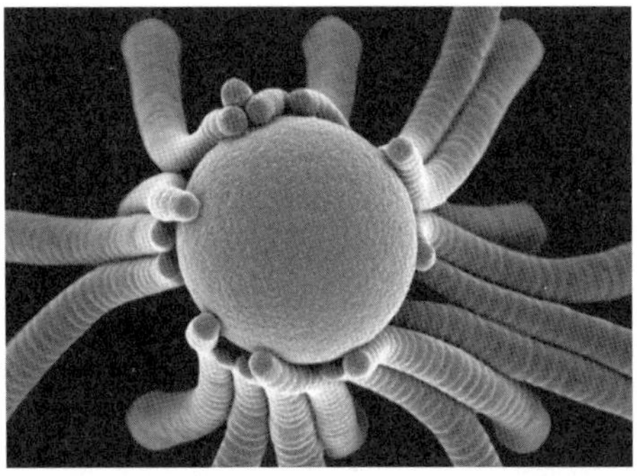

| 그림 사진 12.5 |

Science가 미국과학재단(NSF)와 함께 진행한 '2009년 과학 영상 콘테스트' 수상작 '지구를 구합시다. 녹색으로 갑시다.' 머리카락 500분의 1 굵기인 플라스틱 나노 섬유들이 작은 폴리스티렌 공 옆으로 모여들고 있는 모습을 전자현미경으로 촬영한 사진. 촬영자는 하버드대 응용물리학 박사 과정에 재학 중인 한국인 유학생 강성훈씨와 동료들이다. 출처: 사이언스

현할 것이라고 예측하고 원자 하나하나를 자유자재로 배열하여 원자 10개 굵기의 도선이나 10여 개 원자로 구성된 소자를 개발하면 1 mm^3 크기의 소자에 전 세계의 모든 정보를 저장할 수 있는 세대가 올 것이라는 것이라고 하였다.[55] 그의 상상력은 1981년 비니히(G. Binnig)와 로러(H. Rohrer)가 발명한 주사전자현미경(STM; Scanning Tunneling Microscope)[56]으로 실현 가능한 영역으로 들어왔다. 원자나 분자를 눈으로 직접 볼 수 있게 된 인간은 마침내 분자나 원자 크기의 입자를 조작하여, 2500년 전 데모크리토스가 말한 "원자가 합쳐지기도 하고 떨어지기도 하면서 자연의 모든 변화가 일어"나게 하는 나노기술의 시대로 들어섰다.

나노기술(NT; nano-technology)은 원자나 분자 수준의 작은 크기 단위에서 물질을 합성하고, 조립, 제어하며 혹은 그 성질을 측정, 규명하고 궁극적으로 전혀 새로운 성질과 기능을 가진 소자나 시스템을 구현하는 기술이다. 일반적으로 그 크기가 1 내지 100나노미터 범위인 재료나 대상에 대한 기술을 나노기술로 분류한다. 나노는 본래 그리스어로 '난쟁이'를 의미하며, 나노미터(nm; nano-meter)는 10^{-9}미터, 즉 십억 분의 1미터, 대략 사람 머리카락 굵기의 10만 분의 1에 해당하는 길이의 단위이다. 원자의 크기가 0.1~0.5 나노미터이므로 1 나노미터는 서너 개의 원자를 나열한 정도의 크기이다. 우리의 몸속에 있는 단백질의 크기(1~20nm)정도이며 현재 반도체공정의 마이크론 기술에서 사용되는 마이크로미터(μm = 10^{-6}m)의 1000분의 1에 해당하는 크기이다.

나노 영역에서는 물질의 물리, 화학, 기계, 전자공학적 특성이 거시세계에서 알고 있던 것과 크게 달라진다. 체적은 작으면서 표면적은 매우 커지며, 용융점, 강도, 마찰력, 점성, 거칠기 등의 물리적 특성이 특별해지며 전자파의 반사도, 흡수율, 공진의 특성은 물론 광학적 특성이 달라진다.[57] 일예로 광학적으로 금(Au)은 일반적으로는 황금색을 띄지만 20nm 이하가 되면 빨간색으로 변하게 되며, 그 크기가 조금만 변하여도 색깔이 변하게 된다. 또 모든 물질은 나노입자로 쪼개짐에 따라 물질 전체의 표면적이 급격히 커지게 되며 독특한 특성을 드러내는데 이산화티타늄(TiO_2)은 입자 크기가 20nm 이하가 되면 형광등이나 백열등에서 발생되는 약한 자외선을 받아서 살균력, 자가세척력, 김서림 방지 효과를 갖는다.[58]

1980년대 후반 에릭 드렉슬러(Eric Drexler)는 『창조의 엔진: 나노기술의 신시대, Engines of Creation: The Coming Era of Nanotechnology』에서 대담한 나노기술의 미래를 보여주었다. 그는 나노구조의 "분자모터"를 사용하고 기존의 마이크로전자기계 시스템(MEMS)을 나노전자기계 시스템(NEMS)으로 극소화시켰다. 그의 상상력은 새로운 기술 혁신의 방향을 제기하기에 충분하였다.[59]

나노 바이오 융합기술

나노바이오융합기술은 나노기술을 이용하여 바이오 시스템을 나노스케일로 조절하고 측정하며 조합하는 기술이다. 이 기술을 이용하여 유기물과 무기물의 융합처럼 지금까지 불가능한 것으로 여겨져 왔던 바이오 기술들이 실현 가능하게 됨으로 인체를 탐험하면서 암세포 등 해로운 바이오 개체를 죽이는 나노바이오 로봇, 암세포를 알아낼 수 있는 초소형 센서,[60] 암세포를 선택적으로 죽일 수 있는 치료 기술,[61] 나노기술을 바탕으로 DNA 작동 원리를 이용하여 병열처리로 초고속계산이 가능한 컴퓨터와 저장매체기술,[62] 인체 내에서 연료를 공급받을 수 있는 나노바이오 에너지 기술 등이 개발될 수 있다. 궁극적으로는 새로운 의료 진단 치료 기술, 생활환경 기술, 첨단 분석기기 등의 개발이 가능하게 될 것으로 예상된다. 이러한 분야는 인간과 기계의 인터페이스, 무기물과 유기물의 조합으로 지금까지 상상으로만 생각해왔던 많은 일들을 실현할 수 있는 기술 영역이다.

나노바이오 기술은 인체 내에서 ATP에 저장된 화학적 에너지를 소모하여 역학적 에너지로 변환하는 최소 단위를 나노구조와 결합할 경우, 바이오 에너지를 이용하여 구동되는 단백질 모터 구조의 제작이 가능할 것으로 예상되고 있다. 최근에는 이러한 단백질 모터를 고체 기판이나 나노구조 위에 결합하여 운동을 측정하는 연구가 많이 발표되고 있다. 다른 한편으로, ATP 등에 저장된 바이오 에너지를 직접 연료로 활용하는 연료전지나, 단백질 구조를 이용하여 연료전지에 필요한 수소를

| 그림 사진 12.6 |

우주적인 운동선수, 1968년, Salvador Dali(1904~1989년). 달리는 당시의 과학, 특히 핵물리학과 분자생물학과 DNA 발견들에 대해 호기심을 표명하면서 많은 그림들에 이러한 사건을 암시하고 인체를 해체하는 상상력을 했다. "인간의 신체는 그리스 시대에는 순수한 신플라톤적이었다. 오늘날의 신체는 비밀스러운 서랍들로 가득차 정신분석학자들만이 열 수 있다."라고 쓰고 있다.[63]

생산하려는 연구도 진행되고 있다.[64] 인간의 오감 중 시각, 청각, 촉각을 대신할 수 있는 센서들은 이미 개발되어 있으나 후각과 미각 센서의 개발은 쉽지 않았다. 최근에 탄소나노 튜브 트랜지스터 표면에 인간의 후각세포에서 특정 냄새분자와 결합하는 후각수용체 단백질을 코팅하여 인간의 코와 유사한 후각 능력을 가진 인공코를 제작하는 기술이 개발되고 있다. 나노바이오 융합기술을 이용하면 인간의 감각 수준 혹은 그 이상으로 정확하게 오감을 대체하는 인공감각기관의 개발이 가능할 수도 있다.

보이지 않는 위험

나노입자나 나노 튜브 등이 인체에 유독하다는 논란이 이미 일고 있다. 탄소나노튜브(carbon nanotube: CNT)가 산포된 물에 사는 물고기들의 머리에는 CNT가 축적되는 것으로 알려졌으며 생체에 CNT가 들어갔을 때 세포들을 죽이는 현상이 발견되기도 하였다.[65] 나노입자는 호흡이나 피부를 통해 체내로 유입이 가능하며 체내에서 세포막을 자유자재로 투과할 수 있어서 폐나 심장 등 여러 기관에 영향을 미칠 수 있고 심지어 뇌까지 침투가 가능하다.

나노기술의 위험을 더 크게 하는 한 가지 원인으로 나노구조를 가진 물체들과 관련된 실험결과들이 단순히 잘못 해석되었거나 적지 않은 오류를 담고 있으며 한편으로 적지 않은 연구자들이 새로운 결과를 발표하는데 급급한 나머지 충분히 검토되지 않은, 자칫 오류가 있는 연구결과를 양산하는 잘못이 지적되고 있다.[66] 나노입자들은 마이크론 크기의 입자들과 달리 인체에 미치는 독성이 화학적 성분뿐 아니라 입자의 크기, 형상, 면적, 등에 따라서도 달라진다.[67] 나노기술이 인류에게 미칠 영향은 지금까지 있었던 어떠한 기술보다 그 영향이 광범위하고 치명적일 수 있다. 모든 신기술이 그러하듯이, 나노융합기술도 윤리적, 법적, 사회적(ethical, legal, societal implication: ELSI) 측면에서 인간복제에대한 연구 못지않은 세밀하고 체계적인 연구가 요구된다.

12.4 우주 식민 계획

천체물리학자 스티븐 호킹은 "지구의 유한한 자원은 고갈되고 있으며 인류는 나날이 끔찍한 위협에 직면하고 있기 때문에 우주에 지구를 대신할 식민지를 개척해야 한다. 앞으로 200년 안에 성공하지 못하면 인류는 멸망한다."[68]고 경고한다. "인류가 앞으로도 오랫동안 생존을 도모할 수 있는 유일한 방법은 우주에 식민지를 개척하는 것뿐"이라고 주장하고 만일 인간이 향후 100년 동안 서로를 죽이는 일을 피할 수만 있다면 지구의 자원 없이 독자적으로 생존할 수 있는 우주 식민지를 가질 수 있을 것이다." 그는 "인류는 달걀을 모두 한 바구니에 담아서는 안 된다(하나의 행성에만 의존한 채 살아서는 안 된다)"며 "앞으로 인류의 오랜 생존은 지구 안에 집중된 인류의 인식과 관심을 광활한 우주를 향해 펼치는 데 있다"고 주장했다.

우주개척

스티븐 호킹이 내세운 우주 개척의 필요성은 인류라는 종의 생존 차원에 있다. 지구 온난화나 핵전쟁, 유전공학의 발달과정에서 생겨난 신종 바이러스의 출현 등으로 인류가 멸종될 가능성이 높아지고 있다는 것이다. 많은 과학자들이 앞으로 인류가 직면할 최대 위협요소로서 지구온난화로 인한 기후변화와 이상 바이러스 만연 등을 꼽고 있다. 그는 "인류는 이른바 '쿠바 미사일 위기'와 같이 스스로의 생존 자체를 위협하는 수많은 위협을 자초할 가능성이 매우 높다"는 점을 들었다. 스티븐 호킹은 "인류의 미래는 우주에 있다. 내가 유인 우주선에 관심을 갖는 이유도 그 때문"이라고 강조하고 "우주인은 존재한다고 믿지만 파멸적인 결과를 초래할 것이기 때문에 무슨 일이 있어도 우주인과의 접촉은 피해야 한다"고 경고한 바 있다.

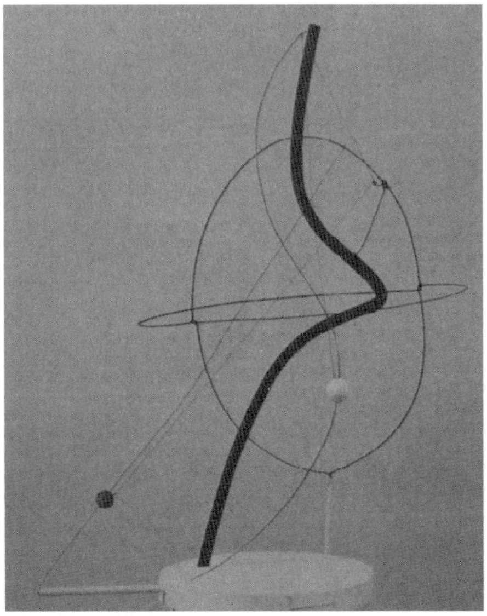

| 그림 사진 12.7 |

〈어떤 우주〉, 알렉산더 콜더, 1934년, 모터로 움직이는 모빌, 채색된 파이프와 철사 및 나무와 끈, 높이 102.9cm, 뉴욕 근대 미술관: 미술이 딱딱하거나 정적이라고생각하지 않은 칼더는 우주의 수학적 법칙을 보여주는 미술을 꿈꾸었다. 우주는 끊임없이 움직이는 균형을 잡아주는 신비스러운 힘에 의해 함께 결합되어 있다는 관념이 칼더로 하여금 움직이는 조각 모빌을 창작하게 하였다.[69] 몬드리안, 칸딘스키, 클레가 우주의 객관적인 법칙을 느끼게 하는 명료하고 절도있는 그림을 바랐듯이 칼더는 끊임없이 변하는 것으로 보이는 형태들 속에 감추어진 불변의 실재를 자신의 예술로 보여 주기를 바랐다.

인류가 우주 식민지라는 발상을 하기 시작한 것은 꽤 오래 되었고 공상과학소설의 가장 인기있는 주제였으나 구체적이며 과학적인 근거 하에, 발표된 계획은 1969년 미국 프린스턴대학교의 제라드 K. 오닐의 우주공간에 인공도시를 만들기 위한 '우주 식민지 계획'이었다.[70] 그의 건설 계획에 따르면, 지구를 도는 궤도상에 지름과 길이가 수km 되는 인공식민지를 지구 · 달과 정삼각형을 이루는 위치에 건설하는 것인데, 건설자재를 달이나 소행성에 의존하면 무진장하므로 운반에 필요한 대형 로켓이 필요하게 된다. 모양은 대개 원통형이나 도넛모양 등으로 설계되며, 이를 1분 동안에 수회 비율로 자전시켜 원심력에 의해 인공중력을 만든다. 또 지구에서와 같은 조성과 압력의 대기로 가득 채우며, 큰 창과 태양광 반사경 등을 제어하여 태양으로부터의 입사에너지를 조절함으로써 낮과 밤을 구별하고 4계절의 변화까지도 만들 구상을 하고 있다. 스테이션 외벽에는 태양전지를 설치하고, 내부에는 핵발전소 또는 연료전지를 비치하여 에너지원을 확보한다. 스테이션 내부에는 삼림 · 하천 · 농경지 등 지구에서와 같은 자연환경을 만드는 구상이었다. 이곳 중심부는 인공중력이 작기 때문에 심장이 약한 사람을 위한 병원도 세우고 다리가 불편한 사람들도 쾌적한 삶을 누릴 수 있도록 설계 된다. 또한 작물종자나 동물을 지구에서 운반함으로써 농장을 만들어 가축과 물고기도 키운다.[71]

우주정거장

국제우주정거장은 사람이 우주 공간에 장기간 머물 수 있도록 만들어진 구조물이다. 우주여행에서의 중계 기지인 우주정류장과는 개념이 다르다. 현재까지는 지구 저궤도(LEO: low earth orbit) 정거장만이 실현되었다. 이러한 우주정거장을 '궤도 정거장(orbital stations)'이라고도 한다. 우주 정거장은 주요 추진장치와 착륙설비가 없다는 점에서 우주선과 구분된다. 대신, 다른 우주선들이 우주 정거장에 승무원과 화물을 나른다. 우주 정거장은 우주궤도에서 인간이 수주에서 수년까지의 생활을 할 수 있도록 만들어진다. 현재 사용되고 있는 우주 정거장은 국제 우주 정거장(ISS)과 톈궁 1호뿐이며, 이전에는 살류트 시리즈, 스카이랩, 미르 등이 있었다.

2010년 12월 미항공우주국(NASA)은 민간 우주항공사 '스페이스X'의 우주선인 '드래건'이 발사 3일 만에 호주 상공 400㎞ 지점에서 국제우주정거장(ISS)에 도착, ISS와의 도킹에 성공했다고 밝혔다.[72] 이로써 나사 소속 미국 정부 우주선이 아닌 민간 우주선이 사상 처음으로 우주 정거장에 화물을 운송했다. 스페이스X사는 "이는 중대한 역사적 일보"라고 환호했으며 NASA는 "이번 비행은 우주 탐사의 방법을 혁명적으로 바꾸는 것"이라고 강조했다. 중국은 2011년 9월 29일 톈궁(天宮) 1호를 발사했다. '하늘의 궁전'이라는 뜻의 톈궁 1호는 중국의 미니 우주정거장 이름이다. 이로써 중국은 미국과 러시아에 이어 세계 3번째로 우주정거장을 보유한 나라가 됐고 유인 도킹 성공으로 중국은 사실상 우주 정거장 시대의 문을 열었다.[73)]

국제 우주정거장은 다양한 우주 실험에 독보적인 환경을 제공하게 된다. 예를 들어 중력의 영향을 거의 받지 않는 상태에서 강도는 높으면서 무게는 엄청나게 가벼운 새로운 물질을 만든다든지, 효능이 높은 고순도 의약품을 제조한다든지 하는 데 필수적인 공간이 된다. 장기적으로는 우주의 신비를 푸는 우주 과학의 전당으로 자리매김할 수도 있다. 반물질을 연구하고, 우주에서 날아오는 각종 신비한 전파를 분석하는 일도 중요한 과제가 될 것이다.

이러한 일들은 스티븐 호킹이 우주에 지구를 대신할 식민지를 개척할 것을 제안하였듯이 인간이 가능한 한 빨리 지구를 벗어나 다른 별로 옮겨갈 것을 준비하는 것이 될 수도 있다. 그러나 인간이 우주선을 이용하여 별에서 별로 옮겨 다니며 은하계를 우리의 식민지로 삼을 수 있을 지라도 그것이 지닌 윤리적 의미는 무엇일까? 설령 우리가 다른 별들로 흩어져 살게 된다 하더라도 우리를 지구에서 떠나게 한 우리의 문세는 여전히 그곳에서도 존재하게 될 것이며 아마 그 문제를 해결하려면 더 큰 도전이 우리 앞에 놓이게 될 것이다. 은하계에서 우리가 겪게 될 과제는 지금 지구상에 있는 우리에게 닥친 과제와 크게 다를 것이 없어 보인다. 그럼에도 불구하고 내가 우주 공간을 날아다닌다는 상상만으로도 '새하늘과 새땅' 을 보는듯한 가슴벅찬 기쁨과 설레임이 일어난다.

12.5 슈퍼텍 증후

과학기술도 "잘못될 가능성이 있는 것은 잘못된다"라는 머피의 법칙 하에 있을 수 밖에 없는가? 항생제의 사용에 조심하지 않음으로써 질병보다 더 위험한 슈퍼 박테리아를 낳은 것은 새로운 것에 대하여 쉽게 친숙해지고, 질문없이 받아들이는 우리의 편견 때문인가 새로운 것을 향한 열정 때문인가? 새로운 과학적 발견이 거의 일상화된 상황에서의 삶에 익숙해진 나머지, 우리는 21세기의 NBRIC기술들이 지금까지의 과학기술과는 근본적으로 다른 위협을 제기하고 있다는 사실을 깨닫지 못하고 있다.[74)] 이 장의 서두에서 나는, 슈퍼 박테리아에서 인간이 경험하고 있듯이,

인류가 그 사용에 조심하지 않음으로써 인류에게 치명적인 피해를 줄 수 있는 현재와 미래의 기술들의 부작용을 슈퍼텍 증후(Supertechteria trauma)라고 하였다. 지구적 자본주의 체제와 상업주의 흐름 속에서 막대한 경제적 인센티브와 경쟁압력은 새로운 테크놀로지들이 가져올 위험들이 대중들에게 충분히 토론되는 것조차 반가워하지 않기 때문에 인류는 더욱 위험한 비탈길에 서있는 것이다.

자율성

기술계는 복잡성과 더불어 자율성도 점차 획득해 간다.[75] 적어도 개인이 소유한 기계는 아직 개인의 통제 하에 있다고 하겠다. 그러나 각 개인은 이미 복잡한 기술계와 연계된 사회에서 생활한다. 지금의 기술사회는 체제를 움직이는 데 필요한 결정들이 너무나 복잡한 것이 되어 사람의 능력으로는 더 이상 총명한 결정을 내릴 수 없는 단계, 적어도 복잡한 과정에서 인간의 조그만 실수가 너무나 큰 피해를 줄 수 있기 때문에 기계적 결정에 맡길 수밖에 없는 단계에 접근하고 있다. 인류가 기계들에 점차 의존하며 또 자기의 의사 결정을 기계에 내맡겨둠으로써 "결국 기계가 내리는 모든 결정을 받아들이는 것밖에 아무런 선택의 여지가 없는 상황으로[76] 가고 있다. 빌 조이(Bill Joy)는 "이러한 단계에서는 기계들이 통제력을 장악하게 될 것이며 사람들에게는 기계의 스위치를 꺼버릴 능력도 없을 것이다. 왜냐하면 그들은 너무나 기계에 의존적이어서 기계의 스위치를 끈다는 것은 자살행위가 될 것이기 때문이라고 보았다."[77] 게임에 중독된 적지 않은 현대인들, 스마트 폰이 손에 있지 않으면 불안해하는 청소년들이 이미 우리 사회에도 적지 않게 발견되고 있다.

인간은 자율적인 기술을 허용할 것인가? 아니면 중단 시킬 것인가? 더 솔직하게 인간이 기술을 통제할 수 있을까? 기술이 인간의 통제를 벗어나 그 본성을 드러낼 때면, 그 기술을 다시 인간의 통제 하에 두기는 이미 늦었거나 적어도 적지 않은 희생과 노력이 요구될 것이다. 그래서 그 위험이 자라기 전에 이러한 기술을 잠정적으로 중단하자는 요구가, 즉 금지하자는 주장이 나온다. 인터넷 프로그래밍 언어를 발명한 컴퓨터 과학자 빌 조이(Bill Joy)는 2000년에 유전학, 로봇학, 컴퓨터과학 분야의 동료 과학자들에게, 생물학적 무기 개발을 금지하는 조약이 있듯이, 무기화할 수 있는 NBRIC 기술 개발을 금지하는 공동의 노력을 할 것을 제안하였다.[78] 캐나다 감시 단체인 ETC는 예방 원칙을 지침으로 삼아 모든 나노 기술 연구를 잠정적으로 중단하라고 요구했다.[79] 미국 환경보호청에 해당하는 독일 정부 기관은 항균 코팅에 쓰이는 은나노입자를 지닌 제품을 금지할 것을 요구했다.[80]

한편에서는 기술 자체는 특정한 방향으로 우리를 치우치게 하겠지만. 그래도 불가피한 지구적 기술계를 어떻게 구축할지는 인간에게 주어진 중요한 선택사항이므로, 잠정적 금지보다는 잠정적 시행의 길을 택한다. 이들은 위험한 기술일지라도 기술계 속으로 끌어 들여 개선하고 가동하고 시험하는 기술과의 대화 즉 기술과의 신중한 관계를 맺기를 주장한다.[81] 스스로 증폭하고 그 미래를 알 수 없는 NBRIC 기술들을 추방하고 격리하는 것은 그것을 그저 지하로 내몰 뿐이며, 그곳에서는 더 많은 투자와 실험이 이 기술들을 기다리고 있다고 한다. 그것은 위험기술의 최악의 특징을 오히려 발휘하고 악한 태도가 더욱 드러나도록 더 많은 기회를 줄 뿐이므로, 도리어 최악의 선택이라고 말한다.[82]

인간의 욕망이 통제 될 수 있을까? 지금까지 기술이 그토록 많은 문제를 낳고 있어도 현대 사회가 기술에 대한 긍정적인 시각으로 좀 더 기울어지는 경향을 보이는 것은 여하튼 기술 선택의 여지가 있는 것이 없는 것보다 훨씬 낫다는 것일까? 아니면 변화의 와중에 있는 동안에는 보다 큰 국면을 본다는 것은 그렇게 어려운 일이어서 발견과 혁신의 희열에 잠겨 있는 동안에 과학자와 기술자들은 자신들이 만들어낸 것들의 결과를 이해하지 못하는 걸까?[83] 과학자들과 기술자들뿐만 아니라 인간은 오랫동안 알고자 하는 욕망에 지배되어, 보다 새롭고 보다 강력한 기술들이 그것 자체의 자율성을 따라 통제 불능으로 발전할 수 있다는 사실을 애써 무시하고 있지는 않은가?

기술 감옥

노예 상태에 있으면서도 스스로 예속당하고 있다는 사실을 알아채지 못할 만큼 그들을 교묘히 통제하고 조작한다면, 이것이야말로 노예를 다스리는 가장 편리하고도 효과적인 방법이 아니겠는가? 올더스 헉슬리(Aldous L. Huxley)가 1932년에 쓴 『멋진 신세계』[84]에, 시대 배경이 AF(After Ford)[85] 632년으로 되어 있는 가상의 유토피아가 등장한다. 여기서 'AD(그리스도 이후)'가 아닌 'AF(포드 이후)'라는 연호가 사용되고 있는 것은 흥미로운 일이며 주목할 필요가 있다.[86] 여하간 '공동 · 균등 · 안전'이 세계 국가의 표어로 되어 있는 그 시대에는 뽀카놉스키[87] 방법으로 태어난 인간들이 날마다 중앙에서 배급되는 소마(soma, 일종의 항우울제)를 먹으며 행복감에 젖는데, 이 소마는 인간으로 하여금 자신에게 주어진 사회적 운명을 사랑하게끔 만들고 비판의식과 저항의지는 절대로 생기지 않게끔 미연에 방지하는 역할을 한다. 그러므로 소마가 존재하고 사람들이 그것에 의지하는 한, 그야말로 '행복한 노예 사회'가 완성된다.

선 마이크로 시스템의 공동창업자 빌 조이는 소프트웨어와 마이크로프로세서를 설계하는 과정에서, 자신은 지능을 가진 기계를 설계하고 있다는 느낌을 가져본 적이 없으며 소프트웨어와 하드웨어는 너무도 허약하고, '생각'을 할 수 있는 능력은 명백히 없기 때문에 하나의 가능성으로서도 이것은 늘 매우 먼 장래의 일로 여겨졌다. 그러나 지금은(2002), 30년 내에 인간 수준의 능력을 가진 컴퓨터를 전망하고 새로운 생각, 즉 지금 자신이 하는 일은 우리의 종(種)을 대체할지도 모르는 테크놀로지를 가능하게 하는 도구를 만드는 일이 아닐까?라는 생각을 한다.[88)]

20세기에 NBC(핵, 생물, 화학) 기술들이 그러했듯이, 21세기에 NBRIC(나노, 생명, 로봇, 정보, 인지)기술들 위에서 심지어 무력 전쟁까지도 포함한 무한 경쟁이 전개될 것이라는 것을 우리는 쉽게 상상할 수 있다. 한번 경쟁이 시작되면, 그것을 멈춘다는 것은 매우 어렵다. 그것은 인간의 습관, 욕망, 인간이 지금까지 구축한 경제체제, 그리고 지식을 추구하는 인간의 경쟁적 욕구 등 지금까지 인간의 성취동기를 자극해왔던 것들 때문이다.[90)]

현대인들은 하루 평균 수십 건의 전쟁이 진행 중이거나 휴전 중인 위험한 시대에 살고 있으면서도, 누가 어디서 왜 싸우는지에 아무런 관심이 없고 그저 하루살이처럼 일상의 거짓 평화 속에 살고 있지는 않은가? 그래서 미셸 푸코(Michael Foucault)는, 처벌이나 감금보다 더 무서운 것이, 학교나 병원, 군대, 공장 등 사회 전체가 하나의 감옥이 되어 통제하고 조작하는 것이라고 꼬집었다.[91)] 유비쿼터스 시대에 21세기 인류는 푸코가 말하는 거대한 감옥 속에서 대중매체가 끊임없이 재생해 내는 행복한 노예론에 설득당한건 아닌가? 속박당하고 있을뿐만 아니라 지배 권력의 실체에 대해 의심조차 품지 못하도록 교화내지 세뇌당하고 있는건 아닌가?

현대 인간의 현실은 영화 「매트릭스(matrix)」[92)]가 재현하는 세계와 다름없어 보인다. 가상과 현실의 경계가 모호한 시대, 아니 오히려 가상의 세계 속에 있는 편이 훨씬 더 안전하고 평화롭게 느껴지는 시대, 지금 우리가 몸을 담고 살아가고 있는 시대가 바로 그런 시대이다. 이데올로기는 가고 새로운 비디올로기(videologie)[93)]가 정보 독점을 통하여 세계를 제패한 오늘에 와서는 매트릭스의 정체를 규명하는 일이 쉽지 않다.

지식의 반성

새로운 신기술의 판도라 상자가 거의 열렸다. 가치중립성과 지식의 객관성을 표방하는 과학기술 연구는 점차 상품으로 연결된다. 처음부터 연구 자체가 '보이지 않는 큰 손', 즉 자본가들에 의해 지배되고 과학기술 연구는 경제논리 지배 아래 들어간다.[94)] 세계화 시대의 현대인들 그리고 과학기술인들조차 이러한 현실에 눈을 뜨

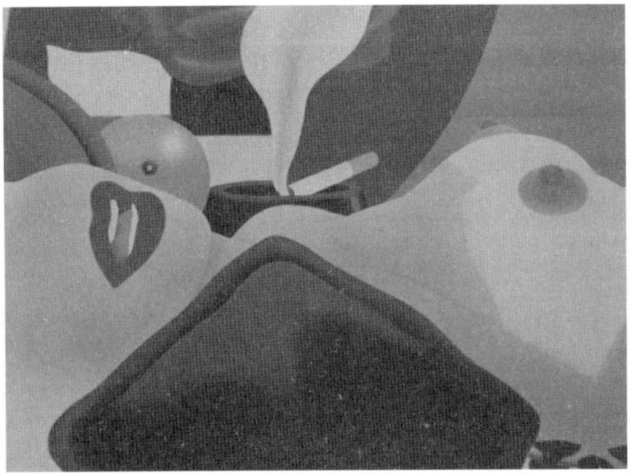

| 그림 사진 12.8 |

위대한 미국의 누드 No. 99, 탐 웨셀만, Oil on Canvas, 60×81″, Coutresy Sidney Janis Galley, New York: 미국의 화려한 소비경제 속에서 유아기의 욕망, 청소년기의 모험, 국가의 탐욕, 사회적 무관심이 버무려져서 팝 아트는 급속히 미술의 큰 흐름을 차지하고 팝 작가들은 부와 명성을 얻는다. 로젠키스트는 서구사회의 부유계층의 얄팍한 욕구와 만족을 잘 그려낸 것과 대조적으로 탐 웨셀만은 사회적 지위는 낮으나 탐욕적인 서구 남성의 욕망을 그리고 있다.[89]

지 못하는 까닭은 무엇인가? 무한경쟁과 무한진보라는 슬로건 아래 서있기 때문인가? 영화「매트릭스」는 신자유주의 경제 질서와 또한 거기에 편입된 테크노폴리(technopoly)[95]가 바로 우리의 현실을 구성하는 매트릭스라고 말한다. 정교하게 잘 짜여진 매트릭스 안에서는 경제성장과 과학기술의 발전만이 인간의 문제를 해결할 유일한 길이라는 도그마가 지배적이어서, 거기에 반대하는 어떠한 목소리도 정당성을 잃는다.

만일 지식에 대한 자유로운 접근과 지식의 무제한적인 발전이 우리 모두를 명백한 절멸의 위험에 빠트린다면, 우리가 오랫동안 받들어온 자유로운 지식 탐구에 대한 선한 믿음을 재검토해야 한다는 것이 오히려 상식적이지 않는가? 19세기 말, 신(神)은 죽었다고 한 니체는 동시에 “과학에의 믿음이 생겨난 기원은 유용성에 대한 고려에 있지 않다”고 경고했다. 그에게 ‘진실에의 의지’[96], 즉 ‘어떠한 대가를 치르고도 진실을 얻어낸다’라고 하는 태도의 비유용성과 위험은 이미 증명되었다. 인간이 직면한 것은 바로 이러한 위험, 즉 인간의 맹목적인 지식 추구의 결과는 아닐까? 인간은 더 이상 공동체의 가치, 윤리, 도덕에 의해 나아갈 길을 결정할 수 없는가?

현대사회에서 공학기술은 “할 수 있는 것은 모두 시행한다”하는 공학적 명령법에 따라 거의 시행되고 있다. 그러나 NBRIC 기술이 채택하는 수단과 또 지향하는 목적이 사회윤리적으로 용납될 수 있어야 한다는 도덕적 요구가 일어나고 있다. 인류를 포함한 전 생태계의 미래가 위기에 처해 있는 현실에서 기존의 가치와는 다른 새로운 행동 원리, 즉 “위협받는 미래의 비상윤리”[97]로서 책임윤리가 요청된다. 카알 세이건은 1994년에 쓴 『창백한 푸른 점』[98]에서 문명의 생멸에 대하여 이렇게 섰다.

"스스로의 자발적인 행동으로 한 생물종이 자기 자신과 수많은 다른 종들에게 위험한 존재가 된 것은 우리의 행성의 역사에서 최초의 일이다. … 생명이 서서히 형성된다. 생물체들의 행진이 진화의 과정을 따라 이어진다. … 그리고는 기술이 발명된다. … 과학은 엄청난 힘을 허용한다는 사실을 그들은 알게 된다. 그들은 세계를 변화시킬 수 있는 장치들을 만들어낸다. 몇몇 문명들은 자신들의 갈 길을 찾아내고, 해도 되는 것과 해서는 안 될 것의 한계를 정하여, 위기를 안전하게 통과한다. 그 밖의 다른 문명들은 그다지 운이 좋지 않거나 신중하지 못한 결과로 파멸하고 만다.[99]

생각해보기

1. 인간이 슈퍼 박테리아에서 이미 경험하고 있듯이, 21세기의 첨단 NBRIC(나노, 생명, 로봇, 정보, 인지) 기술은 지금까지의 과학기술과는 근본적으로 다른 위험을 인간과 자연에 줄 수 있다. 인류가 그 사용에 조심하지 않음으로써 인류에게 치명적인 피해를 줄 수 있는 현재와 미래의 기술들의 부작용을 슈퍼텍 증후(Supertechteria trauma)라고 하였다. 자신이 생각할 수 있는 슈퍼텍 증후를 기록하고 그 의미를 써보자.

2. 유비쿼터스 사회가 더욱 진전될수록 접근 가능한 정보의 양은 기하급수적으로 늘어나겠지만, 개인들의 관심의 폭은 더욱 좁아져 개인화, 전문화의 경향이 더욱 심화될 수 있다. 접하게 되는 정보가 많으면 많을수록 시각은 더욱 좁아지고 이러한 악순환은 다른 지식 영역에 있는 사람들 간의 분열을 촉진시킬 수 있다는 지적이 있다. 자신의 일상생활에서 겪은 혹은 자신도 모르게 행하는 유사한 경험을 기록하고 축소지향의 개인화와 전문화를 극복하는 방안을 써보자.

3. 현대사회의 빅 브라더는 자본과 권력이 결합할 때 그 모습을 드러낸다. 기업의 데이터 기반 마케팅과 정부의 빅 데이터를 활용한 감시가 현실화되면 디지털 시대의 빅 브라더가 실제로 출현할 수도 있다. 빅 데이터는 기업에게는 수익을 챙기는 원료이자 자산이 되고 국민 위에 군림하려는 정부나, 시민의 생각과 행동을 통제하려는 빅 브라더에게는 감시와 통제의 수단이 된다. 이는 슈퍼텍 증후의 하나일 수 있다. 이것을 방지하기 위하여 우리가 해야하거나 정부에 요구할 일은 어떤 것이 있을까 각자 혹은 조원들과 토론하고 기록해보자.

4. 빌 조이(Bill Joy)는 2000년에 동료 과학자들에게, 생물학적 무기 개발을 금지하는 조약이 있듯이, 무기화할 수 있는 NBRIC 기술 개발을 금지하는 공동의 노력을 할 것을 제안하였고 캐나다 감시단체인 ETC는 예방 원칙을 지침으로 삼아 모든 나노 기술 연구를 잠정적으로 중단하라고 요구했다. 그러나 한편에서는 위험한 기술일지라도 기술계 속으로 끌어 들여 개선하고 가동하고 시험하는 기술과의 대화 즉 기술과의 신중한 관계를 맺기를 주장한다. 즉 잠정적 금지보다는 잠정적 시행의 길을 택한다. 각자 혹은 조원들과 함께 두 입장으로 나누어 토론을 하고 각 입장을 기록해보자.

제4부

성찰과 희망

진실성을 추구하는 인간에 대한 확고한 신념이 세계를 변화시키고 그 변화는 진실에 대한 신념을 새롭게 한다는 것, 인간의 지식이 부분적일 수밖에 없음과 광대한 미지의 세계 속에 있는 인간 실존에 대한 깨달음의 진실성, 그리고 진실성의 준거는 타자에 대한 공감—사랑이라고 할 수도 있으리라—이라는 것이 우리에 주어진 희망의 원리이다. 〈본문 중에서〉

제13장 확장되는 인간

현대의 NBRIC(나노, 생명, 로벗, 인지, 정보)기술의 발전은 인간의 육체를 확장함으로써 인간이 자신의 '물려받은' 육체에서 이탈을 점차 가능하게 만들고 있다. 그것은 '자신을 영원히 가지려는' 곧 자기를 창조하려는 욕망에 근거한다. 이러한 욕구는 현대인만의 전유물이 아니라 인간의 변함없는 욕망이었다. 이 욕망은 지금까지 꾸준히 추구되어왔으며 마침내 인간은 자신의 육체의 경계를 실질적으로 넘어 섰으며 과학과 형이상학적 문화의 구분이 해체되고, 물질적인 것과 비물질적인 것, 육체와 정신의 경계마저 와해되어 가는 사회에 놓이게 되었다. 마침내 인간과 첨단기술이 결합하여 이루어낸 새로운 주체가 등장하고 있다. 포스트휴먼은 새로 등장하는 주체를 하나의 구성물로 보는 과학적 담론으로서 새로운 인간 주체의 양상을 조명한다. NBRIC 융합 기술의 21세기는 모든 이질적인 요소들이 서로 융합하고 그 경계가 끊임없이 새롭게 재구성되는 물질적-정보적 존재로서, 유기물-무기물의 존재로서, 그리고 기계-인간 상보적 존재로서의 포스트휴먼 시대라 할 수 있다. 인간은 고대로부터 인간을 넘어서는 것을 추구해왔었으며 현재적 인간을 부정하는 것은 항상 휴머니즘의 한 부분이었다는 인식에서 '현재적 탈휴먼성'의 점진적인 증가는 바로 역동적인 휴머니티의 근본요소이며 동력일 수 있다. 포스트휴머니즘은 휴먼화와 탈휴먼화의 변증법적 연속이며 휴머니즘에서 억압된 것, 비휴먼적인 것, 또는 반인간적인 것들이 완전히 다른 의미에서 해체되는 것일 수도 있다. 기술 발전의 양가성이 생존과 탐욕의 제로섬 게임이 되지 않고, 자아를 제한하는 것이 새로운 권위주의로 이어지지 않아야할 포스트휴먼의 문화 속에서 이 문화에 대한 성찰이 요구된다. 이 장에서는 이미 현대인들에게 바짝 다가 온 포스트휴먼 시대의 양상을 살펴보고 이 시대의 기술-문화-사회적 의미를 성찰한다.

13.1 신화적 상상력

감각의 확장은 인간의 사고와 행동을 혁명적으로 바꾸고 있다.[1] 물론 여기서 감각을 확장하는 수단은 미디어다. 바퀴는 발의, 책은 눈의, 옷은 피부의 확장으로 여겨진다. 미디어 자체가 메시지이자 새로운 감각의 연장인 셈이다. 과학기술의 발전은 인간의 육체를 확장함으로써 인간이 자신의 '물려받은' 육체에서 이탈을 점차 가능하게 만들고 있다. 그것은 '자신을 영원히 가지려는' 곧 자기를 창조하려는 욕망에 근거한다. 이 욕망은 지금까지 꾸준히 추구되어왔으며 인간은 자신의 육체의 경계를 넘어서 이미 어느 정도 사이보그이며 적어도 일상생활에서 어떠한 종류이건 신체활동을 보조하는 기구를 사용하는 '파이보그(functional cyborg, fyborg)'이다.[2] 현대의 NBRIC 기술 위에서 인간의 욕망은 인간의 사이보그화를 가속화시키고 있다. 사람과 기계, 생물과 무생물의 경계가 서서히 허물어지고 적어도 육체에 있어서 포스트휴먼은 이미 시작되었다. 이러한 욕구는 현대인만의 전유물은 아니었다. 인간의 변함없는 욕망이었다.

고대 중국

죽음을 인식한 인간은 늘 신의 능력을 가지기를 원했다. 이 능력이 축복의 통로가 될지 저주의 씨앗이 될지는 알 수가 없다. 인간의 희망과 욕망이 투사된 '능력있는' 인간 개념으로서의 사이보그는 동양의 신화적 상상 속에서 이미 있었다. 고대 중국인들은 인간에게 없는 동물적 우월성을 겸비한 인간-동물 존재를 신성이나 비범한 능력을 가진 존재로 표현하였다. 3000년 전, 중국 주나라에서, 공인(工人) 언사(偃師)와 '만든 배우'를 진상받은 주목왕(B.C. 1001~947년, 周穆王)의 대화는 중국인의 상상력이 이미 현재의 '인형로봇'과 다르지 않았음을 이렇게 말해준다.

> "그 다음날 언사가 임금을 뵙고자 하여 들어오게 하고 임금이 말했다. "너와 함께 온 자가 누구냐?" 언사가 대답했다. "신이 만든 배우입니다." 목왕이 놀라서 보니 뛰었다, 걸었다, 굽혔다, 일으켰다 하는 것이 실로 사람이었다. 희한하게도 그것의 턱을 건드려보니 음률에 맞춰 노래를 부르고 그것의 손을 어루만졌더니 장단에 맞춰 춤을 추었다. … 연기가 막 끝나려 할 즈음에 배우가 눈짓으로 임금의 곁에 있는 여인들을 불렀다. 임금이 대노하여 즉시 언사를 베려 하였다. 언사가 크게 두려워하여 곧 배우를 해체해서 임금에게 보이니 모두가 가죽 · 나무 · 아

교 · 물감 등을 합성하여 이루어진 것이었다. 임금이 자세히 살펴본 즉 안에 있는 간 · 쓸개 · 심장 · 허파 · 지라 · 콩팥 · 창자 · 밥통 등과 밖의 근육 · 뼈 · 관절 · 피부 · 터럭 · 이빨 · 머리카락 등이 진짜는 아니지만 어느 하나도 없는 것이 없었다. 이것들을 합쳐 놓으니 다시 처음 볼 때와 같았다. 임금이 시험삼아 그 심장을 없애니 말을 못하고, 간을 없애니 눈을 뜨지 못하고, 콩팥을 없애니 걷지를 못하였다. 목왕이 이에 비로소 기뻐하며 감탄해 말하였다. "사람의 솜씨가 조물주와 같을 수 있다니!"[3)]

정교하게 만들어진 인형로봇은 의식과 의지를 지닐 수 있도록 만들어졌다. 이러한 발상의 배후에는 형신(形神) 관계론에서 형 즉 신체성에 우위를 부여하는 도교적 사유가 깔려 있고 형체 있는 모든 것에 영혼이 깃든다는 애니미즘적 관념이 근저에 자리 잡고 있다.[4)] 그러나 인형로봇에게 스스로 분별하는 능력은 부여되지는 않았다. 인형로봇이 인형으로서의 기능을 넘어 그 소유자인 인간의 이해를 넘볼 때 인형은 해체되고 그 인형을 제작한 사람까지 위험에 처하게 만들었다.

중국의 신화집 『산해경(山海經[5)])도 인간과 동물의 복합형상을 그리고 있다. 약 2500년전, 기원전 4세기 동진(東晋)의 곽박(郭璞)은 『산해경』의 기굉국(奇肱國) 사람에 대한 기록을 이렇게 설명하였다.

"그 사람들은 기계장치를 잘 만들어 그것으로 온갖 짐승을 잡기도 하고 나는 수레를 만들 줄 알아 바람을 타고 멀리 다니기도 한다. 탕 임금 때 그것을 예주 땅에서 얻었는데 곧 부수고 백성들에게 보여주지 아니하였다. 10년 후 서풍이 불었을 때 다시 만들어서 보내 주었다."[6)]

고대 중국인들이 그린 기굉국 사람들은 현대의 사이보그와 크게 다르지 않다. 약 2500년전 인간의 희망과 욕구를 담은 기굉국의 기계는 성군에 의해 거부되고 부서짐을 당함으로써, 상상력이 가득한 이 기계는 정상적인 도리에서 어긋난, 자연의 순리를 역행하고 나아가서 인간을 그르칠 수도 있는 악한 물건으로 간주되었다.[7)]

도교적 사유에서뿐만 아니라 유교적 사유에서도 로봇인형은 발견된다. 『맹자』는 인형에 대하여 이렇게 기록하고 있다. 공자께서 말씀하시길 "처음 인형을 만든 자는 아마 후손이 없을 것이다.라고 하셨는데 이는 그 자가 사람의 형상을 본 따 인형을 만들어 순장물로 삼았기 때문입니다. 어떻게 이 백성들을 굶주려 죽게 만들 수 있단 말입니까?"[8)] 인간의 존엄성을 강조하는 공자에게 순장이 야만의 행위이었듯이 순장물을 만들어 자신의 무덤에 함께 넣는 행위도 만행으로 정죄된 것이다. 그러나 그 이후에도 인간의 능력을 넘어서는 주술적, 신비적인 일을 맡기기 위하여, 죽은 자를 위한 다양한 종류의 인형과 무덤을 지키는 짐승 등, 인간을 대신한 모형들이 만들어져왔다. 흥미있게도 이러한 전통이 후한 말, 삼국지의 전략가인 제갈량에게서도 발견된다. 삼국지는 제갈량이 기산에서 위나라 장수 사마의와 대치하던 중에 목우와 유마라는 군량 운반용의 소와 말을 제작하는 과정을 이렇게 기록하고 있다.

> "어느 날, 장사 양의가 들어와서 말했다. 지금 양초가 모두 검각에 있는데 인부나 우마로는 운반하기가 어려우니 어찌하면 좋겠습니까? 공명이 웃으며 말했다. 내 이미 생각한지 오래요, 전에 쌓아두었던 목재와 서천에서 사들인 목재를 이용하여 지금 목우 · 유마를 만들게 하고 있으니, … 목우와 유마는 모두 먹이를 주지 않아도 되니 밤낮을 가리지 않고 운반할 수가 있소. … 내가 우선 목우 · 유마를 만드는 법이며 그 칫수와 둘레 · 길이 · 너비를 써 줄 테니 눈여겨보도록 하오." … 그로부터 며칠 뒤 목우 · 유마가 모두 만들어졌는데 완연히 살아 있는 것과 같았다.[9)]

인조인간에 투사된 신체적 내구성, 무한한 능력 그리고 영생불멸의 희망은 사라지지 않고 이어져왔다. 그것은 이 시대에 사이보그에서 구현하고 있는 특징들과 일치한다.

고대 이집트와 그리스

고대 이집트인들에게도 고대 중국인들처럼 자신의 생명을 영구히 보존하고자 하는 욕망이 있었다. 그들은 불멸의 생명을 얻기 위하여 마법적, 주술적인 미이라를 만들거나 조각상을 자신들의 무덤에 앞에 세웠다. 이런 욕망은 고대 그리스 신화에서도 발견된다. 그리스 신화 오비디우스(Ovidius)의 변신 이야기, 크레타섬의 인신우수의 괴인 미노타우로스 이야기, 오디세우스를 노래로 유혹한 인면조인 사이렌이야기, 사자의 몸에 여인의 얼굴을 한 이집트의 스핑크스, 반인반마인 켄타우로스, 등을 들 수 있다. 그리스 신화에서는 신들의 형상이 인간의 모형에 근거하고 있기 때문에 산해경의 인수동체적 존재에 비해 덜 신비하다.

그리스 신화 중 인간이 자신의 한계를 극복하려는 욕망을 가장 잘 드러내주고 있는 것은 이카로스 신화와 피그말리온 신화이다. 이카루스의 밀납날개와 태양열은 인간의 억제되지 않은 욕망과 이를 제한하는 자연 사이에 존재하는 지속적인 길항관계를 잘 말해준다. 또 피그말리온 신화는 피그말리온과 그에 의해 창조된 예술품 갈라테이아의 관계가 욕망의 주체인 인간과 그러한 욕망의 구체적 산물로서 창조된 인조인간의 관계임을[10] 잘 드러내고 있다. 진흙으로 인간을 만든 프로메테우스에 대한 징벌로 제우스가 헤파이토스로 하여금 인간에게 재앙을 가져오도록 만든 인공여인 판도라도 자연을 완벽하게 모사한 기계 장치에 의한 안드로이드이다. 만프레드 가이에르(Manfred Geier)는 '불안한 희망'만 품고 있는 판도라를 이렇게 설명한다.

> "그녀는 자연을 역행하는 인간의 오만함에 대한 대응이다. … 기계역학과 자연, 인공성과 자연성이 서로 구분되지 않고 혼합되어 있는 괴이한 형상과도 같이 그녀는 인간들에게 교활한 메커니즘으로 자연을 통제하고자 하는 프로메테우스의 반역을 되비춰준다."[11]

이와 같이 고대인이 품었던 '신적 능력'에 대한 욕망은 기계인형으로 나타났으나 부정적인 평가를 벗어날 수 없었다. 죽음에서 벗어 날 수 없는 인간에게 이 능력은 신만이 창조할 수 있으며, 신들만이 지니고 있던 불가침의 권력에 속한다는 이데올로기와 창조신화가 자리 잡았기 때문이다.

신이 자신의 형상을 본떠 인간을 빚어낸다는 주제는 세계 각지의 창조신화에서 보편적으로 찾아 볼 수 있다. 당시 메소포타미아의 고대인들은 인간의 형상으로 지은 조각을 만들어 몸에 지니고 다녔다.[12] 창조신화의 불가침성은 헬레니즘과 더불어 서구 상상의 한축인 헤브라이즘의 전통에서 체계화되어 현대까지 지속되고 있다. 구약성경의 『창세기』는 이렇게 기록하고 있다. "하나님이 가라사대 우리의 형상을 따라 우리의 모양대로 우리가 사람을 만들고 … 하나님이 자기 형상 곧 하나님의 형상대로 사람을 창조하시되 남자와 여자를 창조하시고"[13] 유대인들의 신화에도 진흙으로 빚고 유대교 랍비가 주문으로 생기를 불어넣은 일종의 인조인간 골렘 Golem이 나온다. 이 골렘은 인간의 충직한 하인이었으나 언제라도 미쳐서 난폭하게 날뛸 수 있는 위험스런 존재로 그려진다. 골렘은 1818년 메리 셸리(Mary Shelly)가 발표한 SF 소설의 고전 『프랑켄슈타인(Frankenstein)』에도 나타난다. 미래를 바꾸고 싶은 과학자 프랑켄슈타인은 진정한 프로메테우스가 되지 못했으며 자신의 이름을 본뜬 괴물을 만들어내고 만다. 1920년대 독일 표현주의 무성영화의 걸작 '데어 골렘(Der Golem)'에서 한 유대인 랍비는 유대인들의 수호신으로 거대한 진흙 생명체인 골렘을 만들어 그 속에 생명을 불어넣는다. 그러나 악한 랍비의 조수는 자신의 욕망을 채우기 위하여 골렘을 조종하여 랍비의 아름다운 딸을 납치하도록 시킨다. 그러나 랍비에게서 인간의 감정을 선사 받은 골렘은 결국에는 자신을 악용하는 조수의 사악함에 반기를 든다. 현대의 판타지 설정에서도 골렘은 마법, 연금술, 인형제조기법 등으로 만들어진, 생명을 가지고 있는 사람 형태의 인형 혹은 로봇으로 그려진다.

13.2 근대적 기계인간

인간과 인조인간이라는 관계는 기술적 과제로 그리고 문학적 모티브로 지속되었다. 중세인들은 '완전한 초미니 인간' 호문쿨루스(homunculus)가 남성의 정자 속에 들어있다고 상상했는데 16세기 스위스의 의학자이며 연금술사인 파라켈수스(Paracelsus)는 증류기에 정자를 넣어 40일간 반응시키면 호문쿨루스를 추출해 낼 수 있다고 생각하였다. 이렇게 태어난 초미니 인간은 그 생명과 육체가 기술로 태어났기 때문에 태어나면서부터 기술을 몸에 지니고 있으며 아무에게도 배울 필요가 없는 지식의 결정체로 여겨졌다. 괴테의 '파우스트'에서도 호문쿨루스가 나타나는데, 괴테는 "자연의 산물에는 무한한 우주조차 너무도 좁을 정도지만 인공의 산물에게는 반드시 한정된 공간이 필요하다."는 말로 호문쿨루스를 플라스크 속의 존재로 한정하였다.

라메트리의 인간 기계론

17세기 과학혁명 당시에도 인간을 기계로 간주하는 것은 종교-사회적으로 용납되지 않았으며 인간은 '영혼을 지니고 하나님의 형상을 지닌' 피조물'로 간주되어야 했다. 그러나 인공 동물을 만들고자 하는 인간의 호기심을 막을 수가 없었다. 18세기 계몽사조는 인간으로 하여금 자연의 현상에 대한 신비적인 해석을 거부하게 하였고 이미 확립된 뉴턴의 역학 지식은 인간에게 모든 움직이는 물체를 모형화 하고 그 운동을 예측할 수 있다는 자신감을 불러 일으켰다. 그리고 마침내 인간에 대한 기계역학적, 자연과학적인 모형화를 시도하게 하였다.

보캉송은 기계오리나 체스를 두거나 음악을 연주하는 인형 등 많은 자동인형을 제작하였다. 자동인형들은 당시 사람들에게 신기함의 대상인 동시에 인간 지식의

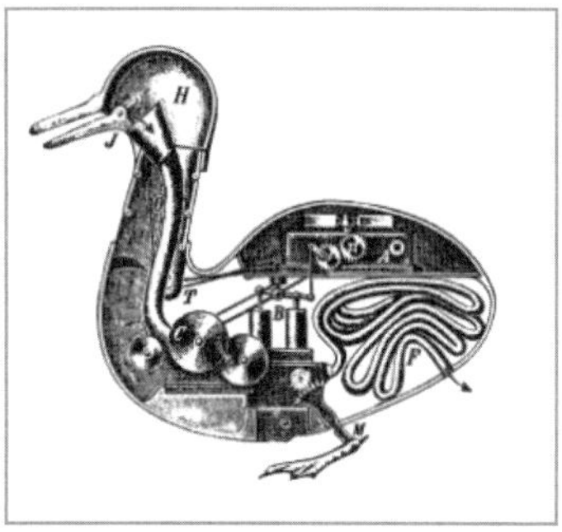

| 그림 사진 13.1 |

자동기계오리, 보캉송 Jacques de Vaucanson(1709~1782): 1738년 '플루트 연주자', 1739년 '탬버린 연주자'와 '오리'라는 자동인형을 만들었다. 특히 '인형오리'는 오리의 움직임뿐 아니라 먹고 마시며 '소화'하는 기능까지 모방했다. 그는 그의 사후 J. M. 자카르에 의해 개량되어 산업혁명 당시 중요한 역할을 한 자동직기의 원발명자가이기도 하다.

승리를 확인시켜 주는 것이 되었다. 그러나 아직까지 기계는 인간에게 완전히 종속된 것으로서 인간의 의도와 명령에 따라 충실하게 움직이는 수동적인 '도구'에 불과한 데카르트의 '신체기계'[14]였다. 심신이원론의 철학자 데카르트에게 인간의 신체란 '흙으로 빚어진 조각상이나 기계'에 불과하였다. 이 신체기계에서 각 신체조직들은 흡사 시계의 움직임처럼 인과율적으로 작용하고 역학의 원리를 따라 작동하였다. 기계시스템은 버튼이 눌러 지는대로 무조건 복종하고, 절대적으로 질서를 지키는, 완전한 통제가 가능한 '완벽한 기계의 구현'이었다. 데카르트는 인간이 지닌 이성과 언어능력에 대해서는 아직 자연과학적 접근을 하지 않았고 인간의 영혼이 지배하는 영역을 둠으로써 인간의 정신과 육체의 이원론적 정체성을 유지하였다.

1747년 인간의 육체와 영혼을 자연 과학적으로 해석하는 시도가 나타났다. 프랑스 계몽주의 사상가인 라 메트리는 『인간기계론(L'Homme Machine』(1748년)에서 인간의 사고와 행위를 순수하게 기계론적으로 설명하고자 하였다. 그는 의사로서의 자신의 경험과 당시에 알려져 있던 해부학, 생리학 등의 지식을 토대로 실재하는 모든 것은 물질이며 '인간'도 결국 물질에 불과하다고 주장하고, 물질이 인간의 영혼까지 포함한 모든 자연현상의 근원이라는 생각 하에 영혼을 인체 메카니즘을 통해서 설명하려고 했다.[15] 그는 자신의 과학을 토대로 이렇게 말했다. "인체는 그 자신의 태엽을 스스로 감는 기계이다. 따라서 이것은 영속적인 운동의 살아있는 상이다. 열에 의해 자극되는 이 운동은 음식에 의해서 지속된다."고 하였다.[16] 그는 인체조직의 운동은 심장이 순환시키는 피를 통하여 전해지는 열에 의해서 유지되며, 열이 전하는 자극, 즉 진동(l'oscillation)에 의해서 신체 각 부분의 조화가 이루어진다고 설명하였다. 다시 말해서 그는 열이 생물체의 기계적인 운동을 일으키는 직접적인 원동력이며 운동원리를 유지시켜 준다고 생각했던 것이다.[17]

라메트리에게 영혼은 '물질성'을 가지고 있는 것이었고 과학의 대상으로 여겨졌으므로 그는 "영혼의 여러 가지 상태는 항상 육체의 여러 가지 상태와 상호 관련되어 있다."고 주장했다.[18] 뿐만 아니라 그는 "영혼은 교육의 진행을 따를 뿐 아니라 신체의 발달을 따른다."면서 영혼의 신체의존성을 강조하였다.[19] 라메트리는 언어의 사용이 인간을 동물적인 본능으로부터 자유롭게 해 주었고 동물과 구별되는 정신을 갖게 해 주었다고 생각하고 인간의 정신이 발달하는 과정을 이렇게 설명하였다.[20]

> "자의적인 기호에 의한 자극이 반복됨으로써 인간은 뇌에 생긴 흔적으로 대상을 구별하고 연상하게 되며, 대상의 이미지와 흔적 간의 차이를 파악할 수 있게 된다. 또 그 차이의 기호가 뇌에 흔적을 남기게 되었을 때 영혼은 필연적으로 그 관계를 고찰하게 된다."[21]

상상력을 뇌의 작용으로 설명했던 라메트리는 정신의 모든 능력을 상상력으로 환원하고 인간과 동물간의 차이라고 생각되었던 "영혼의 모든 능력은 뇌와 온몸의 적절한 조직에 전적으로 달려 있으므로 분명히 조직 그 자체"라고 하면서 유기체의 조직이 정신을 존재하게 한다고 보았다.[22] 라 메트리는 데카르트의 육체와 영혼이라는 이원론을 반박하면서 인간을 일종의 시계태엽장치와 같은 것으로 파악하는 것을 넘어서 인간의 사고와 감각이 물질의 복잡한 운동이라는 인식에 이르렀다.

인조인간 모티브

19세기에 접어들면서 기계-인간의 결합을 '인간의 확장'으로 보는 견해가 싹트기 시작하였다. 이것은 인간-기계 형상이 문학 모티브로서 고대부터 근대에까지 끊임없이 이어져왔으며 또 근대를 지나면서 어떤 모티브 보다 과학, 예술, 문화의 발전 그리고 무엇보다 미래 사회의 문명화 과정에 대한 인간의 소망과 불안을 형상화하

| 그림 사진 13.2 |

프랑켄슈타인 소설에 나온 인간과 기계가 융합된 인조인간. 소설 『프랑켄슈타인』에서 프랑켄슈타인 박사는 시체를 무덤에서 파헤쳐서 조합하고, 각종 기계나 전기적인 자극을 이용하여 괴물로 되살려 낸다. 다소 으시시하지만 생명과 죽음, 그리고 인체에 대한 신비 등 인간의 영원한 관심사가 무기물과 인체를 구성하는 유기물을 결합하는 기술로 해결될 수 있다는 상상력을 보여주고 있다.

는 과정에서 잘 드러나고 있다. 생물학적으로 자연적인 인간과 달리 인조인간은 '새로운' 인간으로서 근본적으로 '문화의 산물'이다. 인간의 문화적인 실행을 통해 창조된 인조인간은 새롭게 개량된 인간으로서 무엇보다 육체적 장애를 극복하거나 능력을 증강하고 불멸성, 영원에 대한 인간의 소망을 잘 구현하고 있다. 이러한 욕망을 가장 적나라하게 그린 소설인 메리 셸리의 『프랑켄슈타인』(1818)은 죽음을 극복하려는 프랑켄슈타인 박사의 열망을 잘 드러낸다.

그러나 인조인간 모티브에서 테크놀로지에 생명을 불어넣는 영혼은 대개 악마적인 존재로 나타난다. '생명을 얻은 기계'는 인간이 다가가고 싶고 함께하고 싶은 느낌을 주기보다는 섬뜩하고 으시시한 느낌을 준다. 프랑켄슈타인의 피조물과 같은 유사인간의 존재는 인간적인 것과 비인간적인 것이 서로 혼융되어 있는 형태로서 '나일 수 없는' 것이 '나와의 유사함'을 가짐으로써 나에게 불안을 준다.

한편 자동인형이 만들어지면서 인간은 '스스로가 움직이는 기계'라는 사고방식에 관대해지기 시작하였다. 자연과학 지식이 지식인은 물론 일반 시민들에게도 보편적인 지식으로 되면서 근대인들에게 생명체는 신의 작품임에는 틀림이 없지만 적어도 시계처럼 조직적이고 인과율적으로 움직이는 기계와 같다는 생각이 마음 한곳에 자리를 잡게 되었다. 그리고 문명화된 인간 행위를 모방하는 자동인형들을 인간이 제작할 수 있다는 것은 '신의 영역'에 발을 살짝 딛는 쾌감을 인간에게 주었다. 실제로 자동인형으로 대표되는 기계인간은 인간의 문화가 자연보다 우세함을 의미하는 상징이자 자연의 대체물[23]로서 인간에게 신기한 장난감이 되었다.

아직까지 문학 작품에서 기계인간은 불안을 형상화하는 도구로 그려졌으나 문학적 모티브에서 주의 깊게 볼 것은, 『모래인간』에서 나타나엘이 자동인형 올림피아와 그의 약혼녀 클라라를 구분하지 못하는 것처럼 기계인간들은 점차 '실제' 인간과 더 이상 구분되지 않는다는 것이다. 사회에서 인간의 삶은 점점 기계화되고 인간들이 마침내 마리오네뜨 인형과 같이 행동하고 점점 더 인간적인 행동과 기계적인 행동이 구분되지 않는 상황에 처한다.[24] 나무인형 올림피아에게 홀딱 반해 있는 나타나엘에게 친구 로타르는 이렇게 충고한다.

> "나쁘게 듣지마, 나타나엘! 이상하게도 우리 눈에는 그 여자의 몸이 굳어 있는 것 같고 영혼이 없는 것처럼 보였거든. … 그녀의 눈빛이 … 생명의 광채만 가지고 있었다면 정말 아름답다고 말할 수 있을 거야. 그녀의 걸음걸이는 … 정교하고 … 마치 태엽을 감은 톱니바퀴 장치에 의해 조정되는 것 같아. 그녀는 노래하는 기계처럼 불쾌할 정도로 정확하고 영혼이 없는 박자로 노래하고 연주를 하지, 춤도 마

찬가지야."[25]

나타나엘은 올림피아가 인공의 징후들을 보임에도 불구하고 욕망의 대상인 그녀와 춤을 추기 위해 친구 로타르의 경고를 흘려듣는다. 인간의 형상을 한 기계인간 올림피아와 인간 나타나엘이 추는 춤은, 인간의 욕망이 기계로 '투사'된 채 '기계와 인간의 공생적 관계'가 유지되기를 바라는 '불안한 희망'을 예시해주고 있다.

13.3 현대의 사이보그

19세기 후반, 종의 기원(1859년)으로 시작된 다윈의 혁명은, 인간과 동물은 생물학적인 뿌리가 하나이며 인간과 자연이 생물학적으로 하나라는 세계관의 문을 열었다. 산업혁명과 더불어 시작된 급격한 사회 경제적 변화는 진화는 진보라는 관념과 결부되었으며 20세기에 들어서면서 이러한 진보의 관점은 인간의 한계가 주어진 것이라기보다는 '구성된 것'이라고 보는 사이버네틱스 관점으로 발전하였다.[26] 사이보그(Cyborg)는 사이버네틱스(Cybernetics)와 생물(Organism)의 합성어이다. 1960년 맨프레드 클린(Manfred Clynes)과 나단 클라인(Nathan Kline)이 자신들의 책 『사이보그와 우주』에서 인간이 우주 공간에 존재하기 위해서는 자체조절이 가능한 인간-기계의 결합체가 유리하며 이를 위해 기술적으로 인체를 개조할 것을 제안하고, 제작된 기계와 유기체의 합성물을 사이보그라고 명명했다.[27] 그러므로 유기체와 기계가 결합되면 그것이 사람이건 하늘소건 박테리아이건 모두 사이보그가 된다. 최초의 사이보그는, 우주여행에 적응할 수 있는 인간의 유기체 기능변화를 확인하기 위하여, 클린과 클라인이 실험실에서 삼투압펌프를 이식하여 제작한 흰쥐였다. 클린은 '사이보그는 단순한 우주 탐험만이 아니라 정신과 물질이라는 내면의 우주와 외면의 우주에 가교를 놓는 새로운 개척자'라고 하였다.[28]

사이버네틱스

사이버네틱스는 제2차 세계 대전 당시 대공방어기계 시스템 연구에 참여하였던 수학자 노버트 위너 Nobert Wiener가 1950년 자신의 책 『사이버네틱스: 동물과 인간의 통제와 소통』에서 처음 사용한 용어이다. 사이버네틱스는 기계공학과 정보공학을 이용하여 인간의 지능을 비롯한 제어기능을 기계에 접목시키려는 새로운 공학 분야의 하나이다. 그 목표는 기계의 정보처리능력과 사고능력을 인간의 그것과 동등하게 또는 능가하게 하려는 것이었으며 이후 인공지능학으로 이해되었다.

위너는 대공예측기(anti-aircraft predictor) 시스템을 개발하는 과정에서 적기의 조종사가 일정한 목적과 의도를 가지고 행하는 동작이 대공예측기에 사용된 전자회로의 피드백 루프와 같은 방식으로 이루어진다고 가정하고 조종사와 적기, 그리고 대공 예측기를 기술적으로 구분할 필요가 없다는 생각에 이르렀다. 그는 인간과 기계의 구분을 허물고 두 시스템이 하나로 결합되어 통제되는 피드백 시스템으로 인식하였다. 위너는 이러한 자신의 생각이 유기체의 항상성(homeostasis)과 유사함을 알았고 그것은 그의 책 『사이버네틱스』가 탄생한 결정적인 계기가 되었다.

같은 시기에 클로드 섀넌과 폰 노이만도 위너와 유사한 생각에 빠져 있었다. 섀넌은 모든 정보가 전신 시스템에서 사용하는 2진수로 표현될 수 있으며 이것은 정보에서 '의미' 개념을 제거할 수 있다는 것을 의미하므로 이러한 정보가 대공방어 시스템에서뿐만 아니라 생체 내에서도 작동할 것으로 생각했다. 폰 노이만은 컴퓨터들이 인간의 신경계를 이해하는 좋은 모델이 될 수 있음을 깨닫고 신경계를 컴퓨터의 on-off 스위치와 같은 것으로 보고 on-off의 조합으로 신경 세포 사이에서 정보전달이 이루어진다는 생각에 이르렀다. 이로써 컴퓨터는 복잡 시스템의 중앙 통제장치이자 생물체 내 정보전달의 은유로 부상하였고 이러한 은유 속에서 '유전 암호' 개념이 등장하였다.[29)]

위너, 섀넌, 폰 노이만과 같이 2차 대전 기간 중 군사 자문 위원으로 활동했던 물리학자 조지 게모우(George Gamow)는 컴퓨터를 사용하여 '적의 유전 암호(genetic enemy code)'를 해독하기 위하여 DNA의 유전 암호와 RNA의 염기 서열, 그리고 단백질의 아미노산 서열 간의 관계를 규명하려고 노력했다. 이때 연구 그룹의 주요 회원이었던 크릭은 DNA의 유전 암호가 RNA로 '전사'되고 이것이 다시 단백질로 '번역'되는 과정을 규명하고 '센트럴 도그마'라고 불렀다.[30)] 그러나 생물학자 이카스는 하나의 물질이 유기체 전체의 기능과 형태를 결정할 수 있다는 주장에는 동의하지 않고, 생명체를 관장하는 '정보'가 존재한다고 가정하더라고 신체의 특정 부분만이 그것을 독점하고 있다고 여길 수는 없었으므로 '정보'는 유기체 전체에 다양한 정도로 퍼져 있다"고 주장했다.[31)] 1961년 세 개의 U RNA가 페닐알라닌으로 '번역'되는 것이 실험적으로 규명된 후 인공적으로 만들어진 RNA를 가지고 여러 가지 단백질을 만들어낼 수 있음이 확인되었고 마침내 1966년에 모든 '유전 암호'는 '해독'될 수 있었다.[32)]

마침내 사이버네틱스는 유기체적인 생명관을 새롭게 조명할 수 있는 도구가 되었다. 영국의 발생학자 콘라드 워딩턴의 사이버네틱스적 발생이론이 조명을 받게 되었다. 워딩턴은 1957년 이미 발생을 피드백에 의해 조절되는 여러 가지 생화학적 반응으로 설명했었다. 그는 발생 과정은 DNA에 존재하는 유전 정보만을 따라 진행되는 것이 아니라 각 세포의 세포질 내에 존재하는 여러 효소들이 다른 세포의 세포질에 영향을 주어 그것들의 분화와 이동을 촉진함으로써 일어나는 것으로 해석하였다. 만약 배아가 정해진 발생의 경로에서 벗어나면, 음(−)의 피드백 시스템이 작동하여 기존의 경로로 다시 돌아올 수 있었다. 이러한 발생 과정은 각 부분들이 서로 잘 조화되어 있고 상호간 영향을 주고받는 유기체적 기계시스템에 가까웠다.[33)]

1963년에 프랑스 파스퇴르 연구소의 쟈콥과 모노는 유전자는 세포질 내의 여러 단백질과 환경 물질의 영향을 받아 피드백 시스템처럼 작동한다고 보고 이러한 유전자 조절 방법을 '여러 지점에서 화학적 활동을 조절하는 사이버네틱 시스템'이라고 불렀다.[34)] 이들은 생명체의 발생 과정을 사이버네틱 시스템으로 보고 각 세포들이 주위 세포들의 영향을 받아 자신이 가진 유전자 중 특정 유전자는 발현시키고 다른 유전자는 억제하는 과정으로 발생을 설명했다. 이렇게하여 각 세포가 발현하는 유전자의 종류는 서로 다르며 그에 따라 각 세포들의 구조와 기능도 분화되는 발생이론이 정립되었다.[35)] 유전 암호는 DNA 상에 존재하지만 세포의 내부, 외부에 존재하는 복잡한 기구들이 상호작용을 하여 이 유전자 암호의 사용을 조직적으로 관리, 조절한다는 이론이다. 유기체론과 사이버네틱스가 조화됨으로 기계와 생명체의 구분이 한 단계 더 허물어졌다.

인간-기계 인터페이스

현대인은 이미 알게 모르게 기술에 물들어 있는 자신의 몸을 어떻게 생각하고 있을까? 100년 전 혹은 50년 전 인간이 자신의 몸에 대하여 가졌던 생각과 같을까? 인간의 몸에 대한 문화적 개념의 변화를 가장 분명하게 보여주는 한 예는 물리적 '장애'에 대한 인식이다. 그렇게 오래되지 않은 과거에, 우리는 몸이 정상적인 것에 잘 적응하지 못하는 사람을 '장애인'이라고 불렀다. 그러나 현재는 어떠한 이유에서 '다소 불편을 겪는' 사람이며 동시에 비장애인이 갖지 못한 능력을 가진 사람으로 인식한다. 현대인은 모두 어떠한 방식으로든지 자신의 신체적 결핍을 보완하기 위하여 기술의 도움에 의지하고 있다. 과거 같으면 현대인은 모두 '장애인'이라고 불려야 했을지도 모른다. 적어도 어느 정도는 사이보그이다. 로봇 팔을 이식한 사람은 물론이고 생명공학기술과 의학기술로 심신의 기능을 개선시킨 사람들, 이를테면 인공장기를 갖거나 신경보철을 한 사람에서부터 예방접종을 하거나 향정신성 약품을 복용한 사람들, 의족이나 의안을 한 사람들, 작게는 안경을 낀 사람들 모두 사이보그의 대열에 서있다. 크리스 그레이(Chris Gray)는 사이보그 시민(Cyborg Citizen)에서 '장애를 입은 자질 있는 사이보그는 동시에 능력 있는 사이보그이다'[36]라고 말한다. 영화 『슈퍼맨』의 주인공 크리스토퍼 리브는 사고로 하반신 마비가 된 후 첨단 휠체어에 의지해 사실상 사이보그가 됐고 물리학자 스티븐 호킹도 사이보그이다. D. 해러웨이는 제임스 러브록이 가이아 이론에서 제시한 것처럼 지구는 자기 조절 기능을 갖고 있으므로 사이보그라고 주장하기까지 했다.

현대 과학기술은 머리끝에서 발끝까지 인체의 거의 모든 부분을 대체 할수 있는 인공장기를 가능하게 만들었다. 인공뼈와 인공관절, 인공치아나 의수족, 심지어 인공유방이나 인공성기 등이 신체적 기능에 손색없는 성능을 보여줄 만큼 개발되고 있다. 인공장기 중에서 특히 인공신장과 인공심장은 성능이 계속 보강되고 있다. 인공장기에 의해 인체의 손상된 부위가 보완되는 것처럼 신경계의 활동을 인위적으로 제어함으로써 손상된 감각이나 운동 기능을 복구 또는 보완하는 신경보철도 개발되고 있다. 전자기술로 인공 눈과 인공 귀, 마비된 근육 자극장치, 심장 박동 조절기 등도 개발되고 있다. 이런 신경보철 장치를 이용하는 사람은 진정 사이보그라고 할 수 있다. 이들은 심신 기능에 문제가 있어서 장치를 이용할 수도이지만 바이오닉스(Bionics) 기술로 몸과 마음의 기능을 향상시키고자하는 사람일 수도 있다.

영국의 로봇공학 전문가인 케빈 워릭은 스스로 사이보그가 되는 수술을 받았다. 1998년 왼쪽 팔 피부 밑에 컴퓨터 칩을 이식하고 9일 동안 자신의 위치 신호를 컴퓨터로 전송했으며, 2002년 3월에는 왼쪽 손목 밑에 100개의 실리콘 전극을 삽입하는 실험을 실시했다. 2002년에는 세계 최초의 사이보그 가족이 탄생했다. 미국의 일가족 3명이 모두 베리칩(Veri Chip)을 몸속에 이식했다. 쌀 한톨 크기의 조그만 베리칩에는 실리콘 메모리와 무선 송수신 장치가 들어있다. 이 칩이 사람의 피부 밑에 이식되어 칩 안에 저장된 정보를 판독해 외부로 전송한다. 응급상황에서 의사들은 칩에 저장된 정보를 읽어내서 환자의 이름, 전화번호, 질병 기록 따위를 신속히 파악한다. 그들은 이 칩이 응급상황에서 자신의 가족들을 지켜줄 것이라고 믿는다.

신경공학(neurotechnology)은 뇌-기계 인터페이스 기술로 사람의 뇌를 조작하는 기술이다. 뇌의 질환을 치유하는 것이 주요 목적이지만, 뇌의 기능을 향상시키기 위해서 사용하는 것을 막을 길이 없다. 미국의 신경과학자인 필립 케네디는 1998년 사람의 뇌에 이식한 미세전극이 뉴런의 신호를 받아 컴퓨터로 전달하는 BMI(Brain-Machine Interface) 장치로 뇌졸중환자가 눈꺼풀의 움직임으로 컴퓨터 커서를 움직이는 실험에 성공하였다. 1999년 2월 독일의 닐스 버바우머는 몸이 완전 마비된 환자의 두피에 전자장치를 두르고 뇌파를 활용하여 생각만으로 1분에 두 자꼴로 타자를 치게 하는 데 성공했다. BMI기술은 뇌질환 치료를 넘어 뇌 기능 향상에 사용될 수 도 있다. 신경세포의 정보를 무선신호로 바꾸어 뇌 밖으로 송신하고 또 외부의 무선신호를 신경정보로 변환하는 '무선 텔레파시' 기술이 개발되고 있다. 이 기술이 실용화되면 인류의 의사소통 방법이 바뀌게 될 것이다. 그때에는 인간들이 생각만으로 전 세계의 컴퓨터 네트워크에 접속하여 서로 의사소통을 할 수 있게 된다. 이제 언어에 대한 생각에도 큰 변화가 올 때가 되었다.

이 기술로 말미암아 윤리적인 문제도 발생할 것으로 예상된다. 운동선수들이 약물을 사용하여 일시적으로 체력을 증강시키는 것이 문제가 되는 것처럼 정상적인 사람의 뇌를 신경공학 기술로 기능을 향상시키는 데 따른 윤리적 문제이다. 이미 전기충격요법(ECT)이나 뇌심부 전기자극술(DBS)이 뇌 질환치료에 사용되고 있다. 신경과학적 뇌 기능 향상이 인간성과 인간의 가치에 대한 전통적 인식 및 가치관에 어떠한 영향을 줄까?

경계의 붕괴

현대인들에게 몸에 관한 옛 생각과 범주는 이미 무너지고 있음이 분명하다. 이러한 변화는 이제 도전의 시작일 뿐이다. 훨씬 극적인 변화가 예정되어 있고 우리가 몸과 기계의 융합에 얼마나 많은 관심과 비용을 치러야 할지는 아직 분명하지 않다. 몸은 이미 사이보그 즉 사이버 유기체(cyber-organism)가 되어가고 있다. 다만 점진적으로 자신의 몸에 일어나고 있는 변화를 인간이 인식하지 못하고, 일상적인 삶에서, 당연한 것으로 여기고 살아갈 뿐이다. 그러나 포스트모던의 문화 현장에서 적지 않은 SF 소설과 영화들이나 스텔락의 퍼포먼스와 한스 모라벡의 인공지능작품들을 통해서 이미 변화를 실감하고 있다.

스텔락(Selarc, 본명 Stelios Arcadiou, 1946년생)[37]은 신체와 기계를 결합하는 사이보그 퍼포먼스를 실연하였다. 자신의 몸과 기계의 인터페이스를 소재로 한 퍼포먼스 『서스펜션, Suspension』에서 자신의 몸을 바늘로 꿰어 매달아 공중에 부양하고, 전극으로 포착한 내장 기관의 근전도(EMG) 정보를 음향화해 배경음향으로 삼았다. 문자 그대로 육체의 내적 정보를 예술로 보여주었다. 1981년에 시작된 연작 『제3의 손』[38]에서 그의 몸은 레이저 빔을 쏘는 두 눈과 근육자극장치 그리고 인터랙티브 비디오와 함께 연결되었다. 1982년 그는 진짜 손과 복부와 다리의 근전도(EMG)로 조절하는 기계손으로 투명 아크릴 판에 'EVOLUTION(진화)'를 동시에 쓰

| 그림 사진 13.3 |

〈프랙탈 피부, 육체 접속, 그리고 기생체(Fractal Flesh, Ping Body and Parasite)〉, 1981~1998년, 스텔락(Stelarc). 좌측의 사진은 〈제3의 손〉의 일부, 우측은 〈서스펜션 Suspension〉. 스텔락은 몸에서 정보를 출력하고 통제하고 연결하여 '증폭된 육체(Amplified Body)'이며 '자기도 모르게 움직이는 육체(Involuntary Body)'이고 '제3의 손'을 가진 인간을 창조한다. 몸과 생명을 신성하게 여기던 인간에게 새로운 도전을 제시한다.

는 퍼포먼스를 보였다. 그리고 이 퍼포먼스는 '포스트휴먼의 이정표'로 받아들여졌다. 1994년엔 자신의 의지와 상관없이, 프로그램에 의해 육체를 전기-기계적으로 통제할 수 있는 '근육 자극 시스템(Muscle Stimulator System)'을 개발하고, 이듬해엔 터치스크린 인터페이스를 추가해 실시간 육체 조작의 퍼포먼스를 보여 주었다.

그는 신체에 무의식적으로 반응하는 인터페이스들, 의학기구, 보철, 로봇, 가상현실 시스템, 인터넷 등을 탐구했다. 그의 작품에서 신체는 기술적으로 부착되거나, 기술에 의해 삽입되고 인터넷으로 연결되어 다른 사람의 지배를 받는다. 그러나 신체가 해체와 사라짐을 겪는 것이 아니라, 오히려 주체로서 확고한 기능을 하고 있다.[39] 스텔락은 몸이 무한한 가능성에 개방되어있음을 보여주었다.

인간의 확장이라는 측면에서 인간과 기계의 공동진화를 생각해 볼 수 있을까? 진화라는 것은 주위 환경에 적응하며 변해간다는 것을 의미하는데, 인간에 의해 창조되었지만 이제는 '창조주'를 에워싸게 된 기술환경에 맞추어 인간들이 변화하고 있다. 수동적 도구 수준에서 벗어나 기계는 이제 독립적으로 진화하여 인간에게 기계의 리듬과 규칙을 강제하는 존재가 되었다. 그리고 마침내 인간 속에 들어와 함께 인간을 '재구성'하기에 이르렀다. 결국 발전을 이끄는 주체와 객체의 관계는 전도되어 오히려 기계가 인간의 진화를 초래하는 모습을 띄게 되고 궁극적으로는 이 둘이 함께 진화해 나간다. 인간과 기계의 길항 및 공진화 관계는 포스트모던 시대의 SF 문학과 영화의 중요한 모티브가 되고 있다. 앤 발사모 Anne Balsamo 가 사이보그를 '포스트모던의 아이콘'이라고 규정하고 있듯이[40] 포스트모던 문화에서 사이보그는 SF문학이나 영화에서와 같은 비실재적인 영역에서뿐만 아니라, 실재적인 테크놀로지의 인공물로서도 나타났다. 사이보그는 인간-기계 사이의 경계의 붕괴와 동시에 인간-동물 사이의 경계가 무너지는 과정이다. 깊이 얽혀있던 기계, 동물 그리고 인간 사이의 경계가 붕괴되는 것 외에도 가시적인 객체의 물리적 세계와 비물리적, 즉 비가시적 세계의 경계가 무너지고 있다.[41)]

13.4 포스트휴먼

인간은 집단적인 삶이 이루어지고, 에너지와 물질이 교환되는 복잡한 상호작용의 관계 속에 있다. 인간의 역사는 불확실하거나 우발적인 것으로 또는 복잡한 웹 속에서 일어나는 것으로 상상할 수도 있다. 인간의 역사는 고립되고 더 이상 결정적인 인간 행동 사이의 인과율적인 관계로 여겨지지 않는다. 도시가 탄생하고 새로운 언어가 형성되고, 유기체 사이의 평형이 붕괴되고, 새로운 전염병이 발생하고, 주식시장이 폭락하고, 사랑에 빠지는 등 온갖 일들이 일어나는 것은 마치 물이 흐르는 중에 소용돌이가 발생하고, 열대우림이 자신의 생태계를 유지하는 것과 큰 차이가 없다. 마찬가지로 적어도 오프라인상의 사이보그가 아니라 웹상의 사이보그의 몸은 무엇을 할 수 있는지 안정된 실체로서뿐만 아니라 상호 대화식 실체로서 몸이 무엇이 될지 알 수 없다. 그 몸에 들어있는 코드와 정보 시스템과 세상과 몸의 관계를 판독하기 시작할 때 우리는 실체의 문턱에 겨우 와 있을 뿐이다. 그래서 이제 인간의 몸이 무엇인지 더 깊은 성찰이 요구된다.

SF 서사의 인간성

인류의 꿈을 이룰 것 같은 과학기술의 성과에 환호하던 19세기, 과학소설(Science Fiction)은 프랑스의 소설가 쥘 베른(Jules Verne), 영국의 소설가인 웰즈(H. G. Wells)가 대표하는 중요한 문학의 한 장르였다. 일찍이 에드거 앨런 포는 1843년 『닳아버린 남자』라는 단편에서 광범위하게 인공물이 삽입된 인간을 묘사하였으며 1908년 프랑스 작가 장 드 라 히르는 『물 속에서 살 수 있는 남자』의 초인적인 주인공 닉탈로프를 사이보그로 묘사하였다. 20세기에 들어와서 SF는 기술적 매체의 도움으로 문학장르로부터 미디어와 결합된 장르로 그 영역을 급속히 확장하고 있다.

SF 소설에서 인간과 기계의 결합은 제2차 세계대전 이전부터 광범위하게 펴지기 시작하였다. 에드워드 헤밀턴은 1928년 『혜성 둠』의 우주 항해자들을 유기체와 기계의 결합 형태로 묘사하였다. 그의 가장 유명한 캐릭터인 캡틴 퓨처는 '여성에게서 태어나지 않은' 것으로 그려졌다. 18세기 이래, 인간기계는 자동인형들이 오락기구로서 혹은 생산 도구로서 인간의 몸을 모범으로 삼았던 것에서 출발해서 오늘날은 육체의 도구적인 의미는 사라지는 방향으로 진행하고 있다. 오늘날 자연과 인공물의 분리가 불가능해 보이는 가상현실에서는 자연 또한 여전히 인공물이고 역으로 모든 인공물 역시 자연에 의존하는 것과 같이 이 두 가지가 서로 상호 침투하고 있다.[42] 인터넷의 확산은 컴퓨터를 이용한 실시간 퍼포먼스를 가능케 하였으며, 컴퓨터 시뮬레이션을 이용한 가상공간 체험은 기계가 인간적인 것을 시뮬레이션하는 것이 완벽해 질수록 인간과 기계의 경계가 점차 해체될 것임을 예견하게 한다. 컴퓨터는 '육체의 부재'에 대한 도구이자 상징이 되었으며, 사이버 문화는 인간과 기계의 공생이라는 새로운 길을 열어놓았다.[43]

SF영화 속에서 인간과 사이보그 관계는 세 가지 방향으로 그려진다. 첫 번째 방향에서, 인간의 기계 의존도가 높아지면서 이제 인간이 기계와 교감하지 않고는 스스로의 존재성을 실감할 수 없게 된다. 데이빗 크로넨버그(David Cronenberg) 감독의 『크래쉬(Crash)』에서 주인공 제임스 발라드는, 정체성 상실의 시대에 그래도 서로의 존재성을 확인시켜주는 유효한 소통방식인 섹스에서도 쾌감을 얻지 못한다. 결국 제임스 발라드는 자동차의 충돌 장면을 보고 쾌감을 경험하게 되고 이후 기계와의 강렬한 접촉을 통해 자신의 존재성을 확인해나가다가 파멸에 이르게 된다. 브렛 레너드(Brett Leonard) 감독의 『잔디깎기인간(Lawnmower man)』은 기계와의 이러한 교감이 극단적으로 추구될 때 인간이 기계로 체화되는 경지를 보여준다. 로렌스 안젤로 박사가 인위적으로 지능을 고양시켰던 잔디깎이 소년 죠브는 가상현실 속에 몸을 던져 컴퓨터 회로를 지배하는 절대적 존재가 되고자 한다.

두 번째 방향에서, 피노키오 이야기 이래 기계는 끊임없이 인간을 닮고자 노력해 왔다. 제임스 카메론(James Cameron) 감독의 『터미네이터(Terminator) II』에서 사이보그 T 101이 암살자 T 1000을 제거하고 스스로 용광로에 뛰어들기 전, 그는 소년 존 코너에게 눈물의 의미를 알 것 같다고 감동적으로 고백한다. 바야흐로 사이보그에게 인성이 부여되는 순간이다. 기계인간으로의 완벽한 전환은 크리스 콜럼버스(Chris Columbus) 감독의 『바이센테니얼 맨(Bicentennial man)』에서 이루어진다. 안드로이드인 앤드류 마틴은 주인의 손녀 딸 포샤와 사랑을 느끼고 영원한 기계로 사느니 인간으로 죽고 싶다는 소망을 피력한다. 결국 그는 포샤와의 결혼을 법원에 청원하고 인간의 몸으로 변환하여 그녀와 함께 늙어 죽는 길을 택한다.

세 번째 방향에서, 결국 인간과 사이보그는 리들리 스코트(Ridley Scott) 감독의

『블레이드 러너(Blade Runner)』에서처럼 양자의 구분이 어려워질 지경에까지 이르게 된다. 안드로이드를 생산하는 타이렐 사의 모토는 '인간보다 더 인간답게' 만들어 내는 것이다. 그리하여 과거와 추억까지 프로그램된 복제인간은 자신이 복제인간인지조차 인식하지 못한다. 이 영화의 흥미로운 점은 인간이 기계화되어 마비된 인성을 보여줌에 반해 복제인간은 오히려 인간적인 고뇌에 빠져 있는 모습이다. 인간과 복제인간의 이 같은 전도된 모습은 인간 정체성의 위기상황을 극명하게 보여준다. 워쇼스키 형제(Larry & Andy Wachowski) 감독의 「매트릭스(Matrix)」에서 우리는 이러한 사유의 부정적인 단초를 보게 된다. 그 세계에서 인간은 자신이 창조했던 사이보그에 의해 지배되고 태어나서 죽을 때까지 사이보그에 의해 정보가 입력되고 통제되는 삶을 살게 된다. 이러한 비인간의 일상으로부터 깨어나 자신의 인간성을 자각한 네오는 결국 소수의 추종자들과 함께 사이보그에 대한 투쟁을 벌여 그들의 시스템을 파괴하고 세계를 원상회복시킨다. 사이보그 육체의 탄생과 죽음을 극적으로 그린 영화는 오시이 마모루 감독의 애니메이션 「공각기동대(Ghost in the shell)」(1995)가 대표적이다. 사이보그 경찰 쿠사나기는 의사유기체, 즉 인형의 정신 혹은 기억을 해킹해서 조작하는 정체 모를 인형사를 쫓지만 인형사는 실체를 지닌 인간이 아니라 하나의 프로그램에 불과한 것이었음이 밝혀진다. 사이보그의 뇌로 들어가 자신의 의사를 표현하는 인형사는 정보의 바다에서 태어난 일종의 생명체일 뿐이다. 그리고 주인공 쿠사나기 자신도 육체를 버리고 정신(고스트)만 존재하는 컴퓨터 네트워크의 바다 속으로 사라진다.

SF에서 보듯이 인간과 현실이 '확대' 된다는 것은 무엇을 의미 하는가? 상상력은 인간과 기술, 기술과 예술, 가상과 실재를 넘나들면서 그 의미를 모색한다. NBRIC

| 그림 사진 13.4 |

공각기동대(攻殼機動隊, Ghost in the Shell)[44]: 1995년. 시로 마사무네의 만화를 바탕으로 오시이 마모루 감독이 제작한 SF 애니메이션 영화. A. D. 2029년 인간은 기계를 사랑한다. 라는 글귀가 도발적이다. 이 영화는 현대 인간에게 "나는 누구인가?" "어디에서 왔는가?" "어디로 가야 하는가?"라는 질문을 하게 한다.

기술이 계속해서 서로 합쳐지고 변하고 전진해 나가는 시대에 기술이 어떤 방향으로 향해갈지 그 누구도 예측할 수 없다. 기술이 복잡성, 창발성, 자기생성성을 키워드로 삼아 새로운 혼종의 문화를 촉진하고 있음은 분명하다. 이러한 문화 속에서 사이보그는 인간의 휴머니즘이 얼마나 오만하며 이기적인가를 보여줌으로써 인간의 존재와 정체성에 대한 철학적인 물음을 제기한다. 포스트휴먼의 미래에 대한 전망은 지능을 가진 기계들이 지구상에서 지배적인 생명체가 된다는 후기생물학적 주장에서부터 인간과 지능을 가진 기계 사이의 공생에 대한 전망에 이르기까지 매우 다양하다. 칼 하인츠와 앙겔라 슈타이뮐러는 인간을 물리적 한계와 문화적 한계를 초월하여 '그 너머의 세상을 찾아가는 동물(Plus Ultra Animal)'로 명명한다.[45] 한계는 어디에 있을까? 과학소설이나 영화를 비롯하여 최근 사이버 문학은 포스트휴먼의 모습을 통해 과연 인간이란 무엇인가라는 근본적이고 형이상학적 명제를 제기함으로써 수많은 논의를 불러일으키고 있다.

새로운 주체

사이보그는 인간과 NBRIC기술이 융합된 노동과 욕망, 재생산 시스템 시대의 유기적 피조물이며 그 기본 요소는 C^3I, 즉 완전한 통제, 명령, 통신 그리고 지식이다. 또 사이보그는 죽음과 영원한 생명을 한 몸에 지닌 이중적이고 초성적 혹은 양성적인 그로테스크한 신체이다.[46] 1985년 D. 해러웨이는 '사이보그를 위한 선언문'(A Manifesto for Cyborgs?(1985)[47]을 발표하고, 사이보그를 성차별 사회를 극복하는 사회정치적 상징으로 제시했다. 해러웨이가 사이보그에 정치적 의의를 부여하는 것은 그것이, 프랑켄슈타인의 괴물과는 달리, 이성 배우자와의 결합을 통해 완전성을 이루고자 하지 않기 때문이다. 해러웨이는 인간과 동물 사이의 경계, 유기체와 기계 사이의 경계, 물리적인 것과 비물리적인 것 사이의 구별이 해체되었다는 점에 주목한다.[48] 그리고 이러한 신체와 성별의 초월, 정태적 정체성의 붕괴를 전제하는 궁극적인 형상은 '포스트휴먼-사이보그'라고 할 수 있다. 그러므로 사이보그는, 겸손한 증인@제2의 천년 Modest_Witness@Second Millennium에서 해러웨이가 말하듯이, 자연, 인간, 동물, 기계의 경계를 넘어섬으로 계몽주의 이래로 문화-자연, 자아-타자, 정신-몸, 남성-여성, 전체-부분, 신-인간 등으로 나누는 이원론을 '해체하는 도구'이다.[49] 1980년대의 과학과 테크놀로지와 페미니즘이 연결되고 주체를 해체하는 존재를 사이보그와 연관시킴으로써 사이보그는 포스트모던 시대의 새로운 주체로서 등장하였다.[50] 이것은 테크놀로지 발전을 부정적으로 비판하는 것이 아니라 오히려 억압 구조의 세계를 전복할 수 있는 주체로서 사이보그를 제시함으로써, 남근중심주의의 의미체계를 부정하고 더 나아가 서양의 전통적인 정체성을 전복시키는 것이었다.

포스트휴먼의 주체로서 사이보그는 몸을 디지털화한다는 점에서 이전의 몸 개념과 커다란 차이를 보인다. 캐더린 헤일즈 N. Katherine Hayles는 자신의 책 『우리가 어떻게 포스트휴먼이 되었나』에서 "포스트휴먼은 아말감이고, 이질적인 구성요소의 콜렉션이며, 물질적 정보적 실체이다. 그 경계는 연속적으로 건설되고 재건설되고 있다."[51]고 한다. 이처럼 자신의 의지를 타자의 의지와 구별하기 어렵게 만드는 사이보그의 주체성 개념은 휴먼의 주체와 포스트휴먼의 주체가 공존하고 있는, 후기생물학적인 관점에서 주체의 세계적인 종말을 예견하는, 포스트휴먼 시대의 주체에 대한 새로운 모델을 제시한다. 대표적인 예가 사이버네틱스의 포스트휴먼을 새로운 예술적 모델로서 표현하는 스텔락의 포퍼먼스이다. 여기서 사이보그는 물질적 정보적 총합이며, 새로운 총합에서 나온 포스트휴먼의 주체로서 현대 NBRIC 기술의 긍정성 위에 서있다. 스텔락은 테크놀로지의 힘으로 인간의 몸이 지닌 한계성을 극복하려고 시도한다.

전 지구적 통신과 기타 기술을 통해서 C^3I가 사이보그에게 주어지는 최악의 악몽도 이미 예상된다. 해러웨이는 페미니스트 SF 작품 속에서 유전자 조작기술이나 재생산 신기술 속에서 '위험'을 보는 동시에 '전복의 가능성'을 보았다. 낳은 엄마, DNA상의 엄마, 양육하는 엄마가 서로 다름이 가능한 시대에 전통적인 친족관계와 명칭들 또 이들이 가진 법적 관계는 유효한가? 그동안 혈연관계에서 당연시 되었던 사회적 역할은 어떻게 되는가? 이러한 위험의 가능성이 있음에도 불구하고 인간은 동물과 기계와 자신들이 연합하여 피부를 맞대는 접촉을 두려워하지 않는다며 해러웨이는 사이보그의 정치적 위험을 이미 경고하고 있다.

사이버 생태계

위너가 사이버네틱스를 동물과 기계 속에서의 소통과 통제에 관한 것이라고 함으로써 생명체와 기계의 경계가 허물어지고, 사이버네틱스는 사이버 공간에서 활동하는 사이보그의 생태계에 대한 학문이라고도 할 수 있게 되었다. 사이보그는 다양한 방식으로 문화 속에서 전파되므로 어느 누구도 일방적으로 통제할 수 없는 복잡계를 구성한다. 기술과 정보가 이렇게 자율적으로 진화하는 시스템의 회로 속으로 들어가면, 사이보그는 자기창조(self creation), 즉 자기조직(self organization)을 할 수 있게 된다. 사이보그는 개인들이 아니라 시스템 즉 새롭고 놀라운 방법으로 끊임없이 자기를 재창조하며 빠르게 반응하고 유연성 있는 자기조직체 즉 살아있는 유기체처럼 발전한다. 이미 이러한 자기조직현상은 생명 현상에서만 발견되는 것이 아니라 인공 생명(Artifical life, AL)에서 발견되었다. 인공생명현상은 컴퓨터 시스템과 네트워크 속에서 자기복제를 하는 컴퓨터 프로그램 속에서 발견된다. 마치 개개 꿀벌들이 꿀벌 집단의 훨씬 더 복잡한 행위의 기본이 되며, 개개 신경이 복잡한 뇌의 기본이 되는 것과 같이 인공생명은 집단 지성을 형성하기 위하여 협력하는 네트워크 시스템에서 활동하고 있으며 컴퓨터와 소형 로봇과 같은 기술적 요소들을 연결하는 프로세싱의 복잡한 시스템 속에서 기본적인 빌딩블럭으로 역할을 한다.[52] 꿀벌 한 마리나 개개 신경이 스스로 조직하는 능력이 있듯이 이러한 시스템은 스스로 학습을 할 수 있고 또 지식을 전달할 수도 있다.[53] 이처럼 자기복제 즉 자기탄생을 하는 컴퓨터 프로그램은 시간이 지날수록 지난 세대보다 더 많은 지식을 전달할 수 있게 된다.

이러한 생각의 연장선상에서 멕켄지 와크(McKenzie Wark)[54]는 인간이 신기술을 분석하고 수용하는데 있어서 보다 깊은 사고를 할 수 있도록 제3의 자연을 제안하였다. 그의 제1 자연은 현재 농업에서 사용되고 발견되는 자연이며 제2의 자연은 도시에서처럼 사회적 공간으로 변환된 자연 곧 정복된 자연이다. 인간은 이미 제2의 자연에 내재되어 있는 일련의 생태계가 있다는 것을 인식하고 있다. 그가 제안한 제3의 자연은 미디어 벡터(media vector)[55]의 흐름에 가까운 것이다. 인간은 자연의 모형을 만들거나 자연을 미디어 벡터와 겹쳐 놓음으로써 자연에 대한 인식에 영향을 미친다. 마찬가지로 인간은 미디어로 사회를 시뮬레이션하는 데로 사회에 영향을 줌으로써 인간은 말 그대로 '자연에서나 사회에서나 정보의 풍경(information scape)' 속에서 살아간다.[57]

| 그림 사진 13.5 |

미디어 벡터 세트 예[56]: 미디어 이미지 전달하는 아이콘들

인간과 정보의 풍경은 상호 소통하면서 지속적으로 새로운 풍경을 만들어 낸다. 이 제3의 자연은 생물 다양성을 지닌 자연 생태계처럼 스스로 조직하는 능력을 가지고 있다.[58] 구아타리는 자연의 숲이나 일상적으로 사용되는 생태계의 의미를 넘어서 개인이나 개인의 주관을 제2의 생태계로, 사회를 제3의 생태계로 제안하기에 이르렀다.[59] 이로서 나의 생각, 나의 관계도 훨씬 더 역동적인 생태계 속에 놓이게 되었으며 모든 측면에서 생태학적 질문 앞에 놓이게 되었다. 인간은 무엇을 보존해야 하는가? 무슨 생각을, 무슨 옷을 입을까? 무엇을 먹을까? 이 모든 관계, 가능성들은 복잡한 생태계를 구축하는 요소들이다.

이러한 자기탄생과 제3의 생태계의 관점에서 인간을 세상과 기계 사이에서 철저히 검토하기 위하여 역사의 인간중심식 관점을 포기하는 입장이 제시되었다. 마누엘 드 란다(Manuel De Landa)는 자신의 책 『지능기계시대의 전쟁(War in He Age of Intelligent Machine)』[60]에서 로봇이 어떻게 존재하게 되었는가를 인간이 아니라 로봇의 관점에서 설명한다.[61] 또 다른 책 『천년의 비선형 역사(A Thousand Years of Nonlinear History)』[62]에서는, 우리에게 자연과 인간에 대한 전혀 새로운 관점을 준 카오스 이론으로, 자기조직화(self-organization)는 '자연적'으로 보였던 영역에서뿐만 아니라 사회 혹은 기술적 영역에서도 일어나고 있다[63]고 말한다. N 캐서린 헤일즈(Katherin Hayles)는 『우리가 어떻게 포스트휴먼이 되었는가(How We Became Post-human』[64]에서 신체에 관해서 정보이론의 비일관성과 모순을 인식하고, 기술 진보에 대한 선형적 인식을 비판하였으며, 대안으로 인간의 삶을 포함하여 모든 사물을 과정 중에 있는 시스템으로, 고정된 물체라기보다는 전달가능하고 접속된 '흐름'에 더 가까운 것으로 보는 정보이론을 제안하였다. 헤일즈에게, 이것은 정보이론과 사이버네틱스 내에서 개발된 일종의 과학적, 기술적 그리고 개념적 혁명으로 인간이 세상 속의 어느 물리적 시공간에 내에 갇혀 있을 수 없었다는 것을 의미한다.

13.5 포스트휴머니즘

스텔락의 포스트휴먼 퍼포먼스에서 하나의 기능을 담당하는 신체가 궁극적으로 퇴화되고, 그동안 권력의 중심점으로 작용해왔던 신체는 그 기능을 기계에게 넘겨준다. 그는 기술과 결합한 몸을 통해 초월과 권능의 이미지를 실험하면서 그 새로운 가능성을 보여주고 있다. 해러웨이의 '사이보그 선언문'에서도 사이보그는 종래 육체적 성차별에 묶여있는 통념적인 인간을 넘어설 수 있게 하는 존재로서 성차별 없는 이상적 사회에 대한 희망으로 제시되었다. 그래서 해러웨이에게 "과학은 시작부터 유토피아적이고 예시적이었고 그것이 바로 '우리'가 과학을 필요로 하는 하나의 이유"가 되었다. 해러웨이는 나아가 페미니즘이 기술혐오증을 극복하고, 이질적인 사이보그를 수용함으로 저항과 결속의 신화를 창출해낼 수 있을 것으로 기대했다. 현대의 NBRIC(나노, 생명, 로봇, 정보, 인지) 기술은 SF 소설과 영화들이 그렸던 사이보그 서사를 점차 현실화시키고 있다. 인간은 과학기술로 '우리의 형상을 따라 우리의 모양대로' 또 다른 종류의 인간을 만들어내어 '땅을 정복하라'고 명할까? 아니면 다른 어떠한 인간을 만들어 낼까? 포스트휴먼은 인간에게 진정 인간이란 무엇인가에 대한 고민과 인간에 대한 새로운 개념 및 해석을 요구하고 있다.

도플갱어

현대 NBRIC(나노, 생명, 로봇, 정보, 인지)기술의 발전은 인간의 '몸'에 새로운 전환기를 만들어 주었다. 18, 19세기 문학가, 발명가, 애호가들에게 자동인형이었던 것이 NBRIC 기술로 사이보그로 발전하였다. 첨단 기술이 인간 욕망을 구현하는 수단이 되는 동시에 주체의 자리로 올라서게 되었다. 그 연장선상에서 인간 신체 기능의 도구적 확장을 통해 완벽한 합성 인간으로서의 사이보그라는 존재가 등장하였다. 우리의 몸은 더 이상 확정적이고 분명한 한계를 갖지 않게 된 것이다. 이와 함께 근대까지 지속되어 왔던 인간 주체 개념에도 큰 혼란이 예고되었다.

사이보그는 서구에서 1990년대 초부터 '포스트-휴먼(post-human)'에 대한 논의를 일으켰다. 기술과 융합된 새로운 인간 모델로서 '포스트휴먼'인 사이보그는 '기계화된 신체로 강화되고 대체된 몸'으로부터, 이제는 얼마든지 새로운 분리와 복제가 가능한 '다수의 편재적인 몸'이라는 개념으로까지 확장하게 되었다.[65] 몸이 분리되고 복제될 수 있다면, 자아도 함께 해체와 재구성이 가능할 것인가? 인간이라는 의미가 이제까지 우리가 생각하던 모습과 근본적으로 달라질 수도 있는 것인가?

도처에 편재하는 주체로서 우리 시대의 자아가 겪는 혼란은 그전에 없었던 완전히 새로운 것은 아니다. 분열될 수 있는 인간 주체와 나와 분리되어 존재하는 또 하나의 '몸'에 대한 관심은 이중자아 혹은 분신이라는 도플갱어 Doppelgänger 모티프로서 문학작품과 영화 속에서 이미 지난 몇 세기부터 표현되어 왔다.[66] '두렵고 낯선' 도플갱어의 존재는 신체와 의식이 미리 필연적으로 결합된 것이라는 이상적인 인간상을 거부하고 나의 모습이면서 동시에 타자이다. '나'이면서 또한 '타자'가 되는 도플갱어는 주체와 객체 사이의 뚜렷한 경계를 해체하며, 이질적이고 혼성적인 포스트-휴먼의 정체성을 예술적으로 선취해낸다. '도플갱어' 모티브는 자아의 소멸로부터 '영속성'을 보장하려는 인간의 원초적 욕망과 직결되어 있다. 또 죽음과 결핍에 대한 강한 부정이자 거부행위의 결과라는 측면에서 볼 때 도플갱어 형상은 현대의 사이보그가 갖는 의미와 매우 밀접한 연관이 있다. 정신과 육체, 물질적인 것과 비물질적인 것의 경계를 해체하고 뛰어넘고 있다는 점에서는 분명한 공통점을 지닌다.[67] 이미 인간 스스로 자신의 몸에 기술의 도구적 기능을 채택함으로 D. 해러웨이가 선언하였듯이 '나는 사이보그다'가 이미 실현되고 있다.

인간의 몸

기술 변화의 속도가 너무나 급속하고 그 영향이 크고 광범위하여 인간이 더 이상 통제할 수도 없고 되돌릴 수도 없는 상황이 올까? 이러한 상황이 발생하는 상황을 수학의 특이점의 개념을 빌어서 기술적 특이점이라고 한다.[68] 현대 문명이 과학기술 의존 사회라면 기술적 특이점은 바로 문명 그 자체에서의 특이점이 될 수도 있다. 이러한 특이점이 현대 NBRIC 기술과 더불어 기술적 진화가 생물학적 진화의 뒤를 이음으로써 진화의 가속도가 유지되는 수확가속의 법칙과 무어의 법칙이나 트리즈의 기술 진보 법칙과 더불어 조심스럽게 예상되고 있다.

1993년 버너 빈지는 「다가오는 기술적 특이점」이라는 제목의 논문에서[69] 특이점이 발생할 수 있는 4가지의 기술로서 인공지능의 발명, 데이터베이스의 활용, 인

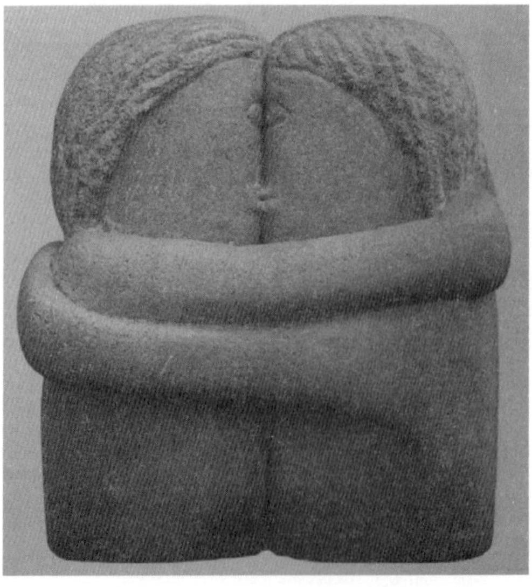

| 그림 사진 13.6 |

입맞춤, 콘스탄틴 브랑쿠시, 돌 높이 28cm, 루마니아 크라이오바 미술관: 극도로 단순한 형상으로 돌의 윤곽이 그대로 보존되면서, 생명과 활기가 불어 넣어진다. 부랑쿠시에게 몸은 육체가 아니라 서로에게 깊은 말을 거는 입맞춤이다. 온 몸은 대화중이다. 몸의 언어가 말과 이성의 언어보다 훨씬 더 많은 정보를 우리에게 준다.

간 지능의 확장, 인간-기계 인터페이스 개발을 들었다. MIT 인공지능연구소 소장인 로드니 브룩스는 그의 저서 『로봇 만들기』에서 '기계는 좀 더 인간 같아질 것이고, 인간은 좀 더 기계와 같게 될 것'이라고 말했다.[70] 이미 인간은 NBRIC 기술이 인간의 몸속에 삽입되거나 생활에 밀착됨으로써 인간과 기계의 경계가 해체되는 시대인 포스트휴먼 시대에 살고 있다. 현대의 NBRIC 기술들이 결국 포스트휴먼의 세계라고도 볼 수 있는 기술적 특이점의 시대를 향하여 나아가고 있다.

그러나 "과학의 발달로 생명이 연장되는 것은 사실이지만 드라마틱한 변화는 거의 없을 것"이라고 말하기도 한다.[71] 과학기술을 만능으로 바라보고, 과학기술이 인간을 젖과 꿀이 흐르는 땅으로 데려갈 것으로 기대한다면 이것은 과학기술주의라는 또 하나의 우상이 되고 말 것이라는 견해이다. 멜서스 인구론에 주의하는 사람들은 인구의 증가가 자원의 제한으로 억제되듯이, 정보 엔트로피의 지속적인 증가로, 기술의 폭발적인 급성장은 이루어 질 수 없을 것이라고 설명한다.[72] 기술적 특이점에 이르는 과정에 필요한 자원은 그 점에 가까이 갈수록 기하급수적으로 증가하여 자원이 부족하게 되고 이로 말미암아 기술의 성장은 감속될 것이라는 견해이다.

휴버트 드라이푸스(Hubert Dreyfus)는 인공지능은 어디까지 나아갈 수 있으며, 인공지능은 과연 신체화된 인간의 능력을 넘어설 수 있을까?라고 물으면서 기술 습득의 5단계(NACPE:Novice, Advanced Novice, Competence, Proficient, Expert)[73]에서 인간과 컴퓨터가 같은 일을 배우기 시작한다면 컴퓨터의 구조적인 특징상 셋째 단계까지는 컴퓨터가 혹 앞설 수도 있겠지만, 넷째 단계에 들어서면 인간을 앞지르게 했던 컴퓨터의 구조적인 특징인 계산적 합리성이 오히려 컴퓨터가 인간을 앞지를 수 없도록 만든다고 한다. 셋째 단계와 넷째 단계의 결정적인 차이점은 컴퓨터는 분석적으로(analytically) 목표를 접근하지만 인간은 직관적으로(intuitively) 목표에 접근한다는 데 있다.[74] 그 차이의 핵심은 신체에 있다. 인간을 지식 기계와 구분 짓는 것은 이성적 판단을 내릴 수 있는 인간의 정신이 아니라, 상황적이고 물질적 신체이며 컴퓨터가 인간의 경험을 모두 데이터베이스화 할 수 있다고 하더라고 신체화된 존재가 순간 순간 새롭게 경험함으로 누적시키는 데이터를 능가 할 수 없기 때문이다. 드라이푸스는 인간이 컴퓨터의 추월을 허용하지 않은 것을 이렇게 설명한다.

> "아무리 정교하게 구성된 기계들이라도 그것이 인간들과 다를 수밖에 없는 것은, 분리된 보편적이고 비물질적인 영혼(데카르트의 견해)때문이 아니라, 분리되지 않은 상황적이고 물질적인 신체 때문이다."[75]

이러한 관점에서 인간의 육체에 대한 새로운 인식이 필요하다. 인간의 육체는 세상과 인간이 상호 작용하는 가장 기본적인 장이며 우리의 지각의 체계가 구성되는 시작 지점이다.[76] 지각은 인간육체의 객관적이고 수동적인 감각체계상에 감각－데이터를 쏟아 붓는 것이 아니라, 인간이 세계를 경험하고 관여할 수 있는 토대이다.[77] 인간은 지각하는 사람으로서 단순히 물리적 법칙이나 생물학적 패턴으로 설명될 수 없는, 의미 있게 생각하고 행동하며, 정서와 감정, 개인 역사와 복잡한 사회관계를 가지고 있는 의식적 주체로서 개인적 관점에서 세계를 지각 한다.[78] 인간은 세계와의 상호 작용을 통해 주변 대상에서 의미를 발견하고 몸을 통해 세계에 관여하므로, 육체는 세계와 소통하는 살아 있는 육체, 체험하는 육체, 느끼는 육체, 육체와 의식이 분리되지 않는 인간 몸이다. 또 인간의 육체는 역사를 통해서 시공간과 얽힌 상태로 존재하며 중립적이고 순수 보편적인 공간이나 보편적인 시간 속에 던져져 있는 것이 아니라 역사적 시공간에서 존재한다. 이러한 인체의 육체는 포스트휴먼시대에는 오히려 인간과 기계를 구분하는 핵심 요소로 남을 것이다.

유토피아

근대 여명기 중국의 유토피아 소설에서는 정신과 육체, 영혼과 물질이 통합된 이상적인 사회의 풍경이 그려졌다. 청말의 강유위의 『대동서』는 미래에 도래할 이상사회를 이렇게 그리고 있다.

> "대동세에는 단지 공공의 집과 여관이 있을 뿐, 개인의 집은 없다. 그러므로 함께 줄지어 앉아 식사를 한다. … 기계가 발달하여 개인 방으로 음식을 들여보내 먹는 것을 즐거움으로 여긴다. … 대동세에는 의복에 구별이 없다. 귀천이 없고 남녀를 구별짓지 않으며 … 단지 어진 자와 지혜로운 자만은 구별을 두어서 발전을 장려할 뿐이다. … 대동세에는 사람들이 걱정하는 바가 … 오직 오래 살기만을 생각한다. … 마침내 사람은 태어나지도 죽지도 않고 더하지도 덜하지도 않은 경지에 이르게 될 것이다. … 마지막 단계에서는 빛과 전기를 타고 기를 조절해서 지구를 벗어나 다른 별로 가게도 된다."[79]

강유위가 꿈꾼 대동사회는 앞에서 예를 든 대부분의 SF 영화의 종국처럼 우울한 디스토피아로 전락하지 않는다. 강유위의 대동사회는 정신과 육체, 영혼과 물질의 대립을 초월한 새로운 세계로의 진입을 꿈꾸고 있다. 과연 인류는 이처럼 도약할 수 있을 것인가?

어떤 이들은 인간이 우리의 마음을 컴퓨터나 네트워크에 심어 놓음으로써 재앙을 피하고 유토피아에 이를 수 있을 것이라고 말한다. 우리는 기계와 완전히 하나가 되는 경계에 있다고 제안하는 사람도 많이 있다. 그들은 인간이 인간이기를 그만두는 점까지 인간의 잠재력을 극대화 할 수 있다고 그리고 그것을 '선'한 것으로 믿으며 그것은 단지 시간문제라고 여긴다. 몸체 없이 우리의 마음을 다른 개체에 단순히 이동할 것이라는 사고에 타당성이 있을까?

무엇이든 본래의 모습을 왜곡시켜 그것을 신처럼 받들어 우상으로 만들면 해방의 단초가 되었던 것이 도리어 억압의 도구가 될수 있다. 과학기술의 도구적 성격만을 유일하고 참된 가치로 여기고 생산을 위한 '도구'만으로 여길 때, 삶의 '방식' 또는 '방법'으로서의 과학기술이 과학기술주의로 변한다.[80] 삶의 방식, 삶의 진리를 '드러내는' 과학기술은 관념이 아니라 구체적으로 인간의 실존적 삶과 함께 존재한다. 그래서 히포크라테스가 말한 "테크네는 길고 인생은 짧다."는 말에서 테크네 곧 기술이 예술인 것이다.

흔히 유토피아라 하면 비현실적인 공상을 연상하지만 서양 사람들이 유토피아란 말로 표현하고지 했던 것은 끊임없이 새로운 것을 추구하는 정신이다. 에른스트 블로흐가 그의 책 『희망의 원리(Das Prinzip Hoffnung)』에서 강조한 유토피아 정신의 핵심은 '새 것(Novum)'이며 유토피아적 의식은 앞을 향해, 전혀 새로운 미래를 향해 열린 전의식(pro-conscience)이다.[81] 그러므로 유토피아의 핵심인 새로움은 현질서와 어긋나는 정신을 창출함으로써 현실에 대한 비판력을 배양한다. 만하임이 그의 책 『이데올로기와 유토피아』에서 말한 유토피아 정신도 현실을 부정하고 해체하여 새 질서를 구축하는 비판적 정신이며 희망의 실현을 '바람'이다.[82] 이 바람은 실현을 몰고 오고 강한 실현욕구로 말미암아 미래가 현재화되는 것이므로 유토피아 정신, 곧 새 것을 향한 희망의 정신은 새 질서를 간절히 바람으로써 지금 여기 실현코자 하는 역동적 실천력이다.

포스트 휴머니즘

NBRIC 기술이 제시하는 포스트휴먼의 시대는 가상현실이기보다 혼합현실이다. 가상현실이 물리적 세계와 구분되는 별도의 정보공간이라면 혼합현실은 기술이 우리의 몸과 일상생활에 스며들어 있는 상황, 즉 인간과 자연계 그리고 물리적 세계와 가상세계가 섞여 있는 현실이다. 이 현실에서 인간 기능은 변화되고 사회 기능도 변화며 인간의 정체성이나 도덕성에 새로운 문제들이 제기된다. 그래함(Graham)[83]은 현재의 포스트모던 상황을 휴먼의 메커니즘화, 자연의 기술화, 유전자 이식 과정,

신체의 경계를 없애버리는 것, 그리고 새로운 사회세계의 창조 등으로 표현한다.

인간의 꿈속에는 늘 새로움에 대한 열망과 두려움이 공존한다. 그래서 새로운 지식에 대한 환상을 가지고 새로운 것을 열망하면서도 인간은 또한 그것에 대한 두려움을 가진다. 기계와 인간 그리고 실체와 가상의 혼성적 실재가 어디까지 허용될 것인가? 그로 인해 양적 질적으로 확대되는 인간의 능력이 실제로 인간의 삶에 행복을 가져올 것인가? 오히려 인간의 생존 자체를 위협하는 포스트휴먼이 출현하면, 마치 어떤 유인원이 생의 역사에서 탈락했듯이, 근대적 휴머니즘에서 세계의 중심으로 자부했던 인간이 종말을 맞이하는 것은 아닌가?

인간이 모든 가치를 포스트휴먼적으로 전환 하는 순간, 휴머니즘의 혼란을 겪으며 '인간 이후'를 새로 규정하는 자리에 서게 된다. 니체가 '모든 가치의 전복'이라고 말할 때 그것은 가치의 절하나 파괴를 의미하는 것이 아니다. 또 '다른' 인간의 발견을 의미하였다. 포스트휴먼적인 전환의 도전도 한편으로는 '너무나 인간적인 것'의 기술적 연속선 상에 있다. 만약 인간 '그 자체'를 완전히 새롭게, 즉 탈인간적으로 설명하고자 하는 한 인간 존재에는 도달하지 못하며 기술적 증명이라는 환상

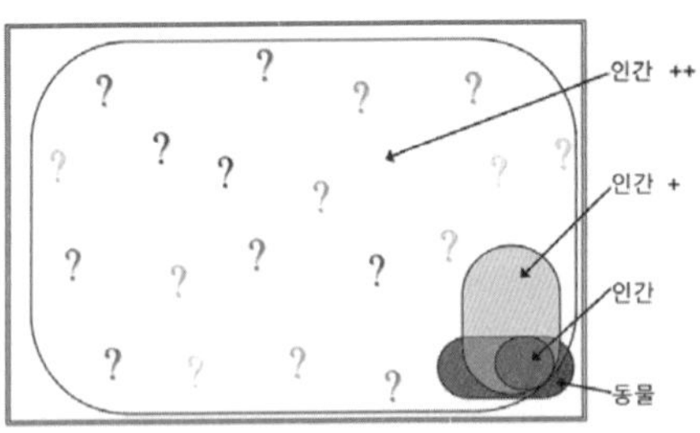

| 그림 사진 13.7 |

〈인간에게 허용된 존재 양식의 공간〉(위)[84], 가상의 포스트휴먼(아래)[85]: 현재 나는 이 그림의 'humans'인가 'humans+'인가? 가능한 존재 양식의 공간에서 인간에게 접근 가능한 것은 조그만 집합에 불과하다. 생물학적 조건 아래서 인간은 사고와 감정, 삶과 수명 등 모든 것에서 정말 많은 제한을 받고 있다. 인간이 누리는 풍성한 삶과 관계들이 가장 똑똑한 침팬지에게 조차 허용되고 있지 않듯이, 인간의 이해 밖에는 많은 가치들이 있다. 이것들은 현재로서는 실현 불가능하다. 인간이 새로운 능력을 가지고 스스로를 확장하면 더 넓은 존재 양식에 접근가능하게 될 것이다.

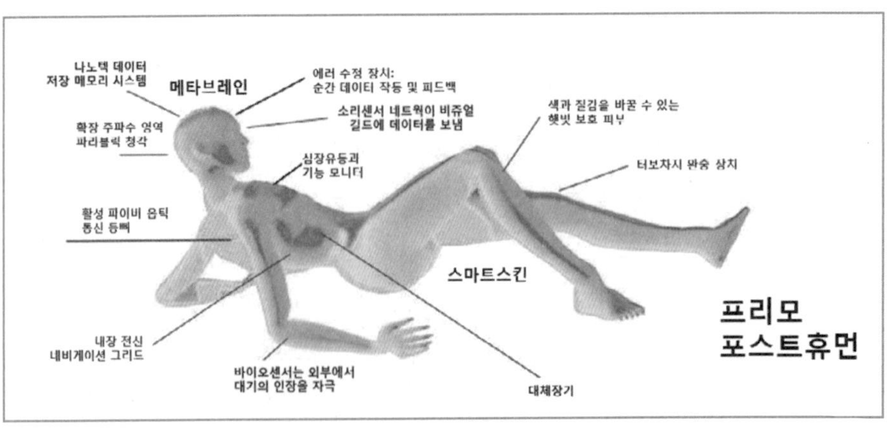

때문에 인간은 더 불투명해진다.[86]

인간은 고대로부터 인간을 넘어서는 것을 추구해왔었으며 인간을 부정하고 극복하는 것은 항상 휴머니즘의 한 부분이었다. 결국 휴머니즘의 밑바탕에는 인간적인 것과 인간적이지 않은, 인간을 초월하는 것의 '이중대립'이 놓여 있다. 그러므로 '항상 휴머니즘 내부에서 행해지는 인간적인 것과 인간적이지 않은 것 사이의 이중적인 대립의 해체'에 귀기울이는 것이 중요하다. 왜냐하면 "인간중심주의는 항상 자기 자신을 극복하는 것을 전제로 하기 때문이다."[87] 그러므로 포스트휴머니즘을 휴머니즘 속에 항상 존재하는 도전으로 바라보고 포스트휴먼화를 '우리' 인류의 지속적인 변화 과정으로[88] 이해하는 것이 요구된다. 챔버스, Chambers는 서구 기독교 전통에서 휴머니즘은 항상 포스트휴머니즘과 함께했으며, 적어도 포스트휴먼의 영혼이자 동시에 휴머니즘을 새롭게 하는 결과를 불러오는 인간의 종말과 함께했으며 포스트휴머니즘은 항상 휴머니즘 전통에 부분적으로 억눌려 있었다. 따라서 피할 수 없는 기술적 종말론과 인간 종의 기술 진화적 해체는 휴머니즘 내에서 그리고 휴머니즘을 통해서 포스트휴머니즘을 억압하는 순간일 수 있다.[89]고 말한다.

인류 역사에서 포스트휴먼적인 표현 양태는 현대에 처음 새롭게 등장한 것이 아니다. 다만 지금 회자되고 있는 그 양태의 대부분이 자본 중심적인 기술산업과 문화산업이 주도하는 사이보그, 인공지능, 로봇 그리고 이와 유사한 모습들로 제시되고 있음을 유의할 필요가 있다. 포스트휴먼 문화는 기술에 대한 '배타적 비판' 더 나아가 '비판적 거부'가 아니라 인간-기계, 인간-동물, 자연-문화, 정신-자연과 같은 근원적 대립을 해체하는 것이며 휴머니티와 기술의 논리적 연결을 지식자본주의 혹은 기술-도구와 지식-이윤의 논리를 넘어서 '순수한' 인간의 자연성이 창발적 진화를 통하여 새로운 형태로 공진화하는 '횡단(Crossover) 문화'[90]로 간주되어야 한다. '현재적 탈휴먼성'의 점진적인 증가는 항상 역동적인 휴머니티의 근본요소이며 동력이자 텔로스(telos)였다. 역사에서 지속되어왔던 휴먼화는 이러한 고유한 '현재적 탈휴먼화'로 말미암아 지속되어왔다. 포스트휴머니즘은 휴먼화와 탈휴먼화의 변증법적 연속이며 휴머니즘에서 억압된 것 비휴먼적인 것 또는 반 인간적인 것들이 완전히 다른 의미에서 해체되는 것으로 간주되어야 한다.[91] 기술 발전의 양가성이 생존과 탐욕의 제로섬 게임이 되지 않고, 자아를 제한하는 것이 새로운 권위주의로 이어지지 않아야 할 포스트휴먼의 문화 속에서 이 문화에 대한 성찰이 요구된다. 궁극적으로 휴머니즘과 포스트휴머니즘은 상보적으로 휴머니티를 발현하는 도상에 있는 것으로 보아야 한다.

생각해보기

1. 분열될 수 있는 인간 주체와 나와 분리되어 존재하는 또 하나의 '몸'에 대한 관심은 이중자아 혹은 분신이라는 문학과 영화의 도플갱어(Doppelgänger) 모티프를 만들어냈다. '두렵고 낯선' 도플갱어의 존재는 신체와 의식이 미리 필연적으로 결합된 것이라는 이상적인 인간상을 거부하고 '나'이면서 또한 '타자'가 되는 포스트-휴먼의 정체성을 예술적으로 선취해낸다. 자신의 경험으로 도플갱어 모티프를 써보자.
2. 인간의 상상력은 인간과 기술, 기술과 예술, 가상과 실재를 넘나들면서 새로운 세상을 모색한다. NBRIC 기술은 계속해서 서로 합쳐지고 변하고 전진해 나가는 시대에 어떤 방향으로 향해갈지 예측할 수 없다. 기술이 복잡성, 창발성, 자기생성성을 키워드로 삼아 새로운 혼종의 문화를 촉진하고 있음은 분명하다. 사이버 문화는 인간과 기계의 공생이라는 새로운 길을 열어놓았다. 자신의 간단한 SF 모티브를 써보자.
3. 휴버트 드라이푸스(Hubert Dreyfus)는 「기술습득의 5단계(NACPE: Novice, Advanced Novice, Competence, Proficient, Expert)」에서 인간과 컴퓨터가 같은 일을 배우기 시작한다면 컴퓨터의 구조적인 특징상 셋째 단계까지는 컴퓨터가 혹 앞설 수도 있겠지만, 넷째 단계에 들어서면 인간을 앞지르게 했던 컴퓨터의 구조적인 특징, 즉 계산적 합리성이 오히려 컴퓨터가 인간을 앞지를 수 없도록 만든다고 한다. 이 주장의 근거는 인간의 몸에 있다. 각자 혹은 조원들과 함께 정보전달의 수단으로서 인간의 몸에 대하여 그리고 "컴퓨터는 인간의 인식 능력을 능가할 수 있을까?" 라는 질문에 대하여 토론하고 정리해보자.
4. 인간이 모든 가치를 포스트휴먼적으로 전환하는 순간, 휴머니즘의 혼란을 겪으며 '인간 이후'를 새로 규정하는 자리에 서게 된다. 인간은 고대로부터 초인간적인 것에 매료되어 왔었으며 인간을 극복하는 것은 항상 휴머니즘의 한 부분이었다. 결국 휴머니즘의 밑바탕에는 인간적인 것과 인간적이지 않은 것의 '이중대립'이 놓여 있었다. 포스트휴머니즘은 휴머니즘에서 억압된 것 반인간적인 것들을 해체하는 것이라는 의미에서 휴머니즘 속에 들어 있는 반인간적인 것을 토론하고 포스트휴머니즘에서 이러한 것을 어떻게 휴머니티의 실현으로 발전시킬 수 있는지 토론하고 기록해보자.
5. 프랑스 계몽주의 사상가인 라 메트리는 「인간기계론 L' Homme Machine」(1748)에서 물질이 인간의 영혼까지 포함한 모든 자연현상의 근원이라는 생각 하에 "영혼의 여러 가지 상태는 항상 육체의 여러 가지 상태와 상호 관련되어 있다" 고 주장하고 인간의 상상력도 뇌의 작용이라는 관점에서 정신의 모든 능력을 상상력으로 환원하고 유기체의 조직이 정신을 존재하게 한다고 보았다. 그는 데카르트의 육체-영혼 이원론을 반박하면서 당시에 유행하던 '인간기계론' 이 육체에 한정되어 시계장치와 같은 인간을 의미한 것과는 달리 인간의 육체는 물론 사고와 감각까지 물질의 복잡한 작용의 결과라는, 현대의 뇌과학과 인지공학의 맹아적 단계를 포함한 진전된 '인간기계론' 에 이르렀다. 데카르트의 육체-영혼 이원론과 라 메트리의 '인간기계론' 을 조사하여 비교 고찰하고 라 메트리의 '인간기계론' 에 대한 자신의 견해를 써보자.

제14장 사고의 전향

인류는 광범위한 분야에 걸쳐서 기존의 방법으로는 해석이 되지 않는 새롭고 복잡한 문제들을 직면하고 있다. 현대 과학은 스스로 새로운 문제를 제기했으며 과학의 지평선은 열리기 시작했으나 인간은 아직 그 지평선에 이르지 못하였다. 뿐만 아니라 지평선에 다가 갈수록 그 지평선은 더 멀어지고 더 커진다. 더욱 중요한 것은 지금까지의 과학이 자연의 생명체와 현상을 대상화시키고, 그것을 삶의 모든 연관들로부터 분리시켜서 개체화시키며, 더 이상 나눌 수 없는 가장 작은 단위체로 요소화 시켜서 분석해온 방식에 대하여 새로운 문제의식이 제기되고 있는 것이다. 인간은 기존의 언어로, 독립된 개념들로 사유하기 때문에 한 대상의 주위를 바라보는 여러 개념들로 사물을 분석했던 것이 지금까지 과학적 분석의 일상적인 방식이었다. 복잡한 체계들이 결정론적, 환원주의적 사고방식으로 이해될 수 있을까? 인간의 개념 내지 개념적 틀은 제한되어있고 이 개념들을 사용하는 인간의 인식은 언제나 제한될 수밖에 없다. 인간이 자연과 사회의 계들에 대해 인식하는 것도 한 측면에 불과할 뿐이다. 인간이 사물을 파악하는 능력은, 자신을 포함한 그들을 생태계의 원리 곧 전체 안에 있는 모든 개체들이 독자성을 가지는 동시에 서로 결합되어 있으며, 서로 영향을 주고받는다는 개념을 통해서 보완될 수 있다. 자연 시스템은 통합된 전체이며, 그 성질들은 작은 단위의 성질로 환원될 수 없으며 물질적으로 또는 이론적으로 해부되어 고립된 요소로 되었을 때는 시스템의 성질은 파괴된다. 개별적인 부분을 식별할 수는 있으나, 전체의 본질은 부분들의 단순한 총계와는 다르며 이 시스템은 본질적으로 역동적인 성질을 가지고 있다. 이 장에서는 지금까지 과학기술을 주도해온 방법론을 성찰하고 지구의 모든 생명체들도 본래적 가치를 지니고 또 인간은 자연의 틀에서 분리될 수 없기 때문에 인간과 자연을 전일성의 개념으로 이해하는 심층생태주의를 고찰한다.

14.1 회고와 반성

고대로부터 인간은 세계의 합리성을 규명하고자 노력하여 왔다. 그런데 근대 이후로 인간은 세계의 합리성을 규명하고자 하는 그의 노력을 단지 합목적성과 효용성과 이용 가치에 고정시켰다. 근대사는 자연과학적 인식과 기술적, 경제적 효용 가치를 얻으려는 인간의 경쟁으로 점철되어왔다. 이리하여 인식하고 행동하는 주체로서의 인간은 그 자신을 담지하고 있는 자연의 세계로부터 자기를 분리시키고, 자연의 세계를 자기 마음대로 치리할 수 있는 대상으로 간주해왔다. 인간이 자연을 대상으로 목적과 목표를 설정하고, 자연의 효용 가치와 이용 가치의 양과 형식을 자기의 뜻에 따라 결정해왔다. 진보 사상에 경도되어, 인간의 삶의 세계는 기술적, 경제적으로 조작되며, 물질적 진보가 모든 목적들의 최고 목적이 되고, 모든 사물들의 평가기준이 되었다.

근대의 인간 중심적 세계관 내지 자연관은 칸트와 피히테의 관념주의 철학을 통하여 공고하게 되었다. 칸트(I. Kant)는 자연 그 자체는 파악될 수 없으며 인간의 이성의 원리들에 의하여 파악되는 범위에서만 파악될 수 있으며 인간의 이성의 인식원리에 따라 파악되고 형성되어야 할 것으로 생각하였고,[1] 피히테(Fichte)는 '주관적 관념론'에서 자연의 세계는 인간의 자기의식에 의하여 정립되어진 것에 불과하며 인간 바깥에 있는 감각적 자연의 세계는 경험적 자아 속에서 나타나는 '의식 일반'의 산물[2]에 불과하고 인간 자아의 '실천적 이성의 활동을 위한 재료'일 뿐이라고 보았다. 또 자연이 존재하는 것은, '우리가 그 속에서 활동하기 위함이라'[3]고 보았다. 맑스(Karl Marx)에 이르러 관념론적 주관주의가 극복되고, 자연의 독립적 존재와 가치를 회복할 수 있는 자연철학적 사유의 가능성이 제시되었다. 맑스에게 자연의 세계는 인간의 자기의식에 의하여 '정립된 것', 자기의식의 '단순한 산물'이 아니라, 인간에 대하여 대상으로서 존재하는 '독립적인 것, 본질적인 것'이고[4] 인간도 '사유하는 존재', '정신적 존재'가 아니라 '자연적 존재'이며 '감각적 존재'이며 자연과 인간은 독립된 대상으로 존재하였다. 그러나 맑스는 그의 '자본론'에서는 자연을 인간을 위하여 사용되어야 할 대상과 재료로 파악하고 자연은 "거대한 과학기술의 수단들을 통하여 노동과 시간을 가장 적게 소비함으로써 지배되어야 하며, 생각될 수 있는 모든 소비재의 물질적 기초로서 모든 인간을 위하여 봉사해야 한다."[5]고 봄으로써 인식의 한계를 드러내었다.

직관과 지적 공감

지금까지의 과학은 자연의 생명체와 현상을 먼저 인간이 지배 할 것으로 대상화시키고, 그것을 삶의 모든 연관들로부터 분리시켜서 개체화시키며, 그것을 분석하여 더 이상 나눌 수 없는 가장 작은 단위체로 요소화시켰다. 그리고 각 단위에서 추출된 결과들을 재구성함으로 그 생명체 혹은 현상을 이해한다. 여기서 베르그송(Henri-Louis Bergson, 1859~1941년)과 화이트헤드(Alfred North Whitehead, 186~1947년)는 자연이 실제로 공간 안에 자리잡고 있는 불활성적인 물질적 대상으로 구성되었는지 또 인간의 지성이 사물과 현상을 지배하는 질서를 '그 외부에서' 발견할 수 있을지에 대해서 의문을 가졌다. 만일 자연의 기본적 실재가 물질적이고 각 부분이 기계 조직으로 이뤄졌다면 그 속에서 어떻게 새로움이 있을 수 있을까? 간단히 말해 불활성적 물질은 어떻게 진화할 수 있을까? 생명이 없는 자연이라는 입장을 가진 인간이 갖는 생명에 대한 구체적 경험을 어떻게 설명할 수 있을까? 또한 인간의 자유는 철저하게 기계적인 우주 안에서 어떻게 설명될 수 있을까?라는 의문을 제기하였다.[8] 과학자들은 하나 둘씩 찾아낸 현상과 그것으로부터 끌어낸 관념들이 지금까지 그들의 사고를 지배하고 표현 양식을 형성해 온 분석적 사고와 어울리지 않는다는 생각에 이르렀다. 화이트헤드는 새롭게 생겨나는 물리학의 수많은 의미들을 들추어내면서 과학 안에서 자신의 형이상학으로 이동해 갔다. 베르그송도 형이상학과 과학이 서로를 풍요롭게 해줄 수 있다고 생각했다.[9]

베르그송은 인식의 두 가지 양태를 설명하면서 공간상의 물체의 운동을 이렇게 설명한다.

> 내가 이 운동을 묘사하려 할 때 그것에 대한 나의 표현은 내가 그것과 관계하고 있는 관계 양상에 따라 달라질 것이다. 움직이는 대상을 묘사하고 관찰하는 모든 경우에 나는 그것의 외부에 위치해 있다. 대상의 운동을 묘사하면서 나는 단일 구간들로 분할된 선을 상상하며 축을 가진 그래프상의 일련의 점들, 다시 말해 물체가 운동하고 있다고 생각되는 일련의 점들을 통해 이 선을 표현한다. 자신이 운동하는 대상 내부에 들어가 있다고 생각해 보라. 그러면 나는 단지 점과 거리의 단위 구간으로서 구성된 기호적 언어로 표현된 대상이 아닌 실재 있는 그대로의 움직이는 대상을 인식할 것이다. 왜냐하면 나는 대상 그 자체의 내부에 있기 때문에 내가 경험하는 것은 대상을 보는 나의 관점에 의존하지 않는다. 또한 나는 원초적인 것을 얻기 위하여 모든 다른 번역을 거부했기 때문에 운동의 묘사에 사용되는 기호에도 의존하지 않는다.[10]

| 그림 사진 14.1 |

〈눈보라 속의 증기선〉[6](상), 윌리엄 터너 J. M. W. Turner (1775~1851년), 1842년, 캔버스 유채, 런던 테이트 갤러리: 18세기 후반 영국에서 동시대인으로서 전혀 다른 방식으로 풍경의 표상을 지어낸 두 화가 터너와 컨스터블이 있다. 터너는 그는 자신의 눈에 보이는 것들을 자세하게 그린 것이 아니라, 생동하는 자연 속에 들어섬으로써만 가질 수 있는 낭만적이고 역동적인 세계를 그렸다. 형체를 알 수 없는 증기선, 간신히 드러나 당시의 위급함을 말하는 깃발, 주위에 휘몰아치는 폭풍과 파도, 화가 자신이 눈보라 속의 증기선을 타고 있지 않으면 느끼기 어려운 인상이 그려졌다.; 『건초 마차』[7](하), 존 컨스턴불, 1821년, 캔버스 유채, 130.2×185.4cm, 런던 국립미술관: 컨스터블는, 터너와 달리, 전통적인 기준에서 '한 폭의 그림 같은' 소재를 택하였고 자연은 자신이 그 속에 있는 것이 아니라 다소 떨어져서 관조하는 사람에게 보이는, 목가적인 장면들이었다. 이 두 그림에서 지적 공감이 갖는 의미가 확연히 드러난다.

그는 기술과 분석에는 기호들의 사용이 불가피하며 이들 기호는 일정한 시야에서 바라본, 또는 기호들이 표현하고자 하는 그 대상에 견주어 볼 때 항상 불완전하다는 것을 지적한다. 파리지앵이 상상할 수 있는 모든 시야에서 파리의 사진을 찍든가 또는 파리를 영화 필름에 담는다 할지라도 그것은 그가 살고 있고 걸어 다니는 파리 전체와 같아질 수 없다. 우리가 집의 거실에서 조그만 TV로 영화를 보는 것과 전용 극장의 대형 화면과 입체 음향 속에서 영화 장면에 몰입하여 감상할 때의 차이를 생각해 보라. 그림 사진 14.1의 두 그림의 차이를 생각해보라. 이처럼 우리는 기호나 별도의 분석 도구에 의존하여 상대적으로 알 수 있는 다른 표현이나 모사물과 달리 단지 그 속에 들어감으로써만 알 수 있는 근원성이 있다.[11] 더욱 엄밀하게 말해 어떤 한 대상의 주위를 맴도는 것과 그 안에 들어간다는 것은 같지 않다. 한 대상의 주위를 맴돈다는 것은 베르그송에게 분석이라 부르는 지성의 특별한 활동을 의미하였고 대상 속으로 들어간다는 것은 베르그송에게 직관 intuition을 의미하였다. 직관에 의해 대상의 내부로 파고 들어가 대상이 가지고 있는 독특한 것, 즉 표현할 수 없는 것과 합일하는 것을 그는 지적 공감(intellectual sympathy)이라고 하였다.[12]

베르그송에세 과학적 추론이 분석에 기초하는 한 그것은 분석하고자 하는 모든 대상의 본질을 왜곡시킬 뿐이다. 왜냐하면 분석은 대상을 이미 알고 있는 요소로 환원하는 작업이기 때문이다. 다시 말해 이 대상과 다른 대상에 공통적인 요소로 환원하는 작업이기 때문이다.[13] 장미를 분석하려고 정원의 장미를 따서 그 성분들을 분석하고 그 결과로부터 장미에 대한 지식을 이끌어낸다. 그러나 그러한 분석 과정에서 이 장미는 이미 정원에 있는 장미와 같은 것이 아니다. 이와 같이 분석적인 지성은 대상의 본질을 파괴함으로써 그것을 알아내는 방법이다. 사물과 형상의 본질은 역동적이고 생동적이며 연속적인 존재 즉 지속되고 있는 존재이므로 분석은 본질적인 지속을 방해하며 삶과 운동을 정지시키고 또한 참된 삶 안에서 통합되고 유기적이며 역동적인 실재를 여러 개의 정태적인 개체로 분리시킨다.[14]

지속과 생성

과학의 언어는 기호를 사용하여 이 정태적이고 연결되지 않은 사물들의 개념을 확정하고, 한 사물을 보는 여러 방식에 필요한 많은 기호들을 사용하여 각각의 새로운 대상을 기술한다. 그러나 우리는 언어에 의해, 단일 개념들에 의해 사유하기 때문에 한 대상의 주위를 바라보는 여러 개념에 의해 사물을 분석하려는 것이 과학적 분석의 일상적인 기능이다. 생명을 다루는 과학에서조차 여러 형태를 서로 비교하고 가장 복잡한 형태를 가장 단순한 형태로 환원하며 결국 생명의 기능을 생명의 시각적

기호로 연구 한다.[15)]

베르그송은 고대의 여러 철학 체계들이 지속이나 생성을 심각하게 다루지 못했다는 사실을 비판한다. 고대에서 근대에 이르기까지, 플라톤, 데카르트, 칸트와 같은 철학자들 대부분이 세계를 고정된 사유의 구조를 통해 해석하려고 했던 것과는 달리 베르그송은 지속 안에서 사유하여야 참된 실재를 파악할 수 있다. 또한 그러한 사유에 의해서 우리는 지성에 의해 창출된 공간화된 시간과 달리 더욱 정확한 시간의 개념, 즉 실재적이고 지속적인 시간의 개념을 얻게 된다.[16)] 그에게 위치라고 하는 것은 지성의 억측에 불과한 것이며 시간의 단위 구간 역시 실제로는 지속적인 흐름인 것을 분석적인 지성이 분할한 인위적인 단편들에 불과하다. 분석은 정태적인 부분들을 파악할 수 있을지라도 운동이나 지속은 파악하지 못한다. 오직 직관만이 지속을 파악할 수 있다. 모든 실재는 지속이며 완성되어 있는 사물들로 구성되어 있는 것이 아니라 오직 형성되고 있는 사물들로 구성되어 있고, 유지되고 있는 상태가 아니라 오직 변화하는 제 상태로 구성되어 있다.[17)]

창조적 진화

한 종 내에서 변종은 어떻게 생겨났을까? 다윈은 한 종의 부류 가운데 변종들이 있음을 단순히 지적했으며, 드브리스는 돌연변이를 개체가 생존에 유리한 변종을 소유하게 되는 조건으로 보았다. 그러나 다윈이나 드브리스도 한 종 안에서 어떻게 그러한 변종이 생길 수 있는지에 대해서는 설명하지 않고 단지 유기체의 어느 부분이 자연선택을 따라 느리게 또는 빠르게 변화를 일으킨 것이라고 추측했다. 이러한 설명은 유기체의 기능적인 통일성, 즉 한 부분에 변화가 생기면 유기체 전체에 변화가 일어나야 한다는 점을 간과하고 있다.[18)]

베르그송은 진화를 생동적인 힘, 즉 모든 유기체를 계속해서 더욱 복잡하고 더욱 고등적인 형태의 유기적 구조로 향하게 하는 '생의 약동'으로 설명한다. 생의 약동은 모든 생물의 근본적인 내적 요소이며 모든 사물을 통하여 깨어지지 않은 연속성 속에서 운동하는 창조력이다. 분석은 단지 정태적인 사물들만을 파악할 수 있기 때문에 지속과 운동의 본질인 생의 약동을 파악할 수 없었다. 직관을 추구하는 베르그송에게 활동력 없는 상태, 죽은 사물, 정적인 존재는 없으며 모든 것은 과정 속에 있는데 그것은 우리들 자신과 그 밖의 모든 것의 내적 생명의 질(質)이다. 그럼에도 불구하고 현대인들은 주위의 사물들을 측량하는 일에 골몰하여 보통 우리들 자신 속에 있는 지속을 간과한다.[19)] 그는 생명의 진화 내력, 심지어 우주 발전의 내력을, 생명력의 끊임없는 창조적인 성과로 이해한다. 자연 안에서 일어나는 무수한 변화의 배후에 불변하는 실체가 있는 것이 아니라 모든 것의 실재 그 자체가 끊임없이 새로워지는 것이다. 진화에는 미리 작정된 종국도 없으며 과거에 지나온 길을 반영하는 법칙들의 테두리 속에 국한되어 있지 않다. 모든 변화는 예측 불가능성 위에 있으며 이 예측 불가능성은 단순히 사물들의 본성을 우리가 샅샅이 알지 못해서 그러한 것이 아니라 창조적인 에너지가 낡은 형태들이 스스로 산출할 수 없었던 새로운 형태들을 자유로이 산출하기 때문이다.[20]

생의 약동은 모든 사물의 동기가 되며 곧 근본적인 실재이며 생의 약동 그 자체는 의식을 닮고 의식으로부터 생과 생의 모든 창조적 가능성이 생겨난다.[21] 그러므로 미래가 열려 있고 진화는 창조적이다. 예정된 최종의 목적은 없으나 지속은 영구적으로 흘러가며 자신의 작품을 창조하기 전에는 자기가 무엇을 창조할 것이라는 사실을 미리 알지 못하는 예술가처럼 지속은 항상 매우 새로운 사건들을 생성한다. (잭슨 폴록의 그림 '가을 리듬'을 보라, 그림 사진 1.4) 베르그송은 생의 약동은 신 자신은 아닐지라도 생의 약동에서 드러나는 창조적 노력은 신의 그것이라고 말한다.[22] 이것이 그의 창조적 진화이다.

14.2 과학에의 성찰

통일성, 보편성 그리고 객관성의 추구로서의 과학에 대한 비판적인 성찰이 일어나고 있다. 역사가 J. B. 베리는 1932년에 발간된 그의 저서 『진보의 이념(The Idea of Progress)』에서 이렇게 말했다.

> "과학은 지난 300~400년 동안 아무런 방해도 받지 않고 발전을 거듭해왔다. 모든 새로운 발견은 새로운 문제와 새로운 해결방법을 초래했고, 탐험을 위한 새로운 장을 열었다. 지금까지 과학자들은 단 한 번도 정지를 강요받지 않았고, 항상 더 나은 진보를 위한 수단을 찾을 수 있었다. 그렇다고 해서 과학자들이 넘을 수 없는 장벽에 부딪히는 사태는 절대로 일어나지 않으리라고 확신할 수 있겠는가?"[23]

진보에의 성찰

다윈이 등장한 이후 서구의 지식인들은, 영원할 수 있고 또 그래야 한다는 진보라는

개념에 매료되었다. 스텐트는 1978년에 발간된 그의 책 『진보의 역설』에서

> "다윈의 『종의 기원』이 출간된 이후, 진보라는 개념은 과학적 종교의 차원으로까지 발전하였다. … 이 낙관적 견해는 산업국가들 사이에서 너무도 폭넓게 확산되었기 때문에 … 진보가 종말을 맞이할지도 모른다는 주장은 근대 이전에 지구가 태양 주위를 돈다는 주장만큼이나 기이한 생각으로 간주되고 있다."[24)]

고 비판한다. 진보에 대한 경종은 오스발트 슈펭글러가 1918년에 발간한 저서 『서양의 몰락』에서 과학이 주기적으로 순환한다는 주장에서 이미 울렸다. 자연탐구와 새로운 이론의 창안이 활발하게 이루어지는 시기에 역설적으로 과학지식이 경직화되기에 이르렀다. 과학자들이 다른 신념 체계에 대해서 아량을 잃음으로써, 사회는 과학에 대해서 반발을 일으키고 그 대신 종교적 근본주의를 비롯한 그 밖의 비이성적인 신념 체계를 끌어안게 된다고 슈펭글러는 경고하면서 근대가 만개하고 현대의 대부분을 구성한 20세기의 말에 과학의 쇠퇴와 불합리성의 부활이 시작될 것 이라고 예견하였다.[25)] 저명한 생물학자이자 미국과학진흥협회회장인 벤틀리 글래스는 1971년 「사이언스」지에 "과학: 끝없는 지평선 또는 황금기?"라는 제목의 글에서 과학이 유한할뿐만 아니라 이미 그 끝이 보인다는 결론을 이렇게 내렸다.

> "우리는 마치 거대한 대륙을 탐험하는 탐험가와 흡사하다. 그런데 그 탐험가는 나침반이 가리키는 거의 모든 방향의 끝까지 도달했고, 주요 산맥과 강들을 지도에 그려 넣었다. 아직 채워 넣어야 할 무수한 세부적인 지형들이 남아 있기는 하지만, 더 이상 끝없는 지평선은 남아 있지 않다."[26)]

플루스 울트라

인간이 경험하는 것을 모두 하나의 꾸러미에 담아낼 수 있을까? 과학자들은 늘 그러한 꿈을 꿔왔다. 마치 뉴턴이 천체의 운동과 지상에서의 운동을 자신의 운동법칙으로 통일하고 다윈이 인간과 동물의 기원을 통일하고 이제 물질의 근원을 밝혀서 생물과 무생물의 근원을 하나로 통일하려고 하듯이 말이다. 그러나 칸트는 『학으로 성립할 수 있는 모든 미래의 형이상학에 대한 입문』에서 이미 "경험원리에 대해서 주어지는 모든 대답은 새로운 질문을 낳는다. 그 질문 역시 답을 요구하므로, 이는 이성을 만족시킬 수 있는 물리적인 모든 설명양식의 불충분함을 분명히 입증하는

것이다."라고 씀으로써 우리 정신의 내재적인 구조가 우리가 자연에 대해서 제기하는 물음과 그로부터 얻을 수 있는 답변 모두에 제약을 가한다고 주장했다.[27] 경험과학이 아무리 발전한다고 하더라도, 우리들의 상상력은 항상 그보다 한발 앞서나간다. 그 점이 우리가 궁극의, 즉 우리들의 호기심을 영원히 잠재울 수 있는 이론을 찾을 수 있으리라는 과학자들의 희망을 포기하게 만든다. 그러나 그것 때문에 역설적으로 과학자들은 끝없이 앞으로 나아가기도 한다. 근대과학의 기초를 닦은 인물들 가운데 한 사람인 프랜시스 베이컨은 과학의 무한한 가능성에 대한 자신의 신념을 '더 너머(more beyond)'[28]라는 뜻의 플루스 울트라(plus ultra)라는 말로 표현했다. 그러나 플루스 울트라는 자연을 탐구하는 방법으로서의 과학 그 자체에 대해서가 아니라 우리의 상상력에 적용되는 말이다. 우리의 상상력이 진화의 역사에 의해서 제약되기는 하지만, 상상력은 우리에게 항상 우리가 알고 있는 사실 너머로 모험을 감행할 수 있게 한다. 시인 존 키츠는 신비의 가장 심오한 영역에 대한 답할 수 없는 물음을 제기함으로써, 우리들의 모든 지식이 반쪽짜리에 불과하다는 사실을 일깨워준다.[29]

초끈이론[30]에 의하면, 시간과 공간에 대한 모든 의문이 더 이상 의미를 상실하게 되는 궁극의 크기(fundamental scale)가 존재한다.[31] 와인버그는 1993년의 저서 『궁극의 이론에 대한 꿈(Dreams of a Final Theory)』에서 과학을 추동시키는 힘이 '왜?'라는 지극히 단순한 의문인데 이 의문이 물리학자들을 자연의 본성 속으로 점점 더 깊이 끌고 들어가고 그 설명들이 단순한 원리로 수렴 되는 과정의 정점에 궁극의 이론이 있다[32]고 본다. 그러나 그는 초전도 초거대 입자가속기를 비롯해서 그 밖의 어떠한 가속기도 궁극의 이론을 직접 확인해줄 수는 없다는 사실을 시인할 수밖에 없었다. 물리학자들은 궁극의 이론은 실제적인 가치를 담고 있지 않을지도 모른다는 의문을 가지게 되었다. 와인버그는 "우주가 이해 가능해질수록 그 모습은 점점 더 무의미해질 것이다. … 우리가 근본적인 물리법칙을 더 많이 발견할수록, 그 법칙들은 점점 더 우리와 무관해지는 것 같다."[33]라고 하기도 하였다. 그는 수학자들이 공리를 증명하지 않듯이 물리학자들이 궁극의 이론을 증명할 수는 없다는 사실을 깨닫고 "나는 모든 것에 대해서 확신을 가지고 있다고 생각하지는 않는다. 그리스 시대로까지 거슬러 올라가는 과학철학의 상당 부분은 확실성에 대한 탐구로 오염되었다. 확실성에 대한 추구란, 제 생각에는, 잘못된 추구인 것 같다. 과학은 우리가 사물에 대해서 확실성을 가지지 못한다는 이유로 모두 비통한 마음으로 있기에는 아직도 충분히 흥미로운 주제이다."[34]라고 하였다. 과학은 우리 행동의 결과가 어떤 것인지를 아는 데에 분명히 도움을 준다. 그렇지만 우리가 바라는 어떤 일의 결과가 어떤 영향을 주위에 가져올지에 대해서는 말하지 않는다. 궁극의 이론으로 우주의 목적, 또는 스티븐 호킹의 표현을 빌리자면 '신의 마음(the mind of God)'이 밝혀지지는 않는다.

인류 원리

양자물리학에대한 코펜하겐해석에서 전자와 같은 실재는 실체가 없고, 관찰이라는 행위에 의해서 어느 하나로 강제되기 전까지는 무수히 많은 가능한 중첩된 상태들의 확률적 존재일 뿐이다. 그래서 전자나 광자는 실험적으로 어떻게 관찰되느냐에 따라서 입자처럼 행동할 수도 있고 파동처럼 행동할 수도 있다. 어떤 의미에서 우주도 관측이라는 행위를 필요로 하는 상호 대화적 현상인지도 모른다.

다행히 우주에서 지구는 생명이 출현할 만한 곳 즉 골디락스 영역(Goldilocks zone, 생명체 거주 가능 영역)에 자리잡았다.[36] 이 골디락스 인자들에 관하여 폴 데이비스는 "자연의 법칙들은 생명을 선호하도록 갖추어져 있다."[37]고 말한다. 생물 발생 연구의 개척자 중 한 명인 시릴 포남페루마(Cyril Ponnamperuma)는 생명의 "합성을 지향 하는 듯한 본질적인 특성이 원자와 분자에 있다."고 믿었다.[38] 이론생물학자 스튜어트 카우프먼(Stuart Kauffman)은 생명 발생 이전의 망을 모사하는 자신의 방대한 컴퓨터 시뮬레이션은 조건들이 알맞을 때 생명의 출현이 불가피하다는 것을 보여 준다고 말한다.[39] 생화학 연구로 노벨상을 받은 크리스티앙 드 뒤브(Christian de Duve)는 자신의 저서『생명의 먼지(Vital Dust)』에서 이렇게 말한다.

> "생명은 결정론적 힘들의 산물이다. 생명은 우세한 조건들 하에서 출현하게 되어 있었으며, 언제 어디서든 같은 조건이 형성될 때마다 마찬가지로 생겨날 것이다.

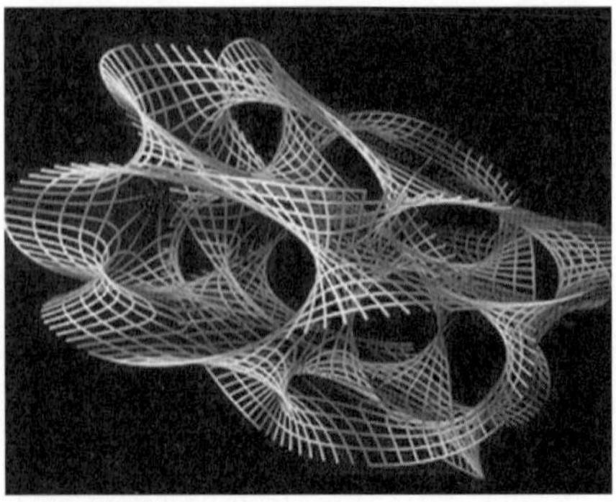

| 그림 사진 14.2 |

〈컴퓨터 그래픽으로 표현한 다차원 시공간〉: 왜 하필 지구가 태양으로부터 1억 5천만km 떨어져 있을까? 고전역학에서는 이 질문에 대한 답을 얻을 수 없다. 현대 물리학에서 지구가 그 보다 더 멀리 있거나 더 가까이 있다면 지구상에 생명체가 태어나 인간 같은 고등지식을 가진 생명으로 진화하지 못했을 것이라고 하는 설명은 인류원리에 근거한 것이다. 인류원리는 인간이라는 지적 생명체의 존재 자체가 어떤 물리계의 특성을 설명한다는 원리이며 곧 인간의 존재 자체가 우주의 근본적인 비밀에 대한 결정적인 단서라고 말한다. 인류원리가 각광을 받게 된 데에는 초끈 이론(Superstring theory)의 영향이 컸다.[35]

… 생명과 마음은 변덕스러운 사건의 결과가 아니라 우주라는 천에 적힌 그대로 물질의 자연스러운 발현 형태로서 출현한다.”[40]

1970년대, 마침내 과학은 인류원리(anthropic principle)[41]에 이르렀다. 인류원리란 인간이라는 지적 생명체의 존재 자체가 어떤 물리계의 특성을 설명한다는 원리이다. 이 우주에서 인간이 존재하기 위한 자연조건이 만족되려면 우주상수가 적절히 작은 값을 가져야 한다. 와인버그는 현재 물질의 질량밀도보다 약 5~10배 정도 큰 값의 우주상수까지는 인류원리가 허용한다고 추정했다. 현재로서는 인류원리만이 매우 작은 값의 우주상수를 설명할 수 있는 거의 유일한 방법이다.[42] 과학자들은 초끈이론에 근거해서[43] 물리적으로 가능한 초기상태가 무수하다고 한다, 그 중의 하나에 우리가 살고 있다는 것을 어떻게 증명할 수있을까? 과학자들은 과학의 원리로써 우주상수 문제를 해결하고 싶어 하지만 다시 인류원리에 의존할 수밖에 없을지도 모른다. 인류의 존재가 현재의 우주상수 값을 설명한다면, 그렇다면 우주가 처음 생길 때 먼 미래에 인류라는 지적 생명체의 존재를 미리 기획이라도 했을까? 과학이 진성 울트라 플러스의 상상력을 빌려야할 시점이다. 인류원리의 가장 핵심적인 주장은 우주가 현재의 모습일 수밖에 없다는 것이다. 만약 그렇지 않다면 우리가 여기에 존재하지도 않았을 것이고, 따라서 우주를 관찰할 수도 없기 때문이라는 것이다.[44]

묵시적 질서

아직 과학이 설명해야 할 많은 수수께끼가 남아 있다. 과학의 지평선은 우리들의 시대에 겨우 열리기 시작했다. 분자생물학, DNA, 뇌과학, 카오스, 우주론 등 우리는 아직 그 지평선에 조차 이르지 못하였다. 그런데 우리가 그 지평선에 다가 갈수록 그 지평선은 더 멀리 그리고 더 커진다. 마치 지식의 섬이 커질수록 무지의 해안선이 늘어나듯이. 그러나 인간은 언젠가는 궁극의 답을 발견하리라고 확신한다. 그것이 과학의 출발이다.

진리는 객관적으로 이해되는 무엇이라기보다는 어떤 의미에서 상상의 산물이다. 우리는 진리를 창조할뿐만 아니라 실재 자체가 우리가 제기하는 질문을 통해서 창조되는 것은 아닐까? 양자영역에는 무한한 수의 요동하는 파일럿—웨이브들로 구성되어 있는 장(field)이라고 하는 양자 포텐셜이 있다. 이러한 웨이브들이 겹쳐질 때 우리의 눈에 입자처럼 보이는 것이 나타나고, 현시적 질서가 구성된다. 근본적인 개념처럼 생각되는 시간과 공간은 어쩌면 아직까지 인간에게 드러나지 않은 묵시적 질서에 의해서 겉으로 드러난 현시에 불과할 수 있다.[45] 봄은 물리학자들이 묵시적 질서를 이해하기 위해서는 자연의 구성에 대한 근본적인 가정들을 부분적으로 폐기시켜야 할지도 모른다고 이렇게 말한다.

> "질서나 구조와 같은 근본적인 개념들이 무의식적으로 우리의 사고를 조건 지우고 있다. 그리고 새로운 종류의 이론들은 새로운 종류의 질서에 의존해야 한다."

계몽주의 시대에 뉴턴이나 데카르트와 같은 사상가들은 질서에 대한 고대의 유기체적 개념을 기계적 관점으로 대체시켰다. 상대성이론과 그 밖의 이론들의 등장으로 이 질서 개념에 수정이 가해지기는 했지만, 그럼에도 불구하고 "기본적인 개념은 아직도 좌표에 의해서 기술된 기계적인 질서 속에 있다."라고 봄은 주장한다.[46] 그에게 과학은 지식이 아니라 인식을 확장시키는 것이다. 끊임없이 실재와의 접촉을 좀 더 나은 방향으로 진전시키는 것이다. 미래의 과학자들은 실재를 모델링하는 데서 수학보다는 상징과 유추에서 새로운 근원을 도출할 것이라며 언젠가는 과학과 예술이 하나로 융합될 것이라고 예상한다. 과학과 예술의 분화는 일시적이고 과거에는 그러한 분리가 없었다. 그리고 미래에도 두 분야가 나뉘어 있어야 한다는 어떠한 이유도 없다. 예술이 예술작품만으로 이루어져 있는 것이 아니라 '예술적 태도, 예술적 정신'을 포함하는 것과 마찬가지로, 과학도 지식의 집적이 아니라 새로운 인식 양식의 창조를 포괄하므로 이미 획득된 지식에 매여 있기보다는 다른 식으로 인식하고 생각하는 능력이 훨씬 중요하다.[47]

카오스, 불안정성, 비선형 동역학, 기타 관련된 개념들은 과학자들뿐 아니라 일반인들 사이에서도 받아들여지고 있다. 사회 자체가 흐름의 상태(state of flux) 속에 처해 있기 때문이다. 그것이 과학적이든, 예술적이든, 정치적이든 간에 대통일 개념에 대한 대중의 신념은 점차 줄어들고 있다. 현대인들의 삶의 영역은, 사람들이 더 이상 마르크스주의나 자본주의나 자유주의를 맹목적으로 신봉하지 않듯이 더 이상 고전과학이 밝혀주는 영역에서만 살고 있지 않다. 미술, 음악, 문학이 드러내는 현대의 문화는 우리를 혼동에 빠지게 할 만큼 이미 기존의 사고 양식의 터전을 흔들고 있다. 현대의 과학기술이 스스로 증명하였듯이 이제 사회도 양식과 세계관의 다자성을 받아들이는 법을 배우고 있다. 일리야 프리고진은 한마디로 인간성 자체가 '확신성의 종말'에 도달했다고 선언한다.[48] 과학이 확신을 주지 못하는 지금 우리는 무엇을 어떻게 해야 할까?

14.3 복잡계 현상

뉴턴에서 현대에 이르는 거의 모든 과학자들은 안정성, 주기성, 평형 등을 나타내는 계들을 연구해왔다. 그러나 이제는 소위 데이터는 불완전하게 밖에 접근할 수 없는 자연현상에 대한, 이미 추론이 실려 있는 자료이며 그 데이터에 근거해서 만든 모형들은 항상 개념화된 모형, 근사치 그리고 추측을 벗어날 수 없다는 것을 알게 되었다. 모의실험이 실제 현상의 움직임을 정확히 흉내 내거나 예상할 때에도 그 모형은 여전히 검증되지 못한 상태였다. 모형과 실재 사이의 일치가 둘 사이의 실질적인 상응에 의한 결과인지 아니면 순전한 우연의 일치인지를 확실히 말할 수 있는 사람은 아무도 없다. 게다가 다른 가정에 기초한 다른 모형들에서 동일한 결과를 얻을 가능성은 항상 존재한다. 그러므로 이제 인류는 광범위한 분야에 걸쳐서 기존의 방법으로는 해석이 되지 않는 새롭고 복잡한 문제들을 직면하고 있다.

프랙탈 구조

인간이 경험하는 복잡한 경제계, 생태계, 면역계, 컴퓨터 네트워크 등은 그것들이 일으키는 문제들만큼이나 복잡하고 다양하다. 지금까지 과학이 시도해왔듯이 이러한 문제들을 해결하기 위하여, 수학기법에 기반한 통일이론을 구축할 수 있을까?

1944년, 아르투로 에스코바르는 『현대인류학』에서 유동성, 다수성, 복수성, 연결성 등을 강조하며, '과학'이 아니라 구체적이고 국부적인 지식을, 법칙이 아니라 여러 가지 문제들과 비유기적, 유기적, 사회적 현상들의 자기조직 동력을 강조하는 카오스와 복잡성 이론을 제시하였다.[49] 카오스 현상은 지극히 작은 영향원인들이 예측할 수 없는 엄청난 결과를 일으키므로 본질적으로 예측이 불가능하다.[50] 현대과학으로도 말끔하게 해결하지 못하고 있는 담배연기의 흩날림과 같은 유체역학의 난류현상은 카오스적이고 비주기적인 계들이다. 아메바 운동과 채권거래 행위도 마찬가지이지만 이와 같이 엄격한 질서와 무작위성 사이에서 우발적으로 나타나는 사건들의 계는 겉모습과는 달리 매우 중요한 특성을 공유하고 있다. 이러한 계들은 공통점이 매우 많기 때문에 이것들을 한 분류로 묶어 복잡계라고 부른다. 이 계들을 하나로 묶어 단일한 용어로 부르는 것은 복잡계를 지배하는 보편적인 원리와 다양한 방식들을 관통하는 원리들이 존재한다는 것을 암시한다.[51]

도구의 도움을 받지 않은 정신으로는 파악하기 힘든 거대분자, 신경망, 인체와 뇌 그리고 진화와 인구성장 패턴과 같은 복잡계의 모형들이 컴퓨터 모사로 만들어

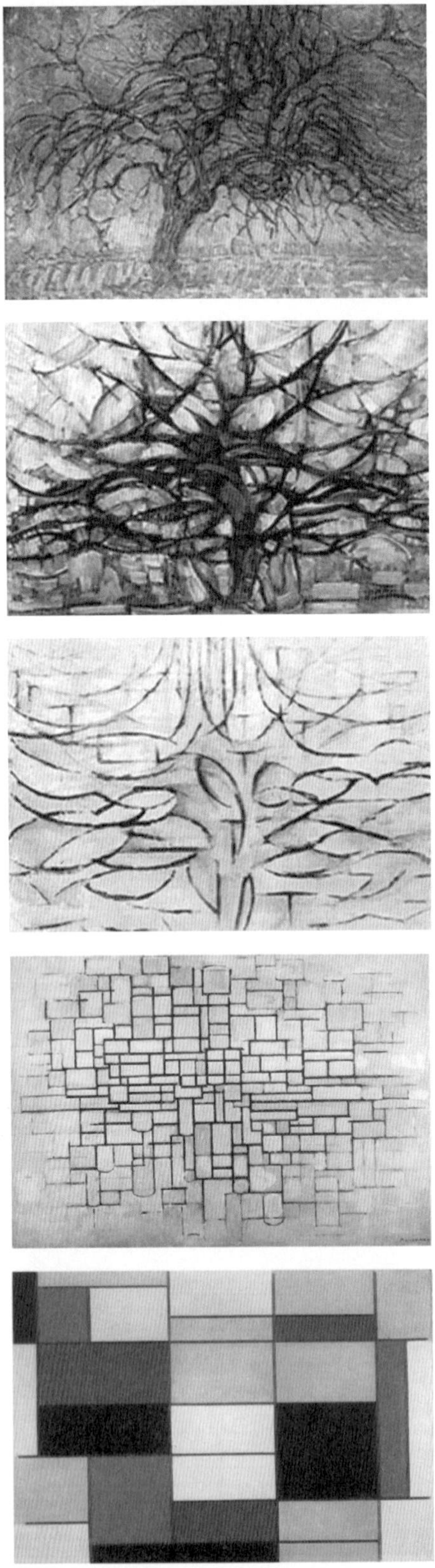

| 그림 사진 14.3 |

나무 연작(위에서 부터 3 그림); Composition No. II(아래에서 2번째 그림), 1913년; Composition with Black, Red, Gray, Yellow, and Blue(아래) 1920년, 피트 몬드리안(Piet Mondriaan, 1872~1944년): 몬드리안이 '나무 연작'과 Composition No II에서 나무를 어떻게 추상화 하였는지 볼 수 있다. 그의 나무는 궁극적으로 Composition(1922)에서 수직, 수평선의 선적 구조와 직사각형으로 추상화된다. 그는 명료하고 절도있는 그림을 열망하고 신비스러운 경향을 보이고 있으며 자신의 예술로 주관적인 눈에 끊임없이 변하는 것으로 보이는 형태들 속에 감추어진 불변의 실재를 밝히려고 하였다.[55] 몬드리안은 이미 나뭇가지에서 자기 유사성과 순환성이라는 프랙탈의 특성을 보았다.: 자연에서는 '자기닮음'으로 표현될 수 있는 유한한 구조물들이 자주 발견된다. 번개는 복합적인 영향으로 그 경로가 결정되므로 일직선이 아니고 불규칙한 모양으로 전파되지만 번개의 전체 모습과 번개의 가지들 사이에는 유사성이 발견된다. 강의 전체 줄기와 강의 지류사이에도 유사성이 발견된다. 세계의 큰 강들은 전체적으로 모습이 유사하며 지류와 전체적인 강줄기의 모습도 닮았다. 나무의 성장과정에서도 큰 가지에서 작은 가지가 생기고, 이 작은 가지에서 다시 작은 가지들이 자라난다. 나무마다 자신의 프랙탈 차원을 가지고 있으며 주어진 환경에서 물과 영양분이 나무 전체에 고루 잘 전파되도록 나무의 프랙탈 구조가 형성된다. 뇌의 표면에서도 뇌세포가 배치될 최대의 공간을 마련하기 위하여 주름이 형성된다. 이런 뇌의 주름의 패턴은 여러 주름이 자기유사성을 유지하면서 형성되어간다.

지고 있다. 만델브로트(Benoit B. Mandelbrot)는 전체의 일부인 작은 조각이 전체와 비슷한 기하학적 형태 곧 자기 유사성을 갖는 기하학적 구조인 프랙탈(fractal)[52]을 창안하였다. 그는 실세계에 나타나는 여러 가지 현상들—특히 구름, 눈송이, 해안선, 주식 시세의 변동, 나무 등에서 프랙탈과 유사한 특성을 발견하였다. (그림 사진 14.3을 보라) 컴퓨터는 함수를 풀고 그 답을 다시 함수에 대입시키는 과정을 무한히 계속하고 그 결과를 좌표계에 나타내면, 그 함수에 의해서 생성된 숫자들은 오늘날 잘 알려진 형태로 무리를 짓는다.[53] 1977년 『자연의 프랙탈 기하학(The Fractal Geometry of Nature)』에서 만델브로트는 자연 속에서 프랙탈 패턴을 관찰하는 일과 그 패턴을 일으킨 원인을 찾아내는 일은 전혀 별개라고 했다. 자기유사성에 대한 만델브로트의 탐구는 자연의 얼개를 이해하는 데에 사고의 전향을 가져왔지만 이러한 자기유사성의 원인을 밝혀내려는 그의 노력은 성과를 내지 못했다.[54]

생명체의 향방

분자생물학자 스티브 프리랜드(Stephen Freeland)와 로렌스 허스트(Laurence Hurst)[56]는 모사한 화학 세계에서 컴퓨터로 무작위 유전암호 체계를 생성했다. 그들은 2억 7000만 가지 생존 가능한 대안의 집합이라고 추정한 것에서 100만 가지의 변이를 조사하여 모사된 세계에서 오류를 얼마나 최소화하는지에 따라 체계들의 등급을 매겼다. 유전 암호들의 효율을 측정한 값들은 전형적인 종형 곡선 분포를 보였다. 분포의 한쪽 끝에는 지구의 DNA가 있었다. 그들은 100만 가지의 대안 유전암호들 중에서 현재의 우리 DNA 체계가 '가능한 모든 암호 중 최고'이며, 설령 그것이 완벽하지 않더라도 적어도 '100만 가지 중에 으뜸'이라고 결론지었다. 이제 학자들이 실험실에서 새로운 생명의 강을 터뜨릴 수 있는 유기 DNA의 대안 구성단위를 고안하고 있다. 이 합성 생명 구성단위는 엄청나게 가속되면서, 인지 능력이 있는 존재를 비롯하여 온갖 새로운 생물을 진화시킬지 모른다. 이 합성생명 체계도 그것의 원래 씨앗에 내재된 제약들이 정한 나름의 불가피한 점들을 지닐 것이다.[57]

물리학, 화학, 기하학의 제약들은 생명이 기원했을 때부터 통제력을 발휘해왔다. 생화학자 마이클 덴튼과 크레이그 마셜은 "모든 생명 다양성의 밑바탕에는 탄소 기반 생명이 있는 우주의 어느 곳에서든 되풀이 하여 발생하는 유한한 자연적인 형태 집합이 있다고 주장한다."[58] 진화는 가능한 모든 기능과 모든 형태를 만들 수는 없다. 생명은 모든 방향에서 무한하고 제한이 없는 것이 아니라 물질 자체의 특성에 따라 여러 방향에서 얽매여 있고 한정되어 있다.[59] 생명의 운동을 지배하는 어떤 원리가 없을 수 없다. 모든 염색체에서 발견되는 유전자의 자기 조절망은 특정한 유형의 복잡성을 선호한다. 생물학자 L. H. 캐퍼레일(Caporale)은 "잠재적으로 유용한 일부 돌연변이는 개연성이 아주 커서 유전체에 암암리에 암호화해 있다고 볼 수 있다."[60]고 한다. 세포의 대사 경로는 자가 촉매를 통해 스스로를 망으로 만들고 선호하는 고리로 옮겨 갈 수 있다는 사실은, 내부(돌연변이의 원천)가 변화를 만들고, 외부(적응의 환경적 원천)가 그것을 선택하거나 방향을 이끈다는 전통적인 견해를 부정하는 것이다. 새로운 견해에 의하면 외부(물리적 및 환경적 제약)가 형태를 창조하고 내부(자기 조직화)가 그것을 선택하거나 방향을 이끈다는 것이다. 그리고 내부가 방향을 이끌 때, 그것은 반복하여 발생하는 형태 쪽으로 이끈다. 초창기 고생물학자인 W. B. 스콧 Scott 이 말한 것처럼, 진화의 복잡성은 '선호되는 변화가 대물림되는 통로'를 만든다.[61]

보편원리의 한계

앙리 푸앵카레는 금세기의 전환기에 "초기 조건의 작은 차이가 그 최종 현상에서는 엄청난 차이를 일으킬 수 있다. 전자의 작은 오차가 후자의 엄청난 차이를 만들 수 있다. 그러므로 예측은 불가능해진다."[62]라고 경고한 바 있다. 그것은 수학적으로 그 시스템이 비선형이기 때문이다.

그럼에도 불구하고, 17세기에 라이프니츠는 모든 수학적 문제들뿐 아니라 철학적, 도덕적, 정치적 문제들까지 해결할 수 있을 만큼 강력한 논리계를 꿈꾸었다.[63] 라이프니츠의 꿈은 모든 과학자들의 꿈이며 지금까지 계속되고 있다. 제2차 세계대전 이래 과학자들은 일시적으로 최소한 세 가지 이론에 매료되었다. 그 세 가지 이론이란 사이버네틱스(인공두뇌학), 정보이론 그리고 파국이론이었다. MIT의 수학자였던 노버트 위너는1948년 자신의 저서 『사이버네틱스』[64]에서 기계뿐 아니라 모든 생물학적 현상까지, 단세포 생물에서 근대민족국가의 경제에 이르기까지 모든 현상들은 정보에 기초하여 진행되고 행동하기 때문에 그 작용을 설명 할 수 있는 단일하고 포괄적인 이론을 수립할 수 있다고 주장했다.[65] 위너의 영향은 대중문화에서 사이버스페이스, 사이버펑크, 사이보그 등으로 지속되고 있다. 사이버네틱스는 정보이론과 밀접한 연관이 있다. 벨 연구소의 수학자 클로드 섀넌은 1948년 '커뮤니케이션의 수학적 이론'이라는 논문에서 열역학의 엔트로피 개념을 기초로, 전기적 간섭, 즉 잡음이 일어나기 쉬운 전화나 전신을 통한 정보 전송의 효율을 향상시키기 위해서, 정보의 수학적 정의를 창안했다. 그의 정보이론으로 정보는 의미를 떠나 하나의 기호가 되었으며 그 때부터 정보는 부호화(encoding), 압축, 암호화 그리고 그 밖의 여러 가지 방식으로 처리될 수 있었다. 1960년대, 정보이론은 다른 분야들로 확산되어

그 영향은 언어학, 심리학, 경제학, 생물학, 심지어는 예술에까지 이르렀다.[66]

1960년대에 프랑스의 수학자 르네 톰이 창안한 파국이론(catastrophe theory)은 순수한 수학적 형식론으로써 불연속적인 행동을 나타내는 광범위한 현상들에 대한 통찰을 제공하였다. 톰은 1972년, 『구조적안정성과 형태발생(Structural Stability and Morphogenesis)』에서 질서정연한 것처럼 보이는 계도 실제로는 한 상태에서 다른 상태로 '파국적인' 변화를 일으킬 수 있다는 사실을 보여주었다. 그는 자신의 방정식으로 지진처럼 순수하게 물리적인 현상뿐 아니라 생명의 창발, 유충이 나비가 되는 변태, 문명의 붕괴 등과 같은 생물학적, 사회적 현상까지 설명 할 수 있다고 주장했다.[67] 그러나 현대인들은 지금까지 양자역학, 통계역학, 열역학, 대칭성이 붕괴된 것처럼 "매우 넓은 범위에 걸쳐서 보편성을 띠는 기본원리들이 제시되었으나 한 수준에서 훌륭한 보편성을 띠는 원리가 다른 수준에서도 역시 작동하리라는 식의 유혹에 빠져서는 절대로 안된다."는 사실을 직관으로 알고 있다. 복잡계를 밝히는 컴퓨터 모형도 예를 들어 지구기후 모형, 해양순환 모형 그리고 그와 비슷한 모형들에도, 그 모형을 개발한 학자 그룹의 주관을 반영하는, 신뢰할 수 없는 통계와 수치들이 들어 있을 수 있다고 생각한다.

종말의 상태

쿼크이론으로 노벨상을 받은 겔만은 그의 1994년 저서 『쿼크와 재규어(The Quart and the Jaguar)』[68]에서 과학을 계층구조로 이루어진 것으로 보고 최상위에는 이미 알려진 우주의 모든 곳에 적용될 수 있는 이론들, 즉 열역학 제2법칙과 그의 쿼크이론과 같은 이론들이 있고 지구상에서만 적용되는 유전자 전달과 연관된 이론과 같은 그 밖의 이론들이 기술하는 현상들은 엄청난 무작위성과 역사적 조건을 수반한다고 보았다. 그에게 생물학적 진화는 그 역사의 상당부분이 선택에 의해서 강제된다. 그 속에는 엄청난 수의 우연한 사건들이 개입되며, 그 사건들은 다른 방향으로 진행되었을 수도 있고 우리가 지구상에서 발견하는 것과 다른 생명체를 만들었을 수도 있다.[69] 이것은 생물현상이 무수한 임의적, 역사적, 우연적 환경에서 기인하기 때문이라는 것이다. 그렇다고 해서 생물현상이 물리법칙과는 독립적으로 작용하는 고유한 신비스러운 법칙들에 의해서 지배된다는 뜻은 아니다. 우주는 열역학적 평형과는 거리가 먼, 에너지가 잔뜩 농축된 태엽이 팽팽하게 감긴 상태에서 시작되었다. 우주라는 시계의 태엽이 풀리는 과정에서, 엔트로피는 계 전체에 걸쳐 고르게 증가해가지만 국부적으로는 이 경향에 따르지 않는 수많은 현상들이 존재할 수 있다. 우주는 겔만이 얼어붙은 우연(frozen accident)이라고 부른 은하, 항성, 행성, 돌, 나무 등 복잡한 구조를 탄생시켰고, 그 구조들은 좀 더 복잡한 구조가 창발될 수 있는 토대가 되었다. 그는 이렇게 말한다.

> "보편적인 법칙으로써, 좀 더 복잡한 생명체들이 창발되고, 좀 더 복잡한 컴퓨터 프로그램이 운영되며, 비적응적인 항성과 은하가 진화하는 과정에서 좀 더 복잡한 천체들이 창발되고 … 이런 과정들이 이어졌다. 그러나 지금부터 억겁의 시간이 지나면 복잡성의 시대가 끝나고, 우주는 '광자와 중성미자 그리고 어떠한 특성도 없는 허접쓰레기들로' 퇴화되고 열역학 제2법칙을 따라 우리는 어떤 종말의 상태에 이를 것이다."[70]

14.4 창발적 시스템

박테리아로부터 광범위한 식물과 동물을 거쳐 인간에 이르기까지의 모든 유기체는 그 하나하나가 통합된 전체이며, 그래서 살아 있는 시스템들이다. 세포는 살아 있는 시스템이며, 육체의 여러 가지 조직과 기관도 그러하고 가장 복잡한 예로서의 인간 두뇌도 그러하다. 그러나 시스템은 개별적인 유기체나 그 부분에만 국한되어 있는 것이 아니다. 이 모든 자연적 시스템은 부분들 사이의 상호 작용과 상호 의존으로부터 독특한 구조가 생기는 전체이다. 이러한 시스템이라는 것은 통합된 전체이며, 그 성질들은 작은 단위의 성질로 환원될 수 없다. 한 시스템이 물질적으로 또는 이론적으로 해부되어 고립된 요소로 되었을 때는 시스템의 성질은 파괴된다. 어떤 시스템에서도 개별적인 부분을 식별할 수는 있으나, 전체의 본질은 부분들의 단순한 총계와는 다르다.[71] 시스템의 또 하나 중요한 면은 그들이 본질적으로 역동적인 성질을 가지고 있다는 점이다.

자기조직

생명체의 가장 큰 특징은 자기 복제하는 능력이다. 살아 있는 유기체는 스스로 조직하는 시스템이며, 구조와 작용의 질서가 환경에 의해 주어지는 것이 아니라 자기에 의해서 만들어진다. 자기 조직의 두 가지 역동적 현상은 자기 갱신과 자기 초월이다. 자기 갱신은 살아 있는 조직이 그들의 구성 요소들을 계속하여 갱생시키고 재순

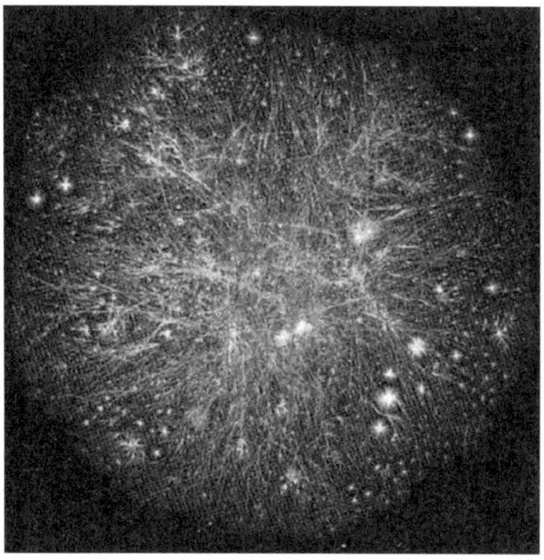

| 그림 사진 14.4 |

〈자기 조직의 경제〉: 폴 그루그만은 자신의 책에서 무질서와 혼돈으로부터 전혀 예상하지 않았던 질서있는 상태로 자연스럽게 진화하도록 하는 자기 조직화의 원리가 국제 경제를 비롯하여 수많은 경제 현상에 적용된다. "경기 침체는 태풍이 밀려오는 것과 유사하고, 도시의 형성 과정은 배아 세포의 성장 과정과 정말 흡사하다. 여기에는 시적인 느낌 이상의 무엇인가가 있다."[76]고 말하고 '불안정으로부터의 질서'와 '불규칙한 성장으로부터의 질서'라는 자기 조직화의 두 원리가 어떻게 도시의 형성과 기술 집중 및 경기 순환 등 기존의 경제 이론으로는 제대로 해명되지 않고 있는 경제 현상들을 설명해 줄 수 있는지를 보여준다.

환시키면서도 전체적 구조를 유지할 수 있는 능력이며 자기 초월은 배우고 발전시키고 진화하는 과정에서 육체적, 정신적 한계를 창조적으로 초월하는 능력이다.[72] 자기 조직을 유지하기 위해서 살아 있는 유기체는 환경과 더불어 계속적으로 에너지와 물질을 교환한다. 음식과 같은 에너지원을 받아들이고 그것을 분해하고 소화시켜서 자신이 사용할 수 있는 에너지의 형태로 변화시키며, 자신의 유기체 상태를 유지하고 또는 증가시키기 위해 그 구성 요소 곳곳에서 그 에너지를 사용한다. 에너지의 전달 과정은 비평형 과정이므로 자기 조직체와 자기를 둘러싸고 있는 환경사이에는 물론 자기 체내에서도 역동적인 비평형 과정이 지속된다. 살아 있는 유기체란 외부와 끊임없이 물질과 에너지를 주고받는 개방된 시스템으로써 작동한다. 이러한 자기 조직체는 물질에서나 에너지에 있어서나 외부에서 시스템으로 유입된 양과 시스템에서 외부로 유출되는 량이 동일하게 유지됨으로써 고도의 안정성을 유지한다. 그러므로 자기 조직체의 안정성이란 역동적인 안정이며, 외부와 단절되고 고립된 평형 상태가 아니다. 이러한 과정으로 자기 조직체는 계속되는 변화와 부분의 갱신에도 불구하고 자기 조직체의 항상성(homeostasis)를 유지한다.

자기 조직 현상은 살아 있는 것에만 한정된 것이 아니라 어떤 화학적 시스템에서도 일어난다. 물리화학자이며 노벨상 수상자인 프리고진(Ilya Prigogine)은 그러한 화학적 시스템을 연구하여 그 작용을 기술하는 상세한 역동적 이론을 발전시켰다.[73] 자기 조직체 내에서 화학적 국부시스템들이 반응하여 자신의 구조를 유지 발전시키는 신진대사 과정에서 에너지의 유용성이 높은 상태에서 낮은 상태로 떨어지는 현상을 무질서가 증가하는 '엔트로피 증가의 원리'로 설명하고 이러한 시스템을 프리고진은 '소산구조(dissipative structure)'라고 불렀다. 소산 구조는 자기 조직체의 역동성을 나타내는 가장 단순한 형태로서, 생명현상을 보이는 대부분의 시스템들의 특징 즉 자기

갱신, 적응, 진화 그리고 원시 형태의 '정신 과정'에서 나타난다.[74] 사람들에게 이런 시스템들이 살아 있다고 여겨지지 않는 이유는 재생하지 않는다는 것 또는 세포를 형성하지 않는다는 것밖에 없다. 우리에게 무생물로 보일 지라도 이러한 자기 조직 시스템의 특성을 보이는 무기물 시스템은 생물과 무생물 사이의 연결점이다.[75]

자기갱신

자기갱신은 유기체가 자기를 조직하는 기본적인 행위로서 유기체는 주로 이 일에 매달려 있다. 세포는 파괴되어 구조를 만들며, 유기체는 연속적인 주기로 세포를 대체한다. 이 모든 과정은 유기체의 전체적 구조가 유지되도록 규제되고 이러한 자기유지 능력은 환경 조건의 변화와 제반 간섭을 포함한 여러 가지 환경의 교란 하에서도 꾸준히 보전된다. 유기체는 변하는 환경 속에서 스스로 활동 상태를 유지하며, 치유와 재생에 의한 자가 치유를 하면서 활동을 유지한다. 이 시스템은 환경과 상호작용할 때, 외부의 방해가 있을 때에는 피드백 구조가 작동하여 균형 상태로부터의 이탈을 감소시켜서 유기체는 원상태로 돌아가려는 경향을 가지며, 외부의 조장이 있을 때에는 시스템은 새로운 평형점으로 이동하며 환경의 변화에 스스로 적응한다. 이 현상이 유기체의 발전과 학습과 진화의 과정에서 핵심 원리이다. 이러한 원리를 따라 자기조직 시스템은 자체 내의 조그만 변화로부터 새로운 구조와 기능이 창조적으로 발전되는 자기 초월[77]의 가능성을 가지고 있다.

자기 조직 시스템의 자기갱신과 자기초월이라는 두 가지 상보적인 경향은 계속적, 역동적으로 상호 작용하며, 모두 진화 적응의 현상에 기여한다. 생명체가 갈수록 더 복잡한 형태를 갖는 것은 생명의 창조적 전개과정에서 자기 초월의 역동성을 경험하기 때문이다.[78] 프리고진과 아이겐, 생물학자 워딩턴과 바이스, 인류학자 베이트슨 그리고 시스템 이론가 얀취와 라즐로 등은 이 이론에 크게 공헌하였다. 얀취는 진화를 자기 조직의 역동성의 기본적인 양상이라고 보고[79] 서로 다른 종류의 진화가 아주 다른 메커니즘을 가지더라도 사회적, 문화적, 우주적 진화를 기술상의 기본적인 상보성 즉 적응과 창조 사이의 상호 작용, 우연과 필요의 동시적 작용 그리고 대진화와 소진화 간의 미묘한 상호 작용 같은 것으로 해석하였다.[80] 살아있는 시스템은 절대적인 안정성을 가지는 일이 없으며 진화는 역동적 평형 상태인 호메오스타시스에서 시작한다. 어떤 시스템도 언제나 자신을 변형시킬 준비가 되어 있으며 진화할 준비를 갖추고 있다.[81] 개개의 구성단위가 가지고 있지 않으므로 그것들이 상호 작용했을 때에 나타날 것으로 결코 예상하지도 못한 결과들이 창조적으로 발현되는 것 그것이야말로 살아 있는 유기체가 그 자신을 벗어나서 새로운 구조와 새로운 행동 형태를 창조하는 것이며, 자기를 초월하는 것이며, 무한한 복잡성 속에서 질서 있는 전체를 지향하는 생명의 근원적 성질이며 우주의 기본적 성격이다.

비평형계

팽팽하게 감긴 시계태엽의 에너지가 서서히 방출되고 있다는 기계론적 우주의 개념은 19세기 이후 서구를 지배해온, 생물은 더 복잡하고 조직적인 생물의 단계로, 질서가 작은 상태에서 질서가 더 큰 상태로 진화한다는 다윈의 진화론과는 근본적인 모순이다. 혼돈에서부터 질서가 출현하는 것을 다루고 있는 프리고진의 비평형 열역학은 19세기의 위대한 두 가지 과학적 발견의 명백한 모순을 해소하는 시발점이 되었다. 우주의 태엽이 풀려서 에너지가 점점 고르게 나누어진다는 주장은 평형 열역학 제1법칙과 제2법칙에 근거하고 있다. 제1법칙은 우주의 에너지 총량은 일정하며, 다만 그 형태가 여러 가지로 변할 뿐이라는 것이며 제2법칙은 에너지가 변해가는 방향은 일할 수 있는 에너지, 즉 유용한 에너지는 점차 줄어드는 방향으로 일어난다는 것이다. 이 과정에서 무질서를 의미하는 엔트로피가 증가한다는 법칙이다. 태엽을 다시 감아주지 않으면 언젠가 시계가 설 수밖에 없듯이, 이 우주에 새로운 에너지 공급이 없다면 언젠가 멈춰 설 수밖에 없다는 결론이다. 이러한 주장은 우리가 흔히 경험하는 역학계 즉 진자시계, 자동차 엔진, 태양계와 같이 계 내의 작은 변화가 스스로 억제하는 방향으로 조절될 수 있는 안정적인 평형 내지 근사적인 평형계에는 유효하며 이러한 계는 17세기와 18세기 미적분과 선형 미분방정식으로 비교적 정확하게 해석이 된다. 그러나 외부에서 가해지는 교란이 커서 계가 지속적으로 평형점을 벗어나면 이러한 방법은 더 이상 유효하지 않다. 이러한 계를 비평형계라고 한다. 비평형계에서는 비선형적 관계가 그 계를 지배하며 작은 교란도 예기치 않은 새로운 결과를 일으킬 수 있다. 프리고진의 비평형 열역학은 주위 환경과 물질 및 에너지를 교환하는 개방계가 평형점을 이탈할 때 더 높은 수준의 조직이 자발적으로 탄생함으로써, 새로운 동적 평형점으로 이동할 수 있다는 가능성을 해석하였다. 생물학적 영역에서 낡은 구조가 붕괴할 경우 작은 교란이 새로운 효소나 세포 구조를 만들어 내는 변화를 가져올 수 있으며 사회적 영역에서도 조그만 교란이 혁명적 변화를 촉발할 수 있다는 경험이 이러한 해석을 반증한다.

공진화

일정한 주기로 물질과 에너지를 교환하는 미묘한 관계의 망을 통해 동물, 식물, 미생물 그리고 그들과 연결되어 있는 각종 유기체들은 생태의 망 곧 생태계를 형성한다. 개개의 유기체와 마찬가지로 이 생태계도 자기 조직하고 자기 조절하는 계이며, 그 속에서 특정한 유기체의 무리는 주기적으로 변동한다. 역동적으로 평형을 유지하고 있는 생태계에서 동물과 식물은 경쟁과 상호 의존의 관계 망 속에서 함께 산다. 모든 종은 폭발적으로 수가 증가할 가능성을 가지고 있지만, 그러한 경향은 생태계 내에 존재하는 통제와 상호 작용 기능에 의해서 억제된다. 이렇게 됨으로써, 유기체는 생태계 속에서 타자들과 더불어 발전과 진화의 과정을 겪는 복합계(combined system)의 진화로 발전한다.

복합계의 진화는, 유기체가 환경에 더 완전하게 적응하면서 평형의 상태로 나아가는 것이라고 보는 다윈주의 진화론에서 더 나아가 자기조직과 자기 초월의 유기체가 평형의 상태에서 이탈하여 유기체와 환경이 함께 적응과 창조의 상호 작용에 참여하며 유기체뿐만 아니라 환경도 함께 적응과 진화의 과정에 참여한다는 사고이다. 이것이 유기체와 환경이 더불어 진화한다는 공진화(Co-evolution) 이다.[82] 복합계의 진화에서 진화의 과정은 다윈주의 진화론이 말하는 '우연'에 지배되는 것이 아니라 자율과 선택의 자유를 포함하는 학습 과정에서 일어나는 질서와 복잡성의 발현이다. 다만 진화는 부단히 스스로의 목적을 창조하므로 그 창조 과정의 상세한 결과는 인간의 예측 범위 밖에 있다. 그렇다고 하더라도 진화의 일반적 지향은 인간에게 드러나 있다. 복잡성이 점점 더 증가하다는 사실, 협동과 상호 의존의 망이 치밀해진다는 사실, 개체들은 다양한 국부적 시스템을 구축하고 국부 시스템이 연결되어 통합 시스템을 형성한다는 사실 등 이 그 지향의 특징이다. 라즐로는 그것을 이렇게 요약했다. "거기에는 복잡성과 혼돈으로부터 전일(全一)과 질서에로의 전진이 있다."[83]

14.5 적극적 생태관

인간이 안다는 것 곧 모든 개념 내지 개념적 틀은 제한되어 있다. 그러므로 특정한 개념을 통해 대상 그 자체를 인식한다는 것은 불가능하다. 뿐만 아니라 하나의 특정한 개념적 틀에 집중할수록, 그것을 보완할 수 있는 다른 개념적 틀들은 점점 더 배제된다. 자연에 대해서도 특정한 개념적 틀을 가지고 파악하고자 할 때, 다른 시각들이 배제되게 된다. 새로 발견되거나 나타난 현상들을 그 현상이 나타나기 전, 과거의 경험에서 형성된 개념의 틀로 해석하고자하는 것은 항상 한계에 부딪히게 된다. 전자의 세계가 발견되기 전에 형성된 고전물리학의 개념들로 전자의 세계를 해석하려고 했던 물리학자들이 겪었던 한계가 바로 그것이었다. 전자의 세계를 관찰한 보어가 상보성의 개념으로 고전물리학의 한계를 넘어 양자물리학의 문을 열고 들어갔듯이, 자연에 대한 개념도 서로를 보완하여 주는 다양한 개념적 틀을 사용할 때, 우리는 자연을 좀 더 가까이 파악할 수 있다. 한 가지 원리로 현실을 전체적으로 파악할 수 있는 유일한 개념이 존재하지 않듯이 다양한 개념들이 상보성 가운데서 현실을 나타낼 수 있다. 인식의 방법들이 다른 방법들을 배격하지 않고, 오히려 다른 방법들을 자신 안에 통합시킬 때, 현실을 보다 더 적절하게 파악할 수 있으며, 다른 방법들과 더불어 더 높은 통일성을 구축해 갈 수 있다.

전일성

지금까지의 과학기술의 방법론은 자연의 생명체와 현상을 인간이 지배 할 것으로 대상화시키고, 그것을 삶의 모든 연관들로부터 분리하여 개체화시키며, 그것을 분석하여 더 이상 나눌 수 없는 가장 작은 단위체로 요소화고, 그리고 다시 그것을 재구성하는 것이었다. 이 과정에서 정확한 과학적 관찰과 설명과 정확한 예측을 위해서 중요하게 추구되었던 원리들은 인과율, 결정론, 객관성이었다. 그러나 이러한 방법으로 형성된 현대 과학기술이 스스로 즉 양자역학, 불확정성의 원리, 그리고 비평

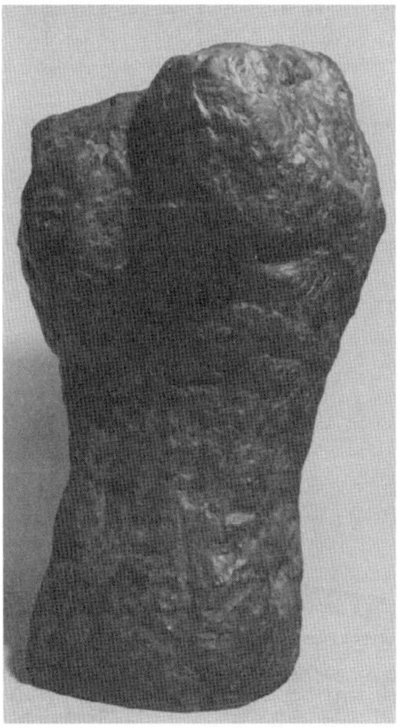

| 그림 사진 14.5 |

가이아, 윌리엄 터커, 1985년, 87×55×50″, Collection of the artist. 터커는 미술계의 수사학에서 벗어나 근본으로 돌아가고자 “한 덩어리의 재료를 취하여 형태를 빚어 세계에 우뚝 선 하나의 사물을 만들고자 하였다.” 그리고 대지의 신 가이아라고 불렀다. 신비한 에너지로 충만한 그의 조각은 좌대 위를 우러러 보는 사람들 앞에서 힘차게 살아 움직인다.[84] 대지의 여신 가이아는 하늘의 신과 결혼하여 타이탄과 키클로페스를 낳았다.

형 열역학 등은 지금까지의 과학적 방법은 더 이상 '항상' 유효한 개념이 아니라고 증언하고 있다. 이 원리의 근저에 깔려있는 지금까지 과학기술을 주도한 주객도식도 더 이상 '항상' 유효하지 않다는 것이다. 이제 인간 중심적 자연관 내지 세계관의 오랜 전통 속에서 형성되었고, 또 그것을 통하여 자신의 정당성을 얻었던 과학기술과 사고방식은 인간 중심적 정신세계와 그 껍질을 벗고 나와야할 시점에 이르렀다.

현재의 세계는 시간이 지나면서 어떻게 변할지는 원칙적으로 결정되어 있지 않고 열린 상태, 곧 인간이 정확하게 측정할 수 없는 개방 상태에 있다. 이제 자연의 질서는 영원히 변하지 않는 '법칙이라기보다는 오히려 경향과 같은 것으로, 그것들은 처음부터 원래대로 고정되어 있는 것이 아니라 자연 안에서 성장해 온 경향들'일 뿐이다.[85] 복잡한 계는 자생적 질서의 패턴을 산출하되 그 속에는 기존의 구성 요소들을 단순히 새롭게 배열하는 것을 훨씬 넘어서, 전혀 새로운 것을 출현시키는 전일성(全一性, Wholeness)이 작동한다. 복잡한 체계의 전체는 단지 각 개체들과 그 기능의 총합이 아니라, 각 개체들은 복잡한 망으로 서로 물질과 에너지를 주고 받으며 정보를 소통하는 하나의 통일체이다. 따라서 복잡한 체계들은 고전물리학의 결정론적, 환원주의적 사고방식으로 해석되지 않는다. 오히려 그들은 전일적(全一的) 사고라는 새로운 개념을 통해 파악되어야 한다. 개체는 그들이 속한 전체의 체계가 변화할 때, 개체들의 속성들도 변화된다.

모든 실체는 그들 사이의 관계와 전체에의 참여를 통해 존재한다. 전체와의 연관을 떠나 개체를 파악한다는 것은 불가능하며 인간도 여기서 예외가 될 수 없다. 1990년대 초에 프리고진은 자신의 책 『혼돈에서 질서로』에서 "자연이 마치 구경꾼에 의해서 '외부에서' 기술될 수 없음을 입증해주었다."고 주장하고 새로운 물리학이 자연을 결정론적 법칙들의 결과로 기술해온 과학과, 그동안 인간의 자유와 책임성을 강조해온 인문학 사이의 갈라진 틈을 메워줄 것이라고 주장했다.[86]

생태 패러다임들

지구적 생태 위기, 그리고 자원의 희소성에 대한 인식은 조심스럽게 서구적 세계관과 인간중심의 개념을 대체하고 '탈 풍요의 시대(post-exuberant age)'에 대한 대비를 요구한다.[87] 다행스러운 것은 인간이 자연의 균형을 깨뜨렸다는 반성은 역설적으로 인간이 손상된 생태계에 대한 개선된 인식을 통해 새로운 생태 패러다임을 구축함으로써 생태계의 회복에 대한 가능성을 포기하지 않았음을 내포한다. 새로운 생태적 패러다임(NEP: New Ecological Paradime)은 모든 존재의 내재적 가치를 인정하면서 기존의 인간 중심적 윤리를 대체할 새로운 윤리를 담고 있다.[88] 이것과 대

표 14.1 생태 패러다임들[89)]

	지배적인 서구적 세계관(DWW)	인간 예외 주의 패러다임(HEP)	새로운 생태적 패러다임(NEP)
인간 본성에 대한 가정	DWW1 인간은 근본적으로 지구상의 다른 창조물들과는 다르며, 따라서 다른 창조물들을 지배한다.	HEP1 인간은 유전적 유산에 더하여(이와는 다른) 문화적 유산을 가지며, 따라서 다른 동물 종들과는 다르다.	NEP1 인간이 예외적인 특징들(문화, 기술 등)을 가지고 있긴 하나, 여전히 지구 생태계속에서 상호 의존적으로 관련된 수많은 종들 가운데 하나의 종이다.
사회적 인과에 대한 가정	DWW2 인간은 자기 운명의 주인이다. 자신의 목표를 선택할 수 있으며, 이를 성취하기 위해 필요한 어떤 것도 배울 수 있다.	HEP2 사회적, 문화적 요인들(기술 포함)이 인간사의 주요 결정 요인들이다.	NEP2 인간사는 사회적, 문화적 요인에 의해 영향 받을 뿐만 아니라 자연의 관계망 속에서 복잡한 인과관계와 피드백에 의해 영향 받는다. 따라서 목적 달성을 위한 인간 행위가 의도 하지 않았던 많은 결과들을 가져온다.
인간 사회의 조건에 대한 가정	DWW3 세상은 광대하며, 따라서 인간에게 무한한 기회를 준다.	HEP3 사회적, 문화적 환경이 인간사의 결정적인 조건이며, 생물리적 환경은 대체로 관계없다.	NEP3 인간은 인간사에 잠재적 물리 · 생물적 제약조건을 부과하는 유한한 생물리적 한경 속에서 의존하며 살고 있다.
인간 사회에 가해지는 제약에 대한 가정	DWW4 인류의 역사는 진보의 역사이다. 모든 문제는 해답이 있으며, 따라서 진보는 멈추지 않는다.	HEP4 문화는 누적적이다. 따라서 기술적, 사회적 진보는 무한히 계속될 것이며, 모든 사회문제들은 궁극적으로 해결 가능하다.	NEP4 인간의 창조성과 그로부터 나오는 힘은 얼마간 수용력의 한계를 확대시키는 것으로 보일지도 모르지만, 생태 법칙은 폐기될 수 없다.

조적으로 서구 세계 특히 미국의 발전을 주도했던 '지배적인 서구적 세계관(DWW)'은 인간이 다른 생물체들과는 다르며, 자신의 운명을 스스로 책임지고 있다는 세계관 위에 서 있다. 이것은 지구의 자원은 풍부하며, 인간은 기술을 이용하여 발전하고 인류의 문제를 해결할 수 있는 능력을 갖고 있었기 때문에, 인류가 앞으로 전진하는데 필요한 모든 해결책을 항상 찾을 수 있다는 세계관이다. 이러한 세계관과 유사한 계열로 인간 사회는 생태적 원리와 환경적 제약의 결과에서부터 자유롭다는 '인간 예외주의 패러다임(HEP)'이 있다(표 14.1 참조).

적극적 생태론

제임스 러브록은 그리스 신화에서 대지의 여신인 가이아의 이름을 따서 "지구 표면과 대기, 해양의 물리적, 화학적 조건은 생명의 존재 그 자체에 맞게 능동적으로 조정되어오고 있다."는 가이아 가설[90)]을 세웠다. 이 가설에서 살아 있는 지구는 부분들의 단순한 총합 이상이며 스스로 자신의 지속에 필요한 조건들을 유지하는 데 있어서 능동적인 역할을 한다. 러브록에게 지구는 생명이 살 수 있도록 스스로 유지하는 능력을 지니고 있는 복잡한 유기적 시스템이다. 지구의 역사 속에서 이처럼 효율적으로 조직화하고 분배하는 규칙성을 보여주는 생물학적, 사회적인 복잡계들이 정보와 물질 그리고 에너지를 교환하며 계속 진화해왔다. 이들은 비평형이나 동적 평형을 유지해 나가면서 서로 간에, 그리고 자연의 다른 부분들과 상호 작용한다.

현대 NBRIC(나노, 생명, 로봇, 정보, 인지) 기술로 인간이 확장되고 생명체가 조작되거나 합성되는 시대에 생물학적이고 문화적인 다양성이 보존되는 그리고 생태적으로 지속 가능한 지구는 어떤 모습이어야 하는지 인간의 상상력이 요구된다. 과학기술에 대한 새로운 인식은 새로운 형이상학적, 인식론적, 종교적, 사회정치적, 윤리적 실천 원칙들을 요구하고 있다.

노르웨이의 철학자 아느 네스가 1972년 자신의 논문 「표피적인, 그리고 근본적인 포괄적 생태 운동」에서 현재의 지구적 생태계 위기의 근본적인 원인은 모든 가치를 인간적 측면에서 평가하고, 자연을 인간의 욕망을 충족시키기 위한 자원 또는 물질로 파악하는 인간 중심적 사고방식에 있다는 심층생태주의 입장을 피력하였다.[91] 심층생태주의에서 인간과 마찬가지로 지구의 모든 생명체들도 본래적 가치를 지니고 있기 때문에 인간이 생명을 유지하기 위해 필수적인 것 외에는 생명의 풍요로움과 다양함을 해칠 권리가 인간에게 없다. 또 인간은 자연의 틀에서 분리될 수 없기 때문에 인간도 자연의 일종이며, 모든 자연이 전일성의 개념으로 이해되므로,

표 14.2 아느 네스 Arne Naess의 심층 생태론 8대 강령[93]

1. 지구상의 인간과 인간을 제외한 생명의 안녕과 번영은 그 자체로서 가치를 갖는다. 이 가치들은 자연계가 인간의 목적을 위해 얼마나 유용한가하는 문제와는 독립해 있다.
2. 생명체의 풍부함과 다양성은 이러한 가치의 실현에 기여하며 또한 그 자체로서 가치를 지닌다.
3. 인간들은 생명유지에 필요한 것들을 만족시키기 위한 경우를 제외하고는 이러한 풍부함과 다양성을 감소시킬 권리가 없다.
4. 인간의 생명과 문화의 번영은 실질적으로 더 작은 인구와 양립한다. 인간을 제외한 생명의 번영은 더 작은 인구를 요구한다.
5. 현재 인간의 자연계에 대한 간섭은 과도하며, 그 상황은 빠르게 악화되고 있다.
6. 따라서 정책이 변해야 한다. 이러한 정책들은 근본적인 경제적, 기술적 그리고 이데올로기적 구조들에 영향을 미친다. 그 결과 발행할 상태는 현재와는 매우 달라질 것이다.
7. 이데올로기의 변화는 더 높은 생활수준에 집착하기 보다는 주로 생활의 질(내재적 가치)에 대한 평가와 관련될 것이다. 그렇게 되면 큰 것(bigness)과 위대한 것(greatness)의 차이를 심오하게 인식하게 될 것이다.
8. 이상의 강령에 동의하는 사람은 직간접적으로 필요한 변화를 실행하고자 하는 의무를 지닌다.

인간의 행위가 생태계에 미치는 영향을 평가할 때, 자연 생태계는 물론 사회, 경제, 문화 등 다양한 방면에 대한 영향이 평가되어야 한다.[92] 환경주의자인 조지 세션즈와 네스는 공동으로 생태계의 전일성을 강조하면서 인간을 환경과 분리하지 않는 전체론적인 세계관을 담은 8개의 강령으로 제시하였다.

여기서 인간에 대한 인식은 자연을 소유하고 정복하는 위치에서 자연과 함께하는 자연 속의 인간으로 변화되었으며 더 이상 자연이 대상화되지 않고 인간과 자연의 통합계 속에서 자연의 상호 관계망을 구성하는 모든 구성 요소들에게 동등한 중요성이 부여되는 생물권 평등의 원칙이 추구되었다. 인간 중심적 윤리보다는 생태중심적 윤리가 강조되고 인간이 자연을 이용하는 데 있어 사람들은 생태권을 정복하거나 보다 효율적으로 만들기보다는 생물학적, 문화적 다양성을 보장하는 가운데 통합성을 유지할 의무를 가진다. 이러한 의무는 과학기술이 탐욕을 추구하는 도구가 아니라 인간의 생존의 양식이라는 본래성을 회복하고 첨단 기술과 적정 기술이 균형있게 추구되는 것과 같은 선상에 있다.

인식의 '저 너머에'

인간과 자연세계는 공동의 운명을 가진 공동체 속에 있다. 부분적으로 그리고 일시적으로 인간이 자연의 사물들보다 훨씬 더 큰 힘을 소유할 때라도, 상호 의존성 속에서 이 힘은 지배, 통제, 그리고 착취가 아니라 상호의존, 상호존중, 그리고 협동의 구도 속에서 사용되어야 한다. 자연의 모든 사물은 원인과 결과의 법칙에 따라 모든 것이 사실상 결정되어 있는 폐쇄된 체계가 아니라 개방된 체계로서 자신의 역사와 운명과 미래를 가진다는 의미에서 자연 세계도 자신의 '주체성(Ernst Bloch)'과 '역사성(C. F. von Weizsäcker)'을 가진다. 이 주체성과 역사성을 폐쇄할 수 있는 권리는 그 누구에게도 주어져 있지 않으며 인간의 삶은 자연세계 자체의 주체성과 역사성의 틀 안에서 가능하며 또 유지될 수 있다. 인간이 자연의 대상에 대해 인식하는 것은 그 대상의 한 측면에 불과하며, 인간이 스스로 만든 기획에 따라 자연의 대상에 투사하는 것일 뿐이다. '객관화할 수 있는 세계', '객관적으로 실재하는 세계'는 하나의 환상이며, 이러한 세계는 우리의 사고가 만들어내는 구조물일 뿐이며 실제 세계는 언제나 인간의 인식 '저 너머에' 있다. 그것은 칸트가 말하는 '실체'로서 인간에게 언제나 미지의 것, 신비스러운 경외의 대상으로 존속한다. 인간이 자연의 세계를 지배하고 그것의 미래를 결정하는 것 같이 보이지만, 결국 인간은 자연 세계에 속한, 자연 세계의 한 부분으로 움직이고 있을 뿐이다. 비록 인간이 자연 세계의 미래를 기획한다 할지라도, 자연의 세계는 인간이 기획한 청사진에 복종하지 않을 것이며, 결국 그 자신의 법칙에 순응할 것이다. 프리고진은 결정론적 세계는 낙원이 아니라 살기 힘든 곳일 것이라며 올더스 헉슬리의 『멋진 신세계(Brave New World)』, 조지 오웰의 『1984년(1984년)』 그리고 밀란 쿤데라의 『참을 수 없는 존재의 가벼움(The Unbearable Lightness of Being)』이 바로 그런 메시지를 전해준다고 보고 이렇게 말한다. "우리는 중용을 구해야 한다. 그것은, 전(全)은 아니지만 그렇다고 무(無)도 아닌, 무엇을 이야기하는 확률론적 수단을 찾는 것이다."[94]

생각해보기

1. 우리는 장미를 분석하려고 정원의 장미를 따서 그 성분들을 분석하고 그 결과로부터 장미에 대한 지식을 이끌어낸다. 그러나 그러한 분석 과정에서 이 장미는 이미 정원에 있는 장미와 같은 것이 아니다. 분석은 대상을 이미 알고 있는 요소로 환원하는 작업이기 때문에 베르그송은 과학적 추론이 분석에 기초하는 한 그것은 분석하고자 하는 모든 대상의 본질을 왜곡시킨다고 한다. 자신의 삶에서 경험한 이러한 왜곡을 들어서 분석적 탐구 방법의 한계를 써보자.

2. 마치 섬이 커질수록 해안선이 늘어나듯이, 우리는 지식의 지평선에 다가갈수록 그 지평선은 더 멀리 그리고 더 커진다. 그러나 인간은 언젠가는 궁극의 답을 발견하리라고 확신한다. 그것이 과학의 출발이다. 자신이 세계 최고의 과학자가 아닐지라도 모든 개인은 다른 사람은 알 수 없는 자신만의 삶 속에서 매 순간 지식의 지평선에 서는 경험을 한다. 그 순간 '자신의 지식'밖의 캄캄한 세상에 대한 두려움과 호기심이 뒤섞인다. 이때 자신은 어떠한 태도를 갖는가? 자신이 과학기술을 추구하는 근거는 어디에 있는지 써보자.

3. 앙리 푸앵카레는 금세기의 전환기에 "초기 조건의 작은 차이가 그 최종 현상에서는 엄청난 차이를 일으킬 수 있다. 전자의 작은 오차가 후자의 엄청난 차이를 만들 수 있다. 그러므로 예측은 불가능해진다."라고 하였다. 사회는 물론 개인의 계획도 뜻대로 되지 않듯이, 많은 현상들이 간단한 선형모형에 의해서 근사적인 해석으로 이해되고 있지만, 본질적으로 자연 현상은 카오스 현상처럼 예측이 불가능한 창발적(emergent) 현상들로 가득차 있다. 각자 혹은 조원들이 경험한 창발적 현상들의 사례를 몇 가지 제시하고 창발적 현상의 속성들을 토론하고 기록해보자.

4. 지구적 생태 위기, 그리고 자원의 희소성에 대한 인식은 조심스럽게 서구적 세계관과 인간중심의 개념을 대체하고 '탈 풍요의 시대(post-exuberant age)'에 대한 대비를 요구한다. 인간이 자연의 균형을 깨뜨렸다는 반성은 역설적으로 인간이 손상된 생태계에 대한 개선된 인식으로 새로운 생태 패러다임을 구축하고 새로운 책임 윤리관을 정립함으로써 생태계의 회복에게 대한 가능성을 포기하지 않았음을 내포한다. 이 장에 제시된 3가지 생태적 패러다임에 대하여 각자 혹은 조원들과 토의를 하고 그 의미를 기록해보자.

제15장 인간을 넘어서: Plus Homo

현대의 문화적 변화는 지금까지의 아날로그적 · 물질적인 문화 속에서 있어왔던 변화와는 완전히 다른 속성을 보이고 있다. 인간의 기능과 구분하기가 어려울 정도로 '예민하고' 때에 따라서는 기능에 있어서 인간의 능력을 훨씬 능가는 인공보조물의 발전과 언제나 인간의 통제를 벗어날 수 있는 수준에 이르렀으며 이미 '보통' 사람들의 능력을 넘어서서 그들이 이해할 수 없을 정도로 복잡하게 발전한 인공지능은 NBRIC(나노, 생명, 로벗, 인지, 정보)기술이 가져올 변화가 어디까지일지를 예측하기조차 어렵게 한다. 인간은 매순간 자신의 상대인 자연 세계와 사회적 주변 세계에 적응하고 기술적으로 상호 작용하면서 '인간됨'을 형성해왔다. 그래서 인간과 휴머니티라는 용어는 역사적이며 문화적인 산물이다. 인간은 생태계, 기술 또는 진화를 포괄하는 커다란 연관성 속에서 새롭게 조명되고 있다. 인간과 기술의 조화, 주체와 객체의 통합, 자연과 인공의 융합, 시스템과 환경의 통합은 궁극적으로 복잡계를 지배하는 '묵시적 질서'를 따라 새로운 생명체로의 확장을 의미한다. 인간의 본성은 '문화와 언어, 상상과 투영에서 비롯된 인공물'이고, 하나의 규범적인 개념이자 바라는 바에 대한 상상이며, 자기 개선을 통해 완벽하게 자신을 드러내려는 전망을 가진 자기충족적인 예언[1]이라고 한다면 호머 사이버네티쿠스는 이러한 인간 본성을 잘 드러내는 이름이 될 것이다. 그러나 인간의 '본질'에 대한 질문은 지식의 충족함을 넘어서 늘 현재의 과학기술적으로, 생물학적으로, 인류학적으로, 신학 혹은 종교적으로 끊임없는 질문 앞에 놓여있어 왔다. 분명한 것은 이 질문은 앞으로도 여전히 남아있을 것이라는 사실이다. 지금까지 인간은 늘 '인간'을 스스로 극복해왔으며 앞으로도 그러할 것이다. 그래서 인간의 과제는 지속적으로 '인간을 넘어'서는 것, 곧 '풀루스 호모'인 것이다. 인간-기술-자연이라는 복합계의 공진화 속에서 점점 더 완벽해지는 포스트휴먼의 인간보다는 인간-기술-자연이 더불어 구축하는 유기적 문화 시스템 속에서 풀루스 호모로서의 자신의 위치를 진정 파악하는 것이 의미있는 일이다. 이 장에서는 이 과제를 성찰한다.

15.1 호머 사이버네티쿠스

우리가 포스트휴먼 시대를 살고 있다는 생각은 어느덧 평범한 사실이 되었다. 휴머니즘과 계몽주의의 위기는 20세기 초반 두 차례의 세계대전을 치르면서 더욱 첨예해졌다. 이성적 · 계몽주의적 근대의 중심에 자리잡은 것은 반이성이었으며 국가사회주의자들의 학살과 제국주의의 침략 그리고 원자폭탄으로 인한 인간의 자기파괴 가능성이 뚜렷이 드러났고 자본주의적 용망의 소용돌이 속에서 인간 스스로 자초한 슈퍼 박테리아와 전에 없던 질병들의 유행, 생명체의 조작 그리고 생태계의 붕괴 위험 등으로 인류의 위기는 점 점 더 커가기만 하였다.

휴머니즘의 길에서

스노우[2]가 인문학과 자연과학의 분리를 '두 문화'라고 표현한 것에 빗대어 슬라보예지젝[3]이 현대의 인간-기계의 혼종 문화를 '제3의 문화'라고 부른 것은 '포스트휴먼'이라는 단지 '불편한' 용어를 피하려는 의도였지 않을까? 그가 제안한 제3의 문화에는 '자연적'인 생명이 있는 유기체, 종(種) 그리고 사회적 '조직체'에 적용할 수 있는 자기조직화와 창발적 시스템의 개념들이 모두 포함되어 있다. 이 개념들에서 데카르트 이후 인간의 사고를 지배해왔던 주객도식이 해체되고 인간과 기계의 경계도 허물어지고, 유기체와 마찬가지로 기술은 가치중립적인 공간에서 만들어지는 것이 아니라 사회, 문화 그리고 개개인과의 연관 속에서 창발되며 결국 세계를 '휴머니즘적 · 이상주의적'으로 개선시킨다.[4]

현대의 첨단 NBRIC(나노, 생명, 로봇, 정보, 인지) 기술은 지식자본주의의 정치 · 경제 · 사회적 조건의 기초를 흔들고 문화적 변화를 촉발하고 있다. 새로운 인간관계, 정체성과 공동체에 기반을 두는 '아바타'와 같은 가상성, 새로운 소비 가능성, SNS(Social Network System, 사회관계망)를 통한 여론의 결집과 전자투표를 이용한 직접민주주의 실현의 가능성, 새로운 감시와 감독의 가능성 및 글로벌 커뮤니케이션, 인터넷 학습을 통한 새로운 교육방식 등은 현재 진행되고 있는 기술 발 변화들이다.[5] 이 문화적 변화는 지금까지의 아날로그적 · 물질적인 문화 속에서 있어왔던 변화와는 완전히 다른 속성을 보이고 있다. 인간의 기능과 구분하기가 어려울 정도로 '예민하고' 때에 따라서는 기능에 있어서 인간을 훨씬 능가는 인공보조물의 발전과 언제나 인간의 통제를 벗어날 수 있는 수준에 이르렀으며 이미 '보통' 사람들의 능력은 넘어서서 그들이 이해할 수 없을 정도로 복잡하게 발전한 인공지능의 창발은 NBRIC 기술이 가져올 변화가 어디까지일지를 예측하기조차 어렵게 한다.

아로노비츠와 멘저, Aronowitz and Menser et al는[6] 존재론적으로, 실용주의적으로, 그리고 현상학적으로, 현대 기술의 3가지의 분석 범주를 제시한다. 존재론적으로, 포스트휴먼화의 징후 아래에서 인간 존재는 점점 더 '기술화' 되고 있다. 인류를 생존의 위협에서 지켜준 최초의 도구 사용에서부터 인간 집단의 사회성을 유지할 수 있게 만든 곧 '존재론적인' 도구라 할 수 있는 언어와 문자, 시간과 공간의 간격을 해소함으로 온 인류의 삶이 공개되고 서로 공유하게 만든 정보통신교통 기술, 그리고 마침내 기계와 인간이 결합된, 그래서 궁극적으로 성의 구별을 극복하려면 할 수 있는 사이보그에 이르기까지 기술은 지속적으로 휴머니티를 확대해왔다.

실용주의적으로, 기술은, 물질적 · 신체적인 적응의 한 양상으로서 '자연'과 '문화'를 연결하는 다리이며 동시에 이 경계를 지워버린다. 인간에게 신비와 두려움의 대상이었던 자연으로부터 해방하는 그 순간부터 인류는 '자신을 초월'하는 것을 늘 꿈꾸어 왔다. 인간과 자연간의 완벽한 상호 침투가 가능성의 지평 위에 놓이고 유기체와 기계가 혼종되고 가상과 현실이 융합되므로 자연과 문화의 구분이 모호해지거나 더 이상 존재하지 않는다. 인간은 자연과 미디어 벡터가 더불어 조성한 '정보의 풍경'을 보면서 제1(천연), 제2(인공) 그리고 제3(유비쿼터스)의 '자연문화' 속에서 살아간다. 따라서 현재의 주체는 자연적 · 문화적 · 기술적이며 사회적 동물은 기술적 · 사회적인 존재가 되고 있다.[7]

현상학적으로, '도구'로서 기술은 현실을 변화시키기도 하고 동시에 현실에 접근하게하며 또 피드백 작용을 통해 사용자의 의식을 변화시킴으로써 기술은 인간과 환경 사이에서 '중재'를 수행한다. 기술은 접근 가능하며 동시에 투명해서 스스로를 가치중립성에 집착하게 하지만, 기술은 언제든지 인간과 더불어 현실에 충실하게 현실을 만들어낸다. 기술은 자신을 인간에게 필수 불가결하게하며 어느 정도 드러나지 않게 만든다. 이러한 의미에서 기술은 역사에서 인간의 휴머니티를 지속적으로 발현시키면서, 휴머니즘의 핵심부에 자리 잡은 '탈휴먼적인 것', 그리고 고대인들에게 마술로 여겨지게 만들었던 특수한 능력이 있다.[8] 휴머니즘은 기술과 더불어 걸어가고 있다.

호모 사이버네티쿠스

인간의 문화는 기술 없이는 상상할 수 없다. 불을 만드는 기술을 비롯해서 이해와 전달을 위한 상징적인 언어와 문자에 이르기까지 기술이 없었다면 '휴머니티'도 생성될 수 없었고 인간중심적인 시각에도 이르지 못했을 것이다. 그 때문에 문화는 항상 '기술문화'를 뜻하고 기술을 통해 중재된다. 도미니크 르쿠르트[9]는 이것을 이렇게 설명했다.

> "기술은 세계에 대한 오성의 일정한 태도에 상응한다. 오성은 기술자원을 인간 존재로 하여금 마음대로 다루도록 하기 위해 필요한 것으로 보인다. 그로 인하여 종으로서 인간은 주변 세계에 적응할 필요를 느끼기보다 오히려 그 반대로 자신의 욕망에 따라 주변 세계를 변화시킨다.[10] 그것이 문화로 나타난다. 기술과 문화가 분리될 수 없는 것처럼, 그렇게 기술에 대한 이해를 통해 분명해진 것은 개인과 기술의 불가분의 관계이다. 질베르 시몽동은 그것을 '개체화'로 명명했고, 후에 미셸 푸코는 현대 사회와 관련지어 '자아의 기술'로 언급하였다."[11]

인간은 매순간 자신의 대상 세계와 사회적 주변 세계에 적응하고 기술적으로 상호작용하면서 '개성'을 획득한다. 스마트폰이 잘 보여 주고 있듯이 새로운 공학기술은 주변 세계와 인간 사이에 또 인간과 인간 사이에 새로운 연대를 만들어낸다. 기술의 사용자들은 각각 특정 기술을 획득함으로써 이런 인간적 연대를 자신의 개성 창출에 사용한다. 그러므로 기술은 인간의 삶 밖에 있는 것이 아니라 삶에서 비롯되고, 삶에서 자신의 자리를 발견하고, 삶에서 그 규범을 만들며, 그 규범을 다시 삶에 적용시킨다.[12]

과학이 문화의 옷을 입을 때 기술이 되고 사람은 기술과 함께 새 사람이 된다. 그래서 기술은 과학이 전혀 기대하지 못했던 새로운 결과를 낳는다. 인간화된 로봇에서 정보화된 생명체에 이르기까지, 전자적 인공 신체에서 유전자 변형의 인간에 이르기까지, 이종 간 장기 이식에서 유전자 복제로 만들어진 생물에 이르기까지, 디지털 기술의 형식으로 예술과 기술의 결합 등, 그 동안 인간의 사고의 틀 속에서 분리되고 칸막이화되어 있던 세계와 영역들이 해체되고 통합되는 현상들이 지속되고 있다. 과학기술은 매일 새로움을 실험하고 있다. 이 과학기술적 실현은 인간과 기술의 종합 그리고 주체와 객체의 통합, 자연과 인공의 융합, 시스템과 환경의 통합, 궁극적으로 복잡계를 지배하는 '묵시적 질서'를 따라 새로운 생명체로의 확장으로 나타나고 있다.

자연적이며 무엇보다 생물학적 진화에 대한 다윈주의적인 설명도 이미 시스템의 진화와 공진화로 확장되었다. 다른 생물과 마찬가지로 인간도 진화과정에서 활성화되는 선천적인 텔로스(telos)에 의해 진화하는 것이 아니라 스스로 만들어지는 대상과 기술, 기관, 규범들로 이루어진 복잡한 세계와 관계 속에서 진화하여 왔다.[13] 여기서 시스템의 진화 과정은 다윈주의 진화론이 말하는 '우연'에 지배되는 것이 아니라 자율과 선택의 자유를 포함하는 질서와 복잡성의 발현이다. 다만 진화는 부단히 스스로의 목적을 창발하므로 그 과정의 상세한 결과는 인간의 예측 범위 밖에 있다. 그렇다고 하더라도 진화의 일반적 지향은 인간의 지성에 노출되어 있다. 그것은 복잡성이 점점 더 증가하다는 사실, 협동과 상호 의존의 망이 치밀해진다는 사실, 개체들은 다양한 국부적 시스템을 구축하고 국부 시스템이 연결되어 통합 시스템을 형성한다는 사실 등이 그 지향의 특징이다. 라즐로는 그것을 "복잡성과 혼돈으로부터 전일(全一)과 질서에로의 전진"[14]이라고 요약했다. 그래서 라폰테인은 "포스트휴먼은 진화의 연장선상에 있는 최종 단계인가?"[15]라고 물었다.

인간과 기술의 융합은 인간의 신체가 점점 더 인공보조물과 결합되고 또한 주변 환경과의 융합이 '내면화'되는 것이다. 이렇게 인간은 기술이라는 도구로 주변 환경에 적응하며 또 환경을 만들어가며 역사의 주체가 되어가는 기술과 공동으로 '함께 역사적'으로 된다.[16] 나는 이 새로운 인간을 호모 사이버네티쿠스(homo cybernecticus)라고 하고자한다. 인간의 본성은 '문화와 언어, 상상과 투영에서 비롯된 인공물'이고, 하나의 규범적인 개념이자 바라는 바에 대한 상상이며, 자기 개선을 통해 완벽하게 자신을 드러내려는 전망을 가진 자기충족적인 예언[17]이라고 한다면 호머 사이버네티쿠스는 이러한 인간 본성을 잘 드러내는 이름이 될 것이다. 인간의 '본질'에 대한 질문은 지식의 다과를 넘어서 시대와 무관하게 늘 현재의 과학기술적으로, 생물학적으로, 인류학적으로, 신학 혹은 종교적으로 끊임없는 질문 앞에 놓여 있어 왔다. 인간은 스스로의 본성을 결코 완전히 알 수 없는 본성을 지닌 존재임이 분명하다. 지금까지 인간은 늘 스스로를 극복해왔으며 앞으로도 지속될 것이다. 그래서 인간의 지속적인 과제는 인간을 넘어서는 것 곧 풀루스 호모인 것이다.

풀루스 호모

"삶 2.0-우리는 네트워크다: 인터넷이 사회를 변화시킨다."라는 타이틀을 단 『슈피겔Der Spiegel』의 2007년 3호 별판본은 새로운 상호작용과 자기표현, 커뮤니케이션과 '정체성 작업'을 가능하게 하는 모든 기술문화적 요소들의 공통점은, 아직은 부분적이지만, 육체적 신체에 접속되는 새로운 주체성의 존재를 시사하였다. 이미 가상과 현실이 융합된 공간에서 실감하고 있듯이, 기술이 전통적인 삶의 영역에서 편의성을 추가 하는 것에 그치지 않고 또 SF 영화와 문학이 대변하는 예술의 세계에서뿐만 아니라 '실제적인' 삶의 실제에 큰 변화를 가져온다. 물질성과 정신성, 그리고 휴먼적인 것과 비휴먼적인 것에 대한 세계관 자체의 변화가 요구되고 있다. 신경인지과학은 "영혼은 기계인가?"라는 도발적인 질문을 던짐으로써, 그것에 접근을 하지 못하였거나 접근하기에 어려운 일상의 삶 속에서 급격한 변화는 물론 이미 인간의 자기이해에 변화를 가져오고 있다.[18)]

1990년대 초 이탈리아의 자코모 리촐라티Giacomo Rizzolatti의 연구팀이 발견한 '거울신경세포(mirror neurons)'[19)]는 인간이 다른 사람의 마음을 이해하는 것은 개념적 추리를 통해서가 아니라 직접적인 시뮬레이션을 통해서, 곧 생각이 아니라 느낌으로 이해하는 것이라는 것을 밝히는 계기가 되었다. 거울신경세포의 발견은 "심리학 이론에까지 영향을 미치고 인지과학의 여러 문제 해결에 단서가 되는 신경계 메커니즘을 제공해 줌으로써 인식과 생물학 사이의 간극을 메우고 있다."[20)] 생물학과 문화가 서로 다른 궤도에서 움직인다고 생각해 왔던 찰스 P. 스노 같은 학자들도 거울신경세포의 발견으로 데카르트의 이원론이 잘못이듯이 생물학과 문화의 이분법 역시 잘못된 것이라는 생각에 이르렀다. 로스앤젤레스 캘리포니아 대학교의 심리학자 퍼트리셔 그린필드는 이렇게 말한다. "거울신경세포는 문화의 진보에 확실한 생물학적 기반을 제공한다. … 이제 우리는 거울 뉴런이 문화를 직접 흡수하는 현장을 본다. 그것은 사회적으로 같은 것을 공유하고 모방하고 관찰함으로써 한 세대가 다음 세대를 가르치는 가운데 일어나는 현상이다."[21)] 인지언어학자 조지 레이코프와 마크 존슨은 "개념의 진정한 속성은 두뇌와 몸을 조직하는 방식과 두뇌와 몸이 상호 관계하며 물리적 세계에서 기능하는 방식의 결과로 얻어진다."[22)] 고 하면서 이성을 이렇게 설명한다.

> "지금까지 흔히 생각해 온 것과는 달리 이성은 비실체적인 것이 아니라 우리의 뇌와 몸, 그리고 몸의 경험이라는 실체에서 비롯된다. … 우리에게 느끼고 움직이게 해 주는 것과 같은 신경적, 인지적 메커니즘은 또한 우리의 개념적 체계와 이성의 양식을 창조한다. … 어쨌든 이성은 우주나 비실체적 정신의 초월적 특징이 아니다. 오히려 이성은 우리 인간의 몸이 갖는 특권과 두뇌의 신경 구조의 뚜렷한 세부사항과 세계 속에 있는 우리의 일상적 기능의 특징에 의해 형태가 갖추어진다."[23)]

현대의 인지과학기술은 과학의 영역에만 머물러 있지 않았다. 곧 지식인들의 관심을 끌었고 사고의 전향을 일으키기 시작하였다. 『이코노미스트』(2006년 12월 23일자)는 "당신이 누구라고 생각하세요? 뇌를 조사하다"라는 제목을 붙여 인간의 두뇌와 학습능력에 대한 새로운 신경과학적 지식을 독자들에게 소개하였다. 2006년 10월 7일자 『뉴사이언티스트』는 "정신 기능: 당신의 두뇌는 별로 도움이 되지 않습니다."라는 주제를 다루었다. 『르 몽드』는 2006년 12월 11일, 12일자에서 전기자극 주입이 어떻게 '브레인빌딩'을 촉진하고 인지력을 상승시키는지를 다루었다. 독일의 『디 차이트(Die Zeit)』는 2007년에 '나를 찾아서'라는 시리즈에서 새로운 인간상을 소개하였다. 2007년 8월 16일자에서 울리히 반젠은 이렇게 질문을 던진다. "영혼의 건축물: 의사들이 칩(chip)과 탐침(sonde)으로 정신질환자의 뇌를 직접 수리한다. 정신은 단지 생물학인가?"[24)]

케플러의 천체관으로 지구가 우주의 중심에서 조그만 행성으로 돌아왔고, 뉴턴의 역학으로 별들의 움직임이 땅위의 돌들의 움직임과 같은 것이 되었으며, 다윈의 종의 기원으로 인간과 생물의 경계가 열리기 시작한 이후, 이제 지금까지 인간에게 금단의 지역으로 닫혀있던 인간의 뇌가 열림으로써 물질과 정신을 가로지른 둑이 무너지기 시작하였다. 인간의 뇌가 칩이나 탐침으로 조절될 수 있음이 확인 된 것은 지금까지와 전혀 다른 인간이 만들어 질 수도 있으며, 마치 새로운 기술을 가졌던 크로마뇽인이 네안데르탈인을 사라지게 하였듯이, '새로운 인간'이 현생 인류를 이기고 살아남을 수 있을 가능성이 열리고 있다. 인간이 역사에서 지속적으로 변화해왔듯이 다른 형태의 인간은 이미 과학기술적 발전과정 속에서 준비되고 있다. 기술정신은 자신도 모르게 '자연스럽게' 습관화되어 있어 당연하게 받아들여지던 모든 전제를 뒤집고 거기에서 해방되는 것"[25)]이며 기술은 인간 깊숙이 자리를 잡고 있는 나르시즘을 공격하여 새 것에 눈뜨게 하기 때문에 리오타르는 『포스트모던의 조건』에서 다른 형태의 인간은 근대의 '새로운', 최후의 혹은 휴머니즘적-인간 중심적 '대서사'에 상응하기 보다는 오히려 '인간-두뇌' 에너지 시스템의 모호성과 유한성을 드러내는 '반휴먼'적이다.[26)]라고 한다. '인간' 또는 '두뇌'가 다른 완벽한 형태에 의해 추월된다면 지구에서 지금까지 누려왔던 우리의 삶의 조건이 사라지는 것을 감수해야 한다. 인간과 휴머니티라는 용어는 이데올로기로부터 완전히 자유로운 개념이라기보다는 역사적이며 문화적인 산물이기 때문이다.

인간과 휴머니티는 늘 그러하였듯이 생태계, 기술 또는 진화를 포괄하는 커다란 연관성 속에서 새롭게 조명되고 있다. 이러한 노력들은 포스트휴먼적이며 기술적으로 업그레이드 된 인류를 바라보는 견해들을 제시하고 있으며 이데올로기적 휴머니즘의 근본가치를 빈번히 무비판적으로 확장하는 동안, 전통적인 인문학, 정신과학 혹은 문화학 등은 인류라는 불완전한 개념을 옹호하거나 또는 마치 신화와 같은 인간의 '본성'에 집중하여 인간중심적으로 전개되었다.[27]는 견해에 이르렀다. 그래서 포스트휴먼 또는 포스트휴먼적이라는 것은 인류 중심의 사고화 과정에서 배척되었던 모든 자연적인 것과 정신적인 것을 포괄하고, 인류이외의 '다른 것들'을 포함하는 개념으로 받아들여진다.

포스트휴먼적 세계관이 인간 중심적이었던 전통적 인류의 세계상과 인간상을 넘어섬으로써, 인간중심적인 세계관은 역사의 한 과정 속으로 유입되고 과학기술, 자연 환경 그리고 기술계 또 신학적 · 형이상학적 · 윤리적인 내적 요인과 정치 경제적인 외적 요인들이 고려되는 가운데 새로운 인간상이 구축될 필요가 있다. 이러한 생각에서 포스트휴먼은 풀루스 호모를 지향하는 것이다. 그러나 인간종족의 점증적인 기술화를 긍정하면서도 오직 기술만으로 구성된 포스트휴머니즘은 부적절한 것임이 분명하다. 인간과 인간 주위의 모든 것들이 총체적 삶의 공진화를 지향한다는 점에서 기술화는 풀루스 호모의 한 단면일 뿐이다. 인간 혹은 두뇌는 자연의 창발성과 엔트로피의 증가 사이에서 발생하는 모순과 갈등의 기본원리를 벗어나지 못한다. 그러므로 복합체의 지속적인 발전에 필요한 것은 점점 더 완벽해지는 '포스트휴먼의 인간'을 만들어 내는 것이 아니라 인간-기술-사회가 더불어 구축하는 유기적 문화 시스템 속에서 인간이 풀루스 호모로서의 자신의 위치를 진정 파악하는 것이다.

15.2 통전적 앎

라스코의 동굴 벽화에서, 르네상스의 조각과 회화들에서, 또 그들이 찾아낸 원근법에서, 인상파 회화들이 구현한 빛의 느낌들, 마침내 세잔과 피카소가 드러낸 인간의 다면적 시각, 그리고 이후에 이어지는 예술의 유파들이 실현하고자 했던 꿈은 늘 인간을 더 솔직하게 드러냄으로써 그동안 인간에게 덥혀져 있던 껍질들을 벗겨내는 곧 '인간을 넘어'서는 것이었다. 예술가들은 특히 새로운 과학과 기술을 대할 때마다 그것이 가진 의미를 빨리 느끼고 그것으로 세계에 참여하고 세계와의 공감을 통하여 인간을 드러낸다. 그들은 인간-기술-자연 속에서 풀루스 호모의 여정으로 걷는 중요한 매개 역할을 수행해왔다.

| 그림 사진 15.1 |

〈롱샹의 경마〉[29](상), 에두아르 마네 Edouard Mamet(1832~1883년), 1865년경, 석판화, 36.5×51cm: 마네는 옥외에서 자연 광선에 의한 색채의 변화를 의식하고 채색의 혁명을 일으켰을 뿐만 아니라 움직이는 형태를 운동자의 입장에서 공감하고 그 표상에도 변화를 가져왔다. 그에게 롱샹의 경마장에서 질주하는 말은 네 다리를 모두 보여주지 않았으며, 흥분하는 관중들도 그 모습이 하나 하나로서 분명하지 드러나지 않는다. 그 모습들은 빠른 속도로 처리되어 알아보기 힘든 형태로 어렴풋이 암시됨으로써 속도와 운동감의 인상들이 포착되기를 원했다. 이러한 그리기는 자신이 경마장 속에서 공감할 때 느낀 것의 표상이다. 이 그림은 당시 경마장의 모습을 스틸 사진처럼 자세히 보여주는 어떤 그림보다 '본질적인' 경마장의 모습을 드러낸다.; 〈나선형 성운 드로잉〉[30](중), Rosse 백작 윌리엄 파슨 William Parson, 1844년, 72인치 렌즈의 망원경으로 관측, 〈별이 빛나는 밤〉[31](하), 빈센트 반 고흐 Vincent van Gogh, 1889년, 캔버스 유채, 73.7×92.1cm,뉴욕 현대 미술관: 끊기있는 관찰자에게는 '서서히' 소용돌이치는 밤하늘이 느껴지지만, 대개 눈에 보이는 밤하늘은 '은하의 강'이며 정지해있는 반짝임이다. 그러나 고호에게 하늘의 별들은 소용돌이치는 나선형 성운으로 표상되고 있다. 실제로는 1844년 최초로 나선형 성운이 망원경으로 관찰되어 드로잉 되었으며 1888년에는 최초로 사진으로 찍혀 신문과 대중 과학 저널에 실렸다(중). 고호는 에밀 버나드, Emile Bernard에게 보낸 편지에서, 과거에 종교에 의해서 제기 되었던 의문들에 언젠가는 과학이 대답해줄 것을 확신하면서 "과학과 과학적 사고가 나에게 위대한 미래를 가진 도구이다."[32]라고 마무리한 것으로 보아서 그가 나선형 성운을 보았을 것으로 추측된다. 지금도 그러듯이, 당시 대부분의 사람들이 사진을 보고도 우주의 소용돌이에 공감하지 못하고 있을 때, 고호는 우주의 역동적인 소용돌이를 공감하고 밤하늘을 이렇게 표상했을 것이다.

지적 공감

프랜시스 베이컨은 『노붐 오르가눔(*Novum Organum*)』에서 현실을 이해하고 규정하는 새로운 방법으로 훗날 '과학적 방법'이란 말로 통하는 사고체계의 틀을 만들었다. 베이컨은 만물의 존재 이유를 강조하는 그리스 과학의 방법론에서 만물의 존재 방식으로 관심을 돌렸다. 베이컨은 자연의 존재 이유를 관조하기 보다는 자연의 운동방법을 생산적인 목적에 이용하는데 관심을 둠으로써 자신을 자연에서 분리하는 것이야말로 현실을 인식하는 유일한 방법론이라고 여겼다. 그래야 비실체적 정신이 현실을 관찰하여 현실의 작용에 대해 가치 있고 자유로운 판단을 내릴 수 있다고 생각하였다. 베이컨은 이러한 '과학적 방법'이야말로 인간의 정신으로 하여금 '자연을 정복하고 개발하고 자연을 근본에서 흔들 수 있게' 해주는 강력하고 새로운 정신적 도구라고 확신했고 새로운 과학의 목표는 '우주에 대한 인류의 지배력을 확립하고 확장하는 것'이라고 하였다.[28)]

이와는 대조적으로 실체적 경험을 중시하는 철학자들은 현실을 이해하기 위해서는 현실에 뛰어들어 공감적 지각을 하여야 한다고 주장한다. 인간과 살아 있는 모든 존재에게 좀 더 깊이 공감할수록 참여의 정도가 강해지고 넓어지며, 그럴수록 우리가 몸담고 있는 현실의 영역은 더 풍요로워지고 더 보편적이 된다. 얼마나 마음을 열고 참여하느냐에 따라 현실을 이해하는 폭도 달라진다. 경험은 점점 더 글로벌해지고 보편적이 되며 인간은 세계인이 되고 지상에서 벌어지는 일과 관계를 맺게 된다. 이것이 '생명권 의식(biosphere consciousness)'의 시작이다.[33)] 어떤 한 대상의 주위를 맴도는 것과 그 안에 들어간다는 것은 같지 않다. 한 대상의 주위를 맴돈다는 것은 베르그송에게 분석이라 부르는 지성의 특별한 활동을 의미하였고 대상 속으로 들어간다는 것은 베르그송에게 직관을 의미하였다. 직관에 의해 대상의 내부로 파고 들어가 대상이 가지고 있는 독특한 것, 즉 표현할 수 없는 것과 합일하는 것을 그는 지적 공감(intellectual sympathy)이라고 하였다.[34)] 우리가 참여적 세계에 살고, 몸의 경험이 다른 사람과의 끊임없는 교분의 경험이라면, 공감은 '나'가 타자의 삶에 깊이 들어가고 타자가 '나'속에 들어오는 수단이 된다. 공감은 또한 우리 자신의 공동의 현실을 만드는 수단이다. 데카르트의 아프리오리한 비실체적 진리가 '이성의 시대'에 지식 기반을 제공하고, 성 아우구스티누스의 계시와 신의 은총이 '신앙의 시대'를 위한 배역을 정해 주었다면, 실체적 경험이라는 개념은 '공감의 시대'에 튼튼한 지적 뼈대를 제공한다.[35)] "나는 생각한다. 그러므로 나는 존재한다."에서 "나는 참여한다. 그러므로 나는 존재한다."로 대전환하면서 공감은 인간 역사의 중심으로 드러나고 있다. 사실, 공감은 언제나 변함없이 그 중심에 있었지만 인류는 이것을 한 번도 제대로 인식하지 않았을 뿐이다. 좀 더 정확하게 말한다면, 지구촌 사회가 공감을 확인할 수단을 갖지 못한 체 단지 전통사회의 소규모 공동체에서 국지적 공감으로 존재해왔으며, 공동체와 공동체의 경계선에서 공감은 사라지는 것으로 인식되었다. 그러나 이제 공동체가 확대되고 공통의 관심이 확대되고 그 관심들을 공유할 수 있는 수단을 소유하게 됨으로 공감은 인류공동체의 수면에 드러나게 되었다. 그래서 리크 스콜리모프스키는 "참여적 우주에서 인간으로 있으려면 참여의 결합을 인정해야 한다. … 이런 결합을 인정한다면 그로 인해 공감을 인정하게 된다."라고 말했다.[36)]

관점의 다각화

인간은 자신들이 맺은 관계를 통해서 주변 세계를 집단적으로 이해하고, 그런 집단적 이해가 곧 자신의 현실이 되지만 그 같은 생각을 받아들이는 것이 쉽지는 않다. 그것은 우리의 사고가 '현실이 객관적으로 존재하며 인간은 현실과 일정한 거리를 둔 상태에서 현실을 바라볼 때만 그것을 알 수 있다'는 수위 '과하저 방법'에 물들어 있기 때문이다. 이 과학적 방법은 사실 현실에 대한 실체적 접근 방식과는 완전히 상반된다는 것을 베르그송은 '장미 분석의 오류'[37)]에서 잘 보여주었다.

프리드리히 니체는 '객관적'인 사실이 존재한다는 계몽사상을 공격하면서 세상에는 다양한 관점만이 있을 뿐이라고 주장하며 "지식을 적용할 때 정서적인 해석과 다양한 관점을 사용할 것"을 촉구했다.[38)] 그는 '절대 영혼'이나 '순수 이성'은 환상일 뿐이라며 인간에게는 "그보다는 오히려 하나의 원근법적 시각, 즉 하나의 원근법적 '인식'이 있을 뿐이다. 그리고 한 가지 사물에 관해 많은 감정을 말하도록 할수록, 한 가지 사물을 관찰하는 데 더 많은 눈, 다양한 눈을 사용할 수 있고, 이에 대한 우리의 '개념'은, 즉 우리의 '객관성'은 더욱 완벽해질 것이다."[39)]고 강조하였다.

인식에 대하여 이러한 관점으로 견해를 바꾸는 데 가장 큰 영향을 미친 사람은 당시의 예술가들이었다. 세잔은 한 평면 위에 서로 다른 시점에서 본 정물을 보여주고 있다(그림 사진 15.2). 과일 그릇의 받침은 중심을 못 찾고 삐뚤어있고 탁자는 왼쪽에서 오른쪽으로만 기울어지 것이 아니라 앞쪽으로도 기울어져 있다. 색칠도 '확실하게'하지 않고 마치 덧칠한 듯이 보인다. 그는 탁자 위에 있는 모든 형태들 사이의 관계를 연구하고자 하였기 때문에 그 관계가 잘 드러나도록 탁자를 앞으로 기울게 그렸다. 또 밝은 색채를 희생시키지 않으며 깊이감을 살리고 깊이감을 희생시키지 않으며 질서있는 화면 배치를 이루려고 노력하였다. 그는 평면에서 견고함과 깊이감을 전해주고자, 르네상스기에 브루넬레스키가 창안한 이후 전통이 되었던 '선원근법'을 버

| 그림 사진 15.2 |

정물, 폴 세잔, 1879~1982년, 캔버스에 유채, 46×55cm, 개인소장[41]: 세잔은 회화의 전통적인 수법 중 어느 하나도 당연한 것으로 받아들이지 않았다. 그는 입체감과 색채의 관계에 몰두하였다. 그의 모색과 고투 속에서 기꺼이 희생시키고자 했던 단 하나는 바로 윤곽선의 고루한 '정확성'이었다. 그는 자연을 왜곡하려고 한 것이 아니라 바라는 효과를 얻는데 도움이 된다면 소소한 세부의 왜곡은 별로 개의치 않았다.[42]

| 그림 사진 15.3 |

〈바이올린과 포도〉 파블로 피카소, 1912년, 캔버스에 유채, 50.6×61cm, 뉴욕 근대 미술관, 데이비드 M. 레비 여사 유증,[43] 피카소는 바이올린이 '그렇게 생겼다'고 믿어주기를 기대하는 것은 지성에 대한 모욕이라고 생각했다. 피카소는 자신이 실험을 하고 있다는 것을 부정한다. 그는 탐구하는 것이 아니라 발견할 뿐이라고 말한다. 그는 자신의 예술을 이해하려는 사람들에게 "모든 사람들은 예술을 이해하고자 한다. 그렇다면 왜 새의 노래는 이해하려고 하지 않는가."라고 묻는다. 어떤 그림도 말로써 완전히 '설명'될 수 없다.[44]

| 그림 사진 15.4 |

〈나와 마을〉, 마르트 샤갈, 1911년, 캔버스에 유채, 75 5/8×59 5/8″, The Museum of Modern Art, New York(Mrs Simson Guggenheim Fund) 그림은 우리에게 묘사된 사물에 반응하도록 유도함으로써 은유적이다. 더욱이 추상양식이나 상호 모순되는 묘사의 방법들을 사용하여, 플라톤 이후 많은 철학자들이 제시하여온 것들, 우리가 경험 하는 세계는 인습적이고 가면적인 체계라는 사실이 시각적으로 드러나게 되었다. 많은 미술가들이 가졌던 현대 세계에 대한 신념이 무너졌다.[45]

렸다. 전통을 버리고 '정확한 소묘'를 무시한 순간 그는 자신도 모르는 사이에 미술사상 대전환의 시발점에 섰다.[40] 세잔의 입체적 시각은 피카소에게 큰 충격을 주었다.

피카소는 세잔을 자신의 위대한 스승으로 여기고 브라크와 함께 입체적 시각 곧 큐비즘(입체파)을 회화에 도입하였다. 피카소는 『바이올린과 포도』(그림 사진 15.3)에서 화폭이 제한하고 있는 '평면적인' 단편들로부터 손으로 만질 수 있는 입체적인 사물을 머릿속에 떠올리고 자신의 의도대로 감상자들을 초대하고 그들에게 말하고 있다. 그는 2차원 평면에 3차원의 깊이감을 재현하려는 그림의 본질적인 역설을 해결하고자 노력하였다. 입체주의는 이러한 역설을 적당히 얼버무리지 않고 새로운 효과를 창출하기 위하여 이 역설을 이용하고자 하는 시도이다.[46]

복수의 시각은 공간상에서만 존재하지 않았다. 시간과 공간에 대한 복수의 시각은 의식의 흐름이라는 관점으로 회화와 문학에 함께 나타났다. 제임스 조이스는 시간과 공간의 복수 시점을 문학에 응용하여 세잔과 피카소와 입체파들이 캔버스에서 시도했던 효과를 거두었고 샤갈을 위시한 초현실주의 화가들은 화폭에 의식의 흐름을 담음으로써 시간과 공간에 대한 복수의 시각을 담아냈다. 『율리시스(*Ulysses*)』에서 조이스의 주인공 레오폴드블룸은 더블린의 평범한 일상에 파묻혀 있으면서도 마음은 우주로 날아가 멀리 은하계를 떠도는가 하면 샤갈은 『나와 마을』(그림 사진 15.4)에서 어릴 적 다니던 교회에서 만난 사제의 우스꽝스러운 얼굴에서부터 양의 젖을 짜는 어머니를 거처 이른 아침부터 큰 낫을 어깨에 메고 일터로 나가는 아버지에게로 의식이 흘러 기억의 꽃다발을 만들고 일상적인 크기와 위치는 무의식의 '진실'을 위하여 희생시켰다. 서로 노려보는 인간과 소의 두 눈 사이를 잇는 가는 선은 보이지 않는 것을 보이게 할 수 있다는 초자연적 능력을 상기시킨다. 이 모든 의식이 한 화폭에서 어지럽게 보이지만 더 큰 질서 속에서 정열 되어 있다. 제임스 조이스나 샤갈은 누구나 복수의 시점과 복수의 현실을 경험하며, 하루 동안에도 마음속에는 여러 곳과 여러 시간을 오간다는 사실을 보여 주려 했다. 마음은 고정된 시점에 머무르는 법 없이 이음새 없는 현실을 수용한다.

몸의 예술

인간의 몸은 인간에게 감각을 언어로 바꾸어 일차적 은유를 제공한다. 그리고 그렇게 만들어진 은유는 더 추상적인 은유를 만드는 데 사용된다. 일상의 대화에서 몸의 은유가 얼마나 자주 사용되는지 생각해 보면 몸의 경험이 사고 과정에서 맡고 있는 중요한 역할을 짐작할 수 있다. 우리는 개념을 '파악(frasp)'하고, 현실과 '접촉(touch)'을 끊으며, 생각을 '펼치며(stretch)', 가능성을 '움켜쥐고(grab)', 문제를 대

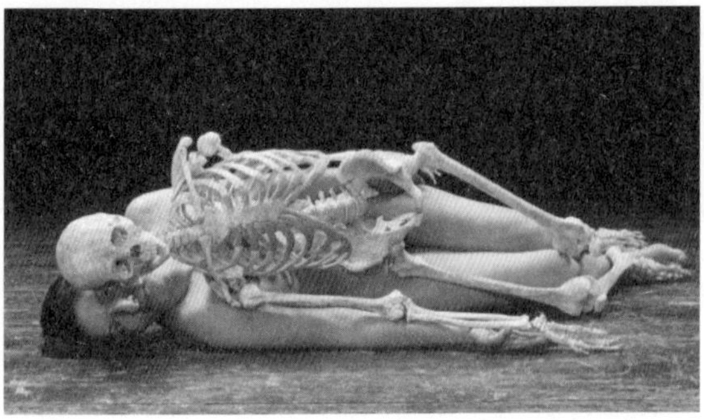

| 그림 사진 15.5 |

마리나 아브라모빅 〈Nude with Skeleton〉 흑백 사진 125×145cm: 작가의 신체와 해골의 겹침은 삶과 죽음, 일시성과 영원함을 동일한 사유의 선상 놓는다. 해골을 몸 위에 무겁게 얹은 채 바닥에 누워 숨쉬고 있는 아브라모빅의 호흡은 시간이 지남에 따라 점점 더 커지고 증폭된다. 해골은 인간이 직면할 마지막 거울이자 죽음과 일시성에 대한 은유적 표상이다.[50] 아브라모빅은 해골을 '움직여'감으로써 삶과 죽음이 동시에 보이게 한다.

충 '읽고(walk throush)', 남의 고통을 '느끼고(feel)', 수상한 '냄새를 맡고(smell)', 남의 말의 속뜻을 '들여다보고(see)', 입지를 '잃고(loose ground)', 원칙을 '고수(stand up for)'하고, 카드 결제 대금을 급히 '막고(run up a bill)', 사태의 해결책을 '더듬어 찾는다(stumble)'[47]라고 표현한다. 이처럼 이성의 언어보다 은유를 통해 우리는 현실을 훨씬 더 빠르게 그리고 실체에 가깝게 상상하고 만들어간다.

이러한 생각은 "나는 전적으로 몸이며, 그밖에는 아무것도 아니다. 영혼은 몸에 대한 어떤 것을 일컫는 말에 불과하다."는 니체의 말에 잘 드러나 있다. 은유 언어는 몸의 경험을 풍부하게 하고 다른 사람들과 하나가 될 수 있는 이야깃거리를 만들어주고 다른 사람들과 내면의 세계를 훨씬 쉽게 공유하게 한다. 이것을 가장 적극적으로 실천하는 사람들 속에 예술가들이 있다. 1990년대 조나단 파인버그가 '몸으로의 귀환'이라고 명명했듯, 몸 미술가들은 비디오 영상으로 정상성을 벗어난 비천한 몸, 파편화된 몸, 그로테스크 몸, 사이보그 몸 등을 제시하며 몸의 물질성과 육체성을 더욱 강조했다.[48] 20세기 후반 예술가들은 이성적인 의식 주체로서의 인간을 거부하고 주체와 대상을 이분화시켜 정신과 몸의 대립이라는 선험적 분리를 야기한 데카르트적 주체와 이성 중심주의의 해체에 나섰다. 정신의 하부구조로서 영혼과 이성을 담는 그릇으로서의 몸, 볼거리로서의 몸, '세계에로의 존재'에서 소외되고 박탈당한 몸을 모두 거부하고 세계와 마주하는 육화된 몸-주체(body-subject)를 회복하고자 한다. 인공지능 철학자 드라이푸스가 컴퓨터가 인간을 추월하지 못하리라고 하면서 "아무리 정교하게 구성된 기계들이라도 그것이 인간들과 다를 수밖에 없는 것은, 분리된 보편적이고 비물질적인 영혼 때문이 아니라, 분리되지 않은 상황적이고 물질적인 신체 때문"[49]이라고 하였듯이 몸은 역사와 문화의 구조를 육화하고 세계 속에 있으면서 세계로 나아가는 몸이다.

몸은 더 이상 영혼의 감옥이거나 영혼의 노예가 아니라, 몸은 말하고 숨쉬고 느끼고 맛을 보고 냄새를 맡으며 궁극적으로 정신과 영혼을 만나며 정신과 영혼은 몸을 통해서 존재를 증명한다. 전통적인 사고를 따라서, 마리나 아브라모빅의 영상작품 〈Nude with Skeleton〉은 고통과 육체적 저항에 대한 주제를 다루면서 인간의 한계를 탐구하는 풀루스 호모의 도상에 있다. 인간의 몸은 인간 주체가 인식하고 말과 글로 표현하는 것이 명료하거나 완전하지 않음을 증명하며, 인간은 타자와의 관계에서만 그 의미를 부여받고 죽음과 소멸을 안고 사는 불안정한 주체임을 말한다. 몸의 예술은 바로 이러한 불완전한 인간상에 대해 계속적인 질문을 던지며 풀루스 호모로 가는 길 위에서 끊임없이 실험을 하는 과정이다. 스텔락도, 앞에서 이미 언급하였듯이, 인간-기계 인터페이스로 몸이 정보를 받아들이는 현상을 실현함으로 사실은 몸이 이미 하고 있는 것, 다만 몸은 미약하고 예민한 감각을 느끼고 뇌로 전달하고 있으나 어떠한 이유로 둔감해진 인간이 의식하지 못하고 있을 뿐임을 보여주는 파격적 퍼포먼스를 실행하였다. 그는 확장된 인간을 추구하고 궁극적으로 인간의 몸의 실존을 보여줌으로써 풀루스 호모를 향하여가는 길 위에 서있는 것이다.

팝 아트(popular art)

예술은 어떤 종류이건 기술을 이용한다. 시각예술의 재료이건, 음악 창작에 사용되는 도구이건, 건축의 재료나 구조거나 간에 가장 먼저 기술과 연결 되는 것이 예술이다. 현대 예술가들도 놀랄만큼 신속하게 새로운 기술과 기술문화에 적응하였다. 예술가들은 자신의 예술 속에 기술 변화와 사회적 충격을 미리 그려 넣는 사회의 안테나처럼 말이다. 19세기후반에서 21세기 초반까지 급속한 대규모 기술 변화는 예술창작에 이용되는 기술 자체뿐만 아니라 그들이 표현하고자하는 의미에서 급속한 변화를 가져왔다. 미디어기술을 포함하여 생산기술의 의미 있는 변화들이 대중문화에 끼친 영향은, 가장 눈에 띄게는, 팝아트에서 나타났다. 전자산업, 정보시스템 그리고 매스미디어의 부각은 문화에 크게 영향력을 발휘하였다. 소비문화의 소산일 뿐이라는 비판에도 불구하고 팝아트는 모더니즘의 예술적 원리에서 벗어나고 직접 대중문화의 이미지를 예술적 표현으로 드러내는 변화를 만들어 냈다.

존. A. 워커(Jon A Walker)는 자신의 책 『매스미디어 시대의 예술(Art in the Age of Mass Media)』에서 포스트모던 예술의 중심기술로 등장한 리차드 해밀턴의 '차용'기술—콜라주—을 논하면서 팝아트는 '불확실하거나' '알 수 없는' 인간 정신의 내적 깊이나 인간의 본성을 드러내기 보다는 사인과 이미지의 인위적인 세상에 집중하고 '미디어로 포화된 환경', 인테리어, 도로, 교통, 사인, 포스터, 신문, 라디오, 텔레비전 방송 등이 만드는 세상을 반영하고 있다고 하였다.[51] 로이 리히텐스타인(Roy Lichtenstein)은 만화책의 내용과 모습을 재생산하는 그림을 그렸고 앤디 워홀

(Andy Warhol)은 브릴로(Brillo)처럼 일상적인 소비 제품의 이미지를 그대로 팝아트로 재생산하였다. 모더니스트들은 이러한 작품들을 대량산업문화에 편승하여 예술의 수준을 낮추는 '저속한' 자기 본성을 드러내는 것이라고 비판을 하였으나, 이러한 팝아트는 오히려 산업문화와 결합함으로써 예술의 본질을 드러내고, 소위 그들이 말하는 '고품위 문화'와 '저품위 문화'의 경계를 해체하였다.

단토는 자신의 책 『예술의 종말 이후』에서 워홀의 '브릴로'를 더 이상 순수한 시각적인 견지에서 미술과 실제 사이의 차이를 알 수 없다는 점을 보여주는 한 예로 제시하고, 팝아트를 통해서 비로서 미술은 자기 자신에 대하여 '그 두 가지가 똑같아 보일 경우, 예술작품과 예술작품이 아닌 어떤 것 사이의 차이를 만드는 것은 무엇인가?'라는 진정한 철학적 물음을 던지게 되었다고 한다.[52] 이러한 물음은 '미술'의 의미를 '이러 이러한 것'이 미술이라고 실례들을 들어 가르치는 것이 가능했던 때에는 또는 미술과 실재 사이의 구별이 항아리에 그려진 침대 그림과 실제 침대 사이의 차이처럼 지각적으로 여겨지던 때에는 결코 생겨날 수 없었다.[53] 그래서 20세기에 이르기까지 예술작품은 언제나 예술작품으로 확인될 수 있다는 암묵적인 신념이 있었으나, 워홀과 함께 예술작품이 이래야 한다는 특별한 방식이 존재하지 않는다는 점이 분명해졌다.[54] 예술가 개인들에 있어서도, 개인들은 '하나의 특정한 활동영역에 배타적으로' 강제되는 대신에 "자신이 원하는 그 어떤 분야에서든 높은 수준에 도달할 수가 있다."는[55] 맑스와 엥겔스가 『독일 이데올로기』에서 던진 예견처럼, 워홀은 "어떻게 하나의 양식이 다른 것보다 더 낫다고 말할 수 있는가? 당신은 다음 주면 추상표현주의자나 팝아티스트, 아니면 사실주의자가 될 수도 있다. 그것도 무엇인가를 포기했다는 느낌을 받지 않으면서 말이다."[56]라고 피력하였다. 이제 예술가들은 그들이 단 하나의 창조성의 방법에만 매달리지 않는다. 워홀은 그림과 조각을 만들었을 뿐만 아니라 영화도 만들고 음악의 일종(록음악)을 후원했으며 사진 개념을 혁명화하기도 했다. 또한 그는 책을 쓰기도 했고 아포리즘 작가로 명성을 얻기도 했다.[57] 이러한 창발성은 미국 밖에서 팝아트가 하나의 해방운동으로 전개되었음에서도 드러난다. 독일에서는 지그마르 폴케와 게르하르트 리히터의 강력한 자본주의 리얼리즘(Capitalist Realism) 운동이 팝아트로부터 직접적인 영감을 받았고 소련에서는 코마르와 멜라미드가 소츠 아트(Sots art, 사회주의 리얼리즘을 풍자하는 반체제적 미술양식)를 창안하여 우주에서 죽은 '라이카'라는 이름의 개 얼굴이 들어 있는 담배곽 로고 디자인을 일종의 회화로 차용하였다.[58]

흔히 '소비자주의의 사회자'로 불리는 앤디 워홀은 자신의 재앙(Disaster)시리즈에서 자동차의 충돌과 각종 사고들이 반복되는 미디어 이미지로 미디어의 표현들

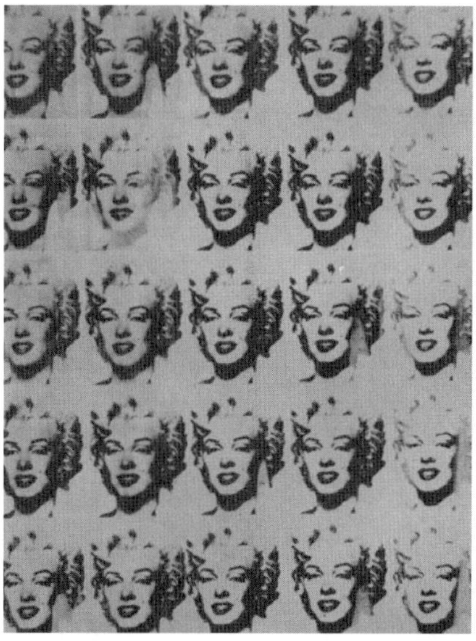

| 그림 사진 15.6 |

앤디 워홀의 〈브릴로 Brillo Soap Pads Box〉[61](상), 1964년, silkscreen ink on synthetic polymer paint on wood, 17×7×14″, 앤디워홀 미술관 피츠버그와 〈마릴린 먼로〉(하) 1962년, Silkscreened and enamel ad acrylic on canvas, 82×55″, 스톡홀름 현대미술관, 그리고 루이 리히텐슈타인 Roy Lichtenstein (1923~1997)의 〈행복한 눈물〉(중), 1964년, 유화 캔바스에 마그나펜, 96.5×96.5cm, 로이 리히텐슈타인재단 소장: 팝 아트는 리차드 해밀턴의 콜라주 작품 〈오늘의 가정을 그토록 색다르고 멋지게 만드는 것은 무엇인가?〉(그림 사진 10.5 참조) 이 그 문을 열고 60년대 초 앤디 워홀과 로이 리히텐슈타인 등 미국 작가들로 그 흐름이 이어졌다. 대표적인 팝 아트작가 앤디 워홀과 로이 리히텐슈타인은 상업미술의 경험을 가지고 대중매체에서 그림의 소재를 발견하였다. 워홀의 'Brillo'는 'bright'의 라틴어원 'brillo'에서 나온 상표명일 뿐이다. 이는 알루미늄 식기를 반짝이게 닦을 수 있는 미세강철 섬유로 만든 수세미의 일종으로 시장에서 판매되고 있는 제품의 상자를 작품으로 차용한 것이나. 리히텐슈타인은 만화의 형식과 주제 기법을 워홀은 반복되는 광고의 속성을 차용하였다. 팝아트는 모든 사람이 알고 있는 것, 즉 역사의 현 시점에서 집단정신을 제공하는 평범한 것들인 일상적인 문화적 경험의 대상들과 아이콘들을 미술로 변화시킨다. 팝아트는 가장 일상적인 삶의 가장 일상적인 것들, 즉 콘플레이크, 수프 통조림, 비누뭉치, 인기 영화배우, 만화 따위를 찬양했다. 팝아트는 변용의 과정을 거쳐 이런 것들에게 거의 선험적인 분위기를 부여했다.[62]

이 인간의 의식을 마비시키는 효과를 잘 고발하였다. '공장(The Factory)'으로 알려진 자신의 스튜디오에서, 워홀은 대중문화의 이미지가 기계적으로 재생산되는 것을 흉내내고 표준화된 대량생산과 대량 소비에서 '아우라(aura)'의 결핍을 대중들에게 드러내보였다. 그러나 그의 유명한 연속이미지 마릴린 몬로(그림 사진 15.6 아래)와 엘비스 프레슬리는 대중들의 한 우상을 기계적으로 재생산하는 또 다른 과정이었다는 비판을 받기도 하였다.[59] 매스미디어는 지속적인 노출과 마케팅 곧 반복 출현으로 인위적 아우라가 심긴 '스타'를 탄생시킨다. 이 스타는 다른 제품과 마찬가지로 상품일 뿐이다. 다만 많은 사람들이 가지고 만져보기를 열망하는 상품이다. 워홀이 이들의 이미지를 반복하는 것은 이러한 현대적 아이콘의 기계적 구성을 적나라하게 노출시키는 것이었으며 그것을 위해서 워홀은 자동화된 생산을 반복하고, 진부함과 지루함을 고조시키고 독창성과 장인정신의 인식을 거부하였으며 심지어 자신이 기계이기를 원했다.[60]

워홀의 예술과 모더니스트들의 미래주의 예술—추상 표현주의 등—을 비교하면 기술의 역할에 관한 어떤 연속성이 발견된다. 모두 자기 의식적으로 기계적 특성을 자신들의 예술에 도입하고 기계에 대한 열망을 표현하고 자신들의 예술의 재료로서 기술을 이용한다. 이들에게 그것은 자신과 기술과 예술이 한 몸이 되어 예술과 세상을 변화시킬 수 있는 아방가르드의 확신과 미래에대한 구도적 열정 곧 풀루스 호모로서의 열망이었다.

15.3 대중과 포스트휴먼

근대 이후 자본주의적 노동 분업을 반영하여, 지식도 끝없이 분화와 전문화되어 왔으며 그 체계는 정치 · 경제 · 사회/문학 · 역사 · 철학 · 예술/자연과학과 기술 · 공학/법학/의학 등으로 나타났다.[63] 이처럼 분화한 앎은 자율적인 장場의 구조와 질서를 만들어냈고 개별 영역 고유의 사고 · 논리 · 언어의 체계를 만들며 각각 제도화되고 점점 서로 '소통 불가능함'이 개별 지식 체계의 발전 결과일 뿐 아니라 '자율적' 존재 방식이자 학문의 자유라고 강변되기도 하였다.[64] 그러나 장의 폐쇄성이 갖는 억압적 질서도 장의 논리를 뛰어넘고 개별 지식의 한계를 초과하는 자연발생적인 움직임을 이길수는 없었다. 나뭇가지가 그 전 단계의 나뭇가지의 모습을 닮듯

이, 개별 영역의 전문지식도 다른 장의 지식을 참조하고 차용함으로써 생명력을 유지할 수 있었다.[65)]

앎의 관계성

위키피디아에서 수많은 구성원들은 공동 작업을 통해 고품질의 작품을 만들어 낸다. 트위터로 자신이 생각하는 것과 웹으로 자신의 모든 것을 공유 하는 인간의 관계 욕구와 그것의 실현을 돕는 기술의 관계성은 점점 확대 되면서 새로운 기술계가 형성된다. 공유, 협력, 협동, 개방성, 투명성이라는 사회적 힘은 어느 누군가 가능하다고 생각한 것보다 훨씬 더 유용하며 능력이 있고 기술의 관계성이 인간에게 미치는 영향과 힘은 인간이 상상한 것보다 더 크다. 공동체의 집단 영향력은 구성원 각자가 미치는 것보다 훨씬 크며 전체는 부분의 합을 능가하기 때문이다. 이것은 기술과 지식의 창발적 속성에 기인한다.

기술은 인간과 기계 사이의 공생을 점점 심화하는 방향으로 진전되고 인간은 단순한 도구를 사용하는데 그치지 않고 웹과 구글 같은 기술을 통해 기억과 지식을 공유하고 점점 네트워크 상의 기억과 지식에 의존한다. 이러한 현상은 기술계 자체에도 나타나서 기술은 점점 더 기술을 필요로 한다. 구글 같은 검색 엔진이 급속도로 성공을 거두면서 인공지능은 독립된 슈퍼컴퓨터보다는 웹이라고 하는 무수한 CPU로 이루어진 초유기체 속에서 탄생할 가능성이 가장 높다.[66)] 생물이 자신을 관통하여 흐르는 생물학적 정보를 조직하는 시스템이듯이 기술계도 근본적으로 이런 폭발적인 정보와 지식의 축적을 자양분으로 삼는 시스템이며 기술의 진화는 네트워크화된 정보 구조의 심화에 기초하고 있다.

지식의 구조 변화를 가장 뚜렷이 볼 수 있는 영역이 과학이다. 케빈 켈리는 자신의 책 『기술의 충격』에서 과학을 '진리'나 정보의 총량을 증대하기 위해 구성된 것이 아니라 인간이 세계에 관해 생성하는 지식의 질서와 조직을 증대하기 위해 고안된 것[67)]으로 본다. 그에게 과학은 정보를 질서 있게 검증하고 비교하고 기록하고 회상하며, 다른 지식과 관련지을 수 있도록 조작하는 '도구(기법과 방법)'이며 '진리'는 사실 특정한 사실들을 얼마나 잘 구축하고 확장하고 상호 연관 지을 수 있는지를 말해 주는 척도일 뿐이다.[68)] 그러므로 과학은 기존 지식의 그물에 새 지식을 통합하기 위한 수단인데 새 깨달음이 이미 알려진 것에 들어맞지 않는 너무나 많은 '사실'을 제시한다면, 새 지식은 그 사실들이 설명될 수 있을 때까지 수용되지 않는다.[69)]

한편 통합된 지식은 복제, 인쇄, 우편망, 도서관, 색인, 목록, 키워드 검색, 주석, 동료 심사, 하이퍼링크 등 기술적 역학을 통해 구축되고 검증 가능한 사실들의 그물이 확대된다. 단편적인 지식들이 서로 연결됨으써 검증된 지식은 각각의 사실이 하나의 노드를 이루는 망 현상으로 나타났다.[70] 우리는 사실의 개수가 증가할 때만이 아니라 사실들 사이의 관계의 수와 강도가 증가할 때 지식이 더욱 더 증가한다고 말한다. 관계성이 지식의 영향력과 신뢰도를 높임으로써 지식에 힘을 부여하기 때문이다. 그러므로 앎은 단지 지식의 내용만이 아니라 물질이고 관계이므로 지식을 생산하고 소비하는 주체들에 근거한 사회 · 문화적 '현상'이다. 그러므로 '충분한' 지식을 가진 것으로 생각하기 쉽지만, 만일 관계론적 측면에서 지식을 활용할 수 있는 또 다른 지식을 모른다면 그리고 그것에 접근할 수 있는 위치에 있지 않다면 그 지식은 아무 것도 아니다.[71]

대중 지성

대중[72]은 획일적인 덩어리(mass)가 아니라, 그 자신 속에 서로 다른 지향과 정체성을 지닌 계급 · 계층의 소속원들을 포함하고 있는 거대하고 다기한 '복합적 주체성'을 의미한다.[73] 대중은 수용하고 행동한다는 의미에서는 '주체'이지만 정체성으로서 기능하지 않으므로 개별자들은 자신을 '대중'과 동일시하지 않는다는 점에서 단지 '현상'이기도 하다.[74] '현상으로서 대중'의 가장 중요한 특징 중 하나는 행동과 인식을 복제하여 자기 증식한다는 점이다. 그래서 대중 여론이나 '상식' 같은 집단적인 앎이, 그리고 대중 동원과 같은 집단행동이 나타난다.[75] 대중의 이러한 특성은 폴루스 호머이며 동시에 포스트휴먼의 일반적인 속성에 매우 가깝다. 그래서 누가 나에게 포스트휴먼의 한 실체를 말하라고 한다면 나는 대중이라고 하겠다. 이러한 대중이 네트워크 공간에서 다중적 주체로서 지식을 소지하게 되는 집단적 현상과 이로 말미암아 성립되는 앎이 대중지성이다. 그러므로 대중지성은 단지 많은 사람들이 어떤 지식을 소유하고 있다는 뜻도 아니고, '대중'[76]이 가진 '대중적인' 지식을 의미하는 것도 아니며 기본적으로 현대적인 앎의 주체성을 표현하기 위한 개념이다.[77]

대중지성은 네트워크와 밀접한 관계를 맺고 있다. 프랑스의 철학자 피에르 레비 Pierre Levy는 사이버공간에서 나타난 대중 현상에 기반하여 '집단지성(Intelligence collective)'이라는 개념을 제출한 바 있고 미국의 하워드 라인골드는 웹과 이동통신 기기를 사용하며 앎을 공유하는 이러한 새로운 대중을 '영리한 군중(Smart Mobs)'이라 명명했다.[78] '영리한 군중'은 디지털 네트워크상에서 스스로 조직화하고 지식을 창출하고 스스로 판단한다. 일반인들이 무질서하게 모여 있는 한 무리의 집단을 의미했던 '군중(mobs)'도 첨단 기술로 무장하면 '전문가 이상으로 현명한 판단'을 할 수 있게 되었다. 이전에 정보와 교육으로부터 거의 완전히 소외되고 따라서 세계에 대한 통찰과는 무관한 존재로 간주되었던 '대중'은 이제 더 많고 강력한 앎의 도구를 소지하고 더 다양한 존재로서 활동성을 보인다. 대중지성은 네트워크화된 '집합적 지성(collective intelligence)' 혹은 '무리지성'(떼지성, swarm intelligence)이며[79] 소통과 다중성에 근거하고 있다. 앎의 소통과 수평적 연대, 집단적 참여를 본성으로 하는 대중지성은 대중이 자신 속에 내장한 상호주관성과 소통성을 바탕으로 새롭고 무한한 가능성에 개방되어 있다.

집단적 사유와 토론은 학문하는 방법으로서 이미 오랫동안 사용되어 왔으며 검증되어 왔듯이 지식을 창출하고 판단에 이르는 가장 온전한 힘이며 방법론이다.[80] 대중은 집합적 사유와 토론 그리고 타자들로부터 영감을 얻음으로써 주관의 미망과 전문지식의 파편성을 극복할 수 있으므로 집합적 지성으로서 대중지성은 개별자들이 갖는 표상적 지식의 한계를 넘어 보편성과 합리성의 본연에 근접한다. 반면, '지식인'이 가진 앎의 부분성이 폭로되고 그들이야말로 권력과 자본에 종속된 존재라는 사실이 드러남으로서 '지식인'은 대중의 지성 앞에 검증의 대상이 되고 있다.[81] 이 과정에서 대중지성은, 지배를 폭로하는 척하지만 사실은 지배를 재생산하는 엘리트주의를 근지에서 부터 해체하고, '대중 대 지식인(엘리트)'이라는 근대적 관념이 처음부터 지배 이데올로기의 일부였다는 사실을 알게 한다.[82] 특히 공동체의 문제가 해결되어야 할 때, 삶의 구체적인 실행에 관한 문제에서 그리고 처음 경험하는 새로운 문제에서 대중지성은 한 개인 전문가의 지성보다 월등하게 역할을 한다.[83]

대중지성은 일반지성과 상반되는 속성을 지닌다. 첫째, 대중지성은 자율적으로 발전해가는 극도로 전문화된 개별 지식 앞에서 불완전한 표상적 지식으로 보인다. 그러나 이 불완전성은 세계를 실험과 이론 속으로 축소하고, 다른 영역의 사유방식을 배제함으로써 성립된 전문적 · 이론적 지식의 불완전함을 오히려 비추어준다. 둘째, 대중지성은 집합적인 성격을 띠기 때문에 전문지식이 결코 수행할 수 없는 일, 곧 사회세계를 통합하는 공통적이며 보편적인 지식을 제공한다. 대중지성은 서로 소통되지 않는 지식의 경계와 격자를 넘어 공통적 삶과의 교통을 가능하게 하므로 앎에 관한 앎, 앎을 조정하는 앎으로써 기능한다.[84] 이러한 앎을 통전적 앎(wholistic knowledge)이라고 할 수 있다. 대중지성은 계몽이 아니라, 본연적으로 앎의 소통과 연대를 통해서 창발성을 발휘한다. 이 창발성은 개별 분야의 지식생산자 · 지식노동자의 자생적인 노력과 더불어 집단적 지성의 능력과 연대에 근거한다. 대중지성이 대중문화 같은 큰 문제에 관한 중요한 '이해의 통로'가 될 수 있는 것은 이런 기능 때문이다. 또 어떤 지식을 가진 복수의 주체들이 어떻게 의사를 결정하는가는 대중지성이 형성되는 중요한 방법이기 때문에 대중지성은 앎과 권력의 문제 그리고 민주주의의 문제에 깊은 관심을 가진다.

지식공유운동

지식의 세계는 끝없이 '지식과 권력' 및 '지식과 자본'의 유착과 배반으로 점철되어 왔다. 어떠한 경우이건 간에 지식은 사회적이며 공통적인 것이지만 그 소유와 운용은 점점 더 사유화되는 길을 걸어왔다. 현대 자본주의는 특정 지식에 대한 배타적 소유를 인정하는 경제 체제다. 앎이 사적 소유의 원리에 종속되어 있기 때문이다.[85) 지배 세력은 언제나 더 많은 지식과 정보의 양을 배타적으로 보유하려 한다. 우리 손에 있는 디지털 카메라와 휴대폰은 바로 '일반지식'이다. 여기에는 물리학과 수학, 광학, 전자공학, 반도체과학, 통신공학 등 자연과학과 공학이 결집되어 있다. 뿐만 아니라 엄청난 양의 인문사회과학적 지식(인터페이스와 커뮤니케이션에 관한 이론과 지식)도 누적되고 응축되어 있다. 그러한 앎의 누적과 응축을 가능하게 한 힘은 '사회'이지만, 그러나 기실 그것을 전유하고 사용하여 이윤으로 바꾸는 것은 자본이다.[86) 이처럼 자본주의 사회에서 고도의 지식과 기술은 사회적 유산이지만 생산력의 가장 중요한 요인이 됨으로써, '자본'의 소유가 되어간다.

자본은 지적재산권을 통해 새로운 지식 생산을 촉진하고 지식산업의 발전을 이룰 수 있다고 주장한다. 그러나 이 법으로 정보는 점점 독점되어간다. 도서를 구입하면 그 도서는 구입자의 소유가 되며 다른 사람과 돌려 읽을 수 있으며 필요에 따라 부분적으로 복사도 가능하지만, 소프트웨어의 경우 개인적 사용을 위한 복제와 비상업적 목적의 공유조차도 금지함으로써 역으로 소유자/구매자의 권리를 침해하고 있다. 특허기간의 연장과 특허적용범위도 자본의 지원을 받는 개발자 중심으로 확대함으로써 공유 가능한 자원의 범위를 축소시키고 결국 새로운 발명과 발견, 그리고 새로운 재화나 서비스의 개발을 위축시킨다.

이 법의 보호 아래 마이크로소프트사는 거대 독점기업[87)으로 성장하였다. 마이크로소프트가 지난 30년간 컴퓨터 운영체제를 공개하지 않고 독점함으로써 워드프로세서와 스프레드시트, 데이터베이스, 서버, 인터넷 브라우저 등 거의 모든 소프트웨어 분야를 독점하였다. 그 결과, 관련 기술과 그 기술들을 통해 피어날 수 있었던 새로운 문화의 가능성은 제한되었다. 정보 사회의 강자 구글은 마이크로소프트가 걸어온 길을 한 단계 더 확장하여 정보 기술을 넘어 정보 자체를 독점하는 길을 가고 있다. 이들의 독점권은 자본의 이윤창출을 보장한 법조항들이 그동안 누려왔던 사용자들의 자유로운 권리를 제한하고 막음으로써 생긴 것이다.[88)

소프트웨어가 지적재산권의 대상이 되기 전에는 정보를 공유하고 복사하고 유포하는 것은 사용자들의 당연한 권리였다. 실제로 1966년, 소프트웨어의 특허 여부를 판단하기 위한 미국특허 위원회는 최종 보고서에서 소프트웨어 특허를 반대하였다. 그 이유로 소프트웨어는 특허 보호 없이도 소프트웨어 산업이 잘 성장하고 있었으며 당시 저작권만으로도 충분히 소프트웨어를 보호할 수 있는 것으로 판단하였기 때문이었다. 이를 근거로 1970년대 미국 특허청은 특허는 절차나 방법, 혹은 물질 조성에 부여되는 것이지 수학적 표현이나 과학적 진실에 부여되는 것이 아니라는 의견하에 컴퓨터 프로그램을 단순한 수학적 알고리즘으로 간주하고 컴퓨터 소프트웨어에 특허를 부여하는데 반대하였다.[89] 하지만 1980년대 들어 미 대법원은 특허청이 기존 입장을 바꾸도록 강요하고 1981 년, 다이아몬드(Diamond)사와 다이어(Diehr)사의 소송을 통해, 미 대법원은 처음으로 컴퓨터 소프트웨어를 이용한 발명에 특허를 부여하도록 명령하였다.

자유소프트웨어 운동가들은 구속과 통제가 없는 대안적 자유 소프트웨어들을 만들어 내고 있다. 그리고 독점 소프트웨어의 횡포를 견제할 수 있다는 가능성을 실제 보여주고 있다. 이유 창출보다는 정보 공유와 소통이라는 정신에 기반을 둔 이 운동은 자기복제, 자기갱신, 창발적 공진화를 속성으로 하는 포스트휴먼 사회의 본질에 부합하며, 참여 · 공유 · 개방의 대중지성의 정신은 자유소프트웨어 운동의 정신과 일치한다. 다수의 대중이 정보와 가치의 직접적 소비자이자 새로운 창조자 · 생산자이고, 공동체 사회의 구성원이기 때문이다. '페르마의 마지막 정리'가 네트워크에 참여한 다수의 수학자들에 의하여 말끔히 증명되었듯이,[90] 독점소프트웨어와 이들의 이익을 대변하는 기관 단체들의 주장과 달리, 정보는 공개하고 공유할수록 정확해지고 풍부해진다.

국내에서도 카피레프트 운동이 1995년 서울 대학교에서 동아리 형태로 결성된 SING(SNU Information Networking Group)에 의해 시작되었다.[91] 그러나 아직까지 카피레프트에 대한 이해가 부족하고 참여자가 소수에 불과하다. 독점 소프트웨어 산업은 소프트웨어를 다른 사람들과 함께 공유하거나 교환하는 것을 사용자의 권리로 인정하지 않는다. 한걸음 더 나아가서 이들은 일반소비자들에게 과장된 '지적재산권' 개념을 학습시켜 자신들의 요구가 매우 당연하다는 듯이 또 아무런 의심 없이 인정하도록 유도한다. 그러나 지식의 독점은 사용자들을 고립시키고 서로가 서로를 돕는 것을 막아, 새로운 기술이 창출되는 것을 방해하고 소프트웨어 문화의 다양한 발전을 봉쇄할 수밖에 없다. 이것보다 더 무서운 사실은 독점된 정보는 사람을 통제할 수 있는 수단이 될 수 있다는 사실이다. 이것은 인간이 극복해야할 또 하나의 과제가 되고 있다.

15.4 적정기술

"사회와 기술은 결코 상이한 두 개의 존재가 아니라 오히려 근본적으로 같은 행위의 두 국면이다."[92]라는 라투르의 지적은 현대의 첨단 기술사회에만 적용되는 것이 아니라 제3세계의 개발도상국의 사회와 기술 상황에도 올바른 말이다. 첨단기술들은 대개 선진자본주의국가들의 경제성장과 우위를 강화시키는 '연구와 개발(R&D)'의 산출물로서 자본집약적이고 노동절약적 또는 노동 대체적이므로 제3세계의 사회 상황을 반영하지 못한다. 제3세계의 현상을 살핀 슈마허는 1960년대, 선진국들의 부를 뒷받침하는 첨단기술 대신에 중간 수준의 기술, 사람의 모습을 한 기술을 주창하며 이렇게 말한다.

> "나는 기술발전에 새로운 방향성을 제시할 수 있다고 믿어 의심치 않는다. 새로운 기술이란 사람의 실제적 필요에 부응하며 정말 사람을 위한 사람의 기술이 될 것이다."[93]

'작은 것이 아름답다'

지난 수십년 동안 제3세계 국가에서도 진보된 기술과 대규모 자본-집약적인 생산방식이 도입되었다. 이것은 자본이 부족하고 노동이 풍부한 나라에서 자본-집약적인 기술을 채택하게 하는 결과를 초래했다. 제3세계 국가에서 생산수단은 증가하였으나 노동력은 거의 활용하지 못했고 결국 일자리의 창출은 제한적이었다. 도시는 경제의 중심부가되고 농촌은 주변부로 분리되고 빈부의 격차를 확대재생산하는 이중적 경제체계가 구조화되어, 급증한 도시인구는 도시 빈민을 확대하고 농촌지역 경제의 몰락을 가져오는 '서로 파괴하는 과정(process of mutual poisoning)'[94]의 위기를 가져왔다.

1960년대 중반 제3세계의 경제적 · 기술적 · 사회적 문제들이 제기 되었을 때 영국의 경제학자 E. F. 슈마허(E. F. Schumacher)를 비롯한 몇몇 학자들은 전통사회의 기존 조건들과 기술적 발전이 조화를 이루면서 경제적 개선을 도모할 수 있는 방법을 모색하였다.[95] 슈마허는 1973년, 자신의 책 『작은 것이 아름답다』에서 대량생산기술이 생태계를 파괴하고 희소한 자원을 낭비한다고 지적하면서 근대의 지식과 경험을 잘 활용하고 분산화를 유도하며 재생할 수 없는 자원을 낭비하지 않는 대중에 의한 생산기술 곧 '중간기술'의 개념을 소개하였다. 처음 슈마허가 중간기술 아이디어를 구상하였을 때, 중간기술은 저렴한 에너지에 근거한 서구의 대규모, 노동 축소 기술보다는, 빈곤국의 자원과 필요에 적합한 소규모이며 간단하며 저자본의 기술을 의미했다. 그러나 선진국에서도 자원 낭비, 환경 파괴, 비인간적인 노동에 대한 저항, 자본과 기술 독점의 피해가 드러나면서 지구적으로 소규모이며 간단하고, 저 자본, 비폭력적, 인간이 중심이 되는 기술의 필요성이 대두되었다.[96] 슈마허는 이 개념에 바탕을 두고 있는 자신의 철학이 사람들의 삶에 실제적이고 지속적인 향상을 가져올 수 있다는 것을 증명하기 위해서 1966년 '중간기술개발집단(ITDG)'[97]을 영국에 설립하였다.

ITDG는 사람의 생계에 대한 중요한 공헌자로서 '기술'은 단순히 존재하는 어떤 사물이 아니라 물질적 하부구조, 기계와 장비, 관련된 지식과 기술 그리고 이 모든 것들을 사용하고 조직화하는 능력을 포함한 것으로 정의하고 현지의 사람들이 모든 차원에서의 사용가능한 새롭고 개선된 기술에 접근할 수 있는, 방법과 활용 가능한 기술적 선택의 범위를 알려주는 활동을 하였다. ITDG는 단순히 기술지식이나 기능의 전수에 그치지 않고 현지 주민들이 스스로 자신들의 삶을 개척해 갈수 있도록 제도, 정책 과정, 법적 기준 그리고 개발경로의 결정을 변화시킬 수 있는 능력을 양성해 주었다. 뿐만 아니라 ITDG는 연구를 통해 현지의 참여자에게 배운 것을 실천할 수 있는 지식과 경험을 추구하였다. 현지에서 실천적인 작업을 수행하면서, 가난한 사람들의 일상에 영향을 미치는 국가적이고 국제적인 실천과 정책들에 관한 정보를 제공하고 실질적인 영향을 일으킴으로써 빈곤 퇴치 효과를 극대화시키고자 하였다.

슈마허가 제시한 중간기술의 개념을 발견시켜 B. 한스, Hans는 자신의 논문[98] 「적정기술, 스와데시에서 간디적 접근」에서 적정기술(適正技術, appropriate technology, AT)을 제안하였다. 그가 제안한 적정기술은 인간의 기본적 필요에 긍정적 영향을 줄 수 있는 모든 종류의 기술이며 인간 사회의 긍정적 발전을 이끄는 기술이었다. 기술이 현지인들의 의, 식, 주, 건강과 교육과 같은 인간의 기본적 필요를 충족시켜 주지 못할 때 그 기술은 그 사회의 적정한 기술이라고 볼 수 없다. 따라서 한스는 현대 선진 사회를 주도하는 첨단 기술들은 소득기준으로 인류의 하위 20%의 사람들에게 아무런 삶의 혜택을 주지 못하며 오히려 이들을 열악한 상태로 떨어지게 만드는 단지 경제성장 전략과 이를 뒷받침할 뿐이므로 이러한 기술은 적정한 기술이 될 수 없다고 주장하였다.[99]

대안기술철학

적정기술은 기술 이전에 하나의 '사고체계'이며 기술철학이다. 적정기술에는 '지속

가능성'에 대한 지향, '개개인의 자유로서의 개발'을 위한 이해가 들어있으며 그 개념의 중요성은 기술을 적정한 수준으로 한계 짓는데 있지 않고, 기술사용에 대한 책임 있는 자세와 태도를 고양하는 것에 있다. 또 적정기술은 '스스로 진화하고, 역동적이며, 발전에 관한 완벽한 시스템적 접근'이며, '지식, 기술 그리고 그것의 기반이 되는 철학으로 구성된, 공동체의 발전에 관한 한 가지 접근 방식'이다.[100] 결국 적정기술은 기술을 사용할 때 개인의 자유가 확대되고, 환경과 타인에게 가하는 피해를 최소화하는 기술이며 적정기술에는 인간의 필요를 만족시켜줌으로 인간의 실현을 강화하는 일련의 목표와 과정, 사상, 실천을 지향하는 기술철학이 그 바닥에 깔려있다.

어떠한 기술이라도 그것이 지역적, 문화적, 경제적 조건과 양립가능하고, 지역적으로 물질과 에너지원이 이용가능하며, 그리고 그 지역이 사람들에 의해 그 도구와 과정들이 유지, 작동할 수 있을 때 적절한 것으로 여겨진다.[101] 따라서, 기술은 그것이 사용되는 문화, 사회, 경제, 정치적 기구들과 조화를 이루는 수준에서 '적정한' 것이 된다. 그러므로 각 지역의 특성이 각기 다르기 때문에 한 지역에서 적정한 기술이, 비슷한 상황에 처한 듯 보이는 다른 지역에서는 적정한 기술이 아닐 수도 있다.

이러한 적정기술의 개념은 이미 1930년대 이전부터 인도의 촌락 산업(village industry)에 오랫동안 시행되어 왔던 개념이다. 인도에서 적정기술의 개념을 도입한 선구자는 모한다스 카람찬드 간디이다. 실제로, 간디 이후에 적정기술이 일반적으로 사용되었으며 그는 적정기술의 '아버지'로 혹은 '최초의 적정기술론자'로 소개되고 있다.[102] 1966년 슈마허에 의해 '중간기술개발집단(ITDG)'이 설립된 이후, 1970년 초반부터, 산업사회의 제반문제들 공해, 환경파괴, 에너지 파동, 자원고갈, 소외를 비롯한 여러 사회적 병폐들이 누적되면서 적정기술의 개념이 정책 당국의 관심을 끌었다. 1976년에는 미국에서 국립적정기술센터(NCAT)[103]가 설립되었고 인도에는 적정기술에 대해서 연구하는 '적정기술센터'와 적정기술을 활용한 마을 공동체인 베어풋 대학(Barefoot College)이 전국 곳곳에 퍼져 있었다.[104] 한편 1970년대 중반 적정기술에 대한 관심이 확산되면서, 과학과 공학에 대한 새로운 해석들이 대두되었다. 브레이스 연구소(Brace Institute), 패럴론스 연구소(Farallones Institute), 신연금술연구소(New Alchemy Institute), 캘리포니아주 적정기술국(Office of Appropriate Technology) 등이 그 중심에 있었다. 이 연구소들에서는 물리학, 화학, 생물학, 기계, 전기전자, 에너지, 환경, 건축, 등 과학기술의 분야들의 학문적 경계를 뛰어넘어 지식과 기술을 윤리적, 생태적, 정치적, 심지어 형이상학적 차원에서 재해석하고 과학적 연구와 기술적 혁신의 맥락 자체를 다시 정의하려는 노력을 하였다.[105] 1980년대 신자유주의의 등장과 함께 미국의 적정기술운동은 시민권 운동, 여권운동, 환경운동, 심지어 패배적 사상으로 폄하되고 학회, 미디어, 학술 프로그램, 서적들에서 사라지기 시작하였다.[106] 대신에 UN과 국제개발 NGO 등과 같은 기관들에서, 빈곤계층의 기술 활용도를 제고하기 위하여, 이들에게 경제적으로 가용성이 있으며 실질적으로 접근 가능한 기술의 선택지로서 적정기술이 명맥을 유지하고 있다.[107]

적정기술의 확산

1981년, 비영리단체 IDE(International Development Enterprises)를 창립하고 적정기술을 빈곤국들에 소개하는 폴 폴락은 자신의 책 『적정기술 그리고 하루 1달러 생활에서 벗어나는 법(Out of Poverty)』에서 "전 세계 설계자는 그들의 시간 대부분을 구매력 있는 10% 미만의 소수 소비자를 위해 사용하고 있다. 이러한 불균형은 바로잡아야 한다."[108]고 말했다. 전 세계 기술자들의 90%가 부유한 상위 10%의 수요를 충족시킬 제품을 개발하느라 대부분의 시간을 쓰고 있는 현실은 정의롭지 못하며 소외된 90%의 소비자들에게도 기술이 소용이 있어야 한다는 주장이다. 그는 소외된 90%를 위한 기술 디자인의 원칙으로 소형화, 가격적정성, 확장가능성을 제시한다.

'적정기술'은 수십년간 빈민국들의 소농들과 함께하며 큰 성과를 거두고 있다. 일예로 수십 km를 걸어서 마실 물은 운반해야 하는 아프리카의 어떤 주민들에게 적정기술이 제작한 'Q드럼'은 실질적인 도움을 준다. 한 번에 75리터의 물을 운반할 수 있는 이 원통 드럼은 현재 케냐와 나미비아, 에티오피아와 르완다, 탄자니아 지역에 널리 보급돼 있다. 뿐만 아니라 적정기술은 기술선진국들이 직면한 소외 계층의 의료, 교육, 교통 분야 등의 불평등 문제를 해결하는 하나의 방안으로 여겨졌다.[109] 이들의 삶의 질을 높일 수 있는 지속가능한 해결책을 적정기술의 개념에서 발견하고 '적정품'을 디자인하려고 노력하는 디자이너, 엔지니어, 건축가와 기업가의 수가 점차 늘고 있다.

1991년, 미국 캘리포니아에서, 닉문(Nick Moon)과 마틴 핏셔(Martin Fisher)는 아프로텍(ApproTec, 후에 Kick Start로 이름을 바꿈, www.kickstart.org)을 설립하였다. Kick Start는 사람들을 가난에서 빨리, 비용-효과적으로, 지속가능하게 탈출시키는 것 방법을 제시하는 것을 목적으로 하였다. 그리고 구체적으로 적정기술 사업의 다섯 단계[110]를 제시하였다. 또 미국의 디자이너 신시아 스미스는 쿠퍼휴이트의 박물관 책임자 바바라 블로밍크와 함께 사람들을 빈곤에서 구제할 수 있는 저렴한 디자인에 관한 전시회를 구상하고 '소외된 90%를 위한 디자인' 전을 2007년 뉴욕에서 개최하였다. 이 전시회는, 지금까지 상위 10%의 사람들만을 위한 것과 달리, 디자인이 빈곤층, 개발도상국가의 사람들, 장애인을 위한 것이 될 수 있으며 빈곤을 퇴치하고 전 세계 사람들에게 더 나은 삶의 수준을 보장할 수 있다는 인식을 심어주고 그러한 디자인이 필요하다는 것을 일깨워준 전시회였다.[111] 대표적인 적정기술 디자인으로 킥스타트 그룹(Kick Start International)의 슈퍼머니메이커 펌프(Super Money Maker Pump)와 덴마크의 베스터가르드 프란센 그룹이 10년의 연구 끝에 개발한 휴대용 정수 필터인 라이프 스트로(Life Straw) 등이 있다.[112]

한 지역의 적정기술은 그 지역사회가 다음 단계로 발전하는 디딤돌이 된다. 지구상에서 사용되고 있는 수백만 가지의 단순한 기술의 실무집 『전 지구 카탈로그』를 편찬한 케빈 켈리는 제한된 적정기술들이 신기술로 대체되는 과정으로 유럽의 히피사회를 들고 그들은 낮은 기술 세계에서 서서히 편리한 기술들로, 낮은 오두막에서 차고를 갖춘 전망 좋은 교외 저택으로 이동하였으며 그들 중 상당수는 자신의 '작은 것이 아름답다'의 기술에서 '작은 것이 시작이다'라는 기업가 정신으로 이동했다고 말한다.[113]

15.5 인간을 넘어, Plus Homo

공자, 노자, 부처, 이사야, 예레미야, 소크라테스, 우파니샤드의 저자들이 증언하는 시대가 있다. 이 시대에 인간은 세계의 공포성과 자신의 무력함을 경험하고 해방과 구원을 희구였다. B.C. 6~4세기, 이때는 지금까지 인간의 마음을 사로잡고 있는 세계의 주요 사상과 종교들이 출현하였던 시기이다. 야스퍼스는 이 시대를 차축의 시대라고 하였다. 차축 시대는 인간이 하나의 큰 역사 속에 있다는 사실과 한계상황 내에서 인간 존재에 대한 근본명제들이 발단한다는 사실을 말해준다. 철기문화에 기반한 고도의 조직들과 기술적 성과들 곧 이집트, 메소포타미아, 인도 유역 그리고 중국의 황하 유역에서 고도로 발달된 문화생활이 차축시대를 낳았듯이 지난 2500여 년간 인간이 축적한 노동의 방식, 삶의 양식, 사고의 방식 그리고 상징에서 얻은 모든 것이 재해석되고, 인간이 기계와 교감을 하고, 생명체만이 가졌던 자기 복제 능력을 기계마저 갖기에 이르고, 가상과 현실이 겹쳐서 '제3의 자연'을 이루는 현대의 NBRIC 기술문화가 우리에게 요구하는 상상력은 무엇인가?

열린 지평에서

기술이 자연에서 신성을 벗겨내고 자연을 자연답게 함으로써, 사람은 사람다워지고 사람과 자연의 관계는 더욱 돈독하게 되었다. 그 과정에서 기술은 인간과 더불어 문화를 빚어왔다. 인간이 기술을 이끌기도 하지만 그 반대의 경우도 적지 않았고 점점 갈수록 균형추는 기술 쪽으로 치우친다. 그 동안 인간은 기술로 주위 사물을 사람의 상대로 만들고 비로소 자연과 더불어 살았으나 현대의 호머 사이버네티쿠스(homo cyberneticus)는 인간-기술-자연이 혼융된 제3의 자연 속에서 살아간다. 그 속에서 인간과 기술 그리고 자연이 하나의 유기체처럼 작동하고 인간도 자연도 그리고 기술도 모두 주체가 되었다. 인간은 이미 인간-기술-자연계 속에 충분히 깊이 들어와 있다. 그러므로 현대과학기술을 넘어서고 '인간'을 넘어서야 새로운 상상력에 이를 수 있다.

지금까지 인간의 설명은 대상적 분석의 방법에 의존하였다. 그러나 방법은 이미 우리가 보려 하는 대상을 한계 짓기 때문에 방법과 대상은 결코 분리될 수 없었다. 설명을 위한 도구의 선택은 이미 과제에 대한 하나의 해석이기 때문이다.[114] 바로 이런 이유로 모든 방법은 이미 해석이며 해석을 위한 기초가 되는 '이해'는 이미 스스로 해석을 형성하면서 제약한다. 그리고 이 '이해'는 이후에 계속될 해석을 위한 발판이 된다. 이것이 해석학적 순환이다. 그러므로 인간은 대상의 이해지평으로 들어가기에 앞서 주제와 상황을 선이해하고 있어야 하며 이러한 선이해는 이해의 작용 속에서 변화되어간다.[115] 이처럼 해석학적 순환은 '알아야 믿는다, 그러나 믿어야 안다'라는 순환이다. '알아야 믿는다'가 옳게 여겨지는 한 과학적 합리성의 입지는 사라지지 않는다. 그러나 '믿어야 안다' 가 옳게 여겨지는 한, 과학 사실은 과학의 문제이기에 앞서 철학적 진실의 문제다. 믿어야 안다는 것은 앎의 대상에 참여해야 앎이 생긴다는 것이다. 과학은 이미 믿음을 전제로 곧 존재를 긍정함으로써 출발이 되었다. 이러한 사고는 베이컨이 『노붐 오르가눔』에서 '과학적 방법'을 '왜'에서 '어떻게'로 옮겨갈 때 잉태된 것이다. 현대사회에서 과학기술과 자연은 인간의 앎의 대상으로서 주객도식 속의 객체로 그치지 않는다. 인간과 기술 그리고 자연은 모두 주체로서 서로를 상대한다. 주객도식이 극복되는 열린 지평은 모두 주체로서 상대화되는 지평이며 주관과 객관의 상보성이 발휘되는 지평이다.

휴머니티의 발현

1~3부에서 길게 살펴보았듯이, 기술은 인간의 삶 밖에 있는 것이 아니라 삶에서 비롯되고, 삶에서 자신의 자리를 발견하고, 삶의 규범들을 만들며, 그 규범은 다시 기

술과 인간의 삶에 적용되어왔다. 불을 만드는 기술을 비롯해서 사냥, 도구 생산, 지식의 이해와 전달을 위한 상징적인 코드 시스템의 발전에 이르기까지 기술이 없었다면 심지어 '휴머니티'도 생성될 수 없었을 것이며 인간중심적인 시각에도 이르지 못했을 것이다. 이는 기술 없이는 인간의 문화는 생각조차 할 수 없는 것이 되며 문화는 곧 '기술문화'[116]를 뜻하고 기술을 지향하고 기술을 통해 중재된다는 것이다.[117]

생의 철학자 베르그송은 지성을 '인공적인 것, 특히 도구를 만드는, 도구를 만들 수 있는 능력'이라고 정의한다.[118] 사람이 도구를 만듦으로써 사람은 자연적 유기체의 집단을 벗어나 개인이 된다. 사람은 하나의 독립된 개인이 됨으로써 집단의 순환에서 벗어나 다르게 될 가능성을 갖는다.[119] 본능적 자연과 다르게 될 가능성을 창조한 인간은 인공의 환경을 조성한다. 기술을 통해 탄생된 '제2의 환경', 새로운 인공적 환경, 그것이 문화다.[120] 문화를 창조함으로 사람은 환경의 지배를 받지 않고 환경을 만들기도 하고 궁극적으로 환경과 더불어 진화한다. 제1의 자연에 더하여 인공적 자연, 즉 제2의 자연으로 만듦으로써 사람은 세상을 자기실현의 장소로 삼았다. 현재 진행 중인 유비쿼터스 혁명은 기계와 자연, 인간과 기계 등을 융합하여 새로운 인공 자연 곧 제3의 자연 '사이버 자연'을 창출하고 있다. 기술은 인간으로 하여금 1차 자연을 넘어, 또는 자연스럽게 자리잡고 있는 현실을 넘어 새로운 세계로 튀어나가게 함으로써 인간에게 끊임없는 모험과 함께 책임을 요구한다. 그것은 과거를 자꾸 돌이키기보다는 미래를 내다보게 하는 것이다. 떼이야르 드 샤르뎅은 이런 관점에서, 기술이 부추기는 '인공적인 새로운 생명, 새로운 삶' 속에서 휴머니티의 실현을 기대한다.[121]

노예화나 인류해방의 역사보다도 기술에 의한 혼종화의 역사가 인간과 기술 사이의 불가피한 '반성적' 관계임을 강조하는 엘레인 그레엄은 이렇게 지적한다.

> "기술을 반성적 현상으로 이해한다는 것은, 그것을 우리 자신의 창의적 에너지에 의한 생산물이자 창의적 에너지를 끌어내는 능력으로 간주한다는 뜻이며, 기술 측면에서 보면 우리가 거주하는 주변 세계와 문화를 형식화하고 변화시킨다는 것을 뜻한다. 이것은 우리로 하여금 기술과 맺고 있는 우리의 관계 중심에 판단해야 할 중요한 가치가 있다는 것을 상기시킨다. 요컨대 우리는 어떤 인간이 되고자 하는가 하는 접근, 공정성과 재분배의 문제, 인류는 자연 자원과 상품, 인공물 등을 어떻게 사용하고자 하는가의 문제이다."[122]

인간의 '본질'에 대한 어떠한 논의도 결코 충분하지 않으며 기술적으로, 인간학적으로, 정보차원으로 또는 생물학적으로, 인지적으로도 규정되어 있지 않다. 과학이 주도하는 '휴머니티'에 관한 서술은 다른 모든 과학들에게 열린 태도를 보여 주어야할 것이며 서술과 담론이 어울어질 때 그 의미를 풍성하게 할 것이다. 역사이래 지속되어왔던 휴먼화는 각 시대의 고유한 인간상이 구축되고 또 역설적으로 시대의 고유한 '현재적 탈휴먼화'가 지속됨으로써 가능하였다. 인간은 늘 '인간'을 스스로 극복해왔으며 앞으로도 그러할 것이다. 그래서 인간의 과제는 지속적으로 '인간을 넘어'서는 것 곧 '풀루스 호모'인 것이다. 궁극적으로 휴머니티는 '휴먼화'와 '탈휴먼화'가 상보적으로 발현되어가는 길 위에 있다.

존재의 신비

인간은 '과학함'에 있어서 세계를 인식할 수 있는 가능성이라는 전제를 설정했었다. 왜냐하면 그러한 전제를 설정하지 않으면 어떠한 연구나 탐구도 모두 무의미할 것으로 여겼기 때문이다. 그러나 야스퍼스는 우리 모두에게 모순 없이 사유할 수 있고 경험할 수 있다는 의미에서 그러한 세계가 존재하지 않는다고 한다. 세계가 전체로서 그리고 원리로서 인식 가능하다는 잘못된 과학적 전제는 사람들이 세계를 원칙적으로 이미 인식된 것으로 간주하였다는 잘못에 근거하였을 뿐이며 과학이 줄 수 없는 것을 바라는 것이다. 과학에 대한 과신은 그동안 인간으로 하여금 모든 진리와 모든 현실을 인간의 오성으로 해결할 수 있는 것이라고 생각하고 과학기술을 절대적으로 신뢰함으로써 어떠한 회의도 하지 않는 채 과학의 권위에 복종하게 만들었다.[123] 그러나 만일 그러한 과학에 좌절하게 되면, 그 반대의 현상으로서 과학에 대한 부정이 뒤따르게 되어 감정과 본능 그리고 충동에서 또 다른 몰입의 대상을 구하러 나설 수 있다. 물리학자 폴 데이비스는 인류가 과학을 통해서 절대적인 진리—즉 궁극의 답—를 얻을 수 있는가라는 질문에, 양자적 불확정성, 괴텔의 정리, 카오스 그리고 그 밖의 것들이 합리적인 지식에 부과하는 숱한 한계를 고려하여 고찰할 때, 그럴 가능성은 없으며 절대적인 진리에 도달할 수 있는 길 그것은 신비한 경험일 것이라고 하였다.[124] 비트겐슈타인이 자신의 산문시 「논리 철학 논고(Tractatus Logico-Philosophicus)」에서 "신비로운 것은 세계가 어떻게 존재하는가가 아니라 그것이 존재한다는 사실이다. 세계를 '영원한 상(相)아래서' 관조하는 것은 세계를—한계 지어진—하나의 전체로서 관조하는 것이다. 한계 지어진 전체로서 세계에 대한 느낌은 신비로운 느낌이다."[125]라고 할 때 그에게 진정한 깨달음이란, 존재의 신비였다. 과학, 철학, 종교 그리고 모든 지식들이 '신비로움'에서 어떤 깨달음을 얻어

냈더라도 존재는 다시 우리에게 새로운 신비를 준다. 과학과 기술은 역사적으로 제약되어 있는 인간의 깊은 정신 구조와 자연에 결속되어 있을 뿐이다.

생각해보기

1. 인간은 '과학함'에 있어서 세계를 인식할 수 있는 가능성이라는 전제를 설정했었다. 왜냐하면 그러한 전제를 설정하지 않으면 어떠한 연구나 탐구도 모두 무의미할 것으로 여겼기 때문이다. 그러나 야스퍼스는 우리 모두에게 모순 없이 사유할 수 있고 경험할 수 있다는 의미에서 그러한 세계가 존재하지 않는다고 한다. 세계가 전체로서 그리고 원리로서 인식 가능하다는 잘못된 과학적 전제는 사람들이 세계를 원칙적으로 이미 인식된 것으로 간주하였다는 잘못에 근거하였을 뿐이며 과학이 줄 수 없는 것을 바라는 것이다. 과학에 대한 과신은 그동안 인간으로 하여금 모든 진리와 모든 현실을 인간의 오성으로 해결할 수 있는 것이라고 생각하고 과학기술을 절대적으로 신뢰함으로써 어떠한 회의도 하지 않는 채 과학의 권위에 복종하게 만들었다. 그러나 만일 그러한 과학에 좌절하게 되면, 그 반대의 현상으로서 과학에 대한 부정이 뒤따르게 되어 감정과 본능 그리고 충동에서 또 다른 몰입의 대상을 구하러 나설 수 있다. 이 지문에서 특히 '세계를 인식할 수 있는 가능성', '과학이 줄 수 없는 것을 바라는 것', '과학의 권위에 복종', '과학에 좌절', '과학에 대한 부정'이라는 표현을 숙고하고 위 지문에 대한 자신의 견해를 자신의 말로 써보자.

2. 인간은 자신들이 맺은 관계를 통해서 주변 세계를 집단적으로 이해하고, 그런 집단적 이해가 곧 자신의 현실이 되지만 이 같은 생각을 받아들이는 것이 쉽지는 않다. 그것은 우리의 사고가 '현실이 객관적으로 존재하며 인간은 현실과 일정한 거리를 둔 상태에서 현실을 바라볼 때만 그것을 알 수 있다' 는 소위 '과학적 방법' 에 물들어 있기 때문이다. 프리드리히 니체는 '객관적' 인 사실이 존재한다는 계몽사상을 비판하면서 세상에는 다양한 관점이 있으며 "지식을 적용할 때 정서적인 해석 등 다양한 관점을 사용할 것" 을 촉구하고 한 가지 사물에 관해 많은 감정을 말하도록 할수록, 한 가지 사물을 관찰하는 데 더 많은 눈, 다양한 눈을 사용할수록, 그 사물에 대한 우리의 '개념' 은, 즉 우리의 '객관성' 은 더욱 완벽해진다고 하였다. 자신이 주위의 사물이나 사건을 보고 이해하는 방식을 성찰하고 일예로 한 사물 혹은 사건을 들어서 그것을 이해하고 해석하는 현재의 방식을 기술하고 이 사물 혹은 사건을 복수의 시각으로 이해하다면 어떻게 할지 써보자.

3. 자유소프트웨어 운동가들은 "지적재산권은 소프트웨어를 다른 사람들과 함께 공유하거나 교환하는 것을 사용자의 권리로 인정하지 않는다. 한걸음 더 나아가서 이들은 일반소비자들에게 과장된 '지적재산권' 개념을 학습시켜 자신들의 요구가 매우 당연하다는 듯이 또 아무런 의심 없이 인정하도록 유도한다. 그러나 지식의 독점은 사용자들을 고립시키고 서로가 서로를 돕는 것을 막아, 새로운 기술이 창출되는 것을 방해하고 소프트웨어 문화의 다양한 발전을 봉쇄할 수밖에 없다." 고 주장한다. 그러나 지식은 사회적이며 공통적인 것이지만 그 소유와 운용은 점점 더

사유화되는 길을 걸어왔다. 현대 자본주의는 특정 지식에 대한 배타적 소유를 인정하는 경제 체제이며 그것이 새로운 지식을 창출하고 다양한 문화를 일으키고, 지식산업의 발전을 이루어 결국 공동의 이익을 보장할 것이라는 견해를 지지하며 지적재산권을 옹호한다. 두 가지 상반된 견해에 대하여 각자 혹은 조원들과 토론하고 다양한 의견들을 기록해보자.

4. 첨단기술들은 대개 선진자본주의국가들의 경제성장과 우위를 강화시키기 위한 '연구와 개발(R&D)'의 산출물로서 자본집약적이고 노동절약적 또는 노동대체적이며, 제3세계의 사회 상황을 반영하지 못할 뿐만 아니라 이들을 서구에 종속시키는 결과를 가져오므로 제3세계가 빈곤에서 탈출하려면 자신들의 여건에 부합하는 중간 수준의 기술, 곧 지역의 기술과 자원, 노동 및 사회적 여건을 고려한 적정기술이 필요하다고 주장되었다. 그러나 비판하는 측에서는 적정기술로는 제3세계의 사회경제적 그리고 기술상황이 현상유지밖에 될 수 없고 빈곤이 대물림될 수밖에 없다고 주장하며 이러한 기술정책은 오히려 제3계에 대한 자신들의 월등한 위치를 고착시키려는 선진산업국가들의 음모라는 주장도 있다. 각자 혹은 조원들과 이 두 견해를 비판적으로 토론하고 제3세계와 선진사회의 빈곤층의 기술접근성을 제고하는 방안에 대하여 토론하고 기록해보자.

5. 현대의 '영리한 군중 ' 곧 ' 깨어있는 대중' 은 집합적 사유와 토론 그리고 타자들로부터 영감을 얻음으로써 주관의 미망과 전문지식의 파편성 극복할 수 있으므로, 집합적 지성으로서 대중지성은 개별자들이 갖는 표상적 지식의 한계를 넘어 보편성과 합리성의 본연에 근접할 수 있다. 반면, '지식인' 이 가진 앎의 부분성이 폭로되고 그들이야말로 권력과 자본에 종속된 존재라는 사실이 드러남으로서 '지식인' 은 대중의 지성 앞에 검증의 대상이 되기도 한다. 특히 환경, 에너지, 공공보건, 공공기술, 등 공동체의 문제를 해결하고자할 때, 삶의 구체적인 실행에 관한 문제에서 그리고 처음 경험하는 새로운 문제에서 대중지성은 한 개인 전문가의 지성을 넘어선 통찰을 제시할 수 있다. 현재 지식인이 되기 위하여 학업에 열중하고 있는 각자의 입장에서 위 본문이 자신에게 어떠한 의미를 갖는지, 자신의 학문하는 방법과 지식에 대한 태도를 성찰하고 그 견해를 써보자.

6. 인간과 휴머니티는 생태계, 기술 또는 진화를 포괄하는 커다란 연관성 속에서 새롭게 조명되고 있다. 그래서 포스트휴먼 또는 포스트휴먼적이라는 것은 인류 중심의 사고화 과정에서 배척되었던 모든 자연적인 것과 정신적인 것을 포괄하고, 인류이외의 '다른 것들' 을 포함하는 개념으로 받아들여진다. 그래서 포스트휴먼적 세계관은 인간 중심적이었던 전통적 인류의 세계상과 인간상을 넘어서서 새롭게 구축될 필요가 있다. 이러한 생각에서 포스트 휴먼은 풀루스 호모를 지향하는 것이다. 그러나 인간과 인간 주위의 모든 것들이 총체적 삶의 공진화를 지향한다는 점에서 인간의 기술화는 풀루스 호모의 한 단면일 뿐이므로 복합체의 지속적인 발전에 필요한 것은 기능적으로 점점 더 완벽해지는 포스트 휴먼의 인간이 아니라 인간-기술-자연이 더불어 구축하는 유기적 문화 시스템 속에서 풀루스 호모로서의 자신의 위치를 진정 파악하고 그것에 부합하는 것 이어야할 것이다. 자신이 생각하는 포스트 휴먼은 어떤 것인지 그리고 자신의 포스트휴먼적 세계관을 지금의 세계관과 비교하여 기록해보자.

제16장 희망의 원리

인간이 지식을 가지면 가질수록 혹은 지식들에 가까이 가면 갈수록, 인간이 서 있는 토대가 그 지식들에 의해서 흔들린다. 세계는 온갖 모순과 당착으로 가득 차 있고, 세계에 대한 인간의 관념은 점점 더 복잡해지고, 부분이 전체에 또 부분이 부분에 대하여 갖는 관계도 불안정하다. 변화하는 세계에서 인류가 축적해온 최고의 지식들조차 해체되어 가고 재구성 되지 않으면 안 된다. 과학기술이 점점 더 복잡해질수록 문제는 더 커지고 해결책은 더 적어지며, 과학기술은 바로 그 본질에서부터 무언가 내재적으로 잘못되어 있다는 인식이 점점 커지고 있다. 과학기술은 과학기술만의 독특한 신념 체계와 문화적 에토스에 더해, 권력 구조, 보상 체계, 그리고 동료 집단을 가지고 있다. 과학기술자사회 내부에서부터 과학의 본질과 지식의 생산, 재산으로서의 지식, 기술의 평가와 선택, 사회적 문제에 대한 전문가적 증언, 과학기술 문화, 윤리에 이르기까지 사회적 책임에 대한 성찰이 일고 있다. 그럼에도 불구하고 인간-기술-자연 복합계의 숱한 문제들 속에서 지금까지 그러하였듯이 이 셋은 주체적으로 서로를 상대로 공진화를 지속하면서 인간의 삶을 개선해갈 것이라는 희망을 갖는다. 진실성을 추구하는 인간에 대한 확고한 신념이 세계를 변화시키고 그 변화는 진실에 대한 신념을 새롭게 한다는 것, 인간의 지식이 부분적일 수밖에 없음과 광대한 미지의 세계 속에 있는 인간 실존에 대한 깨달음의 진실성, 그리고 진실성의 준거는 타자에 대한 공감이라는 것이 우리에 주어진 희망의 원리이다. 이 장에서는 이 책의 이름을 '희망의 원리'라고 지으면서 차축시대 이후 인류의 삶을 돌아보고, 과학기술을 성찰하고 희망의 원리를 생각해본다.

16.1 과학기술에의 성찰

현대 과학은, 일반적으로 이해하고 있는, 자연에 대한 탐구에서 시작해서 자연현상에 관한 잘 정식화된 '법칙'이나 정리로 끝을 맺고 최종적으로 텍스트로 공표되는 '근대적' 과학을 이미 벗어났다. 브루노 라투르(Bruno Latour)는 자신의 저서 『작동중인 과학(Science in Action)』에서, 제도로서의 과학은 '텍스트'나 과학논문 등의 결과물에서 시작해서 역으로 자연으로부터의 정당화를 재구성해 들어가는 식으로 작업함으로써 스스로 내세우는 자체 해석을 의도적으로 뒤집었다[1]고 비판한다.

현대 과학기술이 대중으로부터 신뢰를 잃어가고 현대 사회를 '위험사회'라고 불리우게 하는 한 축인 현대 과학기술 내부의 본질적인 문제들 몇 가지를 상징적으로 성찰한다. 그것은 과학기술이 말하는 객관성의 문제, 그리고 과학기술 생성에 있어서 독창성의 문제, 점차 대중들에게 '의심'을 받는 과학기술의 전문성의 문제 그리고 마지막으로 과학기술의 지적재산화의 문제이다.

객관성

아인슈타인은 "물리학의 이론은 관찰에 선행되며 연역적으로 설정되는 것이기 때문에 이론이 있을 때만 실험 관찰이 가능해지며 물리학의 모든 이론은 사실 자체에 의해서만 형성되는 것이 아니라, 좀 더 물리적이고 철학적인 가정을 내포한 가설이론의 바탕 위에서 만들어진다."[2]고 하였다. 일찍이 19세기 철학자 칸트가 『순수이성비판』서문에서 과학적 인식 곧 경험인식이란 사물에 대한 감각과 선험적 종합판단의 결합에 의한다라고한 것을 당대 최고의 과학자가 확인한 셈이다. 칸트가 말한 선험적 종합판단이 현대에서는 철학과 세계관의 문제로 발전되었다. 과학지식이 탄생하는데 경험 이전의 선험적 판단 곧 철학적 사고 내지 세계관이 과학지식을 유도한다는 것이다.[3]

물리학자이며 철학자인 마이클 폴라니는 과학지식에서 실험과 관찰의 역할이 지나치게 과대평가되었음을 지적하고 과학지식이 형성되는 데는 어떤 직관 곧 믿음이 개입되어 있으며 과학자 집단의 신념은 '객관적' 신념이라는 것이다. 그 '객관성'을 보장하는 것을 마이클 폴라니는 '진실성'의 문제라고 보았다. 결국 실증주의적이고 고전적인 의미에서 사실이냐 아니냐 하는 문제는 지나갔으며 다만 얼마나 더 진실하냐에 따라 이론으로 인정 여부가 결정된다. 어떤 것이 진실한 것인가? 이에 대해서 폴라니는 '사물의 자연 질서의 훌륭한 전망을 열어 놓고 더욱 신뢰할 수

있는 인간관계를 세우는 것'이 진실한 것이라고 말한다.[4)]

그럼에도 불구하고 근대과학이 '객관적'이라고 생각되는 이유는 그것이 고수해 온 특정한 방법론 때문이다. 근대과학은 정량적 방법을 이용하고 측정 가능한 현상을 대상으로 한다. 데이터는 경험적으로 유도된 것이며 반복 가능한 실험들을 통해 다른 이들에 의해 확인될 수 있어야 한다. 그리고 과학 활동을 수행하는 사람들에게 치우침이 없이 공평하기를 요구한다. 로체스터 대학의 물리학 교수인 프랭크 볼프스는 "개인적 · 문화적 믿음들이 자연현상에 대한 우리의 인식과 해석 모두에 편향을 준다는 사실을 깨닫고, 우리는 이론을 만들 때 표준적 절차와 기준을 사용함으로써 그런 편향을 최소화하는 것을 목표로 하고 있다."고 설명한다.[5)] 그러나 더 큰 문제는 표준적인 절차와 기준이 과학자 개개인의 차원에서 발생하는 편향을 시정하는 일에서는 작동하지만, 과학계 전체의 편향에 대한 대책을 마련하지 않을 만큼 그들 자신들이 '스스로의 객관성'에 대한 신뢰를 가지고 있다는 점이다. 볼프스는 이렇게 쓰고 있다.

> "개별 과학자들이 지닌 편향들은 활발한 실험과 의사소통으로 서로 상쇄되어 없어질 것이다. 하지만 만약 과학자들이 공통된 편향을 공유하고 있다면 어떻게 될까? 이런 편향은 서로 상쇄되는 대신 오히려 증폭될 것이다."[6)]

과학기술계에서 검증시스템으로 '동료심사(peer review)'[7)]라는 시스템이 작동한다. 이는 관련 전문가들로 이루어진 패널이 다른 연구자의 작업에 대한 판단을 내리는 것이다. 동료심사는 대체로 어떤 연구에 자금을 지원할 것인지를 결정하는 과정과 연구결과를 과학 저널에 논문으로 실릴 만한 것인지를 결정하는 과정에서 이루어진다. 그러나 과학자집단 내에서도 다양한 선택 압력[8)]이 작용한다. 20세기에 과학계 내에서 일어난 가장 극적인 경향이라면 과학이 정부와 산업체로부터 나온 연구자금에 크게 의존하게 되었다는 점이다. 19세기의 '존경받는 과학자들'은 많지는 않으나 재정적 독립을 누리면서 자신의 개인적인 과학적 관심사를 비교적 자유롭게 탐구했던 반면, 오늘날의 소위 '주류' 과학자들은 막대한 재정 지원을 필요로 하는 비싼 연구에 종사하고 있다.[9)] 2차 세계대전은 이러한 경향의 발전에 하나의 분수령이었다. 2차 대전은 이른바 '거대과학' 시대의 막을 올렸으며 1950년대의 냉전기에 나타난 '군산 복합체'는 그 후속 결과였다.[10)] 그 이전에 과학자들은 대체로 자신의 관심사와 호기심에 부합하는 연구를 하며 창조성과 독립성의 여지를 가졌다. 그러나 지금은 과학기술자들이 독립적인 연구 곧 자신의 호기심과 창의성을 실현해볼 기회를 갖기가 점 점 어렵게 되어가고 있다. 맨해턴 프로젝트에서 과학기술자들은 엄격한 검열 하에서 과학 연구를 하도록 강요받음으로써 과학 기술의 연구개발 자체의 과정과 사회적 실천에 변형이 생겼다. 트루먼 대통령은 원자폭탄의 개발을 두고 '조직화된 과학이 이뤄낸 역사상 가장 위대한 업적'이라고 추켜세운 적이 있는데, 이는 또한 과학에 대해 '역사상 가장 심한 왜곡을 낳은 사건'이기도 했으며 이후 더 심한 편제와 더 많은 비밀의 필요성을 양산했다.[11] 과학은 이제 질문을 던지는 과정이 아니라 하나의 도그마, 사실상의 '국가 경쟁력 제고'라는 신앙을 위한 국가 종교처럼 되어가고 있다.[12]

독창성

인간은 폴라니가 말한 '암묵지'와 같은 개인적인 지식을 갖고 있을 뿐 아니라 공통된 지식도 갖고 있으며 나의 앎이, 혹 있다면, 일부는 내 스스로만의 경험과 사고 작용에 근거한 것이지만, 대부분은 전적으로 내 주변의 사람들과 소속되어 있는 공동체의 앎과 공유하는 것이다.[13] 앎의 공통성이 성립될 수 있도록 하는 힘은 사회의 언어와 경험과 감각이다. 집단적 경험과 집단적 기억, 집단적 무의식도 그런 힘의 일부이다. 인간의 사유 자체가 이미 표상 작용이기 때문에 공통경험과 공통언어에 의한 표상 작용을 사회문화적 표상 작용이라 할 수 있다.[14] 그러므로 앎은 사실이나 존재 자체가 아니라 번역되고 표현되는 과정을 통해서만 '사회적으로' 존재하며 번역되고 표상되는 과정에서 필연적으로 변형이 일어날 수밖에 없으므로 이러한 표상 작용은 앎의 '물질화' 혹은 '사회화'라 간주된다.[15]

심리학자 딘 사이먼튼(Dean Simonton)은 1,546건의 발명 사례에서 평행 발견의 패턴을 지도로 작성하고 중복 발견들 사이의 정확한 비율이 통계적으로 푸아송 분포를 보임을 발견하였다.[16] 이 분포는 '누가 무엇을 발견했다'라는 체계가 본질적으로 무작위적이라는 사실을 의미한다. 또 사이먼튼은 동시 발견이 더 자주 일어나고 있음을 보여 주고 수 세기에 걸쳐 생각의 속도는 공동 발견을 촉진하며 가속되어 왔으며 동시성의 정도도 높아지고 첫 발견과 마지막 발견 사이의 시간 간격도 줄어들어 왔음을 보여준다.[17] 인류학자 앨프리드 크로버(Alfred Kroeber)가 "발명의 역사 전체는 끝없이 이어지는 평행 사례들의 역사다."라고 쓰고 있듯이[18] 뉴턴과 라이프니츠는 거의 동시에 미적분을 발명했다. 이처럼 과학기술은 그것이 깃든 문화, 그것을 규율하는 정치 체제, 그것을 부양하는 자연환경과 복잡하게 상호 반응하며 보편적인 경로를 따라 발전한다.

인류학자 크로버는 발명은 문화적으로 결정되며, 사회학자 로버트 머튼(Robert

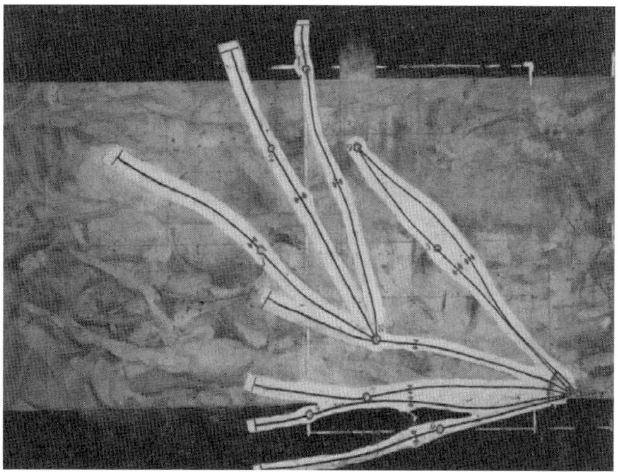

| 그림 사진 16.1 |

〈표준정지 장치의 회로〉, 마르셀 뒤샹, 1914년, Oil and pencil on canvas, 58 5/8×77 5/8″, The Museum of Modern Art, New York.: 실험적 화가 마르셀 뒤샹은 1m 실 세 가닥을 1m 높이에서 화폭에 떨어 뜨려서 나타나는 불규칙적이고 우연한 형태를 그대로 고정시키고 이것을 〈세 개의 표준 정지 장치〉라고 불렀다. 그의 우연 속에 '묵시적 질서'가 보인다. 뒤샹은 "나의 우연에 의해 만들어진 형태들을 고정시키고 보존시키기 위한 것이었다. 이 때 길이 1m가 1m로서의 속성을 실제로 잃지 않은 채 직선에서 곡선으로 변화였다. 한편 한 지점에서 다른 지점에 이르는 가장 짧은 길은 직선이라는 사실에 대한 파타피직스(pataphics)[19]적인 의문이 일어나기도 하였다."고 설명하였다.[20]

Merton)이 "선결조건이라 할 지식과 도구가 쌓이면 발견은 거의 불가피해진다."라고 말한 것은[21] 한 사회에서 무언가를 발명내지 발견되려면 기구와 도구 외에 적절한 믿음, 기대, 어휘, 설명, 노하우, 자원, 자금, 직감이 필요하고, 이런 것들 또한 새로운 기술이 부추기고, 기술의 혁신은 다시 새로운 혁신의 문을 열어젖히는 힘이 됨을 의미한다. 산업 시대가 없이는 정보통신시대의 존립이 불가하듯이 기술은 특정 단계에 도달하려면 순서대로 발달을 거쳐야 하고 발명은 문화 속에서 모든 문명과 사회에서 어떤 주어진 발달 경로를 따른다.[22]

케빈 켈리[23]는 자신의 책 『기술의 충격』에서 기술은 세 가지 요소 곧 정해진 자기 방향, 기술 역사의 영향, 그리고 사회의 집단적인 자유 의지, 즉 우리의 선택을 통해 빚어진다고 간파하였다. 첫 번째는 불가피성과 같은 힘 아래에서 기술의 경로는 크고 복잡한 적응계 내에서의 자기 조직화 경향으로 이끌리고, 두 번째는 이미 일어난 일과 누적된 기술에 달려있어서 기술의 역사라는 추진력이 장래의 선택을 제약한다. 따라서 "다음에는 어떤 것이든 가능하다."라고 생각하고 싶어 하지만, 사실 기술에서 무엇이든 다 가능한 것은 아니라고 한다. 세 번째 힘은 개인의 선택을 활용하는 우리의 자유 의지와 집단 정책 결정이다. 따라서 인간의 독창성은 '철길 위의' 독창성이고 할까. 우리가 상상할 수 있는 모든 가능성들과 비교하면 우리의 선택 범위는 아주 좁으며 경로상의 국지적 독창성에 불과하다.

전문성

현대 사회에서 과학기술 내부에서 작동하는 '지식-권력', 좀 더 정확하게는 '지식-전문성' 차원의 문제가 서서히 드러나고 있다. 래피얼 새쏘워(Raphael Sassower)는 자신의 책 『전문성 없는 지식 Knowledge without Expertise』에서 지식이 어떻게 권력과 연관되는지를 '전문성'이라는 특정한 형태를 통해 보여주고, 전문가들이 자기들 끼리로만 의사 결정을 내리는 것을 '전문가들만이 다른 전문가들을 판단할 수 있도록, 그리고 전문가들이 대중적 비난으로부터 보호받고 심지어 그로부터 격리될 수 있도록 보장한' '전문성의 신화'라고 비판하였다.[24)]

지식의 세계에서, 전문지식은 자기 분야를 넘어 사회에서 흘러 다니는 지식을 정확하지도 체계적이지도 않은 불완전한 앎으로 여긴다. 그러면서 막상 소위 전문가들은 소통 불가 내지는 불완전함이라는 거대한 두 개의 벽 앞에서 '인접' 학문 분야의 기초 상식에도 완전히 무지하다.[25)] 그래서 소위 전문가가 자기 분야 이외의 지식에는 몽매할 수밖에 없는 현상에 이미 '전문가적 무지'라는 용어가 부여되어 있다.[26)] 더욱 우려스러운 것은 '잘못된' 지식이 칸막이 속에서 계속 생겨나고 그 지식이 계속 '잘못되는 것'을 막을 수가 없다는 점이다. 앎은 '순수하게' 앎으로 존재하지 않고 사회적 실천과 일상 속에서 존재하기 때문에 '사이비' 지식도 표상되어 계속 사람들 사이에 흘러 다니며 오해와 오류를 끝없이 만들어내기 때문이다.[27)]

또 다른 문제는 많은 사람들이 지금껏 '감추어졌던' 전문성의 편향성을 알아차리고 전문가들에게 냉소적인 태도를 보이기 시작한 것이다. '감추어진 편향성'이 대중들에게 인식되기 전에 전문가들은 이미 이 문제를 잘 알고 있었다. 그래서 그들은 전문성도 가치를 포함하고 있어서 전문인의 객관성, 가치중립성, 공평성 등을 맹신해서는 안 되며, 복잡한 정책적 쟁점에 대한 전문가들의 지침에는 불확실성이 항존 한다는 사실을 직시할 것을 때 마다 요구했다. 아이슈타인은 이러한 문제점을 이렇게 지적하고 있다.

> "우리는 인간의 문제를 다룰 경우에 과학과 과학적 방법이 지닌 힘을 과대평가하지 않도록 경계해야 한다. 또한 우리는 사회 조직에 영향을 주는 중대한 문제에 대해 자신의 의사를 표현할 수 있는 권리를 가진 존재는 오직 전문가들이라고 가정해서는 안 된다."

지금은 대중들도 전문가들의 편향성을 인정하고 누구 혹은 어느 집단의 가치가 전문가를 통해 의도적으로 과잉대표 되는가를 간파하려고 한다. 전문가의 주장이 중립적이고 공평하지 않다면 특정한 사회적 이해관계와 관점들이 현재 지배적인 전문지식에 불평등하게 코드화되어서 이득을 보는 사람은 누구인가라는 질문을 던질수 있다. 웨인Wynne[28)]은 전문가들이 자신들의 중립성과 공평성을 '보다 낮게'

보이려고 문학이나 예술의 표현과는 달리 주관적 표현을 매우 억제한 '중립적인' 수사[29]들이 과학기술 텍스트에서 어떻게 사용되고 있으며 또 이들의 수사가 대중들의 신뢰와 존경을 끌어내는데 어떻게 이용되고 있는지를 예리하게 지적하고 있다. 핏셔 Fischer는[30]는 기술적 전문성과 정치, 경제적 권력과의 상호침투를 테크노코포라티즘이라고 설명하고, 비민주주의적 과정에 활용되는 전문지식이 갖고 있는 편견과 불확실성의 문제와 더불어 전문가들이 비민주적인 정치 · 경제적 권력에 일조하는 경향이 있다는 사실을 관찰하고 "정치, 경제적인 방향이 시민들의 토론과 합의에 의해서가 아니라 전문가들의 계획과 관리의 문제가 되어가고 그들만이 감당할 수 있는 일처럼 되어 가고 있다."고 비판하고 있다.

지적재산권

재산을 가진 자야말로 자율적 개인이고 개인의 자유는 근대적 삶의 근거라는 계몽사조와 더불어 지적재산권이 출발하였다. 18세기와 19세기의 철학자와 법학자들에게 자유는 '~을 위한' 적극적 자유보다는 다른 사람을 배세하고 '~로부터'나를 지키는 '나만의' 권리를 의미하는, 수동적 관점에서 정의된 개념이었다. 서구의 신흥부르주아들은 사유재산권을 중시함으로써 봉건제도의 인습뿐 아니라 길드의 구속조치에 대항할 수 있는 법적 성채를 만들고 개인의 노동의 결실에 대한 권리를 확보함으로써 차별화, 개인화, 자아의식을 심화시켰다.[31]

제레미 리프킨은 자신의 책 『공감의 시대』에서 우리의 시간과 공간에 대한 의식을 바꾸고 있는 새로운 기술의 성과로 말미암아 이제 사유재산의 이론적 근거는 의미를 잃어가고 있다고 한다.[32] 인터넷 등 새로운 커뮤니케이션 기술로 인간은 지구의 다른 모든 인간과의 접촉을 가속화하면서 21세기에 시장에서의 재산 교환은 갈수록 거대한 글로벌 네트워크에서의 접속 관계에 자리를 내주고 있다. 시장 경제는 반응 속도가 너무 느려서 소프트웨어와 커뮤니케이션 혁명으로 발생할 생산의 잠재력과 속도를 충분히 활용할 수 없다. 지금은 시장 자본주의가 그 전의 봉건 경제와 다른 것만큼이나 시장 자본주의와 다른 새로운 경제 체제의 탄생 가능성이 높은 시대이다. 경쟁경제는 협업 경제로 발전하고 경제적, 사회적 관계를 수립할 때 배척의 권리보다 포함의 권리가 더 중요하게 되면 지적재산과 가시적 재산과 같은 전통적인 재산권은 장애물로 작용할 수 있다.[33] 물론 지금도 신자유주의의 선점자들은 물질적 자산을 넘어서 지적재산권을 새로운 이윤 창출의 기회로 여기고 점점 더 지적재산권을 독점하려는 노력을 강화하고 있으며 지적재산권이 인간의 본래적인 권리인 것처럼 대중들을 학습시키고 있다. 아이디어 창출과 기술 보호를 표면적으로 내세우지만, 특허, 저작권, 상표, 상거래 비밀, 특히 소프트웨어의 지적재산권은, 그 사용에 대한 독점을 승인함으로써 다양한 기술 발전의 길을 제한하는 부정적 영향이 있음에 유의하여야 한다.

더욱 중요한 것은 이러한 제도가 과학기술 연구의 방향을 왜곡시키는 것이다. 도로시 넬킨[34]은 1984년 저서 『지적 재산으로서의 과학(Science as Intellectual Property)』에서 소위 '지식기반' 산업들이 부상하면서 거대과학의 상업화가 일어났음을 예리하게 지적했다. 과학 연구에 대한 군수연구지원이 자유로운 지식 추구를 역행하는 여러 구속조건을 요구했던 것처럼, 기업의 지원 역시 과학과 공학 지식을 새로운 '지식 경제' 속에서의 상품으로 변형시킴으로써 지식 탐구에 역행하는 요구를 하고 있다. 대표적인 결과가 대학이 '기업 대학'으로 탈바꿈하는 현상이다. 기업으로부터 유입되는 자금은 과거 군수연구자금이 그랬던 것처럼, 자유로운 학문 연구에 위협이 될 수 있는 비밀주의 문화를 조성하고 있다. 대학의 교수들이 연구와 학문의 자유 보다는 연구비 타기, 정부의 연구비 감사, 비공개 계약이니, 특허권이니, 지적재산권이니, 지적 자본이니 하는 말들에 익숙해지고 있다.

16.2 공감하는 과학기술

'역사적 인식'의 시작을 알리는 거대한 관개문명이 나타났을 때 인류가 차축시대를 열었듯이, 현대 문명에 드리운 글로벌 위기는 인류 앞에 드리운 또 하나의 역사적 전환점을 생각하게 한다. NBRIC 기술이 가져온 '위기와 기회'는 그 동안 잊혀져 왔던 인간의 공감을 일깨움으로 '공감의 문화'가 서서히 그 모습을 드러내고 있다. 지구를 둘러싼 생명권과 기술권 그리고 전체 인류에게로 공감의 범위가 빠르게 넓혀지고 있다. 보편적인 공감적 유대 관계를 수용하기 위해서는 인간의 지적 공감이 발현되고 더 나아가 지금까지 주도해온 '분석적' 과학기술의 사고와 더불어 14장에서 기술한 '사고의 전향' 위에서 '공감적' 과학기술의 사고가 상보적으로 작동할 것이 요구된다.

공감의 이해

1872년에 로베르트 피셔Robert Vischer가 미학에서 '관찰자가 흠모하거나 관조하는 물체에 자신의 감성을 투사하는 방법을 설명하는' 독일어 '감정이입 Einfühlung'이

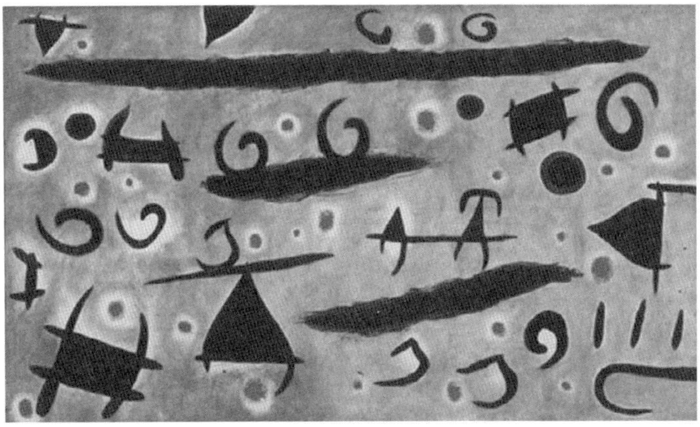

| 그림 사진 16.2 |

〈사람과 새들의 춤〉[36], 호안 미로 Joan Miro(1893~1983년), 캔버스에 유채, 1968년, 173.6×291.6cm, Saint-Etienne 미술관: 상형문자적 형상으로 표현된 동물과 인간들이 무한한 우주를 유영한다. 형상을 두른 여린 빛은 무한한 기운이 느껴지는 공간을 구성하고 푸른색 바탕은 모든 생성의 신비를 간직한 우주의 이미지를 묘사한다. 공감의 확장은 존재의 신비를 탐험하고 새로운 의미의 영역을 발견하게 한다.

1909년에 미국에서 E. B. 티치너에 의해서 '공감empathy'으로 번역 소개되었으며 다른 사람이 겪는 고통의 정서적 상태로 들어가 그들의 고통을 자신의 고통인 것처럼 느끼는 것을 의미하였다.[35] 현대사회에서 새로운 과학기술의 성패를 가늠할 특징은 아마 사회적, 상업적 영역에 스며들기 시작한 사고이 네트워크 방식을 얼마나 철저히 반영하는가 하는 점일 것이다. 네트워크는 상위의 네트워크에 포함되는 반면에 또한 프리초프 카프라가 말하는 '생명의 그물(web of life)'이라는 복잡한 연출을 통해 하위의 네트워크를 거느린다. 장구한 진화의 역사에서 많은 종은 치밀하게 짜여진 공동체를 형성하기 때문에 전체 체계는 크고 다양한 유기체를 닮는다.[37] 현대인들은 네트워크에 관여하는 일이 많아지고, 경제적 · 사회적 · 환경적 상호 의존성을 더욱 잘 이해하게 되고, 관계와 소속의 문제를 탐구하고, 상반된 현실과 다문화적 관점을 흔쾌히 받아들이고, 과정을 중시하는 행동을 하면서 보다 체계적인 사고를 가꿀 수 있게 되었다. 소위 그 동안 '분석적' 과학 방법은 현실의 관계적 측면을 부인하고 참여를 막았기 때문에, 공감적 상상력의 여지를 남겨두지 않았다.[38]

일찍이 괴테는 학문적 방법으로 공감적 탐구를 제안하였다.[39] 괴테는 자신의 시 〈에피레마(Epirrhema)〉에서 이렇게 노래했다.

자연을 관찰할 때는 언제나
하나를 모두인 것처럼 보아야 한다
아무것도 그 안에 없고, 아무것도 그 밖에 없다
안에 있는 것이 곧 밖에 있기 때문이다
그러니 놓치지 말지어다
이 성스러운, 드러난 비밀을

그는 '변형(metamorphosis)'의 개념을 오늘날의 우리보다 훨씬 더 포괄적으로, 즉 자연 속 어디서나 지각할 수 있는 생명체의 생성과정으로 이해하고 그 속에서 역동적 통일의 원칙을 보았으며, '모든 자연을 영원한 생성 속에 있는 무한한 전체로' 파악해야 한다고 생각했다.[40] 그는 자연에 대한 관찰자로서 보다는 참여자로서 접근할 것을 가르친다. 예를 들어 식물학자가 형태학을 연구할 때는, 지구의 생명체부터 시작할 것을 가르치고 자신의 과학적 방법론을 "가장 내부 지향적인 방법으로 그 자체를 대상과 동일시하고, 그렇게 하여 실질적인 이론으로 성립하게 되는 민감한 경험주의"라고 정의했다.[41] 괴테의 과학적 방법론은 베이컨과 완전히 상반되는 입장에 있었으며 괴테는 그의 "생각의 힘이 대상과 합일을 이루는 순간 활성화되고, 그때 생각은 대상에서 분리되지 않는다."라고 생각했다.[42] 괴테는 진정한 통찰력은 초연한 관찰에서 나오는 것이 아니라 탐구하는 현상에 깊이 참여할 때 얻어진다고 주장했다.[43] 이러한 사고의 틀을 '과학적 조사에 대한 참여적 접근'이라고 한 하인츠 코후트는 기존의 과학적 방법은 '원격 체험(experience-distant)'이어서 실제적 관찰과 거리가 있다고 보았으며 기존의 방법을 대체할 대안적인 경험론을 주장하고 그것을 공감과 내관內觀으로부터 직접 나온 자료에 근거한 '근접 체험(experience-near)'이라고 불렀다.[44] 그리고 그는 공감을 '하나의 관찰 도구로서' 과학에 접목시키면 "과학적 원리에 의해 수행되는 연구의 깊이와 폭이 증가된다."고 주장하였다.[45] 더욱이 엄격한 과학적 방법론에 공감을 적용하는 문제는 과학적 추구가 '인간의 생활과 유리되지 않게 하기 위해서도' 중요하다고 주장하는 코후트는[46] 냉정하고, 사심 없고, 합리적인 방식만 고집하는 과학적 방법론이 20세기에 야만적인 전체주의 체제의 목적을 이루는 수단으로 어떻게 사용되었는지 상기시키면서, 그런 방법론은 '세계가 지금까지 알고 있는 가장 비인간적인 목적'에 이바지했다고 주장했다.[47]

공감적 과학 기술 운동

과학기술, 경제, 정치가 얽히고설킨 현실에서 과학기술이 가졌던 '흰 가운'의 권위에 대해 문제를 제기하는 시민들이 점차 늘어가고 있다. 일반적으로 대중들은 위험한 거대 과학기술 프로젝트에 대해 우려와 망설임을 표명하게 되었고 점점 더 과학기술의 진행방향에 대해 의문을 가지게 되었다. 특히 대형 과학기술 사업이나 신기술의 심의 평가에 있어서 과학기술적인 위험성 평가는 의도적이건 아니건 간에 기술연구의 설계 자체에 내재하고 있는 근본적인 사회문제가 감추어지고,[48] 건강에 미치는 영향이나 사회적 영향에 대한 물음이 과소평가되고 있다는 지적이 일어나고 있다. 그러나 기존의 '분석적' 과학기술 접근법에서는 대중들이 갖는 매우 상식적이며 공감적인 견해들이 제기하는 질문이 통계학의 '신화' 뒤로 혹은 '매뉴얼'의 기본 규범에 가리어진다. 그동안 전문가들에 의해 독점되었던 과학기술에 대한 성찰이 일어나면서 과학기술의 연구 개발에 대한 여러 가지 견해와 공감적 태도들이 대중들에 의해서 요구되고 있다. 베크 Beck는 이러한 변화를 이렇게 대변하고 있다.

> "이전에는 전문가와 평가위원들의 위원회나 소모임이었던 것을 다양한 학문분야, 학문을 초월한 판단양식, 공유된 의사결정 등의 다원적인 기구로 변화시켜야 한다. 이는 이미 여러 해 동안 요구해왔고 스스로를 조직하기 시작했던 시도였다."[49]

성찰적이며 공감적인 과학기술을 실천하기 위해서는 과학기술 사업의 심의의 목적을, 기술발전의 모든 단계에서 신기술이 초래하는 결과를 단지 개선하는 것에 제한하는 것으로는 충분하지 않으며, 작게는 인접학문 분야와 크게는 대중들의 참여를 통해서 다양한 '처치 불가능한' 문제들—해결책은 물론이고 문제가 무엇인지조차 알지 못하는 사안들—을 해결하는 실마리를 찾는데 두어야 한다.[50]

대중이 참여하는 공감적 과학기술이 특히 유용한 분야는 환경, 에너지, 생명 기술 등 대중들의 공익에 큰 영향을 미치는 분야이다. 시민과 전문가들 사이에서 공감적인 관계가 형성됨으로써 성공적으로 수행된 사업들은 대체적으로 그동안 기술관료적이며 매뉴얼적으로 접근함으로써 해결이 어려웠던 님비 사업들이다. 핵발전소, 유해폐기물 소각장, 대형 간척사업, 대형터널공사등 위험 시설이나 환경 훼손이 예상되는 사업들이다.

기존의 '분석적' 과학기술적 접근은 국가 차원 내지 전문가 차원에서 표준화되고 일반화할 수 있는 자료와 추세에 기반했기 때문에 지역 공동체가 지닌 고유한 여건과 전제들을 고려하지 못함으로써 실패한 경우가 많았다. 설사 시민들의 동의를 얻었다 하더라도, 미리 준비된 자료만으로는 매뉴얼에 제시되어 있는 표준적 경우를 벗어나는 예외가 발생한 사건이나 환경에 유연하게 대처하기가 어렵다. 우리나라에서 중저준위 핵폐기물 처분장 부지 선정과정을 둘러싼 오랜 논쟁에서 정부의 의사를 대변하는 과학기술자들이 시민들과 시민참여 전문가들과 달리 안전성에 대한 표준자료만을 강조하기에 급급해서 프로젝트의 중단까지 초래할 수 있는 여건들 즉 지역의 문화, 환경 및 지질학적 조건, 지역주민들의 심리상태, 지역의 농수산자원 상황, 지역 경제여건 등을 다각적으로 신중하게 조사하지 못했다. 결국 우리나라의 중저준위 핵폐기물 처분장 건설 사업은 20년의 긴 갈등과 표류를 거쳐서 관련사업의 지역 내 유치에 대한 주민투표로 결정되었다. 이 사례는 공감적 과학기술 사업 방법으로 대중들이 과학기술자들이 생산하는 정보를 공유하고 함께 토론함으로써 '지역적 지식'을 체계화하고 범공동체화하는 효과를 낳고, 전문가와 지역 시민 간 협조적인 연구관계가 발전되어 지역 공동체가 스스로의 우려에 대해 문제를 제기하고 해결해 나가는 과학기술자치 능력을 제고할 수도 있음을 보여주었다.

공감적 과학기술전문가들은 연구수행 과정에서 민주적인 권한부여를 실천한다.[51] 이들은 시민들이 자신의 이해관계를 심사하고 스스로 결정을 내리는 과정을 지원한다. 분석적 연구와 경험적 자료를 제공하는 것을 넘어서 공감적 전문가들은 시민들이 학습하고 권한을 부여받는 과정의 실무적인 일들을 적극적으로 돕는다. 이 과정에서 제도적이고 지적인 맥락의 새로운 아이디어를 포함하여 대중들이 질문을 설정하고 자신들의 일상 언어로 기술적 분석을 조사해서 어떤 사안이 중요한지를 결정하게 된다.[52] 따라서 공감적 연구는 연구자-시민/대중고객의 민주적이고 협조적인 관계의 형성을 이끌어간다. 연구할 문제를 연구자가 확정하고 이미 수집되어 있는 자료들을 이용하기 위해 조직되는 '분석적' 과학적 접근법과는 달리 공감적 접근법은 고객이 갖고 있는 의견이나 자원 등을 '있는 그대로' 인정하고 시작한다.

상보적 연구 수행

공감적 연구는 기존의 '분석적' 연구와는 차이가 있으면서도 이들의 방법과 병행다. 전문가와 시민들이 연구 사업의 각 단계들을 밟아가면서 전문가들은 상황에 관련되는 구체적인 기술적 기준들을 제시하고, 시민들은 특정한 지역적 지식 및 관행들을 제시하며 사업 진행의 방향과 규모 시기 일정 등 지역 공동체의 동의를 수렴할 수 있도록 조정한다. 기존의 '분석적' 접근에서는 전문가와 시민단체 사이에 발생할 수 있는 길항적 관계가, 공감적 방식에서는 두 집단의 지평이 상대의 속으로 확장되어 들어가는 상보적 관계로 진전된다.

'분석적' 연구 기획의 대표 격인 미국 국립연구위원회[53]조차도 공감적 접근 방식의 필요성을 이렇게 지적한다.

> "의사결정에 관련된 물음을 제기하지 못하고, 신뢰할만한 가정을 사용하지 않으며, 영향을 받는 주요인물들이 영향을 발휘할 수 있는 정도로 참여시키지 않는 분석이라면, 연구과정이 아무리 철저하더라도 결정을 내리기까지 상당한 비용과 엄청난 시간이 소요될 것이다. 그리고 최종적인 결정에 대한 이해와 수용에 대한 질적 수준도 신뢰받기 어렵게 된다."

공감적 연구 방식에서는 이행당사자들과 시민들의 견해와 전문가들의 견해가 고루 수용되고 사회적 가정과 맥락적 해석에 대해서 가치있는 사고와 판단이 내려질 수 있다. 공감적이며 참여지향적 과학기술 연구 개발에서 강조하는 협동을 통하여 전문가의 기술적 계산 배후에 종종 숨겨져 있는 보편성과 편견에 대해 탐구가 이루어진다. 또 이 방식으로 통상적인 전문가들의 방법론이 갖는 경험적 · 해석적 한계가 확장될 수 있다.

선진사회에서는 시민과 과학자 사이, 그리고 시민들 사이의 소통을 위해서 새로운 형태의 비전문가들의 참여를 제고하기 위한 방식들이 나타나고 있다. 시민배심원제도(citizen's juries), 심의적 여론조사(deliberative opinion polls), 합의회의 등이 그러한 것들이다. 이러한 방식들은 다양한 시민들이 모여 사회적으로 혹은 지역적으로 문제가 되거나 될 수 있는 과학기술연구내지 프로젝트들에 대한 진지한 심의를 할 수 있는 환경을 제공하고, 결과물이 정책결정과정에 반영될 수 있는 방식을 모색하고 있다. 특히 합의회의는 기술이나 대형과학기술사업에 대한 사회적 합의를 도출하는 과정으로서 중요한 의미가 있다. 이 합의회의 방식은 덴마크의회와 덴마크 기술위원회가 처음 시작했으며 1980년대 후반 이래, 점차 다른 나라들에서도 유효한 방식으로 인정되어 전파되고 있다. 이외에 과학기술의 문제들을 제기하고 대중들에게 가까이 가는 차원에서 시작된 과학상점운동이 있다. 이 운동은 1973년 네덜란드 위트레히트(Utrecht) 대학에서 화학과 학생과 연구자들이 '인간과 사회를 위한 화학'을 기치로 내걸고 시작하였다.[54] 이후 네덜란드의 각 대학에 제도화된 형태로 자리를 잡았고 이어서 유럽 각지로 전파되었다. 과학상점은 대개 지역 주민들의 관심 문제들을 연구과제로 삼고 있으며 경험이 축적되면서 대학의 거의 모든 학과들로 확산되어 위트레히트 대학에서는 생물학, 화학, 언어연구, 법학, 약학, 물리, 사회과학 분야의 과학상점들이 운영되고 있다.[55]

16.3 기술영향 평가

자본주의 사회에서는 기술이 자본과 결합되어 자본의 이윤을 크게 하는 방향으로 나아가기 때문에 어떤 기술 혁신이 일단 도입되면 개인이 기술 제품에 의존하게 되는 차원을 넘어서 사회 시스템 전체가 그것에 의존하게 된다. 첨단기술사회가 될수록 인간은 그것을 움직이고 결정을 내리는 데 더욱 기술에 의존하게 된다. 기술은 인간의 필요에 의해서 시작되었으나 점점 기술이 기술을 요구하는 시대가 되어가고 현재와 같은 삶의 전향이 없이는 인간과 기술과의 관계는 더욱 깊어간다. 이 과정에서 신기술의 시행 혹은 개발은 사회 문제를 야기하기도 하고 전반적인 진보를 이끌어내기도 한다. 그러므로 기술이 사회에 미치는 영향을 사전에 평가하는 작업이 필요하다.

주의-예방 원칙

신기술의 위험[56]을 평가하는 가장 널리 사용되는 원칙 중에 하나는 기술이 초래할 가능성이 있는 최악의 경우를 예상하고 대책을 모색하는 주의 예방 원칙[57]이다. 이 원칙은 "피해의 내용과 그 크기가 비록 불확실 하지만 피해가 실질적이며 상당할 가능성을 보이는 활동들은 그 활동의 옹호자가 그것이 감지할 수 있는 피해 위험이 전혀 없다는 것을 보여 주지 못한다면 금지되어야 한다."[58]는 의미로 받아들여지고 있다. 일례로 미국의 대통령생명윤리자문위원회[59]에서 "합성생물학으로부터 얻을 수 있는 혜택을 확인했다. 잠재적 위험에 대해서도 인지하였지만 연방정부 차원의 추가적 규제나 모라토리움을 지지할 이유는 발견하지 못했다."고 결론을 내렸을 때 ETC 그룹[60]은 즉각적인 반대의사를 표명하고 그 첫째 이유로 사전예방 원칙을 무시했다고 지적하였다. 이 원칙은 해당 기술의 안전성이 증명된 뒤에 기술을 연구 보급할 것을 요구한다. 한편 기술은 결코 "안전이 증명되었다."고 선언될 수가 없으며 기술은 그것이 이용되는 동안 공진화하는 기술계와 사용자들을 통해 끊임없이 재가공되므로, 계속 주시하면서 끊임없이 검사되고 수정되어야 한다는 입장에서 스튜어트 브랜드는[61] 생태실용주의를 다룬 저서 『전 지구 훈련』에서 조건부 허용 기술의 범주를 제시하였다. 그는 첫째 불안전하다는 것이 증명 될 때까지 잠정적으로 불안전한 것, 둘째 안전하다는 것이 증명될 때까지 잠정적으로 안전한 것, 셋째 이롭다는 것이 증명될 때까지 잠정적으로 이로운 것들은 조건부로 허용할 것을 주장하였다.

조건부-선행 원칙

모든 진화하는 것들이 그렇듯이, 기술도 작동할 때, 작동을 통하여 검사받아야 한다는 것을 전제로, 주의-예방 원칙에 대응하여 조건부-선행 원칙(Proactionary Principle) 10가지가 제안되기도 하였다.[62] 이 원칙은 기술적 창조물을 평가하는 방법은 시제품을 써 본 다음 시험적인 프로그램을 통해 다듬어져야 한다는 것이다. 모어가 제시한 열 가지 지침을 켈리는 다섯 가지 지침으로 이렇게 요약하였다.[63]

첫째는 예견(Anticipation)하라. 모든 타당한 예견 도구를 사용하되 적용할 기법이 많을수록 더욱 좋다. 각 기술마다 적합한 다른 기법을 사용해야하며 예견의 목적은 어떤 기술을 지니면 어떤 일이 일어날지를 정확히 예측하는 것이 아니므로 판단하는 것이 되어서는 안되며 예견이 다음 네 단계의 토대를 마련하기 위한 것, 즉 일종의 장래 행동의 예행연습이 되어야 한다.

둘째는 지속적으로 평가(Continual Assessment)하라. 단 한 차례가 아니라 쓰이는 모든 것을 정량적으로 검사할 수단이 점점 더 많이 나타나게 되므로 새 기술을 처음에 얼마나 많이 검사하든 간에, 실시간으로 지속해서 재검사할 필요가 있다. 기술은 우리에게 적정성을 검사할 더 정확한 수단을 제공하므로 지속적인 경계가 시스템의 일부가 되어야 한다.

셋째는 위험의 우선순위를 결정하라. 위험은 실재하지만 끝이 없으며 모든 위험이 동등하지도 않으므로 위험은 경중을 가려서 우선순위를 정해야 한다. 기술적 위험은 자연적 위험과 같은 토대 위에서 다루어져야 하며 자연적 위험을 경시하고 인위적-기술적 위험을 지나치게 중시하지 않도록 주의하여야 한다.[64]

넷째는 위해를 신속하게 바로잡아라. 위해는 빨리 구제되어야 하며 실제 피해에 걸맞은 보상이 이루어져야 하며 위해가 일어나면 신속히 배상하는 일이 앞으로 기술의 채택에 간접적인 도움을 줄 수 있다.

다섯째는 기술을 금지하지 말고 전용하라. 불확실한 기술을 금지하거나 포기하지 말고 그 사회에서 할 수 있는 다른 역할을 찾아 볼 수 있어야 한다. 금지는 성공할 수 없으므로 기술을 더 호혜적인 형태로 전용해야 한다.[65]

공감적 기술 영향 평가

공적인 문제에 대한 전문가들의 조사에 기초한 기술관료적 정책분석 유형의 기술영향평가는 전문가들의 주장을 정책과정에 반영하는 것을 목표로 한다. 현대에는 기술영향평가국 스타일의 기술영향평가가 너무 협소한 틀을 갖고 있고 지나치게 엘리트 중심적이라고 비판을 받는다. 기술영향평가가 전문가 위주보다는 참여적이어야 하며 대중에 기반해야 한다는 견해들이 대세이다. 공감적 기술영향평가는 기존의 기술영향평가 방법에 대응하는 상보적 평가 방안이다. 공감적 접근법을 채택한 기술영향평가는 표준적인 제도화된 기술관료적 기술영향평가 방법과는 매우 다르다. 기존의 기술영향평가는 주로 목표지향적이지만 공감적 접근 방식에서는 이해관계와 관심영역의 폭이 한층 넓어지고 깊어진다. 기술의 경험적 차원을 무시하지 않고서도 평가과정의 규범적인 측면을 보다 통합적으로 수행한다. 공감적 접근법은 특정한 기술이 어디로 도달할 것인지에 대해 공개적인 논의는 물론 이러한 귀결이 구체적인 사회적 맥락에서 무엇을 의미하는 지에 대해서도 토의를 한다. 예를 들어 살충제 사용이 갖는 함의는 전체 농업체계에서의 살충제가 갖는 역할을 고려하지 않고서는 적절히 이해될 수 없다. 이와 아울러 공감적 접근법은 다양한 지역적 조건에서 경험할 수 있는 것들에 관하여 보다 주의 깊은 조사를 한다. 시민들은, 그동안 중요함에도 불구하고 누락되어왔던 자신들이 처해있는 상황에 대한 정보를 제공한다.

기술영향평가의 주요 유형으로 합의회의 같은 대중심의유형 또는 상호작용적 기술영향평가로서, 신기술의 영향을 받는 집단들이 기술개발에 대하여 초기부터 참여하여 의견을 피력할 수 있는 제도적 노력 등이 있다.[66] 이 유형들은 공감적 기술영향평가의 한 유형으로서 그 목표는 기술과 정책에 대한 충분한 정보를 가진 대중들이 어떤 선호를 갖고 있는지 확인하고 그 선호에 따라 기술기획을 변경할 수 있도록 하는 것이다. 이 유형은 대중들이 다양한 업무에 대한 판단을 피력하고 문제에 대해 대중들이 참여할 수 있고 참여해야 한다는 시민적 권리에서 그 정당성을 찾고 있다.[67] 전문가들의 분석은 해답을 제공하기보다는 시민들의 심의과정에 정보를 제공하는 도구적 역할에 그침으로써 대중심의 유형은 대중들이 신기술에 대한 통찰을 얻고 해당 쟁점에 대한 다양하고 새로운 평가 틀을 만들도록 노력한다. 어떤 경우에서나 정책결정자들은 정보의 생산과 제공을 통제하고 이해관계의 규정을 자신들의 소관 하에 두려는 경향을 가지고 있기 때문에 전문가위원이나 시민참여위원 모두의 정보 접근권을 보장하는 것은 기술영향평가가 소기의 목적을 달성하는데 필요한 가장 중요한 요소이다.

공감적 대중심의형 기술영향평가는 고객에게 정보를 제공하는 것뿐만 아니라 다양한 대중들에 대한 교육, 계몽, 권한부여를 중요한 목표로 생각한다. 따라서 대중심의 유형은 정책과정에서 지식의 역할에 대해서 어떤 가정을 하고 시작하는 게 아니라 기술영향평가에 의해 유발되는 학습이 폭넓고 수준 높게 수행되도록 하는 데에 많은 관심을 갖고 있다.[68] 이것은 기술영향평가를 통하여 정책과정에 임하는 것은 물론 충분한 정보를 갖고 참여한 대중들이 스스로 발휘할 2차적인 영향에 중요한 의미를 두고 있기 때문이다. 대중심의 유형은 문제의 틀을 구성하고 의제를 선정하며 대중들의 반응을 예상한 대안마련 등의 측면에서 전문가들이 주도하는 기술영향평가 보다 실효적이다.

아미시인들의 교훈

아미시인[69]들은 대개 자급자족하며 직접 만들거나 수리 할 수 있는 기술을 선호하며, 검소한 생활을 하고, 엄격한 부류는 전기도 자동차도 쓰지 않으며, 손 도구로 농사를 짓고 말과 마차를 이용하는 '요즘 사람과는 다른' 공동체 생활인들이다. 아미시인들은 자신들의 준거를 따라 생활방식을 바꾸며 자신들의 속도로 신기술을 받아들이므로 반기술적이라기 보다는 독창적인 기술장인들이며 놀랍도록 '소신을 가진' 기술인이다.[70] 이들은 정부나 기업이 운영하는 발전소에서 전선을 끌어와서 집에 전기를 들이면 그들의 방식, 요구, 정책에 더 얽매이게 된다는 사실을 알고 있으므로 '세상에 있되, 세상의 일부는 아닌 채'로 남아 있기 위해서 전기 대신에 '아미시 전기'라고 부르는 압축 공기를 동력으로 사용한다.[71] 그들은 압축공기를 이용하여 믹서기, 재봉틀, 세탁기, 탈수기를 돌리고 몇 년 사용하면 타버리는 전기모터보다는 압축공기모터를 더 유용하게 사용한다. 이들은 전력망에 연결됨으로써 전력사업자들에게 종속되는 것을 거부하므로 태양 전지판으로 생산한 전기를 사용한다. 도서관에는 컴퓨터가 있고 웹이 사용되고 있으며 그들의 표현대로 그들은 '소유하지는 않지만 이용'한다.[72]

아미시인들은 자신들의 속도로 꾸준히 기술을 채택하되 새로운 것을 다 채택하지 않으며, 채택해도 남들이 받아들이고 충분한 시간이 지난 후, 그것의 장단점과 혜택과 비용이 명확히 드러나고, 기술이 안정되고 값이 싸진 후 받아들인다. 역설적으로 아미시인들은 자신들이 채택한 기술에 대해서는 전문가들보다 훨씬 더 과학적이다. 현대 사회의 소비자들이 검증 없이 언론이 말하는 것을 토대로 '신념에 따라' 기술을 받아들이는 경향과는 달리, 아미시인들은 잠재적인 기술에 대하여 내 수준에서 경험적 검사를 하고, 최악의 가상 시나리오라는 예방 조치 대신에, 증거를 토대로 기술을 평가한다.[73] 케빈 켈리에 의하면 첫째, 그들은 다가올 혁신이 공동체에 어떤 결과를 미칠지를 스스로 논의한다. 태양 전지판을 이용하여 물을 퍼 올리기 시작한다면 어떤 일이 벌어질까? 그가 일단 태양 전지를 가진다면, 전기를 이용하여 냉장고를 가동하려는 유혹을 느낄까? 그렇게 된다면? 그리고 태양 전지판은 어디에서 얻을까? 즉 아미시인들은 그 기술이 미칠 충격을 놓고 가설을 개발한다. 둘째, 그들은 자신들의 관찰이 가설을 입증하는지 알아보기 위해 소규모 얼리어답터 무리를 이용하여 실제 효과를 면밀하게 주시한다. 그 가족과 그들의 이웃사이의 상호작용은 그 새것을 쓸 때 어떻게 변할까? 그리고 셋째, 관찰된 효과를 토대로 그 기술이 바람직하지 않은 것처럼 보여 공동체의 원로들이 기술을 퇴출시킨다면 그 퇴출의 영향을 평가할 때 그들의 가설이 더 입증될까? 공동체 전체는 이 기술 없이 더 나아졌을까? 마지막으로 그들은 지속적으로 기술을 검증하고 재평가하며, 이들이 논의는 정량적으로 이루어지지 않으며 그 결과는 이야기로 정리된다. 이런저런 기술을 갖고 이런저런 일이 일어났다는 이야기가 스토리텔링으로 공동체에 말해지고 소식지에 인쇄되어 널리 공감된다.

16.4 과학기술의 새로운 윤리

과학기술 의존 사회는 그 성원들에게 편리함과 유익함을 주는 동시에 그 구성원들에게 의무와 책임을 요구한다. 시민은 과학기술문명이 요구하는 질서와 지식을 따라 행동해야 한다. 한편 시민들은 과학기술이 제공하는 편리함과 유익함에 박수를 보내고 과학기술자들에게 신뢰를 보여주기도 하지만 과학기술의 발전으로부터 발생하는 위험에 대해서 과학기술자들에게 책임이 있다고 생각한다. 과학기술자들은 사회가 보내는 신뢰와 부여한 권위에 부응하여, 일반시민들에게 요구되는 의무와 책임보다 더 엄격한 의무와 책임을 져야할 뿐만 아니라 좀 더 적극적이며 상위의 규범인 윤리적 행동규범을 지켜야 한다.

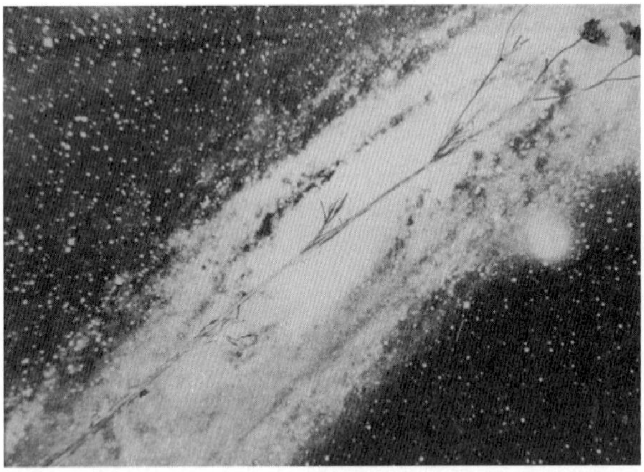

| 그림 사진 16.3 |

Frederick Seidel를 위한 삽화, Anselm Kiefer, The Cosmos Poems(뉴욕: Farrar, Straus and Giroux, 2000년): 1998년 키에퍼는 자신의 책 『행성의 미밀스러운 삶(The Secret Life of Plants)』에서 The Cosmos Poems을 위한 삽화를 그렸다. 28개의 모든 이미지에 마른 풀을 성운과 별자리 사진 위에 겹쳐놓았다. 그는 모든 유기물의 기본적인 구성요소인 탄소원자가 별의 원점임을 암시한다. The Cosmos Poems는 2000년에 뉴욕의 미국자연사 박물관에서 새로운 Hayden Planetarium의 개관을 기념하기 위하여 Seidel과 Kiefer이 창작한 것이다.[74]

확장된 책임윤리

책임은 행위의 결과와 함께 숙고되는 것이므로 '지금 여기에서' 행위는 미래에 나타날 결과의 예측 불가능성 때문에 제한될 수밖에 없다. 이러한 인식은 기술이 그동안 인간에 대한 것은 물론 자연에 미치는 결과에 대해 윤리적인 문제를 제기한다. 자연과 인간 그리고 사회에 미치는 영향을 숙고할 때 과학기술을 수행함에 있어서 인간이 져야할 책임은 더 이상 개인적인 도덕의 문제가 아니다. 또한 학문과 과학 그리고 기술의 발전으로 미래를 변화시키는 행위의 주체가 개인이 아니듯이 책임도 개인 윤리적 문제가 아니라 집단적인 형태의 새로운 사회윤리적 책임을 요청하고 있다.[75]

한스 요나스는 "왜 인간은 이 세계에 존재해야 하는가."라고 묻고 기술 시대에 새롭게 요청되는 존재의 미래적 현존에 대한 인간의 의무를 인간 중심적인 가치주관주의를 넘어서서 존재에 정착시키기 위해서 존재와 당위, 원인과 목적, 자연과 가치의 관계에 대한 전통적 질문을 존재론적으로 새롭게 제기하였다.[76] 그는 가치 개념을 전통적 의무론의 토대에서가 아니라 존재론적 토대에서 고려했으며 윤리를 행위의 이론으로뿐만 아니라 존재의 이론으로 모색했다. 왜 존재는 존재해야 하는가?라는 질문에 대한 답을 요나스는 자연의 '자기 목적성'에서 찾았다. 자연의 자기 목적성이란 자연이 자기 자신의 존재를 낳을 때 이미 그 속에 존재 그 자체로서 본래의 목적으로 가지고 있다는 것이다. 따라서 모든 존재는 그 자체로서 하나의 목적을 가지는데 그것은 곧 '생명'이다. 생명은 곧 모든 자연의 목적이며 이런 점에서 '본래적인 자신의 원칙으로' 이해되었다.[77]

생명 중심 윤리

인간이 미래를 예견하는 지식이 기술 변화를 따라 갈 수 없다고 보는 요나스에게 인간 중심적인 기존의 윤리는 행위의 근접한 결과만을 고려할 수 있을 뿐 기술 문명이 초래하는 아직 일어나지 않은 미래의 결과를 숙고할 수 없다. 지금까지 기존의 전통적 윤리는 "인간적 삶의 전 지구적인 조건과 종의 먼 미래와 현존"을 고려할 필요가 없었으나 현대인들이 숙고해야 할 미래의 책임윤리는 인간뿐만 아니라 자연을 포함한 미래적 존재를 사고의 중심에 놓아야 한다. 그러나 자본주의적 기술주의에서 자연은 단순히 인간의 물적 욕구의 실현의 대상으로 간주되었고 그 결과 '자연 질서에 대한 경외'[78]는 상실되었다. 이것이 바로 미래에 대한 공포를 초래한 '분석적' 과학 기술 문명의 가장 큰 오류이다. 요나스는 새로운 윤리에 자연의 자기 목적성을 존재론적으로 재발견하고 그것으로부터 생명을 '모든 가치 중의 가치'로서 수납하는 '존재론적 공리'가 들어있어야 한다고 주장한다.[79] 이 존재론적 공리에 근거해서 그는 총체적 책임은 "다음에는 무슨 일이 발생하는가?" 그리고 "그것은 어떤 결과를 가져오는가?"에 대해 그리고 역사적으로 "전에는 무슨 일이 일어났고 지금의 일은 이 존재의 전체적 형성됨과 어떻게 결합되는가."를 항상 물어야 한다고 본다. 이렇게 함으로써 미래적 차원에서 생명에 대한 책임의 영역은 현재를 넘어서서 전체 실존의 미래에까지 확장되었다.[80] '존재로부터의 당위'를 근거로 미래 생명은 인간의 의무를 요청하는데, 이것이 곧 미래 생명을 위한 새로운 명법이자 곧 인간의 책임에 대한 규정이다. 요나스는 명법의 확실한 법칙을 현재만이 아닌 미래에 존재하는 '생명'의 긍정에 근거한 생명 보존의 목적에서 찾는다. 미래는 완결되지 않은 책임의 지평이므로 요나스는 새로운 명법을 다음과 같이 표현한다: "너의 행위의 영향이 지상에서의 진정한 인간적 삶의 지속과 조화될 수 있도록 행위하라.", "너의 행위의 영향이 인간 생명의 미래의 가능성을 파괴하지 않도록 행위하라.", "지상에서 인류의 무한한 존속을 가능하게 하는 제 조건을 위협하지 말라.", "미래의 인간의 보전을 너의 원함의 동반 대상으로서 현재의 선택에 포함하라."[81] 이로써 요나스는 윤리의 패러다임을 인간중심주의로부터 생명중심주의로, 행위의 직접적인 결과로부터 후세대에 미치는 영향의 숙고, 그리고 주관의 윤리로부터 객관의 존엄성에 대한 경외의 윤리로 전환하고, 존재에 대한 염려와 근심, 비존재에 대한 공포와 전율을 동반하는 통전적 책임윤리를 제시하였다. 그는 '어제의 가치'가 아닌 '내일의 가치'를 위해 오늘의 가치를 스스로 제한하는 '겸허의 윤리'로서[82] 책임윤리를 제안하였다.

과학기술인의 윤리

질베르 오뜨와도 기술은 오직 효율성만 찾기 때문에 처음부터 몰가치적이며 따라서 인간을 탈윤리적으로 몰아가고 있으므로 "할 수 있으면 해야 한다."는 기술의 정언명령으로부터 벗어나 "할 수 있지만 하지 않는다."는 윤리관이 시급하다고 주장한다.[83] NBRIC(나노, 생명, 로봇, 정보, 인지) 기술의 발전으로 윤리적 행위의 주체는 개인으로부터 사회 집단으로, 시간적 지평은 현재로부터 미래로 확장되었다. 인간 행위 영역의 확장과 그 영향의 광범위성 그리고 불확정한 미래의 예측 불가능성은 인간의 윤리 지평을 개인의 의무론적 윤리에서 존재론적 그리고 사회윤리적 책임윤리로 확장할 것을 요구한다. 그 동안 과학기술인에게 요구되었던 전통적인 개인윤리의 요소들—정직성,[84] 공평성, 회의성, 주의성, 공익성 등은—여전히 중요하며 존재론적 책임윤리의 새로운 요소들이 부가되는 것이다.

이타성

생태학자 개럿 하딘Garret Hardin은, 첫째가 되려는 인간의 본성 때문에, 이기심이 공동의 경제적 기업을 몰락으로 이끈다고 주장했다.[85] 현대사회는 경쟁보다 협동이 대세를 이루고 접속권이 재산권만큼이나 중요해지면서 공감적 감수성이 자라고 탐욕, 사리사욕을 절제하는 태도가 점 점 더 중요시된다. 개인은 자신의 능력, 식견,

경험 등 누구와도 공유하지 않는 독특한 가능성을 가지고 있다. 그것은 주위에 있는 '나' 보다 앞서 산 수많은 사람들이 가능성의 세계를 확장해 왔기에 가능했으며 '너' 들의 활동을 통해 '나'의 잠재력이 발휘될 기회가 주어진 덕분이다. 현대 사회에서는 '너'의 창의성을 확대하는 것은 곧 '나'의 창의성이 발휘될 기회가 되고 '나' 창의성을 확대함으로써, 즉 더 많은 기술과 그것의 더 호혜적인 표현을 발함으로써 '너'의 가능성을 높여준다. 이것은 과거 어느 때 보다 '나' 와 '너' 가 긴밀하게 그리고 누가 '나' 가 '너' 와 될지 알 수도 없는 광범위한 접속관계의 삶을 살기 때문이다. 리눅스Linux는 협력이 경쟁을 이길 수 있다는 대표적인 사례이자 경제적 이타주의라는 개념이 모순이 아니라는 것을 입증해 주는 좋은 사례이다.[86)]

개방성

현대 사회의 가장 큰 특징의 하나인 접속성은 '나'의 개방을 전제로 한다. 삶의 질을 강조하고 지속 가능한 사회를 창조하기 위한 집단적 참여 의식을 강조하는 네트워크 사회에서 개인의 경제적 기회는 나의 개방을 전제로 서로간의 협력과 조화를 통하여 더욱 증대될 수 있다. 분산되어 있으되 연결된 지식과 권력은 사회의 복지를 확보하기 위한 협동적 방법을 수립하는 수단인 동시에 공동체 혹은 기업의 창의력을 크게 확장시키는 기술적 수단이 된다. 개방성을 전제로 우리는 기술을 이용하여 대륙을 초월한 집단을 이루어 공동으로 백과사전, 뉴스 대행사, 동영상 기록소, 소프트웨어를 만들고 있다.

민주주의는 새로운 형태의 구체적 협력관계를 포용할 수 있도록 확대되고 지역적, 지방적, 국가적 수준에서의 민주주의적 절차와 시민들 사이의 새로운 참여방식을 포함하도록 심화되어야 한다는 앤소니 기든스의 주장은 과학기술에 대해서도 역시 마찬가지이다. 과학과 과학자들에 대한 대중들의 불신이 증가하고 있는 현상은 과학을 대중들로부터 고립·절연시키는 것이 아니라 새로운 형태의 대중 참여와 대중적 논의의 장으로 개방함으로써 극복되어야 한다. 이러한 개방은 지역적, 지방적 수준을 넘어서 국가적, 국제적이어야 한다. 왜냐하면 과학은 전 인류의 행위중에서 가장 넓은 시야를 가진 분야이기 때문이다.[87)]

공유성

제레미 리프킨은 자신의 책 『공감의 시대』에서 전통적 산업에서 특허권과 저작권은 하나의 성역이지만 협업 경제에서는 중요한 정보를 오픈소스로 내놓는 것이 협업의 출발점이라고 간파하였다.[88)] 유전자 특허권을 둘러싼 생명과학 분야의 갈등

| 그림 사진 16.4 |

천지 창조, 바티칸 성당의 시스티나 예배당 천장화의 일부(1508~1512년), 미켈란젤로, 프레스코, 13.7×39m: 땅 위에 누워있는 최초의 인간 아담은 창조주의 손 끝에 접속됨으로 생명력이 전달된다. 그 손을 향하여 마치 깊은 잠에서 막 깨어난 듯 최초의 인간은 하나님을 응시하고 있다. 두 눈은 샤갈의 〈나와 마을〉에서(그림 사진 15.3)에서처럼 보이지 않는 강한 선으로 연결되어 있다. 미켈란젤로가 이 그림을 중심으로 창조의 신비를 우리에게 볼 수 있게 한 것은 미술의 기적이다.[89)]

은 자본을 기반으로 하는 전통적 시장과 새로운 분산 자본주의의 차이를 잘 보여 준다. 거의 30년 동안 생명과학 기업들은 유기체를 만들어 내는 과정뿐 아니라, 유전자, 유전자 배열, 진기한 혼성 이종 유기체, 복제 유기체 등에 대해 특허를 출원하였다. 그러나 전부는 아닐지라도 적지않은 학자들이 지식을 독점하려는 기존의 경직된 사고에 도전하기 시작했다.

생명공학 연구소인 캄비아(CAMBIA)의 생물학자들은 GMO기업 몬산토(Monsanto)가 그들이 개발한 모든 유전자에 대한 특허를 행사함으로써 농부들과 소비자를 볼모로 삼을 수도 있다는 점을 우려하고 그들은 자신들이 발견한 유전적 성과를 바이오스(BiOS)라는 오픈소스 프로그램을 통해 공개하기 시작했다.[90)] 저작권법도 오픈소스 협업 벤처, 파일 공유, 블로깅의 정신과는 상충된다. 위키피디아, 유튜브, 마이스페이스, 플리커 등 방대한 정보가 무료로 만들어지는 인터넷과 생물권에서, 저작권에 매달리는 것은 한 개인의 상업적 활동 범위를 제한하는 것 이외에 별다른 의미를 갖지 못한다.[91)] 뿐만 아니라, 공유는 차 상위 수준의 공동체 참여 곧 협력을 위한 토대 역할을 한다. 개인들이 대규모 목표를 달성하기 위해 함께 일할 때, 집단 지성은 개인 지성의 합이 이룰 수 없는 창발적 결과물을 빚어낸다.

협화성

지구에 사는 수 많은 종들은 기생하고 적어도 삶의 한 단계 이상에서 다른 종에 의존하여 생존한다. 나는 둘 이상의 생명체들이 경험을 공유하며 교환함으로 서로 도우며 조화롭게 살아가는 삶을 가능하게 하는 특성을 협화성(協和性, co-harmonization)이라고 정의한다. 인간의 삶은 인간-기술-자연의 협화적 관계성 속에 존재한다. 우리의 생존은 다른 생명체에 깊이 의존하고 있다. 자라고, 살아남는 법을 배우고, 분별력을 유지하기 위해 종의 구성원을 필요로 하는 사회적 동물이다. 기술은 인간과 자연은 물론 인간과 기술의 협화성을 점점 심화하는 방향으로 나아가고 있다. 우리가 웹과 구글 같은 기술을 통해 공생 기억을 만들고 있으며 이미 우리는 그것에 의존하므로 기술은 인간-기계 사이의 협화성을 증가시킨다.[92] 인간의 집단은 단순히 생각, 도구, 창작물을 공유하는 것에서 출발하여 협력(cooperation), 협동(collaboration), 협화(co-harmonization)로 나아가며 각 단계에서 협조의 양은 증가한다.[93] 시스코Cisco의 CEO 존 체임버스는 시스코를 협업적 환경으로 바꾸었는데 '자기가 아는 것을 독차지하려는 발상을 용납하지 않는 문화' 추구하고 전 사원에게 네트워크 참여를 권하고 개인 블로그를 활성화하여 모든 사원이 부서와 업무를 가리지 않고 서로의 생각과 아이디어를 공유할 수 있도록 했다.[94]

투명성

자본주의 사회에서는 과학기술자들뿐만 아니라 모든 전문인들에게 피할 수 없는 딜레마가 있다. 이 딜레마는 자신이 인지한 과학적 지식의 결과나 영향이 자신이나 자신이 속한 작은 공동체의 이익과 자신이 속한 큰 사회공동체의 이익 곧 공익과 상충되는 경우에 발생한다. 이 때 과학기술자들은 자신이 발견한 것을 공개하고 공익을 위하여 제공하는데 주저할 수 있다. 특히 정부기관의 과학기술자는 정부의 명령(이 명령이 항상 옳은 것은 아니다)을 거부하기가 매우 어렵다. 이때 과학기술자에게 자신의 양심에 벗어나는 부도덕한 행위에 대해서 문제를 제기할 것이 요청된다.

호프만(Roald Hoffmann, 1981년 노벨 화학상 수상자)은 탈리도마이드 사고[95] 예를 들면서 과학기술자가 자신의 양심을 속일 때 큰 재난이 유발될 수 있다고 경고한다. 과학기술자는 자신이 연구 개발한 새로운 기술이 사회에 미칠 영향을 이해하기 위한 학제적 노력을 하여야하며 대중들에게 그 결과들을 투명하게 알림으로 사회 일반과의 관계에서 책임있는 자세로 행동해야 한다. 이를 위하여 사회 공동체는 전문가들에게 일반 시민들에게 허용되지 않은 정보의 접속권과 일반 시민들이 누리는 자유 이상의 학문의 자유를 누리는 특권을 부여하고 있다. 투명성은 정보 공유만이 아니라 '다른 사람의 기분과 신념과 행동에 대해 진정한 개방성'을 표현하며 작게는 소속 공동체 구성원간에 크게는 대중간에 신뢰를 조성하고 협동심을 키워 준다. 다른 사람을 좀 더 개방적인 태도로 받아들이게 되면 공감적 참여도 더 쉬워진다.

사회적 책임성

제2차 대전이후 과학기술자들은 과학/기술선언을 통하여 자신들의 사회적 책임을 표명하기 시작하였다. 세계과학기술자연맹이 1948년에 채택한 과학기술자 헌장은 "과학기술자라는 직업에는, 시민이 일반적인 의무에 대해 지는 책임 외에 특수한 책임이 따른다."는 점을 강조하고 있다(표 10.1 참조) 이후 이 헌장은 유네스코 총회가 1974년에 채택한 '과학 연구 종사자의 지위에 대한 권고', 국제과학단체총연합회가 1985년에 제안한 '윤리와 사회적 책임에 대한 강령', 그리고 '부다페스트 선언'이라고 불리는 1999년에 개최된 세계과학회의가 채택한 '과학과 과학적 지식의 이용에 관한 선언' 및 '과학의 의제: 행동을 위한 기초'로 이어지고 있다.[96)]

우리나라의 과학기술계는 과학기술인들의 보편적 윤리규범이 필요하다는 인식을 하고 한국과학기술단체총연합회, 한국과학기술한림원, 한국공학한림원 및 UNESCO 한국위원회 등이 함께 윤리강령 특별 심의위원회를 구성하고 '과학기술인이 자신의 사회적 책임을 인식하고 국내 관련 법령 및 국제적으로 통용되는 원칙을 성실히 준수할 것과, 특히 날조, 변조, 표절, 중복발표와 같은 부정행위를 배격할 것 등의 다짐을 담은' 「과학기술인 윤리강령」을 제정하고 2007년 4월 20일 제40회 과학의 날에 선포하였다. (세부 내용 표 16.1참조) 이 윤리강령의 전문은 과학기술인들이 지켜야할 보편적인 윤리강령의 제정의 의의를 이렇게 말하고 있다.

> 과학기술은 인류가 공유하여야 할 소중한 자산으로 인류 문명의 발전과 복지향상에 기여하여 왔다. 과학기술인은 과학기술을 발전시키는 전문직 종사자로서의 특권을 가질 뿐 아니라 그 책임 또한 크다. 따라서 과학기술인은 연구 및 지적활동을 수행하는 과정에서 진실성과 정직성을 전제로 하여야 한다. 그러나 치열해 가는 경쟁 풍토, 과학기술연구의 산업과의 연계로 인한 이해상충의 증가, 사회나 정치권의 불합리한 학문연구 개입 등 과학기술 환경의 변화는 진실성과 정직성을 지켜야 할 과학기술인들로 하여금 그 품위를 유지하는 데 과중한 시련을 안겨주고 있다. 이러한 시대적 변화 속에서도 과학기술인은 진실하고 보편적인 행동규범을 준수할 책임과 의무가 있다. 이에 따라 과학기술계는 다음과 같이 과학기술인이 지켜야 할 보편적 윤리강령을 제정하여, 과학기술인이 자율적으로 이를 성실히 준수함으로써 윤리의식을 제고하고, 사회적 책임을 다 하며, 스스로의 위상과 긍지를 높이고, 과학기술 발전에 기여하고자 한다.

표 16.1 우리나라「과학기술인 윤리강령」의 세부 조항

1. 과학기술인의 사회적 책임
과학기술인은 과학기술이 사회에 미치는 영향이 지대하므로 전문직 종사자로서 책임 있는 연구 및 지적활동을 하여야 하며, 그 결과로 생산된 지식과 기술이 인간의 삶의 질과 복지향상 및 환경보전에 기여하도록 할 책임이 있음을 인식한다.

2. 과학기술인의 기본 연구윤리
과학기술인은 연구 활동에서 정직성, 진실성(integrity)과 정확성이 연구 결과의 신뢰성 확보를 위한 필수 사항임을 인식하고 연구의 제안, 계획, 수행과 결과보고 등 모든 연구 활동을 수행함에 있어 이와 같은 기본 원칙을 추구한다. 특히, 날조, 변조, 표절 및 중복발표 등과 같은 부정행위를 배격한다.

3. 보편성의 원칙
과학기술인은 인종, 성, 종교, 교육 배경 등으로 차별받을 수 없으며, 평등한 권리와 의무를 갖는다.

4. 전문직 종사자로서의 품위유지
과학기술인은 새로운 지식창출과 기술개발로 인류복지 증진에 기여하는 전문직 종사자로서의 긍지와 품위를 유지한다.

5. 법령의 준수
과학기술인은 연구 및 지적활동의 전 과정에서 관련법령이 정한 규정과 윤리강령에 적시된 규범 및 국제적으로 통용되는 원칙을 성실히 준수하다

6. 연구대상의 존중
과학적 연구대상이 인간인 경우 인권을 존중함으로써 생명윤리에 부합해야 하며, 동물인 경우 생명의 존엄성에 유의한다. 자연환경을 다룰 때에는 생물다양성의 보존과 환경보호의 중요성을 의식함으로써 인류복지 증진에 기여하도록 한다.

7. 연구 자료의 기록과 보존
과학기술인은 연구 과정에서 사용하거나 생성된 데이터, 샘플 등의 자료를 처음단계에서 최종 단계에 이르기까지 성실히 기록하고, 정한 기간 동안 보존한다.

8. 저자표시와 지식재산권
저자표시는 연구의 아이디어 제시, 설계, 수행, 해석 등 연구에 직접 참여한 자로 제한하고 발표논문에는 연구과정에서 참고 · 인용한 타인의 연구업적을 밝힘으로써 원저자의 권리와 지식재산권을 존중한다. 표시된 저자는 논문에 대한 공동책임을 진다.

9. 사회에 대한 권리와 의무
과학기술인은 새로운 발견이나 연구 및 지적활동의 업적을 사회에 공표함으로써 발생되는 이득을 취할 권리가 있으며, 한편 사회가 요구하는 사항에 성실히 응할 의무가 있다.

10. 이해상충(conflicts of interest)에 대한 대처
과학기술인은 연구 및 지적활동 과정에서 발생했거나 발생 가능성이 있는 이해상충에 대해서는 이를 미리 공표하고 자신의 이익보다 공익을 우선한다.

11. 연구환경 조성
과학기술인은 책임 있는 연구와 지적활동을 수행할 수 있도록 지적자유, 공평성, 개방성과 상호존중의 환경을 조성하는 데 적극 참여한다.

12. 윤리 교육의 실시
연구와 지적활동의 책임자는 참여자들이 이 윤리강령의 제 규범을 성실히 실천할 수 있도록 교육할 의무가 있다.

16.5 희망의 원리

별들이 블랙홀에 빨려 들어가듯, 인간의 삶이 NBRIC(나노, 생명, 로봇, 정보, 인지) 문화의 영향권 속으로 빨려 들어가는 듯하다. 이 과학기술의 자기갱신과 자기초월의 힘은 인간과 기계 그리고 인간과 자연의 경계를 무너뜨리고, '자본의 힘'을 배경으로 칸막이화 된 지식은 앎의 세계를 해체하고 있다. 2500년 전 불안과 공포 그리고 끊임없는 전쟁 속에서 인류가 철기문화를 배경으로 차축시대를 낳았듯이, 또 다시 현대의 위기와 불안 그리고 과거 어느 때보다 더 광범위하고 치명적인 변화를 가져올 NBRIC 문화가 새로운 희망을 잉태할지는 인간이 진정 자신을 스스로 돌이켜 볼 지혜가 있는지에 달렸음을 다시 한 번 숙고하기에 이르렀다. 복잡계에 나타나는 우연들의 '묵시적 질서'와 필연성에 대한 신념을 하나로 엮어내는 것은 '과학적' 이론만으로는 해결할 수 없는 막다른 골목에서 용기 있는 사람들에게 제공되는 희망의 선물이다.

과학기술의 토대

근대 과학기술은 매우 독특한 인본주의 문화 위에서 출발하였으며 서구의 법, 종교,[97] 철학, 신학 같은 자연과학 외부의 문화 영역과 독특하게 결합되어 만들어진 결과이다.[98] 과학을 뒷받침하는 문화를 토대 문화라고 한다면, 이 토대 문화는 기존 사회를 주도하는 '당대'의 종교와 신학의 가르침에 맞서는 혁신적 사상을 허용하고 보호하며 인간의 자유로운 사고가 허용되는 인간 중심의 문화였다. 그 속에서 인류는 심오하고 신비로운 우주의 근원에 대하여 사색하고, 지배적인 정치와 종교의 감시와 통제에서 벗어나 개인이 끊임없이 자유로운 사색을 즐길 수 있는 중립 영역을 허용하는 제도를 다듬고 만들어 냈으며, 바로 이 중립 영역의 철학적, 법적, 제도적 토대 위에서 근대 과학의 방법론이 탄생하였다.[99] 여기에는 단순히 과학적 방법론만 있는 것이 아니라 토마스 쿤(thomas Kuhn)이 이미 말했듯이 '이것이 없다면 감히 아무도 과학자라고 자부하지 못할' 훨씬 더 고차원의 '형이상학적 전제들'이 있었으며 바로 이 전제가 제도적 장치와 결부되어 근대 과학을 이루어 냈다.[100] 서양의 근대 과학은 그들 사회의 생산수단을 혁신하고 시간이 흐르면서 전 세계인이 이용할 수 있는 보편 과학으로 자리를 잡아 갔다.

그러나 두 번의 세계 대전을 겪고, 스스로 생존의 위기를 자초하였으며, 자신들이 서있는 터를 스스로 흔드는 지경에까지 도달한 서구 기술 문명이 새로운 모색을

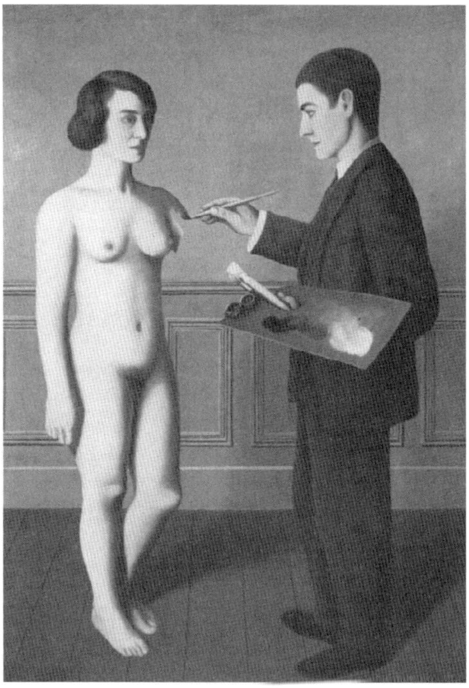

| 그림 사진 16.5 |

〈불가능한 것에 대한 시도〉[101], 르네 마그리트, 1928년, 캔버스에 유체, 105.6×81cm, 개인소장: 그림 속의 미술가(마그리트의 자화상)는 아카데미의 기본 과제인 누드를 그리려고 하지만 그 자신이 하고 있는 일이 마치 꿈을 꿀 때 그러하듯이 현실을 모사하는 것이 아니라 도리어 현실을 창조하는 것임을 깨닫는다. 우리는 꿈속에서 어떻게 그렇게 하는지 알지 못한다. 초현실주의자들은 현실 그 자체보다 더 현실적인 어떤 것을 창조하려는 미술가들이다. 미술가들은 형태와 색채가 '제대로' 될 때까지 그것을 조화시키는 놀라운 재능을 가지고 있으며 드물기는 하지만 어중간한 해결 방식에 머물지 않고 모든 안이한 효과와 피상적인 성공을 뛰어넘어 진정한 작품을 제작하는데 따르는 노고와 고뇌를 기꺼이 감내한다. 그들은 계속 태어날 것이라고 확신한다.[102]

하고 있다. 서구의 사상가는 물론 과학자들에게 동양의 세계관이 새로운 조명을 받는 것은 한계에까지 도달한 서구인들이 과학의 새로운 토대 문화에 대한 필요를 느껴서 일까? 토마스 쿤이 "과학의 초창기 발전 단계는 자연에 관한 상이한 견해들 사이에서 부단한 경쟁들을 통해서 특징지어졌고 그 견해들은 세계를 바라보는 방식과 세계 속에서 과학 활동을 수행하는 방식, 즉 동일한 표준으로 비교할 수 없는 그러한 방식이라고 부르게 될 그 무엇이다."[103]고 하듯이 동양의 세계관은 그 동안 서구의 과학을 형성해왔던 세계관과는 다름이 분명하였다. 그런 의미에서 동양의 세계관에는 새로운 과학의 문을 열어 재칠 수 있는 가능성이 들어있다. 그러나 동양의 세계관과 격물치지의 방법론이 인류의 미래 문화의 과학적 토대를 구축할 실질적 가능성으로 고려되기 위해서는, 장회익이 자신의 책 『삶과 온 생명: 새 과학 문화의 모색』에서 지적하고 있듯이, 현대 과학적 시각에 의해 엄격한 검토를 받아야 한다.[104] 이 때 동양 학문이 현대 과학의 결과에 합치되지 않는다고 하여 '비과학적'이라고 매도되어서도 안 되며 동시에 현대 과학의 결과와 일치하는 성격이 있다고 해서 '진정한' 진리탐구의 방법이라고 치켜세워도 안 된다.[105] 다만 만일 이론적인 지식 생산 행위가 마땅히 과학이라는 이름을 받을 만하다면, 그것은 언제나 혁신을 추구하고 오류를 없애는 진보적 행위여야 한다.[106]는 포퍼의 주장이 동양의 과학을 성찰하는 하나의 방식이 될 수 있다.

흥미있는 것은 과학철학자 칼 포퍼가 해석한 과학의 역사와 미술사학자 곰브리치가 해석하는 미술의 역사가 아주 유사하다는 것이다. 과학은 한 이론이 반증되었기 때문에 그것이 거부되고 다른 이론이 받아들여지는 과정을 포함하고 있다고 해석하는 포퍼에게 과학의 역사에서 발견되는 추측, 반증, 그리고 그 다음의 추측으로 이루어지는 일련의 과정은 시각적 리얼리티와 맞지 않는다는 이유로 한 재현 도식이 거부되고 더 적합한 것들이 받아들여진다는 곰브리치의 미술사에서의 일련의 과정과 아주 유사하다. 과학이 관찰로부터 나오는 귀납에 의해서가 아니라 창조적인 직관에 의해 가설들을 도출해내듯이, 곰브리치에게 있어서 예술가도 "자신의 시각적 인상을 갖고 시작하는 게 아니라 자신의 관념이나 개념을 갖고 시작한다."[107] 『예술의 종말 이후』에서 단토 Arthur C. Danto(1924년~)가 특정 시대의 국가적, 종교적 경계를 가로지르는 하나의 공통된 시각적 어법이라는게 있으며, 예술가가 된다는 것은 이러한 시각에 참여하는 것이며 '이 시각은 역사를 가진다'는, 즉 공통된 시각적 언어도 불가피하게 변하게 된다.[108]는 지적은 과학에서도 마찬가지이다. '시각이 역사를 가지는 것'은 오로지 시각적 재현들이 역사적으로 상호관련을 맺고 있는 삶의 형식들에 속하기 때문인데[109] 이러한 지적은 과학에서도 숙고되어야할 것이다.

과학철학자 토마스 쿤은 '창조적인 직관'이나 '자신의 관념'을 과학의 여명기에 적용함으로써 그 출발선에서 '과학이 과연 무엇인지'를 이렇게 성찰하고 있다.

> 과학의 여명기에 "자연에 대해 당시에 풍미하던 견해들은 오늘날 받아들이는 것보다 덜 과학적인 것도 아니요, 인간의 특이한 기질의 산물도 아님을 느끼고, 시대에 뒤지는 그러한 믿음(견해)을 신화라고 부르기로 한다면, 신화는 현재에도 과학적 지식에 이르는 동일 유형의 방법에 의해 형성될 수 있고, 동일 유형의 이치에 의해 생산될 수 있다."[110]

그러므로 쿤에게 있어서, 동양의 정신세계와 동양의 '창조적 직관'은 '과학적 지식에 이르는 방법'을 낳을 수 있는 '신화'를 탄생시킬 수 있는 토대로서 배제되지 않는다. 그러나 동양의 '과학적' 사고와 서구 문명의 '과학적' 사고가 서로를 대체할 그 어떤 것이 될 수 있다고 여길 만큼, 과학의 여명기처럼, 현재 동서양이 분리되어 있지 않으며 오히려 지금은 하나의 문명권 그리고 문화권으로 혼융되어가고 있다. 그러므로 서양의 '분석적' 사고의 지평과 동양의 '직관적'사고의 지평이 서로의 속으로 침투해서 '세계적' 사고의 지평으로 융합되는 그 곳에 동양의 직관적 사고가 갖는 '세계 과학적' 소명이 있다고 보아야할 것이다. 이 과정에서 우리에게 필요한 것은 동양의 직관적 사고가 현대 과학의 성과에 부합하는지의 여부를 검증하려는 태도를 넘어서서 '관찰과 경험만으로는 결정할 수 없는, 개인적 그리고 역사적 사건으로 이루어진 겉보기로는 임의적인 요소가 들어있는 과학자 사회의 믿음'[111]으로서의 '그 무엇'을 구별해 내는 것이 중요하다고 생각된다. 그리고 새로운 '과학자 사회의 믿음'들이 전개될 수 있도록 '과학적 믿음'들이 치열하게 토론되고 비판되는 정치, 사회, 문화적인 제도의 뒷받침이야 말로 과학기술의 진정한 토대문화가 될 것이다. 이러한 견해에서 "인류를 사랑하는 사람은 인간중심적인 이데올로기에 대한 비판적인 논의를 해야 한다."[112]는 슈테판 헤어브레히터와 "과학적 사고방식은 모든 사물을 현재 있는 그대로 놔두지 않는다. 과학은 모든 존재 양식과 방법을 조사할 수 있으므로 무엇보다도 권위주의 체제에는 천적일 수밖에 없다."[113]는 토비 E. 하프의 말은 서로 잘 어울린다. 과학의 문화적 가치가 사회에서 정당화되는 것은 '과학적 가치'라는 '순백한' 하나의 영역에서 나오지 않는다. "과학적 진실이 가치 있다고 하는 믿음은 자연에서 저절로 파생된 것이 아니라 분명하게 존재하는 여러 문화들이 상호 작용한 산물"[114]이라는 막스 베버의 주장은 '위험한 비탈길'에서있는 현대 과학기술이 새로운 희망의 바다로 향할 가능성을 열어 놓는다. 미술사가 곰브리치는 자신의 책 『서양미술사』를 마무리 하면서 "미술(Art)은 사실상 존재하지 않는다. 다만 미술가들이 있을 뿐이다. … 그러나 미술이 존재 할 것인지 아닌지는 적지 않게 우리들 자신, 즉 일반 대중의 태도에 달려있다."[115]고 한 말이 의미있게 들리는 이유도 바로 그것 때문이다.

과학기술 스토리텔링

과거와 달리 과학기술에 대한 대중의 의심이 증가하는 이유는 무엇인가? 독일 사회학자인 울리히 벡이 현대사회를 '위험사회'라고 정의하고 있듯이, 과학기술이 미처 예견하지 못하고, 원인도 불명확하고 제대로 정의되지 못한 '위험들'이 지구환경이나 인류의 건강에 영향을 미치게 되었고, 이러한 위험들은 과학기술이 자초한 것으로 해석되기도 한다.[116] 또 과학기술이 지구촌의 부를 크게는 하였으나, 국내외적으로 빈부의 격차를 더욱 벌리고 특히 선진국과 개발도상국 사이의 과학-기술적 '부자'와 '빈자' 사이의 격차가 확대되었다는 점은 과학기술이 인간의 행복을 가져올 것이라는 오래된 믿음을 유보하게 만들었다. 한편 시민사회의 발전과 민주화 차원에서 앤소니 기든스는 "커뮤니케이션의 혁명으로 과거에는 존재하지 않던 보다 활동적이고, 성찰적인 시민성으로 정치 지도자들에 대한 대중의 불신이 증가하였듯이, 대중들이 과학에 접근하기가 용이해졌다는 점과, 과학과 과학적 사안에 대한 이해가 증가했다는 사실이 과학기술에 대한 대중들의 의심을 증가시킨 원인으로 보는"[117] 역설적 해석도 있다.

이러한 이유들은 과학기술인 사회의 반성을 촉구하며 동시에 과학기술과 대중 간의 소통 제고를 촉구한다. 과학사회학자 라투르[118]는 전형적인 과학 '텍스트'나 과학 문헌으로 간주되는 과학 저널에 실린 논문들을 분석하고 과학기술의 소통의 결핍은 스스로 자초한 것으로서 대부분의 과학기술 텍스트가 (a) 여러 명의 저자에 의해 씌어졌으나 그 역할조차 분명하지 않고 (b) 그 표현 양식은, 객관성을 강조한다는 명분으로, 의도적으로 익명성을 가장하거나 마치 저자가 없는 것처럼 서술되어 있으며, (c) 정량적이고 시각적인 도표 형태를 빌어 표현되어있다고 비판한다. 이러한 텍스트가 기본적으로 학회 회원들을 위한 것임을 인정하더라도, 텍스트의 저자성(authorship)이 점점 더 희미해져가는 것은 과학기술인들 스스로 '우리는 객관적 사실을 말하고 있으므로 누가 저자인지—누구의 사고, 신념, 주장이 들어있는지—는 중요하지 않다. 다만 저자성은 저자들의 재산권의 지분 차원에서만 의미를 갖는다.'라고 은연중 말하고 있는 듯하다. 이러한 양식의 텍스트가 학회 밖에서 특히 과학기술계 밖에서 읽힐 수 있다고 그들 스스로도 생각하지 않을 것이다. 과학기술계 내에서는 이러한 텍스트 스스로 평범한 사람들의 평범한 독해를 '거부하며' 관련 '전문가'가 아니면 아예 읽기에 초대하지 않으며 그것은 당연한 것으로 여겨진다. 이처럼 과학기술 텍스트는 그것이 성공적이건 그렇지 않건 간에 그 사회의 산물로서 같은 시대를 살아가는 독자들과의 대화의 자리에 기본적으로 놓여있지 않고 다만 자신들이 발견한 혹은 발명한 내용을, 그들의 전문용어로 공격에 대한 '디펜스(방어)'와 소유권을 확인하기 위한 텍스트일 뿐이다.

전문가용 텍스트는 과학기술계 내부의 전통적인 대화의 방식이므로 별도의 논의가 필요한 부분으로 남겨두더라도, 과학기술이 대중들로부터 신뢰를 회복하는 한 가지 방법으로 '스토리텔링의 과학기술'을 생각해본다. 특히 주체적으로 근대를 경험하지 못한 우리나라 학계는 어느 영역할 것 없이 학문의 내용이나 방법론에 있어서 그 학문이 서있는 깊은 배경들 곧 정치, 경제, 사회, 종교 등에 대한 이해가 없이 그 열매만 소개하는데 그치고 있다. 이러한 학문적 풍토는 우리 학문의 '얕음'을 드러낼 뿐만 아니라 학문 발전을 스스로 제약한다. 백번 양보하여 후진 개발국으로서 '먹고살기에 바빠서' 또 '학문의 실용성을 따라서'라고 변명할 수도 있겠으나 우리 사회가 그 단계는 지났음을 여러 지표가 말해주고 있다. 과학기술의 스토리텔링은 단순히 SF흉내기가 아니라 토마스 쿤이 "시대에 뒤지는 그러한 믿음(견해)을 신화라고 부르기로 한다면, 신화는 현재에도 과학적 지식에 이르는 동일 유형의 방법에 의해 형성될 수 있고, 동일 유형의 이치에 의해 생산될 수 있다."고 하였듯이 우리의 정서 속에 깊숙이 잠재되어 있는 사고의 틀을 드러내는 것이 되어야하며 그렇게 될때 우리가 참된 과학을 하는 출발점에 설 수 있을 것이다. 이러한 생각의 연장에서 필자는 한글을 세계 최고의 과학기술적 성과로 보고 그 창제 과정에 숨겨져 묻혀있는 우리 고유의 과학기술의 정신을 귀하게 여긴다. 무척 아쉽게도 한글 창제 과정에 참여하였던 학자들의 사고의 흐름과 실험 과정을 자세히 알 수 없음을 항상 유감스럽게 생각한다. 한국인의 과학정신은 한글의 창제 원리와 정신 그리고 창제 과정의 사고와 실험과정에 담겨 있을 것으로 생각한다. 누가 그 이야기를 만들어 줄 수 없을까? 이러한 과학기술 스토리텔링이 단순히 경제적 유용성이나 수단을 넘어서 과학기술이 우리사회에서 삶의 양식과 가치라는 본래의 자리를 잡게 도와줄수 있지 않을까?

희망의 원리

세계는 온갖 모순과 당착으로 가득차 있고, 세계에 대한 인간의 관념은 점점 더 복잡해지고, 부분이 전체에 또 부분이 부분에 대하여 갖는 관계도 불안정하다. 변화하는 세계에서 인류가 축적해온 최고의 지식들조차 해체되어 가고 재구성 되지 않으면 안 된다. 인간이 지식을 가지면 가질수록 혹은 지식들에 가까이 가면 갈수록, 인간이 서 있는 토대가 그 지식들에 의해서 흔들린다. 그래서 에른스트 블로흐는 자신의 책 『희망의 원리』 첫 페이지에서 '우리는 누구인가? 어디에서 와서 어디로 향해 가는가? 우리는 무엇을 기대하며, 무엇이 우리를 맞이할 것인가?라고 묻는 것일까? 마치 2500년 차축시대에 인류의 선조들이 그러하였듯이, 인간은 비참한 상황에 처할수록 더욱더 지금까지 이루어 낸 것보다 더 나은 삶에 대한 꿈을 지니게 되고, 바로 지금 이곳에서 참되게 존재하기를 원하는 인간은 실제 자신이 처한 상황을, 현존재가 비록 제한적인 것일 지라도, 더 이상 먼 훗날로 연기하지 않고 그것을 행복하고 적절한 것으로서 충족시키고 성취시키기를 원한다. 우리는 어제의 내일로부터 아주 멀리 떨어져 있다. 만약에 어떤 사람이 미래를 알 수 있다 하더라도, 그것은 쓸모없는 지식일 뿐이다. 왜냐하면 그 역시 그가 알고 있는 미래를 살아 낼 수 없기 때문이다. 만약에 그가 그것을 살고 있다면, 그것은 결국 현재가 될 것이다.

우리가 정적이며 폐쇄된 존재의 개념에서 빠져나온다면, 희망의 차원은 다시 떠오를 것이다. 이 세상은 정체된 존재들이 아니라 자기 갱신과 자기 초월의 비평형과 역동성으로 가득하며 결국은 어디로의 경향으로 충만하다. 이러한 경향은 늘 〈새로운 무엇〉을 지향하고 〈새로운 무엇〉이라는 문제 영역 속에는 아무도 모르는 지식

| 그림 사진 16.6 |

밀레 Jean F. Millet(1814~1875년)의 〈씨뿌리는 사람〉, 1850년(좌), 고호의 〈씨뿌리는 사람〉, 1888년(우)[120]: 밀레와 고흐는 모두 노동을 사랑하는 예술가였다. 두 화가는 당시 농민들의 삶에서 '생의 약동'을 발견하고 그들과 일체감을 느꼈다. 밀레의 〈씨뿌리는 사람〉은 전반적으로 색채가 어둡다. 그러나 농부의 당당한 걸음과 팔과 그 움직임을 보라. 그가 보이는 당당한 '생의 약동'은 어두움이 단지 그를 둘러싸고 있는 현실일 뿐, 새로운 희망의 씨앗이 뿌려지는 〈하얀 들판〉은 여전이 자신의 것임을 말한다. 그래서 밀레는 저 멀리 '하얀 밝음'으로 농부의 생동감과 균형을 맞추고 있다. 고흐는 자신의 그림에 밀레의 그림과 동일한 이름을 붙일 만큼 밀레와 깊은 공감을 나누었다. 그는 밀레처럼 농민들의 삶 속에서 자신의 예술을 발견하고 또 '과학적 사고가 나에게 위대한 미래를 가진 도구이다.'라고 할 만큼(그림 사진 15.1 참조) 과학에의 공감을 표시하였다. 고호의 〈씨뿌리는 농부〉는 아예 노란 희망의 태양을 배경으로 한다. 고개를 든 그의 눈은 희망을 응시하고 파란 꿈들이 밭에서 꿈틀거린다. 그의 고단하고 외로운 삶이 오히려 희망을 낳는 근거임을 보여준다.

의 〈하얀 들판〉이 충만해 있다.[119] 인간이 간직하고 있는 신념들은 과거의 모상(模像)들을 들추는 것이 아니라 오히려 어떻게 될지 모르는 미래로 나갈 때, 우리가 의지할 수 있는 예견들을 뒷받침하는 것이다. 우리는 모두 어느 정도까지는 과거에 누적된 현재의 지식에 의지한다. 그러나 우리가 이 지식만을 가지고 앞으로 나아가지도 않으며 또 새로운 사실들을 파악하지도 않는다. 열린 마음으로 낡은 추측들을 수정하고 또 새로운 지식들을 추가해 가지 않는다면, 현재의 지식들은 죽은 말재간의 무더기가 되고 만다.

인간의 지혜는 긴 인류의 여정에서 지식과 기술들로 끊임없이 새로운 삶의 기회를 빚어왔다. 인간-기술-자연이 스스로 품고 있는 숱한 문제들에도 불구하고 지금까지 그러하였듯이 이 셋은 주체적으로 서로를 상대로 공진화를 지속하면서 인간의 삶을 개선해갈 것인가? 사회적인 자유 속에서 이룩되는 인간의 주체적 존재와 인간이 인식한 자연 법칙을 통하여 해석된 자연의 주체적 존재는 상호 의존적이다. 주체적 자연과 그 성향의 특성을 포착함으로써 자연의 주체는 인간과 좋은 관계를 맺을 수 있을 것이다. 마치 파우스트가 불에 대해 그렇게 생각하듯이, 자연 속에 잠재된 가장 훌륭한 요소는 인간의 훌륭한 기술과 마침내 접목될 것이다.[121] 인간은 지혜롭게도 어떠한 과학기술적 결론이든지 그것이 우주에 관한 최종 지식이라고 여기지 않는다. 자연에 대한 해석은 더 광대한 보이지 않는 세계의 부분에 대한 부분적인 것일 뿐이며, 세계의 사물들의 존재는 그 자체로 존재하고 있으며, 세계의 과정 속에서 사물의 해결책이 발견될 수 있다는 것이야말로 신비이다. 세계의 본질은 결코 과거에 자신을 드러내지 않았으며 인간은 그것을 향하여 가는 도상에 있을 뿐이다. 그러므로 소립자와 나노의 세계 또 어떤 생명체가 인간이 풀 수 없는 수수께끼와 위험을 가지고 우리에게 닥쳐올지 모르나 광대하고 복잡하며 보이지 않는 세계는 그 자체에 수수께끼와 위험들에 대한 해답을 품고 있다는 희망을 우리에게 준다. 인간이 이 희망을 가지는 것은 이 세계에 관한 지식을 모두 알거나 알 수 있기 때문이 아니나. 존재는 의식을 규정하고 의식은 존재를 활동하게 하듯이, 어디서부터 유래했으며 어디로 향할 것인가라는 물음 속에서 그리고 그 물음으로 인하여 인간은 결국 스스로를 이해한다. 존재가 자신의 근원을 이해하게 되면, 이로써 인간은 자신이 필히 나아갈 열린 방향을 진실하게 보게 될 것이다.

'인류의 원리'가 의미하듯이, 이 광막한 미지의 세계와 그 앞에서 연약한 인간이 추구하는 진실성은 우리에게 많은 가치를 세워 주고, 우리가 실패할 때 우리를 동정해 주며, 이 실패를 딛고 결국은 성공으로 돌아서게 한다. 인간은 가끔 가졌으면 하는 지식 없이 행동하지 않으면 안 되는 때가 있고, 또 그러한 지식이 없다고 해서 지혜조차 없이 아무렇게나 하지 않는다. 어떤 문제를 해결할 수 있는 명확한 증거를 얻을 수 있을 때는 우리는 이 증거를 소중히 여겨야 한다. 그리고 증거가 없음으로써 어떤 문제에 대해서 결정을 지체시킬 수 있을 때는, 판단이 보류되지 않으면 안 된다. 그러나 어떤 선택을 하지 않으면 안 될 때, 우리는 '믿으려는' 의지[122]를 행사해도 좋은 것이다. 증거의 결핍으로 말미암아 우리가 결단을 하지 못할 때, '믿으려는' 의지는 우리를 진실한 선택으로 이끌 것이다. 진실성을 추구하는 인간에 대한 확고한 신념이 세계를 변화시키고 그 변화는 진실에 대한 신념을 새롭게 한다는 것, 인간의 지식이 부분적일 수밖에 없음과 광대한 미지의 세계 속에 있는 인간 실존에 대한 진실한 깨달음, 그리고 진실성의 준거는 타자에 대한 공감—사랑이라고 할 수도 있으리라—이라는 것이 우리에 주어진 희망의 원리이다.

생각해보기

1. 아인슈타인은 "물리학의 이론은 관찰에 선행되며 연역적으로 설정되는 것이기 때문에 이론이 있을 때만 실험 관찰이 가능해지며 물리학의 모든 이론은 사실 자체에 의해서만 형성되는 것이 아니라, 좀 더 물리적이고 철학적인 가정을 내포한 가설이론의 바탕 위에서 만들어진다." 고 함으로써 일찍이 19세기 철학자 칸트가 『순수이성비판』 서문에서 과학적 인식, 곧 경험인식이란 사물에 대한 감각과 선험적 종합판단의 결합에 의한다라고 한 것을 당대 최고의 과학자가 확인한 셈이다." '선험적 종합판단', '이론이 있을 때에만 실험 관찰이 가능', '물리학은 가설의 바탕위에 만들어진다.'의 의미를 중심으로 위 지문의 의미를 고찰하고 자신의 경험과 언어로 기술해보자.

2. 래피얼 새쏘워(Raphael Sassower)는 자신의 책 〈전문성 없는 지식 Knowledge without Expertise〉에서 '전문가들만이 다른 전문가들을 판단할 수 있도록, 그리고 전문가들이 대중적 비난으로부터 보호받고 심지어 그로부터 격리될 수 있도록 보장한' 하는 태도를 '전문성의 신화'라고 비판하였다. 그러나 현대의 전문가들은 '인접' 학문 분야의 기초 상식에도 완전히 무지한 경우가 흔하며 소위 전문가가 자기 분야 이외의 지식에는 몽매할 수밖에 없는 현상에 이미 '전문가적 무지' 라는 불리고 있다. 전문가들이 직면한 또 다른 문제는 지금껏 '감추어졌던' 전문성의 편향성이 드러나고 비민주적인 정치. 경제적 권력에 일조하는 경향이 있다는 사실들이 관찰되고 대중들이 전문가들에게 냉소적인 태도를 보이기 시작한 것이다. 전문지식인의 직업을 준비하고 있는 학도로서 자신이 경험한 '전문가의 무지', '전문가의 편향성', '전문가의 비민주성' 의 예를 들어 제시하고 현대의 전문가들이 겪는 이러한 문제의 발생원인과 해소방안에 대한 자신의 견해를 써보자.

3. 현대는 새로운 커뮤니케이션 기술로 인간은 다른 모든 인간과의 접촉을 가속화하고 있으며 시장에서의 재산 교환은 갈수록 거대한 글로벌 네트워크에서의 접속 관계에 자리를 내주고, 현재의 시장 자본주의와 달리 경쟁보다는 협업이 배척의 권리보다 포함의 권리가 더 중요하게 여겨지는 새로운 경제 체제가 탄생할 가능성이 높은 시대이다. 그럼에도 불구하고 여전히 신자유주의자들은 물질적 자산을 넘어서 지적재산권을 새로운 이윤 창출의 기회로 만들고 지적재산권을 독점하려는 노력을 강화하고 있으며 지적재산권이 인간의 본래적인 권리인 것처럼 대중들을 학습시키고 있다. 그러나 특허, 저작권, 상표, 상거래 비밀, 특히 소프트웨어의 지적재산권은, 그 사용에 대한 독점을 승인함으로써 다양한 기술 발전의 길을 제한하는 부정적 영향이 있다. 현재 강화되고 있는 소프트웨어와 디자인의 지적소유권에 대한 자신의 견해를 쓰고 바람직한 개선 방안에 대하여 조원들과 토론하고 기록해보자.

4. 기존의 '분석적' 과학기술 접근법에서는 대형 과학기술 사업이나 신기술의 심의 평가에 있어서 과학기술적인 위험성 평가는 의도적이건 아니건 간에 기술연구내지 사업 자체에 내재하고 있는 근본적인 사회문제가 감추어지고 대중들이 갖는 매우 상식적이며 공감적인 견해들이 제기하는 질문이 통계학의 '신화' 뒤로 혹은 '매뉴얼' 의 기본 규범에 가리어질 위험이 있다. 이 접근법은 지역 공동체가 지닌 고유한 여건이나 공동체적 삶의 전제들을 고려하지 못함으로써 기술평가

혹은 기술사업에서 실패한 경우가 많았다. 그러나 대중이 참여하는 공감적 과학기술 접근법에서는 대중들이 과학기술자들이 생산하는 정보를 공유하고 함께 토론함으로써 "지역적 지식"을 체계화하고 범공동체화하는 효과를 낳고, 전문가와 지역 시민간 협조적인 연구관계가 발전되어 지역 공동체가 스스로의 우려에 대해 문제를 제기하고 해결해 나가는 과학기술자치 능력을 제고할 수도 있음을 보여주었다. 뿐만 아니라 공감적 과학기술전문가들은 연구수행 과정에서 분석적 연구와 경험적 자료를 제공하고 시민들이 학습하고 권한을 부여받는 과정의 실무적인 일들을 적극적으로 도움으로서 연구자-시민/대중고객의 민주적이고 협조적인 관계가 형성된다. 현재 사회적 문제가 되고 있는 '4대강 사업'을 하나의 예로 들어서 이 사업의 기획, 진행, 그리과 결과를 먼저 조사하고 이 과정에서 '분석적' 과학기술 접근법이 어떻게 적용되었으며 '공감적' 과학기술접근법을 적용하다면 이 사업의 전 과정이 어떻게 진행되어야 할지 그리고 그 결과는 어떠할지 자신의 견해를 써보자.

5. 자신이 인지한 과학적 지식의 결과나 영향이 자신이나 자신이 속한 작은 공동체의 이익과 자신이 속한 큰 사회공동체의 이익, 곧 공익과 상충되는 경우에 과학기술자들은 자신이 발견한 것을 공개하고 공익을 위하여 제공하는데 주저할 수 있다. '탈리도마이드 사고' 예를 찾아서 읽고 예비 과학기술자로서 사회적 책임과 관련하여 자신이 직, 간접적으로 경험한 사례를 들어서 기술해보자.

6. 신기술의 위험을 평가하는 가장 널리 사용되는 원칙 두 가지로 주의 예방 원칙과 조건부-선행 원칙이 있다. 전자는 기술이 초래할 가능성이 있는 최악의 경우를 예상하고 대책을 모색하는 것으로 "피해의 내용과 그 크기가 비록 불확실 하지만 피해가 실질적이며 상당할 가능성을 보이는 활동들은 그 활동의 옹호자가 그것이 감지할 수 있는 피해 위험이 전혀 없다는 것을 보여 주지 못한다면 금지되어야 한다."는 것이다. 반면에 후자는 모든 진화하는 것들이 그렇듯이, 기술도 작동할 때, 작동을 함으로써 검사받아야 한다는 것을 전제로, 기술적 창조물을 평가하는 방법은 시제품을 써본 다음 시험적인 프로그램을 통해 다듬어져야 한다는 것이다. 두 평가 방법의 장단점을 토의하고 기록해보자.

7. "동양의 세계관은 그 동안 서구의 과학을 형성해왔던 세계관과는 다름이 분명하였다. 그런 의미에서 동양의 세계관에는 새로운 과학의 문을 열어 재칠 수 있는 가능성이 들어 있다. 그러나 동양의 세계관과 격물치지의 방법론이 인류의 미래 문화의 과학적 토대를 구축할 실질적 가능성으로 고려되기 위해서는 장회익이 자신의 책 『삶과 온 생명: 새 과학 문화의 모색』에서 지적하고 있듯이 현대 과학적 시각에 의해 엄격한 검토를 받아야 하는데 이때 동양 학문이 현대 과학의 결과에 합치되지 않는다고 하여 '비과학적'이라고 매도되어서도 안 되며 동시에 현대 과학의 결과와 일치하는 성격이 있다고 해서 '진정한' 진리추구의 방법이라고 치켜세워도 안 된다." 위 지문을 중심으로 두 세계관의 과학적 방법론의 차이를 조사하며 자신의 말로 써보고 두 방법론이 새로운 과학의 문을 열어재칠 수 있는 상보적 방법을 토론하고 기록해보자.

참고문헌 및 미주

제1장

1) 야스퍼스는 '역사의 시원과 목적' 에서 기원전 6~5세기경에 철기 문화를 배경으로 현대에 이르기까지 지속되고 있는 인류문화의 근간이 완성되었다고 보고 이 시기를 '차축시대(Achsenzeit)' 라 하고 세계사의 이 축은 기술의 발전에 의해서 가능했다고 보았다.

2) E. 곰브리치, 서양미술사, 백승길, 이종승 옮김, 도서풀판 예경, 1997, p. 584

3) Berger, L. R.; de Ruiter, D. J.; Churchill, S. E.; Schmid, P.; Carlson, K. J.; Dirks, P. H. G. M.; Kibii, J. M. (2010). "Australopithecus sediba: A New Species of Homo-Like Australopith from South Africa". Science 328(5975): 195~204. doi:10.1126/science.1184944. PMID 20378811.

4) 소련과학아카데미 편, 홍성태 역, 세계기술사:원시시대에서 산업혁명까지, p. 35

5) Leakey et al, "Implications of new early Homo fossils from Ileret, east of Lake Turkana, Kenya," Nature 448, 688~691(9 August 2007) | doi:10.1038/nature05986.

6) 스티브웰스 저, 황수연 옮김 The Journey Of Man: A Genetic Odyssey (2002), 최초의 남자 사이언스북스, 2007

7) Ibid., p. 130.

8) 스티브 올슨, 『우리 조상은 아프리카인이다』, 이영돈 옮김, 몸과마음, 2004년, p. 13

9) Ibid., p. 13.

10) 많은 유전학자들은, 아직 성공하지는 못했지만 이러한 혼합의 증거를 계속 찾고 있다. Sarah Tishkoff and eleven colleagues, "Short Tandem-Repeat Polymorphism/*Alu Haplotype Variation at the PLAT Locus: Implications for Modern Human Origins,*" *American Journal of Human Genetics* 67(2000), pp. 901~925.s. Ibid., p. 13.

11) 현생인류가 유럽으로 이동하고 1만 년이 지난 후 농업이 등장할 때까지, 전쟁은 이러한 예술활동의 주제가 분명히 아니었음을 존 키건은 다음 책에서 지적하고 있다. John Keegan, *A History of Warfare*(New York: Alfred A. Knopf, 1993). Ibid., p. 13.
12) Ibid., p. 123.
13) Ibid., p. 123.
14) Ibid., pp. 122~123.
15) Ibid., p. 125.
16) http://www.hani.co.kr/arti/international/international_general/572080.html
17) Ibid., p. 126.
18) 고든 차일드, 『고든 차일드의 사회고고학』, 토마스 패터슨 · 찰스 오서 엮음, 김권구 옮김, 사회평론, 2009년, p. 78.
19) Ibid., p. 78.
20) Clark, *Mesolithic Settlement of Northern Europe*, p. 105; more from Kunda. Ibid., p. 78에서 재인용
21) J.R.A.L., Vol. LXI. p. 324; *Antiquity*, Vol, XVI, pp. 258ff. Ibid., p. 78에서 재인용
22) S.M., Vol. XLI(1934), p. 11; Vol. XLII, p. 21. Ibid., p. 78에서 재인용
23) 요약되어 있는 대로(Mathiassen, *Stenaldersbopladser I Aamoaen, Nord FortidsMinder*, 1943) 덴마크 질란드Zealand의 중석기시대 중기 북유럽의 문화인 마글레모제문화Maglemosean 퇴적층의 하나에서 토기를 발견했다는 웨스터비Westerby의 그럴듯해 보이는 주장(Acta Arch., Vol. VIII, pp. 298~300)이 유지되려면(J.S.G.U., Vol. XXXIII, 1942, p. 28), 토기가 알려져 있는 어떤 신석기보다도 절대적으로 더 오래되어야 할 것이며 어떤 경우에라도 이주해 오는 신석기 농경민에게서 지역적으로 차용할 수 없을 정도로 오래되어야 한다. 더군다나 지역에서의 식량생산이 처음 나타나기 이전의 맥락에서 북유럽지역에서 토기와 마제석부가 널리 만들어졌다는 사실을 체계의 발전과정상에서 유사한 단계라고 인정stadial recogntion하는 것이 편리할 것이다. 괭이를 사용하는 단순농경은 중석기시대의 정착생활에 근거를 둔 채집에 대한 동시대에 속하는 하나의 대안이었다는 크리체프스키Krichevski의 견해(Mezolit I Neolit Evropy", Kratkie Soobshcheniya, No. IV, pp. 1~12)는 비록 민족지적으로 그럴듯하지만 아직 고고학적인 증거자료에 의한 입증이 부족하다. Ibid., p. 78에서 재인용
24) 소련과학 아카데미, 홍성태 역, 세계기술사: 원시시대에서 산업혁명까지, p. 45.
25) *Amer. Anthr.*, Vol. XLV(1943), p. 341. 고든 차일드, 『고든 차일드의 사회고고학』, 토마스 패터슨 · 찰스 오서 엮음, 김권구 옮김, 사회평론, 2009년, p. 79에서 재인용
26) 구석기 시대 이전의 동아프리카의 원시 도구 문화.
27) 150만 년 전 아프리카 직립 원인이 10만 년 전인 전기 구석기 기간까지 사용했던 석기, 타원형이거나 끝이 뾰족하고, 납작하게 생겼으며 몸통의 많은 부분을 가공하여 만든 석기이다. 구석기 사람들이 석기를 만들어 사용한 초기에는 석기의 한쪽만

을 가공하여 만든 찍개들만 나타나지만 150만 년 이후에는 석기 제작 기술이 획기적으로 발전하여 아슐리안 주먹도끼가 나타나게 된다.

28) 중기 구석기 시대의 석기 공작으로, 르발루아 기법이라 불리는 고도의 정제된 박편 가공기술을 응용하여 석기를 제작한 것이 가장 중요한 특징이다. 그러나 무스테리안 공작은 전기 아슐리안 공작과 같이 모든 곳에서 발견되는 것은 아니며, 아시아에서는 아주 제한된 지역에서만 그 존재가 알려졌다. 이 시대의 담당자는 네안데르탈인을 비롯한 여러 호모 사피엔스 집단이라고 여겨진다. 이들의 석기 공작이 기본적으로 전 시대의 것을 계승, 발전시킨 것이지만, 전반적으로 훨씬 더 정교하고 세련된 석기가 만들어졌다.

29) 이언 태터솔, 『거울 속의 원숭이』, 정은영 옮김, 해나무, 2006년, pp. 136~138.

30) 본격적 석기 제작에 앞서 몸돌을 미리 특정한 형태로 제작한 다음 여기에서 일정한 형태의 격지를 계속 떼어내 가공하여 원하는 석기를 만드는 방법으로, 인류 최초의 대량생산 기술이라고 부를 만한 중요한 기술사상의 전기를 가져왔다.

31) 이언 태터솔, 『거울 속의 원숭이』, 정은영 옮김, 해나무, 2006년, p. 139.

32) Ibid., p. 148.

33) E.H. 곰브리치, 서양미술사, 백승길, 이종승 옮김, 도서풀판 예경, 1997, p. 41~42.

34) 이언 태터솔, 『거울 속의 원숭이』, 정은영 옮김, 해나무, 2006년, p. 148.

35) Ibid., p. 151.

36) Ibid., p. 154.

37) 스티브 올슨, 『우리 조상은 아프리카인이다』, 이영돈 옮김, 몸과마음, 2004년, p. 136.

38) 폴 존슨, 『새로운 미술의 역사』, 민윤정 옮김, 미진사, 2006년, pp. 23~24.

39) Ibid., pp. 23~24.

40) 에른스트 페터 피셔, 『사람이 알아야 할 모든 것 인간』, 박규호 옮김, 들녘, 2005년, p. 22.

41) 존슨, 『새로운 미술의 역사』, 민윤정 옮김, 미진사, 2006년, pp. 26~27.

42) Ibid., pp. 26~27.

43) Ibid., p. 28.

44) 고든 차일드, 『고든 차일드의 사회고고학』, 토마스 패터슨 · 찰스 오서 엮음, 김권구 옮김, 사회평론, 2009년, p. 167.

45) Ibid., p. 167.

46) Jacob Bronowski, "Technology and Culture in Evolution," Philosophy of the Social Sciences 1, 3(1971): 199.

47) Rudi Volti, Society and Technological Cange, 5th ed. Worth Publishers, 2006, p. 4.

48) Carl Mitcham, Thinking Through Technology: The Path Between Engineering and Technology, Chicago: University of Chicago Press, 1994, pp. 117~134.

49) Thomas P. Hughes, Networks of Power: Electrification in Western Society,

1880~1930(Baltimore: The Johns Hopkins University press, 1983).

50) Lewis Mumford, "Technics and the Nature of Man," Technology and Culture 7, 3(July 1966): 303~317.

51) 장 이브 고피, "기술철학: 테크노월드 속의 도구적 인간" 한길사, 황수영 옮김

52) 막스 베버, 박성환 역, '경제와 사회', 문학과 지성사, 1997.

53) 베크만 공학기술 안내 - Carl Mitcham의 위의 책에서 재인용

54) F. Rapp, Contributions of the Philosophy of Technology, Dordrecht, D. Reidel, Publishing Company, 1981.

55) Max Weber, *The Methodology of the Social Sciences*(New York: Free Press, 1949), p. 110. 토비 E. 하프, 『사회 · 법 체계로 본 근대 과학사 강의』, 김병순 옮김, 모티브 북, 서울, 2008년, p. 38에서 재인용

56) Merton, "The Normative Structure of Science", *in The Sociology of Science*, p. 254. Ibid., p. 39에서 재인용.

57) Merton의 앞의 책, p. 267~280. 가운데 p. 268. Ibid., p. 52에서 재인용.

58) Merton의 앞의 책, p. 270. Ibid., p. 52에서 재인용.

59) Merton의 앞의 책, 토비 Ibid., p. 54에서 재인용.

60) Merton의 앞의 책, p. 276. Ibid., p. 54에서 재인용.

61) Merton의 앞의 책, p. 271. Ibid., p. 54에서 재인용.

62) Merton의 앞의 책, p. 277. Ibid., p. 54에서 재인용.

63) Ibid., pp. 54~55.

64) Merton의 앞의 책, p. 268. Ibid., p. 53에서 재인용.

65) Merton의 앞의 책, p. 270. Ibid., p. 53에서 재인용.

66) 기본 입자를 점입자로 나타내는 물리학의 이론과는 달리 기본 입자를 1차원의 끈으로 나타내는 물리학 이론이다. 이렇게함우로서 점입자 이론이 해결할 수 없는 문제를 해결할 수 있다. 그러나 아직 끈 이론을 비롯한 물리학의 어떤 이론도 양자 중력 이론을 완성해 내지 못하고 있다. 끈을 기술하는 변수가 보손인 끈 이론을 보손 끈 이론이라고 하고, 초대칭(페르미온)쌍을 도입한 초대칭 끈 이론을 초끈 이론(superstring theory)이라고 한다.

67) J. Ritter, Hefel, und die franzosische Revolution, 몰트만의 아래의 책 p. 23 각주 15 참조

68) 위르겐 몰트만저 김균진 역, 'Wissenschaft und Weisheit(과학과 지혜)' 대한기독교서회, 2003, p. 34.

69) Ibid., p. 35.

70) Ibid., p. 35.

71) Ibid., p. 35.

72) 노버트 린튼 저, 윤나지 역, The Story of Modern Art(20세기의 미술), 예경, 1980, p. 231.

제2장

1) 식량채집자와 식량생산자 사이를 혁명적으로 대비시켜 주장한 것은 엘리엇 스미스 Elliot Smith가 선사학에 남긴 많은 공헌 중의 하나이다. 그의 선구적인 주장을 따라서 해롤드 피크 Harold Peake1) Journal of the Royal Anthropological Institute, LVII, p. 22; cf. Vayson de Pradenne, Antiquity, IX, p. 309.
2) 고든 차일드, 『고든 차일드의 사회고고학』, 토마스 패터슨 · 찰스 오서 엮음, 김권구 옮김, 사회평론, 2009년, p. 55.
3) 폴 에얼릭, 『인간의 본성들』, 전방욱 옮김, 이마고, 2008년, p. 388.
4) Ibid., pp. 389~390.
5) 브라이언 페이건(인류의 선사문화, 사회평론, 서울, 2006), 154면에서 1만 5천년전경 세계의 수렵채집민을 약 1천만명으로 추정한다. 빙하말기 나일강 유역등 좋은 환경을 제외하면 1평방 마일당 1명이하를 부양할 수 있다고 보았다. 그 결과 서기전 1만년 이후 충적세 초기에 늘어나는 인구는 지구환경이 수렵채집만으로 인구를 부양할 수 있는 한계에 이르렀다고 본다.
6) 브라이언 페이건, 인류의 선사문화, 사회평론, 서울, 2006, p. 160.
7) 제레드 다이어몬드 '총, 균, 쇠', 문학사상, 서울, 1998, p. 154.
8) Ibid., p. 177.
9) 스티브 올슨, 『우리 조상은 아프리카인이다』, 이영돈 옮김, 몸과마음, 2004년, p. 138.
10) 중동지역에서 농업의 전환에 대해서는 다음 논문에서 전반적으로 잘 다루고 있다. Ofer Bar-Yosef, "The Natufian Culture in the Levant, Threshold to the Origins of Agriculture", *Evolutionary Anthropology* 6(1998), pp. 159~177; Francois Valla, "The First Settled Societies-Natufian(12,500~10,200 BP)", *The Archaeology of Society in the Holy Land*, edited by Levy. 스티브 올슨, 『우리 조상은 아프리카인이다』, 이영돈 옮김, 몸과마음, 2004년, p. 136.
11) 스티브 올슨, 『우리 조상은 아프리카인이다』, 이영돈 옮김, 몸과마음, 2004년, p. 137.
12) 브라이언 페이건, 인류의 선사문화, 사회평론, 서울, 2006, pp. 179~180.
13) Ibid., p. 181.
14) 브라이언 페이건, 인류의 선사문화, 사회평론, 서울, 2006, p. 160.
15) Ibid., p. 190.
16) 스팬서 웰스, 『최초의 남자』, 황수연 옮김, 사이언스 북스, 2007년, p. 290.
17) 스팬서 웰스, 『최초의 남자』, 황수연 옮김, 사이언스 북스, 2007년, pp. 290~291.
18) 폴 에얼릭, (인간의 본성들, 전방욱 옮김, 이마고, 2008년, pp. 393~395)는 정주성 생활양식으로 여성들은 자식을 데리고 음식을 찾는 장거리 여행이나 이주를 할 필

요가 없어졌기 때문에 출산 간격이 가까워졌다. 한편 정착 생활의 확립으로 전염병의 종류와 발생 빈도가 증가되었고, 이 중 많은 전염병은 가축으로부터 유래했을 것이다. 그러나 농업인은 수렵-채취인과는 달리 점진적으로 이들은 새로운 질병에 대한 면역력을 진화시킬 수 있었다. 유럽인과의 접촉 후에 수렵-채취인과 농업인(상대적으로 가축을 거의 가지고 있지 않았던)으로 이루어진 토착 신세계 개체군의 인명 손실에서 드러나듯이 그러한 면역력은 농업인이 만났던 많은 수렵-채취인 집단을 절멸하게 만드는 것을 가능케 했다고 본다.

19) 올리비에 포스텔 비네이, 『X염색체의 복수』, 이화숙 옮김, 기린원, 2008년, p. 407.

20) 쇼베동굴은 1994년 12월 프랑스 남쪽 아르데슈 지방의 콤브다르크(Combe d' Ark)에서 발견된 선사시대의 벽화동굴 유적지. 발견자 J. M. 쇼베의 이름을 따서 붙인 것이다. 300여 점의 벽화가 있으며 등장하는 동물들의 종류는 12가지이다. 유럽에서 멸종한 들소와 · 산양 · 사슴 · 코뿔소 그리고 다른 선사시대 동국벽화에서 볼 수 없는 매머드 · 동굴사자 · 동굴곰 등이 나타나며 특히 하이에나 · 표범 · 올빼미 등은 과거의 어느 벽화에서도 발견되지 않는 동물들도 있다.

21) Childe, V. G. "Neolithic House Types in Temperate Europe", *PPS*, Vol. XV. Cambridge, 1949. 고든 차일드, 『고든 차일드의 사회고고학』, 토마스 패터슨 · 찰스 오서 엮음, 김권구 옮김, 사회평론, 2009년, p. 192에서 재인용

22) 고든 차일드, 『고든 차일드의 사회고고학』, 토마스 패터슨 · 찰스 오서 엮음, 김권구 옮김, 사회평론, 2009년, p. 193.

23) 폴 에얼릭, 『인간의 본성들』, 전방욱 옮김, 이마고, 2008년, pp. 395~396.

24) Ibid., pp. 379~380.

25) 고든 차일드, 『고든 차일드의 사회고고학』, 토마스 패터슨 · 찰스 오서 엮음, 김권구 옮김, 사회평론, 2009년, p. 198.

26) 폴 에얼릭, 『인간의 본성들』, 전방욱 옮김, 이마고, 2008년, p. 440.

27) 헬무트 위나이더 외, 노동의 역사, 한길사, 서울, 1983, p. 48.

28) 폴 에얼릭, 『인간의 본성들』, 전방욱 옮김, 이마고, 2008년, p. 442.

29) <사자의 서> 심장 무게 달기 의식은 영혼, 카(Ka)가 사후세계인 두아트로 가기 위하여 받는 최후의 재판이다. 죽은 자의 심장을 큰 저울에 올려 정의와 지혜의 여신 마트의 깃털로 무게를 재는데, 심장이 마트의 깃털보다 무거울 경우 이승에서 많은 죄를 지었다 하여 괴물 암무트가 심장을 먹어버렸다. 심장을 잃으면 죽은 자의 영혼은 영원히 사후세계로 가지 못하고 이승을 떠돈다고 이집트 인들은 믿었다. 이것을 일종의 벌이라고 볼수 있다. 반면에 심장과 이 깃털의 무게가 일치하면 죽은자의 영혼(카)는 다시 육체에 남아있는 바(Ba)와 만나 부활한다고 믿었다. 출처 위키백과

30) E. H. Gombrich, The Storyof Art, 서양미술사, 백승길.이승종역, 예경, 서울 2007, p. 67.

31) 스팬서 웰스, 『최초의 남자』, 황수연 옮김, 사이언스 북스, 2007년, p. 291.

32) Ibid., p. 291.

33) Ibid., p. 292.

34) 오스트레일리아의 고고학자인 V. 고든 차일드가 처음으로 썼다. 차일드는 문명화와 도시화를 같은 뜻으로 사용했다. 그는 자신의 이론체계에 따라 도시문명 단계에 들어섰음을 나타내주는 준거로서 주거규모의 확장, 부의 집중, 대규모 공공사업, 출판물, 대표성을 띤 예술, 정밀과학지식, 해외무역, 생존에 직접 관계되지 않는 분야를 직업으로 하는 전문인력, 계층화된 사회, 친족관계보다 주거지를 중심으로 한 정치조직이라는 10가지 기준을 제시했다.: 출처 브래타니카

35) 브라이언 페이건 선사시대 문화, 2006, 사회 평론, 서울, p. 250.

36) Ibid., p. 251.

37) 고든 차일드, 『고든 차일드의 사회고고학』, 토마스 패터슨 · 찰스 오서 엮음, 김권구 옮김, 사회평론, 2009년, p. 176.

38) Ibid., p. 170.

39) http://m.blog.daum.net/leesunja45/8930347

40) 사진출차 제레드 다이아몬드는 총, 균, 쇠(문학사상, 서울, 1998, pp. 341~343)에서 초기의 문자는 종교나 구가의 선전이나 관료들의 기록 등 그 쓰임재가 제한되어있었다고 본다. 고대의 수메르의 왕이나 사제들은 전문적인 필경사들이 필요한 정도의 문자 사용르 바랐을 뿐 일반 대중이 시를 쓰거나 음오를 꾸미는데 사용하는 것은 원하지 않았다. 인류학자 글로드 레비스트로스가 말했듯이 고대 문자의 주된 기능은 '타인의 에속화를 돕는 일' 이었다고 본다. 비전문가들이 문자를 개인적으로사용하게된 것은 그로부터 한참 후 문쟈 체게가 간소해지고 표현력도 늘어나 뒤의 일이다. 『일리아스』와 『오디세이』도 문자를 모르는 음유시인들이 역시 문자를 모르는 청중들을 위해 짓고 퍼뜨린 것인데, 그로부터 수백년 후 그리스 알파벳이 마들어지고 나서야 문자화되었다.

41) 브라이언 페이건 선사시대 문화, 2006, 사회 평론, 서울, p. 233.

42) 고든 차일드, 『고든 차일드의 사회고고학』, 토마스 패터슨 · 찰스 오서 엮음, 김권구 옮김, 사회평론, 2009년, p. 271.

43) 서울대학교 동양사학 연구실 편 강좌 중국사 I: 고대 문명과 제국의 성립, 지식산업사, 서울, 1991, p. 54.

44) 고든 차일드, 『고든 차일드의 사회고고학』, 토마스 패터슨 · 찰스 오서 엮음, 김권구 옮김, 사회평론, 2009년, pp. 267~268.

45) Ibid., pp. 267~268.

46) Ibid., p. 267.

47) Ibid., pp. 269~270.

48) Ibid., p. 268.

49) 이집트의 통일은 확실히 여러 단계를 거쳐서 이루어졌고, 그것이 나르메르Nar-mer 혹은 그의 계승자인 아하Aha에 의하여 완성되었는지는 의문스럽다. 아하는 순장을 한 독특한 왕가의 무덤에 매장되는 첫 번째 존재이지만, 나르메르 팔레트palette에 기록된 것으로부터의 추론들이 기록 속에서 사용되어왔다. Ibid., p. 272에서 재인용

50) 헬무트 슈나이더 외, 노동의 역사, 한길사, 서울, 1983, p. 40.
51) 고든 차일드, 『고든 차일드의 사회고고학』, 토마스 패터슨 · 찰스 오서 엮음, 김권구 옮김, 사회평론, 2009년, p. 272.
52) Ibid., pp. 271~273.
53) Ibid., pp. 271~273.
54) Ibid., p. 273.
55) 고대 메소포타미아의 신은 마르둑(Marduk) 이며 위대한 도시 바빌론의 수호신이다. 기원전 18세기 함무라비왕 시대부터 바빌로니아의 여러 신 가운데 주신(主神)의 역할을 하였고, 후에 수메르의 신 벨과 합쳐져 '벨 마르둑' 으로 숭배되었다. 전설에는 '에아' 와 '엔릴' 의 후계자로 악한 용 티아마트를 죽이고, 티아마트의 시체를 이용하여 혼돈으로부터 세계를 창조하였다고 전해지며 상징 동물은 용이다. 전통적으로 바빌로니아의 왕은 마르둑의 현신으로 마르둑 신앙의 수호자로 여겨졌다. 글쓰기와 지혜의 신인 나부(Nabu)는 이 마르둑의 아들이다. 구약성경 예레미야(50:2)에 벨과 함께 잠깐 언급된다. 출처 위키백과
56) 바빌로니아는 기원전 1790년경 바빌론의 제1왕조First Dynasty of Babylon에 의하여 통일될 때까지 이라크의 일부 지역인 바그다드 남동부의 명칭으로 연대 오기anachronism일 것이다. 수메르는 원래 그 지역의 저지대 부분만을 의미했으나 그곳 전역에서의 지배계급을 수메르인이라고 기록했으며 보통 수메르인이라고 불린다. Ibid., p. 273에서 재인용
57) 서울대학교 동양사학 연구실 편 강좌 중국사 I: 고대 문명과 제국의 성립, 지식산업사, 서울, 1991, pp. 44~45.
58) Ibid., pp. 44~45.
59) Ibid., pp. 44~45.
60) Ibid., pp. 44~45.
61) Ibid., pp. 52.
62) 마우리지오 스카르파리, 고대 중국, 중국문명 그 기원에서부터 당 왕조까지, 박승규 역, 생각의 나무, 서울, 2003, pp. 26~27.
63) 서울대학교 동양사학 연구실 편 강좌 중국사 I: 고대 문명과 제국의 성립, 지식산업사, 서울, 1991, p. 52.
64) Ibid., p. 52.
65) Ibid., p. 53.
66) Ibid., p. 53.
67) Ibid., p. 53.
68) Ibid., p. 54.
69) Ibid., p. 55.
70) Ibid., p. 55.
71) 람 샤런 샤르마, 인도고대사, 김영사, 서울, 1994, p. 85.
72) Ibid., p. 85.

73) 면화가 이 지역에서 최초로 재배되었으므로 그리스인들은 면화의 이름을 이 지역의 이름인 신 sindh에서 따서 신돈 sindon이라 불렀다. 위의 책 p. 73.
74) 람 샤런 샤르마, 인도고대사, 김영사, 서울, 1994, p. 86.
75) Ibid., p. 92.
76) Ibid., p. 93.
77) Ibid., p. 93.
78) 고든 차일드, 『고든 차일드의 사회고고학』, 토마스 패터슨 · 찰스 오서 엮음, 김권구 옮김, 사회평론, 2009년, p. 275.
79) Ibid., p. 275.
80) Ibid., p. 276.
81) Ibid., p. 277.
82) Ibid., p. 276.
83) Ibid., p. 276.
84) Ibid., pp. 277~278.
85) Ibid., pp. 279~280.
86) Ibid., pp. 277~278.
87) Ibid., pp. 277~278.
88) Ibid., pp. 279~280.
89) Ibid., pp. 280~281.
90) Ibid., pp. 274~275.
91) 고대 동양의 청동기시대 국가들과 동시애 전체주의 국가들과의 유사성은 1938년 하이켈하임Heichelheim의 『고대경제사 *Wirtschaftsgeschichte des Altertums*』에서 지적되었다. 고든 차일드, Ibid., p. 270에서 재인용
92) Ibid., pp. 282~283.
93) Ibid., p. 269.
94) E.H. Gombrich, The Story of Art, 서양미술사, 백승길, 이숭종 역, 예결, 서울, 2007, p. 70.
95) 마스터바mastaba는 고대 이집트의 무덤형식을 말한다.(옮긴이 주) 고든 차일드, 『고든 차일드의 사회고고학』, 토마스 패터슨 · 찰스 오서 엮음, 김권구 옮김, 사회평론, 2009년, p. 272에서 재인용
96) Ibid., p. 272.
97) 소련과학아카데아 편 홍성욱 역 세계기술사, 동지, 서울 1990, p. 69.
98) 고든 차일드, 『고든 차일드의 사회고고학』, 토마스 패터슨 · 찰스 오서 엮음, 김권구 옮김, 사회평론, 2009년, pp. 274~275.
99) Ibid., pp. 274~275.
100) Ibid., pp. 276~277.
101) 메틱스란 자유인이면서 고대그리스의 시민이 아닌 계급class of free non-citizens in Greece을 말한다.(옮긴이 주) Ibid., p. 276에서 재인용

102) Ibid., p. 277.

103) 『일리아드*Illiad*』에서 아이아스Ajax를 위해 방패를 만들도록 보이오티아Boeotia에서 로크리스Lokris까지 불려간 청동기를 만드는 장인. Ibid., p. 279에서 재인용

104) 페이디아스는 고대 그리스의 조각가이다.(옮긴이 주) Ibid., p. 279에서 재인용

105) Ibid., p. 279.

106) 브라이언 페이건, 인류의 선사문화, 사회평론, 서울, 2006, p. 237.

107) Ibid., p. 237.

108) Ibid., p. 239.

109) Ibid., p. 240.

110) 올리비에 포스텔 비네이, 『X염색체의 복수』, 이화숙 옮김, 기린원, 2008년, p. 341.

111) 브라이언 페이건, 인류의 선사문화, 사회평론, 서울, 2006, p. 241.

112) 소련과학아카데미, 홍성욱 역 세계기술사, 동지, 서울, 1990, p. 97.

113) Ibid., p. 97.

114) Ibid., p. 97.

115) Ibid., p. 97.

116) Ibid., p. 98.

117) Ibid., p. 98.

118) Ibid., p. 99.

119) Ibid., p. 99.

120) E.H. Gombrich, The Story of Art, 서양미술사, 백승길, 이숭종역, 예경, 서울, 2007, pp. 61~62.

제3장

1) 칼 야스퍼스, 『역사의 기원과 목표』, 백승균 옮김, 1986, Seoul, p. 21.

2) 필자는 고대 종교가 지배적 역할을 하였던 신정일치의 고대 문명 특히 이집트, 메소포파미아, 중국의 문화는 신성문화라고 부른다.

3) 인류가 최초로 철을 사용하게 된 경위에 대해서는 크게 세 가지 견해가 있다. 첫 번째는 청동의 원료인 황동석을 채광하던 중 비슷한 색깔을 내는 적철광을 잘못 채광한 후 제련과정을 거치면서 철을 발견했다는 '채광착오설' 이고, 두 번째는 지표에 존재하는 철광석이 산불에 녹아 철의 존재를 알렸다는 '산불설' 이며, 세 번째는 하늘에서 떨어진 운석에서 철이 발견됐다는 '운석설' 이다. 출처; 이종민 철기 시대의 시작, 포스코경영연구소, http://www.posri.re.kr/data/steel_view/divi/all/board_id/1463/page/2

4) 임경순, 히타이트 제국과 철기 시대의 도래, 20010419, 포스코신문 355호

5) 소련과학아카데미 편 세계기술사, 홍성욱 역, 동지, 서울, 1990, pp. 78~79.
6) 카테시 전투, 이집트 람세스 2세와 국경을 마주하고 있는 히타이트 제국이 팔레스타인 지역에서 벌인 카데시 전투는 역사상 최초의 대전쟁이다. 카데시 전투로부터 15년이 경과한 후, 두 나라는 상호 평화조약을 체결하게 된다. 이것이 세계 최초의 국제 평화조약이다. 이 조약에는 "만약에 히타이트에 외적이 들어오고 위대한 왕, 히타이트 왕 핫투시리가 람세스에게 사자를 파견하여 '적에 대해서, 나를 도우라' 라고 말씀한다면, 위대한 왕, 이집트의 국왕 람세스는 그 보병대와 전차대를 파견하여 적을 살육하고 히타이트를 위하여 복수할 것이다." "히타이트의 위대한 지배자는 결코 이집트 땅을 침범하지 않는다. 이집트의 위대한 왕인 람세스는 결코 히타이트의 땅을 침범하여 약탈하지 않는다." 등 18개조항으로 되어 있다. 조약 내용이 적힌 유물이 3천년이 지난 후 이집트와 히타이트 두 곳에서 함께 발굴되었다. 히타이트 제국의 수도 핫투샷시와 이집트의 카르나크 신전에 보존되어 있다.
7) 람세스 2세는 카데시 전투에서 자신이 승리한 것으로 기록했다. 그러나 이타이크는 이집트가 패배자라고 기록하고 있다. 우리는 카데시 전투 이후 시리아의 중부와 북부를 히타이트가 지배했으며 람세스 2세가 이집트로 돌아갈 때 가지고 간 전리품에 대한 기록은 거의 없다는 기록에서 전쟁의 승패를 이루어 짐작할 수 있다
8) 소련과학아카데미 편 세계기술사, 홍성욱 역, 농지, 서울, 1990, pp. 78~79.
9) Ibid., p. 79.
10) Ibid., p. 80.
11) 브라이넌 페이건 인류의 선사문화 p. 268.
12) 가장 초기 페니키아어 비문은 기원 1050~850경 비블로스(Byblos) 왕들의 것이다. 그림 3-1의 글은 이집트 Osorkon(B.C. 914~864)의 상에 있는 비문이다 출처 대한성서공회, http://www.bskorea.or.kr/infobank/bibuse/media/media04.aspx
13) 함무라비 법전의 사본이 수사(Susa)에서 1901년에 발견되었으며 현재는 루브르에 소장되어 있다.
14) 1879년에 발견. 여기에 보면 모든 시민은 종교의 자유를 가질 수 있으며 노예제를 금지하며 궁궐을 짓는 모든 일꾼은 급여를 지급한다고 되어 있다.
15) 상(商, 기원전 1600년경~기원전 1046년) 나라는 역사적으로 실재했다고 여겨지는 최초의 중국 왕조이다. 은이라는 이름으로 더 잘 알려져 있다.
16) 견융이 침략하여 기원전 771년 유왕이 살해되고 낙읍으로 수도를 옮기 것을 기준으로 이전을 서주(기원전 1046년~기원전 771년), 이후를 동주(기원전 770년~기원전 256년)라고 구분한다.
17) 춘추 전국 시대(春秋戰國時代: 기원전 770~221)는 춘추 시대와 전국 시대를 아울러 부르는 말로, 기원전 770년 주(周)왕조의 천도 후부터 기원전 221년 진 시황제(秦始皇帝)의 통일까지를 말한다. 상업이 많이 발달하였으므로 이때부터 철기가 사용되었다. 춘추 전국 시대는 선진 시대(先秦時代)라고도 불리는데,[1] 이는 기원전 221년의 진나라에 의한 중국 통일 이전의 시기를 뜻한다. 이 시대는 중국사상의 개화결실의 시기였다. 이 시대의 사상가들을 제자(諸子)라 하며 그 학파들을 백가(百家)라

부른다.

18) 윤내현 편저 중국사1, 민음사, 서울, 1995, p. 123.
19) Ibid., p. 124.
20) Ibid., p. 125.
21) Ibid., p. 126.
22) 람 샤란 사르마, 인도 고대사, 김영사, 서울, 1994, p. 114.
23) Ibid., p. 115.
24) Ibid., p. 116.
25) 당시의 그리스의 모습들은 호메로스(서기전 750년경)의 서서시 '일리아스 Illias 오딧세이 Odysseia' 에서 읽을 수 있다. 그래서 이 시대를 호메롯의 암흑시대라고 하기도한다.
26) 소련과학아카데미, 홍성욱 역 세계기술사, 둥지, 서울, 1990, p. 81.
27) 아테네 주도의 델로스 동맹과 스파르타 주도의 펠로폰네소스 동맹 사이의 에게해 주도권 전쟁
28) 소련과학아카데미, 홍성욱 역 세계기술사, 둥지, 서울, 1990, p. 77.
29) Ibid., p. 80에서 재인용
30) Ibid., p. 80.
31) Ibid., pp. 80~82.
32) Ibid., p. 89.
33) Ibid., p. 89.
34) Ibid., p. 89.
35) Ibid., p. 90.
36) Ibid., pp. 82~84.
37) Ibid., p. 82.
38) Ibid., p. 90.
39) F. 클렘, 『기술의 역사』, 이필렬 옮김, 미래사, 1992년, pp. 25~26.
40) Ibid., p. 26.
41) F그리스 건축 주범양식은 기둥의 석조 가공 시 비례감과 정서적 표현미의 차이에 따라 도리아식, 이오니아식, 코린트식으로 구분된다. 도리아식 주범은 가장 오래된 주범 양식으로, 고대 이집트 '배니핫산' 의 '아멘-엠-암굴' 분묘의 16각 석주에서 유래되었다. 주두에 거의 장식이 없는 가장 단순하고 간단한 양식으로, 사각형 본체인 주판 아래에 곡선형의 몰딩이 단순하게 연결되어, 직선적이고 장중하며 남성적인 느낌을 준다. 주신에는 착시현상의 교정을 위해 배흘림 기법을 적용하였으며, 골줄을 새겨 입체감과 수직성을 강조하였고, 주초가 없다. 이오니아식 주범은 주두가 두 개의 커다란 나선형이으로 외관상 경쾌하고 곡선적이며 우아하고 여성적인 느낌을 준다. 주초가 있고, 배흘림이 약하며 주신에 골줄을 새겼다. 코린트식 주범에서는 주두에 4개의 작은 나선형 아래에 두 줄 아칸사스 꽃잎을 두어, 외형이 더 섬세하고 우아하며 풍요롭고 화려하다. 세 가지 주범양식 중 가장 장식적이고 화려한

느낌을 준다.

42) E. H. Gombrich, The Story of Art곰브리치, E.H. 서양미술사, 백승길, 이숭종역, 예경, 서울, 2007, p. 82.

43) 이 방식을 필자는 '현상 표현 기술' 이라고 하였다.

44) 인체를 그림 표면과 경서지게 또는 직교하도록 배치하여 투시도법적으로 감축되어 보이게하는 회화기법

45) E. H. Gombrich, The Story of Art곰브리치, E.H. 서양미술사, 백승길, 이숭종역, 예경, 서울, 2007, pp. 78~81.

46) Ibid., p. 81.

47) Ibid., p. 81.

48) F. 클렘, 『기술의 역사』, 이필렬 옮김, 미래사, 1992년, pp. 17~18.

49) Ibid., p. 21.

50) Ibid., pp. 23~24.

51) Ibid., p. 24.

52) Ibid., p. 24.

53) 소련과학아카데미, 홍성욱 역 세계기술사, 등지, 서울, 1990, p. 98.

54) 스털링 P. 램프레히트, 『서양 철학사』, 김태길 외 2인 옮김, 을유문화사, 서울, 개정판, 1992년, p. 137

55) Ibid., pp. 136~137.

56) Marcus Aurelius, Meditations(명상록) 제4권, par. 23, 제2권, par. 3, 제6권, par. 2. 스털링 P. 램프레히트, 『서양 철학사』, 김태길 외 2인 옮김, 을유문화사, 서울, 개정판, 1992년, p. 137에서 재인용.

57) 소련과학아카데미, 홍성욱 역 세계기술사, 등지, 서울, 1990, p. 100.

58) 헤론은 구속에 압축 공기를 주입하여 물줄기가 구에서 뿜어져 나오면서 스스로 회전하는 장치를 발명하였는데 공기 대신에 증기를 넣으면 증기가 뿜어져 나오며 회전하였다. 이것은 후에 증기 터빈의 효시가 된다. 이외에도 헤론은 정교한 도르래, 밸브, 톱니바퀴, 나사, 피스톤이 들어 있는 실린더에 의해서 작동되거나, 자동 극장 같은 것은 둥근 막대에 감긴 줄을 통한 무게에 의해서 작동되는 장치, 자동 성수기(盛需期)나 사원 출입문개폐기, 자동 조절 램프, 실린더 풍구와 풍차(캠축을 지닌)가 달린 풍금, 애올리필(증기반응 바퀴), 흡각(吸角) 및 인공적으로 노래하는 새 등을 만들었다.

59) 소련과학아카데미, 홍성욱 역 세계기술사, 등지, 서울, 1990, p. 101.

60) F. 클렘, 『기술의 역사』, 이필렬 옮김, 미래사, 1992년, p. 32.

61) Ibid., p. 33.

62) Ibid., pp. 31~32.

63) Ibid., pp. 28~29.

64) 소련과학아카데미, 홍성욱 역 세계기술사, 등지, 서울, 1990, p. 101.

65) Ibid., p. 101.

66) Ibid., p. 102.
67) Ibid., p. 102.
68) Ibid., p. 103.
69) Ibid., pp. 103~104.
70) Leach, E.R., Primitive TimeReckoning, a History of Technology, Vol. 1, Oxford, 1957, p. 113, 소련과학아카데미, 홍성욱 역 세계기술사, 둥지, 서울, 1990, p. 104에서 재인용
71) 소련과학아카데미, 홍성욱 역 세계기술사, 둥지, 서울, 1990, p. 104.
72) Ibid., p. 106.
73) Ibid., pp. 106~107.
74) Ibid., pp. 106~107.
75) Needham, J., Astronomy in Classical China-Quart. J. Roy. Astro, Soc., 1962, Vol.3. No. 32, pp. 87~98, Ibid., p. 107에서 재인용.
76) 에트루리아 인들은 기원전 10세기 빌라노바인 Villanovan－철기시대 이탈리아 북부지방 종족－과 함께 등장했으며 기원전 396년 테베레 강 유역의 도시 베이오 Veio 침략을 기점으로 시작된 로마의 정복사업과 문화적 유사성으로 인하여 기원전 1세기말 무렵, 로마문명에 완전히 흡수되어 역사에서 사라진다.
77) F. 클렘, 『기술의 역사』, 이필렬 옮김, 미래사, 1992년, p. 40.
78) B.C. 274~ B.C. 200까지 주도적인 헬레니즘 국가들이 5차례에 걸쳐 일으킨 전쟁이다. 주로 셀레우코스 왕국과 이집트의 프톨레마이오스 왕조를 중심으로 일어났고 마케도니아도 참가했다. 이 전쟁으로 헬레나즘국가들은 쇠약해지고 결국 로마에게 정복되었다.
79) F. 클렘, 『기술의 역사』, 이필렬 옮김, 미래사, 1992년, p. 36.
80) 폴 존슨, 새로운 미술의 역사, 미진사, 서울, 2003, p. 96.
81) F. 클렘, 『기술의 역사』, 이필렬 옮김, 미래사, 1992년, pp. 37~38.
82) Ibid., pp. 37~38.
83) Ibid., pp. 37~38.
84) Ibid., p. 40.
85) Ibid., p. 42.
86) 콜로세움과 퐁귀가르 전경 사진 출처: http://honey55.iptime.org/xe/?mid=c0103&sort_index=readed_countorder_type=desc&document_srl=24451 퐁 뒤 가르 수로구다면 사진: http://uriculture.com/s_menu.html?menu_mcat=100316&menu_cat =100003&img_num=sub3
87) 폴 존슨, 새로운 미술의 역사, 미진사, 서울, 2003, p. 102.
88) F. 클렘, 『기술의 역사』, 이필렬 옮김, 미래사, 1992년, p. 39.
89) Ibid., pp. 39~40.
90) Ibid., p. 41.
91) H. Chatley, "The development of machanisms in ancient China", Engineering,

cliii(1942), 175는 기원 후 50년경이라는 연대를 제시하고 있다. 그러나 애널리스 불린(Annaliese Bulling) 박사는 편지로 나에게 사료인 『후한서』 61권의 연대가 기원 후 31년이라라고 알려 주었다. J. Needham, "L' Unit? de la science: l' apport indispensable de l' Asie", *Archives internationales d' historie des sciences*, 11. i(1949), 579는 이 연대를 확인해 주고 있다. 린 화이트 Jr. 『중세의 기술과 사회 변화』, 강일휴 옮김, 지식의 풍경, 2005, p. 235에서 재인용.

92) J. Needham, L. Wang, and D. J. Price, *Heavenly Clockwork*(Cambridge, 1959), 104, 109~111, 129. 기원 후 290년의 것으로서 중국에서 발견된 물레방아는 제분용 자동 해머를 작동시키는, 수직으로 설치한 하사식 물레방아였다. 이것은 대단히 효율적이어서 곡물 시장을 그 근저부터 뒤흔들었다고 한다. Chatley, loc,. cit를 참조할 것. 이러한 증거에 비추어 보면, 9세기 초에 에닌이 물레방아를 드문 것으로 본 것 같다. E. A. Reischauer, *Ennin's Travels in China*(New York, 1955), 156을 참조할 것. 린 화이트 Jr. 『중세의 기술과 사회 변화』, 강일휴 옮김, 지식의 풍경, 2005, pp. 235~236에서 재인용.

93) J. Besson, *Theatrum instrumentorum et machinarum*(Lyons, 1578), pl. 46. 관련된 설비에 대해서는 A. Ramelli, *Le Diverse et artificiose machine*(Paris, 1588), fig. 57을 참조할 것. 린 화이트 Jr. 『중세의 기술과 사회 변화』, 강일휴 옮김, 지식의 풍경, 2005, p. 236에서 재인용.

94) H. Chatley, "Engynes: the eotechnic phase of mechanical development", Engineering, clxii(1946), 388; and his "The development of mechanisms in ancient China", *Transactions of the Newcomen Society*, xxii(1941~2), 137. 린 화이트 Jr. 『중세의 기술과 사회 변화』, 강일휴 옮김, 지식의 풍경, 2005, p. 236에서 재인용.

95) 린 화이트 Jr. 『중세의 기술과 사회 변화』, 강일휴 옮김, 지식의 풍경, 2005, pp. 102~104.

96) F. 클렘, 『기술의 역사』, 이필렬 옮김, 미래사, 1992년, pp. 43~44.

97) 칼 야스퍼스, 『역사의 기원과 목표』, 백승균 옮김, 1986, Seoul, p. 39.

98) E.H. Gombrich, The Story of Art, 서양미술사, 백승길,이종숭역, 예경,서울 2007, pp. 102~103.

99) 칼 야스퍼스, 『역사의 기원과 목표』, 백승균 옮김, 1986, Seoul, p. 21.

100) 스털링 P. 램프레히트, 『서양 철학사』, 김태길 외 2인 옮김, 을유문화사, 서울, 개정판, 1992년, p. 45.

101) Platõn, Theaetetus, 152a. Ibid., p. 46에서 재인용.

102) Ibid., p. 46.

103) Ibid., p. 28.

104) Ibid., p. 40.

105) Ibid., pp. 32~33.

106) 칼 야스퍼스, 『역사의 기원과 목표』, 백승균 옮김, 1986, Seoul, pp. 31~32.

107) Ibid., p. 32.

제4장

1) 이 시기에 로마 제국은 지중해 동부의 헬레니즘 문화권과 이집트, 유대, 서부의 옛 카르타고, 히스파니아, 갈리아 등의 기존 영토에 이어 브리타니아와 라인 강 서쪽의 게르마니아, 그리스 북쪽의 다키아까지 판도를 넓혔다.
2) 자크 르고프, 『서양 중세 문명』 개정판, 유희수 옮김, 문학과지성사, 서울, 2008년, pp. 68~69.
3) Ibid., p. 71.
4) Ibid., p. 83.
5) Ibid., p. 70.
6) Ibid., p. 70.
7) E.H. Gombrich, The Story of Art, 서양미술사, 백승길, 이종숭역, 예경, 서울, 2007, p. 136.
8) 자크 르고프, 『서양 중세 문명』 개정판, 유희수 옮김, 문학과지성사, 서울, 2008년, pp. 73~74.
9) Ibid., pp. 73~74.
10) Ibid., p. 53.
11) 밀라노 칙령은 모든 사람들이 종교에대한 관용령이었다. 기독교도 그 가운데서 배제되지 않았다. 이 칙령은 종교간 평화를 통해 국가가 균형과 통일성을 갖도록 하려는 조치였다.
12) 당시의 세계는 17.1%가 기독교인이며, 39%가 복음화되었으며, 성경은 11개 언어로 번역되었다. 출처: 기독교약사http://kcm.kr/dic_view_title.php?nid=38315
13) 에드워드 그랜트, 『중세의 과학』, 홍성욱, 김영식 옮김, 民音社, 1992년, p. 17.
14) 자크 르고프, 『서양 중세 문명』 개정판, 유희수 옮김, 문학과지성사, 서울, 2008년, p. 61.
15) Ibid., p. 61.
16) 신명제판은 시련 재판(試練 裁判, trial by ordeal) 또는 시죄법(試罪法)으로로 부르며 물, 불, 독 등을 써서 피고에게 육체적 고통이나 시련을 가하고, 그 결과에 따라 죄의 유무를 판단하는 중세의 재판 방법이다. 재판의 결과는 신만이 알 수 있다고 주장하였으므로 신명 재판(神明裁判)이라고도 한다. 일례로 물의 신명재판에서 피고가 미리 축성(祝聖)된 물속에 던져져서 그 신성한 물이 피고를 거부하여 피고가 물위로 떠오르면, 유죄로 판결하고 피고가 완전히 물속에 잠기면, 피고는 무죄로 인정되었다. 무죄가 된다는 것은 그대로 죽는 것을 뜻하고, 떠로르면 유죄가 되어 교수형이나 화형에 처해졌다.
17) 자크 르고프, 『서양 중세 문명』 개정판, 유희수 옮김, 문학과지성사, 서울, 2008년, p. 88.

18) 우마이야 왕조 또는 우마위야 왕조는 660년부터 750년까지 아랍 제국을 다스린 첫 번째 이슬람 칼리파 세습왕조이다.
19) 자크 르고프,『서양 중세 문명』개정판, 유희수 옮김, 문학과지성사, 서울, 2008년, p. 26.
20) English tr., 164, 234. 린 화이트 Jr.『중세의 기술과 사회 변화』, 강일휴 옮김, 지식의 풍경, 2005, p. 233에서 재인용.
21) 린 화이트 Jr.『중세의 기술과 사회 변화』, 강일휴 옮김, 지식의 풍경, 2005, p. 21
22) 카롤링거 왕조(Carolingian dynasty) 또는 카롤링 왕조(Carolings)는 아우스트라시아 출신으로 프랑크 왕국의 전 왕조인 메로빙거 왕조에 종사하는 궁재인 칼 마르테르 아들 소 피핀이 개창한 프랑크 왕국의 2번째 왕조.이며 751년에서 987년까지 프랑크 왕국이나 그것이 갈라진 동 프랑크 왕국 · 서 프랑크 왕국 · 중 프랑크 왕국의 왕을 배출했다. 987년, 서프랑크 왕국의 왕가가 단절되면서 소멸했다.
23) "O ferrum! heu ferrum!", *Gesta Karoli*, ii, 17, ed. H. Pertz, in MGH, Scriptores, ii(1829), 760. 린 화이트 Jr.『중세의 기술과 사회 변화』, 강일휴 옮김, 지식의 풍경, 2005, p. 205에서 재인용
24) 자크 르고프,『서양 중세 문명』개정판, 유희수 옮김, 문학과지섞사, 서울, 2008넌, p. 113.
25) Ibid., p. 113.
26) Ibid., p. 113.
27) Ibid., p. 364.
28) Ibid., p. 365.
29) Ibid., p. 118.
30) Ibid., pp. 113~114.
31) 린 화이트 Jr.『중세의 기술과 사회 변화』, 강일휴 옮김, 지식의 풍경, 2005, pp. 98~99.
32) 자크 르고프,『서양 중세 문명』개정판, 유희수 옮김, 문학과지성사, 서울, 2008년, p. 119.
33) Ibid., p. 119.
34) Ibid., p. 119.
35) Ibid., p. 119.
36) Ibid., p. 112.
37) Ibid., pp. 114~115.
38) 기사 문화는 교회 문화를 매우 선택적으로 받아들인 것 같다. 예를 들면 E. R. Labande, "Le 'Credo' épique: á propos des prieres dans les chansons de geste", *Mémories et documents publiés par la Société de l' École des Chartes*, xii. ii(1955), 62~80은, 이러한 기사들의 기도에서 성경 구절들이 주로 포함되어 있고, 당시 교회의 성상에서 흔히 발견되는 경외선(經外書)와 전설의 소재는 훨신 덜 포함되어 있음을 보여 주고 있다. 린 화이트 Jr.『중세의 기술과 사회 변화』, 강일휴 옮

김, 지식의 풍경, 2005, p. 192에서 재인용.

39) 린 화이트 Jr.『중세의 기술과 사회 변화』, 강일휴 옮김, 지식의 풍경, 2005, pp. 168~169에서 재인용.

40) Ibid., pp. 169~170에서 재인용.

41) Ibid., p. 171에서 재인용.

42) Hu shih, "The Indianization of china: a case study in cultural borrowing", *Independence, Convergence and Borrowing*(Cambridge, Mass., 1937), 219~247을 참조할 것. Ibid., p. 171에서 재인용.

43) Ibid., p. 32.

44) Ibid., p. 173에서 재인용.

45) Ibid., p. 32.

46) 12세기에 우사마는 충격전의 탁월한 효과와 인간과 말 사이의 새로운 관계를 다음과 같이 명확하게 언급하였다. "창으로 찌르려는 사람은 손으로 창을 잡고 팔 밑에 놓고 몸을 바짝 붙여서 최대한 창을 단단하게 붙들고, 말을 달리게 하여 충격을 가해야만 한다. 왜냐하면 그가 창을 붙잡고 있는 동안 손을 움직이거나 창을 든 손을 뻗어야 한다면, 그가 가한 충격이 전혀 효과가 없을 것이고 상대방에 충격을 주지 못할 것이기 때문이다." (*An Arab-Syrian Gentleman and Warrior in the Period of the Crusades: Memoirs of Usãmah ibn Munqidh*, ed, and tr. P. K. Hitti 〔New York, 1929〕, 69~70. 그리고 등자와 창의 위치의 관계에 대해서는 위의 책, 173, 175도 참조할 것). 린 화이트 Jr.『중세의 기술과 사회 변화』, 강일휴 옮김, 지식의 풍경, 2005, p. 159에서 재인용.

47) 린 화이트 Jr.『중세의 기술과 사회 변화』, 강일휴 옮김, 지식의 풍경, 2005, pp. 159~160에서 재인용.

48) 자크 르고프,『서양 중세 문명』 개정판, 유희수 옮김, 문학과지성사, 서울, 2008년, pp. 27~28.

49) Ibid., p. 117.

50) Ibid., p. 22.

51) Ibid., p. 26.

52) Ibid., p. 348.

53) Ibid., p. 348.

54) Ibid., pp. 345~346.

55) Ibid., pp 346~347.

56) 린 화이트 Jr.『중세의 기술과 사회 변화』, 강일휴 옮김, 지식의 풍경, 2005, p. 89

57) 자크 르고프,『서양 중세 문명』 개정판, 유희수 옮김, 문학과지성사, 서울, 2008년, p. 347.

58) G. Hanssen, *Agrarhistorische Abhandlungen*(Leipzig, 1880), i. 163. 린 화이트 Jr.『중세의 기술과 사회 변화』, 강일휴 옮김, 지식의 풍경, 2005, p. 227에서 재인용.

59) Ibid., pp. 91~92.

60) Ibid., p. 93.

61) 자크 르고프, 『서양 중세 문명』 개정판, 유희수 옮김, 문학과지성사, 서울, 2008년, p. 344.

62) Ibid., p. 326.

63) Ibid., p. 345.

64) 린 화이트 Jr. 『중세의 기술과 사회 변화』, 강일휴 옮김, 지식의 풍경, 2005, pp. 63~64.

65) Ibid., p. 77.

66) *L' Attelage et le cheval de selle a travers les ages*(Paris, 1931), 159는 오늘날 1,980킬로그램에서 2,480킬로그램을 끌 수 있는 말과 노새의 팀은, 고대의 마구로는 약 492킬로그램 정도만 끌 수 있음을 밝히고 있다. A. P. Usher, *History of Mechanical Inventions*, 2nd edn.(Cambridge, Mass., 1954), 157은, 19세기 말엽에 보통 말로 실행할 수 있다고 기대되는 작업 표를 기초로 해서, "고대 역축의 효율성은 현대 기대치의 1/3을 넘지 않는다"고 결론 내리고 있다. 그러나 그는, "현대 표의 수치는 분명히 낮으며", "고대의 역축은 현대 기대치의 1/3에 불과하다는 말은 결과 과장이 아니다"라고 덧붙이고 있다. 따라서 우리는 르페브르 데 노에테의 평가를 사실에 근접한 것으로 받아들일 수 있다. A. burford. "Heavy transfort in classical Antiquity", *Economic History Review*, 2nd series, xiii(1960), 1~18은 고대 마구의 비효율성을 강조하고 있으나, 이런 상대적 비효율성에도 불구하고 고대인들은 황소를 이용하여 커다란 효과를 얻었다는 점을 적절하게 강조하고 있다. 린 화이트 Jr. 『중세의 기술과 사회 변화』, 강일휴 옮김, 지식의 풍경, 2005, p. 218에서 재인용.

67) 린 화이트 Jr. 『중세의 기술과 사회 변화』, 강일휴 옮김, 지식의 풍경, 2005, p. 80.

68) 자크 르고프, 『서양 중세 문명』 개정판, 유희수 옮김, 문학과지성사, 서울, 2008년, p. 326.

69) 린 화이트 Jr. 『중세의 기술과 사회 변화』, 강일휴 옮김, 지식의 풍경, 2005, p. 238에서 재인용.

70) Ibid., p. 106.

71) *Domesday Book*, ed. A. Farley(London, 1783), I. 1. Ibid., p. 238에서 재인용.

72) Horwitz, op. cit. 99. Ibid., p. 239에서 재인용.

73) J. Needha, *Science and Civilisation in China*, i(Cambridge, 1954), 245. Chatley, op. cit. 176는 중국에서 밑이 평평한 범선인 정크가 물레방아의 형태에 영향을 미쳤다고 믿고 있다. Ibid., p. 239에서 재인용.

74) Munich State Library, Cod. lat. 197, fol. 87l' ; A. Uccelli, *Storia della tecnica*(Milan, 1945), 10, fig. 28. L. Thorndike, "Marianus Jacobus Taccola", *Archives internationales d' histoire des sciences*, viii(1955), 7~26을 참조. Ibid., p. 240에서 재인용.

75) *Inferno*, p. xxxiv. 6. Ibid., p. 242에서 재인용.

76) Ibid., p. 150.

77) Ibid., p. 150.

78) Ibid., p. 150.

79) 영구 운동에 관한 개론들은 초기의 발전에 대해서는 불충분하다. H. Dircks, *Perpetuum mobile*(London, 1861)와 이 저서의 증보판인 P. Verance(Chicago, 1916); F. M. Feldhaus, *Rühmesblätter der Technik*(Leipzig, 1910), 217~230, and *Technik der Vorzeit*(Leipzig, 1914), 784~785; F. Ichak, *Das Perpetuum Mobile*(Leipzig, 1914); J. Michael, *Mouvements Perpétuels, leur histoire et leurs particularités*(Paris, 1927)을 참조할 것. M. Tramer, Technisches Schaffen Geisteskranker(Munich, 1926)은 펠트하우스와 이하크(F. Ichak)에게 전적으로 의존하고 있다. 16세기의 이론 논쟁에 대해서는 P. Duhem, *Origines de la statique*(Paris, 1905), i. 52~60을 참조할 것. 영구 운동의 실험이 마찰과 마찰 줄이는 방법에 대한 관심이 급속하게 증가한 이유 가운데 하나였음은 의심의 여지가 없다. F. M. Feldhaus, *Geschichte der Kugel-, Walzen- und Rolleranlagen* (Schweinfurt a. M., 1914); H. T. Horwitz, *Entwicklungsgeschichte der Tranglager*(Berlin, 1914)를 참조할 것. 린 화이트 Ibid., p. 289에서 재인용.

80) *Bibliotheca indica*, XXXII: Hindu astronomy: *Siddhánta síromani, tr. L. Wilkinson*(Calcutta, 1861), 227~228. M. Winternitz, *Geschichte der indischen Literatur*, iii(Leipzig, 1920), 564를 참조할 것. 이 문헌은 랄라(Lalla)와 다른 천문학자들의 영구 운동에 대한 논의를 언급하고 있으나, 나는 전혀 그런 흔적을 발견하지 못했다. a. K. Ganguly, "Bhãskarãchãya's references to previous teachers", *Bulletin of the Calcutta Mathematical Society*, xviii(1927), 65~76을 참조할 것. Ibid., pp. 289~290에서 재인용.

81) J. Needham, L. Wang, and D. J. Price, *Heavenly Clockwork: the Great Astronomical Clocks of Medieval China*(Cambridge, 1959), 55, 73, n. 2, 192는, 영구 운동의 개념이 모터가 숨겨져 있는 놀라운 중국의 물시계를 고지식하게 관찰한 것에서 비롯되었다고 주장하고 있다. 그러나 이런 주장은 두 가지 이유로 받아들일 수 없다. 첫째, 영구 운동의 개념이 중국에 알려져 있었다는 증거가 없다. 둘째, 그런 시계의 소식이 그 개념의 사실상의 발상지인 인도에 전해졌다는 증거가 없다. 린 화이트 Ibid., p. 290에서 재인용.

82) Ibid., p. 151.

83) Op. cit. 227. Ibid., p. 291에서 재인용.

84) Thorndike, loc. cit. Ibid., p. 291에서 재인용.

85) 이 책의 제3장 주 359 가운데 A. Meygret에서 인용한 것을 참조할 것. Ibid., p. 291에서 재인용.

86) Loc. cit. Ibid., p. 291에서 재인용.

87) De secretis operibus, c. 4, ed. cit. 533. L. Thorndike, *History of Magic and Experimental Science*, ii(1929), 654~655; F. Boll, "Technische Träume des Mittelalters", *Die Umschau*, xxi(1917), 678~680. Ibid., p. 295에서 재인용.

88) Ibid., pp. 256~257에서 재인용.

89) Ibid., p. 123.

90) *De expugnatione Lyxbonensi*, ed. C. W. David(New York, 1936), 143. Ibid., p. 257에서 재인용.

91) C. Cahen, op. cit. 141~142, fig. 14. Ibid., p. 257에서 재인용.

92) Ibid., p. 257에서 재인용.

93) Ayalon, op. cit. 33, n. 29. Ibid., p. 258에서 재인용.

94) Ibid., p. 258에서 재인용.

95) *L. Mumford, Technics and civilization*(New York, 1934), 80. Ibid., p. 275에서 재인용.

96) 이 장의 주 14 참조. Ibid., p. 260에서 재인용.

97) Ibid., p. 260에서 재인용.

98) Ibid., p. 264에서 재인용.

99) Ibid., pp. 128~129.

100) 이러한 발달을 명쾌하게 요약하고 있는 것으로는 다음 저작들을 참조할 것. J. Stork and W. D. Teague, *Flour for Man's Bread: A History of Milling*(Minneapolis, 1952), 71~79. L. a. Moritz, *Grain Mills and Flour in Classical Antiquity*(Oxford, 1958), 10~121도 참조할 것. Ibid., pp. 264~265에서 재인용.

101) Ibid., pp. 268~269에서 재인용.

102) Ibid., p. 269에서 재인용.

103) Ibid., p. 133.

104) Ibid., pp. 275~276에서 재인용.

105) H. T. Horwitz, "Über die Entwicklung der fähigkeit zum Antreib des Kurbelmechanismus", *Geschichtsblätter für Technik und Industrie*, xi(1927), 30~31. Ibid., p. 276에서 재인용.

106) Ibid., p. 138.

107) Ibid., p. 278에서 재인용.

108) *Singer, History of Technology*, ii(1956), fig. 181; M. R. James, *Catalogue of the Western Manuscripts of Trinity College, Cambridge*(Cambridge, 1902), no. 1446, iii, 489. 연대와 기원에 대해서는 482를 참조할 것. Ibid., pp. 278~279에서 재인용.

109) Delaporte, op. cit. iii, pl. CLXXXIX. Ibid., p. 279에서 재인용

110) C. W. Pearce, *The Evolution of the Pedal Organ*(London, 1927), Ibid., p. 279에서 재인용.

111) 예를 들면 W. F. Parish, "Origin of textiles and the spinning wheel", *Royon Textile Monthly*, xvi(1936), 570; R. J. Forbes, *Studies in Ancient Technology*, iv(Leiden, 1956), 156. Ibid., p. 280에서 재인용.

112) Ibid., p. 140.

113) Ibid., p. 280에서 재인용.

114) Ibid., p. 140.
115) Ibid., p. 256에서 재인용.
116) 자크 르고프, 『서양 중세 문명』 개정판, 유희수 옮김, 문학과지성사, 서울, 2008년, pp. 327~328.
117) Ibid., p. 363.
118) Ibid., p. 330.
119) Ibid., p. 330.
120) Ibid., p. 332.
121) Ibid., p. 332.
122) Ibid., p. 332.
123) Ibid., pp. 332~333.
124) Ibid., p. 390.
125) Ibid., pp. 390~391.
126) Ibid., p. 391.
127) Ibid., p. 391.
128) Ibid., p. 391.
129) Ibid., p. 405.
130) Ibid., p. 399.
131) Ibid., p. 400.
132) Ibid., p. 402.
133) Ibid., p. 402.
134) Ibid., pp. 374~375.
135) Ibid., pp. 374~375.
136) Ibid., pp. 375~376.
137) Ibid., p. 384.
138) Ibid., p. 340.
139) Ibid., p. 363.
140) Ibid., p. 354.
141) Ibid., p. 357.
142) Ibid., p. 358.
143) Ibid., p. 358.
144) Ibid., p. 361.
145) Ibid., p. 362.
146) Ibid., p. 362.
147) 소련과학아카데미 편, 세계기술사, 홍성욱 역, 동지 서울, 1990, pp. 111~112.
148) 토비 E. 하프, 『사회 · 법 체계로 본 근대 과학사 강의』, 김병순 옮김, 모티브 북, 서울, 2008년, p. 398.
149) Grant, "Science and Theology", p. 57. Ibid., p. 377에서 재인용.

150) Tina Stiefel, " 'Impious Men' : Twelfth-Century Attempts to Apply Dialectic to the World of Nature", in Science and Technology in Medieval Society, ed. Pamela Long(New York: New York Academy of Sciences, 1985), pp. 187~188. Ibid., p. 375에서 재인용.

151) Etienne Gilson, *Histoire de la philosophie medievale*(Paris, Payot, 1922), vol. II, p. 12에서 인용. 스털링 P. 램프레히트 『서양 철학사』, 김태길 외 2명 옮김, 을유문화사, Seoul, 1992, p. 244에서 재인용.

152) 자크 르고프, 『서양 중세 문명』 개정판, 유희수 옮김, 문학과지성사, 서울, 2008년, p. 305.

153) Clifford Geertz, "Religion as a Cultural System", in *The Interpretation of Cultures*(New York: Basic Books, 1973), p. 90. 토비 E. 하프, 『사회 · 법 체계로 본 근대 과학사 강의』, 김병순 옮김, 모티브 북, 서울, 2008년, p. 153에서 재인용.

154) 토비 E. 하프, 『사회 · 법 체계로 본 근대 과학사 강의』, 김병순 옮김, 모티브 북, 서울, 2008년, p. 153.

155) Max Weber, "Religious Rejections of the World and Their Direction", in *Essays from Max Weber*, ed. Hans Gerth and D. W. Mills(New York: Oxford University Press, 1948), pp. 323~359. Ibid., p. 153에서 재인용.

156) 스털링 P. 램프레히트, 『서양 철학사』, 김태길 외 2인 옮김, 을유문화사, 서울, 개정판, 1992년, pp. 116~117.

157) George Santayana, *Reason in Common Sense*(New York, Scribner, 1905), p. 21. Ibid., p. 119에서 재인용.

158) Ibid., pp. 119~120.

159) 3세기 이후, 플로티노스의 '엔네아데스' 를 기초로 전개해 오는 사상 체계로, 이데아계-현상계라는 플라톤적 2원론을 계승하고 있으나 플라톤적 2원론(二元論)에서 '이데아계' 와 '현상계' 가 분리되어 있는 모순을 해결하기위하여 '1자' '누스' '프시케' 의 3원리를 제시하여 현상계의 다양성이 의식 내에 있어서 논리적으로 정리되어 가는 체계를 구상함으로써 초월적 절대자와 유한적 존재인 인간의 신비적 합일을 의도하였다.

160) 스털링 P. 램프레히트 『서양 철학사』, 김태길 외 2명 옮김, 을유문화사, Seoul, 1992, p. 248.

161) Ibid., p. 249.

162) Ibid., p. 249.

163) Ibid., pp. 249~250.

164) 영원한 형상(形相)들이 물질화되어 있는 실체들을 미리 감관을 통해서 경험하지 않고서는 인간 정신이 이 영원한 형상들을 파악할 수 없다고 한 성 토마스의 주장은 1277년에 파리의 사교(司教)에 의하여 옳지 않다는 비난을 받았다. 교회 당국자들은 성 토마스가 아우구스티누스주의에서 갈라져 나가는 것을 두려워하였다. 이들이 두려워했다는 사실은, 파리의 사교가 아우구스티누스의 입장에 대한 성 토마스의

부인을 비난하는 동시에 또한 주로 아베로에스 학파에서 끌어온 200이 넘는 점에 대해서 비난한 일에 뚜렷이 드러나 있다. Ibid., p. 251에서 재인용.

165) Ibid., pp. 251~252.

166) 토비 E. 하프, 『사회 · 법 체계로 본 근대 과학사 강의』, 김병순 옮김, 모티브 북, 서울, 2008년, p. 376.

167) Edward Grant, "Science and Theology in the Middle Ages", in God and Nature: Historical Essays on the Encounter Between Christianity and Science, ed. David C. Lindberg and Ronald L. Numbers(Berkeley and Los Angeles: University of California Press, 1986), p. 52. 토비 E. 하프, 『사회 · 법 체계로 본 근대 과학사 강의』, 김병순 옮김, 모티브 북, 서울, 2008년, p. 376에서 재인용.

168) 스털링 P. 램프레히트 『서양 철학사』, 김태길 외 2명 옮김, 을유문화사, Seoul, 1992, p. 244.

제5장

1) http://wps.ablongman.com/ 그리고 http://kcm.kr/icon_view.php?nid=3290&page=1&kword=%C0%CC%BD%BD%B6%F7

2) 토비 E. 하프, 『사회 · 법 체계로 본 근대 과학사 강의』, 김병순 옮김, 모티브 북, 서울, 2008년, p. 91.

3) Ibid., p. 97.

4) 그 사례는 A. C. Crombie, "The Significance of Medieval Discussions of Scientific Method for the Scientific Revolution", in *Critical Problems in the History of Science*, ed. Marshall Clagett(Madison: University of Wisconsin Press, 1959), pp. 79~102; 같은 저자, "Avicenna' s Influence on the Medieval Scientific Tradition", in Avicenna, ed. G. Wickens(London: Luzac, 1952), pp. 84~107 참조. Ibid., p. 155에서 재인용.

5) 10세기의 천문학자 이븐 알바타니 Ibn al-Battani(929년 사망)에서부터 이븐 알샤티르(1375년 사망)에 이르기까지 아라비아 천문학은 최고로 발달하였다. 이븐 알하이삼(약 l040~I041년 사망), 알비루니al-Biruni(약 1050년 사망), 알우르디al-'Urdi(1266년 사망), 알투시 al-Tusi(1274년 사망)와 그의 제자 쿠트브 알딘Qutb al-Din 알시 라지al-Shirazi(1311년 사망), 알마그리비al-Maghribi(1283년 사망), 알샤티르와 수많은 이슬람 학자들이 이 성과를 전승하며 맥을 이어갔다.

6) Ibn al-Haytham은 A. I. Sabra, "Configuring the Universe: Aporetic, Problem Solving, and Kinematic Modeling as Themes of Arabic Astronomy", *Perspectives*

on Science 6, no. 3(1999), pp. 288~330 가운데 p. 288에서 인용. Ibid., p. 103에서 재인용.

7) A. I. Sabra, "The Andalusian Revolt Against Ptolemaic Astronomy", in *Transformation and Tradition in the Sciences*, ed. Everett Mendelsohn(New York: Cambridge University Press, 1984), p. 134. Ibid., p. 104에서 재인용.

8) Ibid., p. 104.

9) Ibid., p. 95. 노엘 스웨드로 Noel Swerdlow는 "코페르니쿠스가 마라가 학파의 이론을 배운 것이 사실인지 아닌지의 문제가 아니라 그가 언제, 어디서, 어떤 식으로 그것을 공부했는지" 연구해야 한다고 촉구할 정도로 천문학 연구에서 기초인 두 모형이 동일하다.

10) A. I. Sabra, "The Andalusian Revolt Against Ptolemaic Astronomy", in *Transformation and Tradition in the Sciences*, ed. Everett Mendelsohn(New York: Cambridge University Press, 1984), p. 137. Ibid., p. 105에서 재인용.

11) Ibid., p. 107.

12) George Saliba, "The Development of Astronomy in Medieval Islamic Society", *Arab Studies Quarterly* 4, no 3(1982), p. 223; 같은 저자, "The First Non-Ptolemaic Astronomy at the Maraâgha School", 4장 in *A History of Arabic Astronomy*(New York: Columbia University Press, 1994). 살리바가 말한 것처럼 (위의 책 13장에서) 마라가 학파의 천문학자들이 '혁명'을 널리 퍼뜨렸다고 말하는 것은 과장이며 실제로 프톨레마이오스의 패러다임과 단절은 일어나지 않았다. Sabra, 'Configuring', p. 321ff 참조. Ibid., p. 105에서 재인용.

13) Ibid., pp. 106~108.

14) Aydin Sayili, *The Observatory in Islam*(Ankara: Turkish Historical Society Series 7, no. 38, 1960), pp. 188~191, pp. 361~364에 나온 아라비아-중국 교류에 대한 주석; Joseph Needham, *Science and Civilization in China*, 7권(New York: Cambridge University Press, 1954), 3, pp. 186~194, p. 372ff 외(이후부터 SCC로 인용); Nathan Sivin, 'Wang Hsi-Shan', DSB 14, p. 159 참조. Ibid., p. 344에서 재인용.

15) Noel Swerdlow and Otto Neugebauer, *Mathematical Astronomy in Copernicus's* 'De Revolutionibus' (New York: Springer-Verlag, 1984), p. 46. 여기에 표현된 것처럼 이들 관계를 간결하게 말해 준 익명의 독자에게 고맙게 생각한다. Ibid., p. 100에서 재인용.

16) 사진 출처: http://shinmoongo.net/sub_read.html?uid=29094&section=sc5&section2=

17) Ibid., p. 95.

18) Ibid., p. 108.

19) A. I. Sabra, "The Astronomical Origins of Ibn al-Haytham's Concept of Experiment", *Actes du XIIe Congrés International d]Histoire des Sciences, Tome*

IIIa(1971), pp. 133~136 가운데 p. 133; Sabra, 편집과 영문 번역, *The Optics of Ibn al-Hytham: Book I-III on Direct Vision*(London: The Warburg Institute, 1989), 2, pp. 10~19. 알하이삼의 11세기 책 『광학』을 번역한 중세 라틴어 번역자가 "아랍어의 이타바라' tabara를 라틴어의 '실험하다(experimentare 또는 experiri)' 로, 이티바르' itibar를 라틴어의 '실험(experimentum 또는 experimentatio)' 으로, 무타비르 mu' tabir를 라틴어의 '실험자(experimentatar)' 로 번역한 사실에서 유추할 수 있다. Ibid., p. 155에서 재인용.

20) 이 시점 산정에 대해서는 A. I. Sabra, 영문 번역 · 편집, *The Optics of Ibn al-Haytham*, 2권(London: The Warbrug Institute, University of London, 1989), 2, p. xxxiii 참조. Ibid., p. 345에서 재인용.

21) David C. Lindberg, *Theories of Vision from al-Kindi to Kepler*(Chicago: University of Chicago Press, 1976), p. 106ff. 사브라 교수는 Optics 2, p. lxiv. 주석 94번에서 1081~1085년 사라고사(스페인 북동부 지방-옮긴이)의 왕이었던 알무타만 이븐 후드al-mutaman ibn Hud가 그 책에 있는 어떤 주제에 대해 '알하젠 Alhazen(알하이삼을 말함-옮긴이)의 문제' 라고 부른 사실을 언급한다. 이것은 알하이삼의 책이 라틴어로 번역되어 라틴 학자들에게 널리 쓰인 것은 물론 이보다 훨씬 뒤의 일이다. Ibid., p. 346에서 재인용.

22) David C. Lindberg, "Lines of Influence on Thirteenth-Century Optics: Bacon, Witelo, and Pecham", *Speculum* 46(1971), pp. 66~83. Ibid., p. 389에서 재인용.

23) Ibid., p. 346에서 재인용.

24) A. I. Sabra, 'Ibn al-Haytham' , DSB 5, p. 190; 같은 저자, *The Optics of Ibn al-Haytham* 2, p. 14. Ibid., p. 345에서 재인용.

25) A. I. Sabra, 'The Scientific Enterprise' , in *Islam and the Arab World*, ed. Bernard Lewis(New York: Knopf, 1976), p. 190; Roshdi Rashed, 'Kamâl al-Dîn al-Fârisî' , DSB 7, pp. 212~219 참조. 그는 빛을 차단한 어두운 방에 물이 가득 찬 작은 공을 넣어 두고 빛을 조절하여 통과시켜 그 결과를 얻어 냈다. 그는 이 실험에서 무지개는 물방울 안쪽에서 두 번 굴절하고 한 번 반사하여 나온 결과라는 것을 확인하였다. Ibid., p. 346에서 재인용.

26) William A. Wallace, 'Theory of Freibrug' , *DSB* 4, p. 92ff. Ibid., p. 347에서 재인용.

27) Sabra, Optics 2, p. 14ff. Ibid., p. 347에서 재인용.

28) A. I. Sabra, *Theories of Light form Descartes to Newton*(London: Oldbourne, 1967); Sabra, 'Ibn al-Haytham' , DSB 5, pp. 189~210. Ibid., p. 390에서 재인용.

29) Nancy G. Siraisi, *Avicenna in Renaissance Italy: The Canon and Medical Teaching in Italian Universities after 1500*(Princeton, N. J.: Princeton University Press, 1987); Siraisi, *Medieval and Early Renaissance Medicine*(Chicago: University of Chicago Press, 1990), p. 48ff; Charles H. Talbot, 'Medicine', in *Science in the Middle Ages*, ed. David C. Lindberg(Chicago: University of

Chicago Press, 1978), pp. 391~428. Ibid., p. 391에서 재인용.

30) Ernest Moody, "Galileo and Avempace: Dynamics of the Learning Tower Experiments", in *Roots of Scientific Thought: A Cultural Perspective*, ed. Carlo Golino(Berkeley and Los Angeles: University of California Press, 1966), pp. 23~43 참조. Ibid., p. 391에서 재인용.

31) Moody, 'Galileo and Avempace', p. 40. Ibid., p. 391에서 재인용.

32) Albert Iskandar, 'Ibn Sina', *DSB* suppl. 15, p. 498에서 이븐 시나가 알라지의 진보적인 경험주의 정신의 영향을 받은 것에 대해 설명한다. Max Meyerhof, "Thirty-Three Clinical Observations of Rhazes", *Isis* 23(1933), pp. 321~355과 비교해 보라, 이와 마찬가지로 약학에서도 경험주의에 입각한 기술을 이용해서 의약재 materia medica를 검사하고 확인하는 데 큰 진전이 있었다는 기록이 있다. 아부 랍바스 안나바티Abu l-' Abbas an-Nabati(13세기 전성기)의 저작은 아라비아 최고의 약사들이 약재를 검사해서 그 성분을 설명하고, 검증되지 않은 소문들과 실제 임상관찰된 내용을 구분하는 데 무척 애를 TJT다는 것을 잘 보여 준다. Albert Dietrich, "Islamic Sciences and Medieval West: Pharmacology", in *Islam and the West*, ed. Khalil Sermaan(Albany: State University of New York Press, 1980), pp. 50~64 참조. Ibid., p. 347에서 재인용.

33) A. C. Crombie, *Robert Grosseteste and The Origins of the Experimental Science*, 1100~1700(Oxford: Clarendon Press, 1953), p. 79. Ibid., p. 348에서 재인용.

34) Ibid., pp. 128~129.

35) M.-D. Chenu, *Nature, Man, and Society in the Twelfth Century*, Jerome Taylor and Lester K. Little이 선별 편집, 영문 번역(Chicago: University of Chicago Press, 1968); William Kneale and Martha Kneale, *The Development of Logic*(Oxford: Oxford University Press, 1962); David Knowles, *The Evolution of Medieval Thought*(New York: Vintage, 1962) 참조. 더 자세한 것은 3장에서 다룬다. Ibid., p. 127에서 재인용.

36) Johannes Pedersen, *The Arabic Book*(Princeton, N. J.: Princeton University Press, 1984;; 초판은 1946), p. 62. 중국에서 종이 제조 기술의 발명은 Needham, SCC 5/1 by Tsien Tsuen-hsuin(New York: Cambridge University Press, 1985)에 아주 자세하게 나와 있다. 그는 종이 제조 기술이 서양으로 이전되었다는 것을 설명하려고 하지만 중간에 아랍인들의 종이 제조 역사는 빠뜨려서 실제 기술의 이동 경로를 제대로 전달하지 못했다. Ibid., p. 129에서 재인용.

37) J. Pedersen, *The Arabic Book*, p. 59. Ibid., p 129에서 재인용.

38) Ibid., pp. 133~134.

39) Ibid., p. 133.

40) J. Pedersen, *The Arabic Book*, p. 116. Ibid., p. 131에서 재인용.

41) J. Pedersen, *The Arabic Book*, p. 119. Ibid., p. 132에서 재인용.

42) J. Pedersen, *The Arabic Book*, p. 115. Ibid., p. 132에서 재인용.

43) J. Pedersen, *The Arabic Book*, p. 128. Ibid., p. 132에서 재인용.

44) John F. D' Amico, 'Manuscripts', in *The Cambridge History of Renaissance Philosophy*, ed. Charles Schmitt and Quentin Skinner(New York: Cambridge University Press, 1988), pp. 11~24 가운데 p. 15ff; D' Amico는 K. Christ, *The Handbook of Medieval Library History*, T. M. Otto 영문 번역(London: Methuen, 1984)을 따른다. Ibid., p. 132에서 재인용.

45) 토비 E. 하프, 『사회 · 법 체계로 본 근대 과학사 강의』, 김병순 옮김, 모티브 북, 서울, 2008년, p. 131.

46) 제임스 E. 매클렐란 3세 · 해럴드 도른 공저, 『과학과 기술로 본 세계사 강의』(전대호 옮김, 모티브북, 2006년), p. 182.

47) 토비 E. 하프, 『사회 · 법 체계로 본 근대 과학사 강의』, 김병순 옮김, 모티브 북, 서울, 2008년, p. 97.

48) Ibid., p. 120.

49) Ibid., p. 121

50) 12세기 후반에서 13세기 사이 의학 연구를 하는 마드라사 세 곳이 다마스쿠스에 설립된 것으로 보인다. 그러나 마트디시는 이것을 마드라사가 고대 과학을 가르치지 않았던 원칙의 예외였다고 주장한다. *The Rise of Colleges*, p. 313 주석 38번. 우리는 이들 마드라사가 법률을 공부하는 사람들도 의학 공부를(독학이나 다른 방식으로) 할 수 있도록 했는지 그리고 이들의 종교와 법 공부가 미래의 관직을 보장하는 기초가 되었는지 잘 모른다. 더 자세한 내용은 5장에 있다. Ibid., p. 137에서 재인용.

51) Hourani, *Averroes: On the Harmony of Religion and Philosophy*, p. 106 주석 142번. 토비 E. 하프, 『사회 · 법 체계로 본 근대 과학사 강의』, 김병순 옮김, 모티브 북, 서울, 2008년, p. 142에서 재인용.

52) Averroes, *Tahafut al-Tahafut*, p. 430을 Kogan, *Averroes*, p. 22에서 인용. Ibid., p. 143에서 재인용.

53) Merton, 'The Normative Structure' 참조. Ibid., p. 143에서 재인용.

54) Ibid., p. 144.

55) E.H. Gombrich, The Art of Story, 서양미술사, 백승길,이종숭역, 예경,서울, 2007, p. 144.

56) Averroes, *Tahafut al-Tahafut*, Simon Van den Bergh 영문 번역(London: Luzac, 1954); Averroes: *On the Harmony of Religion and Philosophy*, 재판, George Hourani 편집, 영문 번역(London: Luzac, 1976). 알파라비와 이븐 루시드 같은 철학자들은 대개 종교학자들(이슬람 신학자들)이 '변증법적' 사고에 정통하지 못한다고 비판했다. 그러나 중세 학파를 연구하는 역사가들은 대개 무타칼리문(율법을 실천하는 이슬람 신학자)을 '변증법 신학자' 라고 말한다. 토비 E. 하프, 『사회 · 법 체계로 본 근대 과학사 강의』, 김병순 옮김, 모티브 북, 서울, 2008년, p. 121에서 재인용.

57) 토비 E. 하프, 『사회 · 법 체계로 본 근대 과학사 강의』, 김병순 옮김, 모티브 북, 서

울, 2008년, p. 147.

58) Sabra, "The Appropriation and Subsequent Naturalization", p. 236. Ibid., p. 147 에서 재인용.

59) Ibid., p. 147.

60) Sabra, "The Appropriation and Subsequent Naturalization", p. 236. Ibid., p. 148 에서 재인용.

61) Sabra, "The Appropriation and Subsequent Naturalization", p. 236. Ibid., p. 148 에서 재인용.

62) Sabra, "The Appropriation and Subsequent Naturalization", p. 239. Ibid., p. 150 에서 재인용.

63) Sabra, "The Appropriation and Subsequent Naturalization", p. 240. Ibid., p. 150 에서 재인용.

64) Rahman, *Islam*, p. 90, Gradet and Anawati, *Introduction á la Théologie Musalmane*, p. 347, Gradet and Anawati, *Introduction á la Théologie Musalmane*, p. 347, Frank, "Some Fundamental Assumptions", p. 7. Ibid., p. 186에서 재인용.

65) Frank, "Some Fundamental Assumptions", p. 7. Ibid., p. 186에서 재인용.

66) Rahman, *Islam*, p. 102. Ibid., p. 187에서 재인용.

67) Rahman, *Islam*, p. 123. Ibid., p. 187에서 재인용.

68) Nelson, *On the Roads to Modernity*, p. 223ff 외 참조. Ibid., p. 190에서 재인용.

69) Averroes, *Tahafut al-Tahafut*, 영문 번역, *Simon Van den Bergh*(London: Luzac, 1954), p. 316에서 인용. 현대 이슬람인들은 아직도 이 교리를 강력하게 신봉한다. 예를 들면 Seyyed Hossein Nasr, *Science and Civilization in Islam*(New York: New American Library, 1968), p. 307ff 외 다수 논문. 또한 오늘날 말레이시아나 인도네시아 같은 이슬람교 국가에서 의례적인 처방과 함께 '인샬라Inshallah(신이 원하신다면)' 라는 말을 써서 앞날의 행동에 대해 의망을 부여하는 것은 그들의 관습이다. Ibid., p. 191에서 재인용.

70) Ibid., p. 195.

71) 이슬람의 전문학교에서 철학을 가르치는 일은 드물었고 알아자르에서 이런 조치가 취해진 것은 대부분의 전문학교의 방침을 따른 것으로 보인다. Makdisi, *The Rise of Colleges*, p. 77ff과 비교. Ibid., p. 194에서 재인용.

72) Ibid., pp. 194~195.

73) 제임스 E. 매클렐란 3세 · 해럴드 도른 공저, 『과학과 기술로 본 세계사 강의』(전대호 옮김, 모티브북, 2006년), pp. 183~184.

74) 마라가 천문대의 건립을 지원하고 프톨레마이오스의 천문학체계를 뛰어넘는 최초의 천체 모형을 개발하고 육성한 사람들은 바로 전통적인 이슬람의 중심지가 아니라 외부에서 들어온 훌라구 Hulagu가 이끄는 몽골 침입자들이었다. 몽골의 침입 이후 13세기 말과 14세기 초에 특히 다마스쿠스와 카이로에서 천문학과 의학 분야

에서 아라비아 과학의 발전은 최고 수준에 이르렀다. 천문학의 절정을 이룬 학자는 다마스쿠스의 이븐 알샤티르였다. 알샤티르 이후, 맘루크 왕조 시대에 적어도 55명의 중요한 천문학자들이 그 뒤를 따랐지만 이들 가운데 어느 누구도 샤티르의 천문학적 성과의 도움을 받지 않은 이가 없으며 그 성과를 구체화하기 위해 애를 썼다. 의학 분야에서도 다마스쿠스와 카이로에 이븐 알쿠프(1233~1286년)와 이븐 알나피스(1210~1288년) 등 13세기 최고의 의사들이 모였다.

75) 제임스 E. 매클렐란 3세 · 해럴드 도른 공저, 『과학과 기술로 본 세계사 강의』(전대호 옮김, 모티브북, 2006년), p. 184.

76) Ibid., p. 184.

77) Ibid., pp. 182~183.

78) Ibid., p. 186.

79) Ibid., pp. 190~191.

80) 이 시기의 사회, 경제, 인구 통계의 변화는 Robert M. Hartwell, "A Revolution in Chinese Iron and Coal Industries in the Northern Sung, 960~1127 A. D.", *Journal of Asian Studies* 21, no. 2(1962), pp. 153~162; Hartwell, "Demographic, Political, and Social Transformation in China, 750~1550", *Harvard Journal of Asiatic Studies* 42(1982), pp. 365~445에 자세히 나온다. 또 다른 문헌으로 Mark Elvin, *The Pattern of the Chinese Past*(Stanford, Calif.: Stanford University Press, 1973); Etienne Balazs, "The Birth of Capitalism in China", in *Chinese Civilization and Bureaucracy*(New Haven, Conn.: Yale University Press, 1964), 4장 참조. 한편 Needham, SCC 2, p. 493ff은 중국의 과학과 기술에 대해 이런 판안들 내리게 하는 근거를 제공한다. 토비 E. 하프, 『사회 · 법 체계로 본 근대 과학사 강의』, 김병순 옮김, 모티브 북, 서울, 2008년, p. 401에서 재인용.

81) Jacques Gernet, *A History of Chinese Civilization*(Cambridge: Cambridge University Press, 1982), p. 330. Ibid., p. 401에서 재인용.

82) Jacques Gernet, *A History of Chinese Civilization*(Cambridge: Cambridge University Press, 1982), p. 330. Ibid., p. 402에서 재인용.

83) O. Hucker, *China to 1850: A Short History*(Stanford, Calif.: Stanford University Press, 1978), p. 107. Ibid., p. 402에서 재인용.

84) Hucker, *China to 1850*, p. 118. 광칭리우Kwang-ching Liu는 이 연구가 "고전을 자세하게 연구하고 역사와 일상사 뒤에 숨은 원리를 정밀하게 파헤쳐서 그 속에서 도덕 지식을 얻을 것을 요구"한다고 주장한다. *Orthodoxy in Late Imperial China*(Berkeley and Los Angeles: University of California Press, 1990), John FairBank, *China: A New History*(Cambridge, Mass.: Belknap and Harvard University Press, 1992), p. 101에서 인용. Ibid., p. 403에서 재인용.

85) Joseph Needham, "Science and Society in East and West", in GT, p. 190, p. 214. Ibid., p. 382에서 재인용.

86) 제임스 E. 매클렐란 3세 · 해럴드 도른 공저, 『과학과 기술로 본 세계사 강의』(전대

호 옮김, 모티브북, 2006년), p. 209.

87) 니덤은 아라비아가 중국에 끼친 영향을 간략하게 기술했지만 더 많은 내용이 더해져야 한다. 특히 SCC 3, pp. 372~382 참조. 토비 E. 하프, 『사회 · 법 체계로 본 근대 과학사 강의』, 김병순 옮김, 모티브 북, 서울, 2008년, p. 385에서 재인용.

88) Ibid., p. 385에서 재인용.

89) Ho Peng-yoke, Modern Scholarship on the History of Chinese Astronomy(Canberra: Faculty of Asian Studies, Australian National University, 1977). Ibid., p. 385에서 재인용.

90) 제임스 E. 매클렐란 3세 · 해럴드 도른 공저, 『과학과 기술로 본 세계사 강의』(전대호 옮김, 모티브북, 2006년), p. 203.

91) Ibid., pp. 205~206.

92) Ibid., pp. 205~206.

93) E. S. Kennedy, "The Exact Sciences(The Period of the Arab Invasion to the Suljugs)", The Cambridge History of Iran 4(1975), p. 380. 그리고 Michael Mahoney, 'Mathematics', in Science in the Middle Ages, ed. David C. Lindberg(Chicago: University of Chicago Press, 1978), p. 151f 참조. 토비 E. 하프, 『사회 · 법 체계로 본 근대 과학사 강의』, 김병순 옮김, 모티브 북, 서울, 2008년, p. 92에서 재인용.

94) Lî Yan and Dú Shírán, Chinese Mathematics, p. 191. Ibid., p. 93에서 재인용.

95) Mahoney, 'Mathematics', p. 151. 수도사 제르베르(945~1003년, 나중에 교황 실베스베르 2세가 됨) 이전까지 유럽인들은 동아시아인들이 철사선과 염주를 이용해 만든 '주판' 과는 다른 로마 시대의 '셈판' 을 썼다. 제르베르는 힌두-아라비아 숫자와 주판이라고 알려진 셈판을 처음 소개했는데(사실은 두 번째 도입임) 여기서 주판은 라틴 말로 '계산하다to abacus' 라는 말에서 유래한 것이다(9장에서 다시 검토). 이 셈판 또는 주판의 문제점은 계산 기록이 남지 않기 때문에 계산을 다시 되풀이 하지 않으면 그 계산이 맞는지 틀리는지 확인할 수 없다는 것이다. 또한 계산 과정을 기록할 수 있는 '연산' 기호체계가 없으므로 더 고차원의 수학 연산은 할 수 없었다. 따라서 '+' 와 '−' 의 간단한 연산 기호는 수학에서 매우 중요하다. 이런 연산 기호들은 '종이에 연필로 써서 셈하는 방식' 을 사용하면서 진화했다. 유럽인들이 이런 기호를 인쇄해서 쓴 것은 1489년 독일에서였다. Florian Cajori, A History of Mathematical Notation(La Salle, Ill.: Open Court Press, 1928), 1권, p. 128, pp. 230~231, p. 235. 유럽인들이 최초로 사칙연산자[+, −, ×, ÷(덧셈, 뺄셈, 곱셈, 나눗셈)]를 사용한 때는 Frank J. Swetz, Capitalism and Arithmetic: The New Math of the Fifteenth Century(La Salle, Ill.: Open Court Press, 1987), p. 186 참조. Ibid., p. 93에서 재인용.

96) Needham, SCC 3, p. 10, p. 43. Ibid., p. 93에서 재인용.

97) Needham, SCC 3, p. 10, p. 43. Ibid., p. 93에서 재인용.

98) Baron Carra de Vaux는 "Astronomy and Mathematics", in *The Legacy of Islam*,

1st ed., p. 276에서 아랍인들은 "엄밀하게 말해서 그리스 시대에는 없었던 평면과 구면 삼각법을 발명한 사람들이었다."고 말한다. 케네디도 평면과 구면 삼각형에 대해 밝힌 삼각법이 "아랍어로 기록을 남긴 과학자들이 창조한 것이 분명했다."고 동의한다. "The Arabic Heritage in the Exact Sciences", *Al-Abhath* 23(1970); p. 337. 그리고 Kennedy, "The History of Trigonometry: An Overview", in *Studies in the Islamic Exact Sciences*, ed. E. S. Kennedy 외(Beirut: American University of Beirut Press, 1983), pp. 3~29도 참조. Ibid., p. 93에서 재인용.

99) Nathan Sivin, 'Wang Hsi-Shan', *DSB* 14, pp. 159~168에서 특히 p. 159. 또한 Sivin, "Why the Scientific Revolution Did Not Take Place in China-Or Didn' t It?" in *Transformation and Tradition in the Sciences*, ed. E. Mendelsohn(New York: Cambridge University Press, 1984), pp. 531~554 참조. Ibid., p. 94에서 재인용.

100) 이 사례는 예수회 소속의 마테오 리치에 대한 이야기가 중심인데 그가 중국에서 한 일은 Jonathan Spence가 *The Memory Palace of Matteo Ricci*(New York: Viking, 1984)에서 다양하게 언급하고 있다. 또한 P. D' Elia, *Galileo in China: Relations Through the Roman College Between Galileo and the Jesuit Scientist Missionaries*(1610~1640)(Cambridge, Mass.: Harvard University Press, 1960)참조. 더 자세한 내용을 알고 싶으면 John Henderson, *The Development and Decline of Chinese Cosmology*(New York: Columbia University Press, 1984) 참조. 토비 E. 하프, 『사회 · 법 체계로 본 근대 과학사 강의』, 김병순 옮김, 모티브 북, 서울, 2008년, p. 94에서 재인용. "기하학적 모형이 천체의 움직임에 대한 비밀을 풀 열쇠를 제공할 것"이라는 생각은 고대 그리스의 에우독소스 Eudoxus(약 기원전 400~350년) 시대 때부터 있었다.

101) 제임스 E. 매클렐란 3세 · 해럴드 도른 공저, 『과학과 기술로 본 세계사 강의』(전대호 옮김, 모티브북, 2006년), pp. 208~209.

102) Ibid., pp. 208~209.

103) Cullen, "Joseph Needham on Chinese Astronomy", p. 40. 그는 또한 Sivin, *Cosmos and Computation in Early Chinese Mathematical Astronomy*(Leiden: E. J. Brill, 1969)를 인용함. 토비 E. 하프, 『사회 · 법 체계로 본 근대 과학사 강의』, 김병순 옮김, 모티브 북, 서울, 2008년, p. 387에서 재인용.

104) 지동의 사진 출처: http://ko.wikipedia.org/wiki/%ED%8C%8C%EC%9D%BC:EastHanSeismograph.JPG. 소송의 천문기구 그린사진 출처: 이미지출처: 제임스 E. 매클렐란 3세 · 해럴드 도른 공저, 『과학과 기술로 본 세계사 강의』(전대호 옮김, 모티브book, 2006년), p. 210.

105) 출처: http://en.wikipedia.org/wiki/File:Zheng_He%27s_ship_compared_to_Columbus%27s.jpg

106) Needham, *SCC* 3, p. 50. 토비 E. 하프, 『사회 · 법 체계로 본 근대 과학사 강의』, 김병순 옮김, 모티브 북, 서울, 2008년, p. 95에서 재인용.

107) John Murdoch, "Euclid: Transmission of the Elements", in *DSB* 4, pp. 443~465. Ibid., p. 96에서 재인용.
108) Needham, *SCC* 3, p. 105. Ibid., p. 96에서 재인용.
109) Needham, *SCC* 3, pp. 49~50. Ibid., p. 387에서 재인용.
110) Ibid., p. 388.
111) Needham, *SCC* 4/1. p. 1. Ibid., p. 390에서 재인용.
112) Needham, *SCC* 4/1. p. 1. Ibid., p. 390에서 재인용.
113) Needham, *SCC* 4/1, p. 1. Ibid., p. 390에서 재인용.
114) 제임스 E. 매클렐란 3세 · 해럴드 도른 공저, 『과학과 기술로 본 세계사 강의』(전대호 옮김, 모티브북, 2006년), p. 212.
115) Ibid., p. 212.
116) Ibid., p. 197.
117) 활판인쇄술은 한국에서 더욱 발달했다. 고려 고종高宗 12년(1234)에 『상정고금예문詳定古今禮文』이 금속활자로 간행되었다는 기록이 있으며 1377년에 인쇄된 『직지심체요절直指心體要節』는 활자는 없으나 현존하는 최고最古의 금속활자본이다. 1403년에 조선 태종 3년에 주자소를 설치하여 구리활자인 계미자癸未字를 주조했나.
118) 제임스 E. 매클렐린 3세 · 해럴드 도른 공저, 『과학과 기술로 본 세계사 강의』(전대호 옮김, 모티브북, 2006년), pp. 197~198.
119) Ibid., p. 198.
120) Ibid., p. 198.
121) Ibid., pp. 201.
122) Ibid., pp. 200~201.
123) Ibid., pp. 200~201.
124) Ibid., pp. 200~201.
125) Ibid., p. 201.
126) Needham, SCC 2, p. 182; 또한 A. C. Graham, *Later Mohist Logic, Ethics, and Science*(Hong Kong: Chinese University Press, 1978); Graham, *Disputers of the Tao*(La Salle, I11.: Open Court Press, 1989); Benjamin Schwartz, *The World of Thought in Ancient China*(Cambridge, Mass.: Harvard University Press, 1985), pp. 164~168 참조. 토비 E. 하프, 『사회 · 법 체계로 본 근대 과학사 강의』, 김병순 옮김, 모티브 북, 서울, 2008년, p. 392에서 재인용.
127) Needham, *SCC* 2. p. 182. 토비 E. 하프, 『사회 · 법 체계로 본 근대 과학사 강의』, 김병순 옮김, 모티브 북, 서울, 2008년, p. 392에서 재인용.
128) 토비 E. 하프, 『사회 · 법 체계로 본 근대 과학사 강의』, 김병순 옮김, 모티브 북, 서울, 2008년, p. 392.
129) Nathan Sivin, "Why the Scientific Revolution Did Not Take Place in China-or Didn' t It?" in *Transformation and Tradition in the Science*, ed. E. Mendelsohn (New York: Cambridge University Press, 1984), p. 533. Ibid., p. 392에서 재인용.

130) Nathan Sivin, "Why the Scientific Revolution Did Not Take Place in China-or Didn' t It?" in *Transformation and Tradition in the Science*, ed. E. Mendelsohn (New York: Cambridge University Press, 1984), p. 535. Ibid., p. 392에서 재인용.

131) Ibid., pp. 398~399.

132) Bodde, *Chinese Thought*, p. 99 참조. 더 자세한 내용은 이 책 8장 참조. Ibid., p. 400에서 재인용.

133) 이 형이상을 과학(천문학과 의학)에서 어떻게 표현했는가에 대해서는 Henderson, *The Development and Decline of Chinese Cosmology*, 1장; Porkert, *The Theoretical Foundations of Chinese Medicine*, pp. 9~54; A. C. Graham, *Yin-Yang and the Nature of Correlative Thinking*(Singapore: Institute of East Asian Philosophies, National University of Singapore, 1986); Bodde, *Chinese Thought*, pp. 97~103 참조. 이 주제를 처음으로 제기한 니덤의 글은 SCC 1, pp. 386~387 참조. Ibid., p. 399에서 재인용.

134) Ibid., pp. 399~400.

135) Needham, SCC 5/2, p. xxii; Needham, *GT*, p. 16. 나는 여기서 뛰어난 중국 역사가인 나단 시빈이 니덤의 문제제기의 효용성에 대해서 니덤과는 다른 견해를 가지고 있다고 말해야 한다. 시빈은 근대 과학의 보편성에 대해 의문을 제기한다. ("Why the Scientific Revolution Did Not Take Place in China", p. 537) 이 책 7장에서 시빈의 견해를 더 자세히 다루겠다. Ibid., p. 70에서 재인용.

136) Needham, *SCC* 5/2, p. xxi. Ibid., p. 397에서 재인용.

137) Ibid., p. 397.

138) 제임스 E. 매클렐란 3세 · 해럴드 도른 공저, 『과학과 기술로 본 세계사 강의』(전대호 옮김, 모티브북, 2006년), pp. 217~218.

139) Ibid., 218~219.

140) 토비 E. 하프, 『사회 · 법 체계로 본 근대 과학사 강의』, 김병순 옮김, 모티브 북, 서울, 2008년, p. 409.

141) 중국에도 상인 동업조합이 있었지만 서양처럼 법적 자치권이 보장된 자치 집단이 아니었다. Ch' ü, *Local Government*, p. 168ff은 이들이 지방 정부에서도 중요하가도 인정할 만한 힘을 가지지 못했다고 주장한다. 또한 모스H. B. Morse는 "중국에서 동업조합은 결코 법의 보호를 받지 못했다. 이들은 법 밖에서 성장했다."고 말한다. *The Gilds of China*(New York: Russell and Russell, 1967), p. 29. 피터 골라스Peter Golas도 "Early Ch' ing Guilds", in *The City in Late Imperial China*, ed. G. William Skinner(Stanford Calif.: Stanford University Press), pp. 555~580에서 같은 결론에 도달한다. 그는 p. 559(주석)에서 서양의 동업조합과 차이점을 강조한다. Ibid., p. 414에서 재인용.

142) Ibid., p. 413.

143) Harold Berman, *Law and Revolution: Th Formation of the Western Legal Tradition*(Cambridge, Mass.: Harvard University Press, 1983), 12장. Ibid., p. 414

에서 재인용.

144) Sybille van Der Sprenkel, "Urban Control in Late Imperial China", *The City in Late Imperial China*, pp. 609~632 가운데 p. 609; Etienne Balazs, "Chinese Towns", in *Chinese Civilization and Bureaucracy*, pp. 66~78 참조. Ibid., p. 414 에서 재인용.

145) 제임스 E. 매클렐란 3세 · 해럴드 도른 공저, 『과학과 기술로 본 세계사 강의』(전대호 옮김, 모티브북, 2006년), pp. 194~195.

146) Benjamin Schwartz, "On Attitudes Toward the Law in China", in *The Criminal Process in the PeoplesRepublic of China: An Introduction*, ed. Jerome A. Cohen(Cambridge, Mass.: Harvard University Press, 1968), pp. 62~70 가운데 p. 62. 토비 E. 하프, 『사회 · 법 체계로 본 근대 과학사 강의』, 김병순 옮김, 모티브 북, 서울, 2008년, p. 416에서 재인용.

147) 토비 E. 하프, 『사회 · 법 체계로 본 근대 과학사 강의』, 김병순 옮김, 모티브 북, 서울, 2008년, p. 417.

148) Ibid., p. 417.

149) 서양의 자연법은 무엇보다도 이탈리아, 프랑스, 독일 사이의 차이를 뛰어넘는 너 높은 차원의 법 개념을 말한다. 이 개념은 바로 이러한 지역 차이를 뛰어넘기 때문에 보편적이고 본질적이라고 말할 수 있다. 막스 베버가 말한 것처럼 중국에서는 "신성하고 영원한 자연의 법칙은 오직 먼 옛날부터 검증된 신성한 의식과 신비한 효능의 형태로, 그리고 조상의 신위를 신성하게 받들어 모시는 의무의 형태로만 존재했다. 근대 서양의 특징 가운데 자연법이 발전할 수 있었던 것은 서양의 기존의 법을 합리화할 수 있는 토대로서 이미 로마법을 가지고 있었기 때문이다." *The Religion of China*, Hans Gerth, 영문 번역(New York: Free Press, 1951), p. 158. Ibid., p. 418에서 재인용.

150) *Escarra, Chinese Law*, pp. 108~109. Ibid., p. 424에서 재인용.

151) Bodde, 'Basic Concepts' , p. 171. Ibid., p. 426에서 재인용.

152) Ibid., pp. 425~426.

153) Ibid., pp. 432~433.

154) 제임스 E. 매클렐란 3세 · 해럴드 도른 공저, 『과학과 기술로 본 세계사 강의』(전대호 옮김, 모티브북, 2006년), p. 218.

155) 토비 E. 하프, 『사회 · 법 체계로 본 근대 과학사 강의』, 김병순 옮김, 모티브 북, 서울, 2008년, p. 433.

156) Ibid., pp. 433~434.

157) Ibid., p. 434.

158) Balazs, *Chinese Civilization and Bureaucracy*, pp. 143~147. Ibid., p. 439에서 재인용.

159) 20세기 근대 교육이 실시 되기 전, 중국과 우리나라 교육에서 종합적인 학문 과정을 끝마쳤다는 것을 증명하는 졸업장이 없다.

160) Lee, *Government Education*; W. Franke, *The Reform and Abolition of the Traditional Chinese Examination System*(Cambridge, Mass.: Harvard University Press, 1963), p. 8. Ibid., p. 438에서 재인용.

161) Hajime Nakamura, *Ways of Thinking of Eastern Peoples*, 개정판, 영문 번역, Philip P. Wiener(Honolulu: East West Center, 1964), p. 188; Fung Yu-lan, *A History of Chinese Philosophy*, 2권, De가 Bodde, 영문 번역(Princeton, N. J.: Princeton University Press, 1968), 1, pp. 193~194과 pp. 257~258. Ibid., p. 439에서 재인용.

162) Bodde, *Chinese* Thought, p. 178. Ibid., p. 439에서 재인용.

163) Bodde, *Chinese* Thought, p. 179. Ibid., p. 439에서 재인용.

164) Bodde, *Chinese* Thought, p. 307. Ibid., p. 452에서 재인용.

165) Franke, *Reform*, p. 13; Bodde, *Chinese Thought*, p. 185, p. 193. Ibid., p. 444에서 재인용.

166) Ibid., p. 72에서 재인용.

167) 위의 책. p. 212. Ibid., p. 74에서 재인용.

168) Ibid., p. 74.

169) 이슬람 세계의 의학에 대해 더 알고자 한다면 토비 E. 하프의 책 5장을 참조. 중세 유럽인들의 해부에 대해서는 Roger French, *Dissection and Vivisection in the European Renaissance*(Aldershot: Ashgate, 1999) 참조. Ibid., p. 98에서 재인용.

170) 같은 쪽 참조, 또한 이 책 3장 이하 참조. Ibid., pp. 79~80에서 재인용.

171) Ibid., p. 80.

172) Benjamin Nelson, *The Idea of Usury: From Tribal Brotherhood to Universal Otherhood*, 2d, 증보판, ed. (Chicago: University of Chicago Press, 1969). Ibid., p. 81에서 재인용.

173) Ibid., p. 81.

174) Nelson, *On the Roads to Modernity*, p. 11. Ibid., p. 82에서 재인용.

175) Ibid., p. 82.

176) Nelson, *On the Roads to Modernity*, pp. 98~99. Ibid., p. 83에서 재인용.

177) Ibid., p. 83.

178) Nelson의 앞의 책, p. 133. Ibid., p. 84에서 재인용.

179) Nelson의 앞의 책. Ibid., p. 84에서 재인용.

180) Ibid., pp. 84~85.

181) Ibid., p. 334.

182) Ibid., p. 335.

183) Benjamin Nelson, *On the Roads to Modernity*, ed. Toby Huff(Totowa, N. J.: Rowman and Littlefield, 1981), p. 99. Ibid., p. 336에서 재인용.

184) 이 용어는 넬슨이 쓴 말이다. *On the Roads to Modernity*, p. 178 참조. Ibid., p. 349에서 재인용.

185) Ibid., p. 349.

186) Needham, *SCC* 5/5, p. xxvi. Ibid., p. 76에서 재인용.

187) Ibid., p. 77.

188) Ibid., pp. 87~88.

189) Ibid., p. 507.

제6장

1) A. N. 화이트헤드 『과학과 근대세계』, 오영환 옮김, 서광사, 1989, p. 29.

2) Murray, Reason and Society, 7장, 더 자세한 연구는 Alfred Crosby, *The Measurement of Reality: Quantification and Western Society, 1250~1600*(New York: Cambridge University Press, 1994) 참조. 토비 E. 하프, 『사회 · 법 체계로 본 근대 과학사 강의』, 김병순 옮김, 모티브 북, 서울, 2008년, p. 538에서 재인용.

3) Murray, 위의 책, p. 168. 토비 E. 하프, 『사회 · 법 체계로 본 근대 과학사 강의』, 김병순 옮김, 모티브 북, 서울, 2008년, p. 538에서 재인용.

4) 토비 E. 하프, 『사회 · 법 체계로 본 근대 과학사 강의』, 김병순 옮김, 모티브 북, 서울, 2008년, p. 538.

5) Edward Grant, 'Cosmology', in *Science in the Middle Ages*, pp. 264~302. Ibid., p. 538에서 재인용.

6) Ibid., p. 540.

7) 에드워드 그랜트, 『중세의 과학』, 홍성욱, 김영식 옮김, 民音社, 1992년, p. 35.

8) Ibid., p. 35.

9) Ibid., p. 37.

10) Ibid., pp. 39~40.

11) 토비 E. 하프, 『사회 · 법 체계로 본 근대 과학사 강의』, 김병순 옮김, 모티브 북, 서울, 2008년, pp. 117~118.

12) Ibid., pp. 118~119.

13) 벤저민 넬슨은 "코페르니쿠스 가설을 둘러싼 투쟁과 관련된 근본 문제는 어떤 특정한 과학 이론이 입증되었느냐 아니냐가 아니라, 결국 일반인들이 성서의 권위를 가지고 해석하는 사람들의 간섭을 받지 않고 진실 또는 확신을 공식적으로 말할 수 있느냐 없느냐였다."고 말한다. 이것을 좀 더 기술적으로 말하면 코페르니쿠스의 새로운 세계 체계가 제기한 중심 문제는 "수리 천문학자들이 자연철학으로 자신의 주장을 말할 수 있는" 권리였다.

14) Robert S. Westman, "Proof, Poetics, and Patronage: Copernicus's Preface to *De*

revolutionibus", in *Reappraisals of the Scientific Revolution*, ed. David C.. Lindberg and Robert S. Westman(New York: Cambridge University Press, 1990), p. 170. Ibid., p. 508에서 재인용.

15) Herbert Butterfield, *The Origins of Modern Science, 1300~1800*, 개정판(New York: Free Press, 1957), p. 13. Ibid., p. 508에서 재인용.

16) Owen Gingerich, "From Copernicus to Kepler: Heliocentrism as Model and as Reality", *Proceedings of the American Philisophical Society* 117, no. 6(1973), pp. 513~522 가운데 p. 520, Ibid., p. 509에서 재인용.

17) 이미지출처: 제임스E. 매클렐란 3세 · 해럴드 도른 공저, 『과학과 기술로 본 세계사 강의』(전대호 옮김, 모티브book, 2006년), p. 321.

18) 토비 E. 하프, 『사회 · 법 체계로 본 근대 과학사 강의』, 김병순 옮김, 모티브 북, 서울, 2008년, p. 532.

19) Ibid., pp. 541~542.

20) Ibid., p. 543.

21) Ibid., p. 543.

22) N. Jardine, *The Birth of History and Philosophy of Science: Kepler's "A Defense of Tycho Against Ursus" with Essays on Its Provenance and Significance*(New York: Cambridge University Press, 1984), p. 144f. 케플러의 『변명』에 얽힌 뒷이야기는 Edward Rosen, *Three Imperial Mathematicians: Kepler Between Tycho Brahe and Ursus*(New York: Abaris Books, 1985) 참조. Ibid., p. 547에서 재인용.

23) Jardine, *The Birth*, p. 144. Ibid., p. 547에서 재인용.

24) 에드워드 그랜트, 『중세의 과학』, 홍성욱, 김영식 옮김, 民音社, 1992년, p. 140.

25) Ibid., p. 141.

26) F. 클렘, 『기술의 역사』, 이필렬 옮김, 미래사, 1992년, p. 49.

27) 토비 E. 하프, 『사회 · 법 체계로 본 근대 과학사 강의』, 김병순 옮김, 모티브 북, 서울, 2008년, p. 554.

28) 유명론(唯名論)은 보편이 우선해서 존재한다고 하는 실념론과 달리 개체가 우선해서 존재한다고 생각하는 철학 사조이다. 유명론을 큰 학파로 형성시킨 오컴이며 그는 경험주의를 바탕으로 당시 옥스퍼드에서 과학적 연구를 신학 · 철학에 응용하여 새로운 경험과학의 길을 열었다. 그는 참된 명제는 직접 명료하게 증명되지 않으면 안되며, 추상적 인식은 그 대상의 존재 여부를 확인하지 못하으므로 확인되는 것은 특수한 개체의 인식뿐이라고 주장하였다. 뷔리당은 오컴주의에 근거하여 자연 연구에 종사했고 타성의 원리를 발견하였다. 이러한 의미에서 그는 근대 역학(力學)의 개조이다. 유명론은 스콜라학의 한계를 넘어서 근대과학 · 근대사상의 길을 준비했다.

29) F. 클렘, 『기술의 역사』, 이필렬 옮김, 미래사, 1992년, pp. 49~50

30) Ibid., p. 50.

31) 에드워드 그랜트, 『중세의 과학』, 홍성욱, 김영식 옮김, 民音社, 1992년, p. 131.

32) F. 클렘, 『기술의 역사』, 이필렬 옮김, 미래사, 1992년, p. 55.

33) Ibid., pp. 55~56.
34) Ibid., p. 69.
35) Ibid., pp. 71~72.
36) Ibid., pp. 70~71.
37) Ibid., p. 74.
38) Ibid., pp. 74~75.
39) Ibid., pp. 75~76.
40) Ibid., p. 76.
41) Ibid., p. 86.
42) Ibid., pp. 69~70.
43) 이미지출처: 제임스E. 매클렐란 3세 · 해럴드 도른 공저, 『과학과 기술로 본 세계사 강의』(전대호 옮김, 모티브book, 2006년), p. 301.
44) F. 클렘, 『기술의 역사』, 이필렬 옮김, 미래사, 1992년, pp. 81.
45) B. Rathgen, "Die Pulverwaffe in Indien: die europäische Herkunft derselben", *Ostasiatische Zeitschrift*, xii(1925), 11~30; H. Goetz, "Das Aufkommen der Feuerwaffen in Indien", ibid. 226~229. 이 책의 제3장 주 147 참조. 린 화이트 Jr. 『중세의 기술과 사회 변화』, 강일휴 옮김, 지식의 풍경, 2005, p. 254에서 재인용.
46) M. Salmi, *Disegni di Francesco di Giorgio nella Collezione Chigi Saracini*(Siena, 1947), I. figs, 13, 14. 그리고 연대에 대해서는 p. 43을 참조할 것. Ibid., pp. 251~252에서 재인용.
47) A. von Essenwien, *Quellen zur Geschichte der Feuerwaffen*(Leipzig, 1872), 25는 1429년에 씌여진 Munich State Library, Cod. germ. 4902, Konrad Kauder' s Feuerwerkbuch가 낟알 화약을 언급하고 있다고 주장한다. Ibid., p. 255에서 재인용
48) 토비 E. 하프, 『사회 · 법 체계로 본 근대 과학사 강의』, 김병순 옮김, 모티브 북, 서울, 2008년, p. 527.
49) Ibid., p. 527.
50) Ibid., p. 398.
51) Ibid., p. 156.
52) 자크 르고프, 『서양 중세 문명』 개정판, 유희수 옮김, 문학과지성사, 서울, 2008년, p. 145.
53) 에드워드 그랜트, 『중세의 과학』, 홍성욱, 김영식 옮김, 民音社, 1992년, p. 41.
54) Ibid., p. 42.
55) 이 책들을 파리 대학의 교과목(과 독서 계획)으로 채택한 규칙은 Edward Grant, ed., *A Source Book of Medieval Science*(Cambridge, Mass.: Harvard University Press, 1974), p. 43f에 번역되어 있다. 토비 E. 하프, 『사회 · 법 체계로 본 근대 과학사 강의』, 김병순 옮김, 모티브 북, 서울, 2008년, p. 527에서 재인용.
56) Ibid., p. 527.

57) *The Complete Works of Aristotle*, 개정판, Oxford 영문 번역, ed. Jonathan Barnes(Princeton, N. J.: Princeton University Press, 1984), 1, p. 315. Ibid., p. 528에서 재인용.

58) A. C. Crombie, "Sources of Galileo' s Early Natural Philosophy", in *Reason, Experiment, and Mysticism in the Scientific Revolution*, ed. R. Bonelli and William Shea(New York: Science History Publications, 1975), pp. 157~174 가운데 p. 158. Ibid., p. 528에서 재인용.

59) Ibid., p. 528.

60) Grant, 'Science and Theology', pp. 55~59; "The Condemnation of 1277, God' s Absolute Power, and Physical Thought in the Late Middle Ages", Viator 10(1979), pp. 211~244 참조. 이 주장은 갈릴레오와 근대 과학에 앞서 활동한 선구자들의 중요성을 역설한 피에르 뒤앙Pierre Duhem의 주장과 일치하지만, 그렇다고 뒤앙이 말한 대로 1277년 유죄판결 사건이 근대 과학의 '탄생일' 이라는 데는 동의하지 않는다. 뒤앙의 이런 주장에 대해 더 자세한 것은 Nelson, *On the Roads to Modernity*, pp. 126~128 참조. Ibid., p. 531에서 재인용.

61) Ibid., p. 528.

62) Tina Stiefel, " 'Impious Men' : Twelfth-Century Attempts to Apply Dialectic to the World of Nature", in *Science and Technology in Medieval Society*, ed. Pamela Long(New York: New York Academy of Sciences, 1985), pp. 187~188; Stiefel, *The Intellectual Revolution in Twelfth-Century Europe*(New York: St. Martin' s Press, 1985), 1~3장 참조. Ibid., p. 529에서 재인용.

63) Nelson, *On the Roads to Modernity*, 9장; Lynn White, Jr., *Machina Ex D대*(Cambridge, Mass,:MIT Press, 1968), pp. 100~101; White, *Medieval Technology and Social Change*(Oxford: Oxford University Press, 1962), p. 125, p. 174 주석 5번 참조. Ibid., p. 529에서 재인용.

64) Ibid., p. 529.

65) Ibid., p. 529.

66) Knoll, 'The Arts Faculty' , p. 140. Ibid., p. 545에서 재인용.

67) 당시 기독교 교리와 성직자들의 해석이 오히려 창조신앙을 제한하고 있었다.

68) 토비 E. 하프, 『사회 · 법 체계로 본 근대 과학사 강의』, 김병순 옮김, 모티브 북, 서울, 2008년, p. 545.

69) Ibid., p. 535.

70) 11세기 말에서 12세기에 걸쳐 중세도시운동의 과정 중에 발생한 주민의 서약단체이다. 코뮌운동은 프랑스에서는 먼저 플랑드르의 캉브레에서 시작되었으며(1070), 12세기에 북프랑스 일대에 집중적으 코뮌을 성립시켰다(랑, 아미앵, 스와송 등). 이는 당시의 사회적 변모에 합치되지 않는 영주권을 배제하고 사회질서를 유지하려는 의도에 바탕을 두고, 철저한 단결과 상호부조를 서약한 주민의 공동체이다. 왕 또는 영주의 인가에 의하여 독립된 시장과 시참사회원을 선출하여, 그 밑에 재판 기

관을 구성하고, 스스로 영주권과 군사력을 보유하였다.

71) F. 클렘, 『기술의 역사』, 이필렬 옮김, 미래사, 1992년, p. 122.

72) 10세기의 상업(商業)의 부활(復活)에서 16세기의 지리상(地理上)의 발견(發見)에 이르기까지의 이탈리아의 여러 도시와 동방(東方)과의 무역을 말한다. 그러나 15세기에 들어와 오스만 투르크의 진출과 영국, 피렌체의 레반트 무역의 가담으로 베네치아의 독점은 무너졌으며, 1498년의 바스코 다 가마의 신항로 발견에 의한 동인도 무역의 등장으로 완전히 그 의의를 잃었다.

73) 한자 동맹 Hanseatic League 한자란 상권 확보를 위한 제도시 · 제상인 단체간에 맺어진 동맹이다. 목적은 북구 일대의 무역을 독점하고 해외에서의 동맹 제도시의 거래상 이익을 보장하는 데 있었다. 이를 위해서 제도시 대표가 모이는 한자 회의가 있어 상품 보호, 해상권의 확립 등을 의결했다. 13세기 뤼벡, 함부르크를 중심으로 결성된 '한자동맹' 이 대표적이다. 이들은 유럽 북반의 통상을 독점하고, 해군도 보유하여 봉건 제후 · 국왕 등과 대항할 만큼 위세를 드러내었고, 14 15세기에는 동맹 도시가 100개나 되었다. 그러나 절대주의 국가의 성립, 신대륙의 발견에 의한 경제권의 이동 등으로 17세기 초두에 쇠퇴했다.

74) E.H. Gombrich, The Story of Art, 서양미술사, 백승길, 이종승역, 예경, 2007, p. 229.

75) F. 클렘, 『기술의 역사』, 이필렬 옮김, 미래사, 1992년, p. 93.

76) Ibid., pp. 93~95.

77) Ibid., p. 95.

78) Ibid., p. 99.

79) Ibid., p. 104.

80) Ibid., pp. 105~107.

81) Ibid., pp. 112~113.

82) Ibid., p. 105.

83) Ibid., pp. 119~120.

84) Ibid., pp. 119~120.

85) Ibid., p. 120.

86) E.H. Gombrich, The Storyof Art, 서양미술사, 백승길.이종승역, 예경, 서울, 2007, p. 293~294.

87) 제임스 E. 매클렐란 3세 · 해럴드 도른 공저, 『과학과 기술로 본 세계사 강의』(전대호 옮김, 모티브북, 2006년), p. 312.

88) Ibid., pp. 312~313.

89) Ibid., p. 313.

90) Ibid., p. 313.

91) Haskins, *The Renaissance*; Hatings Rashdall, *The Universities of Europe*(Oxford: Oxford University Press, 1964); Alexander Murray, *Reason and Society in the Middle Ages*(Oxford: At the Clarendon Press, 1978); M. D. Chenu, *Nature, Man,*

and Society in the Twelfth Century(Chicago: University of Chicago Press, 1968); Harold Berman, *Law and Revolution: The Formation of the Western Legal Tradition*(Cambridge, Mass.: Harvard University Press, 1983), 다수. 토비 E. 하프, 『사회 · 법 체계로 본 근대 과학사 강의』, 김병순 옮김, 모티브 북, 서울, 2008년, p. 166에서 재인용.

92) 토비 E. 하프, 『사회 · 법 체계로 본 근대 과학사 강의』, 김병순 옮김, 모티브 북, 서울, 2008년, pp. 165~166.

93) Chenu, *Nature, Man, and Society*, p. 60ff; 근대파mordeni라는 용어의 용례는 Tina Stiefel, *The Intellectual Revolution in Twelfth-Century Europe*(New York: St. Martin' s, 1985), p. 22 참조; Edward Grant, 'Science and the Medieval University', in *Rebirth, Reform, and Resilience: Universities in Transition, 1300~1700*, ed. James M. Kittleson and Pamela J. Transue(Columbus: Ohio State University Press, 1984), pp. 68~102 가운데 p. 85. Ibid., p. 166에서 재인용.

94) Plato, *The Timaeus*(Jowett 영문 번역)를 Chenu, *Nature*, Man, and Society, p. 57, 주석 15번에서 인용. Ibid., p. 168에서 재인용.

95) Ibid., p. 168.

96) Chenu, *Nature, Man, and Society*, p. 41에서 인용. Ibid., p. 169에서 재인용.

97) Chenu, *Nature, Man, and Society*, p. 7, 주석 10번에서 인용. Ibid., p. 170에서 재인용.

98) Tina Stiefel, "Science, Reason, and Faith in the Twelfth Century: The Cosmologists' Attack on Tadition", *Journal of European Studies* 6(1976), p. 4. Ibid., p. 170에서 재인용.

99) Ibid., p. 170.

100) Chenu, *Nature, Man, and Society*, p. 17, 주석 34번에서 인용. Ibid., p. 170에서 재인용.

101) 벤저민 넬슨은 여러 편의 논문에서 중세 시대에 '세계 기계' 라는 개념의 중요성을 강조했다. Benjamin Nelson, *On the Roads to Modernity*, ed. Toby Huff(Totowa, N. J.: Rowman and Littlefield, 1981), p. 190과 p. 197 주석 6번을 특히 참조. 또한 Lynn White, Jr., *Machina Ex Deo*(Cambridge Mass.: MIT Press, 1968); 같은 저자, *Medieval Technology and Social Change*(Oxford: Oxford University Press, 1962), p. 105와 p. 174 주선 5번 참조. Ibid., p. 171에서 재인용.

102) 서양 세계가 이런 개념에, 특히 자연법 개념에서 도달하는 데 16세기와 17세기까지 기다려야 했다는 견해는 그 후의 연구에서 사실이 아닌 것으로 판명이 났다. Zilsel, "The Genesis of the Concept of Physical Law", *The Philosophical Review* 51(1942), pp. 245~279 가운데 특히 pp. 255~258; Zilsel, "The Sociological Roots of Science", pp. 544~562 가운데 특히 pp. 255~258; Zilsel, "The Sociological Roots of Science", pp. 544~562를 Stiefel, *The Intellectual Revolution in Twelfth-Century Europe*; Chenu, *Nature, Man, and Society*, 1장과 2장; Dijksterhuis, *The*

Mechanization of the World Picture(London: Oxford Universitp Press, 1961), pp. 119~125와 비교해 보라. 질셀은 샤르트르의 플라톤주의자와 아벨라르, 바스의 애덜라드, 릴의 알랭Alain of Lille과 같은 중요 인물을 다루지 않는다. 그리스 사상에서 자연법 개념의 발전에 대한 최근의 연구는 Helmut Koester, "Nomos and Physeôs: The Concept of natural Law in Greek Thought", in *Religions on Antiquity: Essays in Memory of E. R. Goodenough*, ed. Jacob Neusner(Leiden: E. J. Brill, 1968), pp. 521~541 참조. Ibid., p. 171에서 재인용.

103) Ibid., p. 171.

104) Tina Stiefel, "The Heresy of Science: A Twelfth-Century Conceptual Revolution", *Isis* 68, no. 243(1977), p. 355에서 인용. Ibid., p. 172에서 재인용.

105) Chenu, *Nature, Man, and Society*, p. 12에서 인용. Ibid., p. 172에서 재인용.

106) Galileo, "Letter to the Grand Duchess Christina", in M. Finocchiaro, *The Galileo Affair: A Documentary History*(Berkeley and Los Angeles: University of California Press, 1989), p. 96. 갈릴레오는 벨라르미네Bellarmine 추기경의 동료인 바로니우스Baronius 추기경이 자기 말을 인용한 것으로 자신이 한 연구의 권위를 찾고자 했다. Ibid., p. 172에서 재인용.

107) '자연이라는 책' 의 개념에 대한 중요성은 Nelson, "Certitude, and the Books of Scripture, Nature, and Conscience", in *On the Roads to Modernity*, 9장 참조. Ibid., p. 173에서 재인용.

108) Stiefel, "Science, Reason, and Faith in the Twelfth Century", p. 3에서 인용. Ibid., p. 174에서 재인용.

109) E.H. Gombrich, The Story of Art, 서양미술사, 백승길, 이종숭역, 예경, 서울, 2007, p. 240.

110) 토비 E. 하프, 『사회 · 법 체계로 본 근대 과학사 강의』, 김병순 옮김, 모티브 북, 서울, 2008년, p. 177.

111) Chenu, *Nature, Man, and Society* 참조. Ibid., p. 178에서 재인용.

112) Ibid., p. 178.

113) 이 주제로 쓴 논문은 매우 많다. 매우 정선된 서지학적 개관은 다음을 참조: Eric D'Arcy, *Conscience and Its Right to Freedom*(New York: Sheed and Ward, 1961); Michael Baylor, *Action and Person: Conscience in Late Scholasticism and the Young Luther*(Leiden: E. J. Brill, 1977); K. E. Kirk, *Conscience and Its Problems: An Introduction to Casuistry*(London: Longmans, Green, 1927); John McNeill, A History of the Cure of Souls(New York: Harper, 1964); M. D. Chenu, *L'éveil de la conscience dans la civilisation médiévale*(Paris: J. Vrin, 1969); D. E. Luscombe, "Natural Morality and Natural Law", in *Cambridge History of Later Medieval Philosophy*(New York: Cambridge University Press, 1982), pp. 705~719. 이 문제에 대한 유용한 개괄적 설명은 Benjamin Nelson, 'Casuistry', in *Encyclopedia Britannica* 5(1968), pp. 51~52 참조., 우리는 신약의 바울 서신에서

양심이라는 단어를 “마음의 평안과 자책의 원천이 될 수 있는 자신의 과거 행동과 그 동기를 증명하고 판단하는 인간 내면의 성찰”이라는 개념과 연관해서 찾아볼 수 있다. Ibid., p. 179에서 재인용.

114) Ibid., p. 196.

115) Ibid., p. 197.

116) 스털링 P. 램프레히트 『서양 철학사』, 김태길 외 2명 옮김, 을유문화사, Seoul, 1992, p. 275.

117) Ibid., p. 278.

118) Ibid., p. 280.

119) E.H. Gombrich, The Story of Art, 서양미술사, 백승길, 이종숭역, 예경, 성ㄹ, 2007, p. 300~301.

120) A. N. 화이트헤드 『과학과 근대세계』, 오영환 옮김, 서광사, 1989, p. 29.

121) Ibid., pp. 29~30.

122) Stiefel, *The Intellectual Revolution*, p. 3. 토비 E. 하프, 『사회 · 법 체계로 본 근대 과학사 강의』, 김병순 옮김, 모티브 북, 서울, 2008년, p. 177에서 재인용.

123) 이것이 새로운 의식 구조에 끼친 영향에 대해서는 Benjamin Nelson, *On the Roads to Modernity*, 3~4장, 12장 참조. Ibid., p. 557에서 재인용.

124) 스털링 P. 램프레히트 『서양 철학사』, 김태길 외 2명 옮김, 을유문화사, Seoul, 1992, p. 304.

제7장

1) F. 클렘, 『기술의 역사』, 이필렬 옮김, 미래사, 1992년, p. 136.

2) 스털링 P. 램프레히트 『서양 철학사』, 김태길 외 2명 옮김, 을유문화사, Seoul, 1992, p. 301.

3) 1245년부터 파리 대학의 교수로 강의하였다. 이 시기 그의 제자로는 훗날 위대한 신학자가 된 성 토마스 데 아퀴노(Thomas de Aquino, 1월 28일)가 있었다. 그는 성서와 신학 일반은 물론 설교, 논리학, 형이상학, 윤리학, 물리학까지 두루 섭렵하였으며 그의 관심은 천문학, 화학, 생물학, 인간과 동물의 생리학, 지리학, 지질학 그리고 식물학에까지 미쳤다. 그는 특히 인간 이성의 자율성과 감각-경험으로 얻는 지식의 유효성 및 조직 신학에서 아리스토텔레스 철학의 가치 확립 등이 돋보인다. 토마스 데 아퀴노는 그의 학문을 완성한 신학자이다.

4) 스털링 P. 램프레히트 『서양 철학사』, 김태길 외 2명 옮김, 을유문화사, Seoul, 1992, pp. 301~302.

5) J. H. Randall, *Making of the Modern Mind*, 개정판(Boston, Houghton Mifflin, 1940), p. 221에서 인용. Ibid., p. 302에서 재인용.

6) 『성찰록(省察錄; *Meditations*)』, 제 2 부 마지막 단절(段節). Ibid., p. 302에서 재인용.

7) Ibid., p. 303.

8) Ibid., p. 303.

9) Ibid., p. 303.

10) 제임스 E. 매클렐란 3세 · 해럴드 도른 공저, 『과학과 기술로 본 세계사 강의』(전대호 옮김, 모티브북, 2006년), p. 316.

11) 스털링 P. 램프레히트 『서양 철학사』, 김태길 외 2명 옮김, 을유문화사, Seoul, 1992, p. 296.

12) 제임스 E. 매클렐란 3세 · 해럴드 도른 공저, 『과학과 기술로 본 세계사 강의』(전대호 옮김, 모티브북, 2006년), p. 319.

13) Nelson, 'The Early Modern Revolution' , in *On The Roads to Modernity*, p. 133. 토비 E. 하프, 『사회 · 법 체계로 본 근대 과학사 강의』, 김병순 옮김, 모티브 북, 서울, 2008년, p. 535에서 재인용.

14) 제임스 E. 매클렐란 3세 · 해럴드 도른 공저, 『과학과 기술로 본 세계사 강의』(전대호 옮김, 모티브북, 2006년), p. 333.

15) Ibid., pp. 332~333.

16) Ibid., p. 333.

17) Ibid., p. 335.

18) Ibid., p. 336.

19) Ibid., p. 337.

20) Ibid., p. 338.

21) 스털링 P. 램프레히트 『서양 철학사』, 김태길 외 2명 옮김, 을유문화사, Seoul, 1992, p. 390.

22) *Principia*, 초판에 대한 뉴턴의 서문을 볼 것. H. S. Thayer편 『뉴턴의 자연 철학(*Newton's Philosophy of Nature*)』(New York, Hafner, 1953, p. 10). Ibid., p. 390에서 재인용.

23) Ibid., p. 390.

24) Ibid., p. 391.

25) E.H. Gombrich, The Story of Art, 서양미술사, 예경, 서울, 2007, p. 430

26) 그는 창조의 시기를 성경의 서술에 의해서 상당히 정확하게 정할 수가 있으며 그것은 그리스도보다 수천 년 전에 불과하다고 상상하였다. 스털링 P. 램프레히트 『서양 철학사』, 김태길 외 2명 옮김, 을유문화사, Seoul, 1992, p. 393에서 재인용.

27) 스털링 P. 램프레히트 『서양 철학사』, 김태길 외 2명 옮김, 을유문화사, Seoul, 1992, p. 393.

28) Ibid., p. 394.

29) 소련과학아카데미편 홍성욱 역, 세계기술사, 원시시대에서 산업혁명까지, 동지 서울 1990, p. 187.
30) Ibid., p. 188.
31) F. 클렘, 『기술의 역사』, 이필렬 옮김, 미래사, 1992년, p. 129.
32) 스털링 P. 램프레히트 『서양 철학사』, 김태길 외 2명 옮김, 을유문화사, Seoul, 1992, p. 402.
33) F. 클렘, 『기술의 역사』, 이필렬 옮김, 미래사, 1992년, p. 140.
34) Ibid., pp. 136~137.
35) Ibid., p. 141.
36) Ibid., pp. 141~142.
37) Ibid., p. 142.
38) 소련과학아카데미편 홍성욱 역, 세계기술사, 원시시대에서 산업혁명까지, 동지 서울 1990, p. 187.
39) F. 클렘, 『기술의 역사』, 이필렬 옮김, 미래사, 1992년, pp. 132~133.
40) Ibid., pp. 133~134.
41) Ibid., p. 135.
42) Ibid., p. 135.
43) E.H. Gombrich, The Story of Art, 서양미술사 백승길,이종숭 역, 예경, 서울 2007, p. 392~393.
44) 스털링 P. 램프레히트 『서양 철학사』, 김태길 외 2명 옮김, 을유문화사, Seoul, 1992, p. 295.
45) Ibid., p. 296.
46) F. 클렘, 『기술의 역사』, 이필렬 옮김, 미래사, 1992년, pp. 147~148.
47) Ibid., pp. 149~150.
48) Ibid., p. 150.
49) Ibid., p. 150.
50) Ibid., p. 151.
51) Ibid., pp. 151~153.
52) Ibid., p. 154.
53) Ibid., pp. 154~155.
54) Ibid., p. 156.
55) Ibid., pp. 161~162.
56) F. 클렘, 『기술의 역사』, 이필렬 옮김, 미래사, 1992년, p. 162.
57) 소련과학아카데미편 홍성욱 역, 세계기술사, 원시시대에서 산업혁명까지, 동지 서울 1990, p. 159.
58) Ibid., p. 160.
59) Ibid., p. 160.
60) Ibid., p. 161.

61) Ibid., pp. 171~172.
62) Ibid., p. 163.
63) Ibid., pp. 163~164.
64) Ibid., pp. 165~166.
65) Ibid., p. 169.
66) Ibid., p. 170.
67) Ibid., p. 170.
68) Ibid., p. 170.
69) Ibid., pp. 171~172.
70) Ibid., pp. 190~191.
71) Ibid., p. 189.
72) Ibid., p. 192.
73) Ibid., pp. 189~190.
74) Ibid., p. 192.
75) 스털링 P. 램프레히트『서양 철학사』, 김태길 외 2명 옮김, 을유문화사, Seoul, 1992, p. 293.
76) Ibid., p. 298.
77) E.H. Gombrich, The Story of Art, 서양미술사, 백승길,이종숭역, 예경, 서울, 2007, p. 447.
78) 새뮤얼 이녹 스텀프, 제이스 피저, 『소크라테스에서 포스트모더니즘까지』(이광래 옮김, 열린 책들, 2005년), p. 326.
79) Ibid., p. 328.
80) Ibid., pp. 331~332.
81) Ibid., pp. 331~332.
82) Ibid., p. 333.
83) Ibid., p. 335.
84) Ibid., p. 335.
85) 스털링 P. 램프레히트『서양 철학사』, 김태길 외 2명 옮김, 을유문화사, Seoul, 1992, pp. 379~380.
86) Ibid., p. 380.
87) Ibid., p. 307.
88) 데카르트는『방법 서설』에서도 네 가지 규칙을 정했는데, 그것들을 관찰하는 데 있어서 단 한 번도 실패하지 않는 확고부동한 해결책을 갖는다면 그것들은 완전무결한 것이라고 믿었다. 첫째, 내가 참인 줄 분명하게 알지 못했던 것은 결코 참이라고 받아들이지 말라. 추호의 의심도 없이 분명하게 나의 정신에 제시되는 것 외에 나의 판단 속에 어떤 다른 것도 포함시키지 말라. 둘째, 검토 중인 어려운 문제들을 각각 가능한 한, 그리고 타당한 해답을 얻는 데 필요한 만큼 작은 부분으로 나누어라. 셋째 가장 단순하고 쉬운 대상들에서 시작해서 점차 더욱 복잡한 대상으로 나의 사유

를 진행하라. 넷째, 모든 경우에 빠진 것이 아무것도 없음을 확신할 수 있도록 완벽하게 열거하고 전체적으로 재검토하라. 새뮤얼 이녹 스텀프, 제이스 피저, 『소크라테스에서 포스트모더니즘까지』(이광래 옮김, 열린 책들, 2005년), p. 354.

89) Rule 4. 이 점에 관한 데카르트의 더 상세한 논의는, E. S. H밍뭍과 G. R. T. Ross가 편찬한 *The Philosophical Works of Descartes*(Cambridge, Cambridge University Press), 제 1 권, pp. 10~13 참조. 스털링 P. 램프레히트 『서양 철학사』, 김태길 외 2명 옮김, 을유문화사, Seoul, 1992, p. 308에서 재인용.

90) 새뮤얼 이녹 스텀프, 제이스 피저, 『소크라테스에서 포스트모더니즘까지』(이광래 옮김, 열린 책들, 2005년), p. 347.

91) E.H. Gombrich, The Story of Art, 서양미술사, 백승길,이종숭역, 예경, 서울, 2007, p. 452, 459.

92) 스털링 P. 램프레히트 『서양 철학사』, 김태길 외 2명 옮김, 을유문화사, Seoul, 1992, p. 483.

93) Ibid., p. 402.

94) Ibid., p. 406.

95) 흄은 『인간 본성에 관한 논고』의 서문에서 '인간 과학은 유일하게 다른 모든 과학을 뒷받침하는 과학' 으로 '체험과 관찰' 이라는 경험적 방법에 의해 연구되는 과학이라고 주창하였다.

96) 새뮤얼 이녹 스텀프, 제이스 피저, 『소크라테스에서 포스트모더니즘까지』(이광래 옮김, 열린 책들, 2005년), pp. 412~413.

97) 스털링 P. 램프레히트 『서양 철학사』, 김태길 외 2명 옮김, 을유문화사, Seoul, 1992, pp. 485~486.

98) Ibid., pp. 486~487.

99) Ibid., p. 487.

100) 새뮤얼 이녹 스텀프, 제이스 피저, 『소크라테스에서 포스트모더니즘까지』(이광래 옮김, 열린 책들, 2005년), p. 429.

101) Ibid., pp. 430~432.

102) Ibid., p. 429.

103) F. 클렘, 『기술의 역사』, 이필렬 옮김, 미래사, 1992년, pp. 179~180.

제8장

1) 1688년 명예혁명은 왕권신수설을 주장하던 제임스 2세를 퇴위시킴으로 영국에서 전제군주제를 폐지하고 입헌군주제를 출발점이 되었다. 1689년 의회는 권리장전을

체택하였다.

2) 소련과학아카데미 홍성욱 역, 세계기술사: 원시시대에서 산업혁명까지, 동지, 서울, 1990, p. 194.

3) Ibid., p. 194.

4) 중상주의는 유럽의 봉건 제도가 무너지는 사회 변동기에 형성되었다. 재화와 권력이 봉건 영주의 손을 떠나 국민국가로 집중되었으며 해운의 발전과 도시의 성장에 의해 기술 변화가 가속화되었고 국제 무역이 급증하였다. 중상주의는 이러한 무역에서 국가의 이득을 최대화하기 위한 수단이었다. 당시 새로 도입된 복식회계는 무역에 의한 수입과 지출을 투명하게 하였으며 이로 인해 무역 수지에 대한 정확한 조사가 가능하게 함으로써 근대적 회계 발전에 중요한 변화를 가져왔다. 중상주의는 18세기 중반까지 영향력을 행사하였으며 결국 영국에서는 산업혁명과 독점 상인들의 붕괴에 의해 프랑스에서는 프랑스 대혁명과 사회 변혁에 의해 사라지게 되었다. 독일에서는 19세기와 20세기 초반까지 중상주의적 정책이 유지되었다.

5) 강철구 '영국 면직산업의 성장과 국가의 역할' - 산업혁명과 비유럽세계의 탈산업화(http://www.pressian.com/article/article.asp?article_num=40080730114342&Section=)

6) 산업의 급성장으로 인도산 원면만으로도 부족하자 1790년대에는 이집트에서 원면을 생산하여 들여왔다. 또 19세기에 들어가서는 미국 남부지역에 영국자본의 투입으로 흑인 노예를 이용하는 대규모의 면화 플랜테이션들이 조성되기 시작했다. 이런 점에서 영국 면직산업은 식민지인과 흑인 노예들의 착취 없이는 결코 발전할 수 없었다. 강철구의 '세계사 다시 읽기' 면직산업과 원료: http://www.pressian.com/article/article.asp?article_num=40080801115822&Section=04

7) 1695년경에 수공업적 작업 전체를 과학적으로 파악하기 위해서, 아카데미의 지휘 아래 수공업적 방법과 기술 장치들을 세세한 부분까지 글과 그림으로 설명하는 '총기술일람서' 편찬 작업을 시작하였다. 1711년에 젊은 레오뮈는 시작한 이 사업은 1761년 그의 사후에 비로소 대 저작 『기능과 직업에 관한 기술(記術)』이 출판되기 시작해서 1789년까지 121개의 부분이 1천개 이상의 동판화와 함께 출판되었다.

8) 헬무트 쉬나이더, 『노동의 역사』, 한길사, Seoul, 1982 pp. 265~266.

9) Ibid., p. 266.

10) Ibid., pp. 266~267.

11) 소련과학아카데미 홍성욱역, 세계기술사: 원시시대에서 산업혁명까지, 동지, 서울, 1990, p. 204.

12) Ibid., p. 205.

13) Ibid., p. 205.

14) Ibid., p. 205.

15) 미국에서 증기기관이 쓰이기 시작한 것은 1790년부터 1800년 사이이다.

16) 소련과학아카데미 홍성욱역, 세계기술사: 원시시대에서 산업혁명까지, 동지, 서울, 1990, p. 205.

17) Ibid., p. 205.
18) http://www.vellesanlyceum.nl/geschiedenis/daens/opdrachten/rotarysteam.htm
19) 헬무트 쉬나이더, 『노동의 역사』, 한길사, Seoul, 1982 p. 265.
20) F. 클렘, 『기술의 역사』, 이필렬 옮김, 미래사, 1992년, p. 204.
21) Ibid., pp. 206~207.
22) Ibid., p. 210.
23) 출처: http://www.sflib.com/18886
24) 출처: http://www.sflib.com/18886
http://ko.wikipedia.org/wiki/%EB%A1%9C%EB%B2%84%ED%8A%B8_%ED%92%80%ED%84%B4
25) 운하의 소유주들은 외륜의 물갈퀴판이 일으키는 파도가 운하의 제방을 파괴한다는 이유로 기선의 운하 취항에 반대하였다.
26) F. 클렘, 『기술의 역사』, 이필렬 옮김, 미래사, 1992, pp. 203~204.
27) 헬무트 쉬나이더, 『노동의 역사』, 한길사, Seoul, 1982, p. 256.
28) F. 클렘, 『기술의 역사』, 이필렬 옮김, 미래사, 1992, p. 204.
29) Ibid., p. 206.
30) A. N. 화이트헤드 『과학과 근대세계』, 오영환 옮김, 서광사, 1989, p. 158.
31) 빌 브라이슨, 『거의 모든 것의 역사』, 이덕환 옮김, 까치, 2003, p. 129.
32) Ibid., p. 129.
33) F. 클렘, 『기술의 역사』, 이필렬 옮김, 미래사, 1992년, p. 184.
34) Ibid., pp. 197~198.
35) Ibid., p. 224.
36) Ibid., p. 224.
37) Ibid., pp. 224~225.
38) Ibid., pp. 225~226.
39) Ibid., p. 227.
40) Ibid., p. 181.
41) Ibid., pp. 223~224.
42) Ibid., p. 180.
43) 테사 모리스 스즈키 저, 박영무 역, 일본기술의 변천, 한승, 1998, 서울), p. 96.
44) Ibid., p. 96.
45) Ibid., p. 97.
46) 헬무트 쉬나이더, 『노동의 역사』, 한길사, Seoul, 1982 pp. 281~282.
47) Ibid., p. 271.
48) http://en.wikipedia.org/wiki/Luddite
49) 헬무트 쉬나이더, 『노동의 역사』, 한길사, Seoul, 1982 pp. 271~272.
50) F. 클렘, 『기술의 역사』, 이필렬 옮김, 미래사, 1992년, pp. 215~216.
51) 헬무트 쉬나이더, 『노동의 역사』, 한길사, Seoul, 1982 pp. 306~307.

52) 이 운동의 현상적인 수단을 이운동의 가장 중요한 목적으로 왜곡하여 설명하는 것은 이 운동의 본질을 이해하지 못한 잘못된 해석이다. 자기들의 존립을 위협받고 있던 수공업자들이 새로운 기계를 파괴했다는 주장은 당시 운동의 규모에서 가장 컸던, 노팅엄셔를 중심으로 전개되었던 양말편물업자들의 운동에 관한 한 옳지 않다. 양말편직기계는 산업혁명이 시작되기 훨씬 이전부터 이미 도입되어 있었기 때문이다. 양말편물공들이 맞서서 싸웠던 것은 새로운 기계 때문이 아니라 임금을 삭감시키는 미숙련노동자의 채용, 값이 떨어지는 자투리천의 생산, 몇몇 노동자가 덤핑임금을 받는 현상, 기계임대료의 인상 때문이었다. 당시는 이미 기계를 사용하여 제품을 생산하고 있었으며 기계나 싸구려 제품을 파괴하는 사태는 기업주와 노동자들 간에 협의가 이루어지지 않았을 때 최종적 압력수단으로 선택적으로 행사되었다. Ibid., pp. 307~308.

53) Ibid., p. 308.

54) 열 한 명의 사망자와 4백 명이 넘는 부상자(그 가운데 1/3은 군도에 찔린 사람들이었고, 약 1/4은 여성과 아동이었다)가 발생한 것이 군대개입의 결과였다. Ibid., p. 309.

55) 새뮤얼 이녹 스텀프, 제이스 피저, 『소크라테스에서 포스트모더니즘까지』(이광래 옮김, 열린 책들, 2005년), pp. 501~502.

56) Ibid., pp. 504~505.

57) Ibid., pp. 519~520.

58) Ibid., p. 520.

59) Ibid., pp. 522~523.

60) F. 클렘, 『기술의 역사』, 이필렬 옮김, 미래사, 1992년, pp. 183~184.

61) Ibid., p. 183.

62) Ibid., p. 219.

63) Ibid., pp. 219~220.

64) http://blog.ohmynews.com/leecm/124590

65) 스털링 P. 램프레히트 『서양 철학사』, 김태길 외 2명 옮김, 을유문화사, Seoul, 1992, pp. 545~546.

66) 새뮤얼 이녹 스텀프, 제이스 피저, 『소크라테스에서 포스트모더니즘까지』(이광래 옮김, 열린 책들, 2005년), p. 526.

67) E.H. Gombrich, The Story of Art, 서양미술사, 백승길,이종숭역, 예경, 서울, 2007, p. 510~511.

68) Ibid., p. 508~509.

69) 새뮤얼 이녹 스텀프, 제이스 피저, 『소크라테스에서 포스트모더니즘까지』(이광래 옮김, 열린 책들, 2005년), p. 567.

70) Ibid., p. 554.

71) Ibid., p. 556.

72) Ibid., pp. 558~559.

제9장

1) Lynn Gamwell, Exploring the Invisible: Art, Science, and The Spiritual, Priceton University Press, 2002, p. 44.
2) Ibid., p. 44.
3) 제임스 E. 매클렐란 3세 · 해럴드 도른 공저, 『과학과 기술로 본 세계사 강의』(전대호 옮김, 모티브북, 2006년), p. 495.
4) 성경의 창세기 1장 21절 "하나님이 큰 바다 짐승들과 물에서 번성하여 움직이는 모든 생물을 그 종류대로, 날개 있는 모든 새를 그 종류대로 창조하시니 하나님이 보시기에 좋았더라."를 무자 그대로 이해하는 신앙 전통이 당시에 지배적이었다.
5) 제임스 E. 매클렐란 3세 · 해럴드 도른 공저, 『과학과 기술로 본 세계사 강의』(전대호 옮김, 모티브북, 2006년), pp. 492~493.
6) Ibid., p. 493.
7) Ibid., p. 493.
8) Ibid., pp. 493~494.
9) Ibid., p. 494.
10) Ibid., p. 496.
11) 윌리엄 톰슨의 열역학적 업적을 기려서 섭씨온도에 273.15를 더한 값을 갖는 절대온도의 단위를 K(켈빈)으로 사용한다.
12) 제임스 E. 매클렐란 3세 · 해럴드 도른 공저, 『과학과 기술로 본 세계사 강의』(전대호 옮김, 모티브북, 2006년), p. 497.
13) Ibid., p. 497.
14) Ibid., p. 499.
15) Ibid., p. 499.
16) Ibid., pp. 499~500.
17) 근본주의 신학이 지지하는 '창조론'은 신학계에서 이미 오랫동안 논란이 되었었다. 성경의 창세기는 과학적인 언어로 쓰여진 과학책이 아니라는 주장은 이미 신학계에 널리 받아들여지고 있었다.
18) 제임스 E. 매클렐란 3세 · 해럴드 도른 공저, 『과학과 기술로 본 세계사 강의』(전대호 옮김, 모티브북, 2006년), p. 501.
19) Ibid., p. pp. 501~502.
20) Ibid., p. 502.
21) Ibid., p. 502.
22) E. H. Gombrich, The Story of Art, 서양미술사, 백승길, 이종숭 역, 예경, 서울, 2007, p. 489.
23) N. Lynton, The Story of Modern Art, 20세기의미술, 윤난지 역, 예경, 서울, 2007,

p. 13.

24) E. H. Gombrich, The Story of Art, 서양미술사, 백승길, 이종승 역, 예경, 서울, 2007, p. 488.

25) Lyton Gamwell, Exploring the invisible:Art, Science, and The Spirotual, Princeton university Press., N.J. 2002, p. 7.

26) 제임스 E. 매클렐란 3세 · 해럴드 도른 공저, 『과학과 기술로 본 세계사 강의』(전대호 옮김, 모티브북, 2006년), p. 504.

27) Ibid., p. 505.

28) Ibid., pp. 502~503.

29) 라플라스의 『개연성에 대한 철학적 에세이』(Essai philsophique sur les probabilités, 제2판, 1814), pp. 3~4., 제러미 번스틴 저, 『아이슈타인』, 서창렬 역, 시공사, 1999, p. 56에서 재인용.

30) 에테르는 데카르트가 제안하고 뉴튼이 인정한 후, 지식인들은 우주에는 안정하고, 눈에 보이지도 않으며, 질량과 마찰도 없으면서 빛을 전달하는 에테르라는 매질이 가득 차 있다고 믿었다. 에테르는 19세기 과학에서 빛이 텅 빈 공간을 어떻게 지나가는가를 설명하는데 필요한 핵심적인 개념이었다.

31) 제임스 클럭 맥스웰의 『전자기장의 역학 이론(A Dynamical Theory of the Electromagnetic Field)』『철학 회보(Philosophical Transaction)』, 155호(1865), pp. 459~512., 제러미 번스틴 저, 『아이슈타인』, 서창렬 역, 시공사, 1999, p. 64에서 재인용.

32) 뉴턴 자신은 절대 운동 상태의 구체적인 예를 들기가 어렵다는 것을 알고 있었다. 독실한 기독교적 신비론자였던 뉴턴으로서는 정지와 운동이 신의 의식 속에서 구별될 수 있다는 것만으로 충분했다. 뉴턴은 신이 자신의 역학에 필요한 절대적인 준거 좌표계를 제공한다고 믿었다. 신은 뉴턴 역학에서 절대적인 준거 좌표계를 제공한 것이다. 뉴턴의 후계자들은 대개 뉴턴 역학의 신학적 토대를 망각하고 있다. Ibid., pp. 67~68.

33) 뉴턴도 이 '절대 시간' 의 존재를 의심치 않았다. 그는 '절대 시간' 과 '상대적이고 표면적이며 일상적인 시간' 을 비교하기도하였다. 그의 상대적 시간이란 그 지속이 운동에 의해 감각적이고 외면적인 방식으로 측정되며, 일상적으로 진정한 시간 대신에 사용되는 것으로 한 시간, 하루, 한 달, 일 년 따위와 같은 것이었다. 뉴턴에게 신의 의식 속에 존재하는 '절대적' 시간이 있고 시계로 측정하는 '일상적' 시간이 있었으며 이 둘은 근본적으로는 구분되었다. Ibid., pp. 67~68.

34) 이러한 효과를 도플러 효과(Doppler effect)라고 한다. 이 현상은 1842년 오스트리아의 크리스티안 도플러가 발견한 것으로, 어떤 파동의 파동원과 관찰자의 상대 속도에 따라 진동수와 파장이 바뀌는 현상을 가리킨다. 소리와 같이 매개체를 통해 움직이는 파동에서는 관찰자와 파동원의 매개체에 대한 상대속도에 따라 효과가 변한다. 그러나 빛이나 특수상대성이론에서의 중력과 같이 매개체가 필요 없는 파동의 경우 관찰자와 파동원의 상대속도만이 도플러 효과에 영향을 미친다. 위키피디

아http://ko.wikipedia.org/

35) 앨버트 마이컬슨과 에드워드 몰리(Edward Morley)는 1887년, 현재의 케이스 웨스턴 리저브 대학교(Case Western Reserve University)에서 물리학의 역사상 가장 중요한 실험 중 하나인 마이컬슨-몰리 실험을 하였다. 이 실험의 결과는 광학적 에테르 이론을 부정하는 최초의 유력한 증거가 되었다. 이 실험은 또한 두 번째 과학 혁명(Second Scientific Revolution)의 이론적 관점의 시발점 이라고 불리기도 한다. 앨버트 마이컬슨은 이 실험으로 1907년에 노벨 물리학상을 수여 받았다. 출처: 위키백과

36) Copper, p. 208. 빌 브라이슨, 『거의 모든 것의 역사』, 이덕환 옮김, 까치, 2003, p. 133에서 재인용.

37) 하인리히 로첸츠, 『전자 이론』, p. 210., 제러미 번스틴 저, 『아이슈타인』, 서창렬 역, 시공사, 1999, p. 83에서 재인용

38) 앞에 소개한 쉴프의 책, p. 35., 제러미 번스틴 저, 『아이슈타인』, 서창렬 역, 시공사, 1999, p. 82에서 재인용.

39) 제러미 번스틴 저, 『아이슈타인』, 서창렬 역, 시공사, 1999, pp. 85~86.

40) 아인슈타인이 쓴 논문의 모든 영어 번역은 별도로 표시하지 않는 한 『상대성 이론』(The Principle of Relativity)에서 발췌한 것들이다. 이 부분은 아인슈타인의 1905년 논문, p. 39에 나와 있다. Ibid., p. 88에서 재인용.

41) Ibid., pp. 88~89.

42) 이 가설에 따르면 광원을 행하여 초속 100km로 다가가는 관측자에게나 광원으로 초속 100km이 속도로 멀어지는 관측자에게 빛의 속도는 초속 30만 km로 관측된다는 것이다. 뉴톤 역학에서 설명하는 속도의 상대성 원리 즉 상대 속도의 원리에 반하는 것으로서 일반적인 상식을 벗어난다. 상대성원리와 상대성 이론을 혼동하지 않아야 한다.

43) 이에 대해서는 직접적인 실험 증거를 제시할 수 있다. 가장 극적인 예는 서로의 주위 궤도를 도는 한 쌍의 별들인 '이중성(double star)' 에서 나오는 별빛에서 찾을 수 있다. 이 이중성의 운동 궤도 안에는 이 별이 지구쪽으로 움직이는 부분과 지구에서 멀어지는 부분이 있을 게 분명하다. 만약 궤도상의 이 두 부분에서 나온 빛의 속도가 서로 다르다면, 우리는 이 움직이는 별에 대한 여러 종류의 '유령' 의 상(像)들을 목격할 수 있을 것이다. 말하자면, 한 별이 동시에 두 장소에서 눈에 띨 수도 있을 것이다. 그러나 이러한 상(像)들은 관측되지 않는다. 바로 이 사실이 이 원리에 대한 확실한 증거인 것이다. 움직이는 광원에서 나온 빛은 그 색깔이 변한다.- 이른바 도플러 변화(Doppler shift)-는 사실은 잘 알려져 있다.

44) Lynn Gamwell, Exploring the Invisible: Art, Sciencem and The Spiritual, Princeton University Press, 2002, p. 287.

45) 제러미 번스틴 저, 『아이슈타인』, 서창렬 역, 시공사, 1999, p. 96.

46) Ibid., pp. 172~173.

47) Ibid., p. 173.

48) Ibid., p. 176.
49) Ibid., pp. 194~195.
50) 빌 브라이슨, 『거의 모든 것의 역사』, 이덕환 옮김, 까치, 2003, p. 140.
51) Ibid., p. 140.
52) Lynn Gamwell, Exploring the Invisible: Art, Science and The Spiritual, Princeton University Press, N.J. 2002, p. 274.
53) Fontana, "Technical Manifesto"(1951), in Lucio Fontana, ed. 뚜갸채 Crispolti and Rosella Siligato(Milan:Electa, 1998), p. 174, Ibid., p. 275에서 재인용
54) 이 강연 전문이 『상대성 이론』에 실려 있다. 이 구절은 p. 75에 있다. 제러미 번스틴 저, 『아이슈타인』, 서창렬 역, 시공사, 1999, p. 148에서 재인용.
55) 제러미 번스틴 저, 『아이슈타인』, 서창렬 역, 시공사, 1999, pp. 148~149.
56) 흑체(黑體, black body)는 표면에 부딪히는 모든 복사를 흡수하는 이다. 이러한 흑체가 빛을 내보내는 것을 흑체 복사(black body radiation)라고 한다. 흑체 복사 에너지는 절대온도의 4제곱에 비례한다.
57) 양형진, 양자역학 산책 물리학과 첨단기술 April 2006 p. 47.
58) Ibid., p. 47.
59) 프리초프 카프라, 『새로운 과학과 문명의 전환』, 구윤서, 이성범 옮김, 범양사, 2007년, pp. 6~7.
60) Ibid., p. 7.
61) Lynn Gamwell, Exploring the Invisible: Art, Science and The Spiritual, Princeton University Press, N.J. 2002, p. 286.
62) Ibid., p. 287.
63) Ferris, *Coming of Age in the Milky Way*, p. 288. 빌 브라이슨, 『거의 모든 것의 역사』, 이덕환 옮김, 까치, 2003, p. 159에서 재인용.
64) David H. Freedman, form 'Quantum Liaisons', *Mysteries of Life and the Universe*, p. 137. Ibid., p. 159에서 재인용.
65) Lynn Gamwell, Exploring the InvisibleL: Art, Science and The Spiritual, Princeton University Press, 2002,. pp. 284~285.
66) 양형진, 양자역학 산책 물리학과 첨단기술 April 2006 p. 48.
67) Ibid., p. 48.
68) 보어를 중심으로 한 코펜하겐 학파는 모든 에너지는 양자quanta라고 하는 불연속 다발로 이루어져 있으며 물질은 점입자 표현되지만 입자가 발견될 확률은 슈뢰딩거 파동방정식을 만족하는 파동으로 주어진다. 그리고 관측이 행해지기 전에 물체는 모든 가능한 상태에 동시에 존재한다. 이들 중 어떤 상태에 있는지 확인하려면 관측을 해야 하고, 관측행위는 물체가 특정한 상태에서 발견될 확률을 나타내는 파동함수를 붕괴시켜서 단 하나의 상태만이 관측결과로 얻어진다. 즉 관측이 행해진 후에야 물체는 확고한 실체가 된다는 가정위에 양자역학을 기술한다.
69) 논문 저자의 이름을 따서 이를 EPR 논문이라고 부른다.

70) 막스 보른의 『아인슈타인의 통계 이론(Einstein' s Statistical Theory)』. 제러미 번스틴 저, 『아이슈타인』, 서창렬 역, 시공사, 1999, p. 272에서 재인용.
71) 양형진, 양자역학 산책 물리학과 첨단기술 April 2006 p. 49.
72) 프리초프 카프라, 『새로운 과학과 문명의 전환』, 구윤서, 이성범 옮김, 범양사, 2007년, p. 9.
73) Ibid., p. 9.
74) Ibid., p. 7.
75) 제러미 번스틴 저, 『아이슈타인』, 서창렬 역, 시공사, 1999, pp. 269~270.
76) 동양의 정신문화가 서구 기술 문명의 문제점을 치유하고 미래 인류 문화의 진정한 대안으로 고려되기 위해서는 넘어서야 할 중요한 고비가 있다. 그것은 바로 현대 과학적 시각에 의해 엄격한 검토를 받아야 한다는 점이다. 이는 현대 과학의 시각을 통해 이것이 지닌 긍정적 성격에 대한 확인을 받음과 동시에 그 부정적 측면에 대한 비판을 수행함으로써 기존의 동양문명에 의한 서구 문명의 단순한 교체가 아니라 이들을 융합한 보다 우월한 새 문명 형성의 계기로 삼아야 할 것이기 때문이다., 장익회, 『삶과 온 생명: 새 과학 문화의 모색』, 솔, Seoul, 1998, p. 43.
77) 에른스트 페터 피셔, 『사람이 알아야 할 모든 것 인간』, 박규호 옮김, 들녘, 2005년, p. 76.
78) E. W. Kolb and M. S. Turner, 'The Early Universe', Frontiers in Phys. 69 (1990).
79) 즉 양성자의 전하가 양(+)인 반면 반입자인 반양성자의 전하는 음(−)이고, 전자의 전하가 음(−)인 반면에 그에 해당하는 반입자인 양전자의 전하는 양(+)이다.
80) 새뮤얼 이녹 스텀프, 제이스 피저, 『소크라테스에서 포스트모더니즘까지』(이광래 옮김, 열린 책들, 2005년), p. 587.
81) Ibid., p. 589.
82) Ibid., p. 611.
83) Ibid., pp. 607~608.
84) Ibid., p. 608.
85) Ibid., p.612.
86) Ibid., p. 617.
87) Nobert Lyton, The Story of Modern Art, 20세기의 미술, 윤난지역, 예경, 서울, 2007, p. 83~84.
88) Ibid., p. 83~84.
89) 새뮤얼 이녹 스텀프, 제이스 피저, 『소크라테스에서 포스트모더니즘까지』(이광래 옮김, 열린 책들, 2005년), pp. 617~618.
90) Ibid., pp. 618~619.
91) Ibid., pp. 619~620.
92) Ibid., pp. 621~622.
93) Ibid., p. 622.
94) Norbert Lynton, The Story of Modern Art, 20세기의 미수르 윤난지 역,(예경, 서

울, 2007), pp. 220~224.

95) Ibid., p. 24.

96) Ibid., pp. 220~224.

97) 새뮤얼 이녹 스텀프, 제이스 피저, 『소크라테스에서 포스트모더니즘까지』(이광래 옮김, 열린 책들, 2005년), p. 623.

98) Ibid., pp. 628~629.

99) Ibid., p. 633.

100) 스털링 P. 램프레히트 『서양 철학사』, 김태길 외 2명 옮김, 을유문화사, Seoul, 1992, p. 577.

101) Ibid., p. 576.

102) Lynn Gamwell, Exploring the Invisible: Art, Science, and The Spiritual,(Princeton University Press, Princeton, 2002) p. 236.

103) Ibid., p. 236.

104) Ibid., p. 236.

105) Ibid., pp. 240~241.

제10장

1) 우리나라의 전력산업은 1887년 3월 6일 경복궁후원 건청궁(乾淸宮)에서 최초의 전등을 점화시킨 7kW 발전기로 시작되었다. 1879년 에디슨이 인류 최초의 전구를 발명한 지 8년 만이다. 이후 1900년 4월 10일 민간에 최초로 전력이 공급되었으며, 이 날을 기념하기 위해 매년 4월 10일을 '전기의 날' 로 지정하였다. 손 윤 태 · 전력거래소 수요시장팀장 '전력산업의 개황' , KEPCO

2) 1838년에 『미국 과학지』에 나온 벤자민 실리만(Benjamin Silliman)의 실험과 그로닝엔의 화학 교수 스트라팅(S. Stratingh)이 1835년에 제작했던 작은 전자기차이다.

3) F. 클렘, 『기술의 역사』, 이필렬 옮김, 미래사, 1992년, p. 246.

4) Ibid., pp. 248~249.

5) Ibid., p. 249.

6) Ibid., pp. 249~250.

7) http://en.wikipedia.org/wiki/Eiffel_Tower

8) F. 클렘, 『기술의 역사』, 이필렬 옮김, 미래사, 1992년, p. 240.

9) Ibid., pp. 240~241.

10) Ibid., pp. 243~244.

11) Taylor's Testimony before the Special House Committe, Ferederick W. Taylor,

Scientific Management, New York and London, 1947, p. 111. 해리 브레이버맨 저,『노동과 독점자본』, 이한주, 강남훈 역, 까치, 1989, p. 104에서 재인용.

12) 해리 브레이버맨 저,『노동과 독점자본』, 이한주, 강남훈 역, 까치, 1989, p. 95.

13) Taylor's Testimony before the Special House Committe, Ferederick W. Taylor, Scientific Management, New York and London, 1947, p. 36. Ibid., p. 105에서 재인용.

14) 테일러가 이것이 과학적 관리의 핵심이라고 생각하여 강조하였다. Ibid., p. 105에서 재인용.

15) Taylor's Testimony before the Special House Committe, Ferederick W. Taylor, Scientific Management, New York and London, 1947, 1903, p. 105., Ibid., p. 110에서 재인용.

16) Taylor's Testimony before the Special House Committe, Ferederick W. Taylor, Scientific Management, New York and London, 1947, 1967, pp. 63, 39., Ibid., p. 110에서 재인용.

17) Ibid., pp. 110~111.

18) 프랑스는 루이 14세의 국무장관이었던 콜베르로부터 시작되는 작업에 대한 과학적 연구의 오랜 전통을 갖고 있다. 이 전통은 군사공학자였던 보방이나 벨리도르, 특히 노동에서의 동작의 생리학적 연구로 유명한 쿨롱 등을 포함하여, 그을린 종이 실린더를 이용해서 작업현상을 그래프로 기록하는 방법을 발명한 마레를 거쳐, 테일러와 동시대인이었던 앙리 페이올에 이르러 그 절정에 달하게 된다. 그는 저서「일반 관리와 산업관리(General and Industrial Management)」에서 경영에 체계적으로 근접함으로써 모든 기업의 통제의 확보를 목표로 하는 일련의 원칙들을 제시하였다.

19) Ibid., p. 85.

20) 테일러는 자신이 목형공(木型工)과 기계공의 도제로서 4년 동안 근무하였기 때문에 그의 공장관행에 대한 파악은 탁월한 것이었다.

21) Ibid., pp. 85~86.

22) http://en.wikipedia.org/wiki/File:Charlie_Chaplin_-_Modern_Times_(mechanics_scene).jpg

23) Peter F. Drucker, The Practice of Management, New York, 1954. p. 280. Ibid., p. 83에서 재인용.

24) F. 클렘,『기술의 역사』, 이필렬 옮김, 미래사, 1992년, p. 268.

25) 컨베이어 벨트에 의한 재료 투입의 기계화도 미국에서 시작되었다. 컨베이어 벨트는 60년대말에 시카고의 대규모 도살장에서 처음으로 사용되었다. 80년대에 그것은 통조림생산에 도입되었다. 1890년에 미국에서 사람들은 철도 제어기 제작을 위한 주물을 돌아가는 판 위에서 생산했다. Ibid., p. 235.

26) Ibid., pp. 236~237.

27) Ibid., p. 237.

28) 해리 브레이버맨 저, 『노동과 독점자본』, 이한주, 강남훈 역, 까치, 1989, p. 132.

29) 포디즘(Fordism)은 새로운 사회조직형태를 대변하였다. 사회조직에서는 산업생산이 인간과 기계부품으로 구성되고 그 자체로서 일종의 초월적 기계(Super-machine)이었다(Wollen, 1989:8). 노동자들의 소외와 지루함을 가져온 고도로 기계화된 이 시스템은 찰리 채플린(Charlie Chaplin)의 풍자적 영화 '모던타임즈(Modern Times, 1936)' 의 대상이 되었다. 채플린은 테일러화된 노동자 역을 하였다. 거대한 기계 속에서 단지 톱니바퀴와 같이 자신의 기계적인 일을 일정하게 반복하면서 미쳐간다. 심지어 여가시간에도 자신을 분리시키지 못하고, 그는 기계의 볼트처럼 코와 단추를 단단하게 하도록 강요된다. 채플린이 물리적으로 기계에 빨려 들어가는 그 영화의 유명한 이미지는 테일러리즘과 인간의 가치에 대한 가장 강력한 비판의 하나가 되었다.

30) Norbert Lynton, The Sory of Moern Art, 윤난지 역 20세기의 미술, (예경, 서울, 2007), p. 190.

31) http://ko.wikipedia.org/wiki/%ED%9E%88%EB%A1%9C%EC%8B%9C%EB%A7%88%EC%99%80_%EB%82%98%EA%B0%80%EC%82%AC%ED%82%A4%EC%9D%98_%EC%9B%90%EC%9E%90_%ED%8F%AD%ED%83%84_%ED%88%AC%ED%95%98

32) 핵이 인류에 미치는 위협을 상징적으로 나타내기 위하여, 미국의 핵무기 개발 계획에 참여했던 아인슈타인을 비롯한 시카고대학의 과학자들이 격월로 발간하는 『The Bulletin of The Atomic scientists』은 1947년부터 발행될 때마다 전 세계의 핵상황을 분석해 분침을 조정하는 핵 시계를 운영하고 있다. 1947년 처음 등장했을 때 분침이 자정 7분전, 11시 53분에 맞추어져 있었는데 자정이 곧 핵으로 인한 지구의 멸망을 의미한다.

33) 위키백과 http://ko.wikipedia.org/wiki/%EC%9A%B4%EB%AA%85%EC%9D%98_%EB%82%A0_%EC%8B%9C%EA%B3%84

34) 예컨대, 맨하탄 계획의 경험은 과학자가 선의로 제안한 것도 거대한 프로젝트로 화하면 이미 과학자의 손을 벗어나 독점과 군부의 지휘 하에 들어가 버린다는 것을 보여 주었으며, 동시에 과학자 자신이 원폭제조에 참가했다는 것과 틀림없는 사실이었으므로 그들은 심각한 자기반성을 하게 되었던 것이다. 특히 전후 1947년 국제세포학회에서의 생물병기 금지 성명을 필두로 원자물리학자를 중심으로 한 피그오슈 회의, 원수폭 금지운동에 과학자의 적극적인 참가, 한국전쟁에서의 미국의 세균병기의 사용에 대한 항의 성명 등 전쟁 수행에 과학을 이용하는 것을 저지하는 행동으로까지 전개되었다.

35) 과학자와기술자의 사회적 책임을 환기시키는 성명들이 발표되었다. 대표적인 것으로 러셀-아인슈타인 성명과 1948년 세계 과학자 연맹 선언이 있다.

36) 게리가드너 외 '오늘날의 소비' , The Worldwatch Institute, 생태사회연구소 역, 지구환경보고서 2004, p. 40.

37) Ibid., p. 41.

38) Ibid., p. 41.
39) Ibid., p. 44.
40) Ibid., p. 45.
41) Ibid., p. 45.
42) 자넷 L. 사윈, 바람직한 에너지, The Worldwatch Institute, 생태사회연구소 역, 지구환경보고서 2004, p. 76.
43) 이에 비해 자동차를 만드는데 필요한 총 자원은 최종 산물인 자동차의 두 배 밖에 안 된다. Ibid., p. 76.
44) Ibid., p. 76.
45) 미국은 산업국 가운데 바젤협약을 인준하지 않은 유일한 나라이다. 최근에는 수출 규제 대상에서 죄외되기까지 하였다. Basel Action Network(BAN)and SVTC, Exporting Harm:The High-Tech Trashing of Asia(Seattle, WA and San Jose, CA: Feburary 2002), note 4, pp. 2~3, 7~8, 12~13, 28, Ibid., p. 77에서 재인용
46) 2002년 유럽연합 의회는 두 종류의 '확대 생산자 책임제' 를 도입했으며, 이로써 전자제품업체들은 유해물질을 사용하지 말아야 하며, 전자 폐기물의 처리 및 재활용에 대해 책임을 지게 되었다. Ibid., p. 77.
47) 대기 상층부에 형성된 이산화탄소층이 태양에서 오는 단파장의 복사 에너지는 투과 사켜서 지구로 유입시키고 지구에서 나오는 장파장의 복사에너지는 투과시키지 않음으로 지구 복사 에너지가 지구 밖으로 유출되는 것을 막는다. 이러한 현상은 비닐 혹은 유리 온실에서 나타나는 형상과 유사하므로 붙여진 이름이다.
48) 북반구의 연평균 기온이 가장 최근에 1~2℃이상 상승한 것은 1만 5000년 전이다. 더구나 간빙기 온도상승기에 기온이 4℃ 상승하는 데 5000년이 걸렸다는 것을 감안하면, 21세기 중에 2℃이상 상승하리라는 예측은 지적한 대로 인류가 50만년 전에 출현한 이래 한번도 겪어보지 못한 급변이다.(Culver & Rawson 2000).
49) 가장 최근의 기후변화에 관한 정부간 패널(IPCC) 평가 보고서에 나타난 시나리오에 따르면, 2100년에 이산화탄소 농도는 540~970ppm, 즉 2000년 수준보다 46~262% 늘어난 수치까지 증가할 것으로 예측되고 있다(Houghton et al. 2001). 이런 농도는 다른 온실가스의 농도 증가와 상승작용을 일으켜 지구 전체에 평균 4~9W/㎡의 영향을 가하고, 그 결과 지표면 평균 온도가 양 1.4~5.8℃ 올라갈 것이다. 이때 최저치인 1.4℃는 그나마 받아들일 만하지만 최고치인 5.8℃라면 실로 걱정되는 기후변화가 된다.
50) 자넷 L. 사윈, 바람직한 에너지, The Worldwatch Institute, 생태사회연구소 역, 지구환경보고서 2004, p. 73.
51) Ibid., p. 73.
52) Ibid., p. 74.
53) http://article.joinsmsn.com/news/article/article.asp?total_id=6190869&cloc=olink|article|default
54) 소스타인 베블런, 한성안 역, 유한 계급론, The Theory of the Leisure Class, (지만

지 고전 천줄, 서울, 2008), p. 31.

55) Ibid., p. 74.

56) 도르테 절레,『사랑과 노동』, 박재순 역(한국신학연구소, 1992), p. 199.

57) 유한 계급은 자신의 부를 입증하기위하여 시간을 사용한다. 유행 지식과 에티켓, 적절한 문화 예술 감상, 죽은 언어에 대한 철자법과 문법 배우기, 비실용적 동물의 사육, 등 시간이 들지만 사회의 물질적 복지에는 기여하지 않는 기타 활동에 시간을 사용한다. 소스타인 베블런, 한성안 역, 유한 계급론, The Theory of the Leisure Class, (지만지 고전 천줄, 서울, 2008), p. 45.

58) E.H. 곰브리치, 백승길, 이종승 역, 서양미술사, (도서출판 예경, 서울, 2007). p. 564.

59) 칼 야스퍼스,『역사의 기원과 목표』, 백승균 옮김, 1986, Seoul, p. 205.

60) Ibid., p. 206.

61) Ibid., pp. 691~692.

62) Ibid., pp. 691~692.

63) 칼 야스퍼스,『역사의 기원과 목표』, 백승균 옮김, 1986, Seoul, p. 222.

64) Ibid., p. 231.

65) Norbert Lynton, The Sory of Moern Art, 윤난지 역 20세기의 미술, (예경, 서울, 2007), p. 97.

66) Ibid., p. 98.

67) Ibid., p. 97.

68) E.H. 곰브리치, 백승길, 이종승 역, 서양미술사, (도서출판 예경, 서울, 2007). 558

69) Ibid., p. 560.

70) Ibid., p. 560.

71) Ibid., p. 560.

72) A. Murphia and J. Potts, Culture and Technlogy, Palgrave Macmillan, 2003, p. 50.

73) Jencks, Charles, What is Post-Modernism? 3rd edn, Lomdon: St Martin' s Press, p. 25, Ibid., p. 51에서 재인용

74) Ibid., p. 51.

75) 이들의 유토피아는 아직 실현되지 않았다. 새로운 건축은 오히려 고급 주택화되었으며 빈민층이 아니라 중산층의 편리한 삶의 도구가 되었다.

제11장

1) http://ko.wikipedia.org/wiki/%ED%8C%8C%EC%9D%BC:Satsuma-samurai-during-boshin-war-period.jpg

2) 테사 모리스 스즈키, 박영무역,『일본기술의 변천』, 한승, 1998, 서울, p. 37.
3) R. J Samuels,:Rich Nation Strong Army - National Security and the Technoligical Transformation of Japan", Cornell University Press, Ithaca NY, 1994에서 샤무엘슨은 일본의 기술민족주의를 자세히 분석 하였다.
4) 테사 모리스 스즈키, 박영무역 ,『일본기술의 변천』, 한승, 1998, 서울, p. 255.
5) Ibid., p. 257.
6) 이 회사는 패전 후 라이켄 산업제국이 분해되면서 성장한 민간기업인이다.
7) Ibid., p. 269~270.
8) Ibid., p. 274~275.
9) Ibid., p. 275.
10) Han Gempatsu jiten Hensan Inkai, ed., han Gempatsu Jiten, vol.1, p. 75 Illustrated by Hashimoto Masaru, (c) Gendai Shokan, Ibid., p. 234 재인용
11) Ibid., p. 276.
12) 미국에 있어서 원자력발전용을 포함하는 동력로의 개발에 대한 기대가 싹트기 시작한 것은 1950년 이후의 일이었다. 1951년 12월 일리노이주 알곤국립연구소(ANL)의 과학자들은 아이다호주 아이다호폴스 국립원자로시험장(NRTS)에서 소형의 고속증식실험로(EBR-1: 전기출력 100kW)를 완성시켜, 소규모이긴 하지만 원자력발전에 성공했다. 아이젠하워 통령은 원자력위원회에 함정용동력로 개발계획의 추진과 함께 발전로개발계획에도 적극적으로 대처하도록 하였다. 이에 따라 원자력의 평화적이용환경을 정비하기 위해, 1946년에 정해진 원자력법의 개정에 착수했다. 아이젠하워 대통령 자신이 1953년 12월 8일의 UN총회에서「평화를 위한 원자력」정책을 발표하였다.
13) Ibid., p. 278.
14) Saito M., Gijutsu kaihatsu ron: Nihon no gijutsu kaihasu mekanizumu to seisaku, Tokyo, Bunshindo, 1988, pp. 218~20, Ibid., p. 279.
15) S.E. Macrevay, ed. Guide to Science and Technology in the UK, London, Francis Hodgson, 1971, Ibid., p. 280.
16) T.Chida and P.N. Davies, The Japanese Shipping and shipbuilding Industries:AJistory of their Mordern Growth, London, Athlone Press, 1990, p. 110, Ibid., p. 283.
17) T.Chida and P.N. Davies, The Japanese Shipping and shipbuilding Industries:AJistory of their Mordern Growth, London, Athlone Press, 1990, pp. 111~113.
18) K.Jones, Politics vs Economics in World Steㄷl Trade, London, Allen and Unwin, 1986, p. 63, Ibid., p. 285.
19) R. J Samuels,: Rich Nation Strong Army - National Security and the Technoligical Transformation of Japan", Cornell University Press, Ithaca NY, 1994, p. 33.

20) 미국을 위시한 서구 자본주의 선진국들은 기술혁신은 국가의 간섭 없이 기업을 중심으로 이루어 지는 것으로 보고 있다. 그러나 서구 자본주의 발전 과정을 고찰하면 중농주의, 중상주의, 산업혁명, 독점자본주의 제국주의의 단계로 이행 과정에서 그 시대를 대표하는 국가 권력이 주도적이거나 적어도 기업과 적극적 동반관계에 있었다. 대표적인 예로 반국가적 조직이었던 영국의 동인도 회사를 들 수 있다.
21) R. J Samuels,: Rich Nation Strong Army - National Security and the Technoligical Transformation of Japan", Cornell University Press, Ithaca NY, 1994, p. 340.
22) Ibid., p. 34.
23) Ibid., p. 34.
24) Ibid., p. 339.
25) M.A. Barnhart, Japan Papers for Total War: The Search for Economic Security, 1919~1941, (Cornell University Press, Ithaca, NY, 1987) p. 273, R. J Samuels,: Rich Nation Strong Army - National Security and the Technoligical Transformation of Japan", Cornell University Press, Ithaca NY, 1994, p. 341에서 재인용
26) Fortune Magazine, April 1944, p. 309, R. J Samuels,: Rich Nation Strong Army - National Security and the Technoligical Transformation of Japan", Cornell University Press, Ithaca NY, 1994, p. 341에서 재인용
27) 도요타 자동차의 Just in Time 제도와 린 생산방식은 대표적인 일본식 생산방식이다.
28) OECD편 이근 외 기술과진화의 경제학 연구회 역 과학기술의 경제학,경문사, 1995, 서울, p. 49.
29) Dosi G, Technogical "Paradigms and Technogical Trajectories. The Determinants and Directions of technogical Change and The Transformation of the Economy", is Freeman, Ibid., p. 50에서 재인용
30) Ibid., p. 50.
31) Ibid., pp. 51~52.
32) Ibid., p. 53.
33) Ibid., p. 54.
34) Ibid., p. 55.
35) Ibid., p. 59.
36) Ibid., p. 63.
37) 김인수, 이진주 '기술혁신의 과정과 정책' 한국개발연구원, 1982, pp. 158-169.
38) Ibid. p. 168.
39) 조현대외 '미래전략산업 육성을 위한 차세대기술혁신방식: 분석 및 저력 제안, 과학기술정책연구원', 2005, pp. 47~49.
40) Ibid., pp. 47~49.

41) Ibid., pp. 47~49.

42) Ibid., pp. 47~49.

43) 오병일, 지식 · 문화의 확산을 위한 대안적 운동 모델, WTO/TRIPs 소프트웨어 저작권 정보공유라이선스 자유/오픈소스 소프트웨어 2004 전국도서관대회, http://ipleft.or.kr/node/2471

44) '차용과 복제' 에서 더 나아간 '재차용과 재복제' 로 당대 포스트모더니즘적 성향을 페티본은 다다와 팝아트, 회화와 사진 등 상호 대립하는 듯 보이나 그 개념적 경계가 모호한 당대 미술사조의 모순을 드로내고자 이러한 방식을 택하였으나, 이에 대해 비판적인 시각을 드러내기 보다는 오히려 기존 작가들과 소통하면서 시대의 담론에 대한 상호 비평의 기회를 만들고자 하였다. 출처: http://blog.naver.com/profile/history.nhn?blogId=invisibleimp

45) Julie E. Cohen, "A Right to Read Anonymously: A Closer Look at 'Copyright Management' in Cyberspace", Connecticut Law Review 28(996), pp. 981~139., 홍성욱, '생산력과 문화로서의 과학기술', 문학과 지성사, 서울, 1999, pp. 342~343에서 재인용.

46) 제1차 장기파동은 18세기 말에서 19세기 중반에 걸쳐 증기기관과 섬유공업에서의 기술혁신이 나타난 산업혁명기에 나타났고 제 2차 장기파동은 19세기 중반에서 19세기 말까지 철도와 제철의 기술혁신으로, 제3차 장기파동은 19세기 말에서 제 2차 대전에 이르기까지 전기와 내연기관의 혁신으로, 제 4차 장기파동은 1980년대 혹은 90년대는 극소전자기술(microelectronics)에 의해 경기변동이 나타났다.

47) 이 변화를 네오포드주의(neo fordism)이라 한다. 이는 전통적인 테일러주의, 포드주의의 단순반복적인 작업원리로부터 직무확대등을 통한 노동자의 숙련을 중시한다.

48) OECD의 과학기술정책 위원회는 지식의 유형을 정의하기 위하여 지식의 형식화 상태, 공개 상태, 소유 상태별로 지식을 구분하고 있다. 이 구분에 의하면 특허와 저작권은 형식지이며, 누구나 접근 가능하게 공개되어 있으나 지식의 사용에 비용이 수반되는 사유재이다. 그리고 과학논문은 특허와 저작권처럼 형식지이며 누구든지 접근 가능하다는 점에서는 특허지식과 속성이 동일하나, 사용에 비용이 수반되지 않는 공공재라는 점에서 차이가 있다. 영업 비밀과 전문가 공유 지식은 암묵지이고 일부에게만 한정되어 있으나 영업비밀이 사유재인 반면, 전문가 공유지식은 공공재이다.

49) 조현대외 '미래전략산업 육성을 위한 차세대기술혁신방식: 분석 및 저력 제안, 과학기술정책연구원', 2005, pp. 47~49.

50) 필자는 과학과 기술을 문화로서 구분한다. 과학은 학문으로서 존재하며 이것이 그 지역이나 공동체를 구성하는 구성원들의 삶에 문화로 구현될 때 그것은 기술이 된다. 그리고 이 기술로 형성되거나 변화된 삶의 양식을 기술문화라고 한다.

51) 쉴러(Schiller,1983), 해머링크(Hamelink,1983), 마텔라르(Mattelart, Delacourt & Mattelart, 1984) 등의 분석이다.

52) Glocalizatio이라는 용어는 1980년대 The term first appeared in the late 1980s in articles by Japanese economists in the Harvard Business Review의 일본 경제학자의 글에서 처음 제시되었다. 이 용어를 널리 소개한 사회학자 Roland Robertson는 1997년 '세계화와 토착 문화' 학술대회에서 Glocalization은 보편화와 특수화의 동시성 즉 공존이라고 설명하였다. 출처:http://en.wikipedia.org/wiki/Glocalization
53) Fukuyama, F. (1989). The end of history? The National Interest. 16, 425~453.
54) Wallerstein, I. (1991a). Geopolitics and geoculture. Cambridge: Cambridge Univ. Press., Wallerstein, I. (1991b). The national and the universal. In King. A. (ed.), Culture, globalization and the world system. London: Macmillan.
55) Jameson, F. (1991). Postmodernism or the cultural logic of late capitalism. London: Verso.
56) 강 명구, 문화제국주의론의 재검토, 성곡 논총, 1997.
57) Tomlinson, J. (1991). Cultural imperialism. A critical introduction. New York: Pinter Publishers. 강대인 역(1994) '문화제국주의' 나남.

제12장

1) 케빈 켈리 저, 『기술의 충격, What Technology wants』, 이한음 역, 민음사, 서울, 2011, pp. 317~318.
2) http://news.chosun.com/site/data/html_dir/2011/05/28/2011052800176.html
3) "http://news.chosun.com/site/data/html_dir/2011/05/28/2011052800176.html
4) Castanon J. I. (2007년). History of the use of antibiotic as growth promoters in European poultry feeds. <Poult. Sci.> 86 (11): 2466~71. PMID 17954599. doi:10.3382/ps.2007-00249.
5) 하정철, GMO 안전성 과연 문제없나 -하정철 박사, 사이언스 온, http://scienceon.hani.co.kr/?mid=media&act=dispMediaListArticles&tag=GMO%ED%8A%B9%EC%A7%91&page=3&document_srl=28705
6) 하정철의 앞의 자료
7) 특히 위험한 것은 유전자변형 작물의 게놈에 삽입된 DNA가 기존 유전자의 구조를 혼란시켜 예상할 수 없는 부작용을 초래하고 할 수 있다는 것이다. 또 목적유전자의 운반체가 게놈에 삽입된 이후 외부로 전달되거나 다른 생물체에 삽입될 가능성이 있다. 대부분의 운반체의 구성물은 매우 복잡하여 구조적으로 불안정하며 자체적인 재조합 가능성도 높다. 뿐만 아니라 목적유전자의 발현을 위해서 함께 삽입한 프로모터가 주변의 비활성 유전자의 발현을 초래하여 불안전성을 초래할 수도있다. 이러한 유전자변형 작물의 불안전성은 세대를 거침에 따라 품질관리와 추적관리를

어렵게 할 수도 있고 설사 처음에는 안전한 것으로 평가되더라도 해당 유전자가 이후 게놈 속의 다른 위치로 옮겨가게 되면 그 특성을 예측할 수 없는 새로운 생물종이 나타날 수도 있다.

8) 프랑스 깡(Caen)대학의 질레스 에릭 세랄리니(Gilles Eric Seralini) 교수는 몬산토의 생체안전성 실험 결과를 통계적으로 재분석한후 환경오염과 독성학(Archives of Environmental Contamination and Toxicology)이 그 결과를 발표하였다. 하정철의 앞의 자료

9) 하정철의 앞의 자료

10) 이 작품의 명칭인 '오토포 이에시스'는 '자율적인 생산' 혹은 '자기생산'이라는 말로 옮겨질 수 있다. 이 용어는 원래 뇌신경생리학자인 움베르토 마투라나와 프란시스코 바렐라의 것으로, 이들은 생명의 기본적 인 특성을 '오토포이에시스'라 불렀다. 그들에 따르면 생명체는 기능상 폐쇄적인 시스템을 유지하면서도 외부의 타자와는 지속적으로 에너지 교환 작용을 통해 자기를 조직화한다(Maturana and Varela 1995: 101아래). 김진엽, 이재준, 인공생명과 예술, 인문논총, 제58집, (2007), pp. 117~143.

11) 김진엽, 이재준, 인공생명과 예술, 인문논총, 제58집, (2007), pp. 117~143.

12) 하정철, GMO 안전성 과연 문제없나 -하정철 박사, 사이언스 온, http://scienceon.hani.co.kr/?mid=media&act=dispMediaListArticles&tag=GMO %ED%8A%B9%EC%A7%91&page=3&document_srl=28705

13) 크레이그 벤터(J. Craig Venter, 1946년 10월 14일 ~)는 미국의 생물학자로, 현재 크레이그 벤터 연구소를 운영하고 있다. 미국 국립보건원에 있을 때 인간 유전체 서열 해독 기술을 이용하여, 셀레라라는 회사를 만들어서, 인간유전체프로젝트의 속도를 올린 결과를 낳았다. 초기에는 인간유전체 서열을 특허화하는 사업모델을 만들었으나, 나중에 영국 생어센터에 의해 그것이 불가능해졌다. 따라서, 인간 유전체 정보를 공개했다. 최근에는 자신의 이배체 유전체 서열을 해독하여 공개하였다.

14) 하버드대학교 분자유전학자인 조지 처치(George Church)는 이른바 원세포(protocell)라는 인공세포를 합성하려고 한다. 원세포는 간단한 무기물이나 유기물로부터 자연발생적으로 조립되는 것으로 마이크로 단위의 자기조직화 능력이 있는 진화하는 유기체이다. 원세포는 인공적으로 만든 것이어서 박테리아 같은 단세포 유기체보다 더 단순하다. 스틴 라스무센(Steen Rasmussen)은 DNA 대신 완전히 인공적인 합성 뉴클레오티드인 PNA(Peptide Nucleic Acid)를 사용하여 원세포를 만들고 있다. 제이 키슬링(Jay Keasling)은 생체분자, 현재로서는 박테리아를 합성하는 연구에 초점을 두고 있다. 키슬링은 말라리아 치료 약물인 알테미신(artemisin)의 전구체인 알테미시닌(artemisinin)을 생산해내는 박테리아를 합성하는데 성공했다. 현재 그는 살충제를 분해하는 박테리아를 개발하고 있으며, 바이오 연료를 생산하는 박테리아 또한 연구하고 있다. 과련녕구의 윤리적인 문제에 대한 참고 자료들- Erik Parens, Josephine Johnston, & Jacob Moses, Ethical issues in synthetic biology: An overview of the debates, Woodrow Wilson International Center for

Scholars, 2009.-J. B. Tucker & R. A. Zilinkas, "The promise and peril of synthetic biology", The Atlantis News, spring 2006.-S. Miller & M. Selgelid, "Ethics and philosophical consideration of the dual use dilemma in the biological sciences", Science and Engineering Ethics, vol. 13, (2007), pp. 524~527, 합성생물 연구 필요, 위험감독 강화' - 오바마 위원회;(오철우), 사이언스온http://scienceon.hani.co.kr/archives/ 13111, .http://www.hellodd.com/Kr/DD_News/Article_View.asp?mark=345에선 인용

15) Presidential Commission for the Study of Bioethical Issues, New Directions: The Ethics of Synthetic Biology and Emerging Technologies, 2010.

16) 문화적 및 환경적 다양성과 인권의 보존과 지속 가능한 발전을 도모하기 위해 결성된 국제적 시민단체

17) http://www.hellodd.com/Kr/DD_News/Article_View.asp?mark=34593

18) Christopher Langton의 「인공생명」, vol. 1, no. 1, 1994, p. vii, 편집자 서문을 참조하라. 존 호건, 『과학의 종말』, 김동광 옮김, Seoul, 1997, p. 386에서 재인용.

19) 케빈 켈리 저, 『기술의 충격, What Technology wants』, 이한음 역, 민음사, 서울, 2011, p. 316.

20) Bill Joy, "Why the future doesn' t need us" "미래에 왜 우리는 필요없는 존재가 될 것인가", 『녹색평론』 제55호 2000년 11-12월

21) Ibid.

22) Ibid.

23) Norbert Lynton, The Sory of Moern Art, 윤난지 역 20세기의 미술, (예경, 서울, 2007), p. 123, 143.

24) 마틴 마티(Martin E. Marty), "A Wolf in Sheep' s Clothing", The Lutheran, 10:5(May 1997) 27. Ted Peters, 『복제의 충격과 신학의 반응』(강남대학교, 우원사상논총), p. 8에서 재인용.

25) 『양명전집(陽明全集)』 6, 「대학문 · 발(大學問 · 跋)」.

26) 『주자어류(朱子語類)』 15, 종진록(鐘震錄).

27) 『중용』, 「제1장」

28) 최재목, '인간 복제에 대한 유교의 입장', 유교와 현대의 대화 (학진출판사, 서울, 2004)

29) Ravi Ravindra et al., "Buddhists on Cloning", in *The Human Cloning Debate*, ed. Glenn McGee(Berkeley: Beverly Hill Books, 1998), 229. 강남대학교, 『우원사상논총』(제9집, 2000), p. 43에서 재인용.

30) Ravi Ravindra et al., "Buddhists on Cloning", in *The Human Cloning Debate*, ed. Glenn McGee(Berkeley: Beverly Hill Books, 1998), 228. 강남대학교, 『우원사상논총』(제9집, 2000), p. 43에서 재인용.

31) Nancy Howell, 인간복제에 대한 과학과 신학의 대화, 강남대학교, 『우원사상논총』(제9집, 2000), p. 34.

32) Carlyn Merchant의 책 *The Death of Nature: Women, Ecology, and the Scientific Revolution*(San Francisco: Harper & Row, 1980)은 근대과학의 태동기에 과학과 종교, 문화가 어떠한 변혁을 겪었는지 설명한다. 고전적인 유기적 자연관을 근세의 기계론적 자연관이 점차로 대치하였다. 이에 상응하여 자연은 거칠고 다루기 어려운 여자로 그려졌고, 자녀를 양육하는 이미지는 서서히 몰락했다. 모성적 이미지를 지닌 유기적 자연관이 개발제한을 요구한 반면에 기계론적 자연관은 자연의 조작을 허용했다. 자연을 생명체로서보다는 기계로 봄으로써 과학, 문화, 종교는 모두 자연을 통제할 수 있는 타성을 지닌 물질로 축소하기에 이르렀다는 것이다. 강남대학교, 『우원사상논총』(제9집, 2000), p. 35에서 재인용.

33) Nancy Howell, 인간복제에 대한 과학과 신학의 대화강남대학교, 『우원사상논총』(제9집, 2000), p. 35.

34) Abdulaziz Sachedina, "Human Clones: An Islamic View", in *The Human Cloning Debate*, ed, Glenn McGee(Berkeley: Beverly Hills Books, 1998), 232. 강남대학교, 『우원사상논총』(제9집, 2000), p. 44에서 재인용.

35) Abdulaziz Sachedina, "Human Clones: An Islamic View", in *The Human Cloning Debate*, ed, Glenn McGee(Berkeley: Beverly Hills Books, 1998), 233, 237~238. 강남대학교, 『우원사상논총』(제9집, 2000), 44에서 재인용.

36) Ibid.

37) 하원규 외, '유비쿼터스 IT혁명과 제3공간', 서울: 전자신문사. 2002, p. 32.

38) 황종성, '유비쿼터스 지능사회와 u-Korea전략의 모색', 2005, p. 16~17.

39) 하원규 외, '유비쿼터스 IT혁명과 제3공간', 서울: 전자신문사. 2002, p. 32.

40) 하태훈 · 강동범, '정보사회에서의 형법의 임무와 대응방안', 「정보화사회에 대비한 일반법연구(I)」, 서울 : 정보통신연구원, 1997. 6, 242면.

41) Ibid.

42) 김영환, '정보사회에 따른 법이론적 문제점－특히 형법의 귀속원리의 변화를 중심으로－', 「정보사회에 대비한 일반법연구(I)」, 서울 : 정보통신정책연구원, 1997. 6, 37면.

43) 장홍근 외 유비쿼터스 사회에서의 노동과 학습, 한국직업능력개발원 연구보고서, 2005~7, p. 12.

44) 카메라폰, 스마트카드, CCTV, RFID 등 새로운 정보기술이 지닌 감시, 통제 기능이 '감시사회' 도래를 가져올 수 있다는 점이다. Object Video, RFID 등 원격, 통합감시와 이동성을 갖춘 새로운 기술이 확산되며 실시간 감시형태로 진화되며 감시수단의 소형화. 보편화로 인해 다수에 의한 공개적 형태의 감시와 통제가 가능하게 될 것이다. 뿐만아니라 개인에 대한 감시수단이 다양해지고, 민감한 개인정보 수집으로 인한 개인의 사생활이 침해되고 자신도 모르는 사이에 RFID, LBS, 스마트카드 등 새로운 유비쿼터스 IT로 인해 개인정보 수집, 전송, 통합 등이 한층 용이해지며 정보 유출가능성이 더욱 커질 것이다.

45) 장홍근 외 유비쿼터스 사회에서의 노동과 학습, 한국직업능력개발원 연구보고서,

2005~7, p. 148.

46) Ibid. pp. 152~153.

47) Ibid. pp. 151~152.

48) 도표출처: 뉴욕타임즈(2008), 한국정보화진흥원, IT & Future Strategy: 신가치창출 엔진, 빅데이터의 새로운 가능성과 대응전략, 제 18호(2011, 12. 30)에서 재인용

49) Philip Russom 'Big Data Analytic' TDWI Research Fourth Quarter, 2011), p. 6.

50) Global Agenda Council on Emerging Technologies, 『The top 10 emerging technologies for 2012』, World Economic Forum, Feb 15th 2012.

51) 장영재, '아마존닷컴, 현대의 서점 아저씨', 『경영학 콘서트』, 비즈니스북스, (2012년), p. 119.

52) 정용찬, '빅데이터와 빅브라더', http://m.kisdi.re.kr/mobile/colm/pro_viewm?seq=270882012.06.26, ICT통계센터

53) Norbert Lynton, The Sory of Moern Art, 윤난지 역 20세기의 미술, (예경, 서울, 2007), pp. 137~138.

54) 데모크리토스 위키백과 http://ko.wikipedia.org/wiki

55) http://www.aistudy.com/physics/nanotechnology.htm

56) 고전역학에서는 장벽을 뚫고 입자가 전달될 수 없지만 양자역학에서는 장벽의 두께가 매우 작을 경우 입자의 파동성으로 인해 입자의 일부가 장벽을 뚫고 전달되는 양자 굴뚫기 현상이 발생한다. 양자 굴뚫기 현상에 의해 탐침 끝과 시료 사이에 미세한 전류가 흐르며 이 전류의 양을 분석해서 형상을 그려내는 것이 전자주사현미경이다.

57) R. P. Feynman, "There' s plenty of room at the bottom", An Invitation to Enter a New Field of Physics,

58) 사진출처:http://www.samwooemc.com/samwoo/business/01_6.asp?nmenu=1&nsubmenu=6&topmenu=2

59) 나노기술을 활용하면 기존의 물질에서는 찾아볼 수 없는 특성을 얻을 수 있고, 그것을 이용해서 우수한 제품을 생산할 수 있다. 전기전자정보통신 분야에서는 낮은 전력소모, 적은 생산 비용으로 백만 배 이상의 성능을 갖는 나노 구조의 마이크로프로세서 소자, 10배 이상의 대역폭과 높은 전달속도를 갖는 통신 시스템, 현재보다 용량은 크고 크기는 작은 대용량 정보저장장치, 대용량 정보를 수집 처리하는 집적화된 나노 센서 시스템, 정보저장, 메모리반도체, 포켓사이즈 슈퍼 로봇기술, 의료생명공학분야에서 나노 구조물을 통한 새로운 약물전달 시스템, 내구성 및 생체 친화력 있는 인공기관, 인체의 질병을 진단, 예방할 수 있는 나노센싱 시스템, 생명공학 하이브리드 시스템의 합성피부, 유전자 분석/조작, 분자공학으로 제작된 생화학적으로 분해 가능한 화학물질, 동식물의 유전자 개선, 동물에게 유전자와 약물공급, 나노 배열을 기반으로 한 분석기술을 이용한 DNA 분석기술, 환경, 에너지 분야에서, 새로운 배터리, 청정연료의 광합성, 양자태양전지, 나노미터 크기의 다공질 촉매제, 자동차산업에서 금속을 대체할 나노 입자 강화 폴리머, 무기물질, 폴리머의

나노 입자를 이용한 내마모성, 친환경성 타이어, 군수기술분야에서 무기체계의 변화(소형화, 고속, 장거리 이동능력 향상), 무인 원격무기(무인 잠수함, 무인 전투기, 원격센서시스템), 은폐(Stealth) 무기 등 나노기술은 첨단과학 분야들에 접목되어 기술과 산업 혁신을 주도할 것으로 예측된다.

60) 반도체 특성을 가지는 나노선 또는 탄소나노튜브를 전극 사이에 연결한 후, 그 표면에 검지하고 싶은 바이오 분자하고만 결합하는 특정 바이오 물질을 코팅하여 즉 특정 세균에 결합하는 항체를 나노선 표면에 고정하여 특정 세균을 검지하는 나노바이오 센서를 개발할 수 있다.

61) 빛의 산란 현상 때문에 용액 속에서 빨간 색을 띠는 금 나노입자는 DNA와 선택적인 결합으로 나노입자의 색깔 변화를 일으키므로 초고감도 유해 세균 검지, 유전자 정보 검지 등의 다양한 진단 분야에 사용될 수 있다.

62) DNA 응용 컴퓨터는 몇몇 염기서열의 DNA를 용액 속에 섞은 후 이들이 자기와 서열이 맞는 다른 DNA와 결합하도록 하여 최종적으로 결합한 결과를 보고 계산 값을 찾아내며, DNA 정보저장기술은 DNA 염기 서열을 변화하여 무수한 정보를 저장할 수 있는 DNA를 용액으로 만들면 엄청난 정보를 저장할 수 있는 기술이다.

63) http://blog.daum.net/ghksdj/15961652

64) M. Schliwa and G. Woehlke, Nature 422, 759(2003); P. Manandhar, L. Huang, J. R. Grubich, J. W. Hutchinson, P. B. Chase and S. Hong, Langmuir 21, 3213(2005); L. Huang, P. Manandhar, K.-E. Byun, P. B. Chase and S. Hong, Langmuir 22, 8635(2006); K.-E. Byun, M.-G. Kim, P. B. Chase and S. Hong, Langmuir 23, 9535(2007).; 홍승훈, 나노바이오 융합기술: 유기-무기물의 융합16 물리학과 첨단기술 April 2009, p. 19.

65) Nanoengineering News, 240(2007). 임한조, 이정일, 연구윤리와 한국의 나노과학기술, 물리학과 단기술 January/February 2008, p. 61에서 재인용

66) 임한조, 이정일, 연구윤리와 한국의 나노과학기술, 물리학과 첨단기술 January/February 2008, p. 61.

67) Nanoscience and nanotechnologies: opportunities and uncertainties, Royal Academy of Engineering London(2004). 임한조, 이정일, 연구윤리와 한국의 나노과학기술, 물리학과 단기술 January/February 2008, p. 61에서 재인용

68) http://news.donga.com/3/all/20100811/30432884/1

69) E.H, Gombrich, The Story of Art, 서야미술사, 백승길,이종숭역, 예경, 서울, 2007, p. 584.

70) http://preview.britannica.co.kr/bol/topic.asp?article_id=b16a3600a

71) http://preview.britannica.co.kr/bol/topic.asp?mtt_id=66977

72) http://news.chosun.com/site/data/html_dir/2012/05/26/2012052600552.html

73) http://www.ytn.co.kr/_pn/0934_201206230850l4255

74) Bill Joy, "Why the future doesn' t need us" "미래에 왜 우리는 필요없는 존재가 될 것인가", 『녹색평론』 제55호 2000년 11-12월호,

75) 이러한 점에 유의한 자크 엘룰(Jacques Ellul)은 현대 사회에서 과학기술의 자율성과 그 위험을 지적한다. 과학기술은 자체의 역동적인 힘에 의해 인간의 통제를 벗어나서 자율성을 가지고 움직인다는 것이다.

76) Bill Joy, "Why the future doesn' t need us" "미래에 왜 우리는 필요없는 존재가 될 것인가", 『녹색평론』 제55호 2000년 11-12월호, 이 글은 Wired 2000년 4월호에 발표된 "Why the future doesn' t need us"를 옮긴 것이다. 이 글의 필자 빌 조이(Bill Joy)는 '선 마이크로시스템스(Sun Microsystems)사' 의 대표 과학자이자 그 회사의 공동 창립자이다. 클린턴 정부에서 '정보기술에 관한 대통령 자문위원회(Presidential Information Technology Advisory Committee)' 의 공동의장을 역임하며 정보기술 유토피아에 경종을 울리는 이 글로 전 세계 과학기술자들의 관심을 모았다.

77) Bill Joy, "Why the future doesn' t need us" "미래에 왜 우리는 필요없는 존재가 될 것인가", 『녹색평론』 제55호 2000년 11-12월호,

78) 케빈 켈리 저, 『기술의 충격, What Technology wants』, 이한음 역, 민음사, 서울, 2011, pp. 317~318.

79) James Hughes. (2007) "Global Technology Regulation and Potentially Apocalyptic Technological threats." *Nanoethics: the Ethical and Social Implications of Nanotechnology*, ed. Fritz Allhoff. Hoboken, NJ: Wiley-Interscience. 케빈 켈리 저, 『기술의 충격, What Technology wants』, 이한음 역, 민음사, 서울, 2011, p. 318에서 재인용.

80) Dietram A. Scheufele. (2009) "Bund Wants Ban of Nanosilver in everyday Applications." http://nanopublic.blogspot.com/2009/12/bund-wants-ban-of-nanosilver-in.html; Wiede E. Bijker, thomas P. Hughes, et al. (1989) *The Social Construction of Technological Systems*. Cambridge, MA: MIT. 케빈 켈리 저, 『기술의 충격, What Technology wants』, 이한음 역, 민음사, 서울, 2011, p. 318에서 재인용.

81) 케빈 켈리 저, 『기술의 충격, What Technology wants』, 이한음 역, 민음사, 서울, 2011, pp. 319~320.

82) Ibid. pp. 317~318.

83) Bill Joy, "Why the future doesn' t need us" "미래에 왜 우리는 필요없는 존재가 될 것인가", 『녹색평론』 제55호 2000년 11-12월

84) 올더스 헉슬리, 『멋진 신세계』, 권세호 역(서문당, 1985).

85) 세계적인 자동차 회사 '포드' 의 창설자인 헨리 포드(Henry Ford, 1863~1947)는 이른바 '포드 시스템' 이라고 하는 조립 라인 방식에 의한 대량생산 체제에 의해 자동차를 대중화시키면서 자동차 시대의 문을 열었다. 그가 최초로 자동차를 만든 것이 1908년이기 때문에, 소설 속 AF 632년이란 AD 2540년을 가리킨다.

86) 이것은 현대 사회의 시작점을 자동차 왕 헨리 포드에서 잡는다는 의미이자, 동시에 기독교에 대한 과학기술의 궁극적인 승리를 나타내는 것이다. 인간에게 시간과 공

간을 제어하는 권력을 부여해 준 자동차라는 이 신통한 발명품의 문명사적 의미를 간파한 작가적 혜안이 아닐 수 없다.

87) 본래 한 개의 난자에서 한 사람(혹은 쌍둥이래야 많아도 네 쌍둥이)이 나오는 것이 정상적인 생식 방법이지만, 수정란을 뽀카놉스키화(化)시키면, 최대 96명까지, 동일한 유전자를 지닌 쌍둥이가 발생한다고 한다. 헉슬리의 소설에서는, 사회 엘리트 계층에 속하는 알파와 베타 이외의 피지배계층, 곧 감마, 델타, 엡씨론이 뽀카놉스키 방법에 의해 대량생산됨으로써, 상위 계급에 봉사하는 역할을 담당하고 있다.

88) Bill Joy, "Why the future doesn' t need us" "미래에 왜 우리는 필요없는 존재가 될 것인가", 『녹색평론』 제55호 2000년 11-12월호, 나는 이런 생각을 어떻게 받아들여야 하는가? 내 마음은 몹시 편치 않다. 믿을 만한 소프트웨어 시스템을 만드는데 전문가로서의 삶을 온통 바쳐온 내게, 그동안 사람들이 상상해온 것처럼 우리의 미래가 그렇게 밝은 것이 되지 않을 가능성이 매우 높게 보이는 것이다.라고 이 논문에서 쓰고 있다.

89) Norbert Lynton, The Sory of Moern Art, 윤난지 역 20세기의 미술, (예경, 서울, 2007), p. 293, 296.

90) Bill Joy, "Why the future doesn' t need us" "미래에 왜 우리는 필요없는 존재가 될 것인가", 『녹색평론』 제55호 2000년 11-12월

91) 미셸 푸코, 『감시와 처벌: 감옥의 역사』오생근 역, (나남출판, 1998).

92) 『매트릭스』는 본래 '모체', '자궁' 을 뜻하는 말로, 영화 속의 배경이 되는 가상공간을 뜻한다. 인간 두뇌의 기억을 조작하여 인간을 지배하려는 컴퓨터와 이에 저항하는 인간 간의 대결을 그린 이 영화는 워쇼스키 형제가 감독하고, 키아누 리브스 등이 주연을 맡은 1999년도 미국 작품이다.

93) 미국 럿거스 대학의 벤자민 바버(Benjamin R. Barber)는, 미국 문화의 아이콘으로 불리는 MTV와 맥도널드, 그리고 디즈니랜드가 '비트로 표출되는 소리와 비디오에 기초한 비디올로기' 가 되어 우리의 의식과 문화를 지배한다고 고발한다. 상품 자체보다는 로고에, 그리고 스타와 브랜드와 광고 이미지에 열광하는 신인류를 보노라면, 이데올로기는 가고, 비디올로기가 도래하였다는 그의 지적이 의미심장하게 다가온다. 벤자민 바버, '민주주의에 반하는 맥월드 문화', 이냐시오 라모네 등저, 『프리바토피아를 넘어서』, 최연구 역 (백의, 2003), p. 66.

94) 현대 첨단 과학기술연구는 막대한 자원과 재정을 가진 정부나 대기업의 지배하에 있다.

95) 미국 뉴욕대학의 커뮤니케이션학 교수인 닐 포스트만(Neil Postman)은 인류가 맨 처음 '도구 사용 문화' 로부터, '과학주의 문화' 로, 그리고 최근의 '테크노폴리 문화' 로 이행하였다고 분석하는데, 여기서 테크노폴리란 '맹신적 과학기술주의' 를 뜻하는 것으로, 오로지 기술진보만이 인간이 직면한 문제들을 해결할 수 있다는 믿음을 가리킨다. 이 단계에서는 과학기술이 가져다주는 정보가 인간에게 유일한 축복이며, 이를 무한정 생산 · 보급함으로써 인간이 자유와 창의성, 그리고 마음의 평화까지 얻을 수 있다는 신념이 팽배하기 때문에, 테크노폴리는 다른 말로 '전체주

의적 기술주의 문화' 라고 일컬어지기도 한다. 닐 포스트만, 『테크노폴리』, 김균 역 (민음사, 2001), p. 75.

96) 니체는 진리에의 의지를 권력에의 의지로 규정한다. 포스트 모던 학자들은 진리란 어디까지나 일정한 담론 내에서 가능한 것이며, 이런 담론 자체가 권력의 산물인 만큼, 진리에 대한 의지란 권력의 의지에 지나지 않는다고 하면서, 니체의 주장에 동의하고 있다.

97) Hans Jonas, *Das Prinzip Verantwortung. Versuch einer Ethik für die technologische Zivilisation*(Frankfurt: 1979), 250. 강성영, 『생명 · 문화 · 윤리 기독교 사회윤리학의 주제 탐구』, 한신대학교 출판부, 2006년, p. 27에서 재인용.

98) 창백한 푸른 점(Pale Blue Dot)은 보이저 1호가 찍은 지구의 사진을 부르는 명칭이다. 같은 이름의 저서 『창백한 푸른 점』에서 저자 칼 세이건은 "지구는 광활한 우주에 떠 있는 보잘것없는 존재에 불과함을 사람들에게 가르쳐 주고 싶었다."라고 밝혔다. 이런 의도로 그는 보이저 1호의 카메라를 지구쪽으로 돌릴 것을 지시했다. 많은 반대가 있었으나, 결국 지구를 포함한 6개 행성들을 찍을 수 있었고 이 사진들은 '가족 사진' 으로 이름붙여졌다. 다만 수성은 너무 밝은 태양빛에 묻혀 버렸고, 화성은 카메라에 반사된 태양광 때문에 촬영할 수 없었다. 지구 사진은 이들 중 하나이다. 위키백과

99) Bill Joy, "Why the future doesn' t need us" "미래에 왜 우리는 필요없는 존재가 될 것인가", 『녹색평론』 제55호 2000년 11-12월호

제13장

1) 마샬 맥루한(Marshall McLuhan 1911년~1980) 캐나다의 미디어 이론가이자 문화비평가. 사회사상가로서 정치, 경제, 사회, 문화 등 각 부분에서 활약하였다. 매체와 매체의 의미에 관하여 기존과는 다른 해석을 하며 미디어 비평계의 새방향을 설정한 학자이다. 1964년 『미디어의 이해』에서 '미디어는 메시지다' , '미디어는 인간의 확장' 이라는 견해를 밝혔으며 1967년에는 미디어가 인간의 촉각을 자극할 것이라는 견해를 담은 『미디어는 메시지다』를 출간하였다. '미디어는 메시지다(the medium is the message)' , '지구촌(global village)' 이라는 표현은 그의 작품이다.

2) 사이보그에 대한 혐오감만 가지 않는다면 우리는 모두 사이보그이거나 적어도 파이보그이다. 우리가 일상생활에서 어떠한 종류이건 신체활동을 보조하는 기능 장치, 이를테면 안경 · 휴대전화 · 컴퓨터 · 자동차 등에 의존하고 있기 때문이다. 이런 기능 장치를 사용하는 사람은 심각한 의미의 사이보그와 구분하기 위해 '기능적 사이보그(functional cyborg)' 또는 줄여서 '파이보그(fyborg)' 라고 부른다.

3) 『列子』『湯問』, 정재서, 사이보그 서사의 기원, 역사 그리고 비교학적 성찰,

complit.yonsei.ac.kr/data/18.hwp에서 재인용

4) 정재서, '사이보그 서사의 기원, 역사 그리고 비교학적 성찰', complit.yonsei.ac.kr/data/18.hwp

5) 산해경(山海經)은 중국 선진(先秦) 시대에 저술된 대표적인 신화집 및 지리서이다. 전국 시대부터 한대(漢代)에 걸쳐서 여러 사람에 의해서 누적 저술되었으며 남산경(南山經)에서 시작하여 해내경(海內經)까지 총 18권으로 이루어져 있다. 진(晋)나라(265~420)의 곽박(郭璞)이 기존의 자료를 모아 편찬하여 주(註)를 달았다. 본래 『산해경』은 인문지리지로 분류되었으나, 현대 신화학의 발전과 함께 신화집의 하나로 연구되고 있다.

6) 정재서, '사이보그 서사의 기원, 역사 그리고 비교학적 성찰', complit.yonsei.ac.kr/data/18.hwp에서 재인용

7) 과학사가인 니담(Joseph Needham)은 신화시대 이후 고대 중국에서의 테크놀로지에 대한 지식은 정치적 소외자들 속에서 보존되었고 주로 도교 전통 속에서 성장한 것으로 파악하였다. 초기 도교의 사제인 방사(方士)는 주술 및 고대의 기예(技藝, 테크네)를 보유한 존재였다. 『산해경』이후 테크놀로지에 대한 기록은 기원전 3-4세기 전국(戰國) 시대 것으로 여겨지는 도교관계 문헌 열자(列子)』에서 흥미로운 이야기 속에서 발견된다.

8) 『孟子』, 『梁惠王(上)』 정재서, 사이보그 서사의 기원, 역사 그리고 비교학적 성찰, complit.yonsei.ac.kr/data/18.hwp에서 재인용

9) 羅貫中, 『三國志』(삼성출판사, 1994), 김광렬 외 옮김, pp. 47~49.

10) 정윤희, 제 2의 창조 신화와 포스트휴먼 - '인조인간' 이미지를 중심으로, 독일어문학 제30집, p. 162.

11) Manfred Geier: Fake. Leben in küstlichen Welten. Mythos Literatur Wissenschaft, Reinbek 1999, S. 75. "Sie ist eine Entgegnung auf den widernatürlichen Hochmut des Menschen. […] Wie eine Schimre, in der Mechanik und Natur, Künstlichkeit und Natürlichkeit sich ununterscheidbar vermengen, spiegelt sie den Menschen ihren promethischen Frevel wider, die Natur durch schlaue Mechanismen kontrollieren zu wollen." 정윤희, 제2의 창조 신화와 포스트휴먼 - '인조인간' 이미지를 중심으로, 독일어문학 제30집, p. 166에서 재인용

12) 창세기 31장 34절 "라헬이 그 드라빔을 가져 낙타 안장 아래에 넣고 그 위에 앉은지라 라반이 그 장막에서 찾다가 찾아내지 못하매"에서 발견되는 드라비은 이 메소포타미아 지역의 신상이다.

13) 『창세기』, 제2장 26~28절

14) Lewis Mumford: Mythos der Maschine. Kultur, Technik und Macht. Volumen Ⅰ,Ⅱ, Wien 1974, S. 431. 정윤희, 제2의 창조 신화와 포스트휴먼 - '인조인간' 이미지를 중심으로, 독일어문학 제30집, p. 168에서 재인용

15) 조영란, "라메트리의 「인간기계론」에 나타난 심신이론과 18세기 생물학", 「한국과

학사학회지」제13권 제2호(1991), p. 141.

16) *L' Homme Machinem Oeuvres Philosophiques de Mr. de La Mettrie*(Berlin, 1774), tome II, pp. 293(p. 93)에 수록. 괄호 안 숫자는 1748년 Leyden edition의 영역본 Man A Machine(Chicago, 1912)tr., G. C. Bussey의 페이지를 가리킴. 조영란, "라메트리의 「인간기계론」에 나타난 심신이론과 18세기 생물학", 「한국과학사학회지」 제13권 제2호(1991), p. 148에서 재인용.

17) 조영란, "라메트리의 「인간기계론」에 나타난 심신이론과 18세기 생물학", 「한국과학사학회지」제13권 제2호(1991), p. 146에서 재인용.

18) *L' Homme Machinem Oeuvres Philosophiques de Mr. de La Mettrie*(Berlin, 1774), tome II, p. 2987(p. 97)에 수록. 괄호 안 숫자는 1748년 Leyden edition의 영역본 Man A Machine(Chicago, 1912)tr., G. C. Bussey의 페이지를 가리킴. Ibid., 146에서 재인용.

19) 조영란, "라메트리의 「인간기계론」에 나타난 심신이론과 18세기 생물학", 「한국과학사학회지」 제13권 제2호(1991), 146. 그의 이러한 생각은 현대 인지과학의 출발점이라고 할 수 있다.

20) *L' Homme Machinem Oeuvres Philosophiques de Mr. de La Mettrie*(Berlin, 1774), tome II, pp. 301~308(pp. 100~107)에서 언어의 사용으로부터 시작된 정신의 발달을 설명하고 있다. 괄호 안 숫자는 1748년 Leyden edition의 영역본 Man A Machine(Chicago, 1912)tr., G. C. Bussey의 페이지를 가리킴. Ibid., p. 147에서 재인용.

21) Ibid., p. 147.

22) *L' Homme Machinem Oeuvres Philosophiques de Mr. de La Mettrie*(Berlin, 1774), tome II, p.330(p.128)에 수록. 괄호 안 숫자는 1748년 Leyden edition의 영역본 Man A Machine(Chicago, 1912)tr., G.C. Bussey의 페이지를 가리킴. Ibid., 147에서 재인용.

23) Vgl. M. Puff: a.a.O., S. 20. 정윤희, 제 2의 창조 신화와 포스트휴먼 - '인조인간' 이미지를 중심으로, 독일어문학 제30집, p. 172에서 재인용

24) 정윤희, 제 2의 창조 신화와 포스트휴먼 - '인조인간' 이미지를 중심으로, 독일어문학 제30집, p. 173~174.

25) Ibid., p. 173~174.

26) Ibid., p. 169.

27) Manfred E. Clynes and Nathan S. Kline. 'Cyborgs and Space', in Astronautics(September 1960)

28) D. S. Halacy, Cyborg: Evolution of the Superman(New York: Harper and Row Publishers, 1965), p. 7.

29) 박형욱, '생명과 기계: 20세기의 생물학의 유기체론과 사이버네틱스', 「생물학연구정보센터(BRIC) BioWave」 Vol.5, No.6(2003), pp. 4~5.

30) Ibid., p. 5.

31) Ibid., p. 6.

32) Ibid., p. 6.

33) Ibid., p. 7.

34) Ibid., p. 8.

35) Ibid., p. 9.

36) Gray Chris Hables, Cyborg Citizen, New York Routledge, p. 99, A. Murphie and J. Potts, Culture and Technology(Palgrave MacMillan, NY, 2003), p. 115에서 재인용

37) 스텔락은 신체와 함께 대안적이고, 개인적이고, 무의식적인 인터페이스를 구축한다. 그는 Third Hand, Virtual Body and Exoskeleton, 6-legged walking robot 과 함께 공연하며, 인터넷이 가능하며, 공공장소에서 다른 사람들에게 공개적으로 접근 가능한 귀를 그의 한쪽 팔에 수술해서 삽입하였다. 그는 카네기 멜론 대학의 Art and Robotics학과의 명예 교수로 임명됐으며, 맬버른의 Monash University에서 명예 박사 학위를 받았다. 현재 Brunel University West London의 공연 예술학과 학장이며, University of Western Sydney의 MARCS Labs의 선임 연구원이다. http://nabi.or.kr/archive/artwork_read.nab?idx=172

38) '증폭된 육체' 는, 뇌파(EEG), 머리 기울기와 팔 들어올리기 위치 센서, 코호흡 서미스터(온도에 따라 전기 저항 값이 달라지는 반도체 회로 소자), 심전도(ECG), 오른팔의 굴근과 양다리 대퇴근 근전도(EMG), 접착 마이크(<제3의 손>의 모터에 부착된), 광혈류측정기(손가락 맥박용), 동작 반응 전기 변환기, 초음파 변환기(요골 동맥 혈류용)로 구성됐다. 반면 '자기도 모르게 움직이는 육체' 는, 전기 자극으로 근육을 강제 운동시키는 장치로만 구성됐고, 이두박근, 삼각근, 대퇴든, 오금줄, 종아리 등에 (인터넷상의 정보로 통제되는) 전극이 부착됐다. 역시, 가장 미묘한 부분은 '제3의 손' 이다: 쥐고 집도록 오므리는 운동을 통제하는 장치는 오른쪽 옆구리의 근전도고, 오므린 손을 펴도록 명령하는 장치은 왼쪽 옆구리의 근전도다. 팔목의 오른쪽 회전은 오른쪽 대퇴근의 근전도로, 왼쪽 회전은 왼쪽 대퇴근의 근전도로 명령한다. 기계손의 촉각적 피드백은 <제3의 손>을 부착한 오른 팔 앞부분의 안쪽에 부착된 전극으로 이뤄진다. http://chungwoo.egloos.com/3857142

39) 전혜숙, '뉴 미디어 아트에서의 신체석-촉각성을 중심으로' 『미술사학보』제 33집, 2009. 12. 미술사학연구회, pp. 359~388.

40) M Brink, Von Cyborgs, Monstern und der Hochkonjunktur des Hybriden in der Theorie, in: Querelles 9(2004), S. p. 185.

41) Harrawat, Donna, A Cyborg Manifesto: Science, Technology, and Socialist-Feminism in the Late Twentieth Century' s in Haraway, Donna Simians, Cyborgs, and Women: The Reinvention of Nature London: Free Association Books, p. 153, A. Murphie and J. Potts, Culture and Technology(Palgrave MacMillan, NY, 2003), p. 117.

42) Vgl. Melanie Puff: a.a.O., S. 27. 정윤희, 제 2의 창조 신화와 포스트휴먼 - '인조인간' 이미지를 중심으로, 독일어문학 제30집, pp. 175~176.

43) Vgl. Ebd., S. 52.정윤희, 제 2의 창조 신화와 포스트휴먼 - '인조인간' 이미지를 중심으로, 독일어문학 제30집, pp. 175~176.

44) 사진출처: http://www.google.co.kr/imgres

45) 슈타인뮐러, 칼 하인츠, 슈타인뮐러, 앙겔라, 배인섭 역, … 기술의 미래, 상상 그 너머의 세계로, 미래의 창, 2007.

46) 정윤희, 제 2의 창조 신화와 포스트휴먼 - '인조인간' 이미지를 중심으로, 독일어문학 제30집, pp. 179~180.

47) Donna Harraway, "A cyborg Manifesto: Science, Technology, and Sodalist-Feminosm in the Late Twentiet Centu;y", in Simians, Cyvorgs and Women: The reiverntion of Nature, Roultedge, 1991, pp. 149~181.

48) 다나 J. 해러웨이/민경숙 옮김: 유인원, 사이보그 그리고 여자. 자연의 재발명, 동문선 1991, pp. 268~270.

49) Vgl. N. Lykke/M. Bryld, Cyborg in Drag?, in: M. L. Angerer/K. Peters/Z. Sofoulis(Hg.), Future Bodies, Wien 2002, S. p. 53.

50) D. Haraway, Simians, Cyborgs, and Woman, S. p. 150.

51) N. Katherine Hayles, How We Became Posthuman, Chicago/London 1999, S. p. 3.

52) A. Murphia and J. Potts, Culture and Technology, (Palgarve MacMillan, NY, 2003), p. 125.

53) A. Murphia and J. Potts, Culture and Technology, (Palgarve MacMillan, NY, 2003), p. 125.

54) Wark, McKenzie 'The Third Nature' Cultural Studies, 8, (1), 115~132, 1994

55) Wark, McKenzie 'The Third Nature' Cultural Studies, 8, (1), 115~132, 1994

56) http://www.google.co.kr/imgres?imgurl=http://dsmy2muqb7t4m.cloudfront.net/articles/2011/article-free-vector-icon-packs-social-media

57) Wark, McKenzie 'The Third Nature' Cultural Studies, 8, (1), 115~132, 1994

58) A. Murphie and J. Potts, Culture and Technology(Palgrave MacMillan, NY, 2003), p. 200.

59) Guattari, Felix Les tois Ecologies Paris: Edition Galiee, A. Murphia and J. Potts, Culture and Technology, (Palgarve MacMillan, NY, 2003), p. 199.

60) De Landa, Manuel War in He Age of Intelligent Machine, New York: Zone, 1991.

61) A. Murphia and J. Potts, Culture and Technology, (Palgarve MacMillan, NY, 2003), p. 121.

62) De Landa, Manuel A Thousand Years of Nonlinear History, New York: Zone, 1997

63) A. Murphia and J. Potts, Culture and Technology, (Palgarve MacMillan, NY, 2003), p. 121.

64) Hayles, N, Katherine How We Became Post-humanLVirtual Body in Cybernetics, literature and Information, Chicago: University of Chicago Press, 1999

65) 마정미, 포스트휴먼과 탈근대적 주체에 관한 연구, 실린 곳: 인문콘텐츠, 제 13호(2008), pp. 193~212.

66) 유현주, 도플갱어- 주체의 분열과 복제, 그리고 언캐니 -독일언어문학 제49집(2010.9), pp. 331~350.

67) 정윤희, 제 2의 창조 신화와 포스트휴먼 - '인조인간' 이미지를 중심으로, 독일어문학 제30집, pp. 175~176.

68) Vinge, Vernor. "The Coming Technological Singularity: How to Survive in the Post-Human Era", originally in Vision-21: Interdisciplinary Science and Engineering in the Era of Cyberspace, G. A. Landis, ed., NASA Publication CP-10129, pp. 115~126, 1993

69) 레이 커즈와일, 특이점이 온다 The Singularity is near, pp. 566~567. 김영사, 2007

70) 로드니 브룩스, 로봇 만들기, 바다 출판사, 2005.

71) 레이 커즈와일, 특이점이 온다 The Singularity is near, pp. 517. 김영사, 2007.

72) 레이 커즈와일, 특이점이 온다 The Singularity is near, pp. 103~104. 김영사, 2007

73) 김성동, 컴퓨터시대의 인간의 위치 『드라이푸스와 아이디를 중심으로』, http://blog.daum.net/hoonz/3467739

74) 의료지원능력이 제한된 병원 응급실에서 두 사람의 응급환자가 도착했다고 할 때 전문가시스템은 그 환자의 상태와 증상들을 점검하고 양화한 다음 그것을 비교함으로써 처치의 우선순위를 정할 것이다. 그러나 전문가는 환자를 그와 같은 방식으로 분석하지 않고 한눈에 어느 환자를 우선적으로 돌볼 것인 지를 결정한다.김성동, 컴퓨터시대의 인간의 위치『 드라이푸스와 아이디를 중심으로 >,http://blog.daum.net/hoonz/3467739

75) 김성동, 컴퓨터시대의 인간의 위치 『드라이푸스와 아이디를 중심으로』, http://blog.daum.net/hoonz/3467739

76) 김상호(2009). 확장된 몸, 스며든 기술: 맥루한 명제에 관한 현상학적 해석. 언론과학연구 p. 171.

77) Fällman, D. (2004). *In Romance with the Materials of Mobile Interaction: APhenomenological Approach to the Design of Mobile InformationTechnology.* Unpublished Doctoral Dissertation, Ume? University, pp. 44~46.

78) Fällman, D. (2004). *In Romance with the Materials of Mobile Interaction: APhenomenological Approach to the Design of Mobile InformationTechnology.* Unpublished Doctoral Dissertation, Ume? University, pp. 47.

79) 康有爲, 『大同書』(서울: 民音社, 1991), 李聖愛 옮김, pp. 609~616.

80) 하이데거가 아리스토텔레스를 인용하여 기술을 진리 또는 존재론과 연관시켜 말하는 근거도 거기에 있다.기술(techn?)은 진리(epistemé)를 드러내는 방식이다. 따라

서 기술을 통한 생산, 즉 production도 삶의 진리를 드러내는 것과 관련이 있다. 생산, 포이에시스(poiésis)는 처음부터 삶을 표현하는 예술(포에티끄)을 가리킨다. 기술은 삶의 진리를 드러내는 삶을 표현하는 예술(포에티끄)을 가리킨다. 기술은 삶의 진리를 드러내는 삶의 방식이다. 참조, 하이데거, “Die Frage nach der Technik” in Vorträge and Aufsätze. 양명수, 호모 테크니쿠스, (한국신학연구소, 1995). p. 77에서 재인용.

81) 양명수, 호모 테크니쿠스, (한국신학연구소, 1995). p. 77.

82) 독일어로 거의 같은 뜻인 두 낱말을 구분해서 쓴 것은 만하임이다. 불어판에서는 전자는 ‘기다림(attente)’, 후자는 ‘믿음(la foi constante)’으로 새겼다. K.Mannheim, Idéologie et utopie, p. 175. 양명수, 호모 테크니쿠스, (한국신학연구소, 1995). p. 78에서 재인용.

83) Graham, Elaine Representations of the Post/Human: Monsters, Aliens and Others in Popular Culture, Manchster: Manchester University Press,(2002), “Post/Human Conditions”, Theology & Secuality 10,2: 10~32,

84) 그림출처: http://www.posthumanism.com/

85) 그림출처: http://thenanoage.com/transhumanism-posthumanism.htm

86) 슈테판 헤어브레히터/김연순 · 김응준, 『포스트휴머니즘』(성균관대학교 출판부, 2012), pp. 53~54.

87) Badmington, “Pod Alighty!; Or, Humanism, Posthumanism, and Strange Case of Invasion o fthe Body Snatchers”, Textual Practice, 2001, p. 16, 슈테판 헤어브레히터/김연순 · 김응준, 『포스트휴머니즘』(성균관대학교 출판부, 2012) p. 75에서 재인용.

88) 슈테판 헤어브레히터/김연순 · 김응준, 『포스트휴머니즘』(성균관대학교 출판부, 2012), pp. 109~110.

89) Chambers, Iain, Culture after Humanism: History,Culture, Subjectivity, London: Routledge, 2001, 슈테판 헤어브레히터/김연순 · 김응준, 『포스트휴머니즘』(성균관대학교 출판부, 2012), p. 74 재인용

90) 슈테판 헤어브레히터/김연순 · 김응준, 『포스트휴머니즘』(성균관대학교 출판부, 2012), p. 66.

91) Ibid., pp. 98~99.

제14장

1) L. Honnefelder, Natur-Verhaeltnisse. Natur als Gegenstand der Wissenschaften,

in: L. Honnefelder(Hrsg.), Natur als Gegenstand der Wissenschaften, 1992, 17. 김균진, 『창조신학의 관점에서 본 자연과 인간의 관계-자연과 인간의 생명 공동체를 위하여-』 조직신학논총제4집, 1997, 20에서 재인용.

2) W. Windelband, Lehrbuch der Geschichte der Philosophie, hrsg. von H. Heimsoeth, 15. Aufl. 1957, 513. Ibid., 21에서 재인용.

3) W. Windelband, Lehrbuch der Geschichte der Philosophie, hrsg. von H. Heimsoeth, 15. Aufl. 1957, 512. Ibid., 21에서 재인용.

4) K. Marx, Kritik der Hegelschen Dialectic und Philosophie uebehaupt. Schlusskapitel der "Oekonomisch-philosophischen Manuskripte, in: Marx-Engels I, Studienausgabe, hrsg. von I. Fetscher, 1971, 70. Ibid., 22에서 재인용.

5) A. Schmidt, Der Begriff der Natur in der Lehre von Marx, 1962, 159. 또한 이에 관하여 E. Rudolph, Entfrerndung der Natur, in: Humanoekologie und Frieden, hrsg. C. Eisenbarth, 1979, 334f. Ibid., 23에서 재인용.

6) E.H. Gombrich, The Story of Art, 서양미술사, 백승길,이종숭역, 예경, 서울, 2007, p. 493.

7) Ibid., p. 495.

8) 새뮤얼 이녹 스텀프, 제이스 피저, 『소크라테스에서 포스트모더니즘까지』(이광래 옮김, 열린 책들, 2005년), pp. 613~614.

9) Ibid., p. 614.

10) Ibid., pp. 615~616.

11) Ibid., p. 617.

12) Ibid., pp. 617~618.

13) Ibid., p. 618.

14) Ibid., p. 618.

15) Ibid., pp. 618~619.

16) Ibid., p. 621.

17) Ibid., pp. 621~622.

18) Ibid., p. 622.

19) 스털링 P. 램프레히트 『서양 철학사』, 김태길 외 2명 옮김, 을유문화사, Seoul, 1992, p. 586.

20) Ibid., p. 587.

21) Ibid., p. 623.

22) 새뮤얼 이녹 스텀프, 제이스 피저, 『소크라테스에서 포스트모더니즘까지』(이광래 옮김, 열린 책들, 2005년), p. 624.

23) 「진보의 이념(*The Idea of Progress*)」, J. B. Bury, Macmillan, New York, 1932. 이 글에서 내가 요약한 Bury의 견해는 Stent의「황금기의 도래」에서 빌려온 것이다. 존 호건, 『과학의 종말』, 김동광 옮김, Seoul, 1997, p. 367에서 재인용.

24) 진보의 역설(*The Paradoxes of Progress*)」, Gunther S. Stent, W. H. Freeman, San

Francisco, 1978, p. 27. 이 책은 Stent가 이전에 발간했던 저서「황금기의 도래」의 몇장(章)을 포함하고 있으며, 그밖에 생물학, 윤리학 그리고 과학의 인지적 한계를 논한 새로운 내용들을 포괄하고 있다. Ibid., p. 367에서 재인용.

25) Spengler의 저서에 대한 이 견해는 Holton의 저서「과학과 반과학」에서 발췌한 것이다.「과학과 반과학」을 비롯한 그밖의 글들(*Scientific American*, October 1995, p. 191에 기고된 글을 포함해서)에서 Holton은 과학적 진리에 대한 탐구가 영원하다는 견해를 자주 피력했던 Einstein의 권위에 호소함으로써 과학이 종말을 맞이한다는 주장을 반박하려고 시도하고 있다. Holton은 Einstein의 견해가 과학의 전망에 대한 실제적 평가라기보다 본인의 희망적 사고를 반영한다고는 생각하지 않은 것 같다. 또한 Holton은 과학이 종말을 맞이하고 있다고 생각하는 사람들은 일반적으로 과학과 합리성 자체에 반대하는 사람들이라고 주장했다. 물론 과학이 절정에 가까워지고 있다는 현대의 예견들은 Havel과 같은 반(反)합리주의자 진영에서 나온 것이 아니라 Steven Weinberg, Richard Dawkins, Francis Crick 등과 같이 과학이 진리에 이르는 지상(至上)의 경로임을 확신하는 과학자들로부터 나왔다. Ibid., p. 368에서 재인용.

26) "과학: 끝없는 지평선 또는 황금기?(Science: Endless Horizons or Golden Age?)", Bentley Galss, *Science*, January 8, 1971, pp. 23~29. 미국과학진흥협회(AAAS: American Association for the Advancement of Science)의 회장을 지낸 Glass는 1970년 12월에 시카고에서 열린 이 협회의 연례회의에서 같은 제목의 강연을 했다. Ibid., p. 368에서 재인용.

27) Ibid., p. 45.

28) Bacon의 플루스 울트라(plus ultra)의 의미는「과학의 제 한계」, Peter Medawar, Oxford University Press, New York, 1984에서 상세히 거론된다. Medawar는 영국의 저명한 생물학자이다. Ibid., pp. 368~369에서 재인용.

29) Ibid., p. 47.

30) 물리학의 이전 이론이 기본 입자를 점입자로 나타내었지만, 끈 이론에서는 기본 입자를 1차원의 끈으로 나타낸다. 이 성질 때문에 점입자 이론이 해결할 수 없는 문제를 해결할 수 있다. 물론 끈을 아주 멀리에서 보면 다시 점입자와 다르지 않게 보이기 때문에 거시적인 부분에서는 기존의 역학을 그대로 사용할 수 있다. 무엇보다도 끈을 양자화하면 스핀이 2인 입자가 있어야 하며 이를 중력자로 해석할 수 있다. 그러나 2011년 현재 끈 이론을 비롯한 물리학의 어떤 이론도 양자 중력 이론을 완성해 내지 못하고 있다. 끈을 기술하는 변수가 보손인 끈 이론을 보손 끈 이론이라고 하고, 초대칭(페르미온)쌍을 도입한 초대칭 끈 이론을 초끈 이론(superstring theory)이라고 한다. 출처;위키백과

31) 존 호건,『과학의 종말』, 김동광 옮김, Seoul, 1997, p. 91.

32) Ibid., pp. 104~105.

33) Weingerg,「궁극의 이론에 대한 꿈」, p. 253. Ibid., p. 372에서 재인용.

34) Ibid., p. 108.

35) 이종필, 인간과 과학의 징검다리: 인류원리, 물리산책, 2009.06.19; 사진출처: CERN/Jean-Francois Colonna

36) 케빈 켈리 저, 『기술의 충격, What Technology wants』, 이한음 역, 민음사, 서울, 2011, p. 154.

37) Paul Davies. (1998) The Fifth Miracle: The Search for the Origin of Life. New York: Simon&Schuster, p. 264. Ibid., p. 154에서 재인용.

38) Paul Davies. (1998) The Fifth Miracle: The Search for the Origin of Life. New York: Simon&Schuster, p. 253. Ibid., p. 154에서 재인용.

39) Stuart A. Kuffman. (1995) At Home in the Universe. New York: Oxford Uniersity Press. p. 8. Ibid., p. 155에서 재인용.

40) Christian de Duve. (1995) Vital Dust: Life as a Cosmic Imperative. New York: Basic Books, pp. xv,xviii. Ibid., p. 155에서 재인용.

41) 인류원리를 처음으로 제기한 사람은 카터(Brandon Carter, 1973)였다. 간단한 예를 들자면, 왜 하필 지구가 태양으로부터 1억5천만km 떨어져 있을까 하는 문제를 인류원리로 설명할 수 있다. 지구가 그 보다 더 멀리 있거나 더 가까이 있다면 지구상에 생명체가 태어나 인간 같은 고등지식을 가진 생명으로 진화하지 못했을 것이라는 설명이 인류원리적인 설명이다.

42) 이종필 '인류원리는 인간과 과학 사이의 징검다리', 고등과학원 물리학부, 물리산책, 2009. p. 6.

43) 마이클 더글러스(Michael R. Douglas, 1961~)는 2003년 특정 끈이론에서 가능한 조밀화의 방식이 10500정도임을 밝혔다. 물리적으로 가능한 초기상태가 대략 이 개수만큼 많다는 뜻이다. 레너드 서스킨트(Leonard Susskind, 1940~)는 이것을 풍경(landscape)이라고 불렀다. Ibid., p. 6에서

44) 존 호건, 『과학의 종말』, 김동광 옮김, Seoul, 1997, pp. 116~117.

45) Ibid., pp. 116~117.

46) Ibid., pp. 125~126.

47) Ibid., p. 127.

48) Ibid., p. 302.

49) "사이베리아로 초청합니다: 사이버 문화의 인류학에 대하여(Welcome to Cyberia: Notes on the Anthropology of Cyberculture)", Arturo Escobar, *Current Anthropoloty*, vol. 35, no. 3, June 1994, p. 222. Ibid., p. 388에서 재인용.

50) MIT의 기상학자이자 에드워드 로렌츠는 기상예보에 있어서 카오스 이론 근거한 모델을 개발하였다. 그는 대기처럼 복잡한 계는 근본적으로 불규칙하며, 외부요인들이 미치는 영향들 때문에 조그만 교란도 급속이 배가되기 때문에(나비 효과) 기상예보의 정확도가 떨어진다고 주장했다. 변화하는 날씨, 인구, 소음, 비주기적인 심장박동, 생태적 패턴과 같은 대부분의 환경 및 생물계들은 실제로는 비선형적인 카오스적 특성이 그 시스템 속에 들어 있다.

51) Holland는 "에코-클래스 모형의 대상, 개략적인 정의 그리고 그에 대한 고찰

(Objectives, Rough Definitions, and Speculations for Echo-Class Models)" 이라는 미발표 원고에서 이 주장을 제기했다(여기에서 에코[Echo]란 Holland의 주 연구 과제인 유전 알고리듬의 한 분야이다). 그는 그 주장을 그의 저서「숨겨진 질서: 어떻게 적응이 복잡성을 형성시키는가(*Hidden Order: How Adaptation Builds Complexity*)」, Addison-Wesley, Reading, Mass., 1995, p. 4에서 되풀이하고 있다. Holland는 Scientific American, July 1992, pp. 66~72에서 유전 알고리듬을 간결하게 소개하고 있다. Ibid., p. 385에서 재인용.

52) 프랙탈은 수학적 도형으로도 연구되고 있다. 프랙탈 도형은 종종 컴퓨터 소프트웨어를 이용한 재귀적이거나 반복적인 작업에 의한 반복되는 패턴으로 만들어진다. 대표적인 프랙탈 도형에는 만델브로 집합, 칸토어 집합, 시에르핀스키 삼각형, 페아노 곡선, 코흐 눈송이 등이 있다. 프랙탈은 결정론적이거나 추계학적일 수 있으며, 카오스 시스템과 연관지어 발생할 수도 있다. 프랙탈 기하학은 프랙탈의 성질을 연구하는 수학 분야의 하나이다. 이는 과학, 공학, 컴퓨터 예술에 적용되기도 한다. 자연계에서도 프랙탈 구조가 자주 발견되며, 구름, 산, 번개, 난류, 해안선 및 나뭇가지 등이 여기에 해당한다. 프랙탈은 실용적인 목적으로 많이 사용되며, 현실 세계의 매우 불규칙한 물체들을 표현하기 위해서 쓰일 수 있다. 프랙탈 기법은 과학의 여러 분야에서는 물론, 기술적으로 이미지 압축 등에서도 사용된다. 출차: 위키백과

53) 존 호건, 『과학의 종말』, 김동광 옮김, Seoul, 1997, p. 268.

54) Ibid., p. 269.

55) E.H. Gombrich, The Storyof Art, 백승길, 이승종 역, 서양미술사,(예경, 서울, 2007), pp. 581~582.

56) Stephen J. Freeland, Robin D. Knight, et al.(2000) "Early Fixation of an Optimal Genetic Code." Moleculor Biology and Evolution, 17(4). http://mbe.oxfordjournals.org/cgi/content/abstract/17/4/511. 케빈 켈리 저, 『기술의 충격, What Technology wants』, 이한음 역, 민음사, 서울, 2011, p. 144에서 재인용.

57) 케빈 켈리 저, 『기술의 충격, What Technology wants』, 이한음 역, 민음사, 서울, 2011, p. 145.

58) Michael Dentonand Craig Marshall. (2001) "Laws of Form Revisitied." Nature, 410(6827). http://dx.doi.org/10.1038/35068645. Ibid., 146에서 재인용.

59) Ibid., p. 146.

60) Lynn Helena Caporale. (2003) "Natural Selection and the Emergence of a Mutation Phenotype: An Update of the Evolutionary Synthesis Considering Mechanisms that Affest Genomic Variation." Annual Review of Microbiology, 57(1). Ibid., p. 148에서 재인용.

61) Ibid., p. 148.

62) Gleick는 이 인용문을 Poincaré의 『카오스(*Chaos*)』, p. 321에서 재인용하고 있다. 존 호건, 『과학의 종말』, 김동광 옮김, Seoul, 1997, p. 385에서 재인용.

63) 신학적인 문제까지를 포함해서 모든 문제를 해결할 수 잇는 '반박 불가능한 계산

(irrefutable calculus)' 에 대한 Leibniz의 믿음에 대한 논의는 뛰어난 저서 『하늘 속의 파이(*Pi in the Sky*)』, John Barrow, Oxford University Press, New York, 1922, pp. 127~129를 참조하라. 존 호건, 『과학의 종말』, 김동광 옮김, Seoul, 1997, p. 387에서 재인용.

64) Norbert Wiener의 『사이버네틱스(*Cybernetics*)』는 1948년에 출간되었다(John Wiley and Sons, New York). Ibid., p. 387에서 재인용.

65) John R. Pierce는 사이버네틱스에 대한 이 주장을 그의 저서 『정보이론에 대한 소개(*An Introduction to Information Theory*)』, Dover, New York, 1980(초인본은 1961년), p. 210에서 제기하고 있다. Ibid., p. 387에서 재인용.

66) Ibid., p. 286.

67) Ibid., p. 287.

68) Ibid., p. 388에서 재인용.

69) Ibid., pp. 292~293.

70) Ibid., pp. 294~295.

71) 프리초프 카프라, 『새로운 과학과 문명의 전환』, 구윤서, 이성범 옮김, 범양사, 2007년, p. 337.

72) Ibid., p. 341.

73) Prigogine(1980). Ibid., p. 343에서 재인용.

74) Ibid., pp. 343~344.

75) Ibid., pp. 343~344.

76) 폴 그루그만, 자기조직의 경제,박정태 역, 부키, 서울, 2002, p. 14,
그림출처: http://blog.webgenomeproject.org/2008/06/

77) 프리고진은 유기체에는 자기를 조직하는 기본 양상으로서 자기유지와는 반대이나 상보적인 작용을 하는 자기 개조와 자기 초월 현상이 있다고 본다. 다윈주의의 진화론이 유기체의 자기초월의 가능성을 인식하지 않음으로써 진화를 이해하는 데에 필요한 두 가지 상보적인 견해 중 하나만을 표현하고 있다.

78) 프리초프 카프라, 『새로운 과학과 문명의 전환』, 구윤서, 이성범 옮김, 범양사, 2007년, p. 353.

79) Jantsch(1980). Ibid., p. 362에서 재인용.

80) Ibid., pp. 362~363.

81) Ibid., p. 363.

82) 프리초프 카프라, 『새로운 과학과 문명의 전환』, 구윤서, 이성범 옮김, 범양사, 2007년, pp. 363~364. 잔화 생물학에서 공진화(共進化)는 한 생물 집단이 진화하면 이와 관련된 생물 집단도 진화하는 현상을 가리킨다. 공진화는 작게는 아미노산의 합성에 관여하는 유전자의 돌연변이에서부터 크게는 진화의 과정에서 서로 다른 종들 사이에 일어나는 형질 변화에 이르기까지 생물학의 모든 규모에서 관찰된다. 공진화에 관여하는 한 생물의 진화는 이와 관련이 있는 생물에 대해 자연선택의 요소로서 작용하여 진화를 촉발시킨다. 숙주와 기생 생물의 관계, 상리 공생을 하는 생

물의 관계 등이 공진화의 사례이다. 공진화는 포식자와 먹이 생물, 숙주와 기생 생물, 공생 생물 등과 같이 생물 간에 일대일 관계가 형성되어 서로 영향을 주는 진화 과정이다.

83) Laszlo(1972), p. 51. 프리초프 카프라, 『새로운 과학과 문명의 전환』, 구윤서, 이성범 옮김, 범양사, 2007년, p. 365에서 재인용.

84) Nobert Lyton, The Sotry of Modern Art, 20세기의 미술, 윤난지 역, (예경, 서울, 2007), pp. 297~298.

85) M. Fox & R. Sheldrake, 『창조, 어둠, 그리고 영혼에 관한 대화. 과학과 종교 안에서의』, 이정배 옮김, 동명사 1999 (원서: Natural Grace. Dialogues on Creation, Darkness and the Soul in Spirituality and Science, Doubleday Dell Publishing Group 1996), 238.

86) 존 호건, 『과학의 종말』, 김동광 옮김, Seoul, 1997, pp. 299~300.

87) William R. Catton, Jr. and Riley Dunlap. "A New Ecologcal Paradigm for Post-Exuberant Sociololgy", American Behavioral Scientists, 24, no.1(Sep/Oct. 1980): p. 34.

88) Ibid., p. 34.

89) Ibid., p. 34.

90) 제임스 러브룩, 가이아:살아있는 생명체로서의 지구, 홍욱희 역, (갈라파고스, 서울, 2004년)

91) 그는 자신의 심층생태주의자로 부르고 심층생태론자들은 환경 문제를 인간적 측면에만 집중하여 해결하려는 자들을 '표층생태주의자(shallow ecology)' 라고 비판한다. 심층생태주의는 근본생태주의라고도 하는데, 전자는 심층생태주의자들이 자신들을 자칭할 때 쓰는 표현으로써 많이 사용되고있지만, '근본생태주의' 는 심층생태주의를 비판 또는 비평하는 사람들에 의해 많이 쓰이는 단어이다.[2] 다른 말로는 심층생태론, 근본생태론이라고도 한다.;위키백과

92) http://ko.wikipedia.org/wiki/%EC%8B%AC%EC%B8%B5%EC%83%9D%ED%83%9C%EC%A3%BC%EC%9D%98

93) Arne Naess, "The Deep Ecological Movement: Some Philosophical Aspects", philosophical Inquiry, 8, nos. 1~2(1986)

94) 존 호건, 『과학의 종말』, 김동광 옮김, Seoul, 1997, pp. 301~302.

제15장

1) 슈테판 헤어브레히터/김연순 · 김응준, 『포스트휴머니즘』(성균관대학교 출판부,

2012), p. 244.

2) 찰스 스노우 Chales Percy Snows(1905~1980): 물리학자이자 작가. 주요 저서는 「두 문화」 등. 슈테판 헤어브레히터/김연순 · 김응준, 『포스트휴머니즘』(성균관대학교 출판부, 2012), p. 31에서 재인용.

3) 슬라보예 지젝(1949~): 슬로베니아 출생. 파리 제8대학 대학원 정신분석학 박사. 주요 저서는 『폭력이란 무엇인가』 『메트릭스로 철학하기』 『신화, 광기 그리고 웃음』 등. 슈테판 헤어브레히터/김연순 · 김응준, 『포스트휴머니즘』(성균관대학교 출판부, 2012), p. 31에서 재인용.

4) 슈테판 헤어브레히터/김연순 · 김응준, 『포스트휴머니즘』(성균관대학교 출판부, 2012), p. 33.

5) Latour, Bruno, "Techonology is Society Made durable", in John Law, Hg. ㅁ Sociology of Monsters: Essays on Power, Techonology and Domination, London:Routledge: 102~131, Ibid., p. 36.

6) Aronowitz, Stanley, Michael Menser etal, Techoscience and Cyberculture, London,:Routledge, 1966, Ibid., p. 36에서 재인용

7) Aronowitz, Stanley, Michael Menser *et al.,* Hgg.(1996) *Technoscience and Cyberculture*, London: Routledge. 21. Ibid., p. 37에서 재인용.

8) Ibid., pp. 37~38.

9) 도미니크 르쿠르트Dominoque Lecourt(1944~): 프랑스 철학자. 주요저서는 『기술적 대상들의 존재양식에 대하여』 등. Ibid., p. 223에서 재인용.

10) Ibid., p. 223.

11) Ibid., p. 223

12) Lecourt, Dominique(2003) *Humain Posthumain*, Paris: PUF. 87~88. Ibid., 224.

13) Best und Douglas Kellner(2001) *The Postmodern Adventure: Science, Technology, and Cultural Studies at the Third Millennium*, Routledge: London. 192. Ibid., p. 76에서 재인용.

14) Laszlo(1972), p. 51. 프리초프 카프라, 『새로운 과학과 문명의 전환』, 구윤서, 이성범 옮김, 범양사, 2007년, p. 365에서 재인용.

15) Lafontaine, Céline(2004) *L'Empire cybernétique - Des machines á penser á la pensée machine*, Paris: Éditions du Seuil. 195. 슈테판 헤어브레히터/김연순 · 김응준, 『포스트휴머니즘』(성균관대학교 출판부, 2012), p. 248에서 재인용.

16) 슈테판 헤어브레히터/김연순 · 김응준, 『포스트휴머니즘』(성균관대학교 출판부, 2012), p. 247.

17) Ibid., p. 244.

18) Ibid., p. 43.

19) 1990년대 초 이탈리아의 자코모 리촐라티Giacomo Rizzolatti의 연구팀은 마카크원숭이를 대상으로 몸을 움직이게 하는 뇌의 특정 영역을 조사하는 중 한 연구원이 땅콩을 잡는 모습을 본 원숭이가 똑같이 전두피질의 F5 뉴런이 활성화된다는 사실

을 발견하였다. 1996년 이 뉴런은 '거울신경세포mirror neurons'라 이름 붙여졌다. 거울신경세포 때문에 인간을 비롯한 몇몇 동물은 상대방의 생각이나 행동을 마치 자신의 것인 양 이해할 수 있다는 사실이 밝혀졌다. 가장 놀라운 사실은 "거울신경세포로 우리는 나른 사람의 마음을 이해하지만, 이는 개념적 추리를 통해서가 아니라 직접적인 시뮬레이션을 통해서"이다. 생각이 아니라 느낌으로 이해하는 것이다. 제러미 리프킨/이경남, 『공감의 시대』(서울: (주)민음사, 2011), p. 103

20) Glenberg, Arthur M. "Naturalizing Cognition: The Integration of Cognitive Science and Biology." *Current Biology*. Vol. 16. No. 18. Sept. 19, 2006. pp. R802~804. Ibid., p. 103에서 재인용.

21) Blakeslee. "Cells That Read Minds." Ibid., p. 107에서 재인용.

22) Darwin, Charles. *The Descent of Man, and Selection in Relation to Sex*. Princeton, NJ: Princeton University Press, 1982[1871]. p. 77. Ibid., 190에서 재인용.

23) Darwin, Charles. *The Descent of Man, and Selection in Relation to Sex*. Princeton, NJ: Princeton University Press, 1982[1871]. p. 40. Ibid., 190에서 재인용.

24) 슈테판 헤어브레히터/김연순 · 김응준, 『포스트휴머니즘』(성균관대학교 출판부, 2012), pp. 43~44.

25) A.Gehlen, Die Seele im technischen Zeitalter(Hamburg, 1957), p. 26. 양명수, 호모 테크니쿠스, (한국신학연구소, 1995). p. 82에서 재인용.

26) Lyotard, Jean-Rrancois(1988a) *L' Inhumain: Causeries sur le temps*, Paris: Galilée. 슈테판 헤어브레히터/김연순 · 김응준, 『포스트휴머니즘』(성균관대학교 출판부, 2012), 17에서 재인용.

27) Ibid., pp. 18~19.

28) 제러미 리프킨/이경남, 『공감의 시대』(서울: (주)민음사, 2011), pp. 193~194.

29) E.H. Gombrich, The Story of Art, 서양미술사, 백승길,이종승역,예경, 서울, 2007, p. 516.

30) Camille Flammarion, Astronomte populaire(대중 천문학) (파리: C. Marpon and E.Flammarion, 1881), p.814, Lynn Gamwell, Exploring the Invisible: Science, Art, and The Spiritual, Princeton University Press, 2002, p. 173에서 재인용

31) Lynn Gamwell, Exploring the Invisible: Science, Art, and The Spiritual, Princeton University Press, 2002, p. 173.

32) Ibid., p. 171, 173.

33) 제러미 리프킨/이경남, 『공감의 시대』(서울: (주)민음사, 2011), p. 194.

34) 새뮤얼 이녹 스텀프, 제이스 피저, 『소크라테스에서 포스트모더니즘까지』(이광래 옮김, 열린 책들, 2005년), pp. 617~618.

35) 제러미 리프킨/이경남, 『공감의 시대』(서울: (주)민음사, 2011), p. 192.

36) Darwin, Charles. *The Descent of Man, and Selection in Relation to Sex*.

Princeton, NJ: Princeton University Press, 1982[1871]. p. 77. 제러미 리프킨/이경남, 『공감의 시대』(서울: (주)민음사, 2011), p. 192에서 재인용.

37) 장미를 분석하려고 정원의 장미를 따서 그 성분들을 분석하고 그 결과로부터 장미에 대한 지식을 이끌어 낸다. 그러나 그러한 분석 과정에서 이 장미는 이미 정원에 있는 장미와 같은 것이 아님을 베르그송은 잘 지적하였다.

38) 그는 이런 철학적 방법을 '관점주의perspectivism' 라고 칭하면서 1887년에 그에 대한 구체적 방법론을 제시했다. Nietzsche, Friedrich. *On the Genealogy of Morals and Ecce Homo.* W. Kaufman and R.J. Hollingdale, trans. New York: Vintage. 1967. p. 119. 제러미 리프킨/이경남, 『공감의 시대』(서울: (주)민음사, 2011), p. 481.

39) Nietzsche, Friedrich. *On the Genealogy of Morals and Ecce Homo.* W. Kaufman and R.J. Hollingdale, trans. New York: Vintage. 1967. p. 119. Ibid., p. 481에서 재인용.

40) E.H. Gomrich, The Story of Art, 서양미술사, qortd길, 이종순 역, (예경, 서울, 2007), p. 544.

41) Ibid., pp. 543~544.

42) Ibid., pp. 543~544.

43) Ibid., pp. 574~576.

44) Ibid., pp. 574~576.

45) Norbert Lynto, The Story of Modern Art, 20세기의 미술 윤난지 역, (예경, 서울, 2007), pp. 150~151.

46) E.H. Gomrich, The Story of Art, 서양미술사, qortd길, 이종순 역, (예경, 서울, 2007), pp. 574~576.

47) 제러미 리프킨/이경남, 『공감의 시대』(서울: (주)민음사, 2011), p. 191.

48) http://www.artinculture.kr/content/view/667/32/

49) 김성동, 컴퓨터시대의 인간의 위치 『드라이푸스와 아이디를 중심으로』, http://blog.daum.net/hoonz/3467739

50) http://www.artinculture.kr/content/view/667/32/

51) A. murphie and H. potts, Culture and Technology, Palgrave Macmillan, NY., 2003, pp. 52~53.

52) 아서 단토, 『예술의 종말 이후』, 이성훈,김광우 옮김, 미술문화, 2004, p. 241.

53) 플라톤은 예술을 모방으로 해석하여 자신의 책 『국가』에서 침대가 가진 실재성의 세 가지 양태를 제시하고 예술가들은 자신이 모방하고 있는 것의 첫 번째 것(본질적인 것)을 알지 않아도 모방할 수 있으므로 예술가들은 지식을 결여하고 있다. 예술가들은 단지 현상의 현상만을 "알고 있다". Ibid., p. 240.

54) Ibid., pp. 94~95.

55) Karl Marx and Friedrich Engels, "The German Ideology", in Robert C. Tucker, ed. *The Marx-Engels Reader*(New York: W. W. Norton, 1978), 160. Ibid., p. 97

에서 재인용.

56) G. R. Swenson, "What Is Pop Art?: Answers from 8 Painters, Part Ⅰ", *Art News 64*(November 1963), 26. Ibid., p. 97에서 재인용.

57) Ibid., p. 245.

58) Ibid., pp. 243~244.

59) A. murphie and H. potts, Culture and Technology, Palgrave Macmillan, NY., 2003, p. 54.

60) 워홀은 1963년 이렇게 말했다. "내가 이같은 그림을 그리는 것은 나 자신이 기계가 되고싶기 때문이다. … 나는 모든 사람이 똑같았다면 끔찍하였을 것이라고 생각한다. … 미래에 모든 사람은이 15분 동안만 세계적으로 유명해질 것이다. … 여러분이 앤디 워홀에 관한 모든 것을 알기 원한다면 내 그림과 여과 그리고 나의 겉 모습을 그냥 보기만 하시오. 그러면 그곳에 내가 있을 것이다. 그 뒤에 감추어진 것은 없다."고 Norbert Lynto, The Story of Modern Art, 20세기의 미술 윤난지 역, (예경, 서울, 2007), pp. 294.

61) 출처: http://edu.warhol.org/aract_brillo.html

62) 아서 단토, 『예술의 종말 이후』, 이성훈,김광우 옮김, 미술문화, 2004, p. 250.

63) 천정환, 『대중지성의 시대』(서울: 푸른역사, 2008), p. 64.

64) 피에르 부르디외, 조홍식 옮김, 『과학의 사회적 사용』, 창작과 비평사, 2002, Ibid., p. 65에서 재인용.

65) Ibid., p. 65.

66) 케빈 켈리 저, 『기술의 충격, What Technology wants』, 이한음 역, 민음사, 서울, 2011, p. 394.

67) Ibid., p. 409.

68) Ibid., p. 409.

69) Freeman J. Dyson. (2000) *The sun, the Genome, and the Internet: Tools of Scientific Revolutions.* New York: Oxford University Press, p. 15. Ibid., p. 411에서 재인용.

70) Ibid., p. 410.

71) 천정환, 『대중지성의 시대』(서울: 푸른역사, 2008), p. 56.

72) 지식의 분화가 급격하게 진행되고 있을 때, 한편으로는 전근대의 귀족과 그 문화로부터, 다른 한편으로는 새롭게 발전한 근대 지식의 합리적 체계로부터 나타난 중산층 이상의 지식계층은 자신들과 다른 이들의 무리를 대중이라고 불렀다. Ibid., p. 105.

73) Ibid., p. 105.

74) Ibid., p. 105.

75) Ibid., pp. 105~106.

76) 현대의 대중이 근대 이전의 민중과 결정적으로 다른 것은, 민중계급이 앎의 생산도구와 매체를 스스로 보유하고 있고 그것이 지배계급이 소유한 것과 결정적으로 다

르지 않다는 데 있다. 가장 기본적이고 1차적인 도구는 문해력과 민중의(정치적) 자기의식이다. 근대의 민중은 계급민주주의 혹은 대중민주주의의 정치적 주체다. 그들은 그저 수동적인 존재가 아니다. 그들은 주권자라는 민주주의 원리에 의해 의식화되어 있다. 저항과 불복종, 참여와 여론의 주인으로서 적극적인 정치활동을 한다. 지배권력은 그것을 이용하거나 억압하려 한다. 그 사이에 민중은 주체로서의 자신을 인식하게 된다. Ibid., p. 120.

77) Ibid., p. 120.

78) 피에르 레비, 권수경 옮김, 『집단지성-사이버공간의 인류학을 위하여』, 문학과지성사, 2002; 하워드 라인골드, 이운경 옮김, 『참여 군중: 휴대폰과 인터넷으로 무장한 새로운 군중』, 황금가지, 2003. 천정환, 『대중지성의 시대』(서울: 푸른역사, 2008), 121에서 재인용.

79) '집단지성' 의 의미에 대해서는 피에르 레비, 『집단지성-사이버공간의 인류학을 위하여』를 참고하라. '무리(떼)지성' 의 의의는 안토니오 네그리의 『다중-제국이 지배하는 시대의 전쟁과 민주주의』와 질 들뢰즈 · 안토니오 네그리 외, 서창현 · 김창훈 옮김, 『비물질노동과 다중』, 갈무리, 2005 등의 책을 참조하라. 천정환, 『대중지성의 시대』(서울: 푸른역사, 2008), p. 122에서 재인용.

80) 천정환, 『대중지성의 시대』(서울: 푸른역사, 2008), p. 122.

81) Ibid., p. 122.

82) Ibid., p. 124.

83) Ibid., p. 123.

84) Ibid., p. 123.

85) Ibid., p. 57.

86) Ibid., p. 126.

87) EU 집행위원회는 마이크로소프트가 반독점 규정을 위반했다면서 당시 8억 9천900만 유로, 우리 돈 1조 3천억 원의 벌금을 부과했다. 다른 경쟁사가 윈도 운영체제에 잘 작동하는 소프트웨어를 만들 수 있게 정보를 제공하라는 집행위원회의 명령을 따르지 않았다는 이유에서이다. 이후 2008년, 마이크로소프트는 법원에 벌금 취소 소송을 냈으나 하지만 4년여 만에 패소하였다. 출처 http://www.ytn.co.kr/_ln/0104_201206281308011817

88) 세계 각국의 프로그램 저자권 보호는 1980년대에 시작되었다. 최초로 미국은 1980년, 일본, 서독, 프랑스, 영국은 1985년, 우리나라는 1987년부터 제정시행하고있다. 김기복, 컴퓨터 소프트웨어와 관련된 지적재산권 보호에 관한 고찰, 전자통신동향분석, 1992. 1., pp. 45~63.

89) 최민석, 소프트웨어 지적재산권에 대한 새로운 시각, 정책연구센터@한국소프트웨어진흥원, 2008, June, pp. 42~43.

90) '페르마의 정리' 라는 것이 있다. 17세기 프랑스 수학자 페르마가 난해한 수학공식을 해결했지만 '책 여백이 모자라' 그 증명과정을 문서로 남기지는 못했다. 수백 년 동안 수많은 수학자들이 그의 증명을 밝히려 했지만 모두 실패했다. 1990년 초 엔

드류라는 사람이 이 수수께끼를 풀기위해 도전장을 던졌다. 그는 자신의 연구 결과를 인터넷 상에 올려놓았다. 수많은 인터넷 접속자들이 엔드류의 증명에 대해 의견을 교환하는 과정에서 이 증명이 가진 많은 허점과 문제들이 발견됐다. 하지만 얼마 지나지 않아 결국 '페르마의 마지막 정리'는 수많은 접속자들에 의해 해결됐다.출처:http://www.dal.kr/blog/002141.html

91) SING은 정보의 상품화 반대와 정보에 대한 평등한 접근을 강령으로 내세우며 1) 정보 상품화의 법적 근거이며, 기실 다국적 기업의 이익만을 대표할 뿐인 지적 재산권의 철폐, 2) 공적인 정보의 완전 공개와, 사적인 정보의 절대적 보장, 3) 정보 및 정보 기술에 대한 평등한 접근의 권리를 주장하면서, 지적 재산권 철폐 운동의 일환으로 '정보 생산자 네트워크의 철학적 표현'인 카피레프트 운동을 전면적으로 펼쳐 나갈 것을 제안하였다.

92) Latour, Bruno(1991b) "Technology is Society Made Durable", in John Law, Hg. *A Sociology of Monsters: Essays on Power, Technology and Domination*, London: Routledge: 129. 슈테판 헤어브레히터/김연순 · 김응준, 『포스트휴머니즘』(성균관대학교 출판부, 2012), p. 231에서 재인용.

93) E. F. Schmacher, Small is Beautiful. 양명수, 호모 테크니쿠스, (한국신학연구소, 1995). p. 88에서 재인용.

94) 앤소니 애쿠부, 적정기술이란 무엇인가, 심용석 역, 출처: http://sts.jinbo.net/bbs/zboard.php?id=data1

95) Winner, 『The Whale and the Reactor』, University of Chicago Press, 1986, p. 61.

96) George Mcrobie, 『Small is Possible』, Harper Collins Publishers, 1981, p. 13~14.

97) ITDG는 현재 '실용적 행동(Practical Action)'으로 명칭을 바꾸어 활동하고 있다. 현재 전 세계적으로 100개 이상의 프로젝트를 수행하고 있으며 2008~2009 회계연도에는 522,000명의 새로운 사람들과 접촉하였다. 이들의 이러한 생각은 이들이 집중하고 있는 다음의 사업 영역에 잘 나타나 있다. http://www.practicalaction.org 출처:홍성욱 적정기술을 활용한 ODA(공적개발원조)의 효과적 추진방안에 대한 연구, 2010년 11월 16일, 특허청

98) Bakker Hans, "The Gandhian Approach to Swadeshi or Appropriate Technology: AConceptualization in Terms of Basic Needs and Equity", Journal of Agricultural and Environmental Ethics, 1990, p. 71.

99) Bakker Hans, "The Gandhian Approach to Swadeshi or Appropriate Technology: AConceptualization in Terms of Basic Needs and Equity", Journal of Agricultural and Environmental Ethics, 1990, pp. 71~72.

100) Hazeltine, 『Field Guide to Appropriate Technology』, Academic Press, 2003, p.4

101) Hazeltine, 『Field Guide to Appropriate Technology』, Academic Press, 2003, p. 3.

102) 앤소니 애쿠부, 적정기술이란 무엇인가, 심용석 역, 출처: http://sts.jinbo.net/bbs/zboard.php?id=data

103) Pursell, 『American Technology』, Wiley-Blackwell, 2001, p. 2.
104) 손화철, '적정한 적정기술', 적정기술, 1, 2009, pp. 5~17.
105) Winner, 『The Whale and the Reactor』, University of Chicago Press, 1986, p. 80
106) Winner, 『The Whale and the Reactor』, University of Chicago Press, 1986, p. 80~83.
107) Coventry, "The Role of Technology in Poverty Reduction", South Asia Conference on Technologies for Poverty Reduction, New Delhi, 2003, p. 1.
108) 폴 폴락저, 박슬기역, '적정기술 그리고 하루 1달러 생활에서 벗어나는 법' Out of Poverty', 새잎, 서울 2012
109) 정기철, 『적정기술의 동향과 시사점』, 과학기술정책연구원, 2010
110) KickStart 사업의 5단계 1) 시장조사: 잠재력이 높은 소규모 비즈니스 기회를 확인하라 2) 신기술설계: 기술-비즈니스 묶음을 개발하라 3) 제조자 교육: 신기술을 제품화할 수 있도록 제조자를 교육하라 4) 기술판매: 신기술을 지역의 소규모사업자에게 팔아라5) 성과분석: 프로그램의 비용-효과성과 성과를 추적하라. 이러한 프로그램을 통해서 2009년 9월말 현재 88,600개의 새로운 비즈니스가 시작되었다.(홍성욱 2009, 25)
111) 신시아 스미스, 『소외된 90%를 위한 디자인』, 에딧더월드, 2010, 홍성욱 적정기술을 활용한 ODA(공적개발원조)의 효과적 추진방안에 대한 연구, 2010년 11월 16일, 특허청
112) 홍성욱 적정기술을 활용한 ODA(공적개발원조)의 효과적 추진방안에 대한 연구, 2010년 11월 16일, 특허청
113) 케빈 켈리 저, 『기술의 충격, What Technology wants』, 이한음 역, 민음사, 서울, 2011, p. 283.
114) 리차드 E. 팔머 저, 『해석학이란 무엇인가』, 이한우 역, 문예출판사, 서울, 2011, pp. 55~56.
115) Ibid., pp. 59~60.
116) '기술'이란 말은 예술이나 공예품을 의미하는 그리스어 '테크네*tekhné*'와 의미 · 지식 · 이성이란 뜻의 '로고스logos'에서 유래한 것이다. 기술은 문화를 형성하고, 과학은 기술의 인식 토대이며, 인식으로서 과학은 기술적인 것을 전제로 한다. (기술)문화는 (기술)과학을 생산하고, 문화는 항상 기술적이지만 과학적이지는 않다.
117) 슈테판 헤어브레히터/김연순 · 김응준, 『포스트휴머니즘』(성균관대학교 출판부, 2012), p. 222.
118) H.Bergson, "L' évolution créatrice" in Oeuvres(Paris, 1959), p. 613. 양명수, 호모 테크니쿠스, (한국신학연구소, 1995). p. 80에서 재인용.
119) 베르그송은 지성을 개인의 탄생과 연관시킨다. 개미나 · 벌의 사회에서처럼 개인과 진체가 완벽하게 혼동된 본능적인 집단과 달리, 사람은 지성을 가짐으로써 개인이 전체로부터 독립하여 창조적 실체가 된다. 그런 개인이 모인 사회라야 창조적 사회가 된다. 필자는 이런 이론을 소개함에 있어서 서구의 개인주의를 두둔하고자 하는

생각은 없다. 오히려 동양사회에서 볼 수 있는 공동체의 가능성 에 주목한다. 그러나 분명 한 것은 공동체주의가 집단주의를 지향하는 경향성을 가지면 안되겠다는 점이다. 사실 그 동안 우리 사회에서는 언제부턴가 전체의 이름하에 한 개인을 희생시키는 구조에 익숙해 왔다고 본다. 한 개인은 전체라는 추상명사와 맞바꿀 수 없는 귀한 구체적 총체임을 인정하는 분위기가 아쉽다. 사실 그러한 개인의 존엄성이 사회정신으로 뿌리내려야 민주주의가 가능하다. 이런 점에서 서구 사람들이 오랫동안 피흘려 쟁취한 개인주의는, 지나친 짐이 있기는 하지만, 우리 문화를 보완하는 데 필요한 무엇을 줄 수 있다고 본다. 어차피 동양과 서양은 만나야 한다. 양명수, 호모 테크니쿠스, (한국신학연구소, 1995). p. 80에서 재인용.

120) B. Malinowski, "What is the Culture?" in A Scientific Theory of Culture and Other Essays, 1944.

121) G.Crespy, De la science á théologie, Essai sur Teillard de Chardin(Neuchatel, 1965). 양명수, 호모 테크니쿠스, (한국신학연구소, 1995). p. 85에서 재인용.

122) Graham, Elaine(2002) *Representations of the Post/Human: Monsters, Aliens and Others in Popular Culture*, Manchester: Manchester University Press. 43. 슈테판 헤어브레히터/김연순 · 김응준, 『포스트휴머니즘』(성균관대학교 출판부, 2012), 226에서 재인용.

123) 칼 야스퍼스, 『역사의 기원과 목표』, 백승균 옮김, 1986, Seoul, p. 160.

124) 존 호건, 『과학의 종말』, 김동광 옮김, Seoul, 1997, p. 355.

125) L. 비트겐 스타인, 『논리철학 논고(*Tractatus Logico-Philosophicus*)』, 박영식, 최세환역, 정음사, 서울, 1985, p. 276

제16장

1) Latour, Science in Action, p. 6, Don Ihde, "Why Not Science Critics?"(1997) 출처:http://www.sunysb.edu/philosophy/faculty/papers/Scicrit.htm 과학비평은 왜 안되는가?, 출처:http://sts.jinbo.net

2) Werner Heisenberg, 최종덕 역, 『철학과 물리학의 만남』, 한겨레, 1991 안에 있는 Northrop의 서문. 양명수, 호모 테크니쿠스, (한국신학연구소, 1995). p. 145에서 재인용.

3) 양명수, 호모 테크니쿠스, (한국신학연구소, 1995). p. 145에서 재인용.

4) Michael Polanyi, 이은봉 역, 과학과 신념, 사회, 범양출판부, 양명수, 호모 테크니쿠스, (한국신학연구소, 1995). pp. 146~147.

5) Sheldon Rampton and John Stauber, "The Best Science Money Can Buy", Loka Alert 9:1 (January 28, 2002). 김명진 역, 돈으로 살 수 있는 최상의 과학, 출

처:http://sts.jinbo.net

6) Sheldon Rampton and John Stauber, "The Best Science Money Can Buy", Loka Alert 9:1 (January 28, 2002). 김명진 역, 돈으로 살 수 있는 최상의 과학, 출처:http://sts.jinbo.net, 토마스 쿤은 소위 '정상과학' 이 "거듭해서 길을 잃게 되면 즉 전문분야가 과학활동의 기존 전통을 파괴하는 이상한 현상들이 더 이상 회피할 수 없을 때, 드디어 전문 분야를, 과학의 수행을 위한 새로운 기초인 새로운 공약의 변동을 이끄는 비상적인 탐구가 시작된다." 고 하였다. 토마스 쿤, 과학 혁명의구조, 두산동아, 1997, p. 25.

7) 과학적 방법에 관한 신화와 마찬가지로, 동료심사 역시 비교적 최근에서야 나타난 현상이다. 동료심사는 19세기 중엽부터 가끔씩 특별한 문제가 있을 때 행해지기 시작했는데, 1차 대전기에 미 연방 정부가 국립연구회의(National Research Council, NRC)를 통해 과학자들을 지원하기 이전까지만 해도 아직 잘 확립된 절차가 아니었다. 과학에 대한 정부지원이 증가함에 따라 어떤 프로젝트에 자금을 지원할 것인지를 결정하는 공식적인 시스템을 개발할 필요가 생겨났다.

8) '선택 압력' 은 동물 개체군을 연구하는 생물학자들이 특정한 유전적 특질을 가진 개체들이 다른 개체들을 이기고 살아남는 데 미치는 환경 조건들의 영향을 가리키는 용어이다.

9) Sheldon Rampton and John Stauber, "The Best Science Money Can Buy", Loka Alert 9:1 (January 28, 2002). 김명진 역, 돈으로 살 수 있는 최상의 과학, 출처:http://sts.jinbo.net

10) Sheldon Rampton and John Stauber, "The Best Science Money Can Buy", Loka Alert 9:1 (January 28, 2002). 김명진 역, 돈으로 살 수 있는 최상의 과학, 출처:http://sts.jinbo.net

11) 맨해턴 프로젝트는 과학 기술의 비밀주의와 과학 정보의 기밀분류에 관한 정책을 제도화하였다. 1947년에 원자력위원회는 직접적인 군사적 중요성이 있는 문제들에 국한되어 있던 비밀 정책을 더욱 확장시켰다. 소위 '대중에게 알려지면 곤란한' 문제들 — 에도 비밀 정책을 적용했다. 맨해턴 프로젝트 때 군의관 보조로 활동했던 의사가 인체에 플루토늄을 주입했던 2차대전기의 실험에 관한 보고서를 기밀 해제하려 하자, AEC는 "실험 결과가 작성되고 논의된 냉정하고 과학적인 방식 때문에 일반 대중에게 매우 나쁜 영향을 미칠 것" 이라는 이유를 들어 요청을 기각했다.Sheldon Rampton and John Stauber, "The Best Science Money Can Buy", Loka Alert 9:1 (January 28, 2002).김명진 역, 돈으로 살 수 있는 최상의 과학, 출처:http://sts.jinbo.net

12) Sheldon Rampton and John Stauber, "The Best Science Money Can Buy", Loka Alert 9:1(January 28, 2002). 김명진 역, 돈으로 살 수 있는 최상의 과학, 출처:http://sts.jinbo.net

13) 폴라니의 지식 구분론도 이와 유사한 발상에 근거한 것이다. 천정환, 『대중지성의 시대』(서울: 푸른역사, 2008), p. 85에서 재인용.

14) 천정환, 『대중지성의 시대』(서울: 푸른역사, 2008), pp. 85~86.

15) 기독교가 '우상을 금지' 하는 이유가 이 같은 표상작용의 한계에 대한 인식 때문이라 한다. 헤겔의 정신현상학에서도 표상은 특히 종교에 관한 장에 서술되어 있다. 헤겔의 견해는 표상에 관한 고전적인 태도를 보여준다. "표상하는 형식이야말로 교단 내에서 의식되는 정신의 기본적인 형식이다. 표상적인 형식 아래에서는 정신의 자기의식이 개념 그 자체의 형식으로까지 진전하지 못하고 매개작용이 거기에까지 미치지는 ahttgksek. 그리하여 표상에 의한 존재와 사유의 결합에는 정신의 본질이 아직도 화해 불가능한 피안과 차안으로 양분되는 결합이 따르게 마련이다." 게오르그 W. E 헤겔, 임석진 옮김, 『정신현상학』 2, 한길사, 2005, p. 314. 천정환, 『대중지성의 시대』(서울: 푸른역사, 2008), p. 84에서 재인용.

16) Dean Keith Simonton. (1978) "Independent Discovery in Science and Technology: A Closer Look at the Poisson Distribution." Social Studies of Science, 8(4). 케빈 켈리 저, 『기술의 충격, What Technology wants』, 이한음 역, 민음사, 서울, 2011, p. 163에서 재인용.

17) 케빈 켈리 저, 『기술의 충격, What Technology wants』, 이한음 역, 민음사, 서울, 2011, p. 164.

18) Ibid., p. 165.

19) '파타피직스(pataphysics)' . 20세기 중반 유럽의 지성계를 풍미하던 신학문으로, 이 용어의 창시자는 프랑스의 극작가 알프레드 자리(Alfred Jarry, 1873~1907)이다. 후안 미로와 마르셀 뒤샹, 외젠 이오네스코와 장 주네와 같은 예술가들이 초기 멤버로 1948년 프랑스에서 '파타피직스 학회' 가 만들어지면서 사회의 주목을 받았다. '메타피직스(metaphysics)' 과학적 증명의 의무 너머에 있는 형이상학이라면 파타피직스는 형이상학을 구속하는 논리학 너머에 있다.

20) Nobert Lyton, The Story of Modern Art, 20세기의 미술, 윤난지 역, 예경, 서울 2007, p. 130.

21) Robert K. Merton. (1973) The Sociology of Science: Theoretical and Empirical Investigations. Chicago: University of Chicago Press, p. 371. 케빈 켈리 저, 『기술의 충격, What Technology wants』, 이한음 역, 민음사, 서울, 2011, p. 186에서 재인용.

22) 케빈 켈리 저, 『기술의 충격, What Technology wants』, 이한음 역, 민음사, 서울, 2011, p. 189.

23) Ibid., p. 220.

24) Sassower, Knowledge without Expertise, p. 65, Don Ihde, "Why Not Science Critics?" (1997). http://www.sunysb.edu/philosophy/faculty/papers/Scicrit.htm 과학비평은 왜 안되는가?, 출처:http://sts.jinbo.net

25) 천정환, 『대중지성의 시대』(서울: 푸른역사, 2008), pp. 70~71.

26) Ibid., p. 82.

27) Ibid., p. 83.

28) Wynne, Brian (Public Understanding of Science, in Sheila Jasanoff, Gerald E. Markle, James C. Petersen, and Trevor Pinch(eds.), *Handbook of Science and Technology Studies*(361~388). Thousand Oaks, CA: Sage Publications. 1995

29) 라투르는 전형적인 과학 '텍스트' 나 과학 문헌으로 간주되는 과학 저널에 실린 논문들은 대부분은 (a) 여러 명의 저자에 의해 씌어졌고, (b) 그 표현 양식이, 객관성을 강조한다는 명분으로, 의도적으로 익명성을 가장하거나 마치 저자가 없는 것과 같은 스타일로 되어 있으며, (c) 정량적이고 시각적인 도표 형태를 빌어 표현되어있어서 특정 학회의 일원이 된 사람들이 아니면 대다수의 사람들은 그런 '텍스트' 를 전혀 읽지 않는다고 지적하였다. Latour, Science in Action, p. 6, Don Ihde, "Why Not Science Critics?" (1997) 출처:http://www.sunysb.edu/philosophy/faculty/papers/Scicrit.htm

30) Fischer, Frank Technocracy and the Politics of Expertise. Newbury Park, CA: Sage. 1990

31) 제러미 리프킨/이경남, 『공감의 시대』(서울: (주)민음사, 2011), p. 666.

32) Ibid., pp. 666~667.

33) Ibid., p. 673.

34) Sheldon Rampton and John Stauber, "The Best Science Money Can Buy", Loka Alert 9:1(January 28, 2002). 김명진 역, 돈으로 살 수 있는 최상의 과학, 출처:http://sts.jinbo.net

35) 제러미 리프킨/이경남, 『공감의 시대』(서울: (주)민음사, 2011), p. 19.

36) https://www.cnuh.co.kr/UPLOAD/links/magazine/2011/08/2011_8509003254665483735164844592 4526.pdf

37) Capra, Fritjof. *The Web of Life: A New Scientific Understanding of Living Systems*. New York: Anchor Books, 1996. p. 34. Thomas, Lewis. The Lives of a Cell. New York: Bantam, 1975. pp. 26ff.102ff. 제러미 리프킨/이경남, 『공감의 시대』(서울: (주)민음사, 2011), p. 741에서 재인용.

38) 제러미 리프킨/이경남, 『공감의 시대』(서울: (주)민음사, 2011), p. 751.

39) 주일선의 논문 '개체는 결정되면서 결정한다 -괴테의 형성이념' 은 괴테의 형성충동의 개념을 설명하고 있다. 괴테는 괴테가 자신의 글 「형성충동」의 끝부분에서 다음과 같은 주장을 펴는 것도 이런 맥락에서 이해할 수 있다. "이러한 점에서 나는, 하나의 유기적 본질이 나타날 때 [이 유기적 본질이 지닌] 형성충동의 단일성과 자유는 형태변형론이라는 개념이 없이는 파악할 수 없을 것이라고 감히 주장한다."

40) 에른스트 페터 피셔, 『사람이 알아야 할 모든 것 인간』, 박규호 옮김, 들녘, 2005년, p. 256.

41) Goethe, Johann Wolfgang von. *Maximen und Refl exionen*. No. 509, HA XII, p. 435. 제러미 리프킨/이경남, 『공감의 시대』(서울: (주)민음사, 2011), 751에서 재인용.

42) Goethe, as quoted in Cottrell, Alan P. *Goethe' s View of Evil and the Search for a*

New Image of Man in Our Time. Edinburgh: Floris Books, 1982. p. 227. 제러미 리프킨/이경남, 『공감의 시대』(서울: (주)민음사, 2011), 751에서 재인용.

43) 제러미 리프킨/이경남, 『공감의 시대』(서울: (주)민음사, 2011), p. 751.

44) MacIsaac, David S. "Empathy: Heinz Kohut' s Contribution." In A. C. Bohart and L. S. Greenberg, eds. *Empathy Reconsidered: New Directions in Psychotherapy*. Washington: American Psychological Association, 1997. p. 248. Ibid., p. 752에서 재인용.

45) Kohut, Heinz. "The Psychoanalyst in the Community of Scholars." In Paul H. Ornstein, ed. *The Search for the Self: Selected Writings of Heinz Kohut: 1950~1978*. Vol. 2. New York: International Universities Press. 1978. p. 702. Ibid., p. 752에서 재인용.

46) Ornstein ed. *The Search for the Self: Selected Writings of Heinz Kohut: 1950~1978*. Vol. 1. New York: International Universities Press. 1991. p. 82. Ibid., p. 752에서 재인용.

47) Kohut, Heinz. "The Psychoanalyst in the Community of Scholars." In Paul H. Ornstein, ed. *The Search for the Self: Selected Writings of Heinz Kohut: 1950~1978*. Vol. 2. New York: International Universities Press. 1978. p. 714. Ibid., p. 752에서 재인용.

48) Frank Fischer(1993), "Citizen particiapation and the democratization of policy expertise: from theoretical inquiry to practical cases", Policy Sciences, 26(3), pages 165~187 Ulrich Beck(1995), Ecological Enlightenment in an Age of Risk(Polity Press, London)

49) David S Bennahum(1994), "Mr Gingrich' s cyber-revolution", New York Times, 15 December, page 28.

50) Frank Fischer(1993), "Citizen particiapation and the democratization of policy expertise: from theoretical inquiry to practical cases", Policy Sciences, 26(3), pages 165~187.

51) Peter Park et al(editors) (1993), Voices of Change: Participatory Research in the United States and Canada(OISE Press, Toronto) pages 20~46.

52) Frank Fischer, Technological deliberation in a democratic society: the case for participatory inquiry, Science and Public Policy, volume 26, number 5, October 1999, page 294~302., 민주주의 사회에서의 기술심의과정: 참여연구의 경우 2006/09/09 출처: http://sts.jinbo.net

53) US Natonal Research Council(1996), Understanding Risk: Informing Decision in a Democratic Society(National Research Council, Washington DC).

54) 김병윤, 과학상점운동에 대한 평가와 이후 계획, 출처: http://sts.jinbo.net

55) 김병윤의 앞의 자료.

56) 기술적 위험은 두 가지의 서로 구분되면서도 상호 연관된 개념들로 구성되어 있다.

그것은 위험(risk)과 위해(hazard)이다. 위험은 어떤 사건이나 악영향(adverse effect)이 일어날 확률이나 규모 등을 복합적으로 측정한 것을 말한다. 그리고 위해는 악영향을 일으킬 수 있는 위난(danger) 혹은 위협을 가리킨다. 따라서 기술적 위험이란 기술적 위해가 인간의 건강과 안전, 그리고 환경에 미칠 수 있는 악영향의 확률과 규모를 가리킨다.

57) 예방 원칙은 1992년 지구 환경보호를 위한 정상 회의에서 채택한 리우 선언에서 처음 제시되었다. 원래는 "철저한 과학적 확신이 부족하다고 해서 그것이 환경 파괴를 예방할 비용 효율이 높은 수단을 미룰 근거로 쓰여서는 안된다."라고 권하는 내용이었다.

58) 케빈 켈리 저, 『기술의 충격, What Technology wants』, 이한음 역, 민음사, 서울, 2011, p. 301.

59) Presidential Commission for the Study of Bioethical Issues, New Directions: The Ethics of Synthetic Biology and Emerging Technologies, 2010.

60) 문화적 및 환경적 다양성과 인권의 보존과 지속 가능한 발전을 도모하기 위해 결성된 국제적 시민단체

61) Stewart Brand. (2009) *Whole Earth Discipline*. New York: viking, p. 164. 케빈 켈리 저, 『기술의 충격, What Technology wants』, 이한음 역, 민음사, 서울, 2011, p. 309에서 재인용.

62) Max More. (2005) "The Proactionary Principle." http://www.maxmore.com/proactionary.htm. 케빈 켈리 저, 『기술의 충격, What Technology wants』, 이한음 역, 민음사, 서울, 2011, p. 311에서 재인용.

63) 케빈 켈리 저, 『기술의 충격, What Technology wants』, 이한음 역, 민음사, 서울, 2011, p. 311.

64) Max More. (2005) "The Proactionary Principle." http://www.maxmore.com/proactionary.htm

65) Ibid, pp. 311~313.

66) 데이비드 거스턴, 브루스 빔버, 새로운 세기의 기술영향평가, 김병윤, http://sts.jinbo.net

67) 김병윤의 앞의 자료

68) 김병윤의 앞의 자료

69) 아미시인(Amish)들은 개신교의 일파이며 17세기이후 탄압을 피해서 유럽에서 이사한 스위스-독일계 이민들이다. 주로 미국 펜실베이니아주와 캐나다 온타리오주에 거주하며 자신의 신앙을 따라 기술에 대한 독자적인 시각을 유지하고 있다.

70) 케빈 켈리 저, 『기술의 충격, What Technology wants』, 이한음 역, 민음사, 서울, 2011, p. 264.

71) 압축공기모터를 이용하는 각종 기구는 현대식 첨단기술에도 응용되고 있다. 치가공용 소형모터, 각종 압축공기드릴 등이 그러한 예이다.

72) 케빈 켈리 저, 『기술의 충격, What Technology wants』, 이한음 역, 민음사, 서울,

2011, p. 270.

73) 김병윤의 앞의 자료

74) Lynn Gamwell, 『Exploing the Invisible,:Art, Science, and The Spiritual』, Princeton University Press, New Jersey, 2002, p. 304

75) 피흐트는 윤리는 단지 양심에 관한 교설 이상의 것이며, 사회윤리는 그 본질에 있어서 필연적으로 책임윤리라고 강조한다. 강영성, 『생명 · 문화 · 윤리 기독교 사회윤리학의 주제 탐구』, 한신대학교 출판부, 2006년, p. 32에서 재인용.

76) 강영성, 『생명 · 문화 · 윤리 기독교 사회윤리학의 주제 탐구』, 한신대학교 출판부, 2006년 pp. 33~34.

77) 김병윤의 앞의 자료 p. 35.

78) H. Jonas, *Technik, Medizin und Ethik. Zur Praxis des Prinzips Verantwortung* (Frankfurt/M: Suhrkamp, 1985), 211. Ibid., p. 35에서 재인용.

79) Ibid., p. 36.

80) Ibid., p. 36.

81) Ibid., p. 38.

82) Vgl. H. Jonas, Technik, Medizin und Ethik. *Praxis des Prinzips Verantwortung* (Fankfurt/M: Schrkamp), 67~75. Ibid., p. 41에서 재인용.

83) Gibert Hottois, Le 냐훗 et la technique, La philosophie a l' epreuve de la techniquw, Aubier, 1984, 양명수, 호모 테쿠니쿠스(서울, 한국신학연구소, 1995), p. 36에서 재인용

84) 위조(僞造)는 실체가 있는 것을 모방하여 가짜로 만드는 것이며, 변조(變造, falsification)는 연구재료, 장비, 과정 등을 인위적으로 조작하거나 데이터를 임의로 변경, 또는 삭제함으로써 연구내용 또는 결과를 왜곡하는 행위를 말하며, 날조(捏造, fabrication)는 실체가 없는 것을 조작하여 가짜로 만들거나, 실재로 없는 일을 사실처럼 생으로 꾸미거나, 존재하지 않는 데이터 또는 연구결과 등을 허위로 만들어내는 행위로 정의하며 표절(剽竊 plagiarism)은 타인의 아이디어, 연구내용 또는 결과 등을 정당한 승인 또는 인용 없이 도용하는 행위를 말한다. 과학기술의 연구활동에 있어서 부정행위를 정의하는 데는 현재까지 두 가지 입장이 있다. 하나는 부정행위를 날조(fabrication), 변조(falsification), 표절(plagiarism)이라는 3개(FFP)로 한정해서 규정하는 미국연방정부의 입장이고, 다른 하나는 이것에 추가하여 '일반적으로 받아들일 수 있는 공통사항으로부터 현저한 일탈행위' 를 포함하는 미국 보건복지부의 공중보건청(PHS: Public Health Services) 입장이다. 미국과학재단(NSF)은 '기타 일탈행위' 까지 포함하는 광의로 해석하는 정의를 택하는 입장이다. 논문 저자 표시에도 정직성은 요구된다. 전문학술지에 논문을 발표하는 것은 연구활동에서 매우 큰 부분을 차지한다. 논문 발표할 때 실질적으로 연구에 기여 정도에 따라 공적을 합당하게 배분하고 이에 따라 저자 표시하여야한다. 대학원생이나 박사 후 연구원과 같은 소장연구자들의 연구 참여가 정당하게 인정되어야하며 연구에 실질적으로 기여하지 않은 상급 과학기술자들을 예우 차원에서 논문의 저자로

이름을 올리는 해위는 합당하지 한다. 송성수는 과학기술정책연구원 정책자료 2001~05에서 과학기술자의 사회적 책임과 윤리에서 보다 상세하게 연구하고 있다.

85) 제러미 리프킨/이경남, 『공감의 시대』(서울: (주)민음사, 2011), p. 660.

86) Ibid., pp. 25~26.

87) John Durant, Participatory technology assessment and the democratic model of the public understanding of science, Science and Public Policy, volume 26, number 5, October 1999, pp. 313~319., 참여적 기술평가와 대중들의 과학이해의 민주주의적 모델, 출처:http://sts.jinbo.net

88) 제러미 리프킨/이경남, 『공감의 시대』(서울: (주)민음사, 2011), p. 662.

89) E.H. Gomrich, The Story of Art, 서양미술사, qortd길, 이종순 역, (예경, 서울, 2007), p. 312.

90) Tapscott and Williams. *Wikinomics*. p. 24. 제러미 리프킨/이경남, 『공감의 시대』(서울: (주)민음사, 2011), p. 663에서 재인용.

91) 제러미 리프킨/이경남, 『공감의 시대』(서울: (주)민음사, 2011), pp. 663~664.

92) 케빈 켈리 저, 『기술의 충격, What Technology wants』, 이한음 역, 민음사, 서울, 2011, p. 382.

93) Ibid., p. 383.

94) McGirt, Ellen. "How Cisco' s CEO John Chambers Is Turning the Tech Giant Socialist."(Also published as "Revolution in San Jose.") *Fast Company: Where Ideas and People Meet*. Vol. 131. December 2008/January 2009. p. 94. www.fastcompany.com/magazine/131/revolution-insan-jose.html. 제러미 리프킨/이경남, 『공감의 시대』(서울: (주)민음사, 2011), p. 659에서 재인용.

95) 1950년대에 독일의 그뤼넨탈(Grnenthal)사는 다른 진정 최면제와 분자 구조가 유사하다는 근거로 탈리도마이드가 진정 최면 효과를 가지고 있다고 주장하였다. 당시 그뤼넨탈사의 연구진은 진정 최면 효과를 실제로 확인하지 못했음에도 불구하고 회사의 조처에 공개적으로 의문을 제기하지 않았다. 이후 10년 동안 널리 시판된 탈리도마이드는 유럽 지역에 약 8천 명의 기형아를 유발한 주범으로 밝혀졌다.

96) 장회익, 최영락, 송성수 외의 '세계과학회의 후속조치를 국내 과학기술활동의 점' 과학기술정책연구원/유네스코한국위원회 보고서 참조

97) 과학기술자들은 자연의 기본 구조와 과정을 탐구하고 규정하는 것을 자신들의 임무라고 생각하기 때문에 종교와 신학 사상 체계 속에서 나타나는 질서와 혼돈, 변화 과정의 관념을 진지하게 검토하는 일을 필할 수가 없다. 현대인들은 종교 사상 속에 편안하게 숨어있던 인간, 자연, 우주에 대한 전통 관념이 현대과학기술사회에서 심한 충격을 받아 흔들리고있다는 사실을 잘 알고 있다. 반면에 어떤 종교와 신학 체계 안에는 과학기술의 발전을 도와주는 질서와 규칙성, 체제 변화의 관념이 들어있음을 이해하려고 하지 않는다. 이성과 합리성의 개념을 인간과 자연의 속성으로서 다듬어온 신학 체계는 과학 사상을 발전시키는 밑거름이 되었다. 토비 E. 하프, 『사회 · 법 체계로 본 근대 과학사 강의』, 김병순 옮김, 모티브 북, 서울, 2008년, pp.

23~24.

98) 토비 E. 하프, 『사회 · 법 체계로 본 근대 과학사 강의』, 김병순 옮김, 모티브 북, 서울, 2008년, p. 33.

99) Ibid., p. 34.

100) Ibid., p. 35.

101) E.H. Gombrich, The Story of Art, 서양미술사, 백승길, 이종승 역, 예경, 서울, 2007, p. 591.

102) Ibid., p. 597.

103) Thomas Khun, The Structure of Scientific revolution, 김명자 역, 과학 구조의 혁명, (두산과학, 서울, 1997), p. 23.

104) 장익회, 『삶과 온 생명: 새 과학 문화의 모색』, 솔, Seoul, 1998, p. 43.

105) Ibid., p. 43.

106) 토비 E. 하프, 『사회 · 법 체계로 본 근대 과학사 강의』, 김병순 옮김, 모티브 북, 서울, 2008년, p. 39.

107) 미술에서는 재현의 방식이 리얼리티에 부합하는지의 여부가 검토되며 만족스러운 부합이 발견될 때까지 한 걸음 한 걸음씩 조정된다. 과학적 표상에서 이론이 관찰에 앞서 오듯이, 회화적 재현에서도 "만들기가 맞추기에 앞서 온다." 곰브리치와 포퍼는 둘 다 어떤 내러티브를 통해 재현될 수 있는 역사적 과정에 관심을 기울이고 있는 셈이다. 그러나 양자간의 차이점은, 과학에서의 표상은 지각된 리얼리티에 부합해서가 아니라 반증 테스트를 통과했기 때문에 진보하고 더 적합해진다는 데 있다. Ernst Gombrich, *Art and Illusion*, 73. 아서 단토, 『예술의 종말 이후』, 이성훈,김광우 옮김, 미술문화, 2004, p. 117에서 재인용.

108) 아서 단토, 『예술의 종말 이후』, 이성훈,김광우 옮김, 미술문화, 2004, p. 363.

109) Ibid., pp. 363~364.

110) Thomas Khun, The Structure of Scientific revolution, 김명자 역, 과학 구조의 혁명, (두산과학, 서울, 1997), p. 21.

111) Ibid., p. 23.

112) 슈테판 헤어브레히터/김연순 · 김응준, 『포스트휴머니즘』(성균관대학교 출판부, 2012), p. 13.

113) 토비 E. 하프, 『사회 · 법 체계로 본 근대 과학사 강의』, 김병순 옮김, 모티브 북, 서울, 2008년, p. 20.

114) Max Weber, *The Methodology of the Social Sciences*(New York: Free Press, 1949), p. 110. Ibid., p. 38에서 재인용

115) E.H. Gombrich, The Story of Art, 서양미술사, 백승길, 이종승 역, 예경, 서울, 2007, p. 597.

116) John Durant, Participatory technology assessment and the democratic model of the public understanding of science, Science and Public Policy, volume 26, number 5, October 1999, pp. 313~319., 참여적 기술평가와 대중들의 과학이해의

민주주의적 모델, 출처:http://sts.jinbo.net

117) Durant의 앞의 자료

118) Latour, Science in Action, p. 6, Don Ihde, "Why Not Science Critics?"(1997) 출처:http://www.sunysb.edu/philosophy/faculty/papers/Scicrit.htm

119) 에른스트 블로흐/박설호, 『희망의 원리』(서울: 열린책들, 2004), p. 46.

120) http://blog.ohmynews.com/seulsong/tag/%EB%B3%84%EC%9D%B4%20%EB%B9%9B%EB%82%98%EB%8A%94%20%EB%B0%A4%20%EC%94%A8%20%EB%BF%8C%EB%A6%AC%EB%8A%94%20%EC%82%AC%EB%9E%8C

121) 에른스트 블로흐/박설호, 『희망의 원리』(서울: 열린책들, 2004), 1422~1423.

122) 믿음에의 의지는 다음의 경우에만 개입되고 작용할 수 있다. 즉 우리가 (1) 이 방법 아니면 저 방법을 선택하지 않으면 안 된다는 의미에서 우리에게 강요된 (2) 두 가설이 모두 전적인 호소력이 있기 때문에 생생한 (3) 선택할 기회가 다시 주어지지 않기 때문에 중요하다고 여겨지는 선택권을 마주 대할 때이다. 그리고 이성만으로는 문제를 해결할 수 없을 때에만 믿음이 개입된다. 새뮤얼 이녹 스텀프, 제이스 피저, 『소크라테스에서 포스트모더니즘까지』(이광래 옮김, 열린 책들, 2005년), p. 603.

| 찾아보기

ㄹ

ㅂ

ㅈ

기타